“十四五”时期国家重点出版物出版专项规划·重大出版工程规划项目

变革性光科学与技术丛书

Polarized Light and Optical Systems（II）

偏振光和光学系统

（第二卷）

[美]罗素·奇普曼（Russell A. Chipman）
[美]慧梓–蒂凡尼·林（Wai–Sze Tiffany Lam）著
[美]嘉兰·杨（Garam Young）

侯俊峰 张旭升 王东光 译

清華大學出版社
北京

内容简介

本书是有关偏振光学及光学系统偏振设计和分析方面的一本系统性论著，讨论了偏振光基本理论和测量方法、偏振光线追迹和偏振像差理论，以及偏振像差理论在常用偏振元件和系统中的应用。全书共27章，分为两卷，其中第一卷为第1～13章，介绍光的偏振特性及其表征方法、偏振光干涉、琼斯矩阵、米勒矩阵、偏振测量术、菲涅耳公式、偏振光线追迹、光学光线追迹、琼斯光瞳和局部坐标系、菲涅耳像差、薄膜等内容；第二卷为第14～27章，介绍基于泡利矩阵的琼斯矩阵解析、近轴偏振像差、偏振像差对成像的影响、平移和延迟计算、倾斜像差、双折射光线追迹、基于偏振光线追迹矩阵的光束组合、单轴材料和元件、晶体偏振器、衍射光学元件、液晶盒、应力双折射、多阶延迟器及其延迟的不连续性等。本书内容非常丰富、翔实，特别是关于光学系统的偏振光线追迹、偏振像差分析及应用泡利矩阵进行偏振特性解析等部分内容，是作者对于偏振光学研究的最新成果。

本书可供从事光学工程、天文观测、空间遥感、材料科学、微纳结构科学、生物医学等领域的科研和工程技术人员参考阅读，也可作为相关专业的高年级本科生、研究生的教学参考书。

北京市版权局著作权合同登记号　图字：01-2022-0604

Polarized Light and Optical Systems/by Russell A. Chipman，Wai-Sze Tiffany Lam，Garam Young / ISNB：978-1-4987-0056-6

图书在版编目(CIP)数据

偏振光和光学系统. 第二卷/(美)罗素·奇普曼(Russell A. Chipman)，(美)慧梓一蒂凡尼·林(Wai-Sze Tiffany Lam)，(美)嘉兰·杨(Garam Young)著；侯俊峰，张旭升，王东光译. —北京：清华大学出版社，2023.6
(变革性光科学与技术丛书)
书名原文：Polarized Light and Optical Systems
ISBN 978-7-302-63379-2

Ⅰ. ①偏…　Ⅱ. ①罗…　②慧…　③嘉…　④侯…　⑤张…　⑥王…　Ⅲ. ①偏振光一光学系统　Ⅳ. ①O436.3

中国国家版本馆 CIP 数据核字(2023)第 068445 号

责任编辑：鲁永芳
封面设计：意匠文化·丁奔亮
责任校对：薄军霞
责任印制：宋　林

出版发行：清华大学出版社
网　　址：http://www.tup.com.cn，http://www.wqbook.com
地　　址：北京清华大学学研大厦 A 座　　**邮　　编**：100084
社 总 机：010-83470000　　**邮　　购**：010-62786544
投稿与读者服务：010-62776969，c-service@tup.tsinghua.edu.cn
质量反馈：010-62772015，zhiliang@tup.tsinghua.edu.cn
印 装 者：三河市龙大印装有限公司
经　　销：全国新华书店
开　　本：185mm×260mm　　**印　　张**：27.5　　**字　　数**：669 千字
版　　次：2023 年 8 月第 1 版　　**印　　次**：2023 年 8 月第1次印刷
定　　价：169.00 元

产品编号：101497-01

丛书编委会

丛书序

光是生命能量的重要来源，也是现代信息社会的基础。早在几千年前人类便已开始了对光的研究，然而，真正的光学技术直到400年前才诞生，斯涅耳、牛顿、费马、惠更斯、菲涅耳、麦克斯韦、爱因斯坦等学者相继从不同角度研究了光的本性。从基础理论的角度看，光学经历了几何光学、波动光学、电磁光学、量子光学等阶段，每一阶段的变革都极大地促进了科学和技术的发展。例如，波动光学的出现使得调制光的手段不再限于折射和反射，利用光栅、菲涅耳波带片等简单的衍射型微结构即可实现分光、聚焦等功能；电磁光学的出现，促进了微波和光波技术的融合，催生了微波光子学等新的学科；量子光学则为新型光源和探测器的出现奠定了基础。

伴随着理论突破，20世纪见证了诸多变革性光学技术的诞生和发展，它们在一定程度上使得过去100年成为人类历史长河中发展最为迅速、变革最为剧烈的一个阶段。典型的变革性光学技术包括激光技术、光纤通信技术、CCD成像技术、LED照明技术、全息显示技术等。激光作为美国20世纪的四大发明之一（另外三项为原子能、计算机和半导体），是光学技术上的重大里程碑。由于其极高的亮度、相干性和单色性，激光在光通信、先进制造、生物医疗、精密测量、激光武器乃至激光核聚变等技术中均发挥了至关重要的作用。

光通信技术是近年来另一项快速发展的光学技术，与微波无线通信一起极大地改变了世界的格局，使“地球村”成为现实。光学通信的变革起源于20世纪60年代，高琨提出用光代替电流，用玻璃纤维代替金属导线实现信号传输的设想。1970年，美国康宁公司研制出损耗为20 dB/km的光纤，使光纤中的远距离光传输成为可能，高琨也因此获得了2009年的诺贝尔物理学奖。

除了激光和光纤之外，光学技术还改变了沿用数百年的照明、成像等技术。以最常见的照明技术为例，自1879年爱迪生发明白炽灯以来，钨丝的热辐射一直是最常见的照明光源。然而，受制于其极低的能量转化效率，替代性的照明技术一直是人们不断追求的目标。从水银灯的发明到荧光灯的广泛使用，再到获得2014年诺贝尔物理学奖的蓝光LED，新型节能光源已经使得地球上的夜晚不再黑暗。另外，CCD的出现为便携式相机的推广打通了最后一个障碍，使得信息社会更加丰富多彩。

20世纪末以来，光学技术虽然仍在快速发展，但其速度已经大幅减慢，以至于很多学者认为光学技术已经发展到瓶颈期。以大口径望远镜为例，虽然早在1993年美国就建造出10 m口径的“凯克望远镜”，但迄今为止望远镜的口径仍然没有得到大幅增加。美国的30 m望远镜仍在规划之中，而欧洲的OWL百米望远镜则由于经费不足而取消。在光学光刻方面，受到衍射极限的限制，光刻分辨率取决于波长和数值孔径，导致传统i线（波长为365 nm）光刻机单次曝光分辨率在200 nm以上，而每台高精度的193光刻机成本达到数亿元人民币，且单次曝光分辨率也仅为38 nm。

在上述所有光学技术中,光波调制的物理基础都在于光与物质(包括增益介质、透镜、反射镜、光刻胶等)的相互作用。随着光学技术从宏观走向微观,近年来的研究表明:在小于波长的尺度上(即亚波长尺度),规则排列的微结构可作为人造“原子”和“分子”,分别对入射光波的电场和磁场产生响应。在这些微观结构中,光与物质的相互作用变得比传统理论中预言的更强,从而突破了诸多理论上的瓶颈难题,包括折反射定律、衍射极限、吸收厚度-带宽极限等,在大口径望远镜、超分辨成像、太阳能、隐身和反隐身等技术中具有重要应用前景。譬如,基于梯度渐变的表面微结构,人们研制了多种平面的光学透镜,能够将几乎全部入射光波聚集到焦点,且焦斑的尺寸可突破经典的瑞利衍射极限,这一技术为新型大口径、多功能成像透镜的研制奠定了基础。

此外,具有潜在变革性的光学技术还包括量子保密通信、太赫兹技术、涡旋光束、纳米激光器、单光子和单像元成像技术、超快成像、多维度光学存储、柔性光学、三维彩色显示技术等。它们从时间、空间、量子态等不同维度对光波进行操控,形成了覆盖光源、传输模式、探测器的全链条创新技术格局。

值此技术变革的肇始期,清华大学出版社组织出版“变革性光科学与技术丛书”,是本领域的一大幸事。本丛书的作者均为长期活跃在科研第一线,对相关科学和技术的历史、现状和发展趋势具有深刻理解的国内外知名学者。相信通过本丛书的出版,将会更为系统地梳理本领域的技术发展脉络,促进相关技术的更快速发展,为高校教师、学生以及科学爱好者提供沟通和交流平台。

是为序。

罗先刚

2018 年 7 月

目　录

作者简介 ………………………………………………………… 15

致谢 ……………………………………………………………… 16

前言 ……………………………………………………………… 17

这本书是怎么产生的 …………………………………………… 19

建议的课程 ……………………………………………………… 21

章节导览 ………………………………………………………… 23

学习特征 ………………………………………………………… 37

缩略语表 ………………………………………………………… 39

第 14 章

基于泡利矩阵的琼斯矩阵数据约简 ………………………………… 1

14.1　引言 …………………………………………………………… 1

14.2　泡利矩阵和琼斯矩阵 ………………………………………… 3

14.2.1　泡利矩阵恒等式 ……………………………………… 3

14.2.2　展开为泡利矩阵之和 ………………………………… 4

14.2.3　泡利符号约定 ………………………………………… 4

14.2.4　偏振元件绕光轴旋转时的泡利系数 ………………… 4

14.2.5　泡利之和形式的本征值、本征矢量及矩阵函数……… 6

14.2.6　标准求和形式 ………………………………………… 7

14.3　偏振元件序列 ………………………………………………… 7

14.4　矩阵指数和对数 ……………………………………………… 10

14.4.1　矩阵指数 ……………………………………………… 10

14.4.2 矩阵对数 …… 11
14.4.3 延迟器矩阵 …… 11
14.4.4 二向衰减器矩阵 …… 12
14.4.5 齐次琼斯矩阵的偏振性质 …… 14
14.5 椭圆延迟器和延迟器空间 …… 18
14.6 非齐次琼斯矩阵的偏振特性 …… 20
14.7 二向衰减空间和非齐次偏振元件 …… 21
14.7.1 二向衰减空间和延迟空间的叠加 …… 22
14.8 弱偏振元件 …… 23
14.9 总结和结论 …… 23
14.10 习题集 …… 24
14.11 参考文献 …… 27

第 15 章

近轴偏振像差 …… 30
15.1 引言 …… 30
15.2 偏振像差 …… 31
15.2.1 弱偏振琼斯矩阵的相互作用 …… 33
15.2.2 弱偏振光线截点序列的偏振 …… 34
15.3 近轴偏振像差 …… 36
15.3.1 近轴角度和入射面 …… 36
15.3.2 近轴二向衰减和延迟 …… 38
15.3.3 二向衰减离焦 …… 38
15.3.4 二向衰减离焦和延迟离焦 …… 38
15.3.5 视场内的二向衰减和延迟 …… 39
15.3.6 偏振倾斜和平移 …… 41
15.3.7 双节点偏振 …… 42
15.3.8 界面近轴偏振像差总结 …… 42
15.4 七片透镜系统的近轴偏振分析 …… 44
15.5 高阶偏振像差 …… 52
15.5.1 电场像差 …… 52
15.5.2 定向器 …… 57
15.5.3 二向衰减和延迟 …… 62
15.6 偏振像差测量 …… 63
15.7 总结与结论 …… 65
15.8 附录 …… 66
15.8.1 近轴光学 …… 66
15.8.2 建立光学系统 …… 66

15.8.3 近轴光线追迹…… 68
15.8.4 约化厚度和约化角度…… 69
15.8.5 近轴斜光线…… 70
15.9 习题集…… 70
15.10 参考文献 …… 73

第16章

有偏振像差的成像 …… 75
16.1 引言…… 75
16.2 离散傅里叶变换…… 76
16.3 琼斯出瞳和琼斯光瞳函数…… 78
16.4 振幅响应矩阵…… 81
16.5 米勒点扩展矩阵…… 83
16.6 ARM 和 MPSM 的尺度 …… 85
16.7 像的偏振结构…… 86
16.8 光学传递矩阵…… 87
16.9 例子——偏振光瞳及非偏振物体…… 89
16.10 例子——实体角锥回射器 …… 92
16.11 例子——临界角角锥回射器 …… 96
16.12 讨论和结论…… 100
16.13 习题集…… 100
16.14 参考文献…… 103

第17章

平移和延迟计算…… 104
17.1 引言 …… 104
17.1.1 固有延迟计算的目的 …… 106
17.2 几何变换 …… 106
17.2.1 局部坐标的旋转：偏振仪视角 …… 106
17.2.2 非偏振光学系统 …… 107
17.2.3 矢量的平移 …… 108
17.2.4 反射时矢量的平移 …… 110
17.2.5 平移矩阵 $\boldsymbol{Q}$ …… 111
17.3 正则局部坐标 …… 114
17.4 固有延迟计算 …… 115
17.4.1 固有延迟的定义 …… 115
17.5 从 $\boldsymbol{P}$ 中分离几何变换 …… 115
17.5.1 用于 $\boldsymbol{P}$ 的固有延迟算法，方法 1 …… 116

17.5.2 用于 **P** 的固有延迟算法，方法 2 …… 117
17.5.3 延迟范围 …… 117
17.6 例子 …… 118
17.6.1 正入射的理想反射 …… 118
17.6.2 一个镀铝的三反射镜系统例子 …… 119
17.7 总结 …… 120
17.8 习题集 …… 121
17.9 参考文献 …… 122

第 18 章

倾斜像差 …… 124
18.1 引言 …… 124
18.2 倾斜像差的定义 …… 125
18.3 倾斜像差算法 …… 126
18.4 镜头示例——美国专利 2896506 …… 128
18.5 近轴光线追迹中的倾斜像差 …… 129
18.6 近轴倾斜像差的例子 …… 131
18.7 倾斜像差对 PSF 的影响 …… 133
18.8 美国专利 2896506 的 PSM …… 134
18.9 统计——CODE V 专利库 …… 135
18.10 总结 …… 136
18.11 习题集 …… 136
18.12 参考文献 …… 137

第 19 章

双折射光线追迹 …… 138
19.1 双折射材料中的光线追迹 …… 138
19.2 电磁波在各向异性介质的数学描述 …… 141
19.3 双折射材料 …… 141
19.4 双折射材料的本征模式 …… 147
19.5 双折射界面的反射和折射 …… 148
19.6 光线倍增的数据结构 …… 158
19.7 双折射界面的偏振光线追迹矩阵 …… 160
19.7.1 案例Ⅰ：各向同性-各向同性界面 …… 162
19.7.2 案例Ⅱ：各向同性-双折射界面 …… 164
19.7.3 案例Ⅲ：双折射-各向同性界面 …… 165
19.7.4 案例Ⅳ：双折射-双折射界面 …… 166
19.8 例子：光束经过三个双轴晶体的光线分裂 …… 169

19.9 例子：双轴立方体的内反射 …… 170
19.10 总结 …… 172
19.11 习题集 …… 174
19.12 参考文献 …… 175

第 20 章

用偏振光线追迹矩阵进行光束组合 …… 177
20.1 引言 …… 177
20.2 波前和光线网格 …… 178
20.3 共传播的波前合并 …… 180
20.4 非共传播的波前合并 …… 188
20.5 不规则光线网格的合并 …… 189
20.5.1 合并未对齐光线数据的一般步骤 …… 189
20.5.2 逆距离加权插值 …… 190
20.6 小结 …… 194
20.7 习题集 …… 195
20.8 参考文献 …… 197

第 21 章

单轴材料和元件 …… 199
21.1 单轴材料中的光学设计问题 …… 199
21.2 单轴材料描述 …… 200
21.3 单轴材料的本征模式 …… 202
21.4 单轴界面的反射和折射 …… 203
21.5 折射率椭球、光率体、K 面和 S 面 …… 205
21.6 晶体波片的像差 …… 219
21.6.1 A 板的像差 …… 220
21.6.2 C 板的像差 …… 222
21.7 A 板的成像 …… 224
21.8 偏移板 …… 229
21.9 晶体棱镜 …… 231
21.10 习题集 …… 231
21.11 参考文献 …… 236

第 22 章

晶体偏振器 …… 237
22.1 引言 …… 237

22.2 晶体偏振器的材料 …… 238
22.3 格兰-泰勒偏振器 …… 238
22.3.1 有限视场 …… 239
22.3.2 多条潜在的光线路径 …… 241
22.3.3 多个偏振波前 …… 244
22.3.4 从偏振器出射的偏振波前 …… 246
22.4 格兰-泰勒偏振器的像差 …… 248
22.5 格兰-泰勒偏振器对 …… 250
22.6 小结 …… 254
22.7 习题集 …… 254
22.8 参考文献 …… 257

第 23 章

衍射光学元件 …… 259
23.1 引言 …… 259
23.2 光栅方程 …… 262
23.3 光线追迹衍射光学元件 …… 265
23.3.1 反射式衍射光栅 …… 265
23.3.2 线栅偏振器 …… 268
23.3.3 衍射延迟器 …… 271
23.3.4 衍射亚波长减反膜 …… 272
23.4 RCWA 算法总结 …… 275
23.5 习题集 …… 278
23.6 致谢 …… 279
23.7 参考文献 …… 279

第 24 章

液晶盒 …… 281
24.1 引言 …… 281
24.2 液晶 …… 282
24.2.1 介电各向异性 …… 284
24.3 液晶盒 …… 284
24.3.1 液晶盒的构造 …… 286
24.3.2 恢复力 …… 287
24.3.3 液晶显示器：高对比度的强度调制 …… 287
24.4 液晶盒种类 …… 289
24.4.1 弗里德里克斯液晶盒 …… 289
24.4.2 90°扭曲向列相液晶盒 …… 290

24.4.3 超扭曲向列相液晶盒 …… 292
24.4.4 垂直配向液晶盒 …… 293
24.4.5 面内切换液晶盒 …… 295
24.4.6 硅基液晶盒 …… 296
24.4.7 蓝相液晶盒 …… 297
24.5 偏振模型 …… 298
24.5.1 扩展琼斯矩阵模型 …… 299
24.5.2 光线单次通过的偏振光线追迹矩阵 …… 299
24.5.3 多层干涉模型 …… 300
24.5.4 液晶盒 ZLI-1646 的计算 …… 301
24.6 液晶盒构建中的一些问题 …… 302
24.6.1 间隔物 …… 303
24.6.2 向错 …… 303
24.6.3 预倾斜 …… 304
24.6.4 振荡方波电压 …… 304
24.7 液晶盒性能的限制 …… 305
24.7.1 液晶盒速度 …… 305
24.7.2 出射偏振态的光谱变化 …… 307
24.7.3 相位延迟随入射角的变化 …… 308
24.7.4 双轴薄膜补偿液晶盒的偏振像差 …… 310
24.7.5 偏振片漏光 …… 310
24.7.6 退偏 …… 311
24.8 液晶盒的测试 …… 312
24.8.1 扭曲向列液晶盒测试例子 …… 313
24.8.2 IPS 测试 …… 314
24.8.3 VAN 盒 …… 316
24.8.4 MVA 盒测试 …… 316
24.8.5 薄膜延迟器缺陷 …… 317
24.8.6 检偏器和出射偏振态之间的未对准 …… 317
24.9 习题集 …… 317
24.10 致谢 …… 318
24.11 参考文献 …… 318

第 25 章

应力诱导双折射 …… 320
25.1 应力双折射简介 …… 320
25.2 光学系统中的应力双折射 …… 322

25.3 应力诱导双折射理论 …… 322
25.4 应力双折射元件中的光线追迹 …… 324
25.5 对具有空间变化应力双折射元件的光线追迹 …… 328
25.5.1 系统形状的存储 …… 329
25.5.2 折射和反射 …… 329
25.5.3 应力数据格式 …… 330
25.5.4 空间变化双轴应力的偏振光线追迹矩阵 …… 330
25.5.5 空间变化应力函数的例子 …… 333
25.6 应力双折射对光学系统性能的影响 …… 335
25.6.1 用偏光镜观察应力双折射 …… 336
25.6.2 注塑成型透镜的仿真 …… 338
25.6.3 塑料 DVD 透镜的仿真 …… 340
25.7 总结 …… 342
25.8 习题集 …… 342
25.9 致谢 …… 343
25.10 参考文献 …… 343

第 26 章

多阶延迟器和不连续性之谜 …… 346
26.1 引言 …… 346
26.2 延迟不连续之谜 …… 347
26.3 基于简单色散模型的齐次延迟器系统的延迟展开 …… 349
26.3.1 色散模型 …… 349
26.3.2 齐次延迟器系统的延迟 …… 349
26.3.3 齐次延迟器的迹线以及在延迟器空间的延迟展开 …… 351
26.4 任意取向复合延迟器系统延迟展开的不连续性 …… 352
26.4.1 复合延迟器的琼斯矩阵分解 …… 353
26.4.2 组合延迟器在延迟器空间的迹线 …… 354
26.4.3 组合延迟器系统的多模出射 …… 356
26.4.4 快轴方向相差 45°的复合延迟器例子 …… 357
26.5 总结 …… 359
26.6 附录 …… 360
26.7 习题集 …… 360
26.8 参考文献 …… 362

第 27 章

总结和结论 …… 363

27.1 难题 …… 363
27.2 偏振光线追迹的复杂性 …… 364
27.2.1 光学系统描述的复杂性 …… 364
27.2.2 光线路径的椭圆偏振特性 …… 365
27.2.3 光程长度和相位 …… 365
27.2.4 延迟的定义 …… 366
27.2.5 延迟和倾斜像差 …… 366
27.2.6 多级延迟 …… 367
27.2.7 双折射光线追迹的复杂性 …… 367
27.2.8 相干模拟 …… 368
27.2.9 散射 …… 368
27.2.10 退偏 …… 369
27.3 偏振光线追迹的概念和方法 …… 370
27.3.1 琼斯矩阵和琼斯光瞳 …… 370
27.3.2 *P* 矩阵和局部坐标 …… 370
27.3.3 PSF 和 OTF 的推广 …… 370
27.3.4 光线倍增、光线树和数据结构 …… 371
27.3.5 模式合并 …… 372
27.3.6 替代模拟方法 …… 372
27.4 偏振像差抑制 …… 373
27.4.1 偏振光线追迹输出分析 …… 374
27.5 偏振光线追迹与偏振像差的比较 …… 374
27.5.1 铝膜与偏振像差表达式 …… 375
27.5.2 偏振光线追迹和琼斯光瞳 …… 377
27.5.3 琼斯光瞳的像差表达式 …… 378
27.5.4 二向衰减和延迟的贡献 …… 380
27.5.5 基于偏振像差的设计规则 …… 382
27.5.6 振幅响应矩阵 …… 385
27.5.7 米勒矩阵点扩展矩阵 …… 386
27.5.8 PSF 分量的位置 …… 389
27.6 参考文献 …… 390

作者简介

罗素·奇普曼(Russell A. Chipman),博士,亚利桑那大学光学科学教授,也是日本宇都宫大学光学研究与教育中心(CORE)的客座教授。他在这两所大学教授偏振光、偏振测量和偏振光学设计课程。奇普曼教授获得麻省理工学院(MIT)物理学学士学位,以及亚利桑那大学光学科学硕士和博士学位。他是美国光学学会(OSA)和国际光学与光子学学会(SPIE)的会员。2015 年,他获得了 SPIE 的 2007 G. G. Stokes 偏振测量研究奖和 OSA 的约瑟夫·夫琅禾费奖/罗伯特·伯利光学工程奖。他是美国航天局喷气推进实验室气溶胶多角度成像仪的联合研究员,该偏振测量仪计划于 2021 年前后发射到地球轨道,用于监测城市的气溶胶和污染。他还在为其他 NASA 系外行星和遥感任务开发紫外和红外偏振仪试验样机和分析方法。他最近专注于开发 Polaris-M 偏振光线追迹代码,该软件可分析包含各向异性材料、电光调制器、衍射光学元件、偏振散射光和许多其他效应的光学系统。他的爱好包括徒步旅行、钻研日语、养兔子和听音乐。

慧梓-蒂凡尼·林(Wai-Sze Tiffany Lam),博士,在香港出生和长大。她目前是脸书 Oculus 研究项目的光学科学家。她在亚利桑那大学获得了光学工程学士学位和光学科学硕士和博士学位。她为双折射和光学旋光元件、具有应力双折射的元件、晶体延迟器和偏振器中的像差以及液晶盒的建模开发了稳健的光学建模和偏振仿真算法。其中许多算法构成了艾里光学公司销售的商业光线追迹软件 Polaris-M 的基础。

嘉兰·杨(Garam Young),博士,毕业于韩国首尔国立大学获得物理学学士学位,随后获得亚利桑那大学光学科学学院的博士学位,还获得了毕业告别演讲和优秀研究生荣誉。然后,她在帕萨迪纳市的 Synopsys 公司开发 CODE V 和 LightTools 的偏振特性和优化特性,目前在旧金山湾区担任光学和照明工程师。她的丈夫和女儿让她在家里忙个不停。

致　　谢

我们的家人在我们写这本书的过程中提供了如此多的支持，他们是 Laure，Peter，Kin Lung，Tek Yin，Wai Kwan，Stefano 和 Sofia。

特别感谢亚利桑那大学光学科学学院、喷气推进实验室、宇都宫大学光学研究和教育中心、Oculus 研发实验室和 Nalux 有限公司。

如果没有这么多同事的帮助，这本书是不可能完成的，其中包括：Lloyd Hillman，Steve McClain，Jim McGuire，James B. Breckinridge，Stacey Sueoka，Christine Bradley，Brian Daugherty，Scott Tyo，Anna-Britt Mahler，Scott McEldowney，Michihisa Onishi，Hannah Nobel，Paula Smith，Matthew Smith，Kyle Hawkins，Meredith Kupinski，Lisa Li，Dennis Goldstein，Shih-Yau Lu，Karen Twietmeyer，David Chenault，John Gonglewski，Yukitoshi Otani，Ashley Gasque，Larry Pezzaniti，Robert Galter，Nasrat Raouf，Glenn Boreman，David Diner，Greg Smith，Rolland Shack，Dan Reiley，Angus Macleod，Cindy Gardner，Stanley Pau，David Voeltz，Ab Davis，Joseph Shaw，Kira Hart，James C. Wyant，Amy Phillips，Tom Brown，John Stacey，Suchandra Banerjee，Brian DeBoo，David Salyer，Toyohiko Yatagai，Julie Gillis，Alba Peinado，Jeff Davis，Juliana Richter，Jack Jewell，Alex Erstad，Chanda Bartlett-Walker，Jaden Bankhead，Kazuhiko Oka，Wei-Liang Hsu，Adriana Stohn，Eustace Dereniak，Chikako Sugaya，Justin Wolfe，John Greivenkamp，Momoka Sugimura，Erica Mohr，Alex Schluntz，Charles LaCasse，Jason Auxier，Karlton Crabtree，Israel Vaughn，Pierre Gerligand，Jose Sasian，Ami Gupta，Ann Elsner，Juan Manuel Lopez，Kurt Denninghoff，Toru Yoshizawa，Kyle Ferrio，Tom Bruegge，Bryan Stone，James Harvey，Brian Cairns，Charles Davis，Adel Joobeur，Robert Shannon，Robert Dezmelyk，Matt Dubin，Quinn Jarecki，Masafumi Seigo，Tom Milster，James Hadaway，Dejian Fu，Steven Burns，James Trollinger Jr.，Beth Sorinson，Mike Hayford，Jennifer Parsons，Johnathan Drewes，Bob Breault，Rodney Fuller，Peter Maymon，Alan Huang，Jacob Krause，Kasia Sieluzycka，Jurgen Jahns，Phillip Anthony，Aristide Dogariu，Michaela May，Jon Herlocker，Robert Pricone，Charlie Hornback，Krista Drummond，Barry Cense，Lena Wolfe，Neil Beaudry，Virginia Land，Noah Gilbert，Helen Fan，Eugene Waluschka，Phil McCulloch，Thomas Germer，Thiago Jota，Morgan Harlan，Tracy Gin，Cedar Andre，Dan Smith，Victoria Chan，Lirong Wang，Christian Brosseau，Andre Alanin，Graham Myhre，Mona Haggard，Eugene W. Cross，Ed West，Shinya Okubo，Matt Novak，Andrew Stauer，Conrad Wells，Michael Prise，Caterina Ubacch，David Elmore，Oersted Stavroudis，Weilin Liu，Tyson Ririe，Tom Burleson，Long Yang，Sukumar Murali，Julia Craven，Goldie Goldstein，Adoum Mahamat，Ravi Kinnera，Livia Zarnescu，Robert Rodgers，Randy Gove，Gordon Knight，Randall Hodgeson，Dan Brown，Nick Craft，Stephen Kupiac，Graeme Duthie，John Caulfield Jr.，Joseph Shamir，Ken Cardell，and Bill Galloway。

前　言

本书为本科生和研究生偏振光课程教材，该课程已在亚利桑那大学光学科学学院开展和完善了约十年。本书还可作为光学工程师和光学设计师在构建偏振测量仪、设计严格偏振光学系统以及为各种目的操控偏振光方面的参考书。

偏振是液晶显示器、三维(3D)电影、先进遥感卫星、微光刻系统和许多其他产品的核心技术。应用偏振光的光学系统其复杂性越来越大，由此，用于仿真和设计的工具也迅速发展起来了。更精确和复杂的偏振器、波片、偏振分束器和薄膜的发展为设计师和科学家提供了新的选择，也带来了许多仿真上的挑战。

与蜜蜂和蚂蚁不同，人类本质上是偏振视盲的。人类看不到天空、水和自然界其他地方丰富而微妙的偏振信息。同样，我们也无法看到偏振光在透过挡风玻璃、眼镜和所有光学系统时是如何变化和演变的。因此，学生往往难以理解偏振对光学系统设计、计量、成像、大气光学以及光在组织中传播的重要性。本书通过将偏振光的基本原理与光学工程师和设计师的实践结合起来，就这些技术背后的光学知识提供了指导。

偏振涉及多达 16 个自由度：线偏振、圆偏振和椭圆偏振、二向衰减、延迟和退偏。这些自由度对我们来说是不可见的，因此可能看起来很抽象。在与学生的讨论中，我们偶尔会听到偏振被认为是复杂的、困难的，而且经常被误解。不幸的是，这种情况经常发生，因为许多偏振概念是在仓促和过于简化的处理中教授的。

本书包含对偏振光及偏振光学系统的详细讨论，以澄清作者发现的容易产生混淆的几个主题，以及通常被忽视的以下主题：

- 电磁场和菲涅耳方程的符号约定
- 用琼斯算法在横向平面局部坐标系中处理偏振光
- 许多微妙的相位问题
- 使用矩阵指数，以一种新的更简单的方式定义延迟的三个自由度和二向衰减的三个自由度
- 斯托克斯参数和米勒矩阵的非正交坐标系
- 将琼斯或米勒算法应用于三维光线追迹光学系统，特别是用于杂散光或组织光学

为了解决这些问题,我们开发了一种新的教学方法,并在课堂上进行了测试。这种方法从光传播的三维方法开始。光在光学系统中以任意方向传播,用数学对此进行处理。但琼斯矩阵和米勒矩阵仅描述沿 z 轴的传播。重新定位此 z 轴,使其成为局部坐标,会带来一些重要问题,尤其对于反射的描述。这里,我们教授了三维偏振光线追迹矩阵,它简化了光学系统和偏振元件的分析。然后,琼斯矢量和琼斯矩阵被视为一个有用的特殊情形。这种三维方法听起来可能更复杂,但实际上它使偏振计算更简单。我们开始喜欢这种三维方法,因为它解决了长期以来关于琼斯矩阵和正入射反射的坐标相关悖论!

在许多入门光学课程中,普遍介绍了偏振,但很少再详细讨论。经常介绍菲涅耳方程,但其结果却被忽略了。因此,本书给出了描述菲涅耳方程如何影响光通过透镜和反射镜以及成像的详细研究。通过学习偏振光的衍射和成像,学生可逐步了解菲涅耳方程如何改变点扩散函数的结构,以及偏振态如何在点物的像中变化。

在光学工程中,偏振元件通常被视为一个独立的子系统。偏振的数学方法,即琼斯演算和米勒演算,一直与一阶光学、像差理论、透镜设计的数学方法分开,并且在很大程度上也与干涉和衍射分开。早期对偏振的研究主要集中在琼斯演算、米勒演算和偏振元件上。本书将偏振元件视为光学元件,也将光学元件视为偏振元件。透镜和反射镜系统的特性随波长、角度和位置而变化,这些就是像差。类似地,偏振元件的偏振特性随波长、角度和位置而变化,这些就是偏振像差。正如光学设计师在传统光学设计中需要对光程长度进行详细计算一样,偏振光线追迹也可以对偏振特性进行类似的详细计算。

现在大多数光学设计程序都提供了偏振光线追迹计算,因此现在许多用户更需要了解偏振光在光学系统中传播的细微之处,以便成功使用偏振光线追迹软件,并能够清楚地表达结果。到目前为止,偏振光线追迹尚未成为光学课程的一部分。为了解决这一问题,我们为讲师提供了材料,将课程建立为以光学系统中的偏振为基础,而不是把偏振作为一个子系统。本书通过讲授偏振元件、偏振元件序列、偏振测量、菲涅耳方程和各向异性材料的基础知识来满足这些需求。

偏振元件从来都不是理想的。所提出的理论和分析方法便于人们深入理解常见光学元件(如透镜、折轴反射镜和棱镜)的偏振效应。因此,本书在偏振像差方面投入了相当大的篇幅:波片的延迟随入射角和波长的变化,以及线栅、偏振片和格兰-泰勒偏振器的角度相关性。

为了完善本书对光学系统的论述,本书提供了光线追迹算法和近轴光学的概述,并提供了足够的材料,使来自光学以外的科学家和工程师熟悉光线追迹算法的基本概念。本书中的许多示例系统都是用我们内部研究的偏振光线追迹软件 Polaris-M 计算的,该软件基于三维偏振光线追迹矩阵。

我们觉得这些概念很有趣,希望我们的魅力能传达给读者。几何是数学中最令人愉悦的领域之一,偏振与光学系统的结合提供了大量的几何问题和见解。对于光学设计师来说,从标量波前像差函数(一个自由度,光程长度)的面转移到八维琼斯光瞳及其高维形状是一大步。但一旦人们习惯了二向衰减像差和延迟像差,将塞德尔像差和泽尼克像差推广到八维空间就具有极大的美和对称性。我们在对偏振像差的研究中,在琼斯演算结构中给出了这个八维琼斯矩阵空间的逐步指导。

罗素·奇普曼
慧梓-蒂凡尼·林
嘉兰·杨

这本书是怎么产生的

第一作者罗素·奇普曼讲授偏振光学已有30多年，同时在光学设计、偏振测量和偏振器件领域开展了广泛的偏振研究项目。多年来，他的研究优先于书籍写作，但课程材料获得了稳步发展和讲授。

从2006年开始，嘉兰·杨撰写了一篇关于偏振光线追迹的论文，在此过程中，偏振光线追迹中围绕相位、延迟和倾斜像差的许多潜在问题被揭示出来，并澄清了深层次的问题。这些进展致使亚利桑那州科学基金会支持编写一个研究偏振光线追迹的程序Polaris-M，以演示这些新的偏振光线追迹方法。蒂凡尼·林与史蒂夫·麦克莱恩(Steve McClain)共同负责各向异性材料光线追迹算法的开发和测试，生成了许多极具指导意义的偏振光线追迹示例，并开发了双折射光线追迹的特殊处理方法。

本书是第一作者对于偏振像差研究的顶峰，该项研究始于1982年，是在喷气推进实验室的吉姆·怀恩特(Jim Wyant)和吉姆·布雷金里奇(Jim Breckinridge)指导下在亚利桑那大学光学研究生院开展的。在奇普曼的教材和研究经验、杨的偏振光线追迹论文和林的各向异性光线追迹论文中，这一雄心勃勃项目的各个部分都已就绪。这不仅仅是一本关于偏振光和偏振演算的书，它还将引导读者了解光学系统的现代观点，即光学系统中的一切都是偏振元件。

建议的课程

根据多年来讲授这门课程的经验，作者安排了各章的逻辑顺序。该顺序的组织是为了在课堂上自然流畅。这些章节从简单到复杂，从基础的概念到更实用的概念。根据课程目标，可以选择不同的章节顺序。以下是三个建议的课程：粉色突出显示的是(1)本科偏振光学课程，蓝色突出显示的是(2)研究生偏振光学课程，紫色突出显示的是(3)偏振光学设计高级课程。

本科生课程：偏振的光

1. 引言和概述
2. 偏振光
3. 斯托克斯参量和庞加莱球
4. 偏振光干涉
5. 琼斯矩阵及偏振特性
6. 米勒矩阵
7. 偏振测量术
8. 菲涅耳公式
9. 偏振光线追迹计算
10. 光学光线追迹
11. 琼斯光瞳和局部坐标系
12. 菲涅耳像差
13. 薄膜
14. 基于泡利矩阵的琼斯矩阵数据约简
15. 近轴偏振像差
16. 有偏振像差的成像
17. 平移和延迟计算
18. 倾斜像差
19. 双折射光线追迹
20. 用偏振光线追迹矩阵进行光束组合
21. 单轴材料和元件
22. 晶体偏振器
23. 衍射光学元件
24. 液晶盒
25. 应力诱导双折射
26. 多阶延迟器和不连续性之谜
27. 总结和结论

研究生课程:偏振光学

1. 引言和概述
2. 偏振光
3. 斯托克斯参量和庞加莱球
4. 偏振光的干涉
5. 琼斯矩阵和偏振特性
6. 米勒矩阵
7. 偏振测量术
8. 菲涅耳公式
9. 偏振光线追迹计算
10. 光学光线追迹
11. 琼斯光瞳和局部坐标系
12. 菲涅耳像差
13. 薄膜
14. 基于泡利矩阵的琼斯矩阵数据约简
15. 近轴偏振像差
16. 有偏振像差的成像
17. 平移和延迟计算
18. 倾斜像差
19. 双折射光线追迹
20. 用偏振光线追迹矩阵进行光束组合
21. 单轴材料和元件
22. 晶体偏振器
23. 衍射光学元件
24. 液晶盒
25. 应力诱导双折射
26. 多阶延迟器和不连续性之谜
27. 总结和结论

高级课程:偏振光学设计

1. 引言和概述
2. 偏振光
3. 斯托克斯参量和庞加莱球
4. 偏振光的干涉
5. 琼斯矩阵和偏振特性
6. 米勒矩阵
7. 偏振测量术
8. 菲涅耳公式
9. 偏振光线追迹计算
10. 光学光线追迹
11. 琼斯光瞳和局部坐标系
12. 菲涅耳像差
13. 薄膜
14. 基于泡利矩阵的琼斯矩阵数据约简
15. 近轴偏振像差
16. 有偏振像差的成像
17. 平移和延迟计算
18. 倾斜像差
19. 双折射光线追迹
20. 用偏振光线追迹矩阵进行光束组合
21. 单轴材料和元件
22. 晶体偏振器
23. 衍射光学元件
24. 液晶盒
25. 应力诱导双折射
26. 多阶延迟器和不连续性之谜
27. 总结和结论

章节导览

第 1 章：引言和概述

概述了偏振光和偏振光学，并介绍光学系统中的几个偏振问题。介绍了光的电磁本性。解释了偏振元件，如偏振器、延迟器、退偏器，以及相关特性，如双折射。以图形方式研究了一系列偏振问题：未镀膜透镜的马耳他十字图案、偏振器和延迟器的视场相关性、光学薄膜引起的偏振像差、应力双折射以及液晶的角度相关性。

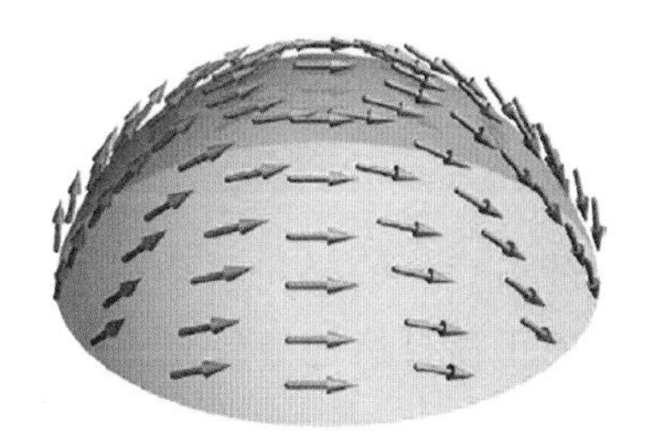

半球面波前上的线偏振

第 2 章：偏振光

涵盖了单色光和平面波在二维琼斯矢量和三维偏振矢量中的数学处理，详细探讨了偏振椭圆，在此过程中回顾了基本向量数学。最后总结讨论了球面波前和光源的偏振。

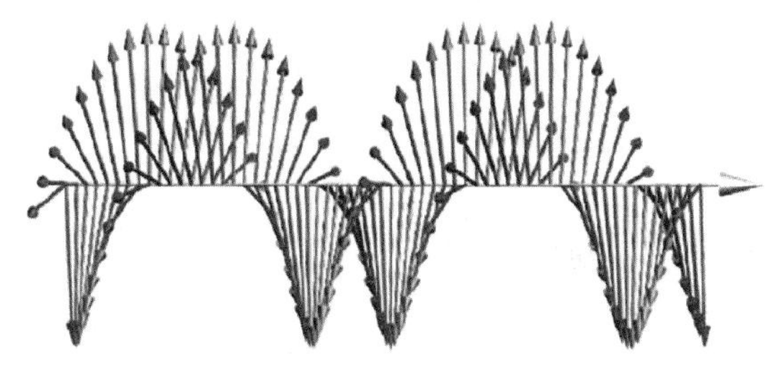

圆偏振光电磁场的三维视图

第 3 章：斯托克斯参量和庞加莱球

研究多色光、部分偏振光和非相干光。斯托克斯参量有一个不寻常的非正交坐标系，它对于辐射测量和遥感问题非常有效。庞加莱球是斯托克斯参量的三维表示，它简化了许多偏振元件问题的分析。

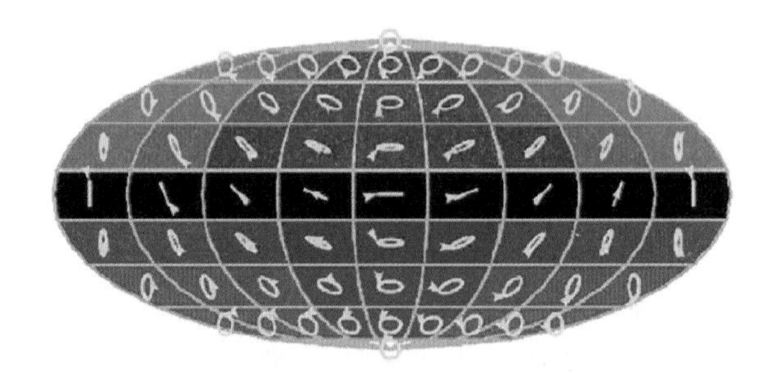

墨卡托投影法表示的庞加莱球

第 4 章：偏振光干涉

研究干涉中的偏振条纹和强度条纹。偏振问题会影响干涉仪，并给记录良好的干涉图造成困难。部分偏振光和多色光的干涉自然地导致光的斯托克斯参数描述。

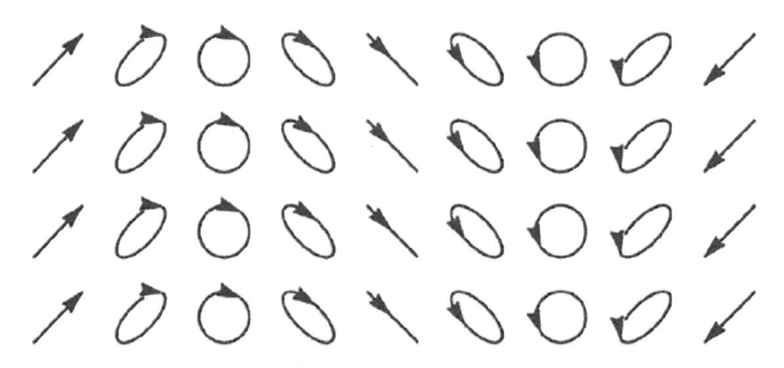

0°和 90°激光束的干涉产生具有恒定强度和周期性偏振条纹的图案

第 5 章：琼斯矩阵及偏振特性

发展了矩阵作为偏振元件的强大模型。每个偏振元件和偏振特性都有一个对应的琼斯矩阵族。考虑了光通过一系列偏振元件的传播，为光学工程师提供了有价值的例子。考察了光正入射到反射镜上时反射的琼斯矩阵；这个琼斯矩阵展现了一个悖论，它将通过偏振光线追迹矩阵来解决。提出了入射光束和出射光束不平行情况下琼斯矩阵的概念，这在光学设计中非常重要。

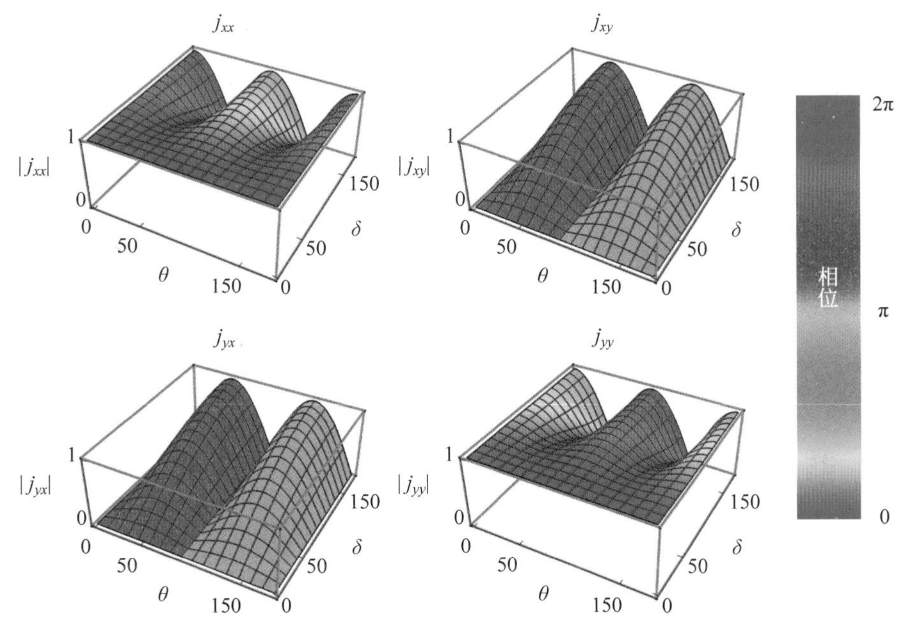

所有线性延迟器的琼斯矩阵。高度是幅值,颜色编码为相位

第 6 章:米勒矩阵

为偏振元件(偏振器、二向衰减器、延迟器以及退偏器)的非相干光计算提供了一种强大的方法。引入反射和折射米勒矩阵,将该方法推广到包含光学元件的问题。退偏是一种具有九个自由度的常见现象。

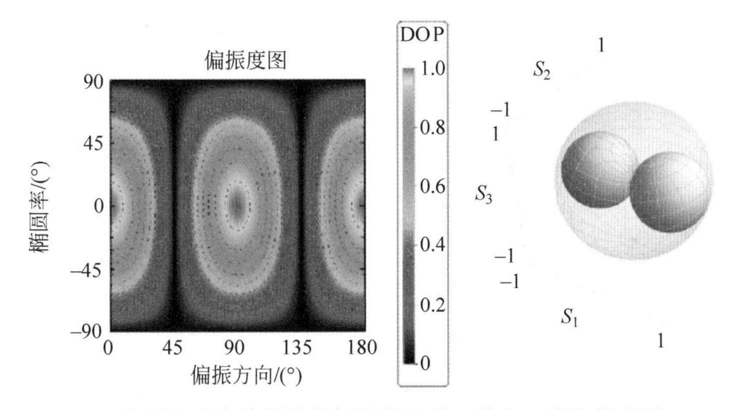

水平和垂直偏振器之间孔径上的二维和三维偏振度图

第 7 章:偏振测量术

将米勒矩阵方法应用于斯托克斯参数和米勒矩阵的测量。斯托克斯偏振测量仪在遥感中有许多应用,包括描述大气中的气溶胶特征和在杂乱场景中寻找人造物体。米勒矩阵用

于测试偏振元件和光子器件,并作为椭偏仪用于测量薄膜厚度和折射率。

汽车图像的偏振度和偏振方向

第8章:菲涅耳公式

本章描述了发生在电介质界面上、全内反射和从金属反射镜反射的偏振变化。将入射光解析为s偏振和p偏振分量,并将其作为本征偏振分别进行研究。在延迟导数变为无穷大的临界角处,会发生非常大的偏振效应。

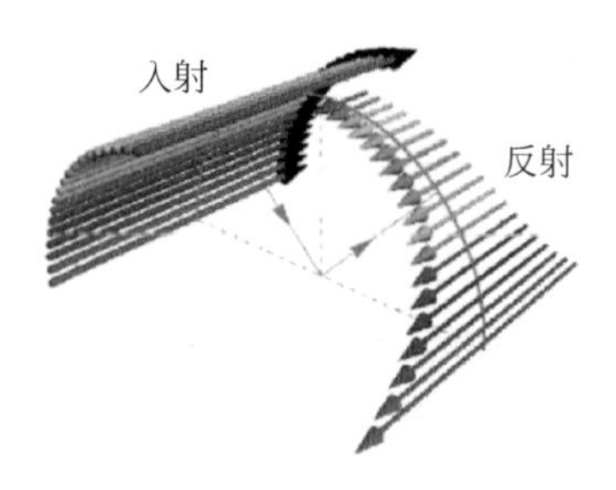

玻璃表面反射的p偏振光的入射和反射电场矢量

第9章:偏振光线追迹计算

本章开发了3×3偏振光线追迹矩阵和相关算法。该演算将偏振光线追迹系统化为三维偏振光线追迹矩阵,即 ***P*** 矩阵,它是琼斯矩阵的三维推广。***P*** 矩阵的一个主要优点是它定义在全局坐标中;它解决了琼斯矩阵和局部坐标由于奇点和非唯一性导致的深层次问题,这是贯穿本书的主题。因此,任何用 ***P*** 矩阵进行光线追迹光学系统的人都会得到相同的矩阵,不像琼斯矩阵或米勒矩阵的计算,其结果取决于所选局部坐标的顺序。给出了使用 ***P*** 矩阵计算二向衰减和延迟的算法。正入射时反射镜的反射琼斯矩阵与透射半波延迟器的琼斯矩阵相同,这一悖论得到了解决。通过偏振干涉仪的光线追迹(如图所示)给出了一个重要的演算例子。

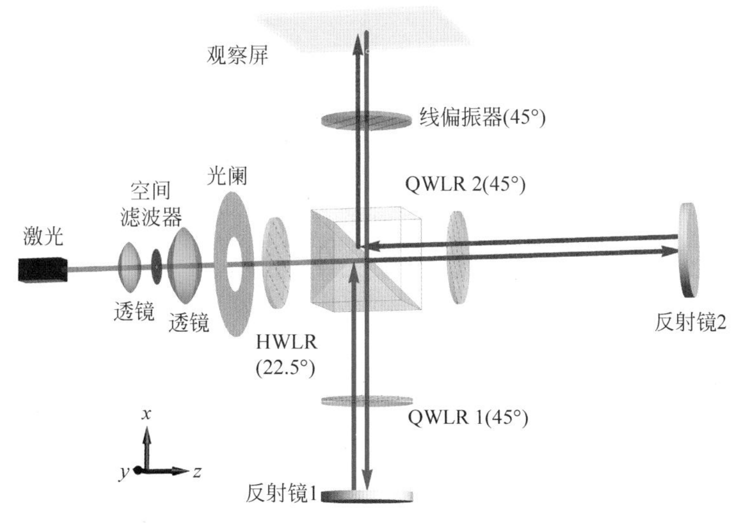

用偏振光线追迹演算分析偏振干涉仪

第 10 章：光学光线追迹

本章介绍了光线追迹光学系统的算法，并计算了波前和偏振像差函数。偏振光线追迹算法考虑了光线追迹过程中镀膜和未镀膜界面的偏振效应，例如菲涅耳系数。偏振光线追迹矩阵用于计算光线的透射率（切趾）、二向衰减和延迟特性。波前的光线网格构成了确定偏振像差函数的基础。给出了光线追迹概念的一个示例：有两个非球面的手机镜头。本章最后回顾了偏振光线追迹的历史。

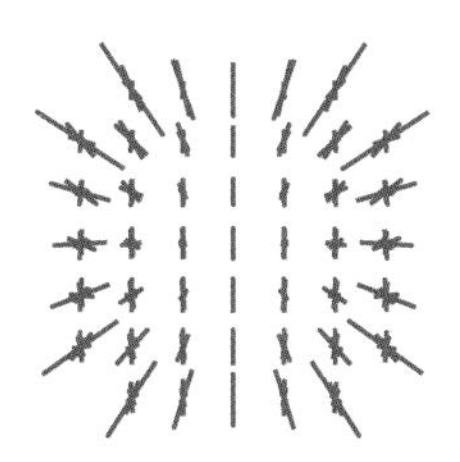

通过手机镜头的离轴光束的二向衰减，逐面重叠在出瞳中

第 11 章：琼斯光瞳和局部坐标系

本章分析了将定义于三维球面上的光线追迹结果转换为平面表示的琼斯光瞳的难题。琼斯光瞳在工业上常用于表示偏振像差。为了正确使用琼斯光瞳，解释了局部坐标系的微妙之处，并提出了最优方法。发展了两种主要的局部坐标系：偶极坐标系和双极坐标系。对于高数值孔径波前，由于双极坐标系更接近透镜的自然行为，因此使用双极坐标系更加方便。双极坐标还包含一个迷人的双退化奇点。手机镜头示例继续说明 $\boldsymbol{P}$ 矩阵如何转换为琼斯光瞳。

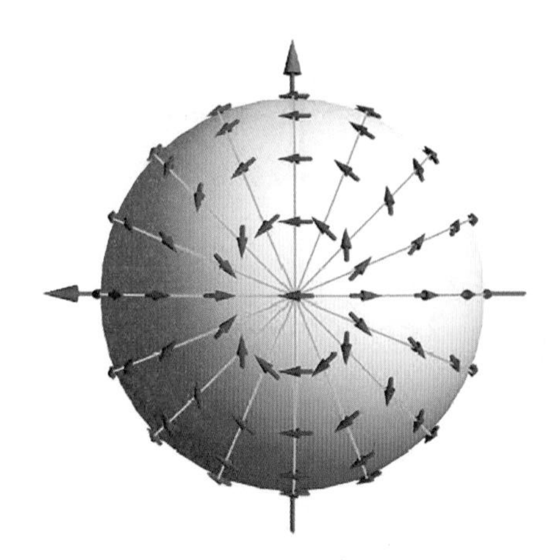

透镜的双极偏振图中围绕双奇点的 720°偏振旋转

第 12 章：菲涅耳像差

本章将菲涅耳公式应用于几个示例光学系统,得到的偏振像差令人惊讶。正交偏振器之间的未镀膜透镜会漏光形成马耳他十字图案。卡塞格林望远镜中的金属膜层将少量像散引入轴上光束！该望远镜在正交偏振器之间的点扩散函数中心为深色,另有四个光斑分布在周边。菲涅耳公式的一个巧妙应用是菲涅耳菱体——一种基于全内反射的四分之一波延迟器。

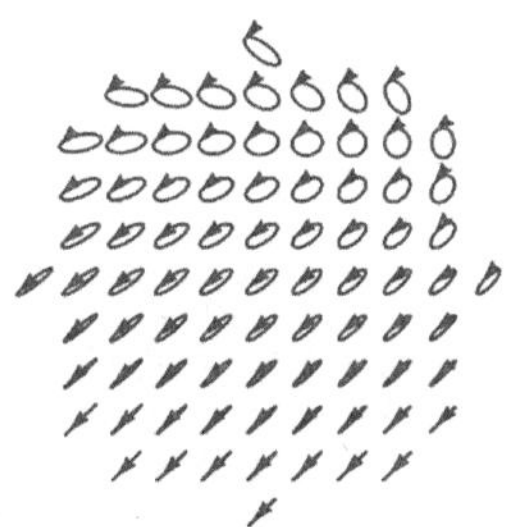

当入射偏振方向在 s 和 p 之间的 45°时,从铝折光镜反射的 f/1 光束的偏振态

第 13 章：薄膜

本章涵盖了几种最重要的光学薄膜及其偏振特性：

- 增透膜
- 增强反射膜
- 金属分束膜
- 偏振分束膜

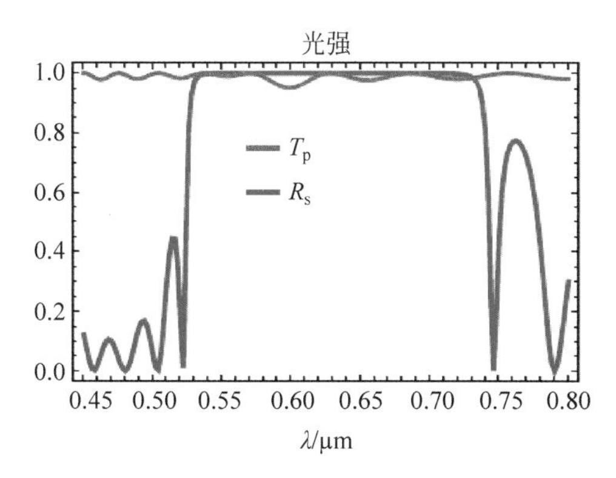

麦克尼尔(MacNeille)偏振分束棱镜分光膜的 p 强度透射率和 s 强度反射率

第 14 章：基于泡利矩阵的琼斯矩阵数据约简

本章将琼斯光瞳解释为二向衰减和延迟像差函数。琼斯矩阵一章介绍了从偏振特性、二向衰减和延迟计算琼斯矩阵的正问题。本章通过求琼斯矩阵的标准形式，泡利矩阵和矩阵指数将琼斯矩阵转换为二向衰减和延迟。

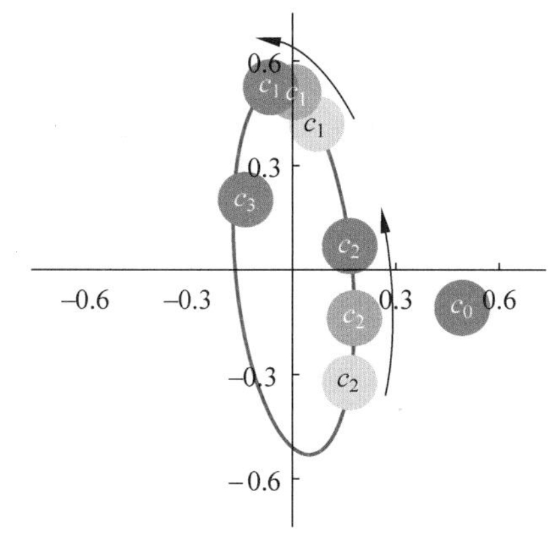

偏振元件可表示为单位矩阵和三个泡利矩阵的复系数加权之和。
当元件旋转时，两个线性系数沿椭圆轨迹移动，而单位矩阵系数和圆泡利系数保持不动

第 15 章：近轴偏振像差

本章研究径向对称系统中偏振像差的形式，从入射角函数开始，结合典型的二向衰减和像差函数，得出二阶偏振像差模式，类似于离焦、倾斜和平移。将近轴光线追迹像差作为研究起点，以便扩展认知完全像差。

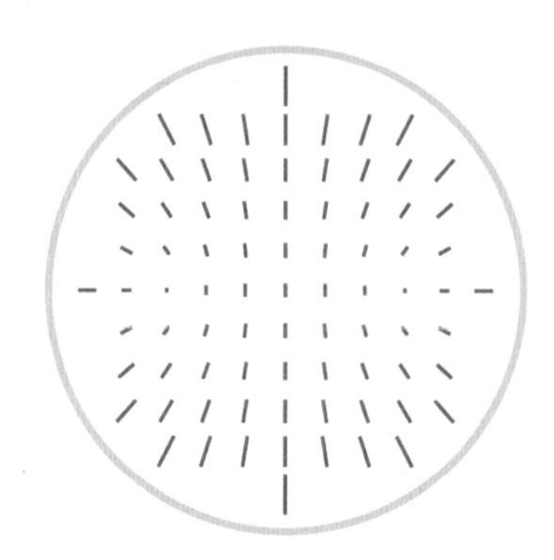

望远镜离轴视场光瞳上的双峰延迟分布,有两个零点,围绕每个零点快轴旋转 180°

第 16 章: 有偏振像差的成像

本章研究衍射以及存在偏振像差时点扩散函数和光学传递函数的计算。从光学系统出射的偏振态的变化会引起像及其偏振结构的有趣变化。由于倾斜像差和全内反射引起的延迟,角立方体的偏振像差非常大。

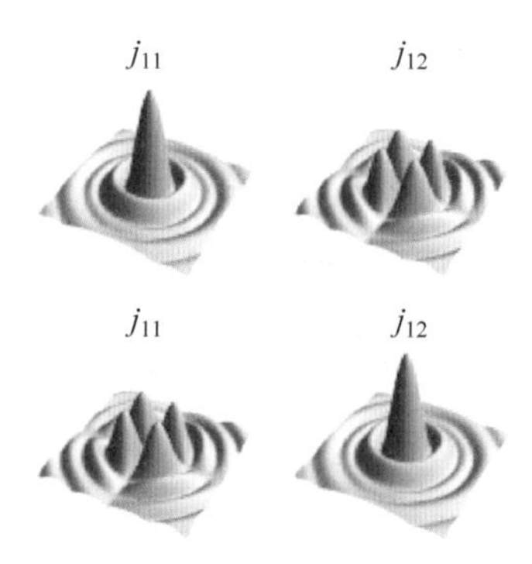

在 x 和 x、y 和 x、x 和 y 以及 y 和 y 方向偏振器之间的卡塞格林望远镜的点扩展函数,对于正交偏振器组合,产生了一个四瓣点扩展函数,中间为暗

第 17 章: 平移和延迟计算

本章描述了延迟器和延迟的计算。延迟是一个特别微妙且有时矛盾的概念,通常描述为两个正交偏振态之间的光程差。然而,当一个系统有两个以上的干涉光束时,会出现其他概念问题,这些问题会使测量和解释显示器用双折射薄膜的特性变得复杂。当入射光线、中间光线段和出射光线彼此不平行时,三维中的延迟计算会出现一个悖论。本章展示了如何在详细了解通过光学系统的光线路径的情况下,简单地解决延迟悖论。

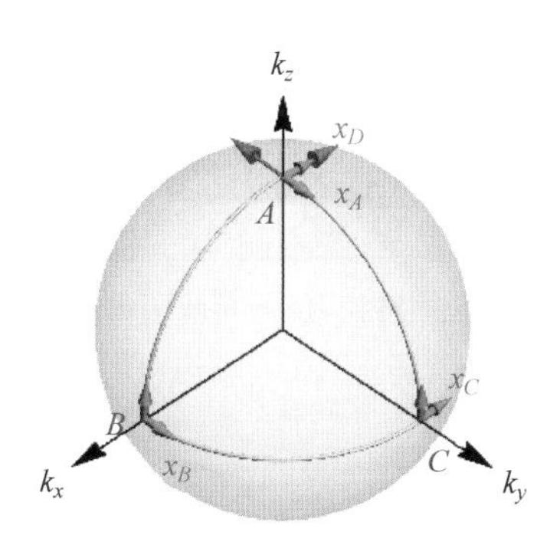

延迟的计算取决于单位传播球上形成的球面多边形面积，该单位传播球由每个光线段所有传播矢量形成

第18章：倾斜像差

本章将延迟悖论的解决方案应用于非偏振光学系统中发生的偏振态旋转。用Pancharatnam/ Berry相位解释了一种新型的偏振像差，即倾斜像差。倾斜像差的一个独特特征是它存在于理想非偏振光学系统中。这种效应对于具有大视场的高数值孔径光学系统是非常显著的；微光刻系统就是这种光学系统的好例子。推导了倾斜像差对偏振点扩展函数和光学传递函数的影响。

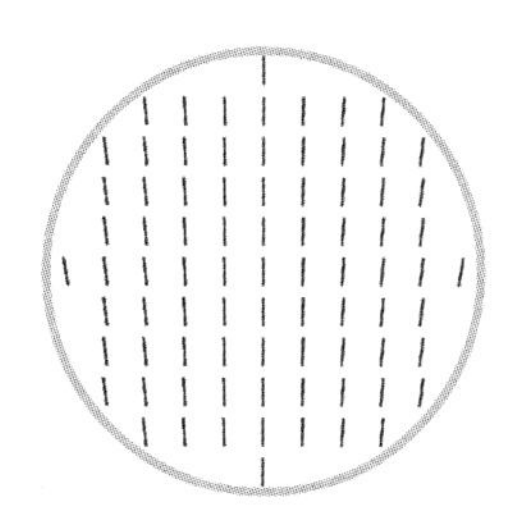

由于偏振态的平行转移，离轴视场的出射偏振在光瞳上发生了偏振旋转

第19章：双折射光线追迹

本章介绍了各向异性材料的光线追迹方法，并讨论了光线倍增的处理。通过各向异性材料进行偏振光线追迹需要追迹所有分裂光线的大量参数：

- 传播矢量 $\boldsymbol{k}$
- 坡印廷矢量 $\boldsymbol{S}$
- 模式折射率 n
- 复菲涅耳系数 a
- 电场方向 $\hat{\boldsymbol{E}}$

各向异性算法可以处理双折射和反射、镀膜的各向异性界面、倏逝光线，包括全内反射和抑制反射。本书的网站www.polarizedlight.org包含光束通过双轴材料以及偏振态演化的动画。

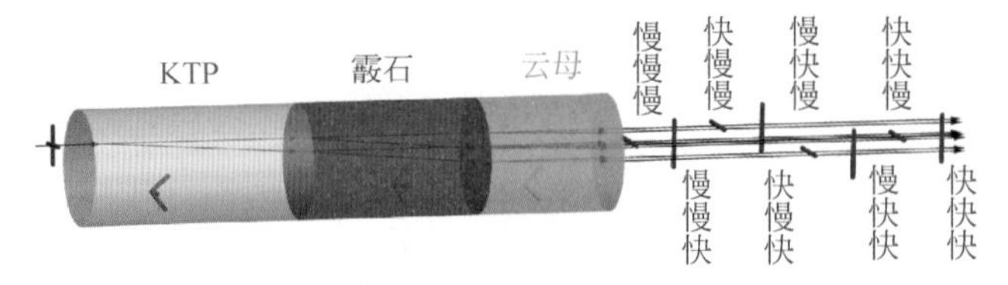

通过三块各向异性晶体序列的 8 条透射光线路径,每条光线路径具有不同的模式序列和不同的光程长度。8 条光线平行出射,每条都在双平行四边形形状中的不同位置出射

第 20 章:用偏振光线追迹矩阵进行光束组合

本章分析了具有相似和不同传播方向的多个波前的相互作用。作为光线追迹过程的一部分,必须仿真多个出射光束的相互作用,以分析双折射器件和干涉仪。组合多个波前的众多问题之一是光线网格的相对位置和插值的必要性。

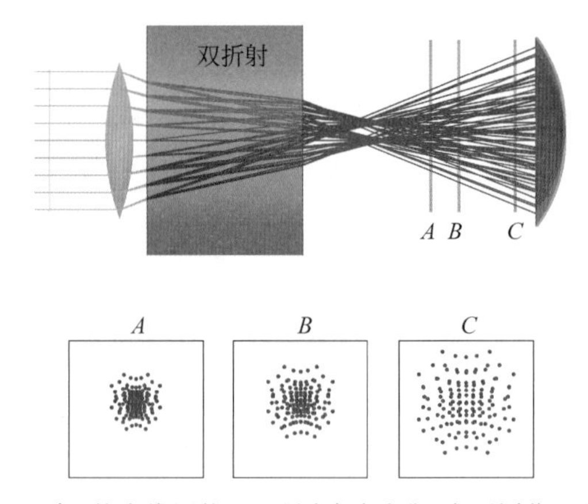

两种模式(红色和蓝色)的光线网格,通过厚波片聚焦,在不同位置具有不同的像差。仿真需要把相应的电场相加来模拟干涉、衍射和成像

第 21 章:单轴材料和元件

本章探索了常见单轴器件中的光传播和光线追迹。折射率椭球有助于解释波前通过双折射界面的传播。在单轴材料中,由于折射率的角度变化,异常模的双折射像差非常复杂。在分析波片时,了解这种像差很重要。

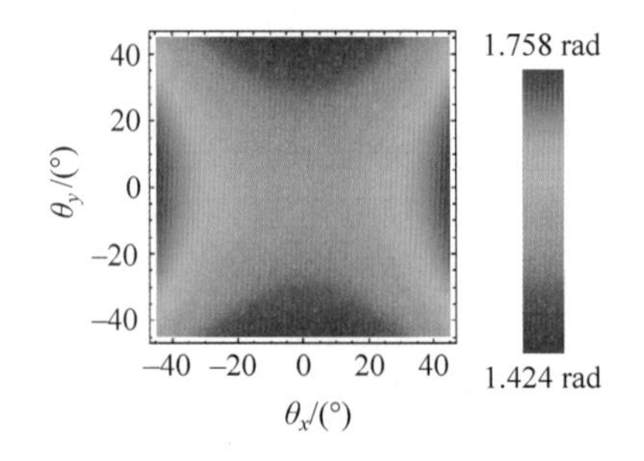

通过波片的延迟随方向的变化,呈马鞍形

第 22 章：晶体偏振器

本章对常见但被误解的光学元件(晶体偏振器，包括格兰-泰勒和格兰-汤普逊)进行了新的分析。这种研究方法使人们对偏振器的视场、光束切趾及其像差有了新的认识。描述了由晶体偏振器产生的众多小光束，并解释了它们的路径。分析变得更加复杂，但对于入射球面波的平行和正交晶体偏振器对来说却很有趣。

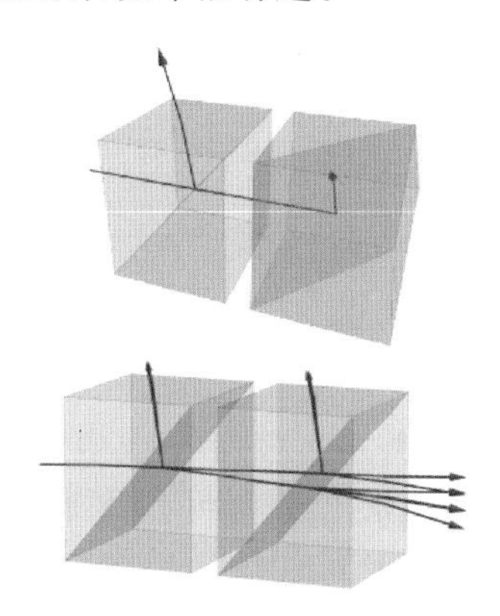

轴上光线不能穿过一对正交的格兰-泰勒偏振器，但对于 4°离轴光线，会透过五个模式对。这将偏振器的视场限制为 3°

第 23 章：衍射光学元件

本章使用严格的耦合波分析法对衍射光学元件进行了模拟。研究了反射光栅、线栅偏振器和减反射膜亚波长结构的偏振特性。解释了通过对振幅系数(菲涅耳系数)进行积分，在偏振光线追迹中准确包含衍射光学元件的方法。

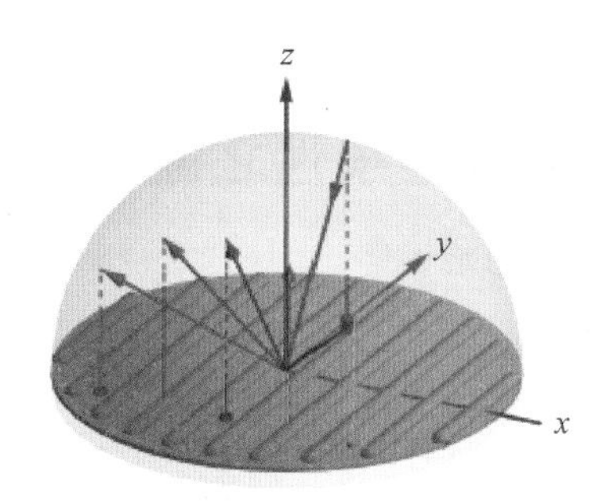

面外照射衍射光栅，不同衍射级的传播矢量位于圆锥面，但矢量在 xy 平面上的投影保持等间距

第 24 章：液晶盒

液晶盒通过旋转液晶分子来操控光的偏振，从而产生电控延迟器、偏振控制器和空间光调制器。本章分析了最常见和历史上最重要的方案。液晶盒的主要问题之一是延迟随角度的变化。在不同设计之间比较了这些角偏振像差，并研究了液晶盒与视场校正双轴多层膜

模组,以制作高性能液晶显示器。为了在显示器市场上占据主导地位,液晶技术克服了许多障碍,包括吸收、散射、低对比度、切换时间、均匀性、有限视角、向错和偏振像差。

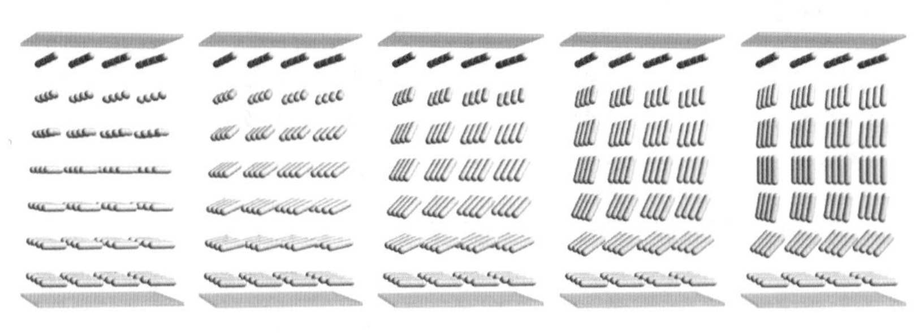

从 0V(左)到 5V(右)的扭曲向列相液晶盒中的指向矢分布

第 25 章:应力诱导双折射

应力诱导双折射是光学中的一个普遍问题,由于成型工艺在注塑塑料光学元件中,以及由于光机安装技术较差在玻璃透镜中,经常出现这种问题。应力是光学元件中的内力,它改变了原子之间的距离,产生空间变化的双折射。应力可能在玻璃成型、塑料透镜注塑成型或光学元件安装过程中产生。本章的算法模拟了偏振光通过具有应力双折射的光学元件的传播。讨论了在 CAD 文件中存储应力信息的常用数据结构。包括解读应力双折射偏光镜彩色图像的方法。

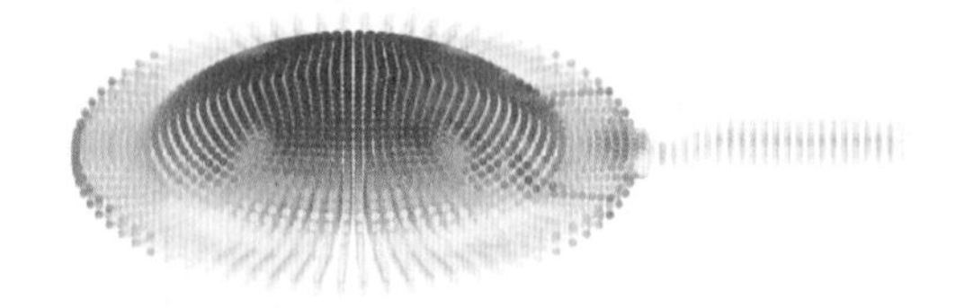

注塑成型 DVD 透镜中的应力(蓝色)和应变(红色)的空间分布

第 26 章:多阶延迟器和不连续性之谜

多阶延迟器是延迟大于一个波的延迟器。例如,复合延迟器(由多个双折射板构成)的延迟可以在 $1\frac{1}{2}$ 波到 $2\frac{1}{2}$ 波的延迟之间连续变化,而不会通过 2 波延迟!当双折射组件的快轴彼此不平行或不垂直时,可以认为延迟同时有多个值。实测数据证实了这一复杂但迷人的问题。

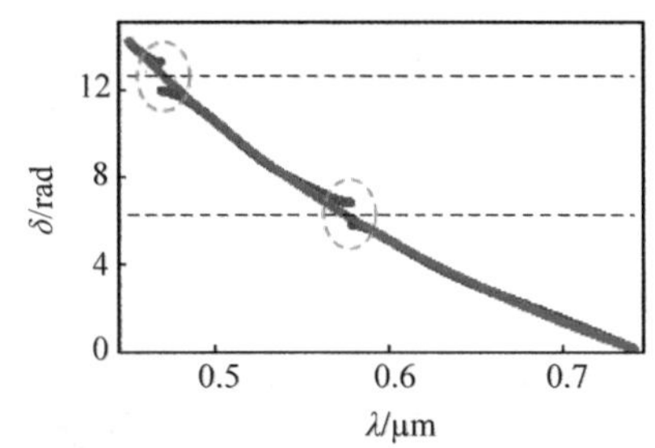

轴对齐的双片延迟器的延迟谱是连续的(红色),但当其中一片稍微旋转时,在 $2n\pi$(蓝色)值附近会出现不连续,绿色圆圈中所示

第 27 章：总结和结论

本章对本书的所有问题进行审视，以了解全局。回顾了光程长度、相位、延迟和坐标系等关键问题，并讨论了偏振容差。本书通过讨论偏振效应和像差的交流问题来结束。光学设计师和工程师如何与同事、供应商和生产同行最好地沟通这一复杂信息？

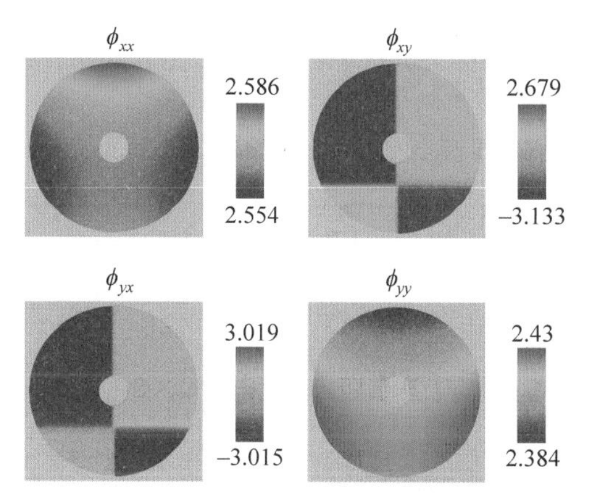

琼斯光瞳的相位部分显示了偏振像差(线性延迟倾斜)，这导致点扩散函数的 x 和 y 偏振部分略微分离

学习特征

本课程是作者罗素·奇普曼在亚利桑那大学为本科生和研究生讲授多年的偏振课程。此外，许多 SPIE 和 OSA 短期课程都讲授了大部分课程内容。观察学生的学习，观察他们的困难，并从课堂上获得反馈，使本书具有几个特点，包括将光学设计整合到研究中。

彩色图

偏振和几何光学是高度几何化的学科，许多概念的交流用三维彩色图形比用方程式更有效。颜色表达更多细节，并能加快理解速度。准备这么多的图形需要付出巨大的努力，我们的作者之一蒂凡尼·林率先开发了图形。

庞加莱球

庞加莱球对于理解和解释偏振光非常有用。要真正欣赏和应用球形，三维庞加莱球至关重要。因此，本书的网站上有一个庞加莱球：www.polarizedlight.org。我们建议在厚纸上打印这个庞加莱球，然后将其切割和折叠，并将其粘贴成球形。

庞加莱球

视图

彩色图形在课堂上非常有效，可以吸引学生并保持他们的兴趣。采用本书的教师可以使用一套包含大多数插图的教学视图。

工作例子

贯穿全书的是与习题集密切相关的数值例子。这些工作例子解释了坐标旋转等基本概念,并为重要例子提供了有用的数值。学生通过对这些例子的学习,可以加快在数学问题解决技能上的进步,并进一步理解基本物理过程。当首次引入线性代数方法以帮助掌握矩阵操作时,工作示例给出了线性代数方法的逐步说明。

习题集和解题手册

每章都包含习题集,以帮助学生掌握概念并测试其解决问题的能力。通常,前几个问题只需用几分钟,然后问题的难度就会增加。

三维偏振光线追迹演算

对沿任何方向传播的光进行操作的 3×3 矩阵在这里得到了充分的解释,并集成到光学设计算法中。嘉兰·杨在她的论文中阐述了这个矩阵的概念,并给出了许多例子,证明了它优于琼斯算法。蒂凡尼·林在她的论文中进一步将偏振光线追迹演算扩展到双折射元件,包括单轴、双轴和应力双折射光学元件。

参考列表

贯穿全书的列表给出了偏振光、琼斯矩阵、米勒矩阵、斯托克斯参量和材料特性的关键特性。

缩略语表

a, a_p, a_s	振幅系数，s 和 p 系数，例如菲涅耳、薄膜
A	面积
A_E	入瞳的面积
a_i	像差系数
A_x, A_y, A_z	电场沿坐标轴的实振幅
A	分析器矢量，米勒矩阵的顶行
$\mathbf{A}(\rho)$	琼斯矩阵，描述了振幅的偏振无关变化
$a(x, y)$	振幅函数
Abs	绝对值
AoP($\boldsymbol{S}$)	斯托克斯参量 $\boldsymbol{S}$ 的偏振角
apt(x, y)	孔径函数
ARM	振幅响应矩阵
arg	复数的参数
B 和 $\boldsymbol{B}$	磁感应场和磁感应强度矢量
BP	蓝相
BRDF	双向反射分布函数
c	光速
C	对比度
C_0, C_1, C_2	应力光学系数
$\boldsymbol{C}$	应力光学张量
C_q	第 q 个面的曲率
CA	晶轴
CR(δ)	圆延迟器，延迟量 δ
d	液晶盒间隙
d	薄膜厚度
$D, \mathcal{D}$	二向衰减
$\boldsymbol{d}$	偶极轴矢量
D 和 $\boldsymbol{D}$	电位移场和电位移场矢量
$\boldsymbol{D}$	对角矩阵，奇异值矩阵
$\boldsymbol{D}$	并矢矩阵
Det	行列式
DFT	离散傅里叶变换
D_H, D_{45}, D_R	二向衰减分量
DoCP($\boldsymbol{S}$)	斯托克斯参量 $\boldsymbol{S}$ 的圆偏振度
DOE	衍射光学元件
DoLP($\boldsymbol{S}$)	斯托克斯参量 $\boldsymbol{S}$ 的线偏振度
DoP($\boldsymbol{S}$)	斯托克斯参量 $\boldsymbol{S}$ 的偏振度

e	椭圆率,椭圆短轴与长轴的比值
e	异常模式的标记
E	偏振器或二向衰减器的消光比
E	异常主轴的标记
E	杨氏模量
$\boldsymbol{E}$	琼斯矢量
$\boldsymbol{E}$	偏振矢量
$\boldsymbol{E}(\boldsymbol{r},t)$	单色平面波的电场
$\boldsymbol{E}_q$	在第 q 个光线截点的电场矢量
E_x,E_y,E_z	电场沿三个坐标轴的复振幅
$\mathbf{ED}(d_H,d_{45},d_L)$	椭圆二向衰减器,二向衰减分量 d_H、d_{45}、d_L
$\mathbf{E}(\varepsilon,\psi)$	椭圆率为 ε、取向角为 ψ 的椭圆偏振器
EPD	入瞳直径
$\mathbf{ER}(\delta_H,\delta_{45},\delta_L)$	椭圆延迟器,延迟分量 δ_H、δ_{45}、δ_L
f	快模式的标记
F	快主轴的标记
FEM	有限元模型
FOV	视场
$\boldsymbol{G}$ 和 g	旋光张量和旋光常数
$\boldsymbol{g}_{\mathrm{In},i}$、$\boldsymbol{g}_{\mathrm{Exit},i}$	定义在入瞳面和出瞳面的双极坐标
H	拉格朗日不变量
$\boldsymbol{H}$	水平偏振光的琼斯矢量
H 和 $\boldsymbol{H}$	磁场和磁场矢量
$\boldsymbol{H}$	厄米矩阵
$\boldsymbol{H}$	物坐标
$H(\boldsymbol{r},t)$	单色平面波的磁场
i,j	求和序数
i	各向同性模式的标记
i_c	主光线入射角
i_m	边缘光线入射角
I	光通量、光强度、特定偏振态的光强部分
I	第一个斯托克斯参量,S_0,光通量
I	米勒矩阵的非齐次性
$\boldsymbol{I}$	单位矩阵
Im	复数值的虚部
inc	入射光线的标记
$I_{\max},I_{\min}$	最大和最小光强透射率
IPS	面内切换
IR	抑制折射
$\boldsymbol{J}$	琼斯矩阵
$\boldsymbol{J}_{光瞳}$	琼斯矩阵光瞳
$JP(x,y)$	在出瞳面上对波前和偏振态的全面描述
k	波数
$\boldsymbol{k}$	传播矢量
$\hat{\boldsymbol{k}}_q$	在第 q 个光线截点的归一化传播矢量

l	物理光线路径
l	左旋圆偏振模式的标记
$\boldsymbol{L}$	左旋圆偏振光的琼斯矢量
L、L_2	矩阵的条件数
L	左主折射率的标记
$\hat{\boldsymbol{L}}(\theta)$	取向角为 θ 的线偏振光
LC	液晶
LCoS	硅基液晶
$\mathrm{LD}(t_1, t_2, \theta)$	线性二向衰减器(部分偏振器),t_1、t_2 为振幅透射率,θ 为轴向
LCD	液晶显示器
LED	发光二极管
$\mathrm{LR}(\delta, \theta)$	线性延迟器,δ 为延迟量,θ 为快轴方向
LP(·)	线性偏振器的琼斯矩阵
M	下标,表示递增相位符号规则中的量
M	放大率
M	介质主轴的标记
$\boldsymbol{M}$	米勒矩阵
$\vec{\boldsymbol{M}}$	展开的米勒矢量,16×1
MMBRDF	米勒矩阵二向反射分布函数
MPSM	米勒点扩展矩阵
MVA	多畴垂直配向液晶盒
MTF	调制传递函数
MTM	调制传递矩阵
m_{ij},M_{ij}	米勒矩阵元,m_{00},m_{01},…,m_{33}
Δn	双折射率
n	折射率
$\boldsymbol{N}_i$	零空间的矢量
NA	数值孔径
o	寻常模式的标记
O	寻常主轴的标记
$\boldsymbol{O}$、$\boldsymbol{O}^{-1}$	正交变换矩阵
$\boldsymbol{O}_{n,e}^{m}$	定向器基函数
OA	光轴
OPL	光程长度
OTM	光学传递矩阵
P	光通量、辐照度、偏振光通量,P_{H},P_{V},P_{45},…
p	在入射面内的 p 分量
p_1、p_2	应变光学系数
$\hat{\boldsymbol{p}}$	p 分量基矢量
$\boldsymbol{P}$	光通量测量值矢量
$\boldsymbol{P}$	3D 偏振光线追迹矩阵
$\check{\boldsymbol{P}}$	用于相加的 3D 偏振光线追迹矩阵,其 $\boldsymbol{k}$ 的奇异值设置为零
PBS	偏振分束器
PDL	偏振相关损耗,分贝数表示的消光比

POI	入射面
PSA	偏振态分析器
PSF	点扩展函数
PSG	偏振态发生器
PSM	点扩展矩阵
PTM	相位传递矩阵
$p_q(x,y,z)$	1—0 值的孔径函数
PVA	图案化垂直配向液晶盒
$\Vert \mathbf{W} \Vert_p$	矩阵或矢量 $\mathbf{W}$ 的 p 范数
q	表面或元件的序数
Q	表面、元件等的总数
Q	斯托克斯参量的第二个参数 S_1,即 0°－90°光通量
$\boldsymbol{Q}$	3D 平行转移矩阵
r, r_p, r_s	振幅反射系数
R	曲率半径
r	右旋偏振模式的标记
R_p, R_s	光强反射系数
$\boldsymbol{r}$	位置矢量
R	右主折射率的标记
r, r_q	光线截点坐标,在第 q 个面上的光线截点
$\boldsymbol{R}$	右旋圆偏振光的琼斯矢量
$\boldsymbol{R}$, **Rot**	旋转矩阵
$\boldsymbol{R}(\alpha)$	琼斯矩阵旋转运算符
$\boldsymbol{R}_M(\cdot)$	斯托克斯参量和米勒矩阵的旋转矩阵
RMS	均方根
$\mathrm{Re}(\cdot)$	实部
RCWA	严格耦合波分析
s	垂直于入射面的 s 分量
$\hat{\boldsymbol{s}}$	s 分量基矢量
$\boldsymbol{S}$	坡印廷矢量
$\boldsymbol{S}$	应力张量
s	慢模式的标记
S	慢主轴的标记
S_0, S_1, S_2, S_3	斯托克斯参量
$1, s_1, s_2, s_3$	归一化的斯托克斯参量
$\boldsymbol{S}$	斯托克斯参量
sup	上界,限定的最大值
STN	超扭曲向列型液晶盒
SVD	奇异值分解
SWG	亚波长光栅
t	时间,厚度
t, t_p, t_s	振幅透射系数
T	透射率,出射光通量与入射光通量之比
$t_{q-1,q}$	光线段的长度,面 $q-1$ 至面 q
TE	横向电场

TIR	全内反射
TM	横向磁场
TN	扭曲向列型液晶盒
T_p, T_s	光强透射系数
Tr	矩阵的迹
T_{max}	偏振态的最大透射率
T_{min}	偏振态的最小透射率
u	能量密度
U	第3个斯托克斯参数 S_2，即45°－135°光通量
u	边缘光线角度
$\bar{u}_q$	面后的主光线角度
$\boldsymbol{U}$	非偏振光的斯托克斯参量，(1,0,0,0)
$\boldsymbol{U}, \boldsymbol{V}$	酉矩阵
V	第4个斯托克斯参数 S_3，即右旋-左旋光通量
V	条纹的可见性
V	速度
$\boldsymbol{V}$	垂直偏振光的琼斯矢量
$\boldsymbol{V}_{n,e}^{m}(\rho,\phi)$	矢量泽尼克多项式
VAN	垂直配向模式
$\boldsymbol{W}$	偏振测量值矩阵
$\boldsymbol{W}^{-1}$	偏振测量值约减矩阵
$\boldsymbol{W}_P^{-1}$	$\boldsymbol{W}$ 的伪逆矩阵
$\boldsymbol{W}^{T}$	矩阵 $\boldsymbol{W}$ 的转置
$W(x,y)$	波像差函数
x_E, y_E	入瞳坐标
$\hat{\boldsymbol{x}}_{Loc}, \hat{\boldsymbol{y}}_{Loc}$	局部 x、y 坐标
$\bar{\boldsymbol{y}}_q$	第 q 面上的主光线高度
$z(x,y)$	某个面上的弧垂(矢高)函数
x,y,z	笛卡儿坐标轴
135	135°线偏振光的琼斯矢量
45	45°线偏振光的琼斯矢量
α	旋光度
$\alpha_{s,t,q}, \alpha_p$	菲涅耳 s、p 系数
β	薄膜的相位厚度
β_m	第 m 衍射级的衍射角
γ	分离角、偏离角
γ	应变张量系数
Γ	应变张量
δ	延迟量
$\delta_H, \delta_{45}, \delta_R, \delta_L$	延迟分量
$\delta_{i,j}$	克罗内克 δ 函数
$\delta_{主}$	主延迟
$\delta_{展开}$	展开的延迟
Δn	双折射率
$\Delta\lambda$	光谱带宽

ΔOPL	光程差
Δr	横向剪切
Δt	光线路径
ε	偏振椭圆的椭圆率
ε_0	自由空间的介电常数
$\tilde{\boldsymbol{\varepsilon}}$,$\boldsymbol{\varepsilon}$	介电张量
η	庞加莱球上的纬度
η	薄膜层或基底的特征导纳
η,$\hat{\boldsymbol{\eta}}$	表面法线,从入射介质指向别处
η	逆介电张量
θ	角度,入射角、旋转角、偏振器或延迟器的角度
θ_i,θ_{in},θ_{inc}	入射角
θ_{B}	布儒斯特角
θ_{B}	光栅闪耀角
θ_{C}	临界角
$\bar{\theta}_q$	第 q 个面上的主光线入射角
Θ_1^m	偏振基矢量
κ	折射率的虚部,吸收系数
κ	圆锥常数
λ	波长
λ_{B}	闪耀波长
$\boldsymbol{\Lambda}_i$	奇异值
μ_i	奇异值
$\boldsymbol{\mu}$	磁导率张量
Ξ	扩展量
ξ,ξ_q,ξ_r	本征值
v_p 和 v_r	相位速度和光线速度
ν	泊松比
ρ	复振幅
ρ	归一化的光瞳坐标
ρ,ρ_{p},ρ_{s}	振幅系数的幅值
$\hat{\boldsymbol{\rho}}$	归一化的光瞳坐标
σ	正应力
$\boldsymbol{\sigma}_0$	单位矩阵
$\boldsymbol{\sigma}_1$,$\boldsymbol{\sigma}_2$,$\boldsymbol{\sigma}_3$	泡利矩阵
Σ	用波数表示的相位
τ	剪切应力
τ_q	第 q 个面后的约化厚度
ϕ	光的相位,复数的相位
φ	从 x 轴开始逆时针度量的光瞳角
Φ	入射面
Φ_q	第 q 个面的光焦度
$\boldsymbol{\Phi}(\phi)$	总相位变化的琼斯矩阵
Ψ	偏振椭圆的主轴角度

Ψ	延迟器的快轴方向
Ψ_{o}、Ψ_{e}	寻常模式和异常模式的临界角
ω	角频率，单位为弧度每秒
$\bar{\omega}_q$	第 q 个面的主光线约减角度
Ω	立体角，单位为立体弧度、球面度
$\boldsymbol{\Omega}$	应变光学张量
$\cdot$	点积，矩阵乘积
$\dagger$	伴随矢量，转置的复共轭

第 14 章

基于泡利矩阵的琼斯矩阵数据约简

14.1 引言

本章提出了计算琼斯矩阵二向衰减和延迟分量的算法。这些分量类似于斯托克斯参数，只是它们表征了琼斯矩阵的二向衰减部分和延迟部分的强度和本征偏振。将琼斯矩阵表示为简单的二向衰减器和延迟器的组合，这提供了一种有助于增进理解和方便沟通的方法。

各种类型的延迟器、偏振器和二向衰减器的琼斯矩阵的推导很简单，在第 5 章已介绍。本章研究它的反问题，给定一个琼斯矩阵，计算它的偏振特性：延迟、二向衰减、振幅和相位。琼斯矩阵有四个复数矩阵元素，每个元素都有实部和虚部，总共八个自由度，见表 14.1。ρ_0 和 ϕ_0 这两个自由度是非偏振的；入射偏振态和出射偏振态在纯振幅或相位相互作用下是不变的。D_H、D_{45} 和 D_L 这三个自由度描述了二向衰减的大小和本征偏振。最后三个自由度 δ_H、δ_{45} 和 δ_L 描述延迟的大小和本征偏振。

本章通过使用矩阵指数和矩阵对数，用与阶数无关的形式导出了齐次矩阵的分量 D_H、D_{45}、D_L、δ_H、δ_{45} 和 δ_L。三个延迟分量可以在三维延迟空间中表示。类似地，三个二向衰减分量可以在二向衰减空间中表示。将这些空间叠加起来，可以简单地理解齐次和非齐次偏振元件（14.7 节）。

表 14.1 琼斯矩阵八个自由度的分类

ρ_0	振幅,非偏振
ϕ_0	相位,非偏振
D_H	线性二向衰减,水平或垂直分量
D_{45}	线性二向衰减,45°或 135°分量
D_L	圆二向衰减,左旋或右旋分量
δ_H	线性延迟,水平或垂直分量
δ_{45}	线性延迟,45°或 135°分量
δ_L	圆延迟,左旋或右旋分量

本章分析了具有小二向衰减和小延迟的弱偏振元件。琼斯矩阵的性质在单位矩阵的邻域中特别简单。弱偏振元件值得特别注意,因为在镀有减反膜的透镜表面和金属镜表面上,大多数光的相互作用会引起相对弱的偏振。光学系统中处处都存在弱偏振相互作用。

第 2 章和第 4 章介绍了琼斯矢量和琼斯矩阵,从系统角度对光沿 z 轴传播进行偏振计算。入射光用二元琼斯矢量 $\boldsymbol{E}$ 来描述(第 2 章)。偏振元件用琼斯矩阵 $\boldsymbol{J}$ 来描述,它是一个 2×2 复元素矩阵。基本的琼斯矩阵方程采用以下形式[1]:

$$\boldsymbol{J}\cdot\boldsymbol{E}=\boldsymbol{E}'=\begin{pmatrix} j_{xx} & j_{xy} \\ j_{yx} & j_{yy} \end{pmatrix}\cdot\begin{pmatrix} E_x \\ E_y \end{pmatrix}=\begin{pmatrix} E'_x \\ E'_y \end{pmatrix} \tag{14.1}$$

在偏振研究中,常常会计算得到一个样品的琼斯矩阵,这就直接导致了一个问题:琼斯矩阵关联的偏振性质是什么?这和另一个样品相似吗?它有更多的偏振还是更少的偏振?可以用逐个元素的方式比较矩阵,但更有意义的是根据已建立的偏振特性进行比较。样品显示什么类型的二向衰减或延迟?数量是多少?二向衰减和延迟通过矩阵乘法混合在一起,而不是延迟出现在二向衰减之前(反之亦然),14.4.5 节和 14.6 节提供了以顺序无关的方式计算偏振特性的算法。

本章应用琼斯矩阵的如下两种表示法:第一种表示法将琼斯矩阵表示为泡利矩阵 $\boldsymbol{\sigma}_1$、$\boldsymbol{\sigma}_2$、$\boldsymbol{\sigma}_3$ 和单位矩阵 $\boldsymbol{\sigma}_0$ 之和,

$$\begin{aligned}\boldsymbol{J}&=\begin{pmatrix} j_{xx} & j_{xy} \\ j_{yx} & j_{yy} \end{pmatrix}=c_0\begin{pmatrix} 1 & 0 \\ 0 & 1 \end{pmatrix}+c_1\begin{pmatrix} 1 & 0 \\ 0 & -1 \end{pmatrix}+c_2\begin{pmatrix} 0 & 1 \\ 1 & 0 \end{pmatrix}+c_3\begin{pmatrix} 0 & -\mathrm{i} \\ \mathrm{i} & 0 \end{pmatrix}\\ &=c_0\boldsymbol{\sigma}_0+c_1\boldsymbol{\sigma}_1+c_2\boldsymbol{\sigma}_2+c_3\boldsymbol{\sigma}_3\end{aligned} \tag{14.2}$$

其中,c_0、c_1、c_2 和 c_3 是复泡利系数。第二种表示法把琼斯矩阵当作泡利矩阵和的指数,

$$\boldsymbol{J}=\begin{pmatrix} j_{xx} & j_{xy} \\ j_{yx} & j_{yy} \end{pmatrix}=\mathrm{e}^{b_0\boldsymbol{\sigma}_0+b_1\boldsymbol{\sigma}_1+b_2\boldsymbol{\sigma}_2+b_3\boldsymbol{\sigma}_3} \tag{14.3}$$

其中,b_0、b_1、b_2 和 b_3 是指数化的泡利系数,求 $\boldsymbol{J}$ 的矩阵对数可计算出这些系数

$$\ln(\boldsymbol{J})=b_0\boldsymbol{\sigma}_0+b_1\boldsymbol{\sigma}_1+b_2\boldsymbol{\sigma}_2+b_3\boldsymbol{\sigma}_3 \tag{14.4}$$

式(14.3)和式(14.4)是特殊的,因为它们有助于揭示琼斯矩阵的结构及其与偏振特性的关系。二向衰减和延迟的讨论和分析始终贯穿于本书。式(14.3)是琼斯矩阵的一种自然而独特的表示形式,因为它导出了二向衰减和延迟的简单表达式。在物理学中,这种自然的和独特的表示法称为标准形(canonical forms)。

14.2　泡利矩阵和琼斯矩阵

沃尔夫冈·泡利将泡利矩阵引入量子力学，用来描述电子和原子核的角动量与外磁场的相互作用[2-4]。光是一种量子现象，尽管这里没有使用量子公式，但量子力学的基础数学自然而然可以用在偏振演算中[5]。

14.2.1　泡利矩阵恒等式

泡利矩阵 $\boldsymbol{\sigma}_1$、$\boldsymbol{\sigma}_2$、$\boldsymbol{\sigma}_3$ 的定义如下①[6]：

$$\boldsymbol{\sigma}_1=\begin{pmatrix}1 & 0\\ 0 & -1\end{pmatrix},\quad \boldsymbol{\sigma}_2=\begin{pmatrix}0 & 1\\ 1 & 0\end{pmatrix},\quad \boldsymbol{\sigma}_3=\begin{pmatrix}0 & -\mathrm{i}\\ \mathrm{i} & 0\end{pmatrix} \tag{14.5}$$

这些矩阵，以及作为补充的另外一个 2×2 单位矩阵，由下标 0 表示，

$$\boldsymbol{\sigma}_0=\begin{pmatrix}1 & 0\\ 0 & 1\end{pmatrix} \tag{14.6}$$

构成了 2×2 复矩阵的基底。泡利矩阵乘法的一般规则如下，让 $\alpha=1,2$ 或 3，每个泡利矩阵的平方就是单位矩阵，

$$\boldsymbol{\sigma}_\alpha\cdot\boldsymbol{\sigma}_\alpha=\boldsymbol{\sigma}_\alpha^2=\boldsymbol{\sigma}_0 \tag{14.7}$$

即泡利矩阵是单位矩阵的矩阵平方根。作为单位矩阵的平方根，每个泡利矩阵是表 14.2 所列的半波延迟器琼斯矩阵。

两个泡利矩阵的矩阵相乘等于第三个泡利矩阵的 ±i 倍。例如，将前两个泡利矩阵相乘，得到

$$\boldsymbol{\sigma}_1\cdot\boldsymbol{\sigma}_2=\begin{pmatrix}1 & 0\\ 0 & -1\end{pmatrix}\cdot\begin{pmatrix}0 & 1\\ 1 & 0\end{pmatrix}=\begin{pmatrix}0 & 1\\ -1 & 0\end{pmatrix}=\mathrm{i}\begin{pmatrix}0 & -\mathrm{i}\\ \mathrm{i} & 0\end{pmatrix}=\mathrm{i}\boldsymbol{\sigma}_3 \tag{14.8}$$

表 14.2　泡利矩阵和单位矩阵对应的偏振元件

$\boldsymbol{\sigma}_0$	单位矩阵，非偏振，非吸收
$\boldsymbol{\sigma}_1$	在 0°和 90°偏振光之间引入半波线性延迟
$\boldsymbol{\sigma}_2$	在 45°和 135°偏振光之间引入半波线性延迟
$\boldsymbol{\sigma}_3$	在左旋和右旋偏振光之间引入半波圆延迟

当改变矩阵乘法的顺序，得到

$$\boldsymbol{\sigma}_2\cdot\boldsymbol{\sigma}_1=\begin{pmatrix}0 & 1\\ 1 & 0\end{pmatrix}\cdot\begin{pmatrix}1 & 0\\ 0 & -1\end{pmatrix}=\begin{pmatrix}0 & -1\\ 1 & 0\end{pmatrix}=-\mathrm{i}\begin{pmatrix}0 & -\mathrm{i}\\ \mathrm{i} & 0\end{pmatrix}=-\mathrm{i}\boldsymbol{\sigma}_3 \tag{14.9}$$

让 (α,β,γ) 是 (1,2,3) 的偶排列，即 (1,2,3)、(2,3,1) 或 (3,1,2)。然后，对于偶排列，为

$$\boldsymbol{\sigma}_\alpha\cdot\boldsymbol{\sigma}_\beta=\mathrm{i}\boldsymbol{\sigma}_\gamma \tag{14.10}$$

---

① 在量子力学中，下面的泡利矩阵下标表示法更为常见：

$$\boldsymbol{\sigma}_x=\begin{pmatrix}0 & 1\\ 1 & 0\end{pmatrix},\quad \boldsymbol{\sigma}_y=\begin{pmatrix}0 & -\mathrm{i}\\ \mathrm{i} & 0\end{pmatrix},\quad \boldsymbol{\sigma}_z=\begin{pmatrix}1 & 0\\ 0 & -1\end{pmatrix}$$

我们选择的下标符号与斯托克斯参量的编号法以及二向衰减和延迟分量的标记法相一致。

对于奇排列,为(1,3,2)、(2,1,3)或(3,2,1),

$$\boldsymbol{\sigma}_\alpha \cdot \boldsymbol{\sigma}_\beta = -\mathrm{i}\boldsymbol{\sigma}_\gamma \tag{14.11}$$

因此,泡利矩阵的矩阵乘法是反交换的,

$$\boldsymbol{\sigma}_\alpha \cdot \boldsymbol{\sigma}_\beta = -\boldsymbol{\sigma}_\beta \cdot \boldsymbol{\sigma}_\alpha \tag{14.12}$$

14.2.2 展开为泡利矩阵之和

当琼斯矩阵表示为泡利矩阵之和时,琼斯矩阵具有显著的结构。泡利矩阵和单位矩阵构成了 2×2 复矩阵集的完备基底,使得任何琼斯矩阵都可以表示为泡利矩阵之和,

$$\begin{aligned}\boldsymbol{J} &= \begin{pmatrix} j_{xx} & j_{xy} \\ j_{yx} & j_{yy} \end{pmatrix} = c_0 \begin{pmatrix} 1 & 0 \\ 0 & 1 \end{pmatrix} + c_1 \begin{pmatrix} 1 & 0 \\ 0 & -1 \end{pmatrix} + c_2 \begin{pmatrix} 0 & 1 \\ 1 & 0 \end{pmatrix} + c_3 \begin{pmatrix} 0 & -\mathrm{i} \\ \mathrm{i} & 0 \end{pmatrix} \\ &= \begin{pmatrix} c_0 + c_1 & c_2 - \mathrm{i}c_3 \\ c_2 + \mathrm{i}c_3 & c_0 - c_1 \end{pmatrix} = c_0\boldsymbol{\sigma}_0 + c_1\boldsymbol{\sigma}_1 + c_2\boldsymbol{\sigma}_2 + c_3\boldsymbol{\sigma}_3\end{aligned} \tag{14.13}$$

其中 c_0、c_1、c_2 和 c_3 是复泡利系数,

$$c_0 = \frac{j_{xx} + j_{yy}}{2}, \quad c_1 = \frac{j_{xx} - j_{yy}}{2}, \quad c_2 = \frac{j_{xy} + j_{yx}}{2}, \quad c_3 = \frac{i(j_{xy} - j_{yx})}{2} \tag{14.14}$$

复泡利系数也可用迹算子 Tr 表示为

$$c_i = \frac{1}{2}\mathrm{Tr}[\boldsymbol{J} \cdot \boldsymbol{\sigma}_i] \tag{14.15}$$

其中迹算子是对角线元素之和,$\mathrm{Tr}[\boldsymbol{J}] = j_{xx} + j_{yy}$。$c_0$ 与单位矩阵相关,因此描述了偏振无关的振幅变化和相位变化。

14.2.3 泡利符号约定

根据泡利矩阵的定义,有如下关系:

$$\boldsymbol{\sigma}_1\boldsymbol{\sigma}_2 = \mathrm{i}\boldsymbol{\sigma}_3, \quad \boldsymbol{\sigma}_2\boldsymbol{\sigma}_3 = \mathrm{i}\boldsymbol{\sigma}_1, \quad \boldsymbol{\sigma}_3\boldsymbol{\sigma}_1 = \mathrm{i}\boldsymbol{\sigma}_2 \tag{14.16}$$

在递减相位惯例中,正 $\boldsymbol{\sigma}_3$ 表示左旋圆偏振分量。因此,正实数 f 表示左旋圆二向衰减(或存在实的 $\boldsymbol{\sigma}_1$ 和 $\boldsymbol{\sigma}_2$ 项的情况下,表示左旋椭圆二向衰减),

$$\boldsymbol{J} = \boldsymbol{\sigma}_0 + f\boldsymbol{\sigma}_3 = \begin{pmatrix} 1 & 0 \\ 0 & 1 \end{pmatrix} + f\begin{pmatrix} 0 & -\mathrm{i} \\ \mathrm{i} & 0 \end{pmatrix} \tag{14.17}$$

同样,一个正虚部 g 表示左旋圆或椭圆延迟量,

$$\boldsymbol{J} = \boldsymbol{\sigma}_0 + \mathrm{i}g\boldsymbol{\sigma}_3 = \begin{pmatrix} 1 & 0 \\ 0 & 1 \end{pmatrix} + \mathrm{i}g\begin{pmatrix} 0 & -\mathrm{i} \\ \mathrm{i} & 0 \end{pmatrix} \tag{14.18}$$

这不同于我们对斯托克斯参量的约定,其中正 S_3 表示右旋圆偏振分量。因此,如 6.12.1 节所述,在将这些琼斯矩阵转换为米勒矩阵时,必须小心需要额外的负号。

14.2.4 偏振元件绕光轴旋转时的泡利系数

琼斯矩阵绕光传播方向旋转角度 θ 的变换是

$$\boldsymbol{J}(\theta) = \boldsymbol{R}(\theta) \cdot \boldsymbol{J} \cdot \boldsymbol{R}(-\theta) \tag{14.19}$$

其中 $\boldsymbol{R}$ 是二维的笛卡儿旋转矩阵。

$$\boldsymbol{R}(\theta)=\begin{pmatrix}\cos\theta & -\sin\theta\\ \sin\theta & \cos\theta\end{pmatrix} \tag{14.20}$$

考虑一个琼斯矩阵,它表示为泡利矩阵之和,见式(14.13)。$\boldsymbol{\sigma}_0$ 和 $\boldsymbol{\sigma}_3$ 在旋转下是不变的①:

$$\boldsymbol{R}(\theta)\cdot\boldsymbol{\sigma}_0\cdot\boldsymbol{R}(-\theta)=\boldsymbol{\sigma}_0 \tag{14.21}$$

$$\boldsymbol{R}(\theta)\cdot\boldsymbol{\sigma}_3\cdot\boldsymbol{R}(-\theta)=\boldsymbol{\sigma}_3 \tag{14.22}$$

旋转将 $\boldsymbol{\sigma}_1$ 和 $\boldsymbol{\sigma}_2$ 相互耦合在一起,

$$\boldsymbol{R}(\theta)\cdot\boldsymbol{\sigma}_1\cdot\boldsymbol{R}(-\theta)=\boldsymbol{\sigma}_1\cos2\theta+\boldsymbol{\sigma}_2\sin2\theta \tag{14.23}$$

$$\boldsymbol{R}(\theta)\cdot\boldsymbol{\sigma}_2\cdot\boldsymbol{R}(-\theta)=-\boldsymbol{\sigma}_1\sin2\theta+\boldsymbol{\sigma}_2\cos2\theta \tag{14.24}$$

经过角度 θ 的旋转,琼斯矩阵 $\boldsymbol{J}(\theta)$ 变为

$$\begin{aligned}\boldsymbol{J}'&=\boldsymbol{R}(\theta)\cdot\boldsymbol{J}\cdot\boldsymbol{R}(-\theta)\\&=c_0\boldsymbol{\sigma}_0+(c_1\cos2\theta-c_2\sin2\theta)\boldsymbol{\sigma}_1+(c_1\sin2\theta+c_2\cos2\theta)\boldsymbol{\sigma}_2+c_3\boldsymbol{\sigma}_3\end{aligned} \tag{14.25}$$

例 14.1　泡利系数的旋转

考虑由 $\lambda/4$ 右旋圆延迟器、透射轴在 22.5°且透射率为 1 和 0.5 的线性二向衰减器、快轴为 60°的 $\lambda/4$ 线性延迟器组成的序列的琼斯矩阵 $\boldsymbol{J}_1$,

$$\begin{aligned}\boldsymbol{J}_1&=\mathbf{LR}\left(\frac{\pi}{2},\frac{\pi}{3}\right)\mathbf{LD}\left(1,\frac{1}{2},\frac{\pi}{8}\right)\mathbf{CR}\left(\frac{\pi}{4}\right)\\&=\begin{pmatrix}0.707+0.354\mathrm{i} & -0.612\mathrm{i}\\ -0.612\mathrm{i} & 0.707-0.354\mathrm{i}\end{pmatrix}\begin{pmatrix}0.927 & 0.177\\ 0.177 & 0.573\end{pmatrix}\begin{pmatrix}0.924 & 0.383\\ -0.383 & 0.924\end{pmatrix}\\&=\begin{pmatrix}0.558+0.313\mathrm{i} & 0.366-0.183\mathrm{i}\\ -0.04-0.463\mathrm{i} & 0.422-0.528\mathrm{i}\end{pmatrix}\end{aligned} \tag{14.26}$$

于是,泡利系数为 $c_0=0.49-0.108\mathrm{i}$,$c_1=0.068+0.421\mathrm{i}$,$c_2=0.163-0.323\mathrm{i}$,$c_3=-0.14+0.203\mathrm{i}$,在图 14.1(a)的阿甘特(复数)平面上绘出了这些系数。图 14.1(b)显示了旋转偏振元件的系数变换。

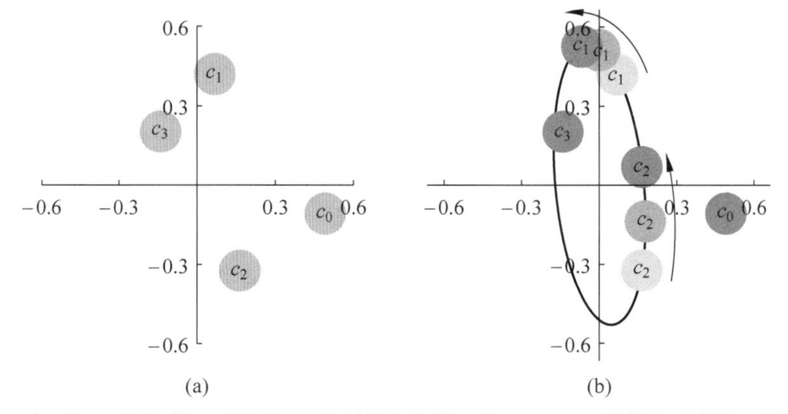

图 14.1　(a)矩阵 $\boldsymbol{J}_1$ 的泡利 c 系数绘制在阿甘特(复数)平面上。(b)当偏振元件绕入射轴旋转时,每旋转 180° c_1 和 c_2 沿椭圆移动一周,而 c_0 和 c_3 保持不变。旋转 45°后,c_2 移动到 c_1 的初始位置,c_1 移动到 $-c_2$ 的初始位置。较浅的 c_1 和 c_2 圆盘表示未旋转时的系数。中暗的圆盘是旋转 11.25°之后的系数,最暗的圆盘是旋转 22.5°之后的系数

① 见习题 14.4。

14.2.5 泡利之和形式的本征值、本征矢量及矩阵函数

当琼斯矩阵表示为泡利矩阵之和时,有一个特别优雅的本征值 ξ_q 和 ξ_r 的表达形式。本征值的特征方程为

$$\det(\boldsymbol{J}-\xi\boldsymbol{\sigma}_0)=\det\begin{pmatrix} c_0+c_1-\xi & c_2-\mathrm{i}c_3 \\ c_2+\mathrm{i}c_3 & c_0-c_1-\xi \end{pmatrix}=0$$

$$=c_0^2-c_1^2-c_2^2-c_3^2-2c_0\xi+\xi^2 \tag{14.27}$$

二次方程的根为

$$\xi_q,\xi_r=c_0\pm\sqrt{c_1^2+c_2^2+c_3^2} \tag{14.28}$$

注意这个平方运算是 c_i^2,而不是更普遍的 $|c_i|^2$。这种简单性表明复数泡利之和表示法是基本的。两个本征矢量(本征偏振态)$\boldsymbol{E}_q$、$\boldsymbol{E}_r$ 为

$$\boldsymbol{E}_q=\begin{pmatrix} c_1+\sqrt{c_1^2+c_2^2+c_3^2} \\ c_2+\mathrm{i}c_3 \end{pmatrix},\quad \boldsymbol{E}_r=\begin{pmatrix} c_1-\sqrt{c_1^2+c_2^2+c_3^2} \\ c_2+\mathrm{i}c_3 \end{pmatrix} \tag{14.29}$$

琼斯矩阵的行列式在用泡利系数表示时有一个类似的紧凑表达式

$$\det(\boldsymbol{J})=j_{xx}j_{yy}-j_{xy}j_{yx}=c_0^2-c_1^2-c_2^2-c_3^2 \tag{14.30}$$

矩阵逆也是如此

$$\boldsymbol{J}^{-1}=\frac{1}{\det(\boldsymbol{J})}\begin{pmatrix} j_{yy} & -j_{xy} \\ -j_{yx} & j_{xx} \end{pmatrix}=\frac{c_0\boldsymbol{\sigma}_0-c_1\boldsymbol{\sigma}_1-c_2\boldsymbol{\sigma}_2-c_3\boldsymbol{\sigma}_3}{\det(\boldsymbol{J})} \tag{14.31}$$

矩阵转置

$$\boldsymbol{J}^{\mathrm{T}}=\begin{pmatrix} j_{xx} & j_{yx} \\ j_{xy} & j_{yy} \end{pmatrix}=c_0\boldsymbol{\sigma}_0+c_1\boldsymbol{\sigma}_1+c_2\boldsymbol{\sigma}_2-c_3\boldsymbol{\sigma}_3 \tag{14.32}$$

厄米伴随是

$$\boldsymbol{J}^{\dagger}=\begin{pmatrix} j_{xx}^* & j_{yx}^* \\ j_{xy}^* & j_{yy}^* \end{pmatrix}=c_0^*\boldsymbol{\sigma}_0+c_1^*\boldsymbol{\sigma}_1+c_2^*\boldsymbol{\sigma}_2+c_3^*\boldsymbol{\sigma}_3 \tag{14.33}$$

图 14.2 显示了当进行转置、逆和伴随运算时,式(14.26)的示例矩阵 $\boldsymbol{J}_1$ 是如何进行 c 系数变换的。

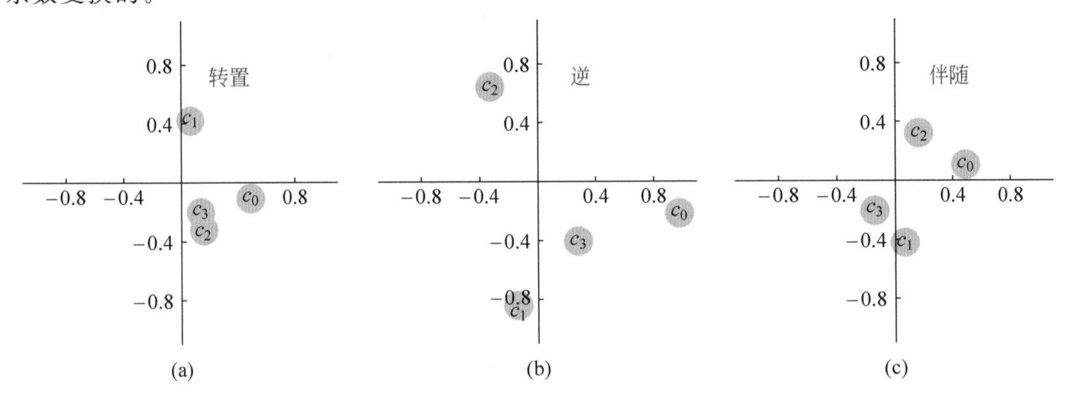

图 14.2 复泡利系数变化的几何图形。(a)对于转置,c_3 对称地移动跨过原点。(b)$\boldsymbol{J}_1$ 的行列式为 1/2,因此,对于 $\boldsymbol{J}_1$ 的逆矩阵,首先 c_1、c_2 和 c_3 对称地跨过原点,然后所有四个系数离开原点距离的加倍。(c)对于 $\boldsymbol{J}_1$ 的伴随,所有系数都对称移动跨过 x 轴

如果 $\boldsymbol{J}=\boldsymbol{J}^{\dagger}$，那么 $\boldsymbol{J}$ 是纯二向衰减器(厄米共轭的)。因此，对于二向衰减器(没有附加相位)c_0、c_1、c_2 和 c_3 是实数。如果 $\boldsymbol{J}^{-1}=\boldsymbol{J}^{\dagger}$，则 $\boldsymbol{J}$ 是纯延迟器(酉的)，c_0 是实数，c_1、c_2 和 c_3 是虚数。

以泡利求和形式表示琼斯矩阵的矩阵幂，包括对于矩阵平方，

$$\boldsymbol{J}^2=(c_0^2+c_1^2+c_2^2+c_3^2)\boldsymbol{\sigma}_0+2c_0c_1\boldsymbol{\sigma}_1+2c_0c_2\boldsymbol{\sigma}_2+2c_0c_3\boldsymbol{\sigma}_3 \tag{14.34}$$

对于矩阵立方，

$$\boldsymbol{J}^3=c_0[c_0^2+3(c_1^2+c_2^2+c_3^2)]\boldsymbol{\sigma}_0+(3c_0^2+c_1^2+c_2^2+c_3^2)(c_1\boldsymbol{\sigma}_1+c_2\boldsymbol{\sigma}_2+c_3\boldsymbol{\sigma}_3) \tag{14.35}$$

对于矩阵的平方根，

$$\boldsymbol{J}^{1/2}=\frac{\Gamma}{2}\boldsymbol{\sigma}_0+\frac{c_1\boldsymbol{\sigma}_1+c_2\boldsymbol{\sigma}_2+c_3\boldsymbol{\sigma}_3}{\Gamma} \tag{14.36}$$

其中，

$$\Gamma=\sqrt{c_0+\sqrt{c_1^2+c_2^2+c_3^2}}+\sqrt{c_0-\sqrt{c_1^2+c_2^2+c_3^2}} \tag{14.37}$$

注意，矩阵根不是唯一的。式(14.36)是主平方根的方程，即位于 $\boldsymbol{J}$ 和单位矩阵之间的矩阵根。

14.2.6　标准求和形式

泡利系数与琼斯矩阵 $\boldsymbol{J}$ 相关的线偏振、圆偏振形式的二向衰减和延迟有关。单位矩阵的系数，即 c_0，与非偏振行为相关。幅值 $|c_0|$ 与振幅的变化有关，参数 $\arg[c_0]$ 表示整个相位的变化。当展开式写成这样一个形式，其中 c_0(绝对振幅和相位变化，也就是琼斯矩阵的偏振无关部分)被析出时，其他系数的实部和虚部类似地与其他二向衰减和延迟基本对相关，见表 14.3。

$$\boldsymbol{J}=c_0\left(\boldsymbol{\sigma}_0+\frac{c_1\boldsymbol{\sigma}_1+c_2\boldsymbol{\sigma}_2+c_3\boldsymbol{\sigma}_3}{c_0}\right)=c_0(\boldsymbol{\sigma}_0+f_1\boldsymbol{\sigma}_1+f_2\boldsymbol{\sigma}_2+f_3\boldsymbol{\sigma}_3) \tag{14.38}$$

14.4 节阐述了这些 f 系数与二向衰减和延迟成分之间的关系。

表 14.3　泡利 f 系数的实部(Re)和虚部(Im)与偏振特性的关系

$\mathrm{abs}(c_0)$	振幅
$\arg(c_0)$	相位
$\mathrm{Re}(f_1)$	线性二向衰减，沿 x 或 y 轴
$\mathrm{Im}(f_1)$	线性延迟量，沿 x 或 y 轴
$\mathrm{Re}(f_2)$	线性二向衰减，沿±45°轴
$\mathrm{Im}(f_2)$	线性延迟量，沿±45°轴
$\mathrm{Re}(f_3)$	圆二向衰减
$\mathrm{Im}(f_3)$	圆延迟量

14.3　偏振元件序列

当偏振元件级联时，产生了偏振元件中不存在的新的偏振形式。例如，一个 0°线性延

迟器后接一个45°线性延迟器具有椭圆本征偏振。因此,相互作用产生了一些圆延迟量。这种耦合遵循泡利矩阵恒等式(式(14.8))。相反地,由一个二向衰减器后面跟一个延迟器组成的序列会产生一个二向衰减分量,遵循如下关系$\boldsymbol{\sigma}_1 \cdot \mathrm{i}\boldsymbol{\sigma}_2 = -\boldsymbol{\sigma}_3$。

本节将整理并举例说明这些偏振耦合。这一分类后面将应用于第15章的偏振光线追迹和偏振像差理论中,以帮助简化对光学系统偏振特性的理解。表14.4列出了这些耦合,该改进的泡利矩阵乘法表描述了发生的偏振耦合。

表14.4　二向衰减和延迟特性的相互作用

	D_H	D_{45}	D_L	δ_H	δ_{45}	δ_L
D_H		δ_L	$-\delta_{45}$		D_L	$-D_{45}$
D_{45}	$-\delta_L$		δ_H	$-D_L$		D_H
D_L	δ_{45}	$-\delta_H$		D_{45}	$-D_H$	
δ_H		D_L	$-D_{45}$		δ_L	$-\delta_{45}$
δ_{45}	$-D_L$		D_H	$-\delta_L$		δ_H
δ_L	D_{45}	$-D_H$		δ_{45}	$-\delta_H$	

左列:第一属性;上行:第二属性;单元格:产生的偏振形式

例14.2　两个λ/4线性延迟器级联产生一个圆延迟分量

偏振元件序列的性质取决于元件排列的顺序。考虑两个λ/4延迟器,**LR**(π/2,0)和**LR**(π/2,π/4),表示为泡利求和形式。当光首先通过**LR**(π/2,0),则琼斯矩阵积为

$$\begin{aligned}\mathbf{LR}\left(\frac{\pi}{2},\frac{\pi}{4}\right)\cdot\mathbf{LR}\left(\frac{\pi}{2},0\right)&=\frac{1}{\sqrt{2}}\begin{pmatrix}1 & \mathrm{i}\\ -\mathrm{i} & 1\end{pmatrix}\cdot\frac{1}{\sqrt{2}}\begin{pmatrix}1-\mathrm{i} & 0\\ 0 & 1+\mathrm{i}\end{pmatrix}\\ &=\frac{\boldsymbol{\sigma}_0-\mathrm{i}\boldsymbol{\sigma}_2}{\sqrt{2}}\cdot\frac{\boldsymbol{\sigma}_0-\mathrm{i}\boldsymbol{\sigma}_1}{\sqrt{2}}=\frac{\boldsymbol{\sigma}_0-\mathrm{i}\boldsymbol{\sigma}_1-\mathrm{i}\boldsymbol{\sigma}_2-\mathrm{i}\boldsymbol{\sigma}_3}{2}\\ &=\boldsymbol{\sigma}_0\cos\frac{2\pi}{3}-\mathrm{i}\sin\frac{2\pi}{3}\,\frac{\mathrm{i}\boldsymbol{\sigma}_1+\mathrm{i}\boldsymbol{\sigma}_2+\mathrm{i}\boldsymbol{\sigma}_3}{2}\\ &=\frac{1}{2}\begin{pmatrix}1-\mathrm{i} & 1-\mathrm{i}\\ -1-\mathrm{i} & 1+\mathrm{i}\end{pmatrix}\end{aligned}\tag{14.39}$$

它是一个延迟量为$\delta=2\pi/3$的椭圆延迟器。对于快轴(本征偏振),快的琼斯本征偏振态和相应的斯托克斯参量是(为简单起见都没有进行归一化)

$$\boldsymbol{E}_{\text{fast}}=\begin{pmatrix}(1+\mathrm{i})(1+\sqrt{3})\\ 2\end{pmatrix},\quad \boldsymbol{S}_{\text{fast}}=(\sqrt{3},1,1,1)\tag{14.40}$$

因此,式(14.39)中两个线性延迟器的组合可以产生一个圆延迟分量。反转顺序,当光首先通过**LR**(π/2,π/4)时,

$$\begin{aligned}\mathbf{LR}\left(\frac{\pi}{2},0\right)\cdot\mathbf{LR}\left(\frac{\pi}{2},\frac{\pi}{4}\right)&=\frac{\boldsymbol{\sigma}_0-\mathrm{i}\boldsymbol{\sigma}_1}{\sqrt{2}}\cdot\frac{\sigma_0-\mathrm{i}\boldsymbol{\sigma}_2}{\sqrt{2}}=\frac{\boldsymbol{\sigma}_0-\mathrm{i}\boldsymbol{\sigma}_1-\mathrm{i}\boldsymbol{\sigma}_2+\mathrm{i}\boldsymbol{\sigma}_3}{2}\\ &=\boldsymbol{\sigma}_0\cos\frac{2\pi}{3}-\mathrm{i}\sin\frac{2\pi}{3}\,\frac{\mathrm{i}\boldsymbol{\sigma}_1+\mathrm{i}\boldsymbol{\sigma}_2-\mathrm{i}\boldsymbol{\sigma}_3}{2}\end{aligned}\tag{14.41}$$

结果也是一个延迟量为$\delta=2\pi/3$的椭圆延迟器,但非标准化的斯托克斯矢量,对于快轴(本征偏振),现在有相反的圆分量,

$$\boldsymbol{S}_{\text{fast}}=(\sqrt{3},1,1,-1) \tag{14.42}$$

这一次生成了相反的圆分量。通常，当依次通过两种不同形式的偏振时，将引入第三种形式的偏振。采用泡利矩阵和的展开形式，这是最容易看到的。在第一个延迟器序列例子中，式(14.39)，$\mathrm{i}\boldsymbol{\sigma}_2\cdot\mathrm{i}\boldsymbol{\sigma}_1=\mathrm{i}\boldsymbol{\sigma}_3$ 项已把水平和 45°延迟的组合耦合为圆延迟。当反转延迟器顺序时，会引入相反的圆延迟，因为 $\mathrm{i}\boldsymbol{\sigma}_1\cdot\mathrm{i}\boldsymbol{\sigma}_2=-\mathrm{i}\boldsymbol{\sigma}_3$。

例 14.3　两个二向衰减器级联产生一个圆延迟分量

类似地，一个水平二向衰减器后跟一个 45°二向衰减器的组合必然产生一个圆延迟分量，因为$\boldsymbol{\sigma}_1\cdot\boldsymbol{\sigma}_2=\mathrm{i}\boldsymbol{\sigma}_3$。目前还不清楚为什么非平行二向衰减器序列会产生延迟，所以考虑两个二向衰减为 $D=3/5$ 的线性二向衰减器的例子。第一个透射轴为 0°，第二个透射轴为 45°。笛卡儿形式的琼斯矩阵乘积和泡利系数形式为

$$\begin{aligned}\boldsymbol{J}&=\mathbf{LD}\left(1,\frac{1}{2},\frac{\pi}{4}\right)\cdot\mathbf{LD}\left(1,\frac{1}{2},0\right)\\&=\frac{1}{4}\begin{pmatrix}3&1\\1&3\end{pmatrix}\cdot\begin{pmatrix}1&0\\0&1/2\end{pmatrix}=\frac{1}{8}\begin{pmatrix}6&2\\1&3\end{pmatrix}\\&=\frac{3\boldsymbol{\sigma}_0+3\boldsymbol{\sigma}_2}{4}\cdot\frac{3\boldsymbol{\sigma}_0+3\boldsymbol{\sigma}_1}{4}=\frac{9\boldsymbol{\sigma}_0+3\boldsymbol{\sigma}_1+3\boldsymbol{\sigma}_2+\mathrm{i}\boldsymbol{\sigma}_3}{16}\end{aligned} \tag{14.43}$$

在 $\boldsymbol{J}$ 的泡利矩阵和中，项 $\mathrm{i}\boldsymbol{\sigma}_3/16$ 是圆分量，这一点是清楚的。本征偏振光为 11.7°和 119.3°方向的线偏振光；因此，琼斯矩阵是非齐次的，因为本征偏振不是正交的(不是 90°)。$\boldsymbol{J}$ 旋转线偏振光的偏振面，如图 14.3(a)所示。图 14.3(b)显示了光的旋转角度，它是入射偏振方向的函数。这种旋转是不对称的，与顺时针旋转相比，向较小角度(看向光束逆时针)的旋转更多。平均旋转为−5.3°。由于逆时针旋转占主导地位，泡利矩阵系数中出现了一个圆延迟分量。

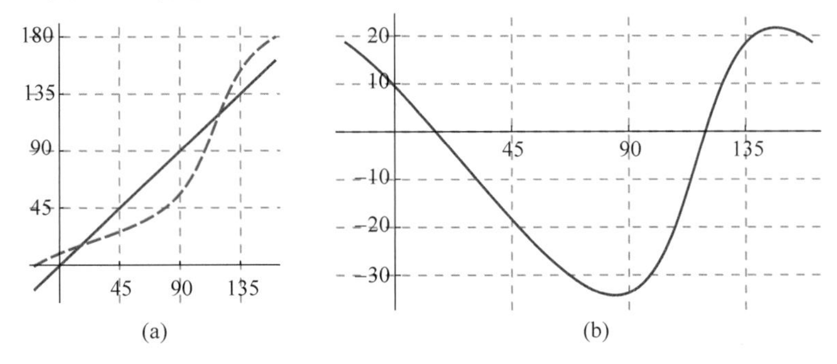

图 14.3　(a)在线性二向衰减器序列 $\boldsymbol{J}$ 上的入射(实线)和出射光的偏振面。偏离蓝色对角线表示偏振平面的旋转。(b)$\boldsymbol{J}$ 产生的偏振面旋转是不对称的，轴下区域比轴上大

在复泡利求和形式中，琼斯矩阵的级联也可以通过系数的矩阵乘法来计算，如式(14.44)所示。例如，三个矩阵的乘积：

$$(a_0\boldsymbol{\sigma}_0+a_1\boldsymbol{\sigma}_1+a_2\boldsymbol{\sigma}_2+a_3\boldsymbol{\sigma}_3)$$

$$=(b_0\boldsymbol{\sigma}_0+b_1\boldsymbol{\sigma}_1+b_2\boldsymbol{\sigma}_2+b_3\boldsymbol{\sigma}_3)\cdot(c_0\boldsymbol{\sigma}_0+c_1\boldsymbol{\sigma}_1+c_2\boldsymbol{\sigma}_2+c_3\boldsymbol{\sigma}_3)\cdot(d_0\boldsymbol{\sigma}_0+d_1\boldsymbol{\sigma}_1+d_2\boldsymbol{\sigma}_2+d_3\boldsymbol{\sigma}_3) \tag{14.44}$$

得到系数(a_0,a_1,a_2,a_3),这些系数可以这样计算得到,将第一个琼斯矩阵的泡利和系数排列在向量中,其余矩阵的系数排列成体现泡利矩阵乘法规则的矩阵,如式(14.45)所示:

$$\begin{pmatrix}a_0\\a_1\\a_2\\a_3\end{pmatrix}=\begin{pmatrix}b_0&b_1&b_2&b_3\\b_1&b_0&-\mathrm{i}b_3&\mathrm{i}b_2\\b_2&\mathrm{i}b_3&b_0&-\mathrm{i}b_1\\b_3&-\mathrm{i}b_2&\mathrm{i}b_1&b_0\end{pmatrix}\cdot\begin{pmatrix}c_0&c_1&c_2&c_3\\c_1&c_0&-\mathrm{i}c_3&\mathrm{i}c_2\\c_2&\mathrm{i}c_3&c_0&-\mathrm{i}c_1\\c_3&-\mathrm{i}c_2&\mathrm{i}c_1&c_0\end{pmatrix}\cdot\begin{pmatrix}d_0\\d_1\\d_2\\d_3\end{pmatrix} \tag{14.45}$$

14.4 矩阵指数和对数

14.4.1 矩阵指数

这里的主要任务是以一种简单、独特的方式定义和计算琼斯矩阵元素的特性。我们已经证明了如何将琼斯矩阵表示为泡利矩阵之和,这为常见的矩阵运算提供了简单的形式,如逆和伴随。矩阵指数是偏振特性的一种优雅表示,它提供了一种与顺序无关的算法。类似地,矩阵指数和矩阵对数提供了以其分量形式表示二向衰减琼斯矩阵和延迟器琼斯矩阵的算法。

指数函数 e^x 是根据级数展开定义的

$$\mathrm{e}^x=\exp(x)=1+x+\frac{x^2}{2!}+\frac{x^3}{3!}+\cdots=\sum_{n=0}^{\infty}\frac{x^n}{n!} \tag{14.46}$$

矩阵指数由相同的级数展开式定义,但应用于矩阵,用单位矩阵代替 1,

$$\mathrm{e}^{\boldsymbol{M}}=\exp(\boldsymbol{M})=\boldsymbol{\sigma}_0+\boldsymbol{M}+\frac{\boldsymbol{M}^2}{2!}+\frac{\boldsymbol{M}^3}{3!}+\cdots=\sum_{n=0}^{\infty}\frac{\boldsymbol{M}^n}{n!} \tag{14.47}$$

例如,单位矩阵的矩阵指数很容易计算,因为单位矩阵的任何幂都是单位矩阵,

$$\boldsymbol{\sigma}_0=\boldsymbol{\sigma}_0^2=\boldsymbol{\sigma}_0^3=\boldsymbol{\sigma}_0^n \tag{14.48}$$

因此,单位矩阵的矩阵指数是单位矩阵的 e 倍

$$\mathrm{e}^{\boldsymbol{\sigma}_0}=\boldsymbol{\sigma}_0\left(1+1+\frac{1}{2!}+\frac{1}{3!}+\cdots\right)=\boldsymbol{\sigma}_0\sum_{n=0}^{\infty}\frac{1}{n!}=\begin{pmatrix}e&0\\0&e\end{pmatrix} \tag{14.49}$$

考虑把琼斯矩阵表示为泡利矩阵和的矩阵指数,因为这提供了对应于八个琼斯矩阵自由度的关系(表 14.1),

$$\boldsymbol{J}=\begin{pmatrix}j_{xx}&j_{xy}\\j_{yx}&j_{yy}\end{pmatrix}=\mathrm{e}^{b_0\boldsymbol{\sigma}_0+b_1\boldsymbol{\sigma}_1+b_2\boldsymbol{\sigma}_2+b_3\boldsymbol{\sigma}_3} \tag{14.50}$$

系数 b_0、b_1、b_2 和 b_3 是指数化的泡利系数,见式(14.3)。

尽管式(14.47)定义了矩阵指数,但一般来说,这不是计算矩阵指数的最佳算法,这是由于某些矩阵的收敛速度以及数值舍入误差的累积问题。矩阵指数的计算有许多潜在隐患,这超出了本书的讨论范围。任何要编程实现自己的矩阵指数函数的读者都应该查阅大量的文献。

14.4.2 矩阵对数

为了将矩阵指数形式应用于琼斯矩阵 $\boldsymbol{J}$，有必要求它的矩阵对数 $\boldsymbol{M}$，当 $\boldsymbol{M}$ 作为指数时(式(14.47))，它等于 $\boldsymbol{J}$。对数函数定义为指数函数的逆函数。因此当矩阵 $\boldsymbol{K}$ 等于矩阵 $\boldsymbol{M}$ 的矩阵指数，即 $\boldsymbol{K}=\mathrm{e}^{\boldsymbol{M}}$ 时，$\boldsymbol{M}$ 是 $\boldsymbol{K}$ 的矩阵对数，即 $\boldsymbol{M}=\ln(\boldsymbol{K})$。

标量的对数函数，如图 14.4 所示，在 $x=0$ 处有一个奇点，因此对数在原点不能有效地展开。对数最常见的级数展开式是关于 $x=1$ 的泰勒级数展开式，

$$\ln(x)=(x-1)-\frac{(x-1)^2}{2}+\frac{(x-1)^3}{3}+\cdots=\sum_{n=1}^{\infty}\frac{(x-1)^n(-1)^{n-1}}{n} \tag{14.51}$$

式(14.51)的矩阵形式是关于单位矩阵的展开式

$$\begin{aligned}\ln(\boldsymbol{J})&=-\sum_{n=1}^{\infty}\frac{(\boldsymbol{\sigma}_0-\boldsymbol{J})^n(-1)^{n-1}}{n}\\&=\boldsymbol{\sigma}_0-\boldsymbol{J}-\frac{(\boldsymbol{\sigma}_0-\boldsymbol{J})^2}{2}+\frac{(\boldsymbol{\sigma}_0-\boldsymbol{J})^3}{3}-\frac{(\boldsymbol{\sigma}_0-\boldsymbol{J})^4}{4}+\cdots\end{aligned} \tag{14.52}$$

式(14.52)可用于计算矩阵对数并计算 b_0、b_1、b_2 和 b_3。实际上，式(14.52)收敛得非常慢[12]。分母增长缓慢(与式(14.46)相比)，且各项符号交替出现。此外，式(14.52)并不对所有琼斯矩阵都收敛。例如，对于纯延迟器，式(14.52)仅对 $|\delta|<2\pi/3$ 收敛。式(14.52)可以定义矩阵对数，但在计算上，它不是计算矩阵对数的最佳算法。

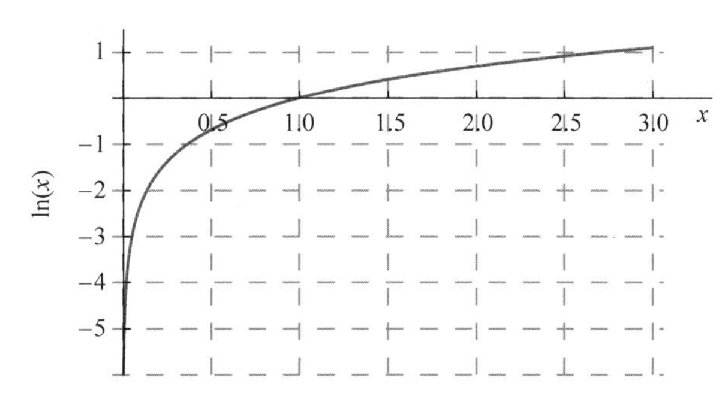

图 14.4　$\ln(x)$在 $x=0$ 处有奇异性。$\ln(x)$的标准泰勒级数是关于 $x=1$ 展开的

关于矩阵对数一般计算的算法细节超出了本书的范围，涉及许多复杂的问题[13-14]。许多优秀的矩阵对数算法已被开发出来，其中一个最好的算法是

$$\ln(\boldsymbol{M},K,n)\cong 2^{n+1}\sum_{k=0}^{K}\frac{\left[(\boldsymbol{M}^{\frac{1}{n}}-\boldsymbol{\sigma}_0)(\boldsymbol{M}^{\frac{1}{n}}+\boldsymbol{\sigma}_0)^{-1}\right]^{2k+1}}{2k+1} \tag{14.53}$$

当 $K>4$ 和 $n>4$ 时，通常可获得很好的收敛性。

14.4.3 延迟器矩阵

泡利矩阵的指数化产生了所有二向衰减器和延迟器的矩阵形式。首先，考虑虚值系数 $\mathrm{i}\Delta$，然后将在 14.4.4 节中讨论实系数 α。

$\boldsymbol{\sigma}_1$ 和虚系数 $\mathrm{i}\Delta$ 一起作为指数得到一个很有趣的形式，

$$\begin{aligned}
\mathrm{e}^{\mathrm{i}\Delta\boldsymbol{\sigma}_1} &= \sum_{n=0}^{\infty}\frac{(\mathrm{i}\Delta\boldsymbol{\sigma}_1)^n}{n!} = \boldsymbol{\sigma}_0 + \mathrm{i}\Delta\boldsymbol{\sigma}_1 + \frac{(\mathrm{i}\Delta\boldsymbol{\sigma}_1)^2}{2!} + \frac{(\mathrm{i}\Delta\boldsymbol{\sigma}_1)^3}{3!} + \cdots \\
&= \boldsymbol{\sigma}_0\left(1 - \frac{\Delta^2}{2!} + \frac{\Delta^4}{4!} + \cdots\right) + \mathrm{i}\boldsymbol{\sigma}_1\left(\Delta - \frac{\Delta^3}{3!} + \frac{\Delta^5}{5!} + \cdots\right) \\
&= \begin{pmatrix} \cos\Delta + \mathrm{i}\sin\Delta & 0 \\ 0 & \cos\Delta - \mathrm{i}\sin\Delta \end{pmatrix} = \begin{pmatrix} \mathrm{e}^{\mathrm{i}\Delta} & 0 \\ 0 & \mathrm{e}^{-\mathrm{i}\Delta} \end{pmatrix} \\
&= \boldsymbol{\sigma}_0\cos\Delta + \mathrm{i}\boldsymbol{\sigma}_1\sin\Delta = \mathbf{LR}(\Delta/2, 0)
\end{aligned} \tag{14.54}$$

这是快轴在竖向、延迟量为 $\delta=\Delta/2$ 的延迟器 $\mathbf{LR}(\Delta/2,0)$ 的琼斯矩阵。因此,快轴方向为 $0°(\delta>0)$ 或 $90°(\delta<0)$ 的延迟器的指数形式为

$$\mathbf{LR}(\delta_{\mathrm{H}},0) = \exp\left(\frac{-\mathrm{i}\delta_{\mathrm{H}}}{2}\boldsymbol{\sigma}_1\right) = \boldsymbol{\sigma}_0\cos\frac{\delta_{\mathrm{H}}}{2} - \mathrm{i}\boldsymbol{\sigma}_1\sin\frac{\delta_{\mathrm{H}}}{2} \tag{14.55}$$

类似地,由另两个泡利矩阵的矩阵指数生成 45°延迟器 $\mathbf{LR}(\delta_{45},0)$ 和左旋圆延迟器 $\mathbf{LR}(\delta_{\mathrm{L}},\pi)$ 的指数化琼斯矩阵

$$\mathbf{LR}(\delta_{45},0) = \exp\left(\frac{-\mathrm{i}\delta_{45}}{2}\boldsymbol{\sigma}_2\right) = \boldsymbol{\sigma}_0\cos\frac{\delta_{45}}{2} - \mathrm{i}\boldsymbol{\sigma}_2\sin\frac{\delta_{45}}{2} \tag{14.56}$$

$$\mathbf{CR}(\delta_{\mathrm{L}},\pi) = \exp\left(\frac{-\mathrm{i}\delta_{\mathrm{L}}}{2}\boldsymbol{\sigma}_3\right) = \boldsymbol{\sigma}_0\cos\frac{\delta_{\mathrm{L}}}{2} - \mathrm{i}\boldsymbol{\sigma}_3\sin\frac{\delta_{\mathrm{L}}}{2} \tag{14.57}$$

结合式(14.55)～式(14.57),所有的延迟器琼斯矩阵 $\mathbf{ER}(\delta_{\mathrm{H}},\delta_{45},\delta_{\mathrm{L}})$ 都可表示为具有纯虚泡利指数系数的泡利自旋矩阵和的矩阵指数。这个矩阵指数可以转换成第二行所示的三角形式[①],

$$\begin{aligned}
\mathbf{ER}(\delta_{\mathrm{H}},\delta_{45},\delta_{\mathrm{L}}) &= \mathrm{e}^{-\mathrm{i}(\delta_{\mathrm{H}}\boldsymbol{\sigma}_1+\delta_{45}\boldsymbol{\sigma}_2+\delta_{\mathrm{L}}\boldsymbol{\sigma}_3)/2} \\
&= \boldsymbol{\sigma}_0\cos\left(\frac{\delta}{2}\right) - \mathrm{i}\sin\left(\frac{\delta}{2}\right)\left(\frac{\delta_{\mathrm{H}}\boldsymbol{\sigma}_1 + \delta_{45}\boldsymbol{\sigma}_2 + \delta_{\mathrm{L}}\boldsymbol{\sigma}_3}{\delta}\right)
\end{aligned} \tag{14.58}$$

其中延迟量大小 δ 为

$$\delta = \sqrt{\delta_{\mathrm{H}}^2 + \delta_{45}^2 + \delta_{\mathrm{L}}^2} \tag{14.59}$$

该延迟器琼斯矩阵符合对称相位约定(5.6.1 节)。负号是由于递减相位约定。因此,对于任何酉矩阵 $\boldsymbol{U}$,延迟分量(表 14.1)由 $\boldsymbol{U}$ 的矩阵对数计算得出,

$$2\mathrm{i}\ln(\boldsymbol{U}) = \phi\boldsymbol{\sigma}_0 + \delta_{\mathrm{H}}\boldsymbol{\sigma}_1 + \delta_{45}\boldsymbol{\sigma}_2 + \delta_{\mathrm{L}}\boldsymbol{\sigma}_3 \tag{14.60}$$

其中 ϕ 描述可能存在的绝对相位。因为泡利矩阵和的指数与延迟系数产生了椭圆延迟器琼斯矩阵,然后取理想椭圆延迟器琼斯矩阵的矩阵对数,

$$\ln[\mathbf{ER}(\delta_{\mathrm{H}},\delta_{45},\delta_{\mathrm{L}})] = \ln[\mathrm{e}^{-\mathrm{i}(\delta_{\mathrm{H}}\boldsymbol{\sigma}_1+\delta_{45}\boldsymbol{\sigma}_2+\delta_{\mathrm{L}}\boldsymbol{\sigma}_3)/2}] = -\mathrm{i}\left(\frac{\delta_{\mathrm{H}}\boldsymbol{\sigma}_1 + \delta_{45}\boldsymbol{\sigma}_2 + \delta_{\mathrm{L}}\boldsymbol{\sigma}_3}{2}\right) \tag{14.61}$$

得到一个包含延迟分量的表达式。

14.4.4 二向衰减器矩阵

下面分析二向衰减器的指数形式。考虑带有实系数的泡利矩阵指数。把 $\alpha_1\boldsymbol{\sigma}_1$ 指数化

① 见习题 14.11。

得到

$$\exp(\alpha_1\boldsymbol{\sigma}_1)=\begin{pmatrix}\exp(\alpha_1) & 0\\ 0 & \exp(-\alpha_1)\end{pmatrix}$$

$$=\begin{pmatrix}\cosh\alpha_1+\sinh\alpha_1 & 0\\ 0 & \cosh\alpha_1-\sinh\alpha_1\end{pmatrix}=\boldsymbol{\sigma}_0\cosh\alpha_1+\boldsymbol{\sigma}_1\sinh\alpha_1 \tag{14.62}$$

这是水平二向衰减器的一般形式。与 $\exp(\alpha_1\boldsymbol{\sigma}_1)$的本征偏振态相关的本征值振幅透过率 $t_{\max}$ 和 $t_{\min}$ 为

$$t_{\max}=\cosh\alpha_1+|\sinh\alpha_1|,\quad t_{\min}=\cosh\alpha_1-|\sinh\alpha_1| \tag{14.63}$$

光强透过率 $T_{\max}$ 和 $T_{\min}$ 是本征值(即对角线元素)的平方,

$$T_{\max}=(\cosh\alpha_1+\sinh\alpha_1)^2,\quad T_{\min}=(\cosh\alpha_1-\sinh\alpha_1)^2 \tag{14.64}$$

由此可得二向衰减 D 的表达式为

$$D=\frac{T_{\max}-T_{\min}}{T_{\max}+T_{\min}}=\frac{2\cosh\alpha_1\sinh\alpha_1}{2(\cosh^2\alpha_1+\sinh^2\alpha_1)}=\frac{1}{2}\tanh(2\alpha_1) \tag{14.65}$$

因此,水平二向衰减器的指数形式,即包含水平分量的"椭圆"二向衰减器,$\mathbf{ED}(D_{\mathrm{H}},0,0)$,表示为二向衰减分量 D_{H} 的形式

$$\mathbf{ED}(D_{\mathrm{H}},0,0)=\exp\left(\frac{\operatorname{arctanh}D_{\mathrm{H}}}{2}\boldsymbol{\sigma}_1\right)$$

$$=\boldsymbol{\sigma}_0\cosh\left(\frac{\operatorname{arctanh}D_{\mathrm{H}}}{2}\right)+\boldsymbol{\sigma}_1\sinh\left(\frac{\operatorname{arctanh}D_{\mathrm{H}}}{2}\right) \tag{14.66}$$

对于 $\mathbf{ED}(D_{\mathrm{H}},0,0)$,平均光强透过率 T_U,即非偏振光的光强透过率为

$$T_U=\frac{(\cosh\alpha_1)^2+(\sinh\alpha_1)^2}{2} \tag{14.67}$$

它大于或等于 1。因此,需要将矩阵 **ED** 乘以一个常数,以产生期望的非偏振光透射率,该透射率将在 0 和 1 之间。一般椭圆二向衰减器 $\mathbf{ED}(D_{\mathrm{H}},D_{45},D_{\mathrm{L}})$是用三个实二向衰减分量 D_{H}、D_{45}、D_{L} 定义的,如 5.7.2 节所述,它的二向衰减大小为

$$D=\sqrt{D_{\mathrm{H}}^2+D_{45}^2+D_{\mathrm{L}}^2},\quad 0\leqslant D\leqslant 1 \tag{14.68}$$

是由矩阵指数方程对 $D_{\mathrm{H}}\boldsymbol{\sigma}_1+D_{45}\boldsymbol{\sigma}_2+D_{\mathrm{L}}\boldsymbol{\sigma}_3$ 求幂得到的

$$\mathbf{ED}(D_{\mathrm{H}},D_{45},D_{\mathrm{L}})=\exp\left[\operatorname{arctanh}(D)\,\frac{D_{\mathrm{H}}\boldsymbol{\sigma}_1+D_{45}\boldsymbol{\sigma}_2+D_{\mathrm{L}}\boldsymbol{\sigma}_3}{2D}\right] \tag{14.69}$$

其中包含归一化因子 $\operatorname{arctanh}(D)/(2D)$。然后将 $\mathbf{ED}(D_{\mathrm{H}},D_{45},D_{\mathrm{L}})$乘以任何期望的振幅 ρ 和相位 $\mathrm{e}^{-\mathrm{i}\phi}$,以设置两个非偏振自由度:振幅和相位。例如,如果 $\mathbf{ED}(D_{\mathrm{H}},D_{45},D_{\mathrm{L}})$除以其较大的特征值,则最大振幅透射率为 1,因此 $T_{\max}=1$。

当二向衰减器接近偏振器时,$D\to 1$,arctanh 接近无穷大,式(14.69)发散。因此,偏振器琼斯矩阵的对数是未定义的,就像 1/0 是未定义的一样。二向衰减器琼斯矩阵的平方根是一个更弱的二向衰减器,当取更高阶矩阵根,在根的阶数接近无穷大时,二向衰减器琼斯矩阵的根接近单位矩阵。二向衰减越大,逼近单位矩阵的速度越慢。但偏振器的矩阵平方根(奇异矩阵)是相同的偏振器矩阵。例如,0°线性偏振器的矩阵平方根就是它本身,

$$\begin{pmatrix}1 & 0\\0 & 0\end{pmatrix}\cdot\begin{pmatrix}1 & 0\\0 & 0\end{pmatrix}=\begin{pmatrix}1 & 0\\0 & 0\end{pmatrix},\quad 因此\sqrt{\begin{pmatrix}1 & 0\\0 & 0\end{pmatrix}}=\begin{pmatrix}1 & 0\\0 & 0\end{pmatrix} \tag{14.70}$$

因此,偏振器的矩阵根不趋向于单位矩阵。结果,偏振器矩阵的矩阵对数是未定义的,就像零的对数是负无穷大一样。

因此,可以用矩阵指数/矩阵对数法进行分量分析的二向衰减器琼斯矩阵集是一个只能逼近于偏振器矩阵集的开集。为了分析偏振器矩阵,即奇异矩阵,这些矩阵需要转变为与之相近的二向衰减器(例如二向衰减率为 0.9999)。通过计算特征值和特征向量,将其中一个特征值从 0 改为一个小的数字(如 0.0001),并将矩阵重新生成为一个非常强的二向衰减器,就可以实现这种小的转变。

14.4.5 齐次琼斯矩阵的偏振性质

14.4.3 节演示了如何从酉矩阵的矩阵对数简单地计算酉矩阵的延迟和本征态。类似地,14.4.4 节给出了厄米矩阵的二向衰减和本征态的类似计算。这种矩阵对数算法可以推广到分析齐次琼斯矩阵总合的二向衰减和延迟,其中本征偏振态 $\boldsymbol{E}_q$ 和 $\boldsymbol{E}_r$ 是正交的,即 $\boldsymbol{E}_q^{\dagger}\cdot\boldsymbol{E}_r=0$,并且对于几乎齐次的琼斯矩阵,$\boldsymbol{E}_q^{\dagger}\cdot\boldsymbol{E}_r\approx 0$(二向衰减和延迟本征态几乎相同),这种算法也可用,且误差很小。共享相同特征向量的两个矩阵 $\boldsymbol{A}$ 和 $\boldsymbol{B}$ 可交换,它们矩阵相乘的结果是顺序无关的,

$$\boldsymbol{A}\cdot\boldsymbol{B}=\boldsymbol{B}\cdot\boldsymbol{A} \tag{14.71}$$

对于这种可交换矩阵,用方括号$[\boldsymbol{A},\boldsymbol{B}]$表示交换运算,其值为零

$$[\boldsymbol{A}\cdot\boldsymbol{B}]=\boldsymbol{A}\cdot\boldsymbol{B}-\boldsymbol{B}\cdot\boldsymbol{A}=0 \tag{14.72}$$

如果 $\boldsymbol{A}$ 是酉矩阵,$\boldsymbol{B}$ 是厄米矩阵,则 $\boldsymbol{J}_{\mathrm{H}}=\boldsymbol{A}\cdot\boldsymbol{B}=\boldsymbol{B}\cdot\boldsymbol{A}$ 是一个既有二向衰减又有延迟,且具有正交本征偏振态的矩阵;$\boldsymbol{J}_{\mathrm{H}}$ 是齐次琼斯矩阵。

现在,计算齐次琼斯矩阵组分的算法可以由单独的延迟和二向衰减表达式组合而成。结合 14.4.3 节和 14.4.4 节的结果,琼斯矩阵 $\boldsymbol{J}$ 可以用八个自由度表示(表 14.1)。对于琼斯矩阵数据约简的第一步,单位矩阵从指数中分解出来,指数泡利系数用实部和虚部表示,

$$\boldsymbol{J}=\exp(b_0\boldsymbol{\sigma}_0)\exp\left[\frac{d_{\mathrm{H}}-\mathrm{i}\delta_{\mathrm{H}}}{2}\boldsymbol{\sigma}_1+\frac{d_{45}-\mathrm{i}\delta_{45}}{2}\boldsymbol{\sigma}_2+\frac{d_{\mathrm{L}}-\mathrm{i}\delta_{\mathrm{L}}}{2}\boldsymbol{\sigma}_3\right] \tag{14.73}$$

当表示为泡利矩阵和时,这些系数是从 $\boldsymbol{J}$ 的矩阵对数中获得的,

$$\ln(\boldsymbol{J})=b_0\boldsymbol{\sigma}_0+\frac{d_{\mathrm{H}}-\mathrm{i}\delta_{\mathrm{H}}}{2}\boldsymbol{\sigma}_1+\frac{d_{45}-\mathrm{i}\delta_{45}}{2}\boldsymbol{\sigma}_2+\frac{d_{\mathrm{L}}-\mathrm{i}\delta_{\mathrm{L}}}{2}\boldsymbol{\sigma}_3 \tag{14.74}$$

为了得到二向衰减和延迟分量的指数形式,将泡利对数系数分为实部和虚部。虚部是延迟分量。实分量需按式(14.69)进行 $\operatorname{arctanh}(D)/(2D)$ 因子的缩放,以获得二向衰减分量,因此厄米二向衰减器琼斯矩阵为

$$\boldsymbol{J}=\exp(b_0\boldsymbol{\sigma}_0)\exp\left[\operatorname{arctanh}(D)\frac{D_{\mathrm{H}}\boldsymbol{\sigma}_1+D_{45}\boldsymbol{\sigma}_2+D_{\mathrm{L}}\boldsymbol{\sigma}_3}{2D}\right] \tag{14.75}$$

其中二向衰减 D 为

$$D=\sqrt{D_{\mathrm{H}}^2+D_{45}^2+D_{\mathrm{L}}^2} \tag{14.76}$$

延迟分量上的负号遵循递减相位符号约定。方程(14.75)根据偏振特性生成了一个任意的

齐次琼斯矩阵。在递增相位约定中，琼斯矩阵将使用加号。指数的第二半部分是酉矩阵 $\boldsymbol{U}$，

$$\boldsymbol{U}=\exp\left(\frac{-\mathrm{i}\delta_{\mathrm{H}}}{2}\boldsymbol{\sigma}_1+\frac{-\mathrm{i}\delta_{45}}{2}\boldsymbol{\sigma}_2+\frac{-\mathrm{i}\delta_{\mathrm{L}}}{2}\boldsymbol{\sigma}_3\right) \tag{14.77}$$

它代表一个延迟量为 $\delta=\sqrt{\delta_{\mathrm{H}}^2+\delta_{45}^2+\delta_{\mathrm{L}}^2}$ 的纯延迟器。$\mathbf{Sr}_1=(\delta,\delta_{\mathrm{H}},\delta_{45},\delta_{\mathrm{L}})$ 和 $\mathbf{Sr}_2=(\delta,-\delta_{\mathrm{H}},-\delta_{45},-\delta_{\mathrm{L}})$ 是用斯托克斯参量表示的延迟本征偏振态。14.4.3 节对此进行了推导。

所有齐次琼斯矩阵都可用振幅 ρ、相位 ϕ、二向衰减 D 和延迟 δ 生成，这些分量来自指数形式

$$\boldsymbol{J}=\rho\mathrm{e}^{-\mathrm{i}\phi}\exp\left[\operatorname{arctanh}(D)\frac{D_{\mathrm{H}}\boldsymbol{\sigma}_1+D_{45}\boldsymbol{\sigma}_2+D_{\mathrm{L}}\boldsymbol{\sigma}_3}{2D}-\frac{\mathrm{i}(\delta_{\mathrm{H}}\boldsymbol{\sigma}_1+\delta_{45}\boldsymbol{\sigma}_2+\delta_{\mathrm{L}}\boldsymbol{\sigma}_3)}{2}\right] \tag{14.78}$$

二向衰减分量的范围限于

$$D=\sqrt{D_{\mathrm{H}}^2+D_{45}^2+D_{\mathrm{L}}^2},\quad 0\leqslant D<1 \tag{14.79}$$

但对其他五个分量的范围没有限制。

反过来说，用表 14.1 中的分量表示的非奇异但任意的齐次琼斯矩阵的偏振性质是通过 $\boldsymbol{J}$ 的矩阵对数得到的，

$$\ln(\boldsymbol{J})=(\ln(\rho)-\mathrm{i}\phi)\boldsymbol{\sigma}_0+\frac{d_{\mathrm{H}}-\mathrm{i}\delta_{\mathrm{H}}}{2}\boldsymbol{\sigma}_1+\frac{d_{45}-\mathrm{i}\delta_{45}}{2}\boldsymbol{\sigma}_2+\frac{d_{\mathrm{L}}-\mathrm{i}\delta_{\mathrm{L}}}{2}\boldsymbol{\sigma}_3 \tag{14.80}$$

泡利对数系数的实部，即式(14.75)中的指数，是厄米矩阵 $\boldsymbol{H}$，

$$\boldsymbol{H}=\exp\left[\operatorname{arctanh}(D)\frac{D_{\mathrm{H}}\boldsymbol{\sigma}_1+D_{45}\boldsymbol{\sigma}_2+D_{\mathrm{L}}\boldsymbol{\sigma}_3}{2D}\right] \tag{14.81}$$

这代表了一个纯二向衰减器；$\boldsymbol{H}$ 代表 $\boldsymbol{J}$ 的二向衰减部分。$\boldsymbol{H}$ 的二向衰减为

$$D=\sqrt{D_{\mathrm{H}}^2+D_{45}^2+D_{\mathrm{L}}^2}=\tanh\left(2\sqrt{d_{\mathrm{H}}^2+d_{45}^2+d_{\mathrm{L}}^2}\right)=\tanh(2d) \tag{14.82}$$

因此

$$d=\operatorname{arctanh}\left(\frac{D}{2}\right) \tag{14.83}$$

$\mathbf{Sd}_1=(D,D_{\mathrm{H}},D_{45},D_{\mathrm{L}})$ 和 $\mathbf{Sd}_2=(D,-D_{\mathrm{H}},-D_{45},-D_{\mathrm{L}})$ 是用斯托克斯参量表示的二向衰减本征偏振态。14.4.4 节对此进行了推导。最后，单位矩阵项

$$c_0=\exp(b_0)=\rho_0\exp(-\mathrm{i}\phi_0) \tag{14.84}$$

包含与偏振无关的振幅变化 ρ_0、与偏振无关的相变 ϕ_0。因此，利用偏振分量的指数形式，琼斯矩阵的振幅、相位、二向衰减和延迟由八个系数 ϕ_0、ρ_0、D_{H}、D_{45}、D_{L}、δ_{H}、δ_{45} 和 δ_{L} 表征，如式(14.74)和式(14.75)所定义。由于这两个方程中的系数相加，偏振特性以顺序相关形式出现，这与 5.9.3 节中的极分解不同，极分解中可以是①二向衰减发生在延迟之前，或②延迟发生在二向衰减之前，两者都可以。偏振分量的指数形式和式(14.74)、式(14.75)在 14.4.5 节和 14.6 节中进行了更详细的探讨。

由式(14.78)和式(14.80)定义的齐次琼斯矩阵的偏振分量现在是与顺序无关的形式；偏振特性是混合在一起的。与琼斯矩阵的极分解($\boldsymbol{J}=\boldsymbol{U}\cdot\boldsymbol{H}=\boldsymbol{H}'\cdot\boldsymbol{U}$)或奇异值分解 $\boldsymbol{J}=\boldsymbol{W}\cdot\boldsymbol{D}\cdot\boldsymbol{V}^{\dagger}$ 不同(5.9 节讨论了这两种分解)，没有一个特性出现在其他特性之前或之后。这如图 14.5 所示，其中一系列无穷小琼斯矩阵排列在一个重复序列中，其乘积为指定的琼

斯矩阵 $\boldsymbol{J}$,这些无穷小琼斯矩阵代表了表 14.1 八个分量中每个分量的小贡献。

奇异矩阵,即行列式为零的偏振器琼斯矩阵,可按照 14.4.4 节末尾所述小心处理。

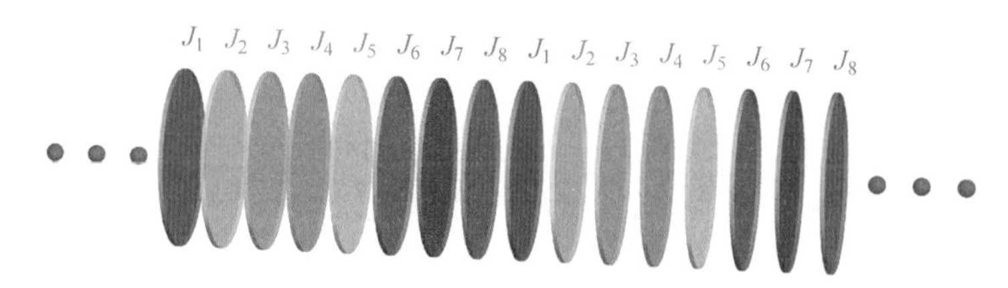

图 14.5 在偏振分量的指数形式中,琼斯矩阵的振幅、相位、二向衰减和延迟由八个系数和八个相应的琼斯矩阵表征。由于没有一个偏振效应出现在其他任何偏振效应之前,因此该表示法可以被描绘为把每种偏振形式的贡献分为许多无穷小的片段,$\boldsymbol{J}_1$、$\boldsymbol{J}_2$、…、$\boldsymbol{J}_8$,并将这些片段搅乱到一个重复序列中,如图所示。现在,没有一个效应发生在其他效应之前或之后,因为如果一些分量,例如第一个 $\boldsymbol{J}_1$ 和 $\boldsymbol{J}_2$,从序列的开始移动到最后,整个序列的琼斯矩阵几乎没有变化,因为这些是微分矩阵,与单位矩阵只有无穷小差异

例 14.4 齐次琼斯矩阵的偏振成分

计算齐次琼斯矩阵 $\boldsymbol{K}$ 的八个偏振分量,

$$\boldsymbol{K}=\begin{pmatrix}0.4655-0.3041\mathrm{i} & -0.4826-0.4212\mathrm{i}\\ 0.5744\quad-0.2834\mathrm{i} & 0.4196+0.0482\mathrm{i}\end{pmatrix} \tag{14.85}$$

$\boldsymbol{K}$ 的矩阵对数为

$$\ln(\boldsymbol{K})=\begin{pmatrix}-0.1975-0.2618\mathrm{i} & -0.6803-0.6813\mathrm{i}\\ 0.8905\quad-0.3659\mathrm{i} & -0.3026+0.2618\mathrm{i}\end{pmatrix} \tag{14.86}$$

实部与二向衰减有关,虚部与延迟有关。将 $2\ln(\boldsymbol{K})$ 表示为泡利系数之和,并分离实部和虚部,得到

$$\begin{aligned}\ln(\boldsymbol{K})=&-0.25\boldsymbol{\sigma}_0+(0.105103\boldsymbol{\sigma}_1+0.210205\boldsymbol{\sigma}_2+0.315308\boldsymbol{\sigma}_3)/2+\\ &\mathrm{i}(-0.5236\boldsymbol{\sigma}_1-1.0472\boldsymbol{\sigma}_2-1.5708\boldsymbol{\sigma}_3)/2\end{aligned} \tag{14.87}$$

虚的泡利系数是三个延迟量系数乘以-2:

$$(\delta_{\mathrm{H}},\delta_{45},\delta_{\mathrm{R}})=(0.5236,1.0472,1.5708)=\left(\frac{\pi}{6},\frac{\pi}{3},\frac{\pi}{2}\right) \tag{14.88}$$

它们的比值将延迟本征偏振的形式描述为斯托克斯参数。由实泡利系数的两倍得到二向衰减率

$$D=\tanh\left(2\sqrt{0.105103^2+0.210205^2+0.315308^2}\right)=0.374 \tag{14.89}$$

三个二向衰减分量(表 14.1)为

$$(D_{\mathrm{H}},D_{45},D_{\mathrm{L}})=\frac{1}{10}(1,2,3) \tag{14.90}$$

这些把二向衰减本征偏振的形式描述为斯托克斯参数,产生净二向衰减率为

$$D=\sqrt{D_{\mathrm{H}}^2+D_{45}^2+D_{\mathrm{L}}^2}=\frac{\sqrt{14}}{10} \tag{14.91}$$

这个厄米矩阵,没有振幅项(-0.05),

$$\boldsymbol{H}=\exp(0.105103\,\boldsymbol{\sigma}_1+0.210205\,\boldsymbol{\sigma}_2+0.315308\,\boldsymbol{\sigma}_3) \tag{14.92}$$

其振幅透过率为 1.2173 和 0.8215。第一个实系数 −0.5 与 $\boldsymbol{\sigma}_0$ 有关，描述的振幅透射率为

$$\rho = \mathrm{e}^{-0.25} = 0.7788 \tag{14.93}$$

例 14.5　延迟器矩阵

一个延迟量为 $\delta_1 = \pi/2$ 的 45°线性延迟器，后面跟着一个延迟量为 $\delta_2 = \pi/3$ 的右旋圆延迟器，考虑两者矩阵乘积得到的酉矩阵。

$$\mathbf{CR}\left(\frac{\pi}{3}\right) \cdot \mathbf{LR}\left(\frac{\pi}{2}, 45^\circ\right) = \frac{1}{2\sqrt{2}}\begin{pmatrix} \sqrt{3} - \mathrm{i} & -\sqrt{3}\mathrm{i} + 1 \\ -\sqrt{3}\mathrm{i} - 1 & \sqrt{3} - \mathrm{i} \end{pmatrix} \tag{14.94}$$

取矩阵对数，得到

$$\ln\left[\mathbf{CR}\left(\frac{\pi}{3}\right) \cdot \mathbf{LR}\left(\frac{\pi}{2}, 45^\circ\right)\right] = \frac{1}{\sqrt{5}}\begin{pmatrix} -\mathrm{i}\tau & (1 - \mathrm{i}\sqrt{3})\tau \\ -2(-1)^{1/3}\tau & \mathrm{i}\tau \end{pmatrix}, \quad \tau = \arctan\sqrt{\frac{5}{3}} \tag{14.95}$$

指数泡利系数为

$$\frac{\mathrm{i}\tau}{\sqrt{5}}(0, -1, -\sqrt{3}, 1) \tag{14.96}$$

因此，三个延迟分量(表 14.1)是

$$(\delta_{\mathrm{H}}, \delta_{45}, \delta_{\mathrm{L}}) = \frac{2\tau}{\sqrt{5}}(1, \sqrt{3}, -1) \tag{14.97}$$

注意 45°延迟器和圆延迟器的组合是如何产生 0°延迟的。取这些项的矩阵指数，

$$\begin{aligned} &\exp\left[\frac{-\mathrm{i}}{2}(\delta_{\mathrm{H}}\boldsymbol{\sigma}_1 + \delta_{45}\boldsymbol{\sigma}_2 + \delta_{\mathrm{L}}\boldsymbol{\sigma}_3)\right] \\ &= \frac{1}{2\sqrt{2}}\begin{pmatrix} \sqrt{3} - \mathrm{i} & -\sqrt{3}\mathrm{i} + 1 \\ -\sqrt{3}\mathrm{i} - 1 & \sqrt{3} - \mathrm{i} \end{pmatrix} \\ &= \mathbf{CR}\left(\frac{\pi}{3}\right) \cdot \mathbf{LR}\left(\frac{\pi}{2}, \frac{\pi}{4}\right) \end{aligned} \tag{14.98}$$

重新得到了原始酉矩阵(式(14.94))。

例 14.6　二向衰减器矩阵

考虑线性二向衰减器的厄米矩阵，它透射 22.5°线偏振光的 3/4 振幅，透射 112.5°线偏振光的 1/4 振幅，

$$\mathbf{LD}\left(\frac{3}{4}, \frac{1}{4}, \frac{\pi}{8}\right) = \frac{1}{8}\begin{pmatrix} 4 + \sqrt{2} & \sqrt{2} \\ \sqrt{2} & 4 - \sqrt{2} \end{pmatrix} \tag{14.99}$$

二向衰减率为

$$D = \frac{\left(\frac{3}{4}\right)^2 - \left(\frac{1}{4}\right)^2}{\left(\frac{3}{4}\right)^2 + \left(\frac{1}{4}\right)^2} = \frac{4}{5} \tag{14.100}$$

取矩阵对数,得到

$$\ln\left[\mathbf{LD}\left(\frac{3}{4},\frac{1}{4},\frac{\pi}{8}\right)\right]=\begin{pmatrix}\frac{1}{4}(-8\ln2+\sqrt{2}\ln3+\ln9) & \frac{\ln3}{2\sqrt{2}}\\ \frac{\ln3}{2\sqrt{2}} & \frac{1}{4}(-8\ln2-\sqrt{2}\ln3+\ln9)\end{pmatrix}$$

$$\approx\begin{pmatrix}-0.449 & 0.388\\ 0.388 & -1.225\end{pmatrix} \tag{14.101}$$

指数泡利系数是

$$\left(\ln\left(\frac{\sqrt{3}}{4}\right),\frac{\ln3}{2\sqrt{2}},\frac{\ln3}{2\sqrt{2}},0\right) \tag{14.102}$$

第一个系数与 $\boldsymbol{\sigma}_0$ 有关,描述了振幅透射率

$$\exp\left[\ln\left(\frac{\sqrt{3}}{4}\right)\right]=\frac{\sqrt{3}}{4} \tag{14.103}$$

三个二向衰减分量(表 14.1)是

$$(D_{\mathrm{H}},D_{45},D_{\mathrm{L}})=\left(\frac{2\sqrt{2}}{5},\frac{2\sqrt{2}}{5},0\right) \tag{14.104}$$

净二向衰减率为

$$D=\sqrt{D_{\mathrm{H}}^2+D_{45}^2+D_{\mathrm{L}}^2}=\frac{4}{5} \tag{14.105}$$

观察到 22.5°情况下的二向衰减产生相等的 D_{H} 和 D_{45} 分量。

14.5 椭圆延迟器和延迟器空间

用三个复指数泡利系数(式(14.58))描述延迟器可直接得到延迟器的一种几何图形。延迟器可表示为三维延迟器空间中的点($\delta_{\mathrm{H}},\delta_{45},\delta_{\mathrm{L}}$),如图 14.6 所示。

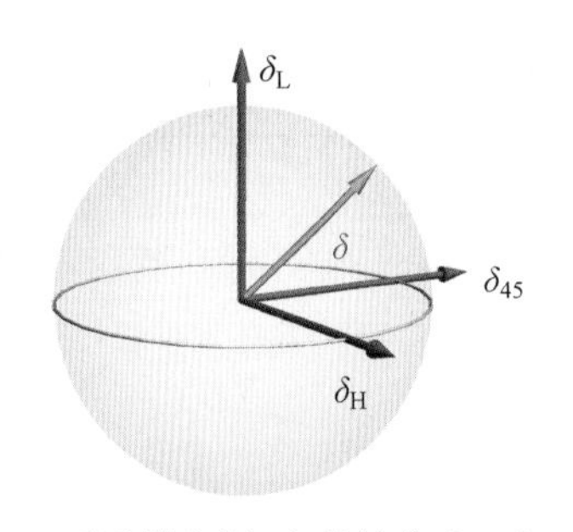

图 14.6 延迟器空间,它的轴为 δ_{H}、δ_{45}、δ_{L},延迟器显示为始于原点的粉色箭头。从原点算起的长度为延迟量大小 δ。线性延迟器位于赤道平面上,也就是图中灰色圆圈所示的平面

$\delta_{\mathrm{H}}-\delta_{45}$ 平面上的点表示线性延迟器,而沿 δ_{L} 轴的点表示纯圆延迟器。在此空间中,所有 $\lambda/4$ 波椭圆延迟器位于半径为 $\pi/2$ 的球面上,所有半波延迟器位于半径为 π 的球面上,依此类推。半径为 $2\pi n$ 的球面上的所有琼斯矩阵(其中 n 是一个整数,延迟器的阶数),就是单位矩阵乘以相位作为琼斯矩阵,原点的点也是如此。延迟器空间与庞加莱球相似,只是绘制了延迟分量,而不是斯托克斯参数。在延迟器空间中,延迟量范围没有限制,延迟分量的值可以为任意大小。

延迟器琼斯矩阵对于延迟器阶数 n、延迟量波数的整数部分或半整数部分无法辨别。可有

一系列延迟器对所有偏振态进行等效转换。例如，延迟量 $\delta=0$ 的延迟器保持所有偏振态不变，延迟量 $\delta=2\pi$ 或 $n2\pi$ 的延迟器也一样；所有偏振态都回归到入射偏振态，它们的琼斯矩阵为单位矩阵。

另一个例子，$\lambda/4$ 延迟器绕快轴顺时针旋转庞加莱球 $\pi/2$rad。具有正交快轴的 $3\lambda/4$ 延迟器逆时针旋转庞加莱球 $3\pi/2$rad，它与 $\lambda/4$ 延迟器具有相同的琼斯或米勒矩阵。实际上，器件是不同的。相比石英 $\lambda/4$ 延迟器，另一个延迟器也可能是旋转 90°的、三倍厚度的石英延迟器，但作为黑匣子，两个延迟器进行相同的转换。第三个例子，主轴正交的两个半波延迟器将庞加莱球在相反方向旋转半圈，从而具有相同的琼斯矩阵（表 5.4）。因此，通常情况下，所有具有延迟量 $2\pi(n+\delta)$ 和特定归一化快轴 $(\delta_H,\delta_{45},\delta_L)$ 的琼斯矩阵，以及所有具有延迟量 $2\pi(m-\delta)$ 和正交归一化快轴 $(-\delta_H,-\delta_{45},-\delta_L)$ 的琼斯矩阵都是相同的琼斯矩阵（m 和 n 是整数）。

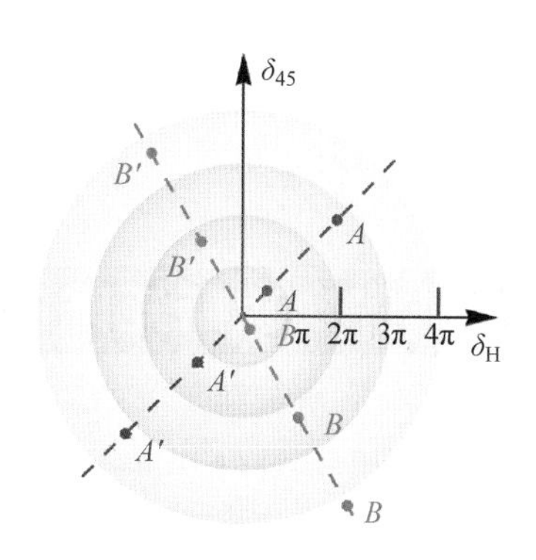

图 14.7　延迟器空间类似庞加莱球空间，它在三维空间中表示延迟器快轴 $(\delta_H,\delta_{45},\delta_L)$。在延迟器空间中显示了两组具有相同延迟量（模 2π）的米勒矩阵（$\boldsymbol{A}$ 和 $\boldsymbol{B}$）。每组中的点以 2π 为间隔，并共享相同的快轴和慢轴。1λ 和 2λ 延迟量球上的延迟器的米勒矩阵为单位矩阵

图 14.7 显示了延迟器空间中具有不同绝对相位的两组相同的延迟器米勒矩阵。每个球代表延迟量为 $n\pi$ 的延迟器。球半径（延迟量）$2n\pi$ 对应于具有单位米勒矩阵的多波延迟器。所有红点（$\mathbf{A}$ 和 $\mathbf{A}'$）都有相同的延迟器米勒矩阵，等间距 2π。类似地，绿点（$\boldsymbol{B}$ 和 $\boldsymbol{B}'$）显示了延迟器空间中另一组相同的米勒矩阵。

对于每个延迟量为 δ 的米勒矩阵，存在一系列具有相同快轴 $(\delta_H,\delta_{45},\delta_L)$ 的延迟量为 $2n\pi+\delta$ 的米勒矩阵和具有正交快轴 $(-\delta_H,-\delta_{45},-\delta_L)$ 的延迟量为 $2n\pi-\delta$ 的米勒矩阵。当 $\delta\neq\delta_H$，对应琼斯矩阵 $\mathbf{ER}(\delta_H,\delta_{45},\delta_L)$ 的本征偏振态 $\boldsymbol{V}_1$ 和 $\boldsymbol{V}_2$ 为

$$\boldsymbol{V}_1=\frac{1}{\sqrt{2\delta(\delta_H+\delta)}}\begin{pmatrix}\delta_H+\delta\\ \delta_{45}-\mathrm{i}\delta_L\end{pmatrix},\quad \boldsymbol{V}_2=\frac{1}{\sqrt{2\delta(\delta_H-\delta)}}\begin{pmatrix}\delta_H-\delta\\ \delta_{45}-\mathrm{i}\delta_L\end{pmatrix}\tag{14.106}$$

这是快轴和慢轴。对于特殊情形 $\mathbf{ED}(\delta_H,0,0)$，这在式(14.106)中存在被零除的问题，本征偏振态变为

$$\boldsymbol{V}_1=\begin{pmatrix}1\\0\end{pmatrix},\quad \boldsymbol{V}_2=\begin{pmatrix}0\\1\end{pmatrix}\tag{14.107}$$

相应的延迟器米勒矩阵的本征偏振态更简单，其斯托克斯参数 $\boldsymbol{S}_1$ 和 $\boldsymbol{S}_2$ 为

$$\boldsymbol{S}_1=\frac{1}{\delta}\begin{pmatrix}\delta\\ \delta_H\\ \delta_{45}\\ \delta_L\end{pmatrix},\quad \boldsymbol{S}_2=\frac{1}{\delta}\begin{pmatrix}\delta\\ -\delta_H\\ -\delta_{45}\\ -\delta_L\end{pmatrix}\tag{14.108}$$

式(14.106)和式(14.108)中，1 和 2 代表快模式和慢模式，但仅仅从琼斯矩阵或米勒矩阵来

判断,通常是无法确定哪个快哪个慢的①。

考虑到三维空间中延迟器的表示,很容易想到延迟器矢量,但($\delta_H,\delta_{45},\delta_L$)不构成矢量。延迟器序列不服从矢量加法,而是表现为单位四元数(unit quaternions),按照式(14.45)[15-16]级联。然而,在非常小的延迟量限定下,当 $\delta \ll 1$,弱延迟器序列的延迟量是这些"矢量"之和。这有助于理解透镜和其他弱偏振光学系统中的延迟量积累,如第15章(近轴偏振像差)所述。

14.6 非齐次琼斯矩阵的偏振特性

遗憾的是,齐次琼斯矩阵的简单的矩阵指数和矩阵对数关系并没有扩展到非齐次琼斯矩阵,因为它们的酉部分和厄米部分具有非交换性。考虑两个矩阵 $\boldsymbol{U}$ 和 $\boldsymbol{H}$ 指数的矩阵乘积,根据它们的矩阵指数展开式的先导项的乘法(式(14.47)),

$$\exp(\boldsymbol{H})\cdot\exp(\boldsymbol{U})$$
$$=\left(\sum_{n=0}^{\infty}\frac{\boldsymbol{H}^n}{n!}\right)\cdot\left(\sum_{n=0}^{\infty}\frac{\boldsymbol{U}^n}{n!}\right)\boldsymbol{\sigma}_0+(\boldsymbol{H}+\boldsymbol{U})+\left(\frac{\boldsymbol{H}^2}{2!}+\boldsymbol{H}\cdot\boldsymbol{U}+\frac{\boldsymbol{U}^2}{2!}\right)+\left(\frac{\boldsymbol{H}^3}{3!}+\frac{\boldsymbol{H}^2\cdot\boldsymbol{U}}{2!}+\frac{\boldsymbol{H}\cdot\boldsymbol{U}^2}{2!}+\frac{\boldsymbol{U}^3}{3!}\right)+\cdots \tag{14.109}$$

上式包含了一些非交换项 $\boldsymbol{H}\cdot\boldsymbol{U}$、$\frac{\boldsymbol{H}^2\cdot\boldsymbol{U}}{2!}$、$\frac{\boldsymbol{H}\cdot\boldsymbol{U}^2}{2!}$等。$\exp(\boldsymbol{H})\cdot\exp(\boldsymbol{U})$的形式是李代数发展的一个重要结果,这一结果称为 Baker-Hausdorff-Campbell 公式[17-18]。Dynkin[19-20]给出了 Baker-Hausdorff Campbell 公式的一种方便形式

$$\ln(\exp(\boldsymbol{A})\cdot\exp(\boldsymbol{B}))=(\boldsymbol{A}+\boldsymbol{B})+\frac{1}{2}[\boldsymbol{A},\boldsymbol{B}]+\frac{1}{12}([\boldsymbol{A},[\boldsymbol{A},\boldsymbol{B}]]+[\boldsymbol{B},[\boldsymbol{A},\boldsymbol{B}]])+\frac{1}{24}[\boldsymbol{B},[\boldsymbol{A},[\boldsymbol{A},\boldsymbol{B}]]]+\cdots \tag{14.110}$$

当 $\boldsymbol{A}$ 和 $\boldsymbol{B}$ 可交换,则它们的矩阵指数的乘积很简单

$$\exp(\boldsymbol{A})\cdot\exp(\boldsymbol{B})=\exp(\boldsymbol{A}+\boldsymbol{B}) \tag{14.111}$$

这是齐次琼斯矩阵(式(14.78))的矩阵指数表达式形式,产生了矩阵对数形式的二向衰减和延迟分量的简单结果。Baker-Hausdorff-Campbell 公式表明,对于非齐次琼斯矩阵的二向衰减和延迟,不能得到这种二向衰减和延迟的简单结果。

例 14.7 齐次矩阵和非齐次矩阵的例子

考虑把式(14.78)应用到两个例子中。首先,考虑一个齐次矩阵的例子,其中 $D_H=D=1/5$,$\delta_H=\delta=\pi/4$。琼斯矩阵 $\boldsymbol{J}_{\text{Homo}}$ 变为

$$\boldsymbol{J}_{\text{Homo}}=\exp\left[\operatorname{arctanh}(1/5)\frac{(1/5)\boldsymbol{\sigma}_1/5}{2(1/5)}-\frac{\mathrm{i}\pi\boldsymbol{\sigma}_1/4}{2}\right]\approx\exp[(0.98698-0.39270\mathrm{i})\boldsymbol{\sigma}_1]$$
$$=\begin{pmatrix}0.782542-0.782542\mathrm{i} & 0\\ 0 & 0.638943+0.638943\mathrm{i}\end{pmatrix} \tag{14.112}$$

① 习题14.19确定了这些本征偏振态的取向和椭圆率。

本征值 ξ_1 和 ξ_2 位于对角线，对于净延迟量 $\pi/4$，它们的相位为 $-\pi/8$ 和 $\pi/8$。二向衰减率为

$$D=\frac{T_{\max}-T_{\min}}{T_{\max}+T_{\min}}=\frac{(\xi_1)^2-(\xi_2)^2}{(\xi_1)^2+(\xi_2)^2}=0.2 \tag{14.113}$$

是预期的 1/5。

下一步，把延迟从 0°旋转到 45°，构建一个非齐次矩阵的例子。现在，二向衰减仍然是 $D_{\mathrm{H}}=D=1/5$，但是延迟变成 $\delta_{45}=\delta=\pi/4$。琼斯矩阵变为

$$\begin{aligned}\boldsymbol{J}_{\mathrm{Inh}}&=\exp\left[\operatorname{arctanh}(1/5)\frac{(1/5)\boldsymbol{\sigma}_1/5}{2(1/5)}-\frac{\mathrm{i}\pi\boldsymbol{\sigma}_2/4}{2}\right]\approx\exp\left[\begin{pmatrix}0.101366 & -0.785398\mathrm{i}\\ -0.785398\mathrm{i} & -0.101366\end{pmatrix}\right]\\&=\begin{pmatrix}0.803161 & -0.708371\mathrm{i}\\ -0.708371\mathrm{i} & 0.620311\end{pmatrix}\end{aligned} \tag{14.114}$$

从奇异值分解的奇异值中找到最大和最小振幅透射率为 $\Lambda_1\approx1.0956$、$\Lambda_2\approx0.912746$。$\boldsymbol{J}_{\mathrm{Inh}}$ 的二向衰减率是

$$D=\frac{T_{\max}-T_{\min}}{T_{\max}+T_{\min}}=\frac{(\Lambda_1)^2-(\Lambda_2)^2}{(\Lambda_1)^2+(\Lambda_2)^2}=0.1806 \tag{14.115}$$

这不等于 1/5。因此可看出，式(14.78)对于非齐次示例无效。二向衰减大小不正确。

对于非齐次琼斯矩阵，由于 Baker-Hausdorff-Campbell 关系式(式(14.114))中的顺序相关项，采取矩阵对数函数不会产生二向衰减和延迟分量。因此，从矩阵对数到二向衰减和延迟分量没有明确的代数路径，但矩阵对数可以用作优化算法的种子。

到二向衰减和延迟分量的另一种途径，即极分解(5.9.3 节)，确实提供了定义延迟和二向衰减分量的算法，

$$\boldsymbol{J}=\boldsymbol{U}\cdot\boldsymbol{H}=\boldsymbol{H}'\cdot\boldsymbol{U} \tag{14.116}$$

琼斯矩阵分为厄米部分和酉部分，即 $\boldsymbol{U}$ 和 $\boldsymbol{H}$ 或等价的 $\boldsymbol{H}'$ 和 $\boldsymbol{U}$。可使用矩阵对数对其进行分析，以产生延迟和二向衰减分量，见 14.4.3 节和 14.4.4 节。

14.7　二向衰减空间和非齐次偏振元件

下面将探讨非齐次琼斯矩阵，并研究齐次和非齐次琼斯矩阵的二向衰减分量和延迟分量之间的关系。琼斯矩阵可分为两类：具有正交本征偏振态的齐次琼斯矩阵和具有非正交本征偏振态的非齐次琼斯矩阵，如 5.4.1 节所述[21-22]。当 $\boldsymbol{E}_q^{\dagger}\cdot\boldsymbol{E}_r=0$ 时，两个琼斯矢量是正交的。当本征偏振是正交的，相应的琼斯矩阵具有相对简单的性质。图 14.8(a)中的箭头表示庞加莱球表面上的正交本征偏振态，箭头指向相反方向。对于齐次琼斯矩阵，本征偏振也是最大和最小透射率的偏振态。齐次偏振器和齐次延迟器是根据本征偏振的形式命名的。因此，当 $\boldsymbol{E}_q$ 和 $\boldsymbol{E}_r$ 为线偏振态时，$\boldsymbol{J}$ 为线性元件：线性二向衰减器、线性延迟器，或线性二向衰减器和延迟器的组合。当 $\boldsymbol{E}_q$ 和 $\boldsymbol{E}_r$ 是圆偏振态时，$\boldsymbol{J}$ 为圆元件。类似地，当 $\boldsymbol{E}_q$ 和 $\boldsymbol{E}_r$ 是椭圆偏振态时，$\boldsymbol{J}$ 为椭圆元件。

当本征偏振态不是正交的，也就是说，当

$$\hat{\boldsymbol{E}}_q^{\dagger} \cdot \hat{\boldsymbol{E}}_r = (E_{x,q}^* E_{y,q}^*)(E_{x,r}, E_{y,r}) = E_{x,q}^* E_{x,r} + E_{y,q}^* E_{y,r} \neq 0 \tag{14.117}$$

那么 $\boldsymbol{J}$ 是非齐次的。图 14.8(b)显示了例 14.8 中非齐次琼斯矩阵的本征偏振态以及最大和最小透射率的偏振态。非齐次琼斯矩阵比齐次矩阵具有更复杂的性质,不能简单地划分为线性、圆或椭圆元件。

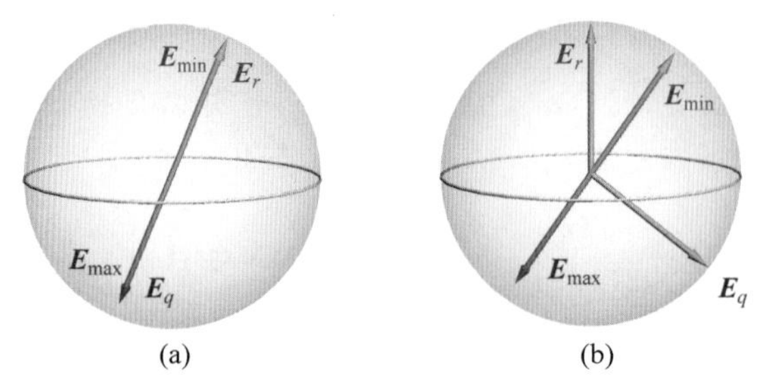

图 14.8 (a)对于齐次琼斯矩阵,正交本征偏振态 $\boldsymbol{E}_q$ 和 $\boldsymbol{E}_r$ 指向庞加莱球面上的相反方向,这些偏振态与最大和最小透射率对应的入射偏振态 $\boldsymbol{E}_{max}$ 和 $\boldsymbol{E}_{min}$ 相同。(b)对于非齐次琼斯矩阵,$\boldsymbol{E}_q$ 和 $\boldsymbol{E}_r$ 不是正交的,并且不同于最大和最小透射率对应的入射偏振态 $\boldsymbol{E}_{max}$ 和 $\boldsymbol{E}_{min}$,它们始终是正交的

例 14.8 非齐次矩阵的例子

琼斯矩阵 $\boldsymbol{J}_1$,它把(1,0)变为(1,0),其本征值为 1,把$(1,1)/\sqrt{2}$变为$(1,1)/\sqrt{2}$,其本征值为 1/3,琼斯矩阵 $\boldsymbol{J}_1$ 为

$$\boldsymbol{J}_1 = \begin{pmatrix} 1 & -2/3 \\ 0 & 1/3 \end{pmatrix} \tag{14.118}$$

这些特征矢量不同于最大透射率的偏振态 $\boldsymbol{E}_{max} \approx (-0.811, 0.584)$,最小透射率的偏振态 $\boldsymbol{E}_{min} \approx (0.584, 0,811)$,它们是正交的。

14.7.1 二向衰减空间和延迟空间的叠加

与延迟分量一样,三个二向衰减分量(D_H,D_{45},D_L)也可以绘制在三维空间,即二向衰减空间中,如图 14.9 所示。像庞加莱球一样,二向衰减空间的半径限定为 1。表面代表偏振器,内部代表二向衰减器。中心代表单位矩阵,即一个具有零二向衰减的矩阵。线偏振器位于 $D_H D_{45}$ 平面的外围,如图 14.9 中灰色圆圈所示。圆偏振器位于两极。

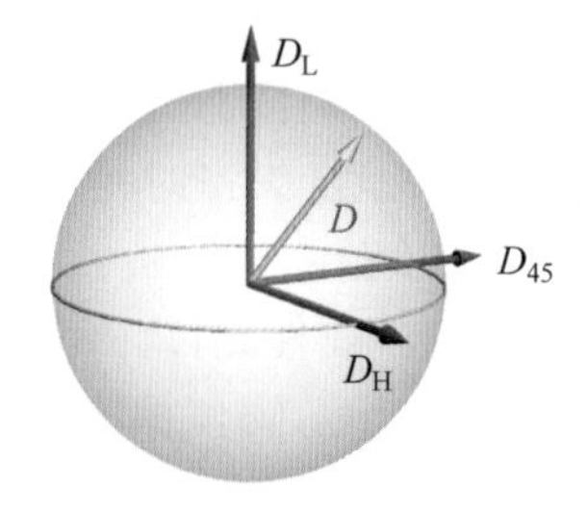

图 14.9 具有 D_H、D_{45} 和 D_L 轴的二向衰减空间位于单位球内。二向衰减 D 是从原点到一组二向衰减分量(D_H,D_{45},D_L)的距离。线偏振器位于灰色圆圈上

当二向衰减空间和延迟空间重叠时，如图 14.10 所示，并且绘制了延迟和二向衰减分量，那么对于齐次琼斯矩阵，分量沿同一轴指向相同或相反方向。因此，如果二向衰减分量和延迟分量的叉积为零，则琼斯矩阵是齐次的。

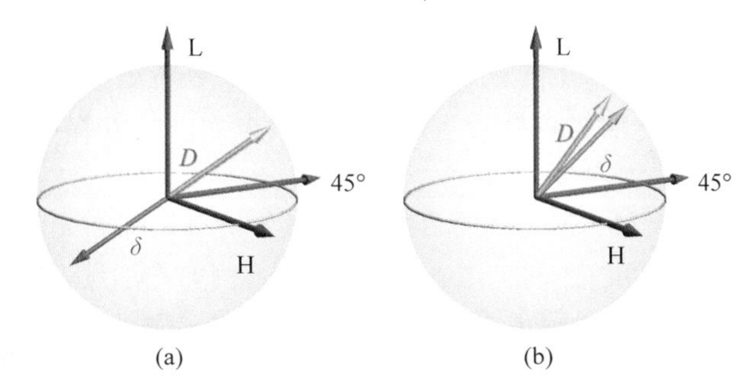

图 14.10　在重叠延迟空间和二向衰减空间后，(a)对于齐次琼斯矩阵，二向衰减分量和延迟分量沿同一轴指向相同或相反方向。(b)对于非齐次矩阵，二向衰减分量和延迟分量不沿同一轴对齐；对于任何常数 k，

$$(D_{\mathrm{H}}, D_{45}, D_{\mathrm{L}}) \neq k(\delta_{\mathrm{H}}, \delta_{45}, \delta_{\mathrm{L}})$$

14.8　弱偏振元件

弱偏振元件只会对偏振态造成微小的变化。例如，与通过光学系统的许多光线路径相关联的偏振是弱的。减反膜和小角度反射通常是弱偏振的。在照相机镜头和其他类似的光学镜头中，二向衰减通常很小，$D \ll 1$，以及延迟 $\delta \ll 1$。

考虑矩阵 $\boldsymbol{M}$ 的矩阵指数方程(式(14.47))，它接近于零，因为二向衰减分量(D_{H}, D_{45}，D_{L})和延迟分量($\delta_{\mathrm{H}}, \delta_{45}, \delta_{\mathrm{L}}$)接近于零。如果 $\boldsymbol{M}$ 的元素的量级约为 10^{-4}、则 $\boldsymbol{M}^2$ 元素的量级约为 10^{-8}(式(14.47))，以此类推，适用于更高阶；因此，高阶项并不重要。无需假设振幅透射率 ρ_0 和相位变化量 $-\phi_0$ 是小参数，可以采用任何值。因此，对于弱偏振元件，琼斯矩阵可以仅用矩阵指数级数展开式(式(14.47))的一阶项来近似，

$$\rho_0 \mathrm{e}^{-\mathrm{i}\phi_0} \exp(\boldsymbol{M}) \approx \rho_0 \mathrm{e}^{-\mathrm{i}\phi_0} (\boldsymbol{\sigma}_0 + \boldsymbol{M}) \approx \rho_0 \mathrm{e}^{-\mathrm{i}\phi_0} \begin{pmatrix} 1 + M_{x,x} & M_{x,y} \\ M_{y,x} & 1 + M_{y,y} \end{pmatrix},$$

$$M_{x,x}, M_{x,y}, M_{y,x}, M_{y,y} \approx 0 \tag{14.119}$$

相应的琼斯矩阵接近于单位矩阵乘以一个复常数 $\rho_0 \mathrm{e}^{-\mathrm{i}\phi_0}$。对于弱偏振元件，偏振特性被大大简化，特别是在泡利表示中，可以直接从以下关系式的复泡利和系数确定，修正到一阶，

$$\boldsymbol{J} \approx \rho_0 \mathrm{e}^{-\mathrm{i}\phi_0} \left(\boldsymbol{\sigma}_0 + \frac{D_{\mathrm{H}} - \mathrm{i}\delta_{\mathrm{H}}}{2} \boldsymbol{\sigma}_1 + \frac{D_{45} - \mathrm{i}\delta_{45}}{2} \boldsymbol{\sigma}_2 + \frac{D_L - \mathrm{i}\delta_{\mathrm{L}}}{2} \boldsymbol{\sigma}_3 \right) \tag{14.120}$$

14.9　总结和结论

琼斯矩阵元将入射光的 x 和 y 分量与出射光的 x 和 y 分量联系起来。至泡利矩阵和的变换将琼斯矩阵分解为与①x 和 y 方向的二向衰减和延迟，②45°和 135°方向的二向衰减

和延迟,以及③左旋和右旋二向衰减和延迟相关的分量。利用泡利基,偏振效应的相互作用变得清晰,例如,x 二向衰减和 45°延迟如何产生圆二向衰减分量,以及当两个元件反转时,圆二向衰减分量如何改变符号。取泡利矩阵的线性组合的指数,直接得到延迟分量的表达式,再进一步操作,得到二向衰减分量。与极分解不同,该泡利矩阵指数提供了与顺序无关的偏振特性分解。因此,对琼斯矩阵取矩阵对数可得到求琼斯矩阵的延迟和二向衰减分量的简单算法。矩阵指数的一阶级数展开项提供了弱偏振元件的方程,这将在第 15 章(近轴偏振像差)中有用。

使用线性、圆二向衰减和延迟元件的目的是了解与偏振矩阵和光学系统相关的延迟和二向衰减类型;特别是,它可以便利工作者之间的沟通,例如光学设计和计量部门之间的沟通,或者公司、光学系统集成商和供应商之间的沟通。没有必要非得使用本章的(D_{H}、D_{45}、D_{L}、δ_{H}、δ_{45}、δ_{L}、ρ、ϕ)基底来解决偏振问题[23-24]。某些应用可能会更适用其他基底,以便能够简化问题,即便使得二向衰减和延迟,或厄米和酉部分混合而不是分离。这些方法可以追溯到琼斯算法的早期[25-27]。

本章的主要结果,即通过矩阵指数和矩阵对数(式(14.78)和式(14.80))定义的表 14.1 中的偏振分量,在所有研究人员中并非独一无二的。偏振分量的类似值可通过极分解或奇异值分解获得(5.9.3 节)。

琼斯矩阵偏振分量的计算还应根据大量有关米勒矩阵偏振特性和分量的文献进行考虑,其中由于包含退偏,问题要复杂得多[28-50]。例如,Aximetrics 米勒矩阵偏振测量仪中的延迟分量是从米勒矩阵的极分解中获得的[51]。获得的特定延迟值接近指数泡利系数,两种定义的本质是相似的。在极分解的情况下,二向衰减先于延迟,延迟先于米勒矩阵的任何退偏。在这里使用指数泡利系数时,这些性质混合在一起,没有先后之分,它们是持续混合在一起的。这个指数泡利定义类似于 Noble 等用米勒矩阵根去定义米勒矩阵中的自由度[52-53]。

作者发现许多定义偏振分量的方法都很有价值。泡利指数定义在这里进行了详细的论述,因为它的理论优雅性,它是与顺序无关的规范定义。良好科学交流的一个重要问题是将从偏振矩阵导出的参数引用回所使用的定义。可以存在多个定义,它们总是会存在的,但必要时,可以在不同的定义之间转换这些特性。

14.10 习题集

14.1 $\boldsymbol{\sigma}_1$、$\boldsymbol{\sigma}_2$、$\boldsymbol{\sigma}_3$ 的本征值和本征矢量是什么?

14.2 $\boldsymbol{\sigma}_1$、$\boldsymbol{\sigma}_2$、$\boldsymbol{\sigma}_3$ 是酉矩阵吗? $\boldsymbol{\sigma}_1$、$\boldsymbol{\sigma}_2$、$\boldsymbol{\sigma}_3$ 是厄米矩阵吗?

14.3 计算泡利旋转矩阵的下列函数,用泡利旋转矩阵之和的形式,

a. $\mathrm{e}^{a\boldsymbol{\sigma}_2}$

b. $\cos(\beta\boldsymbol{\sigma}_1)$

14.4 琼斯矩阵 $\boldsymbol{J}$ 可表示为 $\exp(a\boldsymbol{\sigma}_1+b\boldsymbol{\sigma}_2)$的形式,其中 a 和 b 可以是复数,$\boldsymbol{\sigma}_1$、$\boldsymbol{\sigma}_2$ 是泡利矩阵。

a. 把这个矩阵转变为非指数形式。

b. 如果 a 和 b 是实数，这个矩阵代表什么偏振元件？

c. 如果 a 和 b 是虚数，这个矩阵代表什么偏振元件？

d. 偏振元件的方向是什么？

e. 如果这个元件是齐次的，a、b 的实部与 a、b 的虚部之间的关系是什么？

f. 把 $\boldsymbol{J}$ 展开到泰勒级数的三阶，证明没有顺序相关项（例如$\boldsymbol{\sigma}_1\boldsymbol{\sigma}_2=\mathrm{i}\boldsymbol{\sigma}_3$ 形式的项）。

14.5 求出以下琼斯矩阵的复泡利系数（式(14.14)）。对于延迟器，使用延迟器的对称相位形式。

a. $\mathbf{LP}(0)$　　b. $\mathbf{LP}(\pi/4)$

c. $\mathbf{LP}(\pi/2)$　　d. $\mathbf{RCP}$

e. $\mathbf{LCP}$　　f. $\mathbf{LR}(\pi,0)$

g. $\mathbf{LR}(\pi,\pi/4)$　　h. $\mathbf{LR}(\pi,\pi/2)$

i. $\mathbf{LR}(\pi,\pi/8)$　　j. $\mathbf{CR}(\pi)$

k. $\mathbf{LR}(\pi/2,\pi/4)$　　l. $\mathbf{LR}(\pi/2,\pi/2)$

m. $\mathbf{LR}(\pi/3,\pi/2)$

14.6 对习题 14.5 中的每个琼斯矩阵进行酉变换 $\boldsymbol{R}(\pi/2)\cdot\boldsymbol{J}\cdot\boldsymbol{R}(\pi/2)$。对于延迟器，使用延迟器的对称相位形式。然后，求出复泡利系数。

14.7 证明笛卡儿形式的复二元矢量 $\boldsymbol{E}_q=(E_{x,q}-\mathrm{i}F_{x,q},E_{y,q}-\mathrm{i}F_{y,q})$ 和 $\boldsymbol{E}_r=(E_{x,r}+\mathrm{i}F_{x,r},E_{y,r}+\mathrm{i}F_{y,r})$ 的伴随和复共轭的关系式 $\boldsymbol{E}_q^{\dagger}\cdot\boldsymbol{E}_r=(\boldsymbol{E}_r^{\dagger}\cdot\boldsymbol{E}_q)^*$。对于极坐标形式的矢量 $\boldsymbol{E}_q=(\rho_{x,q}\mathrm{e}^{-\mathrm{i}\phi_{x,q}},\rho_{y,q}\mathrm{e}^{-\mathrm{i}\phi_{y,q}})$ 和 $\boldsymbol{E}_r=(\rho_{x,r}\mathrm{e}^{-\mathrm{i}\phi_{x,r}},\rho_{y,r}\mathrm{e}^{-\mathrm{i}\phi_{y,r}})$，证明上述关系式。

14.8 验证泡利矩阵的旋转式：

$$\boldsymbol{R}(\theta)\cdot\boldsymbol{\sigma}_0\cdot\boldsymbol{R}(-\theta)=\boldsymbol{\sigma}_0,$$

$$\boldsymbol{R}(\theta)\cdot\boldsymbol{\sigma}_1\cdot\boldsymbol{R}(-\theta)=\boldsymbol{\sigma}_1\cos2\theta+\boldsymbol{\sigma}_2\sin2\theta,$$

$$\boldsymbol{R}(\theta)\cdot\boldsymbol{\sigma}_2\cdot\boldsymbol{R}(-\theta)=-\boldsymbol{\sigma}_1\sin2\theta+\boldsymbol{\sigma}_2\cos2\theta,$$

$$\boldsymbol{R}(\theta)\cdot\boldsymbol{\sigma}_3\cdot\boldsymbol{R}(-\theta)=\boldsymbol{\sigma}_3。$$

14.9 通过矩阵乘法证明，对于矩阵乘法的两个顺序：$\boldsymbol{J}\boldsymbol{J}^{-1}$ 和 $\boldsymbol{J}^{-1}\boldsymbol{J}$，$\boldsymbol{J}=c_0\boldsymbol{\sigma}_0+c_1\boldsymbol{\sigma}_1+c_2\boldsymbol{\sigma}_2+c_3\boldsymbol{\sigma}_3$ 的矩阵逆是 $\boldsymbol{J}^{-1}=\dfrac{c_0\boldsymbol{\sigma}_0-c_1\boldsymbol{\sigma}_1-c_2\boldsymbol{\sigma}_2-c_3\boldsymbol{\sigma}_3}{c_0^2-c_1^2-c_2^2-c_3^2}$。

14.10 考虑二向衰减器琼斯矩阵 $\boldsymbol{J}_{d1}$ 和延迟器琼斯矩阵 $\boldsymbol{J}_{r1}$，其中二向衰减器的每个泡利系数都正比于对应的 $\boldsymbol{J}_{r1}$ 泡利系数。

$$\boldsymbol{J}_{d1}=\begin{pmatrix}1&0\\0&1\end{pmatrix}+0.1\begin{pmatrix}1&0\\0&-1\end{pmatrix}+0.2\begin{pmatrix}0&1\\1&0\end{pmatrix}+0.3\begin{pmatrix}0&-\mathrm{i}\\\mathrm{i}&0\end{pmatrix}$$

$$\boldsymbol{J}_{r1}=\begin{pmatrix}1&0\\0&1\end{pmatrix}+0.1\mathrm{i}\begin{pmatrix}1&0\\0&-1\end{pmatrix}+0.2\mathrm{i}\begin{pmatrix}0&1\\1&0\end{pmatrix}+0.3\mathrm{i}\begin{pmatrix}0&-\mathrm{i}\\\mathrm{i}&0\end{pmatrix}$$

a. $\boldsymbol{J}_{d1}$ 和 $\boldsymbol{J}_{r1}$ 是不是齐次的？

b. 证明 $\boldsymbol{J}_{d1}$ 和 $\boldsymbol{J}_{r1}$ 有相同的特征矢量。

c. 证明 $\boldsymbol{J}_{d1}$ 和 $\boldsymbol{J}_{r1}$ 可交换，即$[\boldsymbol{J}_{d1},\boldsymbol{J}_{r1}]=\boldsymbol{J}_{d1}\cdot\boldsymbol{J}_{r1}-\boldsymbol{J}_{r1}\cdot\boldsymbol{J}_{d1}=0$

d. 令

$$J_{d2}=\begin{pmatrix}1&0\\0&1\end{pmatrix}-0.2\begin{pmatrix}1&0\\0&-1\end{pmatrix}-0.4\begin{pmatrix}0&1\\1&0\end{pmatrix}-0.6\begin{pmatrix}0&-\mathrm{i}\\ \mathrm{i}&0\end{pmatrix}$$

证明$[\boldsymbol{J}_{d1},\boldsymbol{J}_{d2}]=0$、$[\boldsymbol{J}_{r1},\boldsymbol{J}_{d2}]=0$。

e. 解释为什么这些矩阵都是可交换的。

14.11 一系列水平线性延迟器后跟着一个45°线性延迟器,产生一个圆延迟分量。

a. 计算下面的矩阵乘积。然后,从乘积中确定圆延迟量的大小,

$$\mathbf{LR}(\delta_{45},\pi/4)\cdot\mathbf{LR}(\delta_{\mathrm{H}},0)=\left(\cos\frac{\delta_{45}}{2}\boldsymbol{\sigma}_0-\mathrm{i}\sin\frac{\delta_{45}}{2}\boldsymbol{\sigma}_2\right)\left(\cos\frac{\delta_{\mathrm{H}}}{2}\boldsymbol{\sigma}_0-\mathrm{i}\sin\frac{\delta_{\mathrm{H}}}{2}\boldsymbol{\sigma}_1\right)$$

b. 当$\delta_{\mathrm{H}}=\delta_{45}$且$0\leqslant\delta_{\mathrm{H}}\leqslant 2\pi$时,画出圆延迟量大小与$\delta_{\mathrm{H}}$的函数关系图。

c. 当$\delta_{\mathrm{H}}=\delta_{45}=\pi$,延迟本征态是什么?它们在庞加莱球上位于什么位置?总延迟量是多少?

d. 当$\delta_{\mathrm{H}}=\delta_{45}=\pi/2$,延迟本征态是什么?它们在庞加莱球上位于什么位置?总延迟是多少?

14.12 根据式(14.58),针对椭圆延迟器证明下面的关系式:

$$\sin\left(\frac{\delta_{\mathrm{H}}\boldsymbol{\sigma}_1+\delta_{45}\boldsymbol{\sigma}_2+\delta_{\mathrm{L}}\boldsymbol{\sigma}_3}{2}\right)=\sin\left(\frac{\delta}{2}\right)\frac{\delta_{\mathrm{H}}\boldsymbol{\sigma}_1+\delta_{45}\boldsymbol{\sigma}_2+\delta_{\mathrm{R}}\boldsymbol{\sigma}_3}{\delta}$$

14.13 求出下列弱二向衰减器和延迟器的琼斯矩阵,并表示为泡利矩阵之和:

a. $\boldsymbol{J}_1$,一个线性延迟器,延迟量为$\delta_1=0.02\mathrm{rad}$,快轴为$\theta_1=0$。

b. $\boldsymbol{J}_2$,一个线性延迟器,延迟量为$\delta_2=0.04\mathrm{rad}$,快轴为$\theta_2=45°$。

c. $\boldsymbol{J}_3$,一个圆二向衰减器,振幅透过率为$t_{\mathrm{R}}=1.01$、$t_{\mathrm{L}}=0.99$。

14.14 求解交换算子$[\boldsymbol{C},\boldsymbol{D}]$,其中$\boldsymbol{C}=c_0\boldsymbol{\sigma}_0+c_1\boldsymbol{\sigma}_1+c_2\boldsymbol{\sigma}_2+c_3\boldsymbol{\sigma}_3$,$D=d_0\boldsymbol{\sigma}_0+d_1\boldsymbol{\sigma}_1+d_2\boldsymbol{\sigma}_2+d_3\boldsymbol{\sigma}_3$,将结果表示为泡利矩阵和的形式,$e_0\boldsymbol{\sigma}_0+e_1\boldsymbol{\sigma}_1+e_2\boldsymbol{\sigma}_2+e_3\boldsymbol{\sigma}_3$。

14.15 利用式(14.47),把$\exp[\mathrm{i}(\delta_{\mathrm{H}}\boldsymbol{\sigma}_1+\delta_{45}\boldsymbol{\sigma}_2+\delta_{\mathrm{L}}\boldsymbol{\sigma}_3)/2]$展开为它的前四阶。收集奇数阶和偶数阶,并证明它是$\boldsymbol{\sigma}_0\cos\left(\frac{\delta}{2}\right)+\mathrm{i}\sin\left(\frac{\delta}{2}\right)\left(\frac{\delta_{\mathrm{H}}\boldsymbol{\sigma}_1+\delta_{45}\boldsymbol{\sigma}_2+\delta_{\mathrm{L}}\boldsymbol{\sigma}_3}{\delta}\right)$级数的开头。

14.16 对于$\boldsymbol{J}=c_0\boldsymbol{\sigma}_0+c_1\boldsymbol{\sigma}_1+c_2\boldsymbol{\sigma}_2+c_3\boldsymbol{\sigma}_3$,证明

$$\mathrm{e}^{\boldsymbol{J}}=\begin{pmatrix}\mathrm{e}^{c_0}\left(\cosh\Psi+\dfrac{c_1\sinh\Psi}{\Psi}\right) & \dfrac{\mathrm{e}^{c_0}(c_2-\mathrm{i}c_3)\sinh\Psi}{\Psi}\\ \dfrac{\mathrm{e}^{c_0}(c_2+\mathrm{i}c_3)\sinh\Psi}{\Psi} & \mathrm{e}^{c_0}\left(\cosh\Psi-\dfrac{c_1\sinh\Psi}{\Psi}\right)\end{pmatrix}$$

其中$\Psi=\sqrt{c_1^2+c_2^2+c_3^2}$。

14.17 根据习题14.15,证明恒等式$\det(\mathrm{e}^{\boldsymbol{A}})=\mathrm{e}^{\mathrm{Tr}(\boldsymbol{A})}$。

14.18 二向色性偏振片的琼斯矩阵为$\mathbf{DSP}=\dfrac{1}{2500}\begin{pmatrix}421&420\\420&421\end{pmatrix}$

a. 二向衰减是多少?透光轴的方向是什么?

b. 若该偏振片可被准确切割为相等的两片,每片的琼斯矩阵是什么?

14.19 求出作为$(\delta_{\mathrm{H}},\delta_{45},\delta_{\mathrm{R}})$函数的式(14.106)中本征偏振态的椭圆率。求本征偏振态主轴方向。

14.20　复泡利系数 c_0、c_1、c_2 和 c_3 的约束条件是什么，使得 $\boldsymbol{J}$ 具有正交本征矢量？

14.21　证明式(14.65)中作为二向衰减率函数的参数 α 为

$$\alpha \approx \frac{D}{2}+\frac{D^3}{6}+O[D^5] \tag{14.121}$$

14.22　一个水平线性二向衰减器，其振幅透射率为 1 和 t_y，作用到线偏振光 $\boldsymbol{B}(\theta)$ 上。偏振面旋转多少角度？

14.23　如果一个齐次琼斯矩阵的本征偏振态为

$$\hat{\boldsymbol{E}}_q=\begin{pmatrix}1\\ \alpha\end{pmatrix},\quad \hat{\boldsymbol{E}}_r=\begin{pmatrix}1\\ \beta\end{pmatrix} \tag{14.122}$$

α 和 β 之间的关系是什么？

14.24　$\boldsymbol{J}=(\mathrm{i}\boldsymbol{\sigma}_0+\mathrm{i}\boldsymbol{\sigma}_2)$有一个虚的$\boldsymbol{\sigma}_2$ 分量。$\boldsymbol{J}$ 是二向衰减器还是延迟器？计算本征值，来证明这个分类。解释为什么式(14.38)中析出了因数 c_0。

14.25　对于所有九对 α 和 β，也就是$(\alpha,\beta)=(1,1),(1,2),(1,3),(2,1),\cdots,(3,3)$，证明 $\boldsymbol{\sigma}_\alpha\boldsymbol{\sigma}_\beta=\delta_{\alpha\beta}\boldsymbol{\sigma}_0+\mathrm{i}\varepsilon_{\alpha\beta\gamma}\boldsymbol{\sigma}_\gamma$ 成立。克罗内克(Kroniker)δ 符号 $\delta_{\alpha\beta}$ 定义为

$$\delta_{\alpha\beta}=\begin{cases}0, & \text{如果 } \alpha\neq\beta\\ 1, & \text{如果 } \alpha=\beta\end{cases} \tag{14.123}$$

Levi-Civita 符号 $\varepsilon_{\alpha\beta\gamma}$ 定义为(1,2,3)的奇偶置换，如下所示：

$$\varepsilon_{\alpha\beta\gamma}=\begin{cases}1, & \text{如果}(\alpha,\beta,\gamma)=(1,2,3),(2,3,1),\text{或}(3,1,2)\\ -1, & \text{如果}(\alpha,\beta,\gamma)=(1,3,2),(2,1,3),\text{或}(3,2,1)\\ 0, & \text{其他}\end{cases} \tag{14.124}$$

14.11　参考文献

[1]　R. Clark Jones, A new calculus for the treatment of optical systems, JOSA 31.7(1941): 488-493.

[2]　W. Pauli, General Principles of Quantum Mechanics, Springer Science & Business Media (2012).

[3]　P. A. M. Dirac, The Principles of Quantum Mechanics, No. 27, Oxford University Press (1981).

[4]　C. Cohen-Tannoudji, B. Diu, F. Laloe, Quantum Mechanics, 2nd edition, Wiley (1992).

[5]　J. R. Oppenheimer, Note on light quanta and the electromagnetic field, Phys. Rev. 38.4 (1931): 725.

[6]　R. M. A. Azzam and N. M. Bashara, Ellipsometry and Polarized Light, North-Holland, Elsevier Science (1987).

[7]　C. Moler and C. Van Loan, Nineteen dubious ways to compute the exponential of a matrix, SIAM Rev. 20.4 (1978): 801-836.

[8]　C. Moler and C. Van Loan, Nineteen dubious ways to compute the exponential of a matrix, twenty-five years later, SIAM Rev. 45.1 (2003): 3-49.

[9]　N. J. Higham, The scaling and squaring method for the matrix exponential revisited, SIAM J. Matrix Anal. Appl. 26.4 (2005): 1179-1193.

[10]　N. J. Higham, Functions of Matrices: Theory and Computation, Siam (2008).

[11]　N. J. Higham and A. H. Al-Mohy, Computing matrix functions, Acta Numerica 19 (2010): 159-208.

[12]　N. J. Higham, Evaluating Padé approximants of the matrix logarithm, SIAM J. Matrix Anal. Appl. 22.4 (2001): 1126-1135.

[13]　S. H. Cheng, N. J. Higham, C. S. Kenney, and A. J. Laub, Approximating the logarithm of a matrix to specified accuracy, SIAM J. Matrix Anal. Appl. 22(4) (2001): 1112-1125.

[14] A. H. Al-Mohy and N. J. Higham, Improved inverse scaling and squaring algorithms for the matrix logarithm, SIAM J. Sci. Comput. 34. 4 (2012): C153-C169.

[15] M. Martinelli and R. A. Chipman, Endless polarization control algorithm using adjustable linear retarders with fixed axes, J. Lightwave Technol. 21. 9 (2003): 2089.

[16] J. B. Kuipers, Quaternions and Rotation Sequences, Vol. 66, Princeton: Princeton University Press (1999).

[17] H. Poincaré, Compt. Rend. Acad. Sci. Paris 128 (1899): 1065-1069; Camb. Philos. Trans. 18 (1899): 220-255.

[18] H. Baker, Proc. Lond. Math. Soc. (1) 34 (1902): 347-360; H. Baker, Proc. Lond. Math. Soc. (1) 35 (1903): 333-374; H. Baker, Proc. Lond. Math. Soc. (Ser 2) 3 (1905): 24-47.

[19] E. Borisovich Dynkin, Вычисление коэффициентов в формуле Campbell-Hausdorff [Calculation of the coefficients in the Campbell-Hausdorff formula], Doklady Akademii Nauk SSSR (in Russian) 57 (1947): 323-326.

[20] N. Jacobson, Lie Algebras, John Wiley & Sons (1966).

[21] J. J. Gil and E. Bernabeu, Obtainment of the polarizing and retardation parameters of a non-depolarizing optical system from the polar decomposition of its Mueller matrix, Optik 76 (1987): 67.

[22] S.-Y. Lu and R. A. Chipman, Homogeneous and inhomogeneous Jones matrices, JOSA A 11. 2 (1994): 766-773.

[23] O. Arteaga and A. Canillas, Pseudopolar decomposition of the Jones and Mueller-Jones exponential polarization matrices, JOSA A 26. 4 (2009): 783-793.

[24] O. Arteaga and A. Canillas, Analytic inversion of the Mueller-Jones polarization matrices for homogeneous media, Opt. Lett. 35. 4 (2010): 559-561.

[25] R. Clark Jones, A new calculus for the treatment of optical systems. Ⅶ. Properties of the N-matrices, JOSA 38. 8 (1948): 671-683.

[26] R. Clark Jones, New calculus for the treatment of optical systems. Ⅷ. Electromagnetic theory, JOSA 46. 2 (1956): 126-131.

[27] D. G. M. Anderson and R. Barakat, Necessary and sufficient conditions for a Mueller matrix to be derivable from a Jones matrix, JOSA A 11. 8 (1994): 2305-2319.

[28] S. R. Cloude, Group theory and polarisation algebra, Optik 75. 1 (1986): 26-36.

[29] J. J. Gil and E. Bernabeu, Obtainment of the polarizing and retardation parameters of a non-depolarizing optical system from the polar decomposition of its Mueller matrix, Optik 76 (1987): 67.

[30] S. R. Cloude, Uniqueness of target decomposition theorems in radar polarimetry, in Direct and Inverse Methods in Radar Polarimetry, Springer Netherlands (1992), pp. 267-296.

[31] S.-Y. Lu and R. A. Chipman, Interpretation of Mueller matrices based on polar decomposition, JOSA A 13. 5 (1996): 1106-1113.

[32] S. R. Cloude, Lie groups in electromagnetic wave propagation and scattering, J. Electromag. Waves Appl. 6. 7 (1992): 947-974.

[33] R. Ossikovski, A. De Martino, and S. Guyot, Forward and reverse product decompositions of depolarizing Mueller matrices, Opt. Lett. 32. 6 (2007): 689-691.

[34] J. J. Gil, Polarimetric characterization of light and media, Eur. Phys. J. Appl. Phys. 40. 01 (2007): 1-47.

[35] R. Ossikovski et al., Depolarizing Mueller matrices: How to decompose them? Phys. Stat. Solidi A 205. 4 (2008): 720-727.

[36] R. Ossikovski, Analysis of depolarizing Mueller matrices through a symmetric decomposition, JOSA A 26. 5 (2009): 1109-1118.

[37]　S. N. Savenkov, Jones and Mueller matrices: Structure, symmetry relations and information content, in Light Scattering Reviews 4 (2009), pp. 71-119.

[38]　S. Cloude, Polarisation: Applications in Remote Sensing, Oxford University Press (2009).

[39]　F. Boulvert et al. , Decomposition algorithm of an experimental Mueller matrix, Opt. Commun. 282. 5 (2009): 692-704.

[40]　B. N. Simon et al. , A complete characterization of pre-Mueller and Mueller matrices in polarization optics, JOSA A 27. 2 (2010): 188-199.

[41]　N. Ghosh, M. F. G. Wood, and I. A. Vitkin, Influence of the order of the constituent basis matrices on the Mueller matrix decomposition-derived polarization parameters in complex turbid media such as biological tissues, Opt. Commun. 283. 6 (2010): 1200-1208.

[42]　V. Devlaminck and P. Terrier, Non-singular Mueller matrices characterizing passive systems, Optik 121. 21 (2010): 1994-1997.

[43]　R. Ossikovski, Differential matrix formalism for depolarizing anisotropic media, Opt. Lett. 36. 12 (2011): 2330-2332.

[44]　O. Arteaga, E. Garcia-Caurel, and R. Ossikovski, Anisotropy coefficients of a Mueller matrix, JOSA A 28. 4 (2011): 548-553.

[45]　T. A. Germer, Realizable differential matrices for depolarizing media, Opt. Lett. 37. 5 (2012): 921-923.

[46]　R. Ossikovski, Differential and product Mueller matrix decompositions: A formal comparison. Opt. Lett. 37. 2 (2012): 220-222.

[47]　J. J. Gil, I. San José, and R. Ossikovski, Serial-parallel decompositions of Mueller matrices, JOSA A 30. 1 (2013): 32-50.

[48]　J. J. Gil, Transmittance constraints in serial decompositions of depolarizing Mueller matrices: The arrow form of a Mueller matrix, JOSA A 30. 4 (2013): 701-707.

[49]　S. R. Cloude, Depolarization synthesis: Understanding the optics of Mueller matrix depolarization, JOSA A 30. 4 (2013): 691-700.

[50]　J. J. Gil, Review on Mueller matrix algebra for the analysis of polarimetric measurements, J. Appl. Remote Sens. 8. 1 (2014): 081599.

[51]　S.-Y. Lu and R. A. Chipman, Interpretation of Mueller matrices based on polar decomposition, JOSA A 13. 5 (1996): 1106-1113.

[52]　H. D. Noble and R. A. Chipman, Mueller matrix roots algorithm and computational considerations, Opt. Express 20. 1 (2012): 17-31.

[53]　H. D. Noble, Mueller Matrix Roots, dissertation, University of Arizona (2011).

第 15 章

近轴偏振像差

15.1 引言

本章介绍光学系统偏振像差的描述方法，将重点介绍径向对称光学系统，如照相机镜头、显微物镜和望远镜。

像差是相对理想和期望性能的偏离。在传统光学设计中，球面波前是理想的。具有圆形轮廓的均匀球面波前聚焦于艾里斑；波前与球面的任何偏差，即任何像差，都会增加像的大小，从而降低图像的分辨率和信息含量。为更好地理解和表达像差信息，把波前像差项定义为一组基本函数，可添加这些函数，从而给出目标波前的准确拟合，如 10.7 节所述。

类似地，偏振像差是相对均匀振幅和均匀偏振态的偏差。为传输任意输入的具有均匀偏振态的波前，光线路径需要没有二向衰减和延迟。因此，偏振像差可以描述为所有光线相对单位琼斯矩阵的偏差。

本章给出了分析弱偏振光学元件(如透镜和反射镜)偏振的算法，并研究这些偏振如何相互作用。对于极弱偏振元件，泡利矩阵元素可以相加，从而获得极大的简化和洞悉。对于近轴光学系统，会出现三种偏振像差，即离焦(二次)、倾斜(线性)和平移(常数)的二向衰减或延迟等效像差，如图 15.1 所示。对于透镜和反射镜界面，正入射附近二向衰减和延迟随入射角的变化主要是二次的。因此，在用二向衰减和延迟的二次变化描述每个界面之后，径向对称系统的偏振离焦、倾斜和平移系数容易通过近轴算法来计算。

在几何光学中，近轴区域包括赛德尔像差、球差、彗差和像散不显著(可能不到十分之一

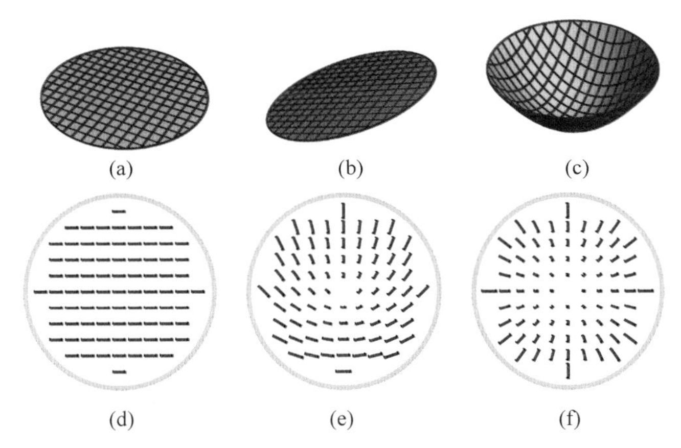

图 15.1　平移((a),(d))倾斜((b),(e))和离焦((c),(f))的波前像差((a)～(c))和偏振像差((d)～(f))

波长)的那些光线。对于近轴偏振像差,近轴区域包含靠近轴的一组光线,其中振幅系数的二阶拟合是精确的;关于菲涅耳公式二阶拟合精度范围的讨论见第 8 章。偏振近轴区域比光线和波前的近轴区域大得多。因此,这里开发的近轴偏振算法适用于大量的透镜和反射镜系统。近轴光学计算大大简化了光线追迹方程。偏振计算的进一步简化是,可以将光线视为沿 z 轴传播,忽略电场的 z 分量。因此,近轴分析将使用琼斯矩阵,而不是 3×3 偏振光线追迹矩阵。

近轴偏振像差的发展遵循这些步骤。近轴光线追迹方程的概要见本章附录。近轴光线追迹用于计算每个界面处波前上各点的入射角。振幅系数,例如无镀膜界面的菲涅耳公式,拟合为二次方程。近轴入射角与这些二次振幅关系结合起来得到偏振像差的各面贡献,三个为线性二向衰减,三个为线性延迟。这些面贡献可以各界面求和,从而获得光学系统的近轴偏振像差。后面将举几个例子用来说明近轴偏振像差的实用性。最后,将泽尼克多项式推广用于讨论高阶偏振像差。

一个有趣的结果是偏振像差的双节形式,这种形式是离轴的延迟和二向衰减像差的大小在光瞳中有两个零点;倾斜或偏心系统中像散也会产生类似的结果,这种像散称为双节像散[1]。

正如像差理论中常见的那样,当使用线性和二次等术语时,实际上表示近似线性和近似二次函数关系。

15.2　偏振像差

光学系统的像差是其与理想性能的偏差。在理想球面波或平面波照明的成像系统中,期望的输出是以正确像点为中心的具有恒定振幅和恒定偏振态的球面波前。由于光学表面的几何形状以及反射和折射定律,光线通过光学系统的光程长度发生变化,从而导致偏离球面波前,这种偏差是由波像差函数描述的。与恒定振幅的偏差源于光线之间反射或折射效率的差异。振幅变化是振幅像差或切趾。由于光的 s 分量和 p 分量之间反射系数和透射系数的差异,每个反射和折射面也会发生偏振变化。对于一组光线,入射角和偏振改变是变化的,因此均匀偏振的输入光束在出射时会发生偏振变化[2-3]。对于许多光学系统,期望的偏振输出是恒定偏振态,透过系统时没有偏振变化,这种通过光学系统的光线路径可以用单位琼斯矩阵来描述。与该单位矩阵的偏差称为偏振像差。

偏振像差,也称为仪器偏振,是指光学系统的所有偏振变化以及随光瞳坐标 ρ、物的位置 $\boldsymbol{H}$ 和波长 λ 的变化 $\boldsymbol{J}(\boldsymbol{H},\boldsymbol{\rho},\lambda)$。术语菲涅耳像差(第 12 章)是指严格根据菲涅耳公式产生的偏振像差,即金属膜反射镜和未镀膜透镜系统[2-5]。多层镀膜表面产生的偏振像差具有与未镀膜表面相似的函数形式,其偏振像差的幅值有大有小,取决于膜层和波长。对于具有均匀和各向同性界面的系统,偏振像差主要与线性二向衰减和延迟有关,它们的大小用入射角的偶函数来描述。

由于琼斯矩阵有八个自由度,因此偏离琼斯光瞳单位矩阵的变化(对于每个元素的实部和虚部,或是振幅和相位)可扩展为一组八个泽尼克多项式,用这些扩展多项式来描述。在反射和折射光学系统中,由偏振像差引起的与单位矩阵琼斯光瞳的偏差主要表现为线性二向衰减和线性延迟。线性延迟和线性二向衰减不是矢量,将延迟像差扩展为矢量泽尼克多项式是不合适的。为此,引入了一个新的数学对象"定向器"(orientor),它为线性延迟像差提供了更好的描述。类似地,定向器为线性二向衰减像差的扩展提供了有用的基础。15.5.2 节给出了关于定向器的进一步解释。

透镜和反射镜表面通常是弱偏振元件。如 14.8 节所述,弱偏振元件具有少量的二向衰减和延迟,因此二向衰减率 D 和延迟量 δ 远小于 1,

$$|D| \ll 1 \quad \text{和} \quad |\delta| \ll 1 \tag{15.1}$$

弱偏振元件的琼斯矩阵可很方便地做如下表示。首先,琼斯矩阵 $\boldsymbol{J}$ 表示为泡利矩阵之和,如下所示:

$$\begin{aligned}\boldsymbol{J} &= \begin{pmatrix} j_{xx} & j_{xy} \\ j_{yx} & j_{yy} \end{pmatrix} = c_0\begin{pmatrix} 1 & 0 \\ 0 & 1 \end{pmatrix} + c_1\begin{pmatrix} 1 & 0 \\ 0 & -1 \end{pmatrix} + c_2\begin{pmatrix} 0 & 1 \\ 1 & 0 \end{pmatrix} + c_3\begin{pmatrix} 0 & -\mathrm{i} \\ \mathrm{i} & 0 \end{pmatrix} \\ &= \begin{pmatrix} c_0 + c_1 & c_2 - \mathrm{i}c_3 \\ c_2 + \mathrm{i}c_3 & c_0 - c_1 \end{pmatrix} = c_0\boldsymbol{\sigma}_0 + c_1\boldsymbol{\sigma}_1 + c_2\boldsymbol{\sigma}_2 + c_3\boldsymbol{\sigma}_3\end{aligned} \tag{15.2}$$

然后,提出单位矩阵 $\boldsymbol{\sigma}_0$ 的系数 c_0

$$\boldsymbol{J} = c_0\left(\boldsymbol{\sigma}_0 + \frac{c_1\boldsymbol{\sigma}_1 + c_2\boldsymbol{\sigma}_2 + c_3\boldsymbol{\sigma}_3}{c_0}\right) \tag{15.3}$$

c_0 表示光的振幅和相位的平均变化,这在极坐标中很容易识别,

$$c_0 = \rho_0 \mathrm{e}^{-\mathrm{i}\phi_0} \tag{15.4}$$

接下来,将其余系数分离为实部和虚部

$$\boldsymbol{J} \approx \rho_0 \mathrm{e}^{-\mathrm{i}\phi_0}\left(\boldsymbol{\sigma}_0 + \frac{D_{\mathrm{H}} - \mathrm{i}\delta_{\mathrm{H}}}{2}\boldsymbol{\sigma}_1 + \frac{D_{45} - \mathrm{i}\delta_{45}}{2}\boldsymbol{\sigma}_2 + \frac{D_{\mathrm{L}} - \mathrm{i}\delta_{\mathrm{L}}}{2}\boldsymbol{\sigma}_3\right) \tag{15.5}$$

加上了 1/2 因子,D 和 δ 现在的单位是二向衰减和延迟的单位。该方程是弱偏振元件琼斯矩阵的标准形式,如第 14 章所述。选取减号是为了与整个过程中使用的递减相位符号约定保持一致。式(15.5)显示了二向衰减器和延迟器琼斯矩阵的一般指数形式的一阶级数展开式,用三个二向衰减分量和三个延迟分量表示,见式(14.78)。

式(15.5)是标准形式,是光线截点琼斯矩阵的首选和最有用的形式,它给出了三个二向衰减和三个延迟分量的简单表达式。琼斯矩阵这种形式的实用性在于,当二向衰减和延迟

分量很小时，它们可以简单地相加，因为阶数相关项非常小。对于光线截点，界面琼斯矩阵也是线性的，不是椭圆的或圆的二向衰减或延迟，D_L 和 δ_L 通常为零。

15.2.1　弱偏振琼斯矩阵的相互作用

序列偏振相互作用的琼斯矩阵是各个相互作用琼斯矩阵的矩阵积。对于弱偏振相互作用，合成的琼斯矩阵可以简化为单个相互作用的泡利系数之和。这里研究了两个弱偏振相互作用组成的序列的琼斯矩阵，它们可以是弱偏振光学系统中的两个光线截点，以观察偏振特性如何相互作用。由此得到了弱偏振元件序列的简单方程。由于大多数反射和折射界面是线性二向衰减器和线性延迟器，而不是圆的或椭圆的，我们从两个线性界面的琼斯矩阵的例子开始。

考虑光线进入和射出带有减反膜的透镜(13.2.1 节)。减反膜是弱偏振的，具有线性本征偏振，因此，二向衰减 D 和延迟 δ 很小，

$$D_{\mathrm{H},1}, D_{45,1}, D_{\mathrm{H},2}, D_{45,2} \ll 1 \quad \delta_{\mathrm{H},1}, \delta_{45,1}, \delta_{\mathrm{H},2}, \delta_{45,2} \ll 1 \tag{15.6}$$

第二个下标表示第一个或第二个光线截点，其中没有$\boldsymbol{\sigma}_3$ 分量。H 和 45 分量取决于光线截点的入射面。两个光线截点的标准形式的琼斯矩阵是

$$\boldsymbol{J}_1 \approx \rho_{0,1} \mathrm{e}^{-\mathrm{i}\phi_{0,1}} \left(\boldsymbol{\sigma}_0 + \frac{D_{\mathrm{H},1} - \mathrm{i}\delta_{\mathrm{H},1}}{2}\boldsymbol{\sigma}_1 + \frac{D_{45,1} - \mathrm{i}\delta_{45,1}}{2}\boldsymbol{\sigma}_2\right) \tag{15.7}$$

$$\boldsymbol{J}_2 \approx \rho_{0,2} \mathrm{e}^{-\mathrm{i}\phi_{0,2}} \left(\boldsymbol{\sigma}_0 + \frac{D_{\mathrm{H},2} - \mathrm{i}\delta_{\mathrm{H},2}}{2}\boldsymbol{\sigma}_1 + \frac{D_{45,2} - \mathrm{i}\delta_{45,2}}{2}\boldsymbol{\sigma}_2\right) \tag{15.8}$$

使用 14.2.1 节中泡利矩阵恒等式，$\boldsymbol{\sigma}_0\boldsymbol{\sigma}_0=\boldsymbol{\sigma}_0$，$\boldsymbol{\sigma}_0\boldsymbol{\sigma}_1=\boldsymbol{\sigma}_1\boldsymbol{\sigma}_0=\boldsymbol{\sigma}_1$，$\boldsymbol{\sigma}_0\boldsymbol{\sigma}_2=\boldsymbol{\sigma}_2\boldsymbol{\sigma}_0=\boldsymbol{\sigma}_2$，以及

$$\boldsymbol{\sigma}_1\boldsymbol{\sigma}_2 = \begin{pmatrix}1 & 0\\ 0 & -1\end{pmatrix}\begin{pmatrix}0 & 1\\ 1 & 0\end{pmatrix} = \begin{pmatrix}0 & 1\\ -1 & 0\end{pmatrix} = \mathrm{i}\begin{pmatrix}0 & -\mathrm{i}\\ \mathrm{i} & 0\end{pmatrix} = -\boldsymbol{\sigma}_2\boldsymbol{\sigma}_1 = \mathrm{i}\boldsymbol{\sigma}_3 \tag{15.9}$$

乘积 $\boldsymbol{J}_2\boldsymbol{J}_1$ 为

$$\rho_{0,1}\rho_{0,2}\mathrm{e}^{-\mathrm{i}(\phi_{0,1}+\phi_{0,2})}\left(\begin{array}{l}\boldsymbol{\sigma}_0 + \dfrac{(D_{\mathrm{H},1}+D_{\mathrm{H},2}) - \mathrm{i}(\delta_{\mathrm{H},1}+\delta_{\mathrm{H},2})}{2}\boldsymbol{\sigma}_1 + \\ \dfrac{(D_{45,1}+D_{45,2}) - \mathrm{i}(\delta_{45,1}+\delta_{45,2})}{2}\boldsymbol{\sigma}_2 + \dfrac{\chi - \mathrm{i}X}{2}\boldsymbol{\sigma}_3\end{array}\right) \tag{15.10}$$

式中 χ 和 X 是 D 和 δ 中的高阶项。对于一阶项，矩阵乘积 $\boldsymbol{J}_2\boldsymbol{J}_1$ 的线性二向衰减是各个二向衰减分量之和：$D_{\mathrm{H},1}+D_{\mathrm{H},2}$ 和 $D_{45,1}+D_{45,2}$。同样，$\boldsymbol{J}_2\boldsymbol{J}_1$ 的线性延迟是各线性延迟分量之和：$\delta_{\mathrm{H},1}+\delta_{\mathrm{H},2}$ 和 $\delta_{45,1}+\delta_{45,2}$。这是弱偏振元件的主要简化结果。

$\boldsymbol{J}_2\boldsymbol{J}_1$ 的$\boldsymbol{\sigma}_3$(圆)分量来自以下乘积项：

$$\frac{D_{\mathrm{H},2} - \mathrm{i}\delta_{\mathrm{H},2}}{2}\boldsymbol{\sigma}_1 \frac{D_{45,1} - \mathrm{i}\delta_{45,1}}{2}\boldsymbol{\sigma}_2 + \frac{D_{45,2} - \mathrm{i}\delta_{45,2}}{2}\boldsymbol{\sigma}_2 \frac{D_{\mathrm{H},1} - \mathrm{i}\delta_{\mathrm{H},1}}{2}\boldsymbol{\sigma}_1 = \frac{\chi + \mathrm{i}X}{2}\boldsymbol{\sigma}_3 \tag{15.11}$$

这是其中一个光线截点的$\boldsymbol{\sigma}_1$ 分量和另一个光线截点的$\boldsymbol{\sigma}_2$ 分量的相互作用。$\boldsymbol{\sigma}_3$ 分量的实部是一个圆二向衰减项

$$\chi = (D_{\mathrm{H},2}\delta_{45,1} + D_{45,1}\delta_{\mathrm{H},2} - D_{45,2}\delta_{\mathrm{H},1} - D_{\mathrm{H},1}\delta_{45,2})/2 \tag{15.12}$$

这是由一个表面的二向衰减与另一个表面的延迟相互作用产生的。$\boldsymbol{\sigma}_3$ 分量的虚部是一个圆延迟项

$$X=(D_{H,2}D_{45,1}-D_{45,2}D_{H,1}-\delta_{H,2}\delta_{45,1}+\delta_{45,2}\delta_{H,1})/2 \tag{15.13}$$

很明显,相隔45°的线性延迟组合会产生圆延迟分量(椭圆延迟),如上面后两项所示。不太明显的是前两项,其中两个二向衰减的相互作用也产生椭圆延迟,因为它们在庞加莱球上产生一个整体旋转,参见示例14.3。χ 和 X 都涉及两个小的 D 和 δ 系数的乘积,因此是二阶项。因此,如果光线截点的二向衰减和延迟很小,例如,为 10^{-3} 量级,那么这些圆偏项为 10^{-6} 量级,可以忽略不计。另请注意,当顺序颠倒时,乘积 $\boldsymbol{J}_1\boldsymbol{J}_2$ 为

$$\rho_{0,1}\rho_{0,2}e^{-i(\phi_{0,1}+\phi_{0,2})}\left(\begin{array}{l}\boldsymbol{\sigma}_0+\dfrac{(D_{H,1}+D_{H,2})-i(\delta_{H,1}+\delta_{H,2})}{2}\boldsymbol{\sigma}_1+\\ \dfrac{(D_{45,1}+D_{45,2})-i(\delta_{45,1}+\delta_{45,2})}{2}\boldsymbol{\sigma}_2-\dfrac{\chi-iX}{2}\boldsymbol{\sigma}_3\end{array}\right) \tag{15.14}$$

除圆偏项 χ 和 X 改变了符号以外,上式其余部分与 $\boldsymbol{J}_2\boldsymbol{J}_1$ 相同。这是一个重要的结果。对于一阶,弱偏振琼斯矩阵的乘积与顺序无关,仅需将二向衰减和延迟贡献相加即可。

在弱偏振光学系统中,圆偏项很有趣,但很小,因此通常不重要。然而,随着相互作用强度的增加,这些圆偏项会变得更加重要。

例15.1 光线中的弱偏振像差

一条子午光线传播通过有两个面的一个未镀膜透镜,传播面是 x 和 y 之间的45°平面。在第一个光线截点,光线的振幅变化 $\rho_{0,1}=0.79889$,二向衰减 $D_{H,1}=-0.00020$ 和 $D_{45,1}=0.00020$。在第二个光线截点处,光线的振幅变化 $\rho_{0,2}=1.21583$,二向衰减 $D_{H,2}=-0.00186$ 和 $D_{45,2}=0.00186$。总合的琼斯矩阵是

$$\begin{aligned}&1.21583(\boldsymbol{\sigma}_0-0.00186\boldsymbol{\sigma}_1+0.00186\boldsymbol{\sigma}_2)\times 0.79889(\boldsymbol{\sigma}_0-0.00020\boldsymbol{\sigma}_1+0.00020\boldsymbol{\sigma}_2)\\&=0.97131(\boldsymbol{\sigma}_0-0.00206\boldsymbol{\sigma}_1+0.00206\boldsymbol{\sigma}_2)\end{aligned} \tag{15.15}$$

注意,两个面上的二向衰减是对齐的;因此,圆偏交叉项为零。

15.2.2 弱偏振光线截点序列的偏振

15.2.1节展示了两个弱线性偏振界面的线性二向衰减和延迟(一阶)如何相加。接下来,将该结果推广到任意数量的弱线性偏振界面,例如由未镀膜界面、减反射膜或小入射角的金属反射构成的光学系统。通过以类似向量的方式把复泡利系数相加,给出该求和的几何图。

一条光线通过一个光学系统,遇到了一系列弱偏振光线截点,标记为 $q=1,2,\cdots,Q$,每个琼斯矩阵 $\boldsymbol{J}_q$ 都表示为归一化泡利求和形式

$$\begin{aligned}\boldsymbol{J}_q&=c_{0,q}(\boldsymbol{\sigma}_0+d_{1,q}\boldsymbol{\sigma}_1+d_{2,q}\boldsymbol{\sigma}_2+d_{3,q}\boldsymbol{\sigma}_3)\\&=\rho_{0,q}e^{-i\phi_{0,q}}\left(\boldsymbol{\sigma}_0+\frac{D_{H,q}-i\delta_{H,q}}{2}\boldsymbol{\sigma}_1+\frac{D_{45,q}-i\delta_{45,q}}{2}\boldsymbol{\sigma}_2+\frac{D_{L,q}-i\delta_{L,q}}{2}\boldsymbol{\sigma}_3\right)\end{aligned} \tag{15.16}$$

虽然我们主要讨论具有线性本征偏振界面的光学系统($\boldsymbol{\sigma}_3$ 为零),但出于一般性考虑,$\boldsymbol{\sigma}_3$ 仍然包含在此式子中,它的系数 $D_{L,q}$ 和 $\delta_{L,q}$ 通常为零。弱偏振序列的一阶的琼斯矩阵 $\boldsymbol{J}$ 是

$$\boldsymbol{J}=\boldsymbol{J}_Q\cdot\boldsymbol{J}_{Q-1}\cdots\boldsymbol{J}_2\cdot\boldsymbol{J}_1$$

$$
\begin{aligned}
&= \prod_{q=1}^{Q} \boldsymbol{J}_{Q-q+1} \\
&\approx c(\boldsymbol{\sigma}_0 + d_1\boldsymbol{\sigma}_1 + d_2\boldsymbol{\sigma}_2 + d_3\boldsymbol{\sigma}_3)
\end{aligned} \tag{15.17}
$$

一阶的复泡利系数为

$$
c = \prod_{q=1}^{Q} c_{0,q}, \quad d_1 = \sum_{q=1}^{Q} d_{1,q}, \quad d_2 = \sum_{q=1}^{Q} d_{2,q}, \quad d_3 = \sum_{q=1}^{Q} d_{3,q} \tag{15.18}
$$

其中，

$$
c = P\mathrm{e}^{-\mathrm{i}K}, \quad P = \prod_{q=1}^{Q} \rho_{0,q}, \quad K = \sum_{q=1}^{Q} \phi_{0,q} \tag{15.19}
$$

因此，对于弱偏振光线截点序列，净二向衰减近似为各二向衰减分量之和，即$\boldsymbol{\sigma}_1$ 分量之和，$\boldsymbol{\sigma}_2$ 分量之和，以及(如果存在)$\boldsymbol{\sigma}_3$ 分量之和。类似地，净延迟近似为各$\boldsymbol{\sigma}_1$、$\boldsymbol{\sigma}_2$ 之和，以及(如果存在)$\boldsymbol{\sigma}_3$ 延迟分量之和。二向衰减对应于实部，延迟对应于虚部。

式(15.18)得出了求和的向量状几何表示法，不是在 x-y 空间中，而是在($\boldsymbol{\sigma}_1$,$\boldsymbol{\sigma}_2$,$\boldsymbol{\sigma}_3$)空间中。仅考虑一系列三个光线截点的线性二向衰减贡献，如图 15.2 四个步骤所示。(1)上面一行在 $x-y$ 空间中把三个二向衰减率的大小和方向表示为线段和二向衰减定向器(15.5.2 节)。旋转 180°后，二向衰减重复。记住，泡利基底$\boldsymbol{\sigma}_1$、$\boldsymbol{\sigma}_2$ 仅相隔 45°。(2)要将二向衰减线段转换为泡利基底，需将相对 x 轴的角度加倍，并把线段转换为向量，如第二行所示。(3)将“泡利矢量”作为矢量相加，得到黑色的合成矢量。(4)最后，当返回到 x-y 空间时，将角度减半，并将矢量转换回线段。注意，这是弱二向衰减器限制下的近似计算，忽略了$\boldsymbol{\sigma}_3$ 分量，该分量将会在页面外出现，为叉积状分量。一个类似的泡利矢量计算法将应用于延迟分量的求和。

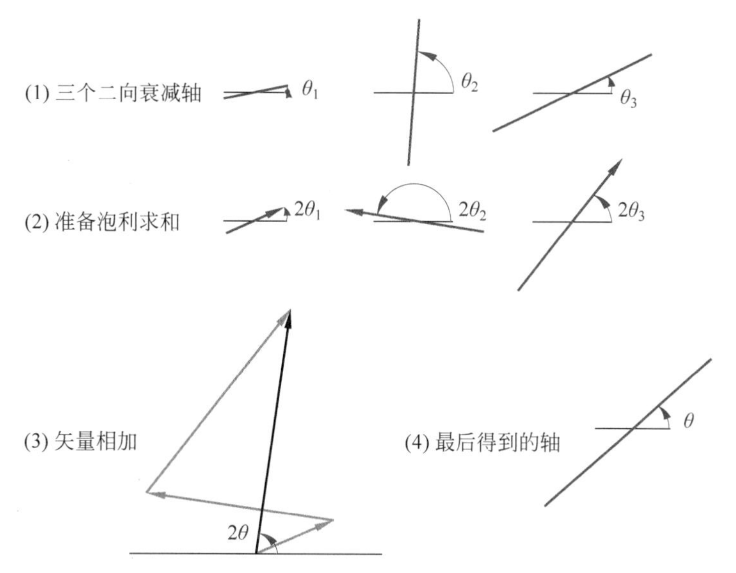

图 15.2　弱二向衰减合成的几何视图。(1)三个二向衰减，其大小由线段长度表示，方向由 θ_1、θ_2 和 θ_3 表示。(2)通过角度加倍，转换为泡利系数“矢量”，大小不变。(3)泡利系数的矢量相加。(4)通过矢量相加、角度减半得到的合成线性二向衰减。同样的构建方法也适用于弱延迟器

15.3 近轴偏振像差

本节将采用类似于赛德尔像差形式的偏振像差展开项,对透镜和反射镜系统近轴区域的偏振像差进行描述。对于许多径向对称系统,二向衰减和延迟的偏振像差仅扩展到二阶,就能给出对大部分物体和光瞳的精确偏振描述。这里提出了一种用近轴光线追迹和界面偏振的泰勒级数展开式计算这些系数的方法,该展开式可以是未镀膜界面和金属界面的菲涅耳公式展开式,或薄膜振幅系数的展开式。附录中总结了近轴光线追迹的概要。这种处理包括计算入射角、入射面和斜光线传播矢量,它们是计算偏振像差所需的。这些偏振像差系数也可以通过偏振光线追迹和琼斯光瞳拟合函数来确定,第 27 章(总结和结论)给出了这样的一个例子。

15.3.1 近轴角度和入射面

如图 15.3 所示,光学系统由归一化的物 H 和光瞳坐标,以及 10.7.1 节所述的入瞳$\boldsymbol{\rho}_{\mathrm{E}}$和出瞳$\boldsymbol{\rho}_{\mathrm{X}}$描述。

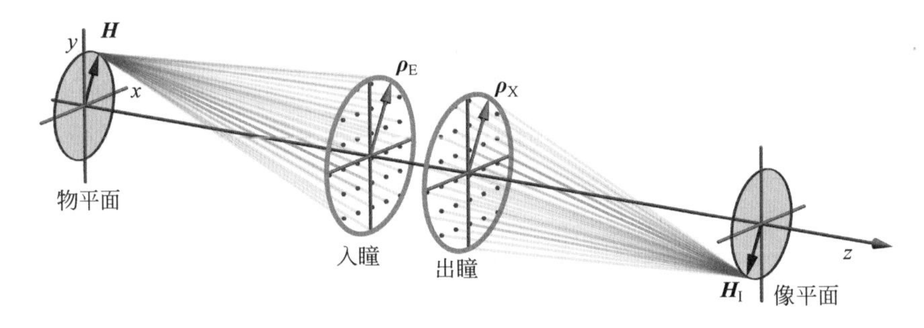

图 15.3 用于近轴偏振展开的归一化坐标

透镜和反射镜表面的偏振像差取决于入射角的变化和光束入射面的取向。图 15.4(a)显示了来自轴上物点并入射到球面上的波前。图 15.4(b)显示了这个轴上物点在光瞳上的入射角。光线在光瞳中心($\boldsymbol{\rho}=0$)的入射角为零。对于轴上物点 $H=0$ 的光线,入射角线性增加到边缘光线入射角 i_m(在光瞳边缘)。入射平面的取向角 Φ 为径向。

$$\theta(\boldsymbol{H}=0,\boldsymbol{\rho})=|\boldsymbol{\rho}|\,i_m=\rho i_m,\quad \Phi(\boldsymbol{H}=0,\boldsymbol{\rho})=\arctan\left(\frac{\rho_x}{\rho_y}\right) \tag{15.20}$$

图 15.5 显示了物点偏离光轴时的波前。由于波前是球形的,并且表面也是球形的,因此形式保持如图 15.4 所示,但移动并以光线垂直入射之处为中心,如图 15.6 所示。

在矢量物点位置 $\boldsymbol{H}$ 和光瞳位置$\boldsymbol{\rho}$ 的边缘光线和斜光线的入射角$\theta(\boldsymbol{H},\boldsymbol{\rho})$,可使用勾股定理计算得到,因为$\theta(\boldsymbol{H},\boldsymbol{\rho})$具有 x 和 y 分量

$$\theta(\boldsymbol{H},\boldsymbol{\rho})=\sqrt{\boldsymbol{H}\cdot\boldsymbol{H}i_c^2+2\boldsymbol{H}\cdot\boldsymbol{\rho}\,i_c i_m+\boldsymbol{\rho}\cdot\boldsymbol{\rho}\,i_m^2} \tag{15.21}$$

其中 i_c 是主光线入射角。

考虑一个光学系统,它有一系列 $q=1,2,\cdots,Q$ 表面。每个表面 q 的近轴入射角是主光线角 $i_{c,q}$ 和边缘光线角 $i_{m,q}$ 的函数,

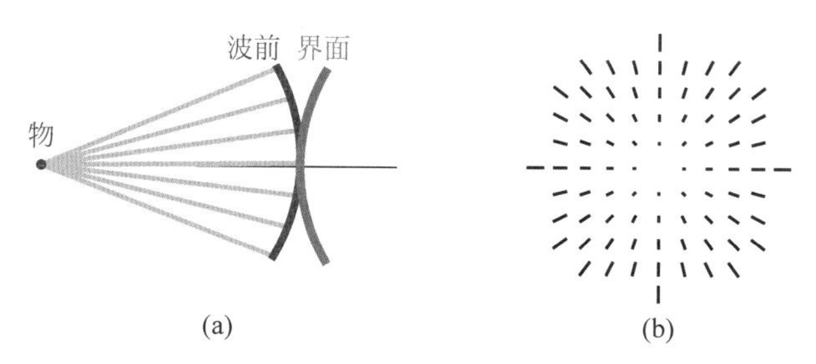

图 15.4　(a)来自轴上物点的波前入射到球形界面上，光束中心的入射角为零。(b)轴上波前在球面上的近轴入射角从中心线性增加，在边缘处等于边缘光线入射角。线段长度表示入射角，线段方向表示入射面

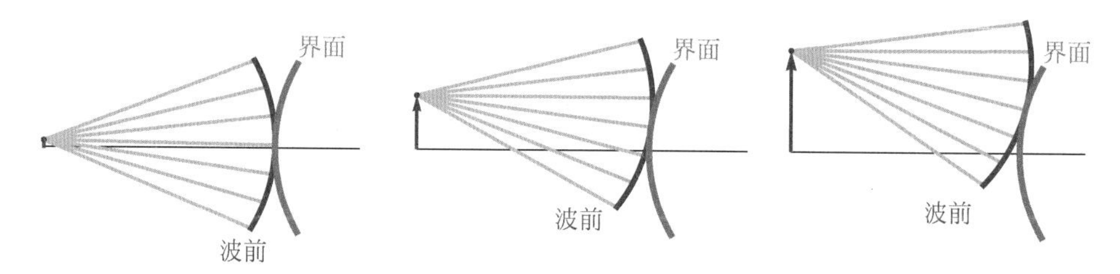

图 15.5　来自一个轴上和两个离轴物点的波前入射在球面上。这三种情况都是球面波前与球形界面相切

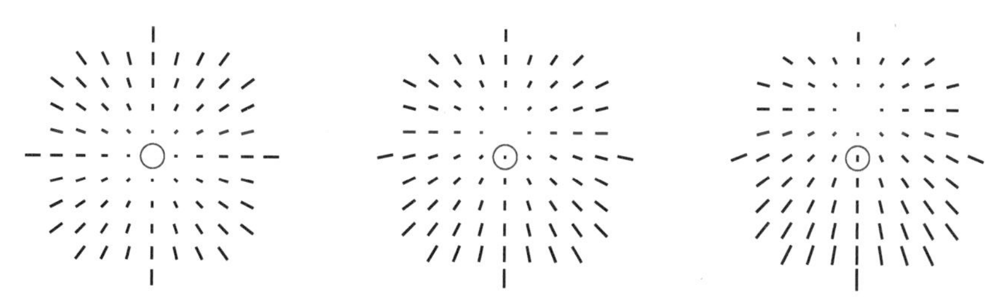

图 15.6　图 15.5 中的波前偏离光轴的入射角图。图形模式移动，但在其他方面不会改变。穿过每个图案中心(蓝色圆圈内)的光线是该区域的主光线

$$\theta_q = \sqrt{\theta_{x,q}^2 + \theta_{y,q}^2} = \sqrt{(G^2 + H^2) i_{c,q}^2 + 2(Gx + Hy) i_{c,q} i_{m,q} + (x^2 + y^2) i_{m,q}^2} \tag{15.22}$$

其中(G,H)是 $\boldsymbol{H}$ 的 x、y 分量，(x,y)是 $\boldsymbol{\rho}$ 的 x、y 分量。为简单起见，物点最好放置在 y 轴上，$G=0$，入射角简化为

$$\theta_q = \sqrt{H^2 i_{c,q}^2 + 2Hy i_{c,q} i_{m,q} + (x^2 + y^2) i_{m,q}^2} \tag{15.23}$$

或在极坐标系中，用 ρ、ϕ 表示

$$\theta_q = \sqrt{H^2 i_{c,q}^2 + 2H\rho i_{c,q} i_{m,q} \sin\phi + \rho^2 i_{m,q}^2} \tag{15.24}$$

如图 15.6 所示，从 x 轴开始逆时针度量的入射面方位角 Φ 为

$$\tan\Phi = \frac{\theta_x}{\theta_y} \tag{15.25}$$

如果 $\theta_x = 0$，则入射面与 x-y 平面在垂线处相交。入射面的方向为

$$\sin\Phi = \frac{\theta_x}{\sqrt{(\theta_x^2 + \theta_y^2)}} = \frac{x_e i_m}{|\theta|} = \frac{\rho \sin\phi i_m}{|\theta|} \tag{15.26}$$

$$\cos\Phi=\frac{\theta_y}{\sqrt{(\theta_x^2+\theta_y^2)}}=\frac{Hi_c+\rho\cos\phi i_m}{|\theta|} \tag{15.27}$$

所以

$$\Phi=\arctan\left(\frac{\rho i_m\sin\phi}{Hi_c+\rho i_m\cos\phi}\right) \tag{15.28}$$

15.3.2 近轴二向衰减和延迟

单透镜或反射镜表面的近轴偏振像差是通过将近轴入射角与作为入射角函数的二向衰减或延迟的二次表达式相结合得到的。通过将入射角函数与表面或膜层的琼斯矩阵近似相结合,得到了表面琼斯矩阵的近似表达式。对于所有各向同性膜和未镀膜界面,在小入射角 θ 下,界面的二向衰减 $D(\theta)$ 和延迟 $\delta(\theta)$ 很好地近似为简单的二次方程,

$$D(\theta)\approx D_2\theta^2,\quad \delta(\theta)\approx\delta_2\theta^2 \tag{15.29}$$

其中,D_2 和 δ_2 是二向衰减函数和延迟函数的系数。对于未镀膜和镀膜界面,系统中每个界面的 D_2 和 δ_2 由多层膜强度反射和透射方程以及相关的二向衰减和延迟表达式的多项式拟合得到;参见“数学小贴士 13.1”。

15.3.3 二向衰减离焦

考虑一个未镀膜的折射表面,它没有延迟,只有二向衰减。将图 15.6 的入射角图的大小取平方,但保持方向不变,获得轴上物点的二向衰减光瞳图,如图 15.7 所示。光瞳边缘的二向衰减大小为 $D_2 i_m^2$,即边缘光线的二向衰减率。这种二向衰减模式随光瞳坐标呈二次变化,因此被称为二向衰减离焦。p 菲涅耳系数的大小大于 s 菲涅耳系数,因此,透射轴与入射面对齐。未镀膜的界面没有延迟,因为界面两侧的折射率都是实数。相应的琼斯光瞳方程为

$$\begin{aligned}\boldsymbol{J}(\rho,\phi)&\approx(a_0+a_2\rho^2)\mathrm{e}^{-\mathrm{i}(\theta_0+\theta_2\rho^2)}\left(\boldsymbol{\sigma}_0+\frac{D_2}{2}\rho^2\cos2\phi\,\boldsymbol{\sigma}_1+\frac{D_2}{2}\rho^2\sin2\phi\,\boldsymbol{\sigma}_2\right)\\&=(a_0+a_2\rho^2)\mathrm{e}^{-\mathrm{i}(\theta_0+\theta_2\rho^2)}\begin{pmatrix}1+\frac{D_2}{2}\rho^2\cos2\phi & \frac{D_2}{2}\rho^2\sin2\phi\\ \frac{D_2}{2}\rho^2\sin2\phi & 1-\frac{D_2}{2}\rho^2\cos2\phi\end{pmatrix}\end{aligned} \tag{15.30}$$

二向衰减离焦的泡利系数如图 15.7(b)和(c)所示。对于小 D_2,二向衰减离焦的函数形式由式(15.30)中的矩阵给出。$\boldsymbol{\sigma}_1$ 沿 x 轴为正,沿 y 轴为负,而$\boldsymbol{\sigma}_2$ 分量旋转了 45°。图 15.8 显示了 0°、45°、90°和 135°线偏振光入射时的输出偏振态图。沿与线偏振对齐的轴,光瞳边缘比中心亮,而沿与之正交的轴,光瞳边缘比中心暗。在与偏振轴成±45°角时偏振发生了最大偏振旋转。图 15.9 给出了左右圆偏振光入射时对应的图。光瞳中心没有偏振变化。偏振变化向边缘呈二次增大,光变成椭圆偏振态,长轴平行于二向衰减。

15.3.4 二向衰减离焦和延迟离焦

接下来,将轴上的金属镜与 15.3.3 节中的未镀膜透镜表面进行比较。对于大多数界

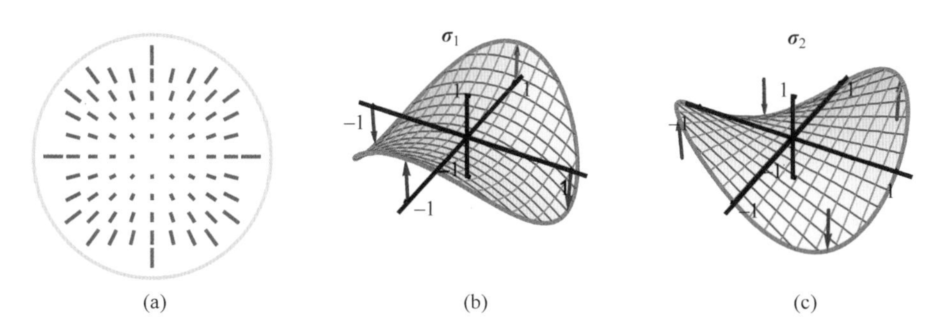

图15.7　(a) 轴上波前的单个折射表面的二向衰减光瞳图,二向衰减从中心二次增大且呈径向分布。光瞳边缘的二向衰减大小是在边缘光线入射角下计算得到的界面二向衰减率。绘制了二向衰减图的$\boldsymbol{\sigma}_1$(b)和$\boldsymbol{\sigma}_2$(c)分量。红色箭头始于 x-y 平面,有助于观察形状,$\boldsymbol{\sigma}_1$ 为 $\cos 2\phi$ 形式,$\boldsymbol{\sigma}_2$ 为 $\sin 2\phi$ 形式

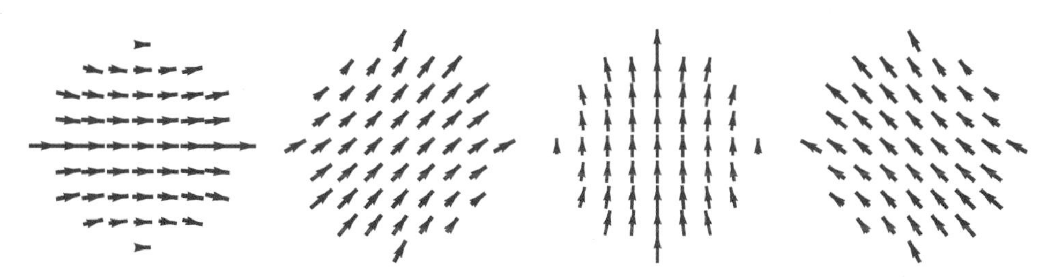

图15.8　图15.7中二向衰减图的透射偏振椭圆图,从左到右,0°、45°、90°和135°线偏振光入射。本例中边缘光线的二向衰减大小为0.3

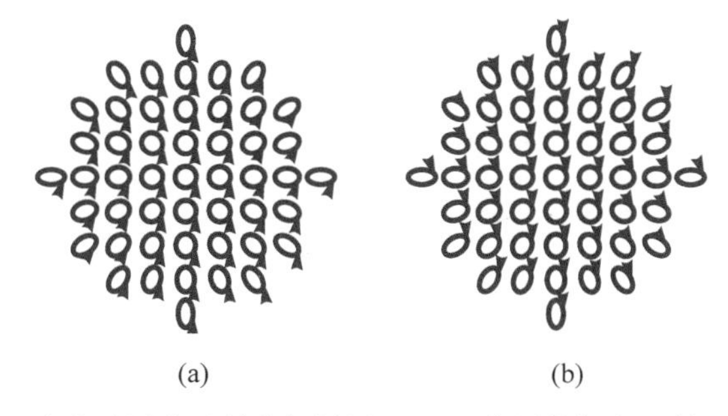

图15.9　图15.7中二向衰减图的透射偏振椭圆。(a)左旋圆偏振光入射,(b)右旋圆偏振光入射

面,强度反射率和相位的变化在原点附近是二次的。图15.10绘制了典型镀铝金属镜的菲涅耳系数、二向衰减和延迟。这种反射面具有非零延迟,且二向衰减和延迟几乎与入射角呈二次关系。

镀有多层反射或折射膜并在轴上照射的一般球面,具有二向衰减离焦和延迟离焦,并且均具有径向或切向轴。因此,对于轴上光束和某个界面,其二向衰减和延迟的组合符号有四种可能性,如图15.11的四列所示。金属镜为第三列的形式。

15.3.5　视场内的二向衰减和延迟

图15.6显示了物点离轴移动时近轴偏振像差(二向衰减或延迟)的变化。偏振像差图

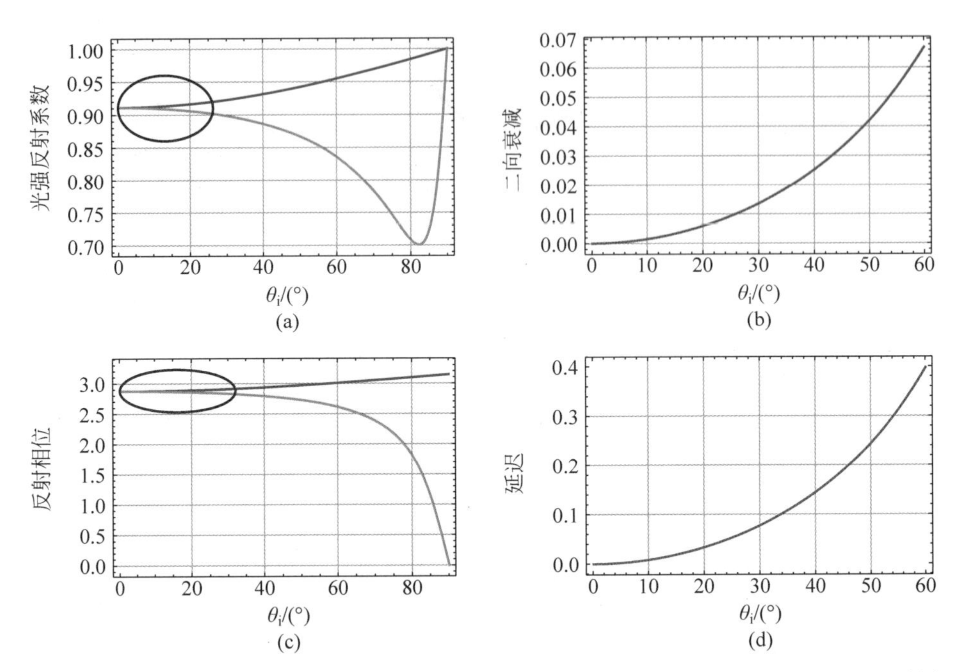

图 15.10 镀铝反射镜的菲涅耳强度反射系数(a)、相位(c)、二向衰减(b)和延迟(d)随入射角的变化,在原点附近都是二次变化关系。红色表示 s 偏振,橙色表示 p 偏振。这些图形适用于 600nm 处 $n=1.262+7.185i$ 的铝反射面

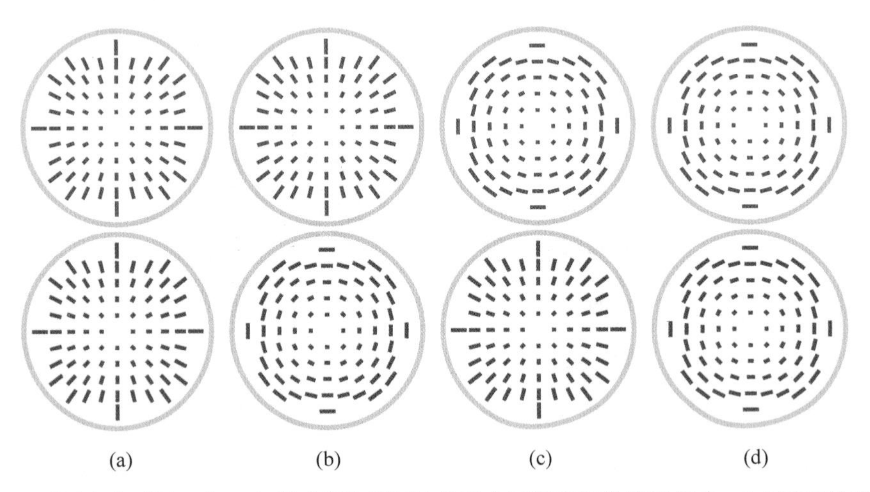

图 15.11 延迟离焦(洋红)和二向衰减离焦(棕色)的组合可以有四种符号组合:(a)正延迟和正二向衰减,(b)正和负,(c)负和正,以及(d)负和负

案在 $\boldsymbol{H}$ 移动的方向上平移。$\boldsymbol{\sigma}_1$ 系数的大小是移位了的二次曲线,如图 15.12 所示。这种模式可以分解为二次项、线性项和常数项。当模式移动时,二次项保持与轴上模式相同的大小。视场边缘的泡利系数的形式如图 15.7 所示。

考虑在 y 方向上离轴的物体。图 15.13(a)的偏振像差模式可以表示为二次二向衰减图(b)、线性二向衰减图(c)和常数二向衰减图(d)的组合。这些是二阶偏振像差。这些函数形式被称为偏振离焦、偏振倾斜和偏振平移。当它们为二向衰减时,它们变成了二向衰减离

焦、二向衰减倾斜和二向衰减平移。类似地，对于延迟，它们是延迟离焦、延迟倾斜和延迟平移。

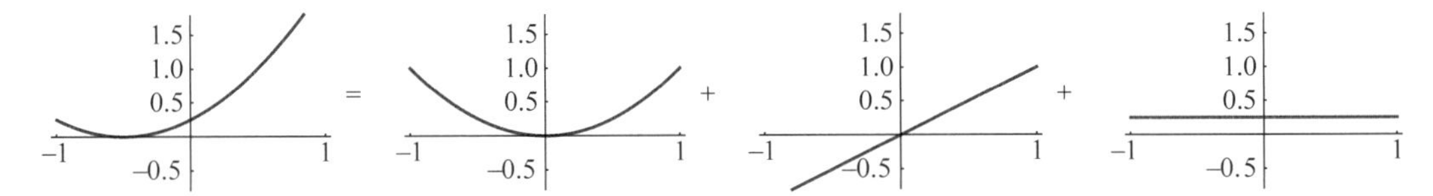

图 15.12　偏心的二次方程，可表示为二次、线性和常数分量之和

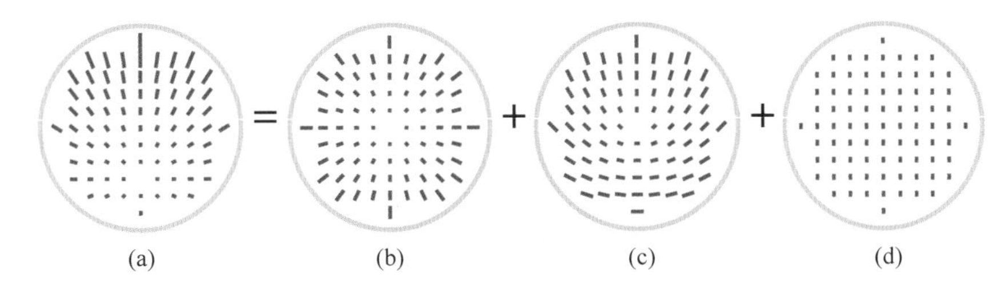

图 15.13　离轴光束的二向衰减图(a)，沿 y 轴具有二次变化。此图形可表示为二次变化、线性变化和常数二向衰减之和。这些是二向衰减离焦、二向衰减倾斜和二向衰减平移像差。平行分量相加，正交分量相减，其他分量合并，如图 15.2 所示

15.3.6　偏振倾斜和平移

二向衰减倾斜和延迟倾斜是 $\boldsymbol{\sigma}_1$ 和 $\boldsymbol{\sigma}_2$ 在光瞳中的线性变化。$\boldsymbol{\sigma}_1$ 分量在子午面(此处为 y 轴)内呈线性变化，$\boldsymbol{\sigma}_2$ 分量在垂直于子午面(此处为 x 轴)的方向呈线性变化，如图 15.14 所示。在径向对称系统中，偏振倾斜在轴上为零，并随物矢量线性变化。

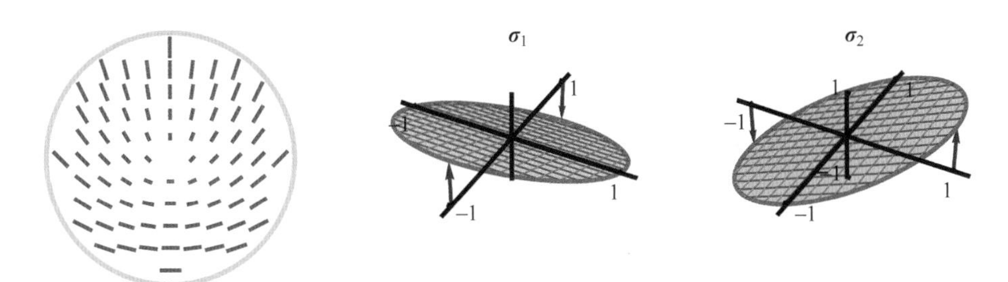

图 15.14　偏振倾斜，无论是二向衰减倾斜还是延迟倾斜，其大小从中心开始呈线性变化，并在通过中心时改变符号(90°旋转)。轴围绕光瞳边缘旋转 180°。$\boldsymbol{\sigma}_1$ 分量在子午面(此处为 y 轴)上线性变化，$\boldsymbol{\sigma}_2$ 分量在正交方向上线性变化。红色箭头始于 $\boldsymbol{\sigma}=0$

光学系统产生纯偏振倾斜的一种方法是两个偏振离焦模式的组合，两个偏振离焦模式的大小相等，符号相反，向相反方向平移，如图 15.15 所示，

$$\boldsymbol{J}(\rho,\phi)\approx(a_0+a_1\rho\cos\phi)\mathrm{e}^{-\mathrm{i}(\theta_0+\theta_1\rho\cos\phi)}\left(\boldsymbol{\sigma}_0+\frac{D_1-\mathrm{i}\delta_1}{2}\rho\cos\phi\,\boldsymbol{\sigma}_1+\frac{D_1-\mathrm{i}\delta_1}{2}\rho\sin\phi\,\boldsymbol{\sigma}_2\right)\tag{15.31}$$

另一个二阶偏振像差是偏振平移，即图 15.13(d)和图 15.16 所示的常数二向衰减或延

迟。对于径向对称系统,偏振平移在轴上为零,并在视场范围内以 $\boldsymbol{H}\cdot\boldsymbol{H}$ 的形式二次增大,

$$\boldsymbol{J}(\rho,\phi)\approx a_0\mathrm{e}^{-\mathrm{i}\theta_0}\left(\boldsymbol{\sigma}_0+\frac{D_0-\mathrm{i}\delta_0}{2}\boldsymbol{\sigma}_1\right)\tag{15.32}$$

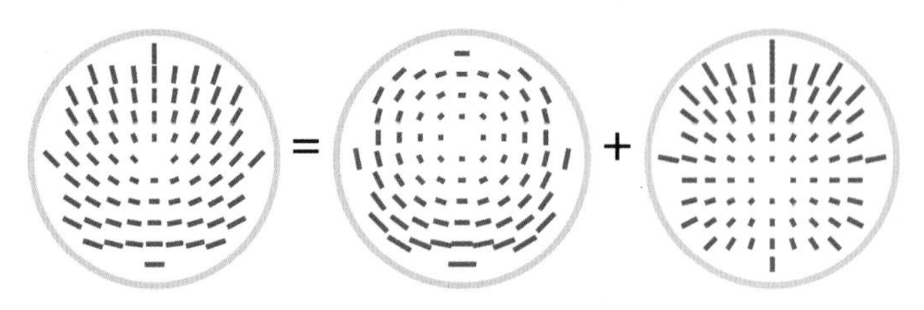

图 15.15　两个大小相等但符号相反的偏振离焦可产生纯偏振倾斜,其中一个向上平移,另一个向下平移

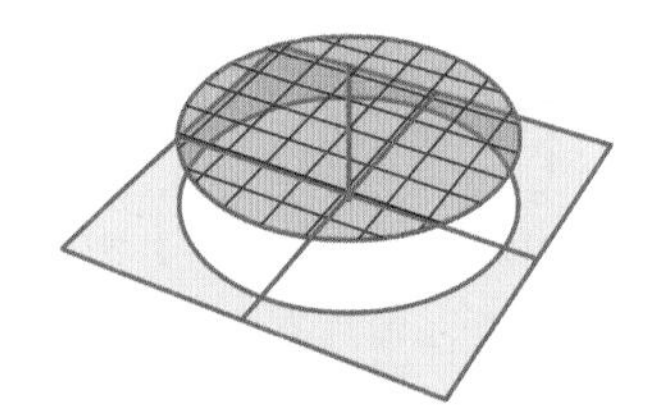

图 15.16　具有一个常数 $\boldsymbol{\sigma}_1$ 分量的偏振平移

15.3.7　双节点偏振

二阶偏振像差的一个有趣模式是如图 15.17(a)所示的双节点偏振像差。双节点表示光瞳中有两个零点,如图中 x 轴上的点所示。偏振轴围绕每个节点旋转 180°。由偏振离焦(b)和偏振平移(c)的组合可以产生双节点偏振,在两个图案正交的地方产生零点。这种偏振分布与双节点像散中的像散分布非常相似[6-7]。

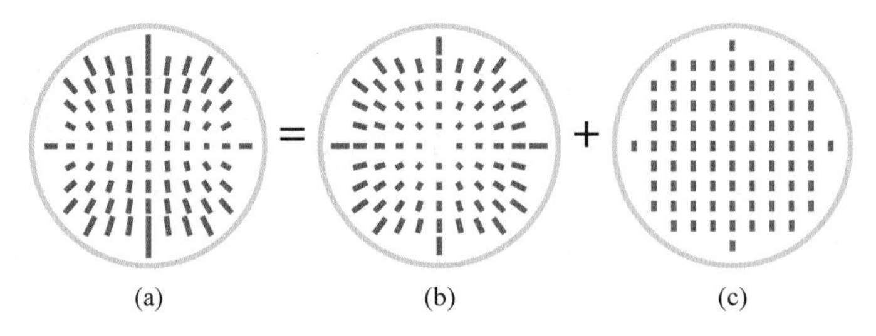

图 15.17　具有两个零点或节点的双节点偏振像差,围绕每个节点偏振旋转 180°。在本例中,两个节点位于 x 轴上。偏振离焦(b)和偏振平移(c)的组合可以产生双节点偏振像差

15.3.8　界面近轴偏振像差总结

当光线传播通过一系列具有弱偏振像差的表面时,每个面上的像差贡献(延迟或二向衰减)可以相加来计算总像差。例如,图 15.18 重叠了三个面的偏振贡献,均以光瞳坐标表示。在这里,这些线段可表示线性二向衰减或线性延迟贡献,可以用 15.2.2 节的方法求和。

图 15.19 显示了三个表面级联的离轴光束近轴像差的另一个例子。第一列显示每个面

的净偏振（延迟或二向衰减），以及三个面的总像差（左下）。由于离轴光束，各个面图案的中心发生偏移。由于光束是离轴的，每个面的图案可以分解为偏振离焦（第二列）、偏振倾斜（第三列）和偏振平移项（右列）。可以单独相加离焦项，以获得总离焦（底行，第二列）。类似地，可以单独相加倾斜项，也可以单独相加平移项。因此，净偏振像差（底行，左）是①右上角九项的总和，或②第一列中三个面贡献的总和，或③底行中总离焦、倾斜和平移的总和。求和采用偏振的泡利表示法（15.2.2 节）。

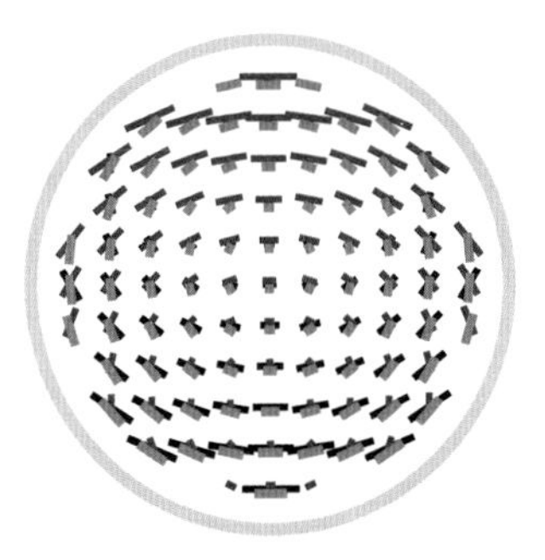

图 15.18　三个表面的偏振贡献，每个面都有平移了的偏振离焦，以黑色、紫色和橙色显示，为清晰起见，有小偏移

对于轴上光束，倾斜项和平移项将为零，因此净偏振像差将只是离焦项的总和（底行，第二列）。对于径向对称系统，倾斜随视场线性增加，平移随视场二次方增加，而离焦恒定。因此，两倍图 15.19 中视场角的光束将具有两倍的倾斜，四倍的平移，但相同的偏振离焦。接下来，将用高扩展量透镜测试这种近轴偏振像差方法和这些相关的缩放规则。

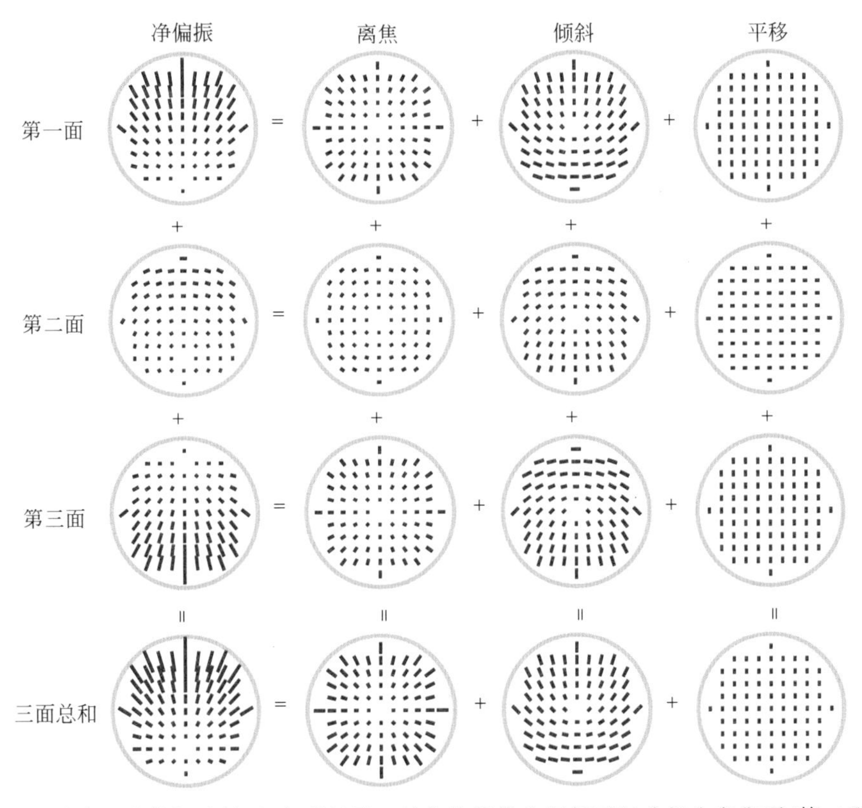

图 15.19　三个表面的偏振贡献，如左列所示。每个偏振像差图都可以分解为离焦项（第二列）、倾斜项（第三列）和平移项（右列）的总和。这些离焦、倾斜和平移列也可以分别相加（列求和），等于最下面一行的离焦、倾斜和平移项，它们相加为总偏振像差图（左下）

15.4 七片透镜系统的近轴偏振分析

使用 Polaris-M 偏振分析程序和如图 15.20 所示的七片式镜头演示近轴偏振像差方法。将进行精确的偏振像差计算,并将其与延迟和二向衰减离焦、倾斜和平移项的近轴计算进行比较,结果表明,在 10°视场吻合误差在百分之几以内,而在 30°视场(非常大的视场角)下,偏差仅为 20%左右。本例子展示了如何求和各个偏振像差项,以及偏振像差的近轴区域有多大。

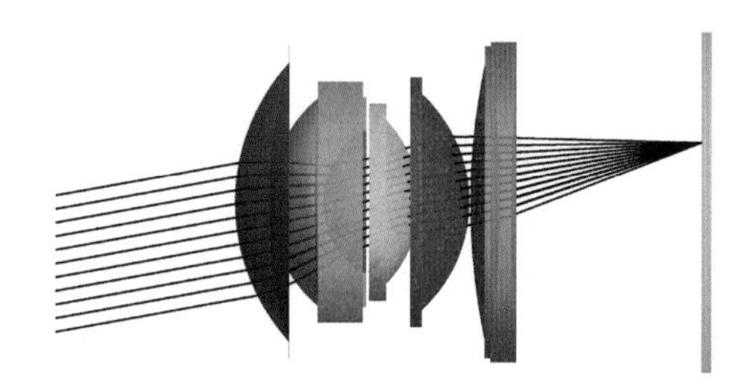

图 15.20 一个七片透镜系统(L1-L7),画出了多条来自无穷远的 10°视场的子午光线路径。第二片透镜 L2(橙色)与第三片透镜 L3(绿色)胶合,第六片透镜 L6(蓝色)与第七片透镜 L7(洋红)胶合。光阑位于第三片和第四片透镜之间

在下面的计算中,每个透镜表面都有多层减反膜。对于无限远物体,评估了镀膜透镜在 500nm 处的偏振。图 15.21 和图 15.22 给出了 s 偏振和 p 偏振的膜层性能、透射振幅和相位,均为每个界面入射角的函数。注意,由于 arctan 函数,当相位为 $\pm\pi$ 时,膜层有 2π 不连续性。

图 15.23 显示了在一组角度上计算出来的每个界面处的二向衰减,这些计算值叠加在二向衰减的二次拟合曲线上;在每个图上方给出了二次的二向衰减系数 $D_{2,q}$,即每平方弧度的二向衰减。注意二次曲线在这个角度范围内的拟合程度。$D_{2,q}$ 用于近轴计算,以确定二向衰减离焦、二向衰减倾斜和二向衰减平移的大小。类似地,图 15.24 显示了每个界面处延迟的二次拟合,以及二次的延迟系数 $\delta_{2,q}$。这为每个界面给出了近轴膜层偏振,但 L2/3 和 L6/7 除外,它们为无膜层的胶合面。

10°视场的每个表面上入射角图如图 15.25 所示。每个图中正入射光线位于入射角变为零的位置。对于某些面,如 L2/3,正入射点位于光瞳顶部,而对于其他面,包括 L4_F(F 表示前)和 L4_B(B 表示后),正入射点位于下部。对于某些表面,如透镜 5_F 和透镜 6_F,垂直入射的光线位于孔径外。每个图右下角的标记显示了每个图中最大入射角值及其长度。在每个表面上,主光线的入射角 θ_c 是光束中心的值。

为了评估近轴偏振像差方法,将对精确偏振光线追迹的结果与近轴偏振计算的结果进行比较。图 15.26 显示了偏振光线追迹计算的逐面延迟贡献光瞳图。这些各个面的延迟图也可由入射角图计算得到。每个表面上的延迟节点和入射角节点位于同一位置。所有延迟量都很小,小于 0.2rad,因此,可通过 15.2.2 节的方法用泡利系数将延迟相加。

图 15.27(a)显示了根据偏振光线追迹精确计算的每个表面边缘光线的延迟。这是每个表面的延迟离焦的大小。这些值可以相加,得到整个透镜系统的累积延迟离焦。图 15.27(b)显

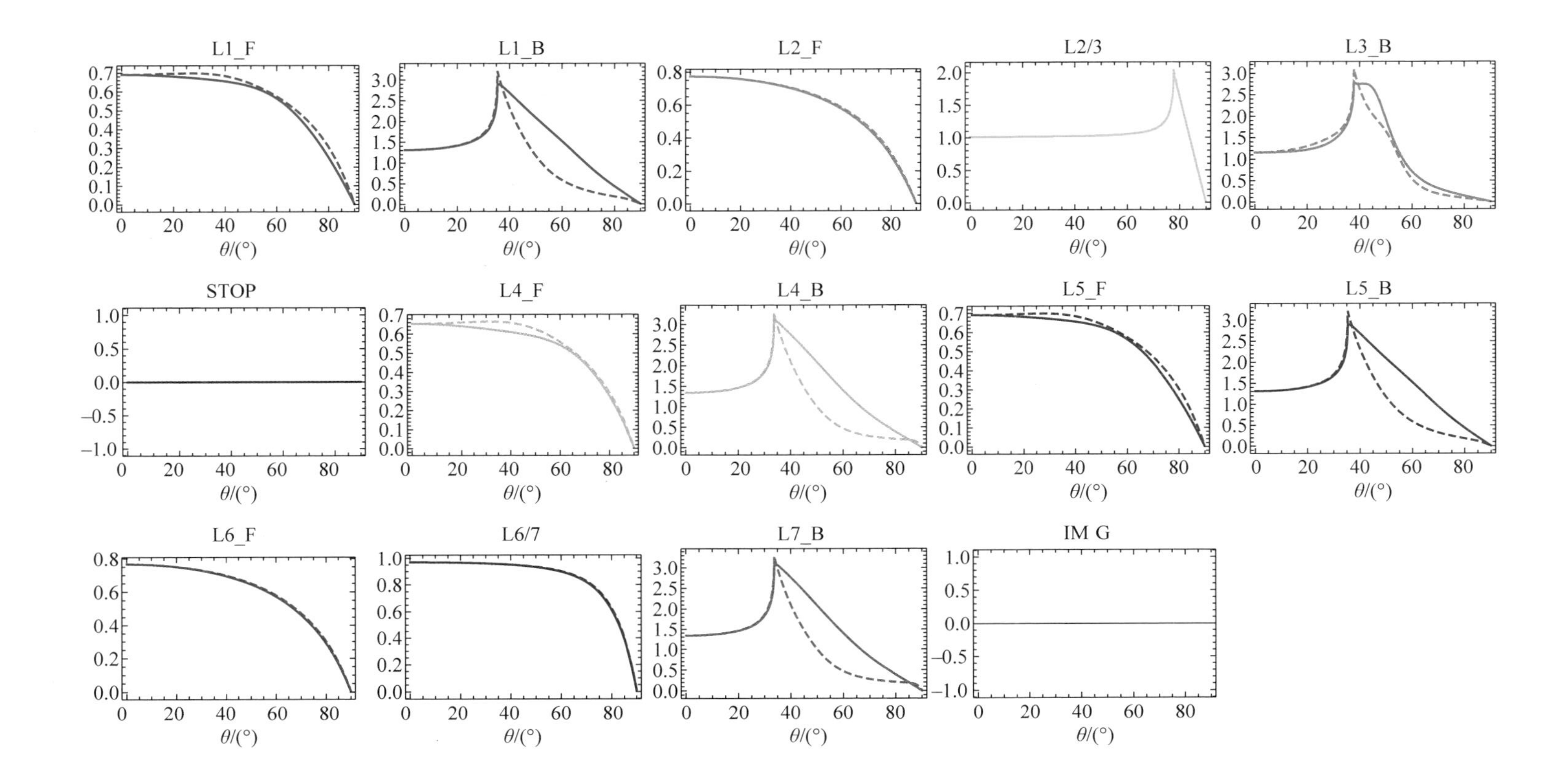

图 15.21　在 0°到 90°的入射角范围内，绘制了每个界面的 s(实线)和 p(虚线)振幅系数的大小。L1、L2 等分别指透镜 1、透镜 2 等。F 表示朝向物的前侧，B 表示朝向像的后侧。从玻璃射入空气的出射光束在其临界角以上表现为全内反射。F 代表前表面，B 代表后表面

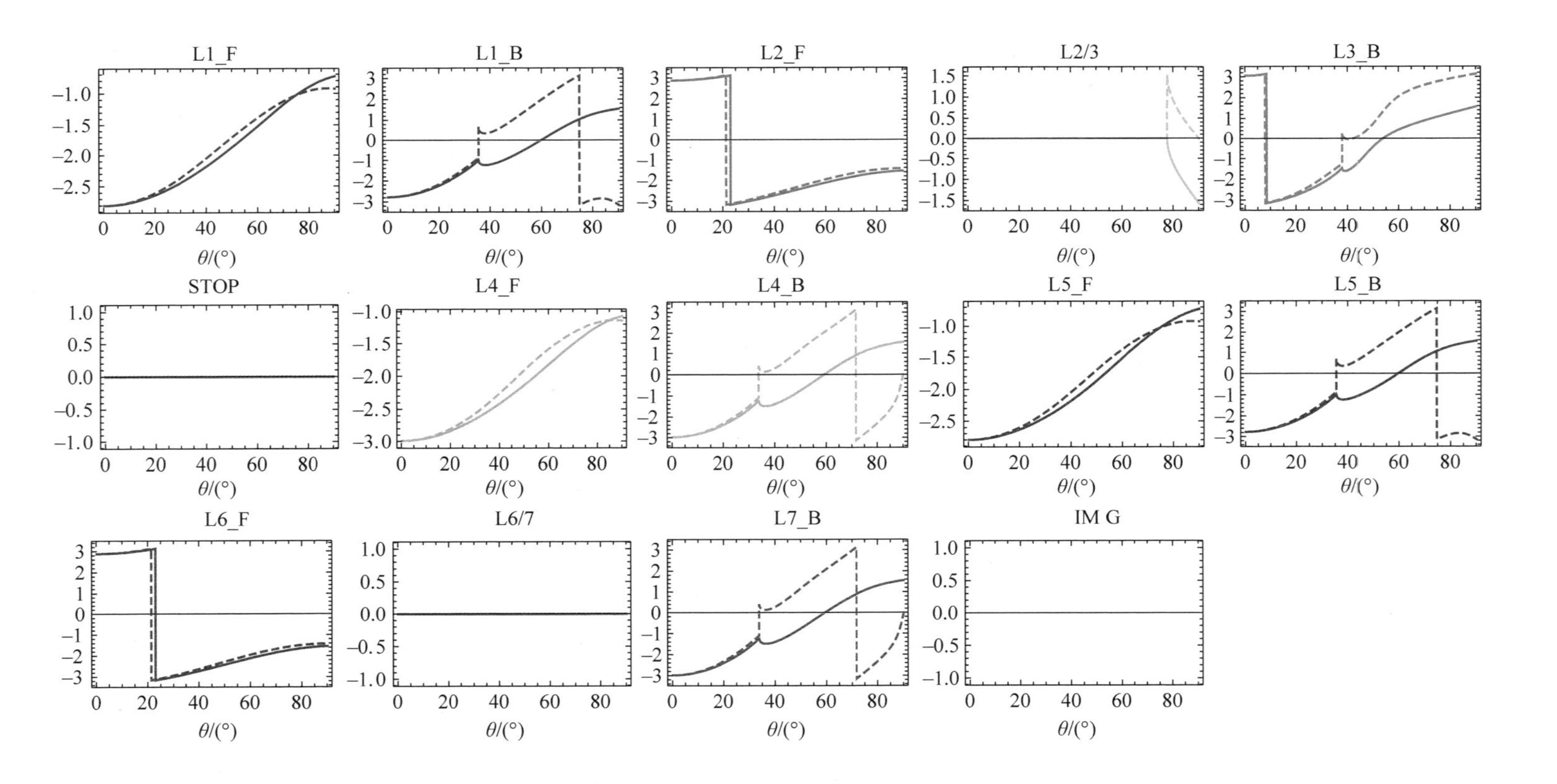

图 15.22　在 0°到 90°之间以弧度为单位绘制了每个镀有减反膜界面的 s(实线)和 p(虚线)相位系数。薄膜程序计算常显示有 2π 相位阶跃，例如在 L3_B 上 8°；这些阶跃不会影响用于点扩展函数计算的傅里叶变换，但会使光程长度计算和干涉图计算及解析复杂化。F 代表前表面，B 代表后表面

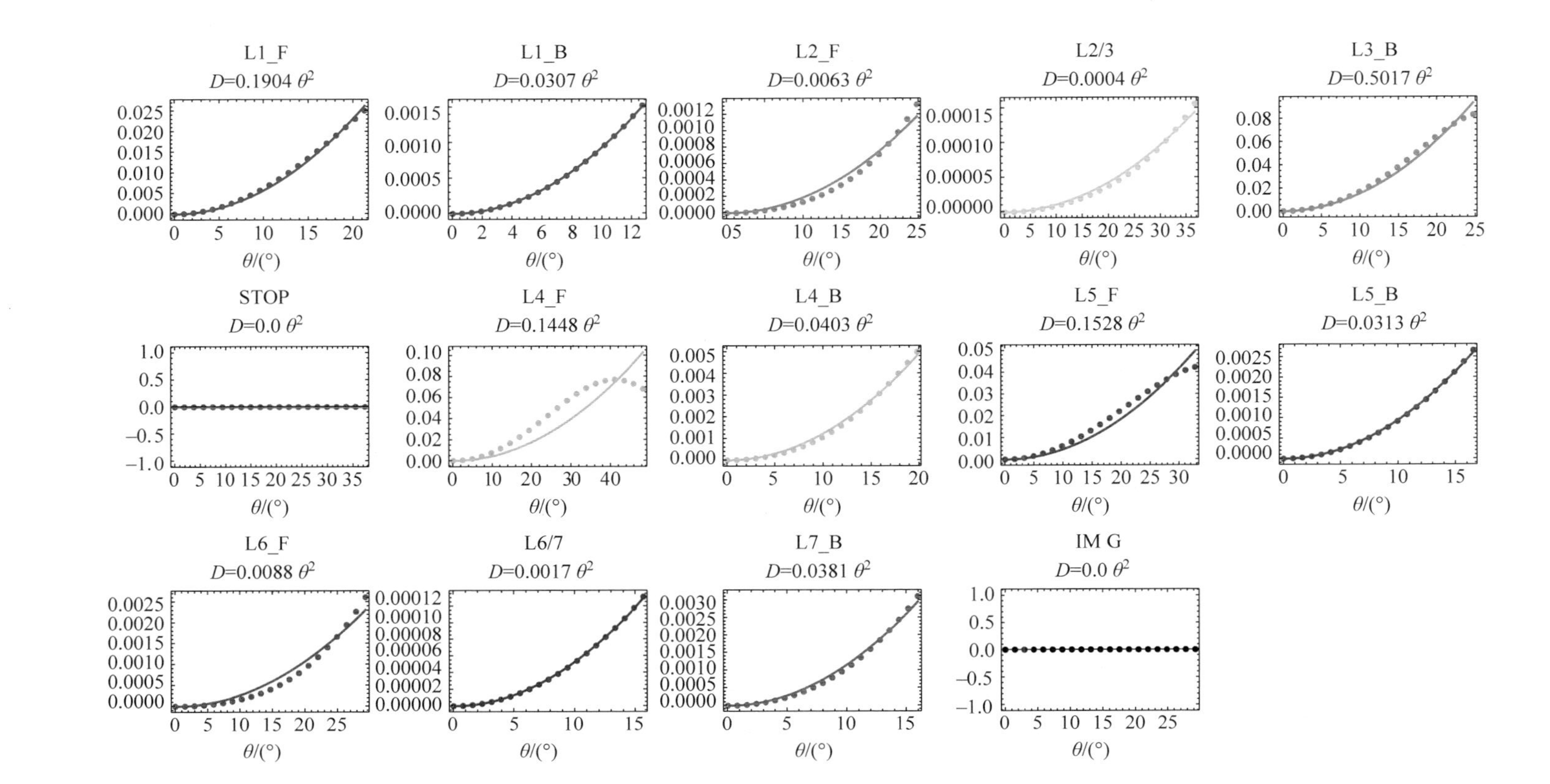

图 15.23　各表面入射角范围内的一组点表示其薄膜的二向衰减计算值。用实线绘制了二向衰减的二次拟合。在每个曲线图上方是二次拟合方程（θ 为弧度单位），以及以数值形式表示的每个界面二向衰减的二次系数数值 $D_{2,q}$。F 代表前表面，B 代表后表面

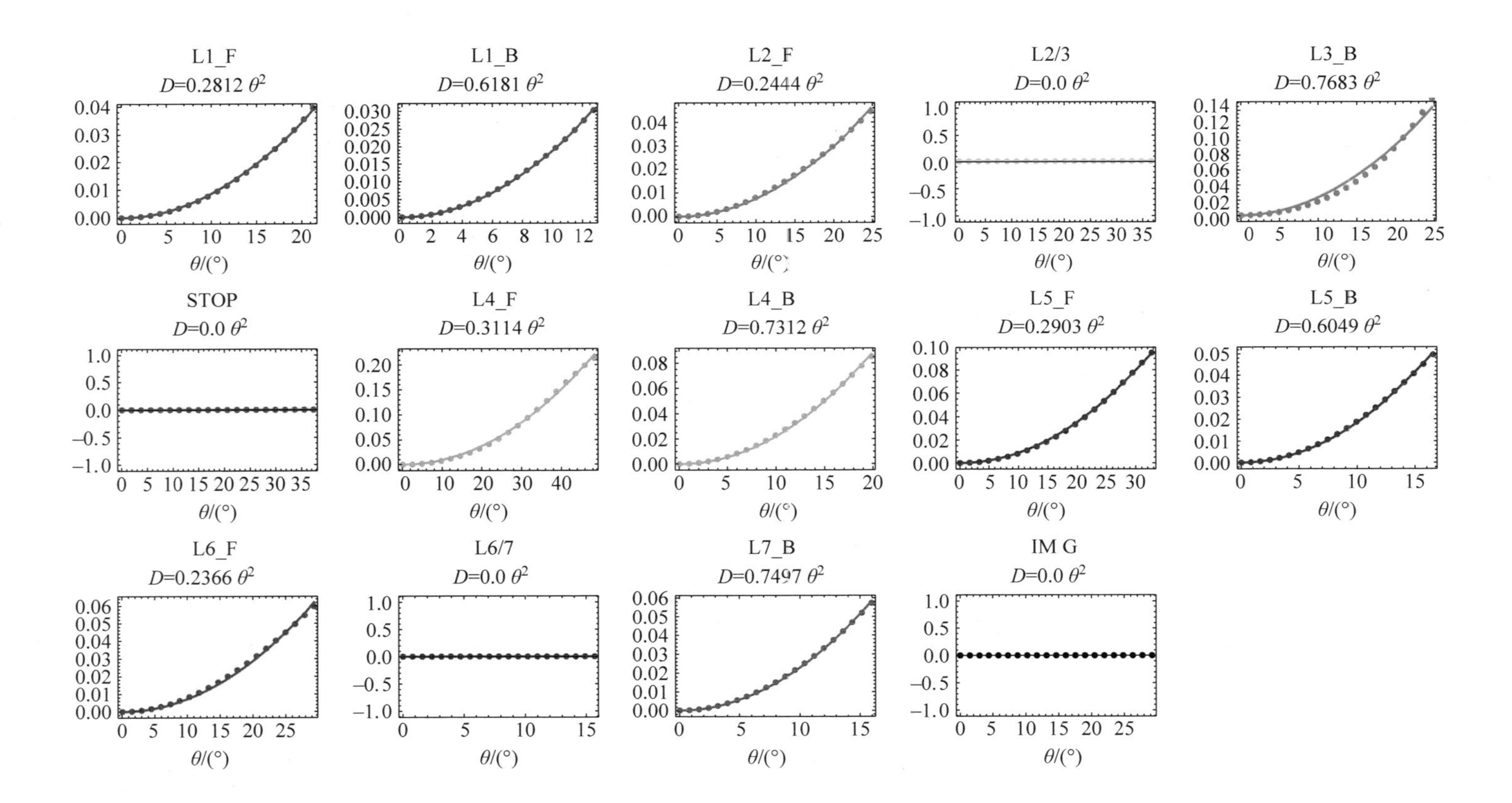

图 15.24　每个表面入射角范围内的一组点是通过薄膜算法计算得到的每个薄膜的延迟(以弧度为单位)。实线为延迟的二次拟合曲线。在每个图上方是二次拟合方程,其中 θ 以弧度为单位,延迟量的二次系数 $\delta_{2,q}$ 以数值形式给出。F 代表前表面,B 代表后表面

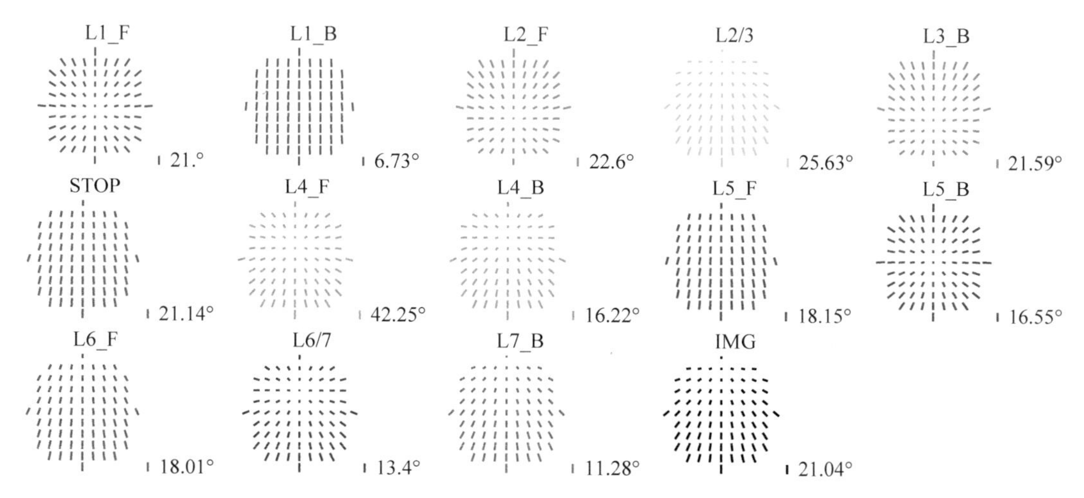

图 15.25　图 15.20 中的透镜在 10°视场下的入射角图，均具有图 15.6 中的图案形式，入射角绕正入射光线径向排列，且从该节点开始，大小线性增加。F 代表前表面，B 代表后表面

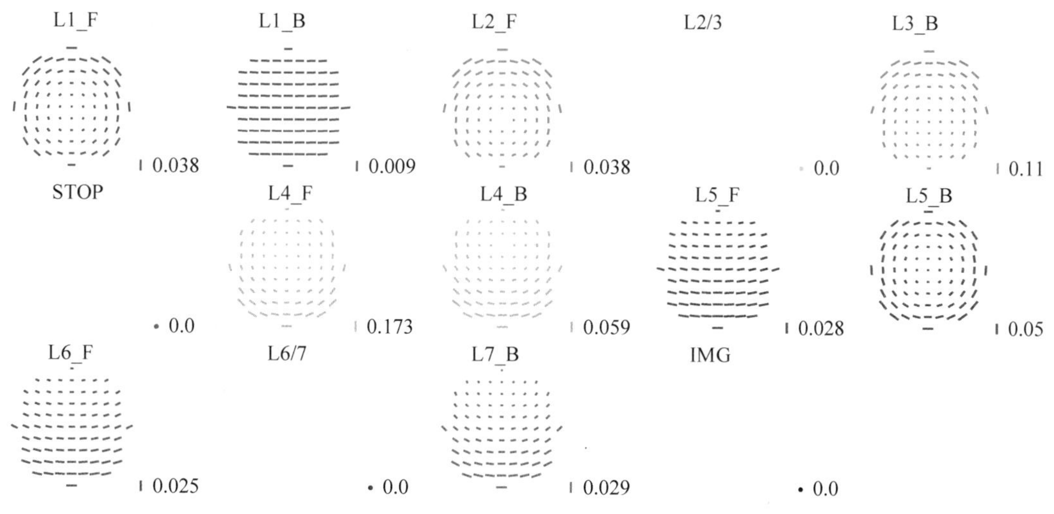

图 15.26　图 15.25 中 10°视场光束的延迟图，均为图 15.13(a)的形式。因此，每个表面上的延迟图具有离焦、倾斜和平移分量，如图 15.12 所示。在每个表面，主光线的延迟量(光束中心的值)在右下角给出。F 表示透镜前表面，B 表示后表面

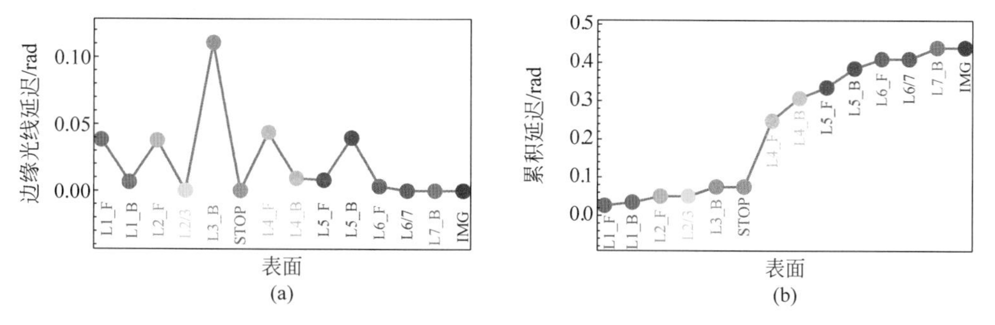

图 15.27　(a)10°视场的实际边缘光线的逐面延迟贡献。(b)从物空间通过每个表面的累积边缘光线延迟单调增加到 0.4rad，即延迟离焦的精确值

示了总和,表示从物空间经过每个表面的累积边缘光线延迟。同样,图 15.28 显示了每个表面主光线延迟的精确计算。这是每个表面的延迟平移的大小。图 15.29(a)显示了 10°视场光线路径的总延迟(入瞳到出瞳)。该延迟图可分解为延迟离焦项(由边缘光线计算)、延迟平移项(由主光线计算)和延迟倾斜项(由每个表面的主光线和边缘光线的乘积计算)。现在,在这个视场和波长下,对于这些薄膜,可以比较近轴近似和精确偏振光线追迹,发现三个近轴二阶延迟像差占精确偏振像差的 95%以上。

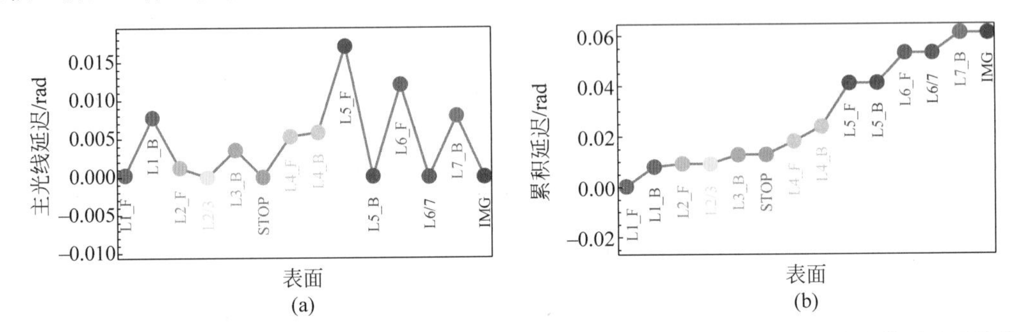

图 15.28 10°视场主光线的逐面延迟贡献(a)和累积值(b)。最终累积值 0.06rad 是近轴延迟平移值

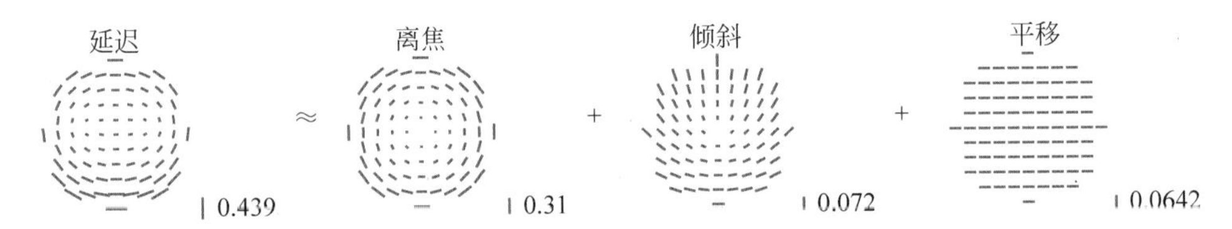

图 15.29 对于 10°视场,根据近轴光线追迹计算了累积延迟图及其分解为延迟离焦、延迟倾斜和延迟平移之和。与精确计算值相比,主光线的近轴计算值大约有 5%的偏差,边缘光线近轴计算值大约有 2%的偏差

比较了二向衰减的精确计算和近轴计算。图 15.30 显示了每条光线二向衰减的精确偏振光线追迹计算。逐面二向衰减图是由入射角图计算得到的;每个表面上的二向衰减节点和入射角节点位于同一位置。所有的二向衰减值都很小,小于 0.1,因此,可用 15.2.2 节的方法将二向衰减用泡利系数相加。

为了与近轴偏振像差计算结果进行比较,用偏振光线追迹计算了二向衰减。图 15.31 显示了每个表面边缘光线二向衰减的精确计算结果,以及每个表面二向衰减离焦的大小。这些值可相加为整个透镜系统的累积二向衰减离焦。图 15.32 显示了每个表面主光线二向衰减的精确计算结果,以及每个表面的二向衰减平移的大小。图 15.33(a)显示了 10°视场的端到端二向衰减图。该图可分解为一个二向衰减离焦项(由边缘光线计算),一个二向衰减平移项(由主光线计算),以及一个二向衰减倾斜项(由每个表面的主光线和边缘光线的乘积计算)。在这个视场和波长下,对于这些膜系,三个二阶二向衰减像差占偏振像差的 87%。

对于轴上视场(图 15.34),主光线沿光轴传播,在每个界面上的入射角为零。因此,对于每个界面和整个镜头,二向衰减平移、延迟平移、二向衰减倾斜和延迟倾斜均为零,如图 15.34(b)和(c)中的延迟和二向衰减图所示。在近轴近似下,即二阶近似下,离焦像差不会随视场变化。倾斜项线性增大,而平移项二次增大。

图 15.35 显示了以 30°视场透过镜头的光线路径的偏振、镜头的累积二向衰减图和累积延迟图,它们现在由二向衰减平移和延迟平移主导,因为这是随视场二次方增大的像差。

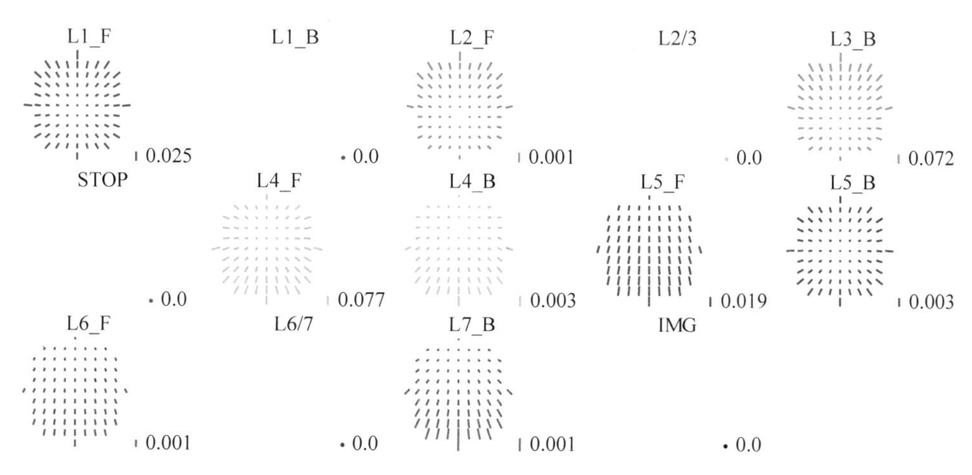

图 15.30 由偏振光线追迹得出的 10°视场光束的精确二向衰减图。由于贡献是入射角的二次方关系，因此只有少数具有较大边缘光线角的表面做出了较大贡献

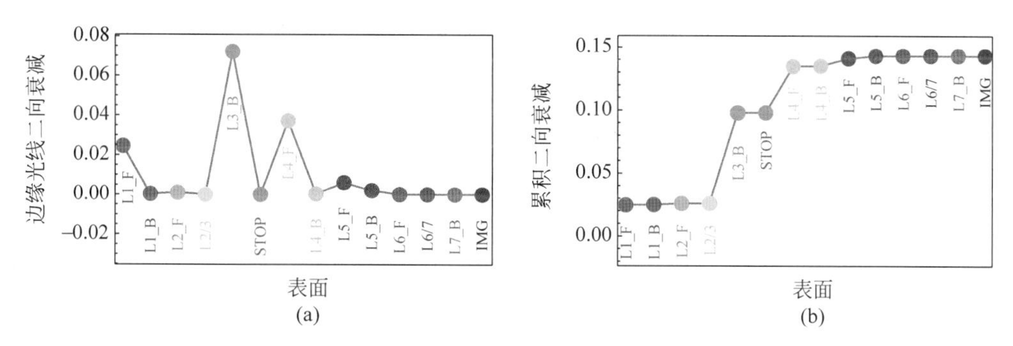

图 15.31 (a)10°视场每个表面的边缘光线二向衰减图。(b)累积的边缘光线二向衰减，从物空间过每个面单调递增，最终值 0.13 是镜头的二向衰减离焦

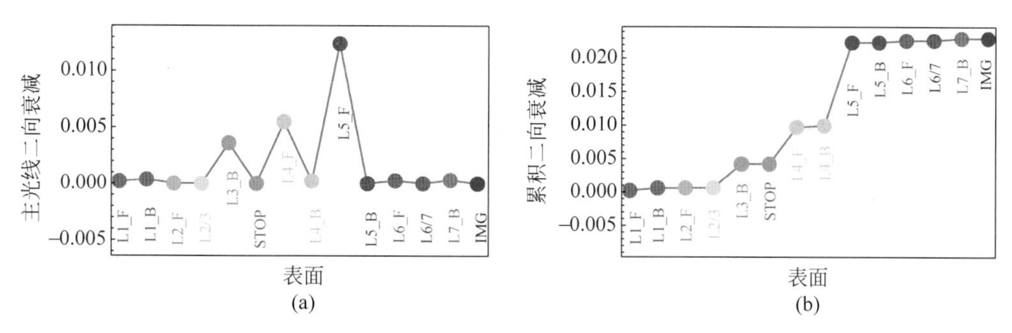

图 15.32 (a)主光线逐面二向衰减和(b)10°视场累积值。最终累积值 0.02 是镜头的二向衰减平移值

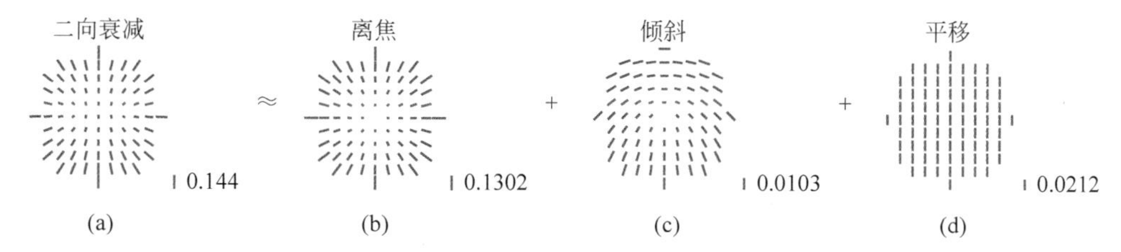

图 15.33 (a)10°视场的累积二向衰减图及其分解为(b)～(d)二向衰减离焦、二向衰减倾斜和二向衰减平移的总和。与图(a)显示的精确计算值相比，主光线二向衰减的近轴计算值有 8%偏差，光瞳顶部边缘光线的近轴计算值有 2%偏差，光瞳底部边缘光线的近轴计算值有 11%偏差

本节将近轴偏振像差法应用于具有大扩展量的镜头,以展示使用二向衰减和延迟的二次拟合计算二阶偏振像差的方法。本例中展示的特定数值并不重要,但该方法十分有效。该方法和由此产生的函数形式可以成为用于其他偏振分析的样板。

15.5 高阶偏振像差

15.3 节的近轴像差展开式非常适用于对径向对称透镜和反射镜系统的琼斯光瞳作近似,还可以精确描述许多离轴系统,如折反镜和离轴望远镜。在其他情况下,二向衰减和延迟的变化比二阶项能够准确描述的更复杂。于是,一组高阶基函数被用于分析此类情况。首先,矢量泽尼克多项式用于描述电场的高阶变化。然后,引入定向器,用于将入射角、线性二向衰减和线性延迟展开为一组基函数。

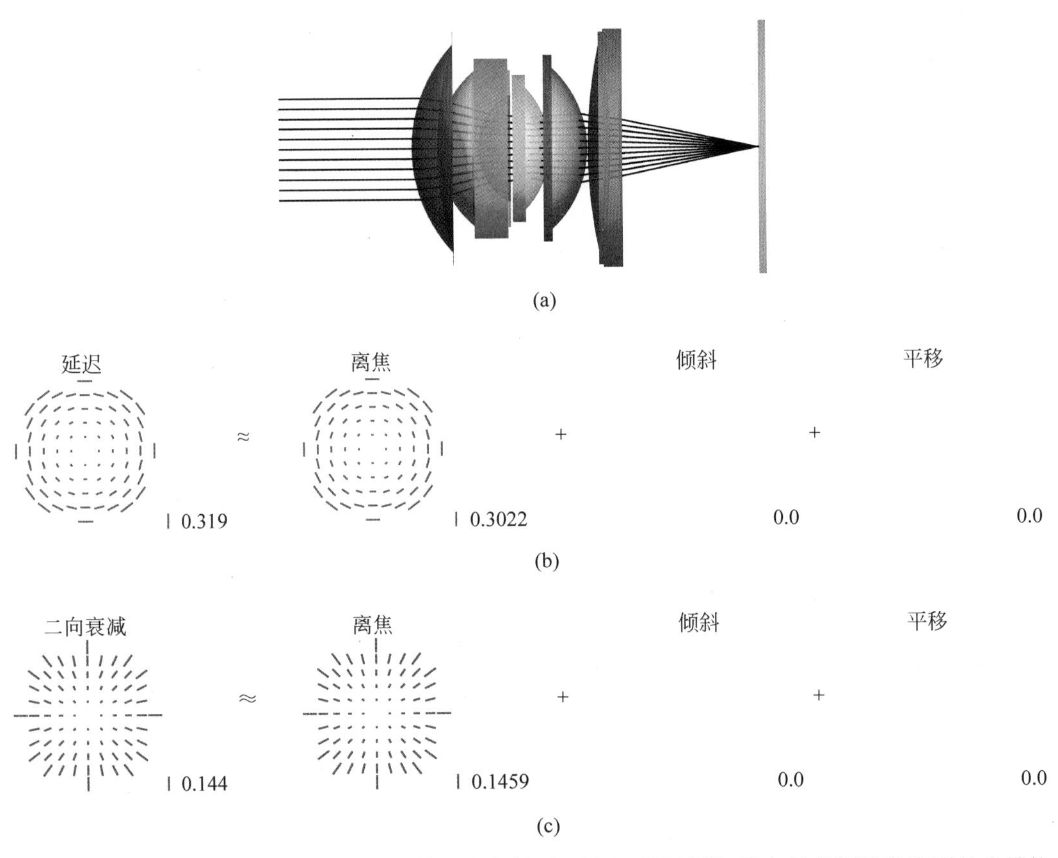

图 15.34 (a)轴上视场的光线路径。(b)轴上光束的延迟图和近轴近似,其中只有延迟离焦项是非零的。(c)轴上光束的二向衰减图和近轴近似。在径向对称系统中,平移和倾斜在轴上始终为零

15.5.1 电场像差

考虑在参考球面上描述的任意偏振像差单色波前。电场分布可用归一化光瞳坐标中的琼斯矢量函数 $\boldsymbol{E}$ 来表征,可用极坐标(ρ,ϕ)或笛卡儿坐标(x,y)表示,

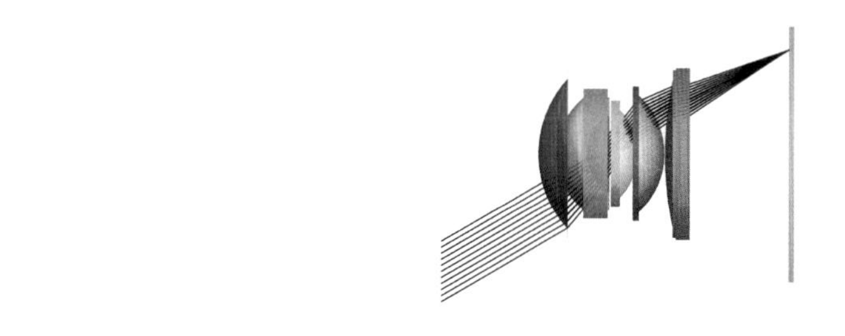

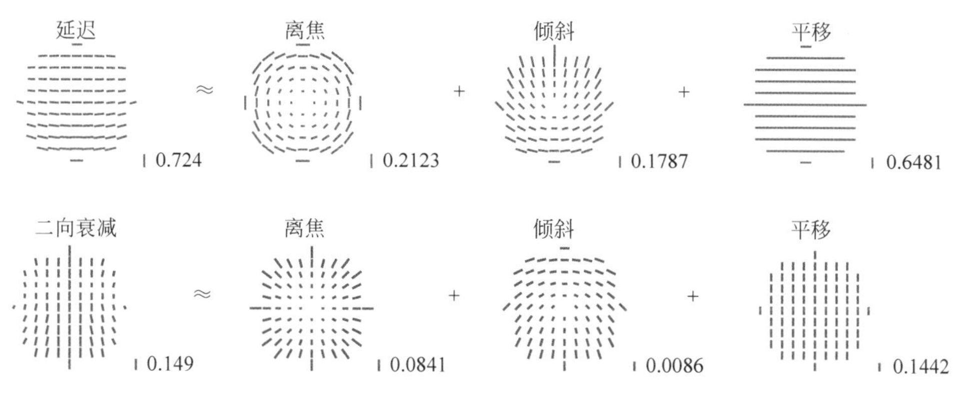

图 15.35　图 15.20 中的示例镜头，追迹 30°视场的光束。近轴计算与精确计算相比，主光线的延迟差异为 28%，主光线的二向衰减差异为 17%

$$
\begin{aligned}
\boldsymbol{E}(x,y) &= \begin{pmatrix} E_x(\rho,\phi) \\ E_y(\rho,\phi) \end{pmatrix} = \begin{pmatrix} A_x(\rho,\phi)\mathrm{e}^{\mathrm{i}2\pi W_x(\rho,\phi)} \\ A_y(\rho,\phi)\mathrm{e}^{\mathrm{i}2\pi W_y(\rho,\phi)} \end{pmatrix} \\
&= \begin{pmatrix} E_x(x,y) \\ E_y(x,y) \end{pmatrix} = \begin{pmatrix} A_x(x,y)\mathrm{e}^{\mathrm{i}2\pi W_x(x,y)} \\ A_y(x,y)\mathrm{e}^{\mathrm{i}2\pi W_y(x,y)} \end{pmatrix}
\end{aligned} \tag{15.33}
$$

由于 $\boldsymbol{E}$ 是一个二元复矢量函数，因此需要四个标量函数 A_x、A_y、W_x 和 W_y 来进行完整描述。W 是以波数表示的波前相位。

现在，考虑一个更简单的波前。许多波前是线性或近似线性偏振的，对于此类线性矢量场的描述，泽尼克多项式(10.7.6 节)已被推广为矢量泽尼克多项式 $\mathbf{V}_{n,e}^{m}(\rho,\phi)$[8]。为构造矢量泽尼克多项式，泽尼克的 $\cos(m\phi)$ 被替换为矢量 Θ_0^m，$\sin(m\phi)$ 项被替换为 Θ_1^m，其中正交偏振基矢量对 Θ_0^m 和 Θ_1^m 是

$$
\Theta_0^m = \begin{pmatrix} \cos(m\phi) \\ \sin(m\phi) \end{pmatrix}, \quad \Theta_1^m = \begin{pmatrix} -\sin(m\phi) \\ \cos(m\phi) \end{pmatrix} \tag{15.34}
$$

指数 m 是泽尼克多项式角度部分的阶数。表 15.1 中列出了 $n=0$ 至 $n=4$ 阶矢量泽尼克多项式，并绘制在图 15.36 中。对于图 15.36 中的每个矢量泽尼克多项式，都有另一旋转了 90°的对应项；前三个显示在图 15.37 的底行中。矢量泽尼克多项式构成正交基

$$
\int_0^1\int_0^{2\pi} \mathbf{V}_{n,e}^{m}(\rho,\phi)\cdot\mathbf{V}_{n',e'}^{m'}(\rho,\phi)\rho\,\mathrm{d}\phi\,\mathrm{d}\rho = \Gamma\delta_{n,n'}\delta_{m,m'}\delta_{e,e'} \tag{15.35}
$$

其中，Γ 是归一化因子，这里选取为等于 1。

表 15.1 $n=0$ 至 $n=4$ 阶的矢量泽尼克多项式

n	m	e	极坐标形式的矢量泽尼克	直角坐标形式的矢量泽尼克
0	0	0	$\frac{1}{\sqrt{\pi}}\begin{pmatrix}1\\0\end{pmatrix}$	$\frac{1}{\sqrt{\pi}}\begin{pmatrix}1\\0\end{pmatrix}$
0	0	1	$\frac{1}{\sqrt{\pi}}\begin{pmatrix}0\\1\end{pmatrix}$	$\frac{1}{\sqrt{\pi}}\begin{pmatrix}0\\1\end{pmatrix}$
1	1	0	$\sqrt{\frac{3}{\pi}}\begin{pmatrix}\rho\cos\phi\\\rho\sin\phi\end{pmatrix}$	$\sqrt{\frac{3}{\pi}}\begin{pmatrix}x\\y\end{pmatrix}$
1	1	1	$\sqrt{\frac{3}{\pi}}\begin{pmatrix}-\rho\sin\phi\\\rho\cos\phi\end{pmatrix}$	$\sqrt{\frac{3}{\pi}}\begin{pmatrix}-y\\x\end{pmatrix}$
2	0	0	$\sqrt{\frac{5}{\pi}}\begin{pmatrix}2\rho^2-1\\0\end{pmatrix}$	$\sqrt{\frac{5}{\pi}}\begin{pmatrix}2(x^2+y^2)-1\\0\end{pmatrix}$
2	0	1	$\sqrt{\frac{5}{\pi}}\begin{pmatrix}0\\2\rho^2-1\end{pmatrix}$	$\sqrt{\frac{5}{\pi}}\begin{pmatrix}0\\2(x^2+y^2)-1\end{pmatrix}$
2	2	0	$\sqrt{\frac{5}{\pi}}\begin{pmatrix}\rho^2\cos(2\phi)\\\rho^2\sin(2\phi)\end{pmatrix}$	$\sqrt{\frac{5}{\pi}}\begin{pmatrix}(x-y)(x+y)\\2xy\end{pmatrix}$
2	2	1	$\sqrt{\frac{5}{\pi}}\begin{pmatrix}-\rho^2\sin(2\phi)\\\rho^2\cos(2\phi)\end{pmatrix}$	$\sqrt{\frac{5}{\pi}}\begin{pmatrix}-2xy\\(x-y)(x+y)\end{pmatrix}$
2	2	2	$\sqrt{\frac{5}{\pi}}\begin{pmatrix}\rho^2\cos(2\phi)\\-\rho^2\sin(2\phi)\end{pmatrix}$	$\sqrt{\frac{5}{\pi}}\begin{pmatrix}(x-y)(x+y)\\-2xy\end{pmatrix}$
2	2	3	$\sqrt{\frac{5}{\pi}}\begin{pmatrix}-\rho^2\sin(2\phi)\\-\rho^2\cos(2\phi)\end{pmatrix}$	$\sqrt{\frac{5}{\pi}}\begin{pmatrix}-2xy\\y^2-x^2\end{pmatrix}$
3	1	0	$\sqrt{\frac{7}{\pi}}\begin{pmatrix}\rho(3\rho^2-2)\cos\phi\\\rho(3\rho^2-2)\sin\phi\end{pmatrix}$	$\sqrt{\frac{7}{\pi}}\begin{pmatrix}x(3(x^2+y^2)-2)\\y(3(x^2+y^2)-2)\end{pmatrix}$
3	1	1	$\sqrt{\frac{7}{\pi}}\begin{pmatrix}-\rho(3\rho^2-2)\sin\phi\\\rho(3\rho^2-2)\cos\phi\end{pmatrix}$	$\sqrt{\frac{7}{\pi}}\begin{pmatrix}-y(3(x^2+y^2)-2)\\x(3(x^2+y^2)-2)\end{pmatrix}$
3	3	0	$\sqrt{\frac{7}{\pi}}\begin{pmatrix}\rho^3\cos(3\phi)\\\rho^3\sin(3\phi)\end{pmatrix}$	$\sqrt{\frac{7}{\pi}}\begin{pmatrix}x^3-3xy^2\\3x^2y-y^3\end{pmatrix}$
3	3	1	$\sqrt{\frac{7}{\pi}}\begin{pmatrix}-\rho^3\sin(3\phi)\\\rho^3\cos(3\phi)\end{pmatrix}$	$\sqrt{\frac{7}{\pi}}\begin{pmatrix}y^3-3x^2y\\x^3-3xy^2\end{pmatrix}$
3	3	2	$\sqrt{\frac{7}{\pi}}\begin{pmatrix}\rho^3\cos(3\phi)\\-\rho^3\sin(3\phi)\end{pmatrix}$	$\sqrt{\frac{7}{\pi}}\begin{pmatrix}x^3-3xy^2\\y^3-3x^2y\end{pmatrix}$
3	3	3	$\sqrt{\frac{7}{\pi}}\begin{pmatrix}-\rho^3\sin(3\phi)\\-\rho^3\cos(3\phi)\end{pmatrix}$	$\sqrt{\frac{7}{\pi}}\begin{pmatrix}y^3-3x^2y\\3xy^2-x^3\end{pmatrix}$
4	0	0	$\frac{3}{\sqrt{\pi}}\begin{pmatrix}6\rho^4-6\rho^2+1\\0\end{pmatrix}$	$\frac{3}{\sqrt{\pi}}\begin{pmatrix}6(x^2+y^2)^2-6(x^2+y^2)+1\\0\end{pmatrix}$
4	0	1	$\frac{3}{\sqrt{\pi}}\begin{pmatrix}0\\6\rho^4-6\rho^2+1\end{pmatrix}$	$\frac{3}{\sqrt{\pi}}\begin{pmatrix}0\\6(x^2+y^2)^2-6(x^2+y^2)+1\end{pmatrix}$
4	2	0	$\frac{3}{\sqrt{\pi}}\begin{pmatrix}\rho^2(4\rho^2-3)\cos(2\phi)\\\rho^2(4\rho^2-3)\sin(2\phi)\end{pmatrix}$	$\frac{3}{\sqrt{\pi}}\begin{pmatrix}(x-y)(x+y)(4x^2+4y^2-3)\\2xy(4x^2+4y^2-3)\end{pmatrix}$
4	2	1	$\frac{3}{\sqrt{\pi}}\begin{pmatrix}-\rho^2(4\rho^2-3)\sin(2\phi)\\\rho^2(4\rho^2-3)\cos(2\phi)\end{pmatrix}$	$\frac{3}{\sqrt{\pi}}\begin{pmatrix}-2xy(4x^2+4y^2-3)\\(x-y)(x+y)(4x^2+4y^2-3)\end{pmatrix}$
4	2	2	$\frac{3}{\sqrt{\pi}}\begin{pmatrix}\rho^2(4\rho^2-3)\cos(2\phi)\\-\rho^2(4\rho^2-3)\sin(2\phi)\end{pmatrix}$	$\frac{3}{\sqrt{\pi}}\begin{pmatrix}(x-y)(x+y)(4x^2+4y^2-3)\\-2xy(4x^2+4y^2-3)\end{pmatrix}$

续表

n	m	e	极坐标形式的矢量泽尼克	直角坐标形式的矢量泽尼克
4	2	3	$\frac{3}{\sqrt{\pi}}\begin{pmatrix}-\rho^2(4\rho^2-3)\sin(2\phi)\\-\rho^2(4\rho^2-3)\cos(2\phi)\end{pmatrix}$	$\frac{3}{\sqrt{\pi}}\begin{pmatrix}-2xy(4x^2+4y^2-3)\\-4x^4+3x^2+4y^4-3y^2\end{pmatrix}$
4	4	0	$\frac{3}{\sqrt{\pi}}\begin{pmatrix}\rho^4\cos(4\phi)\\\rho^4\sin(4\phi)\end{pmatrix}$	$\frac{3}{\sqrt{\pi}}\begin{pmatrix}x^4-6y^2x^2+y^4\\4x(x-y)y(x+y)\end{pmatrix}$
4	4	1	$\frac{3}{\sqrt{\pi}}\begin{pmatrix}-\rho^4\sin(4\phi)\\\rho^4\cos(4\phi)\end{pmatrix}$	$\frac{3}{\sqrt{\pi}}\begin{pmatrix}-4x(x-y)y(x+y)\\x^4-6y^2x^2+y^4\end{pmatrix}$
4	4	2	$\frac{3}{\sqrt{\pi}}\begin{pmatrix}\rho^4\cos(4\phi)\\-\rho^4\sin(4\phi)\end{pmatrix}$	$\frac{3}{\sqrt{\pi}}\begin{pmatrix}x^4-6y^2x^2+y^4\\-4x(x-y)y(x+y)\end{pmatrix}$
4	4	3	$\frac{3}{\sqrt{\pi}}\begin{pmatrix}-\rho^4\sin(4\phi)\\-\rho^4\cos(4\phi)\end{pmatrix}$	$\frac{3}{\sqrt{\pi}}\begin{pmatrix}-4x(x-y)y(x+y)\\-(x^2+y^2)^2\cos(4\arctan(x,y))\end{pmatrix}$

如图 15.36 和图 15.37 所示的所有矢量泽尼克多项式具有相同的相位，因此箭头都位于电场线段的末端。相位变化使箭头围绕琼斯矢量的偏振椭圆移动，或者随着时间的推移，箭头沿线性琼斯矢量上下移动，如图 15.38 所示。因此，矢量泽尼克多项式描述线性偏振的振幅和方向，而不是相位。

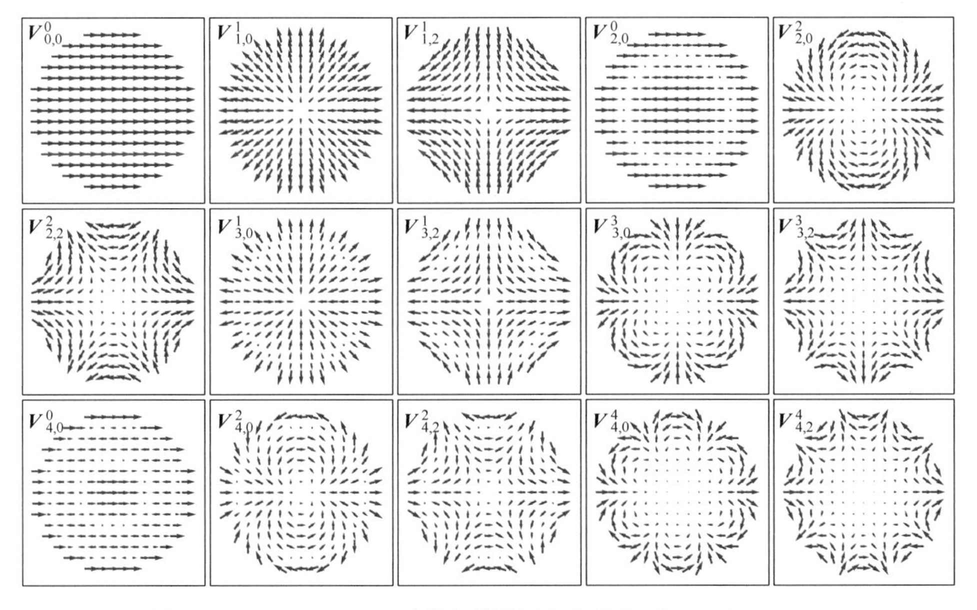

图 15.36　$n=0$ 至 $n=4$ 阶的矢量泽尼克多项式 $\mathbf{V}^m_{n,e}(x,y)$，$e=0,2$

考虑以下形式的任意线偏振矢量函数：

$$\boldsymbol{E}_1(\rho,\phi)=\begin{pmatrix}A_x(\rho,\phi)\\A_y(\rho,\phi)\end{pmatrix}\tag{15.36}$$

其中相位等于零。使用矢量泽尼克多项式，式(15.36)可表示为求和形式

$$\boldsymbol{E}_1(\rho,\phi)=\begin{pmatrix}A_x(\rho,\phi)\\A_y(\rho,\phi)\end{pmatrix}=\sum_{n=1}^{\infty}\sum_{m=-n}^{n}\sum_{e=0}^{1}v^m_{n,e}\mathbf{V}^m_{n,e}(\rho,\phi)\tag{15.37}$$

扩展系数 $v^m_{n,e}$ 由内积求出

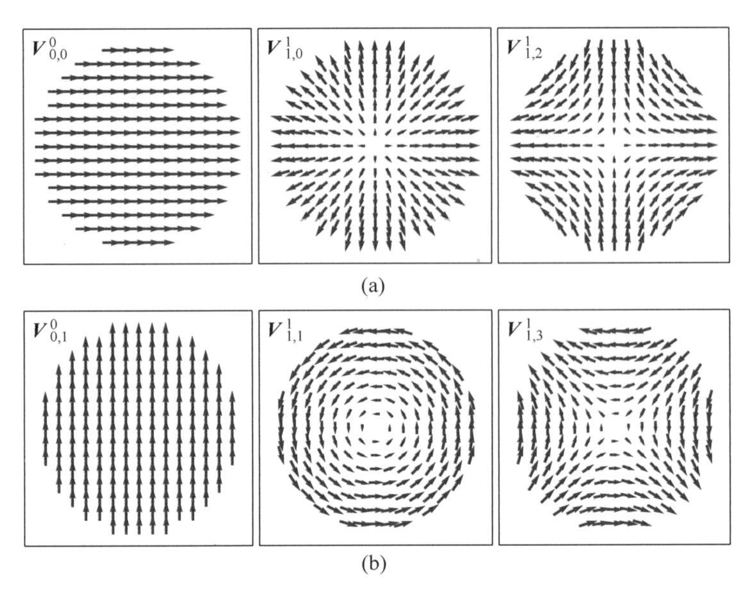

图 15.37　前三项矢量泽尼克多项式 $\boldsymbol{V}_{n,e}^{m}(x,y)$，其中 $e=0,2$(a)，$e=1,3$(b)。对于图 15.36 中的每个矢量泽尼克多项式，都有另一旋转了 90°的对应项，这里显示了前三项

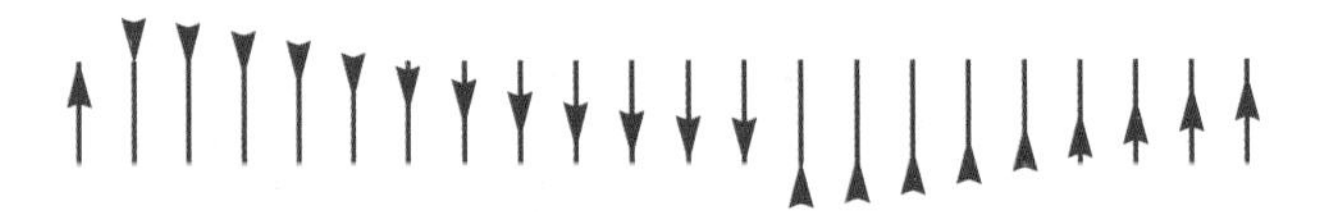

图 15.38　相位变化使箭头沿线性偏振椭圆上下移动

$$\int_0^1\int_0^{2\pi}\boldsymbol{V}_{n,e}^{m}(\rho,\phi)\cdot\boldsymbol{E}_1(\rho,\phi)\rho\mathrm{d}\phi\mathrm{d}\rho=v_{n,e}^{m}\tag{15.38}$$

式(15.37)描述了具有恒定相位的线性偏振态的振幅和方向的变化。为描述相位，需要另外两个函数：

(A) (1) 一个 x 相位函数和，

(2) 一个 y 相位函数或；

(B) (1) 一个平均相位函数(波像差函数)和，

(2) 一个相位差函数(椭圆偏振)。

(A) 是很简单明确的，所以这里探讨(B)。首先，相位平均值

$$W(\rho,\phi)=\frac{W_x(\rho,\phi)+W_y(\rho,\phi)}{2}\tag{15.39}$$

描述了一种(偏振无关的)波像差贡献，它可用其自身的一组泽尼克多项式展开，以描述离焦、倾斜、球差、彗差、像散等。但是，光线可能不是均匀线偏振的。在这种情况下，矢量泽尼克多项式描述偏振椭圆的长轴。光的椭圆率 $\varepsilon(\rho,\phi)$，从 $+1$(右旋圆偏振光)变化到 -1(左旋圆偏振光)，可用另一组泽尼克多项式展开；对于线偏振场，这些最后的泽尼克系数都为零。因此，一般来说，需要四组泽尼克多项式(将矢量泽尼克项计算为两组)，以完全描述像差展开中的单个偏振波前(单个视场点、单个波长)。

15.5.2　定向器

15.5.1 节由于光的矢量性质,圆光瞳中的电场被扩展为矢量泽尼克多项式。矢量在 360°旋转后重复。入射角、线性延迟和线性二向衰减不是矢量;它们的特性在 180°旋转后重复。为了解释 180°旋转后重复的这种几何特性,引入了定向器,它为入射角、线性延迟和线性二向衰减的展开给出了基函数[8]。这些定向器基函数是从矢量泽尼克多项式推导而来的。

考虑线性延迟的行为。两个快轴平行的延迟量为 δ_1 和 δ_2 的延迟器,净延迟量为 $\delta_1+\delta_2$。当一个延迟器旋转 180°后,延迟量仍然为 $\delta_1+\delta_2$,而当一个矢量旋转 180°时,两个矢量将相减。考虑下面的几何结构来转换角度。如果线性延迟器的方向角(快轴角)加倍,则所有 θ 都转换为 2θ。现在,变换后的"方向"2θ 呈 360°重复,可用"角度加倍线性延迟"的矢量表达方式。这一"角度加倍"特性如图 15.2 所示,其来源于弱线性延迟或弱线性二向衰减组合的泡利矩阵表达式。线性二向衰减与延迟在旋转时具有相同的行为。如果两个二向衰减器中的一个旋转 180°,则两个二向衰减器组合相同。轴间隔为 90°的等值二向衰减器的二向衰减相互抵消,净二向衰减为零。

使用这种"角度加倍"方法定义定向器,并应用于表征线性延迟、线性二向衰减和入射角的函数。考虑极坐标中的光瞳图,其线性延迟大小为 $\delta(\rho,\phi)$ 和快轴取向为 $\psi(\rho,\phi)$,其中 ψ 定义于 $0\leqslant\psi\leqslant180°$ 范围内,如图 15.39 所示的任意延迟图例子。该光瞳图被转换成具有相同大小 $\delta(\rho,\phi)$ 但方向为 $2\times\psi(\rho,\phi)$ 的向量分布。通过这种"加倍角度"变换,矢量泽尼克多项式现在可用作线性二向衰减和线性延迟像差的基,入射角图为高阶偏振像差提供了基集。因此,定向器是矢量泽尼克多项式,但取向角为一半。因此,定向器是一个线段对象,它具有大小和方向 ψ,且与两倍方向角 $\phi=2\psi$ 的矢量相关联。请注意,对于线性延迟、线性二向衰减和入射角的函数,没有相位需要描述,正如 15.5.1 节中的电场一样。

接下来,将考虑对应于最低阶矢量泽尼克多项式的最低阶定向器项。在零阶时,定向器基集有两个常数项,$\boldsymbol{O}_{0,0}^{0}$ 和 $\boldsymbol{O}_{0,1}^{0}$,彼此 45°间隔,如图 15.40(a)所示,以及两个相应的矢量基函数 $\boldsymbol{V}_{0,0}^{0}$ 和 $\boldsymbol{V}_{0,1}^{0}$,彼此 90°间隔,与 x 轴成两倍角,如图 15.40(b)所示。改变任何定向器的符号都会将它的图旋转 90°。

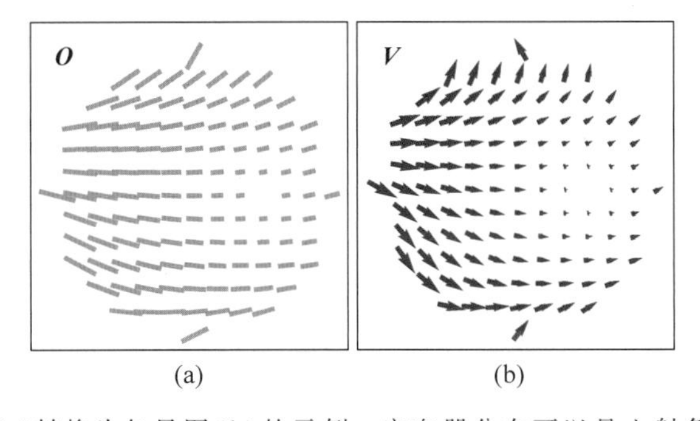

图 15.39　将定向器图(a)转换为矢量图(b)的示例。定向器分布可以是入射角图、二向衰减图或延迟图。若要创建矢量图,将在定向器的左端(正 x)添加一个箭头,并将其与 x 轴的角度加倍

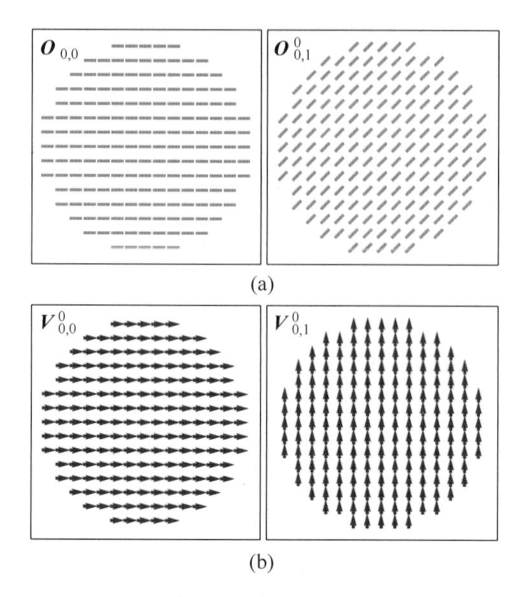

图 15.40　(a)两个零阶定向器光瞳图，$\boldsymbol{O}^0_{0,0}$ 和 $\boldsymbol{O}^0_{0,1}$，显示为线段的恒定分布，这些线段对应于平移(piston)。图(b)深红色显示的是对应的矢量泽尼克图，以两倍的定向器角度取向。对于负系数值，定向器旋转 90°，矢量旋转 180°

在一阶时，有四个定向器，如图 15.41 所示。两个一阶定向器光瞳图，$\boldsymbol{O}^1_{1,0}$ 和 $\boldsymbol{O}^1_{1,1}$，顺时针旋转，围绕光瞳顺时针移动，与泽尼克径向多项式系数正值的角度分布相关，

$$\begin{pmatrix}\cos\left(\dfrac{\phi}{2}\right)\\ \sin\left(\dfrac{\phi}{2}\right)\end{pmatrix} \quad 和 \quad \begin{pmatrix}\cos\left(\dfrac{\phi}{2}+\dfrac{\pi}{4}\right)\\ \sin\left(\dfrac{\phi}{2}+\dfrac{\pi}{4}\right)\end{pmatrix} \tag{15.40}$$

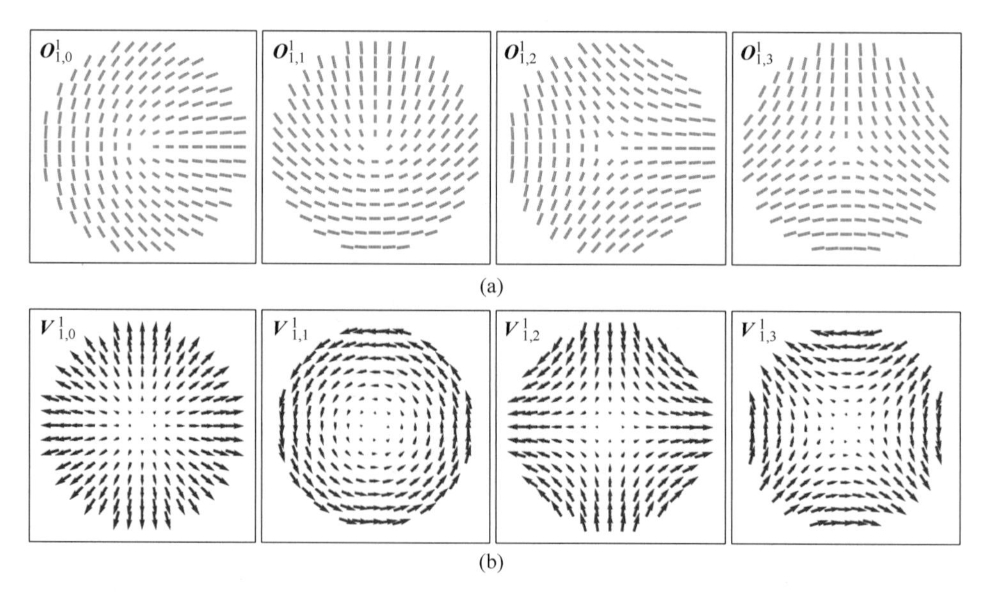

图 15.41　(a)一阶的四张定向器图：$\boldsymbol{O}^0_{1,0}$、$\boldsymbol{O}^0_{1,1}$、$\boldsymbol{O}^1_{1,2}$ 和 $\boldsymbol{O}^1_{1,3}$。(b)对应的泽尼克矢量多项式 $\boldsymbol{V}^1_{1,0}$、$\boldsymbol{V}^1_{1,1}$、$\boldsymbol{V}^1_{1,2}$ 和 $\boldsymbol{V}^1_{1,3}$ 以洋红色显示在正下方。$\boldsymbol{O}^0_{1,0}$、$\boldsymbol{O}^0_{1,1}$、$\boldsymbol{V}^1_{1,0}$ 和 $\boldsymbol{V}^1_{1,1}$ 项(左两列)对应于二向衰减和延迟倾斜项。定向器显示为正系数。对于负系数值，定向器旋转 90°

另两个一阶定向器光瞳图逆时针旋转，围绕光瞳顺时针移动，$\boldsymbol{O}_{1,2}^{1}$ 和 $\boldsymbol{O}_{1,3}^{1}$，与角度分布相关

$$\begin{pmatrix} \cos\left(\dfrac{\phi}{2}\right) \\ -\sin\left(\dfrac{\phi}{2}\right) \end{pmatrix} \quad 和 \quad \begin{pmatrix} \cos\left(\dfrac{\phi}{2}+\dfrac{\pi}{4}\right) \\ -\sin\left(\dfrac{\phi}{2}+\dfrac{\pi}{4}\right) \end{pmatrix} \tag{15.41}$$

六个定向器基函数以二阶形式存在。图 15.42 显示了 $m=0$ 的两项：$\boldsymbol{O}_{2,0}^{0}$ 和 $\boldsymbol{O}_{2,1}^{0}$。请注意，当对应的泽尼克矢量多项式（图(b)）过零时，定向器的方向会改变符号。$\boldsymbol{O}_{2,0}^{0}$ 和 $\boldsymbol{O}_{2,1}^{0}$ 描述具有恒定方向的二次幅值变化。$\boldsymbol{O}_{2,0}^{0}$ 和 $\boldsymbol{O}_{2,1}^{0}$ 在半径为 $\rho=1/\sqrt{2}$ 处过零，与常数项 $\boldsymbol{O}_{0,0}^{0}$ 和 $\boldsymbol{O}_{0,1}^{0}$ 正交。图 15.43 显示了 $m=2$ 的四项：$\boldsymbol{O}_{2,0}^{2}$、$\boldsymbol{O}_{2,1}^{2}$、$\boldsymbol{O}_{2,2}^{2}$ 和 $\boldsymbol{O}_{2,3}^{2}$。$\boldsymbol{O}_{2,0}^{2}$ 是我们的线性二向衰减离焦和线性延迟离焦的像差形式，在描述径向对称系统的偏振像差时普遍存在。在典型的光瞳函数展开中，其他三项出现的程度要小得多。

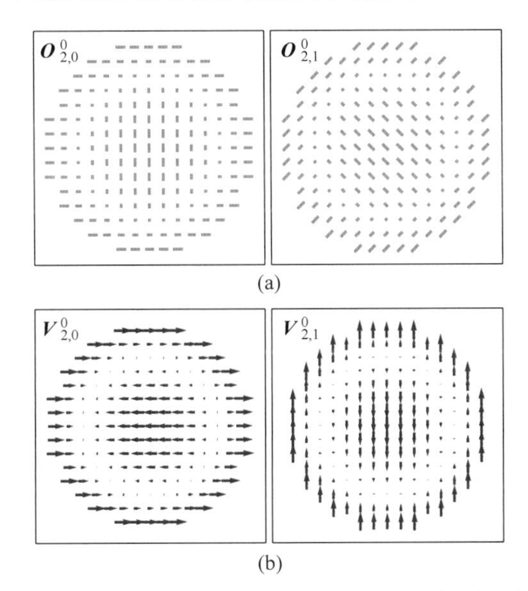

图 15.42　$m=0$ 时的二阶定向器光瞳图，$\boldsymbol{O}_{0,0}^{2}$ 和 $\boldsymbol{O}_{0,1}^{2}$

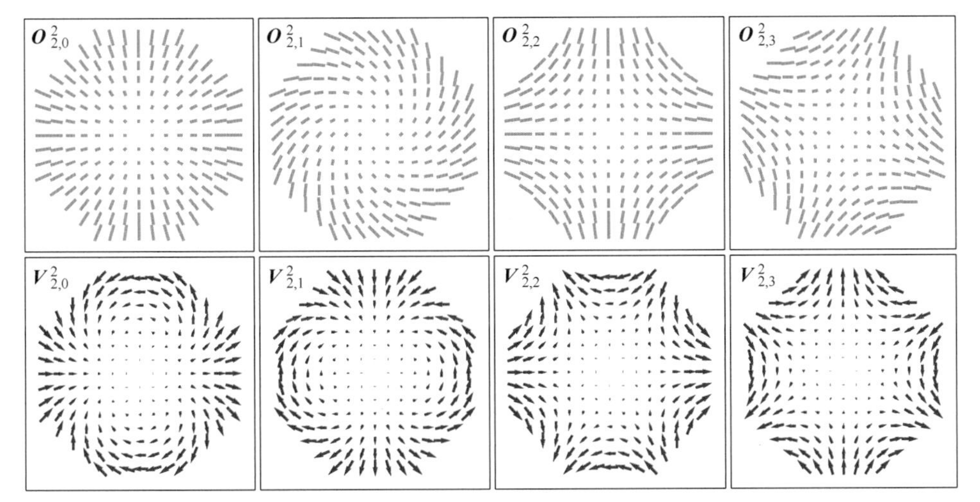

图 15.43　$m=2$ 时的二阶定向器光瞳图：$\boldsymbol{O}_{2,0}^{2}$、$\boldsymbol{O}_{2,1}^{2}$、$\boldsymbol{O}_{2,2}^{2}$ 和 $\boldsymbol{O}_{2,3}^{2}$。左边的 $\boldsymbol{O}_{2,0}^{2}$ 项对应于二向衰减离焦和延迟离焦

图 15.44 和图 15.45 继续展开,显示了三阶项,而图 15.46、图 15.47 和图 15.48 显示了四阶的定向器和相应的泽尼克矢量多项式。

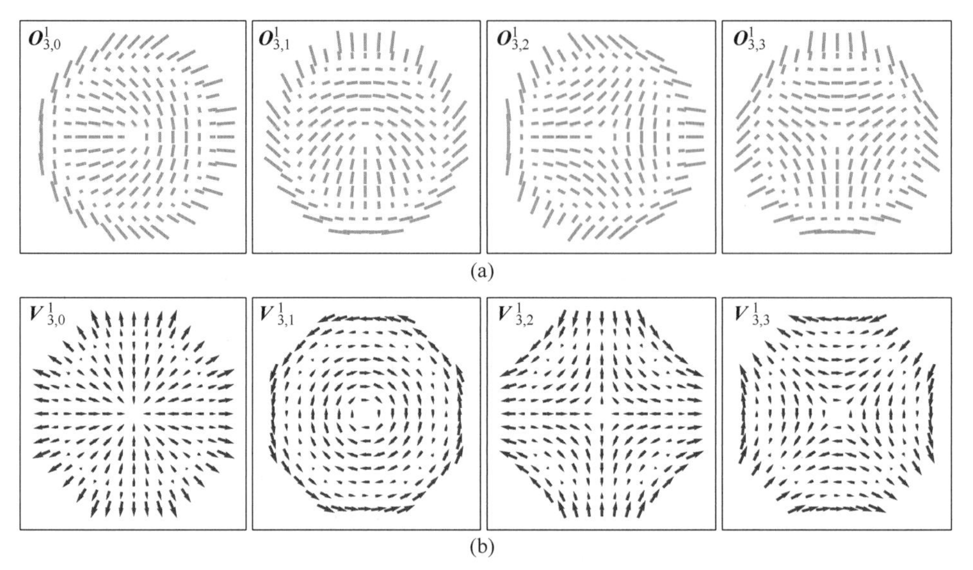

图 15.44 $m=1$ 的三阶定向器图(a)和矢量泽尼克多项式(b)

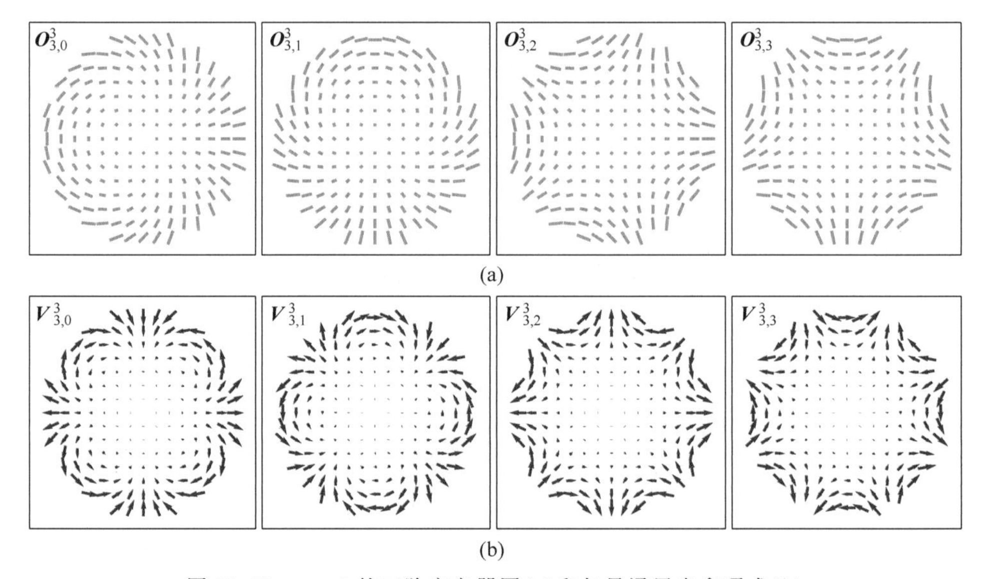

图 15.45 $m=3$ 的三阶定向器图(a)和矢量泽尼克多项式(b)

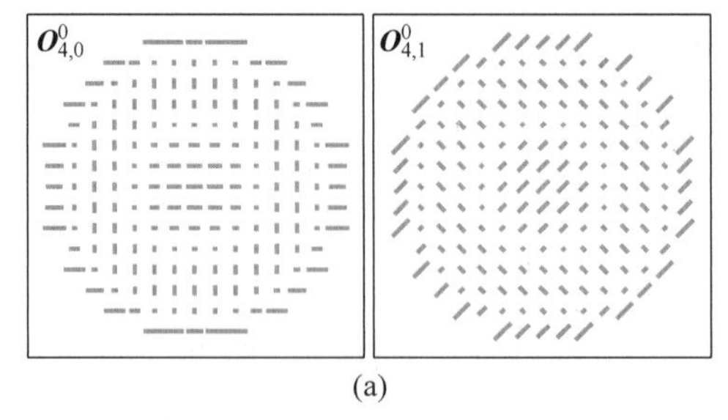

图 15.46 $m=0$ 的四阶定向器图(a)和矢量泽尼克多项式(b)

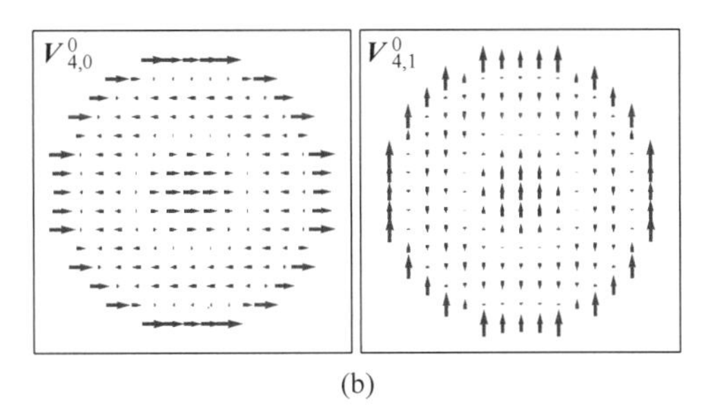

(b)

图 15.46 （续）

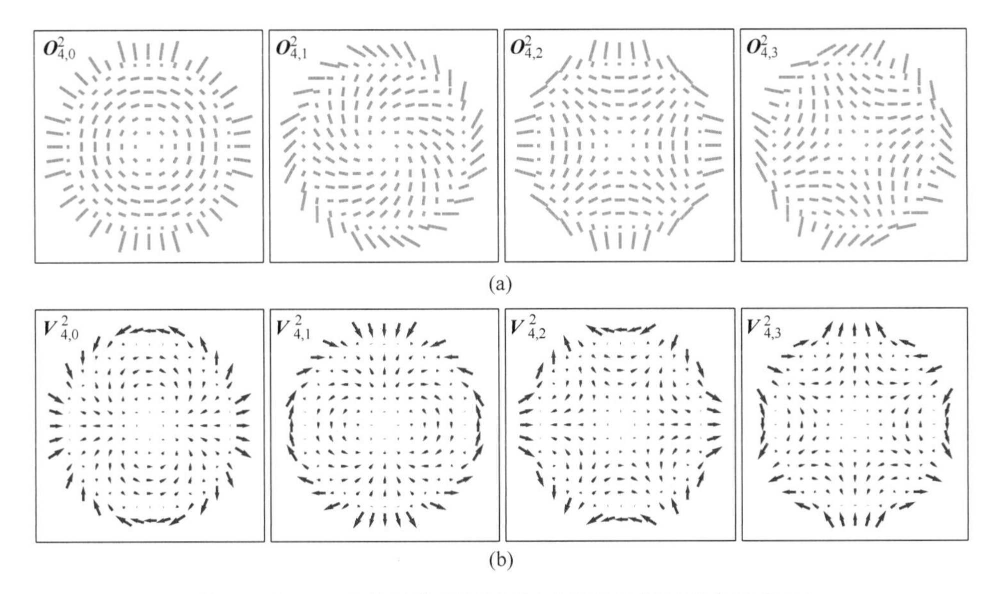

(b)

图 15.47　$m=2$ 的四阶定向器图(a)和矢量泽尼克多项式(b)

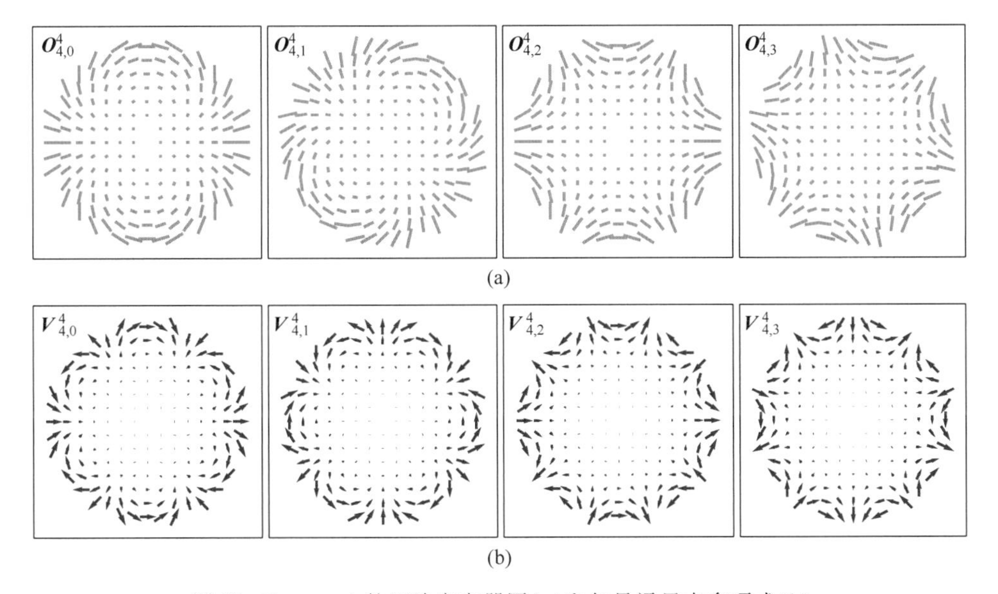

(b)

图 15.48　$m=4$ 的四阶定向器图(a)和矢量泽尼克多项式(b)

15.5.3 二向衰减和延迟

定向器采用一系列基于泽尼克多项式的表示形式,用来描述线性二向衰减和线性延迟在光瞳中的分布。这样的一系列表示形式可用不同的方式构造。用定向器描述任意琼斯光瞳线性部分的一种算法如下所示。给定琼斯光瞳 $\boldsymbol{J}(\rho,\phi)$,使用极分解(5.9.3 节)将该函数分为厄米(二向衰减)矩阵函数 $\boldsymbol{H}(\rho,\phi)$ 和酉(延迟)矩阵函数 $\boldsymbol{U}(\rho,\phi)$,

$$\boldsymbol{J}(\rho,\phi)=\boldsymbol{H}(\rho,\phi)\cdot\boldsymbol{U}(\rho,\phi) \tag{15.42}$$

$\boldsymbol{H}(\rho,\phi)$ 和 $\boldsymbol{U}(\rho,\phi)$ 都有四个自由度。延迟依照第 14 章分解,使用矩阵对数将 $\boldsymbol{U}(\rho,\phi)$ 分解为代表平均相位 ϕ 的泡利分量,即 0°和 45°线性延迟分量 δ_{H} 和 δ_{45},以及圆形延迟分量 δ_{L},

$$2\mathrm{i}\ln\boldsymbol{U}=\phi\boldsymbol{\sigma}_0+\delta_{\mathrm{H}}\boldsymbol{\sigma}_1+\delta_{45}\boldsymbol{\sigma}_2+\delta_{\mathrm{L}}\boldsymbol{\sigma}_3 \tag{15.43}$$

这确定了琼斯光瞳的线性延迟部分,该部分具有相应的线性延迟琼斯矩阵

$$\begin{aligned}\mathbf{LR}(\delta_{线性},\theta)&=\exp(-\mathrm{i}(\delta_{\mathrm{H}}\boldsymbol{\sigma}_1+\delta_{45}\boldsymbol{\sigma}_2)/2)\\&=\boldsymbol{\sigma}_0\cos\left(\frac{\delta_{线性}}{2}\right)-\mathrm{i}\sin\left(\frac{\delta_{线性}}{2}\right)\left(\frac{\delta_{\mathrm{H}}\boldsymbol{\sigma}_1+\delta_{45}\boldsymbol{\sigma}_2}{\delta_{线性}}\right)\end{aligned} \tag{15.44}$$

接下来,使 $\mathbf{LR}(\delta_{线性},\theta)$ 角度加倍($\theta\rightarrow2\theta$),并将其视为一个矢量函数,展开为矢量泽尼克多项式。线性延迟量是 $\delta_{线性}=\sqrt{\delta_{\mathrm{H}}^2+\delta_{45}^2}$。对应于 $\delta_{\mathrm{H}}\boldsymbol{\sigma}_1+\delta_{45}\boldsymbol{\sigma}_2$ 的 **LR** 用定向器 $\boldsymbol{O}(\delta_{线性},2\theta)$ 展开,通过加倍方向角并用矢量泽尼克多项式展开 $\boldsymbol{O}(\delta_{线性},2\theta)$。相位,即"标量"波像差,将像往常一样展开为"标量"或普通的泽尼克多项式。线性延迟通常包含大部分延迟,但任何显著的圆延迟也可用它自身的标量泽尼克多项式集展开。表征和理解线性延迟通常比圆延迟更重要。

现在,线性延迟由矢量泽尼克多项式之和给出:

$$\boldsymbol{O}(\delta_{\mathrm{Lin}},2\theta)(\rho,\phi)=\sum_{n=1}^{\infty}\sum_{m=-n}^{n}\sum_{e=0}^{1}\Delta_{n,e}^{m}\boldsymbol{V}_{n,e}^{m}(\rho,\phi) \tag{15.45}$$

以类似于泡利矩阵表示法的形式。系数 $\Delta_{n,e}^{m}$

$$\int_0^1\int_0^{2\pi}\boldsymbol{O}(\delta_{\mathrm{Lin}},2\theta)(\rho,\phi)\cdot\boldsymbol{E}_1(\rho,\phi)\rho\mathrm{d}\phi\,\mathrm{d}\rho=\Delta_{n,e}^{m} \tag{15.46}$$

描述每个矢量泽尼克多项式项的数量,以及延迟光瞳图中相应的定向器项,类似于波前的泽尼克多项式系数。

15.2.1 节显示,对于较小的线性延迟值,$\delta_{线性}\ll1$,泡利形式的延迟可相加。因此,表示为矢量泽尼克多项式的线性延迟定向器在弱延迟限定条件下也可相加。如果弱延迟系统的几个部分表示为矢量泽尼克多项式,

$$\boldsymbol{O}_1(\rho,\phi)=\sum_{n=1}^{\infty}\sum_{m=-n}^{n}\sum_{e=0}^{1}\Delta_{n,e}^{m}\boldsymbol{V}_{n,e}^{m}(\rho,\phi),\quad\boldsymbol{O}_2(\rho,\phi)=\sum_{n=1}^{\infty}\sum_{m=-n}^{n}\sum_{e=0}^{1}E_{n,e}^{m}\boldsymbol{V}_{n,e}^{m}(\rho,\phi),\cdots \tag{15.47}$$

由此产生的线性延迟分布可近似表示为每个对应的矢量泽尼克多项式项的系数之和,$\Delta_{n,e}^{m}+E_{n,e}^{m}+F_{n,e}^{m}+\cdots$。Ruoff 和 Totzeck 的著作第八节中给出了该方法的应用例子[8]。

为了用定向器的展开表示二向衰减图,应用了前述用于延迟的相同程序,但根据 14.4.5 节的程序,线性二向衰减是从琼斯矩阵厄米部分的矩阵对数中获得的。

15.6　偏振像差测量

偏振测量术可用于测量光学系统的偏振像差，并用于表征光学和偏振元件。本节提供了一些偏振像差测量的例子。光学系统偏振像差可通过将系统置于米勒矩阵成像偏振测量仪（如 Axometrics AxoStep 米勒矩阵成像偏振仪）的样品室中来测量。通常，对出瞳进行成像，测量米勒矩阵为光瞳坐标的函数。容易得出线性二向衰减、线性延迟和其他度量的分布图。这样的米勒矩阵光瞳图像很容易转换为琼斯光瞳，但非干涉式米勒矩阵成像装置不能测量得到绝对相位（波像差）。

图 15.49(a)显示了用于测量一对 0.55 数值孔径显微物镜偏振像差的偏振仪方案。来自偏振发生器的准直光进入第一个物镜的光瞳，聚焦于两个物镜的共同焦点，由第二个物镜重新准直，并由偏振态分析器测量。图 15.49(b)显示了测量得到的这对物镜的米勒矩阵光瞳图像，这种物镜作为专用于偏光显微镜的低偏振物镜出售。图 15.50 绘制了根据米勒矩阵图像计算的二向衰减和延迟图。这对显微物镜具有最大 5.4°的延迟空间变化和 0.1 的二向衰减空间变化。当放置在正交线偏振器之间时，这对物镜将泄漏约 0.15%的入射光通量（光瞳上的平均值）。

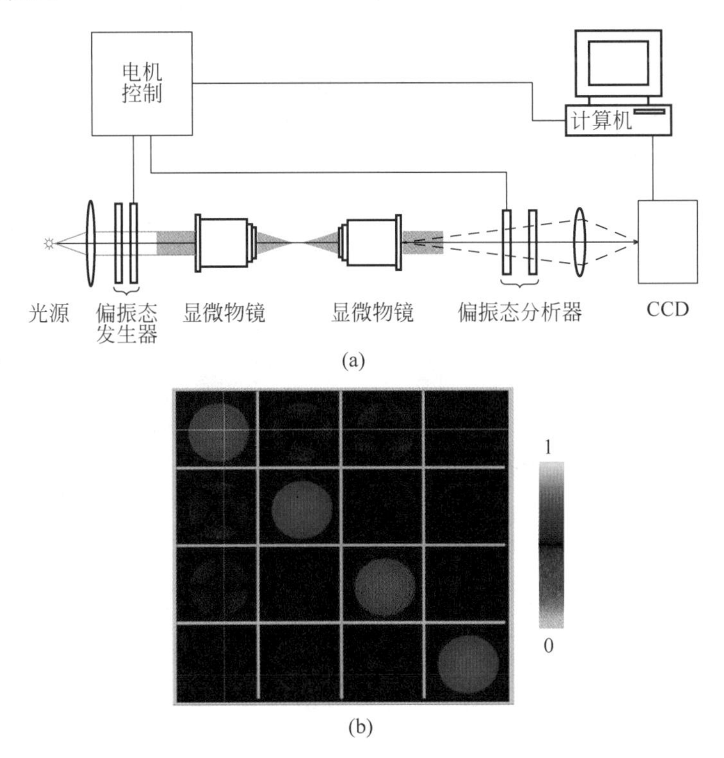

图 15.49　米勒矩阵成像偏振仪测量一对显微物镜偏振像差的示意图(a)。在此配置中，相机调焦在显微物镜的出瞳上。(b)显微物镜对的米勒矩阵图像接近单位矩阵，上面一行有明显的弱线性二向衰减，右下 3×3 矩阵的非对角元有延迟

图 15.51 显示了另一对显微镜的二向衰减和延迟像差，该对显微物镜通过薄膜镀膜设计进一步减小了偏振像差。图 15.52(a)示意性地显示了正交偏振器之间的显微物镜，而

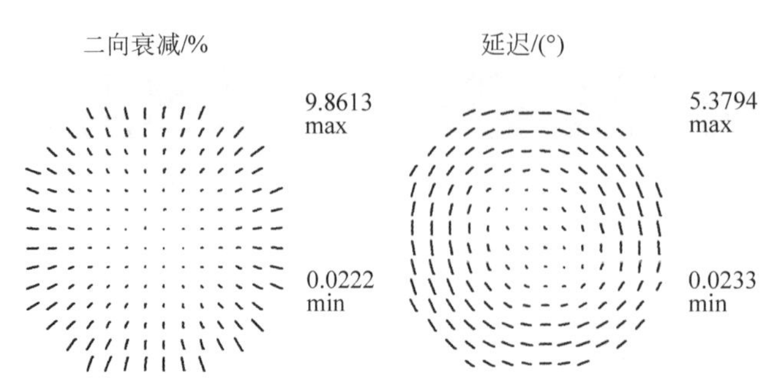

图 15.50 一对显微物镜的线性二向衰减和线性延迟光瞳图,几乎如预期的那样是径向对称的。偏离径向对称可能是由于轻微倾斜和偏心

图 15.52(b)显示了出瞳中相应的光通量分布。

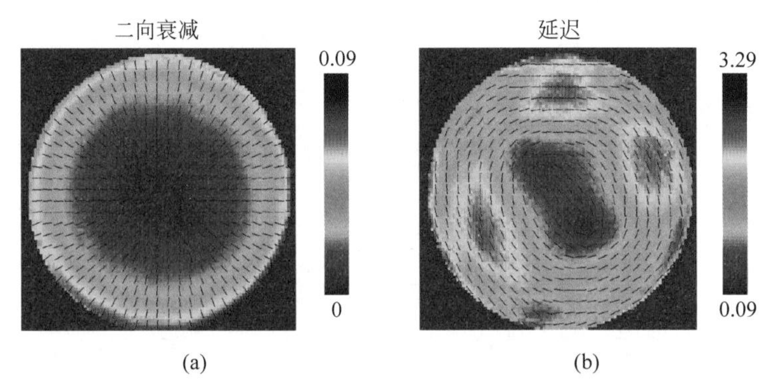

图 15.51 另一对具有减偏振膜设计的显微物镜的二向衰减(a)和延迟(b)像差。这对低偏振显微物镜在正交偏振器之间的漏光

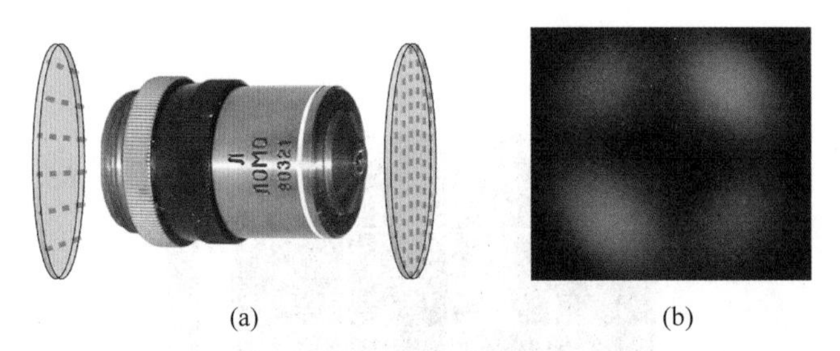

图 15.52 (a)正交偏振器之间的显微物镜,(b)出瞳中的光通量分布

当存在明显的偏振像差时,以均匀偏振态入射的光学系统将在点扩展函数上发生偏振变化。为了表征这些变化以及点扩展函数对入射偏振态的相关性,将米勒矩阵成像偏振测量仪聚焦于物点的像,并测量米勒点扩展矩阵 **MPSM**,作为米勒矩阵图像(16.5 节)。图 15.53 显示了具有大偏振像差的测量 **MPSM**。将涡旋延迟器(5.6.3 节)放置在成像系统的光瞳中,该成像系统以大 F/# 成像在相机焦平面上,并获得米勒矩阵图像。该涡旋延迟器是一种半波线性延迟器,其快轴随光瞳角度的变化而变化[9]。光瞳图像(图(a))显示了光瞳中延迟方向变化了 360°,图(b)为 **MPSM**。当入射光的斯托克斯矢量乘以 **MPSM** 时,生成的斯托克斯矢量函数描述了图像内的光通量(点扩散函数)和偏振态变化,其为斯托克斯

矢量图像。图 15.54 显示了针对固定入射偏振态和多个分析器的点扩展函数，展示了点扩展函数内的偏振变化。

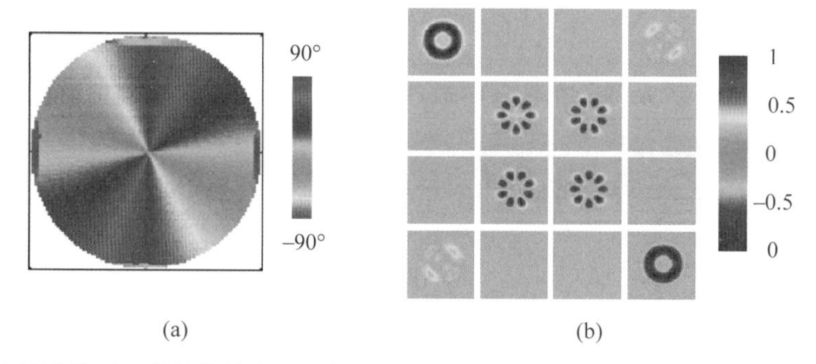

图 15.53　(a)半波涡旋延迟器的快轴方向围绕光瞳旋转 360°。(b)米勒点扩展矩阵(**MPSM**)将点扩展函数的偏振相关性描述为米勒矩阵图像

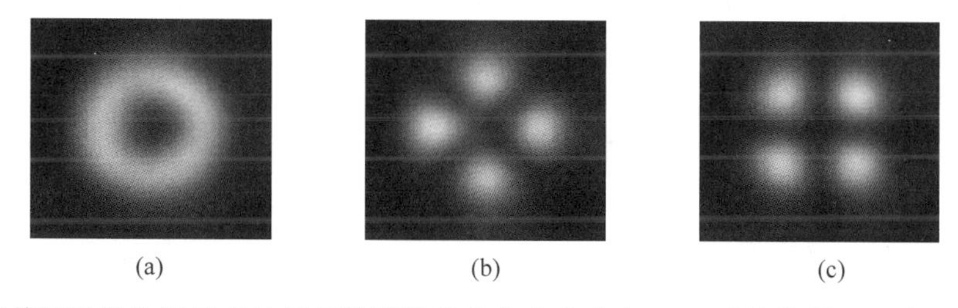

图 15.54　涡旋延迟器的测量点扩展函数随检偏状态完全改变：(a)无检偏器，(b)水平线性检偏器，(c)垂直线性检偏器。输入的是水平线偏振光

图 15.55 显示了从膜层被热损坏并开始剥落的透镜上测得的退偏像差[10]。由此产生的米勒矩阵光瞳图像显示损坏区域的退偏率为千分之几。未受损区域的退偏率仅为万分之几，这是镀膜透镜的典型特征。

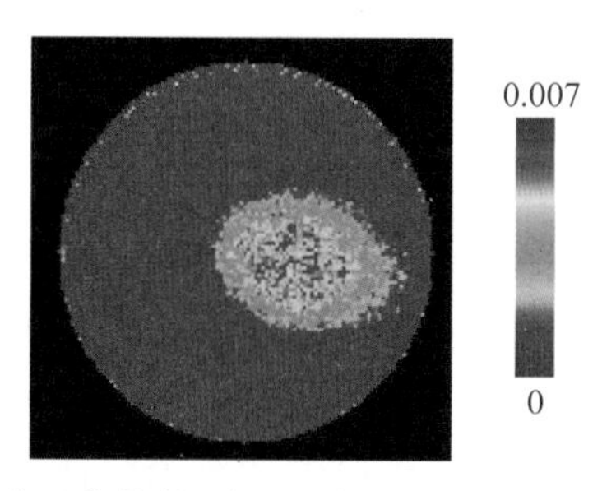

图 15.55　透镜的退偏指数，中心右侧膜层损坏导致约 0.005 的退偏

15.7　总结与结论

近轴光学为焦距和光学系统的其他“一阶”特性给出了直接而有意义的定义。近轴光学构成了像差理论的基础坐标系。赛德尔波像差定义为相对近轴性能的偏差。类似地，对于偏振像差的推导，近轴光学为推导低阶形式的偏振像差提供了极好的基础。事实上，可由二

阶偏振像差很好地描述的光学系统的扩展量范围通常远大于由四阶波像差描述的扩展量范围,也就是该区域中球差、彗差、像散、场曲的贡献远小于一个波长的光程长度。

光学设计师和光学工程师应该知晓,大多数光学系统中 95%的偏振像差通常可以用三个术语来描述,即偏振离焦、偏振倾斜和偏振平移。

15.8 附录

15.8.1 近轴光学

近轴光学是在光轴附近通过径向对称光学系统的光线路径的光学。随着光线路径接近光轴,斯涅耳定律的线性近似和光线截点的位置变得越来越精确。在近轴光学中,来自一个物点的所有光线在同一像点相交,形成一个“理想像”。因此,近轴光学形成了描述像差非常好的坐标系;像差是相对近轴特性的偏差。本节给出了近轴光线追迹的简要总结,并补充计算了近轴斜光线的入射角和传播矢量(这是一个关键结果)。

近轴光学用于定义焦距、节点、主平面、光瞳位置、放大率和光学系统的其他“一阶”特性。我们的兴趣主要是近轴偏振像差,因此,本节不研究这些计算;读者可参考约翰·格雷文坎普(John Greivenkamp)的《几何光学指南》[11],其中的符号已在本节采用。

光学系统的近轴区域是靠近光轴的一个小区域,在该区域中应用斯涅耳定律的线性形式可精确计算光线路径。在折射界面处,斯涅耳定律将折射率为 n_1 的入射介质中的入射角 θ_1 与折射率为 n_2 的介质中的折射角 θ_2 联系起来,

$$n_1 \sin\theta_1 = n_2 \sin\theta_2 \tag{15.48}$$

对于在光轴附近传播的光线,入射角很小;因此,将 $\sin\theta$ 替换为其线性近似 θ 可以得到近轴形式的斯涅耳定律

$$n_1 \theta_1 = n_2 \theta_2 \tag{15.49}$$

在计算近轴光线的光线截点时,只需要截点的线性近似值。由于圆弧、抛物线和其他圆锥曲线围绕顶点呈二次曲线变化,因此近轴光线追迹可忽略弧垂;近轴光线截点是光线与顶点平面的交点。

由于近轴光学的线性,由两条线性独立近轴光线的线性组合可以构造所有近轴光线。按照惯例,这两条光线被选为边缘光线和主光线。边缘光线在 y-z 平面中选取,从物中心穿过入瞳顶部和光阑边缘。主光线是从视场边缘上的一点发出,并穿过入瞳中心和光阑中心的光线。我们区分了近轴边缘光线和(实际)边缘光线,以及近轴主光线和(实际)主光线。图 15.56 显示了一个示例光学系统,其中 y-z 平面上有一条边缘光线,x-z 平面上有一条主光线,以及 yz 边缘光线和 xz 主光线相加后形成的一条斜光线。

利用主光线和边缘光线的近轴光线追迹的结果,以及菲涅耳系数、振幅反射和透射系数的二次泰勒级数展开系数,可以得到简单的近似和易于计算的偏振像差展开。

15.8.2 建立光学系统

径向对称光学系统在参考波长处由一组厚度 t_q、折射率 n_q 和曲率 C_q 定义。曲率是曲

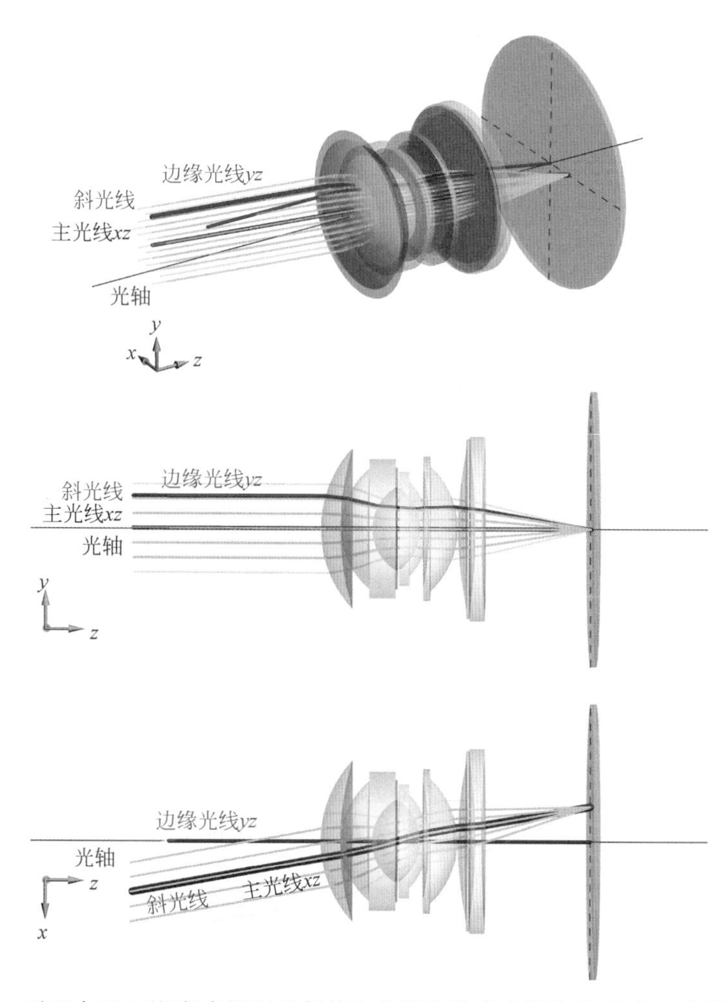

图 15.56　在 xz 平面中以 30°视场角通过示例镜头传播的准直光线阵列(灰色),分别显示于透视图、yz 平面和 xz 平面中。光线阵列中的主光线以黑色显示,在 xz 平面中传播。yz 平面中的边缘光线显示为红色。准直光线阵列中的斜光线(紫色)可通过边缘光线和主光线的组合来计算(1 边缘光线高度+1 主光线高度)

面曲率半径 R 的倒数,单位为 mm^{-1}。序数 $q=0,1,2,\cdots,Q-1,Q$ 标记各表面。$q=0$ 表示物面,也可由下标 O 表示。$q=Q=\mathrm{I}$ 表示像面。下标 E 表示入瞳;通常,入瞳是光学系统中的第一个面。同样,下标 X 表示出瞳。通常,$q=Q-1$ 将是出瞳。面 q 的光焦度 Φ_q,即聚焦光的能力,为

$$\Phi_q=(n_q-n_{q-1})c_q \tag{15.50}$$

其度量单位为 mm^{-1}。

近轴光线追迹计算可以做成标准表格,y-n-u 光线追迹表(表 15.2),或者信息可以组织成计算机中的等效数据结构。在前三行中输入光学系统参数 C_q、t_q 和 n_q。计算第四行和第五行的透镜表面光焦度 Φ_q 和约化厚度。

表 15.2 y-n-u 近轴光线追迹表

	C_1	C_2	C_3	C_4	
t_0	t_1	t_2	t_3	t_4	
n_0	n_1	n_2	n_3	n_4	
	$-\Phi_1$	$-\Phi_2$	$-\Phi_3$	$-\Phi_4$	
t_0/n_0	t_1/n_1	t_2/n_2	t_3/n_3	t_4/n_4	
y_0	y_1	y_2	y_3	y_4	
	nu_0	nu_1	nu_2	nu_3	
	u_0	u_1	u_2	u_3	
$\bar{y}_0$	$\bar{y}_1$	$\bar{y}_2$	$\bar{y}_3$	$\bar{y}_4$	
	$\overline{nu}_{c0}$	$\overline{nu}_{c1}$	$\overline{nu}_{c2}$	$\overline{nu}_{c3}$	
	$\bar{u}_{c0}$	$\bar{u}_{c1}$	$\bar{u}_{c2}$	$\bar{u}_{c3}$	

15.8.3 近轴光线追迹

一般近轴光线追迹程序追迹两条光线,近轴边缘光线(从物中心到入瞳边缘)和全视场近轴主光线(从物顶点到入瞳中心)[12]。所有近轴光线都可以通过这两条光线的线性组合来计算。将在 y-z 平面上进行近轴光线追迹。假设光学系统是固定的。开启光线追迹,计算光线在系统中的路径。考虑一个例子,即 y-z 平面中的子午光线。光线以 y_0 和 u_0 始于物平面。计算得到光线在第一个面的顶点平面上的截点位置 y_1。入射角 θ_1 由 u_0 和法线计算得出。然后,光线被反射或折射以确定 u_1。对第二个面、第三个面等重复该过程,直到到达像面为止。

近轴边缘光线高度由 $y_0, y_1, y_2, \cdots, y_{Q-1}, y_Q$ 表示。近轴边缘光线角度,即相对于光轴的角度,由 $u_0, u_1, u_2, \cdots, u_{Q-1}, u_Q$ 表示。如果从光轴到光线逆时针旋转,则光线的斜角 u 为正。近轴角定义为实际角度的正切值;因此,近轴光线追迹相对于光线角度和光线高度呈线性关系。入射的边缘光线角由 $\theta_0, \theta_1, \theta_2, \cdots, \theta_{Q-1}, \theta_Q$ 表示。主光线相关的量由相同的字母和下标表示,但字母上方有一条横线,如 $\bar{y}_q$、$\bar{u}_q$ 和 $\bar{\theta}_q$。

边缘光线从轴上 $y_0=0$ 开始,选取 u_0 射向入瞳的边缘。主光线从物的边缘 $\bar{y}_q$ 开始,选取角度为 $\bar{u}_q$ 使光线通过入瞳中心。边缘光线的起始值 $y_0=0$ 和 u_0 输入下两行的左侧,选择该值以使边缘光线与入瞳边缘相交。主光线的起始值 $\bar{y}_O$ 和 $\bar{u}_O$ 被输入选定的下两行中,以使主光线与入瞳中心相交。定义了边缘和主光线起始值后,光线通过近轴光线传递方程从每个面 q 传递到下一个面 $q+1$,

$$y_{q+1} = y_q + u_q t_q \quad 和 \quad \bar{y}_q = \bar{y}_{q-1} + \bar{u}_q t_q \tag{15.51}$$

然后,应用近轴折射方程和修正值 y_q 和 $\bar{y}_q$ 计算边缘光线角

$$n_q u_q = n_{q-1} u_{q-1} - y_q \Phi_q \tag{15.52}$$

和主光线角

$$n_q \bar{u}_q = n_{q-1} \bar{u}_{q-1} - \bar{y}_q \Phi_q \tag{15.53}$$

重复地应用传递和折射来完成这些行，系统地填充光线追迹表的空白条目。然后计算边缘和主光线截点的入射角 θ_q，它定义为光线与光线截点的法线之间的角度，

$$\theta_q = u_q - \eta_{\text{近轴球面}} = u_q + y_q C_q \tag{15.54}$$

如图 15.57 所示，如果从面法线到光线为逆时针旋转，则 θ 为正。许多文献中提出的近轴光线追迹算法不包括 θ，求解光线坐标和基点时不需要它。对于偏振分析，计算 θ 是一个必要的目标，因为计算菲涅耳系数和振幅系数以及计算界面的偏振时需要 θ。

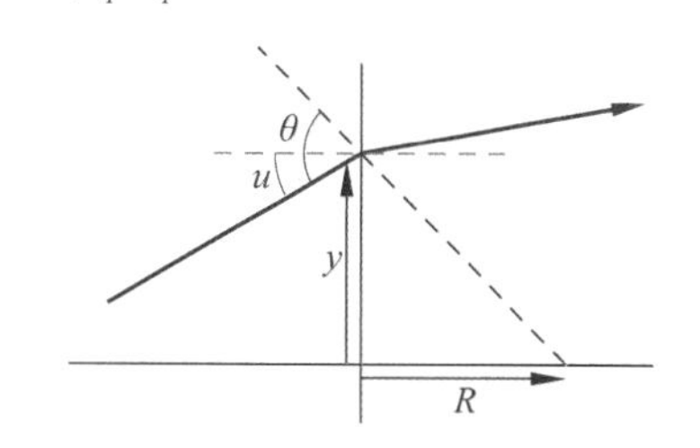

图 15.57　入射角为 θ、近轴角为 u 和光线高度为 y 的一条光线（蓝色）与曲率半径为 R 的表面相交

对于反射面，光焦度设置为 $-\Phi_q$。平面反射镜的光焦度为 -1。表面上点 $\boldsymbol{r}$ 处的面法线 $\boldsymbol{\eta}$ 是入射面中的向量，入射面在 $\boldsymbol{r}$ 处垂直于切平面。按照惯例，$\boldsymbol{\eta}$ 在光线截点处从入射介质指向折射介质。如果从光轴到 $\boldsymbol{\eta}$ 为顺时针旋转，则表面法线的斜率（标量 $\boldsymbol{\eta}$）为正。对表面作抛物线拟合计算得到近轴角 $\boldsymbol{\eta}$。对于曲率为 C 的球面，y-z 平面上的矢高及其二阶近似值为

$$z(y) = R - \sqrt{R^2 - y^2} \approx \frac{y^2}{2R} = \frac{Cy^2}{2} \tag{15.55}$$

如图 15.58 所示，对于二阶近似，球面与密切抛物面相同。近轴球面法线的斜率为

$$\eta_{\text{近轴球面}} = yC \tag{15.56}$$

u 和 $\eta_{\text{近轴球面}}$ 的定义与斜率的常规定义一致

$$m = \frac{\mathrm{d}f(y)}{\mathrm{d}z} \tag{15.57}$$

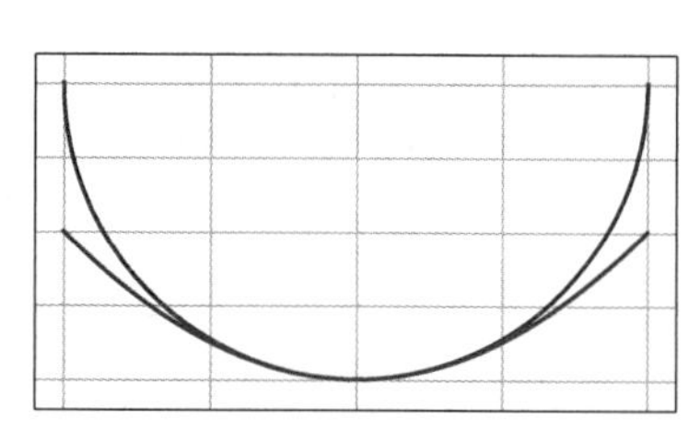

图 15.58　球面（蓝色）及其密切抛物面（红色）在顶点处形状匹配到二阶

15.8.4　约化厚度和约化角度

通过将折射率合并入角度和厚度，可简化近轴传递和折射。约化角 ω 是近轴角乘以折射率，

$$\omega_q = n_q u_q \quad \text{和} \quad \omega_q = n_q \bar{u}_q \tag{15.58}$$

约化厚度 τ 是物理厚度除以折射率

$$\tau_q = t_q / n_q \tag{15.59}$$

使用约化参量，在第 q 个光线截点处，边缘和主光线的近轴传递和折射方程采用以下简

化形式：

$$\begin{cases} y_{q+1}=y_q+\omega_q\tau_q \\ \bar{y}_{q+1}=\bar{y}_q+\bar{\omega}_q\tau_q \\ \omega_{q+1}=\omega_q-y_q\phi_q \\ \omega_{q+1}=\omega_q-\bar{y}_q\phi_q \end{cases} \tag{15.60}$$

15.8.5 近轴斜光线

18.5 节的倾斜像差算法需要有近轴倾斜光线的传播矢量 $\boldsymbol{k}_q$。由于近轴光学的线性，任何子午近轴光线都可以表示为两条线性无关的子午光线(如边缘光线和主光线)的线性组合。任意近轴斜光线可以表示为四条线性独立的近轴光线的线性组合；y-z 平面中的主光线和边缘光线以及旋转到 x-z 平面中的主光线和边缘光线用作基本光线集。

因此，对于从物点(G,H)过光阑位置(x,y)的光线，在第 q 个表面上的光线截点为

$$(x_q,y_q)=(Gy_q+x_e y_{m,q},H\bar{y}_q+y_e y_{m,q}) \tag{15.61}$$

其中 G 和 H 是归一化物坐标，G 沿 x 轴，H 沿 y 轴。进行归一化，以便沿着圆形视场的边缘(由物平面上的主光线高度定义)，$\sqrt{G^2+H^2}=1$。同样，第 q 个界面后的光线斜率为

$$(u_{x,q},u_{y,q})=(Gu_{c,q}+x_e u_{m,q},Hu_{c,q}+y_e u_{m,q}) \tag{15.62}$$

对于斜光线，有必要区分相对于 x 轴(下标 x)和 y 轴(下标 y)度量的量。

倾斜像差的计算使用第 q 个光线截点后沿着$(y_{q+1}-y_q,\bar{y}_{q+1}-\bar{y}_q,t_q)$的传播矢量 $\boldsymbol{k}_q$。归一化传播矢量 $\boldsymbol{k}_q$ 为

$$\boldsymbol{k}_q=\frac{(w_q,\bar{w}_q,1)}{\sqrt{w_q^2+\bar{w}_q^2+1}}\approx(w_q,\bar{w}_q,1) \tag{15.63}$$

15.9 习题集

15.1 求近轴硅界面($n=4$)的偏振像差函数，轴上光束的边缘光线入射角为 0.2rad。

15.2 以弱偏振元件形式表示以下偏振元件的琼斯矩阵：

$$\boldsymbol{J}=\rho_0 e^{-i\phi_0}\left[\begin{pmatrix}1&0\\0&1\end{pmatrix}+\frac{d_1-i\delta_1}{2}\begin{pmatrix}1&0\\0&-1\end{pmatrix}+\frac{d_2-i\delta_2}{2}\begin{pmatrix}0&1\\1&0\end{pmatrix}+\frac{d_3-i\delta_3}{2}\begin{pmatrix}0&-i\\i&0\end{pmatrix}\right]$$

a. $\boldsymbol{J}_1$：理想线性二向衰减器，$D_1=0.02$，透射轴为 0°，平均透过率为 1。

b. $\boldsymbol{J}_2$：理想线性延迟器，$\delta_2=0.006$，快轴为 45°，平均透过率为 1。

c. $\boldsymbol{J}_3$：理想线性延迟器，$\delta_3=0.01$，快轴为 $\theta_3=\arctan(3/4)/2$，平均透过率为 3/5。

d. 用弱偏振元件形式表示 $\boldsymbol{J}_1\boldsymbol{J}_2$ 和 $\boldsymbol{J}_2\boldsymbol{J}_1$。

e. 哪种偏振效应是顺序无关的?

f. 哪种偏振效应是顺序相关的?

g. 用弱偏振元件形式表示 $\boldsymbol{J}_1\boldsymbol{J}_2\boldsymbol{J}_3$，仅保留一阶项。

h. 证明 $\boldsymbol{J}_1\boldsymbol{J}_2\boldsymbol{J}_3$ 的一阶项是顺序无关的，是泡利系数之和。

15.3 一束光通过五个弱二向衰减器序列，每个二向衰减器的二向衰减率为 $D=0.01$。二

向衰减透射轴的方向角为 0°、22.5°、45°、67.5°和 90°。

a. 用弱偏振元件形式表示每个琼斯矩阵。求每个元件的 $\boldsymbol{\sigma}_1$ 和 $\boldsymbol{\sigma}_2$ 分量。

b. 把分量相加，净二向衰减率是多少？

c. 二向衰减透射轴的方向是什么？

15.4　第一行包含 8 个偏振像差图，标记为 A 到 H。棕色线表示线性二向衰减大小和方向的光瞳图，粉红线代表线性延迟。这些像差图用于生成第二行和第三行中的椭圆图。第二行已重新排列，第三行也已重新排列。

a. 将第二行中标记为 1 到 8 的每个椭圆图与相应的偏振像差图配对，并指出入射偏振态。

b. 将第三行中标记为 α 到 θ 的每个椭圆图与相应的偏振像差图配对，并指出入射偏振态。

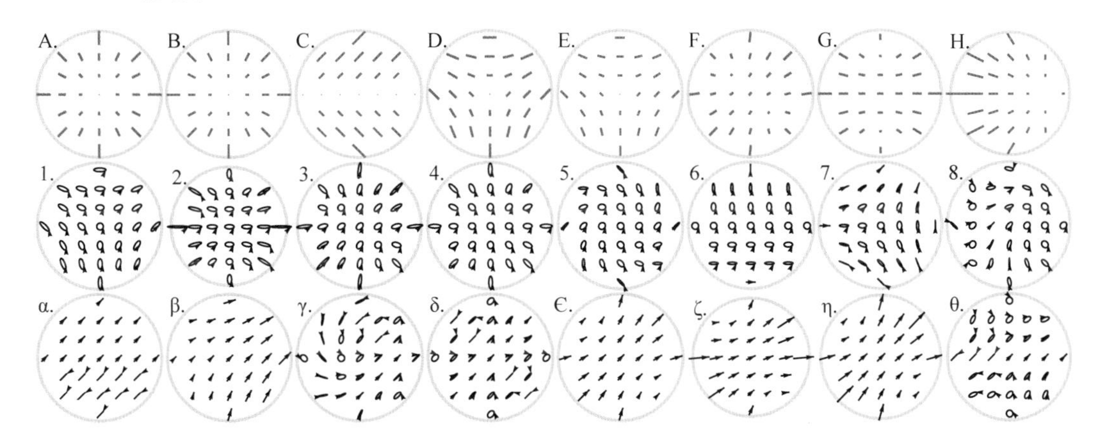

15.5　一个光学系统对特定物点有延迟倾斜。光瞳中任何位置的二向衰减都是零。延迟大小从光瞳中心线性增大。延迟的快轴方向 ψ(以度表示)取决于光瞳中的角度 θ，即 $\psi(\theta)=45-\theta/2$。这种延迟像差模式可以用图形表示如下：

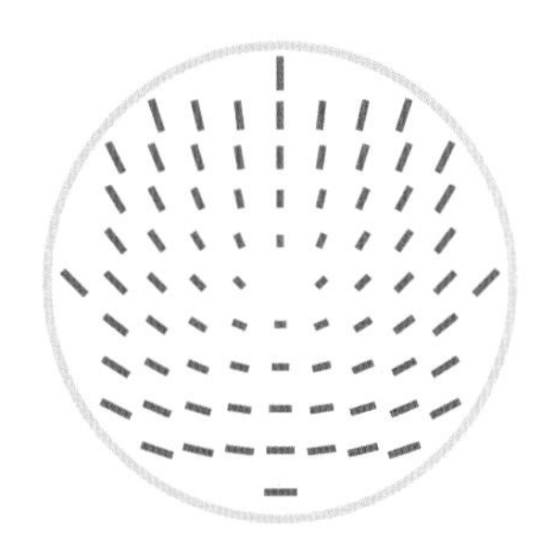

每条线段的中心位置表示光瞳中的一个位置，线段的长度表示延迟量大小，方向表示延迟快轴的方向。假设光瞳边缘的最大延迟远小于 1rad。(注：此题无需计算。)

a. 在光瞳中的哪个位置，对于所有偏振态都没有偏振态变化？

b. 在光瞳中的哪个位置，对于 45°线偏振光没有偏振态的变化？

c. 如果将光学系统放置在具有水平线性起偏器和垂直线性检偏器的线性偏光仪中，则出瞳上的光通量分布将是什么？光通量是线性变化还是二次变化的？

d. 如果将光学系统放置在带有右旋圆起偏器和左旋圆检偏器的圆偏光仪中，请描述出瞳中的光通量分布。

e. 对于什么样的入射偏振态,偏振变化(在光瞳中积分)最大,为什么?这是偏光仪的总漏光量。

15.6 四片式镜头有八个表面。所有镜片均由相同的玻璃制成。制造了有镀膜的透镜组件和无镀膜的透镜组件。将对这些进行比较。这些表面由下面所示的光强透射率描述。图(a)表示进入镜头的光(外部折射、奇数界面)。图(b)显示的是从镜头出射的光(内部折射)。

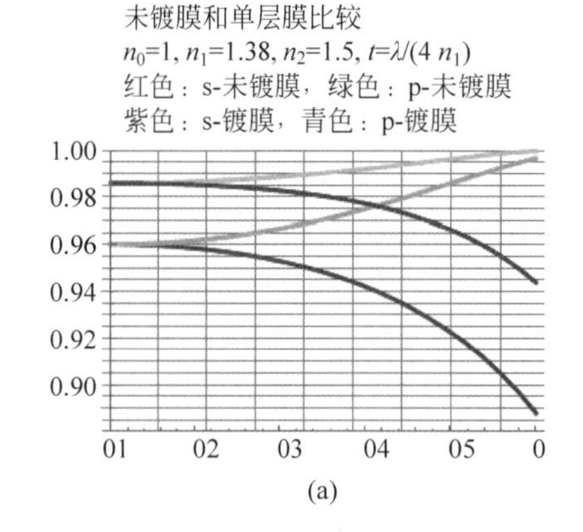

(a)

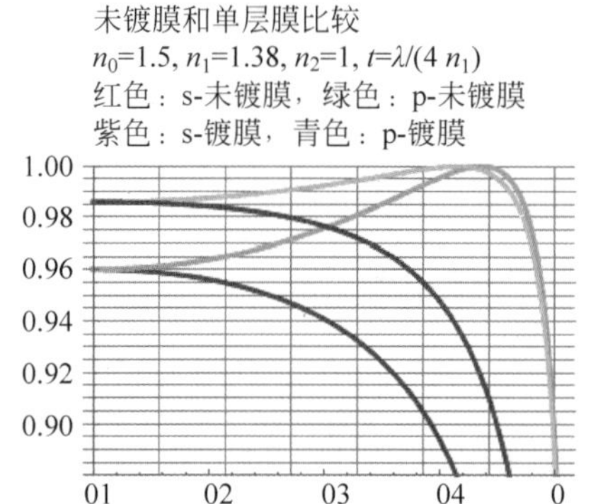

(b)

a. 估算镀膜和未镀膜镜头沿光轴方向的光强透射率和二向衰减。

b. 如果边缘光线在每个连续的透镜表面的入射角为0.8rad、0.4rad、0.6rad、0.1rad、0.2rad、0.3rad、0.7rad、0.5rad,则估计通过未镀膜镜头的边缘光线路径的二向衰减。

c. 对于镀有减反膜的镜头,重复b.的估算。

15.7 以下问题(a.至d.),假设一种玻璃,它对于小角度的二向衰减率为 $D(\mathrm{AoI})=d_2\mathrm{AoI}^2$。为每个问题用$\boldsymbol{\sigma}_0$、$\boldsymbol{\sigma}_1$、$\boldsymbol{\sigma}_2$ 和$\boldsymbol{\sigma}_3$ 写出一个偏振像差函数。例如,沿 y 轴偏移的偏振离焦的偏振像差函数,琼斯矩阵 $\boldsymbol{J}(x,y)=\boldsymbol{\sigma}_0+\dfrac{d_\mathrm{H}-\mathrm{i}\delta_\mathrm{H}}{2}[\boldsymbol{\sigma}_1(x^2-(y-y_0)^2)+\boldsymbol{\sigma}_2 2x(y-y_0)]$,其中 d_H 是光瞳边缘的二向衰减大小,δ_H 是光瞳边缘的延迟大小,y_0 是沿 y 轴的光瞳偏移,以及(x,y)是归一化光瞳坐标。(请随意作简化近似。)

a. 一准直光束被一个棱镜偏折30°。在每个表面上空气中的角度相等,内角也相等。

b. 直径为2mm的准直光束进入半径为10mm的球面,球面顶点向$+x$方向移动1mm。

c. 光正入射进入直径为2mm的平板玻璃表面,然后通过一个的三次相位板 $z=0.01(x+y)^3$ 离开。

d. 会聚球面光束进入并聚焦在球形弹珠的中心,然后从背面折射出去。

对于下面的情形,假设一个金属反射镜,它对于小角度的二向衰减为 $D(\mathrm{AoI})=d_2\mathrm{AoI}^2$,对于小角度的延迟量为 $\delta(\mathrm{AoI})=\delta_2\mathrm{AoI}^2$。

e. 数值孔径为0.2的光束,中心光线从反射镜正入射反射。

f. 数值孔径为0.2的光束,中心光线 $\boldsymbol{k}=(0,0,1)$,从反射器反射,反射镜法线为$\boldsymbol{\eta}=$

$(0.2, 0, \sqrt{1-0.2^2})$。

g. 数值孔径为 0.2 的光束，中心光线 $\boldsymbol{k}=(0,0,1)$，从反射镜反射，反射镜法线为 $\boldsymbol{\eta}_1=(\sin 0.2, 0, \cos 0.2)$，然后从第二个法线为$\boldsymbol{\eta}_1=(\sin 0.4, \sin 0.2, \sqrt{1-\sin^2 0.4-\sin^2 0.2})$ 的反射镜反射。

h. 直径为 2mm 的准直光束从环形面 $z=0.06xy$ 的反射。

15.8 两个相同的片状延迟器，延迟量为 $\delta=0.1\approx 6°$。由于制造过程中的拉伸，延迟器的快轴从延迟器的一侧到另一侧稳定变化，如图所示，变化±3°。然后将其中一个延迟器旋转 90°，以便快轴在中心正交。

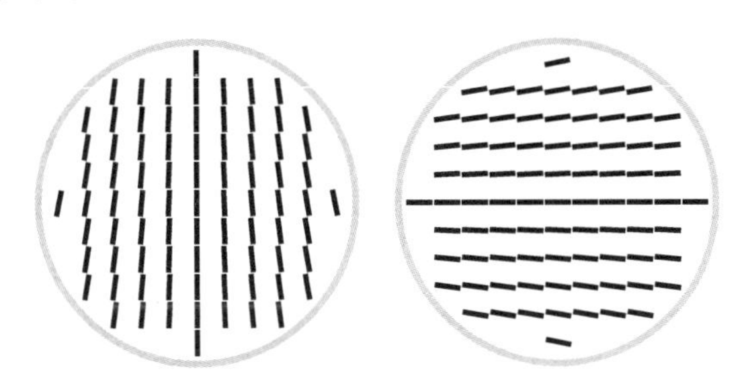

a. 使用弱偏振近似计算组合延迟器的延迟。

b. 会出现什么高阶效应，它们会有多小？

c. 在水平偏振器和垂直偏振器之间的泄漏会有多少？

15.9 对于 $H=(0, h_0)$，给定主入射角和边缘入射角 i_c 和 i_m，光瞳中哪个点处于正入射，$\theta=0$？

15.10 对于 $\theta(H=1, \rho=1)$ 等于零，i_c 和 i_m 的条件是什么？

15.11 在图 15.8 中，假设边缘光线的二向衰减率为 0.3，如果四个波前透过垂直检偏器，光通量 $P(\rho, \phi)$ 将是多少？

15.10 参考文献

[1] J. Sasián, Introduction to Aberrations in Optical Imaging Systems, Figure 15.8, Cambridge University Press (2013).

[2] H. Kuboda and S. Inoue, Diffraction images in the polarizing microscope, J. Opt. Soc. Am 49 (1959): 191-192.

[3] R. A. Chipman, Polarization analysis of optical systems, Opt. Eng. 28(2) (1989): 90-99.

[4] R. A. Chipman, Polarization aberrations, PhD dissertation, Optical Sciences Center, University of Arizona, Tucson, AZ (1987).

[5] J. P. McGuire and R. A. Chipman, Polarization aberrations. 1. Rotationally symmetric optical systems, Appl. Opt. 33 (1994): 5080-5100.

[6] R. V. Shack and K. Thompson, Influence of alignment errors of a telescope system on its aberration field, in Proc. SPIE 251, Optical Alignment I, 146 (1980).

[7] K. Thompson, Description of the third-order optical aberrations of near-circular pupil optical systems without symmetry, J. Opt. Soc. Am. A 22 (2005): 1389-1401.

[8] J. Ruoff and M. Totzeck, Orientation Zernike polynomials: A useful way to describe the polarization

effects of optical imaging systems, J. Micro/Nanolithogr. MEMS MOEMS 8.3 (2009): 031404.

[9] S. C. McEldowney, et al., Vortex retarders produced from photo-aligned liquid crystal polymers, Opt. Exp. 16(10) (2008): 7295-7308.

[10] J. Wolfe and R. A. Chipman, Reducing symmetric polarization aberrations in a lens by annealing, Opt. Exp. 12(15) (2004): 3443-3451.

[11] J. E. Greivenkamp, Field Guide to Geometrical Optics, SPIE Field Guides 1 (2004).

[12] B. R. Irving, et al., Code V, Introductory User's Guide, Optical Research Associates (2001), p. 82.

第 16 章

有偏振像差的成像

16.1 引言

光学成像系统的一个基本指标是点扩散函数(PSF),它描述了点物体的像。为了计算PSF,物理光学和傅里叶光学计算法扩充了几何光学和光线追迹的方法。对于具有偏振像差的系统,PSF取决于入射偏振态[1]。本章通过引入振幅响应矩阵(amplitude response matrix,ARM)和米勒点扩展矩阵(Mueller point spread matrix,MPSM),对点扩展函数的概念进行了推广,以描述任意偏振态的成像。本章将展示如何通过使用琼斯矩阵和偏振光线追迹矩阵来推广传统光学设计程序的点扩散函数计算法。接下来,讨论具有空间变化偏振态的物体的像计算。偏振像差影响系统的成像质量。第12章(菲涅耳像差)和第15章(近轴偏振像差)提供了光学系统中偏振像差及其对PSF影响的例子。给定波像差函数和琼斯光瞳函数,可计算**MPSM**,它展示了PSF的偏振结构以及PSF如何随入射偏振态而变化。根据**MPSM**,可以计算具有任意偏振态的点源的像,并且可以改变入射偏振态并观察得到的像的偏振结构。类似地,可以将传统光学的光学传递函数(OTF)扩展到光学传递矩阵(optical transfer matrix,OTM),以展示成像过程中物的空间滤波如何依赖于入射偏振态。

用相应的响应函数替换物的每个点,来计算扩展物的像。在镜头和其他成像系统中,当从轴上移动到视场的其他部位时,响应函数在视场中变化。等晕区是视场中PSF变化较小的区域。然后,简单的线性系统分析方法(**ARM**和**MPSM**)可以应用于物平面的空间不变区,其大小取决于波像差函数和$JP(x,y)$的变化率[2]。

图 16.1 和图 16.2 比较了几种算法的流程图,分别用于标量波的相干和非相干成像以及有偏振像差的成像系统。本章将详细描述各运算对象和运算方法。

<相干成像>

光瞳 $=P$

$\downarrow \Im$

$c\text{PSF}=h=\Im[P]_{\xi}=\dfrac{x}{\lambda f}$

$\downarrow \Im$

$\text{CTF}=\dfrac{\Im[h]}{|\Im[h]|}=H\propto P$

<非相干成像>

光瞳 $=P$

$\downarrow \Im$

$\text{iPSF}=|c\text{PSF}|^2=|h|^2=\left|\Im[P]_{\xi}=\dfrac{x}{\lambda f}\right|^2$

$\downarrow \Im$

$\text{OTF}=\dfrac{\Im[|h|^2]}{|\Im[|h|^2]|}=H\bigstar H^*$

$=\text{MTF}\exp(\text{iPTF})$

图 16.1 相干和非相干成像计算流程图。光瞳函数 P 表示光学系统出瞳处的波前函数。系统的空间变量为 x,光的波长为 λ,成像系统的焦距为 f。相干点扩散函数为 cPSF(振幅响应函数 ARF);相干传递函数为 CTF;非相干点扩散函数为 iPSF;光学传递函数为 OTF;调制传递函数为 MTF;相位传递函数为 PTF。$\Im$ 是傅里叶变换运算。★是自相关运算

<对偏振光成像>

琼斯光瞳 $=J_{\text{pupil}}$

$\downarrow \Im$

ARM $=\Im[J_{\text{pupil}}]\rightarrow$ **MPSM**

$\downarrow \Im$

OTM $=$ **MTM** $\exp($**iPTM**$)$

图 16.2 针对偏振光的成像计算。**ARM** 为 2×2 振幅响应矩阵;**MPSM** 为 4×4 米勒点扩展矩阵;**OTM** 为 4×4 光学传递矩阵;**MTM** 为 4×4 调制传递矩阵;**PTM** 是 4×4 相位传递矩阵

16.2 离散傅里叶变换

成像中衍射的计算涉及出瞳函数的傅里叶变换。大多数关于衍射和成像的教科书都提供了涉及简单傅里叶变换对的例子,例如将矩形函数傅里叶变换为 sinc 函数或将高斯函数傅里叶变换为高斯函数。然而,在光学设计中,有必要对任意函数(如高阶像差和不规则光瞳形状)进行傅里叶变换来计算 PSF。此外,光线追迹的结果是采样函数,而不是连续函数。对于光学设计中的此类光瞳函数,作为连续函数进行傅里叶变换评估是困难且不切实际的。离散傅里叶变换(DFT)[3-5]提供了一种简单直接的算法,可以在规则采样网格上对任意函数进行傅里叶变换。DFT 用于大多数光学设计软件的衍射计算。所有数学软件包,如 MATLAB、Mathematica 等,都提供内置的 DFT 算法。因此,数学小贴士 16.1 中只给出了一个简短的总结。

数学小贴士 16.1 一维离散傅里叶变换

数组 $u=(u_1,u_2,\cdots)$ 的一维离散傅里叶变换为

$$U_s=\frac{1}{\sqrt{n}}\sum_{r=1}^{n}u_r\,\mathrm{e}^{2\pi\mathrm{i}(r-1)(s-1)/n} \tag{16.1}$$

其中出现 $r-1$ 和 $s-1$ 是因为数组 u 和 U 的序数从 1 开始计数。式(16.1)可写成矩阵乘法，

$$\begin{pmatrix} U_1 \\ U_2 \\ U_3 \\ U_4 \\ \vdots \end{pmatrix} = \frac{1}{\sqrt{n}} \begin{pmatrix} 1 & e^0 & e^0 & e^0 & \\ e^0 & e^{\omega} & e^{2\omega} & e^{3\omega} & \\ e^0 & e^{2\omega} & e^{4\omega} & e^{6\omega} & \cdots \\ e^0 & e^{3\omega} & e^{6\omega} & e^{9\omega} & \\ & & \vdots & & \ddots \end{pmatrix} \begin{pmatrix} u_1 \\ u_2 \\ u_3 \\ u_4 \\ \vdots \end{pmatrix} \tag{16.2}$$

式中 $\omega = \mathrm{i}2\pi/n$。$1/\sqrt{n}$ 是对 DFT 进行归一化。

数组 $U=(U_1, U_2, \cdots)$ 的逆离散傅里叶变换为

$$u_r = \frac{1}{\sqrt{n}} \sum_{s=1}^{n} U_s e^{-2\pi \mathrm{i}(r-1)(s-1)/n} \tag{16.3}$$

例 16.1　一维 DFT 例子

计算下列数组的一维 DFT。

(1) $\boldsymbol{u}=(\sqrt{2}, 0)$

$$U_1 = \frac{1}{\sqrt{2}} \sum_{r=1}^{2} u_r e^{\mathrm{i}2\pi(r-1)(1-1)/2} = \frac{1}{\sqrt{2}}(\sqrt{2}+0) = 1$$

$$U_2 = \frac{1}{\sqrt{2}} \sum_{r=1}^{2} u_r e^{\mathrm{i}2\pi(r-1)(2-1)/2} = \frac{1}{\sqrt{2}}(\sqrt{2}+0) = 1$$

于是，$\boldsymbol{U}=(1,1)$。

(2) $\boldsymbol{u}=(0,2,0,2)$

$$\begin{pmatrix} U_1 \\ U_2 \\ U_3 \\ U_4 \end{pmatrix} = \frac{1}{\sqrt{4}} \begin{pmatrix} 1 & e^0 & e^0 & e^0 \\ e^0 & e^{\mathrm{i}2\pi/4} & e^{\mathrm{i}2\times 2\pi/4} & e^{\mathrm{i}3\times 2\pi/4} \\ e^0 & e^{\mathrm{i}2\times 2\pi/4} & e^{\mathrm{i}4\times 2\pi/4} & e^{\mathrm{i}6\times 2\pi/4} \\ e^0 & e^{\mathrm{i}3\times 2\pi/4} & e^{\mathrm{i}6\times 2\pi/4} & e^{\mathrm{i}9\times 2\pi/4} \end{pmatrix} \begin{pmatrix} 0 \\ 2 \\ 0 \\ 2 \end{pmatrix} = \frac{1}{\sqrt{4}} \begin{pmatrix} 1 & 1 & 1 & 1 \\ 1 & \mathrm{i} & -1 & -\mathrm{i} \\ 1 & -1 & 1 & -1 \\ 1 & -\mathrm{i} & -1 & \mathrm{i} \end{pmatrix} \begin{pmatrix} 0 \\ 2 \\ 0 \\ 2 \end{pmatrix} = \begin{pmatrix} 2 \\ 0 \\ -2 \\ 0 \end{pmatrix}$$

因此，$\boldsymbol{U}=(2,0,-2,0)$。

输入函数 u 可用其 DFT 系数表示为

$$u = \frac{1}{\sqrt{4}} [U_1 e^{-\mathrm{i}2\pi(r-1)0} + 0 + U_3 e^{-\mathrm{i}2\pi(r-1)(3-1)/4}]$$

它将输入数组表示为复指数之和。

数学小贴士 16.2　二维离散傅里叶变换

阵列 $u_{q,r}$ 的二维 DFT 变换是

$$U_{s,t} = \frac{1}{n} \sum_{q=1}^{n} \sum_{r=1}^{n} u_{q,r} e^{\mathrm{i}2\pi[(r-1)(s-1)+(q-1)(t-1)]/n} \tag{16.4}$$

这可以通过取每行的一维 DFT，然后取每列的 DFT 来计算。

数学小贴士 16.3　平移函数

二维函数的离散傅里叶变换将 DFT 的原点(常数分量)置于(1,1)元素。该常数分量通常称为直流分量,是输入阵列的平均值。因为"DFT 的中心"位于角点处,所以大多数函数的 DFT 被分割位于其四个角点之间,如图 16.3(a)所示。这使得查看大多数二维 DFT 变得困难。当移位操作后 DFT 原点位于中心时,查看 DFT 函数(如 PSF)更容易。因此,在本章中,DFT 的原点已经平移到中心。

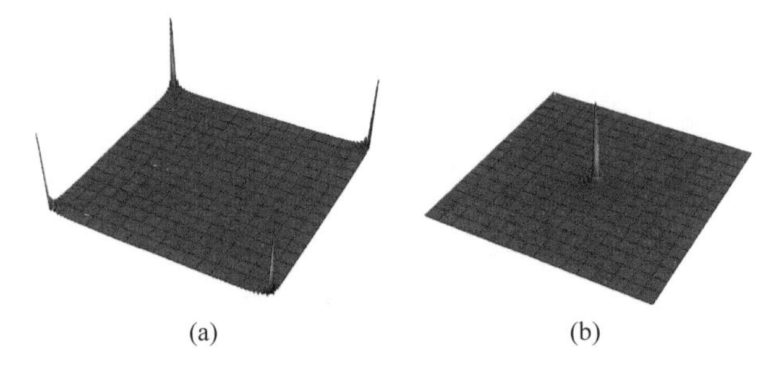

图 16.3　居中矩形孔径的傅里叶变换集中在四个角(a)。将原点移到中心后,傅里叶变换具有预期的外观(b)

数学小贴士 16.4　填充以获得更高的分辨率

为了提高 DFT 的分辨率,输入阵列通常用零填充。琼斯光瞳是出瞳处琼斯矩阵的网格,可以用零矩阵$\begin{pmatrix}0 & 0\\ 0 & 0\end{pmatrix}$填充,如图 16.4 所示,以在傅里叶变换域中实现更高的分辨率。填充网格的大小应至少为原始网格的两倍,以避免混叠。将填充增大到两倍以上可以提高分辨率,因为在傅里叶变换域中有更好的插值。

$$
\begin{matrix}
0&0&0&0&0&0&0&0&0&0&0&0&0&0&0\\
0&0&0&0&0&0&0&0&0&0&0&0&0&0&0\\
0&0&0&0&0&0&0&0&0&0&0&0&0&0&0\\
0&0&0&0&0&0&0&0&0&0&0&0&0&0&0\\
0&0&0&0&0&0&0&1&0&0&0&0&0&0&0\\
0&0&0&0&0&1&1&1&1&1&0&0&0&0&0\\
0&0&0&0&0&1&1&1&1&1&0&0&0&0&0\\
0&0&0&0&1&1&1&1&1&1&1&0&0&0&0\\
0&0&0&0&0&1&1&1&1&1&0&0&0&0&0\\
0&0&0&0&0&1&1&1&1&1&0&0&0&0&0\\
0&0&0&0&0&0&0&1&0&0&0&0&0&0&0\\
0&0&0&0&0&0&0&0&0&0&0&0&0&0&0\\
0&0&0&0&0&0&0&0&0&0&0&0&0&0&0\\
0&0&0&0&0&0&0&0&0&0&0&0&0&0&0\\
0&0&0&0&0&0&0&0&0&0&0&0&0&0&0
\end{matrix}
$$

图 16.4　阵列的外围用零填充,使其傅里叶变换有更高分辨率。红色圆圈表示系统的出瞳

16.3　琼斯出瞳和琼斯光瞳函数

成像系统的偏振像差可用出瞳处的琼斯矩阵网格来描述,即第 15 章(近轴偏振像差)中

描述的琼斯出瞳。图 16.5 显示了卡塞格林望远镜,它被用作本章的成像例子。

通过卡塞格林望远镜追迹光线网格,计算轴上物点的琼斯光瞳。双极局部坐标用于描述出瞳处球形参考面上的琼斯矩阵(第 11 章琼斯光瞳和局部坐标系)。图 16.6 显示了琼斯光瞳的振幅和相位。该系统的波像差为零,但它的铝反射镜产生一些偏振像差。

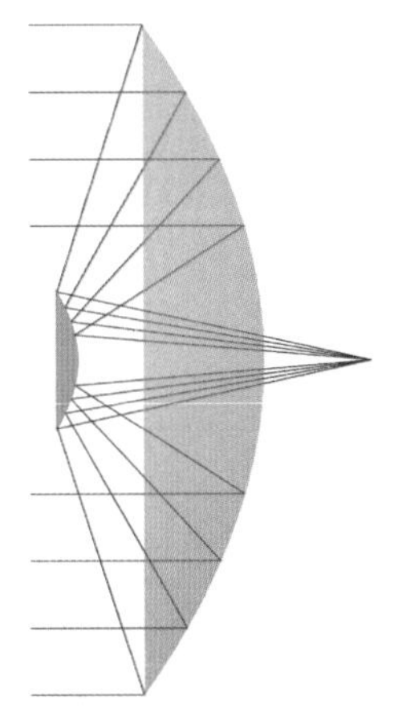

图 16.5　卡塞格林望远镜系统的侧视图,显示了轴上的光线网格。抛物面主镜为蓝色,双曲面次镜为粉红色

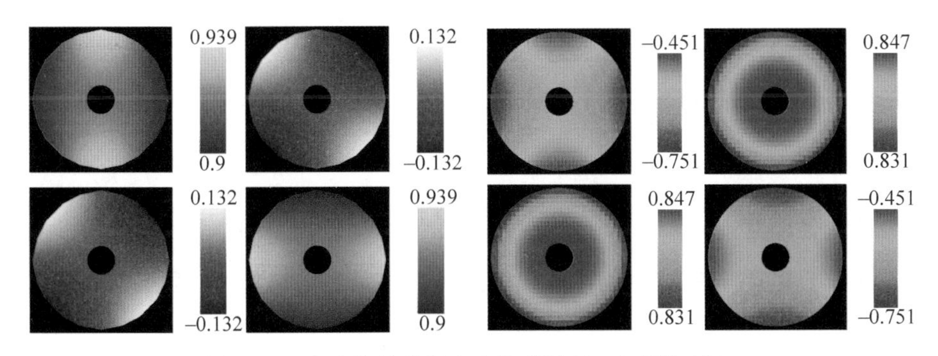

图 16.6　卡塞格林琼斯光瞳的振幅(左)和相位(右)。追迹轴上光线阵列,并绘制出每一条光线在出瞳处的琼斯矩阵

出瞳处波前和偏振的完整描述可分为四个函数的组合:出瞳处的波像差函数、振幅函数、孔径函数和偏振像差函数。它们的组合称为琼斯光瞳,

$$JP(x,y)=apt(x,y)\cdot a(x,y)\cdot \boldsymbol{J}(x,y)\cdot \mathrm{e}^{-2\pi \mathrm{i}W(x,y)} \tag{16.5}$$

$apt(x,y)$是一个孔径函数,孔径内为 1,孔径外为 0。$a(x,y)$是振幅函数,描述了沿光线路径的透过率,也称为切趾。$W(x,y)$是波像差函数,表征每条光线与主光线之间的光程差。$\boldsymbol{J}(x,y)$是从入瞳到出瞳沿光线路径的琼斯矩阵。(x,y)是光瞳坐标。$JP(x,y)$在空间上是变化的,并且是偏振成像计算的起点。例 16.2 和例 16.3 讨论了两个琼斯光瞳函数的例子。

例 16.2　一个波长的离焦量、圆孔径

考虑一个圆孔径的光学系统,孔径半径为 1,具有一个波长离焦量的波像差,均匀的振幅,并且没有偏振像差。由于没有偏振像差,$\boldsymbol{J}(x,y)$是单位矩阵,琼斯光瞳是

$$apt(x,y)=\text{If}(x^2+y^2\leqslant 1,1,0)$$

$$a(x,y)=1,\quad \boldsymbol{J}(x,y)=\begin{pmatrix}1 & 0\\ 0 & 1\end{pmatrix}$$

$$W(x,y)=W_{020}(x^2+y^2),\quad W_{020}=1$$

$$JP(x,y)=apt(x,y)\cdot a(x,y)\cdot J(x,y)\cdot \mathrm{e}^{-2\pi \mathrm{i}W(x,y)}$$

$JP(x,y)$的(1,1)元素的振幅和相位如图 16.7 所示。振幅在孔径内为 1,在图(b)中可以看到一个二次相位。

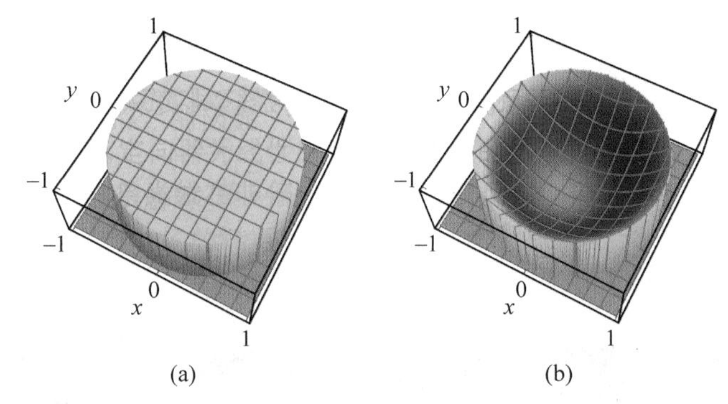

图 16.7　对于 1 个波长离焦量的波像差,$JP(x,y)$的(1,1)元素的幅值(a)和相位(b)。将琼斯光瞳采样到一个方形阵列点上

例 16.3　二次径向延迟

第 15 章(近轴偏振像差)中描述的偏振像差之一是延迟离焦,其延迟量大小随光瞳半径呈二次变化 $\delta_0(x^2+y^2)$。假设光瞳边缘的延迟量大小为 $\delta_0=1\lambda$,即 1 个波长的延迟离焦。进一步假设快轴方向切向变化,$\arctan(y/x)$。出瞳处的每条光线路径都有一个延迟琼斯矩阵。由于延迟离焦像差,出瞳中的每条光线都会经历不同的延迟大小和延迟方向,如图 16.8 所示。

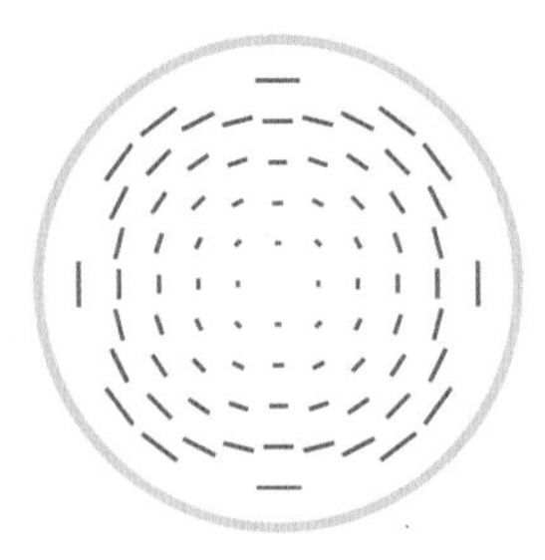

图 16.8　延迟离焦像差图,其中线段的长度表示延迟的大小,线段的方向表示延迟的方向。反射镜系统,如卡塞格林望远镜,具有这种形式的切向延迟,但本例中的延迟量幅值较大

假设没有波前像差，并且振幅函数为1。琼斯光瞳函数是

$apt(x,y) = \text{If}(x^2+y^2 \leqslant 1,1,0)$

$a(x,y)=1$

$$\boldsymbol{J}(x,y)=\begin{pmatrix} \dfrac{e^{-i\delta_0(x^2+y^2)/2}x^2+e^{i\delta_0(x^2+y^2)/2}y^2}{x^2+y^2} & \dfrac{-2ixy\sin(\delta_0(x^2+y^2)/2)}{x^2+y^2} \\ \dfrac{-2ixy\sin(\delta_0(x^2+y^2)/2)}{x^2+y^2} & \dfrac{e^{i\delta_0(x^2+y^2)/2}x^2+e^{-i\delta_0(x^2+y^2)/2}y^2}{x^2+y^2} \end{pmatrix},$$

$W(x,y)=0$,

$JP(x,y)=apt(x,y)\cdot a(x,y)\cdot \boldsymbol{J}(x,y)\cdot e^{-2\pi i W(x,y)}$

图16.9显示了$JP(x,y)$四个元素的振幅和相位。卡塞格林望远镜的偏振像差是延迟离焦和二向衰减离焦的组合，其中延迟的贡献较大。

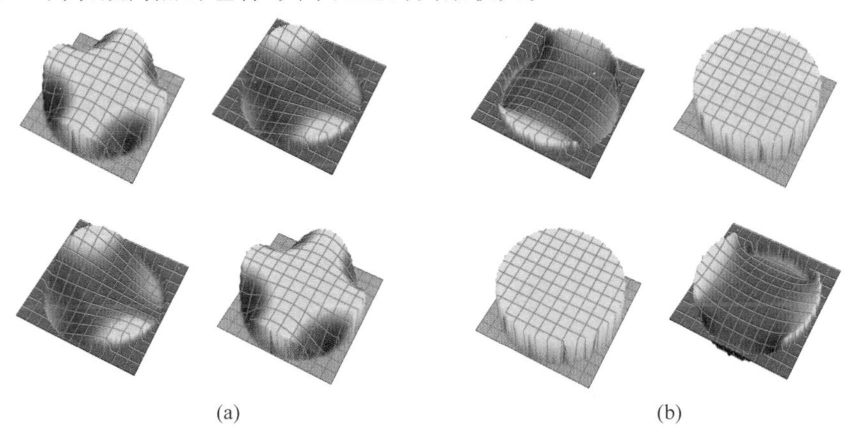

图16.9 $JP(x,y)$的振幅(a)和相位(b)，针对延迟离焦

16.4 振幅响应矩阵

在传统光学中，像面的振幅响应函数(ARF)是光瞳函数的傅里叶变换。为考虑偏振像差，将振幅响应函数推广到振幅响应矩阵(**ARM**)，即琼斯光瞳对于相干光的脉冲响应。利用夫琅禾费衍射方程，描述具有连续琼斯光瞳的光学系统像面的**ARM**，可由在z处观察到的琼斯光瞳函数的二维傅里叶变换来计算，

$$\text{JARM ARM}(\xi,\eta)=\iint_{\text{光瞳}} JP(x,y)\exp\left[\frac{i2\pi}{\lambda z}(x\xi+y\eta)\right]dx\,dy \tag{16.6}$$

如前所述，通过偏振光线追迹均匀采样的琼斯光瞳的**ARM**可以由每个2×2元素的$JP(x,y)$的离散傅里叶变换($\mathfrak{J}$)计算，

$$\mathbf{ARM}(r')=\begin{pmatrix} \text{ARM}_{xx}(r') & \text{ARM}_{yx}(r') \\ \text{ARM}_{xy}(r') & \text{ARM}_{yy}(r') \end{pmatrix}=\begin{pmatrix} \mathfrak{J}[JP_{xx}(x,y)] & \mathfrak{J}[JP_{yx}(x,y)] \\ \mathfrak{J}[JP_{xy}(x,y)] & \mathfrak{J}[JP_{yy}(x,y)] \end{pmatrix} \tag{16.7}$$

其中,$\mathfrak{I}(JP_{l,m}(x,y))=\mathfrak{I}(apt(x,y)\cdot a(x,y)\cdot J_{l,m}(x,y)\cdot e^{-2\pi iW(x,y)})$和$r'=(x',y')$是像面坐标。根据阵列光线的参数,可从琼斯光瞳由离散傅里叶变换计算 **ARM**。$JP(x,y)$的每个分量是在光瞳处累积的电场值的二维阵列,并且 **ARM** 的每个分量是表征像平面处脉冲响应的二维阵列。

对于一个给定的点光源,其琼斯矢量为$\boldsymbol{E}_o=\begin{pmatrix}E_x\\E_y\end{pmatrix}$,振幅响应矩阵乘以$\boldsymbol{E}_o$得到像的电场分布$\boldsymbol{E}_i(x,y)$,它表征偏振变化。对于相干成像,$x$ 偏振的入射光产生的像具有 x 偏振的$\mathfrak{I}(JP_{x,x}(x,y))$和 y 偏振的$\mathfrak{I}(JP_{x,y}(x,y))$振幅响应函数。对应的点扩展函数光强是$|\mathfrak{I}[JP_{x,x}(x,y)]|^2+|\mathfrak{I}[JP_{x,y}(x,y)]|^2$,这也可用 16.5 节中所示的米勒点扩展矩阵 **MPSM** 进行计算得到。

ARM 的四个元素描述了当成像系统位于四个偏振器对(H&H、V&H、H&V 和 V&V)之间时看到的四个 ARF,其中 H 代表水平偏振器,V 代表垂直偏振器。

例 16.4 无像差系统的 ARM

对于具有圆形孔径且无波前、振幅或偏振像差的成像系统,琼斯出瞳是具有圆形孔径的单位矩阵,如图 16.10(a)所示。因此,**ARM** 的对角元素是实值 Somb(sombrero 或 Airy)函数[6],如图 16.10(b)所示。

因此,由于 **ARM** 是对角的,所以点物经过该非偏振系统之后的像没有偏振混合;像的偏振是均匀的,并且在任何地方都与入射琼斯矢量相等。

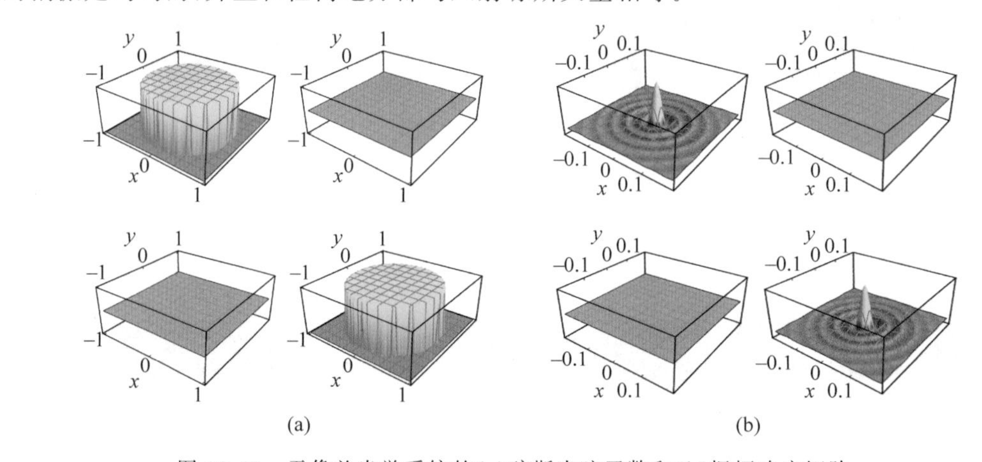

图 16.10 无像差光学系统的(a)琼斯光瞳函数和(b)振幅响应矩阵。这两个函数的原点都已平移到每个阵列的中心

图 16.11 显示了图 16.5 中铝反射镜($n=0.958+6.69i$)卡塞格林望远镜例子的琼斯振幅 **ARM**,其中主镜和次镜的边缘光线入射角分别为 36°和 42°。图(b)放大了中心部分。这个卡塞格林望远镜的 **ARM** 具有非对角元素,这表明偏振混合;例如,由于 **ARM** 的非对角元素中有四个凸起,水平偏振点光源的像会有一个小的垂直偏振分量。然而,由于对角线元素的相对大小显著大于非对角线元素的相对大小(2.388∶0.101),偏振混合很小。

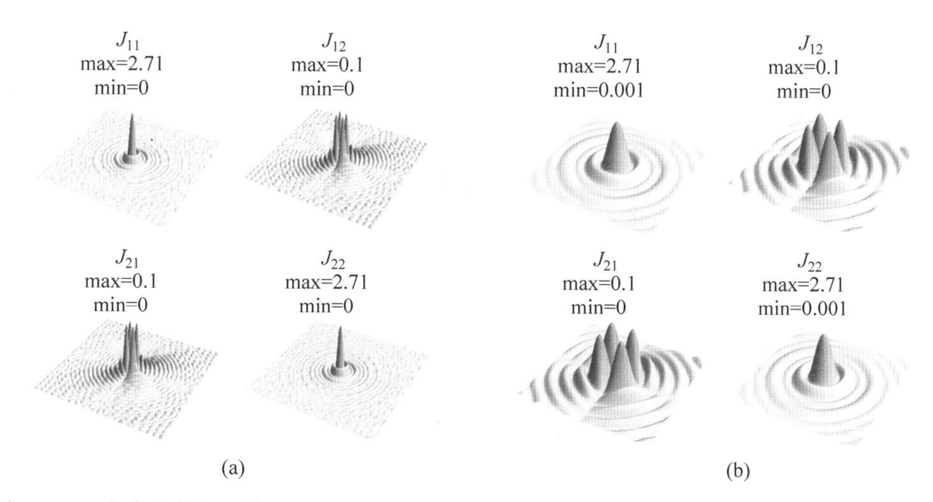

图 16.11　卡塞格林望远镜的振幅响应矩阵(**ARM**),(a)描绘了整个矩阵,(b)放大了光瞳的中心

16.5　米勒点扩展矩阵

对于非相干光,点扩展函数(PSF)描述了系统对强度空间中点光源(物)的响应。类似地,通过将琼斯 **ARM** 转换为 **MPSM**(使用式(6.106)或式(6.107)的米勒矩阵表示法)来计算米勒点扩展矩阵(**MPSM**)。**MPSM** 将点物的斯托克斯参数与其像的斯托克斯参数分布相关联。

在等晕区内模拟成像将成像计算简化成为卷积[6-7]。相干和非相干物体的像计算涉及相同的 $JP(x,y)$ 和离散傅里叶变换,但计算结果是不同的响应函数:相干物体的振幅响应函数或非相干物体的点扩展函数。图 16.12 说明了物场和衍射场之间的这种关系。16.6 节解释了 **ARM** 和 **MPSM** 尺度的计算,即像中的阵列点之间的距离。

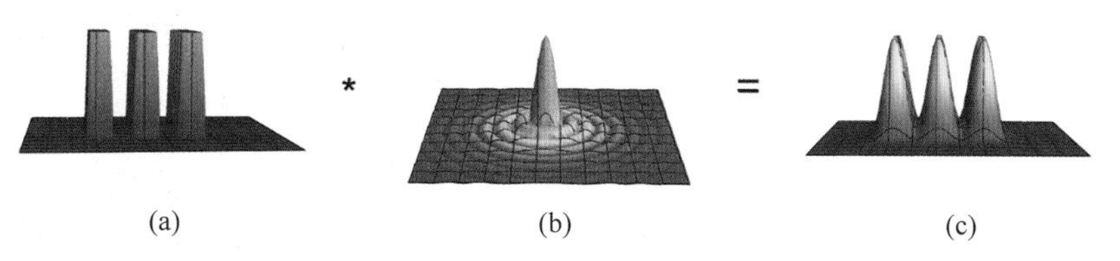

图 16.12　三个条状物(a)与点扩展函数(PSF)(b)的卷积(*)计算得到像(c)。在这种情形中,像是三个条状物的模糊版本

数学小贴士 16.5　卷积

函数 f 与 g 的卷积是

$$(f * g)(t)=\int_{-\infty}^{+\infty} f(\tau) g(t-\tau) \mathrm{d} \tau \tag{16.8}$$

例 16.5　无像差系统的 MPSM

具有 **ARM** 的例 16.4 无像差系统的 **MPSM** 沿对角线元素是艾里斑,非对角线元素是零,如图 16.13 所示,这是通过将图 16.11 的琼斯矩阵转换为米勒矩阵计算得到的。

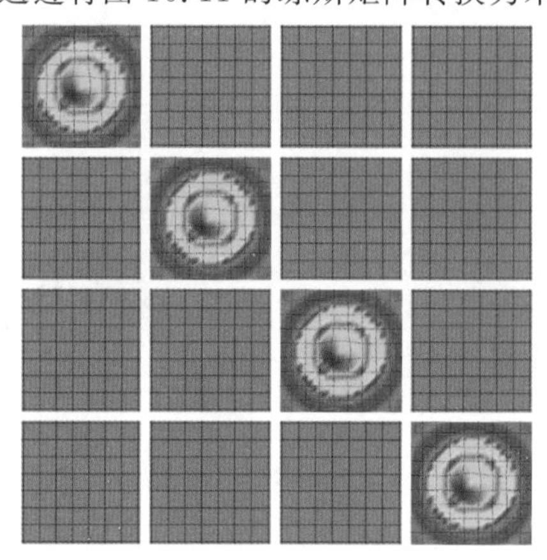

图 16.13　圆孔径无偏振像差光学系统的 **MPSM** 是采样艾里函数的对角矩阵

图 16.14 以三维图(a)和栅格图(b)形式显示了卡塞格林望远镜系统的 **MPSM**。注意对角线元素和非对角线元素之间的相对大小差异;非对角元素的存在表示像平面上的偏振混合,这几乎是普遍不希望的,但此处非对角元素的小幅值表示仅有少量偏振混合。请注意,等高线图的比例尺度使对角线元素饱和,以便更好地展示更小的非对角线元素。

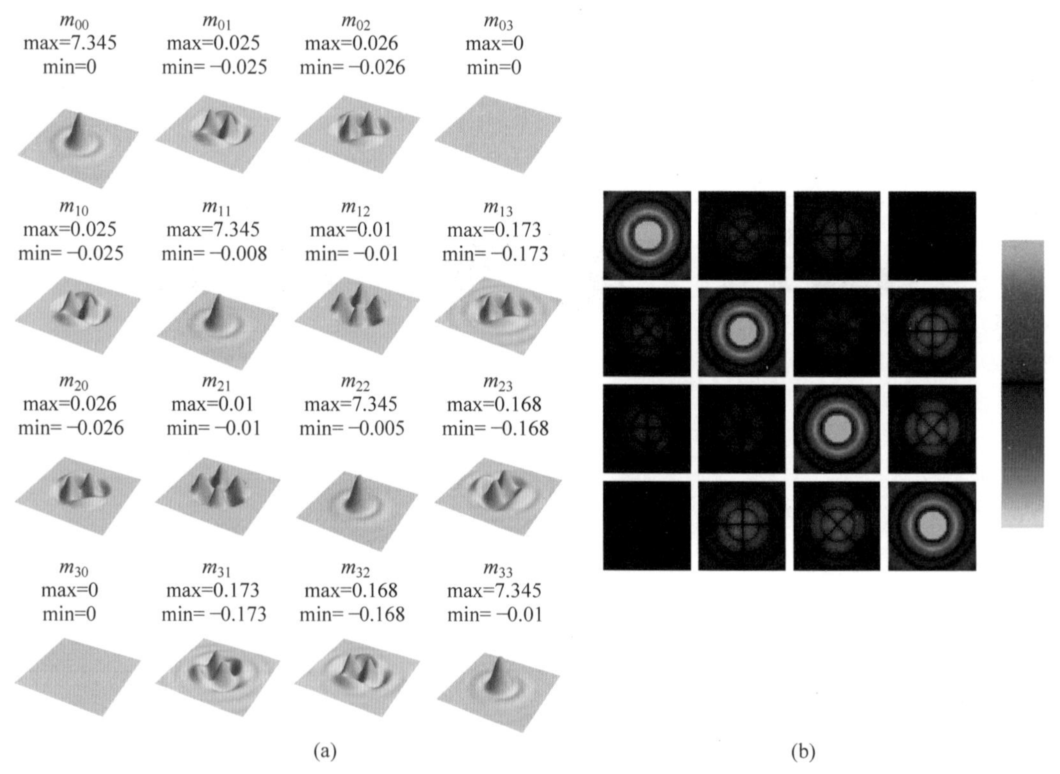

图 16.14　卡塞格林望远镜系统的 **MPSM**

(a)三维视图;(b)相应的过度曝光栅格图,以显示较暗的特征

用零填充琼斯出瞳阵列（数学小贴士 16.3）可以提高 **MPSM** 的分辨率，而不会改变像面上波前的描述。为了获得上文提到的具有良好结构分辨率的 **ARM** 和 **MPSM**，有必要用零矩阵将琼斯光瞳阵列填充为比光瞳大八倍的阵列。在没有填充的情况下，像中仅计算出几个点，因此强度分布很难可视化。

16.6　ARM 和 MPSM 的尺度

琼斯光瞳的 DFT 给出了像的振幅值阵列，但不能给出像的大小或 **ARM** 阵列元素之间的间距。本章中的琼斯 **ARM** 和 **MPSM** 是由 $JP(x,y)$ 的离散傅里叶变换计算的。通过关联夫琅禾费衍射方程和 **DFT** 方程，可计算 **ARM** 和 **MPSM** 的尺度。

为了简单起见，考虑一维傅里叶变换。式（16.6）变为

$$\text{JARM ARM}(\xi)=\int JP(x)\exp\left[\frac{\mathrm{i}2\pi}{\lambda z}(x\xi)\right]\mathrm{d}x \tag{16.9}$$

其中 z 是像面距离出瞳的位置。DFT 方程为

$$U_s=\frac{1}{\sqrt{n}}\sum_{r=1}^{n}u_r\mathrm{e}^{2\pi\mathrm{i}(r-1)(s-1)/n} \tag{16.10}$$

其中 n 是 u_r 数组的长度。比较式（16.9）和式（16.10），$JP(x)=u_r$，傅里叶变换中的指数与 DFT 中的指数相等。由于 s 和 r 是离散的，x 和 ξ 可以写成 $x=\Delta_x r$ 和 $\xi=\Delta_s s$，其中 Δ_x 和 Δ_s 是空间域 x 中的单位间距和傅里叶变换域 ξ 中的间距。因此

$$\frac{2\pi\mathrm{i}}{\lambda z}x\xi=\frac{2\pi\mathrm{i}}{\lambda z}\Delta_x r\Delta_s s=\frac{2\pi\mathrm{i}}{n}rs \tag{16.11}$$

因此，**ARM** 中的网格间距是

$$\Delta_s=\frac{\lambda z}{n\Delta_x} \tag{16.12}$$

分母 $n\Delta_x$ 是琼斯光瞳阵列的大小，包括零填充。

例 16.6　ARM 和 MPSM 的尺度

透镜的出瞳直径为 20mm（XPD=20mm），放大倍数为 $M=1/3$。出瞳距离像面 $z=L=80\text{mm}$。在出瞳上追迹 41 条光线的方形阵列，计算了 $\lambda=1.064\mu\text{m}$ 的琼斯光瞳。然后用零矩阵 $\begin{bmatrix}0&0\\0&0\end{bmatrix}$ 将琼斯光瞳填充到大小为 200×200 个琼斯矩阵构成的阵列（$n=200$）。通过对 200×200 琼斯光瞳阵列进行二维傅里叶变换，计算出 2×2×200×200 振幅响应矩阵。**ARM** 各元素之间的间距（以毫米为单位）是多少？

在出瞳面上的间距是 $\Delta_x=\text{XPD}/41=0.4878\text{mm}$。因此，在 **ARM** 中的网格间距是 $\Delta_s=\lambda L/(200\cdot\Delta_x)=0.00087\text{mm}$。**MPSM** 阵列元素之间的间距也是 Δ_s。

间距 Δ_s 可由如图 16.15 所示解释。考虑一个平面波垂直于 z 轴离开出瞳。该平面波映射到傅里叶域像平面中的中心像素。然后，倾斜 $\Delta\theta$ 的平面波（如深绿色所示）映射到离开中心像素的一个像素。两个平面波之间的光程变化为 λ。因此

$$\Delta\theta=\frac{\lambda}{n\Delta_x} \tag{16.13}$$

根据几何关系

$$\Delta_s = z\Delta\theta = \frac{\lambda L}{n\Delta_x} \tag{16.14}$$

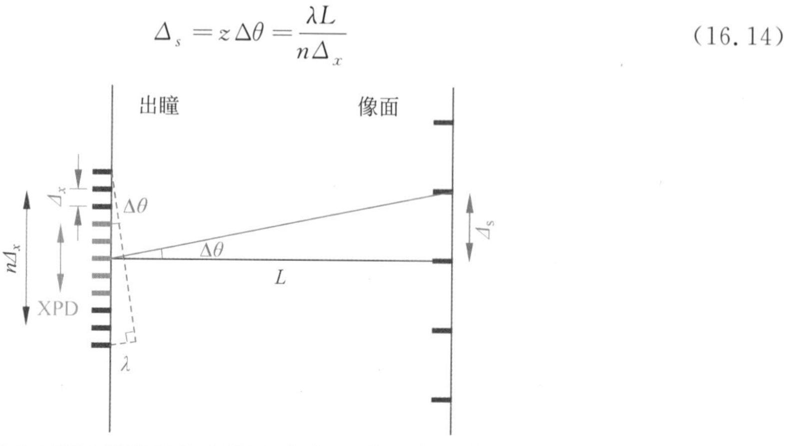

图 16.15　考虑在整个琼斯网格(不只是出瞳)上的一个 1λ 倾斜的平面波。该平面波对应于 **ARM** 中的阵列间距

16.7　像的偏振结构

可以使用 **ARM** 或 **MPSM** 计算像的偏振结构。图 16.16 展示了一个例子,它是线偏振点光源的像,表示为琼斯矢量图像。琼斯 **ARM** 乘以一个入射琼斯矢量,得到像的三维图(表示为琼斯矢量)。在右侧,在网格上绘制每条光线的偏振态;线段的长度表示琼斯矢量的振幅,线段的方向表示琼斯矢量的方向。由于 **ARM** 的非对角元素比对角元素小得多(图 16.11),因此琼斯矢量图像大部分是水平偏振的,但振幅不同。

利用物的斯托克斯参数可以从 **MPSM** 计算斯托克斯参数图像;图 16.17 显示了水平偏振的斯托克斯参数入射到卡塞格林望远镜时的斯托克斯参数像。在这种情况下,斯托克斯的像是 **MPSM** 前两列的总和。请注意,对角线元素的中心已过度曝光,以显示微弱的细节。由于 **MPSM** 的非对角元素,水平偏振点物的像包含空间变化的 S_2 和 S_3 分量。

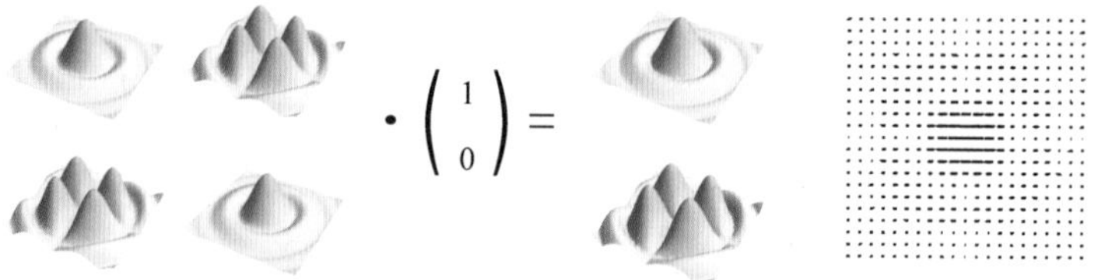

图 16.16　当点物发出的水平偏振琼斯矢量入射到卡塞格林望远镜时,由琼斯 **ARM** 计算出的琼斯矢量图像

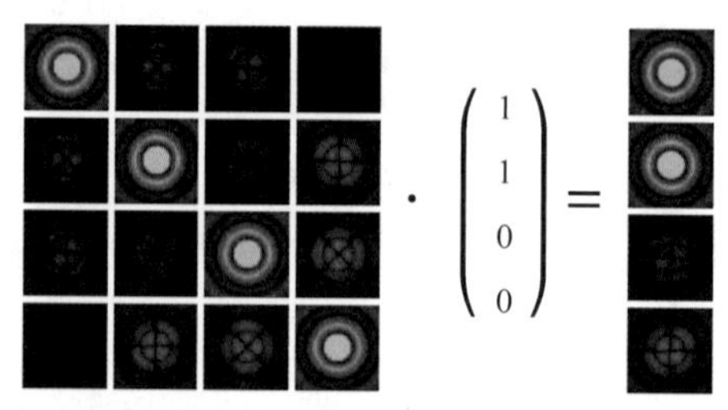

图 16.17　**MPSM** 作用于水平偏振斯托克斯参数产生斯托克斯参数图像。色标与图 16.14 相同

16.8　光学传递矩阵

传统(标量)光学的光学传递函数(OTF)将成像描述为一种空间滤波过程。通常,成像系统准确地对物的最低频率成像,但较高空间频率的振幅会减小,直到在截止频率处和截止频率之外,最高空间频率分量完全衰减。如图16.18所示,像的傅里叶变换是物的傅里叶变换乘以光学系统的OTF[8]。OTF通常以线对每毫米为单位。在等晕区内成像时,成像过程是线性的,线性系统理论适用。在该等晕区中,余弦形物的像始终是余弦形的[6-7]。

米勒光学传递矩阵(**OTM**)是一个复值的矩阵函数,利用它可将OTF推广到具有偏振像差的非相干成像系统。矩阵是必要的,因为每个物的斯托克斯参数都可以耦合为像的所有四个斯托克斯参数。米勒**OTM**描述了物的每个斯托克斯参数的空间滤波。米勒**OTM**对物的斯托克斯参数进行傅里叶变换。复值**OTM**的模(米勒调制传递矩阵[**MTM**])描述了每个空间频率的调制变化。

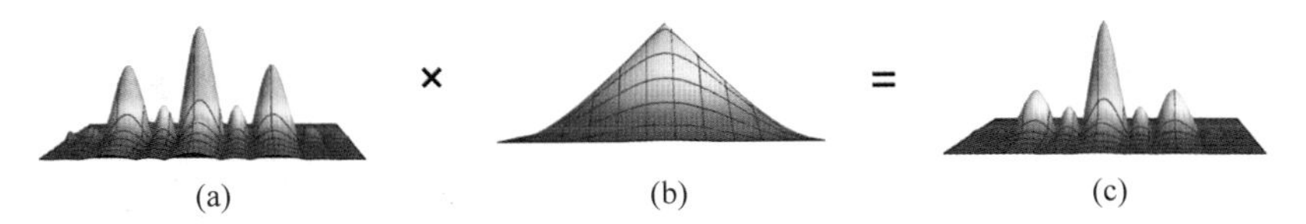

图16.18　在傅里叶域中,图16.12(a)物的傅里叶变换乘以OTF(b)就是像的傅里叶变换(c)。图16.12中的物在中央瓣附近有一对强的频率分量,该分量因系统的光学传递函数而显著降低,如图(c)像的傅里叶变换所示,图(c)对应于图16.12(c)的模糊像

图16.19展示了卡塞格林望远镜**MTM**的三维图(a)和栅格图(b)。米勒矩阵是实矩阵,

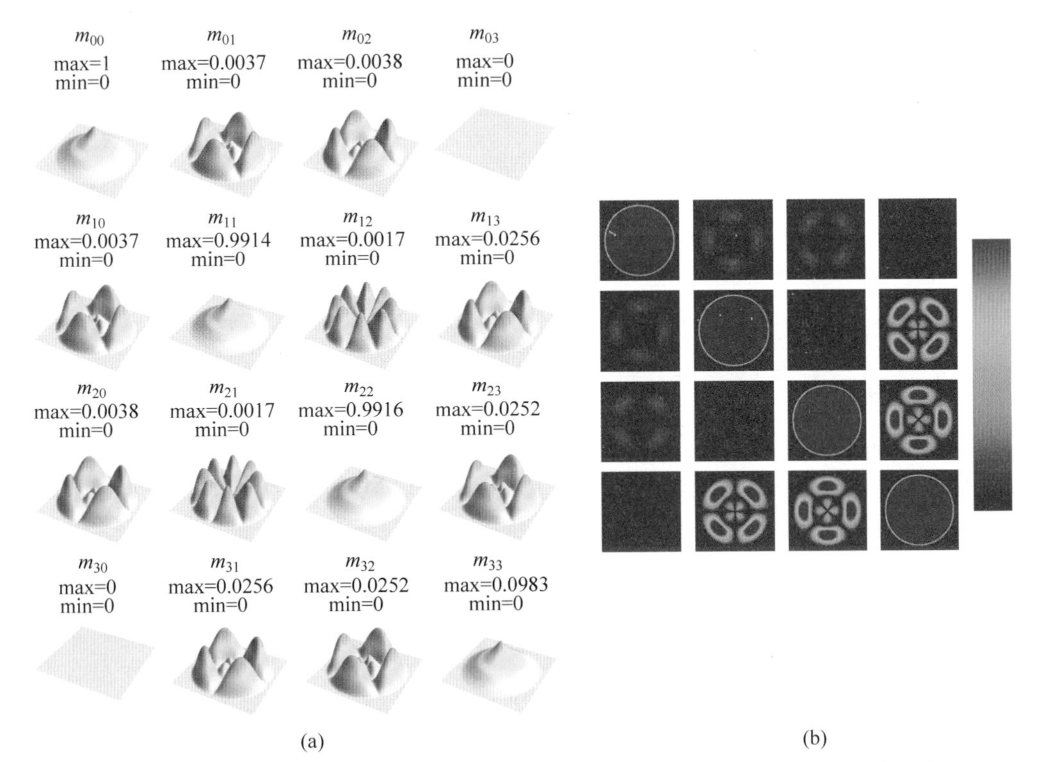

图16.19　卡塞格林望远镜的**OTM**大小,显示为三维图(a)和栅格图((b),过度曝光)

但一般来说,**OTM** 不是实矩阵,而是复数矩阵,因为 **MPSM** 函数可能同时具有偶数和奇数分量,而实奇数函数具有虚值傅里叶变换。从物理上讲,这意味着余弦物体的像位置会偏离其几何像。因此,复值 **OTM** 的相位(米勒相位传递矩阵[**PTM**])描述了每个余弦空间频率从其几何像的偏移;**PTM** 的 π 值对应于半周期的位移。Gaskill[7] 的著作从第 236 页开始介绍由于相位传递函数导致的图像退化的例子。图 16.20 展示了卡塞格林望远镜 **PTM** 的三维图(a)和栅格图(b)。

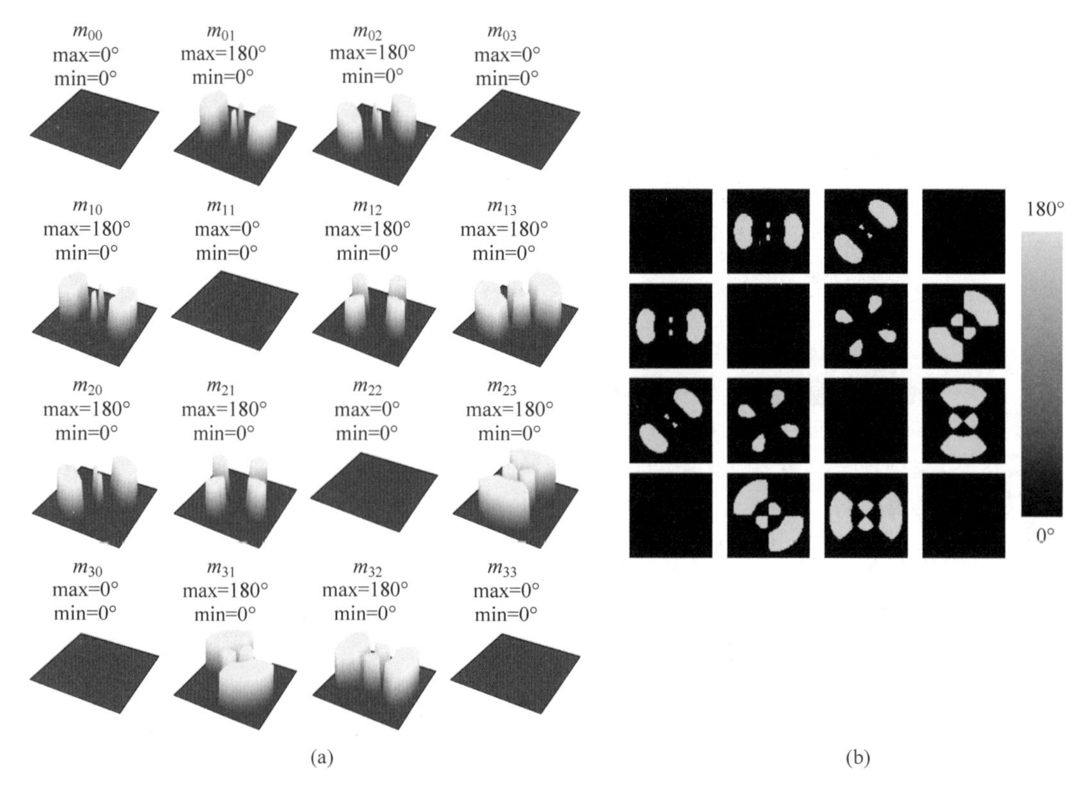

图 16.20 卡塞格林望远镜的 **OTM** 相位,显示为三维图(a)和栅格图(b)

MTM 栅格图的对角线元素过度曝光,以显示更多非对角线元素细节。**MTM** 总是将 m_{00} 元素在光瞳中心归一化为 1。这意味着对任何入射斯托克斯参数$(S_{0,\mathrm{o}}\ S_{1,\mathrm{o}}\ S_{2,\mathrm{o}}\ S_{3,\mathrm{o}})^{\mathrm{T}}$,米勒 **MTM** 给出的像斯托克斯参数,其在阵列中心像素处具有最大值 $S_{0,\mathrm{i}}=S_{0,\mathrm{o}}$。

例 16.7 OTM 的尺度

继续例 16.6,计算 **OTM** 元素之间间距(线对每毫米)$\Delta\xi$,并计算 **OTM** 的截止频率。

MPSM 阵列的大小为 $n\Delta_s$。首先,像面上 **MPSM** 的基本周期为 $p_i=n\Delta_s=0.174496\mathrm{mm}$。由于系统具有 1/3 的放大率,因此物面的基本周期,也就是以毫米为单位的量值为

$$p_{\mathrm{o}}=p_{\mathrm{i}}/M=0.523488$$

因此,以每毫米线对数表示的 **OTM** 的空间频率间隔 $\Delta\xi$ 为

$$\Delta\xi=1/p_{\mathrm{o}}=1.91026$$

奈奎斯特截止频率 $\Delta\xi_{\mathrm{Nq}}$ 是 $\Delta\xi_{\mathrm{Nq}}=\Delta\xi_n/2=191.026$ 线对每毫米。

16.9 例子——偏振光瞳及非偏振物体

举一个容易看到较大偏振效应的非相干成像例子，考虑以下具有方形孔径的衍射受限成像系统。让中心 2/3 的孔径($-2/3 \leqslant x \leqslant 2/3$)用垂直偏振器填充，其余的($-1 \leqslant x \leqslant -2/3$ 和 $2/3 \leqslant x \leqslant 1$)填充水平偏振器，如图 16.21(a)所示。图 16.21(b)显示了这种条状偏振器系统的 $JP(x,y)$，它是一个具有均匀振幅和零波像差的方形孔径。J_{11} 分量的非零部分表示光瞳边缘的水平偏振器，而 J_{22} 分量表示占据光瞳中心 2/3 的垂直偏振器。

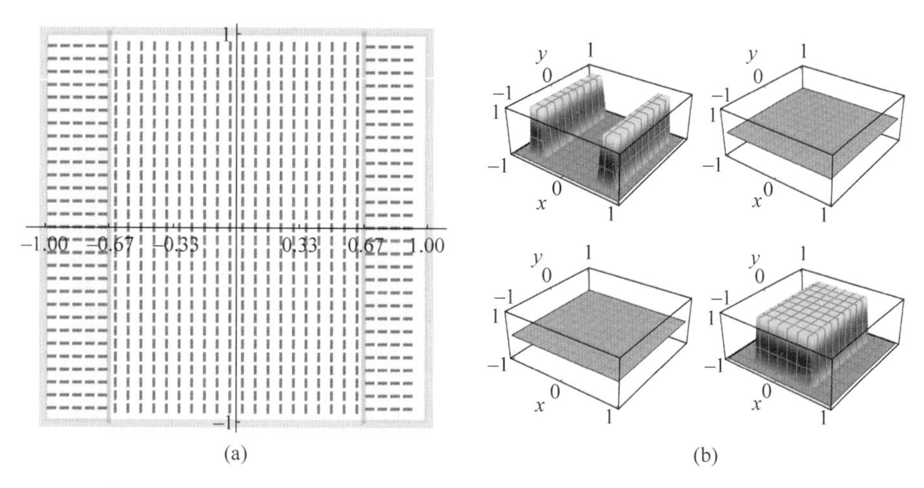

图 16.21　(a)显示了一个方形孔，其中心 2/3 填充有垂直偏振器，其余部分填充有水平偏振器。(b)显示了无波像差且振幅均匀的方形孔径的 $JP(x,y)$。方形中心的 2/3 是垂直偏振器，其余部分是水平偏振器

使用式(16.6)计算该条状偏振器系统的琼斯 **ARM**，其结果如图 16.22 所示，J_{11} 分量(图(a))和 J_{22} 分量(图(b))如图 16.23 所示。因为每个琼斯光瞳元素都是偶函数，所以琼斯 **ARM** 的每个元素都是实数。J_{11} 分量类似于干涉图案，因为 $JP(x,y)$的水平偏振器部分相当于沿 x 轴分离的双狭缝。由于垂直偏振的孔径相当于沿 y 轴具有更宽尺寸的单个狭缝，因此 **ARM** 的 J_{22} 分量是 x 和 y 方向具有不同宽度的 sinc 函数。因此，**ARM** 的 J_{22} 分量沿 x 轴比沿 y 轴更宽。

如图 16.1 所示，通过将琼斯 **ARM** 转换为米勒矩阵来计算 **MPSM**。当从水平偏振器观看水平偏振物时，系统的标量 PSF 可通过将 **MPSM** 放在两个水平偏振器米勒矩阵之间来计算，如图 16.24(a)所示。这种标量 PSF 称为水平-水平 **MPSM**。类似地，当通过垂直偏振器观察垂直偏振物时，也可以计算系统的标量 PSF，如图 16.24(b)所示。

米勒 **OTM** 的计算结果如图 16.25 所示。图 16.26 从两个不同的视角显示了 **OTM** 的(0,0)元素。沿 x 方向和 y 方向的传递函数显示出截然不同的轮廓。

图 16.27 在两个不同视图(上一行和下一行)中显示了(图(a))在两个水平偏振器之间观察的米勒 **OTM**(水平-水平 **OTM**)，以及(图(b))在两个垂直偏振器之间观察的 **OTM**(垂直-垂直 **OTM**)。对于水平偏振光，**OTM** 有三个峰值，因为 $JP(x,y)$是一个双缝。对于垂直偏振光，**OTM** 遵循熟悉的三角形状，因为 $JP(x,y)$是具有均匀振幅的矩形孔径。

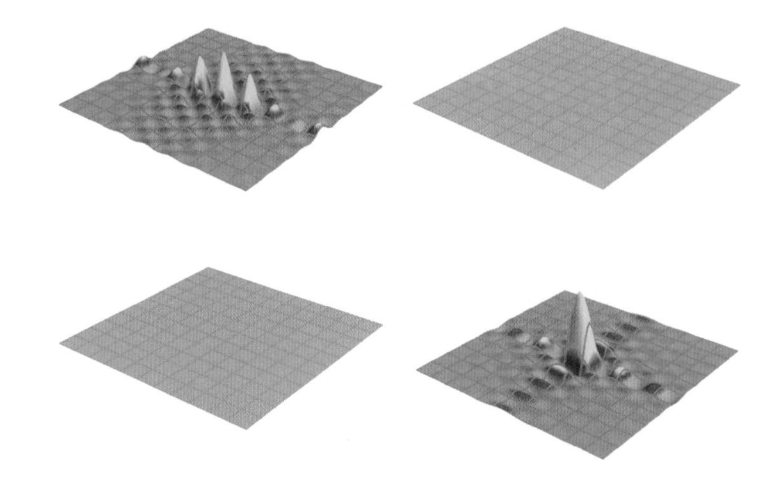

图 16.22 水平/垂直偏振器 $JP(x,y)$的琼斯 **ARM**

图 16.23 (a)该 **ARM** 的(1,1)分量是由水平偏振器双缝 $JP(x,y)$形成的干涉图案。幅值在-4.40和4.71之间变化。(b)**ARM** 的(2,2)分量的夫琅禾费衍射图案是由垂直偏振器作为矩形单缝$JP(x,y)$产生。幅值在-2.04和9.42之间变化

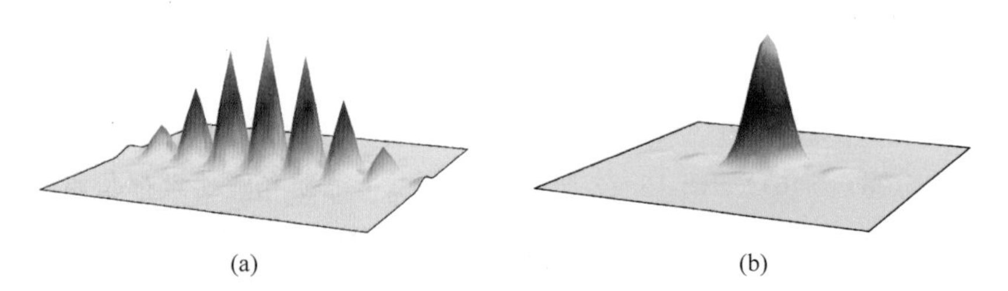

图 16.24 (a)在两个水平偏振器之间观察的条状偏振器系统的 PSF,是一个双缝干涉图案,最大和最小强度分别为22.18和0。(b)在两个垂直偏振器之间观察到的 PSF,最大和最小强度分别为88.66和0

考虑由如图16.28所示的三杆(条状物)组成的非偏振物体。将光学系统的米勒 **OTM** 乘以物的傅里叶变换,可计算像的斯托克斯参数的傅里叶变换,

$$\mathfrak{F}\begin{pmatrix} s_{i,0} \\ s_{i,1} \\ s_{i,2} \\ s_{i,3} \end{pmatrix} = \mathbf{OTM} \cdot \mathfrak{F}\begin{pmatrix} s_{o,0} \\ s_{o,1} \\ s_{o,2} \\ s_{o,3} \end{pmatrix} \tag{16.15}$$

其中非偏振物是$S_o=(g(x,y)\ 0\ 0\ 0)^T$,$g(x,y)$是物的光强,如图16.28所示。物$g(x,y)$的空间频率为如图16.24(a)所示系统的水平-水平 **MPSM** 空间频率的一半。

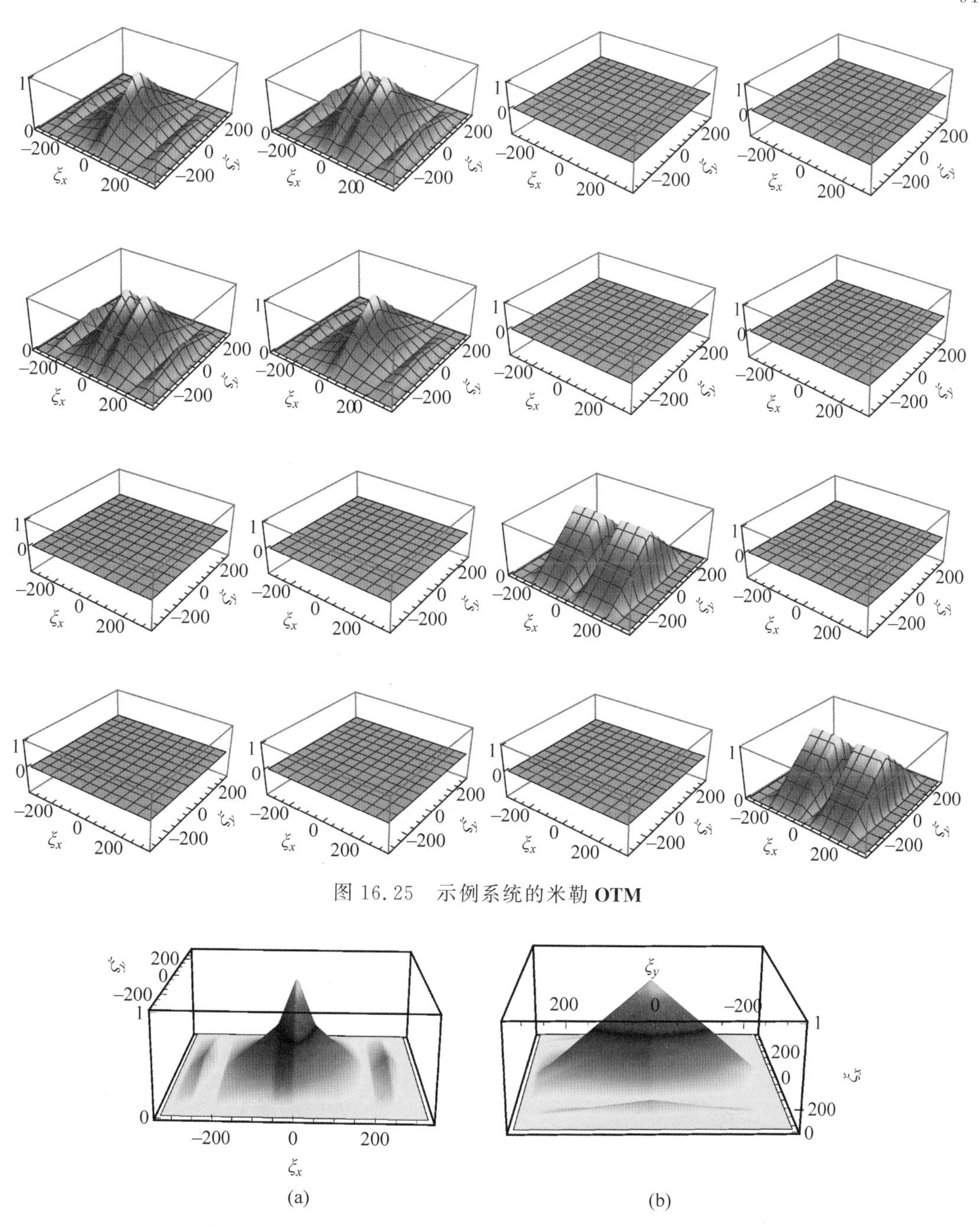

图 16.25　示例系统的米勒 **OTM**

(a)　　(b)

图 16.26　当非偏振物进入示例系统时，沿 y 轴(a)和 x 轴(b)查看标量 OTF 的两个视图，显示不同的分辨率。(a)在大约每毫米 200 线对的位置，**OTM** 归零，一个空间频率带完全消失

然后，式(16.15)的逆傅里叶变换给出了物的像。由于米勒 **OTM** 的 m_{00} 和 m_{10} 分量不为零，因此非偏振物体有两个正交偏振分量，水平的和垂直的，如图 16.29 所示。

像的水平和垂直分量完全不同。对于垂直分量，由于光学系统有限的孔径尺寸造成的高频损耗，像是三杆物体的模糊版本。这很简单，可以从标量 PSF/OTF 计算中观察到。然而，像的水平部分需要更多的解释。由于物的空间频率为系统的水平-水平 **MPSM** 的一半，因此物的傅里叶变换的频率为系统的水平-水平 **OTM** 的两倍。这就是为什么像的水平偏振

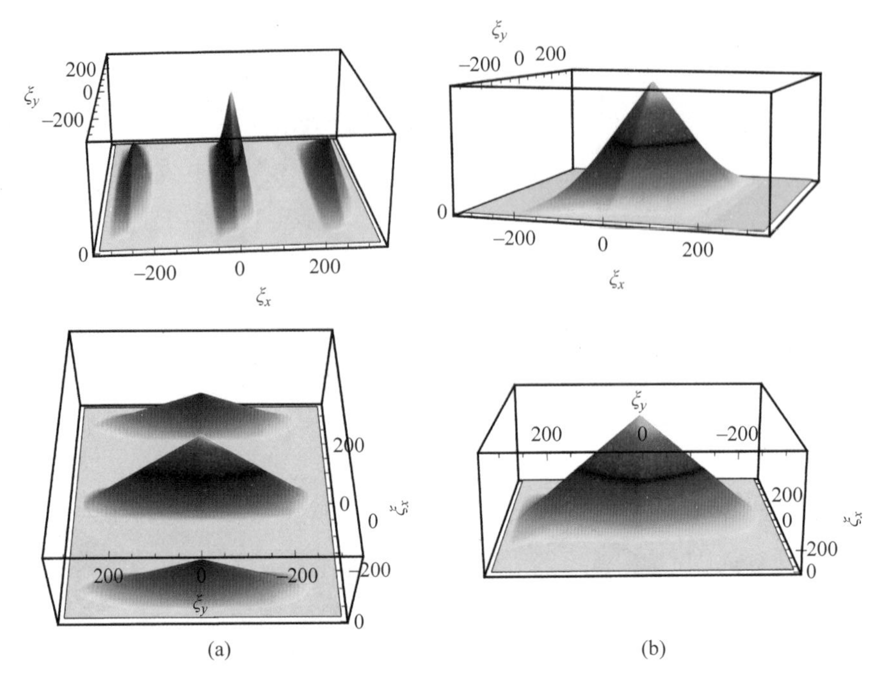

图 16.27 (a) 两个水平偏振器之间看到的米勒 **OTM**,(b)两个垂直偏振器之间看到的米勒 **OTM**。H-H **OTM** 的中心峰值为 0.325,V-V **OTM** 的中心峰值为 0.675

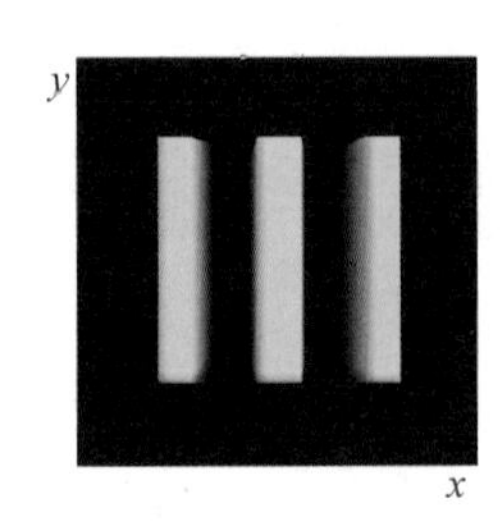

图 16.28 非偏振物体的斯托克斯参数 s_0 为 $g(x,y)$,绘制了三条垂直杆

图 16.29 以相同比例绘制的(a)像的水平偏振分量和(b)像的垂直偏振分量

分量不显示任何峰值(或物的空间频率),而是有一个显示物的模糊扩展的包络。因此,可以看出如何使用光学系统的 **MPSM**/**OTM** 来理解偏振相关的像。

16.10 例子——实体角锥回射器

偏振成像的一个有趣例子是实心的角锥后向反射器(CCR),由于三个背面的全内反射(TIR),其具有较大的偏振像差。首先,使用中等折射率玻璃($n=1.6$)分析典型的 CCR。实心角锥棱镜首选更高的折射率,因为这样视场更大,视场的大小受 TIR 限制。然后,从理论上考虑了在临界角下工作的低折射率($n=1.227$)角锥棱镜。

CCR 由三个相互垂直的反射面组成。如图 16.30 所示，角锥棱镜(显示为红色)实际上是立方体的角。对于实心玻璃立方体，折射进入正面的光线在背面经过三次 TIR，然后传播向量反转离开正面。对于正入射光线，三个反射面的入射角(AOI)为 $\arccos(1/\sqrt{3})=54.74°$。对于 $n=1.6$ 的角锥棱镜例子，这些光线经历了三个线性延迟 $\delta=48.94°$，但每个延迟位于不同的方向；因此，它们级联成一个椭圆延迟器。

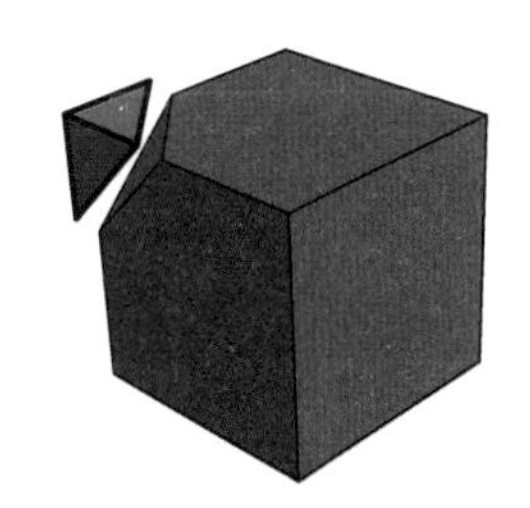

图 16.30　角锥棱镜后向反射器(红色)有三个相互垂直的反射面。折射进入前表面的光线反射三次，并沿其入射传播矢量反向离开前面，从而使光线后向反射

图 16.31 显示了 CCR 每个表面的编号方式。CCR 中有六个子孔径；根据入射光线在面 1 中的位置，存在六条不同的光线路径。六条光线路径中的每一条的延迟器本征态都不同。图 16.32 列出了看向 1 号面的六个子孔径的表面截点顺序。进行了 Polaris-M 偏振光线追迹，图 16.33 显示了三种不同偏振态(不同行)下六个子孔径(每个子孔径位于不同列)的偏振演变。偏振椭圆以三维形式显示在每个面之后。对于上面两行中的线性偏振态，出射光始终为椭圆偏振态。图 16.34 显示了另外三条光线的偏振传播。

图 16.35 描绘了通过偏振光线追迹计算的琼斯光瞳的幅值和相位。图 16.36 显示了每个子孔径的三维偏振光线追迹(PRT)矩阵的特征向量。由于这些是用于后向反射的 PRT，因此偏振椭圆与传播矢量相关联，该传播矢量与入射传播矢量方向相反。每个子孔径的椭圆率相同。椭圆的主轴在子孔径之间旋转 120°。

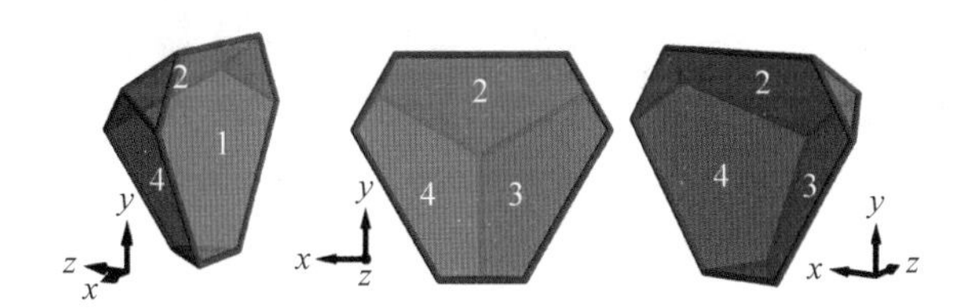

图 16.31　CCR 的前表面编号为 1，光在前表面进入和出射，三个反射面编号为 2、3 和 4

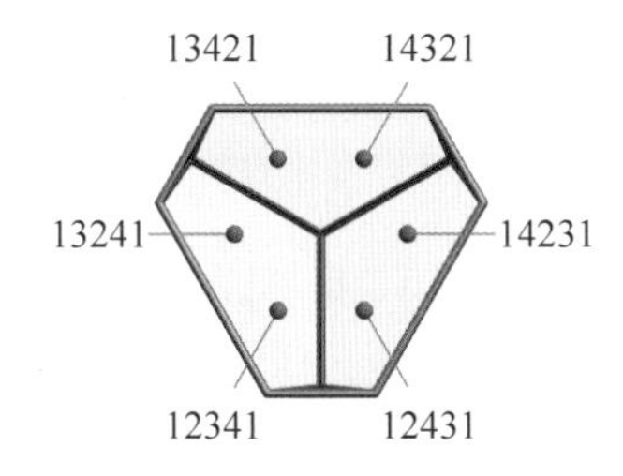

图 16.32　根据光线进入正面的位置，它会遇到图中所标注的不同顺序的表面反射。角锥棱镜出瞳包含六个不同的子孔径

假设六角孔径的振幅透射率为 $a(x,y)=1$ 且无波前像差 $W(x,y)=0$，则远场衍射图，即由 $JP(x,y)$ 的离散傅里叶变换计算的琼斯 **ARM**，如图 16.37 所示。图(c)椭圆图是水平

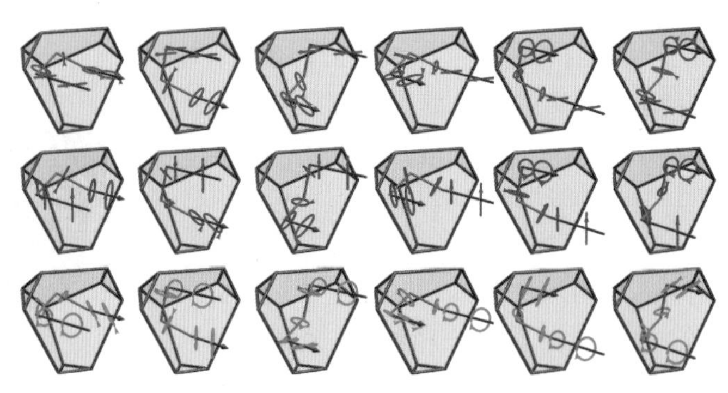

图 16.33 水平(上一行)、垂直(中间行)和左旋圆偏振(第三行)入射光束通过 CCR 的偏振传播,以三维形式显示在每个表面后面。每列表示六个子孔径之一的偏振传播

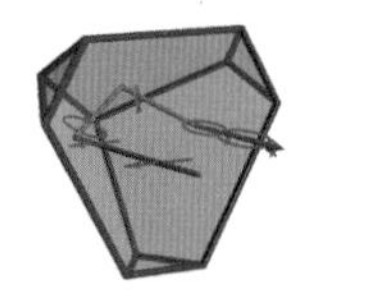
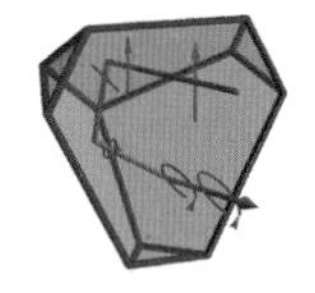
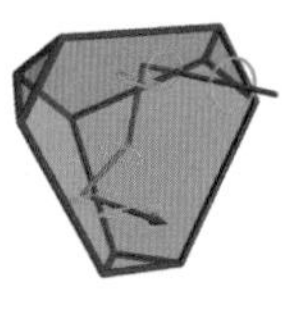

图 16.34 对于三种不同的入射偏振态,显示了沿三条不同光线路径的偏振变化

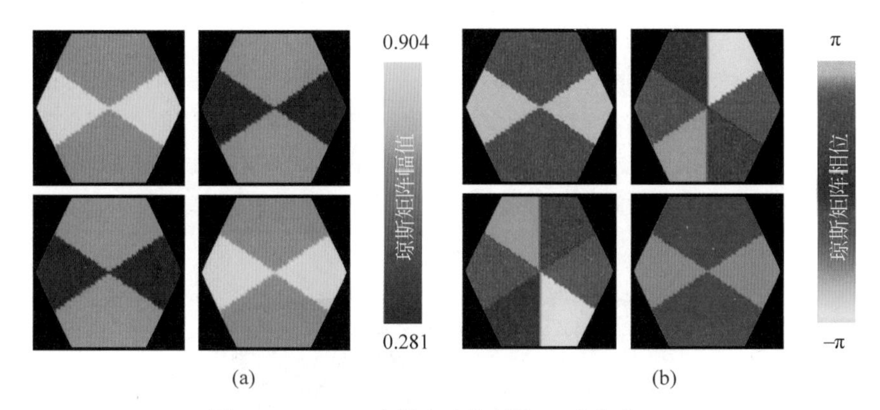

图 16.35 CCR 琼斯光瞳的幅值(a)和相位(b)

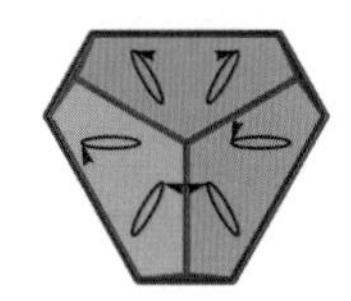
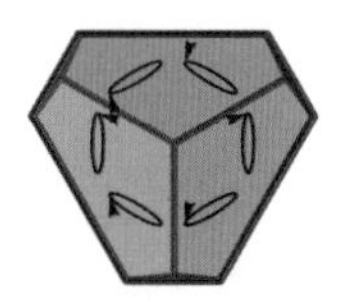

图 16.36 每个子孔径的两个本征偏振态

偏振点源的琼斯矢量图。与图 16.16 不同,由于琼斯 **ARM** 的非对角元素在大小上与对角元素相当,因此图像的偏振在方向和椭圆率上具有实质性的空间变化。有趣的是,在蓝色虚线圆圈的半径处,图 16.37(c)显示了线性偏振的 720°旋转。

通过将琼斯 **ARM** 转换为米勒矩阵图像(图 16.38)来计算 **MPSM**。第一列包含非偏振点源的斯托克斯图像。m_{00} 元素在中央峰周围有六个次峰。m_{10} 和 m_{20} 元素显示,同一蓝色虚线半径处的光具有线性偏振,该偏振围绕中心旋转 540°(由于六个交替的旁瓣)。因此,即使非偏振光的 PSF 也有部分偏振的区域。

对 **MPSM** 的每个元素进行离散傅里叶变换,计算出米勒矩阵光学传递矩阵(**MOTM**)。

调制传递矩阵和相位传递矩阵的元素如图 16.39 所示。由于这种大的偏振像差，成像离衍射受限差得很远。例如，m_{00} 元素与衍射受限传递函数不同。

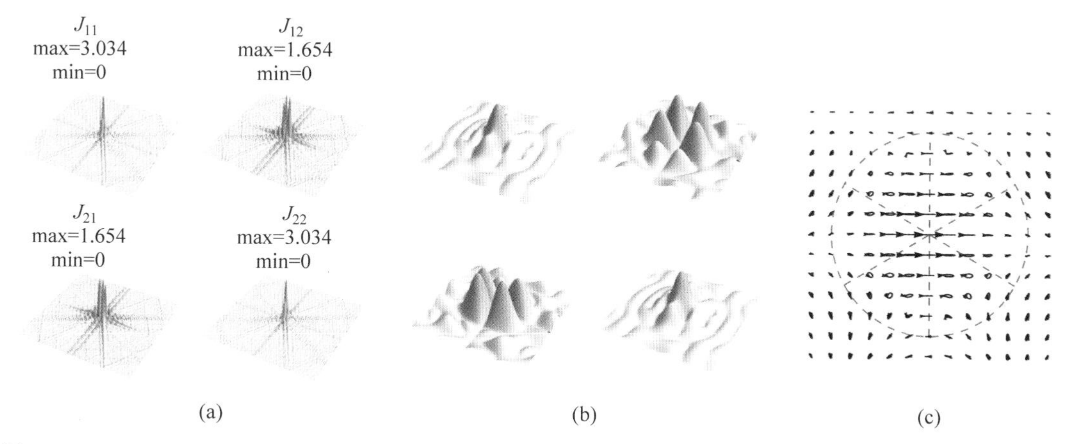

图 16.37　$n=1.6$ CCR 的(a)琼斯 **ARM** 的幅值以及(b)中心放大的视图。(c)水平偏振点源的琼斯矢量图，并且绘制了蓝色虚线，表示六个子孔径方向。沿着蓝色虚线圆圈，可观察到线性偏振的720°旋转

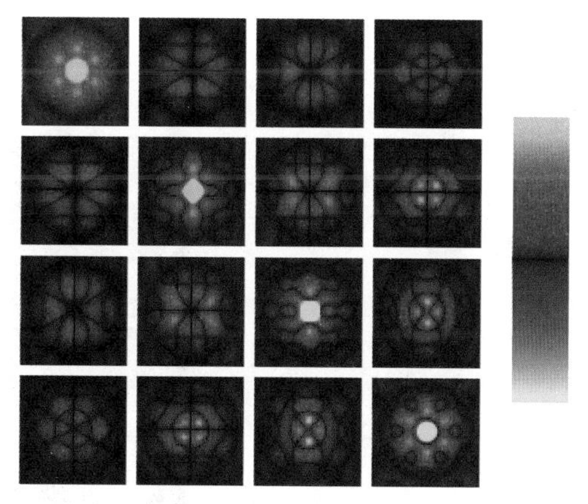

图 16.38　$n=1.6$ CCR 的米勒点扩展矩阵，显示了入射和出射斯托克斯参数之间大量和复杂的偏振耦合。图像过度曝光，以显示暗淡区域的结构

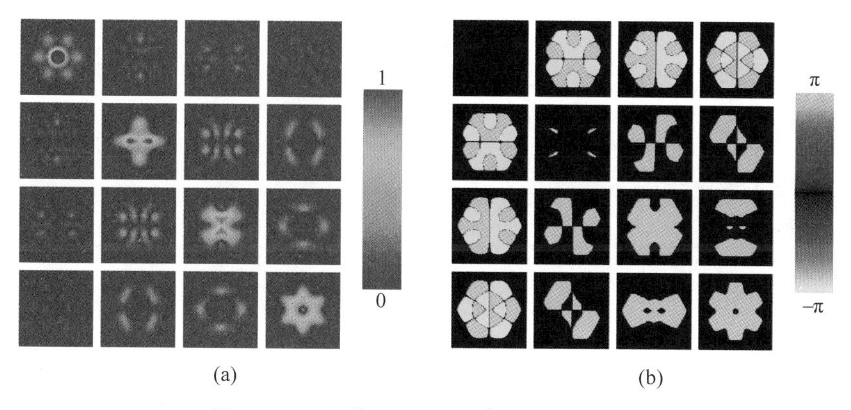

图 16.39　米勒 **OTM** 的幅值(a)和相位(b)

16.11 例子——临界角角锥回射器

通过调节折射率可以构造无延迟的角锥镜，对于正入射光使它的三次反射工作于临界角。这个临界角角锥回射器在所有六个子孔径中都具有非常有趣的旋转线偏振的特性。由于入射角为 54.73°，该角锥镜的折射率为 $n_c=1.2247$。TIR 与延迟有关联，延迟随入射角迅速变化，如图 16.40 所示(针对 n_c)。在临界角处，延迟为零，反射为理想的非偏振反射，$r_s=1$ 和 $r_p=1$。由于轴上光线在三个光线截点处的延迟为零，因此这个角锥镜似乎是非偏振的。然而，当光束改变方向三次并被回射时，偏振态会发生旋转。这种偏振的变化称为几何变换或倾斜像差。该几何变换用第 17 章(平移和延迟计算)中的 $\boldsymbol{Q}$ 矩阵方法进行计算，并被理解为倾斜像差，如第 18 章(倾斜像差)中的讨论。在图 16.40 中，注意，在临界角处，延迟的斜率无穷大；因此，实际工作于临界角度下将需要一个不可能实现的完全准直和完全对准的光束，这使得它不切实际。然而，这个角锥镜的理论性质给出了一个有趣的偏振像差例子。

几何变换描述了当每条光线在非偏振表面折转或反射时，偏振如何变化(无二向衰减和延迟)。几何变换不会改变电场的椭圆率或振幅。由于每个光线截点处的延迟为零，临界角 CCR 没有偏振像差，只有几何变换。图 16.41 显示了过临界角 CCR 的光线网格的琼斯光瞳。

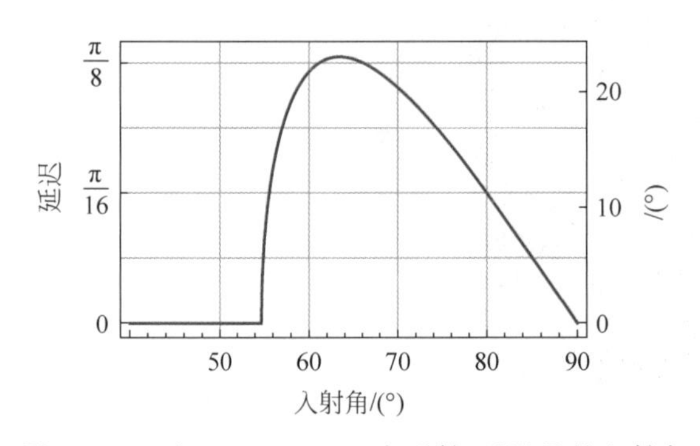

图 16.40　对于 $n_c=1.2247$ 内反射，延迟量是入射角的函数

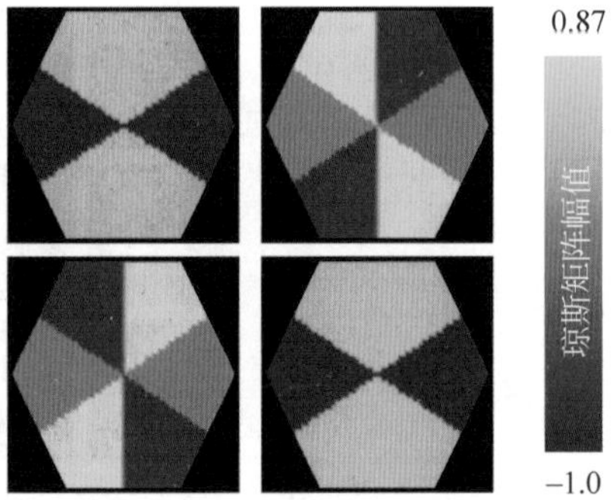

0.87
琼斯矩阵幅值
−1.0

图 16.41　临界角 CCR[①] 的琼斯出瞳都是实数值，对应于三对不同的圆延迟器

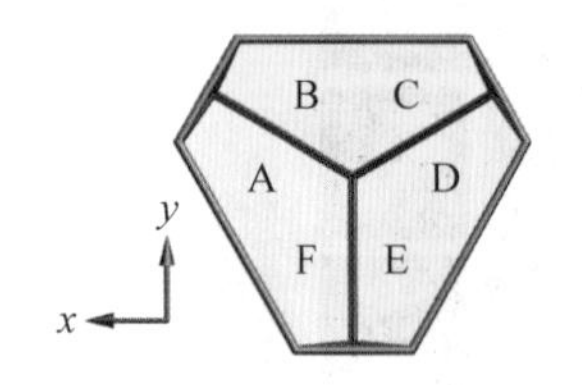

图 16.42　CCR 子孔径的标注

此琼斯光瞳仅包含实值，因为琼斯光瞳元素的相位为 π 或 −π。每个三角形子孔径(图 16.42)都有一个琼斯矩阵，它是沿 z 轴的旋转矩阵，旋转量为 0°、120°和 240°。相对的子孔径的琼斯矩阵是相同的，

$$\boldsymbol{J}_A,\boldsymbol{J}_D=\begin{pmatrix}-1 & 0\\ 0 & -1\end{pmatrix}$$

① 使用 CCR 的入射和出射传播矢量定义的局部坐标计算琼斯光瞳。

$$
\begin{aligned}
\boldsymbol{J}_B, \boldsymbol{J}_E &= \begin{pmatrix} 1/2 & -\sqrt{3}/2 \\ \sqrt{3}/2 & 1/2 \end{pmatrix} \\
\boldsymbol{J}_C, \boldsymbol{J}_F &= \begin{pmatrix} 1/2 & \sqrt{3}/2 \\ -\sqrt{3}/2 & 1/2 \end{pmatrix}
\end{aligned}
\tag{16.16}
$$

因此，琼斯光瞳的每个子孔径都有一个圆延迟器琼斯矩阵，该矩阵将所有偏振态旋转 0°、120°和 240°，如图 16.43 所示，显示了三次反射后的偏振旋转。所有三次反射在临界角处都是完美的全内反射。因此，反射光的所得圆延迟仅由光线路径的几何形状引起。出射面周围的偏振旋转为 0°、120°和 240°。

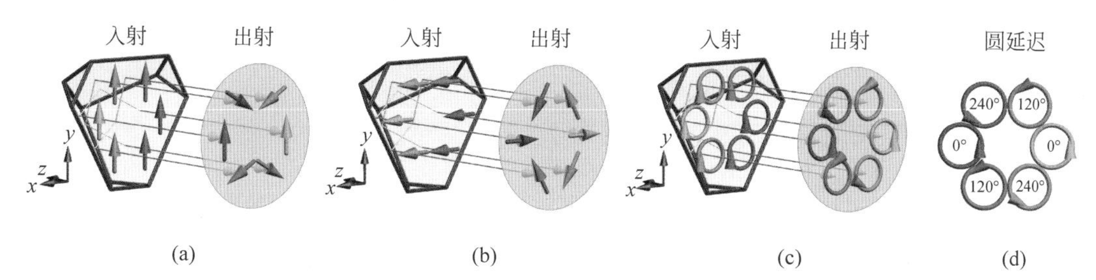

图 16.43　(a)～(c)入射到入射面不同区域的六条光线在角锥内沿不同的路径行进，并且对于垂直、水平和圆偏振入射光，对应的出射态具有不同的偏振旋转量。(c)角锥镜产生的圆延迟改变了圆偏振入射光的绝对相位。圆延迟量取决于角锥镜内部的光线路径。(d)在出瞳中诱导圆延迟相关的旋转为 0°、120°和 240°

临界角 CCR 的这些性质和对称性产生了一个很有意思的振幅响应矩阵，如图 16.44(a)所示，这是作者见过的最有趣和对称的矩阵之一。分析表明，**ARM** 处处都有圆延迟器琼斯矩阵。图 16.44(b)绘制了 **ARM** 的圆延迟量。**ARM** 的中心是完全暗的，因为光的三个成分，例如 0°、120°和 240°，会产生相消性干涉。在一个小圆周围，从图形中心到边缘约 0.25 处，观察到围绕光瞳的 8π 延迟量变化；这将导致线偏振在该半径处围绕光瞳有稳定的 4π 旋转。圆延迟在水平和垂直方向上为零，在＋60°径向上有 2π/3 延迟，沿－60°方向上有－2π/3 延迟。沿着每条这些线，在 **ARM** 的零点处发现两个偏振奇点；在 x 轴上，从图中心到边缘约 0.5 和 0.8 处发现奇点。围绕这两个零之间的圆移动(在 x 轴上约 0.65)，观察到连续的 16π 延迟量变化。

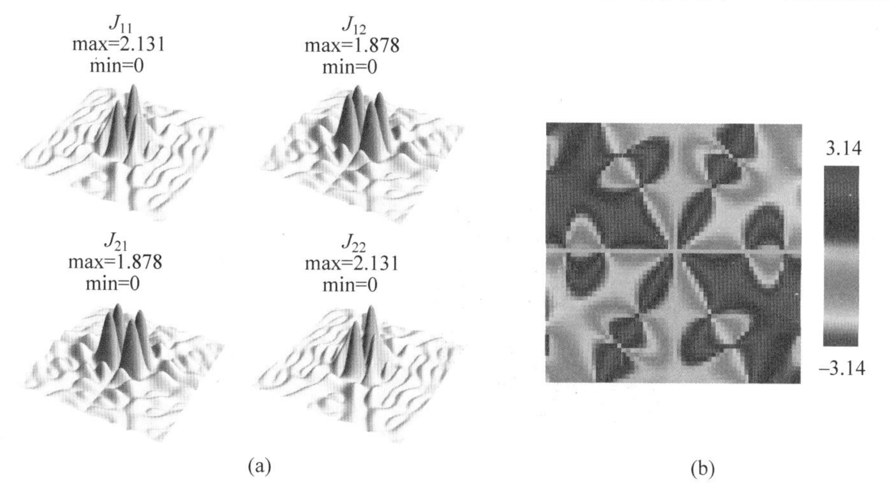

图 16.44　(a)振幅响应矩阵的幅值为纯实数。(b)临界角角锥镜的圆延迟图，以弧度为单位绘制

对于水平偏振的入射平面波，琼斯 **ARM** 在远场产生的琼斯矢量图，如图 16.45 所示。由于琼斯 **ARM** 的非对角元素，垂直偏振光(图(b))已混合到水平偏振态，并且在像面上存在空间线性偏振变化。图 16.44 中圆延迟图中可见的六个子孔径与图 16.45 中的六个光斑匹配。对于六个光斑中的每一个光斑，可观察到水平偏振态的不同旋转量。

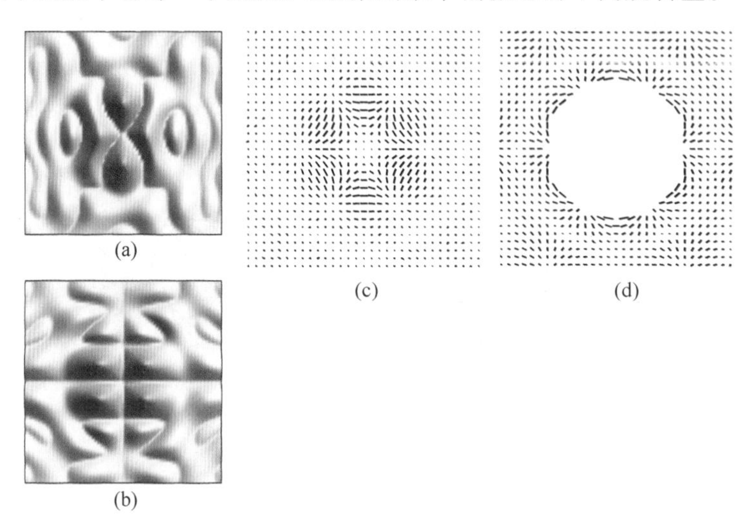

图 16.45　在水平偏振光入射下，临界角角锥镜的衍射图样显示出一个暗中心和六个内部光斑，分别位于 0°、120°和−120°方向。琼斯 **ARM** 矢量的 x 振幅(a)和 y 振幅(b)显示了一个复杂的结构，当表示为偏振椭圆(c)时，它清楚地显示了具有不同偏振态的六个光斑。在衍射图样中六个光斑所在的半径处移动，可观察到线偏振的 720°旋转。(d)将线段长度放大两倍，以显示距离中心更远的更多偏振结构；抑制了中心的线段。由于琼斯 **ARM** 矩阵在任何地方都是纯的圆延迟器，因此该衍射图案在任何地方都是线偏振的，没有椭圆偏振

临界角 CCR 的 **MPSM** 如图 16.46 所示。最上面一行的三个零元素表明光强分布与入射偏振态无关，没有二向衰减。第一列显示，对于非偏振入射光，像处处都是非偏振的，没有偏振化。第一列和最后一列显示右旋圆偏振的点光源生成右旋圆偏振的像点，而左旋圆偏振的物形成左旋圆偏振的像。中间的四个元素特别有趣，具有空间变化的圆延迟器的形式。对于线偏振光源，像处处都是线偏振的，并具有旋转的偏振态。对于圆偏振的物，**MPSM** 给出圆偏振像的斯托克斯参数，与物的手性相同，与 $n=1.6$ 的 CCR 相反。对于所有偏振态，**MPSM** 在中心是暗的；右旋圆偏振点光源将得到右旋圆偏振像点，而非偏振点光源将得到非偏振像点。

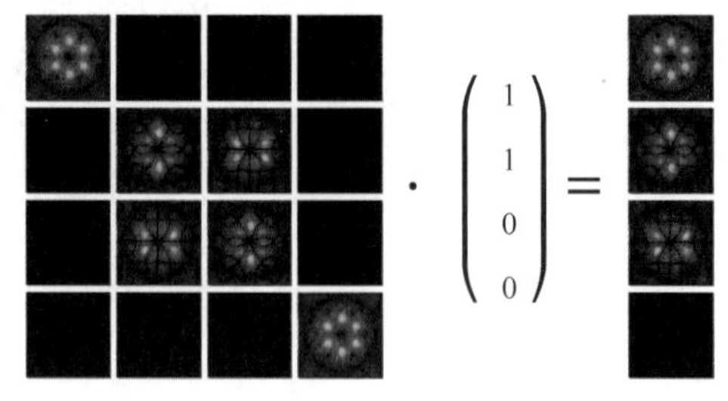

图 16.46　临界角 CCR 的 **MPSM**(左)，作用在水平线偏振的斯托克斯参数上，形成了一个斯托克斯参数在空间上变化衍射图案，对应于偏振方向的变化

图 16.47 显示了米勒 **OTM** 的幅值(a)和相位(b)。再次,对于所有空间频率和方向,**MPSM** 是圆延迟器。**OTM** 仅包含相位为 0 或 π 的实值。图 16.48 显示了米勒 **MTM** 沿水平方向的横截面。

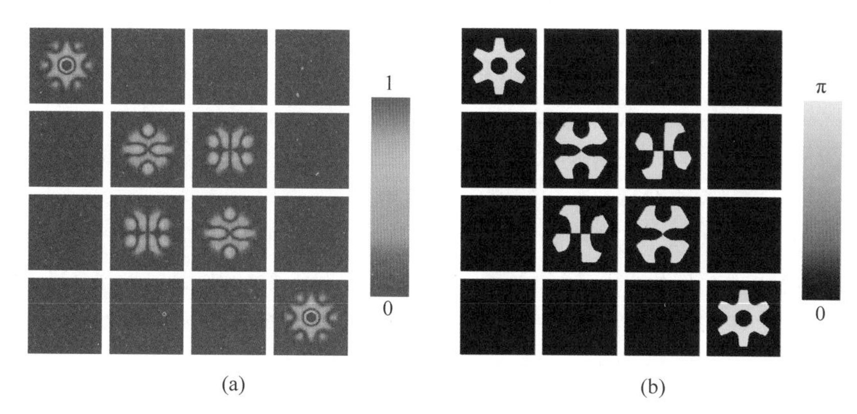

图 16.47　临界角 CCR 的米勒 **MTM**(a)和 **PTM**(b),过度曝光以显示微弱结构

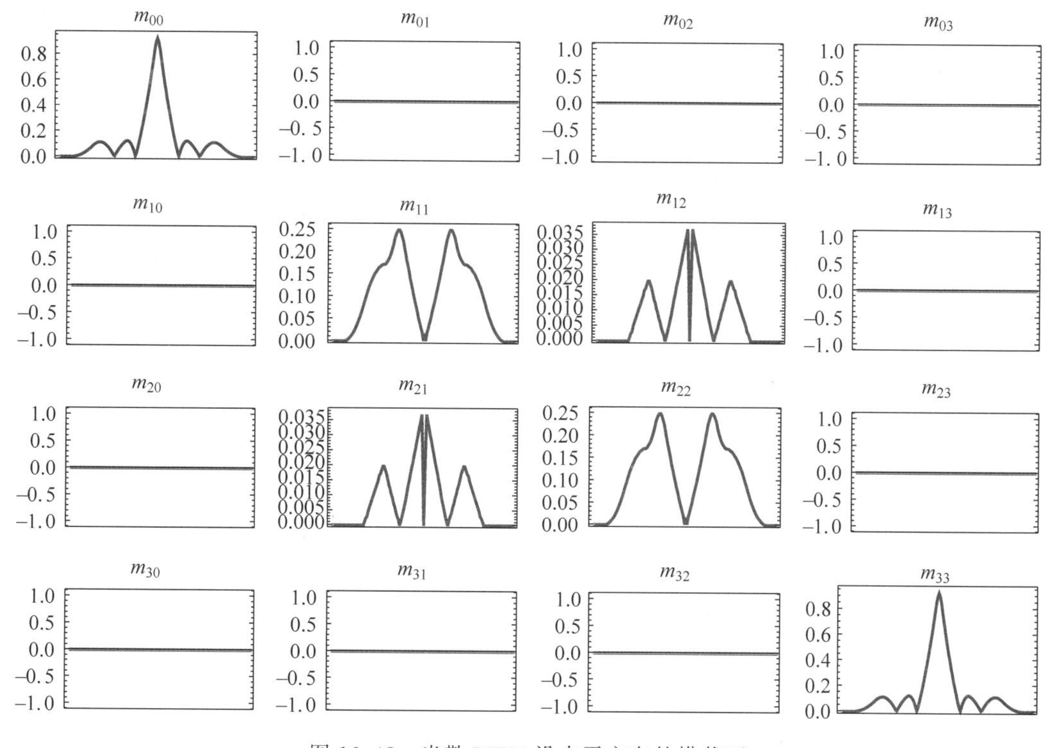

图 16.48　米勒 **MTM** 沿水平方向的横截面

临界角 CCR 提供了一个独特的偏振成像例子。它的作用只是在子孔径之间旋转偏振态,从而产生复杂且高度对称的 PSF 和 OTF。即使临界角 CCR 没有延迟或二向衰减,也会出现类似圆延迟的偏振变化。第 17 章(平移和延迟计算)和第 18 章(倾斜像差)更详细地探讨了这种内在几何变换。

16.12 讨论和结论

成像系统的分析已被推广到包含偏振像差。光学系统由孔径函数、振幅函数、波前像差和偏振像差来描述,这些像差被组合成 $JP(x,y)$。描述相干光学系统成像的 **ARM** 可以通过将 DFT 应用于 $JP(x,y)$的四个元素中的每一个来计算。对于非相干成像系统,可以通过将琼斯 **ARM** 转换为米勒矩阵来计算 **MPSM**。进一步用 DFT 可得到所有入射和出射斯托克斯参数对之间的米勒 **OTM** 形式的调制传递函数。

琼斯 **ARM**、**MPSM** 和米勒 **OTM** 提供了包含偏振像差的成像质量的完整描述。通常,这些矩阵需要简化为相应度量的标量版本。当物的琼斯矢量应用于琼斯 **ARM** 并通过线偏振器观察时,琼斯 **ARM** 可以简化为 ARF。类似地,通过将物的斯托克斯参数应用于相应的米勒矩阵并通过偏振器观察图像,可将 **MPSM** 或 **OTM** 简化为 PSF 和 OTF。

ARM、**MPSM** 或 **OTM** 中的非对角元素描述了像的偏振分量之间的耦合。非对角元素相对于对角元素的相对大小表示像面上发生的偏振混合量。例如,卡塞格林望远镜系统的偏振态之间的耦合很小,因此,像的偏振几乎与物偏振态相同。两个角锥后向反射器的 **ARM**、**MPSM** 和 **OTM** 中有明显的非对角元素,因此,在它们的像中观察到大量空间变化的偏振耦合。

16.13 习题集

16.1 对以下数组 u 进行一维离散傅里叶变换。辨认函数为 sin、cos、常量等。

a. $u=(\sqrt{2},0)$

b. $u=(0,2,0,2)$

c. $u=(0,2\mathrm{i},0,-2\mathrm{i})$

d. $u=(0,0,4,0)$

e. $u=(0,0,2\sqrt{2},0,0,0,0,0)$

f. $u=(4,0,0,0,2,0,0,0,0,0,0,0,2,0,0,0)$

16.2 计算以下采样函数 $u_{q,r}$ 的二维离散傅里叶变换 $U_{s,t}$。辨析函数为 sin、cos、常量等。

a. $U=\begin{pmatrix}4&0&0&0\\0&0&0&0\\0&0&0&0\\0&0&0&0\end{pmatrix}$, b. $U=\begin{pmatrix}0&0&0&0\\0&2&0&0\\0&0&0&0\\0&0&0&2\end{pmatrix}$, c. $U=\begin{pmatrix}0&0&0&0\\2&0&0&0\\0&0&0&0\\2&0&0&0\end{pmatrix}$,

d. $U=\begin{pmatrix}0&2&0&2\\2&0&0&0\\0&0&0&0\\2&0&0&0\end{pmatrix}$, e. $U=\begin{pmatrix}0&2&0&2\\2&0&2&0\\0&2&0&2\\2&0&2&0\end{pmatrix}$,

$$\text{f. } U=\begin{pmatrix}0&0&0&0&0&0&0&0\\0&0&0&0&0&0&0&0\\0&0&0&0&0&0&0&0\\0&0&0&0&0&0&0&0\\0&0&4&0&0&0&4&0\\0&0&0&0&0&0&0&0\\0&0&0&0&0&0&0&0\\0&0&0&0&0&0&0&0\end{pmatrix},\quad \text{g. } U=\begin{pmatrix}0&0&0&0&0&0&0&0\\0&0&0&0&0&0&0&0\\0&0&0&0&0&0&0&0\\0&0&0&0&0&0&0&0\\0&0&0&0&8&0&0&0\\0&0&0&0&0&0&0&0\\0&0&0&0&0&0&0&0\\0&0&0&0&0&0&0&0\end{pmatrix}$$

四元素的采样函数可以描述的最高频率的波是什么？八元素的采样函数呢？

16.3　按照以下步骤计算延迟离焦的 **PSM**。为偏振像差“延迟散焦”计算点扩展函数。假设均匀照明的圆孔径没有波前像差，延迟离焦量大小 δ_{mag} 为 1rad，出瞳直径为 2mm。在 $\boldsymbol{J}(x,y)$ 中，延迟器的琼斯矩阵已展开为线性和二次泰勒级数项。

$$a(x,y)=1$$

$$\boldsymbol{J}(x,y)=\begin{pmatrix}1-\dfrac{\mathrm{i}\delta_{\text{mag}}(x^2-y^2)}{2} & -\mathrm{i}\delta_{\text{mag}}xy\\ -\mathrm{i}\delta_{\text{mag}}xy & 1-\dfrac{\mathrm{i}\delta_{\text{mag}}(-x^2+y^2)}{2}\end{pmatrix}$$

$$W(x,y)=0$$

使用计算机程序（MATLAB 或 Mathematica）创建奇数维（如 129×129）的光瞳阵列。

a. 创建一个有 33 条光线穿过圆形出瞳的出瞳阵列，并用 0 填充到 129×129。绘制 2×2×129×129 琼斯光瞳的实部和虚部。

b. 计算 2×2×129×129 振幅响应矩阵（**ARM**），即相干点扩展函数的琼斯矩阵形式。每个 129×129 的 2×2 琼斯光瞳元素分别进行傅里叶变换。绘制 2×2×129×129 **ARM** 的实部和虚部。

c. 计算并绘制 4×4×129×129 的 **MPSM**。

根据 a 部分和 b 部分中的振幅响应矩阵，回答以下问题：

d. 如果用水平偏振光照射光学系统，并通过垂直偏振器观察，相干点扩展函数的形式是什么？

e. $\boldsymbol{J}_{xx}$ 元素存在什么波前像差？它与 $\boldsymbol{J}_{yy}$ 元素中的像差相比如何？

f. 描述并解释“水平入射-水平分析”相干点扩展函数和“垂直入射-垂直分析”相干点扩展函数之间的差异。

根据 c 步骤中的 **MPSM**，回答以下问题：

g. 非偏振点光源的像的偏振态是什么？

h. 点扩散函数（S_0 分量）的强度分布如何依赖于入射偏振态？

16.4　参考图 16.35 和图 16.37。当右旋圆偏振光入射时，像的中心是右旋圆偏振的还是左旋圆偏振的？为什么？第一个衍射环中的六个光斑是否具有与中心相同的偏振？

16.5　图 16.46 显示了 CCR **MPSM** 作用于水平偏振光后的出射斯托克斯参数。将入射偏振态与下面的出射斯托克斯参数匹配。

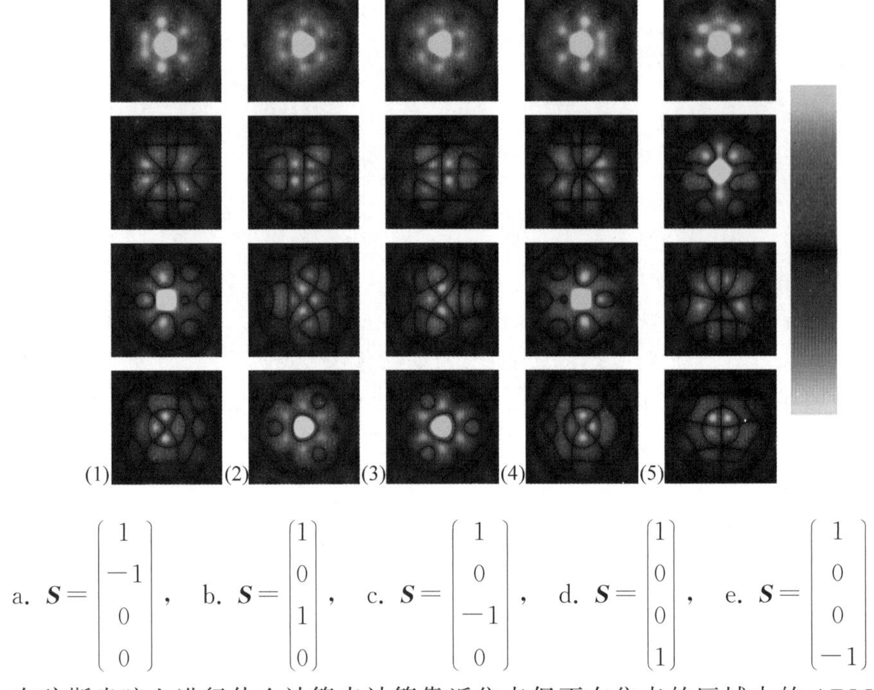

a. $\boldsymbol{S}=\begin{pmatrix}1\\-1\\0\\0\end{pmatrix}$, b. $\boldsymbol{S}=\begin{pmatrix}1\\0\\1\\0\end{pmatrix}$, c. $\boldsymbol{S}=\begin{pmatrix}1\\0\\-1\\0\end{pmatrix}$, d. $\boldsymbol{S}=\begin{pmatrix}1\\0\\0\\1\end{pmatrix}$, e. $\boldsymbol{S}=\begin{pmatrix}1\\0\\0\\-1\end{pmatrix}$

16.6 在琼斯光瞳上进行什么计算来计算靠近焦点但不在焦点的区域中的 **ARM**?

16.7 考虑涡旋延迟器,它们是半波线性延迟器,它们的快轴围绕中心旋转 $m/2$ 次。它们的琼斯矩阵是

$$\boldsymbol{J}_m=\begin{pmatrix}\cos(m\cdot\arctan(x,y)) & \sin(m\cdot\arctan(x,y))\\ \sin(m\cdot\arctan(x,y)) & -\cos(m\cdot\arctan(x,y))\end{pmatrix}$$

延迟光瞳图如下所示:

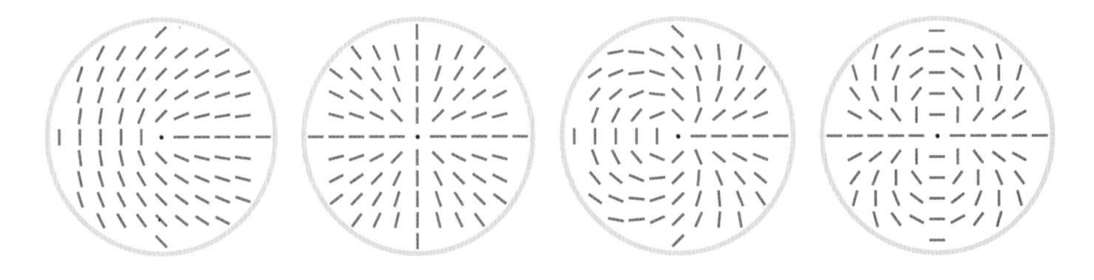

计算 $m=1$、2、3 和 4 的琼斯矩阵的 **PSM**。

16.8 波长为 500nm 的准直光束入射到沃拉斯顿棱镜上的 1mm×1mm 方形孔径上,具有以下偏振像差函数和光瞳函数:

$$a(x,y)=1$$

$$\boldsymbol{J}(x,y)=\begin{pmatrix}\exp(-\mathrm{i}\pi x/1) & 0\\ 0 & \exp(\mathrm{i}\pi x/1)\end{pmatrix}$$

$$W(x,y)=0$$

棱镜后面是一个非偏振镜头。出瞳距离像面 100mm。在尺寸为 2×2×199×199 的琼斯光瞳中,在孔径上选取九个像素。

a. 计算 2×2×199×199 的琼斯光瞳。绘制刚好大于光瞳的区域的幅值和相位。

b. 计算 2×2×199×199 振幅响应矩阵。绘制 **ARM** 中心的幅值和相位图。

c. 绘制水平偏振入射光的振幅点扩展函数的幅值和相位图(E_x 和 E_y)。仅绘制大部分光所在的中心区域。

d. 绘制垂直偏振入射光的振幅点扩展函数中心的幅值和相位图。

e. 绘制 45°偏振入射光的振幅点扩展函数图。

f. 计算并绘制水平偏振入射光的光学传递矩阵。

g. 计算并绘制 45°偏振入射光的光学传输矩阵。

根据 a 步骤中的琼斯光瞳：

h. 存在哪些像差？

根据 c 步骤中水平偏振入射光的振幅点扩展函数：

i. 水平偏振入射光的振幅点扩展函数的偏振态是什么？

根据 d 步骤中垂直偏振入射光的振幅点扩展函数：

j. 垂直偏振入射光的振幅点扩展函数的偏振态是什么？

根据 c 和 d 步骤中的振幅点扩展函数：

k. 水平点扩展函数相对于垂直点扩展函数的位置如何？请做解释。

根据 e 步骤中 45°入射光的振幅点扩展函数：

l. 描述 45°偏振的点扩展函数的偏振态分布。

基于 f 步骤中水平偏振入射光的光学传递矩阵：

m. 偏振像差对像的影响有多大？它能与衍射受限的光学传递函数相比较吗？

根据 g 步骤中 45°偏振入射光的光学传递矩阵：

n. 哪些空间频率被系统滤除掉(完全去除)？

o. **ARM** 上像素之间的间距是多少(以毫米为单位)？

16.14 参考文献

[1] N. Lindlein, S. Quabis, U. Peschel, and G. Leuchs, High numerical aperture imaging with different polarization patterns, Opt. Express 15(9) (2007).

[2] J. P. McGuire and R. A. Chipman, Diffraction image formation in optical systems with polarization aberrations. I: Formulation and example, J. Opt. Soc. Am. A 7(9) (1990).

[3] R. N. Bracewell, The Fourier Transform and Its Applications, Chapter 6, New York: McGraw-Hill Higher Education (2000).

[4] R. W. Ramirez, The FFT, Fundamentals and Concepts, Hoboken, NJ: Prentice Hall (1985).

[5] J. S. Walker, Fast Fourier Transforms, 2nd edition, Boca Raton, FL: CRC Press (1996).

[6] J. W. Goodman, Statistical Optics, New York: Wiley (1985).

[7] J. D. Gaskill, Linear Systems, Fourier Transforms, and Optics, New York: Wiley (1978).

[8] E. Hecht, Optics, 4th edition, Boston, MA: Addison Wesley (2002).

第 17 章

平移和延迟计算

17.1 引言

光学系统延迟的知识提供了出射波前偏振相关性的重要信息[1]。本章开发了一种计算延迟的算法，这是一个巧妙的话题。人们希望有这样一种算法，它将偏振光线追迹矩阵 $\boldsymbol{P}$ 以及相关的输入和输出传播矢量 $\boldsymbol{k}_{\text{in}}$ 和 $\boldsymbol{k}_{\text{out}}$ 作为输入，并返回延迟的大小 δ，以及快、慢态。实际情况并非如此简单，因为过光学系统光路的延迟计算取决于穿过光学系统的整个 $\boldsymbol{k}$ 序列。

在描述光线通过光学系统传播时，折射带来的坐标系变化可以“伪装”为圆延迟，如 17.2.1 节所示。同样，反射带来的局部坐标系变化可以“伪装”为半波线性延迟。需要计算这两个效应并进行修正，以获得正确的延迟计算。本章的目标如下：①仔细考虑延迟的几种不同定义，目的是找到一个足够鲁棒的适用于一般光学设计的定义；②探索横向矢量沿光学系统的光线路径平移有关的局部坐标变换；③提出一种在偏振光线追迹中用 3×3 偏振光学追迹算法计算固有延迟(proper retardance)的算法。该算法将把偏振光线追迹矩阵中描述固有延迟的部分与描述非偏振旋转(几何变换)的部分分离。波前上的几何变换集合就是倾斜像差，这是第 18 章的主题。本章提供了一些例子来强调相关的微妙之处。

术语“延迟”是指光程长度的积累与入射偏振态相关的一种物理性质。经典的延迟器是一种晶体波片，它将光束分成两种模式，使它们具有两种不同的偏振态和两种光程长度[3-5]。延迟量是光程差所对应的相位差，即传播时间差。对于一个波片组合，光程长度可以是多值的，如图17.1所示。这种波片的延迟图需要推广，以包含金属反射和多层薄膜的延迟贡献。第26章(多阶延迟器和不连续性之谜)将详细讨论具有多值光程长度的多阶复合延迟器。

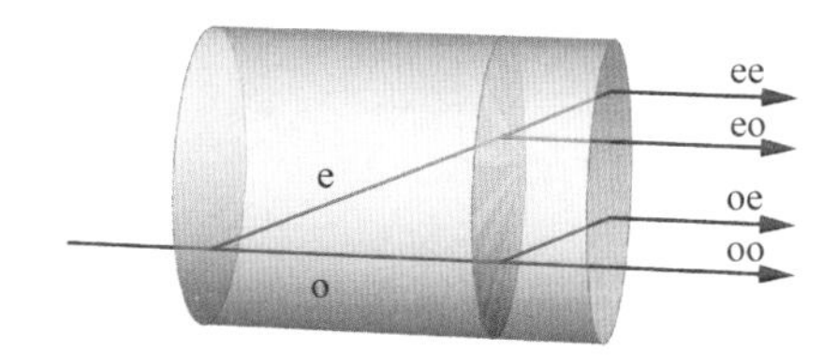

图17.1　除非两个快轴完全平行或垂直，否则两波片构成的序列将产生四个出射光束。在每块晶体中，光束被标示为寻常光(o)或异常光(e)。因此，四个光程长度与通过该双元件延迟器的透射有关

以琼斯矩阵的视角，理想延迟器是用酉矩阵描述的一种装置。酉矩阵有两个正交本征偏振，它们描述了两种与入射光偏振态相同的出射偏振态。依据本征矢量是线偏振的、圆偏振的还是椭圆偏振的，延迟器被称为线性延迟器、圆延迟器或椭圆延迟器。该酉矩阵还具有两个幺模特征值 $e^{-i\phi_1}$ 和 $e^{-i\phi_2}$，它们描述了两个本征偏振的相位变化。延迟量是特征值相位差，$\delta=|\phi_1-\phi_2|$。由于幺模特征值，琼斯矩阵在延迟上是周期性的，延迟量每隔一个波长重复一次，因为在矩阵中

$$\begin{pmatrix}1 & 0\\0 & e^{i\delta}\end{pmatrix}\tag{17.1}$$

其中 y 分量延迟了 δ 弧度。注意这个定义适用于理想延迟器和酉矩阵。延迟和二向衰减的组合，例如来自偏振光线追迹，会产生具有非正交本征偏振的非齐次矩阵。一种做法是把琼斯矩阵分解成厄米部分和酉部分，这可以通过多种方式实现，其中包括极分解、矩阵对数、Lu-Chipman分解(适用米勒矩阵)，它们得到相似但不相同的延迟量、快轴和慢轴。

延迟器和延迟量的另一种描述是这样一类器件或相互作用，它们会致使偏振态以庞加莱球旋转的方式改变；旋转角度为延迟量，庞加莱球的旋转轴为快轴和慢轴[6]。延迟器米勒矩阵是用于斯托克斯参量的旋转矩阵。

延迟在光学系统中是非常重要的，因为：

(1) 延迟是可测量的，用偏振仪和干涉仪测量；

(2) 将偏振特性分为二向衰减和延迟有助于简化偏振像差的描述和理解；

(3) 当存在延迟像差时，不同的入射偏振态产生不同的波前像差；它们有不同的干涉图，形成不同的点扩散函数。

将延迟的概念扩展到三维偏振光线追迹矩阵是很复杂的。由于入射光和出射光不一定共线，偏振光线追迹矩阵的特征矢量通常不在入射和出射的横平面内，因此不能代表实际的偏振态。17.4节给出了明确定义的3×3偏振光线追迹矩阵的延迟计算算法，该算法需要用从物空间到像空间所有光线段的全部传播矢量集来确定延迟。当处理诸如延迟这样棘手的概念时，应详细说明使用的精确算法，来帮助沟通并减少误解。

光路有延迟、二向衰减、振幅和相位变化。为了使讨论目标明确，本章主要研究纯延迟器及其矩阵。它们是具有正交本征矢量的齐次矩阵。具有非正交本征矢量的非齐次矩阵，

涉及非对齐的二向衰减和延迟的组合。这些组合可以表示为一个纯延迟器和一个纯二向衰减器的乘积,并且正如 Lu 和 Chipman 所描述的那样[7],延迟被很好地定义为纯延迟器的延迟。通常,通过光学系统的倾斜光线是略微非齐次的,因此,这是偏振光线追迹中的一个重要关注点,但它并不会使我们的研究复杂化。

17.1.1 固有延迟计算的目的

与过光学系统的光线路径相关的偏振相位变化有两个组成部分:

(1) 固有延迟:由物理过程引起的相位延迟(光程差),例如通过双折射材料传播或表面反射或折射时引起的与偏振相关的相位变化。

(2) 一种几何变换,由于坐标选择(用于确定相位)而产生的。

通常,正入射时的理想反射表示为琼斯矩阵$\begin{pmatrix}-1 & 0\\ 0 & 1\end{pmatrix}$,详见 17.6.1 节。然而,在正入射时,镜面如何区分 x 偏振光和 y 偏振光呢? 17.6.1 节讨论了这个琼斯矩阵背后的基本原理以及这一悖论的解决方法。

延迟计算算法需要将几何变换(类似旋光的几何旋转和/或反转)从固有延迟中分离出来。17.2.5 节描述了一个平行转移矩阵 $\boldsymbol{Q}$,它确定了一般光线路径序列的局部坐标系正则基,从而表征了几何变换。$\boldsymbol{Q}$ 是用来从几何变换中分离延迟的中间计算。

17.2 几何变换

描述沿任意方向传播的琼斯矢量需要用局部坐标,它可以在物空间和像空间[8]之间旋转和/或反转,且与任何延迟无关。为了描述这些坐标效应,本节定义了平行转移矩阵,并将其应用于局部坐标几何变换的描述。这将致使 s 偏振和 p 偏振在正入射时简并。

17.2.1 局部坐标的旋转:偏振仪视角

我们的理念是尽可能多地在全局坐标中进行计算。但在局部坐标背景下进行平行讨论,有助于理解几何变换和固有延迟这个主题,因为它给出了对根本问题的深入理解。在一对右手局部坐标下定义琼斯矩阵,一套坐标与入射琼斯矢量相关联,另一套坐标与出射琼斯矢量相关联。齐次琼斯矩阵 $\boldsymbol{J}$(具有正交本征偏振 $\boldsymbol{w}_1$ 和 $\boldsymbol{w}_2$)的延迟,可以从矩阵特征值(ξ_1 和 ξ_2)的相位差计算得到

$$\delta = |\arg(\xi_1) - \arg(\xi_2)| \tag{17.2}$$

其中,$\boldsymbol{J}\boldsymbol{w}_1 = \xi_1 \boldsymbol{w}_1$ 和 $\boldsymbol{J}\boldsymbol{w}_2 = \xi_2 \boldsymbol{w}_2$[9]。

如图 17.2(a)所示,考虑用琼斯矩阵或米勒矩阵偏振测量仪测量一个空的样品室(具有单位琼斯矩阵)。琼斯矩阵偏振测量仪在空气中进行测量时应得到单位矩阵。

如图 17.2(b)所示,通过将 PSA 旋转 θ,出射局部坐标相对于入射局部坐标旋转了一个角 θ。然后,测得的琼斯矩阵变成了一个旋转矩阵,而不是单位矩阵,

$$\boldsymbol{J}(\theta) = \boldsymbol{R}(\theta)\boldsymbol{I} = \begin{pmatrix}\cos\theta & -\sin\theta\\ \sin\theta & \cos\theta\end{pmatrix}\begin{pmatrix}1 & 0\\ 0 & 1\end{pmatrix} = \begin{pmatrix}\cos\theta & -\sin\theta\\ \sin\theta & \cos\theta\end{pmatrix} \tag{17.3}$$

它的特征值为

$$\xi_1 = \exp(\mathrm{i}\theta), \quad \xi_2 = \exp(-\mathrm{i}\theta) \tag{17.4}$$

它的特征矢量或本征偏振为左右旋圆偏振

$$\boldsymbol{w}_1 = \begin{pmatrix} 1 \\ -\mathrm{i} \end{pmatrix}, \quad \boldsymbol{w}_2 = \begin{pmatrix} 1 \\ \mathrm{i} \end{pmatrix} \tag{17.5}$$

注意 $\boldsymbol{J}(\theta)$与圆延迟器形式相似(式(5.48))。除非出射局部坐标方向与入射局部坐标方向平行,否则非偏振元件显现出具有“圆延迟”

$$\delta = | \arg(\xi_1) - \arg(\xi_2) | = 2\theta \tag{17.6}$$

其中 θ 是局部坐标旋转角。然而,很显然,旋转 PSA 坐标不能在一个空样品室中引入左右旋圆偏振光之间的光程差。这里,“固有”延迟为零,没有光程差存在。几何变换是 θ 角旋转。由此可见,偏振测量仪测得的延迟如何依赖于入射和出射局部坐标的相对选择。本章的主要目的是理解适用于偏振光线追迹计算的类似问题。

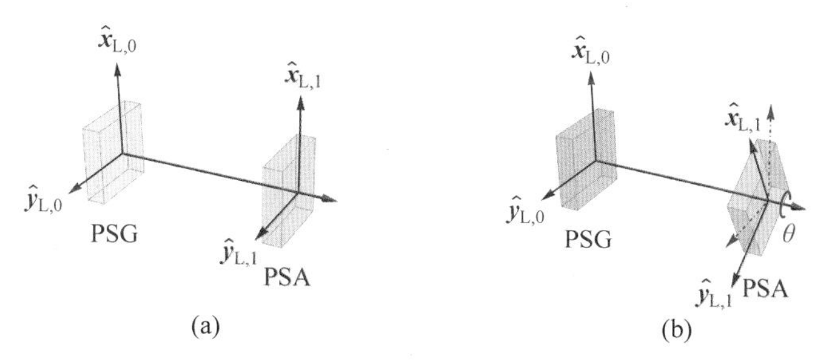

图 17.2　偏振测量仪在空气中进行测量,(a)偏振态分析器(PSA)与偏振态发生器(PSG)对齐,(b)PSA 旋转到任意方向。通过旋转 PSA,琼斯矩阵的出射局部坐标也旋转。空样品测得的延迟具有 2θ 的“圆延迟量”

现在,考虑用这个带有旋转 PSA 的偏振测量仪来测量一个延迟器 $\boldsymbol{U}$(西)的琼斯矩阵,

$$\boldsymbol{J}(\theta) = \begin{pmatrix} \cos\theta & -\sin\theta \\ \sin\theta & \cos\theta \end{pmatrix} \boldsymbol{U} = \begin{pmatrix} \cos\theta & -\sin\theta \\ \sin\theta & \cos\theta \end{pmatrix} \begin{pmatrix} j_{11} & j_{12} \\ j_{21} & j_{22} \end{pmatrix} \tag{17.7}$$

由式(17.2)和式(17.7)计算出的延迟与旋转角度 θ 有关。对于延迟量为 δ 的圆延迟器,偏振仪测得的延迟量为 PSA 角 θ 的函数

$$\delta_{\text{测量}} = 2\arg\left[\cos\left(\frac{\delta}{2} + \theta\right) + \mathrm{i}\left|\sin\left(\frac{\delta}{2} + \theta\right)\right|\right] = \delta + 2\theta \tag{17.8}$$

对于延迟量为 δ 的线性延迟器,测得的延迟量与 PSA 角 θ 的函数关系为

$$\delta_{\text{测量}} = 2\arctan\left(\frac{\sqrt{1 - \left(\cos\dfrac{\delta}{2} \cdot \cos\theta\right)^2}}{\cos\dfrac{\delta}{2} \cdot \cos\theta}\right) \tag{17.9}$$

17.2.2　非偏振光学系统

为了确定物理延迟或固有延迟,需要一个坐标系来确定在没有延迟的情况下入射和出射偏振态之间的关系。因此,引入非偏振光学系统的概念来定义在没有二向衰减和延迟的情况下的偏振关系;然后,根据非偏振关系定义二向衰减和延迟。这个坐标系在偏振方面

起的作用,类似于几何光学中的近轴光线追迹。在近轴光学中,点源在出瞳处产生球面波,所有光线都到达理想像点。然后,将像差定义为实际光线路径与近轴光学的偏差。近轴光学为像差提供了一个基本的坐标系。

在非偏振光学系统中,在反射和折射时,没有偏振态的改变,只有方向的改变。它与菲涅耳振幅系数等于1($a_s=a_p=1$)时等效。入射偏振椭圆是任意的,它绕 s 基矢量翻折,并以相同的椭圆和相同的折转后的长轴继续传播。对于折射,偏振态的螺旋性保持不变,右旋圆偏振光折射为右旋圆偏振光。对于反射,螺旋性反转,右旋圆偏振光或右旋椭圆偏振光反射为左旋圆偏振光或左旋椭圆偏振光,与传播方向的改变有关。因此,对于非偏振光学系统,偏振态在反射时仅发生一系列旋转和螺旋性改变。图17.3显示了左旋椭圆偏振光通过道夫棱镜的传播,该棱镜作为一个非偏振光系统进行了光线追迹。在入射端面处,偏振椭圆随传播方向偏转,没有其他改变。光线传播到底面,在那里它反射为右旋椭圆偏振光。最后,它沿着折射方向再次偏转并离开道夫棱镜。如果所有菲涅耳系数都等于1,这就是偏振态的演化。

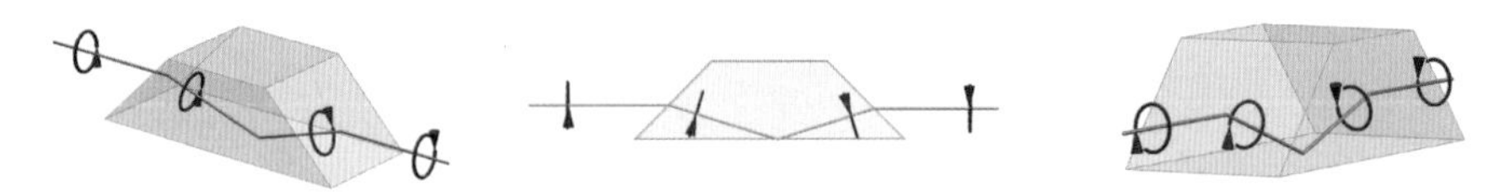

图17.3 偏振光通过一个非偏振的光学系统(道夫棱镜),经过一系列折转,或旋转和反转,但在其他方面是不变的

17.2.3 矢量的平移

在本节中,光线路径通过光学系统的几何变换将用平移进行探索,其中倾斜光线特别值得注意。矢量在球面上的平移是矢量沿一系列大圆圆弧移动的过程,矢量与每条圆弧的夹角为常数[10-11],如图17.4所示。路径在顶点处从第一个圆弧变换到第二个圆弧(诸如此类),顶点处的矢量角度沿第二个圆弧时保持不变,以此类推,依次经过如箭头所示的圆弧序列。本节介绍一个传播球或 $\boldsymbol{k}$ 球,用于表示光线段序列的传播矢量集。

追踪单一光线通过具有 N 个界面的透镜系统,考虑入射传播矢量 $\hat{\boldsymbol{k}}_i$(第一光线段)与出射传播矢量 $\hat{\boldsymbol{k}}_e$(最终光线段)平行的特殊情形,但光线经过光学系统折射时其传播方向 $\hat{\boldsymbol{k}}_q$ 发生了多次改变。这个 $\hat{\boldsymbol{k}}_q$ 集合可以表示为单位 $\boldsymbol{k}$ 球上由大圆圆弧连接的点。由于 $\hat{\boldsymbol{k}}_i=\hat{\boldsymbol{k}}_e$,弧形成一个封闭的球面多边形。为第一光线段在横平面上任意选取一对正交的局部坐标矢量。当这对局部坐标按照平移通过系统,如图17.4所示,在出射传播矢量上的平移变换后的局部坐标相对于初始局部坐标旋转了一个弧度角,这个角等于球面多边形的立体角[12]。

考虑如图17.4所示的单位 $\boldsymbol{k}$ 球上 $\boldsymbol{k}$ 矢量序列的例子,光线沿着 $\hat{\boldsymbol{k}}_1$ 传播,折射到 $\hat{\boldsymbol{k}}_2$,然后折射到 $\hat{\boldsymbol{k}}_3$,沿着 $\hat{\boldsymbol{k}}_4=\hat{\boldsymbol{k}}_1$ 出射。在 $\hat{\boldsymbol{k}}_1$ 的横向平面上,定义了任意一对正交右手局部基矢量,可用于描述入射琼斯矢量的局部坐标。这对局部坐标可以由如图17.4所示的平行移动通过光学系统。A 点切平面上的矢量($\boldsymbol{x}_A$,$\boldsymbol{y}_A$),从 A 点($\hat{\boldsymbol{k}}_i=\hat{\boldsymbol{k}}_1=(0,0,1)$)平移到 B 点

($\hat{\boldsymbol{k}}_2=(1,0,1)/\sqrt{2}$)，$(\boldsymbol{x}_A,\boldsymbol{y}_A)$变为$(\boldsymbol{x}'_A,\boldsymbol{y}'_A)=(\boldsymbol{x}_B,\boldsymbol{y}_B)$，它在 B 点的切平面上。然后，矢量$(\boldsymbol{x}_B,\boldsymbol{y}_B)$从 B 点平行移动到 C 点($\hat{\boldsymbol{k}}_3=(0.5,0.5,1/\sqrt{2})$)，$(\boldsymbol{x}_B,\boldsymbol{y}_B)$变为$(\boldsymbol{x}'_B,\boldsymbol{y}'_B)=(\boldsymbol{x}_C,\boldsymbol{y}_C)$。最后，矢量回到 A 点，其中 $\hat{\boldsymbol{k}}_e=\hat{\boldsymbol{k}}_4=(0,0,1)$，$(\boldsymbol{x}_C,\boldsymbol{y}_C)$变为$(\boldsymbol{x}'_C,\boldsymbol{y}'_C)$，其不等于$(\boldsymbol{x}_A,\boldsymbol{y}_A)$。如果传播矢量通过光学系统后改变它的方向，矢量在其横平面上的总旋转等于潘恰拉特南(Pancharatnam)相位[13-14]或贝里(Berry)相位[15]。

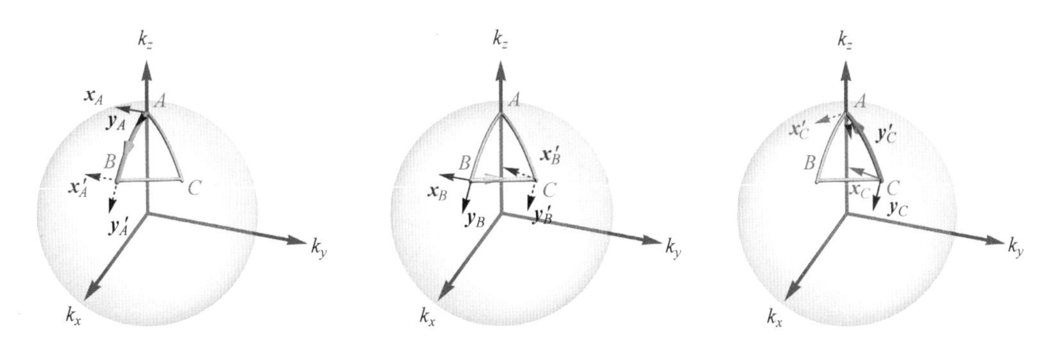

图 17.4　入射局部基矢量通过点 $A\to B\to C\to A$ 的平行移动

入射传播矢量 $\hat{\boldsymbol{k}}_i=\hat{\boldsymbol{k}}_1$ 是(0,0,1)，经过三次折射后，出射传播矢量 $\hat{\boldsymbol{k}}_e=\hat{\boldsymbol{k}}_4$ 也是(0,0,1)。因此，传播矢量被映射到点 A、B 和 C，并返回到 $\boldsymbol{k}$ 球上的 A 点。由于 $\hat{\boldsymbol{k}}_1=\hat{\boldsymbol{k}}_4$，人们可能会很天真地为入射空间和出射空间选择相同的局部坐标。然而，这个光线路径的几何变换是一个 12.35°的旋转，这是一个类似圆延迟的效果。如图 17.5 所示，球面三角形 ABC 所对应的立体角为 12.35°几何旋转。任何入射的线偏振光都将平行地传播出射，但其偏振在横平面上旋转 12.35°。除光程长度，左旋圆偏振光和右旋圆偏振光之间还会有 12.35/360 波的相移。由于迎着光束看时偏振态逆时针旋转，左旋圆偏振光的相位超前，右旋圆偏振光的相位滞后。

图 17.6 显示了一个通过三棱镜系统的类似折射序列的简单例子。通过棱镜的传播矢量集与图 17.4 非常相似，但它所对应的是一个立体角为 2.8°的更小的球面三角形。请注意，透镜的边缘类似棱镜。透镜中的倾斜光线也以类似的方式传播，如图 17.4 所示，其中 $\boldsymbol{k}$ 矢量序列按顺时针或逆时针方向移动。

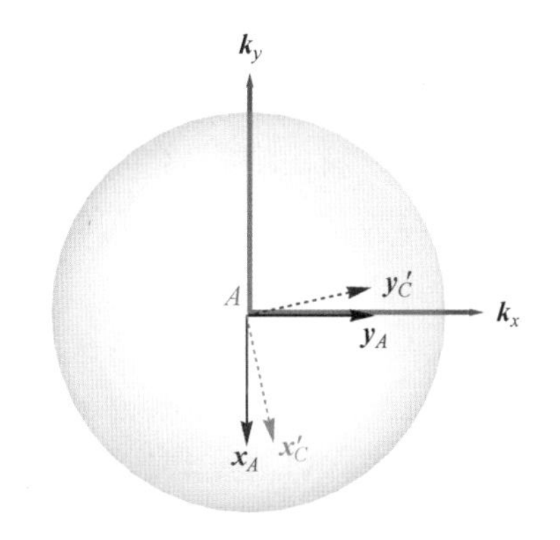

图 17.5　$(\boldsymbol{x}_A,\boldsymbol{y}_A)$和$(\boldsymbol{x}'_C,\boldsymbol{y}'_C)$之间的旋转量等于球面三角形 ABC 的立体角

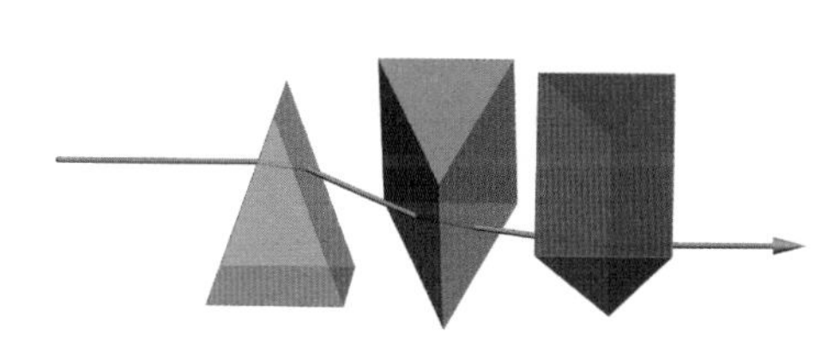

图 17.6　三棱镜的折射传播矢量，它们在 $\boldsymbol{k}$ 球上形成一个类似如图 17.4 所示的球面多边形

如果琼斯矩阵或偏振测量仪的初始局部坐标和出射局部坐标被选取为相互平行,光路似乎具有“圆延迟”。然而,如果一个偏振测量仪逆时针旋转 12.35°,如图 17.2(b)所示,用早期的琼斯偏振测量仪计算或测量的琼斯矩阵将是一个单位矩阵,就像没有物理延迟的非偏振系统所期望的那样。

17.2.4 反射时矢量的平移

本节描述反射时平移的修正。反射与折射的区别在于,在反射过程中,圆偏振光会改变螺旋性[①]。如图 17.7 所示,考虑一个三反射镜系统的例子。三个反射镜的排列使准直光束在每个反射镜上的入射角为 45°。设每次反射都是理想的非偏振反射,使每次反射时入射偏振椭圆进入和出射保持不变,从而以相同的椭圆率离开光学系统。

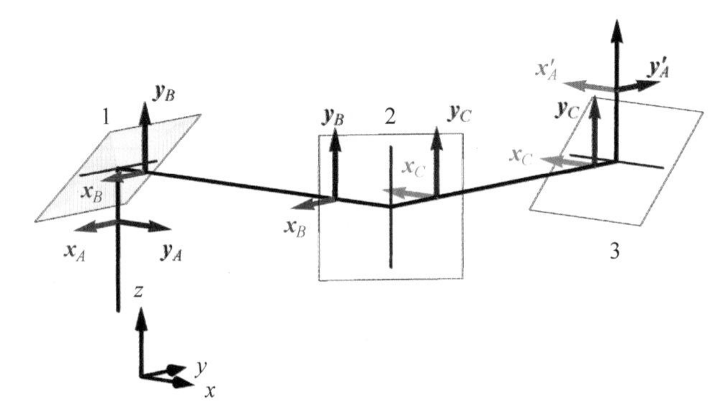

图 17.7 一个三反射镜系统,绘制了入射局部基矢量(蓝色箭头)以及传播通过该非偏振光学系统的局部基矢量(红色、绿色和橙色箭头)。当一束准直光束沿 z 轴进入系统时,光束也沿 z 轴出射

入射传播矢量 $\hat{\boldsymbol{k}}_i=\hat{\boldsymbol{k}}_1$ 是(0,0,1),经过三次反射,出射的传播矢量 $\hat{\boldsymbol{k}}_4$ 也是(0,0,1),$\hat{\boldsymbol{k}}_2=(1,0,0)$和 $\hat{\boldsymbol{k}}_3=(0,1,0)$。将传播矢量映射到 $\boldsymbol{k}$ 球上的 A、B、C 点,如图 17.8 所示。给第一光线段选取任意右手局部基矢量,其中 $\boldsymbol{x}_A$ 与 s 偏振对齐,$\boldsymbol{y}_A$ 与 p 偏振对齐。入射局部基矢量(蓝色箭头)沿大圆弧从 A 点平行移动到 B 点,在 B 点反射,$\hat{\boldsymbol{k}}_1$ 反射到 $\hat{\boldsymbol{k}}_2$,其中一个基矢量($\boldsymbol{x}'_A$ 或 $\boldsymbol{y}'_A$)由于反射而反转。我们的约定反转了 p 偏振,因此,$\boldsymbol{y}'_A$ 被反转为 $\boldsymbol{y}_B$(图 17.8,从图(a)到图(b))。矢量对 $\boldsymbol{x}_B$ 和 $\boldsymbol{y}_B$(红色箭头)平行移动到 C 点,在 C 点 p 偏振矢量 $\boldsymbol{x}'_B$ 反转为 $\boldsymbol{x}_C$(图 17.8,从图(b)到图(c))。然后,矢量对 $\boldsymbol{x}_C$ 和 $\boldsymbol{y}_C$(绿色箭头)平行移动回 A 点,在那里发生最后一次反射。在 A 点,p 偏振($\boldsymbol{y}'_C$)反转为 $\boldsymbol{y}''_A$,如图 17.9 所示。

因此,这条光线路径的几何变换是一个 90°的旋转,这涉及球面三角形 ABC 所对应的立体角,以及奇数次反射的反转。如图 17.9 所示,($\boldsymbol{x}_A$,$\boldsymbol{y}_A$)与($\boldsymbol{x}'_A$,$\boldsymbol{y}'_A$)之间存在 90°旋转和反转。

由于局部坐标的这种旋转,即使镜子是非偏振的,图 17.7 中入射的 y 偏振光(蓝色)射出系统时会变为 x 偏振光(橙色)。如果用偏振态发生器和偏振态分析器相互平行的偏振

① 这里考虑正入射附近和小于布儒斯特角情形。在布儒斯特角之外,螺旋性的变化是相反的。

测量仪来测量这个非偏振系统，那么由于奇数次反射产生的反转，将会测量到 180°的圆延迟。但是这里测得的延迟纯粹是由局部坐标变换造成的。为了测量固有延迟，分析器应该相对发生器旋转 90°，它的局部坐标需要因反转进行校正。这个 90°是此传播矢量序列的 Berry 相位。

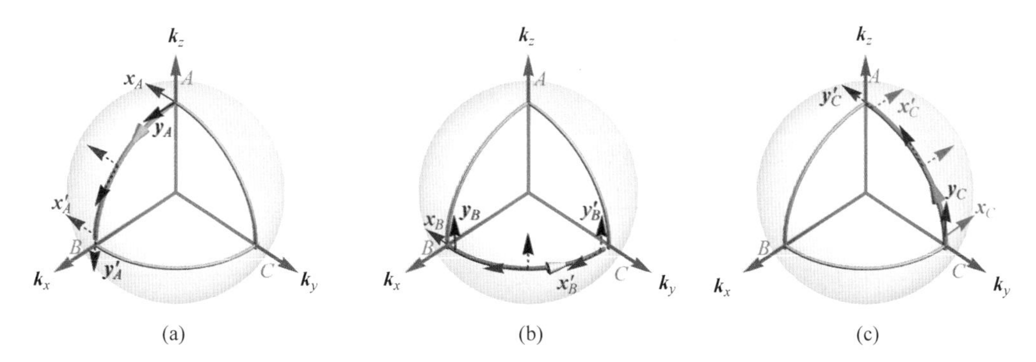

图 17.8　通过如图 17.7 所示三反射镜系统的局部坐标对($\boldsymbol{x}_A,\boldsymbol{y}_A$)，在第一次反射后(从图(a)到图(b))、第二次反射后(从图(b)到图(c))和最后一次反射前的演变

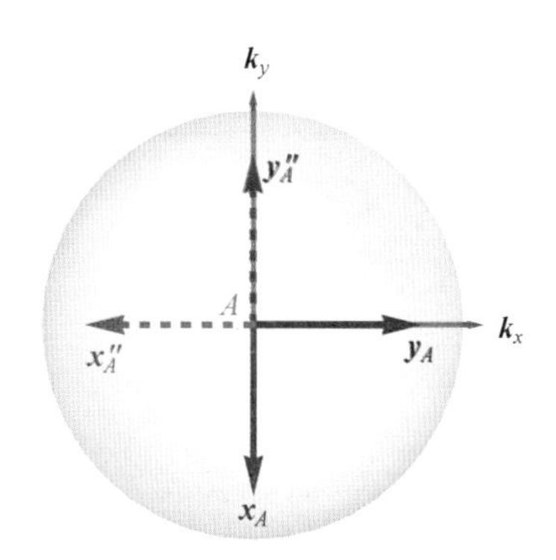

图 17.9　相对于初始局部坐标($\boldsymbol{x}_A,\boldsymbol{y}_A$)，出射局部坐标($\boldsymbol{x}''_A,\boldsymbol{y}''_A$)(虚线箭头)经历了 90°旋转加上反转

17.2.5　平移矩阵 Q

为了计算 Berry 相位，对于有 N 个光线截断点的光学系统中的光线传播，采用一种矩阵算法处理平移效应。将第 q 个光线截断点处的平移矩阵 $\boldsymbol{Q}_q$ 定义为一个 3×3 光线追迹实酉矩阵，并假设每个光线截断点为非偏振的。

对于折射来说，$\boldsymbol{Q}_q$ 是绕 $\hat{\boldsymbol{k}}_{q-1}\times\hat{\boldsymbol{\eta}}_q$($\hat{\mathbf{s}}$ 矢量)的旋转，旋转角(光线偏折角)χ 由斯涅耳定律求出

$$n\sin\theta=n'\sin\theta',\quad \chi=|\theta'-\theta| \tag{17.10}$$

式中(n,n')为折射率，(θ,θ')为折射前后的角度。设 $\boldsymbol{E}_{q-1}$ 为从 $q-1$ 表面出射并入射到 q 表面的偏振态，于是，对于非偏振界面，折射偏振态为 $\boldsymbol{E}_q=\boldsymbol{Q}_q\boldsymbol{E}_{q-1}$。$\boldsymbol{Q}_q$ 用于折射，将入射偏振椭圆 $\boldsymbol{E}_{q-1}$ 相对于传播矢量旋转为相同的椭圆 $\boldsymbol{E}_q$，$\boldsymbol{E}_q$ 位于 $\hat{\boldsymbol{k}}_q$ 的横平面上。同样地，

反射的 $\boldsymbol{Q}_q$ 是绕 $\hat{\mathbf{s}}$ 矢量的旋转,将 $\hat{\boldsymbol{k}}_{q-1}$ 转变为 $\hat{\boldsymbol{k}}_q$,再加上反转,它将入射的右手坐标系转变为左手坐标系。

一个 $\boldsymbol{Q}_q$ 矩阵序列从一个给定的入射 s-p 基到相应的出射 s-p 基进行矢量平移。除了这种几何变换,$\boldsymbol{Q}_q$ 没有偏振效应,这完全是非偏振的。

一条光线通过 N 个界面组成的系统,其累积平移光线追迹矩阵为

$$\boldsymbol{Q}_{\text{总}} = \prod_{q=1}^{N} \boldsymbol{Q}_{N-q+1} = \boldsymbol{Q}_N \boldsymbol{Q}_{N-1} \cdots \boldsymbol{Q}_q \cdots \boldsymbol{Q}_2 \boldsymbol{Q}_1 \tag{17.11}$$

这相当于沿单位球体滑动平移基矢量,如图 17.4 所示那样。对于入射偏振态 $\boldsymbol{E}_0$,在没有任何二向衰减或延迟的情况下,系统的出射偏振态为

$$\boldsymbol{E}_N = \boldsymbol{Q}_{\text{总}} \boldsymbol{E}_0 \tag{17.12}$$

$\boldsymbol{E}_N$ 为实际出射偏振态提供了一种参考偏振态,

$$\boldsymbol{E}'_N = \boldsymbol{P}_{\text{总}} \boldsymbol{E}_0 \tag{17.13}$$

折射 $\boldsymbol{Q}_q$ 只是 $\hat{\boldsymbol{k}}_{q-1}$ 和 $\hat{\boldsymbol{k}}_q$ 的函数

$$\begin{aligned}\boldsymbol{Q}_q = \boldsymbol{O}_{\text{out},q} \boldsymbol{I} \boldsymbol{O}_{\text{in},q}^{-1} &= \begin{pmatrix} \hat{s}_{x,q} & \hat{p}'_{x,q} & \hat{k}_{x,q} \\ \hat{s}_{y,q} & \hat{p}'_{y,q} & \hat{k}_{y,q} \\ \hat{s}_{z,q} & \hat{p}'_{z,q} & \hat{k}_{z,q} \end{pmatrix} \begin{pmatrix} 1 & 0 & 0 \\ 0 & 1 & 0 \\ 0 & 0 & 1 \end{pmatrix} \begin{pmatrix} \hat{s}_{x,q} & \hat{s}_{y,q} & \hat{s}_{z,q} \\ \hat{p}_{x,q} & \hat{p}_{y,q} & \hat{p}_{z,q} \\ \hat{k}_{x,q-1} & \hat{k}_{y,q-1} & \hat{k}_{z,q-1} \end{pmatrix} \\ &= (\hat{\boldsymbol{s}}_q \hat{\boldsymbol{p}}'_q \hat{\boldsymbol{k}}_q)(\hat{\boldsymbol{s}}_q \hat{\boldsymbol{p}}_q \hat{\boldsymbol{k}}_{q-1})^{\mathrm{T}}\end{aligned} \tag{17.14}$$

其中 $\boldsymbol{I}$ 是 3×3 单位矩阵,并且列矢量定义为

$$\hat{\boldsymbol{s}}_q = \frac{\hat{\boldsymbol{k}}_{q-1} \times \hat{\boldsymbol{\eta}}_q}{|\hat{\boldsymbol{k}}_{q-1} \times \hat{\boldsymbol{\eta}}_q|}, \quad \hat{\boldsymbol{p}}_q = \hat{\boldsymbol{k}}_{q-1} \times \hat{\boldsymbol{s}}_q, \quad \hat{\boldsymbol{p}}'_q = \hat{\boldsymbol{k}}_q \times \hat{\boldsymbol{s}}_q \tag{17.15}$$

注意,当琼斯矩阵为单位矩阵(非偏振矩阵)时,式(17.14)本质上是偏振光线追迹矩阵 $\boldsymbol{P}$(在第 9 章(偏振光线追迹计算)中介绍)。同样,反射的 $\boldsymbol{Q}_q$ 是

$$\begin{aligned}\boldsymbol{Q}_q &= \begin{pmatrix} \hat{s}_{x,q} & \hat{p}'_{x,q} & \hat{k}_{x,q} \\ \hat{s}_{y,q} & \hat{p}'_{y,q} & \hat{k}_{y,q} \\ \hat{s}_{z,q} & \hat{p}'_{z,q} & \hat{k}_{z,q} \end{pmatrix} \begin{pmatrix} 1 & 0 & 0 \\ 0 & -1 & 0 \\ 0 & 0 & 1 \end{pmatrix} \begin{pmatrix} \hat{s}_{x,q} & \hat{s}_{y,q} & \hat{s}_{z,q} \\ \hat{p}_{x,q} & \hat{p}_{y,q} & \hat{p}_{z,q} \\ \hat{k}_{x,q-1} & \hat{k}_{y,q-1} & \hat{k}_{z,q-1} \end{pmatrix} \\ &= (\hat{\boldsymbol{s}}_q \ -\hat{\boldsymbol{p}}'_q \ \hat{\boldsymbol{k}}_q)(\hat{\boldsymbol{s}}_q \hat{\boldsymbol{p}}_q \hat{\boldsymbol{k}}_{q-1})^{\mathrm{T}}\end{aligned} \tag{17.16}$$

其中,对角矩阵中的负号表示反射的 $\boldsymbol{Q}_q$ 引入了反转。

例 17.1 折光反射镜的 Q 矩阵

考虑一个表面法线沿 $\hat{\boldsymbol{\eta}}=(-1,0,1)/\sqrt{2}$ 的反射镜,一条光线沿 $\hat{\boldsymbol{k}}_0=(0,0,1)$ 入射到反射镜上。计算反射镜的 $\boldsymbol{Q}$。

使用 $\hat{\boldsymbol{s}}=(0,-1,0)$,$\hat{\boldsymbol{p}}=(1,0,0)$,$\hat{\boldsymbol{p}}'=(0,0,-1)$,$\hat{\boldsymbol{k}}=(1,0,0)$,

$$\boldsymbol{Q} = (-\hat{\boldsymbol{p}}' \quad -\hat{\boldsymbol{s}} \quad \hat{\boldsymbol{k}}) = \begin{pmatrix} 0 & 0 & 1 \\ 0 & 1 & 0 \\ 1 & 0 & 0 \end{pmatrix}$$

例 17.2　道夫棱镜的 $\boldsymbol{Q}$ 矩阵

另一个几何变换的例子是道夫棱镜。图 17.10 为非偏振反射的道夫棱镜。当一个道夫棱镜围绕入射光方向旋转时，出射 x 偏振的旋转是棱镜的两倍。由于内反射超过临界角，入射 y 偏振发生反转，如图 17.11 所示。道夫棱镜产生半波延迟，快轴沿棱镜底面。

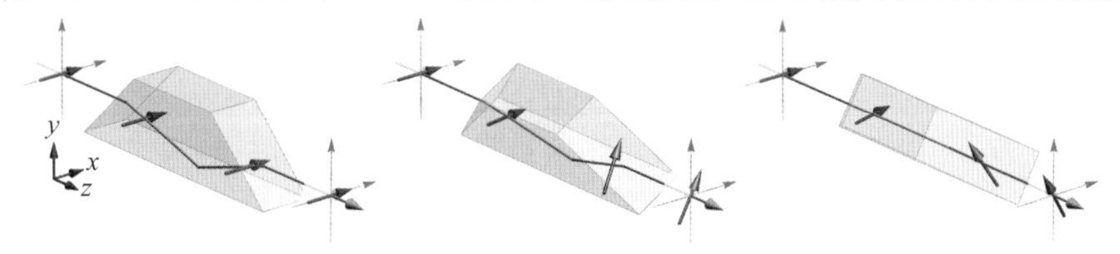

图 17.10　水平偏振光传播通过一个道夫棱镜，棱镜围绕入射方向旋转 0°、30°和 60°。然后，所得偏振态围绕出射方向旋转 0°、60°和 120°

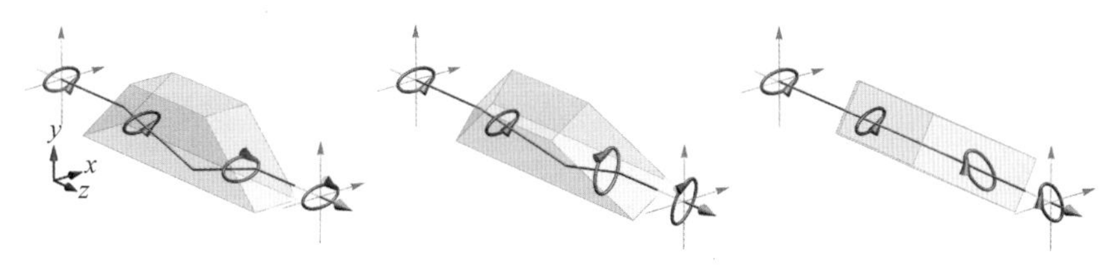

图 17.11　椭圆偏振光传播通过一个道夫棱镜，棱镜围绕入射方向旋转 0°、30°和 60°。所得偏振椭圆的主轴旋转 0°、60°和 120°，螺旋性发生改变

在第 9 章导出的或从偏振测量仪测得的 $\boldsymbol{P}$ 矩阵包含物理延迟量和几何变换。为了从 $\boldsymbol{P}$ 中提取物理延迟量，通过应用 $\boldsymbol{Q}$ 的逆来去除几何变换。对于有 N 个界面的光学系统，任意入射局部坐标 $\hat{\boldsymbol{x}}_{\mathrm{L},0}$ 和 $\hat{\boldsymbol{y}}_{\mathrm{L},0}$，

$$\begin{cases}\boldsymbol{Q}_{总}\ \hat{\boldsymbol{x}}_{\mathrm{L},0}=\hat{\boldsymbol{x}}_{\mathrm{L},N},\boldsymbol{Q}_{总}^{-1}\ \hat{\boldsymbol{x}}_{\mathrm{L},N}=\hat{\boldsymbol{x}}_{\mathrm{L},0}\\ \boldsymbol{Q}_{总}\ \hat{\boldsymbol{y}}_{\mathrm{L},0}=\hat{\boldsymbol{y}}_{\mathrm{L},N}\Rightarrow\boldsymbol{Q}_{总}^{-1}\ \hat{\boldsymbol{y}}_{\mathrm{L},N}=\hat{\boldsymbol{y}}_{\mathrm{L},0}\\ \boldsymbol{Q}_{总}\hat{\boldsymbol{k}}_{0}=\hat{\boldsymbol{k}}_{N},\boldsymbol{Q}_{总}^{-1}\hat{\boldsymbol{k}}_{N}=\hat{\boldsymbol{k}}_{0}\end{cases} \tag{17.17}$$

其中 $\hat{\boldsymbol{x}}_{\mathrm{L},N}$ 和 $\hat{\boldsymbol{y}}_{\mathrm{L},N}$ 为 $\boldsymbol{Q}_{总}$ 作用后出射空间中的几何变换坐标。假定这里的矢量 $\hat{\boldsymbol{x}}_{\mathrm{L},0}$ 和 $\hat{\boldsymbol{y}}_{\mathrm{L},0}$ 是在第一光线段横平面上的任意一对正交矢量。式(17.17)也把入射和出射传播矢量用 $\boldsymbol{Q}_{总}$ 关联了起来。对于一套给定的右手入射局部坐标系($\hat{\boldsymbol{x}}_{\mathrm{L},0}$，$\hat{\boldsymbol{y}}_{\mathrm{L},0}$，$\hat{\boldsymbol{k}}_{0}$)，几何变换坐标($\hat{\boldsymbol{x}}_{\mathrm{L},N}$，$\hat{\boldsymbol{y}}_{\mathrm{L},N}$，$\hat{\boldsymbol{k}}_{N}$)构成右手坐标系，除非光线在它的光线路径中有奇数次的反射。

$\boldsymbol{Q}_{总}$ 代表了一条沿 $\hat{\boldsymbol{k}}_{0}$ 入射沿 $\hat{\boldsymbol{k}}_{N}$ 出射的光线通过一个非偏振光学系统的偏振光线追迹；由于 $\boldsymbol{Q}_{总}$ 只跟踪光线传播过程中的几何变换而没有偏振变化，所以它相当于通过非偏振光学系统进行光线追迹。

$\boldsymbol{Q}_{总}$ 给出了测量光学系统偏振变化所需的参考基准，与 17.2.2 节开头讨论的用于定义波前像差的近轴光学的作用相当。除了反射和折射，还可以计算光栅、全息图和散射的 $\boldsymbol{Q}_{q}$。如果 $\hat{\boldsymbol{k}}_{q-1}$ 和 $\hat{\boldsymbol{k}}_{q}$ 在界面同一侧，则使用反射算法计算 $\boldsymbol{Q}_{q}$。如果两个传播矢量在两侧，则使用 $\boldsymbol{Q}_{q}$ 的折射算法。在这两种情形中，目标都是使偏振椭圆通过界面，而不改变偏振，只改变方向。

17.3 正则局部坐标

$\boldsymbol{Q}_q$ 序列提供了一种方法,来定义沿光线路径从物空间到像空间的一组连续的坐标矢量[①]。初始正交右手坐标系矢量($\hat{\boldsymbol{x}}_{\mathrm{L},0}$,$\hat{\boldsymbol{y}}_{\mathrm{L},0}$)是在物空间横平面上任意选取的。在第一个界面之后,下一组坐标矢量是

$$(\hat{\boldsymbol{x}}_{\mathrm{L},1}, \hat{\boldsymbol{y}}_{\mathrm{L},1}) = (\boldsymbol{Q}_1 \hat{\boldsymbol{x}}_{\mathrm{L},0}, \boldsymbol{Q}_1 \hat{\boldsymbol{y}}_{\mathrm{L},1}) \tag{17.18}$$

通过 $\boldsymbol{Q}_q$,$q=2,3,4,\cdots$ 的连续矩阵乘法,坐标矢量沿着光线路径传递,定义出每个光线段的坐标矢量。坐标矢量是正则化的,因为在没有二向衰减和延迟的情况下,当一个入射偏振态 $\hat{\boldsymbol{x}}_{\mathrm{L},0}$ 通过系统时将经历一系列偏振态 $\hat{\boldsymbol{x}}_{\mathrm{L},2}$,$\hat{\boldsymbol{x}}_{\mathrm{L},3}$,$\hat{\boldsymbol{x}}_{\mathrm{L},4}$,…,这在这些坐标集之间给出了一个明确的和有意义的联系。

($\hat{\boldsymbol{x}}_{\mathrm{L},q}$,$\hat{\boldsymbol{y}}_{\mathrm{L},q}$,$\hat{\boldsymbol{k}}_q$)可能是右手坐标系或左手坐标系,取决于系统中反射的次数。图 17.12 显示了入射的($\hat{\boldsymbol{x}}_{\mathrm{L},0}$,$\hat{\boldsymbol{y}}_{\mathrm{L},0}$)、反射的($\hat{\boldsymbol{x}}_{\mathrm{L},\mathrm{r},1}$,$\hat{\boldsymbol{y}}_{\mathrm{L},\mathrm{r},1}$)和透射的($\hat{\boldsymbol{x}}_{\mathrm{L},\mathrm{t},1}$,$\hat{\boldsymbol{y}}_{\mathrm{L},\mathrm{t},1}$)坐标矢量对,它们计算自 $\boldsymbol{Q}_\mathrm{r}$ 和 $\boldsymbol{Q}_\mathrm{t}$,其中入射坐标矢量为

$$\hat{\boldsymbol{x}}_{\mathrm{L},0} = \frac{\hat{\boldsymbol{k}}_0 \times \hat{\boldsymbol{\eta}}_1}{|\hat{\boldsymbol{k}}_0 \times \hat{\boldsymbol{\eta}}_1|}, \quad \hat{\boldsymbol{y}}_{\mathrm{L},0} = \hat{\boldsymbol{k}}_0 \times \hat{\boldsymbol{x}}_{\mathrm{L},0} \tag{17.19}$$

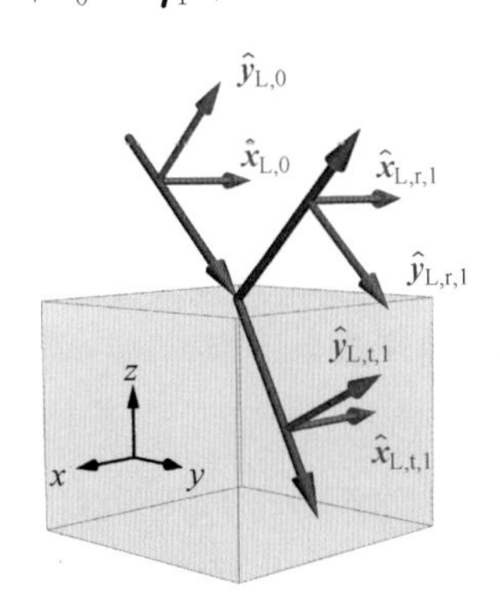

图 17.12 由平移矩阵计算的入射、反射和透射坐标矢量。($\hat{\boldsymbol{x}}_{\mathrm{L},0}$,$\hat{\boldsymbol{y}}_{\mathrm{L},0}$,$\hat{\boldsymbol{k}}_0$)是右手入射坐标矢量,($\hat{\boldsymbol{x}}_{\mathrm{L},\mathrm{r},1}$,$\hat{\boldsymbol{y}}_{\mathrm{L},\mathrm{r},1}$,$\hat{\boldsymbol{k}}_{\mathrm{r},1}$)是左手反射坐标矢量,($\hat{\boldsymbol{x}}_{\mathrm{L},\mathrm{t},1}$,$\hat{\boldsymbol{y}}_{\mathrm{L},\mathrm{t},1}$,$\hat{\boldsymbol{k}}_{\mathrm{t},1}$)是右手透射坐标矢量

注意($\hat{\boldsymbol{x}}_{\mathrm{L},0}$,$\hat{\boldsymbol{y}}_{\mathrm{L},0}$,$\hat{\boldsymbol{k}}_0$)和($\hat{\boldsymbol{x}}_{\mathrm{L},\mathrm{t},1}$,$\hat{\boldsymbol{y}}_{\mathrm{L},\mathrm{t},1}$,$\hat{\boldsymbol{k}}_{\mathrm{t},1}$)构成右手坐标矢量集,而($\hat{\boldsymbol{x}}_{\mathrm{L},\mathrm{r},1}$,$\hat{\boldsymbol{y}}_{\mathrm{L},\mathrm{r},1}$,$\hat{\boldsymbol{k}}_{\mathrm{r},1}$)构成左手坐标矢量集。下标 r 代表反射,t 代表透射。

图 17.13 中的双反射镜例子展示了物空间($i=0$)中的($\hat{\boldsymbol{x}}_{\mathrm{L},i}$,$\hat{\boldsymbol{y}}_{\mathrm{L},i}$)以及沿每个光线段的几何变换(使用一组 $\boldsymbol{Q}_q$)。注意这个例子中的($\hat{\boldsymbol{x}}_{\mathrm{L},0}$,$\hat{\boldsymbol{y}}_{\mathrm{L},0}$)=($\hat{\boldsymbol{s}}_1$,$\hat{\boldsymbol{p}}_1$)。可以看出,物空间中的右手坐标系矢量在第一次反射后变为左手坐标系,在第二次反射后变为右手坐标系。

---

① 坐标矢量可能不是用于构建 $\boldsymbol{P}$ 或 $\boldsymbol{Q}$ 矩阵的局部坐标($\hat{\boldsymbol{s}}$,$\hat{\boldsymbol{p}}$,$\hat{\boldsymbol{k}}$)矢量。在本书中,($\hat{\boldsymbol{s}}$,$\hat{\boldsymbol{p}}$,$\hat{\boldsymbol{k}}$)始终是一个右手坐标系,与琼斯矩阵的定义保持一致。坐标矢量可以是左手坐标系,因为它们表示给定的坐标矢量如何经由 $\boldsymbol{Q}$ 矩阵计算的非偏振光学系统进行变换。

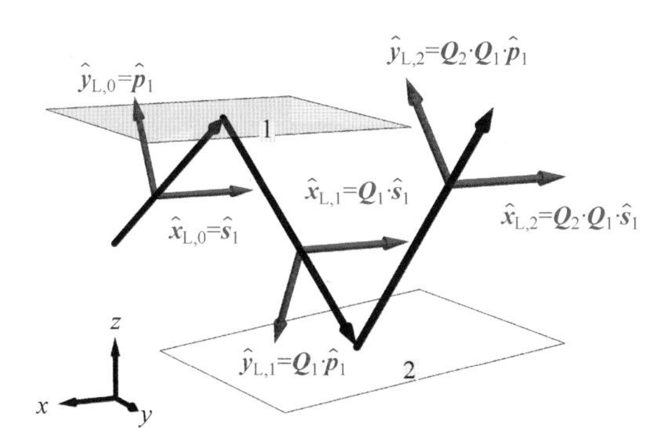

图 17.13　双反射镜系统。红色实线表示第一个镜面处的 $\boldsymbol{s}$ 矢量及其沿每个光线段使用 $\boldsymbol{Q}$ 的几何变换。蓝线表示物空间中的 $\boldsymbol{p}$ 矢量及其几何变换

17.4 固有延迟计算

本节介绍计算由 $\boldsymbol{P}$ 矩阵表示的光线路径固有延迟的算法。固有延迟不包含几何变换，其中几何变换由 $\boldsymbol{Q}$ 矩阵描述。

17.4.1 固有延迟的定义

固有延迟或延迟是与光线路径相关的源自物理过程的偏振相关光程差的积累。延迟是由偏振相关的相位变化产生的，例如反射或折射中的 s 和 p 相位差，通过波片、双折射材料的传播，或与衍射光栅的相互作用。延迟对于局部或全局坐标的选择是不变的。

17.5 从 P 中分离几何变换

尽管入射和出射的传播矢量不同，平移矩阵使得光线路径的延迟可被唯一定义。式(17.11)中的 $\boldsymbol{Q}_{总}$ 给出了两个横平面上的正则局部坐标之间的关系，它追踪了坐标矢量通过光学系统的变换。当沿第一光线段在横平面上指定了任意偏振态 $\boldsymbol{v}$ 时，相应的偏振态通过非偏振系统传播并出射为 $\boldsymbol{Q}_{总}\boldsymbol{v}$ 。$\boldsymbol{Q}_{总}^{-1}$ 将把出射空间中的坐标矢量通过逆几何变换映射回初始坐标矢量。在 $\boldsymbol{P}_{总}$ 上执行此运算，将实际出射偏振态映射回到入射横平面上，在入射态的坐标中

$$\boldsymbol{M}_{总}=\boldsymbol{Q}_{总}^{-1}\boldsymbol{P}_{总} \tag{17.20}$$

因此，$\boldsymbol{M}_{总}$ 是一个偏振光线追迹矩阵，其出射坐标矢量与入射坐标矢量对齐，因为出射偏振态已经被“展开”(具有一种可能的反射反转)。$\boldsymbol{M}_{总}$ 的入射横平面和出射横平面平行且都正交于 $\hat{\boldsymbol{k}}_0$，因为 $\boldsymbol{M}_{总}\hat{\boldsymbol{k}}_0=\hat{\boldsymbol{k}}_0$。$\boldsymbol{M}_{总}$ 包含了光线路径的二向衰减和固有延迟，即来自于所有薄膜和其他相互作用的偏振贡献。由于计算 $\boldsymbol{Q}$ 需要所有光线段的 $\hat{\boldsymbol{k}}_i$，对于未知的“黑盒子”光学系统，不能从 $\boldsymbol{P}$ 中分离出固有延迟。如果只知道入射和出射光线的性质而不知道内部的光线方向，则不能计算 $\boldsymbol{Q}$ 和固有延迟。

数学小贴士 17.1 矩阵的极分解

矩阵 $\boldsymbol{M}$ 的极分解计算出厄米矩阵 $\boldsymbol{H}$ 和酉矩阵 $\boldsymbol{U}$,二者相乘等于 $\boldsymbol{M}$。厄米矩阵具有非负的实特征值,并代表一个理想的二向衰减器。酉矩阵具有单位特征值,代表理想延迟器。由于矩阵一般不能交换,极分解可以按两种顺序进行:酉矩阵在前、厄米矩阵在后,厄米矩阵在前、酉矩阵在后。计算出的矩阵取决于所选的分解顺序,

$$\boldsymbol{M}=\boldsymbol{U}\boldsymbol{H}=\boldsymbol{H}'\boldsymbol{U} \tag{17.21}$$

注意,在两个极分解中,$\boldsymbol{U}$ 是相同的,但厄米分量改变了。

极分解由 $\boldsymbol{M}$ 的奇异值分解计算得到,

$$\boldsymbol{M}=\boldsymbol{W}\boldsymbol{\Lambda}\boldsymbol{V}^{-1} \tag{17.22}$$

第一个分解是

$$\boldsymbol{M}=\boldsymbol{U}\boldsymbol{H}=\boldsymbol{W}\boldsymbol{V}^{-1}\boldsymbol{V}\boldsymbol{\Lambda}\boldsymbol{V}^{-1},\quad \boldsymbol{U}=\boldsymbol{W}\boldsymbol{V}^{-1},\quad \boldsymbol{H}=\boldsymbol{V}\boldsymbol{\Lambda}\boldsymbol{V}^{-1} \tag{17.23}$$

第二个是

$$\boldsymbol{M}=\boldsymbol{H}'\boldsymbol{U}=\boldsymbol{W}\boldsymbol{\Lambda}\boldsymbol{W}^{-1}\boldsymbol{W}\boldsymbol{V}^{-1},\quad \boldsymbol{H}'=\boldsymbol{W}\boldsymbol{\Lambda}\boldsymbol{W}^{-1},\quad \boldsymbol{U}=\boldsymbol{W}\boldsymbol{V}^{-1} \tag{17.24}$$

为了计算固有延迟,下一步是将 $\boldsymbol{M}_{总}$ 的延迟和二向衰减分离。对 $\boldsymbol{M}_{总}$ 进行极分解得到纯延迟矩阵和纯二向衰减矩阵的乘积;然后,可以分别对每一个进行数据约简。给出了两种方法:①极分解可以直接应用于 3×3 的 $\boldsymbol{M}_{总}$,或②由 $\boldsymbol{M}_{总}$ 计算出一个 2×2 的琼斯矩阵,并采用参考文献[16]中的方法。17.5.1 节介绍了第一种方法,17.5.2 节展示了第二种方法。

17.5.1 用于 $\boldsymbol{P}$ 的固有延迟算法,方法 1

将极分解应用到偏振光线追迹矩阵 $\boldsymbol{M}_{总}$ 中,得到光线路径的二向衰减和延迟矩阵,

$$\boldsymbol{M}_{总}=\boldsymbol{M}_{总,R}\boldsymbol{M}_{总,D}=\boldsymbol{M}'_{总,D}\boldsymbol{M}_{总,R} \tag{17.25}$$

式中,$\boldsymbol{M}_{总,R}$ 是一个延迟(酉)矩阵,$\boldsymbol{M}_{总,D}$ 和 $\boldsymbol{M}'_{总,D}$ 是物空间中表示的二向衰减矩阵(非负定厄米矩阵)。$\boldsymbol{M}_{总}$ 的延迟是 $\boldsymbol{M}_{总,R}$ 的延迟。$\boldsymbol{M}_{总,R}$ 有三个特征矢量

$$(\boldsymbol{v}_1,\boldsymbol{v}_2,\hat{\boldsymbol{k}}_0) \tag{17.26}$$

和三个对应特征值

$$(\xi_1,\xi_2,\xi_3) \tag{17.27}$$

至少有一个特征值是单位值,这里选为 $\xi_3=1$,这个特征值将入射传播矢量 $\hat{\boldsymbol{k}}_0$ 与旋转后的出射传播矢量联系起来,这个出射传播矢量现在与 $\hat{\boldsymbol{k}}_0$ 平行。

正如所料,延迟量(δ)是由横平面上的两个特征值 ξ_1 和 ξ_2 计算得到的,是它们的相位差,

$$\delta=\arg(\xi_2)-\arg(\xi_1) \tag{17.28}$$

假设 $\arg(\xi_2)>\arg(\xi_1)$。如果 δ 小于 $\pi/2$,快轴与较小的特征值相关联。如果 δ 大于 $\pi/2$,复数的矩阵乘法无法追踪哪个偏振态是快态或慢态,因为笛卡儿($x+\mathrm{i}y$)形式的一系列复数的乘积其相位限制在 $-\pi<\phi\leqslant\pi$ 范围内。

当 $\boldsymbol{P}_{总}$ 为齐次时,无需对 $\boldsymbol{M}_{总}$ 进行极分解;$\boldsymbol{M}_{总}$ 和 $\boldsymbol{M}_{总,R}$ 具有相同的特征值和本征偏振。然后,式(17.28)给出了 $\boldsymbol{P}_{总}$ 的延迟,其中 ξ_1 和 ξ_2 是 $\boldsymbol{M}_{总}$ 的本征值。

17.5.2　用于 P 的固有延迟算法，方法 2

本节给出了固有延迟的另一种算法。由非齐次 $\boldsymbol{M}_{总}$ 得到 2×2 的琼斯矩阵 $\boldsymbol{J}$，由 $\boldsymbol{J}$ 计算延迟。首先，对 $\boldsymbol{M}_{总}$ 进行基的酉变换，使最后一行和最后一列的元素中只有(3×3)元素为非零。

$$\boldsymbol{S}_R=\boldsymbol{U}\boldsymbol{M}_{总}\boldsymbol{U}^{\dagger}=\begin{pmatrix} \boldsymbol{J} & & 0 \\ & & 0 \\ 0 & 0 & 1 \end{pmatrix} \tag{17.29}$$

$\boldsymbol{U}$ 绕 $\hat{\boldsymbol{k}}_0\times\hat{\boldsymbol{z}}$ 轴逆时针旋转 $\theta=\arccos(\hat{\boldsymbol{k}}_0\cdot\hat{\boldsymbol{z}})$，使 $\hat{\boldsymbol{k}}_0$ 旋转到 $\hat{\boldsymbol{z}}$。对于 $\hat{\boldsymbol{k}}_0=(\hat{\boldsymbol{k}}_x,\hat{\boldsymbol{k}}_y,\hat{\boldsymbol{k}}_z)$，

$$\boldsymbol{U}=\frac{1}{H}\begin{pmatrix} k_x^2\cos\theta+k_y^2 & k_x(\cos\theta-k_y) & -\sqrt{H}k_x\sin\theta \\ k_xk_y(\cos\theta-1) & k_x^2+k_y^2\cos\theta & -\sqrt{H}k_y\sin\theta \\ \sqrt{H}k_x\sin\theta & \sqrt{H}k_y\sin\theta & H\cos\theta \end{pmatrix} \tag{17.30}$$

其中 $H=k_x^2+k_y^2$。$\boldsymbol{S}_R$ 的左上角 2×2 子矩阵是琼斯矩阵 $\boldsymbol{J}$。$\boldsymbol{J}$ 的延迟，也是 $\boldsymbol{P}_{总}$ 的延迟，由一个相当复杂的方程给出：

$$\delta=2\arccos\left(\frac{\left|\operatorname{tr}(\boldsymbol{J})+\dfrac{\det(\boldsymbol{J})}{|\det(\boldsymbol{J})|}\operatorname{tr}(\boldsymbol{J}^{\dagger})\right|}{2\sqrt{\operatorname{tr}(\boldsymbol{J}^{\dagger}J)+2|\det(\boldsymbol{J})|}}\right) \tag{17.31}$$

式(17.31)比较复杂，因为在使用反余弦计算延迟量之前，需要去掉 $\boldsymbol{J}$ 的二向衰减。极分解 $\boldsymbol{J}$(参考文献[16]中的 $\boldsymbol{J}_R$)得到的酉矩阵(延迟器)有两个本征偏振($\boldsymbol{w}_1,\boldsymbol{w}_2$)。这些本征偏振可以写成三个元素的电场矢量，它们在入射空间中提供了一个正则基集，

$$\boldsymbol{v}_1=\boldsymbol{U}^{\dagger}\boldsymbol{w}'_1,\quad \boldsymbol{v}_2=\boldsymbol{U}^{\dagger}\boldsymbol{w}'_2,\quad \hat{\boldsymbol{k}}_0 \tag{17.32}$$

其中 $\boldsymbol{w}'_1=(\boldsymbol{w}_{x,1},\boldsymbol{w}_{y,1},0)$ 和 $\boldsymbol{w}'_2=(\boldsymbol{w}_{x,2},\boldsymbol{w}_{y,2},0)$。在出射空间，对应的正则基集是

$$\boldsymbol{v}'_1=\boldsymbol{Q}\boldsymbol{v}_1=\boldsymbol{Q}\boldsymbol{U}^{\dagger}\boldsymbol{w}'_1,\quad \boldsymbol{v}'_2=\boldsymbol{Q}\boldsymbol{v}_2=\boldsymbol{Q}\boldsymbol{U}^{\dagger}\boldsymbol{w}'_2,\quad \hat{\boldsymbol{k}}_N \tag{17.33}$$

当光线路径的偏振对应一个偏振器，在这种特殊情况下延迟是未定义的，没有第二个光束，因此，第二束光的相位是不确定的。如果 $\boldsymbol{J}$ 和 $\boldsymbol{P}_{总}$ 描述了一个偏振器，则式(17.31)中的 $\dfrac{\det(\boldsymbol{J})}{|\det(\boldsymbol{J})|}$ 是不确定的。

17.5.3　延迟范围

光程差和延迟量可以取零到无穷大之间的任意值。然而，在琼斯计算法和米勒计算法中，前几节中的延迟算法使用反余弦来计算延迟量，并返回一个以 π(半波)为模的值。这种情况类似于电场的相位，它通常用模 2π 表示，而光程长度可以取任意值。因此，经常需要知道延迟器的阶数，也就是光程差的波数。不幸的是，复数的矩阵乘法不能保留这个阶数。通过延迟量展开或其他方法将延迟量计算扩展到 2π 以外的方法的进一步讨论，不在本节的范围内[17-18]，但在第 26 章中有论述(多阶延迟器和不连续性之谜)。

17.6 例子

本节解决了第9章(偏振光线追迹计算)介绍的正入射反射琼斯矩阵的悖论。琼斯矩阵的这个问题是使用3×3矩阵还是2×2矩阵进行偏振光线追迹的争论之一。下面给出了使用齐次矩阵的简单例子；此时，$\boldsymbol{M}_{总}$ 的特征值可以直接用于计算延迟。

17.6.1 正入射的理想反射

考虑从反射镜正入射时的理想(100%)反射。由于反射镜在正入射时是非偏振的，所以延迟为零；s偏振和p偏振没有区别，它们简并了。当不同的线偏振态反射时，由于反射而引起的相位滞后必须保持相同。对于 $\hat{\boldsymbol{k}}_0=(0,0,1)$ 和 $\boldsymbol{\eta}=(0,0,1)$ 的 $\boldsymbol{P}$ 矩阵为

$$\boldsymbol{P}=\begin{pmatrix}-1 & 0 & 0\\ 0 & -1 & 0\\ 0 & 0 & -1\end{pmatrix} \tag{17.34}$$

其中 x 偏振光和 y 偏振光的电场反射时没有产生相位差，而传播矢量的方向从 z 翻转到 $-z$。对角线元素为 -1，这是由于在外反射时发生了 π 相移。对于右旋圆偏振入射光，

$$\begin{pmatrix}-1 & 0 & 0\\ 0 & -1 & 0\\ 0 & 0 & -1\end{pmatrix}\begin{pmatrix}1\\ -\mathrm{i}\\ 0\end{pmatrix}=\mathrm{e}^{\mathrm{i}\pi}\begin{pmatrix}1\\ -\mathrm{i}\\ 0\end{pmatrix} \tag{17.35}$$

产生了相同的电场矢量。但由于传播矢量变为 $(0,0,-1)$，反射光为左旋圆偏振光。同样地，对于线偏振入射光，

$$\begin{pmatrix}-1 & 0 & 0\\ 0 & -1 & 0\\ 0 & 0 & -1\end{pmatrix}\begin{pmatrix}\cos\theta\\ \sin\theta\\ 0\end{pmatrix}=\mathrm{e}^{\mathrm{i}\pi}\begin{pmatrix}\cos\theta\\ \sin\theta\\ 0\end{pmatrix} \tag{17.36}$$

从全局的角度来看，它产生了在同一平面上振荡的相同的电场矢量。而在相应的琼斯矩阵中，入射角 θ 映射为 $-\theta$，因为是右手局部坐标系。请注意，在式(17.36)中，电场的 x 分量和 y 分量之间没有引入相对相位变化。

这与反射的标准琼斯矩阵 $\boldsymbol{J}_{\mathrm{f}}$ 非常不同[19-20]，

$$\boldsymbol{J}_{\mathrm{f}}=\begin{pmatrix}-1 & 0\\ 0 & 1\end{pmatrix} \tag{17.37}$$

$\boldsymbol{J}_{\mathrm{f}}$ 似乎包括 x 和 y 偏振分量之间的 π 相移(-1)。在 $\boldsymbol{J}_{\mathrm{f}}$ 中，这个相移有两个目的：①它将右旋圆偏振光反射为左旋圆偏振光，反之亦然；②它将入射线偏振光方向从 θ 改变为 $-\theta$，例如45°到135°，这适合于反射后保持右手局部坐标的情况。

为了保持所有琼斯矩阵的右手局部坐标(图17.14)，反射的琼斯矩阵必须在其中一个对角元素中包含 -1。因此，琼斯反射矩阵具有与半波线性延迟器相同的形式。这就是反射琼斯矩阵的悖论。负号并不表示物理半波线性延迟，它表示局部坐标的翻转。

这个正入射反射的局部坐标变换可以用 $\boldsymbol{Q}$ 矩阵清晰地表示出来，

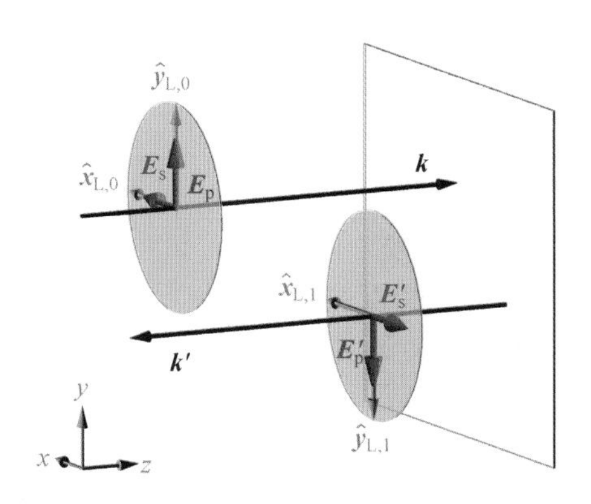

图 17.14　对于正入射时的理想反射，入射和出射右手局部坐标（$\hat{\boldsymbol{x}}_{L,0}$，$\hat{\boldsymbol{y}}_{L,0}$）和（$\hat{\boldsymbol{x}}_{L,1}$，$\hat{\boldsymbol{y}}_{L,1}$），$\boldsymbol{s}$ 和 $\boldsymbol{p}$ 矢量为（$\boldsymbol{E}_s$，$\boldsymbol{E}_p$）和（$\boldsymbol{E}'_s$，$\boldsymbol{E}'_p$）。在这个特定的局部坐标选取中，$\hat{\boldsymbol{x}}_L$ 矢量在反射后被翻转

$$\boldsymbol{Q}=\begin{pmatrix}1&0&0\\0&1&0\\0&0&-1\end{pmatrix}\tag{17.38}$$

负号现在和传播矢量联系在一起，它恰当地属于传播矢量，而不是与电场分量之一相关联。应用式(17.28)和式(17.38)，计算出理想回射的延迟为零，这是必要的。

17.6.2　一个镀铝的三反射镜系统例子

将图 17.7 的三反射镜系统作为一个真实的光学系统进行分析，而不是一个非偏振的光学系统，其中包含折射率为 0.77+6.06i 的镀铝反射镜的影响。光以 45°的入射角进入每一面镜子。表 17.1 列出了每个表面的传播矢量、$\boldsymbol{P}$ 矩阵和 $\boldsymbol{Q}$ 矩阵，用第 9 章（偏振光线追迹计算）的方法计算得到。出射传播矢量 $\hat{\boldsymbol{k}}_4$ 与入射传播矢量 $\hat{\boldsymbol{k}}_1$ 相同，它们都沿着 z 轴。

表 17.1　通过镀铝三反射镜系统的光线传播矢量、$\boldsymbol{P}$ 和 $\boldsymbol{Q}$

q	$\hat{\boldsymbol{k}}$	$\boldsymbol{P}$	$\boldsymbol{Q}$
1	$\begin{bmatrix}1\\0\\0\end{bmatrix}$	$\begin{bmatrix}0&0&1\\0&-0.947+0.219i&0\\-0.849+0.415i&0&0\end{bmatrix}$	$\begin{bmatrix}0&0&1\\0&1&0\\1&0&0\end{bmatrix}$
2	$\begin{bmatrix}0\\1\\0\end{bmatrix}$	$\begin{bmatrix}0&-0.849+0.415i&0\\1&0&0\\0&0&-0.947+0.219i\end{bmatrix}$	$\begin{bmatrix}0&1&0\\1&0&0\\0&0&1\end{bmatrix}$
3	$\begin{bmatrix}0\\0\\1\end{bmatrix}$	$\begin{bmatrix}-0.947+0.219i&0&0\\0&0&-0.849+0.415i\\0&1&0\end{bmatrix}$	$\begin{bmatrix}1&0&0\\0&0&1\\0&1&0\end{bmatrix}$

系统的 $\boldsymbol{P}$ 矩阵是 $\boldsymbol{P}_{总}=\begin{bmatrix}0 & -0.549+0.705\mathrm{i} & 0\\ -0.365+0.788\mathrm{i} & 0 & 0\\ 0 & 0 & 1\end{bmatrix}$。这显示了在入射和出射传播矢量相同的情况下,入射 x 偏振光如何以 y 偏振光出射以及入射 y 偏振光如何以 x 偏振光出射。该光线路径的二向衰减为 0.0285。第二和第三反射镜的二向衰减大小相等,但它们的方向相差 90°,因此它们相互抵消为零。因此,总二向衰减等于第一面反射镜的贡献。关于二向衰减计算算法,请参见 9.4 节(采用奇异值分解法计算二向衰减)。

对应的 $\boldsymbol{Q}$ 矩阵为 $\boldsymbol{Q}_{总}=\begin{bmatrix}0 & 1 & 0\\ 1 & 0 & 0\\ 0 & 0 & 1\end{bmatrix}$。图 17.7 显示了每个理想反射如何通过 $\boldsymbol{Q}$ 矩阵变换入射坐标矢量($\hat{\boldsymbol{x}}_A$,$\hat{\boldsymbol{y}}_A$)。如 17.2.4 节所示,入射坐标矢量($\hat{\boldsymbol{x}}_A$,$\hat{\boldsymbol{y}}_A$,$\hat{\boldsymbol{k}}_1$)旋转 90°并反转为($\hat{\boldsymbol{x}}''_A$,$\hat{\boldsymbol{y}}''_A$,$\hat{\boldsymbol{k}}_4$)。因此,入射和出射空间之间的琼斯矩阵基矢量的一个正则对为($\hat{\boldsymbol{x}}_A$,$\hat{\boldsymbol{y}}_A$)=($-\hat{\boldsymbol{y}}$,$\hat{\boldsymbol{x}}$)和($\hat{\boldsymbol{x}}''_A$,$\hat{\boldsymbol{y}}''_A$)=($-\hat{\boldsymbol{x}}$,$\hat{\boldsymbol{y}}$)。这种正则对不是唯一的;通过旋转两个空间的基集,可得到其他正则对。由于反射的反转,当系统反射次数为奇数时,由 $\boldsymbol{Q}$ 矩阵进行的坐标矢量变换改变手性,当系统反射次数为偶数时,坐标矢量保持手性。($\hat{\boldsymbol{x}}''_A$,$\hat{\boldsymbol{y}}''_A$,$\hat{\boldsymbol{k}}_4$)是测量系统固有延迟的偏振态分析器(17.2.1 节)的正则坐标矢量集。

$\boldsymbol{P}_{总}$ 乘以 $\boldsymbol{Q}_{总}^{-1}$ 抵消了几何变换。系统的 $\boldsymbol{M}_{总}$ 为

$$\boldsymbol{M}_{总}=\boldsymbol{Q}_{总}^{-1}\boldsymbol{P}_{总}=\begin{pmatrix}-0.365+0.788\mathrm{i} & 0 & 0\\ 0 & -0.549+0.705\mathrm{i} & 0\\ 0 & 0 & 1\end{pmatrix} \tag{17.39}$$

由于 $\boldsymbol{P}_{总}$ 是齐次的,所以通过计算 $\boldsymbol{M}_{总}$ 的本征值来确定系统的延迟

$$\xi_1=0.868\mathrm{e}^{\mathrm{i}2.005},\quad \xi_2=0.8938\mathrm{e}^{\mathrm{i}2.232},\quad \xi_3=1 \tag{17.40}$$

与这些本征值相关的本征偏振态是

$$\boldsymbol{v}_1=(1,0,0),\quad \boldsymbol{v}_2=(0,1,0),\quad \boldsymbol{v}_3=\hat{\boldsymbol{k}}_0=(0,0,1) \tag{17.41}$$

系统的延迟为

$$\delta=\arg(\xi_2)-\arg(\xi_1)=0.227 \tag{17.42}$$

快轴方向沿着全局 $\hat{\boldsymbol{x}}$ 轴。

用这种方法计算的延迟不包含任何几何变换的影响。类似于上面描述的二向衰减的抵消,这个固有延迟等于第一面反射镜的贡献,因为后面两个正交反射镜的延迟抵消了。

由第一面反射镜的琼斯矩阵计算的延迟为

$$\xi_1=0.945\mathrm{e}^{-\mathrm{i}0.455},\quad \xi_2=0.972\mathrm{e}^{\mathrm{i}2.914}\Rightarrow\delta=\arg(\xi_2)-\arg(\xi_1)=3.369=193.0^{\circ} \tag{17.43}$$

快轴方向沿着 $\boldsymbol{y}_{\mathrm{L},0}$,这是全局 $\hat{\boldsymbol{x}}$ 轴。由于琼斯计算法使用右手局部坐标进行数据约简,因此琼斯计算法得到的延迟和偏振光线追迹矩阵的延迟相差 π。

17.7 总结

本章首先严格分析了延迟,这个概念对于波片来说很容易定义,但是对于通过光学系统的光线路径却很难推广。延迟是通过光学系统的偏振相关光程长度,它产生的偏振变换可

准确描述为庞加莱球上的偏振态旋转，这个概念在第 6 章（米勒矩阵）进行了深入研究。光线路径的偏振光线追迹矩阵 $\boldsymbol{P}$ 描述了由于二向衰减、延迟和几何变换而引起的偏振态变化。光线的平移矩阵 $\boldsymbol{Q}$ 描述了相关的非偏振光学系统，因此它只跟踪几何变换。第 18 章（倾斜像差）中有对非偏振系统的进一步讨论，倾斜像差是整个波前从入瞳到出瞳几何变换的函数形式。

为了计算固有延迟，需要去掉几何变换，$\boldsymbol{M}=\boldsymbol{Q}^{-1}\boldsymbol{P}$，$\boldsymbol{M}$ 是计算延迟的基本方程，没有由于坐标矢量选择不当而产生的“伪圆延迟”。$\boldsymbol{M}$ 还跟踪了由于反射而引起的偏振态的反转，从而阐明了反射琼斯矩阵中麻烦的负号的含义。$\boldsymbol{M}_R$（$\boldsymbol{M}$ 极分解后的酉矩阵部分）的特征值之差给出了固有延迟，它不是由 $\boldsymbol{P}$ 单独计算的。非常值得强调的是通过一个内部光路未知的“黑盒子”光学系统，不能确定其光线的固有延迟。

与反射和局部坐标相关的负号是不可靠的！我们已经花费篇幅解释了每一个“负号”，建议读者在这方面要非常小心。

17.8　习题集

17.1　延迟和固有延迟有什么区别？

17.2　为什么左手坐标系基矢量集是有用的？（17.3 节）。

17.3　用偏振测量仪模拟琼斯矩阵测量，该偏振测量仪的偏振态发生器旋转 $\pi/6$，针对下列元件：a. 线性延迟器 $\mathbf{LR}(\delta,0)$ 和 b. 圆延迟器 $\mathbf{CR}(\delta)$。测得的延迟与物理延迟有何不同？

17.4　考虑一个马赫-曾德尔干涉仪，其一束光通过点(0,0,−1)，(0,0,0)，(0,0,1)，(0,1,1)，(1,1,1)和(2,1,1)，第二束光通过(0,0,0)，(1,0,0)，(1,1,0)和(1,1,1)，如下图所示。求两条光路的平移矩阵。当线偏振光入射时，出射光是平行还是正交的？用式(17.11)($\boldsymbol{Q}_{总}$)比较两条光路。

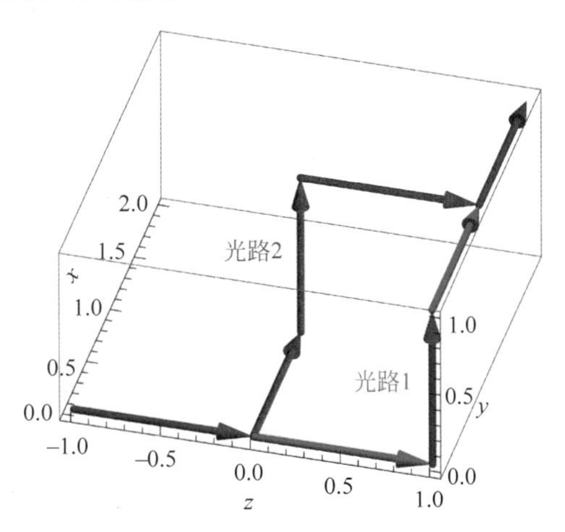

17.5　利用式(17.31)，计算下列琼斯矩阵的延迟：

a. $\dfrac{1}{2}\begin{bmatrix}\sqrt{3}-\mathrm{i} & 0\\ 0 & \dfrac{1}{\sqrt{3}}+\dfrac{\mathrm{i}}{6}\end{bmatrix}$　b. $\begin{bmatrix}\cos\dfrac{\pi}{8} & \dfrac{1}{2}\sin\dfrac{\pi}{8}\\ -\sin\dfrac{\pi}{8} & \dfrac{1}{2}\cos\dfrac{\pi}{8}\end{bmatrix}$

c. $\frac{1}{6}\begin{bmatrix}-3-\sqrt{3}-i & -3+\sqrt{3}+i\\ -3+\sqrt{3}+i & -3-\sqrt{3}-i\end{bmatrix}$

17.6 解释正入射时理想反射的琼斯矩阵和偏振光线追迹矩阵之间的区别。

17.7 a. 如果一束光只经过17.2.4节所述的三反射镜系统中的前两个镜子,那么$\boldsymbol{Q}_{总}$是多少?

b. 如果我们在三反射镜系统之后增加第四面回射反射镜,让光束从镜子1、2、3、4返回镜子3、2、1,会怎么样?

17.8 给定一条光线的$\boldsymbol{k}_1$、$\boldsymbol{k}_2$、$\boldsymbol{P}$和$\boldsymbol{Q}$,如果光线反过来($-\boldsymbol{k}_2$成为入射方向,$-\boldsymbol{k}_1$是出射方向),那么$\boldsymbol{P}'$和$\boldsymbol{Q}'$是什么?同时,解释它们是如何与$\boldsymbol{P}$和$\boldsymbol{Q}$相关的。

17.9 求下列矩阵的奇异值分解和两种极分解。证明两种极分解的延迟是相同的。

a. $\boldsymbol{M}_a=\begin{pmatrix}1 & 0\\ 0 & i/2\end{pmatrix}$

b. $\boldsymbol{M}_b=\begin{pmatrix}0 & 1\\ 0 & 0\end{pmatrix}$

c. $\boldsymbol{M}_c=\begin{pmatrix}\cos 1 & \frac{-\sin 1}{3}\\ \sin 1 & \frac{\cos 1}{3}\end{pmatrix}$

17.10 考虑延迟器$\mathbf{LR}(\delta,0)$的琼斯矩阵测量,使用偏振测量仪使其PSA旋转θ。测得的琼斯矩阵为$\begin{pmatrix}\cos\theta & -\sin\theta\\ \sin\theta & \cos\theta\end{pmatrix}\begin{pmatrix}e^{-i\delta/2} & 0\\ 0 & e^{i\delta/2}\end{pmatrix}$。证明测得的延迟为$\delta_{测量}=2\arctan\frac{\sqrt{1-\cos^2\theta\cos^2(\delta/2)}}{\cos\theta\cos(\delta/2)}$。建议将琼斯矩阵转换为泡利矩阵的形式来解决这个问题。

17.9 参考文献

[1] R. A. Chipman, Polarization analysis of optical systems, Proc. SPIE 891 (1988):10.

[2] G. Yun, K. Crabtree, and R. A. Chipman, Three-dimensional polarization ray-tracing calculus I. Definition and diattenuation, Appl. Opt. 50 (2011): 2855-2865.

[3] R. C. Jones, A new calculus for the treatment of optical systems, J. Opt. Soc. Am. 31 (1941): 488-493, 493-499, 500-503; 32 (1942): 486-493; 37 (1947): 107-110, 110-112; 38 (1948): 671-685; 46 (1956): 126-131.

[4] W. A. Shurcliff, Polarized Light, Harvard University Press (1962).

[5] E. Hecht, Optics, Addison-Wesley (2002).

[6] W. A. Shurcliff, Polarized Light, Harvard University Press (1962).

[7] S. Lu and R. A. Chipman, Homogeneous and inhomogeneous Jones matrices, J. Opt. Soc. Am. A 11 (1994): 766-773.

[8] P. Torok, P. Varga, Z. Laczik, and G. R. Booker, Electromagnetic diffraction of light focused through a planar interface between materials of mismatched refractive indices: An integral representation, J.

Opt. Soc. Am. A 12 (1995): 325-332.

[9] C. Brosseau, Fundamentals of polarized Light, A Statistical Optics Approach, New York: John Wiley & Sons (1998).

[10] D. W. Henderson and D. Taimina, Experiencing Geometry, 3rd edition, Chapter 8, NJ: Pearson (2004).

[11] R. Penrose, The Road to Reality, section 14.2, NY: Knopf (2005).

[12] J. M. Leinaas and J. Myrheim, On the theory of identical particles, Il Nuovo Cimento B 37 (1) (1977): 1-23.

[13] S. Pancharatnam, Generalized theory of interference, and its applications, Proc. Indian Acad. Sci. A 44 (1956): 247.

[14] R. Bhandari and J. Samuel, Observation of topological phase by use of a laser interferometer, Phys. Review Lett. 60 (1988): 1211.

[15] M. V. Berry, The adiabatic phase and Pancharatnam's phase for polarized light, J. Mod. Opt. 34 (1987): 1401.

[16] S. Lu and R. A. Chipman, Interpretation of Mueller matrices based on polar decomposition, J. Opt. Soc. Am. A 13 (1996): 1106-1113.

[17] D. Bone, Fourier fringe analysis: The two-dimensional phase unwrapping problem, Appl. Opt. 30 (1991): 3627-3632.

[18] A. Collaro, G. Franceschetti, F. Palmieri and M. S. Ferreiro, Phase unwrapping by means of genetic algorithms, J. Opt. Soc. Am. A 15 (1998): 407-418.

[19] G. R. Fowles, Introduction to Modern Optics, Dover Publications (1975).

[20] A. Macleod, Phase matters, SPIE's OE Magazine, June/July 29-31 (2005).

第 18 章

倾斜像差

18.1 引言

本章考虑非偏振光学系统的偏振像差。如果从光学系统中去除所有的二向衰减和延迟,系统的偏振变化仍然存在,称为倾斜像差(skew aberration)。

像差可被视为相对于成像光学系统理想成像的偏离,即从具有均匀振幅和偏振的球面波到具有均匀振幅和偏振的球面波的映射的偏离。主要像差类型有波前像差[1]、切趾(振幅像差)[2-4]和偏振像差[5]。波前像差是光程长度的变化,它在所有商业光线追迹程序中都能计算得到。切趾是振幅像差,由于反射损耗和吸收,不同的光线具有不同的透射率。偏振像差,即波面上非均匀的偏振变化,分为:①二向衰减像差,这是偏振相关的透射或反射;②延迟像差,这是偏振相关的光程差;③倾斜像差,在没有二向衰减和延迟像差的情况下的偏振变化。

偏斜像差的一个例子发生在角锥镜系统中,在角锥镜中,即使将三次反射的二向衰减和延迟设置为零,也会发生偏振变化。16.11 节详细解释了该例子。如图 18.1 所示,入射偏振(y 偏振)在角锥镜中传播时,仅由于几何变换(倾斜像差)而旋转了 120°。此外,三对子孔径的旋转不同。如图 16.44 所示,光瞳上几何变换的这种变化对角锥镜的成像有着深远

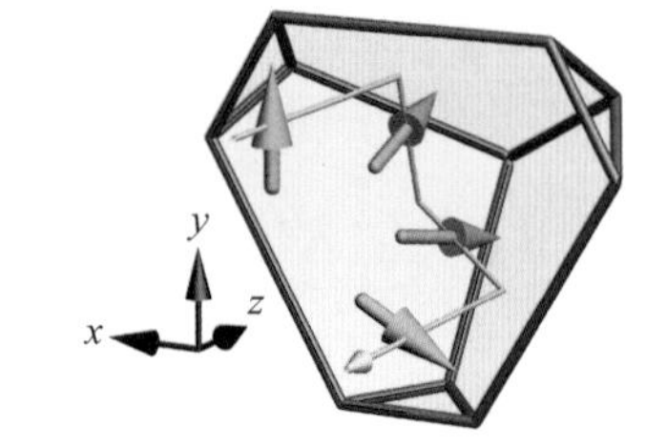

图 18.1 当光线通过非偏振的临界角角锥镜系统时,偏振态由于倾斜像差而旋转

的影响。

使用米勒点扩展矩阵(**MPSM**)(第 16 章)来检查倾斜像差对点扩展函数(PSF)的影响，以说明非偏振的理想光学系统如何因倾斜像差而产生不期望有的偏振混合。倾斜像差的独立起源和行为令人着迷。在径向对称系统中，斜光线具有倾斜像差，但子午光线不具有。因此，应用了“倾斜像差”这个名称。

本章定义了倾斜像差，并给出了其计算算法。详细分析了大视场(FOV)高数值孔径(NA)镜头的倾斜像差。如图 18.2 所示，研究了倾斜像差的线性变化(最常见的形式)对衍射受限 **MPSM** 的影响。最后，计算了 CODE V[6]专利库中编号为 2383 透镜系统的倾斜像差，它们的统计数据为说明倾斜像差的作用和重要性提供了参考。

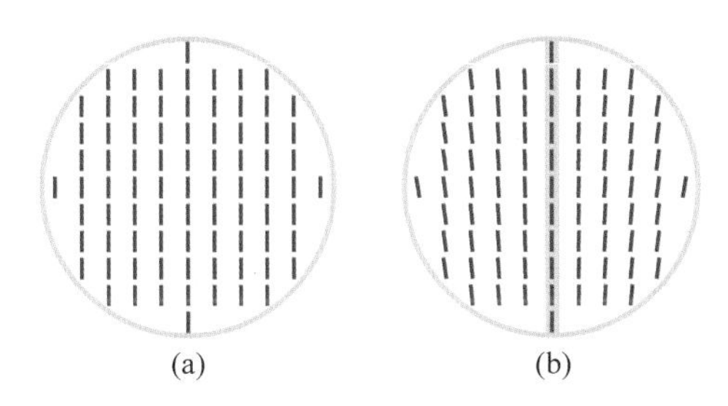

图 18.2　将均匀入射线偏振态(a)转换为倾斜像差态(b)的线性倾斜像差效应。这种线性形式的倾斜像差发生在大多数透镜和其他旋转对称系统中，此外还有倾斜像差引起偏振旋转的高阶变化

18.2　倾斜像差的定义

倾斜像差是由于偏振态固有的几何变换，使得入瞳和出瞳之间每条光线的偏振态发生旋转。即使对于非偏振光学系统，也会出现倾斜像差。非偏振光学系统会有偏振像差，这最初看起来似乎很奇怪。如第 17 章所述，偏振光在非偏振光学系统中的传播可以用矢量在球面上的平行转移来模拟，并且倾斜像差与 Berry 相位和 Pancharatnam 相位(使用第 17 章的平移矩阵 $\boldsymbol{Q}$ 计算)有关。因此，如果光线具有非零几何变换，则其倾斜像差也非零。

倾斜像差与入射偏振态或光学元件(如偏振器、延迟器和膜层)的偏振特性无关。如第 16 章中的临界角角锥反射器例子所述，具有零二向衰减或延迟的非偏振光学系统可能具有大量空间变化的偏振像差。虽然离开非偏振光学系统的波前没有光程差，但波前可能具有变化的光学相位，类似于临界角角锥镜的六个子孔径。这种相位差可以用干涉仪测量，并可能导致较大的偏振像差。

倾斜像差是一种偏振旋转，即旋转线偏振光的偏振平面或椭圆偏振光的轴。圆偏振光的旋转会引起相位变化，但不会引起偏振态的变化。倾斜像差不同于二向衰减像差和延迟像差，因为它起源于纯粹的几何效应。

即使光线通过理想的、无像差的且非偏振的光学系统，也会发生倾斜像差，因此本章选择的示例系统为非偏振系统。这种系统将入射的偏振椭圆折射和反射到像空间中，而不改变椭圆率[7]。例如，通过 $t_s=t_p=1$ 的表面的折射(其中 t_s 和 t_p 是 s 偏振和 p 偏振的菲涅耳透射系数)是理想且非偏振的。径向对称光学系统(如透镜或卡塞格林望远镜)中的倾斜像差效应发生在离轴视场中。出射波前的偏振相对于入射波前具有偏振态的稳定旋转，这种旋转随离开子午面距离的增大而线性增大；这种线性旋转向中心持续存在，即使对于近轴光线路径也存在。图 18.2 的例子显示了这种一般的倾斜像差。偏振不沿光瞳中心旋转，在光瞳一侧顺时针旋转，在另一侧逆时针旋转。这里显示的旋转幅度大于通常遇到的倾斜像差。所示的倾斜像差是线性的，但也可能有二次、三次或其他函数形式的贡献；图 18.2 显示了最常见的表现形式。

倾斜像差仅由光线的传播路径决定，即由其归一化传播矢量的序列($\boldsymbol{k}_{\text{In}}, \boldsymbol{k}_1, \boldsymbol{k}_2, \cdots, \boldsymbol{k}_j, \cdots, \boldsymbol{k}_{\text{Exit}}$)决定。$\boldsymbol{k}_{\text{In}}$、$\boldsymbol{k}_j$ 和 $\boldsymbol{k}_{\text{Exit}}$ 分别对应于入瞳处、第 j 面之后和出瞳处的传播矢量。

18.3 倾斜像差算法

本节提出了一种定义非偏振光学系统入瞳和出瞳之间偏振变化的算法。图 18.3 显示了入瞳中的偏振态网格和出瞳中的对应网格。这些光瞳有不同的数值孔径和传播方向。为了比较两种不同的波前，选取了一种尺度不变的参考偏振网格，即双极基矢量；在入瞳上定义一个双极网格($\boldsymbol{g}_{\text{In},i}$)，通过矢量的平移进行追迹，并与出瞳双极网格($\boldsymbol{g}_{\text{Exit},i}$)进行比较。如图 18.4 所示，当函数围绕其中心径向放大或收缩时，该函数不变。如果在入瞳和出瞳中存在双极偏振模式，则证明不存在倾斜像差，由此产生的 PSF 不会因偏振像差而退化。

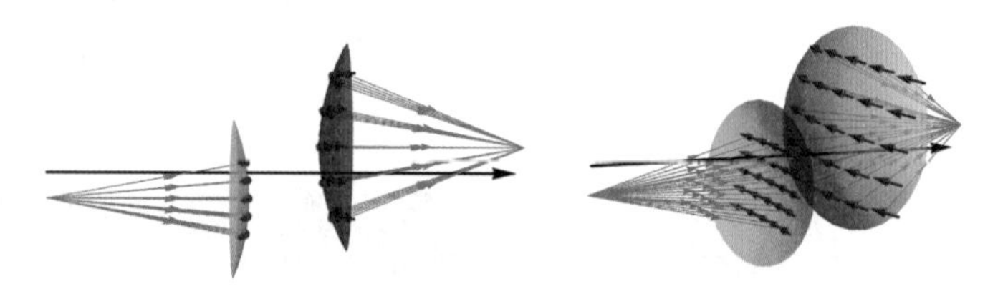

图 18.3 在两个不同的视图中显示了入瞳(绿色)上的参考矢量网格($\boldsymbol{g}_{\text{In},i}$)和出瞳(紫色)上的参考矢量网格($\boldsymbol{g}_{\text{Exit},i}$)

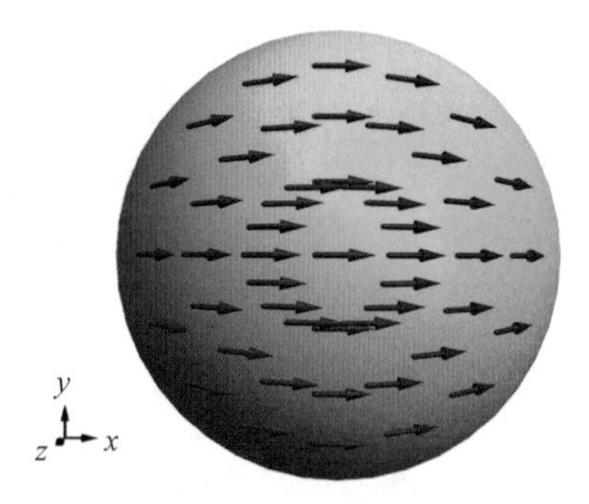

图 18.4 沿主光线传播矢量观察的单位波前球面上的双极参考矢量阵列。这些参考矢量用于定义球面波前上琼斯矢量的 x 分量

以下步骤是第 11 章中介绍的计算双极参考基矢量的概括，在本章中它们将用作参考矢量。首先，定义一个矢量($\boldsymbol{g}_C$)，该矢量垂直于入瞳和出瞳上中心光线的传播矢量

$$\boldsymbol{g}_C = \boldsymbol{k}_{\text{In},C} \times \boldsymbol{k}_{\text{Exit},C} \tag{18.1}$$

参考矢量网格 $\boldsymbol{g}_{\text{In},i}$ 由 $\boldsymbol{g}_C$ 沿 $\textbf{axis}_{\text{In},i}$ 逆时针旋转 $\theta_{\text{In},i}$ 生成。类似地，$\boldsymbol{g}_{\text{Exit},i}$ 网格由 $\boldsymbol{g}_C$ 沿 $\textbf{axis}_{\text{Exit},i}$ 逆时针旋转 $\theta_{\text{Exit},i}$ 获得，

$$\begin{cases} \boldsymbol{g}_{\mathrm{In},i} = \boldsymbol{R}(\theta_{\mathrm{In},i}, \mathbf{axis}_{\mathrm{In},i})\boldsymbol{g}_C \\ \boldsymbol{g}_{\mathrm{Exit},i} = \boldsymbol{R}(\theta_{\mathrm{Exit},i}, \mathbf{axis}_{\mathrm{Exit},i})\boldsymbol{g}_C \end{cases} \tag{18.2}$$

其中序号 i 表示第 i 条光线。

$$\begin{cases} \theta_{\mathrm{In},i} = \arccos(\boldsymbol{k}_{\mathrm{In},i} \cdot \boldsymbol{k}_{\mathrm{In},C}), & \mathbf{axis}_{\mathrm{In},i} = \boldsymbol{k}_{\mathrm{In},C} \times \boldsymbol{k}_{\mathrm{In},i} \\ \theta_{\mathrm{Exit},i} = \arccos(\boldsymbol{k}_{\mathrm{Exit},i} \cdot \boldsymbol{k}_{\mathrm{Exit},C}), & \mathbf{axis}_{\mathrm{Exit},i} = \boldsymbol{k}_{\mathrm{Exit},C} \times \boldsymbol{k}_{\mathrm{Exit},i} \end{cases} \tag{18.3}$$

$\boldsymbol{R}(\theta, \mathbf{axis})$是绕 **axis** 逆时针旋转 θ 的三维旋转矩阵。

$\boldsymbol{g}_{\mathrm{In},i}$ 和 $\boldsymbol{g}_{\mathrm{Exit},i}$ 对于系统的放大率是不变的，并且因为它是由相对于径向对称线集的角度定义的，容易看到从入瞳到出瞳的偏振变化。此处描述的旋转方法类似于沿单位 $\boldsymbol{k}$ 球上的大圆弧平行移动 $\boldsymbol{g}_C$，该大圆弧连接点 $\boldsymbol{k}_{\mathrm{In},C}$ 和 $\boldsymbol{k}_{\mathrm{In},i}$。这是第 11 章中描述的“双极网格”，它定义了描述线偏振球面波前的“标准”，如图 18.4 所示。

一旦为光学系统建立了参考矢量 $\boldsymbol{g}_{\mathrm{In},i}$ 和 $\boldsymbol{g}_{\mathrm{Exit},i}$，就可以计算系统的几何变换。由于光线传播方向从 $\boldsymbol{k}_{j-1}$ 到 $\boldsymbol{k}_j$ 的变化，每个光线截点的几何变换由平移矩阵 $\boldsymbol{Q}_j$ 描述(第 17 章)。折射面 j 的 $\boldsymbol{Q}_j$ 等价于在单位 $\boldsymbol{k}$ 球上从一个点 $\boldsymbol{k}_{j-1}$ 到另一个点 $\boldsymbol{k}_j$ 滑动矢量，沿着连接两个点的大圆弧，如图 17.4 所示。反射面 j 的 $\boldsymbol{Q}_j$ 等价于点 $\boldsymbol{k}_j$ 上的倒置矢量 $\boldsymbol{k}_{j-1} - \boldsymbol{k}_j$，然后通过平移将它们移动到点 $\boldsymbol{k}_j$。沿着一条光线通过系统的累积几何变换是 $\boldsymbol{Q}_{\mathrm{Total},i}$，

$$\boldsymbol{Q}_{\mathrm{Total},i} = \prod_{j=\mathrm{Exit}}^{\mathrm{In}} \boldsymbol{Q}_j = \boldsymbol{Q}_{\mathrm{Exit}} \cdots \boldsymbol{Q}_j \cdots \boldsymbol{Q}_1 \boldsymbol{Q}_{\mathrm{In}} \tag{18.4}$$

这将参考的入射偏振映射为 $\boldsymbol{g}'_{\mathrm{Exit},i}$

$$\boldsymbol{g}'_{\mathrm{Exit},i} = \boldsymbol{Q}_{\mathrm{Total},i}\boldsymbol{g}_{\mathrm{In},i} \tag{18.5}$$

第 i 条光线的倾斜像差定义为理想矢量 $\boldsymbol{g}_{\mathrm{Exit},i}$ 和非偏振系统的矢量 $\boldsymbol{g}'_{\mathrm{Exit},i}$ 之间的角度。如果 $\boldsymbol{g}'_{\mathrm{Exit},i}$ 是 $\boldsymbol{g}_{\mathrm{Exit},i}$ 逆时针旋转的结果(迎着光束去看)，光线具有正的倾斜像差。

$\boldsymbol{Q}_{\mathrm{Total},i}$ 对于偏振演化的作用类似于近轴光学的作用。近轴光学描述无像差系统中的光线路径，它描述了理想系统。当一个球面波传播通过近轴光学时，出射的球面波在理想位置成像，没有畸变、像散和其他像差。当实际光线通过同一个系统时，结果相当复杂，包含大量光线截点、光程长度等。光学设计师可以将这些实际光线追迹结果与近轴光学进行比较，以计算波前像差，因为像差通常被定义为与近轴光学的偏差。这些波前像差便于与其他光学设计师沟通。类似地，$\boldsymbol{Q}_{\mathrm{Total},i}$ 是“类近轴光学”，因为它提供了 $\boldsymbol{g}'_{\mathrm{Exit},i}$，这是非偏振光学系统的“自然坐标系”；由于偏振元件或相互作用(如膜层、菲涅耳系数等)，偏离 $\boldsymbol{g}'_{\mathrm{Exit},i}$ 的其他偏振变化是偏振像差。倾斜像差计算系统自然(固有)的偏振变化，所有其他偏振变化都是光-物质相互作用引起的像差。

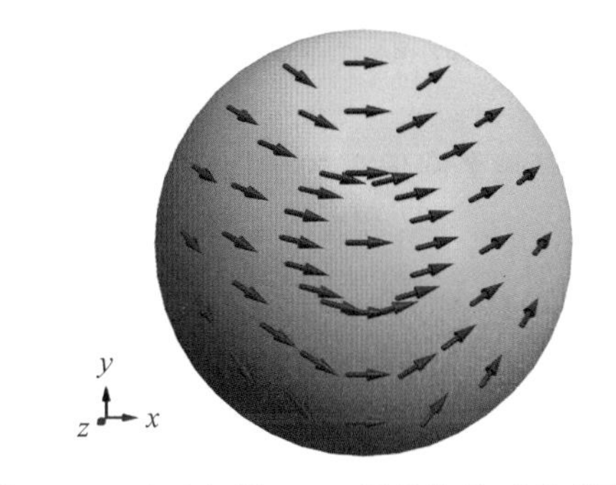

图 18.5　对于如图 18.4 所示旋转对称折射光学系统的 $\boldsymbol{g}_{\mathrm{Exit},i}$，显著放大了的倾斜像差 $\boldsymbol{g}'_{\mathrm{Exit},i}$ 的形式

针对如图 18.4 所示的具有沿 y 轴离轴光源的旋转对称折射光学系统的 $\boldsymbol{g}_{\mathrm{In},i}$，图 18.5 显示了典型倾斜像差偏振态 $\boldsymbol{g}'_{\mathrm{Exit},i}$ 的形式。请注意，在 y-z 平面中，$\boldsymbol{g}'_{\mathrm{Exit},i} = \boldsymbol{g}_{\mathrm{Exit},i}$，而倾斜光线

的 $\boldsymbol{g}'_{\mathrm{Exit},i}$ 是从 $\boldsymbol{g}_{\mathrm{Exit},i}$ 旋转而来。

18.4 镜头示例——美国专利 2896506

在径向对称光学系统中,子午光线位于包含系统光轴的平面上。主光线和边缘光线是子午光线的例子。当它们从物空间反射和折射通过系统到像空间时,它们保持在同一个平面上。另外,倾斜光线不会停留在一个平面上。在长镜头中,倾斜光线将以纯顺时针或纯逆时针形式绕光轴旋转。倾斜像差只发生在倾斜光线上,而不发生在子午光线上。当光学系统不是径向对称时,子午光线的定义不再明确,但倾斜像差算法仍然适用。

倾斜像差随 NA 和 FOV 的增大而自然增大;因此,具有高 NA 和宽 FOV 的系统倾向于具有较大的倾斜像差。例如,美国专利 2896506[8] 具有相对较大的倾斜像差。该系统旋转对称,F/1.494,最大视场为 32°。图 18.6 显示了这个七透镜系统的两个视场角(0°和 20°)光路。

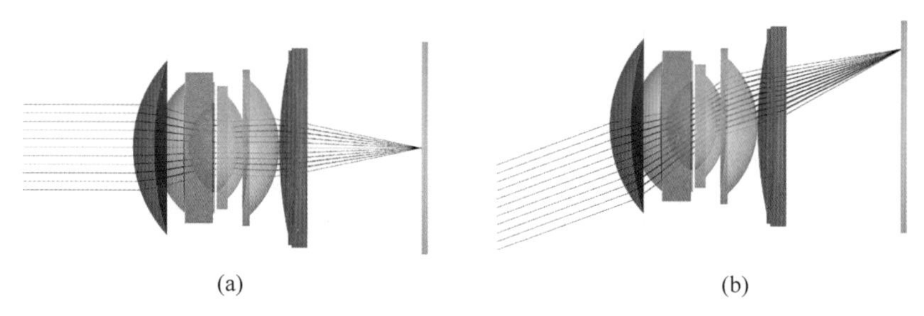

图 18.6 美国专利 2896506 的光学系统布局,来自 CODE V 镜头专利库,有七片透镜。显示了 0°(a)和 20°(b)的两个场角

图 18.7(a)显示了出瞳处的倾斜像差,它是由 32°视场角根据光线网格计算出的。倾斜像差通常在最大视场角的光瞳边缘最大。在本例中,在 32°视场角由 y-z 平面上的主光线加上 x 方向上的边缘光线形成的倾斜光线具有最大倾斜像差为 7.01°,如图 18.7(a)中的灰点(点 B)所示。光瞳另一侧(点 A)的倾斜光线具有 −7.01°的倾斜像差。由于渐晕和光瞳畸变,光瞳呈椭圆形。通过出瞳中心的子午光线扇具有零偏斜像差。

图 18.7(b)显示,点 A 到点 B 的倾斜像差形式为 x 方向的线性变化(圆延迟倾斜①)加上 x 方向的彗差状三次方变化。线性变化的圆延迟导致波前的偏振相关倾斜,如图 18.8 所示。

考虑一个圆偏振的平面波入射到一个具有线性倾斜像差的非偏振系统,如图 18.8 所示。沿 y 轴,光的相位保持不变;在光瞳的 $+x$ 侧,相位提前;在光瞳的 $-x$ 侧,相位延迟,如图 18.9 所示(对于左旋圆偏振光、右旋圆偏振光)。因此,它们聚焦在两个平移了的像点上,平移量为艾里斑直径的若干分之一,以类似于像散的方式增大了 PSF。

对于镜头系统,倾斜像差往往在物体边缘和离子午面最远的光瞳一侧最大。图 18.10 显示了专利镜头 2896506 对应于图 18.7 中 A 点的光线在每个透镜表面的倾斜像差贡献。此类面贡献图可识别具有最大倾斜像差贡献的面。

① 倾斜像差的线性变化为波前增加了一个线性相位,这导致了类似倾斜的波像差。

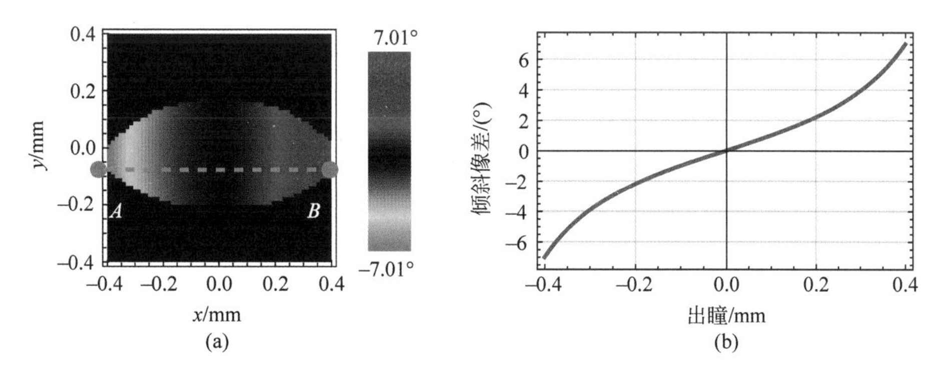

图 18.7　(a)32°视场的光线阵列的倾斜像差，评估自美国镜头专利 2896506 的出瞳处，倾斜像差从−7.01°至+7.01°变化。(b)沿垂直于子午面的水平横截面(图(a)中的橙色虚线)的倾斜像差。它显示了中心主光线的偏斜像差为零，在光瞳中心呈线性变化，边缘呈高阶变化。在沿 y 轴的子午面内，倾斜像差为零

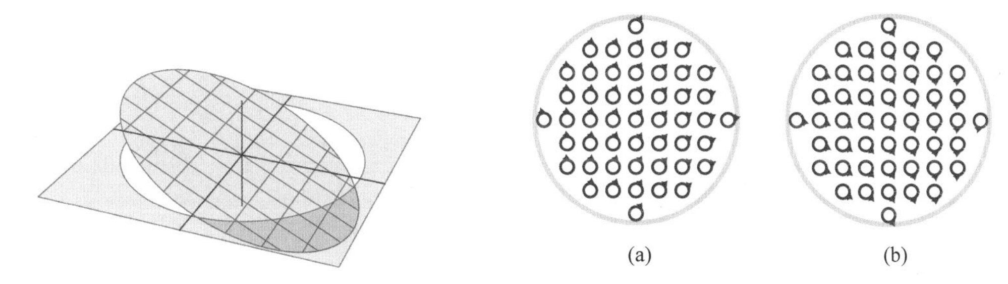

图 18.8　倾斜像差图，显示了线性变化的倾斜像差

图 18.9　(a)线性倾斜像差对右旋圆偏振光束和(b)左旋圆偏振光束的影响。
由于倾斜像差，它们在光瞳上获得了相反的线性相移

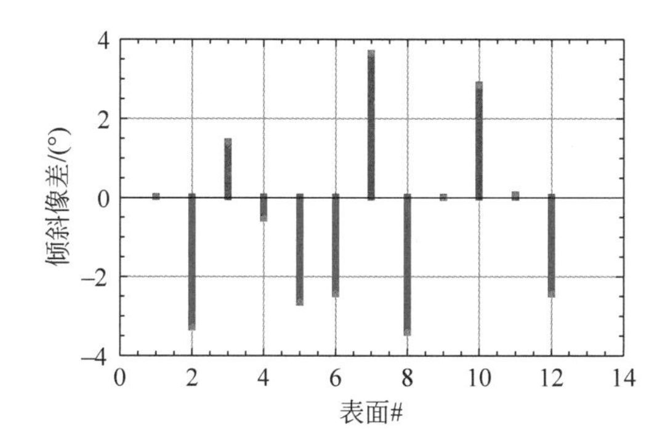

图 18.10　倾斜光线 A 在每个透镜表面产生的倾斜像差，过整个系统的总和为−7.01°

18.5　近轴光线追迹中的倾斜像差

下面研究近轴限制下的倾斜像差。图 18.7 中过光瞳中心出现的线性倾斜像差清楚地表明近轴光线存在倾斜像差。近轴光学是一种确定径向对称光学系统一阶特性的方法。它假设所有光线角度和入射角都很小[9]。有关近轴光学和光线追迹的更多信息，请参见第 15 章。

一般的近轴光线追迹程序追迹两条光线，近轴边缘光线(从物体中心到入瞳边缘)和全场近轴主光线(从物体顶部到入瞳中心)[10]。然后，所有其他近轴光线可通过这两条光线的线性组合来计算。对于来自物体顶部和光瞳边缘的近轴倾斜光线，每个面的近轴边缘光线高度为倾斜光线的 x 坐标，近轴主光线高度为倾斜光线的 y 坐标，每个面的顶点为倾斜光线的 z 坐标。

倾斜像差计算使用第 q 个光线截点之后确定的传播矢量，它沿 $(y_{q+1}-y_q, \bar{y}_{q+1}-\bar{y}_q, t_q)$，其中 y_q 是边缘光线高度，$\bar{y}_q$ 是主光线高度，t_q 是第 q 和第 $(q+1)$ 个表面顶点之间的轴向距离。归一化传播矢量 $\boldsymbol{k}_q$ 为

$$\boldsymbol{k}_q=\frac{(w_q, \bar{w}_q, 1)}{\sqrt{w_q^2+\bar{w}_q^2+1}} \tag{18.6}$$

其中，$w_q=n_q u_q, t_q$ 和 $\bar{w}_q=n_q \bar{u}_q, t_q$ 是约化角度，n_q 是第 q 面后的折射率，u_q 是边缘光线角度，$\bar{u}_q$ 是主光线角度。

在近轴光线追迹中，如 17.2 节所述，与斜光线平移相关的球面多边形面积的计算简化为垂直于光轴平面上的多边形。因此，近轴光线追迹中的倾斜像差与多边形的面积成正比。通过去除传播矢量的 z 分量，构成多边形的其余二维传播矢量可以这样计算：

$$\boldsymbol{k}_{2\mathrm{D},q}=\frac{(w_q, \bar{w}_q)}{\sqrt{w_q^2+\bar{w}_q^2+1}} \approx (w_q, \bar{w}_q) \tag{18.7}$$

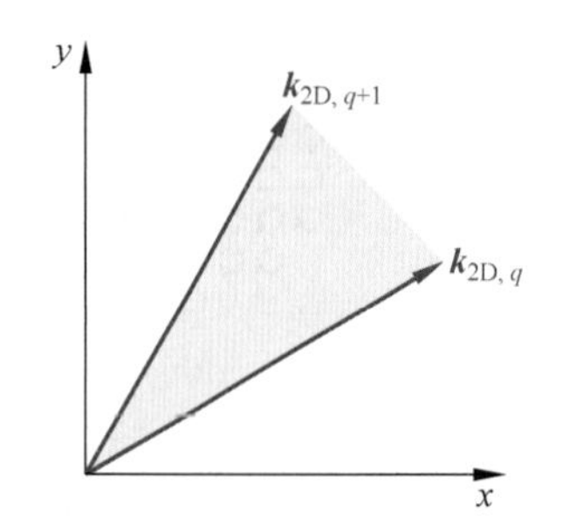

图 18.11 连接原点和二维传播矢量的三角形

如图 18.11 所示连接原点、$\boldsymbol{k}_{2\mathrm{D},q}$ 和 $\boldsymbol{k}_{2\mathrm{D},q+1}$ 的三角形面积为

$$A_q=\frac{1}{2} \frac{w_q \bar{w}_{q+1}-w_{q+1} \bar{w}_q}{\sqrt{w_q^2+\bar{w}_q^2+1} \sqrt{w_{q+1}^2+\bar{w}_{q+1}^2+1}} \tag{18.8}$$

将 $w_{q+1}=w_q-y_q \phi_q$、$\bar{w}_{q+1}=\bar{w}_q-\bar{y}_q \phi_q$ 代入式(18.8)，得到该面积的一个关系式

$$A_q=\frac{\phi_q}{2} \frac{\bar{w}_q y_q-w_q \bar{y}_q}{\sqrt{w_q^2+\bar{w}_q^2+1} \sqrt{w_{q+1}^2+\bar{w}_{q+1}^2+1}}=\frac{H}{2} \frac{\phi_q}{\sqrt{w_q^2+\bar{w}_q^2+1} \sqrt{w_{q+1}^2+\bar{w}_{q+1}^2+1}} \tag{18.9}$$

其中，$H=\bar{w}_q y_q-w_q \bar{y}_q$ 是系统的拉格朗日不变量。

因此，系统的近轴倾斜像差与拉格朗日不变量成正比，并与式(18.9)中各个面光焦度之和密切相关，

$$\mathrm{TA}=\frac{H}{2} \sum_q \frac{\phi_q}{\sqrt{w_q^2+\bar{w}_q^2+1} \sqrt{w_{q+1}^2+\bar{w}_{q+1}^2+1}} \tag{18.10}$$

通常，具有大 y、$\bar{y}$、w、$\bar{w}$ 的近轴光线被追迹，而不是小值。由于近轴值很小，$\sqrt{w_q^2+\bar{w}_q^2+1} \approx 1$，$\sqrt{w_{q+1}^2+\bar{w}_{q+1}^2+1} \approx 1$。于是，式(18.10)简化为

$$\mathrm{TA}=\frac{H}{2} \sum_q \phi_q \tag{18.11}$$

18.4 节中的示例镜头演示了近轴倾斜像差的计算。通过将 x-z 平面中的近轴边缘光线与 y-z 平面中的近轴主光线相加，可创建一条近轴倾斜光线(图 18.7 中的点 A)，产生近轴倾

斜像差－4.49°≈0.078。光线 A 的逐面倾斜像差贡献如图 18.12 所示。

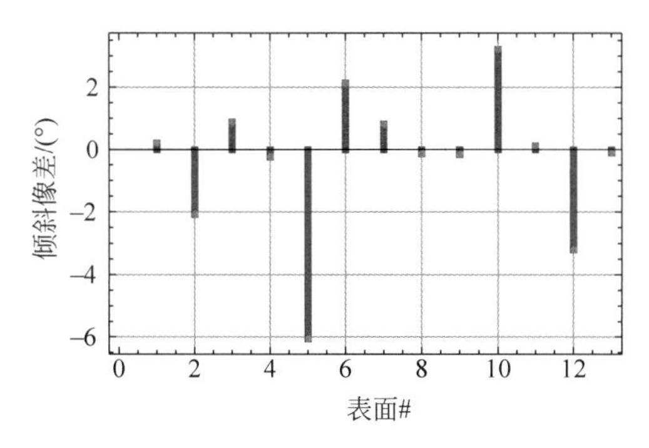

图 18.12　点 A 处的近轴倾斜光线通过系统时在每个透镜表面的倾斜像差贡献之和为－4.49°

18.6　近轴倾斜像差的例子

本节用四片透镜中继系统作为例子计算近轴倾斜像差，选取该系统是因为其出射光线与入射光线平行，这样可简化对倾斜像差概念的理解。

四个具有相同有效焦距 f 的薄透镜彼此间隔 $2f$，如图 18.13 所示。物平面位于第一个透镜前面的 $2f$ 处。第一个透镜是入瞳。第一个透镜将物平面以放大率－1 成像在第二个透镜处。第二个透镜是场透镜，它将入瞳以放大率－1 成像到第三个透镜上，使得第三个透镜是光瞳像。第三个透镜将物成像到第四个透镜上，放大倍数为 1。第四个透镜是另一个场透镜，使得在第四个透镜之后的像空间中的所有近轴光线平行于相应的入射光线。

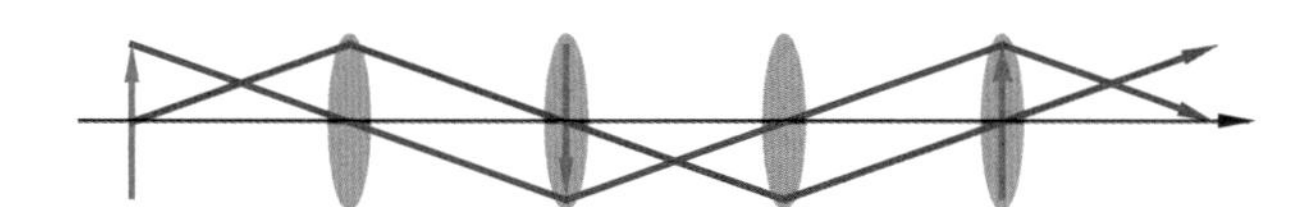

图 18.13　四个有效焦距为 100mm 的薄透镜（蓝色）的间距为 200mm。物显示为绿色，近轴主光线显示为红色，边缘光线显示为蓝色

表 18.1 包含了近轴光线追迹，其中每个透镜由光焦度而不是曲率和折射率指定。图 18.14(a)显示了传播矢量的 x-y 分量，该分量在传播矢量球上围绕 z 轴形成一个四边形球面多边形，如果面是平的，则该多边形将是正方形。四边形球面多边形占据约为 0.3×0.3＝0.09 立体弧度。因此，这种极端倾斜光线的倾斜像差为 0.09rad≅5°。y-$\bar{y}$ 图显示，面 0、2 和 4 是物及其像所在的位置，因为 $y=0$，并且由于第 4 处的场透镜，每条光线离开系统时都平行于入射光。

表 18.1　四片中继透镜的近轴光线追迹

	0		1		2		3		4	
$-\phi_q$			−0.01		−0.01		−0.01		−0.01	
τ_q		200		200		200		200		
y_0	0		30		0		−30		0	
u_0		0.15		−0.15		−0.15		−0.15		−0.15
$\bar{y}_0$	−30		0		30		0		−30	

续表

	0	1	2	3	4
$\bar{u}_0$	0.15	0.15	−0.15	−0.15	0.15
$\boldsymbol{k}_0$	$\begin{pmatrix}0.15\\-0.15\\0.98\end{pmatrix}$	$\begin{pmatrix}-0.15\\-0.15\\0.98\end{pmatrix}$	$\begin{pmatrix}-0.15\\0.15\\0.98\end{pmatrix}$	$\begin{pmatrix}0.15\\0.15\\0.98\end{pmatrix}$	$\begin{pmatrix}0.15\\-0.15\\0.98\end{pmatrix}$

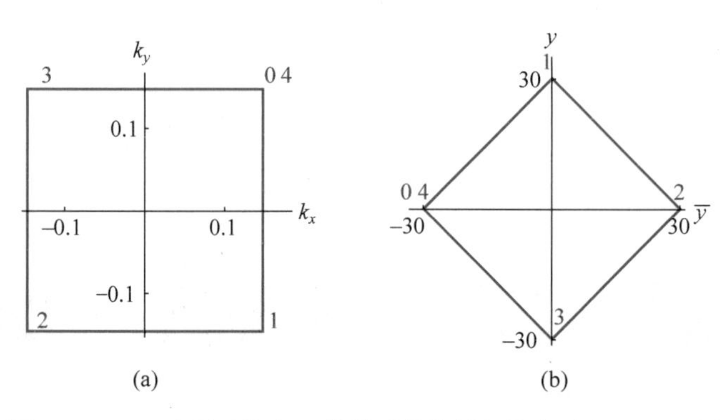

图 18.14 (a)中继透镜在 z 轴附近的传播矢量序列和(b)y-$\bar{y}$ 图

图 18.15 显示了一组视场的倾斜像差的变化。所有子午光线都显示在灰色背景上,白色背景中的其他光线是倾斜光线。由于径向对称系统中的所有轴上光线都是子午光线,所以在轴上不存在倾斜像差。对于沿 y 轴的视场(其中子午光线沿垂直轴向下),没有旋转;对于沿水平轴的 x 视场,倾斜像差为零。

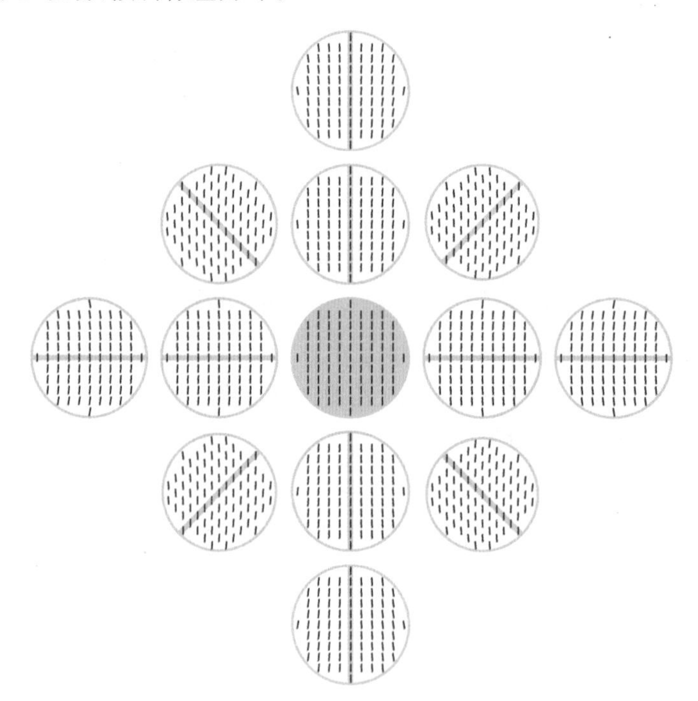

图 18.15 垂直偏振入射光的一组 13 个视场的近轴倾斜像差变化图。倾斜像差是相对垂直方向的旋转。在灰色背景上显示的子午光线没有倾斜像差。在近轴系统中,倾斜像差从子午面开始随视场线性增大

18.7 倾斜像差对 PSF 的影响

倾斜像差会在出瞳和像中产生不需要的偏振分量。倾斜像差会改变 PSF，因此即使在没有波前、延迟和二向衰减像差的情况下，像质也会降低。通常，围绕 PSF 会形成正交偏振的旁瓣[11-13]。本节采用第 16 章中的方法来显示倾斜像差倾斜量对 PSF 的影响[13]。

倾斜像差会导致光瞳上出现空间变化的"圆延迟"现象。倾斜像差以不同的函数形式出现，如常数、线性和二次变化，就像波像差一样。18.6 节表明，线性变化的倾斜像差是近轴光学中的预期形式，并且可能是许多其他系统中占主导作用的倾斜像差分量。例如，线性变化是图 18.7 中的一个显著分量。在最低阶，倾斜像差有一个线性变化的分量，就像波像差的倾斜一样；因此，这个线性倾斜分量被称为倾斜像差倾斜量（skew tilt）。倾斜像差倾斜量具有琼斯光瞳函数的形式

$$\boldsymbol{J}_p(u,v)=p(u,v)\begin{pmatrix}\cos(u\Delta) & \sin(u\Delta)\\ -\sin(u\Delta) & \cos(u\Delta)\end{pmatrix} \tag{18.12}$$

其中，u 是垂直于子午面方向的 x 光瞳坐标，v 是 y 坐标，Δ 是 u 方向光瞳边缘处的倾斜像差大小，$p(u,v)$ 是系统的光瞳函数。

为了评估倾斜像差对 PSF 的影响，分析了一个 $\Delta=\pi$ 的例子，该值远大于预期值，但适合作为教程使用。让我们考虑一个圆光瞳

$$p(u,v)=\begin{cases}1, & u^2+v^2\leqslant 1\\ 0, & \text{其他}\end{cases} \tag{18.13}$$

琼斯光瞳在图 18.16 中绘制为密度图（图(a)）和横截面图（图(b)）。这个琼斯光瞳有纯的实分量。请注意，在 $-\pi\leqslant u\Delta\leqslant\pi$ 区间绘制了正弦函数和余弦函数。

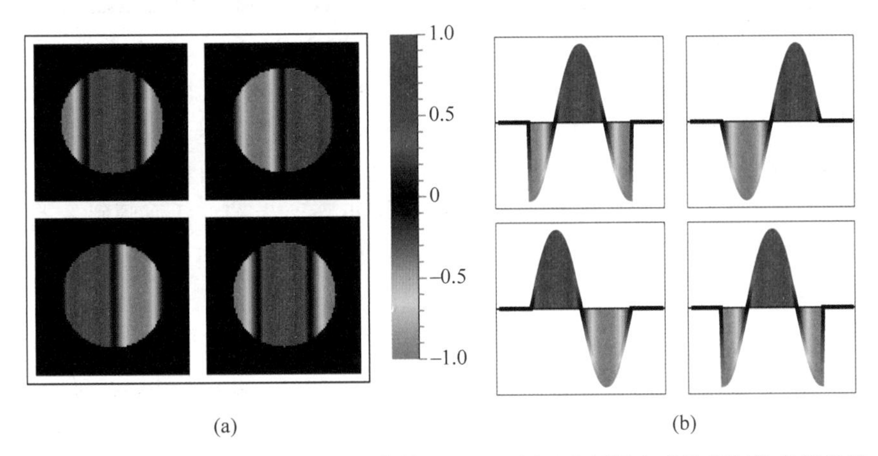

图 18.16　琼斯光瞳的密度图(a)和横截面图(b)，用于分析圆光瞳的倾斜像差倾斜量

$\boldsymbol{J}_p(u,v)$的二维傅里叶变换给出系统的 2×2 琼斯振幅响应矩阵（**ARM**），然后将其转换为 4×4 的 **MPSM**，如图 18.17 所示。有关这些计算的更多详细信息，请参见第 16 章。

MPSM 的 m_{03} 元素显示两个峰值。参见图 18.8 和图 18.9，右旋圆偏振光向一侧倾斜，左旋圆偏振光向另一侧倾斜。这可以在 m_{03} 的两个峰值中看到，一个为正（右旋圆），一个

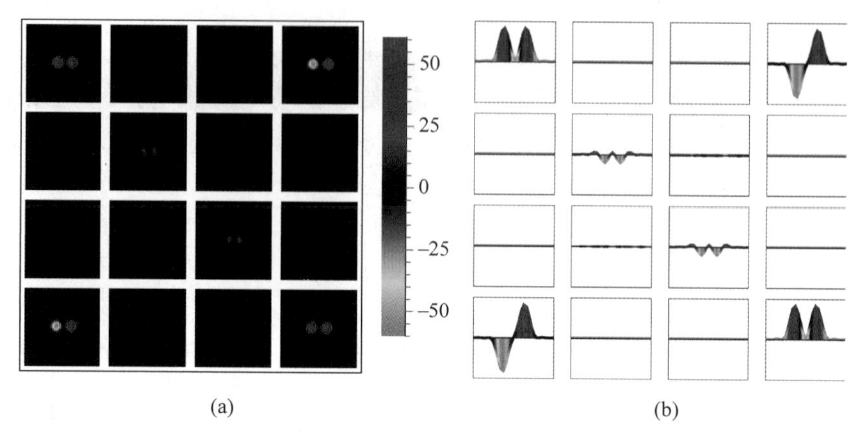

图 18.17 示例系统 **MPSM** 的密度图(a)和横截面图(b)

为负(左旋圆)。这意味着非偏振入射光产生具有相反圆分量的双像。考虑到 m_{00}、m_{03}、m_{30} 和 m_{33} 元素,右旋圆偏振入射光产生向左移动的单峰,而左旋圆偏振入射光产生向右移动的单峰。因此,倾斜像差将入射光分为左右旋圆偏振态,并根据入射偏振态将峰值向相反方向移动。

这个例子选取了一个半波($\Delta=\pi$)的倾斜像差。在这个水平上,两个峰值彼此完全偏移,以直观地显示倾斜像差倾斜量对 **MPSM** 的影响。典型的倾斜像差倾斜量约为 $\lambda/100$;因此,两个像基本上重叠,仅有一个小的偏移量。对于不同的光瞳函数很容易进行类似的分析,如矩形光瞳以及比线性倾斜像差更高阶的倾斜像差。

18.8 美国专利 2896506 的 PSM

本节将进一步分析 18.4 节所述的示例光学系统的 **MPSM**。琼斯光瞳是通过偏振光线追迹计算出来的,通过使用 $\boldsymbol{Q}_{\text{Total},i}$ 确定每条光线的几何变换。由于琼斯矩阵是在局部坐标中定义的,因此在将每个 $\boldsymbol{Q}_{\text{Total},i}$ 转换为琼斯矩阵时,将出瞳参考矢量($\boldsymbol{g}_{\text{Exit},i}$)用作局部坐标($u$,$v$)。局部坐标的选择是至关重要的,因为通过选择已包含倾斜像差的局部坐标,可以隐含每条光线的几何变换,并且在此基础上,每个琼斯矩阵不会显示任何倾斜像差。例如,如果式(18.5)中的$\boldsymbol{g}'_{\text{Exit},i}$用于计算第 i 条光线的琼斯矩阵,则该矩阵将不会显示任何倾斜像差,因为$\boldsymbol{g}'_{\text{Exit},i}$已经是倾斜像差局部坐标。

如图 18.18 所示的高数值孔径镜头例子,它的琼斯矩阵光瞳,随着物远离光轴(本例中为 32°),由于光瞳变形而变为了椭圆形。

如图 18.7 所示,系统具有圆延迟状的倾斜像差,如式(18.12)所述,其沿光瞳 u 轴具有线性和三次方变化。由于倾斜像差很小,$\cos(u\Delta)\approx 1$,$\sin(u\Delta)\approx u\Delta$,琼斯矩阵光瞳的 $j_{1,1}$ 和 $j_{2,2}$ 分量为常数,$j_{1,2}$ 和 $j_{2,1}$ 分量的大小沿光瞳 u 轴变化。

MPSM 以两种不同的比例绘制在图 18.19 中,图(a)的图例显示 **MPSM** 值的整个范围,而图(b)的图例仅限于 m_{03} 分量的最小值和最大值,以突出显示 m_{03} 和 m_{30} 分量。注意,由于椭圆孔径的离散傅里叶变换在相对方向上变长,**MPSM** 元素的形状在垂直方向上变长,水平方向缩短。

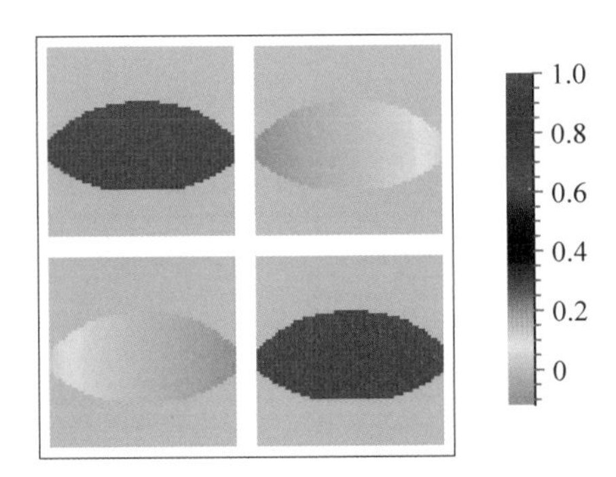

图 18.18　专利镜头系统在出瞳处的琼斯矩阵光瞳，由出瞳处的平移矩阵计算出

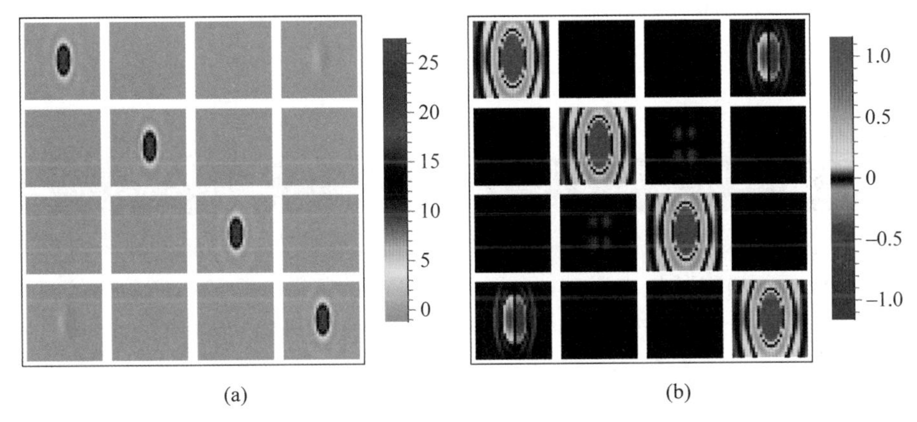

图 18.19　专利镜头系统的 **MPSM**，它是从琼斯矩阵光瞳的离散傅里叶变换计算得来的。图(a)中，绿色表示零，一些非零区域(最明显的是 m_{03} 和 m_{30} 元素)显示为深绿色和黄色。图(b)中，比例从 −1 到 1，零映射为黑色，以显示 m_{03}、m_{12}、m_{21} 和 m_{30} 的非零区域

非零的 m_{03} 和 m_{30} 分量显示，对于非偏振光，右旋圆偏振分量向一个方向倾斜，左旋圆偏振分量向相反方向倾斜。对于这个例子，左右旋圆偏振光之间的偏移非常小。然而，非对角分量的存在显示了由倾斜像差引起的像质的降低。

18.9　统计——CODE V 专利库

倾斜像差通常是一个很小的影响，但小到什么程度只能在其他像差系列的量级范围内去研究。为了了解倾斜像差的典型大小及其相对于其他像差的重要性，计算了 CODE V 美国专利库中 2382 个非反射光学系统的倾斜像差。图 18.20(a)显示了非近轴光线从定义的最大视场出发过光瞳边缘并沿垂直于视场点的轴的倾斜像差。图 18.20(b)放大到 2°到 6.5°的范围，表示出了每个范围内具有倾斜像差的光学系统的数量。总倾斜像差的平均值为 0.28°，标准偏差为 0.47°。这组镜头的最大倾斜像差为 6.44°。因此，对于 90%以上的这些镜头，倾斜像差对应于不到百分之一波长的圆延迟，因而是无关紧要的。

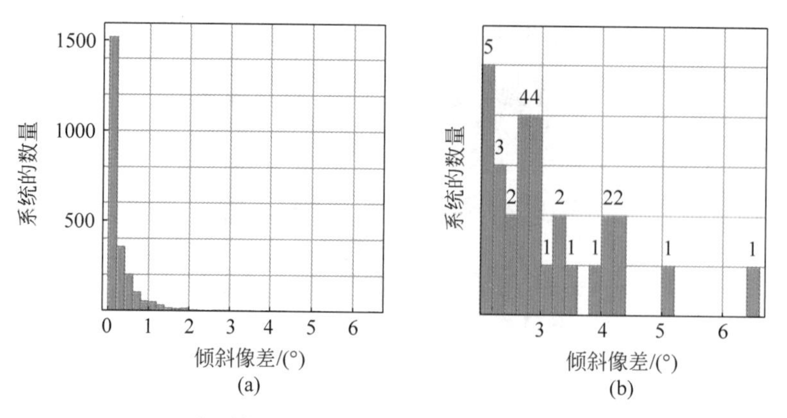

图 18.20 (a)CODE V 专利镜头库中 2382 个非反射光学系统的最大倾斜像差直方图。(b)2°至 6.5°倾斜像差放大的直方图视图

18.10 总结

倾斜像差是偏振像差的组成部分,它源于与通过光学系统的传播矢量序列相关的纯几何效应。倾斜像差是根据偏振态平移通过非偏振光学系统来计算的。倾斜像差只取决于 $\boldsymbol{k}$ 矢量序列,它不会因改变光学系统上的膜层而改变。光瞳上倾斜像差的变化通常具有与子午面正交的线性分量,即倾斜像差倾斜量。恒定的倾斜像差,类似于波前平移,将均匀地改变偏振,并不会影响 PSF。正是倾斜量(倾斜像差)的变化影响 **MPSM**,从而降低像质。倾斜像差在镜头中通常是一个小的影响,但在角锥镜中是一个大的影响。计算了两个示例系统的倾斜像差,以演示如何将倾斜像差从其他延迟效应中分离出来,以及它对 **MPSM** 的影响。在具有高数值孔径和大视场角的系统中,如微光刻光学系统和其他偏振敏感系统,预计会出现很大的倾斜像差。

据我们所知,大多数光学设计和光线追迹软件中的偏振光线追迹算法都考虑了偏振像差,但没有将倾斜像差确定为单独的分量。因此,期望这些 PSF 计算法将来包含倾斜像差的影响。

18.11 习题集

18.1 一条倾斜光线通过四片薄透镜的序列传播,传播矢量如下:$\boldsymbol{k}_0=(3,4,12)/13$,$\boldsymbol{k}_1=(4,-3,12)/13$,$\boldsymbol{k}_2=(-3,-4,12)/13$,$\boldsymbol{k}_3=(-4,3,12)/13$,$\boldsymbol{k}_4=(3,4,12)/13$。

a. 计算四次折射的 $\boldsymbol{Q}$ 矩阵:$\boldsymbol{Q}_1$、$\boldsymbol{Q}_2$、$\boldsymbol{Q}_3$ 和 $\boldsymbol{Q}_4$。

b. 求光线路径的累积 $\boldsymbol{Q}$ 矩阵。有理数或浮点数是可接受的。

c. 弧度单位的倾斜像差是多少?

d. 使用 $y_{局部}=(4/5,-3/5,0)$ 导出 $\boldsymbol{k}_0$ 和 $\boldsymbol{k}_4$ 的横向平面的一组局部坐标。

e. 使用这些局部坐标把 $\boldsymbol{Q}$ 转化为琼斯矩阵 $\boldsymbol{J}$。

f. 求 $\boldsymbol{J}$ 的本征值和本征矢量。$\boldsymbol{J}$ 代表什么类型的偏振元件?

18.2　具有 2cm×2cm 方形孔径的一个 1000mm 焦距的镜头，有 $\xi_0=0.3\text{rad}$ 的倾斜像差（偏振旋转在光瞳上线性变化），因此其偏振像差函数为 $\boldsymbol{J}_{倾斜}=\begin{pmatrix}\cos\xi_0 x & -\sin\xi_0 x\\ \sin\xi_0 x & -\cos\xi_0 x\end{pmatrix}$，其中 $-1<(x,y)<1$ 是归一化的光瞳坐标。一束 400nm 的准直光束沿光轴入射。

a. 当镜头位于水平和垂直线偏振器之间时，透射多少振幅和光强？

b. 相关的波像差和正交偏振分量的切趾是多少？

c. 通过对矩形函数进行适当的傅里叶变换，计算像面的 2×2 振幅响应函数。使用傅里叶变换，而不是离散傅里叶变换，无近似。

18.12　参考文献

[1] H. H. Hopkins, Wave Theory of Aberrations, London: Clarendon (1950).

[2] E. Sklar, Effects of small rotationally symmetrical aberrations on the irradiance spread function of a system with Gaussian apodization over the pupil, J. Opt. Soc. Am. 65 (1975): 1520-1521.

[3] J. P. Mills and B. J. Thompson, Effect of aberrations and apodization on the performance of coherent optical systems. I. The amplitude impulse response, J. Opt. Soc. Am. A 3 (1986): 694-703.

[4] J. P. Mills and B. J. Thompson, Effect of aberrations and apodization on the performance of coherent optical systems. II. Imaging, J. Opt. Soc. Am. A 3 (1986): 704-716.

[5] R. A. Chipman, Polarization analysis of optical systems, Opt. Eng. 28 (1989): 90-99.

[6] CODE V Version 10.3, Synopsys, Inc. (http://www.opticalres.com/cv/cvprodds_f.html).

[7] G. Yun, S. McClain, and R. A. Chipman, Three-dimensional polarization ray-tracing calculus II. Retardance, Appl. Opt. 50 (2011): 2866-2874.

[8] H. Azuma, High aperture wide-angle objective lens, U. S. Patent 2,896,506 (July 28, 1959).

[9] J. E. Greivenkamp, Field Guide to Geometrical Optics, SPIE Press (2004).

[10] B. R. Irving, et al., Code V, Introductory User's Guide, Optical Research Associates (2001).

[11] J. Ruoff and M. Totzeck, Orientation Zernike polynomials: A useful way to describe the polarization effects of optical imaging systems, J. Micro/Nanolithogr. MEMS MOEMS 8(3) (2009): 031404.

[12] M. Mansuripur, Effects of high-numerical-aperture focusing on the state of polarization in optical and magneto-optic data storage systems, Appl. Opt. 50 (1991): 3154-3162.

[13] J. P. McGuire and R. A. Chipman, Diffraction image formation in optical systems with polarization aberrations I: Formulation and example, J. Opt. Soc. Am. A 7 (1990): 1614-1626.

第 19 章

双折射光线追迹

19.1 双折射材料中的光线追迹

与各向同性材料不同，双折射材料的光学特性依赖于光束的偏振方向，而各向同性材料在所有方向都具有相同的特性。各向同性和各向异性材料可由 3×3 的介电张量和 3×3 旋光张量表示。双折射材料中的光线追迹与各向同性材料不同。光线折射进入各向异性介质时将分成两束偏振态正交、传播方向不同的光线。这两束光线为本征模式，在传播过程中偏振态保持不变。不同类型的双折射材料的光线追迹细节是不同的，例如单轴、双轴和旋光材料（图 19.1）。

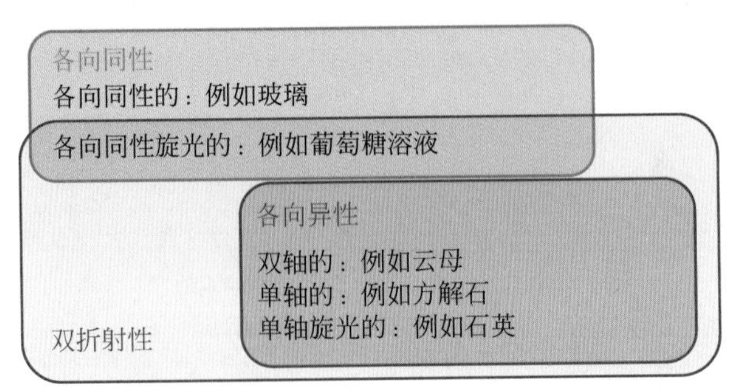

图 19.1　各向同性和各向异性介质的分类。各向同性旋光材料兼具各向同性和双折射特性

本章描述了光与双折射材料的相互作用，与双折射界面前后光场相关的算法，以及双折射产生的多光线的追迹方法。双折射光线追迹算法利用偏振光线追迹矩阵追踪了光束经过双折射界面后的光场、振幅和方向的变化。双折射光线追迹与第 10 章的偏振光线追迹方法相结合，构建了全局三维矩阵表征法。关于光在单轴材料（如方解石）、单轴器件（如波片）中的传播，详见第 21 章。第 22 章（晶体偏振器）给出了一个常见单轴光学元件格兰-泰勒偏振器的偏振像差分析例子，这是本章算法的一个应用。

为了理解双折射材料光线追迹的复杂性，使用 Polaris-M 软件[①]对如图 19.2 所示的各向异性系统进行了实际光线追迹。首先，一条光线从空气折射进入双轴 KTP 晶体（磷酸氧钛钾，$KTiOPO_4$），由于双折射，光线分为两种模式，标记为快（f_1）和慢（s_1）。然后这两种模式折射进入霰石晶体。霰石的晶轴（CA）与 KTP 的晶轴不平行。因此，f_1 模将耦合为 f_2 和 s_2 两种模式，同样，s_1 模也耦合为 f_2 和 s_2 模。光线经过 KTP 和霰石后的传播模式标记为快-快（f_1f_2）、快-慢（f_1s_2）、慢-快（s_1f_2）和慢-慢（s_1s_2）。这些光线进入第三个双轴晶体云母时将再次翻倍。当光线从三个晶体出射时，出现 8 种模式，分别为 fff、ffs、fsf、fss、sff、sfs、ssf 和 sss。每个 f 和 s 代表沿着各自光线段的不同电场方向。8 种出射波的叠加可以得到出射光的偏振态和相位。8 个子波的光程长度（OPL）各不相同，其中术语“子波”是指将入射波分解为多个波。

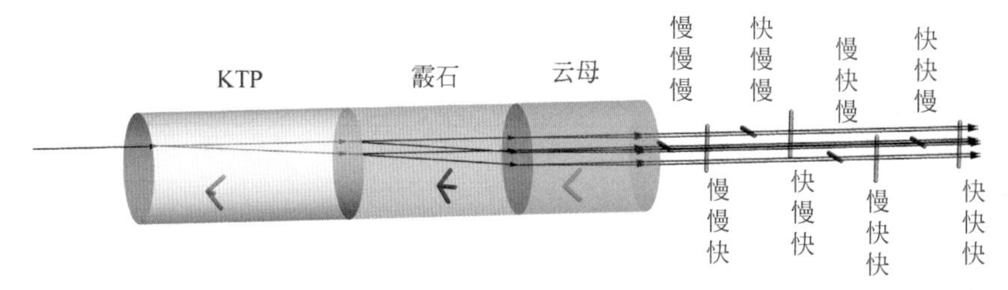

图 19.2　一条正入射的光线穿过三块各向异性材料（KTP、霰石和云母），每块材料都有不同的晶轴方向（如箭头所示）。一条入射光线产生八条出射光线，每条光线具有不同的偏振序列和不同的光程

根据各向异性材料的类型，不同的符号和下标标记了各类型的本征模式，见表 19.1 和表 19.2。各向同性材料是模式简并的一个特例。当折射进入各向同性材料时，s 和 p 两种折射模式具有相同的坡印廷矢量方向 $\hat{\boldsymbol{S}}$、相同的传播方向 $\hat{\boldsymbol{k}}$ 和相同的折射率；因此，这些模式简并了。因此，对于各向同性折射，s 模和 p 模可以合并为单一模式（标记为 i），表示各向同性模式。在单轴材料中，用 o 表示寻常光模式，用 e 表示异常光模式。在双轴材料中，这两种模式根据光线的折射率来区分，高折射率的模式为慢模式，低折射率的模式为快模式。在各向同性旋光材料中，这两个模式是左旋圆、右旋圆偏振模式。注意模式的符号是小写的。每条光线段的偏振光线追迹所需的参数见表 19.2。其中许多参数在第 9 章和第 10 章中已经介绍，但双折射界面需要更多的参数。

---

① 见前言中关于 Polaris-M 的介绍。

表 19.1 不同类型双折射界面中光线的模式标记

各向同性-各向异性材料	本征模式的描述	模式标记
双轴	n 较小的模式 n 较大的模式	f 模；快模 s 模；慢模
单轴	寻常光 异常光	o 模 e 模
旋光	左旋圆偏振 右旋圆偏振	l 模；左旋模 r 模；右旋模
各向同性	在入射面内偏振 垂直入射面偏振 合成 s 和 p 偏振态	p 偏振 s 偏振 i 模
各向同性-各向异性材料中的本征偏振态		标记法
入射；inc	两种入射模式	m, n
出射	两种出射模式	v, w
透射；t	两种透射模式	ta, tb
反射；r	两种反射模式	rc, rd
注：各向同性材料中的 s 和 p 偏振具有相同的传播方向，归并为同一模式，因此是各向同性的。		

表 19.2 在每一个双折射光线截点表征每条出射光线所需要计算的参数

参　数	符　号
光线截点坐标	$\boldsymbol{r}$
传播矢量	$\hat{\boldsymbol{k}}$
坡印廷矢量	$\hat{\boldsymbol{S}}$
表面法线	$\hat{\boldsymbol{\eta}}$
模式标记	f,s,o,e,l,r,i
模式折射率	$n_{\mathrm{f}}, n_{\mathrm{s}}, n_{\mathrm{o}}, n_{\mathrm{e}}, n_{\mathrm{l}}, n_{\mathrm{r}}, n_{\mathrm{i}}$
光程长度	OPL
电场矢量	$\boldsymbol{E}$
磁场矢量	$\boldsymbol{H}$
光线状态	例如：有效，或通光孔径之外
表面序号	例如，(1,2,3,4)
界面偏振光线追迹矩阵	$\boldsymbol{P}$
从物方算起的偏振光线追迹矩阵	$\boldsymbol{P}_{累积}$
界面几何变换	$\boldsymbol{Q}$
从物方算起的几何变换	$\boldsymbol{Q}_{累积}$
振幅反射系数或透射系数	a

为了模拟波前在双折射光学系统中的传播，通常需要追迹大量的光线，如图 19.3 所示。对于一个双折射元件，一个入射波前产生两个出射波前。每一个波前聚焦在不同的位置，并且具有不同大小的像散和其他像差。

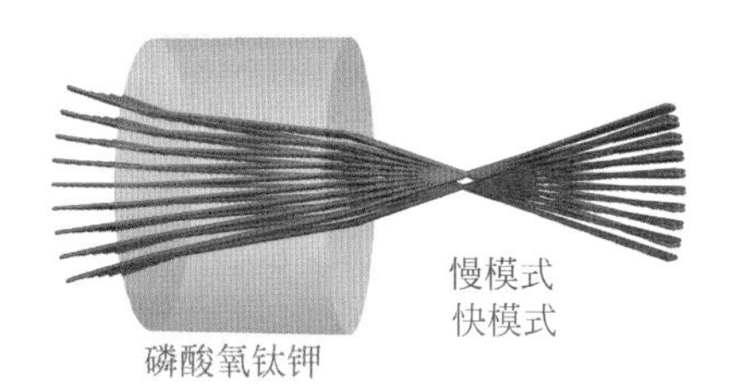

图 19.3　会聚光束通过 KTP 平板聚焦。由于双折射光线倍增，观察到两个焦点，一个为快模，另一个为慢模

19.2　电磁波在各向异性介质的数学描述

本节给出偏振光线追迹算法所用的光线电磁场数学描述。光是横电磁波，可由麦克斯韦方程中的电场 $\boldsymbol{E}$、磁场 $\boldsymbol{H}$、电位移矢量 $\boldsymbol{D}$ 和磁感应矢量 $\boldsymbol{B}$ 表述[1]。一个波长为 λ 的单色平面波的电磁场参数如式(19.1)所示，其中 $\boldsymbol{r}$ 为空间位置，t 为时间。

$$\begin{cases}\boldsymbol{E}(\boldsymbol{r},t)=\mathrm{Re}\left\{\boldsymbol{E}\exp\left[\mathrm{i}\left(\dfrac{2\pi n}{\lambda}\hat{\boldsymbol{k}}\cdot\boldsymbol{r}-\omega t\right)\right]\right\}\\ \boldsymbol{H}(\boldsymbol{r},t)=\mathrm{Re}\left\{\boldsymbol{H}\exp\left[\mathrm{i}\left(\dfrac{2\pi n}{\lambda}\hat{\boldsymbol{k}}\cdot\boldsymbol{r}-\omega t\right)\right]\right\}\\ \boldsymbol{D}(\boldsymbol{r},t)=\mathrm{Re}\left\{\boldsymbol{D}\exp\left[\mathrm{i}\left(\dfrac{2\pi n}{\lambda}\hat{\boldsymbol{k}}\cdot\boldsymbol{r}-\omega t\right)\right]\right\}\\ \boldsymbol{B}(\boldsymbol{r},t)=\mathrm{Re}\left\{\boldsymbol{B}\exp\left[\mathrm{i}\left(\dfrac{2\pi n}{\lambda}\hat{\boldsymbol{k}}\cdot\boldsymbol{r}-\omega t\right)\right]\right\}\end{cases}\tag{19.1}$$

在折射率为 n 的介质中，$\hat{\boldsymbol{k}}$ 为归一化的传播矢量，波数为 $\dfrac{2\pi n}{\lambda}$。在吸收材料中，复折射率为 $n+\mathrm{i}\kappa$，因此，光在吸收材料中传播时，电磁场振幅将呈指数衰减。

在三维空间中，偏振矢量描述了光的偏振态，它是一个 3×1 列矢量①

$$\boldsymbol{E}=\boldsymbol{E}_0\mathrm{e}^{\mathrm{i}\phi_o}\hat{\boldsymbol{E}}=\boldsymbol{E}_0\mathrm{e}^{\mathrm{i}\phi_o}\begin{bmatrix}E_x\\E_y\\E_z\end{bmatrix}=E_0\mathrm{e}^{\mathrm{i}\phi_o}\begin{bmatrix}|E_x|\mathrm{e}^{\mathrm{i}\phi_x}\\|E_y|\mathrm{e}^{\mathrm{i}\phi_y}\\|E_z|\mathrm{e}^{\mathrm{i}\phi_z}\end{bmatrix}\tag{19.2}$$

电场可表示为绝对复振幅 $\boldsymbol{E}_0\mathrm{e}^{\mathrm{i}\phi_o}$ 和复分量(E_x,E_y,E_z)之积，其中 $\hat{\boldsymbol{E}}\cdot\hat{\boldsymbol{E}}^*=|E_x|^2+|E_y|^2+|E_z|^2=1$。

19.3　双折射材料

为了进行偏振光线追迹，双折射材料包括双轴、单轴和旋光材料，可以用介电张量 $\boldsymbol{\varepsilon}$ 和旋光张量 $\boldsymbol{G}$ 描述。

① 在第 2 章中介绍了偏振矢量。

在各向同性材料中,波长为 λ 的光的折射率固定不变,与光线的传播方向和偏振态无关。光学玻璃是各向同性的,空气、水和真空也是各向同性的。在双折射材料中,光的折射率随光波电场方向变化。许多晶体都是各向异性的,如方解石和金红石。一些各向同性材料也会因应力、应变或电磁场作用而变为双折射的。在各向异性材料中,光轴是双折射为零的光波传播方向。当光沿光轴传播时,横向平面内所有电场分量的折射率都相同。对于光轴附近的传播,双折射率(具有相同 $\boldsymbol{k}$ 矢量的两个模式的折射率之差)很小。如 19.5 节所述,双轴材料具有三个不同的主折射率,并且在材料内沿两条线的正、负方向共有四个方向,在这些方向上具有简并本征偏振态。与单轴材料不同,双轴材料有两个光轴,因此称为双轴。

介电张量$\boldsymbol{\varepsilon}$ 通过 $\boldsymbol{E}$ 和 $\boldsymbol{D}$ 之间的关系将折射率的变化与光的偏振态联系起来[1-3]:

$$\boldsymbol{D}=\boldsymbol{\varepsilon E}=\begin{bmatrix}D_x\\D_y\\D_z\end{bmatrix}=\begin{bmatrix}\varepsilon_{XX} & \varepsilon_{XY} & \varepsilon_{XZ}\\ \varepsilon_{YX} & \varepsilon_{YY} & \varepsilon_{YZ}\\ \varepsilon_{ZX} & \varepsilon_{ZY} & \varepsilon_{ZZ}\end{bmatrix}\begin{bmatrix}E_x\\E_y\\E_z\end{bmatrix} \tag{19.3}$$

当光波电场在晶体中传播时,晶体的响应会改变其相对于晶体原子结构和不同分子键方向的取向。在光电场的影响下,电荷以光学频率振荡,该振荡作用于电场。由此产生了 $\boldsymbol{D}$ 场,其包含了电场和材料中诱导出的偶极子的贡献。这种关系可用 3×3 介电张量来描述。张量$\boldsymbol{\varepsilon}$ 总是可以旋转成对角阵形式

$$\boldsymbol{\varepsilon}=\begin{bmatrix}\varepsilon_X & 0 & 0\\ 0 & \varepsilon_Y & 0\\ 0 & 0 & \varepsilon_Z\end{bmatrix}=\begin{bmatrix}(n_X+\mathrm{i}k_X)^2 & 0 & 0\\ 0 & (n_Y+\mathrm{i}k_Y)^2 & 0\\ 0 & 0 & (n_Z+\mathrm{i}k_Z)^2\end{bmatrix} \tag{19.4}$$

其中,大写下标的 n_X、n_Y 和 n_Z 是与三个正交主轴或晶轴(CA)相关联的主折射率,而 κ_X、κ_Y 和 κ_Z 是沿这三个轴对应的吸收系数。双轴材料,如云母和黄玉,具有三种不同的主折射率——最大折射率 n_S、n_M 和最小折射率 n_F。

各向同性材料可视为各向异性材料的特例($\varepsilon_X=\varepsilon_Y=\varepsilon_Z=\varepsilon$),各向同性材料的介电张量与单位矩阵成正比,光波的折射率 $n+\mathrm{i}\kappa$ 与传播方向和偏振态无关。单轴材料在对角线上有两个相等的主折射率,n_O 为寻常光主折射率,n_E 为异常光主折射率,

$$\varepsilon=\begin{bmatrix}\varepsilon & 0 & 0\\ 0 & \varepsilon & 0\\ 0 & 0 & \varepsilon\end{bmatrix}=\begin{bmatrix}(n+\mathrm{i}\kappa)^2 & 0 & 0\\ 0 & (n+\mathrm{i}\kappa)^2 & 0\\ 0 & 0 & (n+\mathrm{i}\kappa)^2\end{bmatrix} \tag{19.5}$$

$$\varepsilon=\begin{bmatrix}\varepsilon_O & 0 & 0\\ 0 & \varepsilon_O & 0\\ 0 & 0 & \varepsilon_E\end{bmatrix}=\begin{bmatrix}(n_O+\mathrm{i}\kappa_O)^2 & 0 & 0\\ 0 & (n_O+\mathrm{i}\kappa_O)^2 & 0\\ 0 & 0 & (n_E+\mathrm{i}\kappa_E)^2\end{bmatrix} \tag{19.6}$$

主折射率 n_O 与一个平面相关,主折射率 n_E 与该平面的法向主轴关联,见表 19.3。与 n_E 相关的主轴为光轴,表征了单轴晶体的取向。根据定义,负单轴晶体(如方解石)$n_O>n_E$,而正单轴晶体 $n_O<n_E$。

表 19.3　主轴沿着笛卡儿全局坐标系的双轴、单轴和各向同性材料的特性

材　料	主标记	主折射率	对角的介电张量 ε_D
双轴	慢(S) 中(M) 快(F)	(n_S, n_M, n_F)	$\begin{bmatrix}\varepsilon_S & 0 & 0\\ 0 & \varepsilon_M & 0\\ 0 & 0 & \varepsilon_F\end{bmatrix}=\begin{bmatrix}n_S^2 & 0 & 0\\ 0 & n_M^2 & 0\\ 0 & 0 & n_F^2\end{bmatrix}$
单轴	寻常(O) 异常(E)	(n_O, n_E)	$\begin{bmatrix}\varepsilon_O & 0 & 0\\ 0 & \varepsilon_O & 0\\ 0 & 0 & \varepsilon_E\end{bmatrix}=\begin{bmatrix}n_O^2 & 0 & 0\\ 0 & n_O^2 & 0\\ 0 & 0 & n_E^2\end{bmatrix}$
各向同性	各向同性	n	$\begin{bmatrix}\varepsilon & 0 & 0\\ 0 & \varepsilon & 0\\ 0 & 0 & \varepsilon\end{bmatrix}=\begin{bmatrix}n^2 & 0 & 0\\ 0 & n^2 & 0\\ 0 & 0 & n^2\end{bmatrix}$

注：双轴材料有三个主折射率(n_S, n_M, n_F)。它们相关的主轴方向是正交的。单轴材料有两个主折射率，即寻常折射率 n_O 和异常折射率 n_E。各向同性材料有一个折射率 n。

光线的折射率取决于材料主轴坐标下的电场方向(偏振态)。如图 19.4 所示为线偏振光的电场方向分别沿三个主轴时的情形，结果表明光线的折射率取决于偏振方向而非传播方向。折射率表征了材料中电子振荡对电磁波的响应强度，这决定了模式传播的速度[4]。

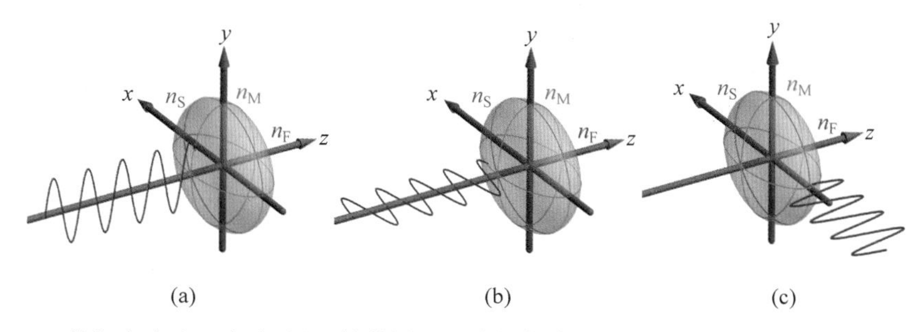

图 19.4　(a)偏振方向为 y 方向、沿 z 轴传播的光波折射率为 n_M。(b)偏振方向为 x 方向、沿 z 轴传播的光波折射率为 n_S。(c)偏振方向为 z 方向、沿着 x 轴传播的光波折射率为 n_F。因此，折射率与偏振方向有关，而不是与传播方向

双折射 Δn 是双折射材料中沿同一方向传播的两个本征偏振的折射率差。双轴和单轴

材料的最大 Δn 为 n_S-n_F 和 n_E-n_O。双折射是色散的，大小随波长变化。各种双轴和单轴材料的最大双折射率随波长的变化如图 19.5～图 19.7 所示[5-9]。

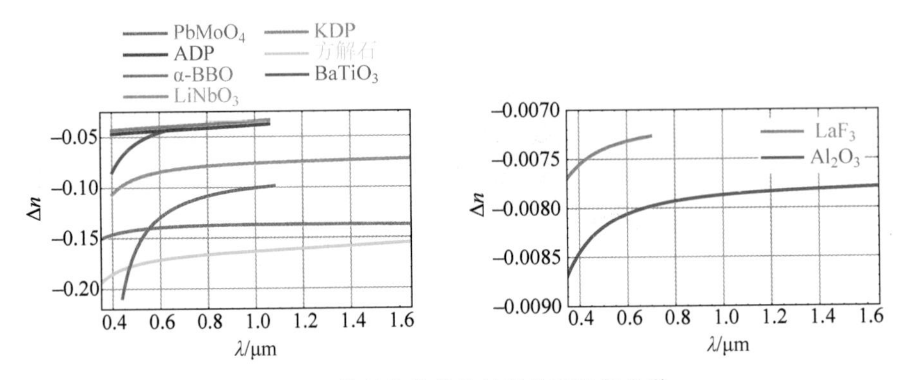

图 19.5 常见的负单轴材料的双折射光谱

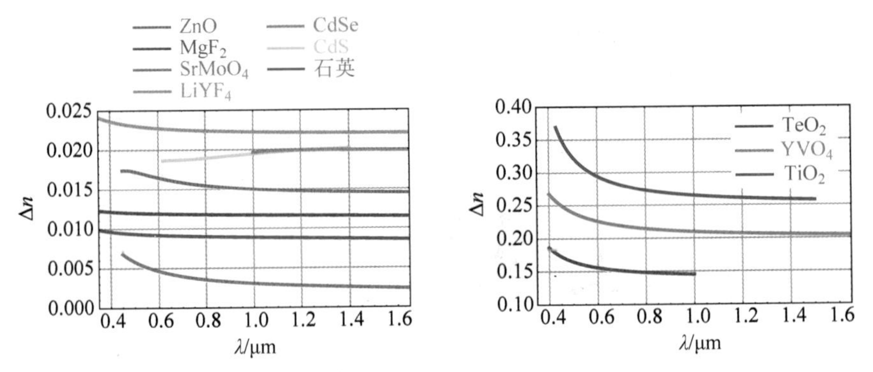

图 19.6 常见的正单轴材料的双折射光谱

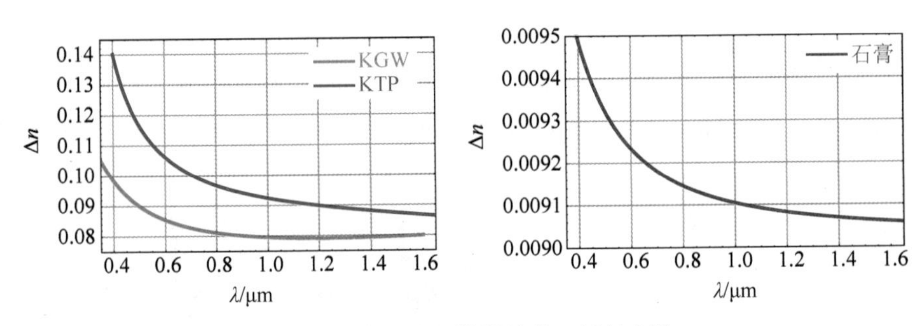

图 19.7 常见的双轴材料的双折射光谱

旋光材料具有典型的螺旋分子结构，当光通过该材料时，电场振荡平面将发生旋转。旋光效应可由一个旋光张量 $\boldsymbol{G}$ 用以下本构关系式描述：

$$\begin{aligned}\boldsymbol{D}&=\boldsymbol{\varepsilon E}+\mathrm{i}\boldsymbol{GH}\\ \boldsymbol{B}&=\boldsymbol{\mu H}-\mathrm{i}\boldsymbol{GE}\end{aligned}\tag{19.7}$$

其中，$\boldsymbol{\mu}$ 是磁导率张量，$\boldsymbol{B}$ 是磁感应强度矢量[2,10]。葡萄糖和蔗糖溶液等有机液体是各向同性旋光液体的常见例子，它们将在左右旋圆偏振光之间产生双折射或相移。两种圆偏振本征模的折射率 n_R 和 n_L 略有不同。因此，旋光是圆双折射的源头之一。这两个折射率之差

通常以旋光度 α 表征，旋光度 α 与回旋常数 g 有关[11-14]。

$$\alpha=\frac{2}{\lambda}g=\frac{\pi}{\lambda}\mid n_{\mathrm{R}}-n_{\mathrm{L}}\mid \tag{19.8}$$

一般情况下，$\boldsymbol{G}$ 为有 6 个独立参数的对称张量，

$$\boldsymbol{G}=\begin{bmatrix} g_{11} & g_{12} & g_{13} \\ g_{12} & g_{22} & g_{23} \\ g_{13} & g_{23} & g_{33} \end{bmatrix} \tag{19.9}$$

对于各向同性旋光液体，如糖溶液，$\boldsymbol{G}$ 是只有一个参数的对角张量，

$$\boldsymbol{G}=\begin{bmatrix} g & 0 & 0 \\ 0 & g & 0 \\ 0 & 0 & g \end{bmatrix} \tag{19.10}$$

大多数双轴和单轴材料没有旋光，因此 $\boldsymbol{G}$ 为 0。少数晶体结合了单轴或双轴特性以及旋光特性，如硫化汞。通常，缺乏镜像对称性的分子具有旋光特性，即一个分子无法与其镜像重叠，类似于左鞋和右鞋。

石英晶体具有单轴和旋光两种特征。石英晶体中，只有当光近似沿着光轴传播时，旋光效应才显著，因此石英的旋光张量 $\boldsymbol{G}$ 有两个独立参数[15]，

$$\boldsymbol{G}=\begin{bmatrix} g_{\mathrm{O}} & 0 & 0 \\ 0 & g_{\mathrm{O}} & 0 \\ 0 & 0 & g_{\mathrm{E}} \end{bmatrix} \tag{19.11}$$

在波长 589nm 处，$g_{\mathrm{O}}=\frac{1}{2}(n_{\mathrm{R}}-n_{\mathrm{L}})=3\times10^{-5}$，$g_{\mathrm{E}}=-1.92g_{\mathrm{O}}$。$\boldsymbol{G}$ 也是外加磁场的函数[16]。磁感应圆双折射称为法拉第效应。

图 19.8 为左旋、右旋两种圆偏振电场在旋光材料中的传播示意图。当线偏振光通过旋光材料时，其偏振面在介质中连续旋转，如图 19.9 所示。线偏振光进入介质时分解成振幅相等、传播速度不同的左、右圆偏振分量，离开介质时其偏振方向旋转但仍然是线偏振的。旋光效应在偏光镜下很容易观察到。在图 19.10 中，一瓶浓缩糖水溶液放置在一对线性偏振器之间，透射强度取决于旋光参数($n_{\mathrm{R}}-n_{\mathrm{L}}$)、偏振器的方向和波长。

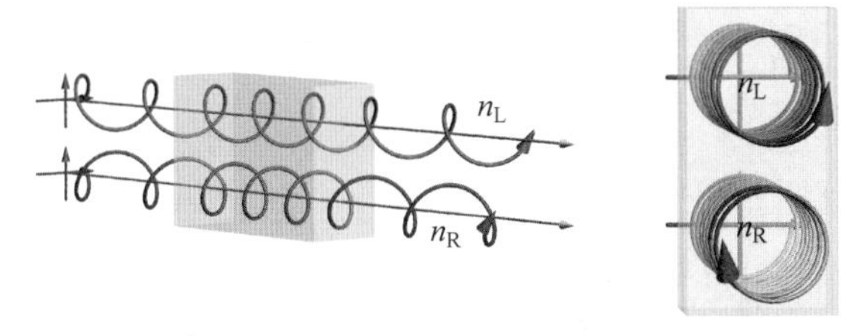

图 19.8　左旋(红色)和右旋(蓝色)圆偏振电场通过旋光材料时的侧视图和前视图。左旋圆偏振光在材料中经历三个波长周期，右旋圆偏振光在材料中经历三个半波长周期，产生半波圆延迟

为了对双折射材料制作的光学元件进行光线追迹，电介质张量和旋光张量将在光学系统的全局 xyz 笛卡儿坐标下表示。通过旋转材料的对角张量获得任意方向的张量，对角张量在光学材料表中给出[17]。对于主轴方向为单位矢量(v_A，v_B，v_C)、主折射率为(n_A，n_B，n_C)的材料，其对角介电张量为

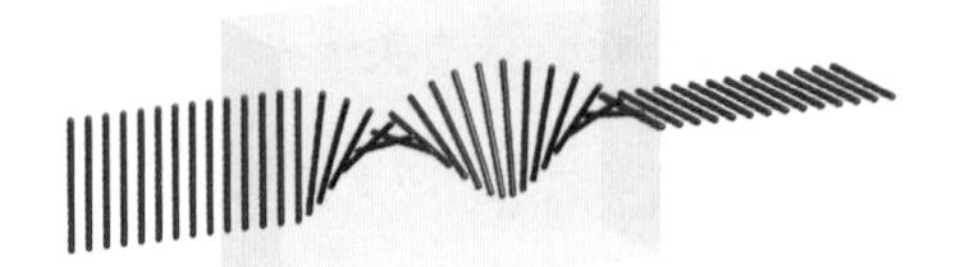

图 19.9 当线偏振光经过旋光介质时，其偏振面匀速旋转。这个 1.5λ 的圆延迟产生 270°的偏振面旋转

(a) (b) (c) (d) (e) (f) (g)

图 19.10 光线传播通过偏光镜下的玉米糖浆(浓缩糖水溶液)。从左至右图偏振片之间的角度旋转 180°。(a)图中偏振片相互正交，在(d)图中相互平行，在(g)图中再次正交。颜色来自偏振态的色散，蓝色光旋转了较大的角度，红色光旋转了较小的角度。对于这个特殊的罐子，蓝紫色的光线旋转了 180°以上，而红色的光线旋转了约 135°

$$\boldsymbol{\varepsilon_D}=\begin{bmatrix} n_A^2 & 0 & 0 \\ 0 & n_B^2 & 0 \\ 0 & 0 & n_C^2 \end{bmatrix} \tag{19.12}$$

而在光学系统全局坐标系下的介电张量为

$$\boldsymbol{\varepsilon}=\begin{bmatrix} v_{Ax} & v_{Bx} & v_{Cx} \\ v_{Ay} & v_{By} & v_{Cy} \\ v_{Az} & v_{By} & v_{Cy} \end{bmatrix}\cdot\boldsymbol{\varepsilon_D}\cdot\begin{bmatrix} v_{Ax} & v_{Bx} & v_{Cx} \\ v_{Ay} & v_{By} & v_{Cy} \\ v_{Az} & v_{By} & v_{Cy} \end{bmatrix}^{-1} \tag{19.13}$$

这种旋转是第 9 章介绍的正交变换矩阵的另一个例子。旋光张量也以同样的方式旋转。

例 19.1 对角ε 到全局ε 的旋转

将主轴为 $v_x=\begin{bmatrix}0\\0\\1\end{bmatrix}$、$v_y=\begin{bmatrix}0\\1\\0\end{bmatrix}$、$v_z=\begin{bmatrix}-1\\0\\0\end{bmatrix}$的对角介电张量$\boldsymbol{\varepsilon}_D=\begin{bmatrix}\varepsilon_x & 0 & 0\\0 & \varepsilon_y & 0\\0 & 0 & \varepsilon_z\end{bmatrix}$旋转至全局坐标系(图 19.11)。

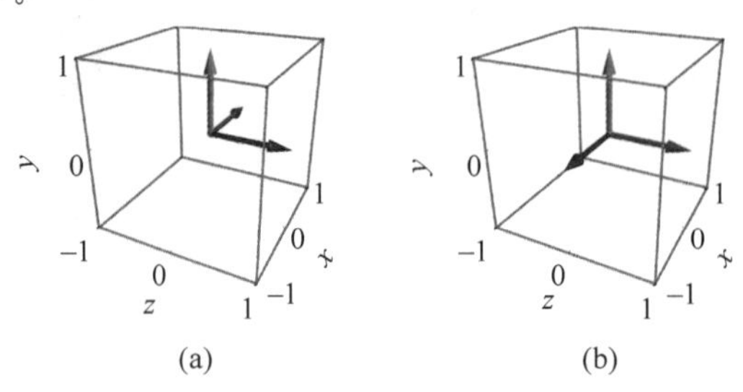

图 19.11 (a)主轴坐标系，红、绿、蓝色分别代表材料的三个正交主轴；(b)旋转到全局坐标系

使用式(19.13)可得

$$\boldsymbol{\varepsilon}=\begin{bmatrix}0&0&-1\\0&1&0\\1&0&0\end{bmatrix}\cdot\boldsymbol{\varepsilon}_{D}\cdot\begin{bmatrix}0&0&-1\\0&1&0\\1&0&0\end{bmatrix}^{-1}=\begin{bmatrix}\varepsilon_z&0&0\\0&\varepsilon_y&0\\0&0&\varepsilon_x\end{bmatrix}$$

该操作可将一个 C 向波片旋转到常规的 A 向波片(图 19.12)[①]。其中,C 向波片的光轴与其表面垂直,沿轴没有延迟。

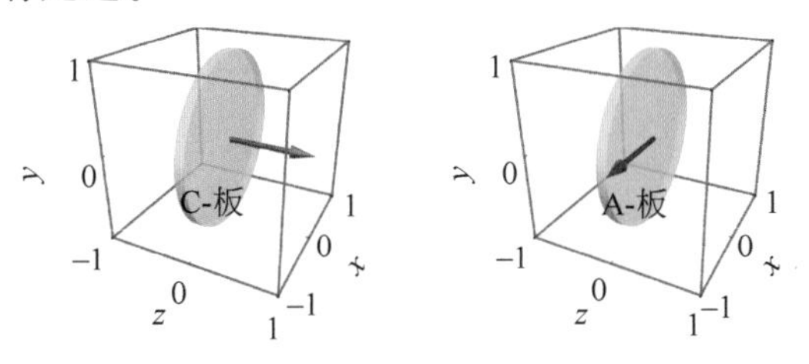

图 19.12　通过图 19.11 的旋转,可将一个 C 向波片的光轴旋转至 A 向波片的光轴

19.4　双折射材料的本征模式

双折射材料的光线追迹会产生多条不同偏振态的光线。这些偏振态是本征偏振态或本征模。当光折射进入双折射材料时,其能量分解为两个正交偏振本征模,该过程称为双折射或光线分裂。这些本征模是唯一能在不改变偏振的情况下沿给定方向传播的偏振态。图 19.13 显示了透过方解石晶体看到的文字"POLARIS"的图像。这两幅图像具有正交的线偏振态,因此可通过在晶体前加一个可旋转的线偏振器来选择任意一幅图像。

图 19.14 显示了光线在双轴晶体硼钠钙中的传播示意图,光线折射进入晶板时分解为快模和慢模,由于它们的折射率不同,两光线的折射方向也不同,传播到后表面然后出射。快模光线的偏振方向垂直于纸面,而慢模光线的偏振方向在纸面内。任意入射光线在晶体内

图 19.13　方解石菱体的双折射

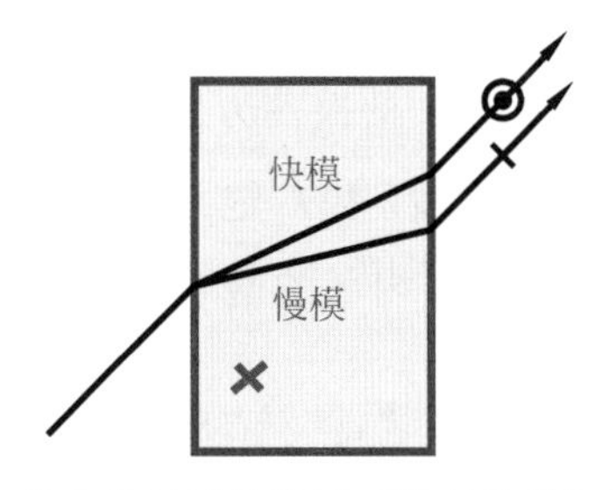

图 19.14　一条光线通过硼钠钙双轴晶体分解为两种模式。左下角显示了两个晶轴,第三个晶轴垂直于页面。在这种情况下,快模垂直于页面振荡,慢模在页面内振荡

① 第 21 章将介绍单轴波片。

均可分为两种正交偏振模式。完全非偏振入射光将等分为快模光和慢模光,其他偏振态则不均等分解。两种模式之间的能量分配取决于入射光的偏振态,即电场相对于三个晶轴的振荡。同理,对于折射进入单轴材料,光束在界面分解成两个正交偏振本征模式,分别标记为寻常光和异常光,而对于旋光材料,两个模式分别标记为左旋光和右旋光。

一般来说,光束进入双折射介质或从双折射介质反射时,就会发生光线倍增,除非偏振态恰好对齐,只有一个模式的光线。一条入射光线通过 N 个双折射界面折射后,会产生 2^N 个不同模式的独立出射光线。每一种模式都有不同的路径,并有各自的振幅、偏振态和光程长度。为了获取每一种模式的特性,需要通过偏振光线追迹计算每个光线段的系列光线参数,见表 19.2。模式标签是在每个双折射界面追踪光线倍增所需的附加光线参数。在出瞳处所得光线的汇集模式标签描述了偏振态沿该特定光线路径的演变。对某个入射波前的入射光线阵列进行偏振光线追迹,经过 N 个双折射表面后在出瞳处产生 2^N 个单独的波前。具有相同模式标签的那些出射光线代表其中一个波前。通过研究这些光线在出瞳处的特性,可以分析各个模式的波前像差(振幅像差、离焦、球差、彗差、像散等),并计算这些波前叠加后的效应。

19.5 双折射界面的反射和折射

当光入射到一个光学界面时,它的能量一部分折射,另一部分反射。在双折射界面,光的能量分到本征模式中。根据入射光线参数和界面材料特性可计算出表 19.2 的出射光线参数和光束振幅。本节描述了用于在未镀膜双折射界面上进行折反射偏振光线追迹的出射光线参数计算法。这些得到的光线参数将在 19.7 节用于计算它们的偏振光线追迹矩阵 $\boldsymbol{P}$,它代表了一个或一系列光线截点的偏振特性。本节描述的未镀膜双折射界面类型包括各向同性-双折射、双折射-各向同性和双折射-双折射界面。界面类型不同,出射光线的数量和所得电场的特性不同,但计算方法相似,可以推广。在下面的讨论中,入射光线、折射光线和反射光线的参数分别用下标 i、t 和 r 来区分。

各向同性界面是双折射界面的一种特殊情况。在各向同性材料中,$\boldsymbol{k}$ 和 $\boldsymbol{S}$ 方向相同,光的偏振描述了电场 $\boldsymbol{E}$ 的振荡方向。在各向同性界面处,$\boldsymbol{E}$ 被分解成 s 分量和 p 分量,$\boldsymbol{E}_{\mathrm{s}}$ 和 $\boldsymbol{E}_{\mathrm{p}}$。它们由表面法线 $\hat{\boldsymbol{\eta}}$ 和 $\hat{\boldsymbol{k}}$ 定义,其中 $\boldsymbol{E}_{\mathrm{s}}$ 方向为 $(\hat{\boldsymbol{k}}\times\hat{\boldsymbol{\eta}})$,$\boldsymbol{E}_{\mathrm{p}}$ 方向为 $(\hat{\boldsymbol{k}}\times\hat{\boldsymbol{E}}_{\mathrm{s}})$①,如图 19.15 所示。各向同性材料内部的透射电场是透射 s 分量和 p 分量的叠加[2],

$$\boldsymbol{E}_{\mathrm{t}}(\boldsymbol{r},t)=\mathrm{Re}\left[E_{\mathrm{i}}(a_{\mathrm{ts}}\hat{\boldsymbol{E}}_{\mathrm{ts}}+a_{\mathrm{tp}}\hat{\boldsymbol{E}}_{\mathrm{tp}})\mathrm{e}^{\mathrm{i}\frac{2\pi}{\lambda}n\hat{\boldsymbol{k}}_{\mathrm{t}}\cdot\boldsymbol{r}}\mathrm{e}^{-\mathrm{i}\omega t}\right] \tag{19.14}$$

其中,E_{i} 为入射电场振幅,a_{ts} 和 a_{tp} 为电场复振幅透射系数。无论传播方向如何,两个折射分量的折射率 n 是相同的,而且 $\hat{\boldsymbol{k}}_{\mathrm{t}}=\hat{\boldsymbol{S}}_{\mathrm{t}}$。

然而,在双折射材料中,折射光线的折射率取决于入射偏振态和相对于晶轴方向的 $\boldsymbol{k}_{\mathrm{i}}$ 方向。$\boldsymbol{E}_{\mathrm{i}}$ 分成两个正交本征偏振,并以不同的方向传播。例如,如图 19.16 所示,考虑一条光线正入射到双轴晶体块上。在透射过程中,入射光线分解为两个具有不同折射率(位于双

---

① 见第 10 章中的约定。

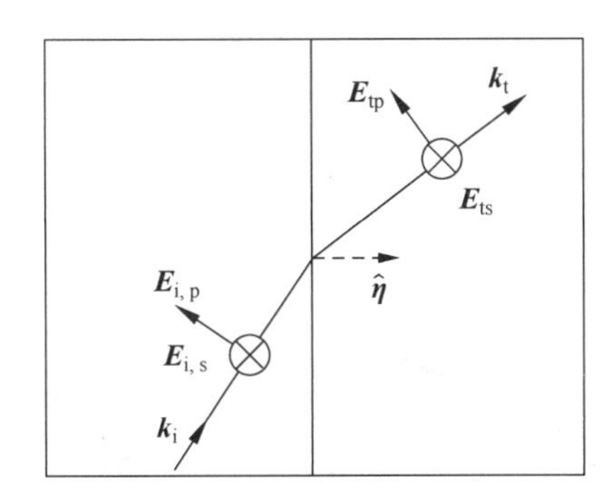

图 19.15　在各向同性界面，$\boldsymbol{E}_{i,s}$ 的方向是$(\hat{\boldsymbol{k}}_i\times\hat{\boldsymbol{\eta}})$，$\boldsymbol{E}_{i,p}$ 的方向是$(\hat{\boldsymbol{k}}_i\times\boldsymbol{E}_{i,s})$，它们组成一个右手基$(\boldsymbol{s},\boldsymbol{p},\boldsymbol{k})$

轴材料三个主折射率的最大和最小之间)的正交模式。在晶体内部，各模式的恒定相位波前不垂直于能量传播方向；$\boldsymbol{k}_t$ 与 $\boldsymbol{S}_t$ 不平行，$\boldsymbol{E}_t$ 与 $\boldsymbol{S}_t$ 垂直但与 $\boldsymbol{k}_t$ 不垂直。两种模式的能量沿不同路径传播；快模的能量沿 $\boldsymbol{S}_{tf}$ 传播，慢模的能量沿 $\boldsymbol{S}_{ts}$ 传播。这些光线参数的计算将在本节稍后展示。假设平面波经过第一界面后，双轴材料中的折射电场为两个不同传播方向的模式之和：

$$\boldsymbol{E}_t(\boldsymbol{r},t)=\mathrm{Re}\{E_i[a_{tf}\hat{\boldsymbol{E}}_{tf}e^{i\frac{2\pi}{\lambda}n_f\hat{\boldsymbol{k}}_{tf}\cdot\boldsymbol{r}}+a_{ts}\hat{\boldsymbol{E}}_{ts}e^{i\frac{2\pi}{\lambda}n_s\hat{\boldsymbol{k}}_{ts}\cdot\boldsymbol{r}}]e^{-i\omega t}\}\tag{19.15}$$

其中，a_{tf} 和 a_{ts} 为电场复振幅系数，n_f 和 n_s 为各模对应的折射率。

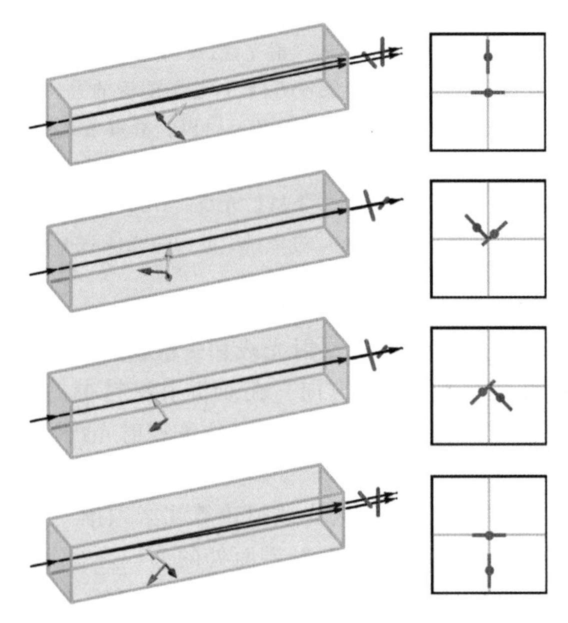

图 19.16　一条光线正入射到一块硼钠钙石中。能流方向沿坡印廷矢量 $\boldsymbol{S}$，如图中穿过晶块的黑色箭头所示。与 n_F、n_M 和 n_S 相关的硼钠钙的主轴由块内的黄色、蓝色和红色箭头表示，并在每种情况下变化。快模为浅蓝色，慢模为品红色。右列方框表示两种出射模式在出射面上的位置；灰色轴标记了与入射光线一致的出射面中心。当晶体轴旋转时，一种模式通常比另一种模式有更大的移动，但在双轴材料中，它们都不固定

在下面的讨论中,所有类型材料的透射和反射模式被标记为 ta、tb、rc 和 rd。图 19.17 描述了四种各向同性和双折射界面的组合以及相应的光线分解情况[15]。

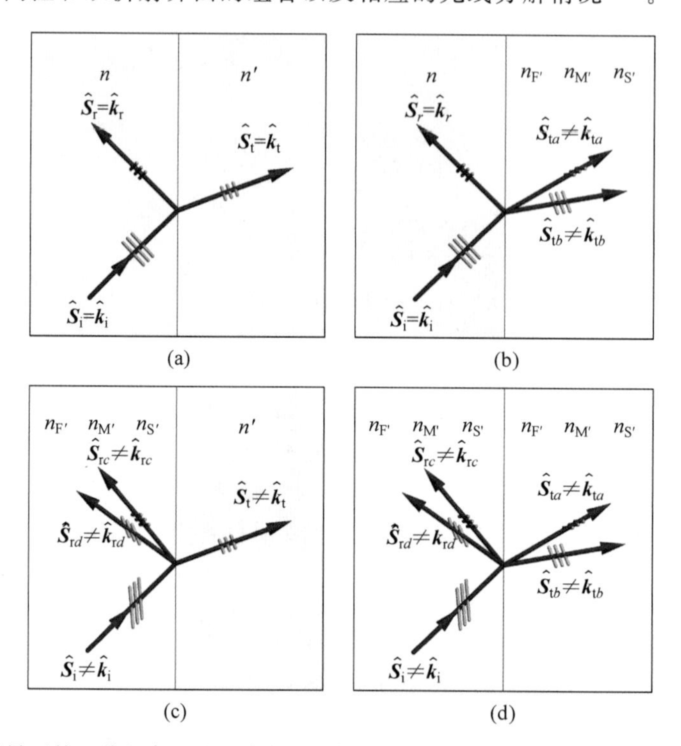

图 19.17 双折射界面的四种组合。对于给定的入射光线,反射光线反射回入射介质,折射光线折射进入透射介质。黑色箭头表示坡印廷矢量方向 $\boldsymbol{S}$,这是能流的方向,不一定与传播矢量方向 $\boldsymbol{k}$ 相同。用下标 ta、tb、rc 和 rd 标记透射模和反射模。沿每条光线的三条灰色平行线表示垂直于 $\boldsymbol{k}$ 的波前($\boldsymbol{D}$ 的方向),它不一定垂直于 $\boldsymbol{S}$。(a)一条光线从各向同性介质传播到另一各向同性介质会产生一条反射光线和一条折射光线。(b)~(d)若入射介质或(和)透射介质是双折射的,则会发生光线分解,在双折射材料中的两条光线有不同的 $\boldsymbol{k}$ 和 $\boldsymbol{S}$ 方向

在各向同性材料中,折射率保持恒定,与光线的偏振无关。s 偏振和 p 偏振的 $\boldsymbol{k}$ 矢量和 $\boldsymbol{S}$ 矢量是平行的,一条入射光线产生一条反射光线和一条折射光线。在这种情况下,反射和折射的恒定相位波前垂直于能量的传播方向。在双折射材料中,波前一般不垂直于能量传播的方向;$\boldsymbol{k}$ 和 $\boldsymbol{S}$ 不在同一方向。在双折射界面,一条入射光线可能导致最多四条出射光线,即两条反射光线和两条折射光线。

由斯涅耳定律导出的各向同性材料的光线追迹算法必须推广到双折射界面的折射和反射计算。同时,由于折射率随 $\boldsymbol{E}$ 变化,双折射界面处的菲涅耳振幅透射和反射系数更为复杂。光线追迹必要的参数集包括六个 3×1 向量:($\boldsymbol{k}$、$\boldsymbol{S}$、$\boldsymbol{E}$、$\boldsymbol{D}$、$\boldsymbol{B}$ 和 $\boldsymbol{H}$)和对应的光线折射率。这些可以通过用适当的边界值求解麦克斯韦方程组来计算[15]。在双折射材料中,归一化的折射或反射矢量 $\boldsymbol{k}$ 为

$$\hat{\boldsymbol{k}}=\frac{n\hat{\boldsymbol{k}}_{\mathrm{i}}+\left(-n\hat{\boldsymbol{k}}_{\mathrm{i}}\cdot\hat{\boldsymbol{\eta}}\pm\sqrt{n^{2}(\hat{\boldsymbol{k}}_{\mathrm{i}}\cdot\hat{\boldsymbol{\eta}})^{2}+(n'^{2}-n^{2})}\right)\hat{\boldsymbol{\eta}}}{\left\|n\hat{\boldsymbol{k}}_{\mathrm{i}}+\left(-n\hat{\boldsymbol{k}}_{\mathrm{i}}\cdot\hat{\boldsymbol{\eta}}\pm\sqrt{n^{2}(\hat{\boldsymbol{k}}_{\mathrm{i}}\cdot\hat{\boldsymbol{\eta}})^{2}+(n'^{2}-n^{2})}\right)\hat{\boldsymbol{\eta}}\right\|}\tag{19.16}$$

其中,n 为入射光线的折射率,n'为出射光线的折射率,平方根的符号:折射为+,反射为-。

式(19.16)是第 10 章折射和反射方程的一般形式。由于 $\hat{\boldsymbol{k}}$ 是 n' 的函数,如果计算开始时没有确定 n',则求解方法会变得复杂。因此,反射和折射算法必须同时求解 $\hat{\boldsymbol{k}}$ 和 n'。将式(19.7)中的本构关系与麦克斯韦方程组相结合,得到 $\boldsymbol{E}$ 场的本征值方程:

$$[\boldsymbol{\varepsilon}'+(n'\boldsymbol{K}_{\mathrm{t}}+\mathrm{i}\boldsymbol{G}')^2]\boldsymbol{E}_{\mathrm{t}}=0 \quad 和 \quad [|\boldsymbol{\varepsilon}+(n\boldsymbol{K}_{\mathrm{r}}+\mathrm{i}\boldsymbol{G})^2|]\boldsymbol{E}_{\mathrm{r}}=0 \tag{19.17}$$

式(19.16)和式(19.17)分别对应于折射和反射情形,其中

$$\boldsymbol{K}=\begin{bmatrix} 0 & -k_z & k_y \\ k_z & 0 & -k_x \\ -k_y & k_x & 0 \end{bmatrix} \tag{19.18}$$

$\hat{\boldsymbol{k}}=(k_x,k_y,k_z)$。对于非零出射光 $\boldsymbol{E}_{\mathrm{t}}$ 和 $\boldsymbol{E}_{\mathrm{r}}$,式(19.19)的行列式必须为零,

$$|\boldsymbol{\varepsilon}'+(n'\boldsymbol{K}_{\mathrm{t}}+\mathrm{i}\boldsymbol{G}')^2|=0 \quad 和 \quad |\boldsymbol{\varepsilon}+(n\boldsymbol{K}_{\mathrm{r}}+\mathrm{i}\boldsymbol{G})^2|=0 \tag{19.19}$$

联立方程(19.16)和方程(19.19),求解得到 n' 和 $\boldsymbol{k}$,出射 $\boldsymbol{E}$ 场由式(19.17)通过奇异值分解计算得到。出射 $\boldsymbol{H}$ 和 $\boldsymbol{S}$ 场由式(19.20)和式(19.21)计算。

$$\boldsymbol{H}_{\mathrm{t}}=(n_{\mathrm{t}}\boldsymbol{K}_{\mathrm{t}}+\mathrm{i}\boldsymbol{G}')\boldsymbol{E}_{\mathrm{t}} \quad 和 \quad \boldsymbol{H}_{\mathrm{r}}=(n_{\mathrm{r}}\boldsymbol{K}_{\mathrm{r}}+\mathrm{i}\boldsymbol{G})\boldsymbol{E}_{\mathrm{r}} \tag{19.20}$$

$$\boldsymbol{S}_{\mathrm{t}}=\frac{\mathrm{Re}[\boldsymbol{E}_{\mathrm{t}}\times\boldsymbol{H}_{\mathrm{t}}^*]}{|\mathrm{Re}[\boldsymbol{E}_{\mathrm{t}}\times\boldsymbol{H}_{\mathrm{t}}^*]|} \quad 和 \quad \boldsymbol{S}_{\mathrm{r}}=\frac{\mathrm{Re}[\boldsymbol{E}_{\mathrm{r}}\times\boldsymbol{H}_{\mathrm{r}}^*]}{|\mathrm{Re}[\boldsymbol{E}_{\mathrm{r}}\times\boldsymbol{H}_{\mathrm{r}}^*]|} \tag{19.21}$$

然后计算出所有出射模式 $\boldsymbol{E}$、$\boldsymbol{D}$、$\boldsymbol{B}$、$\boldsymbol{H}$ 和 $\boldsymbol{S}$ 场。在光学系统中首选高透过率的材料,因此可以假定吸收很小可忽略。参考文献[18]~[21]中介绍了上述方法在吸收和二向色性材料中的扩展应用。

双折射材料中的光程长度(OPL)是由各向同性材料定义式(19.22)推广而来的。OPL 描述了在光学元件界面之间沿光线路径积累的相位,每个模式需要分别进行计算。物理光线路径 ℓ 沿能量流动 $\boldsymbol{S}$ 方向,而相位沿 $\boldsymbol{k}$ 方向增大,因此光线段的 OPL 为

$$\mathrm{OPL}=n\ell\hat{\boldsymbol{k}}\cdot\hat{\boldsymbol{S}} \tag{19.22}$$

如图 19.18 所示。

入射能量耦合到四种模式的比例用振幅透射系数($a_{\mathrm{t}a}$ 和 $a_{\mathrm{t}b}$)和振幅反射系数($a_{\mathrm{r}c}$ 和 $a_{\mathrm{r}d}$)来描述。在各向同性-各向同性界面处的这些系数是 s 偏振和 p 偏振的传统菲涅耳系数。通过匹配在界面处 $\boldsymbol{E}$ 场和 $\boldsymbol{H}$ 场的边界条件,界面处的所有四个出射振幅系数用式(19.23)~式(19.26)计算[2,15,18-19]

$$\boldsymbol{A}=\boldsymbol{F}^{-1}\cdot\boldsymbol{C} \tag{19.23}$$

其中,

$$\boldsymbol{A}=(a_{\mathrm{t}a},a_{\mathrm{t}b},a_{\mathrm{r}c},a_{\mathrm{r}d})^{\mathrm{T}} \tag{19.24}$$

$$\boldsymbol{F}=\begin{pmatrix} \boldsymbol{s}_1\cdot\hat{\boldsymbol{E}}_{\mathrm{t}a} & \boldsymbol{s}_1\cdot\hat{\boldsymbol{E}}_{\mathrm{t}b} & -\boldsymbol{s}_1\cdot\hat{\boldsymbol{E}}_{\mathrm{r}c} & -\boldsymbol{s}_1\cdot\hat{\boldsymbol{E}}_{\mathrm{r}d} \\ \boldsymbol{s}_2\cdot\hat{\boldsymbol{E}}_{\mathrm{t}a} & \boldsymbol{s}_2\cdot\hat{\boldsymbol{E}}_{\mathrm{t}b} & -\boldsymbol{s}_2\cdot\hat{\boldsymbol{E}}_{\mathrm{r}c} & -\boldsymbol{s}_2\cdot\hat{\boldsymbol{E}}_{\mathrm{r}d} \\ \boldsymbol{s}_1\cdot\boldsymbol{H}_{\mathrm{t}a} & \boldsymbol{s}_1\cdot\boldsymbol{H}_{\mathrm{t}b} & -\boldsymbol{s}_1\cdot\boldsymbol{H}_{\mathrm{r}c} & -\boldsymbol{s}_1\cdot\boldsymbol{H}_{\mathrm{r}d} \\ \boldsymbol{s}_2\cdot\boldsymbol{H}_{\mathrm{t}a} & \boldsymbol{s}_2\cdot\boldsymbol{H}_{\mathrm{t}b} & -\boldsymbol{s}_2\cdot\boldsymbol{H}_{\mathrm{r}c} & -\boldsymbol{s}_2\cdot\boldsymbol{H}_{\mathrm{r}d} \end{pmatrix} \tag{19.25}$$

$$\boldsymbol{C}=(\boldsymbol{s}_1\cdot\hat{\boldsymbol{E}}_{\mathrm{i}},\boldsymbol{s}_2\cdot\hat{\boldsymbol{E}}_{\mathrm{i}},\boldsymbol{s}_1\cdot\boldsymbol{H}_{\mathrm{i}},\boldsymbol{s}_2\cdot\boldsymbol{H}_{\mathrm{i}})^{\mathrm{T}} \tag{19.26}$$

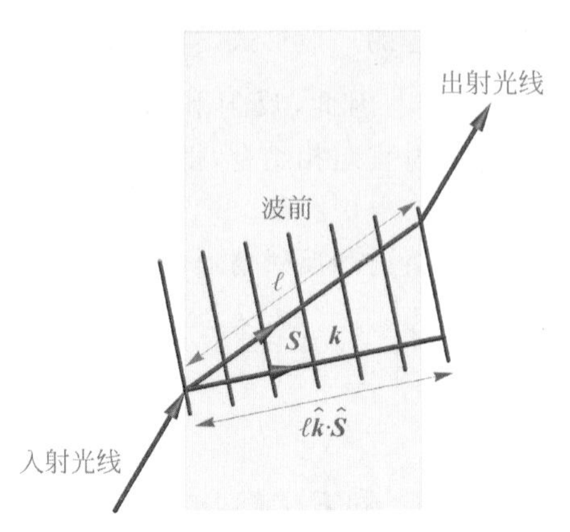

图 19.18 双折射材料中 $\boldsymbol{S}$(橙色)和 $\boldsymbol{k}$(灰色)不平行的情况下,光线光程长度 OPL 的计算。波前(灰色平行线段)与 $\boldsymbol{k}$ 矢量垂直。能量传播方向 $\boldsymbol{S}$ 决定了在下一个表面光线截点的位置。OPL 是两个光线截点之间的波数、路径 ℓ 在 $\boldsymbol{k}$ 上的投影、折射率和波长四者的乘积[15]

$\boldsymbol{s}_1=\hat{\boldsymbol{k}}_\mathrm{i}\times\hat{\boldsymbol{\eta}}$ 和 $\boldsymbol{s}_2=\hat{\boldsymbol{\eta}}\times\boldsymbol{s}_1$。$\boldsymbol{s}_1\cdot\mathbf{V}$ 和 $\boldsymbol{s}_2\cdot\mathbf{V}$ 作用于矢量 $\mathbf{V}$,提取 $\mathbf{V}$ 的切向分量和法向分量。因此,透射电场是两种透射模式的叠加:

$$\boldsymbol{E}_\mathrm{t}(\boldsymbol{r},t)=\mathrm{Re}\left[\boldsymbol{E}_\mathrm{i}\left(a_{\mathrm{t}a}\hat{\boldsymbol{E}}_{\mathrm{t}a}\mathrm{e}^{\mathrm{i}\frac{2\pi}{\lambda}n_{\mathrm{t}a}\hat{\boldsymbol{k}}_{\mathrm{t}a}\cdot\boldsymbol{r}}+a_{\mathrm{t}b}\hat{\boldsymbol{E}}_{\mathrm{t}b}\mathrm{e}^{\mathrm{i}\frac{2\pi}{\lambda}n_{\mathrm{t}b}\hat{\boldsymbol{k}}_{\mathrm{t}b}\cdot\boldsymbol{r}}\right)\mathrm{e}^{-\mathrm{i}\omega t}\right] \tag{19.27}$$

反射电场是

$$\boldsymbol{E}_\mathrm{r}(\boldsymbol{r},t)=\mathrm{Re}\left[E_\mathrm{i}\left(a_{\mathrm{r}c}\hat{\boldsymbol{E}}_{\mathrm{r}c}\mathrm{e}^{\mathrm{i}\frac{2\pi}{\lambda}n_{\mathrm{r}c}\hat{\boldsymbol{k}}_{\mathrm{r}c}\cdot\boldsymbol{r}}+a_{\mathrm{r}d}\hat{\boldsymbol{E}}_{\mathrm{r}d}\mathrm{e}^{\mathrm{i}\frac{2\pi}{\lambda}n_{\mathrm{r}d}\hat{\boldsymbol{k}}_{\mathrm{r}d}\cdot\boldsymbol{r}}\right)\mathrm{e}^{-\mathrm{i}\omega t}\right] \tag{19.28}$$

上述算法解释了未镀膜双折射界面的计算。Mansuripur[22]、Abdulhalim[23-24]和其他人[25-26]讨论了层状双折射板和双折射膜层振幅系数的计算。

在光线截点处,将 $|\boldsymbol{E}|^2$ 与横截面比例因子 $n_2\cos\theta_{s2}/n_1\cos\theta_{s1}$ 相乘,得到给定 $\boldsymbol{E}$ 的光强

$$I=\frac{n_2\cos\theta_{s2}}{n_1\cos\theta_{s1}}|\boldsymbol{E}|^2 \tag{19.29}$$

其中,θ_s 为坡印廷矢量角度,下标 1 为界面前参数,下标 2 为界面后参数。

当光线折射进入单轴介质时,a 模和 b 模分别为式(19.27)中的 o 模和 e 模。当光线折射进入旋光介质时,产生的两种模式是左旋模式和右旋模式。需要注意的是,对于正交偏振入射模式,必须重复式(19.27)和式(19.28)来产生四种折射或四种反射模式,如 19.7 节所述。对于双轴到双轴界面,有快-快、快-慢、慢-快和慢-慢模式;对于单轴到单轴界面,有 oo、oe、eo 和 ee 模式。此外,在双折射到双折射界面,s 不再折射到 s,或者 p 不再折射到 p,因为 s 和 p 不是本征偏振。在未镀膜的各向同性界面上,折射(或反射)可以用 s-p 坐标表示为对角琼斯矩阵。在双折射界面,琼斯矩阵不是对角的;s 耦合到 p,p 也耦合到 s 中。

例 19.2 计算空气/KTP 界面处的光线参数

这个例子一步步展示了光线在如图 19.19 所示的双折射界面的传播过程。给定入射光线参数,计算出射光线参数。一条光线从各向同性介质(空气,$n=1$)传播到双轴材料

(KTP),$(n_F, n_M, n_S) = (1.78559, 1.79718, 1.90206)$,其晶轴沿 $\begin{bmatrix}1\\0\\0\end{bmatrix}$、$\begin{bmatrix}0\\1\\0\end{bmatrix}$、$\begin{bmatrix}0\\0\\1\end{bmatrix}$。

在空气中,光线方向为 $\boldsymbol{k}_i = \begin{bmatrix}0\\\sin\theta\\\cos\theta\end{bmatrix} = \begin{bmatrix}0\\\sin35°\\\cos35°\end{bmatrix}$ 及 $\boldsymbol{S}_i = \begin{bmatrix}0\\\sin\theta\\\cos\theta\end{bmatrix} = \begin{bmatrix}0\\\sin35°\\\cos35°\end{bmatrix}$。

界面处有 $\boldsymbol{\eta} = \begin{bmatrix}0\\0\\1\end{bmatrix}$,$\boldsymbol{\varepsilon} = \begin{bmatrix}1&0&0\\0&1&0\\0&0&1\end{bmatrix}$,$\boldsymbol{\varepsilon}' = \begin{bmatrix}n_F^2&0&0\\0&n_M^2&0\\0&0&n_S^2\end{bmatrix}$,$\boldsymbol{G} = \boldsymbol{G}' = \begin{bmatrix}0&0&0\\0&0&0\\0&0&0\end{bmatrix}$。注意法线指向远离入射介质。

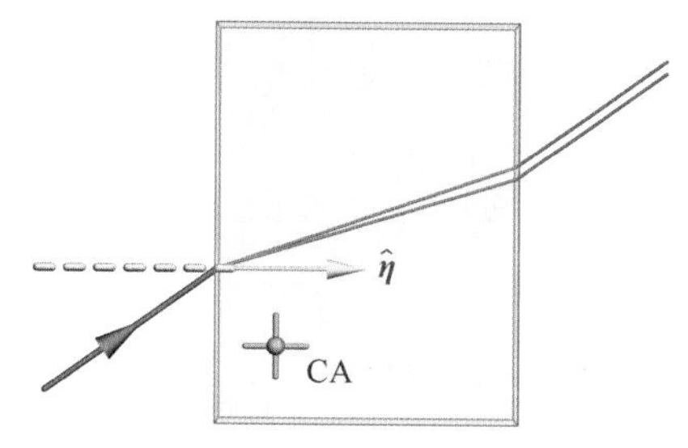

图 19.19　一条光线传播进入 KTP 晶体块,并分裂成两条光线。注意法线指向远离入射界面的方向

由式(19.16)和式(19.18),得到透射、反射传播波矢参数为

$$\hat{\boldsymbol{k}} = \frac{1}{n'}\begin{bmatrix}0\\\sin\theta\\\pm\sqrt{n'^2-\sin^2\theta}\end{bmatrix} \quad 和 \quad \boldsymbol{K} = \frac{1}{n'}\begin{bmatrix}0 & \mp\sqrt{n'^2-\sin^2\theta} & \sin\theta\\ \pm\sqrt{n'^2-\sin^2\theta} & 0 & 0\\ -\sin\theta & 0 & 0\end{bmatrix}$$

在透射中,基于式(19.17)可得

$$\begin{bmatrix}n_F^2-n'^2 & 0 & 0\\ 0 & \sin^2\theta+n_M^2-n'^2 & \sqrt{n'^2-\sin^2\theta}\sin\theta\\ 0 & \sqrt{n'^2-\sin^2\theta}\sin\theta & n_S^2-\sin^2\theta\end{bmatrix}\boldsymbol{E}_t = 0$$

对于非零 $\boldsymbol{E}_t$,这个矩阵的行列式为零:

$$\frac{1}{2}(n_F^2-n'^2)[n_M^2+n_S^2(-1-2n_M^2+2n'^2)+(n_S^2-n_M^2)\cos(2\theta)]=0$$

因为 $n'>0$,所以有 $n'=n_F=n_f$ 或 $n'=\sqrt{n_M^2+\left(1-\frac{n_M^2}{n_S^2}\right)\sin^2\theta}=n_s$,从而得到 $n_f=1.78559$ 和 $n_s=1.80697$。

- 透射的快模满足

$$\begin{bmatrix} n_F^2-n_f^2 & 0 & 0 \\ 0 & \sin^2\theta-n_f^2+n_M^2 & \sqrt{n_f^2-\sin^2\theta}\sin\theta \\ 0 & \sqrt{n_f^2-\sin^2\theta}\sin\theta & n_S^2-\sin^2\theta \end{bmatrix}\boldsymbol{E}_{tf}=0$$

$$\begin{bmatrix} 0 & 0 & 0 \\ 0 & 0.371 & 0.970 \\ 0 & 0.970 & 3.289 \end{bmatrix}\boldsymbol{E}_{tf}=0$$

由奇异值分解，

$$\begin{bmatrix} 0 & 0 & 0 \\ 0 & 0.371 & 0.970 \\ 0 & 0.970 & 3.289 \end{bmatrix}=\begin{bmatrix} 0 & 0 & 1 \\ -0.289 & -0.957 & 0 \\ -0.957 & 0.289 & 0 \end{bmatrix}\begin{bmatrix} 3.582 & 0 & 0 \\ 0 & 0.078 & 0 \\ 0 & 0 & 0 \end{bmatrix}\begin{bmatrix} 0 & 0 & 1 \\ -0.289 & -0.957 & 0 \\ -0.957 & 0.289 & 0 \end{bmatrix}^{\dagger}$$

出射态对应于奇异值为零的电场：$\boldsymbol{E}_{tf}=\begin{bmatrix} 1 \\ 0 \\ 0 \end{bmatrix}$。

$\boldsymbol{H}$ 场和 $\boldsymbol{S}$ 场为

$$\boldsymbol{H}_{tf}=(n_f\boldsymbol{K}_{tf}+i\boldsymbol{G}')\hat{\boldsymbol{E}}_{tf}=\begin{bmatrix} 0 & -1.691 & 0.574 \\ 1.691 & 0 & 0 \\ -0.574 & 0 & 0 \end{bmatrix}\begin{bmatrix} 1 \\ 0 \\ 0 \end{bmatrix}=\begin{bmatrix} 0 \\ 1.691 \\ -0.574 \end{bmatrix}$$

和

$$\hat{\boldsymbol{S}}_{tf}=\frac{\mathbf{Re}[\hat{\boldsymbol{E}}_{tf}\times\hat{\boldsymbol{H}}_{tf}^*]}{|\mathbf{Re}[\hat{\boldsymbol{E}}_{tf}\times\hat{\boldsymbol{H}}_{tf}^*]|}=\begin{bmatrix} 0 \\ 0.321 \\ 0.947 \end{bmatrix}$$

- 透射的慢模满足

$$\begin{bmatrix} n_F^2-n_s^2 & 0 & 0 \\ 0 & \sin^2\theta+n_M^2-n_s^2 & \sqrt{n_s^2-\sin^2\theta}\sin\theta \\ 0 & \sqrt{n_s^2-\sin^2\theta}\sin\theta & n_s^2-\sin^2\theta \end{bmatrix}\boldsymbol{E}_{ts}=0$$

$$\begin{bmatrix} -0.077 & 0 & 0 \\ 0 & 0.294 & 0.983 \\ 0 & 0.983 & 3.289 \end{bmatrix}\boldsymbol{E}_{ts}=0$$

由奇异值分解，

$$\begin{bmatrix} -0.077 & 0 & 0 \\ 0 & 0.294 & 0.983 \\ 0 & 0.983 & 3.289 \end{bmatrix}=\begin{bmatrix} 0 & -1 & 0 \\ -0.286 & 0 & -0.958 \\ -0.958 & 0 & 0.286 \end{bmatrix}\begin{bmatrix} 3.583 & 0 & 0 \\ 0 & 0.077 & 0 \\ 0 & 0 & 0 \end{bmatrix}\begin{bmatrix} 0 & 1 & 0 \\ -0.286 & 0 & -0.958 \\ -0.958 & 0 & 0.286 \end{bmatrix}^{\dagger}$$

出射态对应于奇异值为零的电场：$\boldsymbol{E}_{ts}=\begin{bmatrix} 0 \\ -0.958 \\ 0.286 \end{bmatrix}$。

$\boldsymbol{H}$ 场和 $\boldsymbol{S}$ 场为

$$\boldsymbol{H}_{\mathrm{ts}}=(n_{\mathrm{s}}\boldsymbol{K}_{\mathrm{ts}}+\mathrm{i}\boldsymbol{G}')\hat{E}_{\mathrm{ts}}=\begin{bmatrix}0 & -1.714 & 0.574\\ 1.714 & 0 & 0\\ -0.574 & 0 & 0\end{bmatrix}\begin{bmatrix}0\\ -0.958\\ 0.286\end{bmatrix}=\begin{bmatrix}1.806\\ 0\\ 0\end{bmatrix}$$

和

$$\hat{\boldsymbol{S}}_{\mathrm{ts}}=\frac{\mathbf{Re}[\hat{\boldsymbol{E}}_{\mathrm{ts}}\times\hat{\boldsymbol{H}}_{\mathrm{ts}}^{*}]}{|\mathbf{Re}[\hat{\boldsymbol{E}}_{\mathrm{ts}}\times\hat{\boldsymbol{H}}_{\mathrm{ts}}^{*}]|}=\begin{bmatrix}0\\ 0.286\\ 0.958\end{bmatrix}$$

- 在反射中，$[\boldsymbol{\varepsilon}+(n_{\mathrm{r}}\boldsymbol{K}_{\mathrm{r}}+\mathrm{i}\boldsymbol{G})^{2}]\boldsymbol{E}_{\mathrm{r}}=0$，其中 $n_{\mathrm{r}}=1$：

$$\begin{bmatrix}1-n_{\mathrm{r}}^{2} & 0 & 0\\ 0 & 1-n_{\mathrm{r}}^{2}+\sin^{2}\theta & -\sqrt{n_{\mathrm{r}}^{2}-\sin^{2}\theta}\sin\theta\\ 0 & -\sqrt{n_{\mathrm{r}}^{2}-\sin^{2}\theta}\sin\theta & \cos^{2}\theta\end{bmatrix}\boldsymbol{E}_{\mathrm{r}}=0$$

$$\begin{bmatrix}0 & 0 & 0\\ 0 & 0.329 & -0.470\\ 0 & -0.470 & 0.671\end{bmatrix}\boldsymbol{E}_{\mathrm{r}}=0$$

由奇异值分解，

$$\begin{bmatrix}0 & 0 & 0\\ 0 & 0.329 & -0.470\\ 0 & -0.470 & 0.671\end{bmatrix}=\begin{bmatrix}0 & 0 & 1\\ -0.574 & 0.819 & 0\\ 0.819 & 0.574 & 0\end{bmatrix}\begin{bmatrix}1 & 0 & 0\\ 0 & 0 & 0\\ 0 & 0 & 0\end{bmatrix}\begin{bmatrix}0 & 0 & 1\\ -0.574 & 0.819 & 0\\ 0.819 & 0.574 & 0\end{bmatrix}^{\dagger}$$

出射态对应于零奇异值，$\boldsymbol{E}_{\mathrm{rs}}=\begin{bmatrix}1\\ 0\\ 0\end{bmatrix}$ 和 $\boldsymbol{E}_{\mathrm{rp}}=\begin{bmatrix}0\\ 0.819\\ 0.574\end{bmatrix}$。

它们的 $\boldsymbol{H}$ 场和 $\boldsymbol{S}$ 场为

$$\boldsymbol{H}_{\mathrm{rs}}=(n_{\mathrm{r}}\boldsymbol{K}_{\mathrm{r}}+\mathrm{i}\boldsymbol{G})\hat{\boldsymbol{E}}_{\mathrm{rs}}=\begin{bmatrix}0 & 0.819 & 0.574\\ -0.819 & 0 & 0\\ -0.574 & 0 & 0\end{bmatrix}\begin{bmatrix}1\\ 0\\ 0\end{bmatrix}=\begin{bmatrix}0\\ -0.819\\ -0.574\end{bmatrix}$$

$$\boldsymbol{H}_{\mathrm{rp}}=(n_{\mathrm{r}}\boldsymbol{K}_{\mathrm{r}}+\mathrm{i}\boldsymbol{G})\hat{\boldsymbol{E}}_{\mathrm{rp}}=\begin{bmatrix}0 & 0.819 & 0.574\\ -0.819 & 0 & 0\\ -0.574 & 0 & 0\end{bmatrix}\begin{bmatrix}0\\ 0.819\\ 0.574\end{bmatrix}=\begin{bmatrix}1\\ 0\\ 0\end{bmatrix}$$

和

$$\hat{\boldsymbol{S}}_{\mathrm{r}}=\frac{\mathbf{Re}[\hat{\boldsymbol{E}}_{\mathrm{r}}\times\hat{\boldsymbol{H}}_{\mathrm{r}}^{*}]}{|\mathbf{Re}[\hat{\boldsymbol{E}}_{\mathrm{r}}\times\hat{\boldsymbol{H}}_{r}^{*}]|}=\begin{bmatrix}0\\ 0.574\\ -0.819\end{bmatrix}$$

现在，我们用 $\boldsymbol{s}_{1}$ 和 $\boldsymbol{s}_{2}$ 来构造 $\boldsymbol{F}$ 矩阵，$\boldsymbol{s}_{1}=\hat{\boldsymbol{k}}_{\mathrm{i}}\times\hat{\boldsymbol{\eta}}=\begin{bmatrix}\sin35^{\circ}\\ 0\\ 0\end{bmatrix}$ 和 $\boldsymbol{s}_{2}=\hat{\boldsymbol{\eta}}\times\boldsymbol{s}_{1}=\begin{bmatrix}0\\ \sin35^{\circ}\\ 0\end{bmatrix}$：

$$\boldsymbol{F}=\begin{bmatrix} \boldsymbol{s}_1\cdot\hat{\boldsymbol{E}}_{\mathrm{tf}} & \boldsymbol{s}_1\cdot\hat{\boldsymbol{E}}_{\mathrm{ts}} & -\boldsymbol{s}_1\cdot\hat{\boldsymbol{E}}_{\mathrm{rs}} & -\boldsymbol{s}_1\cdot\hat{\boldsymbol{E}}_{\mathrm{rp}} \\ \boldsymbol{s}_2\cdot\hat{\boldsymbol{E}}_{\mathrm{tf}} & \boldsymbol{s}_2\cdot\hat{\boldsymbol{E}}_{\mathrm{ts}} & -\boldsymbol{s}_2\cdot\hat{\boldsymbol{E}}_{\mathrm{rs}} & -\boldsymbol{s}_2\cdot\hat{\boldsymbol{E}}_{\mathrm{rp}} \\ \boldsymbol{s}_1\cdot\boldsymbol{H}_{\mathrm{tf}} & \boldsymbol{s}_1\cdot\boldsymbol{H}_{\mathrm{ts}} & -\boldsymbol{s}_1\cdot\boldsymbol{H}_{\mathrm{rs}} & -\boldsymbol{s}_1\cdot\boldsymbol{H}_{\mathrm{rp}} \\ \boldsymbol{s}_2\cdot\boldsymbol{H}_{\mathrm{tf}} & \boldsymbol{s}_2\cdot\boldsymbol{H}_{\mathrm{ts}} & -\boldsymbol{s}_2\cdot\boldsymbol{H}_{\mathrm{rs}} & -\boldsymbol{s}_2\cdot\boldsymbol{H}_{\mathrm{rp}} \end{bmatrix}=\begin{bmatrix} 0.574 & 0 & -0.574 & 0 \\ 0 & -0.550 & 0 & -0.470 \\ 0 & 1.036 & 0 & -0.574 \\ 0.970 & 0 & 0.470 & 0 \end{bmatrix}$$

$$\boldsymbol{F}^{-1}=\begin{bmatrix} 0.569 & 0 & 0 & 0.695 \\ 0 & -0.715 & 0.586 & 0 \\ -1.174 & 0 & 0 & 0.695 \\ 0 & -1.292 & -0.685 & 0 \end{bmatrix}$$

对于 s 偏振入射光,

$$\hat{\boldsymbol{E}}_{\mathrm{i,s}}=\frac{\hat{\boldsymbol{k}}_{\mathrm{i}}\times\hat{\boldsymbol{\eta}}}{\hat{\boldsymbol{k}}_{\mathrm{i}}\times\hat{\boldsymbol{\eta}}}=\begin{bmatrix}1\\0\\0\end{bmatrix},\quad \boldsymbol{H}_{\mathrm{i,s}}=(n\boldsymbol{K}_{\mathrm{i}}+\mathrm{i}\boldsymbol{G})\hat{\boldsymbol{E}}_{\mathrm{i,s}}=\begin{bmatrix}0\\ \cos35^{\circ}\\ -\sin35^{\circ}\end{bmatrix}$$

$$\boldsymbol{C}_{\mathrm{s}}=\begin{bmatrix} \boldsymbol{s}_1\cdot\hat{\boldsymbol{E}}_{\mathrm{i,s}} \\ \boldsymbol{s}_2\cdot\hat{\boldsymbol{E}}_{\mathrm{i,s}} \\ \boldsymbol{s}_1\cdot\boldsymbol{H}_{\mathrm{i,s}} \\ \boldsymbol{s}_2\cdot\boldsymbol{H}_{\mathrm{i,s}} \end{bmatrix}=\begin{bmatrix}\sin35^{\circ}\\0\\0\\ \cos35^{\circ}\sin35^{\circ}\end{bmatrix}$$

以及

$$\boldsymbol{A}_{\mathrm{s}}=\boldsymbol{F}^{-1}\cdot\boldsymbol{C}_{\mathrm{s}}=\begin{bmatrix} 0.569 & 0 & 0 & 0.695 \\ 0 & -0.715 & 0.586 & 0 \\ -1.174 & 0 & 0 & 0.695 \\ 0 & -1.292 & -0.685 & 0 \end{bmatrix}\begin{bmatrix}\sin35^{\circ}\\0\\0\\ \cos35^{\circ}\sin35^{\circ}\end{bmatrix}$$

$$=\begin{bmatrix}0.653\\0\\-0.347\\0\end{bmatrix}=\begin{bmatrix}a_{\mathrm{s}\to\mathrm{tf}}\\a_{\mathrm{s}\to\mathrm{ts}}\\a_{\mathrm{s}\to\mathrm{rs}}\\a_{\mathrm{s}\to\mathrm{rp}}\end{bmatrix}$$

对于 p 偏振入射光,

$$\hat{\boldsymbol{E}}_{\mathrm{i,p}}=\frac{\hat{\boldsymbol{k}}_{\mathrm{i}}\times\hat{\boldsymbol{E}}_{\mathrm{i,s}}}{\|\hat{\boldsymbol{k}}_{\mathrm{i}}\times\hat{\boldsymbol{E}}_{\mathrm{i,s}}\|}=\begin{bmatrix}0\\ \cos35^{\circ}\\ -\sin35^{\circ}\end{bmatrix},\quad \boldsymbol{H}_{\mathrm{i,p}}=(n\boldsymbol{K}_{\mathrm{i}}+\mathrm{i}\boldsymbol{G})\hat{\boldsymbol{E}}_{\mathrm{i,p}}=\begin{bmatrix}-1\\0\\0\end{bmatrix},$$

$$\boldsymbol{C}_{\mathrm{p}}=\begin{bmatrix} \boldsymbol{s}_1\cdot\hat{\boldsymbol{E}}_{\mathrm{i,p}} \\ \boldsymbol{s}_2\cdot\hat{\boldsymbol{E}}_{\mathrm{i,p}} \\ \boldsymbol{s}_1\cdot\boldsymbol{H}_{\mathrm{i,p}} \\ \boldsymbol{s}_2\cdot\boldsymbol{H}_{\mathrm{i,p}} \end{bmatrix}=\begin{bmatrix}0\\0.470\\-0.574\\0\end{bmatrix}$$

以及

$$\boldsymbol{A}_{\mathrm{p}}=\boldsymbol{F}^{-1}\cdot\boldsymbol{C}_{\mathrm{p}}=\begin{bmatrix}0.569 & 0 & 0 & 0.695\\ 0 & -0.715 & 0.586 & 0\\ -1.174 & 0 & 0 & 0.695\\ 0 & -1.292 & -0.685 & 0\end{bmatrix}\begin{bmatrix}0\\ 0.470\\ -0.574\\ 0\end{bmatrix}$$

$$=\begin{bmatrix}0\\ -0.672\\ 0\\ -0.214\end{bmatrix}=\begin{bmatrix}a_{\mathrm{p}\to\mathrm{tf}}\\ a_{\mathrm{p}\to\mathrm{ts}}\\ a_{\mathrm{p}\to\mathrm{rs}}\\ a_{\mathrm{p}\to\mathrm{rp}}\end{bmatrix}$$

综上所述，振幅系数为 $\begin{bmatrix}a_{\mathrm{s}\to\mathrm{tf}}\\ a_{\mathrm{s}\to\mathrm{ts}}\\ a_{\mathrm{s}\to\mathrm{rs}}\\ a_{\mathrm{s}\to\mathrm{rp}}\end{bmatrix}=\begin{bmatrix}0.653\\ 0\\ -0.347\\ 0\end{bmatrix}$ 和 $\begin{bmatrix}a_{\mathrm{p}\to\mathrm{tf}}\\ a_{\mathrm{p}\to\mathrm{ts}}\\ a_{\mathrm{p}\to\mathrm{rs}}\\ a_{\mathrm{p}\to\mathrm{rp}}\end{bmatrix}=\begin{bmatrix}0\\ -0.672\\ 0\\ -0.214\end{bmatrix}$。

当式(19.16)产生的波矢 $\boldsymbol{k}$ 为复数时，对应的模式为倏逝波。该模式对于复 $\boldsymbol{k}_{\mathrm{t}}$ 是全内反射的，所有能量被反射，透射为零[27]。在双折射材料中，当反射光线的波矢 $\boldsymbol{k}_{\mathrm{r}}$ 为复数时，反射被抑制；此时，所有能量都被透射，反射为零。

圆锥折射是双轴材料中的一种复杂现象，光线折射成一个连续的光锥，而不仅是两个方向上的两种模式。仅当光在双轴材料中沿其中一个光轴传播[2,29-30]且两个正交模式的折射率相同时[31]，才会发生这种情况。如图 19.20(a)所示，双轴材料有两个光轴；光轴不对应于任何主轴。当圆锥折射发生时，麦克斯韦方程组的解简并为一组 $\boldsymbol{k}$ 和 $\boldsymbol{E}$ 对，折射能量形成一个中空的光锥，如图 19.20(b)所示。能量分布取决于入射偏振态；相应的偏振态围绕圆锥体旋转 180°，并在下一个界面上形成一个圆环[32-33]。

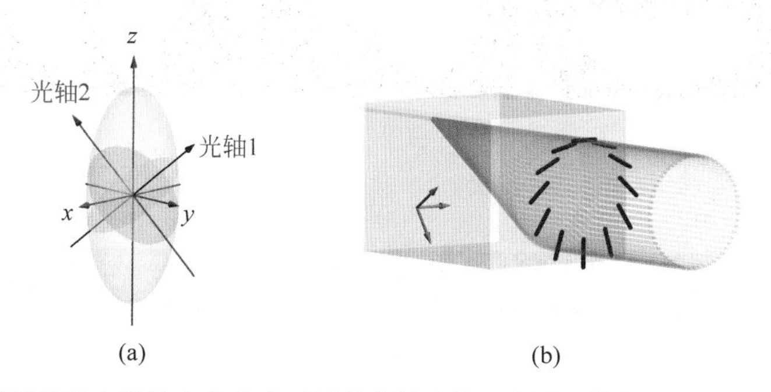

图 19.20　(a)双轴材料的两个光轴方向垂直于折射率椭球的两个圆形横截面。(b)一条光线沿光轴方向折射进入双轴材料。入射偏振将其坡印廷矢量分布为一个圆锥体(所示圆锥体的立体角被放大)，并以圆锥体形式通过双轴晶体传播。相关的偏振态(显示为紫色线段)围绕折射圆锥旋转 π。光强在圆锥体周围的分布取决于入射偏振态的分布。红色、绿色和蓝色箭头显示的分别是快、中和慢晶轴

图 19.21 为 KTP 晶体中锥形折射的测量结果。能量分布取决于入射偏振；相应的偏振态围绕圆锥旋转 180°，并在下一界面上形成一个圆环。因此，由于锥形折射，在光轴附近

进行光线追迹时需要特别小心。例如,可以将光锥建模为大量光线组成的圆锥。

在锥光镜下(7.7.1.5 节),很容易看到双轴材料的两个光轴,如图 19.22 和图 19.23 所示。

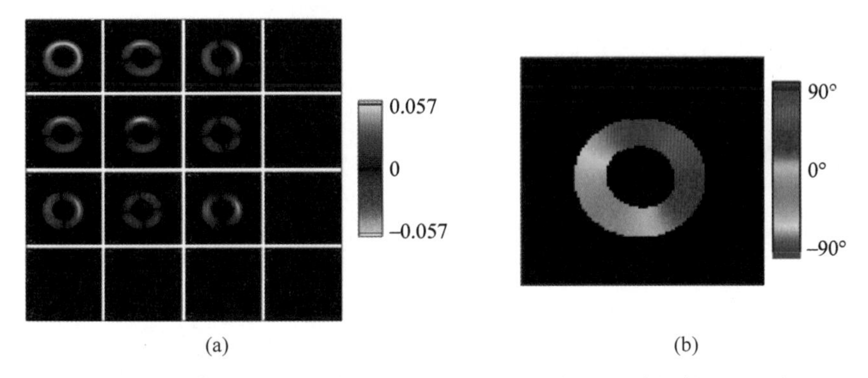

图 19.21 用双轴 KTP 晶体显示锥形折射,并用成像偏振测量仪测量其折射锥。图中显示了折射锥的米勒矩阵图(a)和二向衰减方向图(b)

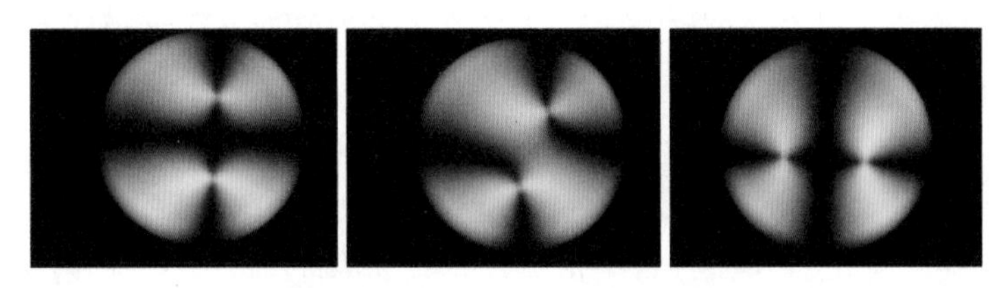

图 19.22 霰石在锥光镜下旋转

图 19.23 一片白云母在锥光镜下旋转

19.6 光线倍增的数据结构

本节介绍一种树型数据结构,用于在光学系统的光线追迹过程中追踪双折射元件产生的多条光线。当一条光线通过几个双折射界面传播时,在每个双折射界面处产生的光线或模式数量均会加倍。一般情况下,为了正确模拟光学系统出射的多个波前,偏振光线追迹程序不应强加任何假设而应自动处理光线倍增。光学设计人员可能只要求追迹部分特定的光线,但程序应生成并追迹系统产生的所有光线。通常,反射光线的影响很小,因此只需要追迹折射光线。

不做任何假设去处理每条裂解出的光线,很容易通过追迹不同位置或入射角的阵列光线来观察偏振像差。系统中如果所有光学元件均为各向同性,则一个入射波前产生一个出射波前。然而，当涉及双折射元件时，会产生多个波前，如图 19.3 所示。根据光线的一系列本征模收集和分类光线，可以在光线追迹之后组装合成波前，如第 22 章（晶体偏振器）对格兰型偏振器的详细分析所示。由于有四个双折射界面序列，一条光线通过两个格兰型偏振器后将产生多达 16 条出射光线。人工设置和追踪 16 条光线路径是一件乏味的事情，因此双折射光线追迹程序应该自动完成这项工作。

如图 19.24 所示，假设一条光线从某一单轴材料传播到另一单轴材料，两单轴材料的光轴不平行。前一单轴材料中的本征模（o_1 和 e_1）相对于后一单轴材料的本征模（o_2 和 e_2）具有不同的偏振方向。因此，来自前一单轴材料的 o_1 光线在后一单轴材料中分裂为 o_2 和 e_2 两个模式，标记为 oo 模和 oe 模。此模式标记法提供了一种非常有用的缩写方法，用于清楚记录每条光线的传播过程。

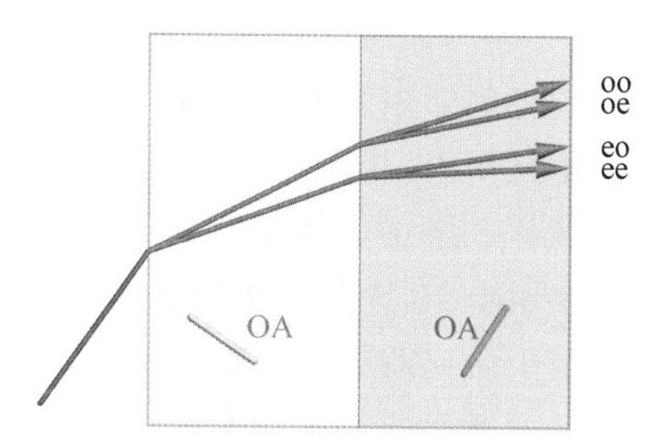

图 19.24　一条光线经过两块光轴未对齐的单轴平板后分裂为四个模式

图 19.25 为一条光线依次经过单轴平板、空气间隔和单轴三角块的传播示意图。光轴如图 OA 所示，一条正入射光线产生四条光线（分别标记为 eie 模、eio 模、oie 模和 oio 模）入射在倾斜的后表面上。进入单轴介质的每个表面仅考虑折射，因此由于单轴材料中的双折射，最多产生两条光线。光线追迹程序从左到右、从上到下追迹了如图 19.25 所示光线树中的所有光线分支，以确保所有子光线都被包含在内。它从单轴平板前表面开始，计算 e 模式，到达后表面，计算 ei 模，然后进入单轴三角块前表面，并计算 eie 模。最后 eie 模到达最后一个斜面，由于入射角大于 e 模临界角，因此，eiei 模是倏逝波，折射分支停止，其能量作为 eiee 模和 eieo 模在内部完全反射回第二个单轴三角块。当第一个折射分支停止后，程序转移至下一个分支；在该分支中，eio 模在斜面的入射角小于 o 模的临界角，因此 eio 模从单轴三角块斜面以 eioi 模折射出去并终止（对于这条光线，后续不再有界面）。程序将重复该过程，在所有分支中移动，直到计算完所有可能的光线路径并终止。光线追迹程序的用户可以设置光线终止条件，例如①所有光线在某个表面上终止；②所有光线在能量低于某个量级时终止；③所有光线经过一定数量的界面后终止。在如图 19.25 所示的系统中，一条入射光线通过第一个单轴板耦合为两条折射光线，再经过第二个单轴块的

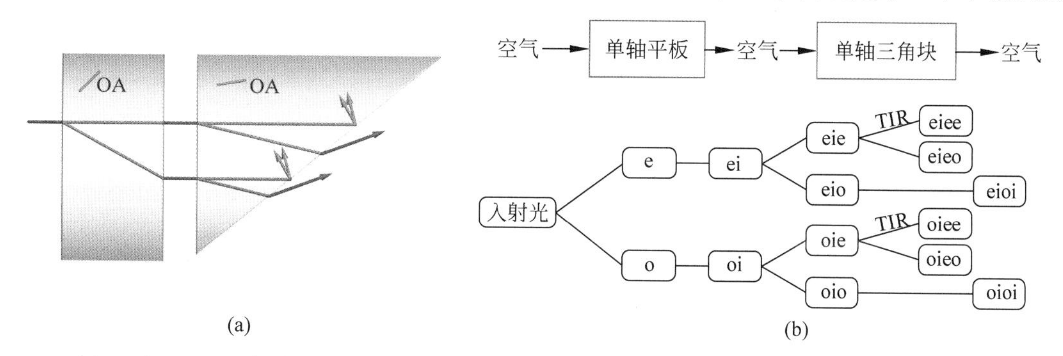

图 19.25　(a)一条正入射的光线依次经过两个光轴各异（紫色线段）的单轴晶体的示意图。(b)光线树描述了光线通过每个界面时产生的光线模式

前表面之后耦合为四条折射光线。后表面的方向从四个模中选出两个 o 模向外折射到空气中。另外两个模式(eie 和 oie)由于全反射而丢失。19.9 节包含了一个复杂的光线分裂计算和数据结构的例子,由于反射和折射中的倏逝波,子光线的数量不再是简单的 2^N。

19.7 双折射界面的偏振光线追迹矩阵

本节给出了每个所得模式的 3×3 偏振光线追迹矩阵 $\boldsymbol{P}$。$\boldsymbol{P}$ 矩阵追踪所得电场的方向、振幅系数以及在全局坐标中的模式方向。如前几章所讨论的,局部坐标系下的琼斯矩阵也可以用于双折射材料的光线追迹。然而,实际经验告诉我们,在全局坐标系中计算有诸多优势,第 9 章(偏振光线追迹计算)描述的 $\boldsymbol{P}$ 矩阵是准确追踪整个复杂系统偏振变化的理想工具。

通过将琼斯矩阵推广为 3×3 矩阵形式,$\boldsymbol{P}$ 矩阵可以在三维坐标系中处理任意传播方向的偏振相互作用,从而避免了沿局部坐标系(这是琼斯矩阵需要的)进行描述。本节给出了一种直接从三维正交基计算 $\boldsymbol{P}$ 矩阵的方法。这种方法是计算双折射元件的 $\boldsymbol{P}$ 矩阵的基础,它仅需使用由 19.5 节双折射光线追迹算法计算得到的光线参数($\boldsymbol{S}$,$\boldsymbol{E}$,a 和 OPL)。所得 $\boldsymbol{P}$ 矩阵常用于研究双折射元件的偏振像差,如晶体延迟器和偏振器的角度相关性。对于一对通过双折射界面的入射和出射模式,$\boldsymbol{P}$ 矩阵与穿过界面的电场振幅和相位以及传播方向的变化有关。例如,e 模的部分能量在单轴/双轴界面折射到快模,或者 p 偏振分量通过各向同性/旋光界面耦合到右旋圆偏振光模式。

传播通过各向同性界面和双折射界面的一对入射模和出射模的电磁场如图 19.26 所示。在各向同性介质内中$\hat{\boldsymbol{E}}_{\mathrm{s}}\perp\hat{\boldsymbol{E}}_{\mathrm{p}}\perp\hat{\boldsymbol{S}}=\hat{\boldsymbol{k}}$,而在双折射介质中$\hat{\boldsymbol{E}}_{m}\perp\hat{\boldsymbol{E}}_{n}\perp\hat{\boldsymbol{S}}\neq\hat{\boldsymbol{k}}$,其中$\hat{\boldsymbol{E}}_{m}$ 和 $\hat{\boldsymbol{E}}_{n}$ 是在 $\hat{\boldsymbol{S}}$ 的横平面中的正交电场。

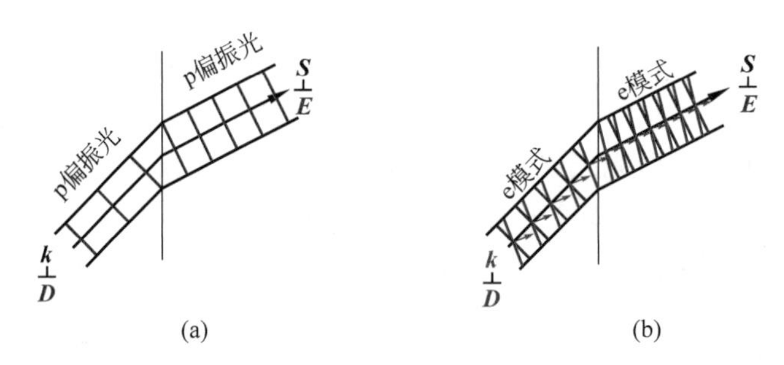

图 19.26 (a)各向同性-各向同性界面和(b)双折射-双折射界面的入射和折射 $\boldsymbol{E}$、$\boldsymbol{D}$、$\boldsymbol{k}$ 和 $\boldsymbol{S}$ 场方向。图(a)显示了 p 偏振态折射通过各向同性界面耦合到 p 偏振态。图(b)只显示了 e 模式折射通过双折射界面耦合到 e 模式。在各向同性介质中,$\boldsymbol{k}$ 和 $\boldsymbol{S}$ 方向相同,$\boldsymbol{E}$ 和 $\boldsymbol{D}$ 方向相同。这些场的方向在各向异性材料中不再相同,但 $\boldsymbol{E}$ 与 $\boldsymbol{S}$ 保持正交,$\boldsymbol{k}$ 与 $\boldsymbol{D}$ 保持正交

在双折射光线追迹中,由于两条出射光线的路径不同,需要两个 $\boldsymbol{P}$ 矩阵来表示双折射光线截点上的折射或反射模式。由于入射和出射的本征模式通常不对齐,一个入射本征模式可以将光耦合到两个出射本征模式中。$\boldsymbol{P}$ 矩阵将三个入射正交基矢量($\hat{\boldsymbol{E}}_{m}$,$\hat{\boldsymbol{E}}_{n}$,$\hat{\boldsymbol{S}}$)映射

到三个出射矢量($\hat{\boldsymbol{E}}'_m,\hat{\boldsymbol{E}}'_n,\hat{\boldsymbol{S}}'$)，这三个出射矢量与出射介质中沿$\hat{\boldsymbol{S}}'$的一个本征态相关联。因此，在双折射光线截点定义两个出射$\boldsymbol{P}$矩阵的折射/反射条件分别为

$$\begin{cases}\boldsymbol{P}_v\hat{\boldsymbol{E}}_m=\boldsymbol{E}'_{mv}=a_{mv}\hat{\boldsymbol{E}}_v\\ \boldsymbol{P}_v\hat{\boldsymbol{E}}_n=\boldsymbol{E}'_{nv}=a_{nv}\hat{\boldsymbol{E}}_v\\ \boldsymbol{P}_v\hat{\boldsymbol{S}}=\hat{\boldsymbol{S}}'_v\end{cases}\quad 和\quad \begin{cases}\boldsymbol{P}_w\hat{\boldsymbol{E}}_m=\boldsymbol{E}'_{mw}=a_{mw}\hat{\boldsymbol{E}}_w\\ \boldsymbol{P}_w\hat{\boldsymbol{E}}_n=\boldsymbol{E}'_{nw}=a_{nw}\hat{\boldsymbol{E}}_w\\ \boldsymbol{P}_w\hat{\boldsymbol{S}}=\hat{\boldsymbol{S}}'_w\end{cases}\tag{19.30}$$

其中($a_{mv},a_{mw},a_{nv},a_{nw}$)是复振幅系数，与每对入射、出射偏振态之间的$\boldsymbol{E}$场耦合相关。在19.5节已计算了这些系数。

式(19.30)的出射v模和w模为图19.17中的透射ta模和tb模或反射rc模和rd模。总体来说，入射$\hat{\boldsymbol{E}}_m$耦合到$\hat{\boldsymbol{E}}'_{mv}$和$\hat{\boldsymbol{E}}'_{mw}$，$\hat{\boldsymbol{E}}_n$耦合到$\hat{\boldsymbol{E}}'_{nv}$和$\hat{\boldsymbol{E}}'_{nw}$。这些出射$\boldsymbol{E}$场$\hat{\boldsymbol{E}}'_{mv}$和$\hat{\boldsymbol{E}}'_{nv}$位于$\hat{\boldsymbol{S}}'_v$的横截面内；$\hat{\boldsymbol{E}}'_{mw}$和$\hat{\boldsymbol{E}}'_{nw}$位于$\hat{\boldsymbol{S}}'_w$的横截面内。$\hat{\boldsymbol{E}}_m$和$\hat{\boldsymbol{E}}_n$在双折射界面处的折射/反射电场为

$$\boldsymbol{E}'_m(r,t)=\mathbf{Re}\{E_i[a_{mv}\hat{\boldsymbol{E}}_v\mathrm{e}^{\mathrm{i}\frac{2\pi}{\lambda}n_{mv}\hat{\boldsymbol{k}}_{mv}\cdot\boldsymbol{r}}+a_{mw}\hat{\boldsymbol{E}}_w\mathrm{e}^{\mathrm{i}\frac{2\pi}{\lambda}n_{mw}\hat{\boldsymbol{k}}_{mw}\cdot\boldsymbol{r}}]\mathrm{e}^{-\mathrm{i}\omega t}\}\tag{19.31}$$

$$\boldsymbol{E}'_n(r,t)=\mathbf{Re}\{E_i[a_{nv}\hat{\boldsymbol{E}}_v\mathrm{e}^{\mathrm{i}\frac{2\pi}{\lambda}n_{nv}\hat{\boldsymbol{k}}_{nv}\cdot\boldsymbol{r}}+a_{nw}\hat{\boldsymbol{E}}_w\mathrm{e}^{\mathrm{i}\frac{2\pi}{\lambda}n_{nw}\hat{\boldsymbol{k}}_{nw}\cdot\boldsymbol{r}}]\mathrm{e}^{-\mathrm{i}\omega t}\}\tag{19.32}$$

考虑从各向同性/单轴晶体界面出射的o模式和e模式，它们具有不同的$\hat{\boldsymbol{S}}'$：$\hat{\boldsymbol{S}}'_{\mathrm{o}}\neq\hat{\boldsymbol{S}}'_{\mathrm{e}}$，因此$\boldsymbol{P}$矩阵不同。在这种情况下，式(19.30)中的($m,n,v,w$)是(s,p,o,e)；$\boldsymbol{P}_{\mathrm{o}}$和$\boldsymbol{P}_{\mathrm{e}}$的详细计算见19.7.2节。一般情况下，$\hat{\boldsymbol{E}}_m$可以同时耦合到$\hat{\boldsymbol{E}}_v$和$\hat{\boldsymbol{E}}_w$，且($a_{mv},a_{mw},a_{nv},a_{nw}$)均非零。在某些情况下，由于界面的某些特性，振幅系数被设为零。例如，在无膜层的各向同性光线截点，s偏振和p偏振之间的耦合为零；$(m,n,v,w)=(\mathrm{s},\mathrm{p},\mathrm{s}',\mathrm{p}')$和$(a_{mw},a_{nv})=(a_{\mathrm{sp}'},a_{\mathrm{ps}'})=(0,0)$。同样，如果入射光仅有一个本征偏振模式，入射在单轴/各向同性界面，对于给定的入射$\hat{\boldsymbol{S}}$，$(m,n,v,w)=(\mathrm{e},\mathrm{e}_\perp,\mathrm{s},\mathrm{p})$，$(a_{nv},a_{nw})=(a_{\mathrm{e}\perp\mathrm{s}},a_{\mathrm{e}\perp\mathrm{p}})=(0,0)$，因为$\mathrm{e}_\perp$模的能量为0，这将在19.7.3节进一步解释。由于每个出射模式处于特定的本征偏振态，相应的出射模式$\boldsymbol{P}$矩阵为奇异矩阵；也就是说，它具有偏振器的形式。

将三对入射和出射3×1矢量组成矩阵形式，得到$\boldsymbol{P}$矩阵为

$$\boldsymbol{P}=(\boldsymbol{E}'_m\boldsymbol{E}'_n\hat{\boldsymbol{S}}')\cdot(\hat{\boldsymbol{E}}_m\hat{\boldsymbol{E}}_n\hat{\boldsymbol{S}})^{-1}=\begin{bmatrix}\boldsymbol{E}'_{m,x}&\boldsymbol{E}'_{n,x}&S'_x\\ \boldsymbol{E}'_{m,y}&\boldsymbol{E}'_{n,y}&S'_y\\ \boldsymbol{E}'_{m,z}&\boldsymbol{E}'_{n,z}&S'_z\end{bmatrix}\cdot\begin{bmatrix}\boldsymbol{E}_{m,x}&\boldsymbol{E}_{n,x}&S_x\\ \boldsymbol{E}_{m,y}&\boldsymbol{E}_{n,y}&S_y\\ \boldsymbol{E}_{m,z}&\boldsymbol{E}_{n,z}&S_z\end{bmatrix}^{-1}$$

$$=\begin{bmatrix}\boldsymbol{E}'_{m,x}&\boldsymbol{E}'_{n,x}&S'_x\\ \boldsymbol{E}'_{m,y}&\boldsymbol{E}'_{n,y}&S'_y\\ \boldsymbol{E}'_{m,z}&\boldsymbol{E}'_{n,z}&S'_z\end{bmatrix}\cdot\begin{bmatrix}\boldsymbol{E}_{m,x}&\boldsymbol{E}_{n,x}&S_x\\ \boldsymbol{E}_{m,y}&\boldsymbol{E}_{n,y}&S_y\\ \boldsymbol{E}_{m,z}&\boldsymbol{E}_{n,z}&S_z\end{bmatrix}^{\mathrm{T}}\tag{19.33}$$

其中，($\hat{\boldsymbol{E}}_m,\hat{\boldsymbol{E}}_n,\hat{\boldsymbol{S}}$)是一个实酉矩阵；因此，它的逆等于它的转置。($\boldsymbol{E}'_m,\boldsymbol{E}'_n,\hat{\boldsymbol{S}}'$)包含了界面的振幅系数。

双折射界面的多个出射模式需要用多个$\boldsymbol{P}$矩阵来描述。以下四种未镀膜双折射界面情形的$\boldsymbol{P}$矩阵将在下面子节中推导：①各向同性-各向同性；②各向同性-双折射；③双折射-各向同性；④双折射-双折射。在推导过程中，式(19.30)中每种情况的(m,n,v,w)偏振

态见表 19.4。当出射介质为各向同性时,出射 s′模式和 p′模式拥有相同的 $\boldsymbol{S}$;因此,相关的 $\boldsymbol{P}$ 矩阵可以简化为一个 $\boldsymbol{P}$ 矩阵(19.7.1 节至 19.7.3 节)。当入射为双折射介质时,入射 (m,n) 模式为(o,o$_\perp$)、(e,e$_\perp$)、(快,快$_\perp$)、(慢,慢$_\perp$)、(右旋,右旋$_\perp$)或(左旋,左旋$_\perp$)模式。当出射为双折射介质时,出射 (v,w) 模式为(o,e)、(快,慢),或(右旋,左旋)模式。

表 19.4 用于计算未镀膜界面 P 矩阵的偏振态

界面	反射 $(\boldsymbol{m},\boldsymbol{n})\to\boldsymbol{v}=\mathrm{r}\boldsymbol{c}$ 和 $(\boldsymbol{m},\boldsymbol{n})\to\boldsymbol{w}=\mathrm{r}\boldsymbol{d}$	折射 $(\boldsymbol{m},\boldsymbol{n})\to\boldsymbol{v}=\mathrm{t}\boldsymbol{a}$ 和 $(\boldsymbol{m},\boldsymbol{n})\to\boldsymbol{w}=\mathrm{t}\boldsymbol{b}$
各向同性- 各向同性	$(s,p)\to s'\Rightarrow(s,p)\to(s',p')$ $(s,p)\to p'$	$(s,p)\to s'\Rightarrow(s,p)\to(s',p')$ $(s,p)\to p'$
各向同性- 双折射	$(s,p)\to s'\Rightarrow(s,p)\to(s',p')$ $(s,p)\to p'$	$(s,p)\to v$ $(s,p)\to w$
双折射- 各向同性	$(m,n)\to v$ $(m,n)\to w$	$(m,n)\to s'\Rightarrow(m,v)\to(s',p')$ $(m,n)\to p'$
双折射- 双折射	$(m,n)\to v$ $(m,n)\to w$	$(m,n)\to v$ $(m,n)\to w$

注:(m,n,v,w) 定义在式(19.30)中。′表示出射模式。用两个 $\boldsymbol{P}$ 矩阵描述了双折射材料分解出的本征模。然而,对于 s' 出射态和 p' 出射态的两个 $\boldsymbol{P}$ 矩阵可以合并(⇒)为一个 $\boldsymbol{P}$ 矩阵。

19.7.1 案例Ⅰ:各向同性-各向同性界面

对于各向同性到各向同性的界面,入射本征偏振态为 s 偏振态和 p 偏振态,

$$\hat{\boldsymbol{E}}_{\mathrm{i,s}}=\frac{\hat{\boldsymbol{S}}_{\mathrm{i}}\times\hat{\boldsymbol{\eta}}}{|\hat{\boldsymbol{S}}_{\mathrm{i}}\times\hat{\boldsymbol{\eta}}|}\quad 和\quad \hat{\boldsymbol{E}}_{\mathrm{i,p}}=\hat{\boldsymbol{S}}_{\mathrm{i}}\times\hat{\boldsymbol{E}}_{\mathrm{i,s}}\tag{19.34}$$

如图 19.27 所示,其中 s 和 p 分别为式(19.33)中的 m 和 n。在这种情况下,四个出射模式是 ts、tp、rs 和 rp,以及四个相关的 $\boldsymbol{P}$ 矩阵 $\boldsymbol{P}_{\mathrm{ts}}$、$\boldsymbol{P}_{\mathrm{tp}}$、$\boldsymbol{P}_{\mathrm{rs}}$ 和 $\boldsymbol{P}_{\mathrm{rp}}$。

式(19.34)适用于各向同性界面,其中 $\hat{\boldsymbol{k}}=\hat{\boldsymbol{S}}$。没有发生光线分裂;两束反射光和透射光都是简并的。虽然为了给出 $\boldsymbol{P}$ 矩阵计算最一般的描述,图 19.27 显示了入射 s 偏振光耦合到反射和透射 p 偏振光的振幅系数,但对于未镀膜的各向同性界面,s 和 p 之间的耦合为零。

根据 19.5 节的方法可计算它们的电场 $\hat{\boldsymbol{E}}_{\mathrm{ts}}$、$\hat{\boldsymbol{E}}_{\mathrm{tp}}$、$\hat{\boldsymbol{E}}_{\mathrm{rs}}$、$\hat{\boldsymbol{E}}_{\mathrm{rp}}$ 和传播矢量。由式(19.23)计算振幅系数 a_{s} 和 a_{p} 为

$$\begin{bmatrix}a_{\mathrm{i,s\to ts}}\\a_{\mathrm{i,s\to tp}}\\a_{\mathrm{i,s\to rs}}\\a_{\mathrm{i,s\to rp}}\end{bmatrix}=\boldsymbol{F}^{-1}\cdot\begin{bmatrix}\boldsymbol{s}_1\cdot\hat{\boldsymbol{E}}_{\mathrm{i,s}}\\\boldsymbol{s}_2\cdot\hat{\boldsymbol{E}}_{\mathrm{i,s}}\\\boldsymbol{s}_1\cdot\hat{\boldsymbol{H}}_{\mathrm{i,s}}\\\boldsymbol{s}_2\cdot\hat{\boldsymbol{H}}_{\mathrm{i,s}}\end{bmatrix}\quad 和\quad\begin{bmatrix}a_{\mathrm{i,p\to ts}}\\a_{\mathrm{i,p\to tp}}\\a_{\mathrm{i,p\to rs}}\\a_{\mathrm{i,p\to rp}}\end{bmatrix}=\boldsymbol{F}^{-1}\cdot\begin{bmatrix}\boldsymbol{s}_1\cdot\hat{\boldsymbol{E}}_{\mathrm{i,p}}\\\boldsymbol{s}_2\cdot\hat{\boldsymbol{E}}_{\mathrm{i,p}}\\\boldsymbol{s}_1\cdot\hat{\boldsymbol{H}}_{\mathrm{i,p}}\\\boldsymbol{s}_2\cdot\hat{\boldsymbol{H}}_{\mathrm{i,p}}\end{bmatrix}\tag{19.35}$$

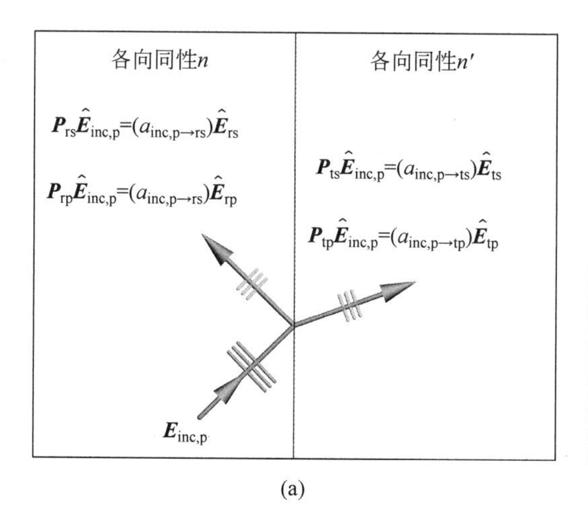

(a)

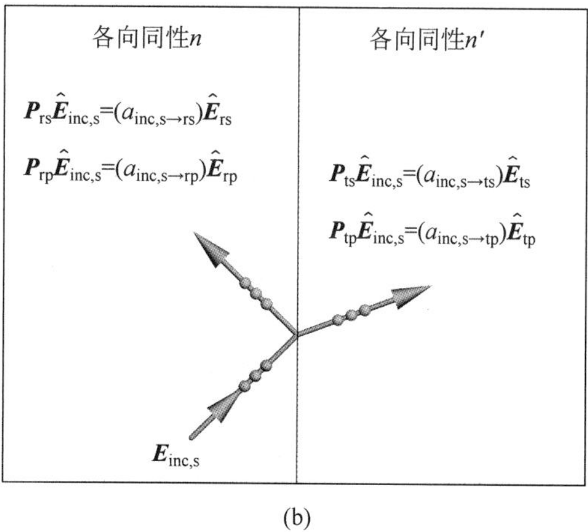

(b)

图 19.27　将 p 偏振(a)和 s 偏振(b)模式入射到界面，计算出所有出射模式的 $\boldsymbol{E}$、$\boldsymbol{S}$、a 和 $\boldsymbol{P}$ 矩阵。这两种情况的入射面如图所示。箭头表示 $\boldsymbol{S}$ 方向。(a)入射平面上的三条平行线(蓝色和绿色)为 $\boldsymbol{E}_p$ 方向。(b)与入射平面正交的三条平行线(红色和品红)是 $\boldsymbol{E}_s$ 方向

其中入射 s 偏振耦合到透射 s 偏振的电场振幅标记为 $a_{i,s\to ts}$。对于未镀膜的介电界面，即菲涅耳振幅系数。利用这些振幅系数并应用式(19.30)，出射 s 模和 p 模的 $\boldsymbol{P}$ 矩阵应满足：

$$\begin{cases}\boldsymbol{P}_{rs}\hat{\boldsymbol{E}}_{i,s}=a_{i,s\to rs}\hat{\boldsymbol{E}}_{rs}\\ \boldsymbol{P}_{rs}\hat{\boldsymbol{E}}_{i,p}=a_{i,p\to rs}\hat{\boldsymbol{E}}_{rs}\\ \boldsymbol{P}_{rs}\hat{\boldsymbol{S}}_{i}=\hat{\boldsymbol{S}}_{rs}\end{cases}\quad\begin{cases}\boldsymbol{P}_{rp}\hat{\boldsymbol{E}}_{i,s}=a_{i,s\to rp}\hat{\boldsymbol{E}}_{rp}\\ \boldsymbol{P}_{rp}\hat{\boldsymbol{E}}_{i,p}=a_{i,p\to rp}\hat{\boldsymbol{E}}_{rp}\\ \boldsymbol{P}_{rp}\hat{\boldsymbol{S}}_{i}=\hat{\boldsymbol{S}}_{rp}\end{cases}$$
$$\begin{cases}\boldsymbol{P}_{ts}\hat{\boldsymbol{E}}_{i,s}=a_{i,s\to ts}\hat{\boldsymbol{E}}_{ts}\\ \boldsymbol{P}_{ts}\hat{\boldsymbol{E}}_{i,p}=a_{i,p\to ts}\hat{\boldsymbol{E}}_{ts}\\ \boldsymbol{P}_{ts}\hat{\boldsymbol{S}}_{i}=\hat{\boldsymbol{S}}_{ts}\end{cases}\quad\begin{cases}\boldsymbol{P}_{tp}\hat{\boldsymbol{E}}_{i,s}=a_{i,s\to tp}\hat{\boldsymbol{E}}_{tp}\\ \boldsymbol{P}_{tp}\hat{\boldsymbol{E}}_{i,p}=a_{i,p\to tp}\hat{\boldsymbol{E}}_{tp}\\ \boldsymbol{P}_{tp}\hat{\boldsymbol{S}}_{i}=\hat{\boldsymbol{S}}_{tp}\end{cases}\tag{19.36}$$

利用式(19.33)，四个 $\boldsymbol{P}$ 矩阵计算为

$$\begin{cases}\boldsymbol{P}_{ts}=(a_{i,s\to ts}\hat{\boldsymbol{E}}_{ts}\,a_{i,p\to ts}\hat{\boldsymbol{E}}_{ts}\,\hat{\boldsymbol{S}}_{ts})\cdot(\hat{\boldsymbol{E}}_{i,s}\,\hat{\boldsymbol{E}}_{i,p}\,\hat{\boldsymbol{S}}_{i})^{T}\\ \boldsymbol{P}_{tp}=(a_{i,s\to tp}\hat{\boldsymbol{E}}_{tp}\,a_{i,p\to tp}\hat{\boldsymbol{E}}_{tp}\,\hat{\boldsymbol{S}}_{tp})\cdot(\hat{\boldsymbol{E}}_{i,s}\,\hat{\boldsymbol{E}}_{i,p}\,\hat{\boldsymbol{S}}_{i})^{T}\\ \boldsymbol{P}_{rs}=(a_{i,s\to rs}\hat{\boldsymbol{E}}_{rs}\,a_{i,p\to rs}\hat{\boldsymbol{E}}_{rs}\,\hat{\boldsymbol{S}}_{rs})\cdot(\hat{\boldsymbol{E}}_{i,s}\,\hat{\boldsymbol{E}}_{i,p}\,\hat{\boldsymbol{S}}_{i})^{T}\\ \boldsymbol{P}_{rp}=(a_{i,s\to rp}\hat{\boldsymbol{E}}_{rp}\,a_{i,p\to rp}\hat{\boldsymbol{E}}_{rp}\,\hat{\boldsymbol{S}}_{rp})\cdot(\hat{\boldsymbol{E}}_{i,s}\,\hat{\boldsymbol{E}}_{i,p}\,\hat{\boldsymbol{S}}_{i})^{T}\end{cases}\tag{19.37}$$

如图 19.17(a)所示，在各向同性材料内部，$\hat{\boldsymbol{S}}_{ts}=\hat{\boldsymbol{S}}_{tp}$ 和 $\hat{\boldsymbol{S}}_{rs}=\hat{\boldsymbol{S}}_{rp}$。将这两种出射模式结合起来可得到最终结果。电场总是可以叠加，但在叠加 $\boldsymbol{P}$ 矩阵时需要注意①。由于两个模式都存在 $\hat{\boldsymbol{S}}_{t}=\boldsymbol{P}_{t}\hat{\boldsymbol{S}}_{i}$ 的条件，$\boldsymbol{P}_{ts}$ 和 $\boldsymbol{P}_{tp}$ 可以组合为

---

①　9.6 节(偏振光线追迹矩阵的加法形式)解释了 $\boldsymbol{P}$ 矩阵的合并，其中 $\hat{\boldsymbol{S}}'=\boldsymbol{P}\hat{\boldsymbol{S}}_{i}$ 不应被重复计算。

$$\boldsymbol{P}_{\mathrm{t}}=(a_{\mathrm{i,s\to ts}}\hat{\boldsymbol{E}}_{\mathrm{ts}}+a_{\mathrm{i,s\to tp}}\hat{\boldsymbol{E}}_{\mathrm{tp}}a_{\mathrm{i,p\to ts}}\hat{\boldsymbol{E}}_{\mathrm{ts}}+a_{\mathrm{i,p\to tp}}\hat{\boldsymbol{E}}_{\mathrm{tp}}\hat{\boldsymbol{S}}_{\mathrm{t}})\cdot(\hat{\boldsymbol{E}}_{\mathrm{i,s}}\hat{\boldsymbol{E}}_{\mathrm{i,p}}\hat{\boldsymbol{S}}_{\mathrm{i}})^{\mathrm{T}} \tag{19.38}$$

同样地,$\boldsymbol{P}_{\mathrm{rs}}$ 和 $\boldsymbol{P}_{\mathrm{rp}}$ 可以组合为

$$\boldsymbol{P}_{\mathrm{r}}=(a_{\mathrm{i,s\to rs}}\hat{\boldsymbol{E}}_{\mathrm{rs}}+a_{\mathrm{i,s\to rp}}\hat{\boldsymbol{E}}_{\mathrm{rp}}a_{\mathrm{i,p\to rs}}\hat{\boldsymbol{E}}_{\mathrm{rs}}+a_{\mathrm{i,p\to rp}}\hat{\boldsymbol{E}}_{\mathrm{rp}}\hat{\boldsymbol{S}}_{\mathrm{r}})\cdot(\hat{\boldsymbol{E}}_{\mathrm{i,s}}\hat{\boldsymbol{E}}_{\mathrm{i,p}}\hat{\boldsymbol{S}}_{\mathrm{i}})^{\mathrm{T}} \tag{19.39}$$

式(19.37)给出了 $\boldsymbol{P}$ 矩阵最一般的推导,这有助于理解 19.7.2 节至 19.7.4 节中介绍的非各向同性界面的推导过程。对于各向同性界面,由于 s 分量仅耦合到 s 偏振,p 分量仅耦合到 p 偏振,因此 $a_{\mathrm{i,s\to tp}}$,$a_{\mathrm{i,s\to rp}}$,$a_{\mathrm{i,p\to ts}}$ 和 $a_{\mathrm{i,p\to rs}}$ 为零。因此,式(19.38)和式(19.39)就变为

$$\begin{cases}\boldsymbol{P}_{\mathrm{t}}=(a_{\mathrm{i,s\to ts}}\hat{\boldsymbol{E}}_{\mathrm{ts}}a_{\mathrm{i,p\to tp}}\hat{\boldsymbol{E}}_{\mathrm{tp}}\hat{\boldsymbol{S}}_{\mathrm{t}})\cdot(\hat{\boldsymbol{E}}_{\mathrm{i,s}}\hat{\boldsymbol{E}}_{\mathrm{i,p}}\hat{\boldsymbol{S}}_{\mathrm{i}})^{\mathrm{T}}\\ \boldsymbol{P}_{\mathrm{r}}=(a_{\mathrm{i,s\to rs}}\hat{\boldsymbol{E}}_{\mathrm{rs}}a_{\mathrm{i,p\to rp}}\hat{\boldsymbol{E}}_{\mathrm{rp}}\hat{\boldsymbol{S}}_{\mathrm{r}})\cdot(\hat{\boldsymbol{E}}_{\mathrm{i,s}}\hat{\boldsymbol{E}}_{\mathrm{i,p}}\hat{\boldsymbol{S}}_{\mathrm{i}})^{\mathrm{T}}\end{cases} \tag{19.40}$$

19.7.2 案例Ⅱ:各向同性-双折射界面

各向同性-双折射界面情况使用与式(19.34)中各向同性界面情况相同的 s 入射基和 p 入射基。如图 19.17(b)所示,四种出射模式分别是 rs、rp、ta 和 tb;两种反射模式反射回入射的各向同性介质,两种折射模式折射进入双折射介质。两个反射的 s 模式和 p 模式拥有相同的$\hat{\boldsymbol{S}}'$,而两个折射的双折射模式(在式(19.30)中标记为下标 v 和 w)分解为两个方向。因此,反射$(m,n,v,w)=(s,p,s',p')$,对于折射为(s,p,v,w)。如果折射介质为双轴的,两种折射模式分别为快模式和慢模式,$(m,n,v,w)=(s,p,$快,慢$)$。这种情况下的折射如图 19.28 所示。

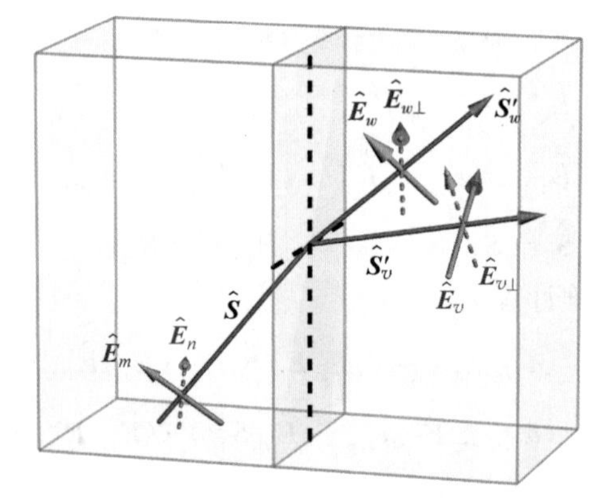

图 19.28 光线折射通过各向同性-双折射界面的模式耦合。入射光的两个正交模式分别标记为 n(红色)和 m(蓝色),分裂成不同方向的两个出射模式 $v=\mathrm{t}a$(粉色)和 $w=\mathrm{t}b$(绿色)。在双轴和单轴材料中,$\boldsymbol{E}_v$ 和 $\boldsymbol{E}_w$ 是线偏振的。在旋光材料中,$\boldsymbol{E}_v$ 和 $\boldsymbol{E}_w$ 是圆偏振的。在双折射和旋光材料中,如石英,$\boldsymbol{E}_v$ 和 $\boldsymbol{E}_w$ 是椭圆偏振的。在双折射材料中,给定一条具有特定 $\boldsymbol{k}'_v$ 和 $\boldsymbol{S}'_v$ 的光线,该光线只能在 $\boldsymbol{E}_v$ 中偏振;因此,正交态 $\boldsymbol{E}_{v\perp}$(虚线箭头)振幅为零

两种折射模式在两个不同的方向传播,$\hat{\boldsymbol{k}}_{\mathrm{t}a}\neq\hat{\boldsymbol{k}}_{\mathrm{t}b}\neq\hat{\boldsymbol{S}}_{\mathrm{t}a}\neq\hat{\boldsymbol{S}}_{\mathrm{t}b}$。由式(19.35)可知,各入射模式的出射模式振幅系数为

$$\begin{bmatrix} a_{i,s\to ta} \\ a_{i,s\to tb} \\ a_{i,s\to rs} \\ a_{i,s\to rp} \end{bmatrix} = \boldsymbol{F}^{-1} \cdot \begin{bmatrix} \boldsymbol{s}_1 \cdot \hat{\boldsymbol{E}}_{i,s} \\ \boldsymbol{s}_2 \cdot \hat{\boldsymbol{E}}_{i,s} \\ \boldsymbol{s}_1 \cdot \hat{\boldsymbol{H}}_{i,s} \\ \boldsymbol{s}_2 \cdot \hat{\boldsymbol{H}}_{i,s} \end{bmatrix} \quad 和 \quad \begin{bmatrix} a_{i,p\to ta} \\ a_{i,p\to tb} \\ a_{i,p\to rs} \\ a_{i,p\to rp} \end{bmatrix} = \boldsymbol{F}^{-1} \cdot \begin{bmatrix} \boldsymbol{s}_1 \cdot \hat{\boldsymbol{E}}_{i,p} \\ \boldsymbol{s}_2 \cdot \hat{\boldsymbol{E}}_{i,p} \\ \boldsymbol{s}_1 \cdot \hat{\boldsymbol{H}}_{i,p} \\ \boldsymbol{s}_2 \cdot \hat{\boldsymbol{H}}_{i,p} \end{bmatrix} \tag{19.41}$$

利用式(19.16)和式(19.19)，可计算出$\hat{\boldsymbol{E}}_{ta}$，$\hat{\boldsymbol{E}}_{tb}$，$\hat{\boldsymbol{E}}_{rs}$ 和$\hat{\boldsymbol{E}}_{rp}$。折射的两个 $\boldsymbol{P}$ 矩阵分别为

$$\begin{cases} \boldsymbol{P}_{ta} = (a_{i,s\to ta}\hat{\boldsymbol{E}}_{ta} a_{i,p\to ta}\hat{\boldsymbol{E}}_{ta}\hat{\boldsymbol{S}}_{ta}) \cdot (\hat{\boldsymbol{E}}_{i,s}\hat{\boldsymbol{E}}_{i,p}\hat{\boldsymbol{S}}_{i})^{\mathrm{T}} \\ \boldsymbol{P}_{tb} = (a_{i,s\to tb}\hat{\boldsymbol{E}}_{tb} a_{i,p\to tb}\hat{\boldsymbol{E}}_{tb}\hat{\boldsymbol{S}}_{tb}) \cdot (\hat{\boldsymbol{E}}_{i,s}\hat{\boldsymbol{E}}_{i,p}\hat{\boldsymbol{S}}_{i})^{\mathrm{T}} \end{cases} \tag{19.42}$$

反射的两个 $\boldsymbol{P}$ 矩阵为

$$\begin{cases} \boldsymbol{P}_{rs} = (a_{i,s\to rs}\hat{\boldsymbol{E}}_{rs} a_{i,p\to rs}\hat{\boldsymbol{E}}_{rs}\hat{\boldsymbol{S}}_{rs}) \cdot (\hat{\boldsymbol{E}}_{i,s}\hat{\boldsymbol{E}}_{i,p}\hat{\boldsymbol{S}}_{i})^{\mathrm{T}} \\ \boldsymbol{P}_{rp} = (a_{i,s\to rp}\hat{\boldsymbol{E}}_{rp} a_{i,p\to rp}\hat{\boldsymbol{E}}_{rp}\hat{\boldsymbol{S}}_{rp}) \cdot (\hat{\boldsymbol{E}}_{i,s}\hat{\boldsymbol{E}}_{i,p}\hat{\boldsymbol{S}}_{i})^{\mathrm{T}} \end{cases} \tag{19.43}$$

这两种反射模式具有相同的$\hat{\boldsymbol{S}}_{rs}=\hat{\boldsymbol{S}}_{rp}$，且未镀膜表面 s 偏振态和 p 偏振态之间的耦合为零($a_{i,s\to rp}=a_{i,p\to rs}=0$)。因此，与式(19.40)类似，$\boldsymbol{P}_{rs}$ 和 $\boldsymbol{P}_{rp}$ 合并为

$$\boldsymbol{P}_{r} = (a_{i,s\to rs}\hat{\boldsymbol{E}}_{rs} a_{i,p\to rp}\hat{\boldsymbol{E}}_{rp}\hat{\boldsymbol{S}}_{r}) \cdot (\hat{\boldsymbol{E}}_{i,s}\hat{\boldsymbol{E}}_{i,p}\hat{\boldsymbol{S}}_{i})^{\mathrm{T}} \tag{19.44}$$

当光折射或反射到各向同性介质时，这两种模式合并为一个 $\boldsymbol{P}$ 矩阵，因为它们具有相同的 $\boldsymbol{S}$ 方向。然而，当光传播进入双折射介质中时，入射光线分解为两个方向，出射模式有两个不同的 $\boldsymbol{S}$。在这种情况下，需要两个 $\boldsymbol{P}$ 矩阵来描述这两个模式，它们不能合并。

19.7.3　案例Ⅲ：双折射-各向同性界面

假设一条在双折射介质中的光线以特定 $\hat{\boldsymbol{k}}_{i}$ 和$\hat{\boldsymbol{S}}_{i}$ 入射在界面上，这条光线限定为两个本征模式之一，这两个本征模式是从前一个光线截点由式(19.17)～式(19.21)计算得到的。本征模式对于单轴材料为 o 模式或 e 模式，对于双轴材料为快模式或慢模式，对于旋光材料为右旋模式或左旋模式。该入射光线的电场和磁场分别为$\hat{\boldsymbol{E}}_{m}$ 和 $\hat{\boldsymbol{H}}_{m}$，折射率为 n_{m}。为了构造 $\boldsymbol{P}$ 矩阵，需要一个“伪电场”或“空模”$\hat{\boldsymbol{E}}_{n}=\hat{\boldsymbol{E}}_{m\perp}$，其无能量传输且正交于$\hat{\boldsymbol{E}}_{m}$

$$\hat{\boldsymbol{E}}_{n} = \frac{\hat{\boldsymbol{S}}_{i} \times \hat{\boldsymbol{E}}_{m}}{|\hat{\boldsymbol{S}}_{i} \times \hat{\boldsymbol{E}}_{m}|} \tag{19.45}$$

这个“空模”没有能量，因为正交偏振已经折射到另一个方向，并由另一个 $\boldsymbol{P}$ 矩阵表示。然而，需要定义这个偏振态，以正确地建立 3×3 模式矩阵。

$\hat{\boldsymbol{E}}_{m}$ 的出射模式为：s 偏振、p 偏振的透射态，以及两条双反射的光线$\hat{\boldsymbol{E}}_{v}$ 和$\hat{\boldsymbol{E}}_{w}$。折射如图 19.29 所示。透射和反射过程中四个出射电场分别是$\hat{\boldsymbol{E}}_{ts}$、$\hat{\boldsymbol{E}}_{tp}$、$\hat{\boldsymbol{E}}_{rc}$ 和$\hat{\boldsymbol{E}}_{rd}$。在入射的双折射介质中，只有$\hat{\boldsymbol{E}}_{m}$ 为非零振幅，

$$\begin{bmatrix} a_{\mathrm{i},m\to\mathrm{ts}} \\ a_{\mathrm{i},m\to\mathrm{tp}} \\ a_{\mathrm{i},m\to\mathrm{r}c} \\ a_{\mathrm{i},m\to\mathrm{r}d} \end{bmatrix} = \boldsymbol{F}^{-1} \cdot \begin{bmatrix} \boldsymbol{s}_1 \cdot \hat{\boldsymbol{E}}_m \\ \boldsymbol{s}_2 \cdot \hat{\boldsymbol{E}}_m \\ \boldsymbol{s}_1 \cdot \hat{\boldsymbol{H}}_m \\ \boldsymbol{s}_2 \cdot \hat{\boldsymbol{H}}_m \end{bmatrix} \tag{19.46}$$

源自$\hat{\boldsymbol{E}}_n$ 的振幅系数($a_{\mathrm{i},n\to\mathrm{ts}}, a_{\mathrm{i},n\to\mathrm{tp}}, a_{\mathrm{i},n\to\mathrm{r}c}, a_{\mathrm{i},n\to\mathrm{r}d}$)为零,如图 19.29 所示,每个透射 $\boldsymbol{P}$ 矩阵的三对条件为

$$\begin{cases} \boldsymbol{P}_{\mathrm{ts}}\hat{\boldsymbol{E}}_m = a_{\mathrm{i},ms\to\mathrm{ts}}\hat{\boldsymbol{E}}_{\mathrm{ts}} \\ \boldsymbol{P}_{\mathrm{ts}}\hat{\boldsymbol{E}}_n = a_{\mathrm{i},ns\to\mathrm{ts}}\hat{\boldsymbol{E}}_{\mathrm{ts}} = \boldsymbol{0} \\ \boldsymbol{P}_{\mathrm{ts}}\hat{\boldsymbol{S}}_{\mathrm{i}} = \hat{\boldsymbol{S}}_{\mathrm{ts}} \end{cases} \quad \begin{cases} \boldsymbol{P}_{\mathrm{tp}}\hat{\boldsymbol{E}}_m = a_{\mathrm{i},ms\to\mathrm{tp}}\hat{\boldsymbol{E}}_{\mathrm{tp}} \\ \boldsymbol{P}_{\mathrm{tp}}\hat{\boldsymbol{E}}_n = a_{\mathrm{i},ns\to\mathrm{tp}}\hat{\boldsymbol{E}}_{\mathrm{tp}} = \boldsymbol{0} \\ \boldsymbol{P}_{\mathrm{tp}}\hat{\boldsymbol{S}}_{\mathrm{i}} = \hat{\boldsymbol{S}}_{\mathrm{tp}} \end{cases} \tag{19.47}$$

其中 $\boldsymbol{0}$ 是 3×1 的零矢量。由于透射介质是各向同性的,$\hat{\boldsymbol{S}}_{\mathrm{ts}}=\hat{\boldsymbol{S}}_{\mathrm{tp}}=\hat{\boldsymbol{S}}_{\mathrm{t}}$,折射的 $\boldsymbol{P}$ 矩阵为

$$\boldsymbol{P}_{\mathrm{t}} = (a_{\mathrm{i},m\to\mathrm{ts}}\hat{\boldsymbol{E}}_{\mathrm{ts}} + a_{\mathrm{i},m\to\mathrm{tp}}\hat{\boldsymbol{E}}_{\mathrm{tp}} \quad \boldsymbol{0} \quad \hat{\boldsymbol{S}}_{\mathrm{t}}) \cdot (\hat{\boldsymbol{E}}_m \quad \hat{\boldsymbol{E}}_n \quad \hat{\boldsymbol{S}}_{\mathrm{i}})^{\mathrm{T}} \tag{19.48}$$

反射回双折射介质的两条光线的两个反射 $\boldsymbol{P}$ 矩阵为

$$\begin{cases} \boldsymbol{P}_{\mathrm{r}c} = (a_{\mathrm{i},m\to\mathrm{r}c}\hat{\boldsymbol{E}}_{\mathrm{r}c} \quad \boldsymbol{0} \quad \hat{\boldsymbol{S}}_{\mathrm{r}c}) \cdot (\hat{\boldsymbol{E}}_{\mathrm{i},m} \quad \hat{\boldsymbol{E}}_{\mathrm{i},n} \quad \hat{\boldsymbol{S}}_{\mathrm{i}})^{\mathrm{T}} \\ \boldsymbol{P}_{\mathrm{r}d} = (a_{\mathrm{i},m\to\mathrm{r}d}\hat{\boldsymbol{E}}_{\mathrm{r}d} \quad \boldsymbol{0} \quad \hat{\boldsymbol{S}}_{\mathrm{r}d}) \cdot (\hat{\boldsymbol{E}}_{\mathrm{i},m} \quad \hat{\boldsymbol{E}}_{\mathrm{i},n} \quad \hat{\boldsymbol{S}}_{\mathrm{i}})^{\mathrm{T}} \end{cases} \tag{19.49}$$

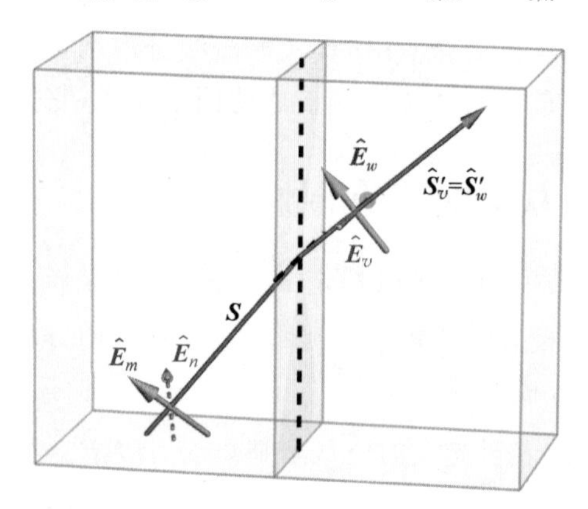

图 19.29　光线通过双折射-各向同性界面的折射模式耦合。入射光线沿 $\boldsymbol{E}_m$ 偏振(蓝色),同时具有零振幅分量 $\boldsymbol{E}_n$(红色,虚线箭头)。入射偏振态耦合到各向同性介质中的 s 偏振态和 p 偏振态,分别为 $\boldsymbol{E}_v$(粉色)和 $\boldsymbol{E}_w$(绿色),并沿相同的 $\boldsymbol{S}'$方向传播

本节所述的计算仅针对一个入射模。一般来说,每个入射模都有自己的透射和反射 $\boldsymbol{P}$ 矩阵的相关计算。

19.7.4　案例Ⅳ:双折射-双折射界面

与 19.7.3 节相似,入射光线的电场基矢选择$\hat{\boldsymbol{E}}_m$ 和 $\hat{\boldsymbol{E}}_n$,其中$\hat{\boldsymbol{E}}_n$ 为一个"伪电场"或"空模",其无能量传输且与$\hat{\boldsymbol{E}}_m$ 正交。四个出射模沿着不同方向传播。折射模式如图 19.30 所示。

与$\hat{\boldsymbol{E}}_m$相关的振幅系数可由式(19.45)计算，与$\hat{\boldsymbol{E}}_n$相关的振幅系数为零。两种透射光线的 $\boldsymbol{P}$ 矩阵为

$$\begin{cases}\boldsymbol{P}_{\mathrm{t}a}=(a_{\mathrm{i},m\to\mathrm{t}a}\hat{\boldsymbol{E}}_{\mathrm{t}a} \quad \boldsymbol{0} \quad \hat{\boldsymbol{S}}_{\mathrm{t}a})\cdot(\hat{\boldsymbol{E}}_{\mathrm{i},m} \quad \hat{\boldsymbol{E}}_{\mathrm{i},n} \quad \hat{\boldsymbol{S}}_{\mathrm{i}})^{\mathrm{T}} \\ \boldsymbol{P}_{\mathrm{t}b}=(a_{\mathrm{i},m\to\mathrm{t}b}\hat{\boldsymbol{E}}_{\mathrm{t}b} \quad \boldsymbol{0} \quad \hat{\boldsymbol{S}}_{\mathrm{t}b})\cdot(\hat{\boldsymbol{E}}_{\mathrm{i},m} \quad \hat{\boldsymbol{E}}_{\mathrm{i},n} \quad \hat{\boldsymbol{S}}_{\mathrm{i}})^{\mathrm{T}}\end{cases} \tag{19.50}$$

同样，两条反射光线的 $\boldsymbol{P}$ 矩阵为

$$\begin{cases}\boldsymbol{P}_{\mathrm{r}c}=(a_{\mathrm{i},m\to\mathrm{r}c}\hat{\boldsymbol{E}}_{\mathrm{r}c} \quad \boldsymbol{0} \quad \hat{\boldsymbol{S}}_{\mathrm{r}c})\cdot(\hat{\boldsymbol{E}}_{\mathrm{i},m} \quad \hat{\boldsymbol{E}}_{\mathrm{i},n} \quad \hat{\boldsymbol{S}}_{\mathrm{i}})^{\mathrm{T}} \\ \boldsymbol{P}_{\mathrm{r}d}=(a_{\mathrm{i},m\to\mathrm{r}d}\hat{\boldsymbol{E}}_{\mathrm{r}d} \quad \boldsymbol{0} \quad \hat{\boldsymbol{S}}_{\mathrm{r}d})\cdot(\hat{\boldsymbol{E}}_{\mathrm{i},m} \quad \hat{\boldsymbol{E}}_{\mathrm{i},n} \quad \hat{\boldsymbol{S}}_{\mathrm{i}})^{\mathrm{T}}\end{cases} \tag{19.51}$$

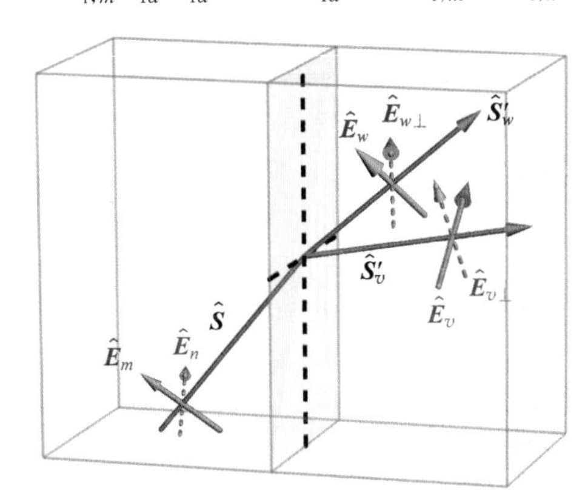

图 19.30　光线在双折射-双折射界面折射时的模式耦合。沿 $\boldsymbol{S}$ 方向传播的入射光线偏振方向为$\hat{\boldsymbol{E}}_m$(蓝色)，且有一个零振幅分量$\hat{\boldsymbol{E}}_n$(红色，虚线箭头)。该光线折射后分裂成两个不同传播方向的出射模 v(绿色)和 w(粉色)。它们的正交态 $\boldsymbol{E}_{v\perp}$ 和 $\boldsymbol{E}_{w\perp}$(虚线箭头)具有零振幅

例 19.3　构建单轴-各向同性界面的 $\boldsymbol{P}$ 矩阵

考虑如图 19.31 所示的光线双折射。第二个表面的 o-i 和 e-i 耦合可由两个 $\boldsymbol{P}$ 矩阵描述。

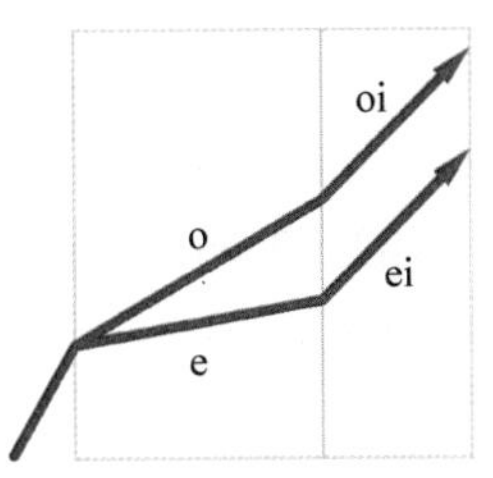

图 19.31　一条从各向同性介质开始的入射光线通过单轴晶体界面折射成两条光线，o 模和 e 模，然后这两条光线折射到各向同性介质，折射成 oi 模和 ei 模

沿着 o 到 oi 路径，坡印廷矢量由$\hat{\boldsymbol{S}}_{\mathrm{o}}$变为$\hat{\boldsymbol{S}}_{\mathrm{i}}$；沿着$\hat{\boldsymbol{S}}_{\mathrm{o}}$的 $\mathrm{o}_{\perp}$模(与 o 模正交)能量为零，因此从 $\mathrm{o}_{\perp}$ 到 $\mathrm{o}_{\perp}-\mathrm{i}$ 的耦合为零。应用式(19.30)得到

$$\begin{cases} \boldsymbol{P}_{oi}\hat{\boldsymbol{E}}_{o} = a_{o\to ts}\hat{\boldsymbol{E}}_{ts} + t_{o\to tp}\hat{\boldsymbol{E}}_{tp} \\ \boldsymbol{P}_{oi}\hat{\boldsymbol{E}}_{o\perp} = \boldsymbol{0} \\ \boldsymbol{P}_{oi}\hat{\boldsymbol{S}}_{o} = \hat{\boldsymbol{S}}_{i} \end{cases}$$

然后

$$\boldsymbol{P}_{oi} = (a_{o\to ts}\hat{\boldsymbol{E}}_{ts} + a_{o\to tp}\hat{\boldsymbol{E}}_{tp} \quad \boldsymbol{0} \quad \hat{\boldsymbol{S}}_{i}) \cdot (\hat{\boldsymbol{E}}_{o} \quad \hat{\boldsymbol{E}}_{o\perp} \quad \hat{\boldsymbol{S}}_{o})^{T}$$

类似地,

$$\boldsymbol{P}_{ei} = (a_{e\to ts}\hat{\boldsymbol{E}}_{ts} + a_{e\to tp}\hat{\boldsymbol{E}}_{tp} \quad \boldsymbol{0} \quad \hat{\boldsymbol{S}}_{i}) \cdot (\hat{\boldsymbol{E}}_{e} \quad \hat{\boldsymbol{E}}_{e\perp} \quad \hat{\boldsymbol{S}}_{e})^{T}$$

例 19.4 计算各向同性-双轴界面的 $\boldsymbol{P}$ 矩阵

该例子使用了例 19.2 的计算结果($\boldsymbol{E}$,$\boldsymbol{S}$ 和 a)来构建反射和透射 $\boldsymbol{P}$ 矩阵。使用式(19.42)和式(19.44)得到,

$$\boldsymbol{P}_{tf} = \begin{bmatrix} 0.653 & 0 & 0 \\ 0 & 0 & 0.321 \\ 0 & 0 & 0.947 \end{bmatrix} \begin{bmatrix} 1 & 0 & 0 \\ 0 & 0.819 & 0.574 \\ 0 & -0.574 & 0.819 \end{bmatrix}^{-1} = \begin{bmatrix} 0.653 & 0 & 0 \\ 0 & 0.184 & 0.263 \\ 0 & 0.543 & 0.776 \end{bmatrix}$$

$$\boldsymbol{P}_{ts} = \begin{bmatrix} 0 & 0 & 0 \\ 0 & 0.644 & 0.286 \\ 0 & -0.192 & 0.958 \end{bmatrix} \begin{bmatrix} 1 & 0 & 0 \\ 0 & 0.819 & 0.574 \\ 0 & -0.574 & 0.819 \end{bmatrix}^{-1} = \begin{bmatrix} 0 & 0 & 0 \\ 0 & 0.692 & -0.135 \\ 0 & 0.392 & 0.895 \end{bmatrix}$$

$$\boldsymbol{P}_{r} = \begin{bmatrix} -0.347 & 0 & 0 \\ 0 & -0.175 & 0.574 \\ 0 & -0.123 & -0.819 \end{bmatrix} \begin{bmatrix} 1 & 0 & 0 \\ 0 & 0.819 & 0.574 \\ 0 & -0.574 & 0.819 \end{bmatrix}^{-1}$$

$$= \begin{bmatrix} -0.347 & 0 & 0 \\ 0 & 0.185 & 0.570 \\ 0 & -0.570 & -0.601 \end{bmatrix}$$

各个出射 $\boldsymbol{P}$ 矩阵的奇异值分解可给出入射和出射的 $\boldsymbol{E}$ 场和 $\boldsymbol{S}$ 矢量。奇异值 1 对应 $\boldsymbol{S}$ 矢量,另外两个奇异值代表了两个出射模的振幅系数大小。

透射慢模的 $\boldsymbol{P}$ 矩阵为

$$\boldsymbol{P}_{ts} = \begin{bmatrix} 0 & 0 & 0 \\ 0 & 0.692 & -0.135 \\ 0 & 0.392 & 0.895 \end{bmatrix} = \begin{bmatrix} 0 & 0 & 1 \\ 0.286 & 0.958 & 0 \\ 0.958 & -0.286 & 0 \end{bmatrix} \begin{bmatrix} 1 & 0 & 0 \\ 0 & 0.672 & 0 \\ 0 & 0 & 0 \end{bmatrix} \begin{bmatrix} 0 & 0 & 1 \\ 0.574 & 0.819 & 0 \\ 0.819 & -0.574 & 0 \end{bmatrix}$$

结果表明入射的 $\boldsymbol{S}_{i}$ 映射到 $\boldsymbol{S}_{ts}$,入射的 $\boldsymbol{E}_{i,p}$ 映射到 $\boldsymbol{E}_{ts}$,二向衰减率为 0.672。

反射 $\boldsymbol{P}$ 矩阵为

$$\boldsymbol{P}_{r} = \begin{bmatrix} -0.347 & 0 & 0 \\ 0 & -0.185 & 0.570 \\ 0 & -0.570 & -0.601 \end{bmatrix}$$

$$= \begin{bmatrix} 0 & -1 & 0 \\ -0.574 & 0 & 0.819 \\ 0.819 & 0 & 0.574 \end{bmatrix} \begin{bmatrix} 1 & 0 & 0 \\ 0 & 0.347 & 0 \\ 0 & 0 & 0.214 \end{bmatrix} \begin{bmatrix} 0 & 1 & 0 \\ -0.574 & 0 & -0.819 \\ -0.819 & 0 & 0.574 \end{bmatrix}$$

表明入射的 $\boldsymbol{S}_i$ 映射到 $\boldsymbol{S}_r$，入射的 $\boldsymbol{E}_{i,s}$ 以振幅系数 -0.347 映射到 $\boldsymbol{E}_{rs}$，$\boldsymbol{E}_{i,p}$ 以 0.214 的二向衰减量映射到 $\boldsymbol{E}_{rp}$。

19.8　例子：光束经过三个双轴晶体的光线分裂

如图 19.2 所示的正入射光线通过一系列各向异性材料传播的光线追迹例子将有助于解释 $\boldsymbol{P}$ 矩阵的计算。表 19.5 给出了三块双轴平行平板(KTP、文石和云母)在 $\lambda=500$nm 时的主折射率和主轴方向。

三个双轴晶块产生 $2^3=8$ 个出射模式，如图 19.32 中的光线树所示。三个界面上倍增光线的方向各不相同，取决于与光线电场和传播方向相对于主折射率和主轴方向。每个双轴晶块出射表面的光线位置如图 19.33 所示。第一块晶体(KTP)上下分离两条光线。第二块晶体(文石)沿对角线分裂光线。沿着界面法线看，这四条出射光线形成一个平行四边形。最后一块晶体(云母)上下分离光线(轻微的平移量)，产生的光线形成一个双平行四边形。

表 19.5　KTP、文石和云母三种双轴材料的主折射率和主轴方向

双轴材料	主折射率($\boldsymbol{n}_F$,$\boldsymbol{n}_M$,$\boldsymbol{n}_S$)@$\lambda=500$nm	主轴方向 $\boldsymbol{n}_F$ 轴的单位矢量，$\boldsymbol{n}_S$ 轴的单位矢量
KTP	(1.786,1.797,1.902)	(0.00,0.64,0.77),(0.00,−0.77,0.64)
文石	(1.530,1.681,1.685)	(0.38,0.64,0.66),(0.32,−0.77,0.56)
云母	(1.563,1.596,1.601)	(−0.12,0.74,0.66),(0.74,−0.38,0.56)

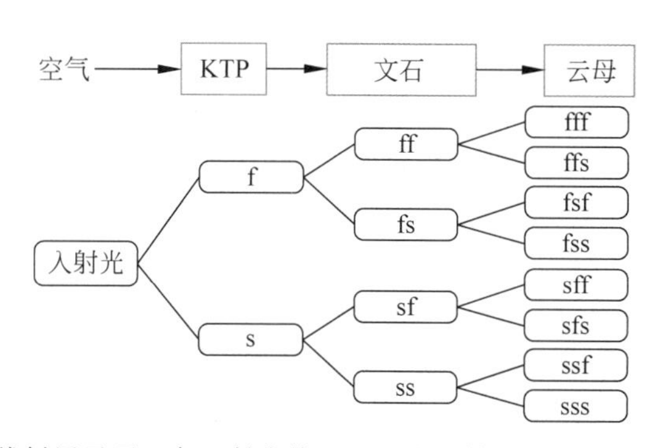

图 19.32　光线树展示了一条入射光线经过三个双轴晶块后分裂为 8 个出射模式

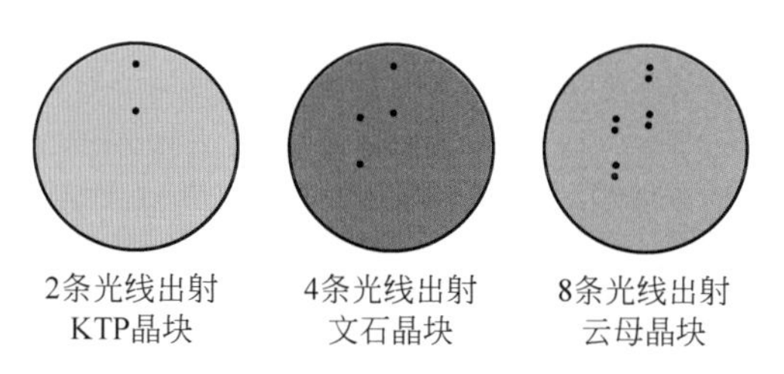

图 19.33　光线在每个双轴晶块末端面的出射位置

对于沿 z 轴传播的正入射光线,所有中间 $\boldsymbol{k}$ 矢量和最终 $\boldsymbol{k}$ 矢量与入射 $\boldsymbol{k}$ 保持一致,而 $\boldsymbol{S}$ 矢量的方向沿每个光线段变化。每个出射模式有唯一的 $\boldsymbol{P}$ 矩阵,用于追迹偏振和电场振幅。作为一个例子,表 19.6 显示了快-慢-快模式下每个光线截点的 $\boldsymbol{P}$ 矩阵。

表 19.6 快-慢-快模式下光线追迹参数

模 式	模式的折射率	$\boldsymbol{P}$ 矩阵	模式的归一化 $\boldsymbol{E}$
f	1.797	$\begin{bmatrix} 0.715 & 0 & 0 \\ 0 & 0 & 0 \\ 0 & 0 & 1 \end{bmatrix}$	$\begin{bmatrix} 1 \\ 0 \\ 0 \end{bmatrix}$
fs	1.683	$\begin{bmatrix} 0.750 & 0 & 0.003 \\ -0.461 & 0 & -0.002 \\ -0.003 & 0 & 1 \end{bmatrix}$	$\begin{bmatrix} 0.852 \\ -0.523 \\ -0.003 \end{bmatrix}$
fsf	1.578	$\begin{bmatrix} 0.041 & -0.025 & 0.002 \\ -0.517 & 0.317 & -0.020 \\ -0.009 & 0.005 & 1 \end{bmatrix}$	$\begin{bmatrix} 0.080 \\ -0.997 \\ -0.022 \end{bmatrix}$
fsfi 从表面出射	1	$\begin{bmatrix} 0.008 & -0.097 & -0.002 \\ -0.097 & 1.216 & 0.027 \\ 0.002 & -0.022 & 1 \end{bmatrix}$	$\begin{bmatrix} 0.080 \\ -0.997 \\ 0 \end{bmatrix}$

从入射端面到出射端面总的 $\boldsymbol{P}$ 矩阵可通过矩阵乘法计算

$$\boldsymbol{P}_{\text{fsfi,total}} = \boldsymbol{P}_{\text{fsfi}} \boldsymbol{P}_{\text{fsf}} \boldsymbol{P}_{\text{fs}} \boldsymbol{P}_{\text{f}} = \begin{bmatrix} 0.037 & 0 & 0 \\ -0.467 & 0 & 0 \\ 0 & 0 & 1 \end{bmatrix}$$

最终的出射电场 $\boldsymbol{E}$ 沿单位方向(0.080,−0.997,0),其振幅取决于入射偏振态。当入射电场为 $\boldsymbol{E}=(1,0,0)$,则出射 $\boldsymbol{E}$ 为(0.037,−0.467,0)。如果入射电场为 $\boldsymbol{E}=(0,1,0)$,则出射 $\boldsymbol{E}$ 为(0,0,0)。因此,该模式序列相当于一个透光轴沿 fsf 模的线偏振器。事实上,所有的出射模都是线偏振的,所有相关的 $\boldsymbol{P}$ 矩阵都具有线偏振器的形式。

19.9 例子:双轴立方体的内反射

本节考虑了一个双轴晶体的非序列光线追迹例子,双轴晶体中涉及倏逝波。文石是碳酸钙($CaCO_3$)的一种天然形式,但与方解石不同,文石是双轴晶体,其在 500nm 处的主折射率为(1.530,1.681,1.685)。图 19.34 为一个文石立方体,其晶轴与立方体的边平行。当激光以一定角度范围射入立方体时,部分光线将折射到晶体中,然后在晶体内反射,最终从入射表面折射出来。本示例中,光线进入文石块,在晶体内反射三次,然后通过前表面射出。沿这条光线路径有四个双折射界面;因此,最多可能有 $2^4=16$ 个模式从前表面出射。对于某些入射方向,由于全反射和反射抑制,模式数量减少。由于出射模式的数量取决于晶轴方向,因此针对同一组入射光线,把两组晶轴方向的光线追迹结果进行比较。

当晶体主轴与立方体直角边平行时,图 19.34 中在 y-z 平面内入射的光线仍在 y-z 平面内传播,并且每个模式在下一个表面上完全耦合到仅一个模式。一般来说,在折射过程

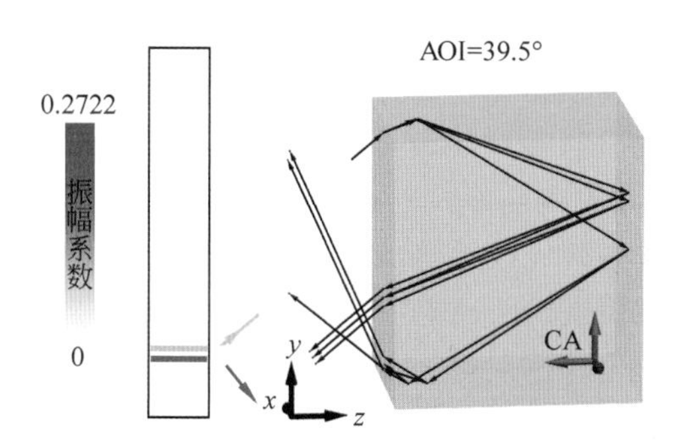

图 19.34　一条入射光线(立方体左上角)在 y-z 平面内以 39.5°的入射角穿过文石立方体的光线路径。在每个内部界面产生多条光线,并从入射表面出射六种模式。晶体主轴方向(下方 CA 标签)与立方体的直角边平行;$(\boldsymbol{v}_F, \boldsymbol{v}_M, \boldsymbol{v}_S)=(\boldsymbol{y}, \boldsymbol{z}, \boldsymbol{x})$。请注意,并非所有反射模式均有显著的能量。白色条显示了出射光线的位置。红色阴影显示与每个出射模式相关的振幅;有四个模式的能量可以忽略不计。白色条右侧的红色箭头代表每个出射模式的偏振椭圆,均为线性

中,能量分布在快模和慢模之间。在此种情况下,所有来自快模的能量耦合到快-快模式,所有来自慢模的能量耦合到慢-慢模式;因此,快-慢模式和慢-快模式不携带能量。此行为适用于晶体中的所有反射。最终,只有两条出射光线携带能量,即如图 19.35 所示的纯快模式和纯慢模式。这两种模式的出射强度如图 19.36 所示。

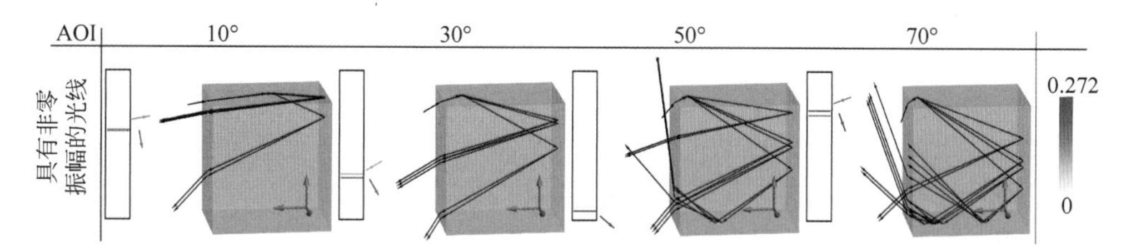

图 19.35　光线穿过文石立方体的轨迹,晶体主轴与立方体直角边对齐,入射角分别为 10°、30°、50°和 70°。图形仅显示了非零振幅的出射光线,即纯慢模式和纯快模式。出射表面的振幅系数分布如白色条所示,其中红色表示高振幅,白色表示零振幅。白色条右侧的红色箭头表示出射模式的偏振椭圆

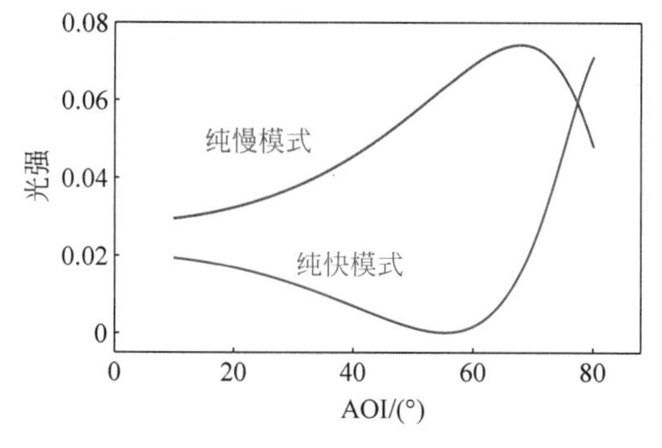

图 19.36　纯快模式和纯慢模式的相对出射强度(单位入射强度)与入射角的关系

当入射角较小时,两个模式在立方体内部反射两次,并且由于在第二次反射时反射抑制而损失了大部分能量,这是由于其中一个模式在陡入射角下消失。随着入射角的增加,顶面上的反射抑制减弱,第一次反射后开始发生全反射。对于入射角大于56°的纯快模式和大于63°的纯慢模式光线,立方体内部经过三次反射而非两次。光线路径随入射角和晶轴方向的剧烈变化,因此采用非序列光线追迹。39.5°入射的光线树如图19.37所示,它在慢模式路径中有抑制反射,而在快模式路径末端出现全反射。

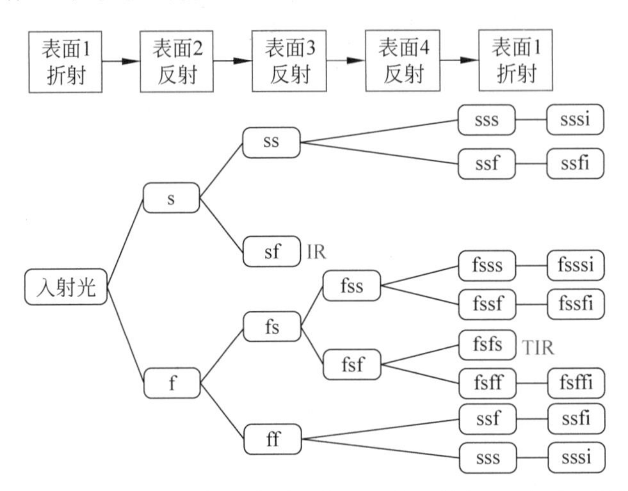

图19.37 光线树展示了39.5°入射时的模式分裂。表面1为入射表面,表面2为上表面,表面3为右表面,表面4为下表面。IR代表抑制折射,TIR代表全反射

接下来,考虑晶轴方向转离xyz(与立方体边对齐)的情况。现在,慢模式和快模式在每个界面处耦合,先前振幅为零的模式也不再为零,晶体内的传播不再局限于一个平面。如图19.38所示,许多出射光线的振幅接近于零。出射线偏振态和振幅分布也随着入射角发生变化。通过这种方法,可对双折射器件的晶轴方向、制造角度、厚度和其他参数进行公差分析。

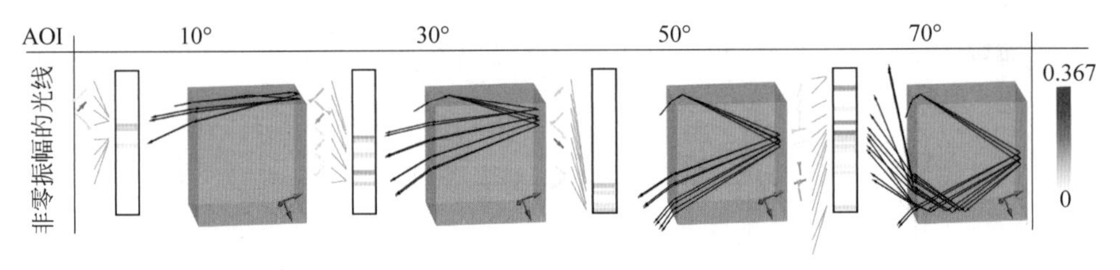

图19.38 文石立方体的晶轴与立方体直角边不平行时,不同入射角下的光线追迹。晶体快轴取向为(−0.36,0.39,0.85),慢轴取向为(0.15,0.92,−0.36)

19.10 总结

三维偏振光线追迹矩阵的定义被扩展到包含双折射光线追迹。本章所示$\boldsymbol{P}$矩阵的计算为复杂双折射界面序列的系统光线追迹提供了基础。一条入射光线经过具有双折射材料的系统传播时,将会产生多条出射光线。追踪一条光线时采样了入射波前的一个点,该波前

传播通过一个双折射组件后分裂成多个波前，在与 N 个双折射界面相互作用后，可能产生 2^N 个出射波前。对于双折射组件，光线倍增计数只是精确分析的第一步。可能需要进一步计算，以处理从系统出射的所有分叉模式的光线追迹结果。这些 $\boldsymbol{P}$ 矩阵中的每一个表示入射和出射材料中一对本征模之间的偏振耦合。通常通过追迹入射波前的光线网格，然后重建出射波前来评估光学系统的性能。多个出射波前需要用第 20 章(用偏振光线追迹矩阵进行光束组合)讨论的算法，以便在像空间中适当组合它们。当出射光线沿同一方向传播时，$\boldsymbol{P}$ 矩阵的 $\breve{\boldsymbol{P}}$ 形式(9.6 节中定义)可以直接相加。当出射的光线具有不同的 $\boldsymbol{S}$ 时，$\breve{\boldsymbol{P}}$ 不可以直接相加，而是叠加 $\boldsymbol{E}$。尽管 19.5 节的光线参数振幅计算是针对未镀膜的双折射界面，但对于镀膜双折射界面，为这些镀膜界面计算的振幅系数[22-26]可替换至 19.7 节中的 $\boldsymbol{P}$ 矩阵计算。

通常做一些假设可以简化多个出射模式的分析，如具有小的剪切、小的光线分离或平行出射光线等情况。简单的系统，如平面平行波片和双折射晶体偏振器，是设计用于小角度入射的；因此，光线剪切通常很小。在四分之一波片的情况下，正入射光束产生两个在同一方向上传播相位差四分之一波长的正交偏振模式，圆偏振入射光束将变为线偏振出射光束。对于非正入射光束，出射模式有轻微的位移，这两个模式的光程长度可能增加或减少，结果是出射光束变椭圆偏振。入射角越大，出射偏振态椭圆率越大。由于角度和光线路径不同，在只有一个模式存在的出射圆形光束区域周围有两个月牙形光区域；因此如图 19.39 所示，光束的主体可能是圆偏振光，但其中一个侧边是水平偏振光，另一侧边是垂直偏振光。关于波片的进一步分析见第 21 章。第 22 章详细分析了格兰-泰勒晶体偏振器。

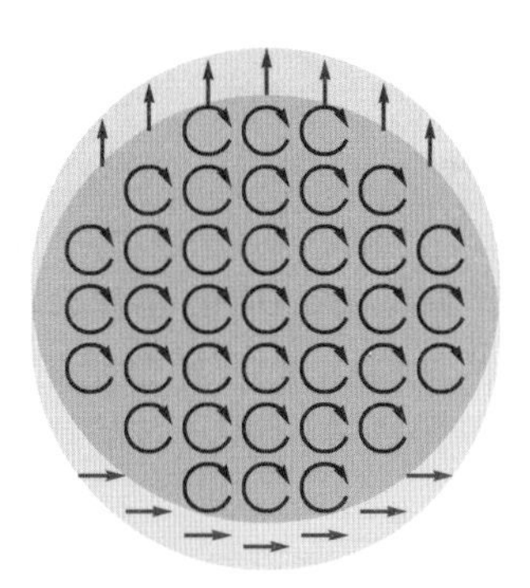

图 19.39　从一块双折射板(如离轴入射的波片)出射的模式存在微小偏移(剪切)。因此，对于用 45°光照射的四分之一波片，大多数出射光束是圆偏振的，但在两个新月形区域仅有一种模式的出射光，在本例情形中，是水平和垂直的偏振光

当每条入射光线出现两条以上的出射光线时，光程长度和光程差的简单含义变得复杂化。许多模式可能彼此接近，在相同的方向传播；因此，必须将传统光学设计中的光程长度概念推广到偏振光学设计中。为了模拟一个测量，需要将所有子波正确地相加，需要在光学系统的出瞳或终端表面计算出射光波的合成振幅、相位和偏振态。在这种光束组合之后，光的相位仍然有很好的定义，但是光程长度变为多值。例如，在具有单色光的多光束干涉仪中，尽管存在大量重叠光束，但始终可以测量光的相位。对于由短激光脉冲照射的双折射系统，子波的叠加需要考虑在不同时间能到达出瞳的多个脉冲。

在一些元件中，如具有应力双折射的透镜或电光器件，因为两条光线路径之间的偏差可以忽略不计,双折射大小足够小以至光线分裂角很小且可以安全地忽略。然而,如果累积的延迟足够大,光线的偏振变化仍然可能很大。这些相互靠近的光线路径通常按以下偏振光线追迹方式处理。不是追迹系统中通过的两条光线,而是将延迟矩阵与光线段关联,然后可以将该光线段作为一条光线处理。第 25 章将进一步讨论应力双折射。光线路径接近的另一个例子是液晶单元。液晶界面是平行的,所以所有的模式都在同一个方向上出射。由于液晶盒非常薄,为 1μm 至 7μm,因此光线路径之间没有明显的距离,剪切很小。根据计算的目的,通常可用一个延迟矩阵来描述通过液晶盒的一个光线段,并且可将光的传播处理为单条光线。第 24 章描述了液晶的模拟。

19.11 习题集

19.1 解释光线追迹各向同性的、单轴的、双轴的和旋光的界面组合之间的区别。

19.2 某种材料主折射率为(1.3,1.4,1.5),全局坐标系下主轴方向为 $\begin{bmatrix}0.66\\-0.24\\0.71\end{bmatrix}$、$\begin{bmatrix}0.34\\0.94\\0\end{bmatrix}$ 和 $\begin{bmatrix}-0.66\\0.24\\0.71\end{bmatrix}$,计算该材料在全局坐标系下的介电张量。

19.3 双轴材料亚砜 SbSI 的折射率为(2.7,3.2,2.8)。主介电张量是什么? $\boldsymbol{D}$ 和 $\boldsymbol{E}$ 之间最大的夹角是多少?对应的传播方向是什么?

19.4 一个样品测得的介电张量为 $\boldsymbol{\varepsilon}=\begin{bmatrix}1.906 & -0.076 & 0.199\\-0.076 & 1.971 & -0.023\\0.199 & -0.023 & 2.355\end{bmatrix}$。求使这个矩阵对角化的酉变换。晶轴相对于 x、y、z 的取向是什么? n_x、n_y、n_z 分别是多少?

19.5 给定由快轴相差 45°的两种材料组成的复合延迟器,快模的光程长度为 OPL_1 和 OPL_2,延迟量为 δ_1 和 δ_2,求四个所得模式对应的光程长度。将这四个模式组合成琼斯矩阵。

19.6 考虑一束平行光入射到一块倾斜的单轴材料平板上。是否可以通过在后表面全内反射一个模式并以布儒斯特角透射另一个正交模式,从而分离两个偏振模式?

19.7 图 19.34 中的文石晶块例子的潜在模式数量(包括所有能量为零的模式)是多少?图 19.35 中两个模式相互之间相对的偏振是什么?根据图 19.36,文石晶块的哪个入射角具有最高的二向衰减?

19.8 一个厚度为 10mm 的各向异性平行平板沿着 z 轴(0,0,1)放置,正入射光线的光程长度是多少?其中,两个模式的折射率为 $n_\mathrm{s}=1.85124$、$n_\mathrm{f}=1.79718$,传播矢量为 $\boldsymbol{k}_\mathrm{s}=\boldsymbol{k}_\mathrm{f}=\begin{bmatrix}0\\0\\1\end{bmatrix}$,坡印廷矢量为 $\boldsymbol{S}_\mathrm{s}=\begin{bmatrix}0\\0\\1\end{bmatrix}$、$\boldsymbol{S}_\mathrm{f}=\begin{bmatrix}0\\-0.0627\\0.998\end{bmatrix}$。

19.9 考虑一种双轴材料,其折射率用折射率椭球描述:$\dfrac{x^2}{n_x^2}+\dfrac{y^2}{n_y^2}+\dfrac{z^2}{n_z^2}=1$。椭球仅有的两

个圆截面如图 19.20 所示，其与 $\boldsymbol{k}_1$ 和 $\boldsymbol{k}_2$ 传播方向相关联。这两个方向没有双折射，因为电场在任何横向方向都有相同的折射率。证明这些特殊方向（称为双轴材料的两个光轴）与 n_z 轴之间的角度 θ 为 $\tan\theta=\sqrt{\left(\frac{1}{n_y^2}-\frac{1}{n_x^2}\right)/\left(\frac{1}{n_z^2}-\frac{1}{n_y^2}\right)}$，其中 $n_y<n_x<n_z$。对于沿着光轴的传播，偏振如何演变？

19.10　建立离轴光线折射进入双轴晶体平板并在平板内发生两次内反射的光线树。每个光线截点产生多条反射和折射光线。图 19.40 显示了第一次内反射时的光线分裂，产生六条光线。

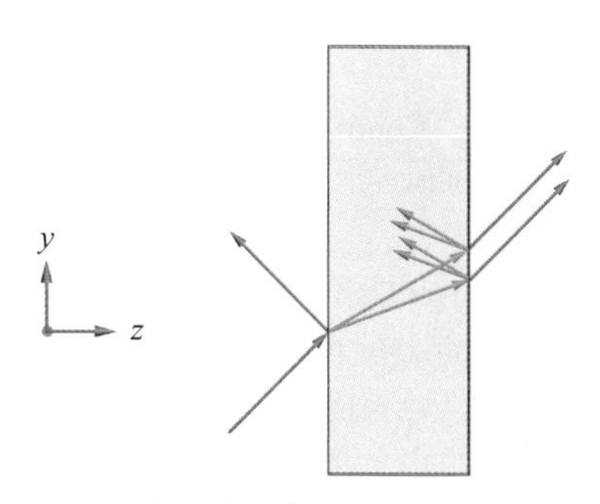

图 19.40　离轴光线折射进入一块双轴晶体平板

19.12　参考文献

[1]　M. Born and E. Wolf, Principles of Optics, 6th edition, Pergamon (1980).

[2]　A. Yariv and P. Yeh, Optical Waves in Crystals, New York: Wiley (1984).

[3]　M. Mansuripur, Field, Force, Energy and Momentum in Classical Electrodynamics, Bentham e-Books, Bentham Science Publishers (2011).

[4]　M. Mansuripur, The Ewald-Oseen extinction theorem, in Classical Optics and Its Applications, Chapter 16, 2nd edition, Cambridge University Press (2009).

[5]　W. J. Tropf, M. E. Thomas, and E. W. Rogala, Properties of crystal and glasses, in Handbook of Optics, Chapter 2, 3rd edition, Vol. 4, ed. M. Bass, McGraw-Hill (2009).

[6]　M. C. Pujol et al. Crystalline structure and optical spectroscopy of Er3+-doped KGd(WO4)2 single crystals, Appl. Phys. B 68(2) (1999): 187-197.

[7]　V. G. Dmitriev, G. G. Gurzadyan, and D. N. Nikogosyan, Handbook of Nonlinear Optical Crystals, 2nd edition.

[8]　V. A. Dyakov et al. Sellmeier equation and tuning characteristics of KTP crystal frequency converters in the 0.4-4.0 μm range, Sov. J. Quant. Electron. 18 (1988): 1059.

[9]　M. Emam-Ismail, Spectral variation of the birefringence, group birefringence and retardance of a Gypsum plate measured using the interference of polarized light, Opt. Laser Technol. 41(5) (2009): 615-621.

[10]　E. U. Condon, Theories of optical rotatory power, Rev. Mod. Phys. 9 (1937): 432-457.

[11]　F. I. Fedorov, On the theory of optical activity in crystals, Opt. Spektrosk. 6 (1959): 49-53.

[12]　E. J. Post, Formal Structure of Electromagnetics, Amsderdam: North Holland (1962).

[13]　A. Lakhtakia, V. K. Varadan, and V. V. Varadan, Time Harmonic Electromagnetic Fields in Chiral Media, Berlin: Springer-Verlag (1989), pp. 13-18.

[14] L. D. Landau and E. M. Lifshitz, Electrodynamics of Continuous Media, 2nd edition, Oxford: Pergmon (1987), pp. 54, 331-357.

[15] S. C. McClain, L. W. Hillman, and R. A. Chipman, Polarization ray tracing in anisotropic optically active media. II. Theory and physics, J. Opt. Soc. Am. A 10 (1993): 2383-2393.

[16] R. Vlokh, Partial reciprocity of Faraday rotation in gyrotropic crystals, Ferroelectrics 414(1), 70-76, 2011.

[17] E. E. Palik (ed.), Handbook of Optical Constants of Solids, Elsevier Inc., (1997).

[18] Y. Wang, L. Liang, H. Xin, and L. Wu, Complex ray tracing in uniaxial absorbing media, J. Opt. Soc. Am. A 25 (2008): 653-657.

[19] Y. Wang, P. Shi, H. Xin, and L. Wu, Complex ray tracing in biaxial anisotropic absorbing media, J. Opt. A: Pure Appl. Opt. 10 (2008).

[20] G. D. Landry and T. A. Maldonado, Complete method to determine transmission and reflection characteristics at a planar interface between arbitrarily oriented biaxial media, J. Opt. Soc. Am. A 12 (1995): 2048-2063.

[21] W.-Q. Zhang, General ray-tracing formulas for crystal, Appl. Opt. 31 (1992): 7328-7331.

[22] M. Mansuripur, Analysis of multilayer thin-film structures containing magneto-optic and anisotropic media at oblique incidence using 2×2 matrices, J. Appl. Phys. 67(10) (1990): 6466-6475.

[23] I. Abdulhalim, 2×2 Matrix summation method for multiple reflections and transmissions in a biaxial slab between two anisotropic media, Opt. Commun. 163 (1999): 9-14.

[24] I. Abdulhalim, Analytic propagation matrix method for linear optics of arbitrary biaxial layered media, J. Opt. A: Pure Appl. Opt. 1 (1999): 646.

[25] K. Mehrany and S. Khorasani, Analytical solution of non-homogeneous anisotropic wave equations based on differential transfer matrices, J. Opt. A: Pure Appl. Opt. 4 (2002): 624.

[26] K. Postava, T. Yamaguchi and R. Kantor, Matrix description of coherent and incoherent light reflection and transmission by anisotropic multilayer structures, Appl. Opt. 41 (2002): 2521-2531.

[27] M. C. Simon, Internal total reflection in monoaxial crystals, Appl. Opt. 26 (1987): 3878-3883.

[28] M. C. Simon and R. M. Echarri, Inhibited reflection in uniaxial crystal, Opt. Lett. 14 (1989): 257-259.

[29] W. R. Hamilton, Third supplement to an essay on the theory of systems of rays, Trans. Roy. Irish Acad. 17 (1833): 1.

[30] H. Lloyd, On the phenomenon presented by light in its passage along the axis of biaxial crystals, Trans. R. Irish Acad. 17 (1833): 145-158.

[31] M. Mansuripur, Classical Optics & Its Applications, Chapter 21, Cambridge University Press, (2002).

[32] D. L. Portigal and E. Burstein, Internal conical refraction, J. Opt. Soc. Am. 59 (1969): 1567-1573.

[33] E. Cojocaru, Characteristics of ray traces at the back of biaxial crystals at normal incidence, Appl. Opt. 38 (1999): 4004-4010.

第 20 章

用偏振光线追迹矩阵进行光束组合

20.1 引言

许多光学系统将光束分成两个或两个以上的子波，分别对每一光束进行操作，并在输出平面上让光束进行干涉。此类系统包括分束器、干涉仪、消色差延迟器、Lyot 滤光器、光学隔离器、晶体偏振器和许多其他系统。例如，由于双折射效应，所有双折射元件都会产生多个波前。若使用延迟器，则出射波前可完全或部分重叠；若使用分束器，则出射波前可分开而不重叠。当这些波前在输出平面上重叠时，所得波前就是所有子波波前之间的干涉。输出平面可以是探测器(如 CCD 探测器)、出瞳、用于观察干涉图的屏幕[1-4]、记录干涉图或全息图的装置[5-6]或可能使用结构光照明的表面。

本章介绍了模拟重叠波前合并的方法。第 4 章(偏振光的干涉)考虑了不同偏振态之间的干涉。本章是第 22 章(晶体偏振器)和第 26 章(多阶延迟器和不连续性之谜)的基础，在这两章中，针对偏振光的多光束重叠，模拟了复杂器件的偏振像差。

第 19 章介绍了计算序列各向异性材料波前集的算法，即光线倍增产生的所有本征模组合的算法。通常重叠波前(由光线集表示)的电场($\boldsymbol{E}$)相加，但其关联的偏振光线追迹矩阵($\boldsymbol{P}$)不是这样，因为不同光线的 $\boldsymbol{P}$ 矩阵可以与不同的入射传播方向相关联，从而与不同的 $\boldsymbol{E}$ 相关联。每个 $\boldsymbol{P}$ 都与唯一的一对入射和出射坡印廷矢量($\boldsymbol{S}$)相关联。因此，像空间中给定点处的 $\boldsymbol{P}$ 矩阵可能起源于物空间中的不同点，不能作为矩阵相加，因为它们将不再服从属性 $\boldsymbol{P}\hat{\boldsymbol{k}}=\hat{\boldsymbol{k}}'$ 或 $\boldsymbol{P}\hat{\boldsymbol{S}}=\hat{\boldsymbol{S}}'$。作为替代，应使用 9.6 节修改后的偏振光线追迹矩阵相加形式：

$$\breve{\boldsymbol{P}}\hat{\boldsymbol{k}}=0\hat{\boldsymbol{k}}' \quad 或 \quad \breve{\boldsymbol{P}}\hat{\boldsymbol{S}}=0\hat{\boldsymbol{S}}' \tag{20.1}$$

波前合并程序有两个微妙的问题：①光线追迹计算出的每个分波前的出射光线不在同一出射网格上。可通过将分波前插值为连续函数来解决此问题，然后在模拟模式合并之前可以将连续函数重新采样到均匀网格上。②当光线在焦点附近会聚或发散时，形成焦散，波前自身折叠，部分波前的光程长度(OPL)变为多值[7-8]。为了避免这种复杂性，这样做要容易得多：在可能的情况下，在出瞳处(此处光线在空间上分布在均匀网格中)进行波前重采样，或至少在可以避免焦散的区域中进行重采样。

在合并波前的过程中，将光线参数的函数(如通过光线追迹计算的 OPL 或 $\boldsymbol{P}$ 矩阵)在一个网格上的值组合起来。由于不同分波前中光线之间的错位，最好将光线追迹结果从光线逐条描述转换为 $\boldsymbol{E}$ 场函数，因为 $\boldsymbol{E}$ 场可以作为矢量相加。插值是指在中间位置构造采样函数新值的方法，是由光线数据构造 $\boldsymbol{E}$ 场函数的必要工具。光瞳上的插值函数能够根据光线追迹数据估计光瞳内任何位置的相关值。特别是当追迹单条入射光线通过干涉仪或各向异性材料成为多个模式时，不同模式的出射光线与光瞳或其他表面在不同位置相交。通过插值每个模式或子波前的光线追迹数据，可以将函数插值到共同网格上，这样才容易组合。

表 20.1 总结了光束组合的要点。本章前半部分详细讨论了更简单的情形 1，其中所有光束的入射的 $\boldsymbol{S}$ 矢量、入射的 $\boldsymbol{E}$ 场函数和出射的 $\boldsymbol{S}$ 矢量相同。这是波片、晶体偏振器和许多其他具有平行平面的双折射器件的典型情况。本章后半部分讨论更一般的情形 2。

表 20.1 光束组合原理的总结

情形 1	只有当以下条目相同时，才能合并重叠波前的 $\boldsymbol{P}$ 矩阵： • 入射 $\hat{\boldsymbol{S}}$ 矢量 • 出射 $\hat{\boldsymbol{S}}'$ 矢量 • 入射偏振态
情形 2	给定入射偏振态，所得的重叠波前 $\boldsymbol{E}$ 场总是可以相加的

20.2 波前和光线网格

光学光线追迹通常从物上某个点发出的光线网格开始追迹。该光线网格通常均匀分布在入射波前上，如图 20.1 所示。

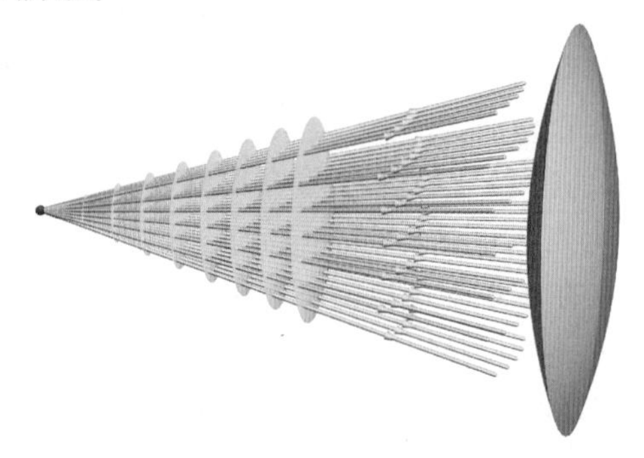

图 20.1 左侧点光源发出球面波前(黄色表面)，由光线网格(橙色箭头)表示，它们向透镜(红色)传播

当这些波前遇到分束器或双折射元件时，分解为多个波前，最终到达像面或出射面，在那里可能需要评估波前干涉。根据系统的不同，干涉波前可能简单到两个重叠的准直波前（从延迟器出射），也可能复杂到数百个重叠的会聚或发散波前，如 Lyot 滤光器和法布里-珀罗干涉仪。由于各模式之间像差的差异，这些在输出表面产生的光线很可能间隔不均匀。在图 20.2 中，入射波前采样为光线网格，通过双折射材料会聚，出射时成为两个光线网格，代表两个偏振的出射波前。这两组光线在分裂后分别追迹，双折射板的效应包含在这两个波前的组合中。因此精确的分析需要包含两个光线网格，它们的波前重叠。

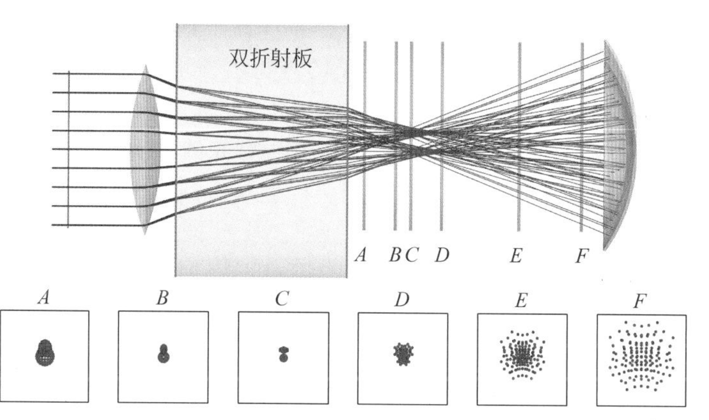

图 20.2　准直波前通过透镜并通过双折射板会聚。两个有像差的波前（红色和蓝色）离开双折射板并通过一系列标记为 A 到 F 的平面。两种模式光线位置的间隔不同，仅部分重叠，或在这些像附近，根本不重叠

光学系统有两大类：成像的和非成像的。用光线照射表面的照明系统是非成像系统的常见例子。它们通常用于在物体上提供均匀照明，如用均匀球面波前照明全息图或在液晶投影仪内用偏振波前照明 LCD 器件屏幕[9-10]。另外，成像系统通常设计为从光源获取球面波前，并通过一系列光学元件将其成像到以像点为中心的出射球面波前上。由于像差，出射波前将偏离理想的球面形状。当有像差的波前接近其焦点时，它往往具有复杂的 **E** 场分布。图 20.3 显示了光通过一杯水聚焦并形成复杂的光场分布。焦散线（肾形亮区）是波前自身折叠和相邻光线相交的位置。在模拟波前组合时，我们尽量避免这种焦散。

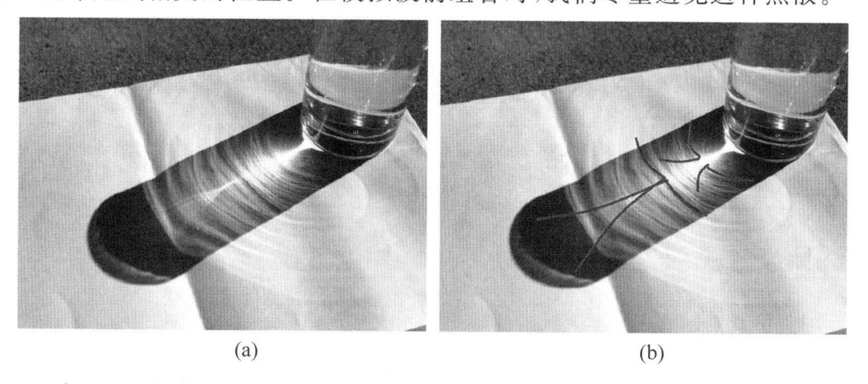

(a)　　(b)

图 20.3　(a)光通过一杯水聚焦而形成的照明图案。波前包含许多明亮的线，它们是焦散线；(b)波前自身折叠的焦散线以红色突出显示

相反,波前通常在成像系统的出瞳处进行最佳组合,在出瞳处,光线网格往往具有相对良好的间隔。例如,对于具有球差的光束,这将避免包含焦散的区域。然后,将衍射理论应用于出瞳,可以评估像面上的 $\boldsymbol{E}$ 场,如第 16 章所述。

20.3 共传播的波前合并

当合并沿同一方向传播的两个准直波前时,会出现最简单的光束组合情形(表 20.1 中的情形 1)。许多延迟器、偏振器和其他各向异性器件由平面组成;因此,准直入射光束产生传播方向相同(共传播)的准直出射光束是常见的现象。一般来说,$\boldsymbol{P}$ 矩阵不能合并,但在这种共传播波前的情况下,$\boldsymbol{P}$ 矩阵可以合并。

准确描述通过光学系统的相位变化,需要知道所有光线和光线段的 OPL 以及 $\boldsymbol{P}$ 矩阵。对于合并,把入瞳中的两个正交基矢量和坡印廷矢量($\hat{\boldsymbol{E}}_m, \hat{\boldsymbol{E}}_n, \hat{\boldsymbol{S}}$)映射到出瞳中为($a_m e^{i\frac{2\pi}{\lambda}\mathrm{OPL}}\hat{\boldsymbol{E}}'_m, a_n e^{i\frac{2\pi}{\lambda}\mathrm{OPL}}\hat{\boldsymbol{E}}'_n, \hat{\boldsymbol{S}}'$),其中各向异性材料中传播的本征模的 OPL 在式(19.22)中定义。

在某些应用中,如迈克耳孙干涉仪、光学相干层析成像和光纤脉冲测量,需要使用累积 OPL 进行精确模拟,并且 OPL 的绝对量应与 $\boldsymbol{P}$ 矩阵分开。同样重要的是,要能够描述出射波前的峰谷波前像差并显示展开后的相位图。通过单独计算 OPL(式(19.22))可处理这些问题。在计算中也需要用绝对 OPL,例如确定迈克耳孙干涉仪、傅里叶变换光谱仪和光学相干层析成像仪中白光条纹的位置,这些应用中需要波长之间的 OPL 差异。

在其他应用中,例如用延迟器产生椭圆偏振光,只需要相对相位(模数 2π),并且 $\boldsymbol{P}$ 矩阵中可以包含 OPL。成像和光学传递函数计算需要所有离开光学系统(通常在出瞳中)的光线成分的相位。这些光瞳函数(波像差函数和琼斯光瞳)是傅里叶变换算法的输入,傅里叶变换只需要输入模为 2π 的复数。该相位贡献以模 2π 的形式包含在 $\boldsymbol{P}_{\mathrm{seg}}$ 矩阵中。

本节介绍将 OPL 合并到 $\boldsymbol{P}$ 矩阵中的两种算法。根据目标的不同,一种方法可能比另一种方法更适合,但两者都产生相同的总合 $\boldsymbol{P}$ 矩阵。这些算法将在第 21 章波片分析中应用。

在第一种算法中,光-表面相互作用的 $\boldsymbol{P}$ 矩阵和与传播相关的 $\boldsymbol{P}$ 矩阵被视为沿光线路径依次发生的两个独立的偏振变化。在某个光线截断点,$\boldsymbol{P}_{\mathrm{intp}}$ 把($\hat{\boldsymbol{E}}_m, \hat{\boldsymbol{E}}_n, \hat{\boldsymbol{S}}$)映射为($a_m\hat{\boldsymbol{E}}'_m, a_n\hat{\boldsymbol{E}}'_n, \hat{\boldsymbol{S}}'$)。利用式(19.33),

$$\boldsymbol{P}_{\mathrm{intp}} = (a_m\hat{\boldsymbol{E}}'_m \quad a_n\hat{\boldsymbol{E}}'_n \quad \hat{\boldsymbol{S}}')(\hat{\boldsymbol{E}}_m \quad \hat{\boldsymbol{E}}_n \quad \hat{\boldsymbol{S}})^{\mathrm{T}} \tag{20.2}$$

当这个模式传播,在通过材料时模式的绝对相位增大,材料由另一个 $\boldsymbol{P}$ 矩阵 $\boldsymbol{P}_{\mathrm{seg}}$ 表示,它将($\hat{\boldsymbol{E}}'_m, \hat{\boldsymbol{E}}'_n, \hat{\boldsymbol{S}}'$)映射为($e^{i\frac{2\pi}{\lambda}\mathrm{OPL}}\hat{\boldsymbol{E}}'_m, e^{i\frac{2\pi}{\lambda}\mathrm{OPL}}\hat{\boldsymbol{E}}'_n, \hat{\boldsymbol{S}}'$)

$$\boldsymbol{P}_{\mathrm{seg}} = (e^{i\frac{2\pi}{\lambda}\mathrm{OPL}}\hat{\boldsymbol{E}}'_m \quad e^{i\frac{2\pi}{\lambda}\mathrm{OPL}}\hat{\boldsymbol{E}}'_n \quad \hat{\boldsymbol{S}}')(\hat{\boldsymbol{E}}'_m \quad \hat{\boldsymbol{E}}'_n \quad \hat{\boldsymbol{S}}')^{\mathrm{T}} \tag{20.3}$$

然后,在下一个光线截点之前的净 $\boldsymbol{P}$ 矩阵为

$$\begin{aligned}&\boldsymbol{P}_{\mathrm{seg}} \cdot \boldsymbol{P}_{\mathrm{intp}}\\&= (e^{i\frac{2\pi}{\lambda}\mathrm{OPL}}\hat{\boldsymbol{E}}'_m \quad e^{i\frac{2\pi}{\lambda}\mathrm{OPL}}\hat{\boldsymbol{E}}'_n \quad \hat{\boldsymbol{S}}')(\hat{\boldsymbol{E}}'_m \quad \hat{\boldsymbol{E}}'_n \quad \hat{\boldsymbol{S}}')^{\mathrm{T}}(a_m\hat{\boldsymbol{E}}'_m \quad a_n\hat{\boldsymbol{E}}'_n \quad \hat{\boldsymbol{S}}')(\hat{\boldsymbol{E}}_m \quad \hat{\boldsymbol{E}}_n \quad \hat{\boldsymbol{S}})^{\mathrm{T}}\end{aligned}$$

$$=\left(a_m e^{i\frac{2\pi}{\lambda}\mathrm{OPL}}\hat{\boldsymbol{E}}'_m \quad a_n e^{i\frac{2\pi}{\lambda}\mathrm{OPL}}\hat{\boldsymbol{E}}'_n \quad \hat{\boldsymbol{S}}'\right)\left(\hat{\boldsymbol{E}}'_m \quad \hat{\boldsymbol{E}}'_n \quad \hat{\boldsymbol{S}}'\right)^{\mathrm{T}} \tag{20.4}$$

其中，$\hat{\boldsymbol{E}}_m \cdot \hat{\boldsymbol{E}}_n=0$，$\hat{\boldsymbol{S}}' \cdot \hat{\boldsymbol{E}}'_m=0$，$\hat{\boldsymbol{S}}' \cdot \hat{\boldsymbol{E}}'_n=0$。因此，$(\hat{\boldsymbol{E}}_m,\hat{\boldsymbol{E}}_n,\hat{\boldsymbol{S}})$映射为了$(a_m e^{i\frac{2\pi}{\lambda}\mathrm{OPL}}\hat{\boldsymbol{E}}'_m, a_n e^{i\frac{2\pi}{\lambda}\mathrm{OPL}}\hat{\boldsymbol{E}}'_n,\hat{\boldsymbol{S}}')$。

如图 20.6 中的例子所示，当要合并到一个 $\boldsymbol{P}$ 矩阵中的光线传播以及表面相互作用不是按顺序的时，在合并 $e^{i\frac{2\pi}{\lambda}\mathrm{OPL}}$ 之前，需要从 $\boldsymbol{P}_{\mathrm{intp}}$ 中完全去除坡印廷矢量($\hat{\boldsymbol{S}}\rightarrow\hat{\boldsymbol{S}}'$)的映射。去除($\hat{\boldsymbol{S}}\rightarrow\hat{\boldsymbol{S}}'$)这个操作仅影响 $\boldsymbol{E}$ 场分量。然后，将 $\boldsymbol{S}$ 的原始映射加到最终的 $\boldsymbol{P}$ 矩阵。分步程序如下：

(1) ($\hat{\boldsymbol{S}}\rightarrow\hat{\boldsymbol{S}}'$)的映射由 3×3 矩阵 $\boldsymbol{S}_{\mathrm{D}}$($\boldsymbol{S}$ 并矢)表示，它是 $\hat{\boldsymbol{S}}$ 和 $\hat{\boldsymbol{S}}'$的外积，

$$\boldsymbol{S}_{\mathrm{D}}=\hat{\boldsymbol{S}}' \cdot \hat{\boldsymbol{S}}^{\mathrm{T}} \tag{20.5}$$

$\boldsymbol{S}_{\mathrm{D}}$ 将$(\hat{\boldsymbol{E}}_m,\hat{\boldsymbol{E}}_n,\hat{\boldsymbol{S}})$映射为$(0,0,\hat{\boldsymbol{S}}')$，并将与 $\hat{\boldsymbol{S}}$ 正交的所有其他矢量映射到 $\mathbf{0}$。

(2) 减去 $\boldsymbol{S}_{\mathrm{D}}$，从 $\boldsymbol{P}_{\mathrm{intp}}$ 中去除坡印廷矢量的映射，

$$\breve{\boldsymbol{P}}=\boldsymbol{P}_{\mathrm{intp}}-\boldsymbol{S}_{\mathrm{D}} \tag{20.6}$$

它将$(\hat{\boldsymbol{E}}_m,\hat{\boldsymbol{E}}_n,\hat{\boldsymbol{S}})$映射为$(a_m\hat{\boldsymbol{E}}'_m,a_n\hat{\boldsymbol{E}}'_n,0)$。于是，$\breve{\boldsymbol{P}}\cdot\boldsymbol{S}=0$。

(3) 将 $\breve{\boldsymbol{P}}$ 乘以 $e^{i\frac{2\pi}{\lambda}\mathrm{OPL}}$，

$$\bar{\boldsymbol{P}}=\breve{\boldsymbol{P}}e^{i\frac{2\pi}{\lambda}\mathrm{OPL}} \tag{20.7}$$

式(20.7)将$(\hat{\boldsymbol{E}}_m,\hat{\boldsymbol{E}}_n,\hat{\boldsymbol{S}})$映射为$(a_m e^{i\frac{2\pi}{\lambda}\mathrm{OPL}}\hat{\boldsymbol{E}}'_m,a_n e^{i\frac{2\pi}{\lambda}\mathrm{OPL}}\hat{\boldsymbol{E}}'_n,\mathbf{0})$。

(4) 然后，将 $\boldsymbol{S}_{\mathrm{D}}$ 加回 $\boldsymbol{P}$ 矩阵，恢复 $\hat{\boldsymbol{S}}$ 映射。因此

$$\bar{\bar{\boldsymbol{P}}}=\bar{\boldsymbol{P}}+\boldsymbol{S}_{\mathrm{D}} \tag{20.8}$$

式(20.8)将$(\hat{\boldsymbol{E}}_m,\hat{\boldsymbol{E}}_n,\hat{\boldsymbol{S}})$映射为$(a_m e^{i\frac{2\pi}{\lambda}\mathrm{OPL}}\hat{\boldsymbol{E}}'_m,a_n e^{i\frac{2\pi}{\lambda}\mathrm{OPL}}\hat{\boldsymbol{E}}'_n,\hat{\boldsymbol{S}}')$。

最后，表面相互作用和传播效应的总的 $\boldsymbol{P}$ 矩阵为

$$\bar{\bar{\boldsymbol{P}}}=(\boldsymbol{P}_{\mathrm{intp}}-\boldsymbol{S}_{\mathrm{D}})e^{i\frac{2\pi}{\lambda}\mathrm{OPL}}+\boldsymbol{S}_{\mathrm{D}} \tag{20.9}$$

式(20.9)保持 $\hat{\boldsymbol{S}}$ 映射不变，并把 OPL 效应包含到了电场中。

在这些步骤中，许多中间 $\boldsymbol{P}$ 矩阵用于将 OPL 包含到总的 $\boldsymbol{P}$ 矩阵中。表 20.2 总结了这些中间 $\boldsymbol{P}$ 矩阵。

表 20.2　用于包含 OPL 的中间 $\boldsymbol{P}$ 矩阵总结

$\boldsymbol{P}_{\mathrm{intp}}$	$(\hat{\boldsymbol{E}}_m,\hat{\boldsymbol{E}}_n,\hat{\boldsymbol{S}})\rightarrow(a_m\hat{\boldsymbol{E}}'_m,a_n\hat{\boldsymbol{E}}'_n,\hat{\boldsymbol{S}}')$
$\boldsymbol{P}_{\mathrm{seg}}$	$(\hat{\boldsymbol{E}}_m,\hat{\boldsymbol{E}}_n,\hat{\boldsymbol{S}})\rightarrow(e^{i\frac{2\pi}{\lambda}\mathrm{OPL}}\hat{\boldsymbol{E}}_m,e^{i\frac{2\pi}{\lambda}\mathrm{OPL}}\hat{\boldsymbol{E}}_n,\hat{\boldsymbol{S}})$
$\breve{\boldsymbol{P}}$	$(\hat{\boldsymbol{E}}_m,\hat{\boldsymbol{E}}_n,\hat{\boldsymbol{S}})\rightarrow(a_m\hat{\boldsymbol{E}}'_m,a_n\hat{\boldsymbol{E}}'_n,0)$
$\bar{\boldsymbol{P}}$	$(\hat{\boldsymbol{E}}_m,\hat{\boldsymbol{E}}_n,\hat{\boldsymbol{S}})\rightarrow(a_m e^{i\frac{2\pi}{\lambda}\mathrm{OPL}}\hat{\boldsymbol{E}}'_m,a_n e^{i\frac{2\pi}{\lambda}\mathrm{OPL}}\hat{\boldsymbol{E}}'_n,0)$
$\bar{\bar{\boldsymbol{P}}}$	$(\hat{\boldsymbol{E}}_m,\hat{\boldsymbol{E}}_n,\hat{\boldsymbol{S}})\rightarrow(a_m e^{i\frac{2\pi}{\lambda}\mathrm{OPL}}\hat{\boldsymbol{E}}'_m,a_n e^{i\frac{2\pi}{\lambda}\mathrm{OPL}}\hat{\boldsymbol{E}}'_n,\hat{\boldsymbol{S}}')$

考虑一束准直光束正入射到双折射板上，如图 20.4 所示，产生两束准直且完全重叠的

光束。它们被视为两个独立的波前，因为双折射板会使一个模的相位相对于另一个模产生延迟。

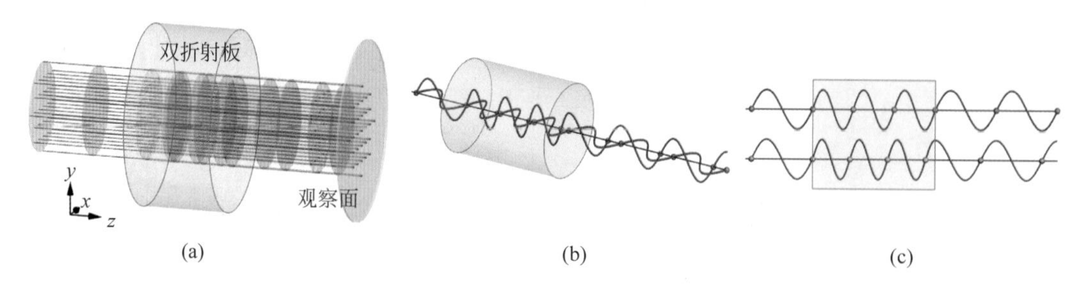

图 20.4 (a)平面波前(紫色)的正入射准直光束入射到双折射板上。光束中的圆盘表示振荡的 $\boldsymbol{E}$ 场每个周期的开始。入射光束分裂为两个波前(红色，高折射率；蓝色，低折射率)，相位延迟后出射，然后到达观察平面。(b)两个正交本征态的 $\boldsymbol{E}$ 场示意图，红色为 y 偏振的，蓝色为 x 偏振的。(c)两个 $\boldsymbol{E}$ 场振荡图都绘制在一个平面上，以显示 x 偏振模式有 3 个周期，而 y 偏振模式有 3.25 个周期穿过平板

平板的正交偏振本征态选择为 x 偏振光和 y 偏振光，两个波前的 $\boldsymbol{P}$ 矩阵为 $\boldsymbol{P}_1=\begin{pmatrix}\alpha_1 & 0 & 0\\ 0 & 0 & 0\\ 0 & 0 & 1\end{pmatrix}$ 和 $\boldsymbol{P}_2=\begin{pmatrix}0 & 0 & 0\\ 0 & \alpha_2 & 0\\ 0 & 0 & 1\end{pmatrix}$，其中 α_1 和 α_2 是复振幅透射率。这两个波前分别是单轴材料的 o 模和 e 模，或双轴材料的快模和慢模。两个 $\boldsymbol{P}$ 矩阵对 $\boldsymbol{S}$ 都进行相同变换，$\boldsymbol{S}'=\boldsymbol{P}_1\cdot\boldsymbol{S}$、$\boldsymbol{S}'=\boldsymbol{P}_2\cdot\boldsymbol{S}$。因此，$\boldsymbol{P}_1$ 和 $\boldsymbol{P}_2$ 中包含相同并矢作用于 $\boldsymbol{S}$，即由式(20.5)定义的 $\boldsymbol{S}_\mathrm{D}=\begin{pmatrix}0 & 0 & 0\\ 0 & 0 & 0\\ 0 & 0 & 1\end{pmatrix}$。如式(20.6)所示，从 $\boldsymbol{P}$ 中减去 $\boldsymbol{S}_\mathrm{D}$，得到 $\breve{\boldsymbol{P}}=\boldsymbol{P}-\boldsymbol{S}_\mathrm{D}$，即偏振光线追迹矩阵的加法形式(9.6 节)，包含 $\boldsymbol{E}$ 场变换，但不是 $\boldsymbol{S}$ 变换。因此，从每个模式累积的 OPL 可以连贯地包含到这些 $\boldsymbol{E}$ 场变换中，$\bar{\boldsymbol{P}}=\breve{\boldsymbol{P}}\mathrm{e}^{\mathrm{i}\frac{2\pi}{\lambda}\mathrm{OPL}}=(\boldsymbol{P}-\boldsymbol{S}_\mathrm{D})\mathrm{e}^{\mathrm{i}\frac{2\pi}{\lambda}\mathrm{OPL}}$，如式(20.7)所示。$\boldsymbol{P}$ 的上划线表示包含了 OPL。对于入射 $\boldsymbol{E}$，两重叠光束的合并出射 $\boldsymbol{E}$ 为

$$\begin{aligned}\boldsymbol{E}'&=\bar{\boldsymbol{P}}_1\cdot\boldsymbol{E}+\bar{\boldsymbol{P}}_2\cdot\boldsymbol{E}\\&=(\bar{\boldsymbol{P}}_1+\bar{\boldsymbol{P}}_2)\cdot\boldsymbol{E}\\&=\bar{\boldsymbol{P}}_\mathrm{cmb}\cdot\boldsymbol{E}\end{aligned}\tag{20.10}$$

因此，$\bar{\boldsymbol{P}}$ 矩阵可以合并。合并是通过将每个模式的 $\bar{\boldsymbol{P}}$ 矩阵与一个分量 $\boldsymbol{S}_\mathrm{D}$ 相加来完成的，因此 $\boldsymbol{P}_\mathrm{cmb}\cdot\boldsymbol{S}=\boldsymbol{S}'$。组合后的 $\boldsymbol{P}$ 矩阵为

$$\begin{aligned}\boldsymbol{P}_\mathrm{cmb}&=(\boldsymbol{P}_1-\boldsymbol{S}_\mathrm{D})\mathrm{e}^{\mathrm{i}\frac{2\pi}{\lambda}\mathrm{OPL}_1}+(\boldsymbol{P}_2-\boldsymbol{S}_D)\mathrm{e}^{\mathrm{i}\frac{2\pi}{\lambda}\mathrm{OPL}_2}+\boldsymbol{S}_\mathrm{D}\\&=(\breve{\boldsymbol{P}}_1\mathrm{e}^{\mathrm{i}\frac{2\pi}{\lambda}\mathrm{OPL}_1}+\breve{\boldsymbol{P}}_2\mathrm{e}^{\mathrm{i}\frac{2\pi}{\lambda}\mathrm{OPL}_2})+\boldsymbol{S}_\mathrm{D}\\&=(\bar{\boldsymbol{P}}_1+\bar{\boldsymbol{P}}_2)+\boldsymbol{S}_\mathrm{D}\end{aligned}\tag{20.11}$$

如式(20.8)和式(20.9)所示。

对于图 20.4 中的例子，波片产生 $\mathrm{OPL}_1=3\lambda$ 和 $\mathrm{OPL}_2=3.25\lambda$，并假设振幅透射率 t_1

和 t_2 均为 1。组合的 $\boldsymbol{P}$ 矩阵为

$$\boldsymbol{P}_{\text{cmb}}=\begin{pmatrix}1&0&0\\0&0&0\\0&0&0\end{pmatrix}\text{e}^{\text{i}6\pi}+\begin{pmatrix}0&0&0\\0&1&0\\0&0&0\end{pmatrix}\text{e}^{\text{i}6.5\pi}+\begin{pmatrix}0&0&0\\0&0&0\\0&0&1\end{pmatrix}=\begin{pmatrix}\text{e}^{\text{i}6\pi}&0&0\\0&\text{e}^{\text{i}6.5\pi}&0\\0&0&1\end{pmatrix}=\begin{pmatrix}1&0&0\\0&\text{i}&0\\0&0&1\end{pmatrix}$$

它描述了预期的线性 $\lambda/4$ 延迟器，并传输绝对相位和两个波前之间的相对相位信息。一般来说，$\boldsymbol{M}$ 个共传播方向重叠波前的合并 $\boldsymbol{P}$ 是

$$\begin{aligned}\boldsymbol{P}_{\text{cmb}}&=\left(\sum_m^M(\boldsymbol{P}_m-\boldsymbol{S}_{\text{D}})\text{e}^{\text{i}\frac{2\pi}{\lambda}\text{OPL}_m}\right)+\boldsymbol{S}_{\text{D}}=\left(\sum_m^M\breve{\boldsymbol{P}}_m\text{e}^{\text{i}\frac{2\pi}{\lambda}\text{OPL}_m}\right)+\boldsymbol{S}_{\text{D}}\\&=\left(\sum_m^M\bar{\boldsymbol{P}}_m\right)+\boldsymbol{S}_{\text{D}}\end{aligned}\tag{20.12}$$

考虑图 20.4 中系统的 45°偏振的入射光束，

$$\begin{aligned}\boldsymbol{E}'&=\boldsymbol{P}_{\text{cmb}}\cdot\boldsymbol{E}\\&=\begin{pmatrix}\text{e}^{\text{i}\frac{2\pi}{\lambda}\text{OPL}_1}&0&0\\0&\text{e}^{\text{i}\frac{2\pi}{\lambda}\text{OPL}_2}&0\\0&0&1\end{pmatrix}\begin{pmatrix}1\\1\\0\end{pmatrix}=\begin{pmatrix}\text{e}^{\text{i}\frac{2\pi}{\lambda}\text{OPL}_1}\\\text{e}^{\text{i}\frac{2\pi}{\lambda}\text{OPL}_2}\\0\end{pmatrix}\\&=\text{e}^{\text{i}\frac{2\pi}{\lambda}\text{OPL}_1}\begin{pmatrix}1\\\text{e}^{\text{i}\frac{2\pi}{\lambda}(\text{OPL}_2-\text{OPL}_1)}\\0\end{pmatrix}=\text{e}^{\text{i}\frac{2\pi}{\lambda}\text{OPL}_1}\begin{pmatrix}1\\\text{e}^{\text{i}\frac{2\pi}{\lambda}\Delta\text{OPL}}\\0\end{pmatrix}\end{aligned}$$

波片后得到的偏振是两个本征态之间相对 OPL(ΔOPL)的函数，如图 20.5 所示。

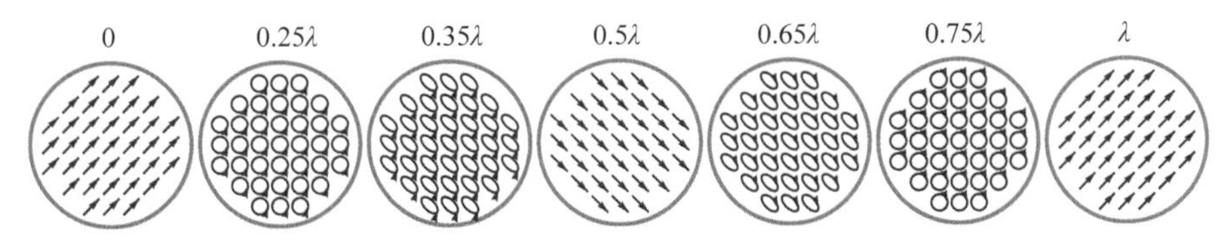

图 20.5　所得的作为 ΔOPL 函数的偏振态

对于图 20.4 的例子，$\Delta\text{OPL}=\text{OPL}_2-\text{OPL}_1=6.5\pi-6\pi=0.5\pi$，因此 $\boldsymbol{E}'=\text{e}^{\text{i}6\pi}(1,\text{i},0)$，它是沿着 z 方向传播的左旋圆偏振光。

数学小贴士 20.1　$\boldsymbol{P}$ 和 $\breve{\boldsymbol{P}}$ 的奇异值

偏振光线追迹矩阵 $\boldsymbol{P}$ 和偏振光线追迹矩阵加法形式 $\breve{\boldsymbol{P}}$ 的奇异值相同，但与 $\hat{\boldsymbol{S}}$ 对应的奇异值除外：

$$\begin{cases}\boldsymbol{P}\cdot\boldsymbol{v}_1=\Lambda_1\boldsymbol{u}_1\\\boldsymbol{P}\cdot\boldsymbol{v}_2=\Lambda_2\boldsymbol{u}_2\\\boldsymbol{P}\cdot\hat{\boldsymbol{S}}=\hat{\boldsymbol{S}}'\end{cases}\text{和}\begin{cases}\breve{\boldsymbol{P}}\cdot\boldsymbol{v}_1=(\boldsymbol{P}-\boldsymbol{S}_{\text{D}})\cdot\boldsymbol{v}_1=\Lambda_1\boldsymbol{u}_1\\\breve{\boldsymbol{P}}\cdot\boldsymbol{v}_2=(\boldsymbol{P}-\boldsymbol{S}_{\text{D}})\cdot\boldsymbol{v}_2=\Lambda_2\boldsymbol{u}_2\\\breve{\boldsymbol{P}}\cdot\hat{\boldsymbol{S}}=(\boldsymbol{P}-\boldsymbol{S}_{\text{D}})\cdot\hat{\boldsymbol{S}}'=0\end{cases}\tag{20.13}$$

$$
\boldsymbol{P}=\mathbf{UDV}^{\dagger}=\begin{pmatrix}\hat{S}_{x,Q} & u_{x,1} & u_{x,2}\\ \hat{S}_{y,Q} & u_{y,1} & u_{y,2}\\ \hat{S}_{z,Q} & u_{z,1} & u_{z,2}\end{pmatrix}\begin{pmatrix}1 & 0 & 0\\ 0 & \Lambda_1 & 0\\ 0 & 0 & \Lambda_2\end{pmatrix}\begin{pmatrix}\hat{S}^*_{x,0} & \hat{S}^*_{y,0} & \hat{S}^*_{z,0}\\ v^*_{x,1} & v^*_{y,1} & v^*_{z,1}\\ v^*_{x,2} & v^*_{y,2} & v^*_{z,2}\end{pmatrix} \tag{20.14}
$$

$$
\breve{\boldsymbol{P}}=\breve{\mathbf{U}}\breve{\mathbf{D}}\breve{\mathbf{V}}^{\dagger}=\begin{pmatrix}\hat{S}_{x,Q} & u_{x,1} & u_{x,2}\\ \hat{S}_{y,Q} & u_{y,1} & u_{y,2}\\ \hat{S}_{z,Q} & u_{z,1} & u_{z,2}\end{pmatrix}\begin{pmatrix}1 & 0 & 0\\ 0 & \Lambda_1 & 0\\ 0 & 0 & \Lambda_2\end{pmatrix}\begin{pmatrix}\hat{S}^*_{x,0} & \hat{S}^*_{y,0} & \hat{S}^*_{z,0}\\ v^*_{x,1} & v^*_{y,1} & v^*_{z,1}\\ v^*_{x,2} & v^*_{y,2} & v^*_{z,2}\end{pmatrix} \tag{20.15}
$$

多个双折射板或楔形块系统的出射波前并不总是完全重叠的。两个波前之间的位置差异称为它们的剪切量。它们可以横向剪切,其中一个相对于另一个平移,如横向剪切干涉仪[11]。波前可以旋转剪切,其中一个波前旋转;或者波前可能具有不同的大小或放大率,即径向剪切。

如图 20.6 所示为两个部分重叠的波前在同一方向上传播并有横向剪切的例子。图 20.6(a)所示入射光束中心的光线可代表准直平面波在空气中的传播,然后通过双折射波片,两条出射光线(模式 1 和模式 2)代表两个部分重叠的出射平面波。模式 1 的所有光线具有相同的累积 $\boldsymbol{P}_{t1}$,模式 2 的所有光线具有相同的累积 $\boldsymbol{P}_{t2}$。在出射波前重叠的区域,可以合并具有相同入射和出射 $\hat{\boldsymbol{S}}$ 的两个模式的 $\boldsymbol{P}$ 矩阵。

对于部分重叠区域中的光线,如图 20.6(b)所示的中间光线,由于两个出射光束之间的剪切,两条不同的出射光线(每个模式一条)似乎作为一条光线出射。在偏振光线追迹中,必须追迹两条叠加的光线,以明确显示由于模式之间的剪切而产生的光程差贡献。但是,由于波片的平行表面,所有准直光线的行为都是相同的,追迹一条入射光线所有模式的光线追迹结果提供了足够的信息来分析波片对该角度和波长的总体效应。

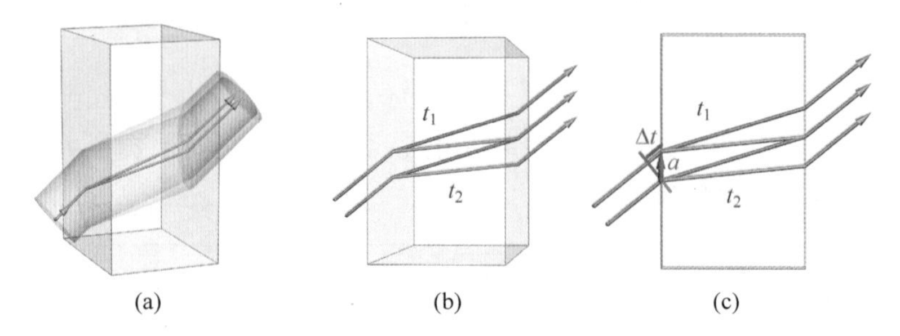

图 20.6 (a)离轴准直波前折射通过双折射板。两个部分重叠的准直光束以同一传播方向从平板中射出。(b)追迹来自入射波前的两条光线通过平板;请注意,来自上边入射光线的模式 2 光线(红色)正好位于来自下边光线的模式 1 光线(蓝色)上,因此这些是要合并的光线。(c)入射光线之间的剪切量 $\boldsymbol{a}$ 导致两条光线之间的 OPL 差 Δt

出射时重叠的两条入射光线之间的间隔取决于板的厚度,对于较薄的板,光线彼此间隔更近。如图 20.6(c)所示,除了双折射板内的 OPL,还需要考虑波片外面传播的光程 Δt,其中

$$\Delta t = \boldsymbol{a} \cdot \hat{\boldsymbol{S}} \tag{20.16}$$

波片的模式 1(显示为蓝色)产生 OPL_1。在模式 1 和模式 2 相遇的出射面,模式 2 具有相应的 $OPL_2 + \Delta t$,其中包括板外的额外路径(显示为绿色),其中 $\boldsymbol{a} = \boldsymbol{r}_1 - \boldsymbol{r}_2$ 是在出射面上测量的两条光线之间的横向剪切。因此,波片对离轴光束产生的延迟如下:

$$\begin{aligned}\delta &= \frac{2\pi}{\lambda}[(OPL_2 + \Delta t) - OPL_1] \\ &= \frac{2\pi}{\lambda}[(OPL_2 + \boldsymbol{a} \cdot \hat{\boldsymbol{S}}) - OPL_1] \\ &= \frac{2\pi}{\lambda}[(OPL_2 + (\boldsymbol{r}_1 - \boldsymbol{r}_2) \cdot \hat{\boldsymbol{S}}) - OPL_1]\end{aligned} \tag{20.17}$$

如图 20.7 所示,考虑一束均匀分布的入射光线以某个角度穿过双折射板,这将得到表示两个波前的出射光线网格。根据系统的不同,可以在与光线方向正交的平面 A、平行于平板的平面 B 或其他面上分析出射光线。这两个波前由两束光线的光线追迹信息确定。由于这两个出射模式的光线位置不重合,因此在合并 $\boldsymbol{P}$ 矩阵或 $\boldsymbol{E}$ 场之前,可以将各个波前插值到同一网格上。入射光线的网格应足够密集,以解析光束的结构并准确表示其边界。虽然这些光线是出射平面(如出瞳)上单个的点,但在这种情形中,它们表示平滑且可预测的波前。20.5 节给出了插值波前的进一步考虑。

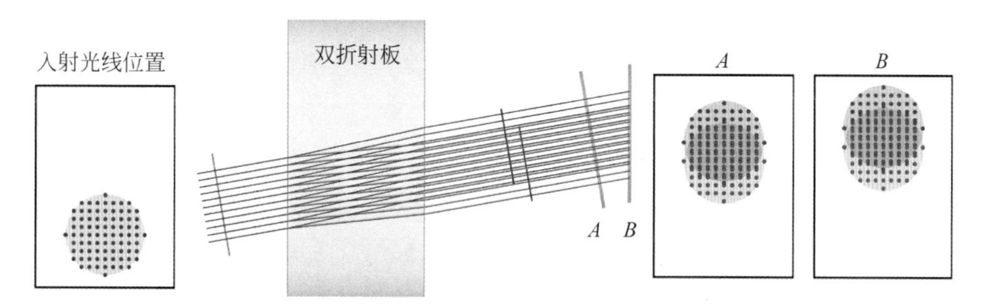

图 20.7　离轴的准直光线阵列传播通过一块双折射板,分裂为两个平行且准直的波前。它们在平面 A 和平面 B 上部分重叠

假设图 20.7 中的两组光线在出射面上具有均匀的 $\boldsymbol{E}$ 场。一组出射光线是水平偏振的,另一组出射光线是垂直偏振的,如图 20.8 所示。这两种模式合并的结果给出了一个重叠的干涉区域,该重叠区域由两个具有独立偏振模式的新月形区域包围。

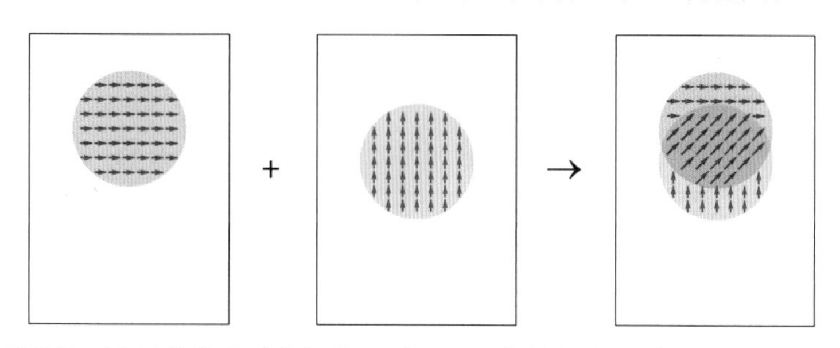

图 20.8　所得的两个波前是水平偏振的(蓝色)和垂直偏振的(红色),两个正交模式的重叠区域为 45°偏振的

重叠区域的偏振取决于两个模式之间的相对相位。图 20.9 显示了不同相对相位的不同偏振椭圆图案。

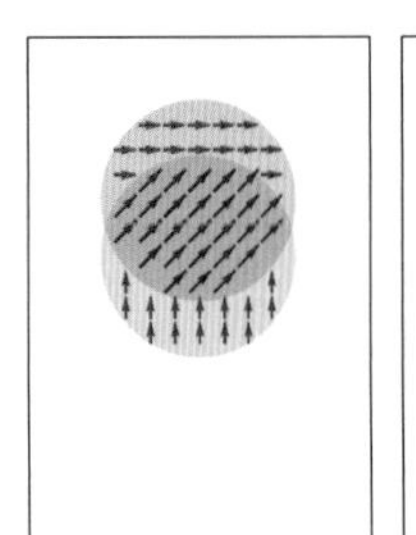  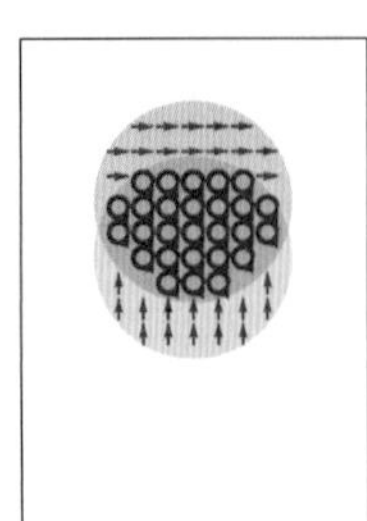 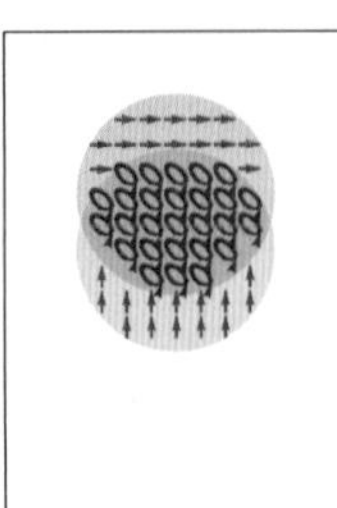 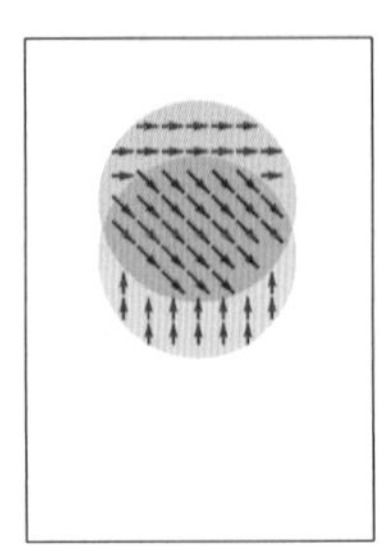

图 20.9 两个独立的波前(一个水平偏振的,一个垂直偏振的)由波片产生横向剪切,它们部分相互重叠。重叠区域的偏振取决于单个波前的相位差。从左到右显示的相对相位分别为 0,0.15,0.25,0.35,0.5 个波

通常,每次光束进入各向异性介质时都会发生光线倍增。一个包含 N 个各向异性界面的光学系统,对于一条入射光线在透射过程中能产生 2^N 个独立的出射模式。为了合并由 N 块平行平面各向异性板组成的系统产生的多个离轴模式的累积 $\boldsymbol{P}$ 矩阵,将式(20.12)变为式(20.18)。在光束重叠区域内,组合 2^N 个模式,而不是 2 个出射模式,如下所示:

$$
\begin{aligned}
\boldsymbol{P}_{\text{overlap}} &= \left(\sum_{m=1}^{M} \bar{\boldsymbol{P}}_{m,\text{total}}\right) + \boldsymbol{S}_{\text{D}} = \left(\sum_{m=1}^{M} \breve{\boldsymbol{P}}_{m,\text{total}} \mathrm{e}^{\mathrm{i}\frac{2\pi}{\lambda}(\text{OPL}_m + \Delta t_m)}\right) + \boldsymbol{S}_{\text{D}} \\
&= \sum_{m=1}^{M} \left[(\boldsymbol{P}_{m,\text{total}} - \boldsymbol{S}_{\text{D}}) \mathrm{e}^{\mathrm{i}\frac{2\pi}{\lambda}(\text{OPL}_m + \Delta t_m)}\right] + \boldsymbol{S}_{\text{D}} \\
&= \left\{\sum_{m=1}^{M} \left[\left(\prod_{n=1}^{N} \boldsymbol{P}_{m,N-n+1}\right) - \boldsymbol{S}_{\text{D}}\right] \mathrm{e}^{\mathrm{i}\frac{2\pi}{\lambda}(\text{OPL}_m + \Delta t_m)}\right\} + \boldsymbol{S}_{\text{D}}
\end{aligned}
\tag{20.18}
$$

其中 $M=2^N$。$\boldsymbol{P}_{m,\text{total}} = \prod_{n-1}^{N} \boldsymbol{P}_{m,N-n+1}$ 是所有界面效应的累积 $\boldsymbol{P}$ 矩阵,$\Delta t_m = \boldsymbol{a}_m \cdot \hat{\boldsymbol{S}} = (\boldsymbol{r}_1 - \boldsymbol{r}_m) \cdot \hat{\boldsymbol{S}}$,$\boldsymbol{r}_m$ 是模式 m 在各向异性板组件最后一个表面上的光线截点。预计出射光束的不同部分会出现不同数量的模式。

例 20.1 方解石四分之一波片的偏振像差

对于剪切的非平面波前,$\boldsymbol{E}$ 场可以相加,但 $\boldsymbol{P}$ 矩阵不能相加。20.3 节的方法现在用来计算波片的延迟随角度的变化。考虑一个一阶方解石四分之一波片,在 $\lambda=633\text{nm}$ 处其寻常折射率和异常折射率分别为 $n_{\text{O}}=1.656$ 和 $n_{\text{E}}=1.485$。波片的厚度是 $\left(1+\frac{1}{4}\right)\lambda/(n_{\text{O}}-n_{\text{E}})=4.639\mu\text{m}$,快轴位于 x 轴的逆时针 45°方向。方形阵列的垂直偏振入射光线以 ±30°×30°的视场传播通过波片,如图 20.10 所示,用偏振光线追迹 $\boldsymbol{P}$ 矩阵进行模拟。每条入射光线具有单位 $\boldsymbol{E}$ 场振幅。垂直偏振光通过波片后,在视场中心变成左旋圆偏振光。对于会聚光场,两个正交偏振的出射模式按照式(20.18)那样合并,以计算随角度变化的延迟。其长轴方向沿一条对角线是垂直方向的,沿另一条对角线是水平方向的。椭圆率在 x 轴和 y 轴上是圆偏振的,随着远离 x 轴、y 轴而改变。

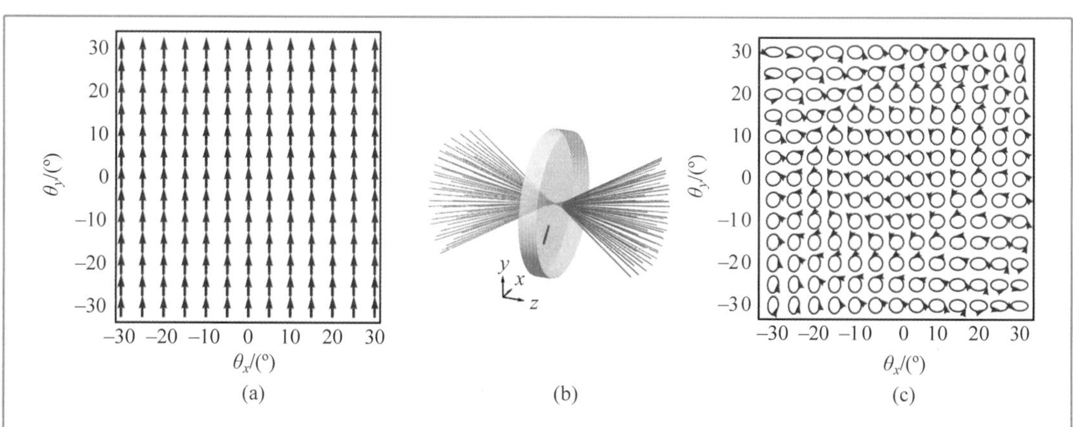

图 20.10　(b)入射角为±30°×30°的方形阵列光线通过一阶四分之一波片传播时延迟的角度变化，该波片的光轴在 xy 平面上 45°方向。椭圆图显示了(a)入射偏振态和(c)双极坐标系下的出射偏振态。椭圆的大小与电场振幅成正比

如图 20.10 所示，$1\frac{1}{4}\lambda$ 板的延迟可由式(20.17)计算，或使用第 17 章中的延迟算法从 $\boldsymbol{P}$ 矩阵中提取。与正入射相对应的视场中心具有 $3\pi/2$ 的延迟。当入射角在包含光轴的 45°平面内增加时，延迟相比正入射增大。随着角度在正交于光轴的方向上增大，延迟减小。该波片的延迟为马鞍形，与光轴对称，如图 20.11(a)所示。

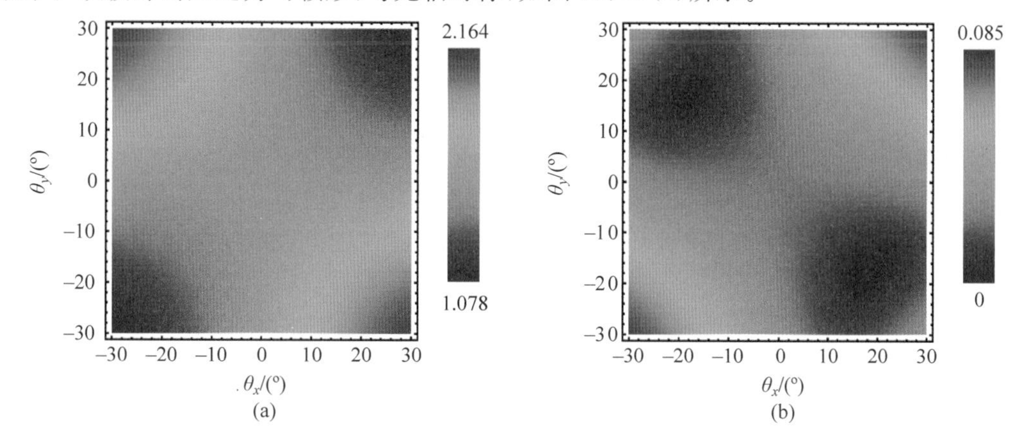

图 20.11　对于 $1\frac{1}{4}\lambda$ 板，(a)弧度单位的延迟量和(b)二向衰减率是入射角 θ_x 和 θ_y 函数。在这里，沿 x 轴和 y 轴的延迟量是常数

波片有一个小的二向衰减，如图 20.11(b)所示，这是由寻常折射率和异常折射率的差异导致菲涅耳透射系数的差异引起的。这种晶体波片的二向衰减很小。在包含光轴的平面中出现两个二向衰减为零的入射角，即节点，其中 $T_{\mathrm{p}\to\mathrm{e}}=T_{\mathrm{s}\to\mathrm{o}}$。

对于如图 20.10 所示的垂直偏振入射光，所得 $\boldsymbol{E}$ 场的振幅和偏振椭圆的长轴方向和椭圆率如图 20.12 所示。由于倾斜的马鞍形图案中菲涅耳透射率的微小变化，出射振幅的变化非常小，平均值为 0.95。沿 x 和 y 方向观察到较高的椭圆率。椭圆率 0 和 1 分别

表示线偏振光和圆偏振光。由于两种模式的透射率略有差异,在正入射时,出射光不是圆偏振的。在这种情况下,沿 y 轴找到平衡二向衰减和延迟的角度,圆偏振光是可能出现的。当入射光线跨过 x 或 y 方向时,椭圆的方向从 0°切换到 90°。

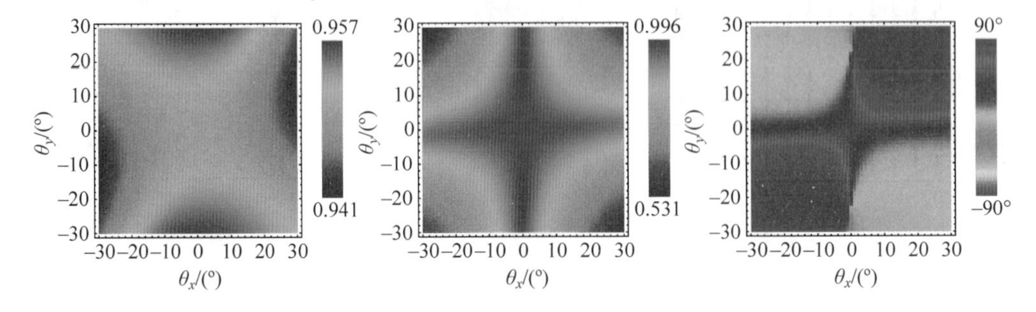

图 20.12 从左到右显示了由垂直偏振入射光得到的电场振幅、椭圆率和偏振椭圆的长轴

20.4 非共传播的波前合并

对于球面和其他非平面波前,**E** 场可以相加,但它们对应的 **P** 矩阵不能相加。前几节中的讨论仅涉及准直光束,准直光束始终可用单个 **P** 矩阵表示。本节介绍在不同方向上传播的空间重叠光线阵列的 **E** 场合并。

在光学系统的模拟中,一项常见的任务是评估感兴趣面上的光分布。例如,计算出瞳中的光通量和波像差、探测器上的点扩散函数或其他任意表面上的光照模式。当来自物或光瞳的不同部位具有不同光线路径的光线在某个面上重叠时,所有这些光线都与具有不同 $\boldsymbol{S}_{\mathrm{D}}$ 的 **P** 矩阵相关联。为了正确模拟光束合并,需要将光线转换为波前和 **E** 场。当 M 个模式重叠时,例如当来自 M 个模式的光线穿过同一区域时,**E** 场可以按照如下方式进行相干叠加:

$$\boldsymbol{E}_{\text{total}}=\sum_{m=1}^{M}\boldsymbol{E}_{m}\,\mathrm{e}^{\mathrm{i}\frac{2\pi}{\lambda}\mathrm{OPL}_{m}} \tag{20.19}$$

一个简单的例子是用偏振分束器(PBS)将两束偏振光合并到同一平面上,如图 20.13 所示。在这种情况下,两个波前来自不同方向,可能具有相同的振幅,并且可能是正交偏振的,经合束器后合并到一起。

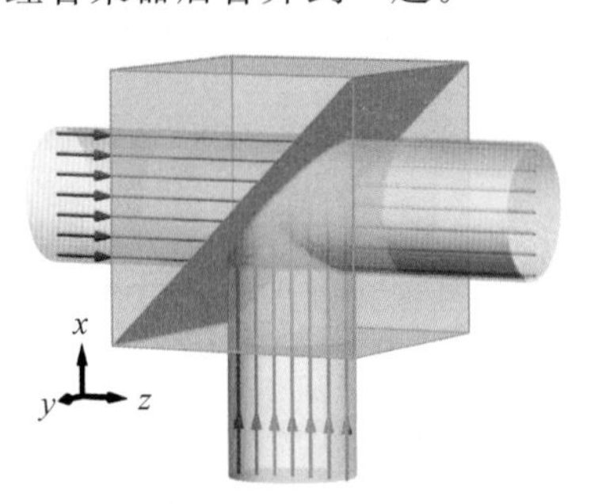

图 20.13 两个准直的波前(红色和蓝色)以相同方向从 PBS 出射

在一个路径中,入射的 x 偏振光沿 $+z$ 方向传播,$\boldsymbol{P}_1=\begin{pmatrix}1&0&0\\0&0&0\\0&0&1\end{pmatrix}$,透过 PBS,以 $\boldsymbol{E}_1=(1,0,0)$ 从 PBS 出射。对于另一个路径,光线从 x 方向反射到 z 方向,入射的 y 偏振光 $\boldsymbol{P}_2=\begin{pmatrix}0&0&0\\0&1&0\\1&0&0\end{pmatrix}$ 反射为 $\boldsymbol{E}_2=(0,1,0)$。由于两束光线来自不同的方向,因此把它

们的 **P** 矩阵相加是没有意义的。取而代之的是,将所得的 **E** 场合并。这两束光线显示为彼此重合,但通常情况下,它们不拥有完全相同的光线坐标。20.5 节将解释此类重叠光束(光线阵列未完全对准)合并的方法。

光线追迹算法将计算两条光路的光程长度 OPL_1 和 OPL_2。出射偏振态取决于两光束之间的光程差 ΔOPL,

$$\boldsymbol{E}_{\text{total}}=\boldsymbol{E}_1\mathrm{e}^{\mathrm{i}\frac{2\pi}{\lambda}\mathrm{OPL}_1}+\boldsymbol{E}_2\mathrm{e}^{\mathrm{i}\frac{2\pi}{\lambda}\mathrm{OPL}_2}=\begin{pmatrix}1\\\mathrm{e}^{\mathrm{i}\frac{2\pi}{\lambda}(\mathrm{OPL}_2-\mathrm{OPL}_1)}\\0\end{pmatrix}\mathrm{e}^{\mathrm{i}\frac{2\pi}{\lambda}\mathrm{OPL}_1}=\begin{pmatrix}1\\\mathrm{e}^{\mathrm{i}\frac{2\pi}{\lambda}\Delta\mathrm{OPL}}\\0\end{pmatrix}\mathrm{e}^{\mathrm{i}\phi}\quad(20.20)$$

如果两光束完全准直没有偏差,且两个波前的光线网格彼此完全重叠,则最终的 **E** 将在合成光束上具有恒定的 ΔOPL,并产生均匀偏振光,如图 20.5 所示。如图 20.14 所示,如果光束有像差或彼此有倾斜,ΔOPL 在空间上是变化的,产生的偏振椭圆也将在整个光束上发生空间变化。

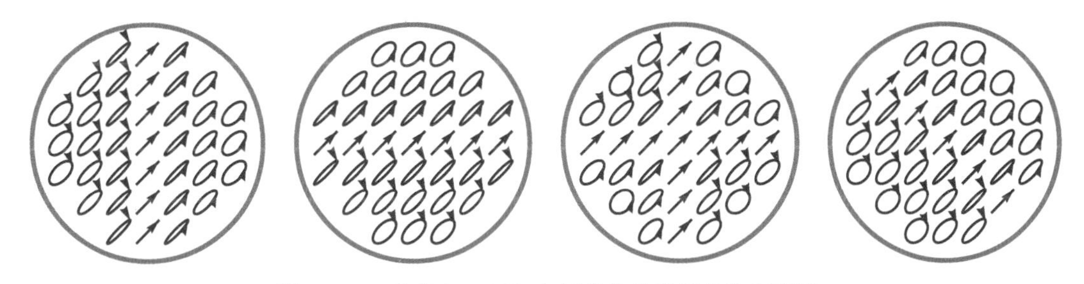

图 20.14　光束上 ΔOPL 空间变化的偏振态分布例子

在这种情况下,光线网格提供了波前之间 ΔOPL 变化的采样信息。精确计算这些图案需要足够的光线密度来解析出瞳上的 ΔOPL 变化并避免混叠。

20.5　不规则光线网格的合并

通常,对应于多个波前的出射光线位置并不重叠。当球面波通过延迟器传播时,两个分裂模式的两组光线相互剪切。这两个模式的光线间距不同,如图 20.2 的平面 F 和图 20.15 所示。尽管光线彼此之间并不完全重叠,但它们的波前确实存在实质性重叠,因此这些光线束携带的光线参数需要适当的组合,以揭示它们的总合偏振。

本节描述了重建和合并这些未对齐光线网格的波前的步骤。这些程序涉及插值数据,并提供了一个插值算法例子。

20.5.1　合并未对齐光线数据的一般步骤

为了通过矢量相加合并 **E** 场函数,需要将 **E** 场的离散光线数据插值为连续函数。由光线追迹为每个波前计算的 **E** 场离散数据集在空间上分布在一个面上。不规则光线网格上的离散 **E** 场可以通过插值重建为连续函数。插值是一种估计已知数据之间中间值的方法,因此可以对插值函数进行重新采样。有许多算法来插值数据,如双线性插值、样条插值、克里格插值等[12-16]。通过插值估计的值包含插值误差。但是如果有足够的采样点和平滑的

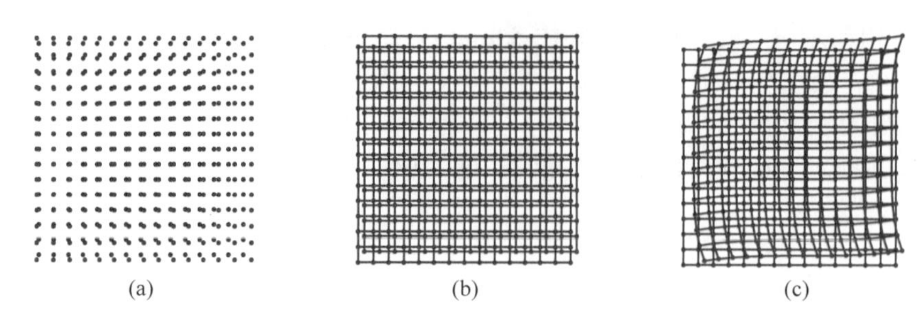

图 20.15 (a)探测器平面上的出射光线位置,具有两种出射模式(蓝色和红色)。(b)规则网格上的出射光线。(c)间距不均匀的不规则网格上的出射光线

输入光线数据,这些误差可以最小化。通过对光线网格的光线数据进行插值,并将插值函数重新采样到共同的光线网格,所得重采样 **E** 场可以相加来模拟多个干涉光束。由于 **E** 场是基于逐个模式求和的,因此光线追迹数据首先分组到各个模式中。然后,使用离散光线数据对 **E** 场进行插值产生连续函数,如式(20.21)所示,**E** 场每个模式具有七个分量(复 **E** 场的三个正交分量和一个 OPL)。每个模式的 **E** 场所得函数相加以表示合成的 **E** 场。表 20.3 总结了构建总合 **E** 场的步骤。

$$\boldsymbol{E}=\begin{pmatrix}\mathrm{Re}[E_x]+\mathrm{iIm}[E_x]\\ \mathrm{Re}[E_y]+\mathrm{iIm}[E_y]\\ \mathrm{Re}[E_z]+\mathrm{iIm}[E_z]\end{pmatrix}\mathrm{e}^{\mathrm{i}\frac{2\pi}{\lambda}\mathrm{OPL}}=\begin{pmatrix}|E_x|\mathrm{e}^{\mathrm{i}\phi_x}\\ |E_y|\mathrm{e}^{\mathrm{i}\phi_y}\\ |E_z|\mathrm{e}^{\mathrm{i}\phi_z}\end{pmatrix}\mathrm{e}^{\mathrm{i}\frac{2\pi}{\lambda}\mathrm{OPL}} \tag{20.21}$$

表 20.3 从波前合并重建波前的步骤

步 骤	操 作	输 出
1	按模式对出射光线追迹数据分组	光线数据网格
2	计算光线数据网格的出射 **E** 场	**E** 场网格
3	对每个 **E** 场的网格进行插值	每个模式的 **E** 场函数
4	将每个 **E** 场函数重新采样到共同的网格上	重采样的 **E** 场网格
5	将 **E** 场的重采样网格相加	最终的 **E** 场网格

图 20.16(a)显示了三个重叠光线网格的例子,其中光线位置间隔不均匀且不重合。首选矩形网格,以便能用矩阵数据结构和操作。因此,没有数据的区域通常用零填充。在图 20.16(b)中,使用插值将三个光线网格重新采样到一个新网格上,该网格的数据周围为零。这个新网格是均匀分布的,这有助于使用衍射理论进一步分析。对于 $\boldsymbol{M}$ 个独立的模式,通过将 $\boldsymbol{M}$ 个插值后的 **E** 场相加,计算合并的 **E** 场,如下所示:

$$\boldsymbol{E}(x,y)=\sum_{m}^{M}\left[\mathrm{e}^{\mathrm{i}\frac{2\pi}{\lambda}\mathrm{OPL}_m(x,y)}\begin{pmatrix}E_{x,m}(x,y)\\ E_{y,m}(x,y)\\ E_{z,m}(x,y)\end{pmatrix}\right] \tag{20.22}$$

其中,(x,y)是合并模式所在面上的坐标系。

20.5.2 逆距离加权插值

本节介绍一种插值算法,即本章中使用的逆距离加权插值算法[17]。该方法使用邻近点

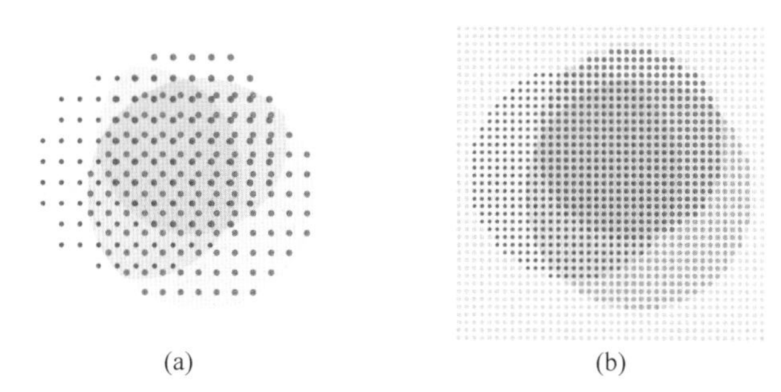

(a)　(b)

图 20.16　对应于三种模式的三束光线到达一个二维平面。(a)光线的位置显示为点。(b)在规则网格中对光线数据进行重采样,在三个光束区域外填充零值(灰点)

数据的加权平均值[15]。对于具有平滑值的密集采样点网格,此插值方法用途广泛且相当精确。参考文献[18]讨论了不同插值方法之间的比较。

考虑电场($\boldsymbol{E}_1,\boldsymbol{E}_2,\cdots,\boldsymbol{E}_a,\cdots,\boldsymbol{E}_A$)在不规则间隔位置($\boldsymbol{r}_{\boldsymbol{E}1},\boldsymbol{r}_{\boldsymbol{E}2},\cdots,\boldsymbol{r}_{\boldsymbol{E}a},\cdots,\boldsymbol{r}_{\boldsymbol{E}A}$)的样本 A,它将被重新采样到一个新的均匀间隔的网格上,即在 B 位置($\boldsymbol{r}_1,\boldsymbol{r}_2,\cdots,\boldsymbol{r}_b,\cdots,\boldsymbol{r}_B$),如图 20.17(a)所示。距离 $\boldsymbol{r}_b$ 最近的 Q 个数据点将被用于估算 $\boldsymbol{r}_b$ 处的值,如图 20.17(b)所示。在点 $\boldsymbol{r}_b$,Q 个最接近的电场样本是在($\boldsymbol{r}_{c1},\boldsymbol{r}_{c2},\cdots,\boldsymbol{r}_{cq},\cdots,\boldsymbol{r}_{cQ}$)的($\boldsymbol{E}_{c1},\boldsymbol{E}_{c2},\cdots,\boldsymbol{E}_{cq},\cdots,\boldsymbol{E}_{cQ}$)。选择数量 Q 以在中间位置产生合理的电场估计值。这些 Q 个数据点与点 $\boldsymbol{r}_b$ 的距离为($|\bar{\boldsymbol{r}}_{c1}|,|\bar{\boldsymbol{r}}_{c2}|,\cdots,|\bar{\boldsymbol{r}}_{cq}|,\cdots,|\bar{\boldsymbol{r}}_{cQ}|$)=($|\boldsymbol{r}_{c1}-\boldsymbol{r}_b|,|\boldsymbol{r}_{c2}-\boldsymbol{r}_b|,\cdots,|\boldsymbol{r}_{cq}-\boldsymbol{r}_b|,\cdots,|\boldsymbol{r}_{cQ}-\boldsymbol{r}_b|$)。然后,计算由 Q 个数据点加权的 $\boldsymbol{r}_b$ 处 $\boldsymbol{E}$ 场的插值

$$\boldsymbol{E}_b=\sum_{q=1}^{Q}S_q\boldsymbol{E}_{cq} \tag{20.23}$$

式中各个权重 S_q 为

$$S_q=\frac{(|\bar{r}_{cq}|+\varepsilon)^{-p}}{\sum_{q=1}^{Q}[(|\bar{r}_{cq}|+\varepsilon)^{-p}]} \tag{20.24}$$

S_q 是由距离 $|\bar{r}_{cq}|$ 得出的比例因子,最大值是 1。ε 是为避免计算机程序中的"被零除"情况而选用的一个小数值,当要插值的点正好落在某个数据点上时,此时 $|\bar{r}_{cq}|=0$。$\varepsilon=10^{-17}$ 是典型值。p 是控制每个数据位置的影响区域的逆距离权重。随着 p 的增加,影响范围减小。当 $p=0$ 时,方程式(20.24)仅对采样值进行平均。当 $\boldsymbol{r}_{cq}$ 接近 $\boldsymbol{r}_b$,S_q 强调 $\boldsymbol{E}_{cq}$。如果 $\boldsymbol{r}_b$ 正好位于 $\boldsymbol{r}_{cq}$,$|\bar{r}_{cq}|=0$,那么 $S_q\approx 1$。当 $\boldsymbol{r}_b$ 远离任何一个 A 数据点,$S_q\to 0$。孔径边缘和其他不连续处的幅值突变总是会导致插值瑕疵,可以通过用较小数量的 Q 和限制区域(在该区域中,重采样时可用式(20.23)描述样本)来最小化此类缺陷。

图 20.18 和图 20.19 显示了一组一维数据和一组二维数据的两个插值例子。插值算法生成 $p=3$ 的平滑插值函数。应根据数据的物理性质选取 p。例如,Kelway[19] 和 NOAA[20] 使用 $p=1.65$ 和 $p=2$ 插值降水量。ARMOS 模型[21] 建议,插值油压头的 p 范围为 4 到 8。

逆距离加权插值算法的变化可以减少插值函数产生的瑕疵,如限制所使用样本的半径或考虑样本的斜率[22]。其他插值算法,如克里格插值[23] 和薄板样条插值[24] 提供了更复杂的估值,需要更多的计算机编程。这些插值函数通常内置在 Mathematica 和 MATLAB

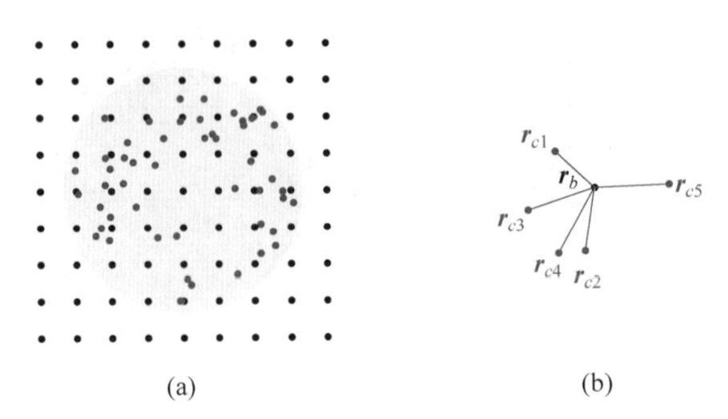

图 20.17 (a)红色显示的位置($\boldsymbol{r}_{E1},\boldsymbol{r}_{E2},\cdots,\boldsymbol{r}_{Ea},\cdots,\boldsymbol{r}_{EA}$)处不均匀分布的光线网格。黑色显示的是用于重采样的等间距网格($\boldsymbol{r}_1,\boldsymbol{r}_2,\cdots,\boldsymbol{r}_b,\cdots,\boldsymbol{r}_B$)。(b)插值涉及对最邻近点的贡献进行加权。图(b)显示了距离 $\boldsymbol{r}_b$ 最近的五个数据位置($\boldsymbol{r}_{c1},\boldsymbol{r}_{c2},\boldsymbol{r}_{c3},\boldsymbol{r}_{c4},\boldsymbol{r}_{c5}$)

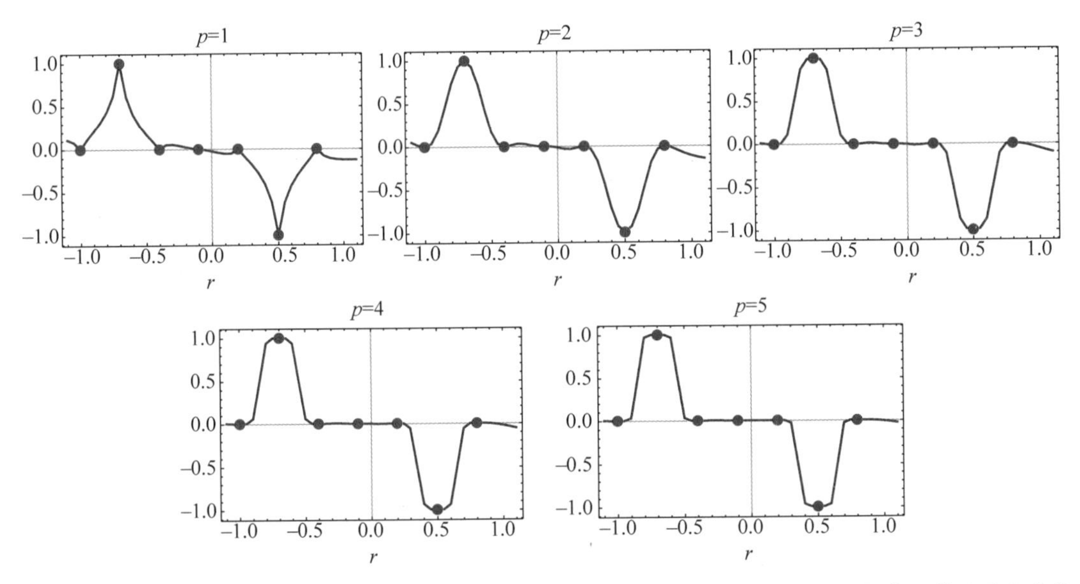

图 20.18 用式(20.23)对七个数据点(红色)进行插值。对于五个不同的 p 值,所得插值函数显示为蓝色

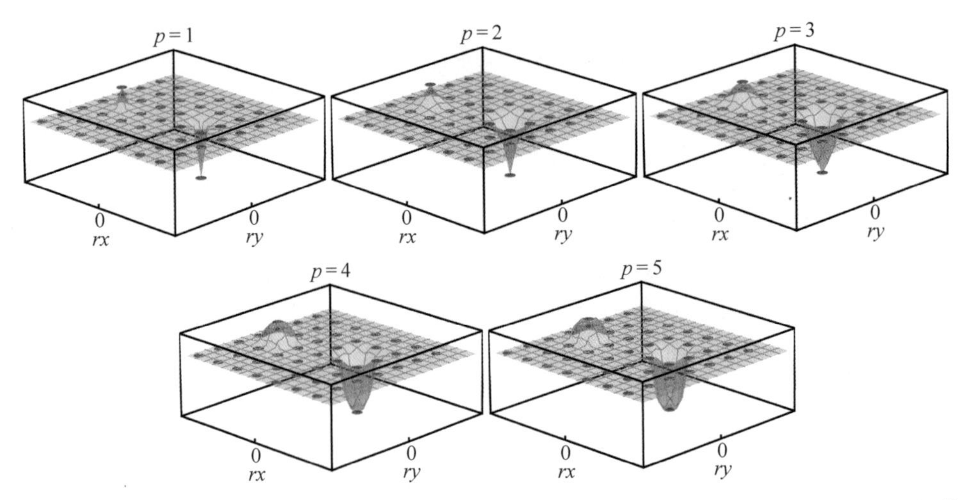

图 20.19 用式(20.23)对两个非零数据点(红色)进行插值。以橙色显示了不同 p 得到的二维插值函数,揭示了不同 p 对函数的影响

等软件中。

例 20.2　合并波前的偏振变化

考虑合并两个波前，这两个波前来自透过方解石四分之一波片聚焦的会聚光束，如图 20.2 所示。晶体的光轴方向为(sin45°，cos45°，0)。得到的波前将在晶体板后的平面上合并。如图 20.20 所示，每种模式的 $\boldsymbol{E}$ 场均匹配于同一网格。这些采样点在球面上的间距几乎相等，因此看起来是朝着圆周聚集在一起的。对于这种波片，由于四分之一波片很薄，因此出射模式之间的剪切量非常小。入射 $\boldsymbol{E}$ 选取为 45°线偏振。在每个出射位置处，每个模式都有根据偏振光线追迹计算的 $\boldsymbol{P}$ 矩阵。这些 $\boldsymbol{P}$ 乘以 $\boldsymbol{E}_{45°}$，获得两组出射的 $\boldsymbol{E}$，即 $\boldsymbol{E}_{\mathrm{o}}$ 和 $\boldsymbol{E}_{\mathrm{e}}$。如图 20.21 所示，每种模式有四个实函数。

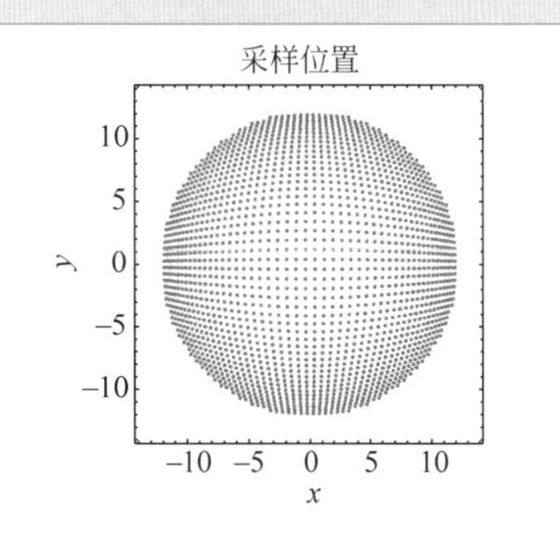

图 20.20　球面上的网格位置，电场和 OPL 将在网格上重新采样

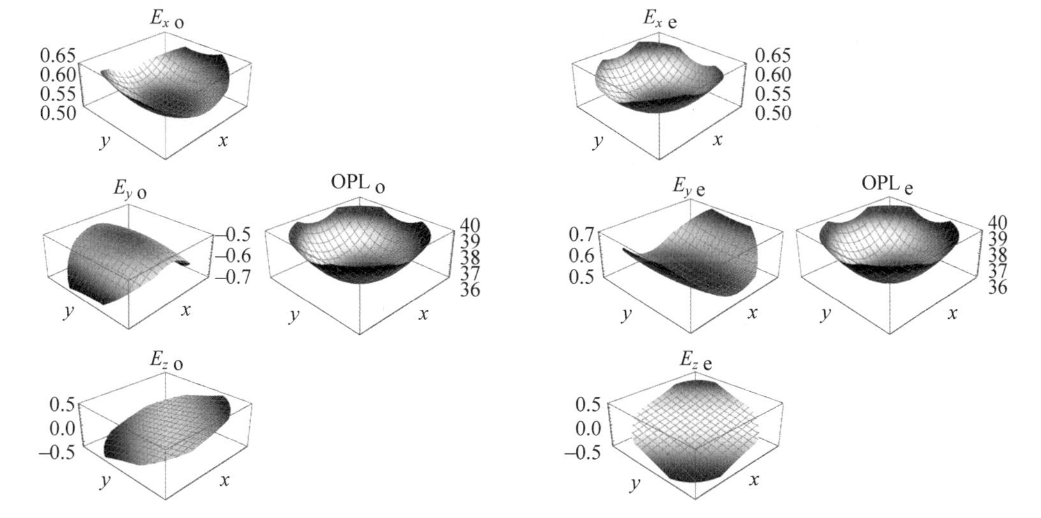

图 20.21　三个 $\boldsymbol{E}$ 场分量(实数)的插值函数和两个出射模式的 OPL

然后，通过式(20.22)计算 $\boldsymbol{E}_{\mathrm{total}}$，其中 m 为 o 和 e。图 20.22 中显示了 $1\dfrac{1}{4}\lambda$ 波片、$2\dfrac{1}{4}\lambda$ 波片和 $5\dfrac{1}{4}\lambda$ 波片的 $\boldsymbol{E}_{\mathrm{total}}$ 的合成偏振椭圆。随着板越来越厚，椭圆率随角度变化更快，但始终沿 x 轴和 y 轴保持近似圆形。对于所有三种情况，椭圆偏振的长轴方向在两个对角线象限中为 0°，在另两个对角线象限中为 90°。当平板变厚时，将观察到偏振条纹，即偏振态的周期性调制。例如，在图 20.23 中可看到这一点，在图 20.23 中，板厚增加到 $50\dfrac{1}{4}\lambda$，从而在每个对角象限上产生大约七条偏振条纹。现在通过在空间上展示 o 模和 e 模各自的场分布，条纹分布也得到展示，如图 20.23 所示。

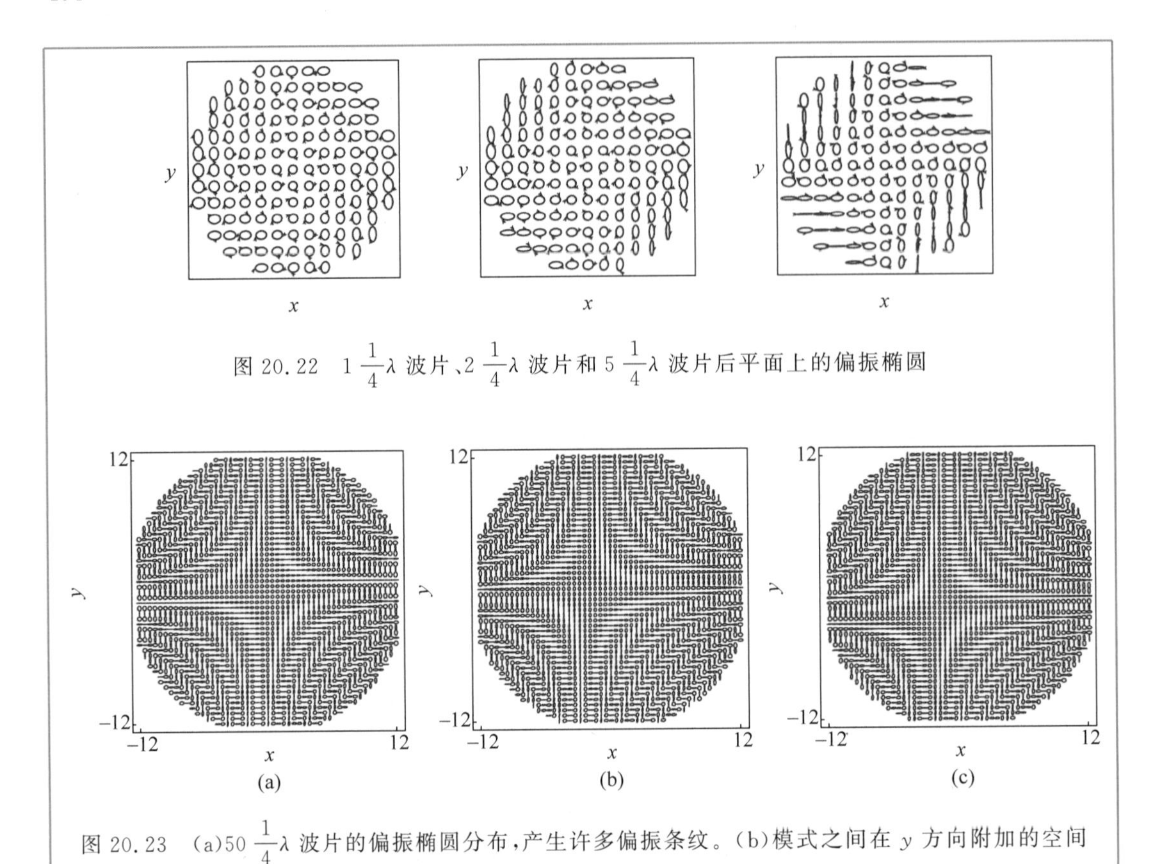

图 20.22　$1\frac{1}{4}\lambda$ 波片、$2\frac{1}{4}\lambda$ 波片和 $5\frac{1}{4}\lambda$ 波片后平面上的偏振椭圆

图 20.23　(a)$50\frac{1}{4}\lambda$ 波片的偏振椭圆分布，产生许多偏振条纹。(b)模式之间在 y 方向附加的空间剪切，以及(c)电场在对角线方向的附加剪切

20.6　小结

双折射光线追迹的结果是多个模式和多个波前对应的光线阵列。每个波前都有不同的路径，并有自己的振幅、偏振、OPL 和像差函数。当这些波前重叠时，由波前干涉来计算它们的组合效应。干涉仪和各向异性光学元件的光学分析需要在光线追迹后合并这些波前。这是通过①由偏振光线追迹对每个波前进行采样，②将它们拟合为插值函数，每个模式一个，然后将这些 $\boldsymbol{P}$ 或 $\boldsymbol{E}$ 函数相加以表示该平面上的干涉，或在均匀间隔的网格上对 $\boldsymbol{P}$ 或 $\boldsymbol{E}$ 的插值函数进行重采样。然后，该重组波前用于计算总像差、点扩展函数和其他度量。

若光束是准直的，最好是组合 $\boldsymbol{P}$ 矩阵，而不是每个模式的 $\boldsymbol{E}$ 场。组合 $\boldsymbol{P}$ 矩阵而不是 $\boldsymbol{E}$ 场的优点如下：①对于任何入射偏振，它保留了沿光线路径的偏振信息；②第 9 章和第 17 章描述的二向衰减和延迟的计算仍然适用。但是当要组合的模式的 $\boldsymbol{S}_{\mathrm{D}}$ 不相同时(不同入射方向的光线相加)，不能组合 $\boldsymbol{P}$ 矩阵，而要组合 $\boldsymbol{E}$ 场。

波前组合的计算通常在成像系统的出瞳处或照明平面上进行，在那里 $\boldsymbol{P}$ 矩阵、$\boldsymbol{E}$ 场及其从光线追迹中采样的 OPL 位于平滑且良好间隔的出射网格上，并且可以避免焦散。这些采样的波前数据被拟合并插值为波前函数。光瞳上的插值允许使用光线追迹数据估计光瞳内任何位置的相关值，并在中间位置构造新值。然后将这些波前函数求和，计算出各模式的组合效应。

为减少复杂的计算，通常会做一些假设，例如忽略薄波片引起的小的波前剪切。然而，对于厚双轴元件或双折射晶体需要注意和小心，其将入射光束分解成不同路径，然后将光束重新定向到感兴趣的平面进行组合。当在没有假设的情况下进行计算时，可模拟系统中未对准和制造缺陷的细微影响，并产生准确的结果。对于不平滑的波前，可能需要大量光线追迹和插值。

第 21 章和第 22 章将详细分析晶体波片和格兰型偏振器，使用第 19 章的光线追迹算法和本章的模式合并方法。这些模拟展示了在实验室测量中观察到的像差、非期望模式和入射角效应，凸显了限制这些双折射元件高性能的光学效应。

20.7 习题集

20.1 两个均匀偏振的几乎共传播的单色平面光波发生干涉，产生以下干涉图样。描述两种相干的偏振态，并提供琼斯矢量示例(图 20.24)。

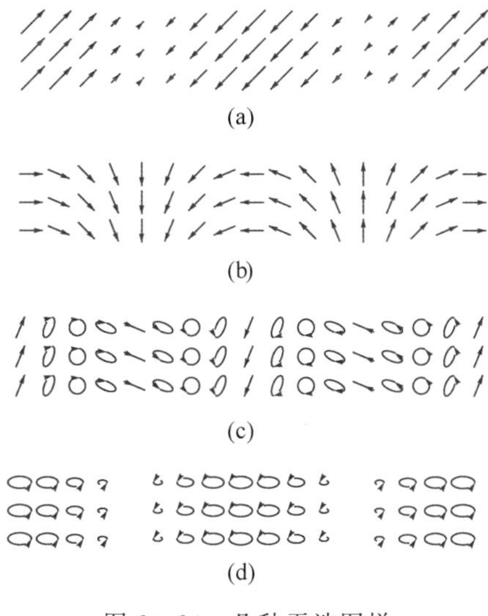

图 20.24　几种干涉图样

20.2 一束 500nm 波长正入射的光束，其传播矢量为 $\boldsymbol{k}=(0,0,1)$，它通过一个波片并产生两个出射模式，这两个模式的 $\boldsymbol{P}$ 矩阵显示如下：

$$\boldsymbol{P}_{\mathrm{e}}=\begin{pmatrix}0.48063 & 0.48063 & 0\\ 0.48063 & 0.48063 & 0\\ 0 & 0 & 1\end{pmatrix}\quad 和\quad \boldsymbol{P}_{\mathrm{o}}=\begin{pmatrix}0.46877 & -0.46877 & 0\\ -0.46877 & 0.46877 & 0\\ 0 & 0 & 1\end{pmatrix}$$

它们的累积 OPL 是 $\mathrm{OPL_e}=0.00316754\mathrm{mm}$ 和 $\mathrm{OPL_o}=0.00354254\mathrm{mm}$。对于这个简单的波片，$\boldsymbol{k}=\boldsymbol{k}'$。

a. 用下式将两个出射模式合并起来

$$\boldsymbol{P}'=(\boldsymbol{P}_{\mathrm{o}}-\boldsymbol{k}_{\mathrm{D}})\mathrm{e}^{\mathrm{i}\frac{2\pi}{\lambda}\mathrm{OPL_o}}+(\boldsymbol{P}_{\mathrm{e}}-\boldsymbol{k}_{\mathrm{D}})\mathrm{e}^{\mathrm{i}\frac{2\pi}{\lambda}\mathrm{OPL_e}}+\boldsymbol{k}_{\mathrm{D}}$$

其中 $\boldsymbol{k}_{\mathrm{D}}$ 是 $\boldsymbol{k}$ 和 $\boldsymbol{k}'$ 的外积。(a_1, a_2, a_3) 和 (b_1, b_2, b_3) 的外积是 $\begin{pmatrix} a_1b_1 & a_1b_2 & a_1b_3 \\ a_2b_1 & a_2b_2 & a_2b_3 \\ a_3b_1 & a_3b_2 & a_3b_3 \end{pmatrix}$。

b. 什么样的入射电场会产生圆偏振输出电场(1,i,0)?

20.3 考虑下面的干涉仪设置(图 20.25):

a. 将所得 $\boldsymbol{P}$ 矩阵相加有效吗? 为什么?

b. 当反射镜 2 沿 z 轴移动 0.25λ 时,总的 $\boldsymbol{P}$ 如何变化?

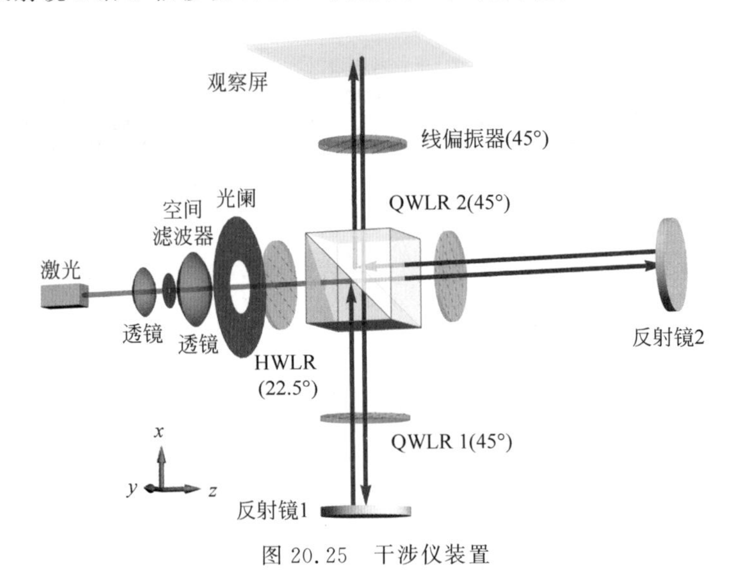

图 20.25 干涉仪装置

20.4 求以下矢量场的并矢 $\boldsymbol{S}_{\mathrm{D}}$(见式(20.5)):

a. (1,0,0)和(1,0,0)

b. (1,0,0)和(0,1,0)

c. (3,4,5)和(3,4,5)

d. (3,4,5)和(−3,−4,−5)

20.5 四束光线从一个双折射元件系统出射,它们的 $\boldsymbol{P}$ 矩阵为 $\begin{pmatrix} 0.0853 & 0 & 0 \\ 0.2704 & 0 & 0 \\ 0 & 0 & 1 \end{pmatrix}$、$\begin{pmatrix} 0.8527 & 0 & 0 \\ -0.2689 & 0 & 0 \\ 0 & 0 & 1 \end{pmatrix}$、$\begin{pmatrix} 0 & 0.2720 & 0 \\ 0 & 0.8627 & 0 \\ 0 & 0 & 1 \end{pmatrix}$、$\begin{pmatrix} 0 & -0.2707 & 0 \\ 0 & 0.0853 & 0 \\ 0 & 0 & 1 \end{pmatrix}$,相关的 OPL 分别是 45.824mm、44.330mm、44.960mm、45.466mm。为每个 $\boldsymbol{P}$ 矩阵计算 $\breve{\boldsymbol{P}}$,并求四束出射光合并的 $\boldsymbol{P}_{\mathrm{total}}$。

20.6 法布里-珀罗腔由两个部分反射镜及它们之间厚度为 $t=0.06\mathrm{mm}$ 的双折射晶体构成。每个反射镜透射 0.64 的光能量而没有相移,反射 0.36 的光能量而有 π 相移。寻常折射率的色散为 $n_{\mathrm{o}}(\lambda)=1.5\times0.6/\lambda$,异常折射率的色散为 $n_{\mathrm{e}}(\lambda)=1.6\times0.6/\lambda$。

求直接透射光束的 $\boldsymbol{P}_0(\lambda)$，在每个面发生一次反射然后出射的光束的 $\boldsymbol{P}_1(\lambda)$，在每个面发生二次反射然后出射的光束的 $\boldsymbol{P}_2(\lambda)$。高阶光束的贡献小于 0.2% 总光能量。在哪些波长处，异常光的透射光量达到峰值？寻常光呢？

20.8　参考文献

[1] A. Y. Karasik and V. A. Zubov. Laser Interferometry Principles, CRC Press (1995).

[2] E. P. Goodwin and J. C. Wyant, Field Guide to Interferometric Optical Testing, SPIE (2006).

[3] P. L. Polavarapu (ed.), Principles and Applications of Polarization-Division Interferometry, John Wiley & Sons (1998).

[4] M. P. Rimmer and J. C. Wyant, Evaluation of large aberrations using a lateral-shear interferometer having variable shear, Appl. Opt. 14 (1975): 142-150.

[5] C. M. Vest, Holographic Interferometry, New York: John Wiley & Sons (1979).

[6] P. K. Rastogi, Holographic Interferometry, Vol. 1, Springer (1994).

[7] C. L. Adler and J. A. Lock, Caustics due to complex water menisci, Appl. Opt. 54 (2015): B207-B221.

[8] M. Avendaño-Alejo, Caustics in a meridional plane produced by plano-convex aspheric lenses, J. Opt. Soc. Am. A 30 (2013): 501-508.

[9] H. Noble, et al, Polarization synthesis by computer-generated holography using orthogonally polarized and correlated speckle patterns, Opt. Lett. 35 (2010): 3423-3425.

[10] H. Noble, W. Lam, W. Dallas, R. Chipman, I. Matsubara, Y. Unno, S. McClain, P. Khulbe, D. Hansen, and T. Milster, Square-wave retarder for polarization computer-generated holography, Appl. Opt. 50 (2011): 3703-3710.

[11] D. Malacara (ed.), Optical Shop Testing, 2nd edition, John Wiley & Sons (1992).

[12] X. Geng and P. Hu, Spatial interpolation method of scalar data based on raster distance transformation of map algebra, in IPTC, Intelligence Information Processing and Trusted Computing, International Symposium, 188-191 (2010).

[13] I. Amidror, Scattered data interpolation methods for electronic imaging systems: A survey, J. Electronic Imaging 2(11) (2002): 157-176.

[14] S. J. Owen, An implementation of natural neighbor interpolation in three dimensions, Master's thesis, Brigham Young University (1992).

[15] D. Shepard, A two-dimensional interpolation function for irregularly-spaced data, Proc. 23rd Natl. Conf. ACM, 517-524 (1968).

[16] W. T. Vetterling, W. H. Press, S. A. Teukolsky, and B. P. Flannery, Numerical Recipes Example Book C (The Art of Scientific Computing), Cambridge University Press (1993).

[17] N. S. Lam, Spatial interpolation methods review, Am. Cartogr. 10 (1983): 129-149.

[18] W. H. Press, B. P. Flannery, S. A. Teukolsky, and W. T. Vetterling, Numerical Recipes in C: The Art of Scientific Computing, 2nd revised edition, Cambridge University Press (1992).

[19] P. S. Kelway, A scheme for assessing the reliability of interpolated rainfall estimates, J. Hydrol. 21 (1974): 247-267.

[20] NOAA, National Weather Service River Forecast System Forecast Procedures, TM NWS HYDRO-14, U. S. Department of Commerce, Washington, DC (1972).

[21] J. J. Kaluarachchi, J. C. Parker, and R. J. Lenhard, A numerical model for areal migration of water and light hydrocarbon in unconfined aquifers, Adv. Water Resour. 13 (1990): 29-40.

[22] D. F. Watson and G. M. Philip, A refinement of inverse distance weighted interpolation, Geo-

Processing, 2 (1985): 315-327.

[23] D. G. Krige, A statistical approach to some mine valuations and allied problems at the Witwatersrand, Master's thesis, the University of Witwatersrand (1951).

[24] J. Duchon, Splines minimizing rotation invariant semi-norms in Sobolev spaces, in Constructive Theory of Functions of Several Variables, Oberwolfach (1976), pp. 85-100.

第 21 章

单轴材料和元件

21.1 单轴材料中的光学设计问题

单轴材料是用于光学元件的最常见各向异性材料。它们是双轴材料的一种特殊情况，即具有两个相同主折射率；因此，两个相应的主轴简并。由双折射材料引起的波前像差随光的偏振和传播方向而变化。单轴材料，如方解石和石英，经常用于在本征偏振之间产生相位延迟或根据偏振来分割波前并将这些分量导向不同的方向。

本章的目标如下：

- 理解光通过单轴光学元件的传播；
- 求解异常光波前的形状；
- 确定如何根据偏振将光分解为本征模式；
- 计算由此引起的相位和偏振态；
- 了解单轴光学元件的偏振像差。

伊拉兹马斯·巴托兰首次描述了单轴晶体的特殊性质，他在1669年发现当光线透射通过冰洲石晶体时会发生双折射，冰洲石是方解石的名称之一[1]。巴托兰首次观察到双折射(图21.1)后，他无法解释这一现象，但他得到了冰洲石晶体的寻常折射率。二十多年后的1690年，克里斯蒂安·惠更斯发展了革命性的波动光学，其包含

图21.1 方解石形成的双像

了异常光的折射定律。1808年，马吕斯描述了偏振光通过方解石产生双像的现象，并证实了惠更斯的异常光折射结果[2-3]。

常见的单轴晶体偏振元件包括晶体波片和晶体偏振器，如格兰-泰勒偏振器①、格兰-汤普逊偏振器和沃拉斯顿棱镜。许多双折射器件包含一个以上的单轴元件，以此实现无热化设计或消色差[4-5]。通过双折射组件(如Lyot滤光器)的光线追迹很复杂。考虑一条光线通过如图21.2所示的晶体组件传播，其中光线在每个双折射界面倍增会产生多条不同偏振态的出射光线。所示的一条入射光线是来自球面波前的众多光线之一，而多条出射光线对应于多个出射波前。每一个偏振波前都有不同的模式序列，是单轴介质中寻常本征模式和异常本征模式的组合。每一个都有完全不同的路径，聚焦在不同的位置，并且有不同程度的像差，如第19章所述。

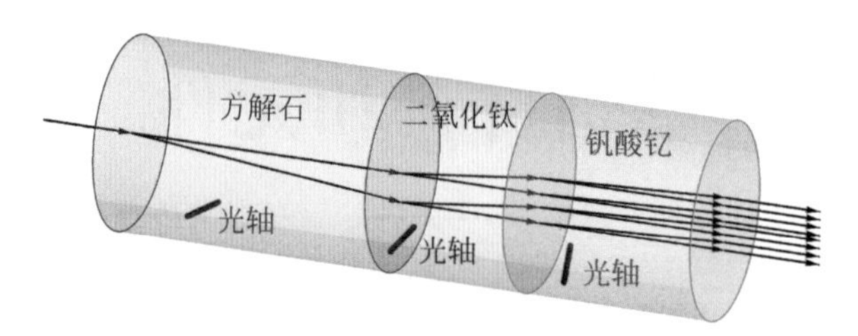

图21.2 通过三块单轴材料(具有任意光轴方向)的实际光线轨迹。进入第一块方解石晶体时，入射光线分解成两条光线。每条光线在第二个界面处再次分解，在第三个界面处又进一步分解成八条光线

理解由此产生的波前及其像差有助于寻求合适的光学元件配置和平衡像差。第19章给出了通过所有类型的双折射材料(包括单轴材料)进行偏振光线追迹的一般方法，其中每种材料都由其介电张量表示。该算法使得光学设计软件能够通过一般双折射材料系统追迹光线。本章介绍折射率椭球或光率体，它代表介电张量，用椭球的形式来帮助可视化双折射波前。

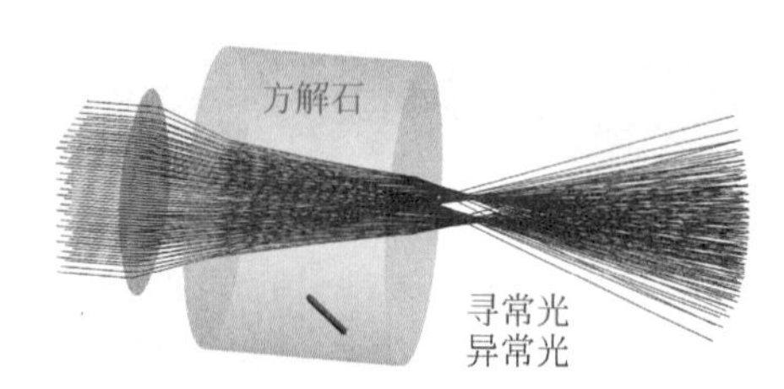

图21.3 会聚光束通过方解石厚板聚焦，其光轴(绿线段)在页面内。由于光线倍增，观察到有两个分离的焦点，一个是寻常(o)模式，另一个是异常(e)模式

本章通过模拟波前(用大量光线的网格表示)传播通过单轴晶体组件来评估光学波片的波前像差，如图21.3中一块单轴方解石晶体所示。第22章(晶体偏振器)将分析多个出射偏振波前的组合效应。

21.2 单轴材料描述

通常当一个平面波入射到单轴晶体界面时，它折射为两个偏振态相互正交、不同传播方向的平面波。这两个波是两个本征模，寻常(o)模式和异常(e)模式。由于电磁场与不同晶体方向上原子排列变化的相互作用，其中一个本征模式e模的折射率随偏振态的方向而变化。

① 第22章(晶体偏振器)对格兰-泰勒偏振器进行了详细的分析。

单轴材料包括四边形、六边形和三角形结晶矿物[6]。在晶体内部,材料的响应改变了光场振荡,这取决于相对于不同化学键的场方向。在单轴晶体方解石($CaCO_3$)中,所有的钙碳键都朝着一个方向排列,这是异常主轴。碳酸根中的三个碳氧键在垂直平面上排列,如图 21.4 所示。钙碳键对光电场的响应不同于碳酸盐基团中共价键的响应,从而导致电荷沿着钙碳键振荡,其产生的折射率与碳酸盐键平面上驱动电荷的折射率不同。

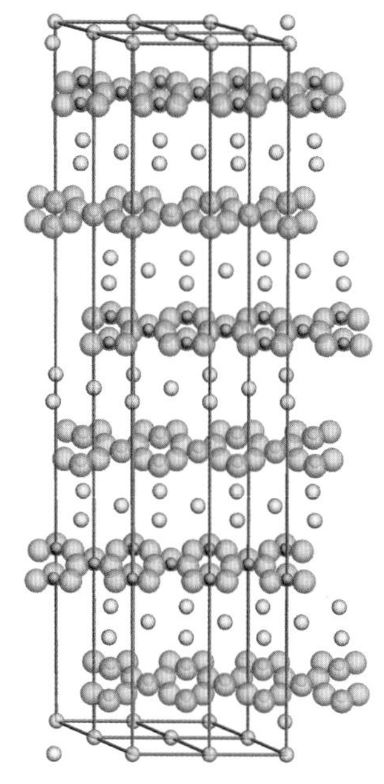

图 21.4　方解石($CaCO_3$)的晶体结构,其中竖直的光轴连接了钙原子(蓝色)和碳原子(紫色)

双折射材料的光轴是光产生零双折射的传播方向。单轴材料只有一根光轴,因此称为单轴材料。当光沿着单轴方解石的光轴向任一方向传播时,碳氧键三重对称的横向平面上的电场分量只能经历寻常折射率 n_O;两个本征模式简并。因此,单轴材料的光轴是异常主轴。

单轴介质中,在光场的影响下,电荷振荡并对传播通过介质的光电场产生作用。电位移场 $\boldsymbol{D}$ 与电场 $\boldsymbol{E}$ 的关系由式(21.1)的张量 $\boldsymbol{\varepsilon}$ 描述[6-8],表明单轴材料束缚电荷的响应方向与 $\boldsymbol{E}$ 方向不同。

$$\boldsymbol{D}=\boldsymbol{\varepsilon}\boldsymbol{E}$$

$$\begin{pmatrix} D_x \\ D_y \\ D_z \end{pmatrix}=\begin{pmatrix} \varepsilon_O & 0 & 0 \\ 0 & \varepsilon_O & 0 \\ 0 & 0 & \varepsilon_E \end{pmatrix}\begin{pmatrix} E_x \\ E_y \\ E_z \end{pmatrix}=\begin{pmatrix} (n_O+\mathrm{i}\kappa_O)^2 & 0 & 0 \\ 0 & (n_O+\mathrm{i}\kappa_O)^2 & 0 \\ 0 & 0 & (n_E+\mathrm{i}\kappa_E)^2 \end{pmatrix}\begin{pmatrix} E_x \\ E_y \\ E_z \end{pmatrix} \tag{21.1}$$

其中,$\boldsymbol{\varepsilon}$ 为单轴双折射材料的介电张量。介电张量分量 $\varepsilon_O=(n_O+\mathrm{i}\kappa_O)^2$ 和 $\varepsilon_E=(n_E+\mathrm{i}\kappa_E)^2$ 分别是寻常和异常介电常数。吸收用虚折射率分量 κ 表示,即电子的回复力。对于透明晶体,κ 很小。单轴材料的两个主折射率分别是 n_O 和 n_E。

式(21.1)描述了光轴沿 z 轴方向的材料的介电张量。为了表征任意方向的单轴介质,单轴介电张量被旋转为非对角形式。若光轴沿单位矢量 $\boldsymbol{v}_\mathbf{E}$ 方向,另有两个相互正交的单位矢量为 $\boldsymbol{v}_{\mathbf{O1}}$ 和 $\boldsymbol{v}_{\mathbf{O2}}$,它们都垂直于 $\boldsymbol{v}_\mathbf{E}$,由此得到的介电张量为

$$\boldsymbol{\varepsilon}=\begin{pmatrix} v_{O1x} & v_{O2x} & v_{Ex} \\ v_{O1y} & v_{O2y} & v_{Ey} \\ v_{O1z} & v_{O2z} & v_{Ez} \end{pmatrix}\cdot\boldsymbol{\varepsilon}_\mathbf{D}\cdot\begin{pmatrix} v_{O1x} & v_{O2x} & v_{Ex} \\ v_{O1y} & v_{O2y} & v_{Ey} \\ v_{O1z} & v_{O2z} & v_{Ez} \end{pmatrix}^{-1},\quad \text{其中}\boldsymbol{\varepsilon}_\mathbf{D}=\begin{pmatrix} n_O^2 & 0 & 0 \\ 0 & n_O^2 & 0 \\ 0 & 0 & n_E^2 \end{pmatrix}^{-1} \tag{21.2}$$

这是一个矩阵旋转变换,即基底的酉变换。

单轴材料根据 n_O 和 n_E 的值进行分类。负单轴晶体 $n_O>n_E$,包括方解石和蓝宝石。正单轴晶体,如氟化镁,$n_O<n_E$。一些常见的单轴晶体的主折射率见表 21.1。

表 21.1 单轴材料在 587.56nm 处的主折射率

材料		n_O	n_E
负单轴晶体[9]			
蓝宝石	α-Al_2O_3	1.76817	1.76009
方解石	$CaCO_3$	1.65864	1.48649
铌酸锂	$LiNbO_3$	2.30014	2.21453
正单轴晶体[9-10]			
氟化镁	MgF_2	1.37775	1.38957
石英[a]	SiO_2	1.54431	1.55343
金红石	TiO_2	2.61423	2.91031
钒酸钇	YVO_4	2.00269	2.22940
氧化锌	ZnO	2.00337	2.01986
氧化钛	TiO_2	2.61605	2.91260

注：[a] 石英在光轴的几度范围内具有小的旋光性。

单轴介质的最大双折射率是 n_O 和 n_E 之差，这是光线所能经历的最大双折射率。由于折射率随波长变化，所以双折射率也是波长的函数。几种单轴材料的双折射率光谱 Δn 如图 21.5 所示，其中

$$\Delta n = n_E - n_O \tag{21.3}$$

正、负单轴材料分别具有正双折射率和负双折射率。

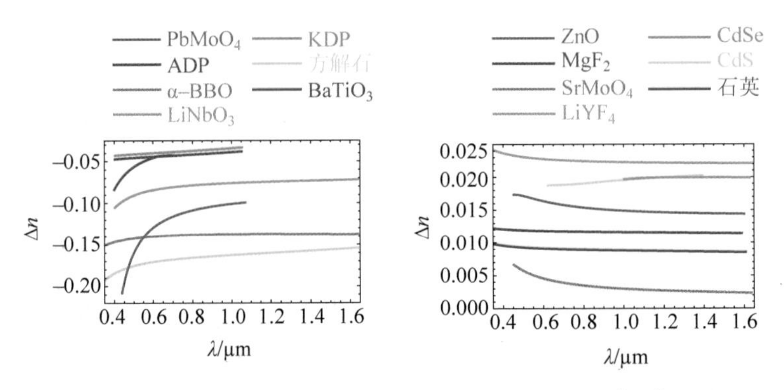

图 21.5 常见的正、负单轴材料的双折射率光谱[9-10]

21.3 单轴材料的本征模式

当光折射进入双折射材料时，在双折射或光线分解过程中，光的能量分为两个本征模式。与这两个本征模式相对应的折射率分别为 n_o 和 n_e。晶体的主截面是光线分解的平面。与光轴正交偏振的光(如在方解石的碳酸盐平面中)是寻常光 o 模式，具有寻常折射率 n_O，它始终等于材料的主折射率 n_O。垂直于 o 模式偏振的光(即有一个分量沿光轴)为异常光 e 模式，它具有异常折射率 n_e，其值介于 n_E 和 n_O 之间。光线的双折射率是本征模式之间的折射率差 $|n_o - n_e|$，它等于或小于介质的双折射率。

在图 21.6 中观察到光线倍增，它显示了文字“POLARIS”通过方解石晶体成像时的双折射。由于主截面与晶体相对固定，所以双像方向随晶体旋转而旋转。当晶体旋转时，主截面也旋转，o 模式图像保持固定而 e 模式图像围绕 o 模式图像旋转。可通过在晶体上方旋转一个线偏振器来证明这两个模式具有正交的线偏振态。

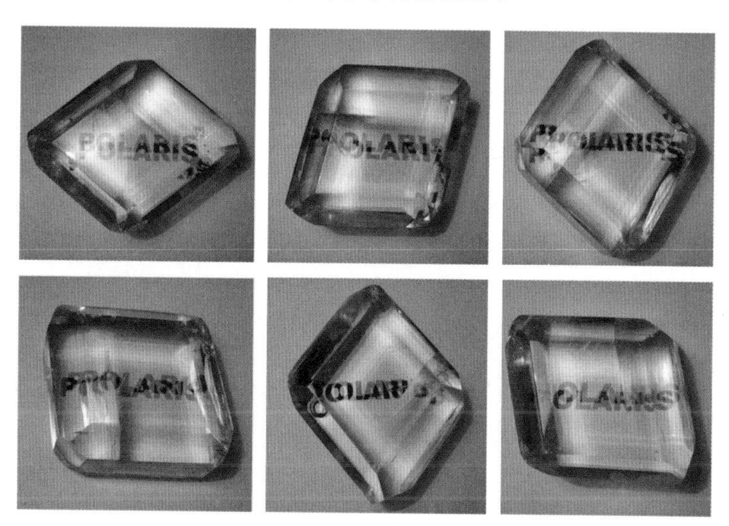

图 21.6　方解石棱体的双折射。当方解石旋转时，寻常图像保持固定不变，而异常图像围绕它旋转

图 21.7(b)显示了光线折射进入单轴平板的原理图，其光轴在页面中且与表面法线呈 42°。光轴和入射光线都在页面内，晶体的主截面也是光线分裂的平面。

主截面内偏振的折射光线为 e 模式，垂直于主截面偏振的另一折射光线为 o 模式。对于非偏振的入射光，在折射过程中，入射光通量分解为 o 模和 e 模。对于在页面内偏振的光，所有能量都折射为 e 模式。同样地，垂直于页面偏振的光，所有光都折射为 o 模式。因此，耦合到两种模式的光通量是入射偏振态的函数。

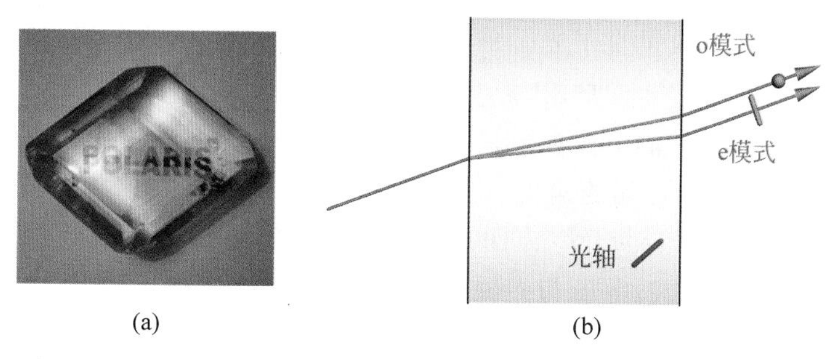

图 21.7　(a)方解石棱体的双折射。(b)光线通过方解石块分解成两种模式的示意图。图示的光轴与水平方向呈 42°。在本例中，e 偏振态位于页面中；o 偏振态垂直于页面

21.4　单轴界面的反射和折射

当光照射到单轴界面时，其光通量在折射光和反射光之间分开。折射光通量和反射光通量的比例取决于入射光的偏振态和所涉及的材料。当光传播进入单轴介质中，它的能量

分解为 o 模式和 e 模式两个方向。由于单轴晶体的对称性,e 模式电场总是在包含光轴的平面内,而 o 模式电场始终在垂直于光轴的平面上。

例 21.1 显示了与两个正交偏振模式对应的不同方向和折射率。o 模式总是遵循斯涅耳定律,折射率 $n_o=n_O$。当 e 模式电场与光轴正交时,其折射率与 o 模式相同,$n_e=n_O$。当 e 模式电场的方向偏离垂直于光轴方向,n_e 就从 n_O 向 n_E 方向偏离。随着 e 模式电场振荡方向接近于光轴方向,e 光折射率向 n_E 靠拢。当 e 模式电场与光轴对齐时,$n_e=n_E$。

例 21.1 o 模式和 e 模式的折射率

图 21.8 描绘了一条光线在单轴介质中相对于光轴以四个不同方向传播。主折射率为 n_O 和 n_E,每种情况下电场分量的折射率是什么?

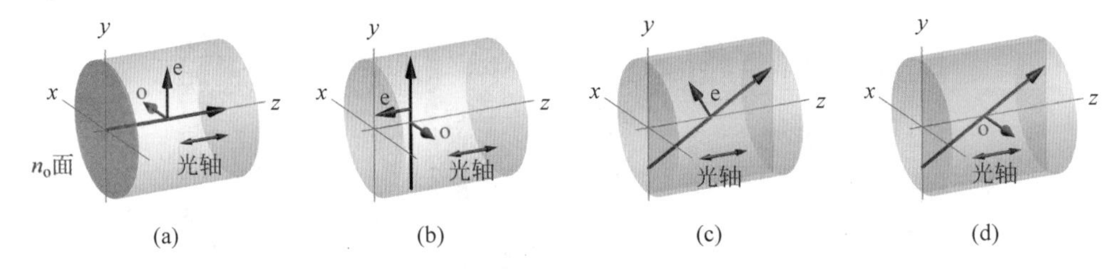

图 21.8 一条光线(黑色箭头)在单轴材料内部沿四个不同的方向传播,材料的光轴(红色箭头)位于 z 轴。寻常折射率 n_O 所对应的平面,在(a)中显示为绿色平面,与光轴正交。光线的 e 电场和 o 电场分别用蓝色和绿色箭头表示。在(a)中,光线沿 z 方向传播,在(b)中沿 y 方向传播,在(c)和(d)中沿 y-z 平面传播。(c)和(d)中显示的黄色平面是光线传播的 y-z 平面

单轴材料由两个主折射率和一个光轴方向表征。异常主折射率 n_E 适用于沿光轴偏振的光;寻常主折射率 n_O 适用于沿垂直于光轴平面内偏振的光。

在图 21.8(a)中,一条光线沿光轴方向传播。电场的两个分量振荡方向与光轴正交且在 n_O 平面内。因此,它们的折射率都为 n_O,$n_o=n_e=n_O$。

在图 21.8(b)中,光线垂直于光轴传播,其 e 分量电场沿光轴振荡,其折射率 n_e 等于主折射率 n_E。o 分量与光轴正交,其折射率 n_o 等于寻常主折射率 n_O。

当光线既不平行于光轴也不垂直于光轴传播时,如图 21.8(c)和(d)所示,模式的折射率取决于其电场与光轴之间的角度。图 21.8(c)中 e 模式的光线位于 y-z 平面,有一个电场在 y-z 平面内振荡且与光线方向正交。e 模式的折射率介于 n_O 和 n_E 之间。对于如图 21.8(d)所示的 o 模式,电场与光轴正交,其折射率为 n_O。

在折射或反射过程中,两种模式的能量在单轴材料中分别沿 $\hat{\boldsymbol{S}}_o$ 和 $\hat{\boldsymbol{S}}_e$ 方向按不同路径传播。如图 21.9 所示,页面内的一条光线正入射到几个具有不同光轴方向的负单轴晶块上。非偏振入射光线分解为两个方向上的 o 光和 e 光。o 模式的坡印廷矢量始终与传播矢量方向一致,即 $\hat{\boldsymbol{S}}_o=\hat{\boldsymbol{k}}_o$。对于如图 21.9 所示的所有情况,o 模式电场 $\boldsymbol{E}_o$ 沿 x 轴振荡,因此它总是与光轴正交。对于正入射,两个模式的传播矢量 $\hat{\boldsymbol{k}}_o$ 和 $\hat{\boldsymbol{k}}_e$ 都沿 z 方向。然而,e 模式的波前(恒定相位面)与坡印廷矢量不正交;因此,$\hat{\boldsymbol{S}}_e$ 与 $\hat{\boldsymbol{k}}_e$ 方向不一致;电场 $\boldsymbol{E}_e$ 垂直于 $\hat{\boldsymbol{S}}_e$

振荡，但不垂直于 $\hat{\boldsymbol{k}}_e$。它们的方向随光轴方向变化，相应的 n_e 呈二次变化通过 n_E。在本例中，为了与光轴和 o 模式电场正交，$\boldsymbol{E}_e$ 在 y-z 平面内振荡。单轴材料内部的折射电场是两种模式之和：

$$\begin{cases}\boldsymbol{E}(\boldsymbol{r},t)=\mathrm{Re}\{E_{\mathrm{inc}}[a_o\hat{\boldsymbol{E}}_o e^{i\frac{2\pi}{\lambda}n_o\hat{\boldsymbol{k}}_o\cdot\boldsymbol{r}}+a_e\hat{\boldsymbol{E}}_e e^{i\frac{2\pi}{\lambda}n_e\hat{\boldsymbol{k}}_e\cdot\boldsymbol{r}}]e^{-i\omega t}\} \\ \boldsymbol{E}(z,t)=\mathrm{Re}\{E_{\mathrm{inc}}[a_o\hat{\boldsymbol{E}}_o e^{i\frac{2\pi}{\lambda}n_o k_{oz}z}+a_e\hat{\boldsymbol{E}}_e e^{i\frac{2\pi}{\lambda}n_e k_{ez}z}]e^{-i\omega t}\}\end{cases} \tag{21.4}$$

其中，a_o 和 a_e 为复电场振幅透射系数。当正入射 $\boldsymbol{k}_{\mathrm{inc}}$ 垂直于光轴时，如图 21.9 第 3 个图所示，两个模式沿相同的路径：$\hat{\boldsymbol{k}}_o=\hat{\boldsymbol{k}}_e$ 和 $\hat{\boldsymbol{S}}_o=\hat{\boldsymbol{S}}_e$，但在负单轴材料中，e 模式的折射率比 o 模式小，从而导致两个本征模式之间在其传播过程中产生线性增加的相位延迟。

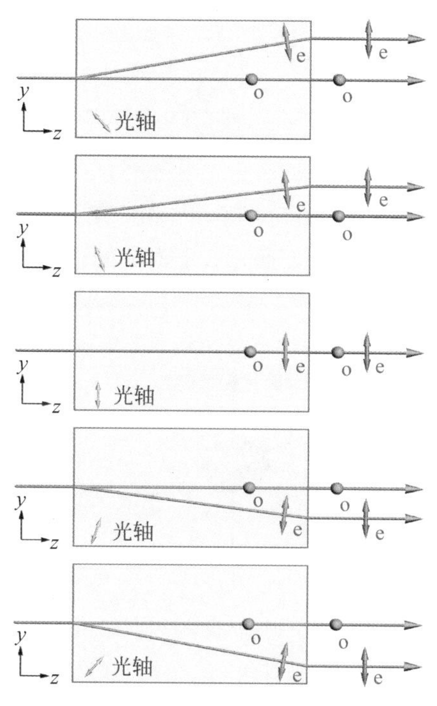

图 21.9　一条正入射的光线折射进入负单轴晶块。能流的方向沿坡印廷矢量 $\boldsymbol{S}$，如图中穿过晶块的箭头所示。几个方向的光轴显示在 y-z 平面上。入射光通量分解为 o 模和 e 模。只有 e 模的传播取决于光轴方向。o 模和 e 模的电场分别为垂直于页面和在页面平面内，并且都与 $\boldsymbol{S}$ 正交

21.5　折射率椭球、光率体、*K* 面和 *S* 面

双折射界面的折射和反射可以通过第 19 章中几何构造和代数算法来理解。在这种几何方法中，光线参数的计算可用折射率椭球和光率体来展示，这对理解波前形状和像差非常有帮助。

$\boldsymbol{E}$ 场和 $\boldsymbol{D}$ 场由介电张量和电磁波中的能量密度 u（单位为伏特每米）联系起来，

$$\boldsymbol{D}=\boldsymbol{\varepsilon}\boldsymbol{E} \quad 和 \quad u=\frac{1}{2}\boldsymbol{E}\cdot\boldsymbol{D} \tag{21.5}$$

在主坐标中，介电张量是对角化的，三个主轴与 xyz 轴对齐，

$$\begin{pmatrix} D_x \\ D_y \\ D_z \end{pmatrix}=\begin{pmatrix} n_x^2 & 0 & 0 \\ 0 & n_y^2 & 0 \\ 0 & 0 & n_z^2 \end{pmatrix}\begin{pmatrix} E_x \\ E_y \\ E_z \end{pmatrix} \tag{21.6}$$

然后

$$u=\frac{1}{2}(n_x^2E_x+n_y^2E_y+n_z^2E_z) \tag{21.7}$$

因此

$$1=\frac{\left(\frac{E_x}{\sqrt{2u}}\right)^2}{(1/n_x)^2}+\frac{\left(\frac{E_y}{\sqrt{2u}}\right)^2}{(1/n_y)^2}+\frac{\left(\frac{E_z}{\sqrt{2u}}\right)^2}{(1/n_z)^2} \tag{21.8}$$

式(21.8)中电场矢量的解可以表示为半轴为 $1/n_x$、$1/n_y$、$1/n_z$ 的光线椭球体，如图 21.10 所示。对于从原点发出的光线，到椭球面的距离与相应 $\boldsymbol{E}$ 场光线的传播距离成正比。对于单轴例子，光线沿 z 轴传播，电场可以位于 x-y 平面上的任何位置，所有光线的传播速度相等；因此，椭圆的横截面是圆形。

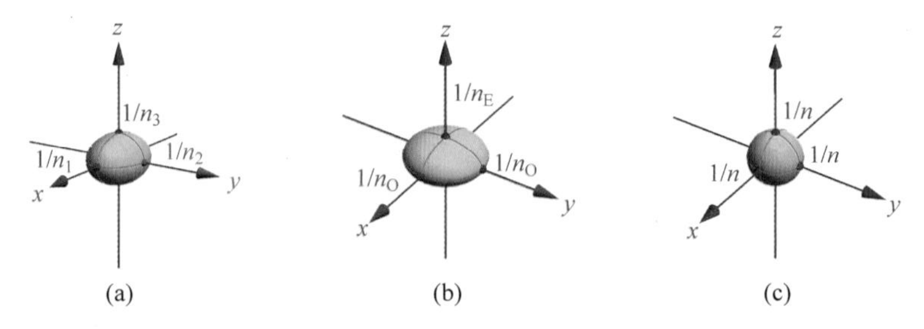

图 21.10 双轴(a)、正单轴(b)和各向同性材料(c)的光线椭球。主轴与坐标轴对齐，$(x,y,z)=(E_x,E_y,E_z)/\sqrt{2u}$

另外，电场可用电位移场表示为

$$\boldsymbol{E}=\boldsymbol{\varepsilon}^{-1}\boldsymbol{D} \quad 或 \quad \begin{pmatrix} E_x \\ E_y \\ E_z \end{pmatrix}=\begin{pmatrix} 1/n_x^2 & 0 & 0 \\ 0 & 1/n_y^2 & 0 \\ 0 & 0 & 1/n_z^2 \end{pmatrix}\begin{pmatrix} D_x \\ D_y \\ D_z \end{pmatrix} \tag{21.9}$$

其中$\boldsymbol{\varepsilon}$ 的逆为

$$\boldsymbol{\varepsilon}^{-1}=\begin{pmatrix} 1/n_x^2 & 0 & 0 \\ 0 & 1/n_y^2 & 0 \\ 0 & 0 & 1/n_z^2 \end{pmatrix} \tag{21.10}$$

然后，能量密度是

$$u=\frac{1}{2}\boldsymbol{E}\cdot\boldsymbol{D}=\frac{1}{2}\left(\frac{D_x^2}{n_x^2}+\frac{D_y^2}{n_y^2}+\frac{D_z^2}{n_z^2}\right) \tag{21.11}$$

或

$$1=\frac{\left(\frac{D_x}{\sqrt{2u}}\right)^2}{n_x^2}+\frac{\left(\frac{D_y}{\sqrt{2u}}\right)^2}{n_y^2}+\frac{\left(\frac{D_z}{\sqrt{2u}}\right)^2}{n_z^2} \tag{21.12}$$

由式(21.12)将介电张量可视化为一个折射率椭球，如图 21.11 所示，其半轴为主坐标下的主折射率。折射率椭球又称为波法线椭球、倒易椭球或光率体[7,9,11-13]。从原点算起的距离是具有相应 $\boldsymbol{D}$ 场方向的模式的折射率。

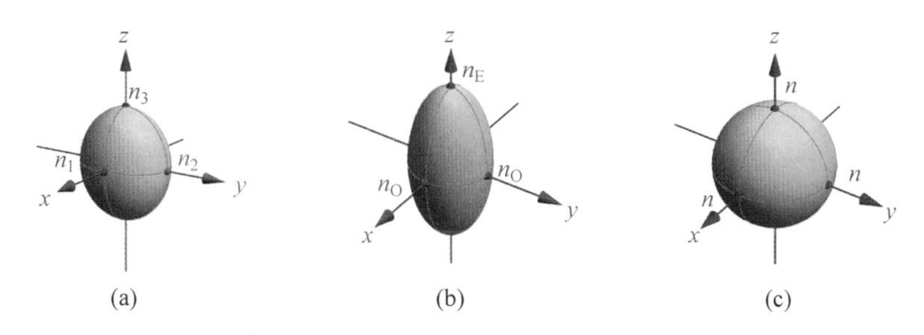

图 21.11　双轴(a)、正单轴(b)和各向同性材料(c)的折射率椭球。它们的主轴与坐标轴对齐，$(x,y,z)=(D_x,D_y,D_z)/\sqrt{2u}$

在图 21.12(a)中，考虑一条正入射到单轴晶体上的光线，单轴晶体的折射率椭球从 z 轴旋转了 α。在正入射时，折射的 o 光线和 e 光线具有相同的 $\boldsymbol{k}=(0,0,1)$。$\boldsymbol{D}$ 场及其相应的折射率可以用椭球几何计算。在图 21.12(b)中，折射率椭球及它的光轴转离 z 轴 α 角。

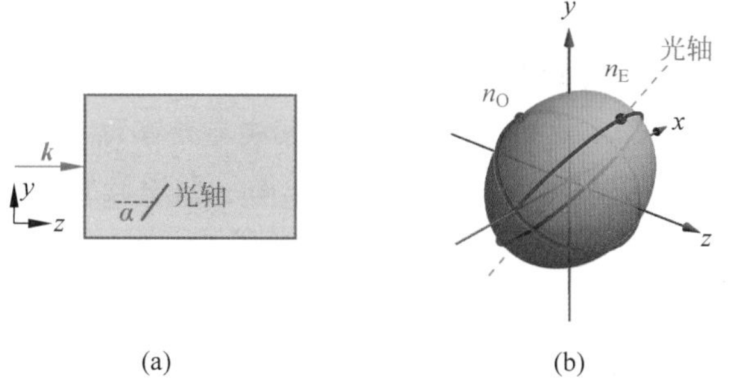

图 21.12　(a)一条正入射到单轴材料块的光线。(b)系统坐标中的折射率椭球，其光轴在 y-z 平面内相对 z 轴旋转了 α。蓝色椭圆穿过光轴，红色圆垂直于光轴

单轴材料的本征模式遵循麦克斯韦方程，

$$\boldsymbol{k}\times\boldsymbol{H}=-\omega\boldsymbol{D}\quad 和\quad \boldsymbol{k}\times\boldsymbol{E}=\omega\mu_0\boldsymbol{H} \tag{21.13}$$

其中 ω 是光的频率，单位是 rad/s。因此

$$\boldsymbol{k}\times(\boldsymbol{k}\times\boldsymbol{E})=-\omega^2\mu_0\boldsymbol{D} \tag{21.14}$$

利用式(21.6)

$$-\frac{\boldsymbol{k}}{k}\times\left(\frac{\boldsymbol{k}}{k}\times\boldsymbol{\varepsilon}^{-1}\boldsymbol{D}\right)=\frac{1}{n^2}\boldsymbol{D} \tag{21.15}$$

其中,$k=n\omega/c$ 并且 $k=|\boldsymbol{k}|$。这揭示了$\boldsymbol{\varepsilon}^{-1}\boldsymbol{D}$ 在垂直于 $\boldsymbol{k}$ 平面上的投影是 e 模式的 $\boldsymbol{D}$ 场方向。在折射率椭球内,包含原点且与 $\boldsymbol{k}$ 正交的面为折射率椭圆,如图 21.13 所示。对于图 21.12 中的例子,折射率椭圆是 x-y 平面与晶体折射率椭球体的交面。两个本征模式的 $\boldsymbol{D}$ 场沿折射率椭圆的长轴和短轴。这两个轴的长度对应于本征模折射率。对于 e 模式,$\boldsymbol{D}_{\mathrm{e}}$ 在光轴平面内且与 $\boldsymbol{k}$ 正交,如图 21.13 所示;对于 o 模式,$\boldsymbol{D}_{\mathrm{o}}$ 在与 $\boldsymbol{D}_{\mathrm{e}}$ 和 $\boldsymbol{k}$ 正交的平面内。

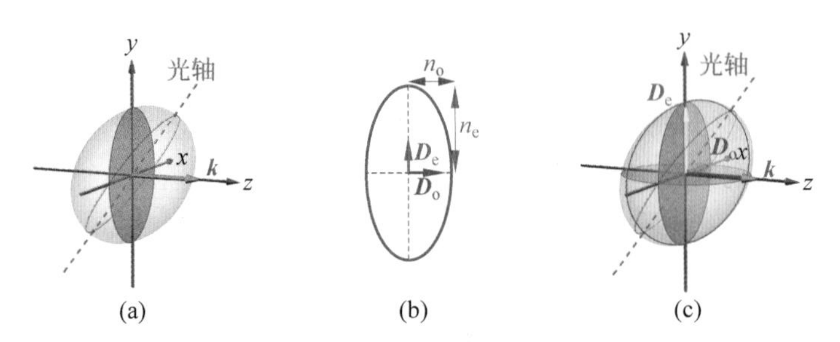

图 21.13 (a)一条传播矢量为 $\boldsymbol{k}$(绿色)的光线传播通过负单轴晶体,x-y 平面内的光线折射率椭圆(绿色圆盘)是垂直于 $\boldsymbol{k}$ 的平面与光率体的交面。棕色椭圆是包含光轴的大椭圆。(b)折射率椭圆的短轴和长轴分别对应 o 模式和 e 模式的 $\boldsymbol{D}$ 场方向,这两个轴的长度即折射率。(c)$\boldsymbol{D}_{\mathrm{e}}$(粉色箭头)位于包含光轴(棕色虚线)和 $\boldsymbol{k}$ 矢量的粉色 y-z 平面内。$\boldsymbol{D}_{\mathrm{o}}$(蓝色箭头)在与粉色 $\boldsymbol{D}_{\mathrm{e}}$ 平面正交的蓝色 x-z 平面内。这三个平面互相正交,$\boldsymbol{D}_{\mathrm{o}}$ 和 $\boldsymbol{D}_{\mathrm{e}}$ 都在 x-y 平面的折射率椭圆上

对于所有可能的 $\boldsymbol{k}$,一般的单轴折射率椭圆总是至少有一个轴的长度为 n_{O},如图 21.14 所示,对应于 o 光折射率 n_{o}。对于正单轴材料,长轴的长度为 e 模折射率 n_{e}。由图 21.15 将折射率椭球和折射率椭圆投影到一个二维平面上得到 n_{e} 的方程:

$$\frac{1}{n_{\mathrm{e}}(\theta)^2}=\frac{\cos^2\theta}{n_{\mathrm{O}}^2}+\frac{\sin^2\theta}{n_{\mathrm{E}}^2} \tag{21.16}$$

其中,θ 是 $\boldsymbol{k}$ 与光轴的夹角。当 $\boldsymbol{k}$ 沿光轴方向时,n_{e} 在极限情况下变为 n_{O},当 $\boldsymbol{k}$ 位于与光轴正交的平面内时,n_{e} 变为 n_{E}。

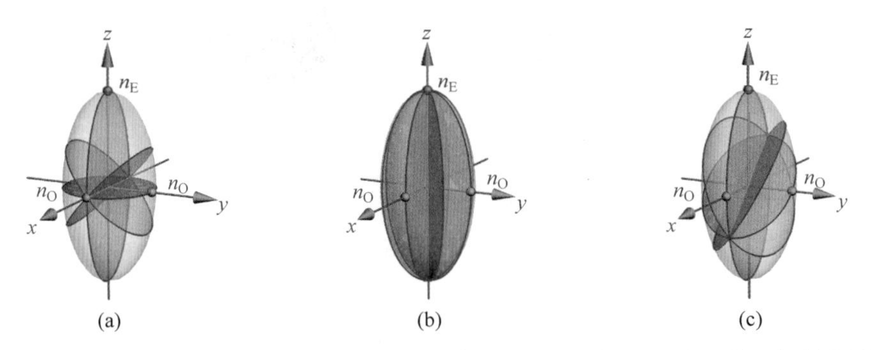

图 21.14 正单轴折射率椭球上几种可能的折射率椭圆(蓝色)。(a)包含 x 轴的折射率椭圆。(b)包含 z 轴的折射率椭圆。(c)包含 x-z 平面中距 x 轴 45°的一个轴的折射率椭圆

由式(21.14)可推导出另一个椭球面,用来计算能量传播方向、坡印廷矢量 $\boldsymbol{S}$ 及其对应的 $\boldsymbol{E}$ 场,将式(21.14)简化为

$$\boldsymbol{k}\times(\boldsymbol{k}\times\boldsymbol{E})+\mu\varepsilon\omega^2\boldsymbol{E}=0$$

$$\begin{pmatrix} n_1^2k_0^2-k_y^2-k_z^2 & k_xk_y & k_xk_z \\ k_yk_x & n_2^2k_0^2-k_x^2-k_z^2 & k_yk_z \\ k_zk_x & k_zk_y & n_3^2k_0^2-k_x^2-k_y^2 \end{pmatrix}\begin{pmatrix} E_x \\ E_y \\ E_z \end{pmatrix}=\begin{pmatrix} 0 \\ 0 \\ 0 \end{pmatrix} \tag{21.17}$$

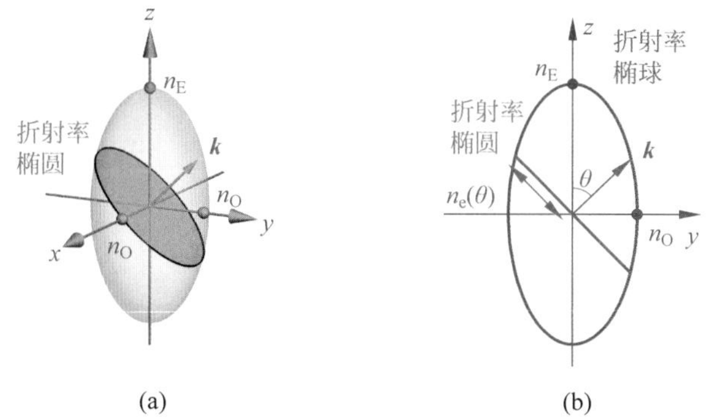

(a)　　(b)

图 21.15　(a)在 y-z 平面内传播的光线有一个折射率椭圆(绿色圆盘),它位于与 $\boldsymbol{k}$ 正交且包含 x 轴的平面内。$\boldsymbol{k}$ 与光轴的夹角为 θ,光轴沿 z 轴方向。(b)折射率椭圆的投影长度为 $n_e(\theta)$的大小

其中,$\boldsymbol{k}=(k_x,k_y,k_z)$,$k_0=\omega/c$,$\omega$ 为角频率。对于 $\boldsymbol{E}$ 的一个非无效解,式(21.17)中的矩阵行列式必须为零,这就定义了一个椭球面,称为 K 面,也称为法线面[6,14]。对于单轴材料,这是关于 k_0 的函数:

$$\left(\frac{k_x^2/k_0^2}{n_O^2}+\frac{k_y^2/k_0^2}{n_O^2}+\frac{k_z^2/k_0^2}{n_O^2}-1\right)\left(\frac{k_x^2/k_0^2}{n_E^2}+\frac{k_y^2/k_0^2}{n_E^2}+\frac{k_z^2/k_0^2}{n_O^2}-1\right)=0 \tag{21.18}$$

方程的左边部分是具有球形 K 面的 o 模式的解,右边部分是带有椭球形 K 面的 e 模式的解。这两个 K 面都绘制在图 21.16 中,它们的主轴为(k_x/k_0,k_y/k_0,k_z/k_0)。

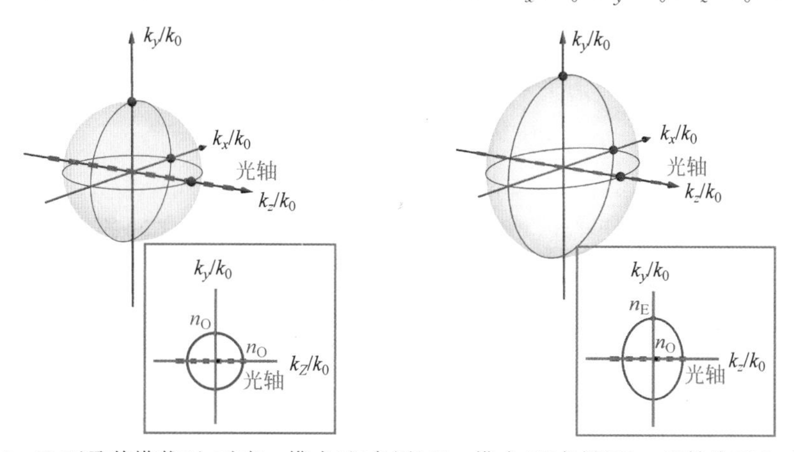

图 21.16　K 面及其横截面,对应 o 模式(红色圆)和 e 模式(蓝色椭圆)。光轴位于 k_z/k_0 轴上

对于如图 21.12 所示的例子,K 面旋转 α;因此,图 21.16 变成图 21.17。坡印廷矢量 $\boldsymbol{S}$ 在 $\boldsymbol{k}$ 的交点处垂直于 K 面,如图 21.17 和图 21.18 所示。寻常模式的 $\boldsymbol{k}_o$ 总是与 $\boldsymbol{S}_o$ 同方向;寻常模式波前是球形的,就像各向同性波前一样。另外,异常模式的 $\boldsymbol{k}_e$ 不平行于 $\boldsymbol{S}_e$,除非 $\boldsymbol{k}_e$ 是沿着光轴或正交于光轴。当能量沿 $\boldsymbol{S}_e$ 时,沿 $\boldsymbol{D}_e$ 场($\boldsymbol{D}_e$ 垂直于 $\boldsymbol{k}_e$)的恒定相位面与 $\boldsymbol{S}_e$ 不正交,而垂直于 $\boldsymbol{S}_e$ 的 $\boldsymbol{E}_e$ 场与 K 面相切。

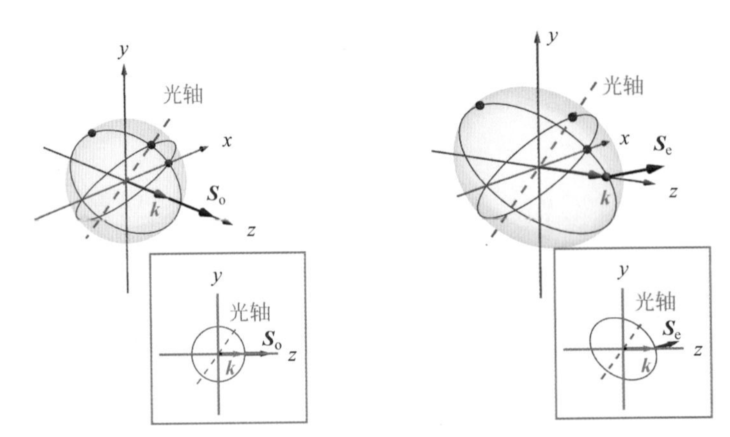

图 21.17 K 面是图 21.12 中例子的方向,其中光轴旋离 z 轴 α 角。坡印廷矢量垂直于 K 面

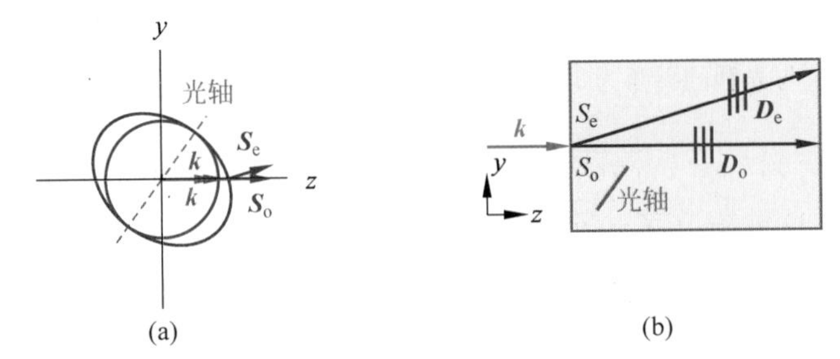

图 21.18 (a)坡印廷矢量垂直于 $\boldsymbol{K}$ 面。(b)入射能量分到 $\boldsymbol{S}_{\mathrm{e}}$ 和 $\boldsymbol{S}_{\mathrm{o}}$ 方向。它们的波前 $\boldsymbol{D}$,如三条平行线段所示,与 $\boldsymbol{k}$ 正交,与 $\boldsymbol{S}$ 不对齐

当光线折射通过双折射界面时,两个本征态的折射方向均通过边界上的相位匹配条件确定。寻常模式 $\boldsymbol{k}_{\mathrm{o}}$ 的计算就像在各向同性介质中那样。异常模式 $\boldsymbol{k}_{\mathrm{e}}$ 仍然遵循斯涅耳定律,但需考虑其随方向而变化的折射率:

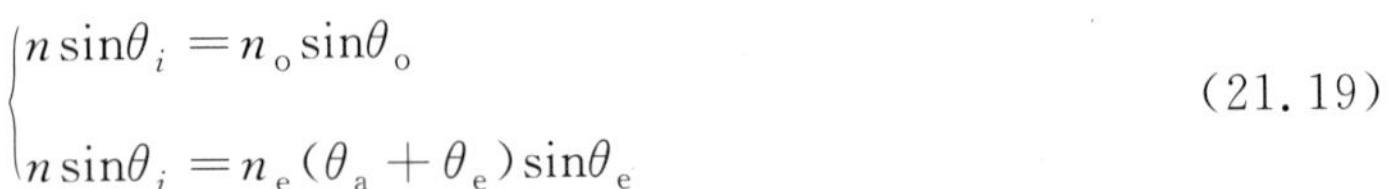

$$\begin{cases} n\sin\theta_i = n_{\mathrm{o}}\sin\theta_{\mathrm{o}} \\ n\sin\theta_i = n_{\mathrm{e}}(\theta_{\mathrm{a}}+\theta_{\mathrm{e}})\sin\theta_{\mathrm{e}} \end{cases} \tag{21.19}$$

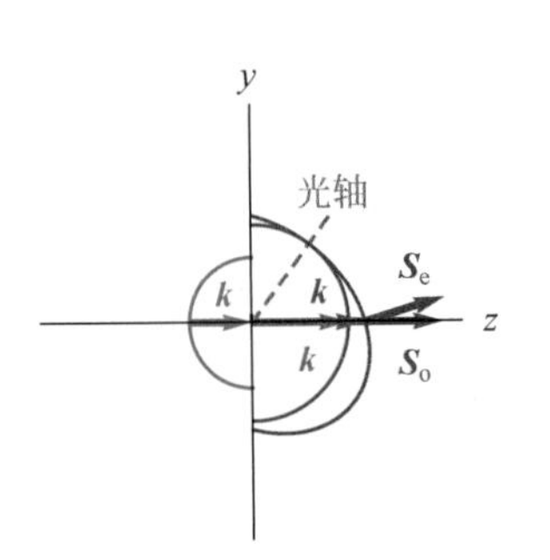

图 21.19 正入射时各向同性材料到单轴材料的折射 K 面

其中,θ_{a} 为表面法线与光轴之间的夹角,θ_{e} 为折射角,n_{e} 是 θ_{a} 和 θ_{e} 的函数。式(21.16)和式(21.19)必须同时求解 e 模式折射率和折射角。对于正入射例子,入射和出射的 K 面如图 21.19 所示,其中 $\theta_i=\theta_{\mathrm{o}}=\theta_{\mathrm{e}}=0$。

用这种几何方法追迹光线需要晶体的主折射率、主轴方向和入射 $\boldsymbol{k}$ 方向。光线追迹过程如下:

(1) 用式(21.16)和式(21.19)计算两个本征偏振态的折射率和传播方向;

(2) 用折射率椭球确定 $\boldsymbol{D}$,并由其计算 $\boldsymbol{E}$;

(3) 用 K 面来确定 $\boldsymbol{S}$。

如例 21.2 所示,该方法适用于轴上和离轴光线。由折射率椭球及其 K 面确定的光线

参数与由第 19 章一般各向异性界面折射法计算的光线参数相同。在 19.4 节中描述了必要光线参数的详细计算，包括 $\boldsymbol{P}$ 矩阵，通过例 21.3 所示的一个双折射界面，例 21.3 追迹与例 21.2 相同的光线。

例 21.2　从空气到单轴介质的离轴光线追迹

在这个例子中，一条离轴光线从空气传播进入单轴材料。光线追迹参数是用 21.5 节中描述的折射率椭球和 K 面计算的。单轴材料的主折射率 $n_O=1.3$ 和 $n_E=2.5$，其光轴在 y-z 平面内，光轴方向离开 z 轴 10°。离轴入射光线在 y-z 平面内传播，偏离 z 轴 50°(图 21.20)。

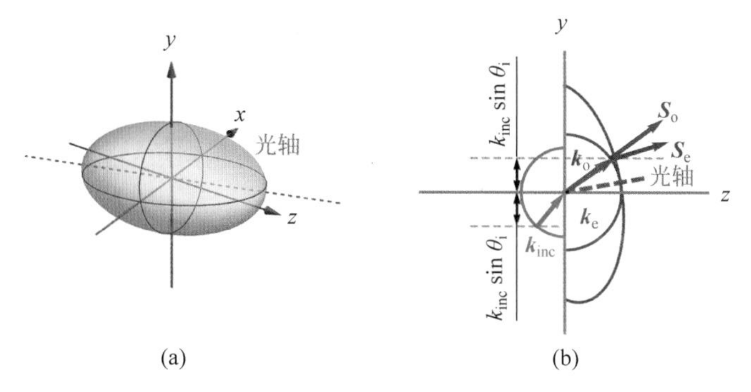

图 21.20　(a)单轴介质的折射率椭球。(b)离轴入射时，经各向同性材料的 K 面折射进入单轴材料。过界面时两种介质中的 $\boldsymbol{k}$ 矢量相位匹配

由式(21.19)计算 o 模式的折射角为

$$1\times\sin50^\circ=1.3\times\sin\theta_o$$
$$\theta_o=36.10^\circ$$

$\hat{\boldsymbol{S}}_o=\hat{\boldsymbol{k}}_o=(0,\sin36.10^\circ,\cos36.10^\circ)$。对于异常模式，使用式(21.19)和式(21.16)，

$$1\times\sin50^\circ=n_e\sin\theta_e,$$
$$\frac{1}{n_e^2}=\frac{\cos^2(\theta_e+\theta_a)}{1.3^2}+\frac{\sin^2(\theta_e+\theta_a)}{2.5^2}$$

其中 $\theta_a=-10^\circ$。因此，e 模式的折射角为 33.62°，n_e 为 1.38355。

e 模式的 K 面截断 $\boldsymbol{k}_e$，如图 21.20(b)所示：

$$\begin{pmatrix}1 & 0 & 0\\ 0 & \cos(-10^\circ) & -\sin(-10^\circ)\\ 0 & \sin(-10^\circ) & \cos(-10^\circ)\end{pmatrix}\begin{pmatrix}2.5\cos(u)\cos(v)\\ 2.5\cos(u)\sin(v)\\ 1.3\sin(u)\end{pmatrix}=\begin{pmatrix}0\\ k_{ey}\\ k_{ez}\end{pmatrix}t=\begin{pmatrix}0\\ \sin(33.62^\circ)\\ \cos(33.62^\circ)\end{pmatrix}t$$

其中，$u=1.794$，$v=-1.571$ 并且 $t=1.384$。因此，截断点为(0,0.766,1.152)。截断点处的面法线是$\hat{\boldsymbol{S}}_e=(0,0.288,0.958)$。

式(21.16)中异常模式的折射率与相位速度 $v_{p,e}$ 有关，$v_{p,e}=c/n_e$。等相位面 S 面始于点光源，并以 v_p 的速度沿 $\boldsymbol{k}$ 扩张。因此寻常波面是一个球面，而异常波面与 $1/n_e$ 成比例。

光能量以光线速度 $v_r = v_p/\cos\beta$ 沿着 $\boldsymbol{S}$ 流动,其中 β 是 $\boldsymbol{k}$ 和 $\boldsymbol{S}$ 之间的夹角[7,15-16]。图 21.21 显示了正、负单轴材料主平面上的 S 面。考虑一个负单轴材料,当 $\boldsymbol{k}$ 沿光轴,然后 $v_{p,o} = v_{p,e}$。在其他传播方向,$n_e < n_o$,所以 $v_{p,o} < v_{p,e}$。

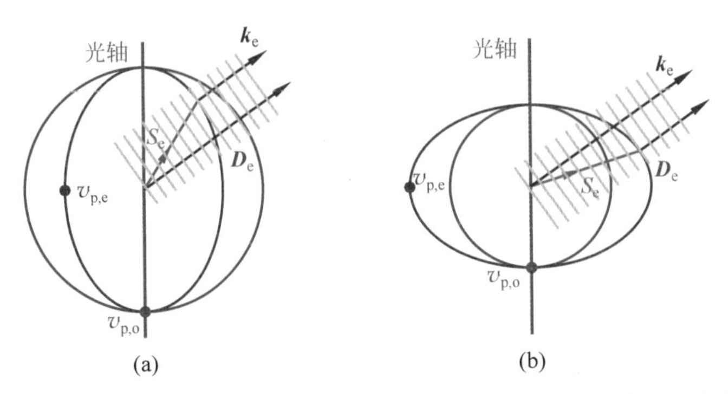

图 21.21　正(a)和负(b)单轴材料的 S 面。蓝色代表 e 模式,红色代表 o 模式。光轴(棕色)是垂直的

图 21.22 中 e 模式的 K 面和 S 面相互关联。考虑一个来自原点的 $\boldsymbol{k}$ 矢量,它在 K 面上的截断点揭示了 $\boldsymbol{E}$ 和 $\boldsymbol{S}$ 方向是 K 面的切线和法线。对于起源于原点的 $\boldsymbol{S}$ 方向,S 面的截断点揭示了 $\boldsymbol{D}$ 和 $\boldsymbol{k}$ 方向是 S 面的切线和法线。e 波前具有椭球形状的 S 面,它以光线速度沿 $\boldsymbol{S}$ 扩展。

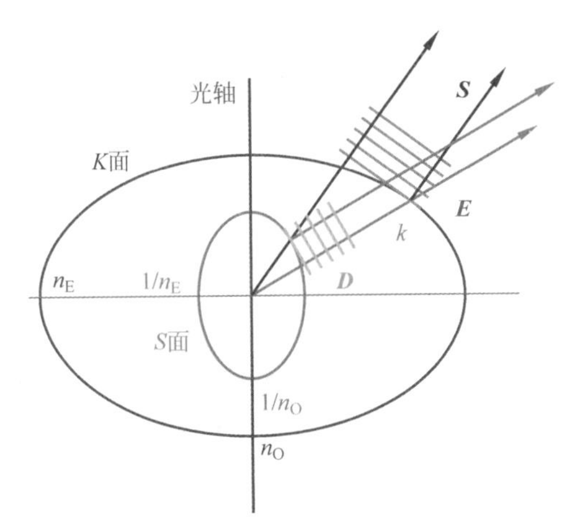

图 21.22　正单轴材料异常模式的 K 面和 S 面

例 21.3　从空气到方解石折射和反射的光线参数

这个例子展示了第 19 章介绍的光线传播通过单轴界面的逐步过程(图 21.23)。计算一条光线从空气($n=1$)传播到光轴为$(0,\sin10°,\cos10°)$的单轴介质$(n_O, n_E)=(1.3, 2.5)$的出射光线参数($\boldsymbol{E}$、$\boldsymbol{k}$、$\boldsymbol{H}$、$\boldsymbol{S}$、a 和 $\boldsymbol{P}$ 矩阵)。本例和例 21.2 的结果表明,两种方法产生的结果是相同的。

在空气中,光的方向是 $\boldsymbol{k}_{\text{inc}} = \begin{bmatrix} 0 \\ \sin\theta \\ \cos\theta \end{bmatrix} = \begin{bmatrix} 0 \\ \sin50° \\ \cos50° \end{bmatrix}$ 及 $\boldsymbol{S}_{\text{inc}} = \begin{bmatrix} 0 \\ \sin\theta \\ \cos\theta \end{bmatrix} = \begin{bmatrix} 0 \\ \sin50° \\ \cos50° \end{bmatrix}$。

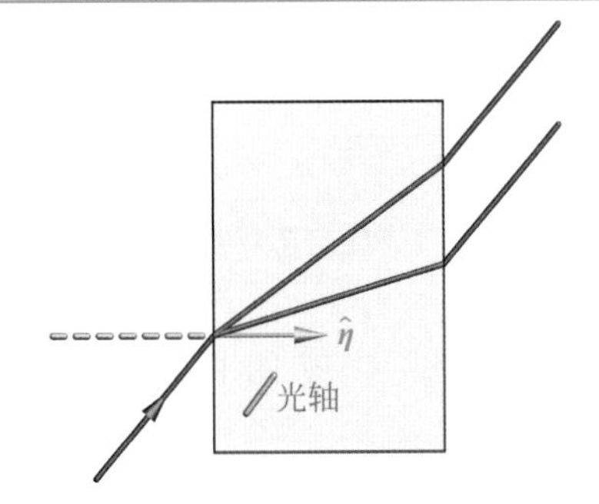

图 21.23　一条光线传播进入单轴晶体并分解成两条光线。入射面和光线双折射面都在页面内

界面 $\boldsymbol{\eta}=\begin{bmatrix}0\\0\\1\end{bmatrix}$，界面前的材料 $\boldsymbol{\varepsilon}=\begin{bmatrix}1&0&0\\0&1&0\\0&0&1\end{bmatrix}$，界面后的材料有 $\boldsymbol{\varepsilon}'=$

$$\begin{pmatrix}n_o^2 & 0 & 0\\ 0 & n_o^2\cos^2\alpha+n_E^2\sin^2\alpha & \frac{1}{2}(n_E^2-n_o^2)\sin(2\alpha)\\ 0 & \frac{1}{2}(n_E^2-n_o^2)\sin(2\alpha) & n_E^2\cos^2\alpha+n_o^2\sin^2\alpha\end{pmatrix}=\begin{pmatrix}1.690 & 0 & 0\\ 0 & 1.828 & 0.780\\ 0 & 0.780 & 6.112\end{pmatrix}$$，此外，对于

界面前后的两种材料有 $\boldsymbol{G}=\boldsymbol{G}'=\begin{bmatrix}0&0&0\\0&0&0\\0&0&0\end{bmatrix}$。

对于透射和反射，晶体内的传播参数为

$$\hat{\boldsymbol{k}}=\frac{1}{n'}\begin{pmatrix}0\\ \sin\theta\\ \pm\sqrt{n'^2-\sin^2\theta}\end{pmatrix}\quad 和\quad \boldsymbol{K}=\frac{1}{n'}\begin{pmatrix}0 & \mp\sqrt{n'^2-\sin^2\theta} & \sin\theta\\ \pm\sqrt{n'^2-\sin^2\theta} & 0 & 0\\ -\sin\theta & 0 & 0\end{pmatrix}$$

在透射中，基于式(19.17)

$$\begin{pmatrix}n_o^2-n'^2 & 0 & 0\\ 0 & \sin^2\theta-n'^2+n_o^2\cos^2\alpha+n_E^2\sin^2\alpha & \frac{1}{2}(n_E^2-n_o^2)\sin(2\alpha)+\sin\theta\sqrt{n'^2-\sin^2\theta}\\ 0 & \frac{1}{2}(n_E^2-n_o^2)\sin(2\alpha)+\sin\theta\sqrt{n'^2-\sin^2\theta} & n_E^2\cos^2\alpha+n_o^2\sin^2\alpha-\sin^2\theta\end{pmatrix}E_t=0$$

对于非零 $\boldsymbol{E}_t$，这个矩阵的行列式为零：

$$\frac{1}{2}(n_O-n')(n_O+n')\left\{\begin{matrix}2n_E^2n_O^2-(n_E^2+n_O^2)n'^2-(n_E-n_O)(n_E+n_O)[\cos(2\alpha)(-1+\\ n'^2+\cos2\theta)+4\cos\alpha\sqrt{n'^2-\sin(2\theta)}\sin\alpha\sin\theta]\end{matrix}\right\}=0$$

因为 $n'>0$，$n'=n_O$ 或

$$n' = \frac{\sqrt{\begin{array}{c}2n_E^4\cos^2\alpha(1+2n_O^2-\cos(2\theta))+2n_E^2n_O^2(n_O^2-n_O^2\cos(2\alpha)+\cos(2\theta)-1)+4n_O^2\sin^2\alpha\sin^2\theta- \\ 2\sqrt{2}n_O\sqrt{n_E^2(n_E^2-n_O^2)(n_E^2+n_O^2+(n_E^2-n_O^2)\cos(2\alpha)+\cos(2\theta)-1)\sin^2(2\alpha)\sin^2\theta}\end{array}}}{n_E^2+(n_E^2-n_O^2)\cos(2\alpha)+n_O^2},$$

所以 $n_o=1.3$ 和 $n_e=1.38355$。对应的两个传播矢量是 $\boldsymbol{k}_{to}=\begin{bmatrix}0\\0.5893\\0.8079\end{bmatrix}$ 和 $\boldsymbol{k}_{te}=\begin{bmatrix}0\\0.5537\\0.8323\end{bmatrix}$。

(1) 透射的 o 模式满足:

$$\begin{pmatrix}0 & 0 & 0\\ 0 & \sin^2\theta+(n_E^2-n_O^2)\sin^2\alpha & \frac{1}{2}(n_E^2-n_O^2)\sin(2\alpha)+\sin\theta\sqrt{n_O^2-\sin^2\theta}\\ 0 & \frac{1}{2}(n_E^2-n_O^2)\sin(2\alpha)+\sin\theta\sqrt{n_O^2-\sin^2\theta} & n_E^2\cos^2\alpha+n_O^2\sin^2\alpha-\sin^2\theta\end{pmatrix}\boldsymbol{E}_{tO}=0$$

$$\begin{pmatrix}0 & 0 & 0\\ 0 & 0.7243 & 1.5844\\ 0 & 1.5844 & 5.5257\end{pmatrix}\boldsymbol{E}_{tO}=0$$

由奇异值分解,

$$\begin{pmatrix}0 & 0 & 0\\ 0 & 0.7243 & 1.5844\\ 0 & 1.5844 & 5.5257\end{pmatrix}$$

$$=\begin{pmatrix}0 & 0 & 1\\ -0.2876 & -0.9578 & 0\\ -0.9578 & 0.2876 & 0\end{pmatrix}\begin{pmatrix}6.0014 & 0 & 0\\ 0 & 0.2486 & 0\\ 0 & 0 & 0\end{pmatrix}\begin{pmatrix}0 & 0 & 1\\ -0.2876 & -0.9578 & 0\\ -0.9578 & 0.2876 & 0\end{pmatrix}^{\dagger}$$

对应于零奇异值的出射态的电场为 $\boldsymbol{E}_{tO}=\begin{bmatrix}1\\0\\0\end{bmatrix}$。

H 场和 **S** 场为

$$\boldsymbol{H}_{tO}=(n_O\boldsymbol{K}_{tO}+\mathrm{i}\boldsymbol{G}')\hat{\boldsymbol{E}}_{tO}=\begin{pmatrix}0 & -1.0503 & 0.7660\\ 1.0503 & 0 & 0\\ -0.7660 & 0 & 0\end{pmatrix}\begin{pmatrix}1\\0\\0\end{pmatrix}=\begin{pmatrix}0\\1.0503\\-0.7660\end{pmatrix}$$

和

$$\hat{\boldsymbol{S}}_{tO}=\frac{\mathbf{Re}[\hat{\boldsymbol{E}}_{tO}\times\hat{\boldsymbol{H}}_{tO}^*]}{\|\mathbf{Re}[\hat{\boldsymbol{E}}_{tO}\times\hat{\boldsymbol{H}}_{tO}^*]\|}=\begin{pmatrix}0\\0.5893\\0.8079\end{pmatrix}$$

（2）透射的 e 模式满足：

$$\begin{pmatrix} n_O^2-n_O^2 & 0 & 0 \\ 0 & \sin^2\theta-n_e^2+n_O^2\cos^2\alpha+n_E^2\sin^2\alpha & \frac{1}{2}(n_E^2-n_O^2)\sin(2\alpha)+\sin\theta\sqrt{n_e^2-\sin^2\theta} \\ 0 & \frac{1}{2}(n_E^2-n_O^2)\sin(2\alpha)+\sin\theta\sqrt{n_e^2-\sin^2\theta} & n_E^2\cos^2\alpha+n_O^2\sin^2\alpha-\sin^2\theta \end{pmatrix}\boldsymbol{E}_{te}=0$$

$$\begin{pmatrix} -0.2242 & 0 & 0 \\ 0 & 0.5001 & 1.6624 \\ 0 & 1.6624 & 5.5257 \end{pmatrix}\boldsymbol{E}_{te}=0$$

由奇异值分解，

$$\begin{pmatrix} -0.2242 & 0 & 0 \\ 0 & 0.5001 & 1.6624 \\ 0 & 1.6624 & 5.5257 \end{pmatrix}$$

$$=\begin{pmatrix} 0 & -1 & 0 \\ -0.2881 & 0 & -0.9576 \\ -0.9576 & 0 & 0.2881 \end{pmatrix}\begin{pmatrix} 6.0258 & 0 & 0 \\ 0 & 0.2242 & 0 \\ 0 & 0 & 0 \end{pmatrix}\begin{pmatrix} 0 & 1 & 0 \\ -0.2881 & 0 & -0.9576 \\ -0.9576 & 0 & 0.2881 \end{pmatrix}^{\dagger}$$

对应于零奇异值的出射态电场为 $\boldsymbol{E}_{te}=\begin{bmatrix} 0 \\ -0.9576 \\ 0.2881 \end{bmatrix}$。

$\boldsymbol{H}$ 场和 $\boldsymbol{S}$ 场为

$$\boldsymbol{H}_{te}=(n_e\boldsymbol{K}_{te}+\mathrm{i}\boldsymbol{G}')\hat{\boldsymbol{E}}_{te}=\begin{pmatrix} 0 & -1.1521 & 0.7660 \\ 1.1521 & 0 & 0 \\ -0.7660 & 0 & 0 \end{pmatrix}\begin{pmatrix} 0 \\ -0.9576 \\ 0.2881 \end{pmatrix}=\begin{pmatrix} 1.3240 \\ 0 \\ 0 \end{pmatrix}$$

和

$$\hat{\boldsymbol{S}}_{te}=\frac{\mathbf{Re}[\hat{\boldsymbol{E}}_{te}\times\hat{\boldsymbol{H}}_{te}^{*}]}{\|\mathbf{Re}[\hat{\boldsymbol{E}}_{te}\times\hat{\boldsymbol{H}}_{te}^{*}]\|}=\begin{pmatrix} 0 \\ 0.2881 \\ 0.9576 \end{pmatrix}$$

（3）在反射中，$[\boldsymbol{\varepsilon}+(n_r\boldsymbol{K}_r+\mathrm{i}\boldsymbol{G})^2]\boldsymbol{E}_r=0$，其中 $\boldsymbol{n}_r=1$：

$$\begin{pmatrix} 1-n_r^2 & 0 & 0 \\ 0 & 1-n_r^2+\sin^2\alpha & -\sqrt{n_r^2-\sin^2\theta}\sin\theta \\ 0 & -\sqrt{n_r^2-\sin^2\theta}\sin\theta & \cos^2\theta \end{pmatrix}\boldsymbol{E}_r=0$$

$$\begin{pmatrix} 0 & 0 & 0 \\ 0 & 0.5868 & -0.4924 \\ 0 & -0.4924 & 0.4132 \end{pmatrix}\boldsymbol{E}_{tr}=0$$

由奇异值分解，

$$\begin{pmatrix}0 & 0 & 0\\0 & 0.5868 & -0.4924\\0 & -0.4924 & 0.4132\end{pmatrix}=\begin{pmatrix}0 & 0 & 1\\-0.7660 & 0.6428 & 0\\0.6428 & 0.7660 & 0\end{pmatrix}\begin{pmatrix}1 & 0 & 0\\0 & 0 & 0\\0 & 0 & 0\end{pmatrix}\begin{pmatrix}0 & 0 & 1\\-0.7660 & 0.6428 & 0\\0.6428 & 0.7660 & 0\end{pmatrix}^{\dagger}$$

对应于零奇异值的出射态为 $\boldsymbol{E}_{rs}=\begin{bmatrix}1\\0\\0\end{bmatrix}$ 和 $\boldsymbol{E}_{rp}=\begin{bmatrix}0\\0.6428\\0.7660\end{bmatrix}$。

它们的 $\boldsymbol{H}$ 场和 $\boldsymbol{S}$ 场为

$$\boldsymbol{H}_{rs}=(n_r\boldsymbol{K}_r+\mathrm{i}\boldsymbol{G})\hat{\boldsymbol{E}}_{rs}=\begin{pmatrix}0 & 0.6428 & 0.7660\\-0.6428 & 0 & 0\\-0.7660 & 0 & 0\end{pmatrix}\begin{pmatrix}1\\0\\0\end{pmatrix}=\begin{pmatrix}0\\-0.6428\\-0.7660\end{pmatrix}$$

$$\boldsymbol{H}_{rp}=(n_r\boldsymbol{K}_r+\mathrm{i}\boldsymbol{G})\hat{\boldsymbol{E}}_{rp}=\begin{pmatrix}0 & 0.6428 & 0.7660\\-0.6428 & 0 & 0\\-0.7660 & 0 & 0\end{pmatrix}\begin{pmatrix}0\\0.6428\\0.7660\end{pmatrix}=\begin{pmatrix}1\\0\\0\end{pmatrix}$$

和

$$\hat{\boldsymbol{S}}_r=\frac{\mathrm{Re}[\hat{\boldsymbol{E}}_r\times\hat{\boldsymbol{H}}_r^*]}{\|\mathrm{Re}[\hat{\boldsymbol{E}}_r\times\hat{\boldsymbol{H}}_r^*]\|}=\begin{pmatrix}0\\0.7660\\-0.6428\end{pmatrix}$$

现在,我们来构造 $\boldsymbol{F}$ 矩阵,其中 $\boldsymbol{s}_1=\hat{\boldsymbol{k}}_{inc}\times\hat{\boldsymbol{\eta}}=\begin{bmatrix}\sin 50^\circ\\0\\0\end{bmatrix}$ 和 $\boldsymbol{s}_2=\hat{\boldsymbol{\eta}}\times\boldsymbol{s}_1=\begin{bmatrix}0\\\sin 50^\circ\\0\end{bmatrix}$:

$$\boldsymbol{F}=\begin{pmatrix}\boldsymbol{s}_1\cdot\hat{\boldsymbol{E}}_{to} & \boldsymbol{s}_1\cdot\hat{\boldsymbol{E}}_{te} & -\boldsymbol{s}_1\cdot\hat{\boldsymbol{E}}_{rs} & -\boldsymbol{s}_1\cdot\hat{\boldsymbol{E}}_{rp}\\\boldsymbol{s}_2\cdot\hat{\boldsymbol{E}}_{to} & \boldsymbol{s}_2\cdot\hat{\boldsymbol{E}}_{te} & -\boldsymbol{s}_2\cdot\hat{\boldsymbol{E}}_{rs} & -\boldsymbol{s}_2\cdot\hat{\boldsymbol{E}}_{rp}\\\boldsymbol{s}_1\cdot\boldsymbol{H}_{to} & \boldsymbol{s}_1\cdot\boldsymbol{H}_{te} & -\boldsymbol{s}_1\cdot\boldsymbol{H}_{rs} & -\boldsymbol{s}_1\cdot\boldsymbol{H}_{rp}\\\boldsymbol{s}_2\cdot\boldsymbol{H}_{to} & \boldsymbol{s}_2\cdot\boldsymbol{H}_{te} & -\boldsymbol{s}_2\cdot\boldsymbol{H}_{rs} & -\boldsymbol{s}_2\cdot\boldsymbol{H}_{rp}\end{pmatrix}=\begin{pmatrix}0.7660 & 0 & -0.7660 & 0\\0 & -0.7336 & 0 & -0.4924\\0 & 1.0142 & 0 & -0.7660\\0.8046 & 0 & 0.4924 & 0\end{pmatrix}$$

$$\boldsymbol{F}^{-1}=\begin{pmatrix}0.4956 & 0 & 0 & 0.7710\\0 & -0.7218 & 0.4639 & 0\\-0.8098 & 0 & 0 & 0.7710\\0 & -0.9556 & -0.6912 & 0\end{pmatrix}$$

对于 s 偏振入射光,

$$\hat{\boldsymbol{E}}_{inc,s}=\frac{\hat{\boldsymbol{S}}_{inc}\times\hat{\boldsymbol{\eta}}}{\|\hat{\boldsymbol{S}}_{inc}\times\hat{\boldsymbol{\eta}}\|}=\begin{pmatrix}1\\0\\0\end{pmatrix},\quad \boldsymbol{H}_{inc,s}=(n\boldsymbol{K}_{inc}+\mathrm{i}\boldsymbol{G})\hat{\boldsymbol{E}}_{inc,s}=\begin{pmatrix}0\\\cos 50^\circ\\-\sin 50^\circ\end{pmatrix}$$

$$\boldsymbol{C}_s=\begin{pmatrix}\boldsymbol{s}_1\cdot\hat{\boldsymbol{E}}_{inc,s}\\ \boldsymbol{s}_2\cdot\hat{\boldsymbol{E}}_{inc,s}\\ \boldsymbol{s}_1\cdot\hat{\boldsymbol{H}}_{inc,s}\\ \boldsymbol{s}_2\cdot\hat{\boldsymbol{H}}_{inc,s}\end{pmatrix}=\begin{pmatrix}\sin50^\circ\\0\\0\\\cos50^\circ\sin50^\circ\end{pmatrix}$$

以及

$$\boldsymbol{A}_s=\boldsymbol{F}^{-1}\cdot\boldsymbol{C}_s=\begin{pmatrix}0.496&0&0&0.771\\0&-0.722&0.464&0\\-0.810&0&0&0.771\\0&-0.956&-0.691&0\end{pmatrix}\begin{pmatrix}0.766\\0\\0\\0.492\end{pmatrix}=\begin{pmatrix}0.759\\0\\-0.241\\0\end{pmatrix}=\begin{pmatrix}a_{s\to to}\\a_{s\to te}\\a_{s\to rs}\\a_{s\to rp}\end{pmatrix}$$

对于 p 偏振入射光，

$$\hat{\boldsymbol{E}}_{inc,p}=\frac{\hat{\boldsymbol{S}}_{inc}\times\hat{\boldsymbol{\eta}}}{\|\hat{\boldsymbol{S}}_{inc}\times\hat{\boldsymbol{\eta}}\|}=\begin{pmatrix}0\\\cos50^\circ\\-\sin50^\circ\end{pmatrix},\quad \boldsymbol{H}_{inc,p}=(n\boldsymbol{K}_{inc}+\mathrm{i}\boldsymbol{G})\hat{\boldsymbol{E}}_{inc,p}=\begin{pmatrix}-1\\0\\0\end{pmatrix}$$

$$\boldsymbol{C}_p=\begin{pmatrix}\boldsymbol{s}_1\cdot\hat{\boldsymbol{E}}_{inc,p}\\ \boldsymbol{s}_2\cdot\hat{\boldsymbol{E}}_{inc,p}\\ \boldsymbol{s}_1\cdot\hat{\boldsymbol{H}}_{inc,p}\\ \boldsymbol{s}_2\cdot\hat{\boldsymbol{H}}_{inc,p}\end{pmatrix}=\begin{pmatrix}0\\\cos50^\circ\sin50^\circ\\-\sin50^\circ\\0\end{pmatrix}$$

以及

$$\boldsymbol{A}_p=\boldsymbol{F}^{-1}\cdot\boldsymbol{C}_p=\begin{pmatrix}0.469&0&0&0.771\\0&-0.722&0.464&0\\-0.810&0&0&0.771\\0&-0.956&-0.691&0\end{pmatrix}\begin{pmatrix}0\\0.492\\-0.766\\0\end{pmatrix}=\begin{pmatrix}0\\-0.711\\0\\0.0589\end{pmatrix}=\begin{pmatrix}a_{p\to to}\\a_{p\to te}\\a_{p\to rs}\\a_{p\to rp}\end{pmatrix}$$

出射光线的 $\boldsymbol{P}$ 矩阵由 $\boldsymbol{E}$、$\boldsymbol{S}$ 和 a 的结果计算得出，如 19.7.2 节所示：

$$\boldsymbol{P}_{to}=\begin{pmatrix}0.759&0&0\\0&0&0.589\\0&0&0.808\end{pmatrix}\begin{pmatrix}1&0&0\\0&0.643&0.766\\0&-0.766&0.643\end{pmatrix}^{-1}=\begin{pmatrix}0.759&0&0\\0&0.451&0.379\\0&0.619&0.519\end{pmatrix}$$

$$\boldsymbol{P}_{te}=\begin{pmatrix}0&0&0\\0&0.681&0.288\\0&-0.205&0.958\end{pmatrix}\begin{pmatrix}1&0&0\\0&0.643&0.766\\0&-0.766&0.643\end{pmatrix}^{-1}=\begin{pmatrix}0&0&0\\0&0.658&-0.336\\0&0.602&0.772\end{pmatrix}$$

$$\boldsymbol{P}_r=\begin{pmatrix}-0.241&0&0\\0&0.038&0.766\\0&0.045&-0.643\end{pmatrix}\begin{pmatrix}1&0&0\\0&0.643&0.766\\0&-0.766&0.643\end{pmatrix}^{-1}$$

$$=\begin{pmatrix}-0.241&0&0\\0&0.611&0.463\\0&-0.463&-0.448\end{pmatrix}$$

对每个出射 $\boldsymbol{P}$ 矩阵进行奇异值分解,得到入射和出射的 $\boldsymbol{E}$ 场和 $\boldsymbol{S}$ 矢量为

$$\boldsymbol{P}=\begin{pmatrix}S_{\text{inc},x} & E_{\text{inc},x} & E_{\text{inc}\perp,x}\\ S_{\text{inc},y} & E_{\text{inc},y} & E_{\text{inc}\perp,y}\\ S_{\text{inc},z} & E_{\text{inc},z} & E_{\text{inc}\perp,z}\end{pmatrix}\begin{pmatrix}1 & 0 & 0\\ 0 & |a| & 0\\ 0 & 0 & 0\end{pmatrix}\begin{pmatrix}S_{\text{out},x} & E_{\text{out},x} & E_{\text{out}\perp,x}\\ S_{\text{out},y} & E_{\text{out},y} & E_{\text{out}\perp,y}\\ S_{\text{out},z} & E_{\text{out},z} & E_{\text{out}\perp,z}\end{pmatrix}^{-1}$$

式中 $|a|$ 为透射模式的振幅系数;因此,

$$\boldsymbol{P}\cdot\begin{pmatrix}E_{\text{inc},x}\\ E_{\text{inc},y}\\ E_{\text{inc},z}\end{pmatrix}=|a|\begin{pmatrix}E_{\text{out},x}\\ E_{\text{out},y}\\ E_{\text{out},z}\end{pmatrix}\quad 或\quad \boldsymbol{P}\cdot\hat{\boldsymbol{E}}_{\text{inc}}=|a|\hat{\boldsymbol{E}}_{\text{out}}$$

奇异值 1 对应于 $\boldsymbol{S}$ 矢量,

$$\boldsymbol{P}\cdot\begin{pmatrix}S_{\text{inc},x}\\ S_{\text{inc},y}\\ S_{\text{inc},z}\end{pmatrix}=\begin{pmatrix}S_{\text{out},x}\\ S_{\text{out},y}\\ S_{\text{out},z}\end{pmatrix}\quad 或\quad \boldsymbol{P}\cdot\boldsymbol{S}_{\text{inc}}=\boldsymbol{S}_{\text{out}}$$

另外两个奇异值表示两个出射模式的振幅系数的大小;因此,

$$\boldsymbol{P}\begin{pmatrix}E_{\text{inc},x}\\ E_{\text{inc},y}\\ E_{\text{inc},z}\end{pmatrix}=a\begin{pmatrix}E_{\text{out},x}\\ E_{\text{out},y}\\ E_{\text{out},z}\end{pmatrix}\quad 或\quad \boldsymbol{P}\cdot\boldsymbol{E}_{\text{inc}}=\boldsymbol{E}_{\text{out}}$$

透射中异常模式的 $\boldsymbol{P}$ 矩阵为

$$\boldsymbol{P}_{\text{te}}=\begin{pmatrix}0 & 0 & 0\\ 0 & 0.658 & -0.336\\ 0 & 0.602 & 0.772\end{pmatrix}$$

$$=\begin{pmatrix}0 & 0 & 1\\ \sin16.74^\circ & \cos16.74^\circ & 0\\ \cos16.74^\circ & -\sin16.74^\circ & 0\end{pmatrix}\begin{pmatrix}1 & 0 & 0\\ 0 & 0.711 & 0\\ 0 & 0 & 0\end{pmatrix}\begin{pmatrix}0 & 0 & 1\\ -\sin50^\circ & -\cos50^\circ & 0\\ -\cos50^\circ & \sin50^\circ & 0\end{pmatrix}^{\dagger}$$

它表明入射的 $\boldsymbol{S}_{\text{inc}}=\begin{bmatrix}0\\ \sin50^\circ\\ \cos50^\circ\end{bmatrix}$ 映射到 $\boldsymbol{S}_{\text{te}}=\begin{bmatrix}0\\ \sin16.74^\circ\\ \cos16.74^\circ\end{bmatrix}$(第一列中),$\boldsymbol{E}_{\text{inc}}=\begin{bmatrix}0\\ \cos50^\circ\\ -\sin50^\circ\end{bmatrix}$ 以相对于入射电场 0.711 振幅映射到 $\boldsymbol{E}_{\text{te}}=\begin{bmatrix}0\\ -\cos16.74^\circ\\ \sin16.74^\circ\end{bmatrix}$。

反射矩阵

$$\boldsymbol{P}_{\text{r}}=\begin{pmatrix}-0.241 & 0 & 0\\ 0 & 0.6112 & 0.463\\ 0 & -0.463 & -0.448\end{pmatrix}$$

$$=\begin{pmatrix}0 & -1 & 0\\ -\sin50^\circ & 0 & -\cos50^\circ\\ \cos50^\circ & 0 & -\sin50^\circ\end{pmatrix}\begin{pmatrix}1 & 0 & 0\\ 0 & 0.241 & 0\\ 0 & 0 & 0.059\end{pmatrix}\begin{pmatrix}0 & 1 & 0\\ -\sin50^\circ & 0 & -\cos50^\circ\\ -\cos50^\circ & 0 & \sin50^\circ\end{pmatrix}^{\dagger}$$

它表明入射 $\boldsymbol{S}_{\text{inc}}=\begin{bmatrix}0\\ \sin 50^\circ\\ \cos 50^\circ\end{bmatrix}$ 映射到 $\boldsymbol{S}_{\text{r}}=\begin{bmatrix}0\\ \sin 50^\circ\\ -\cos 50^\circ\end{bmatrix}$（第一列中），$\boldsymbol{E}_{\text{inc},s}=\begin{bmatrix}1\\0\\0\end{bmatrix}$ 以 0.241 的振幅系数映射到 $\boldsymbol{E}_{\text{rs}}=\begin{bmatrix}-1\\0\\0\end{bmatrix}$（第二列中），$\boldsymbol{E}_{\text{inc},p}=\begin{bmatrix}0\\ \cos 50^\circ\\ -\sin 50^\circ\end{bmatrix}$ 以 0.059 的振幅系数映射到 $\boldsymbol{E}_{\text{rp}}=\begin{bmatrix}0\\ \cos 50^\circ\\ \sin 50^\circ\end{bmatrix}$（第三列中）。

21.6　晶体波片的像差

波片是由双折射材料平行平板构成的一种常见类型的延迟器。它的作用是在透射光的两个正交本征模式之间引入延迟。它们被用来控制偏振光，调整椭圆率，旋转偏振态，甚至在激光腔内使用时用于微调激光波长。它们广泛应用于偏振测量、医学成像、显微技术、通信技术和激光切割行业。简单的各向同性平行平板由于光程长度随角度的变化在轴上引起焦移和球差，轴外引起彗差和像散[17]。延迟器寻常光波的像差与各向同性平板的像差相同。异常光波的像差更为复杂，因为它包括所有各向同性像差以及由于折射率随方向变化而产生的附加像差。这些像差及其对成像的影响将由偏振光线追迹计算。

在参考波长 λ_{ref} 处，波片由波片厚度 t 和轴上延迟量 δ 表征

$$\delta=\frac{2\pi}{\lambda_{\text{ref}}}\Delta n t \tag{21.20}$$

其中 δ 为轴上延迟量（单位为 rad），$\Delta n=|n_{\text{e}}-n_{\text{o}}|$ 为双折射率。两种模式的光程差为 $\Delta\text{OPL}=\Delta n t$。常见波片包括四分之一波片和半波片。厚度为 $\lambda_{\text{ref}}/(4\Delta n)$ 的零级四分之一波片是真零级四分之一波片。它通常是由石英或氟化镁而不是方解石制成的，因为 Δn 越小，厚度就越实际可行。对于波长 0.5μm，方解石的厚度需要小于 10μm，才能达到 $3\frac{1}{2}$ 波的延迟量（三阶波片），这个厚度太薄难以制造。$1\frac{1}{4}$ 波厚度的波片在 λ_{ref} 处产生与零阶四分之一波片相同的轴上偏振变化，被称为一阶四分之一波片。同样，$2\frac{1}{4}$ 波片是二阶四分之一波片。不同阶波片在 λ_{ref} 处对正入射光的效应是相同的。当光程长度不同时，即在其他波长或入射角时，这种效应是不同的。波片的延迟随入射角而变化，也随折射率而变化（由于色散）。通常将具有不同色散特性的多个波片堆叠在一起，以便在多个波长上产生几乎恒定的延迟。这样的波片称为消色差波片[4-5]。

19.7 节描述了通过双折射元件的光线路径的算法，其中入射光线的通量在双折射截断点处分解到本征模式中。在 20.3 节应用了这些算法来研究光线折射通过波片的一般光线路径，其中计算了轴上和离轴入射光线两个本征模式之间的 ΔOPL 和延迟。本节将研究两

种常见的波片结构A板和C板的像差。如图21.24所示,考虑一束穿过单轴平板的准直光束。两波前之间的横向剪切为Δr,两束光在板后部分重叠。根据入射角、入射偏振和平板的延迟的不同,两种出射态可以组合成线偏振、圆偏振或椭圆偏振。

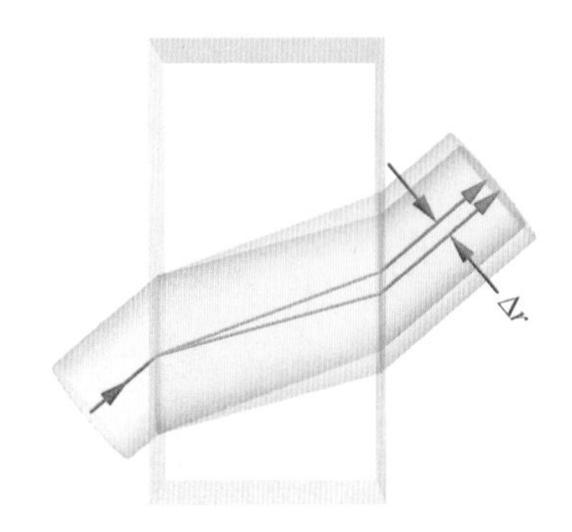

图21.24 一条入射光线折射进入一块单轴平行平板,分解成两个方向的两条光线。当这两条光线折射出晶体后,它们都以与入射光线相同的方向传播,但有Δr的错位

在下面的讨论中,入射传播矢量$\boldsymbol{k}=(k_x,k_y,k_z)$的定义类似于第11章中的双极坐标,为

$$\hat{\boldsymbol{k}}=\left(\frac{\tan\theta_x}{\left|\sqrt{\tan^2\theta_x+\tan^2\theta_y+1}\right|},\frac{\tan\theta_y}{\left|\sqrt{\tan^2\theta_x+\tan^2\theta_y+1}\right|},\frac{1}{\left|\sqrt{\tan^2\theta_x+\tan^2\theta_y+1}\right|}\right) \tag{21.21}$$

其中,$\tan\theta_x=k_x/k_z$,$\tan\theta_y=k_y/k_z$,θ为在空气中的入射角。

21.6.1 A板的像差

A板是光轴位于板面的单轴波片,如图21.25所示。在这种结构中,正入射时得到最大双折射。

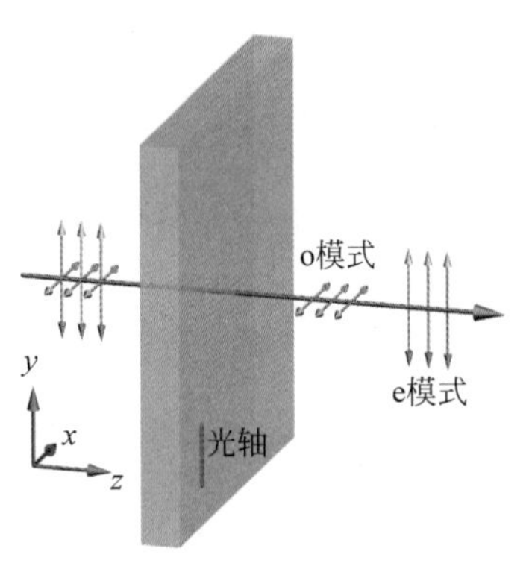

图21.25 光轴沿y方向的负单轴A板,o模式相对于e模式发生延迟

考虑一个光轴沿y轴的零级四分之一方解石A板。所有离轴光线都发生光线分解。图21.26(a)显示了波长为0.5μm的e模式在空气中±40°方形视场(FOV)范围内的折射率变化。对于任何负单轴材料,对于在x-z平面内的入射光,$n_e(\theta_x,0)$为常数,但相对于该平面的俯仰角θ_y呈二次减小。所有在x-z平面内传播的e光线均沿光轴线偏振,折射率n_E相同。对于y-z平面上的e光线,当光线向离轴方向移动,其偏振逐渐偏离光轴,n_e向n_O变化。

A板的高双折射在两平行出射模式之间产生较小的横向剪切量Δr,沿x轴随角度呈二次略微增大,如图21.26(b)所示。这个剪切量是Δn的函数,并随着板厚的增大而增大。

波片引起的延迟不仅与Δn有关,而且与两个本征态的物理光线路径有关。在y-z平

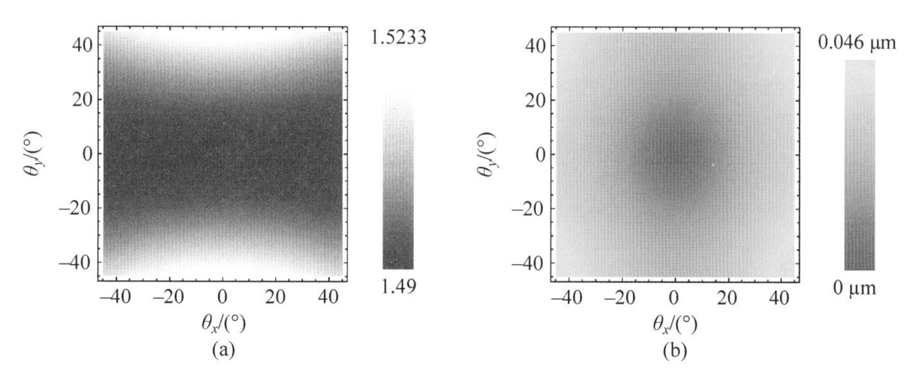

图 21.26　(a)在波长 0.5μm 处，光轴沿 y 方向的方解石 A 板的 n_e 随空气中入射角(θ_x,θ_y)而变化。(b)$\lambda/4$ 方解石 A 板的两个出射模式之间的剪切位移 Δr，在垂直于 $\boldsymbol{k}$ 矢量方向度量

面上，随着入射角的增加，0.5μm 波长的三条光线通过厚度为 0.0007mm 的四分之一 A 板波片的光线路径如图 21.27 所示。离轴时光路长度增加，但双折射率随着角度的增大而更快地减小，如 20.3 节所述，从而导致延迟的净减小。

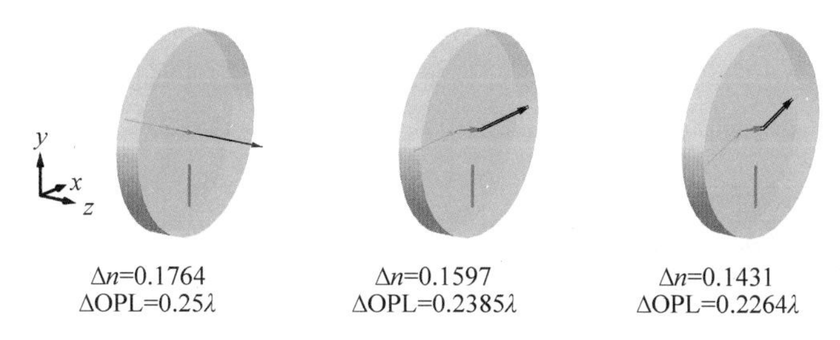

图 21.27　三条波长为 0.5μm 的入射光线沿主截面以 0°、30°、45°入射角通过四分之一 A 板波片，分别经历了不同的 Δn 和 ΔOPL

由于 e 模式的折射率随角度而变化，e 模式波前与 o 模式波前的角度相关特性有很大的不同。考虑一束通过 A 板聚焦的光束。o 模式和 e 模式波前的路径各自不同，折射率不同，像差也不同。图 21.28 显示了在弧矢面和子午面焦点附近形成的光线束和焦散。在 x-z 平面内 e 模式在 o 模式之前聚焦，在 y-z 平面内则在 o 模式之后聚焦。

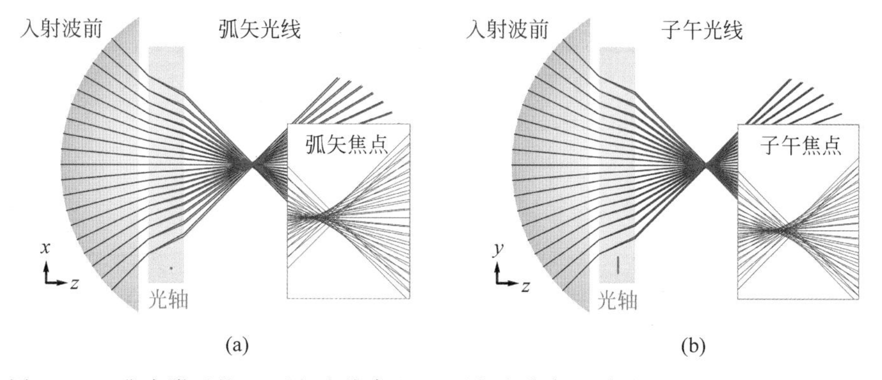

图 21.28　焦点附近的(a)弧矢光线束和(b)子午光线束，红色为 o 光线，蓝色为 e 光线

如图 21.29 所示，计算出了 A 板两个出射模式的 OPL 随角度的变化。对于球面波前，

所得到的 o 模式 OPL 是轴对称的，产生关于 z 轴的圆对称像差，包括焦移和一些球差。相比之下，e 模式光线路径不是旋转对称的；子午 e 光线比弧矢 e 光线有更大的 OPL。子午面和弧矢面之间的异常光 OPL 差异表明，当入射光不准直时，e 波前存在轴上像散。由于这种异常光像散，出射 e 光束具有椭球形波前。

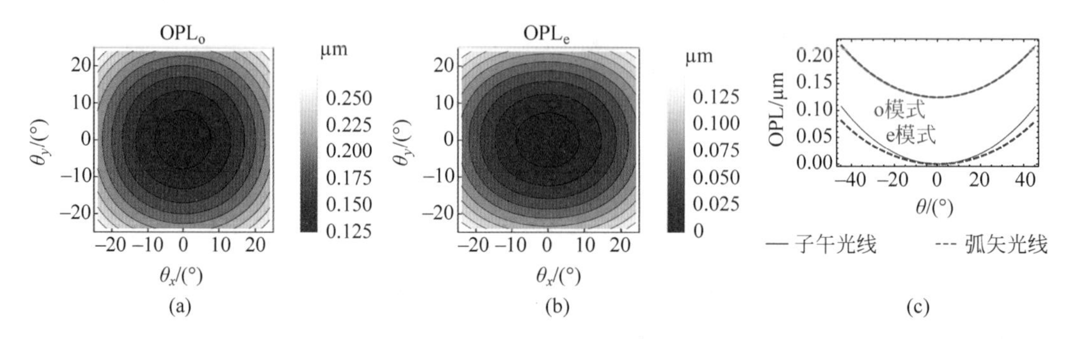

图 21.29　(a)，(b)两幅图显示了波长 0.5μm 的 o 波前和 e 波前通过 A 板后 OPL 随入射角的变化。所示 OPL 是相对最小值 OPL_e。图(c)显示了子午(y-z 面)和弧矢(x-z 面)面中的 OPL

两个模式的出射偏振态方向如图 21.30(b)和图 21.30(c)所示。o 光线和 e 光线的 OPL 差值为延迟量 ΔOPL，如图 21.30(a)所示。延迟量随角度的变化呈鞍形，沿垂直于光轴(x-z 面)增大，沿 y-z 面减小。

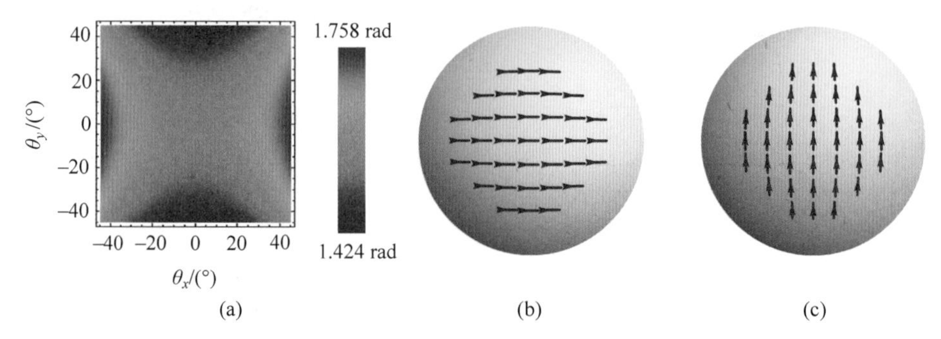

图 21.30　(a)通过四分之一 A 板波片的延迟大小。(b)和(c)在出射波前上显示了 o 偏振态和 e 偏振态的三维视图，有轻微旋转。箭头位置表示相位

延迟图中的延迟量大小按式(21.20)缩放，与板厚、Δn 成线性关系，与波长成反比。延迟图的形状是关于光轴对称的。如果光轴与波片正交(如 21.6.2 节的 C 板)，延迟图将成为旋转对称，在正入射时延迟量为零，并随角度二次增大。

21.6.2　C 板的像差

C 板波片的光轴垂直于波片表面。在正入射情况下没有延迟，但离轴时延迟二次增大。当入射角接近 0°时，o 光线和 e 光线退化，没有相位差，ΔOPL＝0。图 21.31 显示了厚度为 $\lambda_{ref}/(4|n_O-n_E|)$ 的 $\lambda/4$ 方解石 C 板波片，在该板中观察到离轴光线的光线分解。

e 模式折射率分布如图 21.32 所示，它是关于沿 z 轴的光轴旋转对称的。在轴上双折射为零，两个本征模式具有相同的折射率：$n_o=n_e=n_O$，模式退化，但把它们定义为互相正交的。随着入射角的增大，e 模式折射率 n_e 从 n_O 向 n_E 减小，双折射增大，延迟增大。两模

式之间的剪切 Δr 如图 21.32 所示，与 A 板相似，但在正入射时剪切量为零。它的整体形状围绕光轴旋转对称。

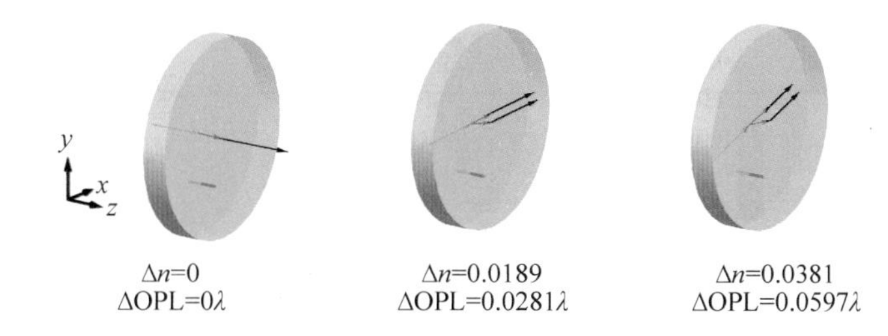

图 21.31　三条波长为 0.5μm 的入射光线以 0°、30°、45°入射角通过 $\lambda/4$ C 板波片，分别经历不同的双折射率 Δn 和 ΔOPL。夸大的厚度显示了光线的分解

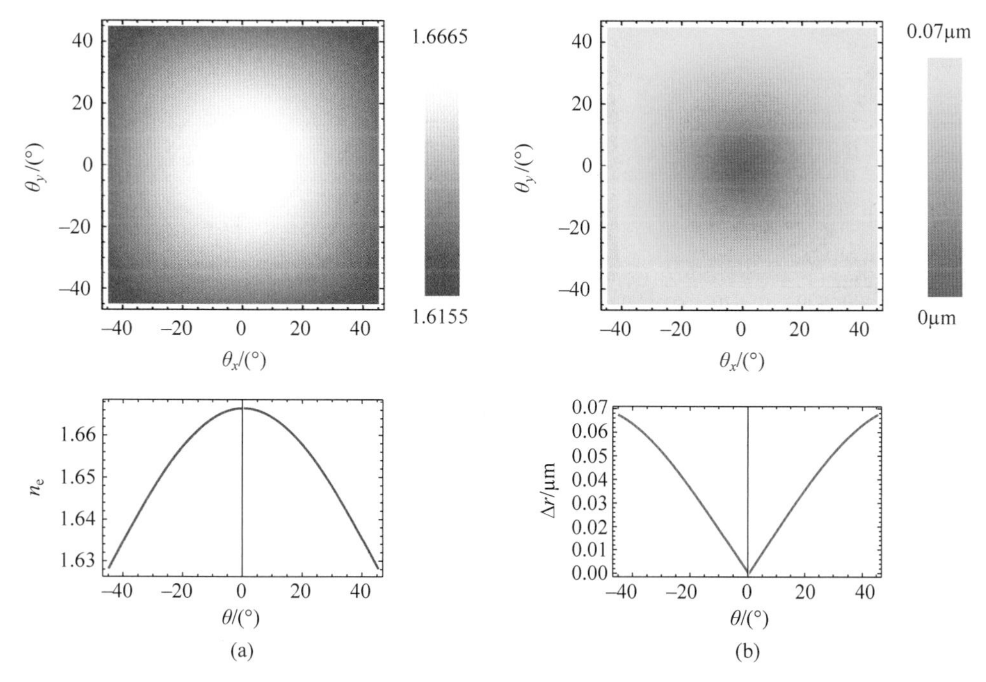

图 21.32　(a)$\lambda/4$ 方解石 C 板波片出射 e 模式的折射率与空气中入射角的关系。(b)通过 C 板后两出射模式之间的剪切位移量也是旋转对称的

与 A 板不同，C 板得到两个出射模式关于光轴旋转对称的 OPL，如图 21.33 所示，这可以用于一些设备。因此，子午光线和弧矢光线具有相同的 OPL，对于负单轴方解石，e 模式的 OPL 比 o 模式的 OPL 小。此外，由于模式简并，光程差在轴上变为零。

图 21.34(a)在波长 0.5μm 处绘制了四分之一 C 板波片的延迟量，显示了延迟量关于光轴旋转对称，在正入射时延迟量为零。模式的偏振方向与 A 板有很大的不同。在图 21.34(b)中，出瞳中 o 模式的偏振方向为切向，而 e 模式的偏振方向为径向。

垂直、水平和圆偏振的入射球面波前通过一片较厚 C 板的偏振态如图 21.35 所示。在第 20 章中介绍了合并 o 模和 e 模的方法。对于两个线偏振波前，在偏离 x 轴和 y 轴处波片引起椭圆率。对于圆偏振波前，椭圆率减小并且主轴方向相对径向偏转 45°。

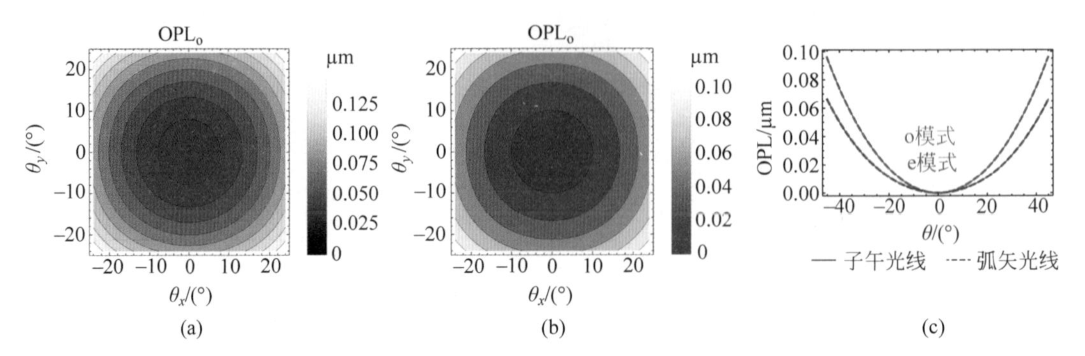

图 21.33 (a),(b)通过 $\lambda/4$ C 板波片的 o 模式和 e 模式相对轴向光线的 OPL 均为圆对称，如图(a)和图(b)所示。(c)子午(实线)和弧矢(虚线)光线的 o 模式(红色)和 e 模式(蓝色)光线的 OPL 是相同的

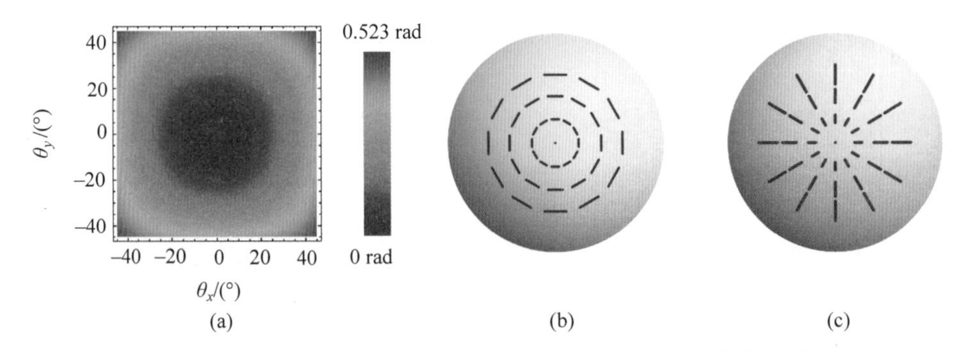

图 21.34 (a)球面波前通过 C 板的延迟大小是关于正入射旋转对称的。o 模式(b)和 e 模式(c)的偏振方向分别为切向和径向。正入射的本征模式是简并的

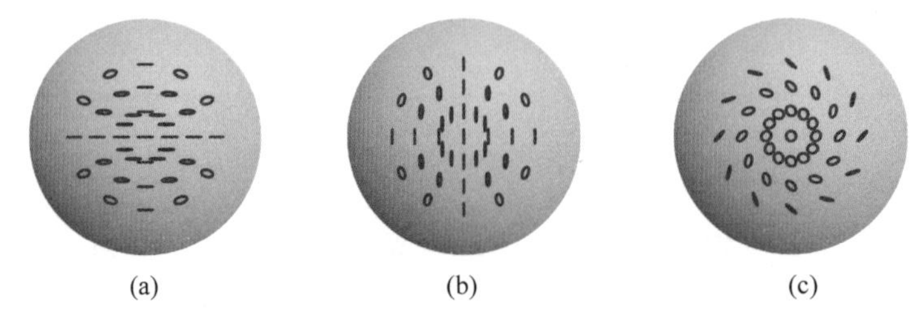

图 21.35 对于水平(a)、垂直(b)和圆(c)偏振的入射球面波前，6.3μm 厚的 C 板的出射偏振椭圆

21.7 A 板的成像

本节遵循第 16 章的方法来分析晶体 A 板像差对成像的影响。针对 0.5NA 会聚光束(@0.5μm)通过 $\lambda/4$ 单轴方解石 A 板(图 21.36)聚焦进行了偏振光线追迹。虽然这种零级四分之一波片非常薄，会产生微小且任意形式的像差，但每个单轴 A 板都有相似的偏振像差，其形式和解释与其他波片相似。

从光线追迹结果可以看出，两种模式的出瞳处波前像差如图 21.37 所示。o 波前具有旋转对称的球差，而 e 波前有像散。由于例子是薄板，虽然像差很小，但它们与板厚 t 和双

折射 Δn 成线性比例，并随光轴方向改变形式。

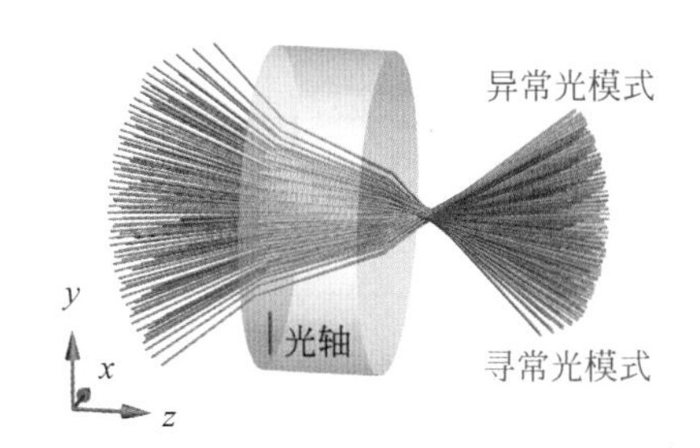

图 21.36　用光线阵列模拟了 0.5NA 的光束，它通过光轴沿 y 方向的 $\lambda/4$ 方解石 A 板聚焦。入射光线阵列分为两个光线阵列，一个是寻常光模式（红色），一个是异常光模式（蓝色）

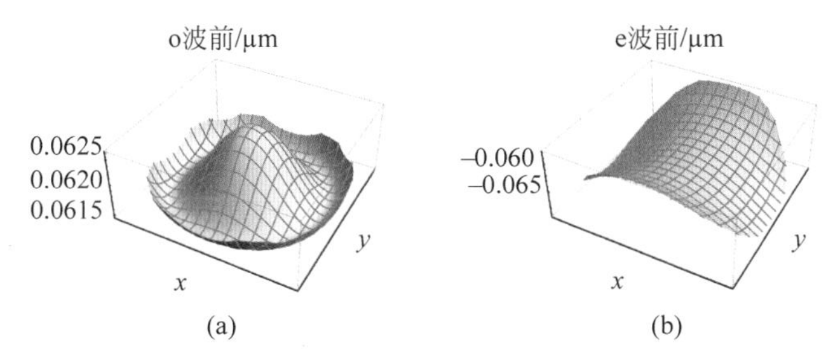

图 21.37　波长为 0.5μm，数值孔径 0.5 时，$\lambda/4$ 方解石 A 板出瞳处的 o 波前和 e 波前。
(a) 具有球差的 o 波前；(b) 具有轴上像散的 e 波前

使用第 19 章的方法计算 0.5NA 球面波在出瞳处的 ***P*** 矩阵，如图 21.38 所示。为了检验偏振像差，从 3D 展示中提取 P 矩阵并将其转换为琼斯光瞳，如图 21.39 所示。

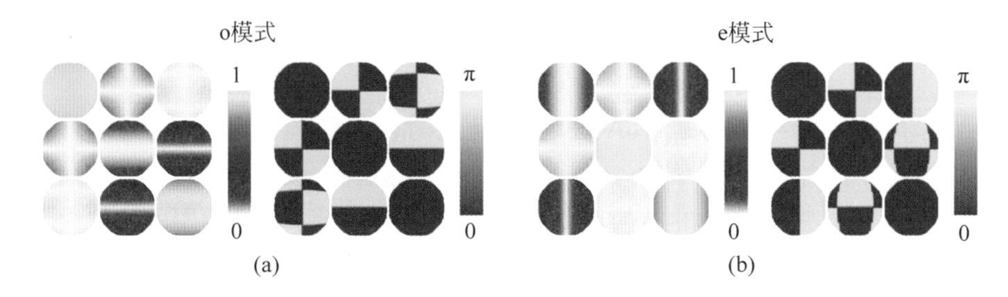

图 21.38　出瞳处 o 波前和 e 波前的 ***P*** 矩阵。
(a)e 模式和(b)o 模式的 P 矩阵的幅值(左 3×3 图)和相位(右 3×3 图)(rad)

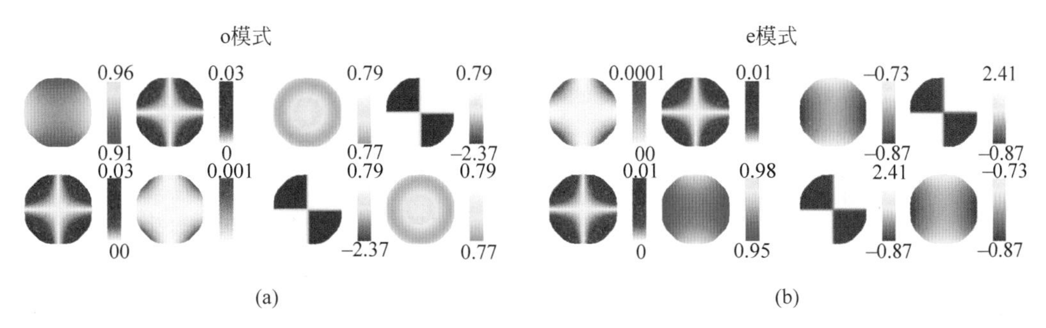

图 21.39　(a)和(b)分别表示出瞳处 o 波前和 e 波前的琼斯光瞳。(a)e 模式和(b)o 模式琼斯光瞳的幅值(左 2×2 图)和相位(右 2×2 图)(rad)

o 波前是一个有像差的 x 偏振器；xx 分量有切趾且具有大部分光量，其相位显示有球差。e 波前是一个有像差的 y 偏振器；yy 分量有切趾且振幅最大，相位显示有像散。

接下来，研究这些 0.5NA 图像的形式和偏振结构。用琼斯光瞳的响应矩阵(这是由衍射理论计算的相干成像振幅响应矩阵 **ARM**)对两个模式的焦点进行评价。每个模式的 **ARM** 的幅值，如图 21.40 所示。薄四分之一波片的像差较小，偏振主体(o 模式的 ARM_{xx} 和 e 模式的 ARM_{yy})形成一个艾里斑。交叉耦合项(ARM_{xy} 和 ARM_{yx})形成一个暗中心和四个光斑，正交偏振(o 模式的 ARM_{yy} 和 e 模式的 ARM_{xx})形成 9 个极低幅值的泄漏光斑。

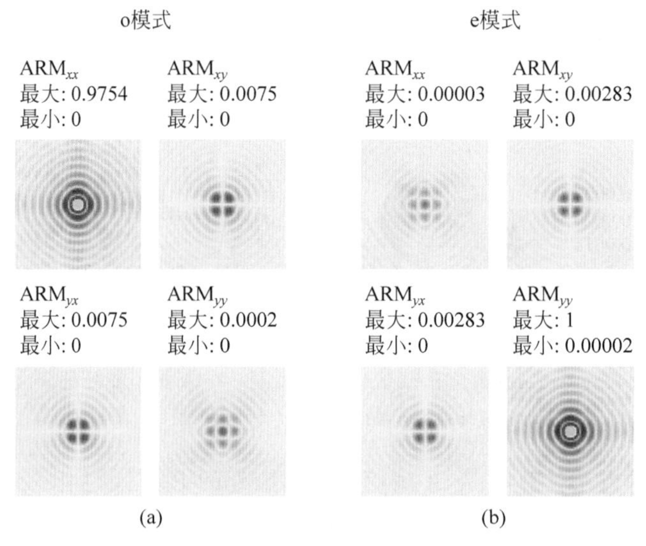

图 21.40 (a)和(b)中分别显示了 o 波前和 e 波前的 2×2 **ARM** 的幅值。灰色为零幅值，红色为中等幅值，黄色为最大幅值

由于像差的大小与板厚成比例，A 板越厚，像差对像的影响就越明显。另外两块 A 板，三阶和十七阶的半波片，用同样的方法进行了分析。随着 A 板厚度的增加，寻常光焦点的 ARM 基本不变，而异常光焦点的结构因像差由艾里斑进一步弥散，如图 21.41 所示。对于较厚的平板，e-ARM_{yy} 在 y 方向上的能量大于在 x 方向上的能量，这是由单轴平板上残余的像散形成的。

图像中的总 ARM 是复数 ARM_o 和 ARM_e 之和。在没有偏振像差的情况下，四分之一波片和半波片对应的 ARM 分别是由艾里斑调制的 $\begin{pmatrix} e^{i\pi/4} & 0 \\ 0 & e^{-i\pi/4} \end{pmatrix}$ 和 $\begin{pmatrix} 1 & 0 \\ 0 & -1 \end{pmatrix}$。波片的厚度会引起像差并增大总 ARM 的 yy 分量的空间扩展。总 ARM 的幅值如图 21.42 所示。像差也增加了 xy 和 yz 泄漏的空间扩展。这些像差来源于 e 波前的像差。总 ARM_{yy} 幅值减小，其空间扩展随厚度度呈近似二次方增大，如图 21.43 所示。

对于非相干光的分析，ARM 转换为 4×4 的米勒点扩散矩阵 MPSM，采用将琼斯矩阵转换为米勒矩阵相同的算法，如第 16 章所述。不同板厚的 MPSM 如图 21.44 所示。得到的 MPSM 与 ARM 是一致的。在没有偏振像差的情况下，四分之一波片和半波片的 MPSM

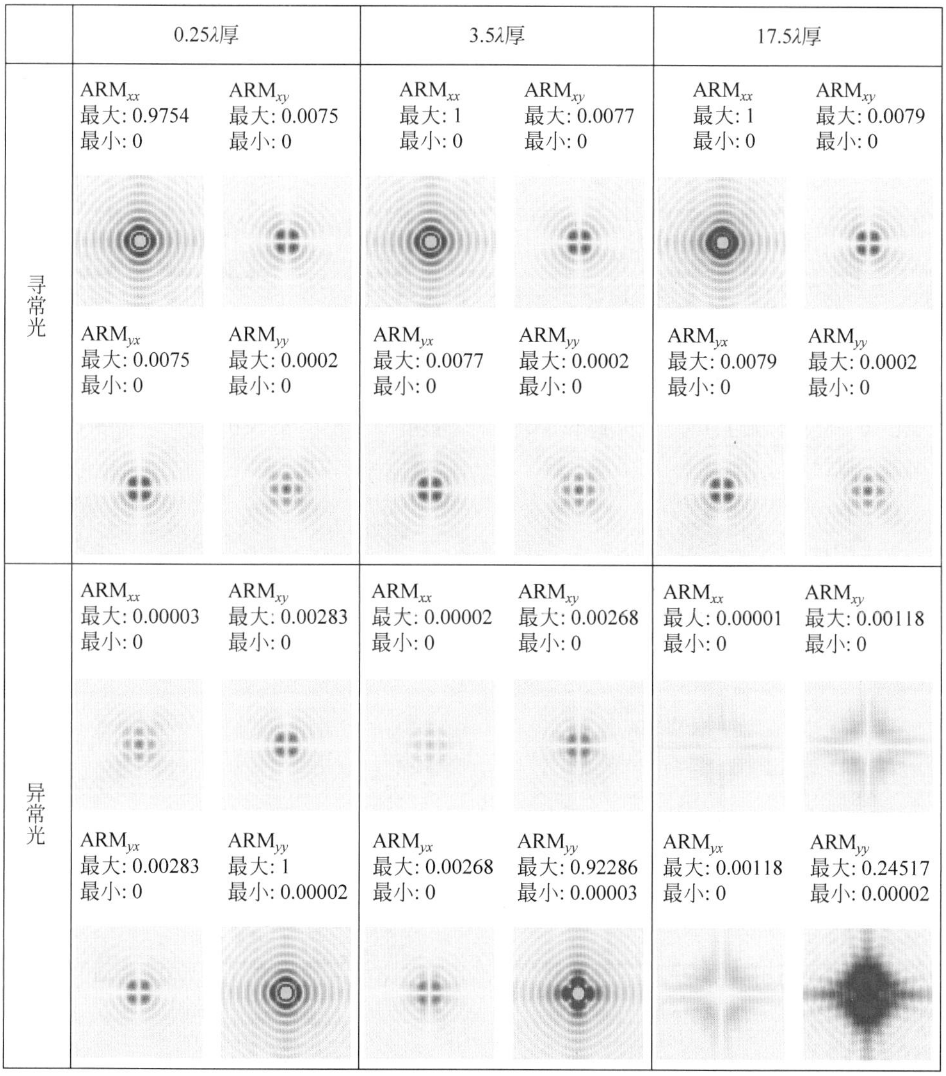

	0.25λ厚		3.5λ厚		17.5λ厚	
寻常光	ARM_{xx} 最大: 0.9754 最小: 0	ARM_{xy} 最大: 0.0075 最小: 0	ARM_{xx} 最大: 1 最小: 0	ARM_{xy} 最大: 0.0077 最小: 0	ARM_{xx} 最大: 1 最小: 0	ARM_{xy} 最大: 0.0079 最小: 0
	ARM_{yx} 最大: 0.0075 最小: 0	ARM_{yy} 最大: 0.0002 最小: 0	ARM_{yx} 最大: 0.0077 最小: 0	ARM_{yy} 最大: 0.0002 最小: 0	ARM_{yx} 最大: 0.0079 最小: 0	ARM_{yy} 最大: 0.0002 最小: 0
异常光	ARM_{xx} 最大: 0.00003 最小: 0	ARM_{xy} 最大: 0.00283 最小: 0	ARM_{xx} 最大: 0.00002 最小: 0	ARM_{xy} 最大: 0.00268 最小: 0	ARM_{xx} 最大: 0.00001 最小: 0	ARM_{xy} 最大: 0.00118 最小: 0
	ARM_{yx} 最大: 0.00283 最小: 0	ARM_{yy} 最大: 1 最小: 0.00002	ARM_{yx} 最大: 0.00268 最小: 0	ARM_{yy} 最大: 0.92286 最小: 0.00003	ARM_{yx} 最大: 0.00118 最小: 0	ARM_{yy} 最大: 0.24517 最小: 0.00002

图 21.41　对于不同的 A 板厚度，0.5NA 的 o 波前和 e 波前的 ARM 幅值

分别是艾里斑调制的 $\begin{bmatrix}1 & 0 & 0 & 0\\0 & 1 & 0 & 0\\0 & 0 & 0 & -1\\0 & 0 & 1 & 0\end{bmatrix}$ 和 $\begin{bmatrix}1 & 0 & 0 & 0\\0 & 1 & 0 & 0\\0 & 0 & -1 & 0\\0 & 0 & 0 & -1\end{bmatrix}$。如图 21.44 所示，较厚 A 板的带像差 MPSM 包含较大的像差，产生偏振漏光，并产生非艾里斑图像。

将系统 MPSM 与入射斯托克斯参量相乘，计算得到非偏振或部分偏振点物的图像。点源在 7 种不同入射偏振态和 3 种不同 A 板厚度下的斯托克斯图像如图 21.45～图 21.47 所示。

总之，o 波前表现出各向同性像差，而 e 波前表现出更复杂的异常光线像差。在出瞳和像面上，e 波前比 o 波前具有更大的波前像差。在出瞳面上，总合波前包含偏振像差，它导致出瞳面上出现不同的偏振态，与板厚、材料的双折射率、光束的数值孔径和光轴的方向有关。

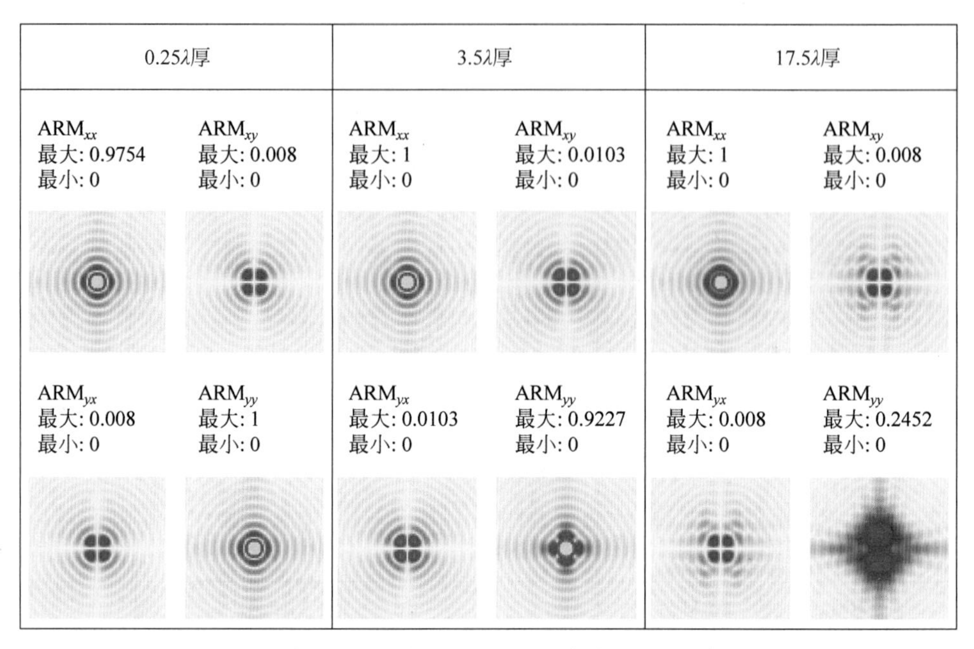

图 21.42 对于不同的 A 板厚度，0.5NA 的 o 波前和 e 波前合成的 **ARM** 幅值

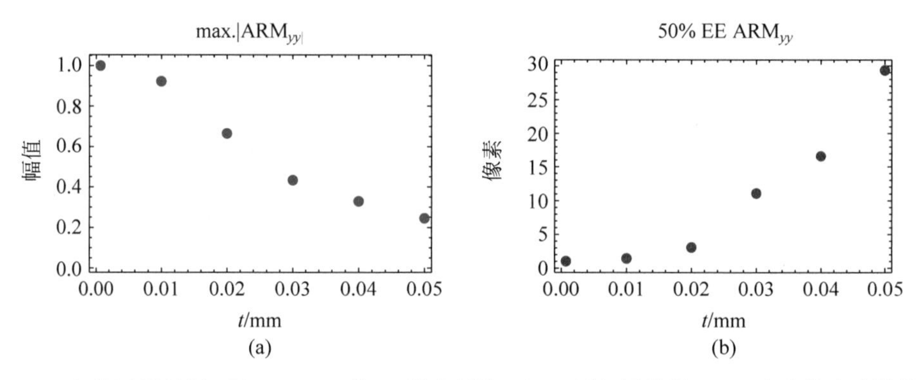

图 21.43 六种不同板厚 t 下 $\mathrm{ARM}_{e,yy}$ 的(a)最大幅值，(b)50%包围能量(EE)，由光线追迹计算得到

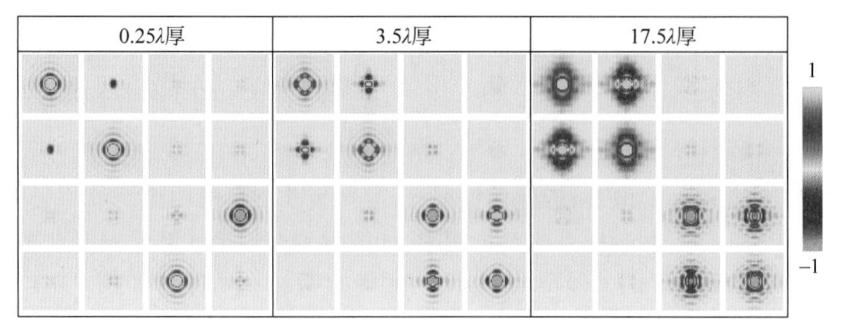

图 21.44 不同 A 板厚度下，0.5NA 的 o 波前和 e 波前合成的 **MPSM**

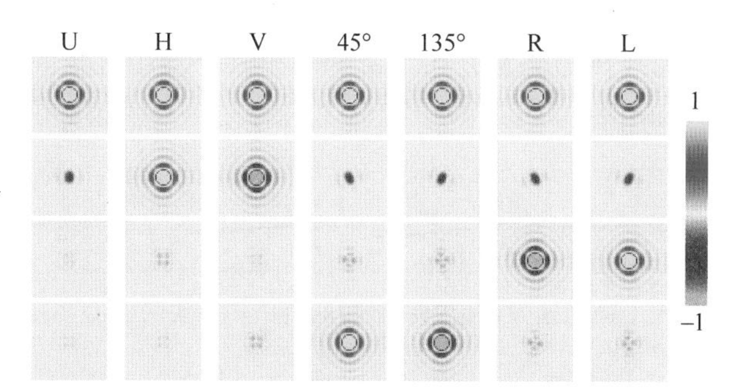

图 21.45　对于 λ/4 A 板,非偏振光、水平偏振光、垂直偏振光、45°线偏振光、135°线偏振光、右旋圆偏振光和左旋圆偏振光的出射斯托克斯参量

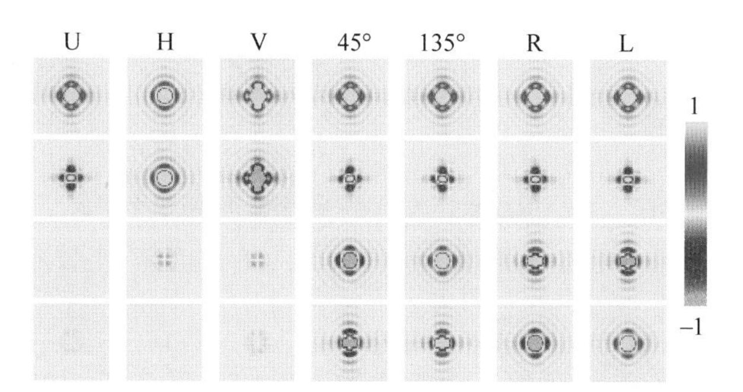

图 21.46　对于 3.5λ A 板,非偏振光、水平偏振光、垂直偏振光、45°线偏振光、135°线偏振光、右旋圆偏振光和左旋圆偏振光的出射斯托克斯参量

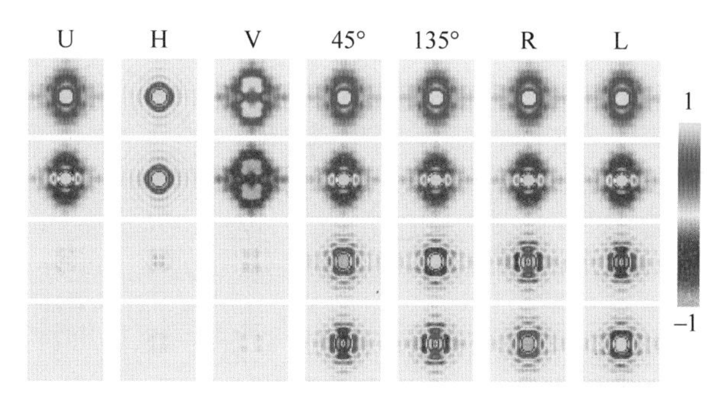

图 21.47　对于 17.5λ A 板,非偏振光、水平偏振光、垂直偏振光、45°线偏振光、135°线偏振光、右旋圆偏振光和左旋圆偏振光的出射斯托克斯参量

21.8　偏移板

偏移板是一种双折射板,它在空间上将一条入射光线分离成两条平行的出射光线,这两条出射光线具有正交的偏振态。通常选取使光线分离角最大化的光轴方向,如图 21.48 所示。

模式的分离取决于平板的双折射和光轴方向。通过调整光轴,平板可以在出射的 o 光束和 e 光束之间产生有用的分离,如形成图 21.49(a)的偏振器或图 21.49(b)的偏振干涉仪。

对于波长为 0.5μm 的正入射光线,两种模式折射率随方解石光轴方向变化如图 21.50(a)

所示。光轴方向 α 是从光线传播矢量开始度量的。单轴介质中 o 模式和 e 模式坡印廷矢量的分离角 γ 在 α 为 0°或 90°时为零,在两个零 γ 之间有一个最大值。

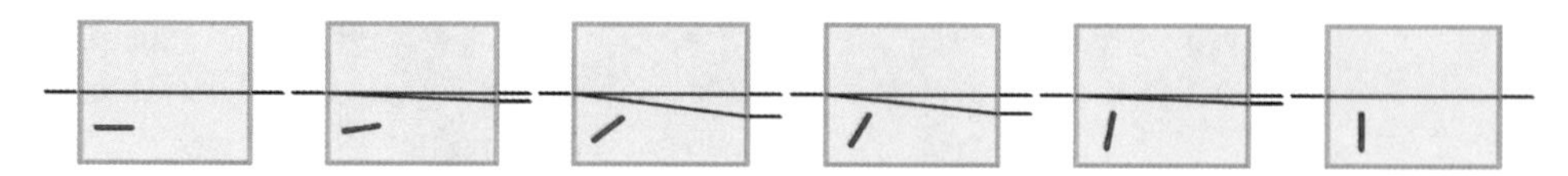

图 21.48 正入射光束进入不同光轴方向(在页面内)的负单轴晶块的偏振光线追迹,显示出在 45°附近具有最佳分离量

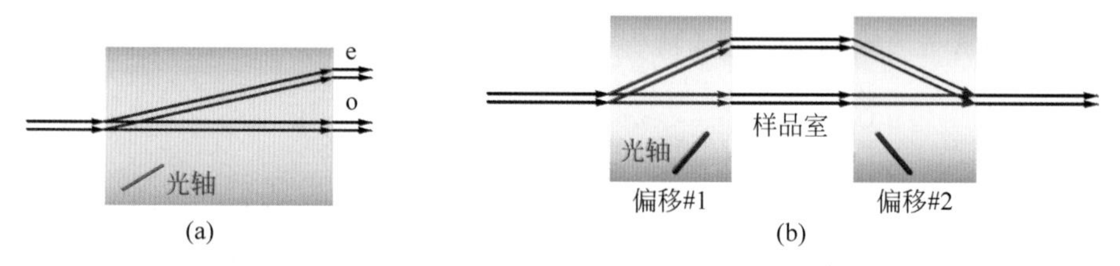

图 21.49 偏移板作为(a)偏振器和(b)偏振干涉仪

得到 γ 最大值的条件[8]① 是

$$\alpha=\arctan(n_{\mathrm{E}}/n_{\mathrm{O}}) \tag{21.22}$$

在图 21.50(b)中,绘制了方解石偏移角与光轴方向的关系曲线,其中最大光束分离角为 6.42°。

由于主折射率随波长变化,最大偏离角也随波长而变化。几个 γ_{MAX} 光谱绘制在图 21.51 中。

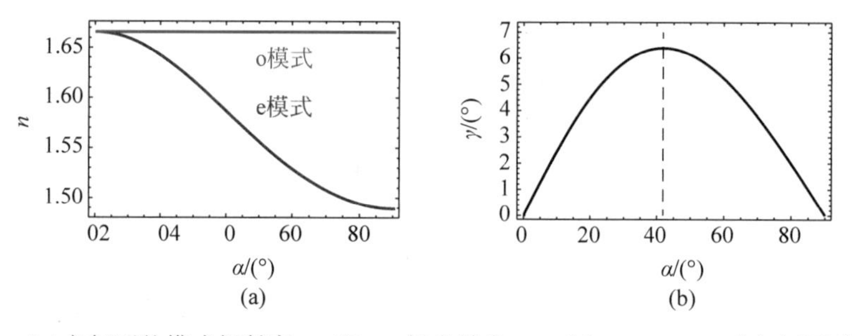

图 21.50 (a)方解石的模式折射率 n_{o} 和 n_{e} 与光轴角 α。(b)$\lambda=500\mathrm{nm}$ 时方解石偏离角随光轴方向变化。当 $\alpha=41.8°$时,最大偏移角为 6.42°

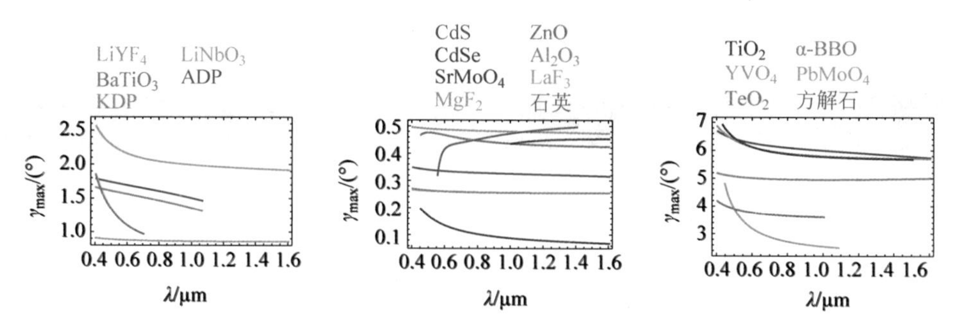

图 21.51 各种单轴材料的最大偏移角与波长的关系

① 详见习题 21.11。

21.9　晶体棱镜

自 18 世纪以来,单轴晶块的组合体被开发和应用于光的起偏或分离偏振光束。多种晶体偏振器的工作原理是让其中一个偏振态全内反射(TIR),让另一个正交的偏振态透射。这种非常有效的起偏机制可以产生远高于二向色偏振片或偏振分光棱镜的消光比。

尼科尔棱镜是历史上最常见的晶体偏振器之一,如此常见以至偏振器经常被称为“尼科尔”。通过将两个方解石棱镜胶粘在一起形成的尼科尔棱镜[18]几何体,o 模式全内反射和 e 模式透过棱镜,如图 21.52 所示。方解石棱镜是根据方解石原子结构以最佳方向从方解石晶体中切割出的。对于简易制作,这个最佳切割角度会使前后表面倾斜。

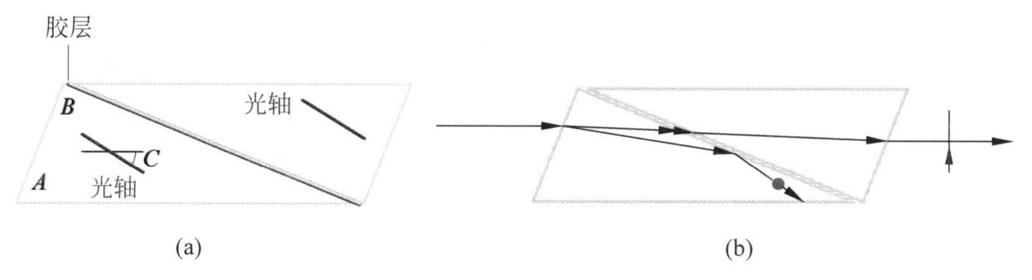

图 21.52　(a)尼科尔棱镜由两块方解石组成,中间有一层胶脂(折射率为 1.54)。这两块晶体的几何形状相同。$A=68°$,$B=90°$,两个晶轴都离棱镜底部 $C=63.73°$。(b)正入射非偏振光入射到尼科尔棱镜上。寻常偏振光(红点代表垂直于纸面振荡的偏振态)在胶合面处 TIR,而垂直偏振的异常偏振光(蓝色)穿过界面到达出射表面

尼科尔棱镜的视场受两个因素的限制:o 模式在胶合界面的 TIR 条件和 e 模式通过界面的透射。由于 $n_O>n_{胶}>n_E$,两种模式进入胶层时均可发生 TIR。在 589.3nm 处,$n_O=1.658$,$n_E=1.486$,$n_{胶}=1.54$。o 模式和 e 模式的临界角分别在水平线以下 16.03°和水平线以上 10.33°处(在入射表面处评价),以便在胶层界面上产生倏逝波发生全反射。对于 o 模式 TIR,入射角 $\theta_{in}<16.03°$;对于 e 模式要避免 TIR 并透射通过,$\theta_{in}>-10.33°$。因此,棱镜的不对称全视场总共为 26.36°。由于尼科尔棱镜是一个相当长的器件,视场也可能受到渐晕的限制。

在尼科尔棱镜之后,其他类型的晶体偏振器也被开发出来,如格兰-傅科棱镜、格兰-泰勒棱镜、格兰-汤普逊棱镜、沃拉斯顿棱镜、罗雄棱镜等[19]。它们都利用双折射或 TIR 来分离 o 模式和 e 模式。它们不同的几何形状适合不同的应用场景。第 22 章将对格兰型偏振器进行详细的分析,该偏振器具有出色的性能,但在视场上存在严重的局限性。

21.10　习题集

21.1　描述下列名词的含义:a. 正单轴,b. 负单轴,c. 双折射,d. 寻常光模式,e. 异常光模式和 f. 光轴。

21.2　在图 21.2 中,仅考虑折射,有多少光线从三块单轴平板序列中出射?有多少不同的出射偏振态?画一幅图表示通过组合体的寻常光 ooo 模式和异常光 eee 模式的传播。

21.3 考虑一个六元件级联的晶体板(图 21.53)。

a. 仅考虑折射,当一条光线入射时,六块双折射晶体能出射多少光线?

b. 针对一条正入射光线从空气传播通过 6 块单轴晶板的堆叠,建立一个光线树。前板和后板有相同的晶轴(x、y 和 z 分量)。中间四块板晶轴在 y-z 平面上,如图 21.53(b)所示。

c. 在这个系统中,有多少个模式为零功率的?因为 o 和 e 在折射时不会产生两个模式。

d. 列出透射模式,例如 oooooo。

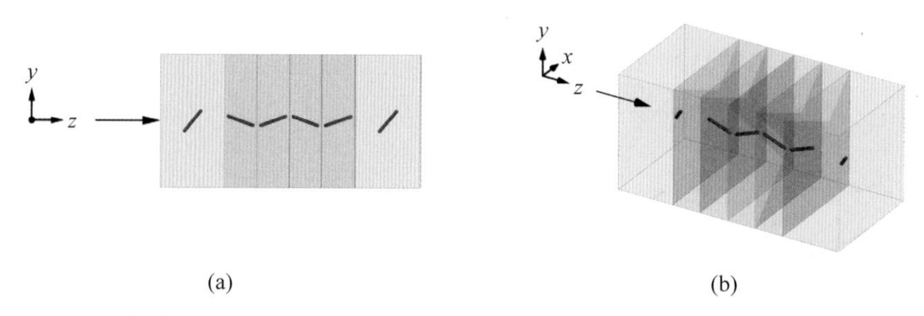

图 21.53 六块单轴材料。光轴方向分别为(−0.766,0.766,0.643)(红线段),(0,−0.342,0.940)(第一对蓝线段)和(0,0.342,0.940)(第二对蓝线段)

21.4 a. 在图 21.3 中,解释为什么一种模式比另一种模式更早会聚。如果平板是由 MgF_2 制成的,哪一种模式的焦点更靠近平板?

b. 非偏振波前通过负单轴晶体制成的 C 板聚焦。寻常光或异常光中哪个波前聚焦点更靠近平板?

21.5 考虑光从空气入射到单轴材料平行平板,寻常光束在出射表面(后表面)处于临界角度。证明各向异性材料内部的异常光线也以临界角度入射到出射表面(图 21.54)。

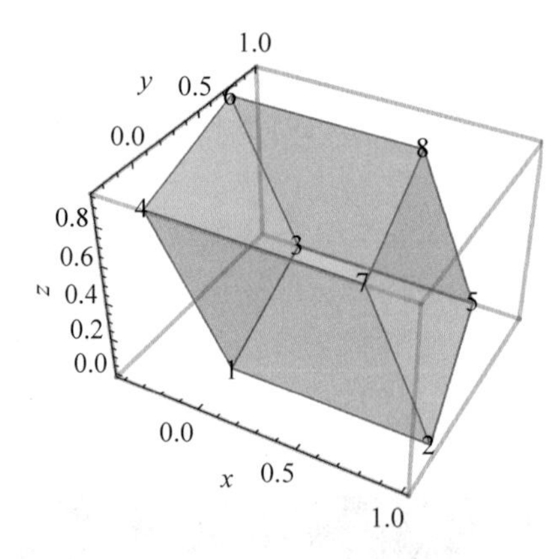

图 21.54 方解石棱体的示意图

21.6 a. 给定一个单轴材料的球体,如何确定光轴?

b. 在图 21.6 的左上图中,光轴位于水平面还是垂直面?

21.7 某一方解石棱体(沿晶体对称面切割)有 12 条边,每条边都是一个单位长度(图 21.54)。每个菱形面的角度为 102°、78°、102°和 78°。八个顶点的位置如下:

$\boldsymbol{v}_1$	$\boldsymbol{v}_2$	$\boldsymbol{v}_3$	$\boldsymbol{v}_4$	$\boldsymbol{v}_5$	$\boldsymbol{v}_6$	$\boldsymbol{v}_7$	$\boldsymbol{v}_8$
$\begin{bmatrix}0\\0\\0\end{bmatrix}$	$\begin{bmatrix}1\\0\\0\end{bmatrix}$	$\begin{bmatrix}-0.208\\0.978\\0\end{bmatrix}$	$\begin{bmatrix}-0.208\\0.257\\0.944\end{bmatrix}$	$\begin{bmatrix}0.792\\0.978\\0\end{bmatrix}$	$\begin{bmatrix}-0.416\\0.721\\0.944\end{bmatrix}$	$\begin{bmatrix}0.792\\-0.257\\0.944\end{bmatrix}$	$\begin{bmatrix}0.584\\0.721\\0.944\end{bmatrix}$

六个面的顶点定义如下：

面 1	$(\boldsymbol{v}_1, \boldsymbol{v}_2, \boldsymbol{v}_5, \boldsymbol{v}_3)$
面 2	$(\boldsymbol{v}_1, \boldsymbol{v}_3, \boldsymbol{v}_6, \boldsymbol{v}_4)$
面 3	$(\boldsymbol{v}_1, \boldsymbol{v}_4, \boldsymbol{v}_7, \boldsymbol{v}_2)$
面 4	$(\boldsymbol{v}_6, \boldsymbol{v}_8, \boldsymbol{v}_7, \boldsymbol{v}_4)$
面 5	$(\boldsymbol{v}_7, \boldsymbol{v}_8, \boldsymbol{v}_5, \boldsymbol{v}_2)$
面 6	$(\boldsymbol{v}_6, \boldsymbol{v}_3, \boldsymbol{v}_5, \boldsymbol{v}_8)$

a. 光轴在哪两个顶点之间？

b. 为切割出 C 板(垂直平板无双折射)，C 板应如何定位？

c. 旋转三维视图，使视线正好沿光轴。找出可切割出的面积最大的 C 板；它是一个等边三角形，可以用两种不同的方法切割。计算三角形的边长和三角形的面积。

d. 为切割出 A 板(最大双折射)，平板应如何定位？

e. 一个通过点 1、2、3、4 的平板是 A 板吗？过 1、2、7、8 的呢？1、5、6 和 8 呢？

21.8　一条正入射的光线($\lambda=0.5\mu m$)通过 6mm 厚的单轴平板，光轴偏离 z 轴 30°，折射率 $(n_O, n_E)=(1.7, 2.3)$(图 21.55)。

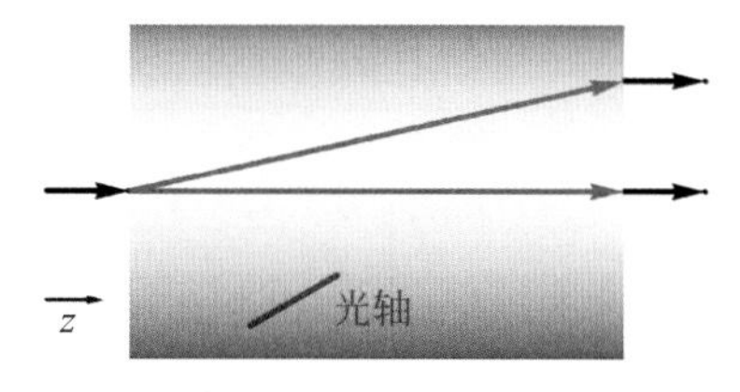

图 21.55　一条光线正入射到一块单轴材料上

a. 在晶体中，o 光线和 e 光线的传播矢量是否平行于坡印廷矢量？离开晶体之后呢？

b. 寻常光模式和异常光模式之间的偏移角是多少？

c. 这两种模式的光程长度是多少？

d. 这条正入射光线的延迟量是多少？

e. 每个表面的反射损失是多少，每个模式的入射和出射表面总的反射损失是多少？

给出通过平板的 $\boldsymbol{P}$ 矩阵($\boldsymbol{P}_2 \cdot \boldsymbol{P}_1 = \boldsymbol{P}$)：

在第一界面

$$\boldsymbol{P}_o=\begin{pmatrix}0.7407 & 0 & 0\\ 0 & 0 & 0\\ 0 & 0 & 1\end{pmatrix} \quad 和 \quad \boldsymbol{P}_e=\begin{pmatrix}0 & 0 & 0\\ 0 & 0.7129 & 0.2163\\ 0 & -0.1580 & 0.9763\end{pmatrix}$$

在出射界面

$$\boldsymbol{P}_{\mathrm{o}}=\begin{pmatrix}1.2593 & 0 & 0\\ 0 & 0 & 0\\ 0 & 0 & 1\end{pmatrix} \quad 和 \quad \boldsymbol{P}_{\mathrm{e}}=\begin{pmatrix}0 & 0 & 0\\ 0 & 1.2269 & -0.2719\\ 0 & 0.2163 & 0.9763\end{pmatrix}$$

f. 如果这个延迟器变为五倍厚,延迟量会如何变化?

21.9 考虑沿 z 轴装配的两个折射率 $(n_{\mathrm{O}},n_{\mathrm{E}})=(1.6,2.5)$ 的单轴晶块,它们的光轴与 z 轴方向分别为 50°和−50°(图 21.56)。绘制通过系统的所有得到的模式的光线树。每条出射光线的传播矢量和坡印廷矢量是什么?

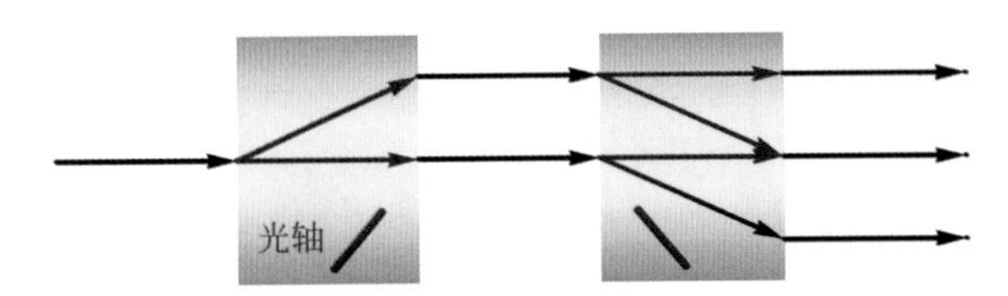

图 21.56 正入射到两个单轴晶块上,晶块的光轴与 z 方向分别为 50°和−50°

21.10 考虑如图 21.57 所示的光率体。

a. 已知单轴材料中异常光模式的坡印廷矢量与传播矢量之间的分离量为 γ,其中

$$\tan\gamma=-\frac{(n_{\mathrm{E}}^{2}-n_{\mathrm{O}}^{2})\sin\alpha\cos\alpha}{n_{\mathrm{E}}^{2}\cos^{2}\alpha+n_{\mathrm{O}}^{2}\sin^{2}\alpha}$$

其中 α 是光轴与传播矢量之间的夹角。给定 n_{O} 和 n_{E},计算最大 γ 及其对应的 α。

b. 异常光线的有效折射率为

$$n_{\mathrm{eff}}=\frac{n_{\mathrm{E}}n_{\mathrm{O}}}{\sqrt{n_{\mathrm{E}}^{2}\cos^{2}(\theta_{\mathrm{e}}+\alpha)+n_{\mathrm{O}}^{2}\sin^{2}(\theta_{\mathrm{e}}+\alpha)}}$$

其中 θ_{e} 为折射角。对于正入射,计算以 n_{O} 和 n_{E} 形式表示的 n_{eff},其对应于最大偏移量。

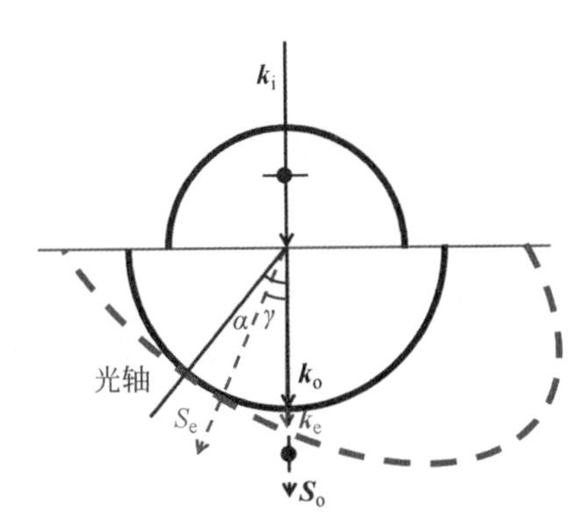

图 21.57 一条光线从各向同性材料入射到单轴材料的 K 面,折射为 o 模式和 e 模式

21.11 在例 21.2 中,计算 o 模式和 e 模式的坡印廷矢量方向。

21.12 对于接近光轴,在单轴材料内的传播,$\theta\ll 1\mathrm{rad}$,异常折射率近似呈二次变化:

$$n_{\mathrm{e}}(\theta)\approx n_{\mathrm{E}}+n_{2}\theta^{2}$$

从式(21.16)中展开 $n_{\mathrm{e}}(\theta)$ 为泰勒级数,求这个近似的 n_{2}。对于方解石 n_{2} 有多大?这将如何影响通过厚度为 t 的方解石 C 板聚焦的球面波的焦点位置?

21.13　考虑异常折射率随材料内的传播角 θ 变化的函数方程，$\frac{1}{n_e^2(\theta)}=\frac{\cos^2\theta}{1.6^2}+\frac{\sin^2\theta}{1.5^2}$。绘制这个函数(蓝线)，它很接近余弦函数(图 21.58)。

当一个余弦函数$\frac{n_o+n_e}{2}+\frac{n_o-n_e}{2}\cos\theta$ 叠加到上面(红色)，可以看到很小的偏差。

当 $\theta=0$，$\frac{n_o+n_e}{2}+\frac{n_o-n_e}{2}\cos\theta$ 的二阶泰勒级数展开式为 $n_o+\frac{1}{4}(n_e-n_o)\theta^2$，其变化量为$\frac{1}{4}(n_e-n_o)\theta^2$。

a. 计算 $n_e(\theta)$的二阶泰勒级数并进行比较。

b. 当 $\theta=\pi/2$，$\frac{n_o+n_e}{2}+\frac{n_o-n_e}{2}\cos\theta$ 和$\left(\frac{\cos^2\theta}{n_o^2}+\frac{\sin^2\theta}{n_e^2}\right)^{-1/2}$ 有什么区别？

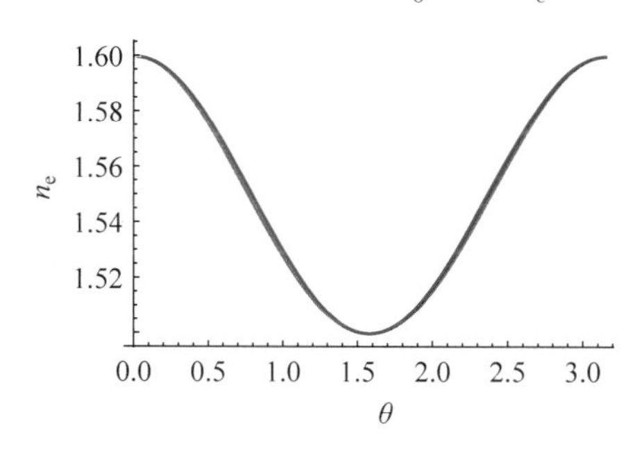

图 21.58　n_e 与 θ 的函数关系

21.14　对于 21.10 节描述的尼科尔棱镜，异常光波的偏振方向是什么？异常光有像散吗？这两个模式的偏振方向在光束上是如何变化的？水平视场角 FOV 是多少？

21.15　考虑如图 21.53 所示尼科尔棱镜的几何结构，e 模式在界面处发生 TIR 的折射率 n_e 是多少？

21.16　Ahren 棱镜偏振器由三块抛光的方解石棱镜粘接在一起组成(图 21.59)。方解石的折射率 $n_O=1.658$ 和 $n_E=1.486$。对于正入射的准直入射光，其中一个模式透射、偏折和偏移；另一个偏振态完全在内部反射，没有到达最终表面。

a. 在晶体 A、B、C 中光轴方向是怎样的，沿着 x 方向或 y 方向？

b. 哪个偏振态被透射，o 还是 e？它在第一晶体和第二晶体中的模式是什么？

c. 最小棱镜角 α_{min} 是多少？

d. 全内反射的光线与 z 轴的夹角是多少？

e. 取 α_{min} 时 Ahren 棱镜偏振器的透过率是多少？

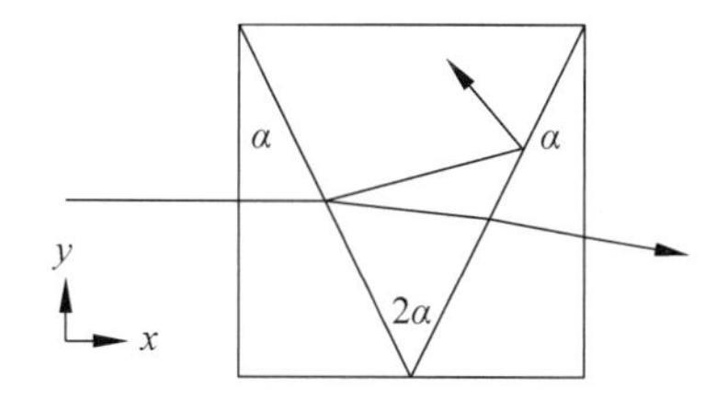

图 21.59　一条光线正入射到 Ahren 棱镜

21.11 参考文献

[1] E. Bartholin, Experiments on Birefringent Icelandic Crystal (Acta Historica Scientiarum Naturalium et Medicinalium), Translated by T. Archibald, Danish National Library of Science and Medicine (1991).

[2] J. Z. Buchwald and M. Feingold, Newton and the Origin of Civilization, Princeton University Press (2013).

[3] J. Z. Buchwald, The Rise of the Wave Theory of Light: Optical Theory and Experiment in the Early Nineteenth Century, University of Chicago Press (1989).

[4] A.-B. Mahler, S. McClain, and R. Chipman, Achromatic athermalized retarder fabrication, Appl. Opt. 50 (2011): 755-765.

[5] J. L. Vilas, L. M. Sanchez-Brea, and E. Bernabeu, Optimal achromatic wave retarders using two birefringent wave plates, Appl. Opt. 52 (2013): 1892-1896.

[6] A. Yariv and P. Yeh, Optical Waves in Crystals, New York: Wiley (1984).

[7] M. Born and E. Wolf, Principles of Optics, 6th edition, Pergamon (1980).

[8] J. N. Damask, Interaction of light and dielectric media, in Polarization Optics in Telecommunications, Chapter 3, Springer Series in Optical Sciences (2004).

[9] W. J. Tropf, M. E. Thomas, and E. W. Rogala, Properties of crystal and glasses, in Handbook of Optics, Vol. 4, Chapter 2, 3rd edition, ed. M. Bass, McGraw-Hill (2009).

[10] Refractive index provided by Karl Lambrecht Corporation (http://www. klccgo. com/) accessed in 2014.

[11] W. D. Nesse, Introduction to Optical Mineralogy, 3rd edition Oxford University Press (2004).

[12] E. E. Wahlstrom, Optical Crystallography, 3rd edition, Wiley (1960).

[13] B. Saleh and M. Teich, Fundamentals of Photonics, 2nd edition, Wiley (2007).

[14] J. Wilson and J. Hawkes, Optoelectronics: An Introduction, 3rd edition, Prentice Hall Europe (1998).

[15] M. C. Simon and K. V. Gottschalk, Waves and rays in uniaxial birefringent crystal, Optik 118 (2007): 457-470.

[16] D. H. Goldstein, Anisotropic materials, in Handbook of Optical Engineering, Chapter 24, eds. D. Malacara and B. J. Thompson, New Y ork, NY: CRC Press (2001).

[17] W. J. Smith, Modern Optical Engineering, 3rd edition, McGraw-Hill (2000).

[18] M. C. Simon and R. M. Echarri, Internal total reflection in monoaxial crystal, App. Opt. 26 (18) (1987).

[19] J. M. Bennett, Polarizers, in Handbook of Optics, ed. M. Bass, New York: McGraw-Hill (1995).

第22章

晶体偏振器

22.1 引言

由各向异性材料制成的晶体偏振器利用双折射效应①获得高度偏振的出射光束。晶体偏振器是消光比最高的高性能偏振器，包括格兰-泰勒(图22.1(b))、格兰-汤普逊和尼科尔棱镜。本章的分析集中在几个关键性能问题上，即晶体偏振器的小视场(FOV)、透射损耗和大切趾，以及与预期有差别的透射模式。这些干扰模式会显著降低性能。晶体偏振器通过全反射(TIR)一个本征模同时透射另一个正交本征模来实现高偏振。由于TIR反射100%的入射光束，透射光束的偏振度可能非常接近于1，从而产生卓越的消光比和二向衰减。双折射效应让不同偏振态在角度上分离，使得两个正交偏振态以不同方向出射，如图22.1(a)所示的沃拉斯顿棱镜。晶体偏振器的综述见J. M. Bennett和H. E. Bennett为OSA光学手册撰写的参考文献[1]～[3]。

晶体偏振器在光学系统中提供了高性能，但代价很高：孔径有限和长度较大。与特别薄的偏振器(如偏振片和线栅偏振器)相比，全反射偏振器往往较长。由于全反射需要光线以大角度与晶体表面相交，因此偏振器的长度与孔径尺寸之比很大，格兰-泰勒偏振器约为1，格兰-汤普逊偏振器约为3～5。将格兰类型的偏振器应用到成像系统中时的常见问题是视场小、扩展量受限以及渐晕。晶体偏振器通常用于特殊应用，如要求高性能的椭偏仪和偏振

---

① 见第19章。

测量仪,以及对准直光束来说较长元件不太成问题的激光系统。高功率激光系统是格兰-泰勒偏振器的另一个应用,因为它们的损伤阈值比偏振片和线栅偏振器更高。这种高功率应用需要高度透明的光学级晶体,通常是方解石和金红石,并按照严格的规范制造。

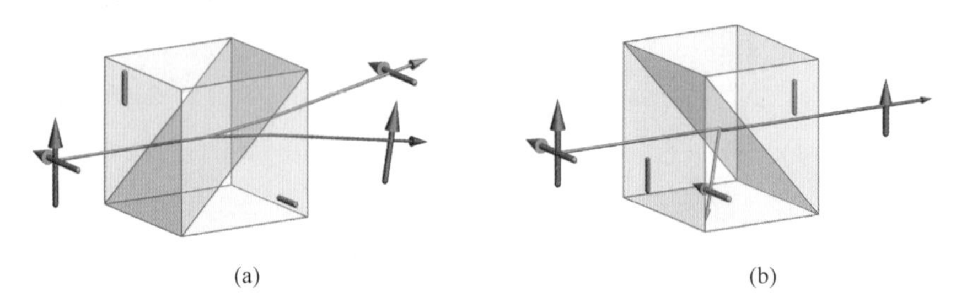

图 22.1　(a)沃拉斯顿棱镜由两块方解石组成,它们的光轴(晶体内绿色线段)正交。由于每个模式的折射率不同,它将两个正交模式导向两个方向。(b)格兰-泰勒偏振器由两块相同光轴方向的方解石制成。在两块方解石界面处它透射 e 模式(蓝色箭头),同时将 o 模式(红色箭头)变向

在设计或使用晶体偏振器时,应考虑晶体偏振器的复杂行为。预期的出射偏振态是异常模式,而异常模式的折射率随角度变化。这引入了像散、切趾、复杂的波前像差和偏振像差,它们对于这些优质的晶体偏振器来说通常是有害的。此外,晶体偏振器具有较小的视场和较大的色差。在视场边缘,被反射的寻常光线开始漏光,从而迅速降低透射光的偏振度,并以复杂的方式改变瞳面上的偏振态。

22.2　晶体偏振器的材料

晶体偏振器的理想材料应在相当宽的光谱范围内高度透明,易于抛光以获得高质量的光学表面,并且应具有较大的双折射率。实际上,几乎所有的晶体偏振器都是由方解石制成的,方解石是一种软晶体,摩尔硬度为 3,可以抛光到非常光滑的表面,并且在 400nm 到 1600nm 波长范围内具有大的双折射率。光学级方解石是一种天然材料,墨西哥和巴西开采量最多。尽管方解石的实验室生长已有报道[4-7],但此类工艺尚未商业化。作为一种天然材料,它通常包含条纹、小量的折射率不均匀,这些不均匀性通常来自弱散射夹杂物、气泡和其他散射缺陷。这些缺陷可以通过激光照射方解石并观察散射点来评估。由于其晶体结构,如果不适当注意,抛光表面上可能会出现小的金字塔形空隙。此外,一些方解石可以发荧光[8],根据杂质的不同,它可以发出红色、蓝色、白色、粉色、绿色或橙色的荧光。

相较之下,石英是另一种非常理想的双折射材料,因为它可以人工生长并且价格低廉。然而,对于有效的格兰-汤普逊和格兰-泰勒偏振器而言,石英的双折射率太小,它对于波片延迟器制造更有用。金红石具有高折射率,是一种强双折射的晶体,也可人工生长以制造偏光立方体和耦合棱镜[9-10]。许多其他矿物,如蓝宝石和氟化镁,也可用于制作棱镜和真空观察窗口,用于特殊的波前分离和组合。

22.3　格兰-泰勒偏振器

格兰-泰勒偏振器是一种空气间隔的晶体偏振器,由两块直角三角形方解石构成,如

图 22.2(a)所示，它的设计于 1948 年首次被提出[11]。本章对如图 22.2(b)所示的格兰-泰勒偏振器示例中的光传播进行了建模，以研究其波前和偏振像差。两块方解石的光轴沿 y 轴垂直取向。在以下模拟中，斜边相对于入口和出口表面倾斜角为 $\theta_A=40°$。

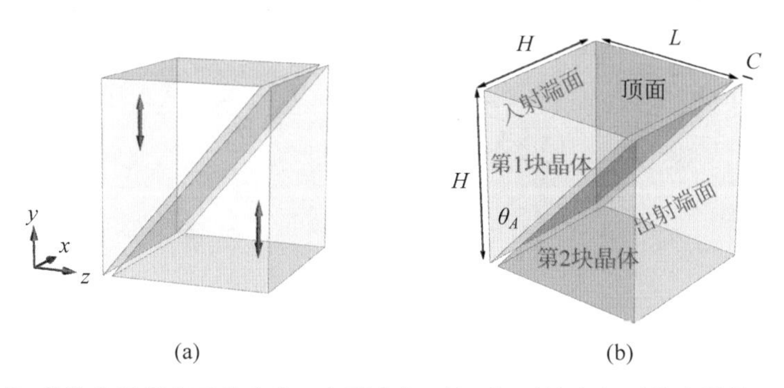

图 22.2　(a)格兰-泰勒偏振器由两块直角三角形方解石组成，两块方解石的光轴沿 y 方向(块内的黑色箭头)，中间由空气隙隔开。(b)晶体偏振器的几何形状由 θ_A、H、L 和 C 定义。两块晶体组合形成一个立方体。入射端面的面积为 $H\times H$，晶体的长度为 $L=H\tan\theta_A$，空气隙的厚度为 C

在 589.3nm 处，方解石的折射率为 $n_O=1.659$，$n_E=1.486$。考虑如图 22.3(a)和(b)所示的方解石/空气界面上的内折射光线路径。当光轴在入射面内时，o 光折射为 s 偏振光，e 光折射为 p 偏振光。由于这两个模式有不同的折射率，因此它们具有不同的临界角。在图 22.2 的 y-z 平面上，o 光从方解石传播到空气的临界角为 $\psi_o=37.08°$，考虑了 n_e 的变化后，e 光的临界角为 $\psi_e=40.22°$，如图 22.3(d)所示。o 模和 e 模临界角之间的差异是偏振器工作的关键特性。

如图 22.3(e)所示，o 光的折射强度随入射角的增大而减小，在临界角以上为零透射。另外，e 光的折射强度随角度的增加而增加，在布儒斯特角 35°时透射率为 100%；因此，需要较小的 θ_A。随着入射角的继续增大，在临界角处，e 光的透射迅速减小到零。

对于入射在格兰-泰勒斜边方解石/空气界面上的角度在 ψ_o 和 ψ_e 之间的光线，o 光(超过其临界角)发生全反射并反射到上表面，而 e 光分为反射光线和折射光线。对于正入射到前表面的光，如图 22.4 所示，仅透射 e 模式。透射到空气隙中的 e 模式完全耦合到第二块晶体中的 e 模式，并以 y 偏振光的形式离开偏振器。

22.3.1　有限视场

格兰-泰勒偏振器在 3°视场范围内有着优良的偏振性能，其中不需要的偏振分量由全反射导到其他方向。对于远离正入射的入射角，透射光可能存在其他不希望出现的模式。根据第 19 章的约定，通过偏振器的期望光路为 eie 模式：e 代表第一块晶体中的异常模式，i 代表各向同性的空气隙，e 代表第二块晶体中的异常模式。光线倍增发生在第二块晶体中，但在正入射情况下，当两块晶体的光轴方向完全平行时，不需要的 eie 模式的振幅为零。

晶体偏振器的视场角 FOV 定义为一个立体角，在该立体角内，透射光束中仅存在 eie 模式，因此出射光的偏振度为 1。实际中，①o 模式的全反射和②格兰-泰勒偏振器的 e 模式的透射仅发生在正入射附近的几度范围内，如图 22.5 所示，导致只有一个很小的视场角，其

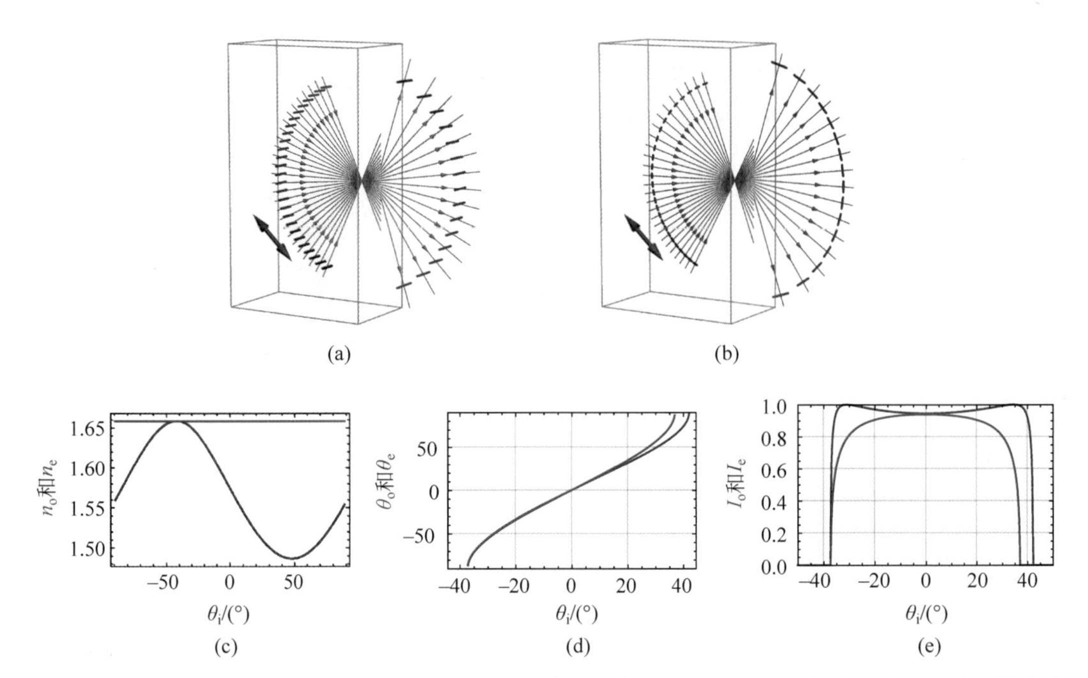

图 22.3 o 光和 e 光在方解石/空气界面的折射。入射和出射偏振方向显示在每条光线的开始和结束位置。(a)o 模式与光轴正交(块内的黑色箭头);(b)e 模式位于光轴平面内;(c)方解石折射率与入射角 θ_i 的函数关系;(d)折射角与入射角的函数关系,o 光临界角为 37.08°,e 光临界角为 42.22°;(e)透射强度与入射角的函数关系,其中 e 光最大透射率发生在 34.54°

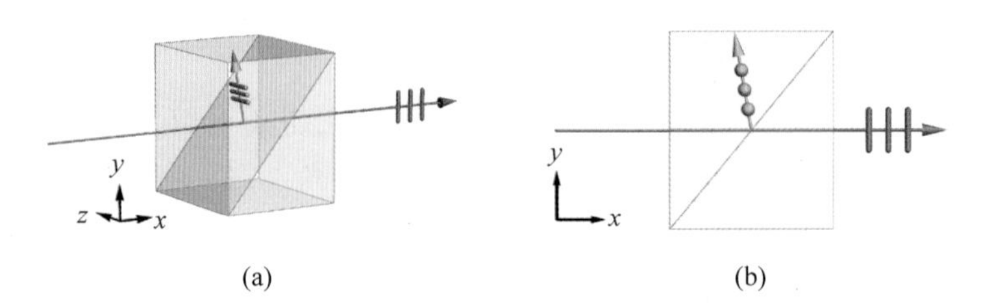

图 22.4 对于正入射光线,o 模式(红色)在空气隙处全反射,而 e 模式(蓝色)以垂直偏振光形式透射到出射表面(此处未显示第一块晶体中反射的 e 模式)。o 模式从顶面出射或被顶面的黑色涂层吸收。此处未显示小振幅的部分反射,例如斜边上 e 模式的部分反射

在 y 方向上约为±3.5°。

在视场角之外,一些 o 模式折射进入第二块晶体(图 22.5(b)中紫色带下方),或者 e 模式在空气隙界面(紫色带上方)出现全反射,没有光到达第二块晶体。随着前表面入射角的变化,第一个空气隙界面处的相应入射角也随之变化。当空气隙入射角低于 ψ_o 时,o 模式部分透射到第二块晶体并产生 oie 模式和 oio 模式,从而破坏偏振器的性能。当空气隙入射角大于 ψ_e 时,e 模式从部分透射变为全反射,不能到达第二块晶体,偏振器变暗。此外,对于 y-z 平面外的入射光线(θ_x 为非零),e 模式产生小振幅的 eio 模式,它漏过偏振器成为透射光中非期望有的偏振态。

在有限视场范围之外,格兰-泰勒偏振器是一个非常复杂的器件,如果入射光束的角度范围没有得到适当限制,用户应准备好接收这些额外的不需要的光束。用激光笔和晶体偏

振器进行实验很容易展示这些额外的光束。

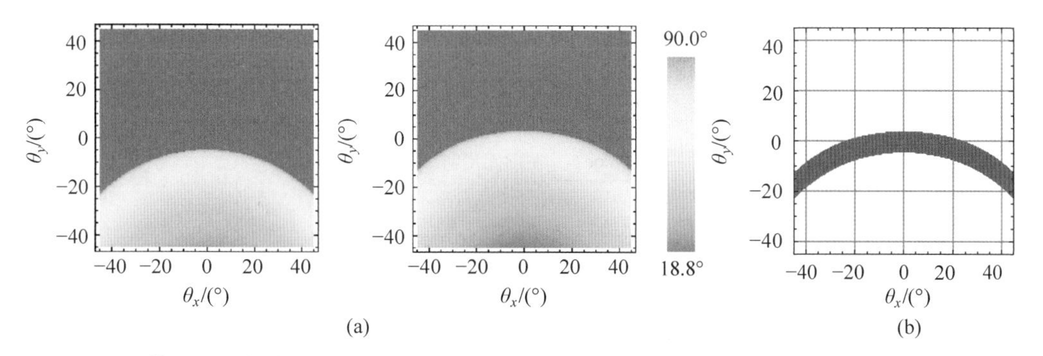

图 22.5　(a)第一个空气隙界面处 o 模式和 e 模式的折射角与偏振器前表面入射角(θ_x,θ_y)的函数关系。伪彩色条表示折射角大小,其中灰色表示全反射。在临界角处,光以 90°折射(浅蓝色)。oi 模式和 ei 模式折射角之间的垂直位移是格兰-泰勒偏振器工作的基础,代表了 o 模式全反射而 e 模式部分透射时的入射角。这种偏移是格兰-泰勒高效性能的原因。(b)格兰-泰勒偏振器的预期视场,确保 o 光在界面处全反射,而 e 光透过偏振器出射。在 $\theta_x=0$ 时,偏振器沿 θ_y 的视场范围为$-4.5°\sim+3.5°$

22.3.2　多条潜在的光线路径

对格兰-泰勒偏振器在大角度范围内进行偏振光线追迹,以分析所有模式的路径,其中包括了空气隙处的全反射。假设方解石表面未镀膜且考虑了所有表面的菲涅耳损失。如图 22.6 所示为光线树,描绘了通过偏振器的所有可能光线路径(模式之间的耦合)。

该分析的重点是折射而非反射,除非发生全反射阻碍了光线折射通过系统。入射光(inc)进入偏振器前表面后分为 o 模和 e 模。在第一块晶体的斜边(双折射/各向同性界面)处,每个模式都反射为 o 模和 e 模;o 到 e 和 e 到 o 的耦合很小。但是,该耦合仅在垂直平面(包含表面法线和光轴的平面)中为零。在两块晶体之间的空气隙内,透射光线处于各向同性模式。这些光线将部分能量折射到第二块晶体中,产生 o 光和 e 光。同样,从第一块晶体中的 e 耦合到第二块晶体中的 o,或者反之亦然,仅对于在垂直平面中传播的光线,这种耦合为零。在第一个斜边处反射的光是不需要的光,它将到达顶面并从顶面逃逸或被顶面涂层吸收。当光线穿过空气隙(ei 模式或 oi 模式)进入第二块晶体时,光线再次分裂为 o 模式和 e 模式。对于每条入射光线,最多可从出射表面出现四种模式(eie、eio、oie 和 oio)。空气间隙内也会出现少量的多次反射光。

通过对来自四个界面的每一个 $\boldsymbol{P}$ 矩阵($\boldsymbol{P}_1$、$\boldsymbol{P}_2$、$\boldsymbol{P}_3$ 和 $\boldsymbol{P}_4$)进行矩阵相乘,计算出正入射时 eie 模式的偏振光线追迹矩阵 $\boldsymbol{P}_{\text{eie}}$。表 22.1 显示了每个界面后的 $\boldsymbol{P}$ 矩阵和累积电场。

$$\boldsymbol{P}_{\text{eie}}=\boldsymbol{P}_4\boldsymbol{P}_3\boldsymbol{P}_2\boldsymbol{P}_1=\begin{pmatrix}0 & 0 & 0\\ 0 & 0.891 & 0\\ 0 & 0 & 1\end{pmatrix}\tag{22.1}$$

$\boldsymbol{P}_{\text{eie}}$ 对应于 y 偏振器,入射的 x 偏振光被完全消光。对于入射偏振矢量 $\boldsymbol{E}_i=(0,1,0)$,出射电场的振幅为 0.891,对应于表 22.2 中计算的强度透射率 0.793。

晶体/空气界面的全反射是一种聪明而有效的机制,可以将不需要的偏振态改变方向到

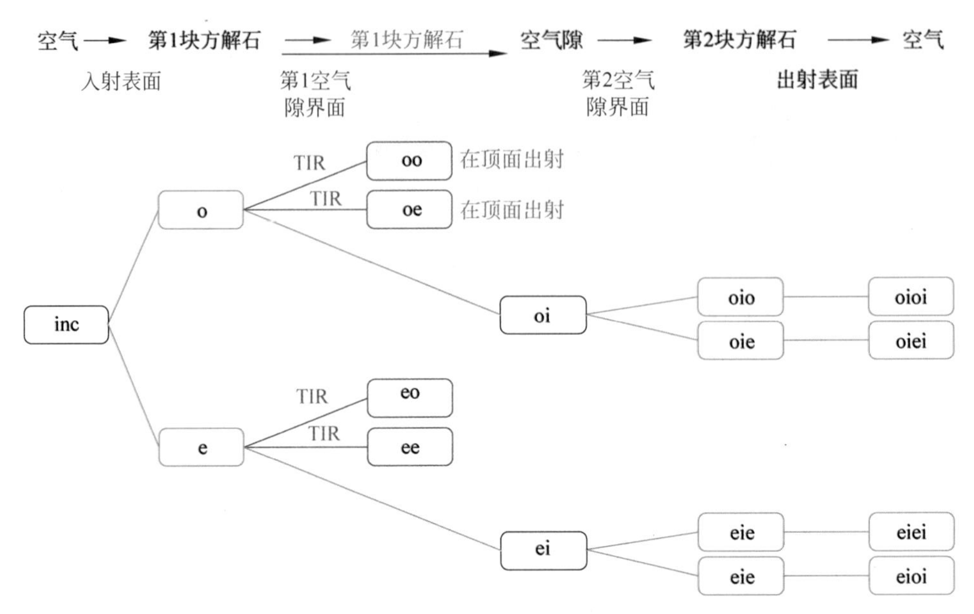

图 22.6 传播通过格兰-泰勒偏振器、不同模式组合的所有可能光线路径的光线树。入射光线在入射表面上折射分解为 o 模式和 e 模式。考虑到普适性，在第一个空气隙表面，两种模式都可折射进入空气隙或全反射回第一块晶体。对于从斜边反射的光，光线进一步分裂为 oo 模式和 oe 模式或 eo 模式和 ee 模式。这些模式可能通过顶面出射。通过空气隙透射的光线进一步分裂为 oio 模式和 oie 模式或 eio 模式和 eie 模式，并从偏振器出射。对于给定的一条入射光线，最多可能出现四种出射模式，但取决于入射光线的传播方向，其中一些模式的振幅为零

光束之外。然而，这种机制强烈取决于入射角。如图 22.7 所示，当入射角从正入射进一步增大时，不希望的模式会泄漏到出射表面。

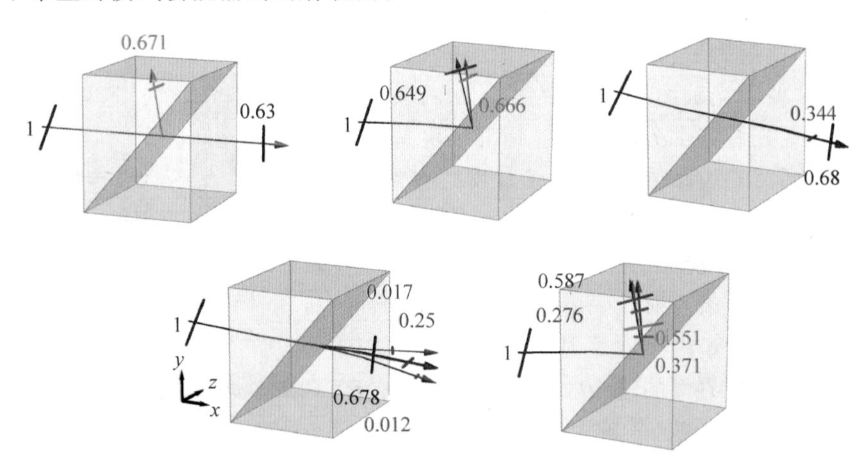

图 22.7 几个入射角的光线追迹。仅显示与全反射相关光线和透过空气隙的光线。左上图为正入射情形。右上两幅追迹图的入射光线沿 y 轴倾斜，空气中的入射波矢为 $\boldsymbol{k}=(0,0.087,0.996)$ 和 $(0,-0.122,0.993)$。第二排中的入射光线在 x 方向和 y 方向上都倾斜，入射波矢为 $\boldsymbol{k}=(0.104,-0.104,0.989)$ 和 $(0.104,0.104,0.989)$。所有入射光束均为 45°线偏振的，振幅为 1。标示出了由此产生的 eie(蓝色)、eio(绿色)、oie(洋红色)、oio(红色)、ee(浅蓝色)、oo(橙色)、eo(绿色)和 oe(珊瑚色)偏振及其相应的振幅

表 22.1　正入射光通过格兰-泰勒偏振器的 e 模式 P 矩阵和电场

光线路径	每个表面单独的 P	每个表面后的累积电场	每个表面后的电场振幅
入射表面	$P_1=\begin{pmatrix}1 & 0 & 0\\0 & 0.804 & 0\\0 & 0 & 1\end{pmatrix}$	$E_1=\begin{pmatrix}0\\0.804\\0\end{pmatrix}$	0.804
第 1 空气隙界面	$P_2=\begin{pmatrix}1 & 0 & 0\\0 & 1.588 & 0.542\\0 & -1.025 & 0.840\end{pmatrix}$	$E_2=\begin{pmatrix}0\\1.278\\-0.825\end{pmatrix}$	1.521
第 2 空气隙界面	$P_3=\begin{pmatrix}1 & 0 & 0\\0 & 0.412 & -0.266\\0 & 0.542 & 0.840\end{pmatrix}$	$E_3=\begin{pmatrix}0\\0.745\\0\end{pmatrix}$	0.745
出射表面	$P_4=\begin{pmatrix}1 & 0 & 0\\0 & 1.196 & 0\\0 & 0 & 1\end{pmatrix}$	$E_4=\begin{pmatrix}0\\0.891\\0\end{pmatrix}$	0.891

表 22.2　正入射时 eie 模式的透射振幅和透过率的计算结果

光线路径	每个表面上的入射角和折射角		折射率	t_i	$T_i=\dfrac{n_{\text{out}}\cos\theta_{\text{out}}}{n_{\text{in}}\cos\theta_{\text{in}}}t_i^2$
入射表面	0°	0°	1	0.8044	$1.486\times0.8044^2=0.9617$
第 1 空气隙界面	40°	72.836°	1.486	1.8904	$\dfrac{\cos72.836°}{1.486\cos40°}\times1.8904^2=0.926$
第 2 空气隙界面	72.836°	40°	1	0.4899	$\dfrac{1.486\cos40°}{\cos72.836°}\times0.4899^2=0.926$
出射表面	0°	0°	1.486	1.1956	$\dfrac{1}{1.486}\times1.1956^2=0.9617$
			总：	$\prod_i t_i=0.8907$	$\prod_i T_i=0.793$

注：t_i 是菲涅耳振幅系数，T_i 是菲涅耳透过率系数。

y-z 平面中的入射光线仅产生 oo 模式、ee 模式、oio 模式和 eie 模式；由于光轴沿 y 轴，oe 模式、eo 模式、oie 模式和 eio 模式的振幅为零。当入射光线在 x 方向上偏离垂直面时，交叉耦合模式 oe 模式、eo 模式、oie 模式和 eio 模式的振幅开始线性增大。这些非期望模式的泄漏导致消光比的减小以及其他像差，并影响成像质量。

一个会聚球面波前通过偏振器后会变得非常扭曲。图 22.8 显示了 y-z 平面上±45°扇形光线的偏振光线轨迹。一部分光线被全反射改变方向，而其余的 eie 光线和 oio 光线以不均匀的空间分布透射通过偏振器。每条出射光线均与入射光线平行，因为这种情况下光线在第一块和第二块晶体中的折射率相等。但侧向位移较大，表明光瞳像差较大。图中给出了光线扇中 5 条光线的各自光线图，不同视场的光线传播轨迹不同。由于偏振器在 y-z 平面上的非对称几何结构，因此出射波前也是非对称的。

图 22.9 包含与图 22.8 类似的光线轨迹，但位于 x-z 平面中。偏振器几何结构在该平

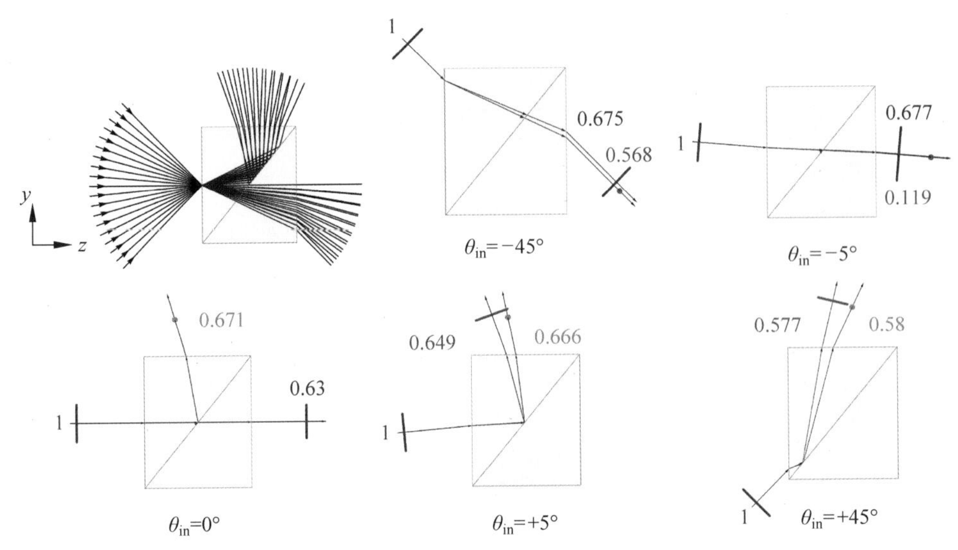

图 22.8 y-z 平面中±45°扇形光线的光线路径。y-z 平面上 5 条圆偏振入射光线的折射和 TIR 路径如图所示(为了保持图形简单,未显示部分反射)。标示出了所产生的 eie(蓝色)、oio(红色)、ee(浅蓝色)和 oo(橙色)偏振及其相应的电场振幅

面上是对称的,因此出射波前也是对称的。

这些计算表明,由于斜面上接近临界角的菲涅耳振幅透射率变化大,导致想要的 eie 模式高度切趾,如图 22.3(e)所示。因此,使用这种 eie 光束进行精确辐射测量非常困难!

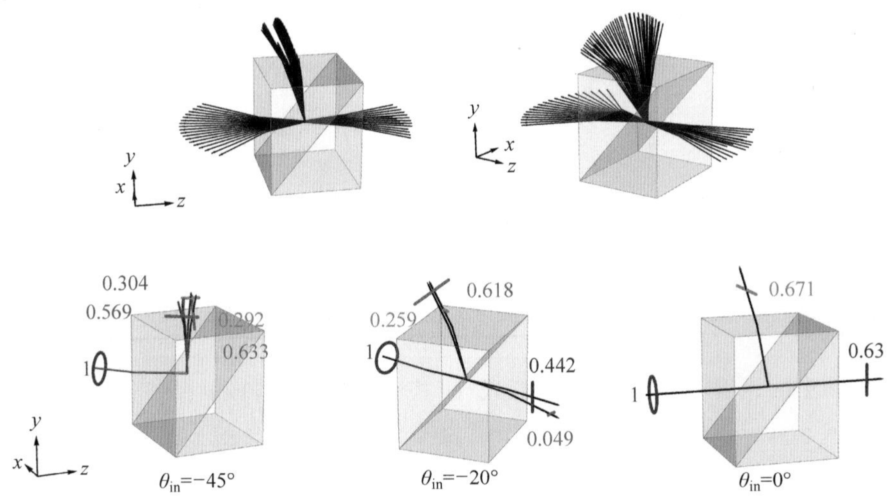

图 22.9 x-z 平面内±45°扇形光线通过格兰-泰勒偏振器的光线轨迹。在 x-z 平面内以不同入射角入射的各条光线为圆偏振光线(紫色),入射角为 θ_{in},振幅为 1。标示出了由此产生的 eie(蓝色)、eio(绿色)、ee(浅蓝色)、oo(橙色)、eo(浅绿色)和 oe(珊瑚色)偏振及其相应的电场振幅

22.3.3 多个偏振波前

理解晶体偏振器,特别是在会出现不想要模式的区域中,涉及合并多个偏振波前效应的计算。为此,如图 22.10(a)所示,发射一个由光线网格模拟的球面波前经过偏振器,以研究

离轴效应。根据图 22.6 中的光线树，预计有四组光线对应四个出射模式。在组合波前以确定总电场之前，对这些模式进行单独研究。图 22.10(b)，(c)显示了每种模式的出射偏振态。

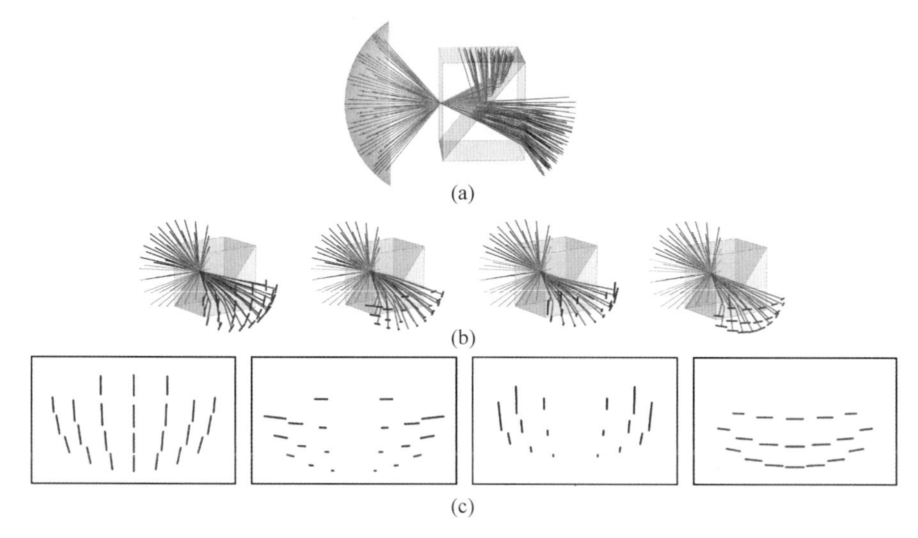

图 22.10　(a)入射球面波前(青色)的光线追迹，光线为±45°圆锥体内所示的光线网格(灰线段)。波前聚焦在格兰-泰勒偏振器前表面，并发散到晶体中。由于光线倍增，所得四个模式以不同的颜色显示、穿过偏振器、出射和非均匀地重叠。eie 模式为蓝色，eio 模式为绿色，oie 模式为红色，oio 模式为品红色。(b)分别绘制了每个折射模式的光线网格。出射偏振态在 3D 中确定。请注意，只有下半部分光线透过。在每条光线末端显示了它的偏振椭圆。(c)从晶体后观察的 3D 偏振态，对振幅进行了缩放

数值孔径分别为 0.088＝sin5、0.259＝sin15 和 0.707＝sin45 的三种入射光束的出射振幅分布如图 22.11 所示。这些入射光线网格是均匀分布的方形光线网格。四个出射模式中没有一个能够保持原来的方形光束形状，并且所有模式在其视场内都具有较大的振幅变化。出射 eie 模式和 eio 模式具有相同的最大出射角，因为它们在空气隙处具有相同的临界角。类似地，所有 eio 模式和 oio 模式都具有相同的最大出射角。

接下来计算 45°线偏振的入射光线的出射电场振幅。所需 eie 模式为垂直偏振的，在接近布儒斯特角的视场底部具有较高的振幅，最大透射振幅为 0.68。非期望的 oio 模式是水平偏振的，并且振幅随着 NA 的增大而增大。对于±45°的入射光锥，oio 模式的最大振幅达到 0.65。这两种模式的振幅向 TIR 边界迅速减小，并且由于第一晶体和第二晶体中的折射率相同，它们的光线角度通过偏振器后保持不变。另外，oie 模式和 eio 模式可归类为交叉耦合漏光。对于 y-z 平面外穿过空气隙的光线，少量的 o 耦合到 e，反之亦然。它们的振幅很小，小于 10%，振幅随 θ_x 的增大近似线性增大。由于折射率从 n_o 到 n_e 变化，它们在空气中、每块晶体中以及再次在空气中的角度都不同，反之亦然。对于 NA 为 0.088 的光束，这两个非期望的交叉耦合偏振模式应被光阑阻挡。对于较大的 NA，这四个模式在偏振器后相互重叠，如图 22.12 所示。

在 eie 模式的最佳拟合球面上评估得到的光程长度(OPL)如图 22.13 所示。由于晶块较大，OPL 包含较大的值。

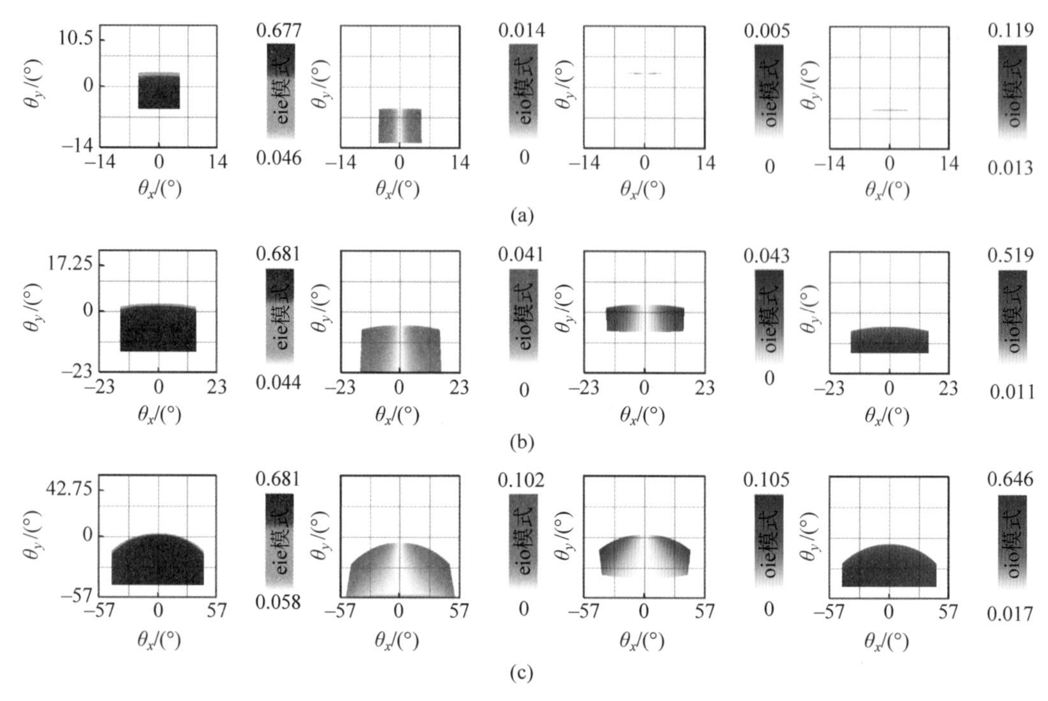

图 22.11　图 22.10 中每个出射模式的电场振幅分布与出射角度之间的函数关系。每行入射光束的 NA 为(a)0.088=sin5,(b)0.259=sin15,(c)0.707=sin45

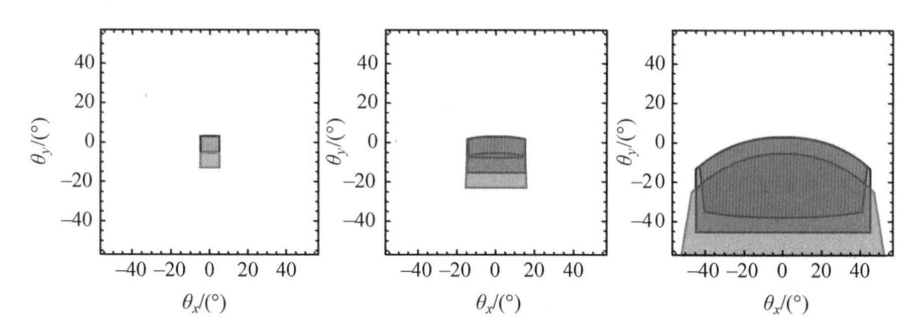

图 22.12　发散角分别为±5°、±15°和±45°波前的四个出射模式之间的重叠,eie 模式为蓝色,eio 模式为绿色,oie 模式为红色,oio 模式为洋红色

22.3.4　从偏振器出射的偏振波前

为理解偏振器的性能,将四个出射模式的电场合并。采用第 20 章的方法,把由不规则光线网格表示的偏振波前合并起来。通过将每个光线网格重新采样到同一网格上,来近似每个模式的所得波前。总的电场为

$$\boldsymbol{E}(\theta_x,\theta_y)=\sum_{m}^{M}\mathrm{e}^{\mathrm{i}\frac{2\pi}{\lambda}\mathrm{OPL}_m(\theta_x,\theta_y)}\begin{bmatrix}E_{mx}(\theta_x,\theta_y)\\E_{my}(\theta_x,\theta_y)\\E_{mz}(\theta_x,\theta_y)\end{bmatrix}\tag{22.2}$$

其中,OPL_m 和 $\boldsymbol{E}_m$ 是根据模式 m 以 θ_x 和 θ_y 形式表示的光线参数由插值生成的。

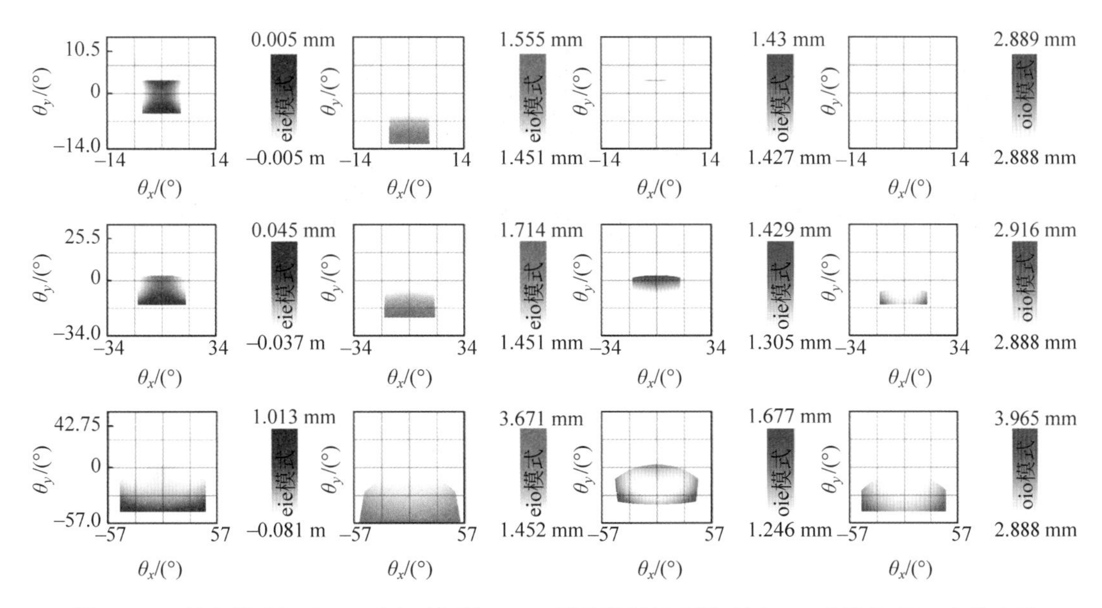

图 22.13　每个模式的 OPL，对应于如图 22.11 所示的振幅，用与轴上 eie 光线的 OPL 之差表示

如图 22.14 所示为三个入射 NA 的四个出射模式角空间中的合成远场光强分布。随着靠近视场顶部，合成光强逐渐下降，这是由于随着接近纯 e 模和纯 o 模的临界角，菲涅耳系数减小。由于 TIR，这两个模式最终都变为零。在 eio 模的视场底部可观察到微弱的鬼像（粉红色）。

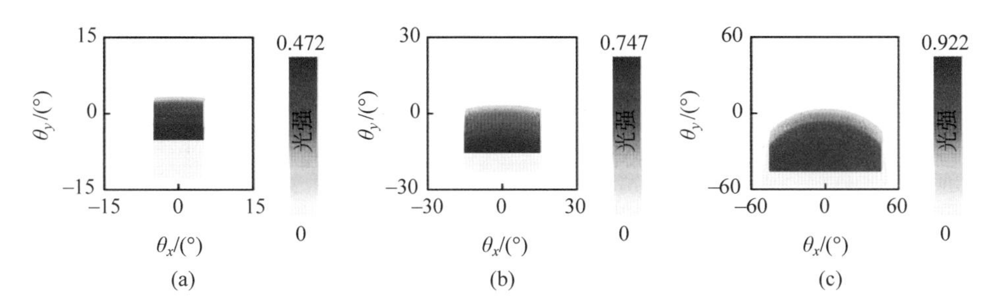

图 22.14　对应于图 22.11 和图 22.13 的所得强度分布。入射数值孔径分别为 0.088(a)、0.259(b)、0.707(c)。浅粉色代表较低的强度

这些模拟结果可与图 22.15 所示的格兰-泰勒晶体偏振器的偏振测量结果进行比较。测量结果以米勒矩阵图像形式显示了偏振器的角度特性，该米勒矩阵图像由位于亚利桑那大学偏振实验室的米勒矩阵成像偏振测量仪测得[12]。由偏振发生器用 0.1 数值孔径的聚焦光束照射晶体偏振器，在一个入射角范围内采集图像。光束折射通过晶体偏振器后，用偏振分析器收集透射光，并使用 CCD 探测器测量集光物镜出瞳的图像。图像的每个像素表示从晶体偏振器出射的不同角度的光。

测得的辐照度（图 22.15(a)）表明，偏振器朝向视场顶部的透射率降低，0.1 NA 顶部 1/3 没有光。这个透射率为零的区域对应于所有模式的 TIR。测得的米勒矩阵图像（图 22.15(b)）包含晶体偏振器的偏振特性，主要是垂直二向衰减。除了 m_{00}、m_{01}、m_{10} 和 m_{11}，其他元素

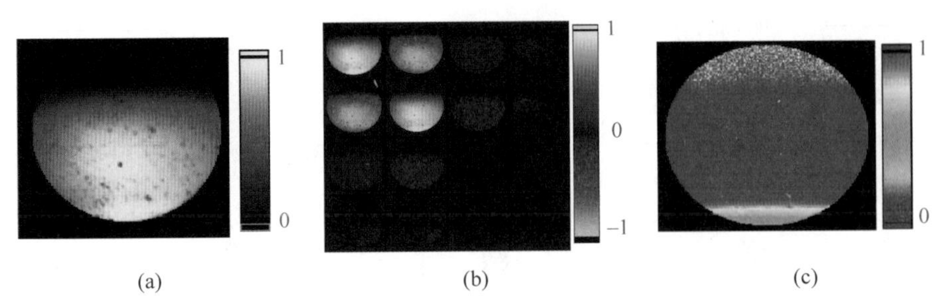

图 22.15 格兰-泰勒偏振器的偏振测量结果,使用一对 0.1NA 显微物镜进行测量。
(a) 测得的辐照度;(b) 米勒矩阵图像;(c) 二向衰减图像

几乎为零。0.1 数值孔径光束 2/3 处米勒矩阵图像的形式接近于 $\begin{bmatrix} 1 & -1 & 0 & 0 \\ -1 & 1 & 0 & 0 \\ 0 & 0 & 0 & 0 \\ 0 & 0 & 0 & 0 \end{bmatrix}$,这对应于垂直偏振器。二向衰减图像(图 22.15(c))由米勒矩阵图像计算得出。它显示出中间区域内的二向衰减很高,但在视场底部的小区域内,由于 o 模开始漏光,导致二向衰减降到约 0.5。这种低二向衰减对应于模拟中的多模式重叠。由于显微镜物镜的孔径,来自非期望模式的更多漏光被阻截,模拟中的鬼影不会到达探测器。

22.4 格兰-泰勒偏振器的像差

本节分析 eie 模式(主模式和唯一期望的模式)的像差和格兰-泰勒偏振器的消光比。对于 0.088NA,图 22.11 显示了 oio 模式在中心 $\pm 5°$ 内几乎没有与 eie 模式重叠。根据图 22.13(左上)所示的 OPL 分布计算了 eie 模式的波前像差。用泽尼克多项式拟合二阶项和四阶项,

$$\begin{aligned} \mathrm{OPL}(\rho,\varphi) &= P + T_1 + T_2 + D + A_1 + A_2 + C_1 + C_2 + S \\ &= a_0 + a_1(\rho\cos\varphi) + a_2(\rho\sin\varphi) + a_3(2\rho^2 - 1) + a_4[\rho^2\sin(2\varphi) + a_5\rho^2\cos(2\varphi)] + \\ &\quad a_6\rho(3\rho^2 - 2)\sin\varphi + a_7\rho(3\rho^2 - 2)\cos\rho + a_8(6\rho^4 - 6\rho^2 + 1) \end{aligned} \tag{22.3}$$

表 22.3 列出了(P、T_1、T_2、D、A_1、A_2、C_1、C_2、S)像差的形式,a 是像差系数,ρ 是归一化光瞳坐标,$\tan\varphi = \varphi_x/\varphi_y$ 是从 x 轴开始逆时针度量的瞳面角度。由于少量的高阶像差,泽尼克拟合至第九项时具有 0.015μm 的拟合残差。

表 22.3 数值孔径 0.088 下偏振器 eie 波前的泽尼克系数

泽尼克像差			eie 波前的 a 系数(波数)
平移,P	a_0	0 x y	0

续表

泽尼克像差			eie 波前的 a 系数(波数)
倾斜,T_1	$a_1(\rho\cos\varphi)$	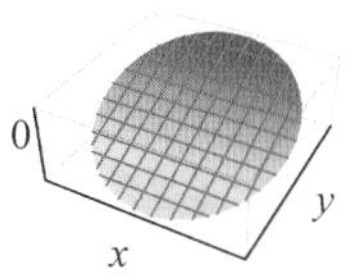 0 x y	0
倾斜,T_2	$a_2(\rho\sin\varphi)$	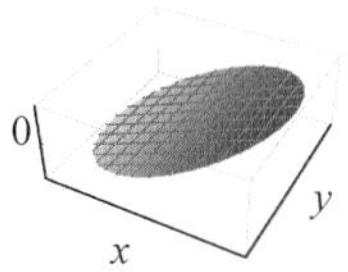 0 x y	0
离焦,D	$a_3(2\rho^2-1)$	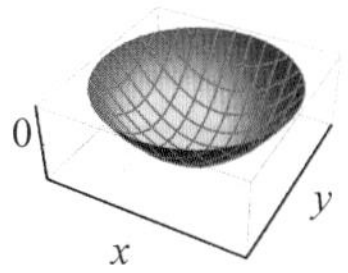 0 x y	0
像散 1,A_1	$a_4[\rho^2\sin(2\varphi)]$	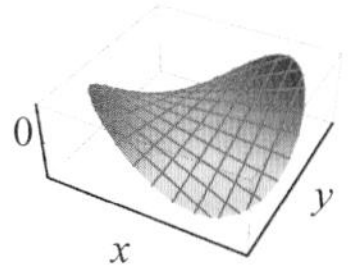 0 x y	0
像散 2,A_2	$a_5[\rho^2\cos(2\varphi)]$	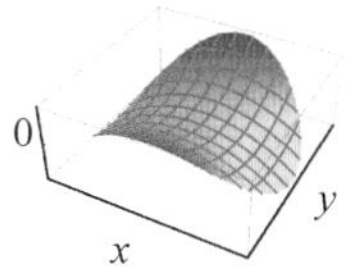 0 x y	7.801
彗差 1,C_1	$a_6\rho(3\rho^2-2)\sin\varphi$	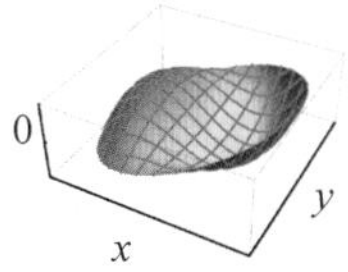 0 x y	0
彗差 2,C_2	$a_7\rho(3\rho^2-2)\cos\varphi$	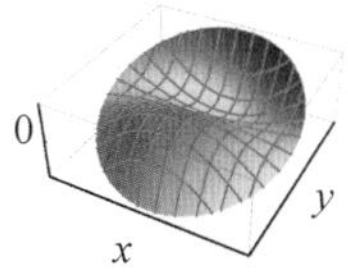 0 x y	−0.001
球差,S	$a_8(6\rho^4-6\rho^2+1)$	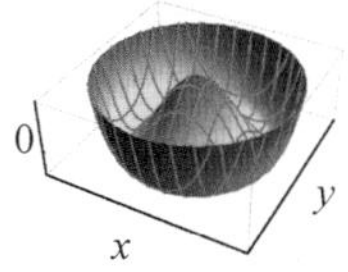 0 x y	0.023

减去平移、倾斜和离焦后,eie 模式的残余波前(图 22.16)主要为 7.8 个波长的像散。

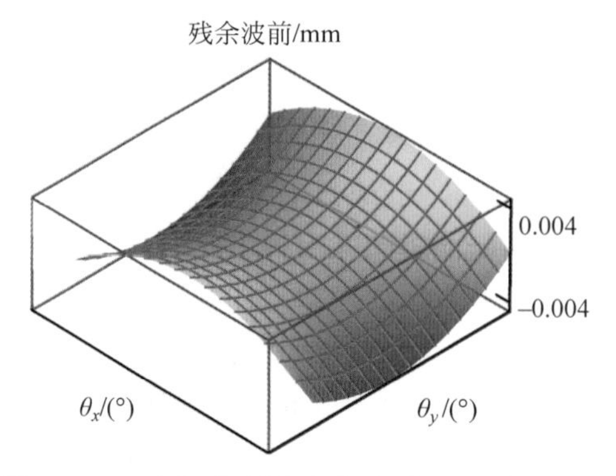

图 22.16 平移、倾斜和离焦为零的 eie 模式波前

22.5 格兰-泰勒偏振器对

偏振器的一个最重要性能参数是消光比：

$$\mathrm{ER}=\frac{I_{/\!/}}{I_{\perp}} \tag{22.4}$$

定义为非偏振入射光经过平行偏振系统与正交偏振系统的透射比。对于偏振片，正交偏振系统中两个偏振片的透光轴方向相互垂直，而平行偏振系统中两透光轴方向相同。

图 22.17 显示了平行偏振系统和正交偏振系统设置。正入射时，平行偏振系统透射垂直偏振光，而正交偏振系统阻挡所有入射光。因此，正入射时的消光比为无穷大。

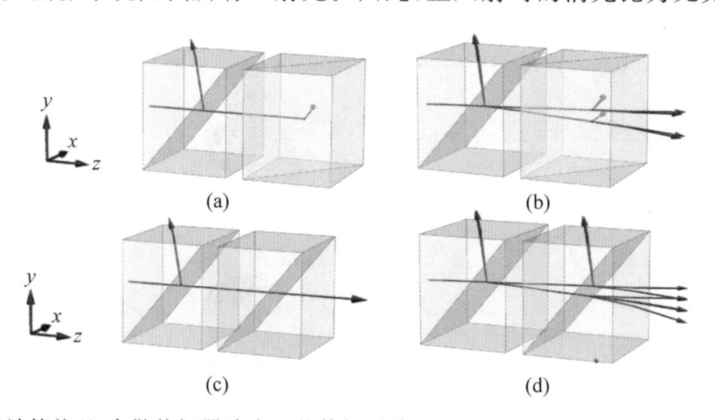

图 22.17 用于计算格兰-泰勒偏振器消光比的偏振系统。(a),(c)正入射光线传播通过(a),(b)正交和(c),(d)平行偏振系统。(b),(d)$\theta_y=3°$入射角的一条离轴光线传播通过两个系统，其中有光线漏过正交偏振系统，而更多光线分裂并通过平行偏振系统

商用格兰-泰勒偏振器在 0.5μm 处推荐的 FOV 约为 3°～5°[13]。如图 22.17(b),(d)所示的 $\theta_y=3°$入射光线在正交偏振系统(消光)中产生四个出射模式，在平行偏振系统中产生五个出射模式。因此，正交偏振系统在此入射角下漏光，漏光量非常小，但它降低了消光比。

平行、正交两种偏振系统都有四个方解石块和八个双折射界面；因此，它们可能产生 $2^4=16$ 种可能的出射模式，如图 22.18 所示。这 16 条光线涉及 o 模和 e 模之间所有可能的

耦合。当光线进入晶体间的空气隙时，它不分裂，这个模式用i表示，对应于各向同性空气。因此，16种可能的出射模式为：eieieie、eieieio、eieioie、eieioio、eioieie、eioieio、eioioie、ieoioio、oieieie、oieieio、oieioie、oieioio、oioieie、oioieio、oioioie、oioioio。

首先用0.05NA的方形阵列入射光线对格兰-泰勒偏振器的性能进行了检验。对于这个小NA，正交偏振系统有四个透射模式，平行偏振系统有六个透射模式。图22.19显示了远场所得模式的位置。对于该系统，出射模式的数量随着视场的增加而增加。

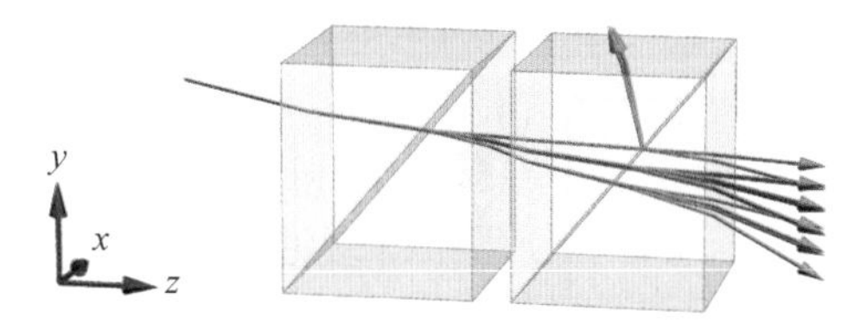

图22.18 光线传播通过具有四块晶体的平行偏振系统。超出$\theta_y=-10°$时，一条入射光线产生16条出射光线

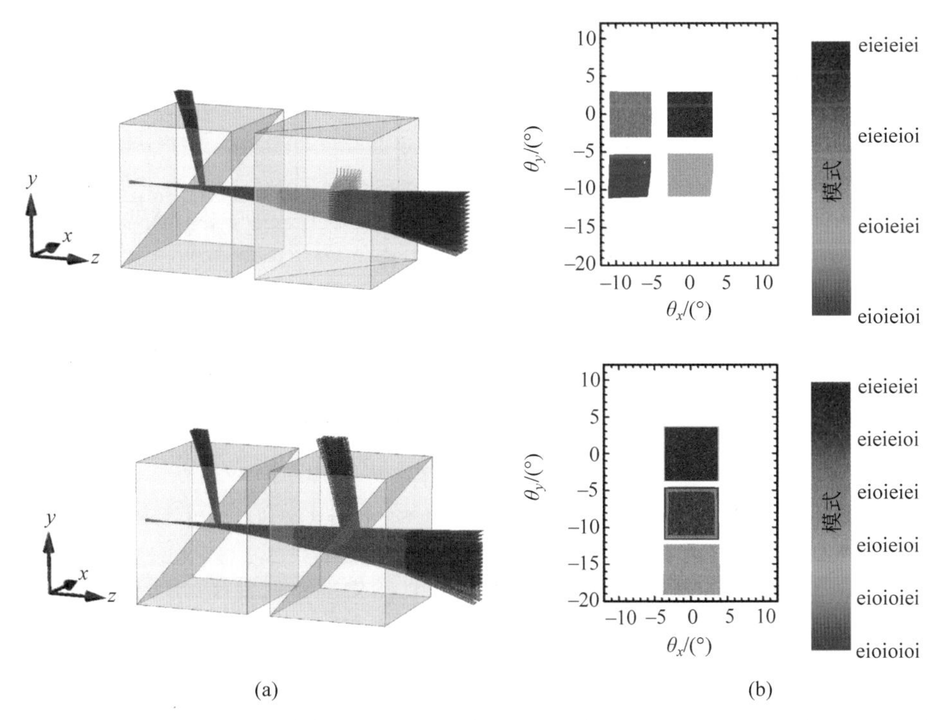

图22.19 (a)0.05NA的光线网格传播通过正交和平行偏振系统，非正入射光线在正交和平行偏振系统中漏光。(b)出射模式按不同颜色分组，并根据出射角绘制。在平行偏振系统中，eieieie模式占据视场中心

对于平行和正交格兰-泰勒棱镜系统，在光轴(z轴)附近的出射光束主要为纯e模。正交偏振系统的四个出射模式在四个不同的方向上，致使四个波前不重叠。另外，平行偏振系统六个出射模式中的其中三个具有相同的出射传播矢量，并正好重叠在主eieieiei波前下，如图22.19所示。来自同一模式的光线产生平滑的波前。因此，与22.3.4节一样，在合并模式之前，将每个模式分别插值为一个连续函数。

图 22.20 和图 22.21 显示了正交和平行偏振系统的每个出射模式的偏振振幅及出射角度，其中振幅用彩色表示。在正交偏振系统中，eieieie 模式和 eieieio 模式中均出现马耳他十字形图案，其中 eieieioi 模式携带的能量很少。对于沿 y-z 平面入射的光线，eioieie 模式和 eioieio 模式的振幅为零。随着入射光偏离 y-z 平面振幅逐渐增大。这四个模式分布在出射表面的不同区域，其中 eieieie 模式位于光轴的中心，而所有其他模式都发生偏移。在平行偏振系统中，随着 θ_y 的增加，主 e 模的振幅迅速减小，发生切趾。偏离中心的其余五个出射模式在 θ_x 分量为零时振幅最小，随 θ_x 增大而增大。

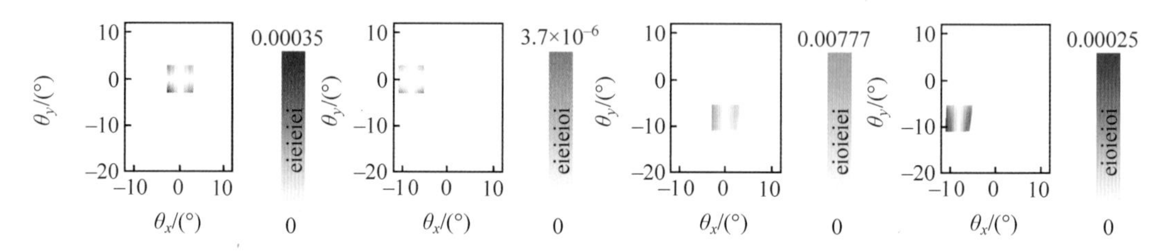

图 22.20 在 0.05NA 情形下，通过正交偏振系统的每个所得模式的偏振振幅，以出射角坐标系表示

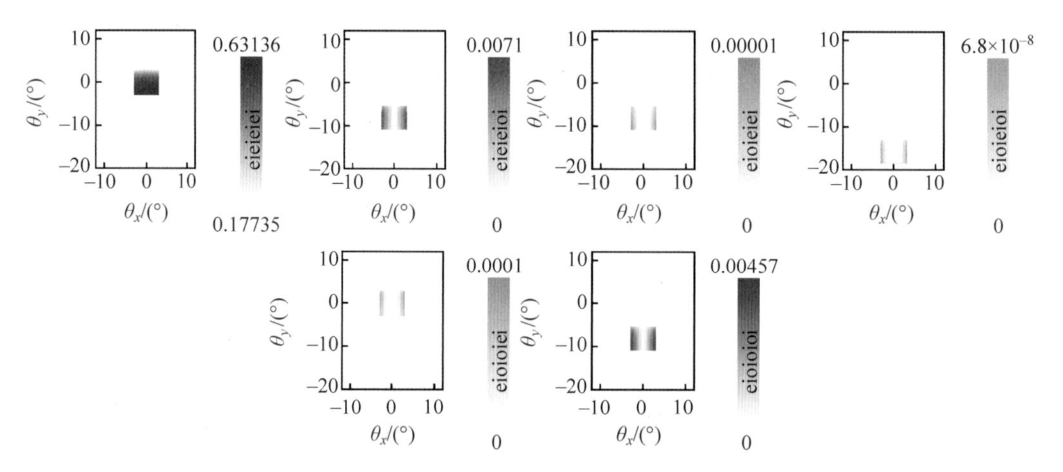

图 22.21 在 0.05NA 情形下，通过平行偏振系统的每个所得模式的偏振振幅，以出射角坐标系表示

图 22.22 显示了平行和正交两种偏振系统在远场处的合成强度分布，其中除纯 e 模式，大多数非期望模式都远离视场中心。正交偏振系统中强度最高的泄漏是 eioieie 模，它刚好位于居中的纯 e 模式的正下方。必须特别注意防止该模式干扰光学系统的性能。

图 22.23 计算了平行和正交两种偏振系统在 ±3°方形视场的强度分布与出射角的函数关系。消光比分布是这两种强度分布的比值，如图 22.24 所示。正入射(由中心点显示)和沿 x 方向和 y 方向(θ_x 或 θ_y 为零)入射时，消光比最高(在模拟中几乎为无穷大)，因为此时正交偏振系统的马耳他十字漏光强度为零。在这些区域之外，随着角度的增大，消光比迅速下降到约 10^5。

接下来，对 0.1NA 入射光进行类似分析。如图 22.25 所示，出射模式比 0.05NA 情形有更多重叠。平行偏振系统朝 $+y$ 方向的透射率降低，由于全反射的原因，只有 +3°以内的光透射。在正交偏振系统中，中心 ±6°区域受到重叠模式的高度影响。重叠模式造成的光耦合增强了马耳他十字的低泄漏；强度的突变是模式重叠的标志。此外，正交偏振系统在

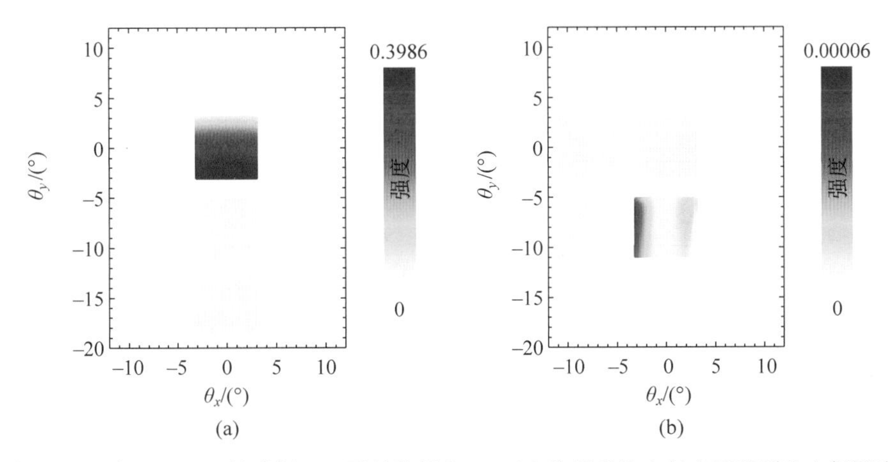

图 22.22　在 0.05NA 情形下，(a)平行偏振和(b)正交偏振系统出射表面得到的电场强度

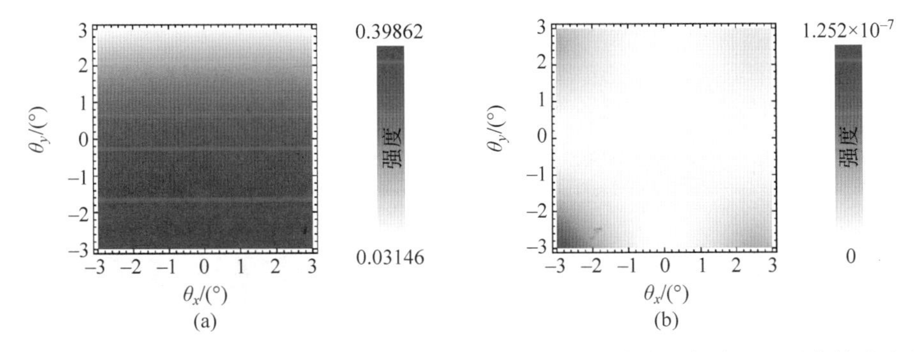

图 22.23　入射光±3°方形照射时(a)平行偏振和(b)正交偏振系统在远场中心±3°内的强度分布。在正交偏振系统中，离轴光线的漏光呈马耳他十字形图案。平行偏振系统的振幅向 $+y$ 方向递减，TIR 发生处趋于零

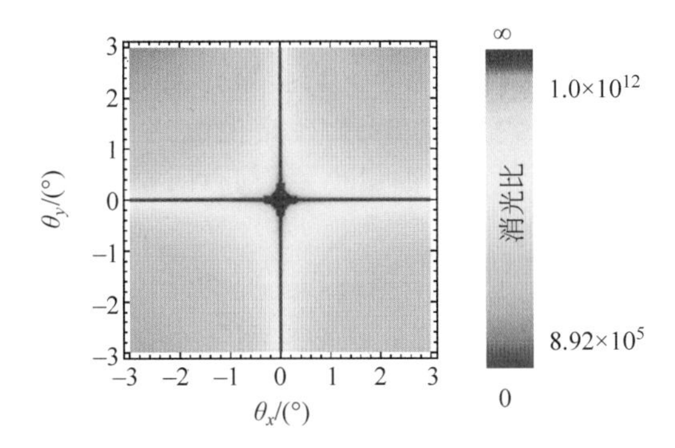

图 22.24　±3°方形视场的消光比图。正入射、沿 x 方向和 y 方向的消光比最大

x 方向和 y 方向上只 $+3°$以内的光才能透过。当 $\theta_y>+3°$时，平行偏振系统强度为零，消光比不确定。当正入射和 $\theta_x>+3°$时，正交偏振系统强度为零，消光比无穷大。在正交偏振系统的模式重叠区域($\theta_x\approx-6$，$\theta_x\approx+3$ 和 $\theta_y\approx-6$)，消光比下降到 0.13。剩余区域的最小消光比约为 3000，低于图 22.24 中 0.05NA 的消光比。

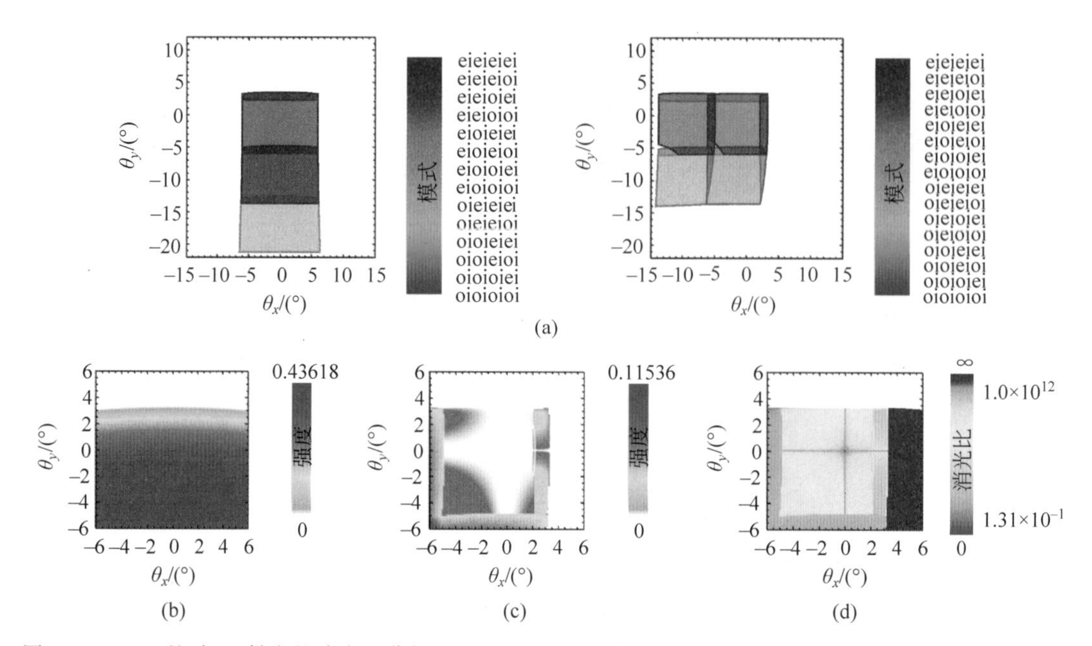

图 22.25 ±6°视场入射光的消光比分析。(a)经过平行偏振和正交偏振系统后出射模式的重叠。(b)和(c)平行偏振和正交偏振系统±6°出射角范围内的出射强度。(d)重叠模式区域的消光比图

22.6 小结

本章介绍了通过计算光线倍增产生的重要模式来分析复杂各向异性光学元件的方法。分析表明,高性能晶体偏振器——格兰-泰勒棱镜对入射角高度敏感。为了观察这个重要的影响,追迹各种数值孔径的入射光束通过偏振器,从而模拟了多种出射模式。随着视场的增加,不希望出现的模式的漏光影响越来越大。

格兰-泰勒偏振器显示了有趣的波前和偏振像差,这是由元件的非旋转对称几何结构造成的。对于小视场,中心区域由纯 e 模主导。当会聚光束通过格兰-泰勒偏振器时,由于晶体双折射以及强烈的切趾,eie 模式具有较大的残余像散,强度随着入射角趋于临界角迅速降低。应避开传播通过双折射材料的非期望模式。此外,全反射光束在顶面的抑制也是一个问题,这也是一个潜在的散射源。

此外,还研究了两种格兰-泰勒构型:平行和正交的晶体偏振系统。格兰-泰勒晶体偏振器在推荐视场外工作时,其性能急剧下降。这些构型常用在带有共向光束和正交光束分束器的干涉仪中,例如外差干涉仪[14]和其他多通道干涉仪[15-17],在这些干涉仪中可以观察到类似的漏光并影响产生的条纹对比度。

晶体偏振器的性能还取决于晶体轴的准确对准。一个常见的缺陷是两块晶体的晶轴不平行,从而二向衰减和偏振没有对齐,这种失调会使偏振器的视场变形。

22.7 习题集

22.1 晶体偏振器相比偏振片有哪些优点?

22.2　一个格兰-泰勒偏振器使用两块方解石晶体。解释第二块方解石如何且为什么能够用玻璃代替。使用两种不同的材料可能会出现什么缺点，即格兰-泰勒偏振器的特性会发生什么变化？

22.3　为什么格兰-泰勒偏振器轴上的透过率只有 0.793？如何提高该值？为什么整个视场中透过的 eie 模式不均匀？

22.4　如图 22.4 所示，考虑一条 500nm 波长的正入射光线传播通过晶体偏振器的第一个表面。这两块晶体由两个方解石块组成，在 500nm 处 $n_o=1.666$，$n_e=1.490$，中间为空气隙（折射率为 1）。界面的表面法线 η 为 $(0,-\sin\theta_A,\cos\theta_A)$，其中 $\theta_A=40°$。用 $\boldsymbol{F}\cdot\boldsymbol{A}=\boldsymbol{B}$ 计算 a. 和 b. 中不同入射模式下第一个方解石/空气界面处的所有出射模式的菲涅耳系数，其中

$$\boldsymbol{F}=\begin{bmatrix}\boldsymbol{s}_1\cdot\hat{\boldsymbol{E}}_{tA} & \boldsymbol{s}_1\cdot\hat{\boldsymbol{E}}_{tB} & -\boldsymbol{s}_1\cdot\hat{\boldsymbol{E}}_{rC} & -\boldsymbol{s}_1\cdot\hat{\boldsymbol{E}}_{rD}\\ \boldsymbol{s}_2\cdot\hat{\boldsymbol{E}}_{tA} & \boldsymbol{s}_2\cdot\hat{\boldsymbol{E}}_{tB} & -\boldsymbol{s}_2\cdot\hat{\boldsymbol{E}}_{rC} & -\boldsymbol{s}_2\cdot\hat{\boldsymbol{E}}_{rD}\\ \boldsymbol{s}_1\cdot\hat{\boldsymbol{H}}_{tA} & \boldsymbol{s}_1\cdot\hat{\boldsymbol{H}}_{tB} & -\boldsymbol{s}_1\cdot\hat{\boldsymbol{H}}_{rC} & -\boldsymbol{s}_1\cdot\hat{\boldsymbol{H}}_{rD}\\ \boldsymbol{s}_2\cdot\hat{\boldsymbol{H}}_{tA} & \boldsymbol{s}_2\cdot\hat{\boldsymbol{H}}_{tB} & -\boldsymbol{s}_2\cdot\hat{\boldsymbol{H}}_{rC} & -\boldsymbol{s}_2\cdot\hat{\boldsymbol{H}}_{rD}\end{bmatrix}$$

$$\boldsymbol{A}=\begin{bmatrix}a_{tA}\\ a_{tB}\\ a_{rC}\\ a_{rD}\end{bmatrix},\quad \boldsymbol{B}=\begin{bmatrix}s_1\cdot\hat{\boldsymbol{E}}_i\\ s_2\cdot\hat{\boldsymbol{E}}_i\\ s_1\cdot\hat{\boldsymbol{H}}_i\\ s_2\cdot\hat{\boldsymbol{H}}_i\end{bmatrix}$$

$\boldsymbol{s}_1=\hat{\boldsymbol{k}}_i\times\hat{\boldsymbol{\eta}}$，$\boldsymbol{s}_2=\hat{\boldsymbol{\eta}}\times\boldsymbol{s}_1$，见第 19 章。

a. 考虑水平偏振的寻常光向方解石/空气界面传播，

$$\begin{cases}n_o=1.666\\ \boldsymbol{k}_{i,o}=(0,0,1)\\ \boldsymbol{E}_{i,o}=(1,0,0)\end{cases}$$

通过对反射模式使用“反射到双折射材料算法”，对透射模式使用“透射到各向同性材料算法”：

模　式	n	$\hat{\boldsymbol{k}}$	$\hat{\boldsymbol{E}}$	$\hat{\boldsymbol{H}}$
反射的 oo	1.666	$\begin{bmatrix}0\\0.98481\\-0.17365\end{bmatrix}$	$\begin{bmatrix}1\\0\\0\end{bmatrix}$	$\begin{bmatrix}0\\-0.28938\\-1.64113\end{bmatrix}$
反射的 oe	1.660	$\begin{bmatrix}0\\0.98534\\-0.17063\end{bmatrix}$	$\begin{bmatrix}0\\0.21169\\0.97734\end{bmatrix}$	$\begin{bmatrix}1.65895\\0\\0\end{bmatrix}$
透射的 os	1	$\begin{bmatrix}0\\0.72223-0.21689i\\0.60509+0.25847i\end{bmatrix}$	$\begin{bmatrix}1\\0\\0\end{bmatrix}$	$\begin{bmatrix}0\\0.60509+0.25847i\\-0.72112+0.21689i\end{bmatrix}$

续表

模　式	n	$\hat{k}$	$\hat{E}$	$\hat{H}$
透射的 op	1	$\begin{bmatrix}0\\0.72223-0.21689i\\0.60509+0.25847i\end{bmatrix}$	$\begin{bmatrix}0\\0.60509+0.25847i\\-0.72112+0.21689i\end{bmatrix}$	$\begin{bmatrix}-0.7723\\0\\0\end{bmatrix}$

有两条反射光线和两条透射光线。在各向同性空气隙中，s 模和 p 模可以组合成单个 i 模。其中一个反射模式和一个透射模式的能量为零。若透射光线的 $\boldsymbol{k}$ 为复数，表明是 TIR。

b. 考虑垂直偏振的异常光向方解石/空气界面传播，

$$\begin{cases}n_{\text{eo}}=1.490\\ \boldsymbol{k}_{\text{i,o}}=(0,0,1)\\ \boldsymbol{E}_{\text{i,o}}=(1,0,0)\end{cases}$$

通过对反射模式使用"反射到双折射材料算法"，对透射模式使用"透射到各向同性材料算法"：

模式	n	$\hat{k}$	$\hat{E}$	$\hat{H}$
反射的 eo	1.666	$\begin{bmatrix}0\\0.96629\\-0.25744\end{bmatrix}$	$\begin{bmatrix}1\\0\\0\end{bmatrix}$	$\begin{bmatrix}0\\-0.42901\\-1.61028\end{bmatrix}$
反射的 ee	1.653	$\begin{bmatrix}0\\0.96772\\-0.25204\end{bmatrix}$	$\begin{bmatrix}0\\0.30975\\0.95082\end{bmatrix}$	$\begin{bmatrix}1.65034\\0\\0\end{bmatrix}$
透射的 es	1	$\begin{bmatrix}0\\0.54891\\0.83588\end{bmatrix}$	$\begin{bmatrix}1\\0\\0\end{bmatrix}$	$\begin{bmatrix}0\\0.83588\\-0.54891\end{bmatrix}$
透射的 ep	1	$\begin{bmatrix}0\\0.54891\\0.83588\end{bmatrix}$	$\begin{bmatrix}0\\0.83588\\-0.54891\end{bmatrix}$	$\begin{bmatrix}-1\\0\\0\end{bmatrix}$

有两条反射光线和两条透射光线。其中一个反射模式和一个透射模式的能量为零。请注意，当光线从高折射率到低折射率时，透射系数可能大于 1。

22.5 表 22.1 中，第一块晶体到空气的振幅透过系数为 1.5，为什么大于 1?

22.6 在波长 589.3nm，方解石格兰-泰勒偏振器的折射率为 $n_{\text{O}}=1.65852$ 和 $n_{\text{E}}=1.48644$。

a. 正入射时，计算对应于 e 模式、ei 模式、eie 模式和 eiei 模式的所有界面处的折射角。

$\dfrac{1}{n_{\text{e}}(\theta)}=\dfrac{\cos^2\theta}{n_{\text{O}}^2}+\dfrac{\sin^2\theta}{n_{\text{E}}^2}$，其中 θ 是波矢 $\boldsymbol{k}$ 和光轴之间的夹角。

$n_{\text{i}}\sin\theta_{\text{i}}=n_{\text{O}}\sin\theta_{\text{O}}=n_{\text{e}}(\theta_{\text{a}}+\theta_{\text{e}})\sin\theta_{\text{e}}$，其中 θ_{a} 是光轴和表面法线的夹角，θ_{e} 是表面

法线和波矢 $\boldsymbol{k}$ 的夹角。

b. a. 中计算的模式对应的折射率是多少？

c. 计算这些模式的菲涅耳系数。注意在第二个界面，e 模与 p 偏振完全耦合。

$$t_{\mathrm{p}}=\frac{2n\cos\theta}{n'\cos\theta+n\cos\theta'}$$

d. 计算这些模式的菲涅耳强度 $T_{\mathrm{p}}=\frac{n'\cos\theta'}{n\cos\theta}t_{\mathrm{p}}^{2}$

e. 垂直偏振光的强度透过率是多少？

22.7　正入射时，格兰-泰勒偏振器中 TIR 反射光束的 $\boldsymbol{P}$ 矩阵是多少？

22.8　如图 22.2 所示，一束波长为 500nm 的正入射光线传播通过晶体偏振器的第一个表面。两方解石晶体在 500nm 的折射率为 $n_{\mathrm{o}}=1.666$ 和 $n_{\mathrm{e}}=1.490$。设 $\theta_A=14°$ 且光轴在 x 方向。两块晶体之间胶的折射率为 $n_c=1.540$。

a. 对于寻常 o 模式和异常 e 模式，在第一个方解石/空气界面的布儒斯特角是多少？

布儒斯特角方程：$\theta_{\mathrm{B}}=\arctan\frac{n_{\mathrm{ext}}}{n_{\mathrm{inc}}}$。

b. 对于寻常 o 模式，在第一个方解石/空气界面的临界角是多少？异常 e 模式不会发生全反射，因为 $n_{\mathrm{e}}<n_{\mathrm{c}}$。临界角公式：$\theta_{\mathrm{C}}=\arcsin\frac{n_{\mathrm{ext}}}{n_{\mathrm{inc}}}$。

22.9　在 x-y 平面内旋转晶体偏振器的其中一块晶体的光轴，会产生什么效应？在 y-z 平面内旋转呢？哪个更糟？

22.10　根据图 22.11，对于±45°入射角的方形光束，出射光束中哪块是线偏振的？偏振方向如何？

22.11　格兰-泰勒和格兰-汤普逊偏振器中实际分别使用了多少体积的方解石菱体？

22.12　格兰-泰勒和格兰-汤普逊偏振器可接受的锥角是多少？两种偏振器预期使用的光学扩展量是多少？

22.13　哪种偏振器可用于高功率激光器，格兰-泰勒偏振器还是格兰-汤普逊偏振器？

22.14　如果格兰型偏振器中第二块晶体的光轴旋转 1°，会发生什么情况？

22.15　方解石的双折射率与石英相比如何？格兰-泰勒晶体偏振器能否用石英制造？优势或劣势是什么？

22.16　绘制两个光线树，描述如图 22.17 所示系统的所有可能的模式。

22.17　格兰-泰勒和格兰-汤普逊晶体偏振器均由方解石制成，方解石为负单轴晶体。如果使用正单轴晶体，需要修改什么？

22.8　参考文献

[1]　H. E. Bennett and J. M. Bennett, Polarization, in Handbook of Optics, 1st edition, Chapter 10, eds. W. G. Driscoll and W. Vaughan, New York: McGraw-Hill (1978).

[2]　J. M. Bennett, Polarizers, in Handbook of Optics Vol. Ⅱ, 2nd edition, Chapter 3, ed. M. Bass. New York: McGraw-Hill (1995).

[3]　J. M. Bennett, Polarizers, in Handbook of Optics Vol. Ⅰ, 3rd edition, Chapter 13, ed. M. Bass, New

York: McGraw-Hill (2010).

[4] K. Yanagisawa, Q. Feng, K. Ioku and N. Yamasaki, Hydrothermal single crystal growth of calcite in ammonium acetate solution, J. Cryst. Growth, 163 (1996): 285-294.

[5] K. Yanagisawa, Preparation of single crystals under hydrothermal conditions, J. Cer. Soc. Jpn. 163 (1996): 285-294.

[6] K. Yanagisawa, K. Ioku, and N. Yamasaki, Solubility and crystal growth of calcite in organic salt solutions under hydrothermal conditions, J. Mater. Sci. Lett. 14 (1995): 256-257.

[7] Y. K. Lee and S. J. Chung, Hydrothermal growth of calcite single crystal in NH4Cl solution, J. Cryst. Growth, 192 (1998): 350-353.

[8] Fluorescent Minerals (http://geology.com/articles/fluorescent-minerals/, accessed July 2015).

[9] Del Mar Photonics Newsletter (http://www.dmphotonics.com/rutile_coupling_prism.htm, accessed January 2015).

[10] Greyhawk Optics (http://greyhawkoptics.com, accessed January 2015).

[11] J. F. Archard and A. M. Taylor, Improved Glan-Foucault prism, J. Sci. Instrum. 25 (12) (1948): 407-409.

[12] N. A. Beaudry, Y. Zhao, and R. Chipman, Dielectric tensor measurement from a single Mueller matrix image, J. Opt. Soc. Am. A 24 (2007): 814-824.

[13] Karl Lambrecht Corporation (http://www.klccgo.com/glantaylor.htm, accessed March 2015).

[14] S. F. Jacobs and D. Shough, Thermal expansion uniformity of Heraeus-Amersil TO8E fused silica, Appl. Opt. 20 (1981): 3461-3463.

[15] C.-C. Chen, H.-D. Chien, and P.-G. Luan, Photonic crystal beam splitters, Appl. Opt. 43 (2004): 6187-6190.

[16] M. Pavičić, Spin-correlated interferometry with beam splitters: Preselection of spin-correlated photons, J. Opt. Soc. Am. B 12 (1995): 821-828.

[17] L. Kaiser, E. Frins, B. Hils, L. Beresnev, W. Dultz, and H. Schmitzer, Polarization analyzer for all the states of polarization of light using a structured polarizer, J. Opt. Soc. Am. A 30 (2013): 1256-1260.

第 23 章

衍射光学元件

23.1 引言

衍射光学元件(DOE)是包含了精细结构用于衍射光的光学元件,而不是用于反射或折射光。通常情况下,衍射光学元件将入射平面波衍射成如图 23.1 所示的许多反射和(或)透射衍射级。1673 年,詹姆斯·格雷戈里(James Gregory)首次描述了衍射光栅的理论[1]。1785 年,大卫·里滕豪斯(David Rittenhouse)将头发放在细螺纹螺钉之间,制作了首个衍射光栅[2]。在 19 世纪末,亨利·罗兰(Henry Rowland)在衍射光栅技术方面取得了重大进步,包括凹面光栅的发展,使光谱测量技术得以迅速发展[3-4]。对于每个衍射级,衍射过程由一组振幅系数(如菲涅耳系数)描述。由于每个衍射级衍射不同数量的横向电场(TE)和横向磁场(TM)模式,因此每个衍射级具有不同的二项衰减和延迟。通常,衍射级是带偏振的。

本章介绍了衍射光学的基本理论,以了解衍射光线的面内和面外传播。这些偏振相关振幅系数通常要通过严格耦合波分析(RCWA)算法进行计算,该算法在本章末尾简要总结。

DOE 最古老的应用是作为反射型衍射光栅,通常用于单色仪和光谱仪。光栅是单色仪和其他光学系统中许多偏振问题的根源。23.3 节分析了典型的商用反射式光栅。23.3.2 节使用 RCWA 分析了 DOE 的另一个常见应用——线栅偏振器,其中考虑了栅线深度对偏振器性能的影响。亚波长相位光栅具有延迟,但二向衰减很小;因此,23.3.3 节考虑了

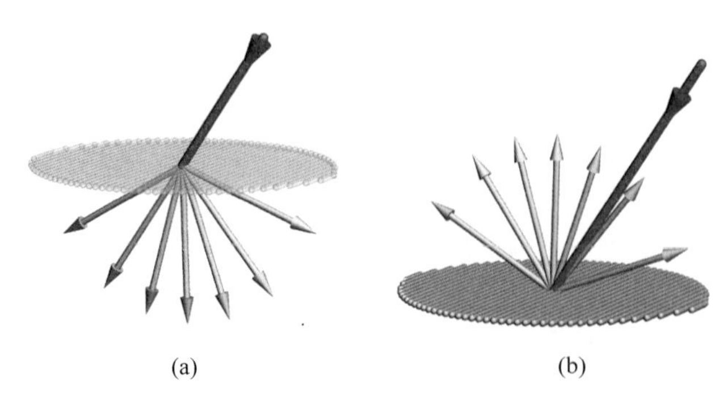

图 23.1 一束光通过透射(a)和反射(b)衍射光栅后,衍射为多个衍射级

DOE 用于延迟器,表明对于大多数应用而言延迟量太小。最后,23.3.4 节分析了用作透镜减反膜的亚波长光栅,并研究了由此产生的偏振像差。

不同类型的衍射光学元件简单总结如下:

- 振幅光栅:具有交替不透明和透明结构,对反射光和透射光施加振幅调制。图 23.2 显示了周期性振幅光栅。
- 相位光栅:具有相位变化的透明结构,它产生相位调制。相位变化可通过厚度变化、折射率变化和类似方式产生。图 23.3 为周期性方波相位光栅。
- 表面光栅:是一种薄光栅,其中所有衍射都发生在一个表面上。
- 体光栅:是一种厚光栅,通常比光栅的周期厚,由折射率变化形成。体光栅在布拉格条件附近工作时具有高的衍射效率。由于厚度的原因,即使折射率差异很小,也会发生明显的相互作用。体光栅并不总是由折射率变化形成。例如,可以在照相胶片上制作体全息图,其中卤化银粒子散射入射光,并且不能观察到折射率变化。
- 周期光栅:在振幅、相位或两者上具有周期性结构。两个此类光栅示例如图 23.2 和图 23.3 所示。
- 聚焦光栅:使用光栅结构将光引导到特定位置,类似于透镜聚焦光。菲涅耳波带板是一种振幅光栅,具有非周期性二元圆环,如图 23.4 所示。菲涅耳透镜具有非周期性圆形闪耀结构的结构化表面。
- 非周期光栅:将平面波或球面波衍射成更复杂的波前。全息图是记录为非周期光栅的一种图像;当用适当的波前照射全息图时,产生的衍射光会再现图像。
- 亚波长光栅(SWG):周期小于正入射波长的一半以上。如果周期足够小,所有较高的衍射级都消失了,只剩下透射和反射的第 0 级。由于光线不会损失到±1、±2 和其他级次,因此效率通常很高。后面的章节讨论了亚波长光栅作为偏振器、延迟器和增透膜的应用情况。

两种常见的周期光栅是矩形光栅和闪耀光栅,如图 23.5 所示。矩形光栅包含一个重复的矩形轮廓,如图 23.5(a)所示;闪耀光栅有一个三角形的轮廓。对于从光栅刻面反射的光,闪耀光栅在靠近反射方向的级次上往往具有较高的效率。因此,闪耀用于将衍射效率最大化到所需的级次。任意形状的光栅是指具有任意形状轮廓。表 23.1 给出了后续章节使用的周期性光栅结构的几个术语和符号。

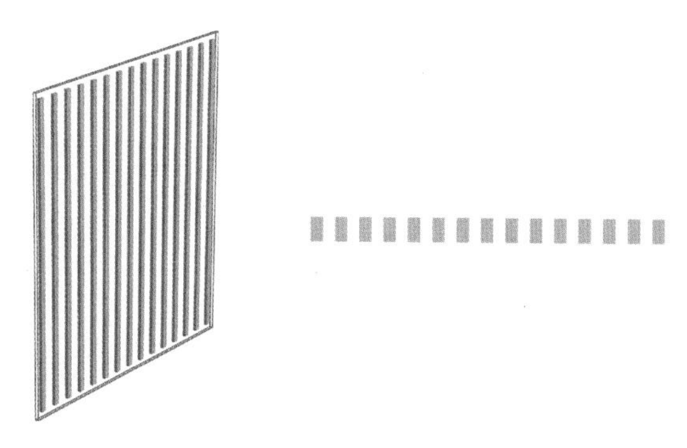

图 23.2　振幅光栅结构，其中灰色代表不透明区域而白色代表透明区域

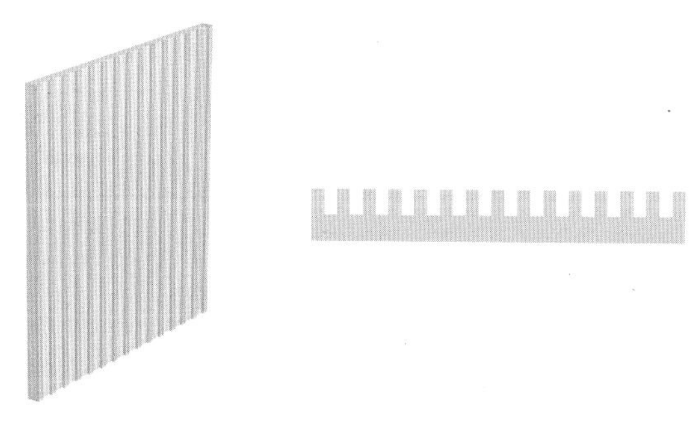

图 23.3　相位光栅结构，其中粉色透明材料引入了空间交替相位变化

图 23.4　菲涅耳波带片图案，其中白色代表 100%透射而黑色代表 0 透射

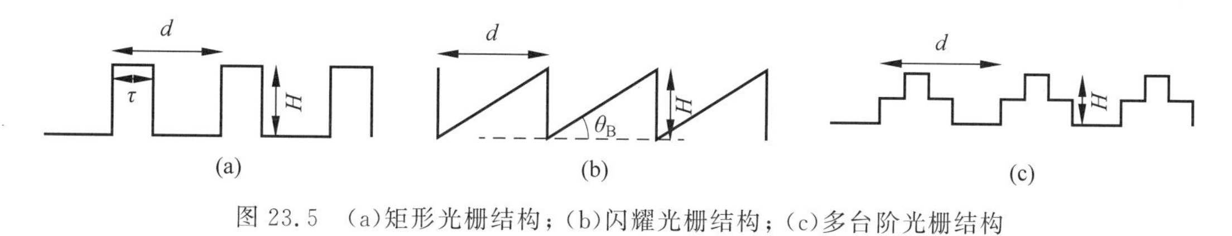

图 23.5　(a)矩形光栅结构；(b)闪耀光栅结构；(c)多台阶光栅结构

表 23.1　光栅参数和符号定义

光栅参数	定　义	符　号
光栅周期		d
光栅高度		H

续表

光栅参数	定义	符号	
占空比	方波在一个周期内正值的比例	$D=\frac{\tau}{d}$	(23.1)
高宽比	栅格的高度与周期之比	$A=\frac{H}{d}$	(23.2)
闪耀角	三角形沟槽的基底角	θ_B	
振幅系数	第 d 衍射级的振幅 a 和相位 ϕ,是相对于入射光的一个复系数	$\frac{a_d e^{-i\phi_d}}{a_{in} e^{-i\phi_{in}}}$	(23.3)
衍射效率	对于入射角 θ_{in} 和衍射角 θ_d,特定级次的衍射能量与入射光束能量之比	$\frac{\|a_d\|^2\cos\theta_d}{\|a_{in}\|^2\cos\theta_{in}}$	(23.4)

衍射结构的制造方法多种多样。最初,它们被制成大量的平行线,该方法仍然在毫米波和无线电频率中使用。传统上,衍射光栅是通过将金刚石刀具划入像铝这样的软金属来制作的。复制光栅从主光栅复制到环氧树脂中,使得能够从主光栅生产出许多复制光栅。光栅副本也可以电子成型。干涉图可以用干涉仪产生,然后曝光于光刻胶、重铬酸盐凝胶、感光胶片和其他材料中以产生 DOE。微光刻是在光刻胶中制作非常精细光栅的一种灵活工具,然后可以通过蚀刻、涂覆等方法加工到多种材料中。计算机控制的电子束蚀刻技术可以制作分辨率达到几纳米的光栅图形,与较长的处理时间做权衡。衍射图案可以在薄片、平面或曲面上制作。

23.2 光栅方程

为了光线追迹衍射光学元件,必须明确光栅周期和方向以及入射光方向。当垂直于栅线的平面包含入射光的 $\boldsymbol{k}$ 矢量时,光栅处于面内工作模式。所有衍射级都位于同一平面内,并且数学计算比面外衍射的一般情形更容易,面外衍射情形中光为任意方向。衍射光的方向由光栅方程(23.6)或方程(23.9)给出。这两个方程都可以描述透射光栅和反射光栅。这些方程式为所有衍射级指定了衍射光方向(只取决于光栅周期 d),但没有说明每个级次所携带的能量(取决于光栅轮廓)。这可以使用 RCWA 算法进行计算。

如图 23.6 所示,假设一块光栅在 x-y 平面内,面法线沿 $+z$ 方向,光栅沟槽沿 y 方向。入射角为 α 的面内入射光线衍射到 x-z 平面,每个衍射级 m 的衍射角为 β_m,如下所示:

$$n_m d\sin\beta_m - n_i d\sin\alpha = m\lambda \tag{23.5}$$

其中介质折射率 $n_i=n_m=1$①,

① 可以定义符号约定为正衍射级折射/反射远离表面法线,而负衍射级折射/反射向表面法线。根据该约定,式(23.6)变为 $\sin\beta_m=\sin\alpha+\frac{\text{Sign}[\alpha]\times m\lambda}{d}$,其中 α 为正时 $\text{Sign}[\alpha]=+1$,α 为负时 $\text{Sign}[\alpha]=-1$。

$$\sin\beta_m = \sin\alpha + \frac{m\lambda}{d} \tag{23.6}$$

其中 λ 为入射光波长。

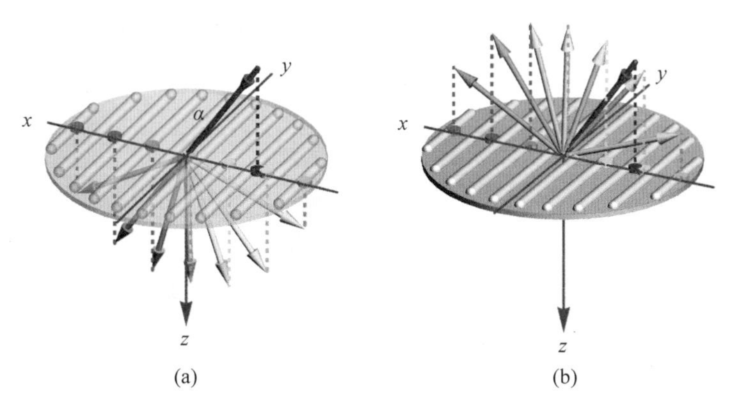

图 23.6　面内入射光线从折射光栅(a)和反射光栅(b)衍射。箭头的颜色区分入射方向和各个波长的衍射方向。蓝色显示的入射光线产生不同颜色显示的多个衍射级。从单位球的投影等间距分布在 x-y 平面上。红色表示零级，橙色、黄色和绿色箭头表示负级，红色-紫色是唯一的正级

在第 0 级衍射($m=0$)中，所有波长在同一方向上衍射；这相当于普通反射和透射光束。在第 0 级，白光衍射成白光。其他级数分散光，较短波长衍射接近 0 级，较长波长衍射远离 0 级[①]，如图 23.7 所示。从入射光束看，正衍射级超过 0 级，负衍射级与入射光位于第 0 级的同一侧。法线总是位于负衍射级区域。

图 23.7　入射光束衍射成多个衍射级。箭头的颜色表示不同的波长。除了第 0 级衍射白光外，由于色散，衍射角随波长变化。短波长(蓝色)的衍射距离第 0 级较近，而长波长(红色)的衍射距离第 0 级较远

角色散是衍射角随波长的变化率，

$$\frac{\mathrm{d}\beta}{\mathrm{d}\lambda} = \frac{m}{d\cos\beta} \tag{23.7}$$

从三维光栅方程 $\boldsymbol{k}_i - \boldsymbol{k}_m = \boldsymbol{K}_g$ 可以导出更一般的面外衍射光栅方程，如图 23.8 所示，其中 $|\boldsymbol{k}_m| = \frac{2\pi n_m}{\lambda}$，$|\boldsymbol{K}_g| = \frac{2\pi}{d}$。

考虑一块平面光栅，其表面在 x-y 平面内，入射介质和出射介质折射率分别为 n_{I}、n_{II}，入射波矢为

$$\boldsymbol{k}_{\mathrm{i}} = \begin{bmatrix} k_{x\mathrm{o}} \\ k_{y\mathrm{o}} \\ k_{\mathrm{I},z\mathrm{o}} \end{bmatrix} = \begin{bmatrix} k_{\mathrm{o}} n_{\mathrm{I}} \sin\theta\cos\phi \\ k_{\mathrm{o}} n_{\mathrm{I}} \sin\theta\sin\phi \\ k_{\mathrm{o}} n_{\mathrm{I}} \cos\theta \end{bmatrix} \tag{23.8}$$

① 从衍射光栅衍射的每个光子将动量 mh/λ 转移到 x-y 平面中的光栅，其中 h 是普朗克常数。

其中 $k_{o}=\dfrac{2\pi}{\lambda}$。衍射波矢为

$$\boldsymbol{k}_{\mathrm{I},m}=\begin{bmatrix} k_{xm} \\ k_{yo} \\ -k_{\mathrm{I},zm} \end{bmatrix},\quad \boldsymbol{k}_{\mathrm{II},m}=\begin{bmatrix} k_{xm} \\ k_{yo} \\ k_{\mathrm{II},zm} \end{bmatrix} \tag{23.9}$$

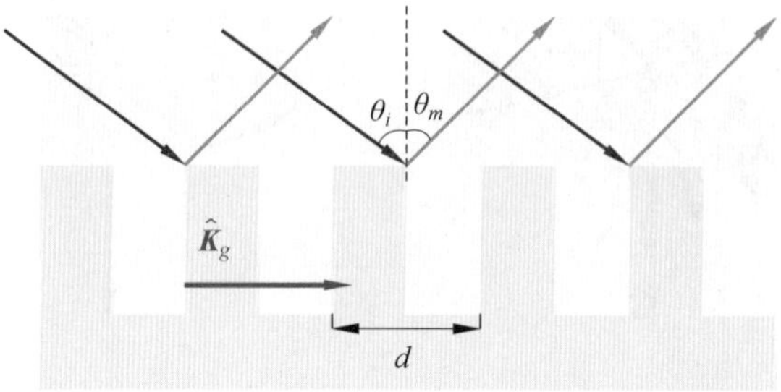

图 23.8　光栅矢量 $\boldsymbol{K}_{g}$ 描述了光栅沟槽的周期和方向

对于第 m 级反射的衍射波矢 $\boldsymbol{k}_{\mathrm{I},m}$ 和透射的衍射波矢 $\boldsymbol{k}_{\mathrm{II},m}$ [5-7],有

$$k_{xm}=k_{o}(n_{\mathrm{I}}\sin\theta\cos\varphi+m\lambda/d) \tag{23.10}$$

$$k_{\mathrm{I},zm}=\begin{cases} \sqrt{(k_{o}n_{\mathrm{I}})^{2}-(k_{xm}^{2}+k_{yo}^{2})}, & \sqrt{k_{xm}^{2}+k_{yo}^{2}}\leqslant k_{o}n_{\mathrm{I}} \\ -\mathrm{i}\sqrt{(k_{xm}^{2}+k_{yo}^{2})^{2}-(k_{o}n_{\mathrm{I}})^{2}}, & \sqrt{k_{xm}^{2}+k_{yo}^{2}}>k_{o}n_{\mathrm{I}} \end{cases} \tag{23.11}$$

以及

$$k_{\mathrm{II},zm}=\begin{cases} \sqrt{(k_{o}n_{\mathrm{II}})^{2}-(k_{xm}^{2}+k_{yo}^{2})}, & \sqrt{k_{xm}^{2}+k_{yo}^{2}}\leqslant k_{o}n_{\mathrm{II}} \\ -\mathrm{i}\sqrt{(k_{xm}^{2}+k_{yo}^{2})^{2}-(k_{o}n_{\mathrm{II}})^{2}}, & \sqrt{k_{xm}^{2}+k_{yo}^{2}}>k_{o}n_{\mathrm{II}} \end{cases} \tag{23.12}$$

式(23.6)和式(23.9)描述了 x-y 平面中光栅衍射级的方向。对于其他光栅方向,必须旋转这些结果。这里对这个面外光栅方程并没有广泛介绍,但该方程对光线追迹至关重要(图 23.9)。

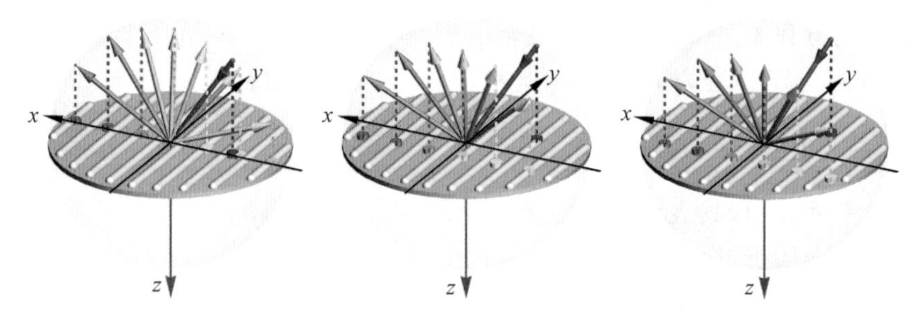

图 23.9　面外光栅方程的图示。指向原点的蓝色矢量是入射光。在六个图形中,入射矢量围绕法线旋转,从 x-z 平面开始,到 y-z 平面结束。左上角的图形显示了面内情形,其中延伸到单位半球的多个衍射级(红色、橙色和黄色矢量)在 x 轴上具有等间距的投影。当入射矢量向 y 轴旋转时,衍射级位于圆锥面上,但在 x-y 平面上的投影保持等间距

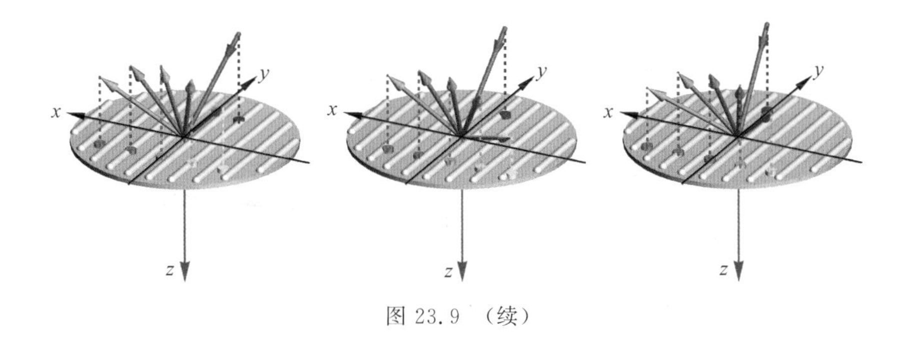

图 23.9 （续）

23.3 光线追迹衍射光学元件

针对衍射光学元件进行几何光线追迹可以计算衍射级的传播矢量，但不能计算振幅系数，以及光与衍射光学元件相互作用产生的电场状态。对于所有衍射光线，可从式(23.9)到式(23.12)获得波矢量。所有衍射级的振幅系数由周期性边界条件的麦克斯韦方程组推导和计算。这通常由 23.4 节中总结的 RCWA 算法得到。衍射光学元件的本征偏振不一定是 s 偏振和 p 偏振。但是每个反射和透射的衍射级的振幅和相位的变化可以用琼斯矩阵或 **P** 矩阵来表示。本节包括四个衍射光学元件例子，展示了它们用 RCWA 模拟的偏振特性。

23.3.1 反射式衍射光栅

衍射光栅是光谱仪和单色仪的基本元件。然而，它们也是这些系统中许多严重偏振问题的根源。下面介绍一个反射式光栅例子，以帮助理解如何解读制造商的规格和测量数据，以及如何在偏振光线追迹中使用 RCWA 光栅模拟的输出结果。

反射式光栅在光谱学中广泛用于分散多色光，以测量光谱或产生单色光[①]。例如，如图 23.10(a)所示的切尼-特纳(Czerny-Turner)单色仪使用反射镜将来自入射狭缝的光准直到光栅上。分散的光被第二面镜子聚焦，形成一个图像，即光谱。出射狭缝选择并通过一个小的光谱带。通过旋转光栅，单色仪可以扫描出射波长。另一种常见的单色仪是利特罗(Littrow)单色仪，如图 23.10(b)所示，它两次使用同一个聚焦镜。

---

① 单色仪或光谱仪的线性色散是出射狭缝处长度相对波长的变化率(每波长对应的长度)，

$$\frac{\mathrm{d}x}{\mathrm{d}\lambda}=\frac{fm}{d\cos\beta}$$

其中 f 是聚焦镜的焦距。光栅的分辨率是辨别密集光谱线的能力，与被照射的刻线数量 N 成正比。光栅自由光谱范围是指没有重叠衍射级的最大可探测波长范围。当单色仪用单色光照射时，通过出口狭缝的能流与波长的关系为线扩展函数，即单色输入的光谱轮廓。线扩展函数计算为入口狭缝(矩形函数)与单色仪中成像光学系统的点扩展函数(PSF)的卷积，然后与出口狭缝卷积，卷积运算用 * 表示。

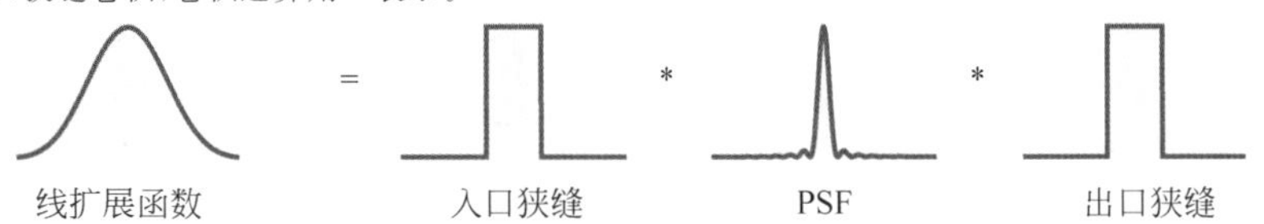

单色仪测量的光谱是输入光的光谱与线扩展函数的卷积。光谱分辨率描述了波长上可识别两条独立光谱线的最小间隔。光谱分辨率可以估计为以毫米为单位的线扩展函数的宽度乘以以纳米为单位的每毫米线性色散。

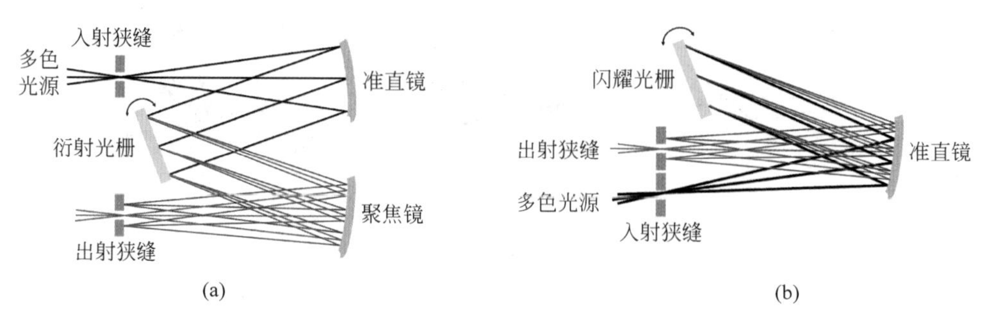

图 23.10 (a)切尼-特纳单色仪和(b)利特罗单色仪

反射式衍射光栅通常有三角形轮廓,三角形轮廓的一个面接收大部分照明。铝光栅表面通常用于可见光应用,而金光栅表面通常用于红外应用。光以复杂的方式分布在所有衍射级中,可用 RCWA 进行计算。尽管存在衍射,光还是有一种从该面反射的自然倾向。在这个反射方向附近的衍射级通常是最亮的。术语"闪耀"是指选择反射面角度,将一个波长(闪耀波长 λ_B)反射到所需的衍射级方向。因此,闪耀将为接近闪耀波长的波段提供高衍射效率。按照惯例,闪耀波长和闪耀角 θ_B 被定义为波长和刻面角,在利特罗单色仪中,入射光和-1级衍射光沿同一方向,如图 23.11 所示。闪耀波长满足方程

$$\lambda_B = 2d\sin\theta_B \tag{23.13}$$

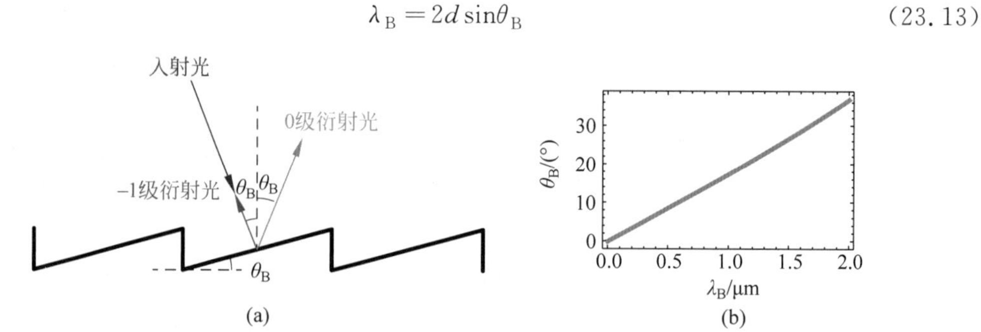

图 23.11 (a)利特罗单色仪,通过设置入射角为闪耀角 θ_B,使得-1级衍射光效率最高。也可以闪耀到其他负衍射级。(b)对于 1.67μm 的光栅周期,利特罗闪耀角与波长的函数关系

例 23.1 反射式衍射光栅

模拟了一个反射式衍射光栅,该光栅由铝制成,每毫米有 600 个沟槽,闪耀波长 λ_B=500nm,闪耀角 θ_B=8.6°。三角形闪耀结构由 30 层矩形台阶模拟,如图 23.12 所示。

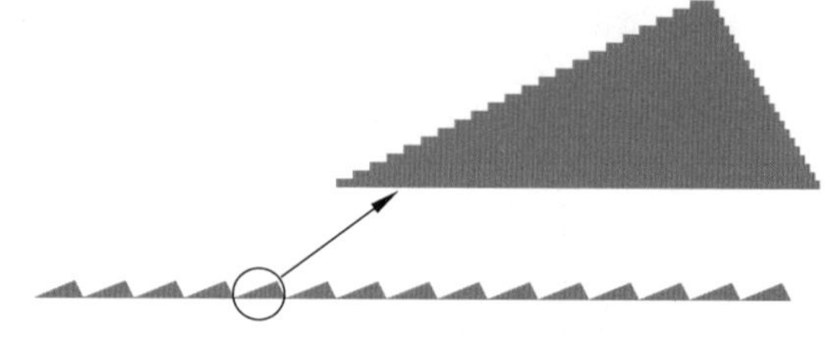

图 23.12 用 30 个矩形台阶模拟闪耀衍射光栅的形状

该光栅的衍射效率由RCWA[5-6]计算，针对利特罗配置面内照射的TE模式和TM模式，其中TE场平行于光栅沟槽，TM场垂直于光栅沟槽。根据约定，TE模式是s偏振光，TM模式是p偏振光。图23.13显示了测量的和模拟的光栅的−1级衍射效率。请注意，衍射效率峰值在闪耀波长500nm附近。

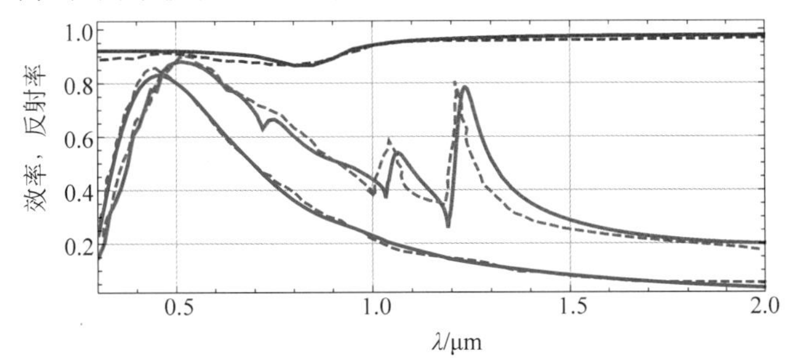

图23.13 600线每毫米铝制光栅的−1级数据。铝的正入射反射率和测得的衍射效率如虚线所示。蓝线是模拟中使用的铝的反射率色散曲线。红线和绿线分别是s偏振和p偏振(TE模和TM模)的衍射效率。在1.05μm和1.21μm处可以看到伍德异常。测得的−1级光栅效率与模拟的光栅效率非常一致

TM模式的衍射效率在1.02μm和1.22μm处的突变(图23.13)是伍德异常[8-9]。伍德在1902年发现，金属光栅的衍射效率在某些波长和角度下会发生突变。1907年瑞利[10-11]解释为，当某一级衍射光在$\beta_m=90°$处衍射(与光栅表面相切)并从实光波转变为倏逝波时，会出现异常。在这种情况下，衍射光的能量被重新分配到较低的衍射级，从而导致光谱发生突变。1941年，法诺[12]和其他人[13-14]将异常描述为表面等离子体共振效应的结果，靠近界面的材料特性也影响光谱的急剧变化。通常，s偏振和p偏振都可以观测到异常，p偏振显示出更大的异常[15-18]。

TE模和TM模的衍射效率差别很大，随波长迅速变化。这导致了较大的光栅偏振效应。图23.14(b)中显示的示例光栅的二向衰减是显著的、快速变化的，不能用任何简单的线性或二次函数来描述。因此，当使用这些光栅的光谱仪测量偏振光源时，如果入射光处于TE模式或TM模式，则会获得非常不同的光谱。光栅也有延迟，本例光栅的−1级延迟如图23.14(a)所示，相位变化非常有趣。

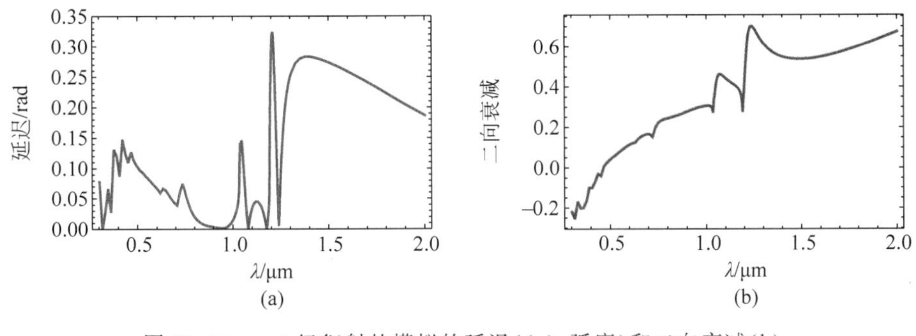

图23.14 −1级衍射的模拟的延迟((a)，弧度)和二向衰减(b)

图 23.13 显示了在“利特罗”单色仪中测量的光栅效率。但利特罗单色仪不能正好工作于利特罗条件下,那样的话,入射狭缝和出射狭缝将彼此重叠。在这种情况下,狭缝之间的角度没有明确,使得计算值很难与测量值匹配。为了在模拟和测量之间获得紧密的匹配,在利特罗条件附近对光栅进行了一系列入射角和衍射角的模拟。最佳匹配如图 23.15 所示,当入射光束距离利特罗 0.15rad 时,在另一侧约 0.15rad 处能收集到衍射光束。特别是,1.02μm 和 1.22μm 处的两个伍德异常的位置和形状对入射角非常敏感,在用于测量的单色仪配置中,这提供了一种精确的方法来估计偏离利特罗的角度。测量的衍射效率与模拟的衍射效率吻合得很好,尤其是实际光栅还会有许多缺陷,包括非完美的矩形或三角形轮廓以及光栅间距的微小变化。

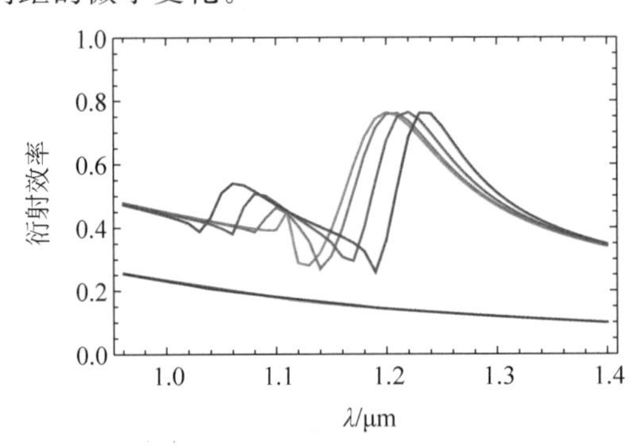

图 23.15 用 RCWA 计算的几个入射角下的−1 级 TE 和 TM 衍射效率。入射角以弧度表示,相对于利特罗条件:0.05 偏移量为浅绿色,0.1 和 0.15 偏移量为绿色,0.2 偏移量为深绿色。偏离利特罗条件 0.15 弧度时,衍射效率的拟合效果最佳

23.3.2 线栅偏振器

线栅偏振器是在透明衬底上镀一系列精细的平行金属线制作而成。要成为有效的偏振器,线间距应小于光波长的一半。这组金属线形成衍射光栅,如图 23.2 所示。当电磁场入射到金属导线上时,很容易使自由电子沿着导线移动,这种电流产生了沿导线方向偏振的强反射光束。垂直于金属线振荡的电场的正交分量具有更小的相互作用,因此几乎所有的光都通过偏振器。因此,导线定向在 y 方向的线栅偏振器主要透射 x 偏振光,而反射大部分 y 偏振光。

例 23.2 铝制线栅偏振器

铝制线栅偏振器仿真参数为:周期为 0.2μm,占空比为 30%,线高为 0.225μm,波长为 550nm。图 23.16(a)为圆偏振的会聚波前穿过垂直取向的线栅偏振器。水平分量透过并形成如图 23.16(b)所示的波前,而垂直分量反射如图 23.16(c)所示。因此,该线栅在透射中充当水平偏振器。

金属栅线在偏振器表面的 2D 平面上垂直定向,而入射光线会聚。对于轴上光线,其横向平面位于偏振器表平面内,因此透射光线具有水平线偏振。对于其他离轴光线,它们的横向平面与偏振器的表平面不重合。入射角越大,其横向平面与偏振器表面的倾斜越大,垂直偏振光中漏出的光越多,从而旋转偏振平面,产生椭圆偏振的透射光线。

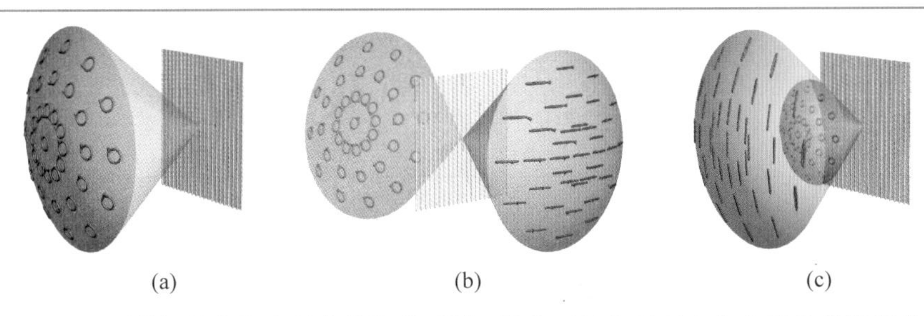

图 23.16　(a)圆偏振的会聚入射光线阵列(绿色)聚焦于具有垂直定向金属线的线栅偏振器。(b)水平偏振的波前(蓝色)透过偏振器。(c)对于入射的圆偏振光，垂直偏振的波前(红色)从偏振器反射

为分析入射光束、透射光束和反射光束的偏振态，选取了偶极局部坐标系①，其偶极轴沿栅线方向，因为这个坐标系更接近物理实际。入射光束、反射光束和透射光束的偏振态如图 23.17 所示。出射态主要是线性的，在一些离轴光线处可见少量椭圆偏振态。

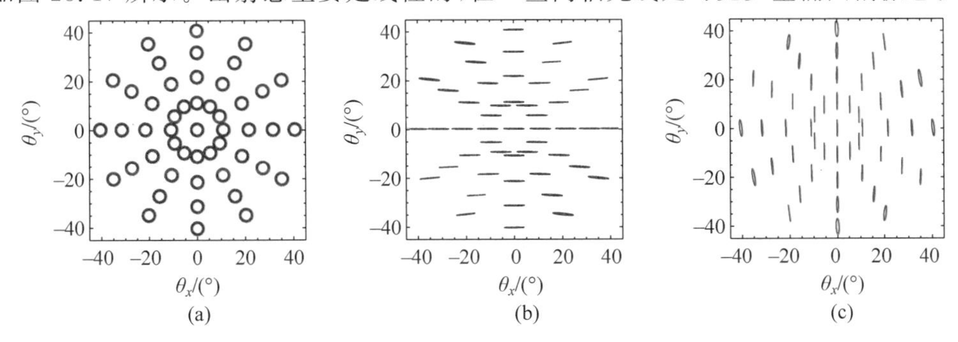

图 23.17　图 23.16 中 45°锥角的球面波前(a)入射光，(b)透射光和(c)反射光的局部偏振椭圆分布

图 23.18 描绘了反射光和透射光的二向衰减率；两者的二向衰减率都在 90%以上，但无法像晶体偏振器那样达到 100%。反射光在轴上具有最大二向衰减，而透射的最大二向衰减不在轴上。图 23.19 显示了该线栅偏振器的透射消光比，轴上光束的最大消光比超过 1000，在视场对角处(约 56°)，消光比降至 20 左右。

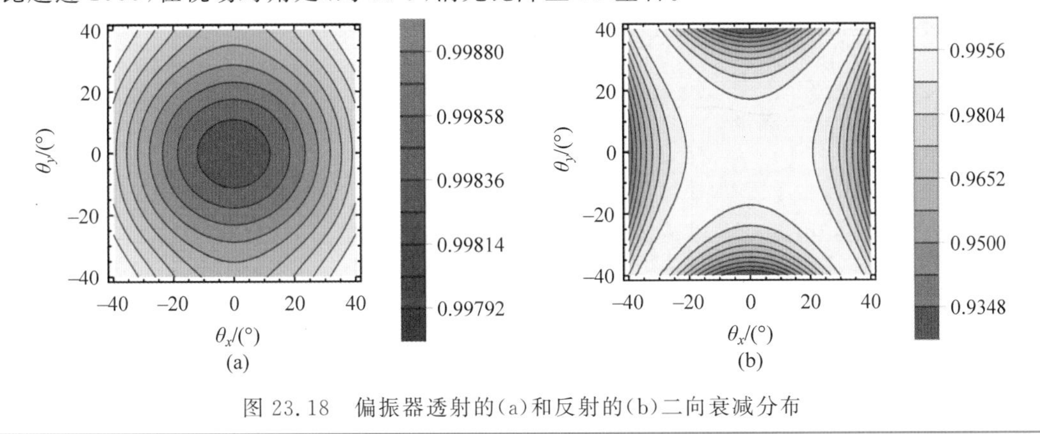

图 23.18　偏振器透射的(a)和反射的(b)二向衰减分布

① 见第 11 章(琼斯光瞳和局部坐标系)。

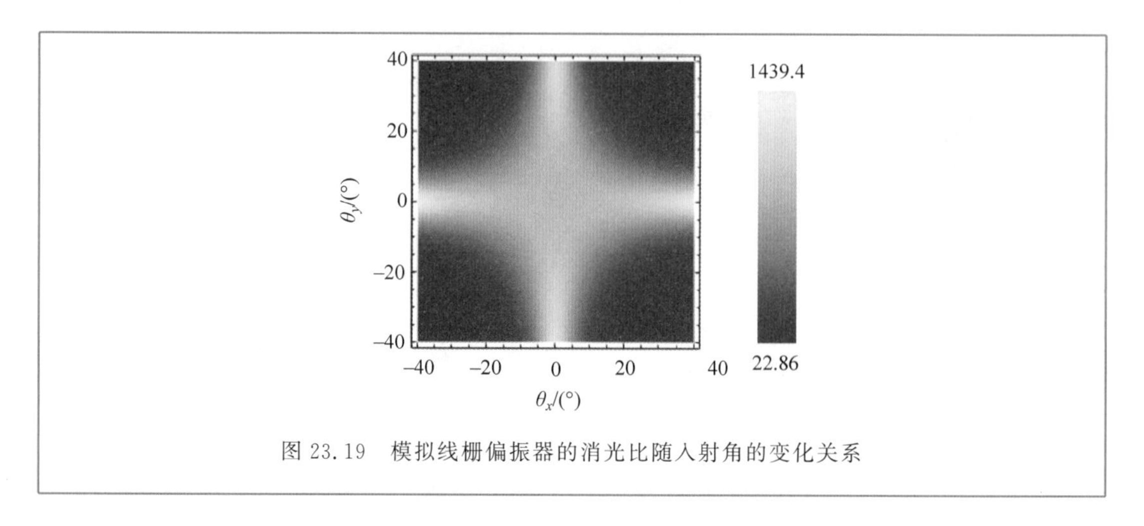

图 23.19 模拟线栅偏振器的消光比随入射角的变化关系

在设计线栅偏振器时,设计参数包括线栅的金属层厚度、横截面形状、周期、占空比以及金属的选择。在大多数情况下是优化透射消光比。根据经验,折射率具有大的实部并且虚部在 1~2 范围内的金属效果较好。较小的占空比和较厚的金属层相比较大的占空比和较薄的金属层更好,因为它可以产生更好的消光以及更小的吸收。金属丝网会产生很大的延迟,但由于透过的正交偏振量通常很小,因此影响几乎不明显。式(23.14)是线栅偏振器优化的一个评价函数示例。

$$M=\sqrt{c_1(1-T_p)^2+c_2T_s^2+c_3(1-R_s)^2+c_4R_p^2} \tag{23.14}$$

其中 c_1、c_2、c_3、c_4 为权重,以权衡 s 偏振和 p 偏振的透射系数和反射系数(T_s、T_p、R_s、R_p)。对于高消光比,c_1 应该更大。对于更好的透过率,c_2 应该增加。理想的线栅偏振器的评价函数为零。线栅偏振器具有一定的角度敏感性,偏振方向正交于栅线方向或沿透射轴方向的偏振分量,相比偏振方向沿栅线方向的偏振分量,这种角度相关变化更大。

例 23.3 铝线厚度与偏振器性能的关系

为理解式(23.14)中的这些权衡,下面的模拟(图 23.20)给出了在不同波长下 TE 模式和 TM 模式的透射,它们是铝层厚度的函数。在厚度小于 0.2μm 时,平行于栅线的 TE 透射不会完全消失。TM 透射随厚度的振荡相当小。

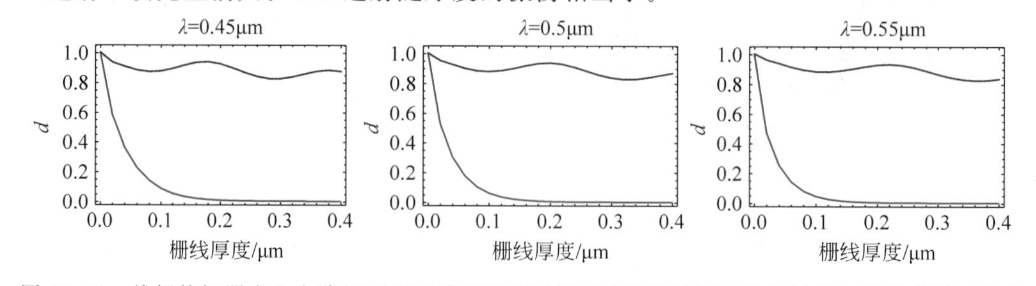

图 23.20 线栅偏振器在六个波长下 TM 偏振(蓝色)和 TE 偏振(红色)的透过率与铝线高度的关系

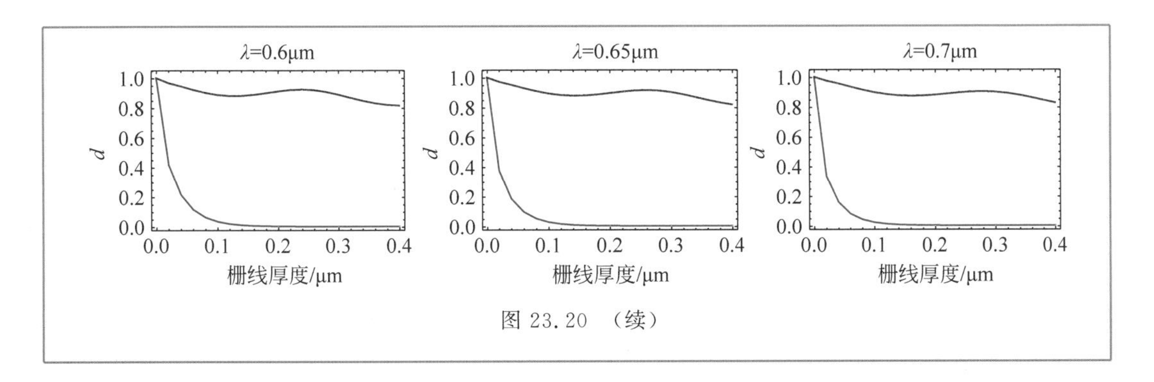

图 23.20 （续）

当选择商用线栅偏振器时，上述方法有助于理解这些偏振器可以优化为高消光、高透过率或两者之间的平衡，如图 23.21 所示。这些图表明了消光比和透过率之间的设计权衡，高消光偏振器的透射率较低。

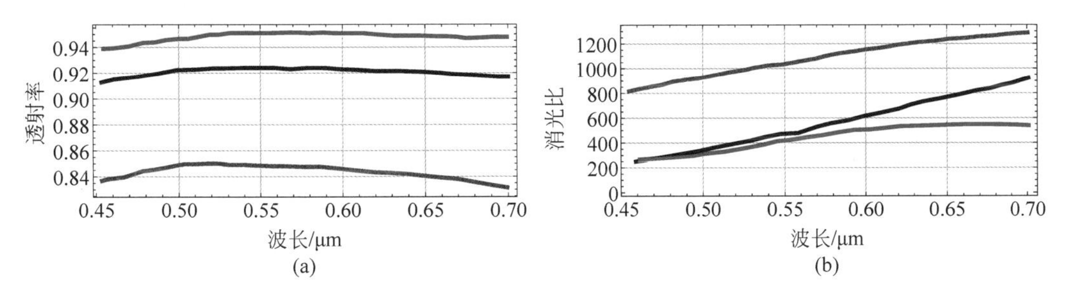

图 23.21　三种线栅偏振器的性能比较：(a)p 态透射率和(b)消光比。红色表示超高透射率偏振器，黑色表示高透射率偏振器，蓝色表示高消光比偏振器

23.3.3　衍射延迟器

衍射偏振器即线栅偏振器，是非常常见的光学元件，所以人们可能想知道为什么衍射延迟器不那么常见。透过光栅结构的光具有延迟，因此可以用衍射光学元件制作延迟器。然而，很难从这样的衍射光学元件中获得大的延迟。本节将解释为什么会出现这种情况。

一个亚波长光栅(SWG)只反射和透射第 0 级衍射光；如果可能的话，第 1 衍射级的角度将大于 90°。在我们的术语中，除第 0 级，亚波长光栅的所有级数都是消失的。因此，亚波长光栅比非亚波长光栅具有更高效率，后者必须将光能划分到各个衍射级。例 23.4 解释了制作衍射延迟器的困难。

例 23.4　熔融石英衍射延迟器

我们模拟了一个周期为 170nm 的蚀刻熔融石英光栅，不同的纵横比分别对应于 42.5nm、85nm、170nm 和 340nm 的光栅高度。图 23.22 显示了不同纵横比的延迟光谱。纵横比越大延迟越大，尽管这些亚波长光栅很难制作，特别是当纵横比增加时！然而，即使纵横比为 2，这些衍射延迟器的延迟也很弱，因此制作四分之一波长延迟器几乎不现实，更不用说制作半波长延迟器了。

图 23.22(b)将例 23.4 纵横比为 1 的亚波长光栅的延迟色散与三个由不同晶体制成的波片进行了比较：一个 2.198μm 厚的蓝宝石 A 板、一个 0.103μm 厚的方解石 A 板和一个 1.95μm 厚的石英 A 板。选取这些厚度，是为在 600nm 时产生 0.186rad 的延迟。注意延迟光谱的相似性！如果衍射延迟色散的形状与晶体的色散不同，则衍射延迟器即使在具有较小延迟的情况下也可在消色差延迟器中发挥有价值的作用，但事实并非如此。因此，由于需要非常大的纵横比，衍射延迟器似乎很难制造，且在控制延迟色散方面也不会有显著的设计空间。

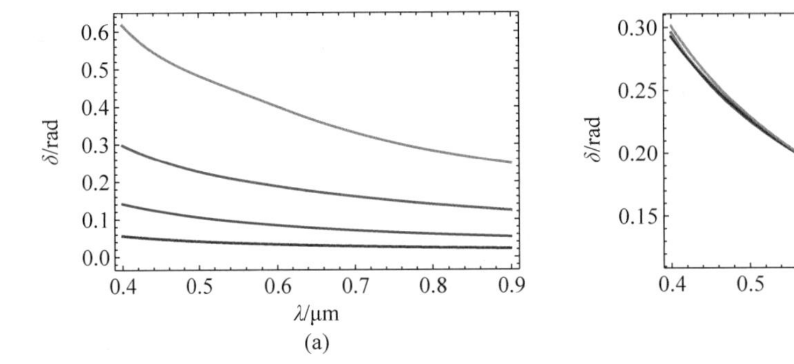

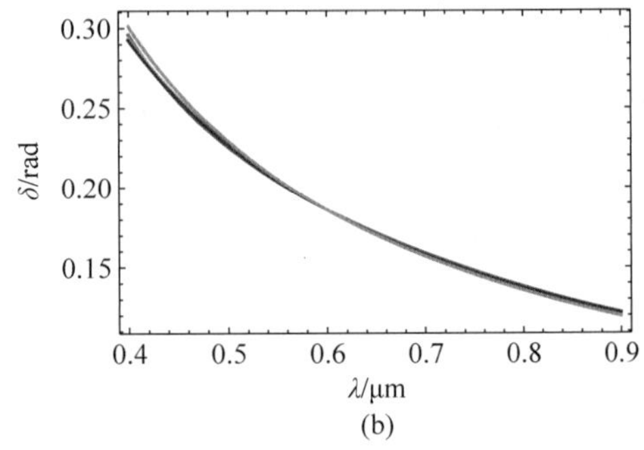

图 23.22 (a)周期为 170nm 且纵横比为 0.25(蓝色)、0.5(红色)、1(绿色)和 2(橙色)的亚波长熔融石英光栅的延迟。(b)纵横比为 1 的亚波长光栅的延迟色散(绿色)与双折射波片的延迟色散比较，波片厚度与 600nm 延迟相匹配：蓝宝石(紫色)、方解石(粉色)和石英(青色)

23.3.4 衍射亚波长减反膜

SWG 可用于替代薄膜，如减反膜和偏振分束器。创建具有梯度折射率的有效介质层，可构造出理想的减反 SWG，其中折射率从基底折射率直至环境介质的折射率[19]。图 23.23 展示的是用 RCWA 模拟的减反膜 SWG[20-21]，并研究了相关波前像差和偏振像差。这些像差取决于入射光的方向、偏振态和光栅沟槽的方向。

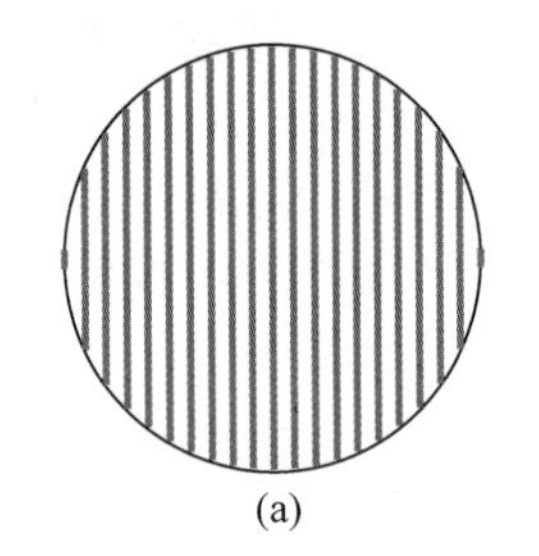

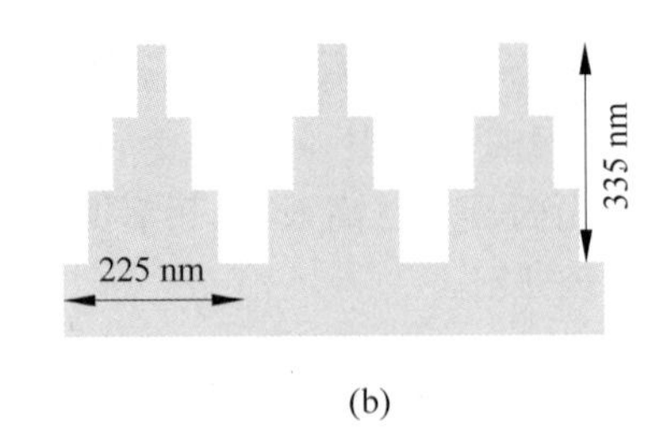

图 23.23 (a)一个减反光栅的沟槽方向。(b)光栅的亚波长结构[21]，作用类似于梯度材料，因为随着远离衬底占空比逐渐减小

图 23.24 比较了 SWG 与标准 λ/4 MgF_2 减反膜的透过率。SWG 具有非常高的透过率，高达 99.5%。在入射面平行于沟槽的情况下，其偏振依赖性比入射面垂直于沟槽时小。对于在垂直于沟槽的入射面内传播的光，随着入射角的增加，表观光栅周期缩短，光栅与入射光之间发生共振相互作用。当入射角增加到 28°时，会出现第 1 级衍射(第 1 级衍射光不

再消失)，当第 1 级衍射获得能量时，透射率迅速降低。第 0 级对应的二向衰减迅速变化。该现象限制了减反 SWG 的实际入射角范围。

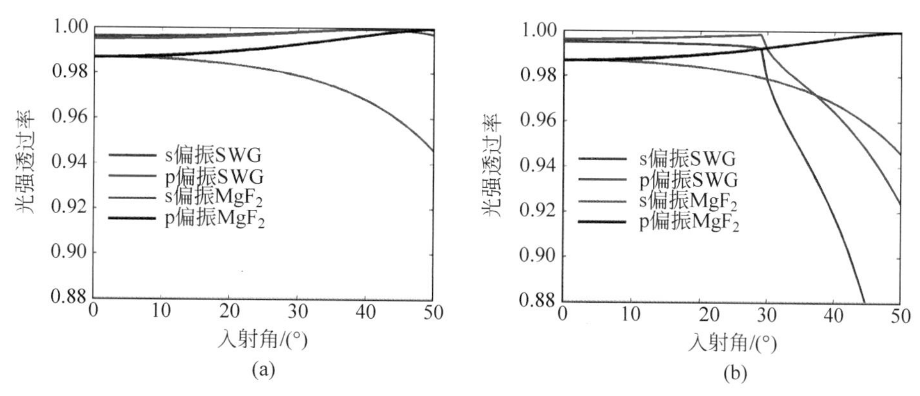

图 23.24　减反 SWG 与标准 $\lambda/4$ MgF_2 减反膜的光强透过率对比。SWG 数据分别对应于光栅沟槽(a)平行于入射面和(b)垂直于入射面

与典型的减反膜不同，SWG 即使在正入射下也会引入延迟。图 23.25 显示了两个正交平面中 TE 模式和 TM 模式偏振光透射的相位延迟。当入射平面从平行于光栅沟槽的方向切换到垂直于光栅沟槽的方向时，由于沿光栅沟槽的偏振方向发生了切换，因此所得的相位延迟改变符号(TE 模式和 TM 模式产生的延迟对调)。随着入射角的增加，两个延迟函数也会发散。表 23.2 给出了每个偏振和光栅方向在 24°入射角下的相移和延迟。相位是根据 s 分量和 p 分量给出的，但其中哪一个平行于光栅线取决于入射面。因此，平行于光栅的 s 分量应与垂直于光栅的 p 分量进行比较。这显示了入射面相对方向的相位，垂直于光栅的电场分量产生 0.005λ 的相位变化，平行于光栅的电场分量产生 0.012λ 的相位变化。这导致 24°时两个光栅方向之间的延迟大小相差 0.007λ。

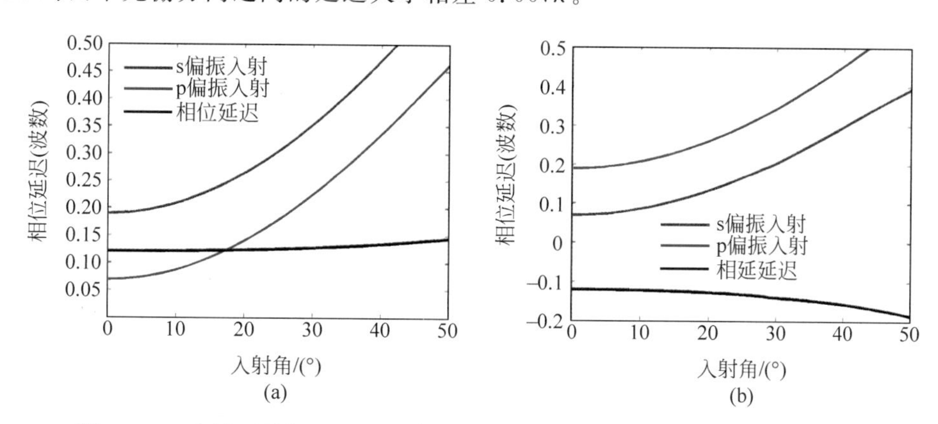

图 23.25　入射面平行于(a)和垂直于(b)光栅沟槽时，SWG 的透射相位和延迟

表 23.2　在 24°入射角、入射面(POI)平行和垂直于光栅沟槽情况下 SWG 的相移

	s 相位(波数)	p 相位(波数)	相位延迟(波数)
POI 平行于沟槽	0.3037	0.1785	0.1252
POI 垂直于沟槽	0.1662	0.2986	−0.1324

使用 Polaris-M 偏振光线追迹程序，在理想球面上分析示例 SWG 的偏振像差函数。由于入射平面在球面上呈径向，因此沟槽的方向也对产生的偏振像差起作用。图 23.26 至图 23.28 显示了轴上光束在光栅线水平定向情况下的偏振像差函数。下标为 xx 和 yy 的共偏振项都有一个小的二次方切趾，这是由于视场上入射角变化造成的。交叉耦合项 xy 和 yx 具有马耳他十字图案，最大振幅泄漏为 3%。视场顶部和底部的振幅和相位突变表明在那里亚波长条件失效，第 1 级衍射光开始抢占能量。由此产生的延迟包含平移、像散和离焦。向着视场边缘，延迟方向有一个很小的 3°变化。总体来说，由此产生的波前像差主要是像散，幅值小于 0.1λ。

与传统的几何波前优化相比，SWG 减反膜的偏振相关像差给像差补偿带来了额外的复杂性。在这里描述的例子中，在两个相似的表面上以正交方向使用两个相同的光栅可以补偿轴上延迟。高阶像差仍然存在，但幅值很小。使用 RCWA 模拟功能逐点微调 SWG 的形状可能会校正大量偏振像差。

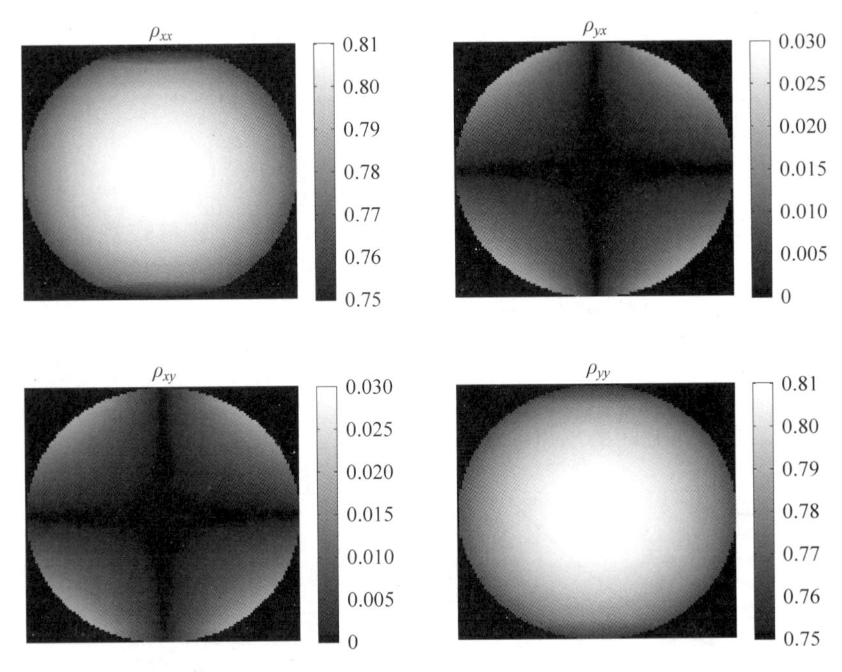

图 23.26 具有两个 SWG 减反面的透镜的琼斯光瞳幅值 ρ。xx 和 yy 幅值顶部和底部的暗带是由于 1 级衍射光增加所致

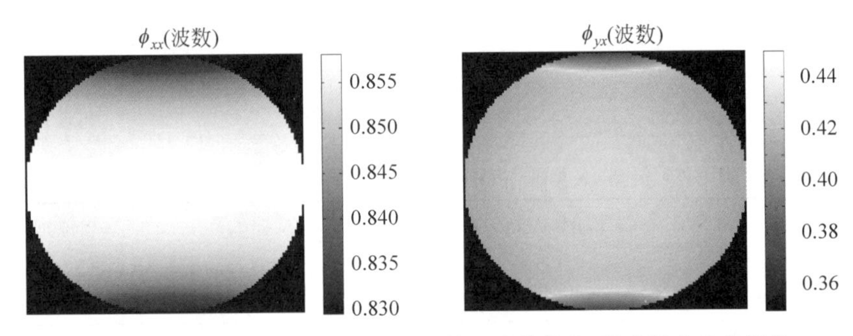

图 23.27 具有两个 SWG 减反面的透镜的波前像差，即琼斯光瞳的相位 ϕ

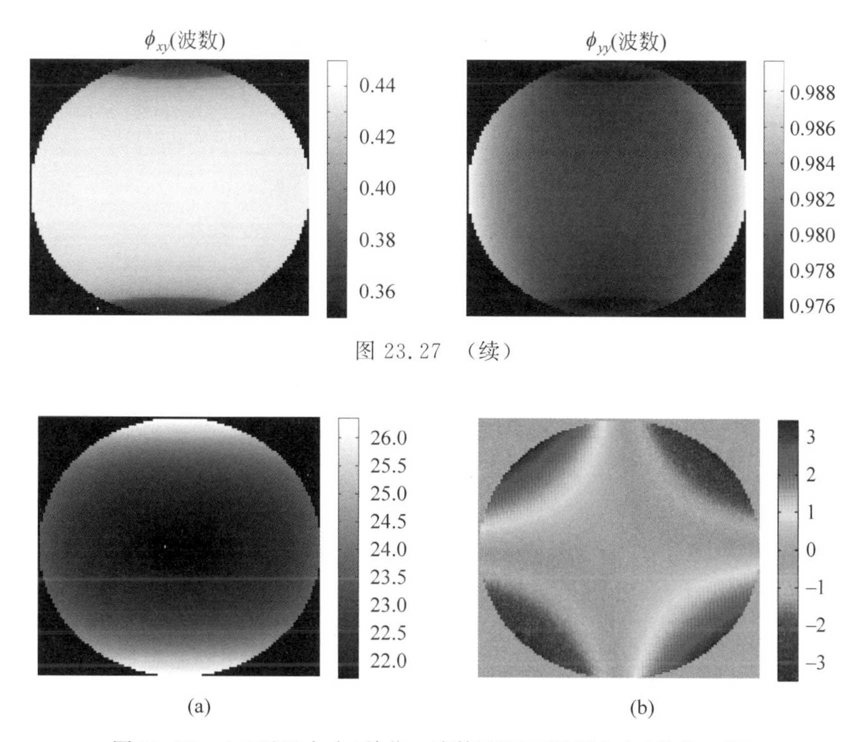

图 23.27　(续)

图 23.28　(a)延迟大小(单位：波数)和(b)延迟方向(单位：度)

23.4　RCWA 算法总结

RCWA 算法广泛用于分析周期性衍射结构，如衍射光栅、线栅偏振器、全息图以及本章给出的所有例子。RCWA 能够计算周期结构的反射和透射的精确解。它是一种相对简单、非迭代和确定性的技术，用于计算每个衍射级的振幅系数。精确度仅取决于光栅结构的弗洛凯-傅里叶展开式中保留的傅里叶项的数量。该算法最初用于体全息光栅的建模，然后扩展到表面浮雕和多级光栅结构。RCWA 已成功应用于透射和反射平面介质和(或)吸收全息光栅、任意廓形介质和(或)金属表面浮雕光栅、多路复用全息光栅、二维表面浮雕光栅和各向异性光栅，适用于平面和锥形衍射[5-6,22-24]。本节将总结 RCWA 算法。

如图 23.29 所示，在 RCWA 算法中，光栅被划分为大量足够薄的平板，以将光栅廓形近似到任意精度。表 23.3 和图 23.29 列出了所需信息。

表 23.3　严格耦合波分析的输入参数和输出参数

入射光描述	入射光参数
入射波长	λ
入射角	θ
方位角	ϕ
入射偏振	$\boldsymbol{E}$
光栅描述	光栅参数
入射介质的介电常数或张量[a]	$\boldsymbol{\varepsilon}_1$

续表

入射光描述	入射光参数
光栅衬底的介电常数或张量[a]	$\boldsymbol{\varepsilon}_2$
光栅结构分层的介电常数或张量	$\{\{\varepsilon_{11},\varepsilon_{12},\cdots,\varepsilon_{1N}\},\cdots\{\varepsilon_{M1},\varepsilon_{M2},\cdots,\varepsilon_{MN}\}\}$
每层的子周期尺寸	$\{\{x_{11},x_{12},\cdots,x_{1M}\},\cdots\{x_{N1},x_{N2},\cdots,x_{NM}\}\}$
层厚	$\{h_1,h_2,\cdots,h_N\}$
光栅周期	d
RCWA 参数描述	**算法的参数**
在计算中保留的傅里叶项数	$(2f+1)$项：第$-f,-(f-1),\cdots,-2,-1,0,+1,+2,\cdots,(f-1),f$项
衍射光参数	
$\boldsymbol{k}_m$	第 m 衍射级的传播矢量
$\boldsymbol{S}_m$	第 m 衍射级的坡印廷矢量
$\boldsymbol{D}_m$	第 m 衍射级的 $\boldsymbol{D}$ 场
$\boldsymbol{E}_m$	第 m 衍射级的偏振态
$\boldsymbol{H}_m$	第 m 衍射级的 $\boldsymbol{H}$ 场
a_m	第 m 衍射级的复振幅系数
R_m 和 T_m	第 m 衍射级的衍射效率

注：[a]当存在旋光时，类似旋光张量。

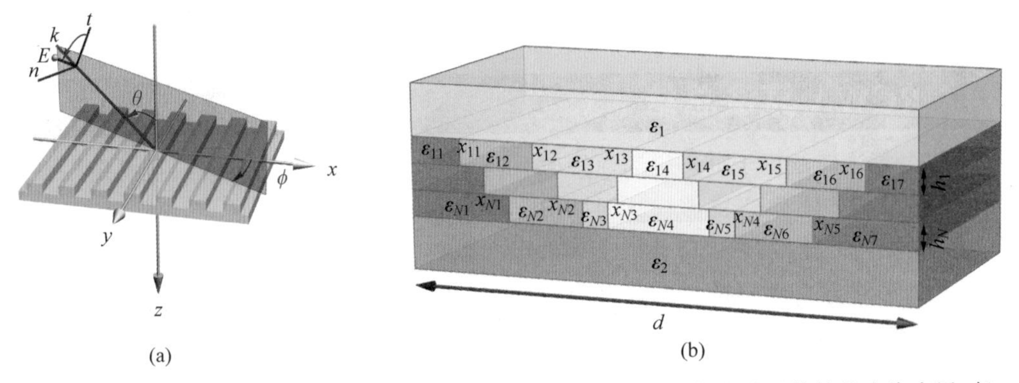

图 23.29 (a)光栅结构上入射光的坐标系。(b)RCWA 中光栅或衍射光学元件被分为许多层，每一层分为均匀折射率或介电张量的矩形。仅指定光栅的一个周期作为输入

RCWA 的基本算法类似于菲涅耳方程和薄膜界面的算法(图 23.30)。其主要区别在于，由于光栅的周期性结构，光栅区域中的反射波、透射波、前向波和后向波的许多衍射级叠加在一起。根据图 23.8 中描述的弗洛凯条件(该条件将衍射波的波矢量与光栅矢量和色散关系联系起来)，可获得光栅区域中各个模式叠加产生的入射波、反射波和透射波的显式形式。通过耦合波方法，可以计算各光栅层中场的传播。在第 l 光栅层中，电磁场可以扩展为

$$\boldsymbol{E}_{g,l}=\sum_n \boldsymbol{S}_{l,n}(z)\mathrm{e}^{-\mathrm{i}(k_{xn}x+k_{yn}y)} \quad 和 \quad \boldsymbol{H}_{g,l}=\sqrt{\varepsilon_o/\mu_o}\sum_n \boldsymbol{U}_{l,n}(z)\mathrm{e}^{-\mathrm{i}(k_{xn}x+k_{yn}y)} \tag{23.15}$$

其中 $\boldsymbol{S}_n$ 和 $\boldsymbol{U}_n$ 是矢量傅里叶系数函数的第 n 个分量。将本构关系和电磁场的傅里叶级数形式代入麦克斯韦方程组，代入后 $\boldsymbol{S}_z$ 和 $\boldsymbol{U}_z$ 被消去，得到耦合波方程组：

$$\frac{1}{k_o}\frac{\partial}{\partial z}\begin{bmatrix}\boldsymbol{S}_{l,x}(z)\\ \boldsymbol{S}_{l,y}(z)\\ \boldsymbol{U}_{l,x}(z)\\ \boldsymbol{U}_{l,y}(z)\end{bmatrix}=\mathrm{i}\boldsymbol{\Gamma}\begin{bmatrix}\boldsymbol{S}_{l,x}(z)\\ \boldsymbol{S}_{l,y}(z)\\ \boldsymbol{U}_{l,x}(z)\\ \boldsymbol{U}_{l,y}(z)\end{bmatrix} \tag{23.16}$$

其中，$\boldsymbol{\Gamma}$ 是参考文献[22]和文献[25]中描述的块矩阵。耦合波方程为一阶常微分方程，它的解的电场 z 分量(与界面垂直)可解析得到

$$\boldsymbol{V}_l(z)=\sum_m c_{l,m}\boldsymbol{w}_{l,m}\mathrm{e}^{\mathrm{i}k_o\lambda_{l,m}(z-z_{l-1})}\quad 和 \quad \boldsymbol{V}_l=\begin{bmatrix}\boldsymbol{S}_{l,x}\\ \boldsymbol{S}_{l,y}\\ \boldsymbol{U}_{l,x}\\ \boldsymbol{U}_{l,y}\end{bmatrix} \tag{23.17}$$

$\lambda_{l,m}$ 是特征值集，$\boldsymbol{w}_{l,m}$ 是第 l 层 $\boldsymbol{\Gamma}_l$ 的特征向量。这就产生了由边界条件确定的振幅系数 $c_{l,m}$。通过将电磁边界条件(切向电场和磁场分量的连续性)应用于界面的输出区域、各个光栅层以及输入区域，可获得每级反射和透射衍射场的菲涅耳系数。Glytsis 和 Gaylord[26]附录 C 第 2 部分给出了关于 RCWA 算法的详细描述以及其各向同性材料中的解。对于各向异性和旋光光栅，在光栅描述中需要电介质张量和旋光张量，为实现数值稳定性，采用散射矩阵法求解边界条件方程[27-28]。由 RCWA 得出的衍射效率、复振幅反射和透射系数、波矢量和电磁场矢量，以及琼斯矩阵、米勒矩阵或偏振光线追迹矩阵，都可为每级衍射光构建出来，用于偏振分析。

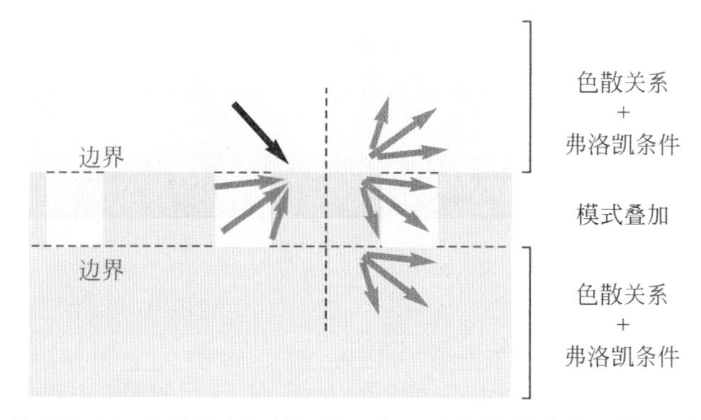

图 23.30　RCWA 的基本算法解决了所有衍射级的正向和反向传播波的边值问题。每个波都与三维折射结构的傅里叶级数描述的所有分量相互作用。入射波、反射波和透射波由弗洛凯条件和色散关系得到

RCWA 的精确计算不仅计算反射的和衍射的级次，还计算大量的倏逝级。这取决于准确表示光栅沟槽边缘的介电常数 $\boldsymbol{\varepsilon}$、电场 $\boldsymbol{E}$ 和磁场 $\boldsymbol{B}$ 的不连续片段所需的傅里叶项的数量[29-32]。通常傅里叶项数越多精度越高，但模拟时间越长。随着傅里叶项数的增加，衍射效率振荡并收敛。通常，金属光栅的 RCWA 计算收敛速度比介质光栅慢。此外，由于光栅折射率函数傅里叶级数的收敛性，二元光栅的 RCWA 计算需要更多的傅里叶项，并且比正弦和(或)连续梯度折射率光栅的计算时间更长。对于传统的一维介质光栅，10 到 20 个傅里叶项通常足以进行精确的 RCWA 计算。作为例子，23.3.2 节线栅偏振器示例的 RCWA 算法的收敛性如图 23.31 所示。所得的 0 级衍射效率在 100 项后很好地收敛，而 p 偏振效

率的振荡较大且收敛较慢。

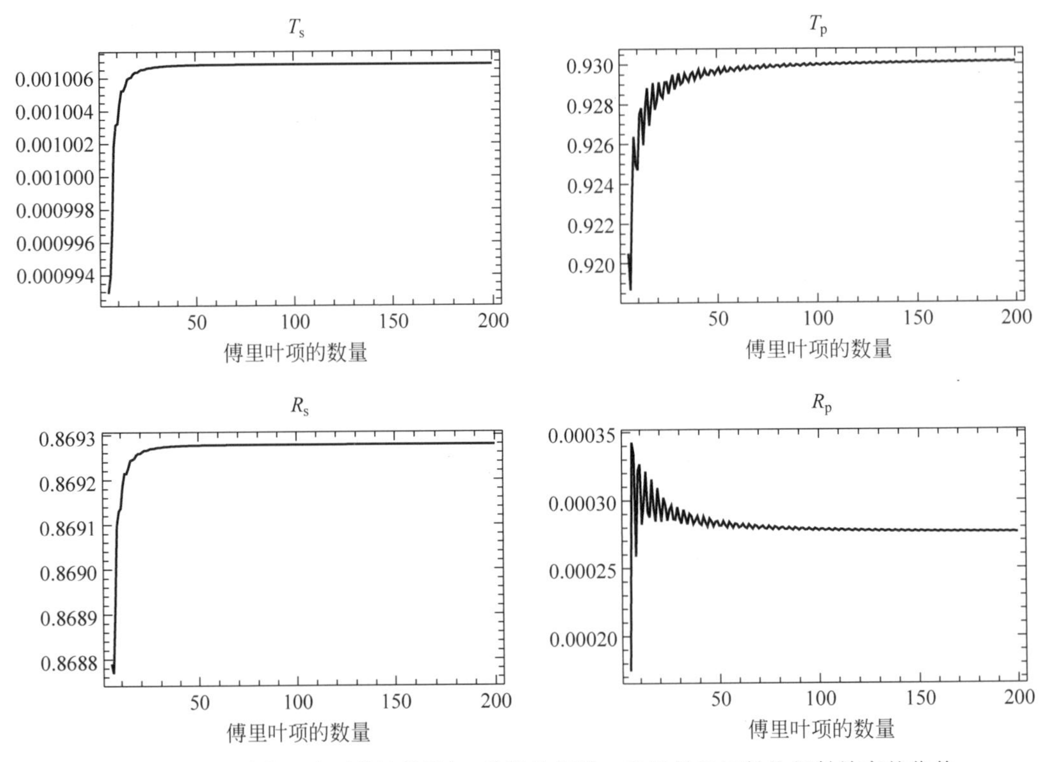

图 23.31 随着傅里叶项数目的增加,线栅偏振器 0 级透射和反射的衍射效率的收敛

23.5 习题集

23.1 假设 $\alpha>0$,依据式(23.6)推导角色散方程(式(23.7))。

23.2 对于周期为 $d=800\text{nm}$、1600nm、2000nm 和 2800nm 的熔融石英光栅,在波长为 0.5μm 的光正入射下呈现多少透射衍射级?

23.3 对于周期为 $d=950\text{nm}$、1600nm 和 2400nm 的铝制光栅,当波长为 0.5μm、入射角 $\theta=40°$和方位角 ϕ 为(a)10°,(b)30°,(c)60°和(d)80°的面外光入射后,呈现多少反射的衍射级?

23.4 计算周期为 0.5μm 的闪耀光栅的利特罗角。利特罗条件不限于−1 级。下述配置中利特罗闪耀角是多少?

a. 衍射级数 $m=1$,波长 $\lambda=0.5\mu\text{m}$,0.6μm 和 0.7μm。

b. 衍射级数 $m=2$,波长 $\lambda=0.5\mu\text{m}$,0.6μm 和 0.7μm。

23.5 计算利特罗条件下 600 线每毫米衍射光栅的伍德异常位置,并将结果与图 23.13 进行比较。

23.6 如图 23.22 所示,对于 $\lambda/2$ 和 $\lambda/4$ 延迟器,所需的纵横比是多少?

23.7 图 23.13 中示例光栅的二向衰减在什么波长下为零?附近波长的二向衰减变化速度多大?估计 $\text{d}D/\text{d}\lambda$。

23.8　某个衍射光栅的－1 级具有以下随波长变化的衍射效率(输出光通量/输入光通量)。绿色表示平行于沟槽的偏振光,红色表示垂直于沟槽的偏振光(图 23.32)。

a. 对于非偏振的入射光,在什么波长下,输出光的线偏振度(DoLP)约为 1/4?

b. 估计哪些光谱区域的 DoP 随波长的变化最小?

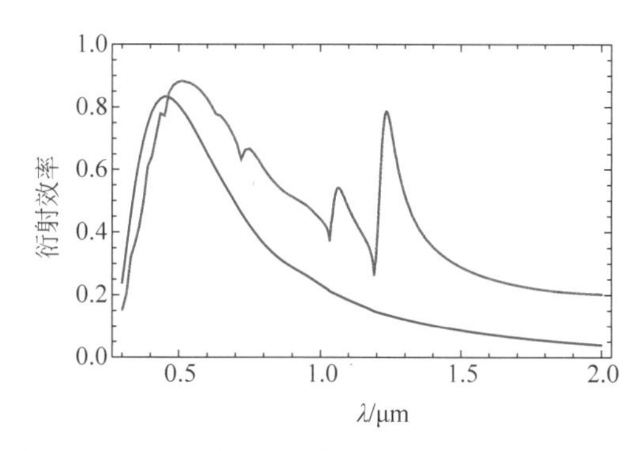

图 23.32　偏振方向平行(绿色)和垂直(红色)于光栅沟槽的衍射光衍射效率

23.6　致谢

本章结合了几位同事的工作,其中 Karlton Crabtree 负责减反膜透镜的 SWG 分析,以及 Michihisa Onishi 编写了用于许多例子的 RCWA 代码。

23.7　参考文献

[1] Correspondence of Scientific Men of the Seventeenth Century: Including Letters of Barrow, Flamsteed, Wallis, and Newton, Printed from the Originals in the Collection of the Right Honourable the Earl of Macclesfield, Vol. 2, ed. S. J. Rigaud, England: Oxford University Press (1841), pp. 251-255.

[2] The Scientific Writings of David Rittenhouse, ed. B. Hindle, New York: Arno Press (1980), pp. 377-382.

[3] H. Rowland, Preliminary notice of results accomplished on the manufacture and theory of gratings for optical purposes, Phil. Mag. Suppl. 13 (1882): 469-474.

[4] G. R. Harrison and E. G. Loewen, Ruled gratings and wavelength tables, Appl. Opt. 15 (1976): 1744-1747.

[5] W. T. Welford, Aberrations of optical systems, Chapter 5, New York: Taylor & Francis Group (1986), pp. 75-78.

[6] M. G. Moharam and T. K. Gaylord, Rigorous coupled-wave analysis of grating diffraction E-mode polarization and losses, J. Opt. Soc. Am. 73 (1983): 451-455.

[7] M. G. Moharam and T. K. Gaylord, Rigorous coupled-wave analysis of metallic surface-relief gratings, J. Opt. Soc. Am. A 3 (1986): 1780-1787.

[8] R. W. Wood, On the remarkable case of uneven distribution of light in a diffraction grating spectrum, Philos. Mag. 4 (1902): 396-402.

[9] R. W. Wood, Anomalous diffraction gratings, Phys. Rev. 48 (1935): 928-936.

[10] L. Rayleigh, Note on the remarkable case of diffraction spectra described by Prof. Wood, Philos.

Mag. 14 (1907): 60-65.

[11] L. Rayleigh, On the dynamical theory of gratings, Proc. R. Soc. Lond. 79 (1907): 399-416.

[12] U. Fano, The theory of anomalous diffraction gratings and of quasi-stationary waves on metallic surfaces (Sommerfeld's waves), J. Opt. Soc. Am. 31 (1941): 213-222.

[13] A. Hessel and A. A. Oliner, A new theory of Wood's anomalies on optical gratings, Appl. Opt. 4 (1965): 1275-1297.

[14] R. H. Ritchie, E. T. Arakawa, J. J. Cowan, and R. N. Hamm, Surface-plasmon resonance effect in grating diffraction, Phys. Rev. Lett. 21 (1968): 1530-1533.

[15] C. H. Palmer Jr., Parallel diffraction grating anomalies, J. Opt. Soc. Am. 42 (1952): 269-276.

[16] C. H. Palmer Jr., Diffraction grating anomalies, II, coarse gratings, J. Opt. Soc. Am. 46 (1956): 50-53.

[17] G. P. Bryan-Brown, J. R. Sambles, and M. C. Hutley, Polarisation conversion through the excitation of surface plasmons on a metallic grating, J. Mod. Opt. 37 (1990): 1227-1232.

[18] S. J. Elston, G. P. Bryan-Brown, and J. R. Sambles, Polarization conversion from diffraction gratings, Phys. Rev. B 44 (1991): 6393-6400.

[19] W. C. Sweatt, S. A. Kemme, and M. E. Warren, Diffractive Optical Elements Optical Engineer's Desk Reference: Ch. 17, ed. W. L. Wolfe, in SPIE Press Monograph Vol. PM131, SPIE Publications (2003).

[20] J. dos Santos and L. Bernardo, Antireflection structures with use of multilevel subwavelength zero-order gratings, Appl. Opt. 36 (1997): 8935-8938.

[21] K. Crabtree and R. A. Chipman, Subwavelength-grating-induced wavefront aberrations: A case study, Appl. Opt. 46 (2007): 4549-4554.

[22] M. Onishi, Rigorous Coupled Wave Analysis for Gyrotropic Materials, PhD dissertation, College of Optical Sciences, University of Arizona (2011).

[23] M. G. Moharam, E. B. Grann, D. A. Pommet, and T. K. Gaylord, Formulation for stable and efficient implementation of the rigorous coupled-wave analysis of binary gratings, J. Opt. Soc. Am. A 12 (1995): 1068-1076.

[24] M. G. Moharam, D. A. Pommet, E. B. Grann, and T. K. Gaylord, Stable implementation of the rigorous coupled-wave analysis for surface-relief gratings: Enhanced transmittance matrix approach, J. Opt. Soc. Am. A 12 (1995): 1077-1086.

[25] L. Li and C. W. Haggans, Convergence of the coupled-wave method for metallic lamellar diffraction gratings, J. Opt. Soc. Am. A 10 (1993): 1184-1189.

[26] E. N. Glytsis and T. K. Gaylord, Rigorous three-dimensional coupled-wave diffraction analysis of single cascaded anisotropic gratings, J. Opt. Soc. Am. A 4(11) (1987): 2061-2080.

[27] E. N. Glytsis and T. K. Gaylord, Three-dimensional (vector) rigorous coupled-wave analysis of anisotropic grating diffraction, J. Opt. Soc. Am. A 7 (1990): 1399-1420.

[28] M. Onishi, K. Crabtree, and R. Chipman, Formulation of rigorous coupled-wave theory for gratings in bianisotropic media, J. Opt. Soc. Am. A, 28(8) (2011): 1747-1758.

[29] L. Li, Use of Fourier series in the analysis of discontinuous periodic structures, J. Opt. Soc. Am. A 13 (1996): 1870-1876.

[30] L. Li, Reformulation of the Fourier modal method for surface-relief gratings made with anisotropic materials, J. Mod. Opt. 45 (1998): 1313-1334.

[31] E. Popov and M. Nevière, Maxwell equations in Fourier space: Fast-converging formulation for diffraction by arbitrary shaped, periodic, anisotropic media, J. Opt. Soc. Am. A 18 (2001): 2886-2894.

[32] R. Antos, Fourier factorization with complex polarization bases in modeling optics of discontinuous bi-periodic structures, Opt. Express 17 (2009): 7269-7274.

第 24 章

液　晶　盒

24.1　引言

液晶盒是通过旋转液晶分子来操纵偏振光的光学元件。液晶盒用作电控延迟器、偏振调制器和空间光调制器。液晶显示器(LCD)结合了带有照明的液晶单元和用于显示信息的电子器件。液晶显示器传统上用于电视屏幕、手机屏幕和计算机屏幕。

液晶显示器在偏振市场中占很大比例。液晶显示器于 20 世纪 70 年代推出,自 20 世纪 80 年代末以来,由于多种原因,液晶显示器一直占据着显示行业的主导地位。

- LCD 工作电压低,通常小于 5V。
- LCD 具有大的扩展量,是大面阵和大数值孔径的组合;因此 LCD 可以充分利用来自白炽灯、荧光灯或 LED 照明系统的大部分光能量。
- LCD 可以制作成大量小像素的阵列,像素大小通常在 2μm 以下。
- 通过使用复杂铸造技术,LCD 的生产成本很低。

早期的 LCD 图像质量很差。为了获得主导地位,LCD 必须克服许多障碍,包括吸收、散射、低对比度、浑浊的颜色、较长的切换时间、不均匀性、有限的视角、像素内的向错和偏振像差。而且 LCD 不得不与阴极射线管电视和显示器的生产厂家竞争。当时其他新技术也威胁着早期的 LCD 产业。随着时间的推移,数十亿美元的生产技术投资解决了这些问题,LCD 成为主导显示技术。本章讨论常见液晶器件的结构、操作和偏振像差。

表 24.1 列出并描述了几种常见类型的液晶盒。本章解释这些液晶盒的构造,讨论制造

问题,并对液晶盒的类型及其演变进行更详细的讨论。用成像偏振测量法描述了液晶的测试。最后,给出了液晶盒偏振像差的建模和多层双轴薄膜的视角补偿。

表 24.1　常见类型的液晶盒

常见类型的液晶盒
1. 弗里德里克斯,无扭曲向列相液晶盒
• 延迟和相位调制器、偏振测量、信号处理
2. 扭曲向列相(TN)
• 最常见的显示技术
3. 超扭曲向列相(STN)
• 显示器
4. 垂直配向模式(VAN 模式)
• 显示器
5. 混合配向
• 显示器
6. 平面内切换、快场切换(FFS)和边缘场切换(FFS)
• iPhone/iPad/高端显示器/电视机
7. 多畴垂直配向(MVA)、PSVA、UV2A 等
• 电视机

24.2　液晶

液晶是一种介于固体和液体之间的物质状态。当典型物质被加热和熔化时,它们直接从高度有序的晶状固体结构(图 24.1(a))转变为无序的各向同性液体形式(图 24.1(c))。相比之下,当固体液晶材料熔化时,它会在变成各向同性液体之前过渡到部分有序的液晶态(图 24.1(b))。因此,处于液晶状态的材料是一种有序的流体,其有序度低于固体,但高于液体。液晶分子不按位置排列,但分子的取向与相邻分子的取向相关。液晶分子的形状是高度各向异性的,从而影响其附近分子的最优取向。因此,它既具有液体的物理性质,也同时具有类似晶体的短范围有序性。

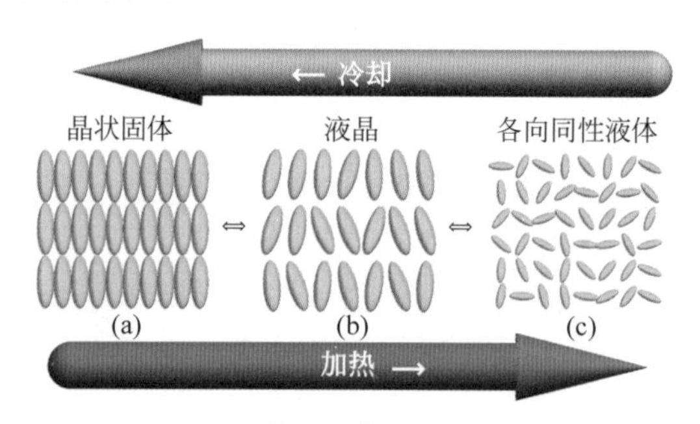

图 24.1　固体和液体之间的物质状态

奥地利植物学家弗里德里希·雷尼策(Friedrich Reinizer)在 1888 年首次描述了液晶。他遇到了一种物质——苯甲酸胆甾醇酯,它在固态和液态之间表现出中间相。当加热到 145℃时,它融化为黏稠的白色液体;在 179℃时,它转变为透明的各向同性液体。他与卡尔斯鲁厄技术大学的物理学教授奥托·莱曼(Otto Lehmann)分享了他的发现,描述了这两个熔点。莱曼观察到，在中间相，液体表现出双折射效应，这是晶体的特征。由于苯甲酸胆甾醇酯表现出同时具有液体和晶体特性，因此他将其命名为“流动晶体”，后来被翻译成英文名称“液晶”。因此，分子本身不是液晶，液晶是指固态和液态之间的中间相。

液晶盒中最常用的分子是向列相液晶，是棒状正单轴分子。液晶分子的取向由指向矢(director)决定，指向矢是异常光轴的方向，也称为光轴。液晶盒使用的典型分子示例如图 24.2 所示。这个分子是细长的或棒状的，并且有一个大的永久偶极矩。请注意，三个氟原子连接在一端的苯环上。这三个高度电负性的氟原子从苯环和更远处的分子末端吸引电子，使另一端带正电，形成重要的偶极矩。

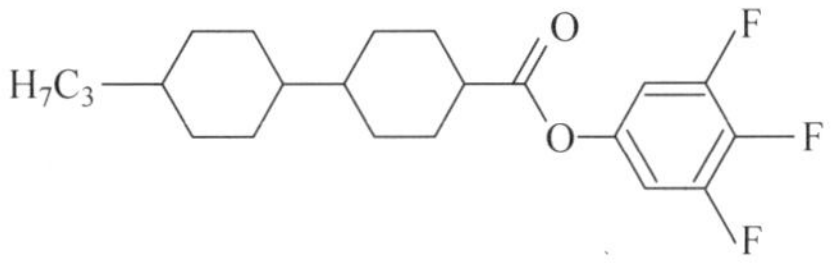

图 24.2　4′-丙基-双环己基-4-羧酸 3,4,5-三氟苯基酯($C_{22}H_{29}F_3O_2$)的化学结构，这是显示器中常用的液晶分子之一。这个分子的指向矢是水平取向的，代表了偶极子的取向轴

绘制液晶盒时，将其绘制为线段或椭球，以显示整个盒中的指向矢变化，如图 24.3 所示。指向矢的正负不需要标注，取单位长度，因为它的大小并不重要。由于材料是液体，所以指向矢可以在整个盒中变化。分子局部地努力保持彼此对齐以降低能量，但机械力和电场力会导致指向矢方向的改变。旋转液晶分子提供了可调制的双折射。对于向列相液晶，寻常光折射率通常约为 $n_o=1.5$，双折射率 Δn 在 0.05 到 0.5 之间变化。

液晶器件中使用的分子具有多种形状。对于液晶显示器，两种形状族占主导地位：向列相液晶(具有如图 24.4 所示的棒状分子)和盘状液晶(具有盘状或煎饼状分子)。

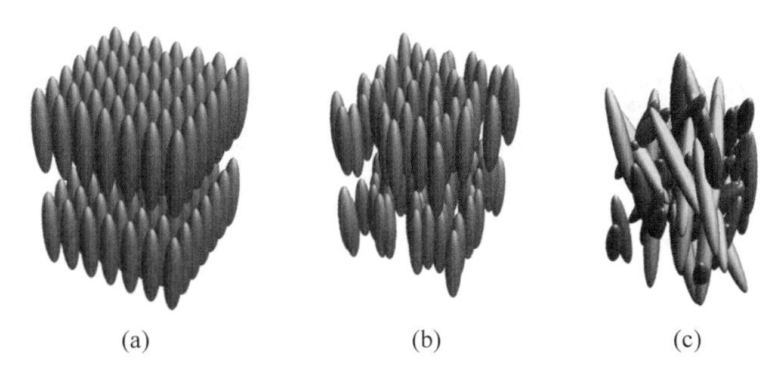

图 24.3　温度影响向列相液晶分子的排序。在高温下(c)，液晶处于各向同性相，不存在有序，(b)降低温度导致向列相的有序取向，(a)当冷却到结晶时，分子呈现位置和取向高度有序

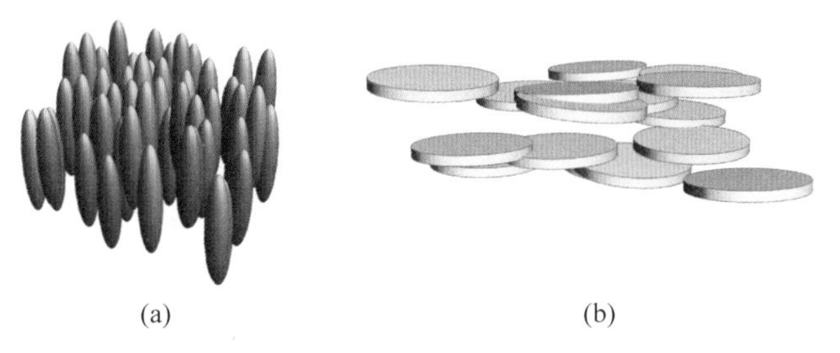

图 24.4　向列相分子(a)和盘状分子(b)示意图

24.2.1 介电各向异性

液晶分子具有固有的偶极矩,分子正电荷的中心与负电荷的中心分开。分子的一端有多余的电子。当施加电场时,会产生一个转矩,使分子旋转。对于具有正介电各向异性的分子,指向矢旋转至与电场平行,如图 24.5 所示。具有正介电各向异性的棒状分子在棒的一端具有过量电荷。这种分子在没有电场的情况下具有较大的延迟,在施加大电压时具有接近零的延迟。对于负介电各向异性,扭矩倾向于使指向矢垂直于电场。这些分子在靠近棒中间的一侧有多余的电子。

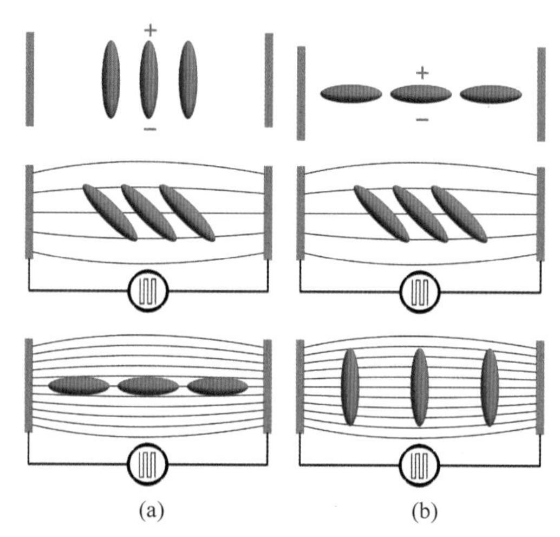

图 24.5 (a)正介电各向异性和(b)负介电各向异性的分子。
液晶分子在顶行 0V 时处于放松状态。电场线以蓝色显示,线数表示电场强度

24.3 液晶盒

液晶盒是一种用电极封装液晶的器件,电极用于操控液晶指向矢的分布,从而实现透射光的相位和偏振调制。液晶盒能够在低电压、大面积和大量像素的情况下使用电场对光进行调制。调制方案分为三类:

(1) 强度调制器,通常用于显示信息;

(2) 偏振调制器,用于偏振操纵和控制;

(3) 相位调制器,用于波前控制、干涉测量、衍射光学元件等。

考虑最早类型的液晶盒——弗里德里克斯液晶盒,如图 24.6 所示。两块玻璃板之间的空间填充有一层具有正各向异性的向列相液晶薄层,厚度通常在 0.5μm 到 7μm 之间,具体取决于应用需求。当没有施加电压时(图 24.6(a)),所有的指向矢都平行于玻璃板(图中的 x 轴)。在这个方向上,液晶盒就像一个 A 型板传统波片,每一层对液晶盒总延迟贡献相同的延迟。通过玻璃外侧的充电电极调整液晶盒的电场大小,由于其正的介电各向异性,棒状液晶分子向 z 轴旋转,即玻璃的法线方向和光传播的主方向。随着液晶分子的旋转,沿光传播方向的双折射率减小,(沿光轴的)总延迟也减小。随着电压增加(图 24.6(b)~(d)),液

晶盒的延迟最小化。在更高的电压下，大多数分子沿着 z 轴排列，仅有沿玻璃的薄层不能旋转，因为它们附着或黏附在玻璃表面。指向矢的分布将由扭转角 ϕ 和倾斜角 θ 描述，如图 24.7 所示。

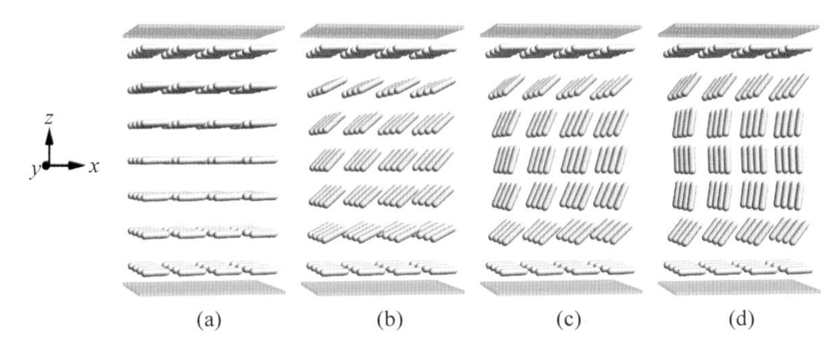

图 24.6　弗里德里克斯液晶盒中的指向矢（紫色棒）的变化。光线从顶部向下传播，依次穿过玻璃板和透明电极（橙色薄片）、液晶层，然后从底部电极和玻璃板（橙色薄片）出射。施加的电压从左图的 0V 增加到右图的最大电压，具有正介电各向异性的向列相液晶随着电场的增加而绕 y 轴向 z 轴方向旋转，转到接近电场方向。随着电压的增加，液晶盒从低电压下的 A 型板延迟器（如波片）调制到一个近乎 C 型板（光轴沿光传播方向）。因此，该液晶盒是一个相位延迟调制器

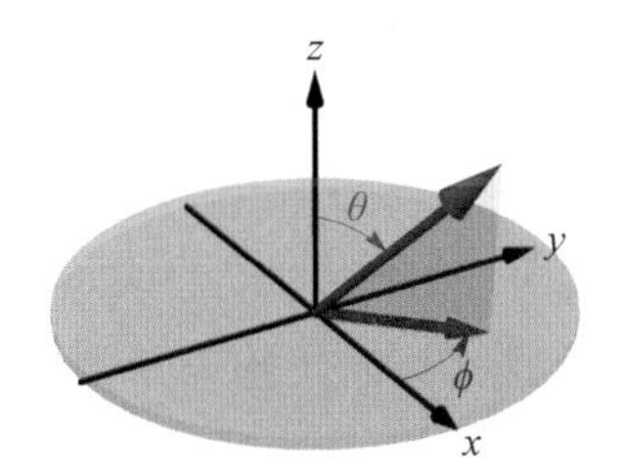

图 24.7　倾斜角 θ 是指向矢与 z 轴之间的夹角，扭转角 ϕ 是指向矢在 xy 平面的投影相对于 x 轴的角度

图 24.8 显示了弗里德里克斯液晶盒的典型延迟-电压曲线。因此，该液晶盒为光轴沿 x、y 轴的线性延迟调制器。当液晶盒进行调制时，光的 x 分量的折射率发生变化；分子在 x-z 平面内旋转，但 y 折射率几乎保持不变。如果将一个透光轴为 x 方向的偏振片放置于液晶盒上方，则穿过液晶盒的光在液晶的每一层均处于本征偏振，最终出射光偏振态无变化。但是折射率在变化，导致相位会随电压而变化。因此，该液晶盒可用作相位调制器。最后，如果将 45°、135°透光方向的两个偏振片分别放置于液晶盒的前后位置，则构成强度调制器。合理选择液晶厚度和双折射率，使得相位延迟可从约 1/2 波长调制到接近 0。在高电压下，液晶盒延迟很小，液晶盒像一块 C 型板，偏振变化不大，因此光通过液晶盒和正交偏振片的透射率几乎为零，形成暗场。在低电压下，液晶延迟约为 180°，其可以将第一个偏振片透射的 45°光旋转至 135°，与第二偏振片平行，透过率最大，形成亮场。中间电压则提供从亮到暗的强度变化。

这种出射偏振态随驱动电压从平行于出射偏振片到垂直于出射偏振片变化的概念是所有基于偏振的 LCD 的基础，从计算器到手表、ATM 机、计算机显示器、投影仪乃至电视机。几乎所有的液晶盒都是为强度调制而构建的，因为人眼对强度的变化很敏感，对光的偏振和

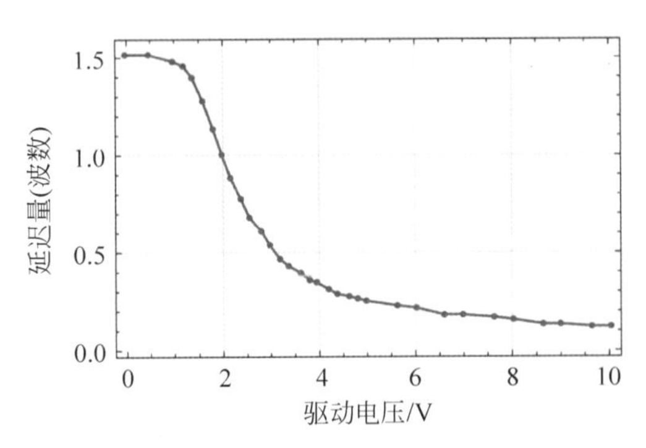

图 24.8 弗里德里克斯液晶盒的典型延迟-电压曲线。在低于 2V 的阈值电压下,该盒中的液晶分子几乎不旋转。进一步增加电压则延迟随之减小,在更高的电压下,延迟接近但不会达到零

相位的变化视盲。用于偏振调制和相位调制的液晶盒虽然作为光学元件很重要,但在液晶盒市场中所占份额远低于1%,而液晶盒市场主要由显示器占据。

24.3.1 液晶盒的构造

图 24.9 显示了一个典型的液晶盒装置。液晶盒提供了一种通过调节外加电场控制液晶层取向从而实现透过光场调制的方法。液晶层厚度为 1~7μm,分布于两个平行的薄玻璃板之间。这些薄玻璃板必须具有非常低的双折射,以确保不产生附加的偏振调制。每片玻璃板的内层(也就是与 LC 接触的表面)有一层约 100nm 厚的透明电极层,如氧化铟锡(ITO)。在电极上还有一个薄的取向层,取向层为一个软塑料层,通常由聚酰亚胺制成,在其表面易形成沟槽结构用以控制与玻璃基板相邻的液晶层的取向。对于延迟调制器(偏振控制器)和相位调制器,如图 24.9(a)所示,不需要偏振片。一种液晶显示器(LCD)包括若干附加组件以执行强度调制和颜色调制。在玻璃基板外,通常使用附加延迟薄膜(通常称为双轴多层膜)来优化显示器的颜色,使颜色随角度的变化最小化。在这些薄膜上胶合了偏振膜,从而将液晶盒从偏振调制器转换为强度调制器。电极连接到透明电极以施加和保持电

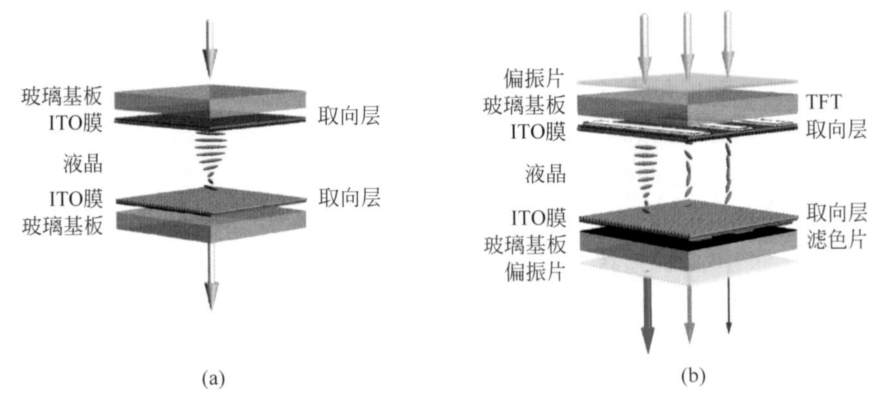

图 24.9 (a)典型的液晶盒构造和 LCD 构造。光从液晶盒顶部向下入射,调制后的光从液晶盒底部出射。(b)对于彩色显示,相邻像素包含红、绿和蓝滤色器。强度调制是通过在顶部和底部放置偏振片来实现的

压。将一个或两个电极与相关晶体管和电容器进行像素化，以使用各个 ITO 膜的片段设置每个像素的电压。对于彩色显示器，将在玻璃板外放置一组滤色片阵列，为红色、绿色和蓝色。

24.3.2　恢复力

相邻液晶分子之间的作用力可视为微小的弹簧。弹簧的弹性常数 k 决定了液晶分子相互“推动”的强度。如图 24.10 所示，k 值有三种类型：“展曲”方向推动、“弯曲”方向推动和“扭曲”方向推动。

液晶盒是电压控制的延迟调制器，通过电场旋转各向异性液晶分子来改变其延迟。液晶盒被当作具有空间延迟变化和空间各向异性变化的材料来分析和理解。指向矢的空间变化很容易受到电场和磁场以及边界表面形状的干扰。在不加电压时，液晶趋向于最低的自由能分布，它机械地松弛到最低能量状态——基态。然后施加电场使分子旋转，使体积有所增加，并增加了分子之间的弹簧状能量。当电场被移除时，分子相互作用返回至基态。液晶盒的类型通常以这种基态下指向矢的分布命名。

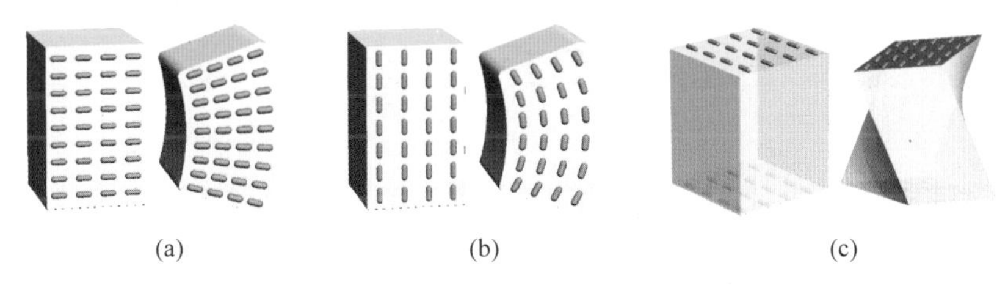

图 24.10　展曲(a)、弯曲(b)和扭曲(c)的指向矢分布

图 24.11 显示了垂直排列的向列相(VAN)液晶盒，负介电各向异性液晶夹在两个透明电极之间。外场电压为零时，液晶分子和指向矢方向与玻璃表面垂直，与入射光方向一致。因此，指向矢也与电场方向保持一致。随着电压的增加，负介电各向异性液晶指向矢绕图中 y 轴旋转至垂直于外加电场方向。当外加电压达到最大时，液晶盒中心的指向矢扭曲 90°，但顶层和底层的液晶分子不旋转，因为分子的末端已经锚定在上下表面。图 24.11(e)为将 VAN 型液晶盒置于正交偏振片之间的典型透射率-电压曲线。

数十种不同“模式”的液晶盒已被发明用于不同的用途，例如：

- 更宽视角
- 更低功耗
- 更高对比度
- 更亮
- 更黑
- 更好的颜色
- 更低的制造成本
- 不受挤压的影响，用作触摸屏功能

24.3.3　液晶显示器：高对比度的强度调制

大多数液晶器件被用于强度调制器，而不是相位或偏振调制器。液晶盒通常放置在两

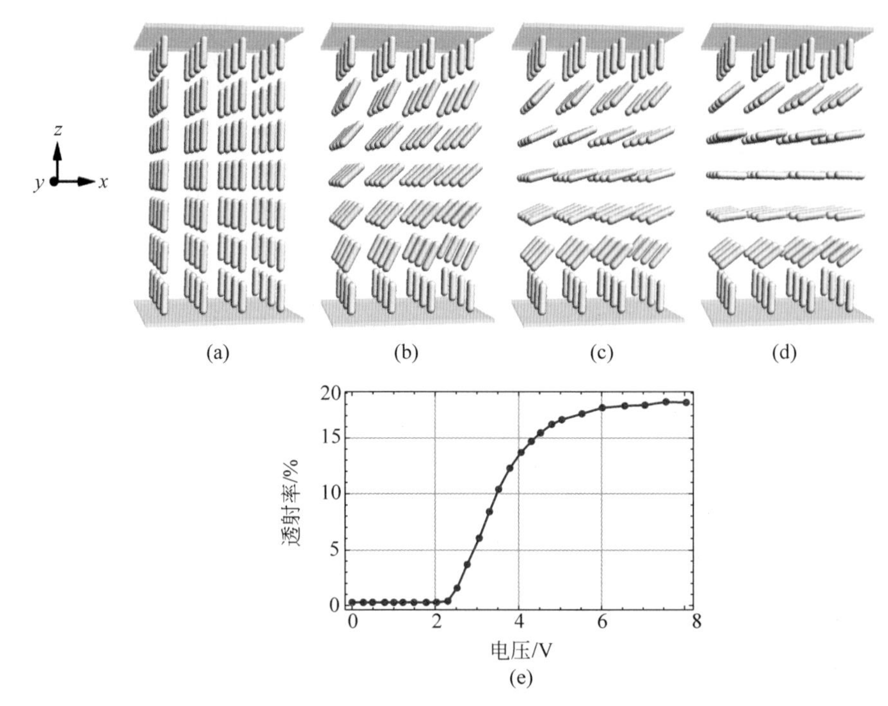

图 24.11 一个具有负介电各向异性的垂直配向模式液晶盒。(a)电压为零时所有液晶层相互平行。随着电压的增大,(b)和(c)液晶分子的旋转增大。(d)在电压最大时,大多数指向矢几乎与电场垂直。(e)典型的透射率与电压曲线

个线性偏振片之间。当外加电压改变时,液晶盒的相位延迟和出射偏振态改变,从而调制强度。如果为提高性能,通常将延迟器和线偏振片组合使用。然而,成本是大批量生产的一个驱动因素,简单性更被高度重视。

评估显示性能的一个指标是对比度 C,定义为最大透过量 $I_{\max}$ 与最小透过量 $I_{\min}$ 之比,

$$C=\frac{I_{\max}}{I_{\min}} \tag{24.1}$$

高透过量 $I_{\max}$ 对于明亮显示器来说很重要,但通常一个小的 $I_{\min}$ 和一个深黑色更重要,也更难实现。因此,实现非常低的 $I_{\min}$ 通常是显示器设计中的一个驱动因素。一个液晶盒的 $I_{\min}$ 可能较差的原因如下:

- 检偏器和出射偏振态之间未对准;
- 出射偏振态的光谱变化;
- 出射偏振态随视场角变化;
- 散射和退偏;
- 偏振片漏光,偏振片质量差。

液晶投影仪的典型对比度约为 100,而液晶计算机屏幕的平均对比度约为 1000。大多数液晶电视机的对比度远大于 1000,一些型号的对比度可以达到 10000 到 30000。一般来说,电视机越贵,黑色越好,对比度越高。

一种理想的配置为:液晶盒作为可变线性延迟器,与第一个偏振片透光方向成 45°,且

可在至少 1/2 波长的范围内进行调制。这种可变延迟器使 0°入射光变为一系列椭圆偏振光，当 $\delta=\pi/2$ 时将变为圆偏振光，直至变为垂直线偏振光。这种偏振演化可以通过庞加莱球上沿可变延迟器快轴和慢轴的经度圆的光谱轨迹来很好地描述。对于低延迟的暗状态，检偏器可定向为 0°，或对于高延迟的暗状态，检偏器可定向为 90°。这种选择通常取决于哪个方案产生更好的暗态。大于 1/2 波长的延迟调制通常不会进一步提高强度调制器的性能，因为该器件已跨越整个强度调制范围。

24.4　液晶盒种类

大多数透射式液晶显示器都有一个基本配置：一对偏振片，两个偏振片之间有一个可调制的液晶延迟器。液晶延迟器在通和断两个状态之间变化。在亮状态下，液晶延迟器将把入射偏振片射出的光转换，使其与出射偏振片对齐，从而允许最多的光通过。在暗状态下，光与出射偏振片正交。大多数商业 LCD 设计都是这种方法的变体。在液晶盒的整个进化过程中，复杂性不断增加[1]。

人们制造出了许多不同的液晶配置。配置各不相同，取决于指向矢分布函数、电极位置和亚像素结构。最古老的液晶盒设计之一是无扭曲的弗里德里克斯液晶盒，它是偏振控制的首选，并且可以作为一个可调的延迟器。扭曲向列相液晶盒在 LCD 行业非常流行；商用液晶盒技术的三个主要系列是扭曲向列型、面内切换型和垂直向列型。已经开发出更多类型的液晶盒。以下是三个最重要的显示器系列：

- 扭曲向列相液晶盒
  - 便宜
  - 最常见
  - 偏振和颜色随角度变化显著
- 垂直排列的向列相液晶盒(VA、VAN、MVA、PVA、S-PVA 等)
  - 相对于扭曲向列相，有更好的切换速度、离轴可视(大的视角)和固有色域(范围)；黑等级更好
  - 内在的图像质量不如 IPS 好，但引入了许多增量改进
  - 常用于电视机
- 面内切换液晶盒(IPS、S-IPS、AS-IPS、H-IPS、A-TW-IPS 等)
  - 高内在的图像质量，颜色输出和离轴性能(宽视角)的参考标准
  - 最初有模糊和切换速度障碍，但可在很大程度上通过设计和工艺进化来克服
  - 昂贵的

24.4.1　弗里德里克斯液晶盒

第一个液晶盒是弗里德里克斯液晶盒，也称为无扭曲向列相液晶盒，或平面排列向列相液晶盒，如图 24.12 所示。指向矢在一个平面内对齐和旋转，因此不存在扭曲状态。外加电场 0V 时为“断”态，所有指向矢平行并与电极对齐，就像 A 板延迟器一样，而且带有一个小的预倾斜。随着电压的增大，液晶分子在 x-z 平面内朝着光传播方向旋转，从而减小了延迟。在高电压下，液晶盒中间层的指向矢转至几乎垂直，而上下两端的分子则锚定在玻璃板

上。图 24.13 显示了一个小型单像素弗里德里克斯盒延迟调制器,两侧带有一对用于驱动电压的导线。

由于指向矢无扭曲且仅在一个平面内旋转,因此弗里德里克斯液晶盒始终是一个光轴方向固定的线性延迟器;延迟轴与盒边线的夹角通常为 45°。液晶盒通常由 500～10000Hz 的方波以低电压(1～13V)驱动。与其他延迟调制器(如电光调制器、光弹性调制器、磁光调制器或机械旋转延迟器)相比,弗里德里克斯液晶盒体积小且价格便宜,是理想的 180°相位调制器。然而,平行排列的液晶盒存在许多问题:它们通常速度太慢,颜色和延迟随视场变化很大。

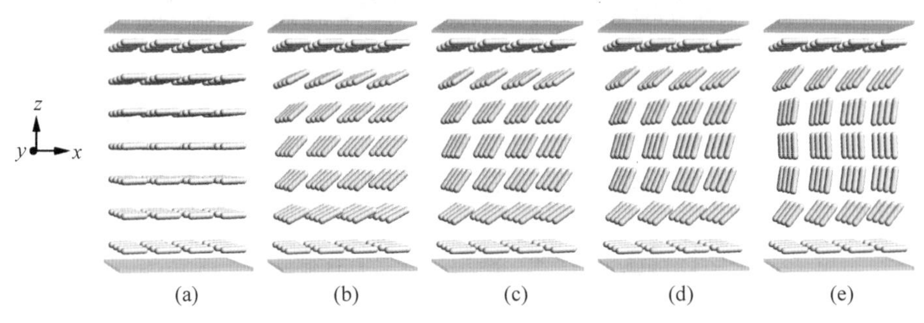

图 24.12 弗里德里克斯液晶盒中的指向矢方向。随着施加电压逐渐增大,从(a)0V 增加到(e)5V,液晶调制器从类似 A 板延迟器几乎变为 C 板延迟器

图 24.13 一种可调线性延迟的小型弗里德里克斯盒延迟调制器,液晶密封在玻璃板之间

24.4.2 90°扭曲向列相液晶盒

扭曲向列相液晶盒(TN 盒)是第一个用于液晶显示器生产的液晶技术,由 Schadt、Helfrich 和 Fergason 于 1971 年提出。TN 技术仍然占有很大的市场份额。它经常出现在便携式计算机屏幕、台式液晶显示器和一些低端手机中。由于数十年的 TN 盒制造经验,生产成本相对较低。TN 盒的工作电压较低,而且开关速度比弗里德里克斯盒快得多。

电压为 0 时,TN 指向矢从一个方向连续地扭转到另一个方向,同时与玻璃板保持平行(无倾斜)。如图 24.14 所示,在电压关断状态,指向矢绕光传播方向扭曲 90°,TN 像素具有约 180°的延迟。当将该 TN 像素放置于正交偏振片之间时,该像素变亮。当 TN 像素没施加电压时,透过为“通”并显示为白色。如图 24.15 所示,当施加电压时,液晶分子向 z 轴旋转,逐渐变为垂直于液晶盒,因为沿指向矢传播的双折射趋于零,所以延迟减小。在高电压范围内,延迟几乎为零,如图 24.15(e)和图 24.16 所示。此时,将其放置在正交偏振器之间时,像素为暗。在暗状态下,TN 盒顶部和底部的延迟相互抵消,从而提供了较大的视场。

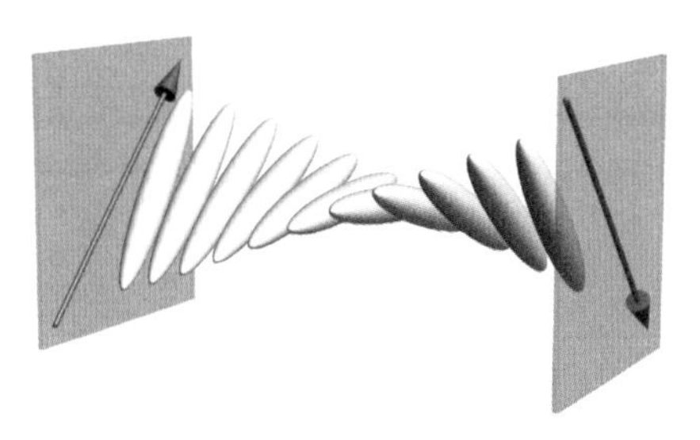

图 24.14　左手扭曲性 90° TN-LC 盒中液晶指向矢的螺旋分布,两端的箭头代表取向层的摩擦方向

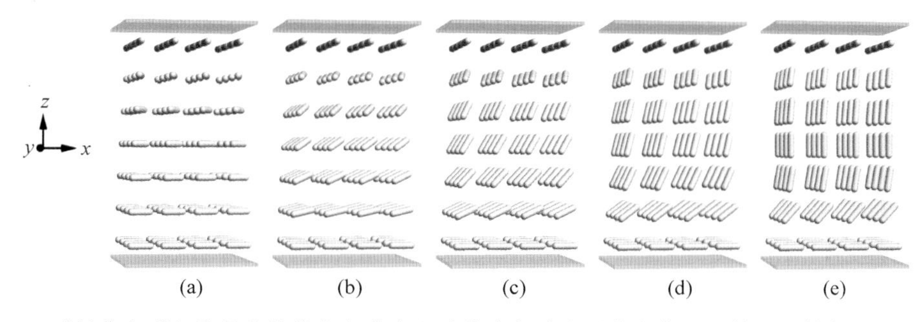

图 24.15　90°扭曲向列相液晶盒的指向矢分布以及指向矢随电压的变化。入射和出射窗口以橙色显示。最左边的图像为 0V,其中所有分子与窗口平行,但扭曲 90°。电压以任意增量从左向右增加。在高于 5V 的高压下,除了靠近顶部和底部取向层的薄层,分子大部分旋转为垂直方向

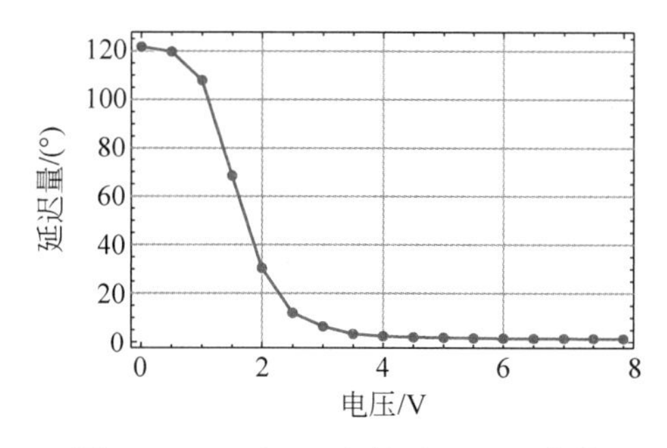

图 24.16　90° TN 盒的延迟-电压曲线

对于 TN 盒,当电压从 0V 开始增加时,液晶分子的运动非常小,直到在 1V 左右发生突变,施加了足够的扭矩使分子克服分子间的吸引力,使分子开始向 z 轴旋转。随着电压的增加,中心层的分子旋转到垂直方向,然后更多的层变得垂直;大多数液晶层接近 C 板,直到最后绝大多数液晶分子具有垂直方向;顶部和底部的液晶层除外,它们无法自由旋转。液晶盒的椭圆本征偏振如图 24.17 所示。本征偏振态是以入射偏振态射出液晶盒的偏振态。两个正交本征偏振之间的相位延迟定义为延迟。该液晶盒的结构类似于旋转 90°的线性延迟器切片。由于未对准的线性延迟器会产生圆延迟,因此最终本征偏振为椭圆偏振的。随着波长和入射角变化,这些本征偏振和延迟的大小、方向也会发生变化。如图 24.16 所示,在高于 5V 的高电压下,因为大多数指向器是垂直的,最小延迟是逐渐逼近的。它们就

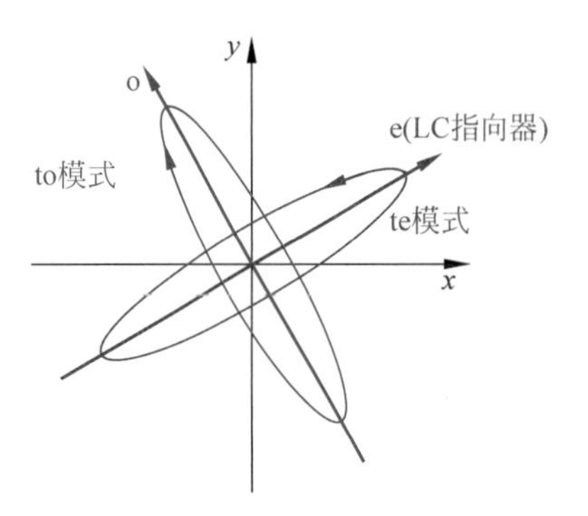

图 24.17 TN-LC 中本征模式的偏振椭圆

像没有延迟的 C 板。由于靠近液晶盒窗的液晶层仍然有小量的残余延迟,延迟不会一直降低到零,因此有时需要在 TN 盒后串联一个弱延迟器,如延迟约为 5°的延迟器(补偿延迟器),以将延迟降低到零。此外,延迟色散使得较短的波长产生较大的延迟调制,而较长的波长产生较小的延迟调制。

TN 盒的一个常见缺陷是由于线偏振态倾斜导致的正交偏振器漏光。另一个问题是,对于暗状态,TN 盒将输入的线偏振转换为弱椭偏态,导致出射偏振片无法完全阻挡所有出射光。TN 盒的缺点推动了其他液晶盒设计的发展,以提供更高的对比度和更好的显示。

TN 液晶盒的延迟随入射角有很大的变化,如 24.5.4 节所述。图 24.35 显示了一个典型 TN 盒的延迟、入射角与电压的关系。

24.4.3 超扭曲向列相液晶盒

超扭曲向列相液晶盒(STN)是 TN 盒的一种升级版,常见于 20 世纪 90 年代和 21 世纪 00 年代的显示器中[2]。术语“超”指的是扭曲角度大于 TN 盒典型的 90°。这使得 STN 盒在较低电压下切换更快,入射角特性更好,但液晶盒的制造成本更高。图 24.18 显示了 0V 下 180°和 270°扭曲角 STN 盒的指向矢示意图。

图 24.19(a)为没有施加电压的情况,指向矢扭转 180°。在最大电压下(图(e)),指向矢方向接近 C 板结构,基本上沿光传播方向。

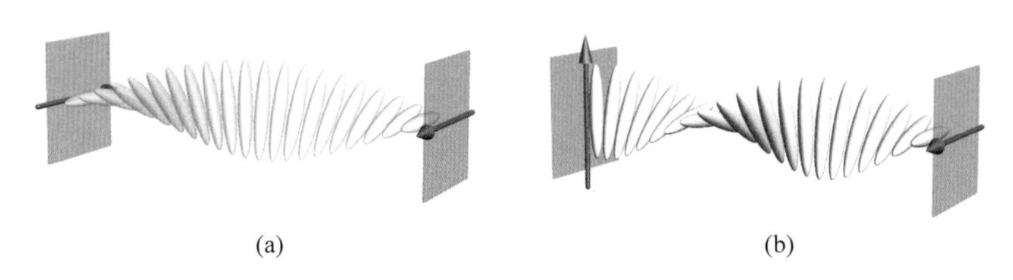

图 24.18 指向矢在 STN 盒中的方向,扭曲角分别为 180°(a)和 270°(b)

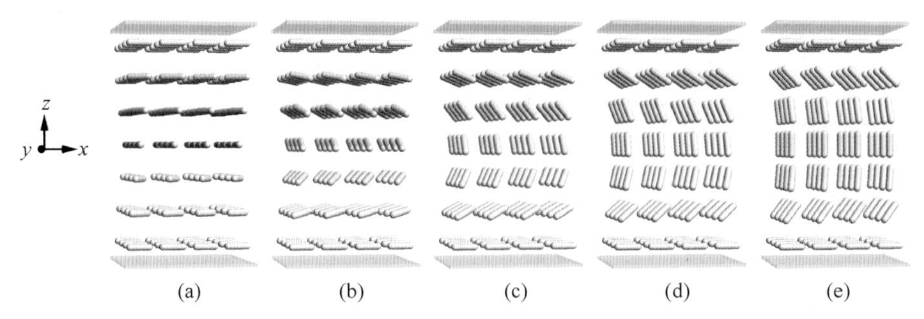

图 24.19 180°超扭曲向列相液晶盒在几种电压下的指向矢分布。在低电压下(a),指向矢在液晶盒平面内扭曲,本例中扭曲角为 180°。在高电压下(e),指向矢倾斜近 90°,除了取向层(橙色平面)附近的液晶薄层外,其他层液晶指向矢基本沿光传播方向排列

24.4.4　垂直配向液晶盒

垂直配向向列相(VAN)液晶盒是 21 世纪初电视机的一种常见配置，当时经常取代 TN 盒。VAN 液晶盒因其在关断状态下的高对比度和良好的视角性能而成为首选[3]。VAN 液晶盒使用负介电各向异性分子。在断电状态下，指向矢略倾斜垂直于电极表面，称为垂直排列对准(homeotropic alignment)，就像具有小预倾角的 C 型板。如图 24.20 所示，在 0V 基态下，指向矢接近垂直。施加电压后使得指向矢在 x-z 平面内旋转。

电压为 0V 时，VAN 液晶盒相当于一个 C 板，放置在具有宽视场的正交偏振器之间时将提供非常好的暗态。寻常光模式和异常光模式与入射角的函数关系如图 24.21 所示。在正入射时，这两种模式是简并的，液晶盒具有零延迟。

VAN 液晶盒相当于一个相位调制器。如图 24.20 所示，当施加电压时，VAN 盒的指向矢保持在一个平面内。如果偏振面沿该面的光线入射，则传播通过液晶盒后出射光仍然保持本征偏振。因此，出射偏振态保持不变。但当分子旋转时，折射率从 n_O 向 n_E 变化，此时尽管没有改变偏振态，但改变了相位。

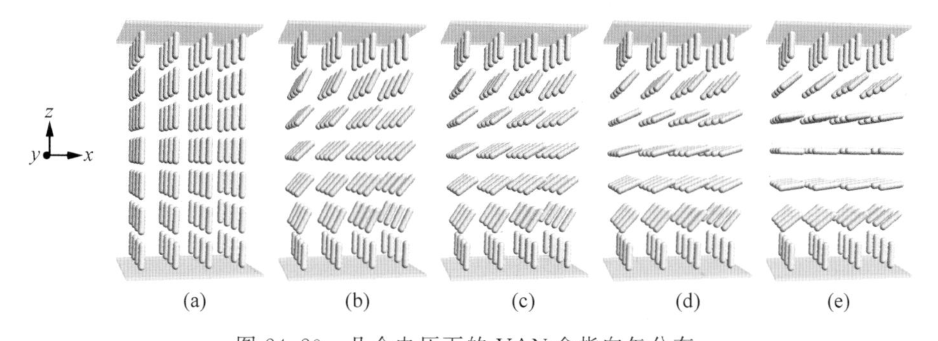

图 24.20　几个电压下的 VAN 盒指向矢分布。
它在 0V 时呈现暗态，如图(a)所示；在高电压时呈现亮态，如图(e)所示

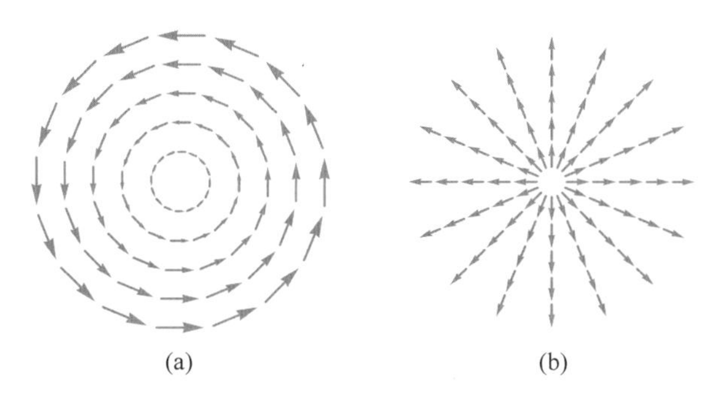

图 24.21　没有预倾斜的液晶盒的 VAN 本征偏振态，(a)寻常模式是切向偏振的，(b)异常模式是径向偏振的。在正入射时，模式是简并的；寻常模式和异常模式具有相同的折射率

VAN 盒的暗态是对 TN 盒和 STN 盒的改进。由于暗态下漏光，广角对比度仍然受到限制。但这可以通过在液晶盒前后附加延迟器得到很好的补偿。向列相液晶分子垂直于玻璃表面，这会产生稳定性问题——运动图像黏滞(MPIS)。在一些严重的情况下，图像改变后，图像黏滞会持续很短时间，如图 24.22 所示。由于向错机理，液晶指向矢的方向是不确

定的,很容易翻转到错误的方向。这会导致透过率变化和响应时间变慢。

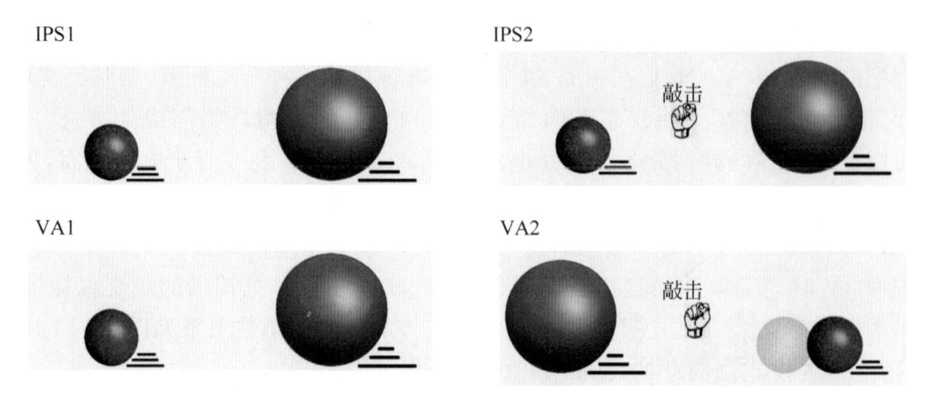

图 24.22　出现在 VA 面板中而不出现在 S-IPS 面板中的动态图像黏滞示例

图案垂直配向(PVA)盒由三星公司于 1996 年开发。如图 24.23 所示,PVA 模式通过将液晶两侧的电极进行图案化,使其彼此偏移以施加非正常电场,从而解决向错问题。这种配置产生多个区域,当正确排列时,可以解决整体显示器的不对称行为,并提供良好的视角。在 PVA 盒中,电极图案呈锯齿形的几何形状排列(图 24.23(c))。

另一种处理 VAN 盒向错的方法是多畴垂直配向(MVA)盒。在 MVA 模式下,在液晶的边界层形成突起结构,这使得指向矢在断电状态下不垂直于显示轴,如图 24.24 所示,两侧有金字塔,或如图 24.25 所示。多个畴以对称模式存在,这克服了透射特性中的任何不对称。MVA 配置的另一种变化形式是用图案化 ITO 狭缝替代一块基板上的突起结构。因为去除了一块基板上突起结构周围的残余双折射,这也减少了制造步骤的数量并提高了对比度。

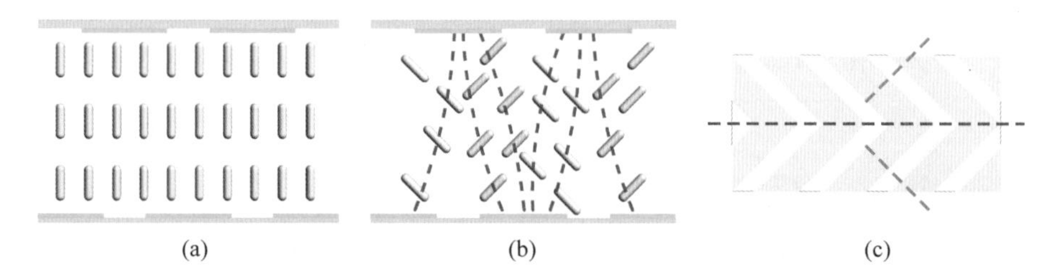

图 24.23　(a)处于断电状态的 PVA 盒中的指向矢分布类似于 VAN 盒。(b)加电状态下的指向矢分布垂直于电场线(红色)。(c)每个表面每个像素内的电极分布,有两个区域(由蓝线表示),其电极方向不同

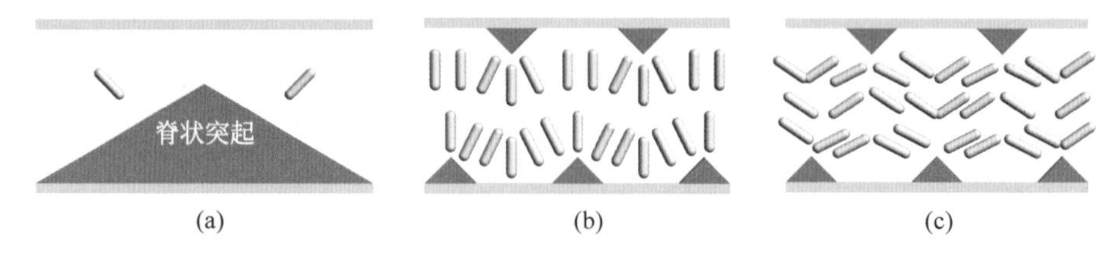

图 24.24　(a)MVA 配置使用金字塔或脊凸阵列进行配向和锚定。(b)断电状态下的指向矢。(c)加电状态下的指向矢

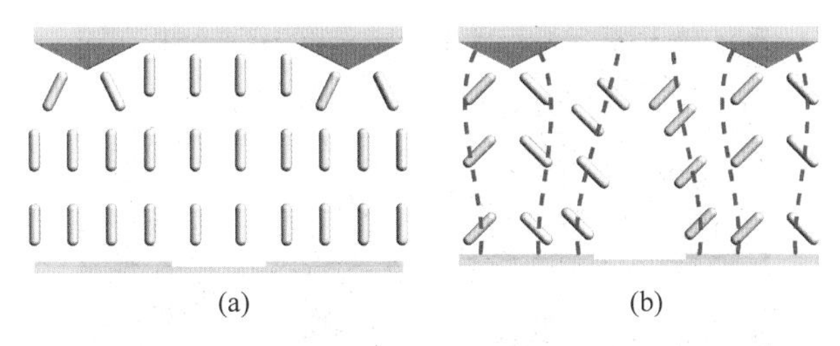

图 24.25　MVA 概念的一种变体，只有一个表面有金字塔，(a)断电和(b)加电状态下的指向矢分布

24.4.5　面内切换液晶盒

面内切换(IPS)液晶盒由日立公司于 1996 年开发，用于增加视角、改善色彩再现并提供稳定的图像质量[4-5]。IPS 模式最常见于高端电视和手机显示器，包括苹果影院和雷电显示器。

如图 24.26 所示，IPS 盒配置有两个电极位于同一基板上。因此，电场主要与玻璃板平行。分子没有锚定在边界上。施加的电压使指向器旋转为沿电场方向(在玻璃板平面内)。指向矢始终保持与显示器法线垂直，因此液晶分子在切换时变化很小[6]。IPS 盒就像一个旋转的半波片。在低电压下，指向矢与其中一个偏振片平行，以提供暗态。施加的电压使指向矢绕 z 轴扭曲。当电压达到最大时，指向矢与偏振片呈 45°，提供亮白状态。与 TN 盒不同，当一个像素出现故障时，IPS 盒会给出一个暗死像素。在断电状态下，如果两个偏振片都定向为平行于指向矢，则可以反转暗、亮状态。

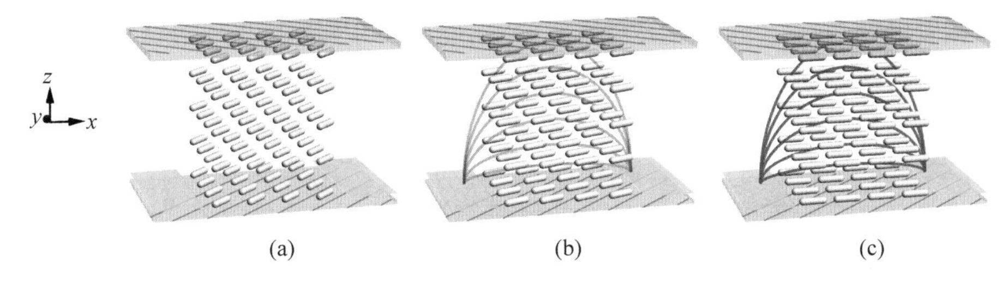

图 24.26　(a)IPS 液晶盒有两个电极，显示为黄色，均位于其中一块玻璃板上。施加的电压从图(a)至图(c)增加。图(a)为 IPS 盒的断电状态，其中灰色线表示正交偏振片，此时光线不能透过 IPS 盒。随着外加电压的增大，指向矢在 x-y 平面上旋转。随着指向矢的扭转，明亮度增大。(c)电压最大时，指向矢相对于偏振片旋转 45°，选取 IPS 盒的厚度以获得半波延迟，此时可观察到最高亮度

如图 24.27 所示，触摸屏幕施加压力对透射率几乎没有影响。这为识别 IPS 显示屏提供了一种简单的方法，并使 IPS 显示屏成为触摸屏的首选技术。

IPA 技术迅速成为主流技术。由于指向矢的排列，IPA 模式在大视角下具有固有的鲁棒性。1998 年超级 IPS(S-IPS)模式的问世提供了最小的颜色偏移，并且在所有方向上都具有 178°的真正宽视角。IPS 显示屏的色彩再现和准确度一直超过其他液晶模式。即使在触摸运动图像时，S-IPS 显示屏也不会显示图像黏滞。

原始 IPS 显示屏的一个主要缺点是响应时间长。它最初非常慢，大约 60ms，不适合观看运动图像。2005 年，LG. Phillips(现在的 LG. Display)采用“过度驱动电路”技术，生产了

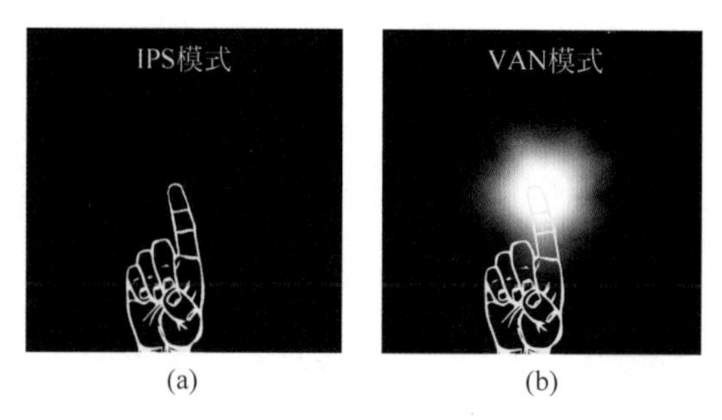

图 24.27 (a)IPS盒的透射率不受施加在IPS上压力的影响,(b)而对于VAN盒,压力影响很容易看到

增强型IPS(E-IPS),通常称为高级S-IPS(AS-IPS),将响应时间提高到5ms。

通过使用创新的电极几何形状,如人字形图案电极和新颖的像素结构,IPA显示屏原有的低对比度在现代IPS显示屏中也得到了显著改善。来自共面电极的遮蔽最初限制了有效透射率,后来通过不断开发有所提高。与MVA的非平面结构相比,IPS显示屏结构相对简单,但IPS显示屏电极更复杂。

高色彩饱和度、足够暗的背景、触摸不敏感和大视角使IPS显示屏最初能够打入高端市场,如医疗成像市场。IPS显示屏随后迅速扩大了平板计算机、智能手机和苹果视网膜显示屏等消费应用领域的市场份额。IPS显示屏在高像素密度下提供良好的色彩性能,适用于触摸屏。与TN显示屏相比,IPS显示屏需要更大的功率,制造成本更高,因此TN保持了一些市场份额。

IPS显示器的其他常见缺陷包括显示器长时间打开后的持久性图像(新图像显示后会有旧图像的微弱残余)。即使高像素分辨率,IPS显示器在边缘之间会显现出轻微的颜色和亮度偏移。

24.4.6 硅基液晶盒

硅基液晶(LCoS)盒是在硅集成电路的镜面上制作的像素化液晶盒。LCoS盒是反射式显示器;前面描述的所有其他液晶盒都是透射式的。如图24.28所示,该芯片提供了一种紧凑的电子学方式来寻址LCoS面板,将像素化的电场施加于液晶。光学元件包括透明导电电极(如ITO)、约5μm厚的薄层液晶和硅结构上的反射表面。

图24.28显示了一个LCoS面板示意图,该面板带有一块盖玻板及ITO层、一个液晶层和一个硅基反射镜。LCoS盒用于许多紧凑型系统,例如重量和体积都要求很高的平视显示器。

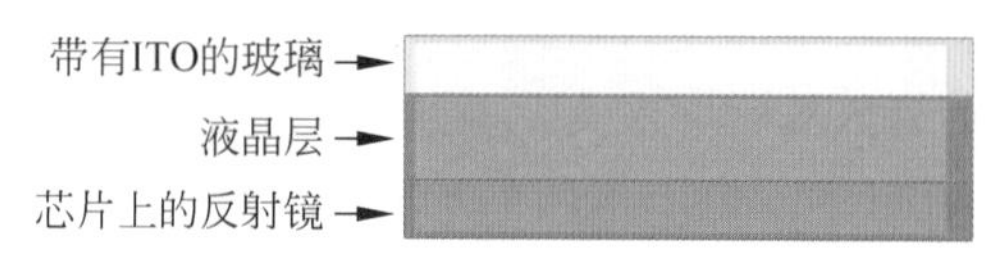

图 24.28 LCoS盒的示意图。光从顶部进入,透过液晶层,从直接覆盖在电极寻址电路上的镜面反射,再次通过液晶层并从顶部出射

图24.29为一个典型投影仪的配置。灯发出的光由照明光学系统整形,颜色由旋转的色轮调制。由于LCoS盒是一种反射器件,通常使用偏振分束器(PBS)进行轴上照射。照

明光通过前置偏振片并从 PBS 反射。LCoS 盒用线偏振光照射，线偏振光通过 ITO 和液晶层后反射，然后第二次穿过液晶和 ITO，最后从器件出射。LCoS 面板引起的偏振态变化由 LCoS 盒后的检偏器转化为强度变化。在暗态下，光在没有偏振变化的情况下反射，并通过 PBS 反射回照明系统。在接通状态下，LCoS 将偏振旋转 90°，该反射光通过 PBS 传输到观察屏幕上。PBS 通常是麦克尼尔型立方体分束器或线栅偏振分束器。其他各种投影仪配置可能使用一个、两个或三个面板用于不同的波长。

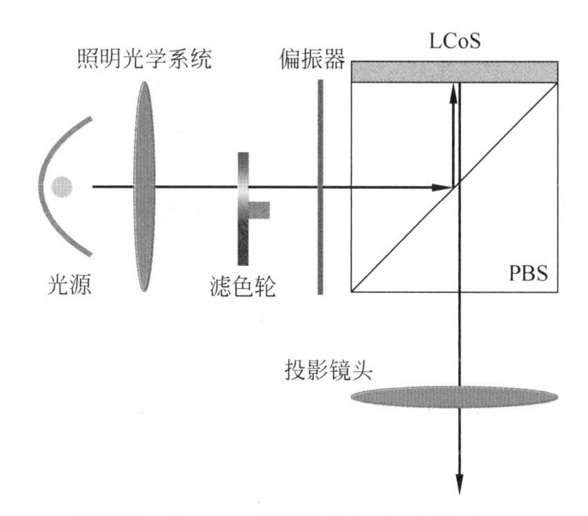

图 24.29　对于典型的 LCoS 投影仪，从 PBS 反射的偏振光入射到 LCoS 面板上。随着像素的延迟被调制，每个像素的偏振态发生变化。耦合到正交偏振的光透过 PBS 并投影到屏幕上。通过在入射光束中旋转带有三个滤色片的色轮，并以三倍于总帧速率的速度创建红色、绿色和蓝色帧，从而生成彩色图像

24.4.7　蓝相液晶盒

LCD 的另一种配置是使用蓝相（blue phase, BP）模式，这是一种具有规则立方结构的高度扭曲胆甾相液晶配置。BP 的响应时间大约为 0.1ms，主要是为 3D 电视开发的。这是因为 3D 电视需要将交替图像投射到左眼和右眼，因此必须投射两倍数量的图像，以两倍的速度运行。蓝相是现在可以制造出来的指向矢分布非常复杂的一个例子。

在 BP 中，胆甾相液晶的指向矢被安排在一个双扭曲结构中，即双扭曲柱体中，其中分子同时在二个维度扭曲。指向矢的方位分布图如图 24.30(a)所示[7]。在圆柱切片边缘，所有指向矢与圆柱面相切，同时与圆周成 45°，如图 24.30(b)所示。沿着该切片上的每个径向轴，指向矢具有 90°扭曲，如图 24.30(c)所示。指向矢从切片的一端（相对于圆周 45°）旋转到圆柱体的中心轴，此处所有指向矢沿中心轴方向，然后继续沿同一方向旋转直至圆周的另一侧，总旋转量为 90°。切片的结构沿圆柱体向下延伸，如图 24.30(d)所示。圆柱面指向矢保持 45°扭曲角，与中心轴的距离约为 100nm 数量级。

双扭曲圆柱的不同结构是通过将圆柱以交错方式正交堆叠而成的。3D 结构中的规则距离导致一些缺陷出现。图 24.31 显示了两种类型的 BP。周期性立方结构导致布拉格反射，因为 BP 结构包含可见波长量级的周期性偏斜缺陷。某种特定颜色的光在外加电场控制下发生衍射，外加电压通过克尔效应在液晶中引起双折射。

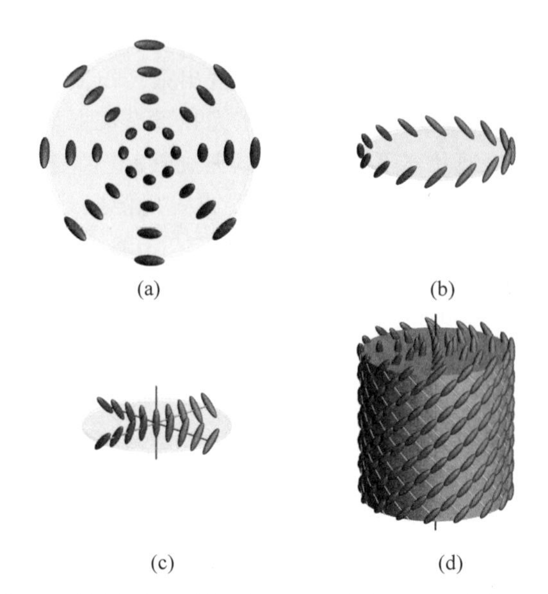

图 24.30 (a)蓝相模式双扭曲圆柱体的俯视图,显示了其中一层上指向矢方向的变化。(b)圆周上的指向矢方向的三维视图。(c)圆柱体薄片两个正交轴上的指向矢方向。(d)所有指向矢都围绕双扭圆柱中心轴旋转

在 IPS 结构中曾经使用了 BP 模式,该模式在宏观尺度上用克尔效应建模。研究的重点是通过使用具有高克尔常数的材料或优化结构设计来降低 BP 液晶盒的驱动电压。

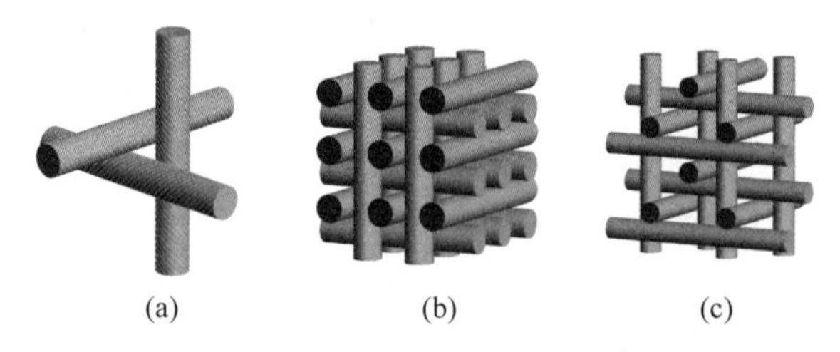

图 24.31 (a)基本双扭圆柱相互堆叠,在接触处发生向错。(b)BP Ⅱ型具有简单的立方结构。(c)BP Ⅰ型具有面心立方结构

24.5 偏振模型

液晶盒的设计和分析要求计算强度和偏振。液晶盒是空间变化的各向异性材料。为了设计液晶盒并进行公差分析,了解其光学特性,对液晶盒进行了仿真。液晶盒的计算机仿真包括两个步骤:

(1) 在给定边界条件和电磁场的情况下确定液晶指向矢的分布;

(2) 在给定指向矢分布的情况下,确定光通过液晶盒的光学特性,如琼斯矩阵随入射角和波长的函数关系。

对于大多数常见液晶盒,例如向列型和扭曲型结构的液晶盒,液晶盒都具有平面结构,可分为多个与基板表面平行的液晶薄层,每个薄层的指向矢方向固定,类似于多层薄膜。通过将多层膜理论推广到各向异性膜层,可以分析此类液晶盒的光学特性。IPS 盒不是平行

平面结构，不能简单地使用多层膜分析。

24.5.1 扩展琼斯矩阵模型

扩展琼斯矩阵法将液晶划分成许多具有不同光轴方向的延迟器薄层（图 24.32），并计算每层的琼斯矩阵[8-9]。考虑任意一条光线直接穿过液晶盒，琼斯矩阵以光线横向平面上的 x 轴和 y 轴为其坐标基矢。当某一层的指向矢与光线垂直时，双折射最大，为 n_E-n_O。对于厚度为 Δt、指向矢与 x 的夹角为 ϕ 的液晶层，其琼斯矩阵为

$$\boldsymbol{J}(\phi)=\boldsymbol{R}(\phi)\cdot\mathbf{LR}\cdot\boldsymbol{R}(-\phi)=\begin{pmatrix}\cos\phi & -\sin\phi\\ \sin\phi & \cos\phi\end{pmatrix}\cdot\begin{pmatrix}e^{-i\Theta_O} & 0\\ 0 & e^{-i\Theta_E}\end{pmatrix}\cdot\begin{pmatrix}\cos\phi & \sin\phi\\ -\sin\phi & \cos\phi\end{pmatrix}\tag{24.2}$$

式中，**LR** 是一个线性延迟器的琼斯矩阵，其中寻常光分量在液晶层中的相位变化为 $\Theta_O=2\pi n_O\Delta t/\lambda$，异常光的相位变化为 $\Theta_E=2\pi n_E\Delta t/\lambda$。如果指向矢相对入射光线倾斜 θ 角（与横向平面夹角为 $\pi/2-\theta$），则在指向矢平面内偏振的异常光有效折射率 $n_e(\theta)$ 从其最大值 n_E 减小到 n_e，

$$\frac{1}{n_e(\theta)^2}=\frac{\cos^2\theta}{n_O^2}+\frac{\sin^2\theta}{n_E^2}\tag{24.3}$$

光线双折射率 $n_O-n_e(\theta)$ 投影到光线横截面上，然后使用每层的厚度可计算等效延迟器的琼斯矩阵。沿着指向矢 $\theta=0$ 传播的光没有双折射，也没有延迟；垂直于指向矢传播的光，$\theta=\pi/2$，双折射最大，n_O-n_E。通过将各层的琼斯矩阵相乘，计算得到整个液晶盒的琼斯矩阵。

因为光线在液晶盒中几乎以直线传播，所以扩展的琼斯矩阵方法可以使用琼斯矩阵。

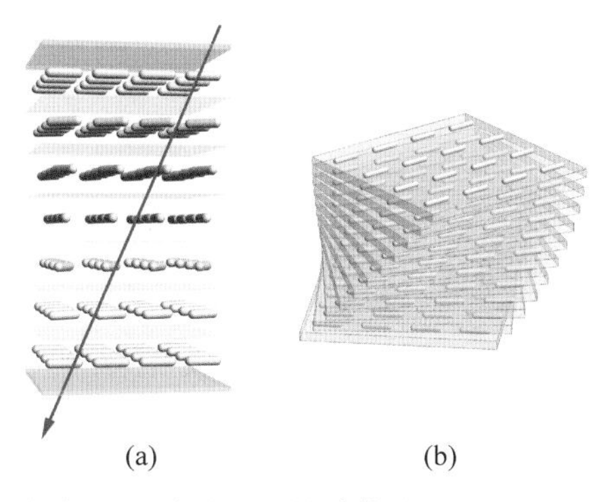

图 24.32 (a)一条光线通过一个液晶盒，该液晶盒被建模为一系列延迟器层。(b)液晶盒的模型，相当于一堆具有扭曲和倾斜指向矢的薄双折射板，即一系列离散的延迟器层

24.5.2 光线单次通过的偏振光线追迹矩阵

使用 $\boldsymbol{P}$ 偏振光线追迹矩阵，可以通过两种方式在三维中进行单一光程计算：①通过液晶盒传播一条光线，或②传播两条光线，寻常光线和异常光线。方法①最适用于具有显著扭曲和绕 z 轴旋转的液晶盒设计，并与扩展琼斯矩阵方法类似，产生等效结果。方法②对于无扭曲的液晶盒更为精确，例如弗里德里克斯盒和 VAN 盒，其中大部分光在液晶盒内保持

E 模式或 O 模式。

考虑方法①。当光线进入液晶盒时,根据第一层的介电张量$\boldsymbol{\varepsilon}_1$ 计算折射进入玻璃基板的 $\boldsymbol{P}$。接下来,光折射进入第一层液晶中,$q=1$,其中高折射率模式和低折射率模式具有略微不同的传播方向 $\boldsymbol{k}_{1,\mathrm{H}}$ 和 $\boldsymbol{k}_{1,\mathrm{L}}$ 以及折射率 $n_{1,\mathrm{H}}$ 和 $n_{1,\mathrm{L}}$。根据每个模式中光的比例,加权计算得到平均传播方向 $\boldsymbol{k}$。从而算得 $\boldsymbol{k}$ 横截面内的双折射率 Δn_1,并构造相应的纯延迟器偏振光线追迹矩阵 $\boldsymbol{P}_1$ 以及平均光程长度 OPL_1。光线继续沿直线路径穿过液晶盒,并被液晶层分为 Q 段。根据指向矢分布可以计算每个光线段中心的介电张量$\boldsymbol{\varepsilon}_q$。然后,每个短光线段可用一个纯延迟器 $\boldsymbol{P}$ 矩阵 $\boldsymbol{P}_q$ 描述。将所有 $\boldsymbol{P}$ 矩阵相乘,用以描述光通过液晶盒(一系列延迟器)后的偏振变化,得出光传播通过液晶盒的净 $\boldsymbol{P}_{\mathrm{Total}}$

$$\boldsymbol{P}_{\mathrm{Total}}=\boldsymbol{P}_Q\boldsymbol{P}_{Q-1}\cdots\boldsymbol{P}_q\cdots\boldsymbol{P}_2\boldsymbol{P}_1=\prod_{q=1}^{Q}\boldsymbol{P}_{Q-q+1} \tag{24.4}$$

从中可计算出延迟。平均光程长度如下:

$$\mathrm{OPL}_{\mathrm{Total}}=\prod_{q=1}^{Q}\mathrm{OPL}_q \tag{24.5}$$

光线网格的一系列 $\mathrm{OPL}_{\mathrm{Total}}$ 可用于计算通过液晶盒的波前像差函数。

方法②。当光折射进入第一层液晶层 $q=1$ 时,折射率 $n_{1,\mathrm{H}}$ 和 $n_{1,\mathrm{L}}$ 以及两个稍有不同的传播方向 $\boldsymbol{k}_{1,\mathrm{H}}$ 和 $\boldsymbol{k}_{1,\mathrm{L}}$ 用于产生两条光线,高折射率模式和低折射率模式各一条。为第一层构建两个偏振光线追迹矩阵 $\boldsymbol{P}_{1,\mathrm{H}}$ 和 $\boldsymbol{P}_{1,\mathrm{L}}$。这两条光线在液晶盒中继续传播,并且每层都有两个偏振光线追迹矩阵 $\boldsymbol{P}_{q,\mathrm{H}}$ 和 $\boldsymbol{P}_{q,\mathrm{L}}$。最后,将各层的偏振光线追迹矩阵相乘获得总矩阵,一个是低折射率模式的矩阵 $\boldsymbol{P}_{\mathrm{L,Total}}$,另一个是高折射率模式的矩阵 $\boldsymbol{P}_{\mathrm{H,Total}}$,

$$\boldsymbol{P}_{\mathrm{L,Total}}=\boldsymbol{P}_{\mathrm{L},Q}\boldsymbol{P}_{\mathrm{L},Q-1}\cdots\boldsymbol{P}_{\mathrm{L},q}\cdots\boldsymbol{P}_{\mathrm{L},2}\boldsymbol{P}_{\mathrm{L},1}=\prod_{q=1}^{Q}\boldsymbol{P}_{\mathrm{L},Q-q+1} \tag{24.6}$$

$$\boldsymbol{P}_{\mathrm{H,Total}}=\boldsymbol{P}_{\mathrm{H},Q}\boldsymbol{P}_{\mathrm{H},Q-1}\cdots\boldsymbol{P}_{\mathrm{H},q}\cdots\boldsymbol{P}_{\mathrm{H},2}\boldsymbol{P}_{\mathrm{H},1}=\prod_{q=1}^{Q}\boldsymbol{P}_{\mathrm{H},Q-q+1} \tag{24.7}$$

因为它们是单模 $\boldsymbol{P}$,每一个都具有偏振器的特性。两者相位差产生延迟,透射率差产生二向衰减。这种双模方法更适用于无扭曲的液晶盒,如弗里德里克斯盒和 IPS 盒,其中慢模和快模之间几乎没有耦合。

扩展琼斯矩阵法忽略了 $\boldsymbol{k}_{1,\mathrm{H}}$ 和 $\boldsymbol{k}_{1,\mathrm{L}}$ 之间的差异,并用平均传播方向作为液晶内的光线方向。

24.5.3 多层干涉模型

前两种方法将液晶盒作为一系列延迟器进行分析且只考虑光线单次通过的情况。然而由于沿光传播路径的折射率变化,一些光线被反射到相反方向。该液晶盒可视为类似于薄膜的多层结构,膜层为各向异性且不同层之间发生干涉。1972 年,Berreman 基于包含电磁场的四元矢量(E_x,E_y,B_x,B_y)首次建立了完整的多层干涉模型[10-11]。每层膜使用一个 4×4 矩阵描述,所有矩阵相乘得到入射和出射平面波的振幅、相位、偏振之间的关系。Mansuripur 开发了一种不同的多层干涉模型[12]。对于大多数液晶盒,单通方法和多层干涉方法几乎获得相同的结果,并且由于液晶盒相对较薄,微分折射率变化不太快,仅存在多个低能量的反射光。

仿真中这些模型做了简化：①将连续变化的介电张量划分为一组离散层；②假设各种模式在液晶盒中沿相同的光线路径传播。当光线从玻璃基板折射进入液晶时，光线以不同角度折射为高折射率模式和低折射率模式。下一层有一个稍微旋转的介电张量，所以大部分高模折射到高模，但有一小部分耦合到低模。类似地，一小部分低模折射到高模；这些小部分（耦合量）具有第三个和第四个传播方向。该现象将在每层发生，以新的角度产生新的小光束。液晶盒很薄。结果是大量光线以几乎相同的传播方向从几乎相同的光线截点出射，但在位置和角度上会发生少量扩展。在这里介绍的模型中没有考虑这种扩展。

在建立液晶模型时，最初并不清楚液晶应该划分为多少层。随着层数的增加，液晶的偏振矩阵会发生变化，直到逐渐逼近其最终值。一种常见的技术是从少量的层开始，然后逐倍增加层数，直到计算收敛。

24.5.4　液晶盒 ZLI-1646 的计算

将扭曲向列相液晶盒建模为双轴薄膜层的堆叠，使用 Polaris-M（艾里光学公司的软件）用多层干涉模型模拟了其性能。该液晶盒由液晶混合物 ZLI-1646 制成，波长为 589nm。这参考和复制了由 Pochi Yeh 和 Claire Gu 编写的第二版《液晶显示器光学》的液晶配置。指向矢锚定在液晶盒的上、下表面。液晶盒指向矢的方向由扭曲角 ϕ（平行于玻璃板的平面内的旋转）和倾斜角 θ（垂直于玻璃板平面内的旋转）定义。总扭转角由基板玻璃上下表面的取向层沟槽之间的夹角确定，$\Phi=90°$。最大倾斜角 θ_{max} 是驱动电压的函数，出现在液晶盒的中间位置。液晶盒的厚度为 d，盒中任意位置为 z/d。假设液晶盒在 x 和 y 方向上是各向同性的，它是一个平面结构。图 24.33 显示了三个外加电压下的指向矢方向。

从 0V（图 24.33(c)中的右小图）增大外加电压，液晶盒从一堆 90°扭曲的薄 A 型板转换为一堆 C 型板（图 24.33(c)中的左小图）。在 0.08NA 的入射角范围内计算该液晶盒的偏振特性，以研究液晶性能随入射角的变化。图 24.34 显示了光束的入射角大小和方向分布。图 24.35 显示了随着驱动电压增加，延迟随入射角的变化。椭圆表示异常本征偏振（慢模），椭圆的大小表示延迟的大小。理想情况下，在每个图形中，所有椭圆都是相同的，因此液晶盒的行为与角度无关。当电压从 0V 增加时，轴上延迟从约半波（3.14rad）变成几乎为零，而快模的椭圆率向圆偏振方向变化。在 1.3V 电压下，快轴围绕正入射旋转 180°且存在一些椭圆率。

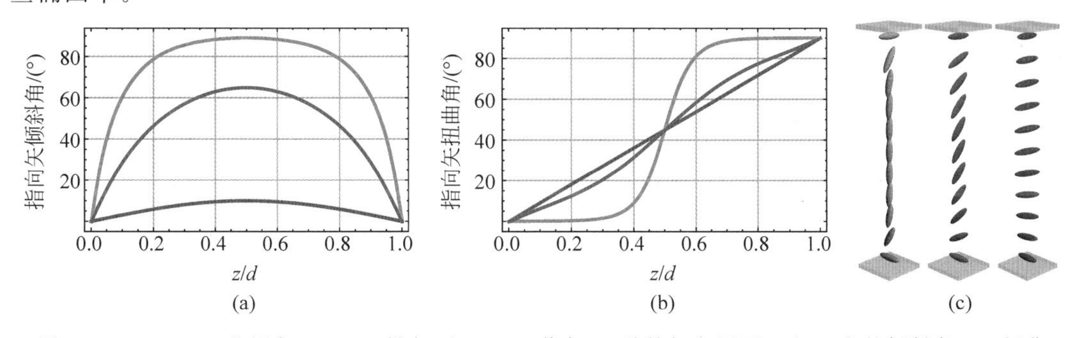

图 24.33　5.03V（蓝绿色）、2.2V（粉色）和 1.3V（紫色）三种外加电压下 90°TN 盒的倾斜角(a)、扭曲角(b)以及相应的液晶指向矢方向(c)

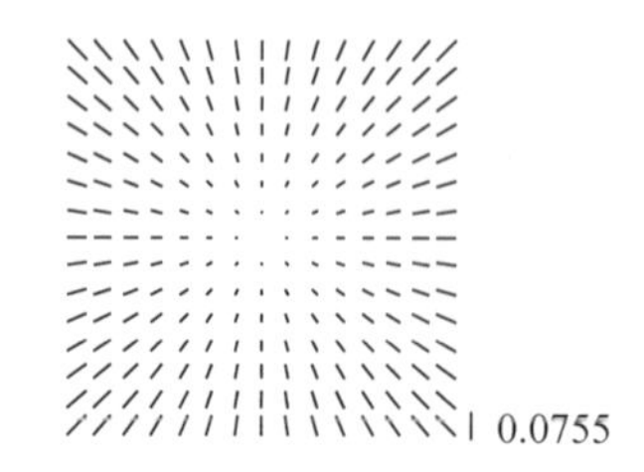

图 24.34　0.08NA 的入射角分布图，右下角为比例尺

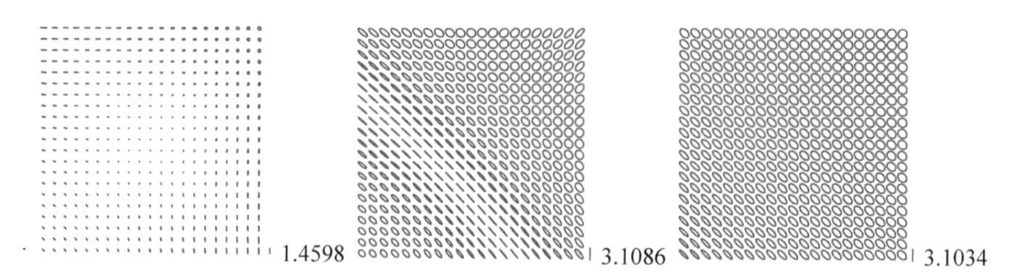

图 24.35　5.03V、2.2V 和 1.3V 电压下，扭曲向列相液晶的延迟随视场的分布图。每个图右下角的标签为整个视场的最大延迟(单位为 rad)

在图 24.36 中的液晶盒模型中也观察到少量的二向衰减。由于菲涅耳方程，当光线折射进入和射出玻璃基板时发生二向衰减。由于光线在通过前后玻璃基板、液晶层时偏振态改变，这两个玻璃基板的二向衰减贡献不再一致，可能相长或相消，取决于液晶的状态。液晶层之间的干涉也会产生额外的二向衰减。如图 24.36 所示，液晶盒的二向衰减通常较小，本例中小于 0.02。

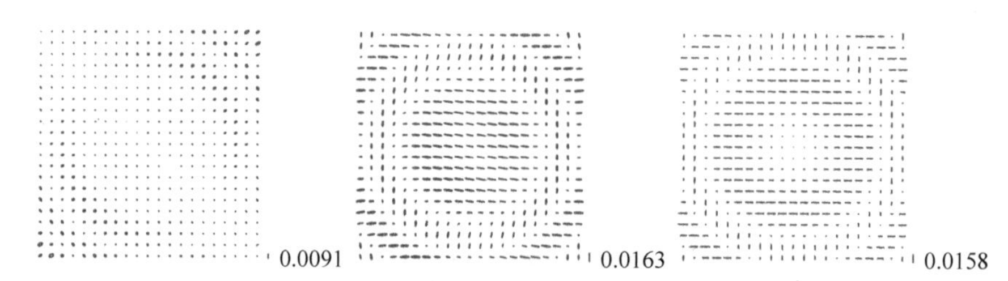

图 24.36　5.03V、2.2V 和 1.3V 电压下，扭曲向列相液晶的二向衰减随视场的分布图。每个图右下角的标签为整个视场的最大二向衰减值

24.6　液晶盒构建中的一些问题

本节介绍液晶盒的构建。由于其复杂性和制造难度，液晶显示器从发明成功到投入市场经历了很长时间。早期的商业液晶应用是数字手表和计算器显示器，这些应用对速度和颜色的准确性没有要求。随着这项技术逐步解决了许多技术挑战，液晶显示器进入了越来越苛刻的应用领域。例如，便携式计算机和会议室投影仪需要比计算器更多的像素，但这些应用仍然不需要很高的速度或精美的色彩控制。到 21 世纪初，液晶显示器终于成为高端电视的竞争对手。

24.6.1　间隔物

一项非常具有挑战性的技术是如何制造和保持薄液晶层的厚度恒定。为保持玻璃板之间的适当距离，通常在玻璃板之间放置间隔物(spacer)来固定玻璃之间的距离，如精密玻璃珠或塑料球，如图 24.37 所示。当在液晶盒两端施加电压时，两个电极之间相互静电吸引，挤压液晶盒，试图减小其体积。尽管间隔物可以将基板分开以保持固定距离，但在间隔物之间的玻璃板仍然会相互拉扯，从而导致液晶盒厚度变化。这种变化可以在图 24.38 中的无扭曲向列相液晶盒的相位延迟图中看到。最近的液晶盒使用微光刻技术在其中一片玻璃表面制作柱体或棱锥体作为间隔物。

图 24.37　液晶盒示意图。玻璃基板典型厚度约为 0.7～1.1mm；取向层厚度约为 10～20nm；ITO 导电膜厚度约为 100nm；间隔物厚度约为 1～7μm

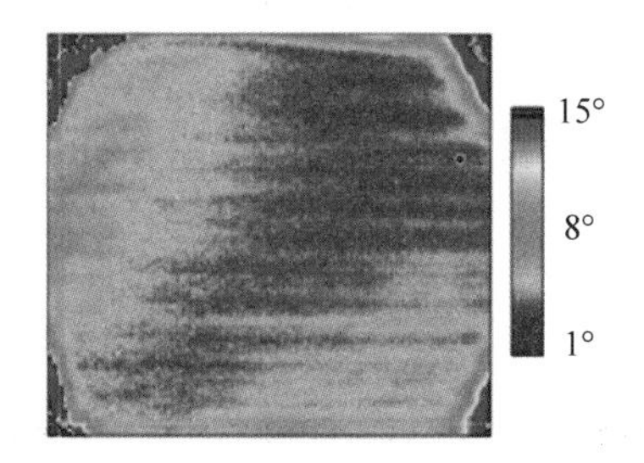

图 24.38　单像素偏振控制器(弗里德里克斯盒)的延迟分布。由于液晶盒厚度变化导致相位延迟产生水平条纹状不均匀性。这些大约 1°的周期性变化是由各行间隔物之间的周期性间隔变化引起的。在各行间隔物之间，电极之间的吸引力使得玻璃板弯曲，由此产生的厚度变化导致相位延迟变化

24.6.2　向错

向错是指液晶盒中指向矢突然改变方向的位置，它们是指向矢位置顺序的一种缺陷。如图 24.39(a)所示，它显示了弗里德里克斯盒的向错。图 24.12(a)中，在 0V 电压下，指向矢平行于玻璃表面。当施加电压时，液晶分子顺时针或逆时针旋转的概率相等。理想情况下，整个像素的指向矢应该一起顺时针或逆时针旋转。如图 24.39(a)所示，如果像素的一个区域顺时针旋转，而另一个区域逆时针旋转，则边界处将形成一个向错，并且像素呈现角度变化的不均匀性。图 24.39(b)显示了 VAN 盒中的向错。在向列相液晶中，向错通常表现为线缺陷，但也可能出现各种拓扑形式。向错是有害的，会导致可见缺陷并降低液晶盒性能。通常可以添加一种螺旋分子的手性掺杂剂以确保指向矢顺时针或逆时针方向的均匀旋

转,从而避免向错。

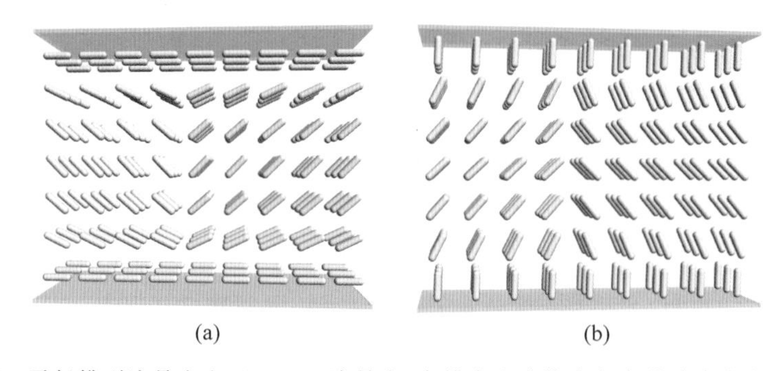

图 24.39 (a)平行排列液晶盒和(b)VAN液晶盒,向错发生在指向矢突然改变方向的位置。在这两幅图中,左四列指向矢都是顺时针旋转的,右五列指向矢都是逆时针旋转的。因此,向错发生在第四列和第五列之间。当与一对偏振器一起使用时,这种指向矢的不连续变化会导致相应像素内出现可见的线缺陷

24.6.3 预倾斜

为了避免向错,大多数液晶盒在取向膜表面引入预倾斜,如图 24.40 所示。小的取向沟槽置于一层薄薄的软材料中,通常是聚酰亚胺(PI)层[13]。聚酰亚胺可以用天鹅绒布单向摩擦,形成小的取向槽。边界层的液晶分子嵌入沟槽中。当表面层分子具有 2～4°的小预倾角时,液晶分子在 0V 下就已有了旋转;这打破了施加电压时顺时针和逆时针旋转之间的平衡。此时,当施加一个较小电场时,指向矢继续沿预倾斜方向旋转,避免了向错,防止像素分裂成不同的区域。抛光聚酰亚胺已逐步被紫外线光取向层取代,后者通过干涉法形成沟槽[14]。

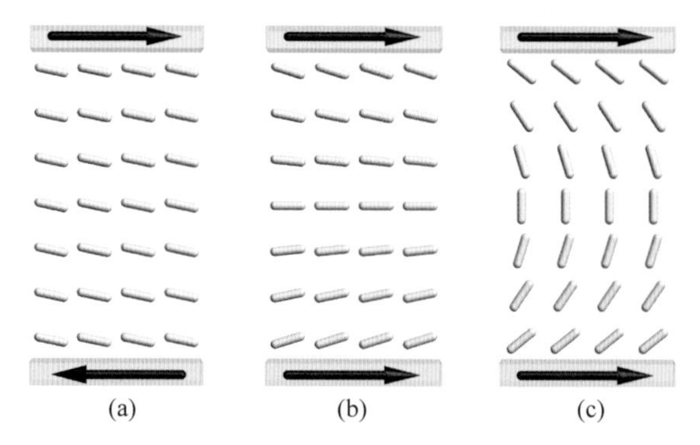

图 24.40 液晶边界层设置预倾斜示例。通过摩擦在取向层中设置预倾斜。不同液晶盒设计的摩擦方向由箭头所示。(a)平行对齐,(b)八字盒和(c)弯曲盒

24.6.4 振荡方波电压

液晶材料总是含有一些游离离子,如钠离子和钙离子。当直流电压长时间施加在液晶盒上时,这些离子在液晶中漂移,并在其中一个电极附近积聚。正离子群聚集在液晶盒的一侧,而负离子则聚集在另一侧。它们的积聚会降低液晶性能,并经常导致液晶盒故障。

为避免这种离子积聚问题，液晶盒采用方波电压驱动，如图 24.41 所示。因为液晶可工作于直流或方波电压，因此频率的准确度并不重要；振荡是防止离子积聚所必需的。典型的方波频率介于 500Hz 和 5000Hz。液晶指向矢很难在正负电压之间的短时间内移动很远，因此指向矢几乎保持不动。

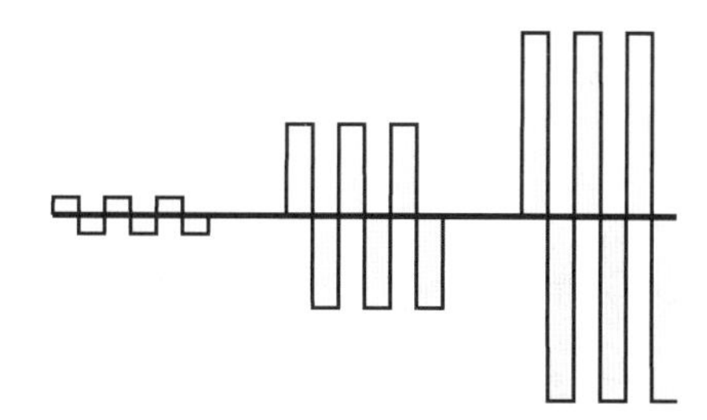

图 24.41　液晶盒的驱动电压应该是以 0V 为中心的方波电压，而不是直流电压

24.7　液晶盒性能的限制

理想的 LCD 有许多性能要求。设置为高亮时，它应该非常亮；设置为低亮时，它应该非常暗。当所有像素设置为同一级时，整个显示器的颜色和亮度应保持不变。颜色也应在观察角度上保持不变，颜色应该是饱和的。显示器应快速切换，理想的调制频率为 120Hz。性能应在较大的温度范围内保持一致。对于智能手机来说，显示屏应该对前表面的触摸和作用力不敏感。对于大众市场而言，液晶盒应该是廉价的，可以大批量生产，具有优异的产量。

显示器中使用的实际液晶盒必须在这些经常相互冲突的目标之间找到平衡。对于液晶电视，两个关键参数是暗态质量和对比度（亮态和暗态的比值）。暗态和对比度的一些局限来自以下方面：

- 延迟和光谱带宽的色散
- 延迟随角度和角带宽的变化
- 散射和退偏
- 偏振片未对准
- 延迟轴的变化

延迟大小均匀性受外加电场和温度的空间均匀性限制。延迟取向均匀性受取向层的影响。许多液晶延迟器是微椭圆延迟器、弱二向衰减器和弱退偏器。图 24.42 显示了单像素弗里德里克斯盒的偏振特性，这是一种电可调液晶延迟器，其在低电压下的均匀性较差。

这种小型液晶盒的问题包括：响应时间较慢，约为 50～80ms；温度变化较大，约为 0.5%/℃；退偏率约为 1%～10%，从而产生散射。保持液晶盒的厚度和温度均匀是非常具有挑战性的。图 24.42 所示的不均匀性具有 14°的延迟大小变化。

24.7.1　液晶盒速度

液晶盒速度是指像素从一个值转换到另一个值（通常从 10%到 90%亮度），然后返回原始值所需的响应时间（以毫秒为单位），如图 24.43 所示。它包括像素在不同状态之间变化时的上升和下降时间。由于液晶盒通过旋转分子来调制延迟，这是一种内在的慢调制机制，特别是与电光调制器相比很不同，例如用于光纤光学的铌酸锂调制器，它只需在分子内移动电子。

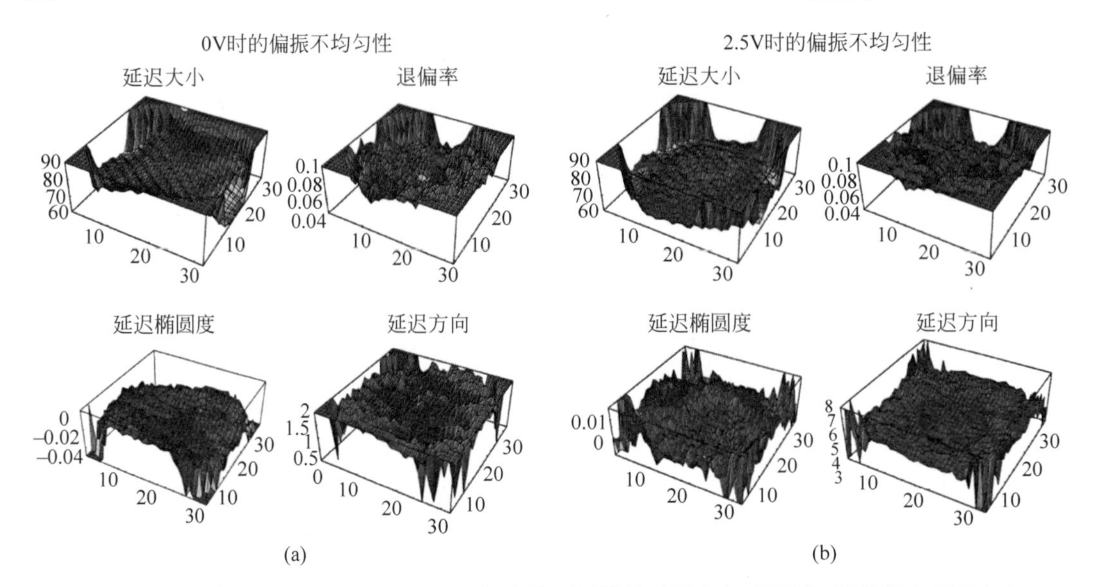

图 24.42 施加电压 0V(a)和 2.5V(b)时,液晶延迟器的延迟大小、椭圆率、退偏率和延迟方向

当一个物体在屏幕内移动时,如果物体后面的像素响应时间慢,没有快速改变颜色,则会在移动物体后面观察到阴影尾迹,如图 24.44 所示。对于电影、体育和视频游戏,响应速度慢是不可接受的。当前 LCD 从黑色到白色到黑色的典型响应时间为 8~16ms,从灰色到灰色的典型响应时间为 2~6ms。人眼可以感知响应时间大于 5ms 的差异。由于眼睛的限制(对于 60Hz 帧速率),响应时间低于 10ms 后很难被感知到。

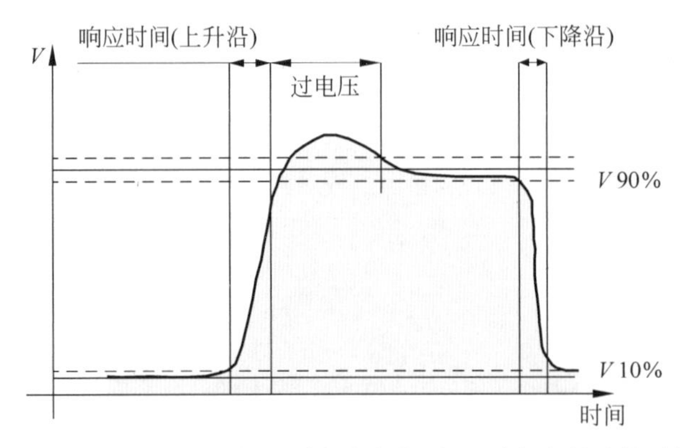

图 24.43 液晶的响应时间可定义为液晶盒从 10%亮度变化到 90%亮度所需的时间。为了改善响应时间,可以将电压增加到目标电压以上,以加速变化。这可能导致目标延迟过调

有几种技术可以减少响应时间、运动模糊和拖尾。在响应时间补偿(RTC)和过驱动电路(ODC)技术中,施加过电压以迫使液晶分子更快地旋转到位,如图 24.45 所示,从而产生如图 24.46 所示的伪影。过驱动可显著缩短像素过渡时间。双过驱动技术通过对上升时间和下降时间应用过驱动来改善过渡时间。但是,如果过驱动施加过猛或控制不当,在移动对象后面会出现过度驱动颜色拖尾(苍白或深色光晕)(图 24.47)。在没有过驱动的情况下,TN 模式的典型黑-白-黑响应时间为 5ms,VA 模式为 12ms,IPS 模式为 16ms,其中灰色到灰色的过渡时间更高。使用过驱动,典型的时间是 TN 模式为 2ms,VA 模式 6ms,而 IPS 模式为 5ms。

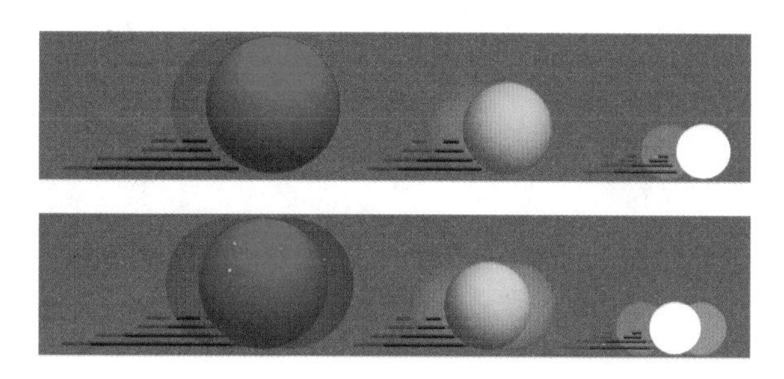

图 24.44　响应时间慢导致的运动模糊

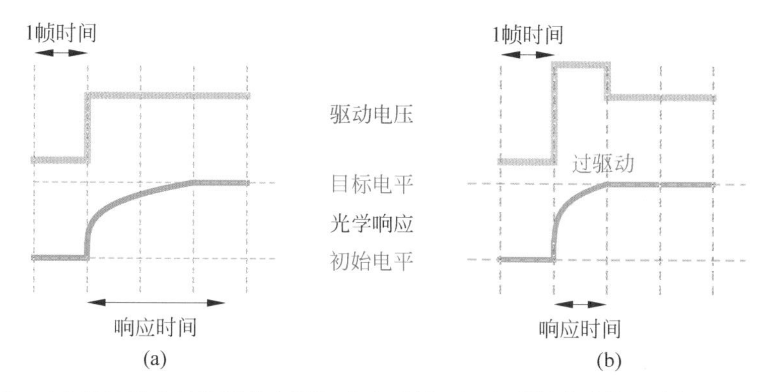

图 24.45　(a)无过驱动时的驱动电压和响应时间,(b)有过驱动时的驱动电压和响应时间

(a)

(b)

图 24.46　(a)运动汽车的视频帧,(b)显示器响应时间慢,导致移动目标模糊

24.7.2　出射偏振态的光谱变化

液晶的折射率是波长和偏振态的函数。图 24.48 显示了普通液晶盒的色散。每种材料都具有唯一的色散特性。考虑一个由可变线性延迟器(与偏振态发生器呈 45°)构造的调制器。在庞加莱球上,出射偏振态沿轨迹伸展,因此偏振器不能一次实现整个光谱的消光。

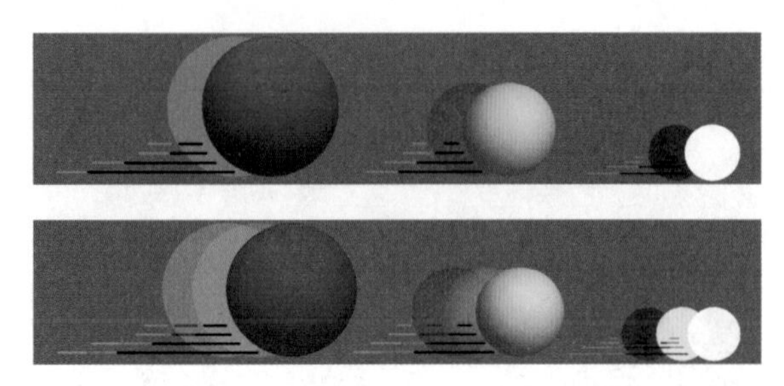

图 24.47 RTC 大量过调引起的伪影示例。本例中,RTC 过调导致红色移动物体后面出现浅晕,白色和黄色移动物体后面出现暗晕

来自偏振发生器的入射偏振态为 45°时,偏振态变化最大。在这种情况下,延迟每变化 1°都会使偏振态绕 45°延迟轴沿一个大圆移动 1°。各个出射波长的偏振态将沿大圆分布,每个波长有不同的消光,净消光是加权光谱的积分。因此,对比度为 100 时,延迟的色散不能大于约 10°。类似地,对比度为 10000 时,延迟色散不能远大于约 1°,这是一个非常严苛的要求。

对于液晶盒,在工作范围的较小延迟端,色散可能较小。例如弗里德里克斯盒,在其工作范围的低压端,色散更大。相比之下,VAN 液晶盒在 0V 时本质上接近零延迟,因此对于最低的延迟色散来说,低电压设置更可取。

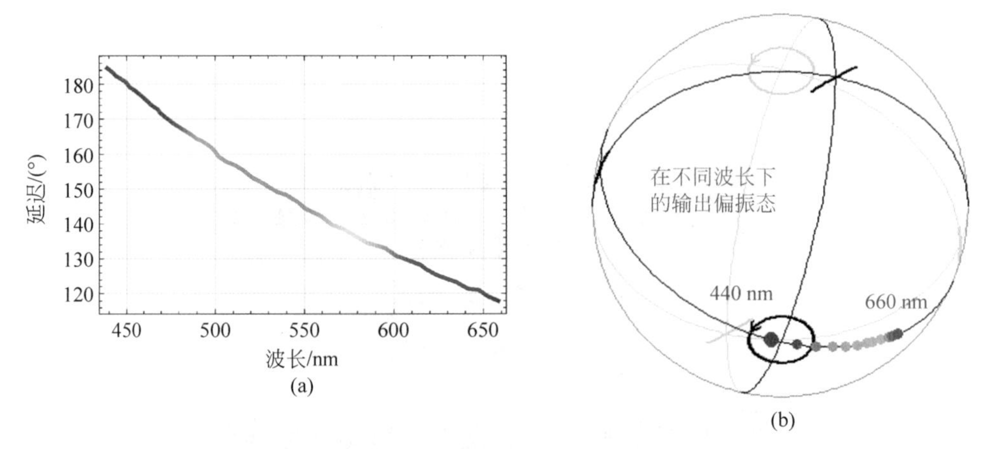

图 24.48 (a)弗里德里克斯盒的色散曲线。(b)输出偏振态表示为斯托克斯光谱,它显示在庞加莱球上是波长的函数

24.7.3 相位延迟随入射角的变化

大多数液晶器件都有很大的角偏振像差。这种角度响应可以让会聚光束透过液晶盒由成像米勒矩阵偏振测量仪来测量。考虑一个单色球面波照射液晶盒。液晶显示器中的液晶层通过偏振片照射。如果偏振片的吸收轴沿 y 轴,则 x 和 z 分量被透射,因此入射光具有线性偏振态,就像赤道附近区域中的纬度矢量一样,因为纬度矢量沿 y 轴没有分量。液晶层表现为一系列薄的双折射层,每个角度都可以看到指向矢的不同投影。延迟随入射角的变化而变化,因此出射偏振态也将随入射角的变化而变化。入射角每变化 1°,这些液晶延迟变化可以达到几度,由此产生的空间变化的偏振态入射到检偏器上,导致透射率随角度变化。由于液晶的延迟随波长变化,颜色的透射率也随波长变化。延迟随角度和波长的潜在

变化成为可见，表现为颜色随角度的变化，这对于眼睛是非常明显的。

延迟随角度的变化也被视为对比度随角度的变化。因此，针对红、绿、蓝光谱带进行积分后，对比度通常度量为入射角的函数。此外，如果前后偏振器的透射轴不平行（它们通常是正交的），则当入射光束相对于两个偏振片在角度上沿对角方向移动时，两偏振片的相对角度将发生变化，如图 1.16 所示。

例如，如图 24.49 所示的弗里德里克斯液晶盒，测得的延迟变化相当大，在 30°视场范围内有 60°的线性延迟变化。所示三个延迟参数中的每一个都随角度呈线性变化。线性延迟幅值在 45°平面内变化最快，延迟方向在 135°平面内旋转最快。在正入射和 45°平面内，延迟是线性的（圆延迟接近零），延迟方向在两个不同方向上变化。

图 24.50 显示了两个单像素无扭曲液晶盒在三个不同驱动电压下测得的线性延迟量。测得的线性延迟平均值和峰峰值见表 24.2，其中第一个液晶的均匀性比第二个略低。

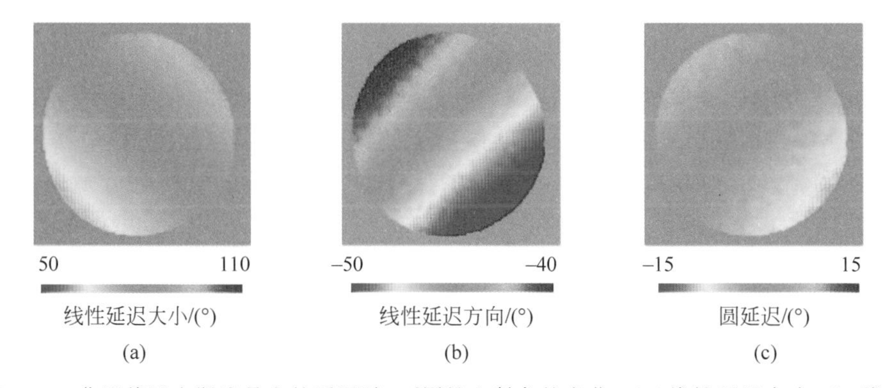

图 24.49　弗里德里克斯液晶盒的延迟随 30°圆锥入射角的变化：(a)线性延迟大小，(b)线性延迟方向，以及(c)圆延迟大小。液晶盒由数值孔径 NA=0.55 的显微镜物镜照亮，用另一物镜收集透射光。整个数据集被同时测量为米勒矩阵图像

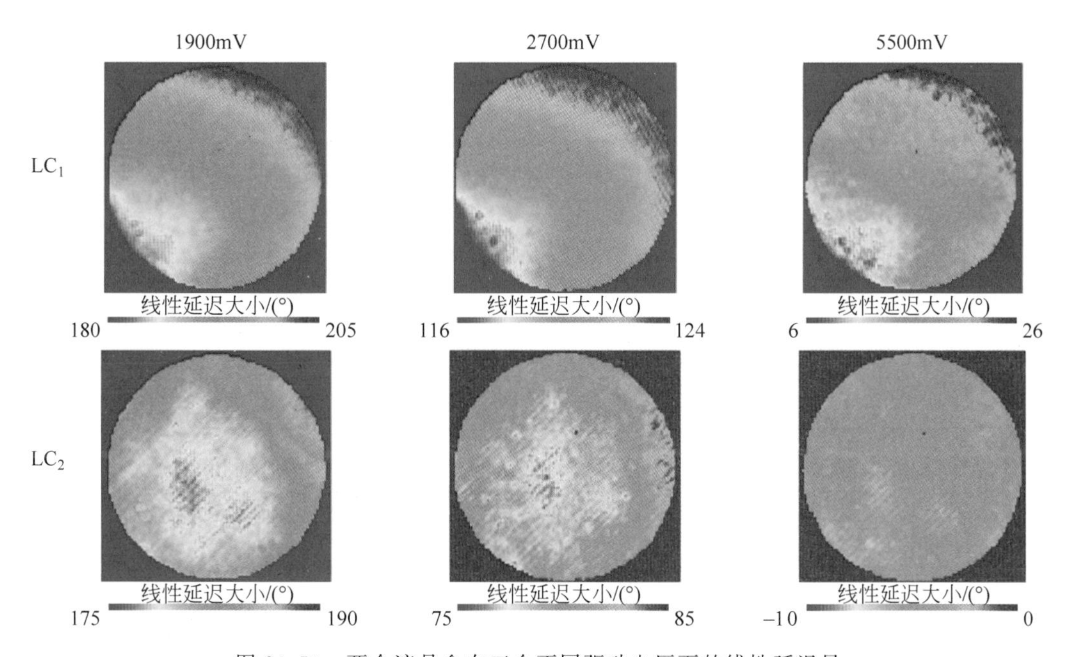

图 24.50　两个液晶盒在三个不同驱动电压下的线性延迟量

表 24.2 图 24.50 中显示的测量值的平均线性延迟大小和峰峰值

	1900mV	2700mV	5500mV
LC_1	均值 193.6°	均值 116.4°	均值 21.7°
	峰峰值 22.0°	峰峰值 17.2°	峰峰值 9.7°
LC_2	均值 180.8°	均值 79.4°	均值−4.7°
	峰峰值 7.8°	峰峰值 9.1°	峰峰值 5.0°

24.7.4 双轴薄膜补偿液晶盒的偏振像差

为了解决延迟随角度的变化,开发出了盘状宽视场薄膜技术。盘状液晶分子是盘状或饼状负单轴分子。它们被制成多层膜,作为补偿膜以补偿液晶盒随入射角和波长的变化。典型盘状分子的结构如图 24.51 所示。在多层膜中,它们可以被设计成在层与层之间扭曲和倾斜,如图 24.52 所示,代表扭曲的盘状膜。

当用作补偿膜时,将盘状层定向以抵消液晶的延迟像差。盘状液晶层与具有相反单轴特性的向列相液晶层配对可以抵消它们的偏振,产生一个特殊偏振矩阵,该矩阵在所有角度下都是单位矩阵。通常,盘状补偿膜的本征偏振方向与相应 LC 层的本征偏振方向正交。图 24.53(a)显示了一层盘状补偿膜(蓝色平面上方),消除了向列相 LC 层的延迟像差。按红色箭头所示配对各层(图 24.53(b)),可获得每个层对的近零延迟,从而产生盘状补偿膜+LC 盒对的近零延迟。因此,偏振像差可以在 LC 盒的整个厚度上得到补偿。

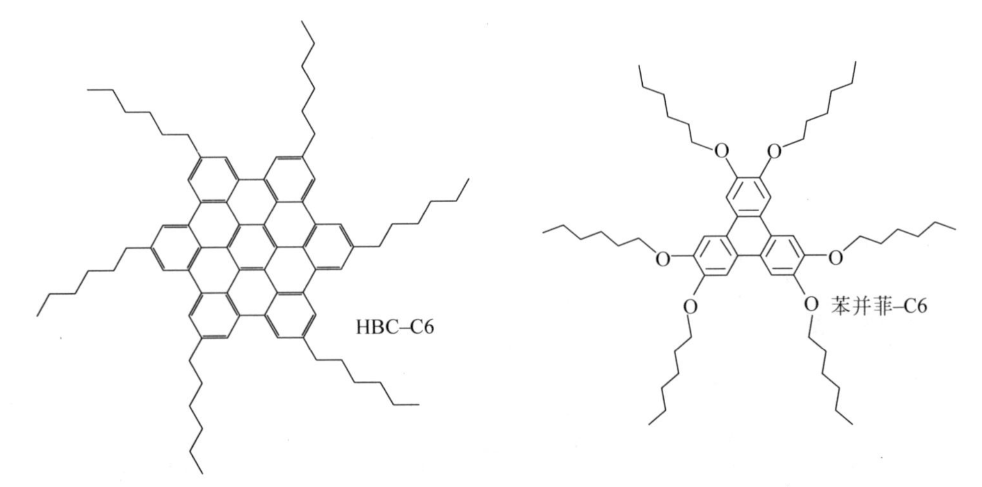

图 24.51 典型的盘状分子为六苯并晕苯(hexabenzocoronene)和 2,3,6,7,10,11 六己氧基苯并菲(hexakishexyloxytriphenylene)的衍生物

24.7.5 偏振片漏光

对比度也受到偏振片非理想消光比的限制。使用消光比为 100∶1 偏振片的 LC 器件,其总的对比度不会超过 100∶1。二向色偏振器具有吸收性,因此消光性能取决于厚度。偏振膜具有若干相关缺陷。偏振片材料可能有皱纹和针孔,从而漏过非偏振光。偏振片有的区域可能较薄从而降低了对比度。前后偏振膜的方向永远不能平行。起偏器检偏器之间的

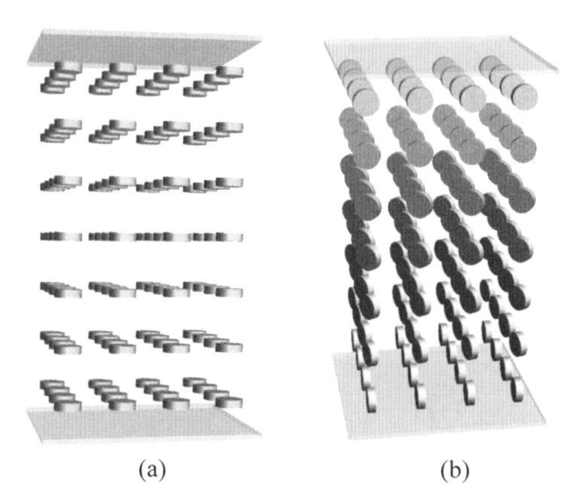

图 24.52　(a)盘状分子的均匀膜示意图，盘状分子用圆柱体表示。(b)多层宽视场膜示意图，盘状分子从上到下旋转 90°

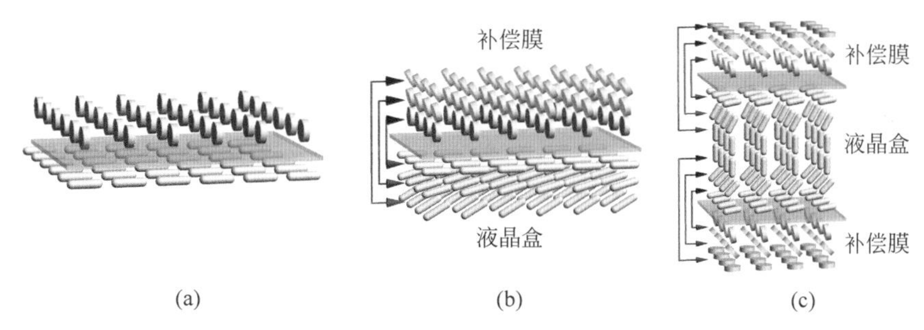

图 24.53　(a)盘状分子的补偿膜层，补偿了相邻的向列相 LC 层。(b)补偿膜的每一层与 LC 层进行补偿，从而将组合偏振矩阵对消为单位矩阵。(c)补偿膜可应用于 LC 盒的两侧，每个膜可校正一半 LC 的像差

对准有较小的空间变化，从而导致消光比损失。图 24.54 显示了劣质偏振膜的米勒矩阵图像。M_{03}、M_{13}、M_{30} 和 M_{31} 图像中的红色和蓝色条纹表示透光轴的变化。

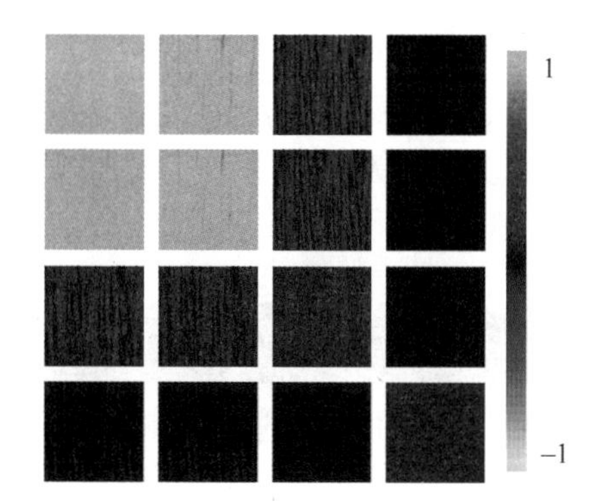

图 24.54　劣质偏振膜的米勒矩阵图像，显示出偏振膜方向存在垂直条纹形式的空间变化

24.7.6　退偏

退偏是指偏振光与样品相互作用时偏振度的降低。在液晶盒中，最小化退偏度尤其重

要,因为任何退偏光的一半能量都会通过检偏器泄漏,因此格外影响暗态和对比度性能。

由于散射,所有材料(包括液晶)都会发生退偏。液晶是中等大小的分子,自然有一些散射。通过优化液晶和所用溶剂的混合物,可使散射最小化。液晶对退偏有另外一个相当独特的贡献。由于液晶盒是由方波电压驱动的(24.6.4节),电场大小的时变波动使得分子振动。如果指向矢振动,则延迟振动,产生与时间相关的延迟。延迟和米勒矩阵的时间平均表现为退偏。图24.55显示了测得的弗里德里克斯盒的退偏数据,用偏振度描述。这种1%到3%范围内的退偏水平在手机和液晶电视显示器中是不可接受的。有关退偏的更多信息,请参见第6章。

退偏对LC显示性能产生的不利影响不同于延迟不准确或延迟不均匀。当存在某种退偏时,一部分出射光,即退偏分量,可被视为非偏振光。50%的退偏光将通过检偏器,50%将被阻挡。在暗态下,泄漏的退偏光会增加暗态光强,如果显著的话,会严重影响对比度。因此,为了获得高对比度,LC显示器必须具有非常低的退偏度。在亮态下,检偏器会阻止一半的退偏光,从而降低亮态的亮度。散射是导致液晶退偏的常见原因。液晶退偏也来自空间平均;微米尺度的延迟变化会导致光束的相邻部分出现不同的偏振态,这些偏振态在偏振仪上平均,从而导致测量中出现退偏分量。成像偏振仪测量每个偏振仪像素内的平均延迟,任何亚像素延迟变化会被测量为退偏。LC中的温度变化、电场变化、像素边缘效应和向错都会导致退偏。

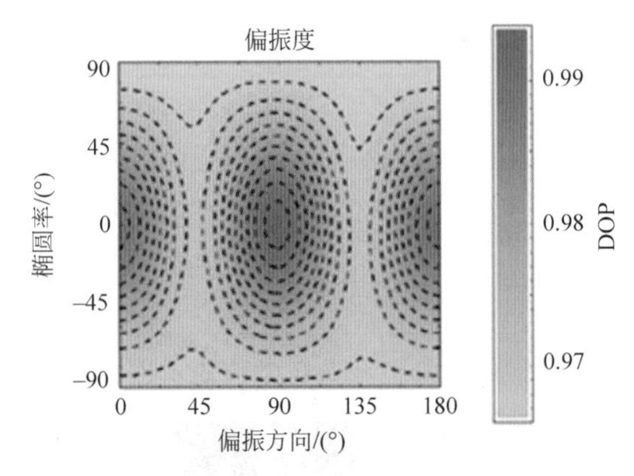

图24.55　展平庞加莱球上弗里德里克斯盒的偏振度图,出射偏振度从45°、右旋、135°和左旋圆偏振光的0.97(3%退偏)变化到0°和90°偏振光的0.99(1%退偏)

24.8　液晶盒的测试

米勒矩阵偏振测量仪已在液晶行业中广泛应用。偏振测量仪可以用于测试LC盒的玻璃是否存在小的双折射;小的双折射可以显著改变液晶盒的性能,表现为颜色和均匀性缺陷。偏振测量仪和椭偏仪验证LC盒的延迟和方向是否在规定范围内,以便在粘上偏振片后,强度和颜色能够恰当的调制[15]。在生产过程中使用米勒矩阵偏振测量仪,可以验证生产过程是否符合规范,并在出现问题时协助进行故障分析。

通过测量延迟与入射角的函数关系,然后使用优化算法拟合这些参数,可以得到液晶盒的盒间距、扭曲角、预倾角、摩擦方向等参数。米勒矩阵偏振测量仪用于测量延迟量和延迟本征态。还可以测定二向衰减和退偏，有助于了解液晶盒性能。

图24.56显示了用商用米勒矩阵偏振测量仪对液晶盒进行入射角变化(图(a),(b))和空间均匀性(图(c))的测试。在液晶显示器和液晶电视的生产线上，必须对整个液晶电视面板、大片薄膜和大片玻璃板进行测试。图24.57显示了集成到生产线中的米勒矩阵偏振测量仪，其扫描能力超过1.5m，可以同时在三个入射角下测量米勒矩阵。

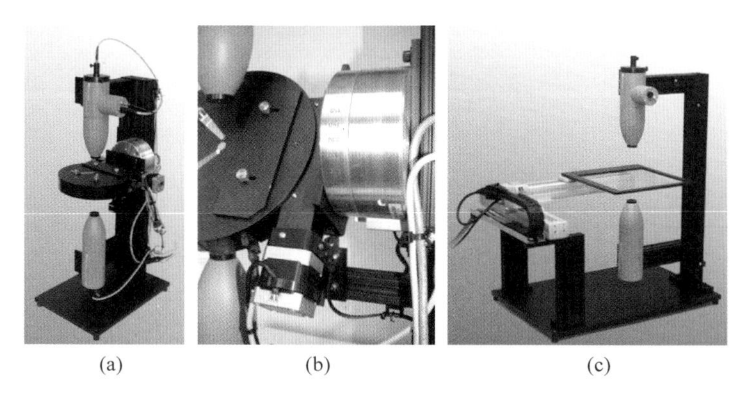

(a) (b) (c)

图24.56 (a)用于测试LC盒的米勒矩阵光谱偏振测量仪需要能够调整入射角。上面的蓝色部分是偏振态发生器。一根光纤将来自单色仪的光从顶部导入。底部蓝色部分是偏振态分析器。样品放在黑色托盘上，托盘倾斜以改变入射角。(b)一对旋转台的特写镜头，用于入射角测试。右侧的银色旋转台可调整入射角。左侧的黑色圆形旋转台改变入射角的方位角，使得能在不同平面上进行测试。(c)用于空间均匀性测试的米勒矩阵光谱偏振测量仪，x-y平移台(银色)用于移动样品架(黑色矩形)(由阿拉巴马州亨茨维尔市Axometrics公司提供)

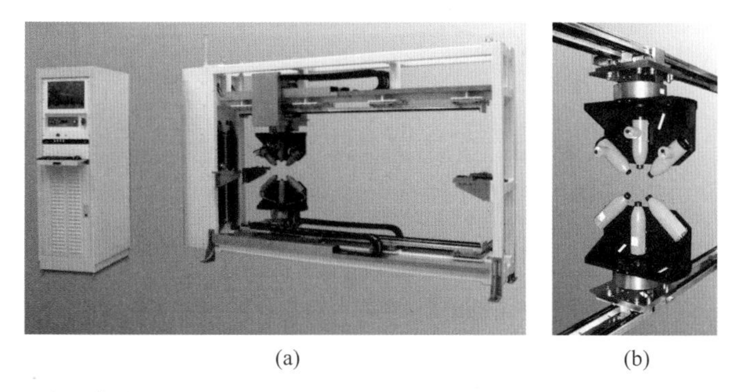

(a) (b)

图24.57 (a)用于大屏幕液晶电视生产测试和相关玻璃应力双折射测试的米勒矩阵偏振测量仪。当被测零件从前到后穿过固定装置时，测量头可扫描1.5m以上。(b)三测量头偏振测量仪特写，用于大屏幕液晶电视的高速测试。轴上和轴外测试都是必要的，所以使用三头比用一头进行扫描快得多。偏振测量头上方和下方的旋转台允许装置绕垂直轴旋转以改变方位角(由阿拉巴马州亨茨维尔市Axometrics公司提供)

24.8.1 扭曲向列液晶盒测试例子

图24.58中显示了“盒A”的液晶盒测试示例。测量了正入射时的液晶盒米勒矩阵谱(未显示)，并计算了延迟特性。延迟本征态绘制在庞加莱球上；理想情况下，对于最佳的液

晶盒性能,本征态都位于左旋圆偏振态处,但液晶盒通常会有一些光谱变化。为了测量盒间距和指向矢方向,当液晶盒在多个平面内相对正入射倾斜时,测量米勒矩阵。如图 24.59 所示的"盒 B"的延迟本征态具有二次方变化,具有优异的光谱性能。可以在优化程序中通过优化盒间距和扭曲角度拟合这些函数,来测得盒间距和扭曲角度。

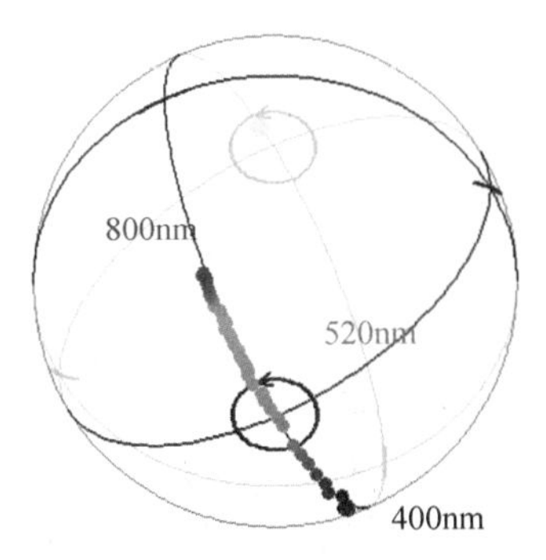

图 24.58 扭曲向列相(TN)液晶盒 A 的延迟本征态随波长变化的关系,理论上设计为左旋圆偏振态且不变。绿色圆偏振光没有变,但其他波长随波长线性变化(由阿拉巴马州亨茨维尔市 Axometrics 公司提供)

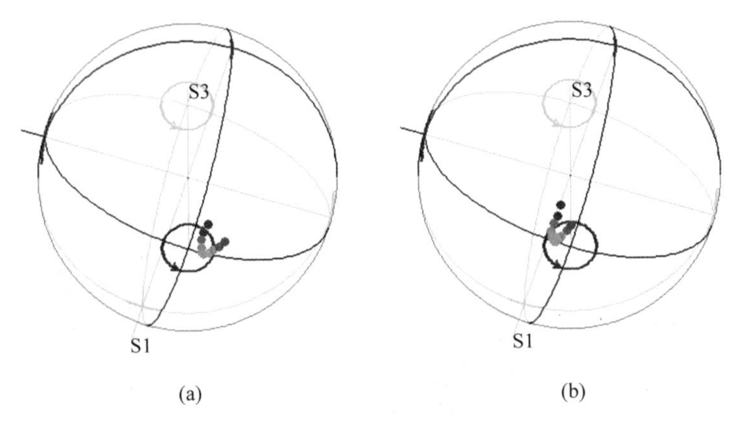

图 24.59 倾斜测试,其中颜色表示当液晶盒在偏振测量仪中旋转时入射角的变化(图 24.56(a),(b))。TN 盒在 500nm 处(a)和在 550nm 处(b)延迟本征态的二次方变化,变化很小(由阿拉巴马州亨茨维尔市 Axometrics 公司提供)

24.8.2 IPS 测试

图 24.60 显示了米勒矩阵偏振光谱测试仪在正入射下测量 IPS 盒的例子。液晶盒的结构如图 24.26(a)所示。所有的液晶指向矢都是平行的,因此在低电压下,作为波长函数的延迟光谱是恒定的。图 24.61 显示了无预倾斜的液晶盒延迟与倾斜角的关系,而图 24.62 显示了具有预倾斜的液晶盒延迟与倾斜角的关系,表明了测试结果如何用来设置和维护生产装置。

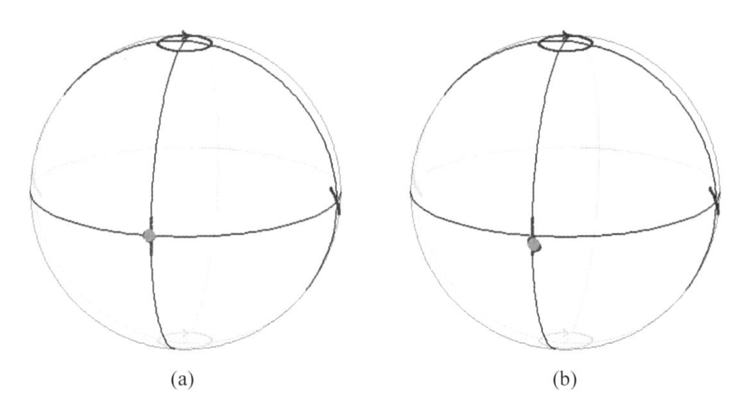

图 24.60　(a)正入射时排列良好的 IPS 盒的延迟本征态随波长保持恒定。(b)引入一个小的偏离正入射的倾斜,在所有波长上引入一个轻微的椭圆率(由阿拉巴马州亨茨维尔市 Axometrics 公司提供)

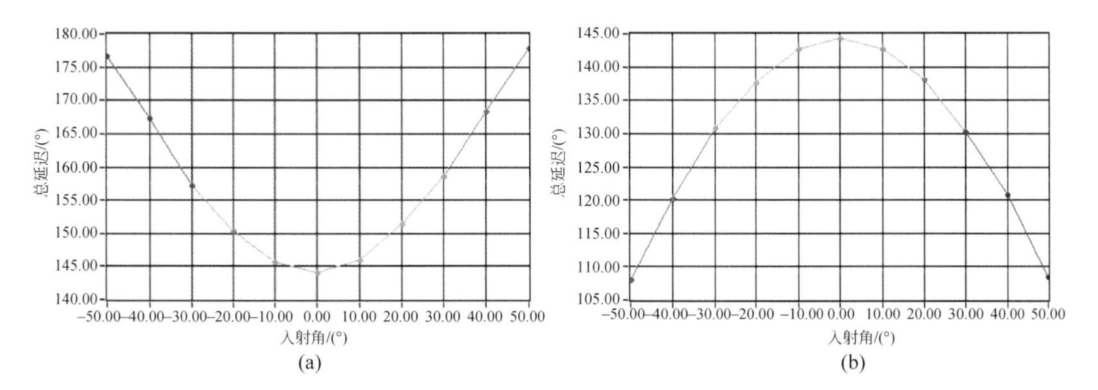

图 24.61　(a)沿取向层摩擦方向和(b)垂直于取向层摩擦方向的 IPS 盒倾斜扫描的延迟测量值,以 0°为中心对称,这种对称性表明聚酰亚胺取向层中没有预倾角(由阿拉巴马州亨茨维尔市 Axometrics 公司提供)

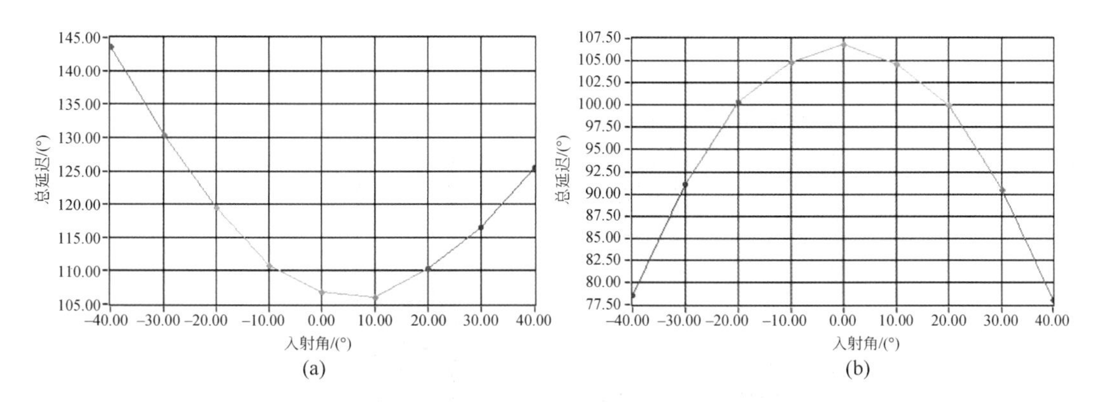

图 24.62　(a)沿取向层摩擦方向和(b)垂直于取向层摩擦方向的 IPS 盒倾斜扫描测得的延迟值,未以 0°为中心;不对称性表明在这种情况下聚酰亚胺取向层中的预倾角约为 2°(由阿拉巴马州亨茨维尔市 Axometrics 公司提供)

24.8.3 VAN盒

另一个使用偏振测量法进行预倾角测定的例子如图24.63所示,用于垂直排列的液晶盒,类似于图24.20(a)。液晶盒的延迟作为入射角的函数进行测量。图24.61中的液晶盒具有90°的预倾角,因此延迟是对称的。图24.62中的液晶盒具有89°的预倾角,因此观察到关于原点的延迟不对称性。

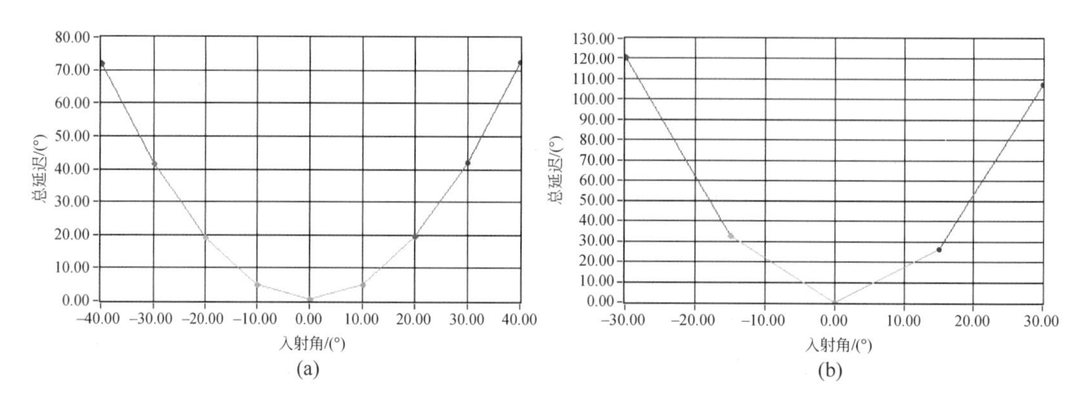

图24.63 预倾角为90°的VAN盒(a)的延迟与倾斜角关系曲线是对称的,而(b)预倾角为89°的VAN盒的延迟随倾斜角不对称(由阿拉巴马州亨茨维尔市Axometrics公司提供)

24.8.4 MVA盒测试

通过使用24.5节的方法模拟测量,并将结果转换为米勒矩阵,测量数据能拟合为模拟结果。以模拟和测量米勒矩阵之间的最小均方根差为目标,迭代计算最佳拟合模型参数(盒间距、扭曲角等)。

多角度米勒矩阵成像技术可以确定液晶盒中液晶指向矢排列的三维结构。盒间距和预倾角测量范围基本上无限制。液晶盒可以以任何方向放置。通过使用高分辨率成像偏振仪扫描LC盒,可以研究LCD像素内的偏振行为。可以设计一个多畴像素,研究图形电极附近的液晶行为,分析坏像素。图24.64显示了MVA液晶显示器像素的参数图。

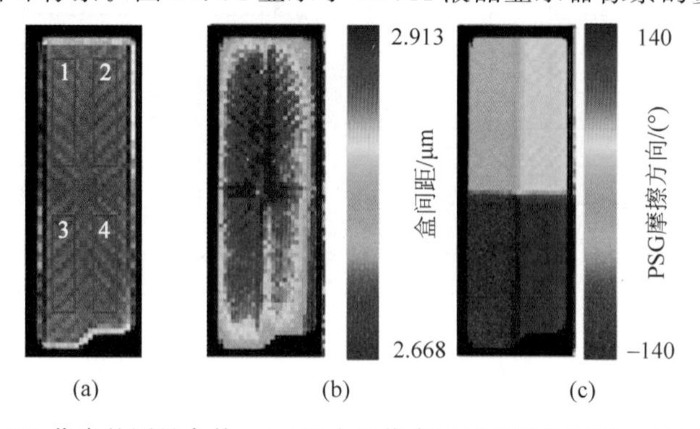

图24.64 MVA LCD像素的测量参数。(a)四个亚像素区域的强度图像。(b)从多角度米勒矩阵图像计算的液晶层厚度图。(c)取向层的方向分布图(由阿拉巴马州亨茨维尔市Axometrics公司提供)

24.8.5　薄膜延迟器缺陷

液晶显示器中的延迟器通常是通过拉伸塑料或将自对准分子喷涂到移动基板上而实现高速、大面积生产的。为了进行质量控制，必须监控延迟器是否存在缺陷。图 24.65 显示了补偿薄膜上的微观缺陷显现在伪彩色延迟图像中的例子，这种缺陷是由于延迟层的不均匀沉积而引起。

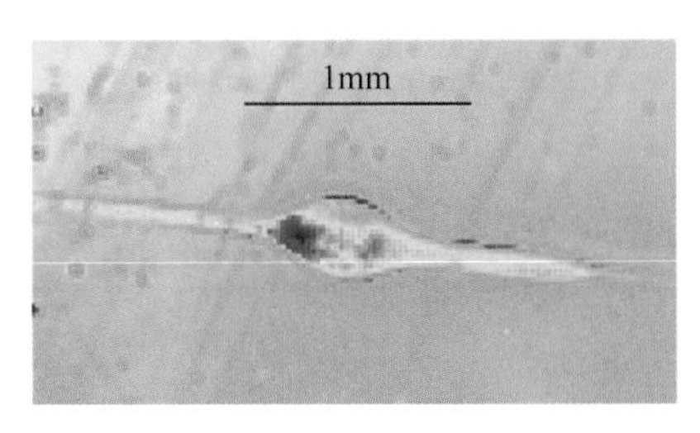

图 24.65　连续 web 工艺生产的液晶补偿膜中缺陷的外观，显示为伪彩色延迟图（由阿拉巴马州亨茨维尔市 Axometrics 公司提供）

24.8.6　检偏器和出射偏振态之间的未对准

偏振态的消光由广义马吕斯定律描述。在庞加莱球上，一个偏振态通过理想偏振器的透过率由 $\sin^2\psi$ 给出，其中 ψ 是偏振态与检偏器消光轴之间的角度。当输出偏振态经过消光轴时，它不可能完全对齐消光轴，而是可能有一个小的 ψ。因此，要获得良好的暗态和一致的高对比度，需要保持偏振轨迹接近消光轴。对于对比度 100，ψ 必须小于 0.1rad 或 5.7°，这不难实现。对比度 10000 为要求 ψ 小于 0.01rad。

24.9　习题集

24.1　回答液晶盒的以下性能因素：

a. 限制液晶盒速度的主要因素是什么？

b. 为什么液晶盒会有一些退偏？

c. 为什么液晶盒比其他延迟调制器便宜？

d. 如何将液晶盒配置为纯相位调制器？

e. 列出五个液晶盒的缺点。

f. 列出五个液晶盒的优点。

24.2　某个扭曲向列相液晶盒在它关断状态下可以建模为 91 个平行液晶层，每个层的延迟为 0.060463rad，第一层的快轴为 0°，第二层为 1°，第三层为 2°，依此类推，直到第 91 层定向为 90°。

a. 计算通过液晶盒透射的琼斯矩阵 $\boldsymbol{J}$。

b. 液晶盒的本征偏振态是什么？

c. 这个液晶盒和两个线性偏振片如何定向以产生暗态？

d. 这个液晶盒和两个线性偏振片如何定向以产生亮的、完全透光的状态？

e. 求液晶盒前半部分(第1层至第45层)的琼斯矩阵 $\boldsymbol{J}_1$、本征偏振和延迟。绘制至少一个本征偏振椭圆。

f. 求液晶盒后半部分(第46层至第91层)的琼斯矩阵 $\boldsymbol{J}_2$、本征偏振和延迟。绘制至少一个本征偏振椭圆。

g. 比较液晶盒前、后半部分的偏振。利用泡利矩阵解释琼斯矩阵 $\boldsymbol{J}_1$ 和 $\boldsymbol{J}_2$ 如何组合形成 $\boldsymbol{J}$。

24.3 将一系列弱偏振元件的表达式与以下液晶结构的精确公式进行比较。光在 $+z$ 方向传播。扭曲向列相液晶盒建模为60层线性延迟器。每一层都是一个线性延迟器,延迟量为 $\pi/300$。延迟器光轴(指向矢)在 x-y 平面上转过360°,使轴沿直线 $(\cos\theta_q, \sin\theta_q, 0)$,$\theta_q = q \times 6°$,$q = 1 \sim 60$。

a. 以琼斯矩阵相乘的顺序列出琼斯矩阵。然后,按正确顺序相乘线性延迟器,计算整个序列的琼斯矩阵 $\boldsymbol{J}_{\mathrm{LC}}$。

b. 用归一化泡利矩阵形式表示 $\boldsymbol{J}_{\mathrm{LC}}$。

c. 用弱偏振元件形式表示前两个延迟器 $\boldsymbol{J}_1$ 和 $\boldsymbol{J}_2$,指向矢分别对应6°和12°。

d. 为60个延迟器制作一个 $\boldsymbol{\sigma}_1$ 分量表。求和这些分量。

e. 为60个延迟器制作一个 $\boldsymbol{\sigma}_2$ 分量表。求和这些分量。

f. 为弱琼斯矩阵序列得到一个弱偏振元件表达式。计算这个序列的偏振特性。

24.10 致谢

作者非常感谢 Jon Herlocker、David Serrano 和 Matt Smith,他们为本章的编写提供了材料和帮助。

24.11 参考文献

[1] J. A. Castellano, Liquid Gold: The Story of Liquid Crystal Displays and the Creation of an Industry, World Scientific (2005).

[2] C. H. Gooch and H. A. Tarry, The optical properties of twisted nematic liquid crystal structures with twist angles ≤ 90 degrees, J. Phys. D 8. 13 (1975): 1575.

[3] L. Vicari, (ed.), Optical Applications of Liquid Crystals, CRC Press (2016).

[4] N. Konishi, K. Kondo, and H. Mano, 34-cm Super TFT-LCD with wide viewing angle, Hitachi Rev. 45. 4 (1996): 165-172.

[5] S. Aratani et al., Complete suppression of color shift in in-plane switching mode liquid crystal displays with a multidomain structure obtained by unidirectional rubbing. Jpn. J. Appl. Phys. 36. 1A (1997): L27.

[6] Y. Momoi, O. Sato, T. Koda, A. Nishioka, O. Haba, and K. Yonetake, Surface rheology of rubbed polyimide film in liquid crystal display, Opt. Mater. Express 4 (2014): 1057-1066.

[7] S. He, J. -H. Lee, H. -C. Cheng, J. Yan, and S. -T., Wu, Fast-response blue-phase liquid crystal for colorsequential projection displays, J. Disp. Technol. 8 (2012): 352-356, 10. 1109/JDT. 2012. 2189434.

[8] P. Yeh, and C. Gu, Optics of Liquid Crystal Displays, Chapter 8, 2nd edition, John Wiley & Sons (2010).

[9] D.-K. Yang and S.-T. Wu, Fundamentals of Liquid Crystal Devices, 2nd Edition, John Wiley & Sons (2015).
[10] D. W. Berreman, Optics in stratified and anisotropic media: 4×4-matrix formulation, J. Opt. Soc. Am. 62(4), 502-510 (1972).
[11] I. J. Hodgkinson and Q. H. Wu. Birefringent Thin Films and Polarizing Elements, World Scientific, Singapore (1997).
[12] M. Mansuripur, Effects of high-numerical-aperture focusing on the state of polarization in optical and magneto-optic data storage systems, Appl. Opt. 30. 22 (1991): 3154-3162.
[13] V. G. Chigrinov, V. M. Kozenkov, and H.-S. Kwok, Photoalignment of Liquid Crystalline Materials: Physics and Applications, Vol. 17, John Wiley & Sons (2008).
[14] F. S. Yeung, J. Y. Ho, Y. W. Li, F. C. Xie, O. K. Tsui, P. Sheng, and H. S. Kwok, Variable liquid crystal pretilt angles by nanostructured surfaces, Appl. Phys. Lett. 88(5) (2006): 051910.
[15] S. T. Tang and H. S. Kwok, Transmissive liquid crystal cell parameters measurement by spectroscopic ellipsometry, J. Appl. Phys. 89. 1 (2001): 80-85.

第 25 章

应力诱导双折射

25.1 应力双折射简介

应力是物体内部力的分布，即物体材料中相邻部分的相互作用力。应变是材料变形的结果，原子在力的作用下移动得更近或更远，尺寸和体积也相应变化。这种体积变化改变了材料的折射率和双折射，称为应力诱导双折射。本章介绍了透过具有应力双折射的透镜进行偏振光线追迹的算法，并举例说明了应力对成像质量的影响。对于此类分析，应力分布通常由文件中的应力张量阵列来描述，该文件由执行应力和应变有限元分析的计算机辅助设计(CAD)程序生成。

考虑一些在光学元件中产生应力的例子。每个光学元件在其整个体内都有力的分布。例如，重力将透镜向下拉到其支架上，透镜和支架之间的力挤压透镜并产生内应力。镜头支架上的紧固螺钉进一步增加了对镜头的作用力，从而增加了镜头内部的应力。加热透镜和支架会导致透镜和支架材料根据其热膨胀系数以不同的速率膨胀，从而改变应力分布。许多透镜膜层是在真空中镀覆于热透镜的，因为膜层材料在真空中会沉积得更均匀、更致密，从而产生更强的膜层。当透镜从腔室中取出，透镜和膜层会以不同的速率冷却和收缩，透镜表面通常最终表现为压缩，在透镜表面附近存在膜层引起的应力。

在光学系统中，应力引起的双折射很常见且不可避免。由于各种环境条件，例如外力和压力、振动或温度变化，光学材料在分子水平上承受应变。微观应变引起双折射，并影响光学系统的波前和点扩展函数。由此产生的应力延迟通常是不想要的，因其以复杂模式改变波前像差和偏振像差。因此，在处理具有应力双折射的光学元件时，能够光线追迹应力双折射的效应以评估其影响是很有用的。此外，可以根据不同级别的应力双折射对光学系统进行光线追迹，依据光学系统的像质要求得出可接受的最大应力容忍量。

1816 年，苏格兰物理学家大卫·布儒斯特[1]在各向同性物质中发现了应力导致的双折射，这种现象也称为机械双折射、光弹性和应力双折射。应力以两种不同的形式存在于光学系统中，即机械导致的应力和残余应力。机械应力源于物理压力、振动或热膨胀和收缩。它通常是由安装支架挤压或对元件施加力引起的。光学材料的这种特性称为光弹性[2]。残余应力是元件内部的永久应力，与外力无关。它通常产生于注塑透镜制造过程中或玻璃退火不良的情况下。当材料从液体冷却到固体时，应力很容易冻结在材料中，特别是当外表面先于内部材料凝固时。大多数光学玻璃都经过退火处理，加热到退火温度，在这个温度下，分子有足够的热能进行轻微的重新排列以减小应力，但玻璃的温度不足以引发变形。然后缓慢冷却玻璃，以避免引入附加应力。无论是机械应力还是残余应力都会轻微改变材料的分子结构，一些分子比平衡时更接近，另一些分子则相距更远，从而改变应力方向上的光学性质并导致双折射。

具有应力诱导双折射的各向同性材料表现为空间变化的弱单轴或双轴材料。如图 25.1 所示，使用干涉仪[3-4]和偏光镜[5-6]可以很容易地观察到这种诱导双折射。具有应力双折射的材料置于正交偏振器之间会展现彩色图案，这是由延迟的波长相关性变化产生的，蓝光的双折射更多，红光的双折射更少。

透明各向同性光学元件在受到应力时可表现出暂时的双折射，并在应力释放时恢复为各向同性。如图 25.2 所示，过度拧紧光学支架的旋钮可能会产生这种应力。

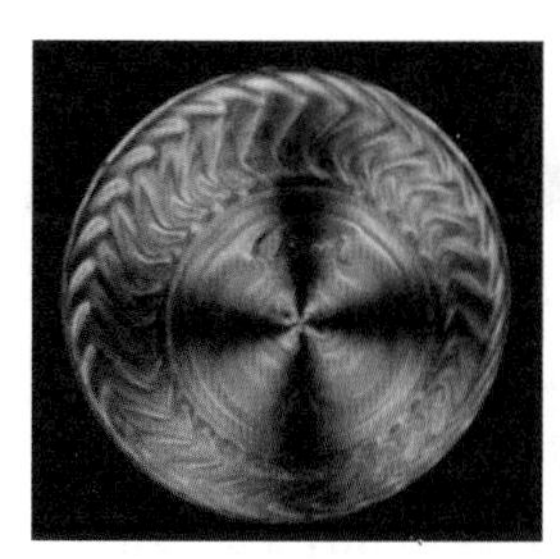
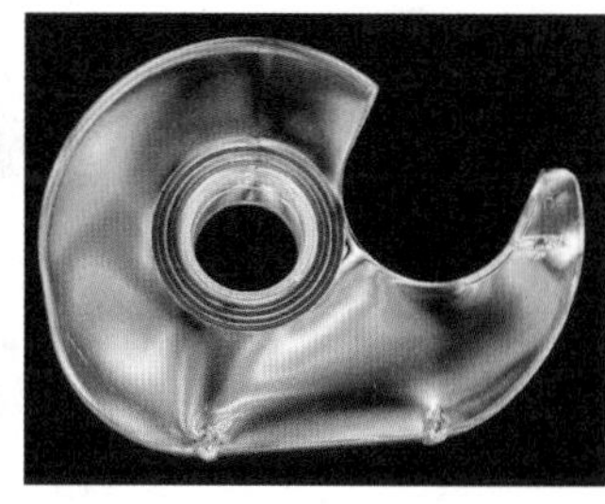
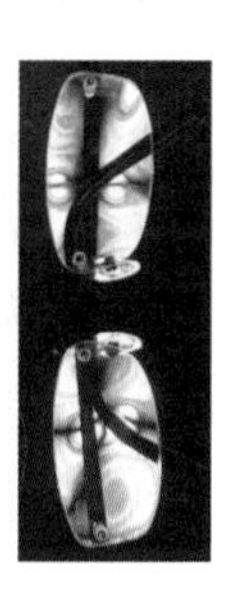

图 25.1　放置在正交偏振器之间的塑料杯、塑料胶带分配器和眼镜中的颜色表明存在大量空间变化的应力

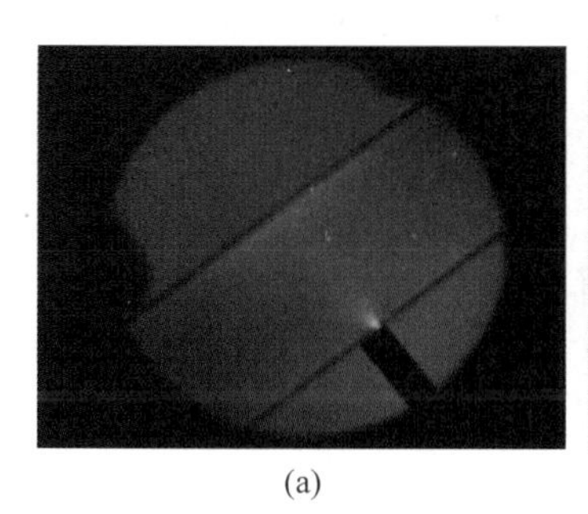
(a)

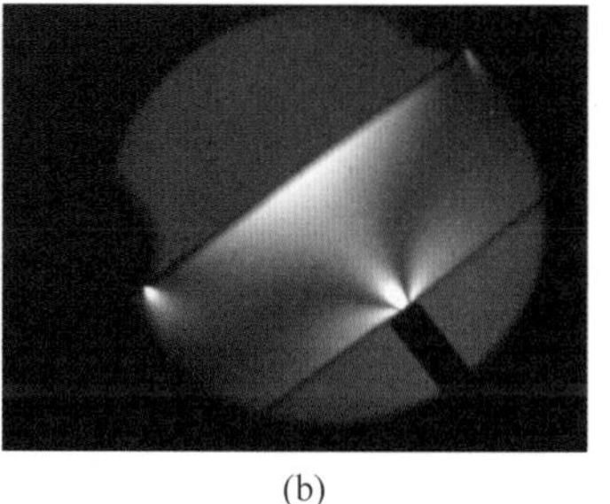
(b)

图 25.2　(a)放置在光学支架上的各向同性玻璃板，在正交偏振器之间观看。(b)同一块玻璃板，将玻璃底部的一个螺钉拧紧。由于产生应力，引起的双折射已导致正交偏振器之间显著的漏光

为了提高强度,可能有意在钢化玻璃中产生应力双折射。在光弹调制器中,在晶体中形成一个巨大的声波共振,以产生正弦变化的延迟,用作偏振调制器。一般来说,应力双折射是不希望有的。例如,注塑透镜中常见的应力会引起波前像差并导致偏振像差,从而增大点扩展函数的尺寸并降低成像质量。

25.2 光学系统中的应力双折射

在大多数光学设计中,必须近乎消除应力,以确保维持高性能光学系统的成像质量。通过了解允许的诱导双折射,可对光学系统进行快速分析。透镜和玻璃坯料有一些典型双折射公差:对于某些关键应用,例如光刻系统、偏振测量仪和干涉仪,为 2nm/cm;精密光学系统为 5nm/cm;显微镜物镜为 10nm/cm;目镜、取景器和放大镜为 20nm/cm[7-8]。由于成本低且易于制造,现在许多透镜是通过塑料注塑成型制造的。然而,塑料光学元件,尤其是较硬的塑料,如聚碳酸酯,在制造过程中(包括成型、冷却和安装)会产生明显的应力双折射。模制参数,例如施加在模具中树脂上的压力、在模具中停留的时间以及模制透镜的冷却速率,通常会进行调整,以将应力双折射降至最低,但很难完全消除。

当光学系统中存在大量应力时,将应力双折射纳入偏振光线追迹中以模拟其对图像形成、条纹可见性和其他光学度量的影响非常重要。本章介绍应力的数学描述及其与光学双折射的关系;提出了将光学元件中的非均匀应力分布转化为延迟的标准方法,并给出了对具有应力的元件进行偏振光线追迹的算法;将使用延迟图、琼斯光瞳图像和偏振点扩展矩阵来分析示例塑料透镜的有限元模型,以直观地演示诱导双折射及其效应。

25.3 应力诱导双折射理论

应力双折射可以用数学方法描述。当应力施加到物体上时,材料会随着原子自身的重新定位而轻微变形,以响应施加的力,如图 25.3 所示。本章讨论的应力大小仅引起原子和分子位置的微小变化,而材料物理形状的变化可忽略不计。该外加应力、接触应力或主应力的特征是,单位为 $kg \cdot m \cdot s^{-2}$ 或 N 的力施加到相关横截面积上,所得的应力单位为 N/m^2 或 Pa。对于玻璃或透明塑料等材料,压缩会增加压应力方向上的折射率,原子在这个方向上移动得更近,但在垂直面上移动得更远。相反,拉力会减小拉伸应力方向上的折射率,因为原子沿该方向扩展。对于较小的应力,释放力后,玻璃会恢复到各向同性状态,这被称为弹性变形。超过某个阈值时,分子排列会发生不可逆转的变化,物体无法恢复其原始形状。例如,玻璃可能破碎或塑料透镜可能凹陷。

应力通常会导致材料折射率发生微小变化,Δn 小于 1。通常对于玻璃,15MPa 的应力产生的 Δn 约为 0.0001 数量级,如图 25.4 所示。当外力沿一个方向施加于各向同性的玻璃片上时,玻璃片变成单轴材料,其光轴沿外力方向。沿不同方向施加第二个力会使玻璃变成双轴材料。这些应力改变了材料的介电张量。因此,应力光学元件被模拟为各向异性材料。实际光学元件通常在其整个体内具有不同的应力,如图 25.1 和图 25.2 所示;因此,应力双折射应模拟为空间变化的双折射材料。

典型的应力双折射会导致极少量的光线分裂。图 25.5 显示了 N-BK7 和聚碳酸酯折射

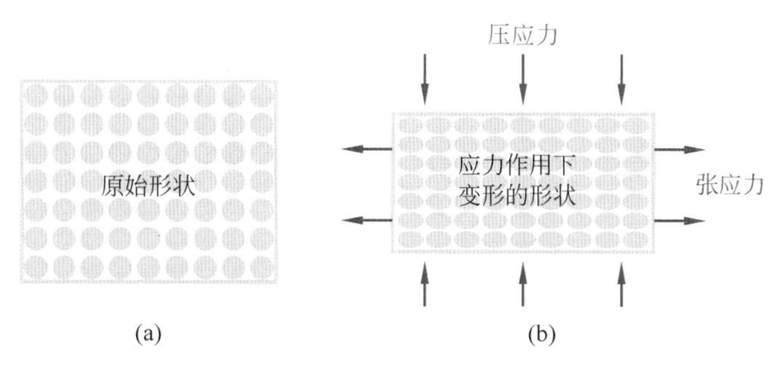

图 25.3　物体上的力产生压缩应力和拉伸应力。(a)光学元件的原始形状和原子位置。(b)施加应力时的变化，物体的形状轻微变形；对于所示对象，该变化被夸大，以看清楚压缩应力和拉伸应力的影响

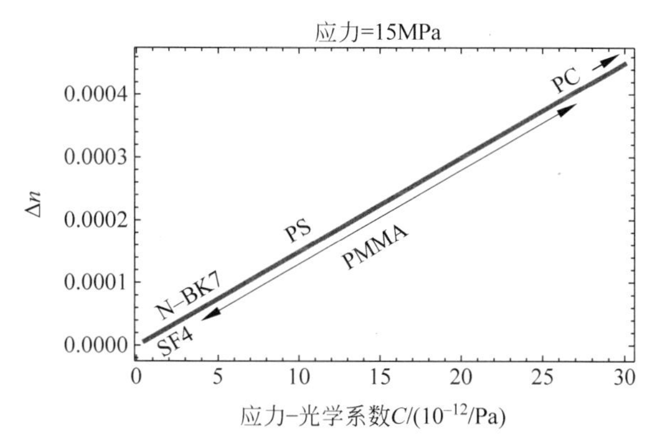

图 25.4　在 15MPa 外加应力下，折射率的变化 Δn 与材料应力光学系数 C 的函数图，其中 $\Delta n = C \cdot$ 应力。诸如 N-BK7 和 SF4 等玻璃的 $C<5$。聚甲基丙烯酸甲酯(PMMA)、聚苯乙烯(PS)和聚碳酸酯(PC)等聚合物具有较大的 C，该值也随温度显著变化

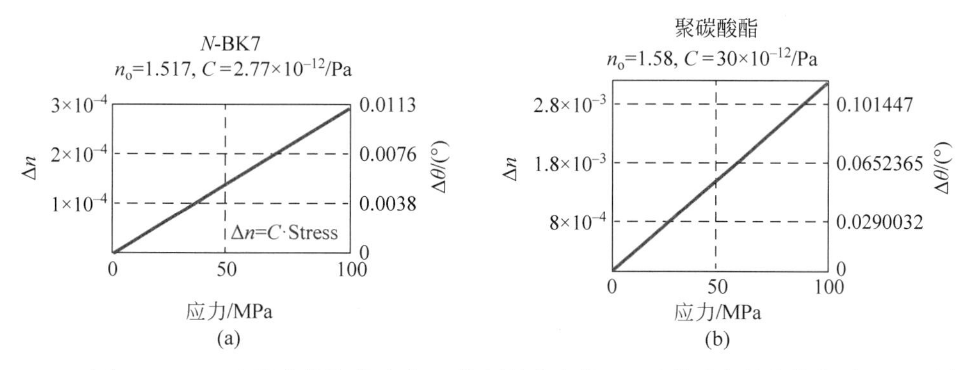

图 25.5　玻璃 N-BK7(a)和聚合物聚碳酸酯(b)的折射率变化 Δn 及其对应的光线分裂 $\Delta\theta$ 随外加应力的变化。光线分裂是用第 19 章中介绍的算法计算的

率(Δn)的非常小变化，这是由典型应力双折射导致的，折射率的变化导致了微不足道的少量的光线双折射($\Delta\theta$)；因此，两个分裂模式彼此传播得非常近，通常在几微米范围内。由于

光线追迹中几个波长的光线分离是无关紧要的,通常不会影响许多计算的准确性,因此可以放心地忽略这种光线双折射。诱导双折射的两个正交偏振模式可以建模为沿单个光线路径的延迟。在光线追迹分析中,将构造一个偏振光线追迹 $\boldsymbol{P}$ 矩阵来跟踪这种应力导致的延迟。以下各节将介绍将光学材料的应力转换为延迟的算法,通常用无应力折射率的斯涅耳定律建模折射。

25.4 应力双折射元件中的光线追迹

下面将开发算法,通过偏振光线追迹模拟光学系统中的应力双折射,以计算其对成像、条纹可见性和其他光学度量的影响。外加应力与其导致的延迟呈线性关系。因此,应力诱导双折射被表示为空间变化的线性延迟器。$\boldsymbol{P}$ 矩阵沿光线路径跟踪应力导致的延迟。该算法以光学材料的应力为输入,计算光线所经历的总延迟。应力分布的计算涉及机械工程中的方法,此处未研究这些方法[9]。

当在不同方向上对各向同性材料施加多重应力时,应力分量变为双轴。施加的应力表示为 3×3 的应力张量 $\boldsymbol{S}$,它用法向应力 σ 和剪切应力 τ 在(x,y,z)坐标系中定义,

$$\boldsymbol{S}=\begin{pmatrix}\sigma_{xx} & \tau_{xy} & \tau_{xz}\\ \tau_{xy} & \sigma_{yy} & \tau_{yz}\\ \tau_{xz} & \tau_{yz} & \sigma_{zz}\end{pmatrix} \tag{25.1}$$

$\boldsymbol{S}$ 包含六个应力张量系数 σ_{xx}、σ_{yy}、σ_{zz}、τ_{xy}、τ_{xz} 和 τ_{yz} [10-14],代表三维中不同方向的单位面积力。由 $\boldsymbol{S}$ 导致的光学元件相对于原始形状的变形量表征为应变张量$\boldsymbol{\Gamma}$,

$$\boldsymbol{\Gamma}=\begin{pmatrix}\gamma_{xx} & \gamma_{xy} & \gamma_{xz}\\ \gamma_{xy} & \gamma_{yy} & \gamma_{yz}\\ \gamma_{xz} & \gamma_{yz} & \gamma_{zz}\end{pmatrix} \tag{25.2}$$

其中 γ 是应变张量系数。材料折射率可表示为 3×3 的介电张量 $\boldsymbol{\varepsilon}$。各向同性材料具有折射率 n_0,即对角矩阵 $\boldsymbol{\varepsilon}_0$($n_0^2$×单位矩阵),当在任意方向上施加外部应力时,该折射率矩阵发生变化,变为非对角矩阵 $\boldsymbol{\varepsilon}$,

$$\boldsymbol{\varepsilon}_0=\begin{vmatrix}n_0^2 & 0 & 0\\ 0 & n_0^2 & 0\\ 0 & 0 & n_0^2\end{vmatrix}\rightarrow\boldsymbol{\varepsilon}=\begin{vmatrix}n_{xx}^2 & n_{xy}^2 & n_{xz}^2\\ n_{xy}^2 & n_{yy}^2 & n_{yz}^2\\ n_{xz}^2 & n_{yz}^2 & n_{zz}^2\end{vmatrix} \tag{25.3}$$

其中 n_0 是无应力折射率。类似地,张量$\boldsymbol{\varepsilon}_0$ 的逆也随着外部应力从对角张量变为非对角张量,

$$\boldsymbol{\eta}_0=\boldsymbol{\varepsilon}_0^{-1}=\begin{vmatrix}1/n_0^2 & 0 & 0\\ 0 & 1/n_0^2 & 0\\ 0 & 0 & 1/n_0^2\end{vmatrix}=\begin{pmatrix}\eta_0 & 0 & 0\\ 0 & \eta_0 & 0\\ 0 & 0 & \eta_0\end{pmatrix}\rightarrow\boldsymbol{\eta}=\begin{pmatrix}\eta_{xx} & \eta_{xy} & \eta_{xz}\\ \eta_{xy} & \eta_{yy} & \eta_{yz}\\ \eta_{xz} & \eta_{yz} & \eta_{zz}\end{pmatrix} \tag{25.4}$$

因此,应力将折射率椭球从球形变为椭球形,

$$\frac{x^2}{n_0^2}+\frac{y^2}{n_0^2}+\frac{z^2}{n_0^2}=x^2\eta_0+y^2\eta_0+z^2\eta_0=1$$

$$\downarrow$$

$$\eta_{xx}x^2+\eta_{yy}y^2+\eta_{zz}z^2+2\eta_{xy}xy+2\eta_{xz}xz+2\eta_{yz}yz=1 \tag{25.5}$$

其中 $x=(D_x/\sqrt{2u})$，$y=(D_y/\sqrt{2u})$，$z=(D_z/\sqrt{2u})$，$u=\frac{1}{2}\boldsymbol{E}\cdot\boldsymbol{D}=\frac{1}{2}\left(\frac{D_x^2}{n_x^2}+\frac{D_y^2}{n_y^2}+\frac{D_z^2}{n_z^2}\right)$是光场的能量密度。

应力/应变及其对各向同性、非磁性和非吸收性材料的光学效应之间的联系是 6×6 应力光学张量 $\boldsymbol{C}$ 和应变光学张量$\boldsymbol{\Omega}$，

$$\boldsymbol{C}=\begin{pmatrix} C_1 & C_2 & C_2 & 0 & 0 & 0 \\ C_2 & C_1 & C_2 & 0 & 0 & 0 \\ C_2 & C_2 & C_1 & 0 & 0 & 0 \\ 0 & 0 & 0 & C_3 & 0 & 0 \\ 0 & 0 & 0 & 0 & C_3 & 0 \\ 0 & 0 & 0 & 0 & 0 & C_3 \end{pmatrix} \qquad \boldsymbol{\Omega}=\begin{pmatrix} p_1 & p_2 & p_2 & 0 & 0 & 0 \\ p_2 & p_1 & p_2 & 0 & 0 & 0 \\ p_2 & p_2 & p_1 & 0 & 0 & 0 \\ 0 & 0 & 0 & p_3 & 0 & 0 \\ 0 & 0 & 0 & 0 & p_3 & 0 \\ 0 & 0 & 0 & 0 & 0 & p_3 \end{pmatrix} \tag{25.6}$$

上式适用于各向同性材料和具有单向对称结构的聚合物。$\boldsymbol{C}$ 是应力光学系数 C_1 和 $C_3=C_1-C_2$ 的函数，单位为帕斯卡的逆(1/Pa)。$\boldsymbol{\Omega}$ 是应变光学系数 p_1、p_2 和 $p_3=(p_1-p_2)/2$ 的函数。这些应力/应变光学系数彼此之间以及和杨氏模量(E)、泊松比(ν)直接相关，关系如下：

$$C_1=\frac{n_0^3}{2E}(p_1-2\nu p_2) \quad 和 \quad C_2=\frac{n_0^3}{2E}[p_2-\nu(p_1+p_2)] \tag{25.7}$$

然后，矩阵$\boldsymbol{\Omega}$ 和 $\boldsymbol{C}$ 将应变和应力与材料的折射率关联为[①]

$$\Delta\eta=\begin{pmatrix} 1/n_{xx}^2-1/n_0^2 \\ 1/n_{yy}^2-1/n_0^2 \\ 1/n_{zz}^2-1/n_0^2 \\ 1/n_{xy}^2 \\ 1/n_{yz}^2 \\ 1/n_{xz}^2 \end{pmatrix}=\boldsymbol{\Omega}\begin{pmatrix} \gamma_{xx} \\ \gamma_{yy} \\ \gamma_{zz} \\ \gamma_{xy} \\ \gamma_{yz} \\ \gamma_{xz} \end{pmatrix} \quad 和 \quad \Delta\boldsymbol{\eta}=\boldsymbol{C}_0\begin{pmatrix} \sigma_{xx} \\ \sigma_{yy} \\ \sigma_{zz} \\ \tau_{xy} \\ \tau_{yz} \\ \tau_{xz} \end{pmatrix} \quad 或 \quad \begin{pmatrix} n_{xx}-n_0 \\ n_{yy}-n_0 \\ n_{zz}-n_0 \\ n_{xy} \\ n_{yz} \\ n_{xz} \end{pmatrix}\approx-\boldsymbol{C}\begin{pmatrix} \sigma_{xx} \\ \sigma_{yy} \\ \sigma_{zz} \\ \tau_{xy} \\ \tau_{yz} \\ \tau_{xz} \end{pmatrix} \tag{25.8}$$

表 25.1 包含一组应变和应力光学张量系数 C_1 和 C_2。塑料的应力光学张量系数通常比玻璃大，这意味着施加在塑料上的等量应力会产生比玻璃更大的折射率变化。一般来说，可压缩性更强的材料具有更大的响应。PC 是一种非常强的聚合物，但通常具有较高的应力双折射。因此，PC 应避免用在应力会带来问题的应用中，但由于其强度较强和能给眼部提供保护，PC 经常用于眼镜中。

---

① C_0 和 C 之间的关系，见式(25.9)。

表 25.1　玻璃和塑料在 633nm 时的折射率 n_0，应变光学系数(p_1、p_2)，杨氏模量 E，泊松比 ν，应力光学张量系数(C_1 和 C_2)

材料	n_0	p_1	p_2	E/GPa	ν	$C_1/(10^{-12}/\mathrm{Pa})$	$C_2/(10^{-12}/\mathrm{Pa})$
康宁 7940 熔石英[12-15]	1.46	0.121	0.270	70.4	0.17	0.65	4.50
康宁 7070 玻璃[15]	1.469	0.113	0.23	51.0	0.22	0.37	4.80
康宁 8363 玻璃[15]	1.97	0.196	0.185	62.7	0.29	5.41	4.54
Al_2O_3[12]	1.76	−0.23	−0.03	367	0.22	−1.61	0.202
As_2S_3[15]	2.60	0.24	0.22	16.3	0.24	72.5	59.1
聚苯乙烯[16]	1.57	0.30	0.31	3.2	0.34	53.9	62.0
Lucite 合成树脂[17]	1.491	0.30	0.28	4.35	0.37	35.4	24.9
Lexan 聚碳酸酯[17]	1.582	0.252	0.321	2.2	0.37	13.0	98.1

例 25.1　单轴应力光学效应

各向同性材料在一个方向的应力作用下变成单轴材料，其光轴沿施加应力的方向。根据式(25.8)，当仅存在沿 x 方向作用的应力时[18-20]，

$$
\begin{aligned}
C_0\sigma = \Delta\eta &= \frac{1}{n_{xx}^2} - \frac{1}{n_0^2} \\
&= \frac{n_0^2 - n_{xx}^2}{n_0^2 n_{xx}^2} = \frac{(n_0 - n_{xx})(n_0 + n_{xx})}{n_0^2 n_{xx}^2}, \text{其中 } n_0 \approx n_{xx} \\
&\approx \frac{(n_0 - n_{xx})(2n_0)}{n_0^4} \\
&\approx -\frac{2}{n_0^3}\Delta n
\end{aligned}
$$

于是

$$
\Delta n \approx -\frac{n_0^3}{2} C_0 \sigma = -C\sigma \tag{25.9}
$$

对于普通聚合物，如聚甲基丙烯酸甲酯(PMMA)，C_0 的量级为 $10^{-12}\,\mathrm{Pa}^{-1}$，它等于一个布儒斯特。表 25.2 列出了玻璃和聚合物的几种应力光学系数 C。

表 25.2　应力光学系数 C

材　　料	$C(10^{-12}/\mathrm{Pa})$
N-BK7(肖特玻璃)[21]	2.77
F2(肖特玻璃)[21]	2.81
SF4(肖特玻璃)[21]	1.36
聚甲基丙烯酸甲酯(PMMA)[22-24]	~3.3,4.5[a]
聚碳酸酯[25-27]	30~72[a]
LBC3N(保谷 HOYA)[27]	0.43
FF5(保谷 HOYA)[27]	3.31
肖特玻璃在 589.3nm 处测量[21]，聚合物和 HOYA 玻璃在 632.8nm 处测量[27]。	

[a] 参数随用于不同应用的改性材料配方而变化。

根据式(25.8),受应力的逆介电张量为$\boldsymbol{\eta}=\boldsymbol{\eta}_0+\Delta\boldsymbol{\eta}$,可在主坐标系中将它转换为介电张量。当在主坐标中表示$\boldsymbol{\eta}$时,它是一个对角矩阵,其特征值(L_1,L_2,L_3)沿着它的对角线,

$$\boldsymbol{\eta}_{\text{主坐标}}=\begin{pmatrix}L_1 & 0 & 0\\ 0 & L_2 & 0\\ 0 & 0 & L_3\end{pmatrix},\quad \text{所以}\quad \boldsymbol{\varepsilon}_{\text{主坐标}}=\begin{pmatrix}1/L_1 & 0 & 0\\ 0 & 1/L_2 & 0\\ 0 & 0 & 1/L_3\end{pmatrix} \tag{25.10}$$

主坐标系中的介电张量旋转到全局坐标系,如下所示:

$$\boldsymbol{\varepsilon}=\boldsymbol{R}^{-1}\cdot\boldsymbol{\varepsilon}_{\text{主坐标}}\cdot\boldsymbol{R} \tag{25.11}$$

其中$\boldsymbol{R}$是$(\boldsymbol{v}_1\quad\boldsymbol{v}_2\quad\boldsymbol{v}_3)$,它的列是$\boldsymbol{\eta}$的特征矢量。

施加在单轴或双轴晶体上的应力需要有比式(25.6)的系数更多的应力光学系数,这些系数与其他应变系数有关。它们的应力光学张量需要更多的非零分量(在剪切应力和法向应力中)来解释$\boldsymbol{\varepsilon}$的非对角元素之间的相互作用[10,28-29]。

利用式(25.8)、式(25.10)和式(25.11)的结果,我们得到了应力介电张量,它以类似于双轴介电张量的方式改变光线的偏振特性。如第 19 章所述,当光线通过应力双轴材料时,它将裂解为两个具有正交电场矢量$\boldsymbol{E}_1$和$\boldsymbol{E}_2$的模式,这两个矢量具有两个不同的折射率n_1和n_2。为简化应力$\boldsymbol{P}$矩阵的计算,同时保持有效光学计算的必要精度(对于相位通常优于$\lambda/100$),做了以下假设:

(1) 施加的应力只会引起折射率的微小变化。因此,使用无应力折射率的斯涅耳定律,可精确计算出折射进入和折射离开元件。

(2) 光线分离被忽略,因为射出应力双折射材料的两个模式基本上是彼此重叠的,如图 25.5 所示,并且光线路径可很好地用从入射面到出射面追迹的单一光线段建模。因此$\hat{\boldsymbol{k}}\approx\hat{\boldsymbol{S}},\hat{\boldsymbol{D}}\approx\hat{\boldsymbol{E}}$。

应用这些假设,折射传播矢量为$\boldsymbol{k}$

$$n_{\mathrm{i}}\sin\theta_{\mathrm{i}}=n_0\sin\theta_0\quad\text{和}\quad\boldsymbol{k}=\frac{n_{\mathrm{i}}}{n_0}\boldsymbol{k}_{\mathrm{i}}+\left(\frac{n_{\mathrm{i}}}{n_0}\cos\theta_{\mathrm{i}}-\cos\theta_0\right)\hat{\boldsymbol{\eta}} \tag{25.12}$$

其中n_{i}和n_0为入射折射率和无应力折射率,θ_{i}和θ_0为入射角和折射角,$\boldsymbol{k}_{\mathrm{i}}$为入射传播矢量,$\hat{\boldsymbol{\eta}}$为表面法线。使用 19.5 节的方法计算两种模式的折射率和电场矢量。通过结合式(19.7)中的各向异性本构关系和麦克斯韦方程,$\boldsymbol{E}$的特征值方程为

$$[\boldsymbol{\varepsilon}+(n\boldsymbol{K})^2]\boldsymbol{E}=0 \tag{25.13}$$

其中$\boldsymbol{K}=\begin{pmatrix}0 & -k_z & k_y\\ k_z & 0 & -k_x\\ -k_y & k_x & 0\end{pmatrix}$,$\hat{\boldsymbol{k}}=(k_x,k_y,k_z)$是在应力材料中的传播方向。对于非零$\boldsymbol{E}$,式(25.13)中含有$k_x,k_y,k_z$,它们构成$\boldsymbol{k}$矢量

$$|\boldsymbol{\varepsilon}+(n\boldsymbol{K})^2|=0 \tag{25.14}$$

有两个折射率解,n_1和n_2对应于两个本征模。然后,通过对具有n_1、n_2的$[\boldsymbol{\varepsilon}+(n\boldsymbol{K})^2]$进行奇异值分解得到$\boldsymbol{E}_1$和$\boldsymbol{E}_2$。它们的坡印廷矢量是电矢量和磁矢量的叉积,

$$\boldsymbol{S}=\frac{\mathrm{Re}[\boldsymbol{E}\times\boldsymbol{H}^*]}{|\mathrm{Re}[\boldsymbol{E}\times\boldsymbol{H}^*]|} \tag{25.15}$$

其中

$$\boldsymbol{H} = n\boldsymbol{K} \cdot \boldsymbol{E} \tag{25.16}$$

应力材料中光线的 $\boldsymbol{P}$ 矩阵是线性延迟器。它将矢量$(\hat{\boldsymbol{E}}_1, \hat{\boldsymbol{E}}_2, \hat{\boldsymbol{S}})$映射为$(\hat{\boldsymbol{E}}_1 e^{i\frac{2\pi}{\lambda}n_1 d}, \hat{\boldsymbol{E}}_2 e^{i\frac{2\pi}{\lambda}n_2 d}, \hat{\boldsymbol{S}})$。因此

$$\boldsymbol{P}_{有应力} = \left(\hat{\boldsymbol{E}}_1 e^{i\frac{2\pi}{\lambda}n_1 d} \quad \hat{\boldsymbol{E}}_2 e^{i\frac{2\pi}{\lambda}n_2 d} \quad \hat{\boldsymbol{S}}\right)\left(\hat{\boldsymbol{E}}_1 \quad \hat{\boldsymbol{E}}_2 \quad \hat{\boldsymbol{S}}\right)^{\mathrm{T}} \tag{25.17}$$

式中,λ 是光的波长,d 是光在材料内部传播的距离。

例 25.2 单轴的压缩和拉伸应力

压缩应力增加折射率并产生正的单轴效应,各向同性介质变为弱的正单轴介质。压缩的方向是慢轴方向。压应力 σ 为负值。

拉伸应力或张力产生负单轴效应,将各向同性材料变为负单轴材料。张力减小折射率;因此,这种应力的方向表示快轴方向。拉伸应力 σ 为正符号。

沿快轴偏振的光的相位先于沿慢轴偏振的光(模式)。对于沿 y 方向的压应力,延迟量为 $\delta = 2\pi\dfrac{\Delta n}{\lambda}d = \dfrac{2\pi}{\lambda}(n_y - n_x)d > 0$。对于沿 y 方向的拉应力,延迟量为 $\delta = 2\pi\dfrac{\Delta n}{\lambda}d = \dfrac{2\pi}{\lambda}(n_y - n_x)d < 0$。该光线在 z 方向传播时,延迟量为 δ 的线性延迟器 $\boldsymbol{P}$ 矩阵为

$$\begin{pmatrix} e^{i\frac{2\pi}{\lambda}n_x d} & 0 & 0 \\ 0 & e^{i\frac{2\pi}{\lambda}n_y d} & 0 \\ 0 & 0 & 1 \end{pmatrix} \quad 或 \quad \begin{pmatrix} e^{-i\delta/2} & 0 & 0 \\ 0 & e^{i\delta/2} & 0 \\ 0 & 0 & 1 \end{pmatrix} \tag{25.18}$$

两个本征模式为 $e^{-i\delta/2}\boldsymbol{E}_x = e^{-i\delta/2}(1,0,0)$和 $e^{i\delta/2}\boldsymbol{E}_y = e^{i\delta/2}(0,1,0)$。

25.5 对具有空间变化应力双折射元件的光线追迹

在具有应力双折射的光学元件中,应力以复杂的方式变化。例如,当塑料光学元件通过注塑成型制造时,来自透镜支架和真空窗口的应力产生复杂的空间变化应力双折射,如图 25.2 所示。机械工程软件包,如 SigFit[30],计算机械零件内由于螺栓连接、焊接和重力等力的作用而产生的应力分布。应力和许多其他参数(如振动特性)的有限元建模(FEM)是机械设计过程的一部分。所得应力分布是在一组离散数据点上计算的,因此称为有限元。对于注塑成型,Moldflow 和 Timon3D[31-33]等其他软件包通过模拟黏性熔融塑料树脂流入加热模具、模具和零件的不均匀冷却、高压下的凝固以及镜片与模具的分离,来分析注塑成型的复杂物理过程。建模提高了塑料成型的效率和质量,以应用新的聚合物,并满足高质量电子产品、消费品和汽车工业的高要求[34]。在机械应力和成型应力这两种情况下,三维物体内部的应力分布都表示为 3×3 应力张量的阵列。图 25.6 显示了注塑透镜表面上的 3×3 对称应力张量分布,其中在对角线元素中观察到高应力变化。

对具有空间变化应力的光学元件模拟偏振变化涉及以下五个一般步骤。这些步骤计算有限元应力模型的 OPL、延迟和 $\boldsymbol{P}$ 矩阵:

(1) 从有限元程序文件中提取元件的光学形状；

(2) 计算元件内光线的光学路径，并将其分成短的片段；

(3) 沿该光学路径提取应力信息；

(4) 将应力光学分布转换为光线段的延迟器 **P** 矩阵；

(5) 将 **P** 矩阵相乘，得到从入口到出口的总 **P** 矩阵。

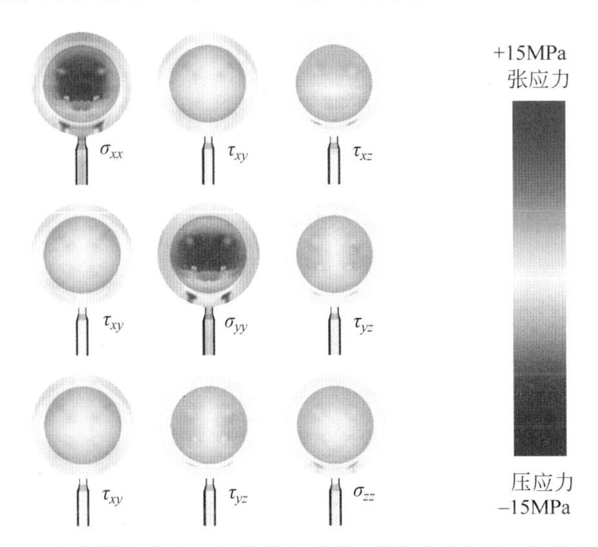

图 25.6　注塑透镜的 3×3 应力张量分布。红色表示张力，蓝色表示压力，灰色表示零应力。塑料从底部称为注口的区域进入透镜模具。从透镜底部伸出的塑料圆柱用于支撑透镜，由机器人将其移动到锯子上，锯下圆柱，并把透镜放入包装中交付

25.5.1　系统形状的存储

虽然 3D 对象的存储细节在不同的 CAD 系统中有所不同，但想法是相似的，目标是将连续区域离散为有限个子域。通常存储在 CAD 文件中的对象使用许多简单的构造块或有限元，例如立方体或四面体。每个单元由其顶点或节点指定。立方体需要八个节点，四面体需要四个节点，如图 25.7(b)和(c)所示。

25.5.2　折射和反射

使用无应力折射率和从 CAD 文件中提取的物体表面上的面三角形进行折射和反射。每个面三角形都在全局坐标系中指定了其表面法线。对于一个给定的三角形，通过取三角形顶点之差来计算两个向量。这两个向量的叉积近似于三角形面的面法线。对于给定的一条光线，使用参考文献[35]中的算法计算光线交点。图 25.8 显示了折射通过注塑透镜的光线阵列。使用光线交点程序和斯涅耳定律，一组入射的准直光线在折射通过透镜表面后会聚成像。

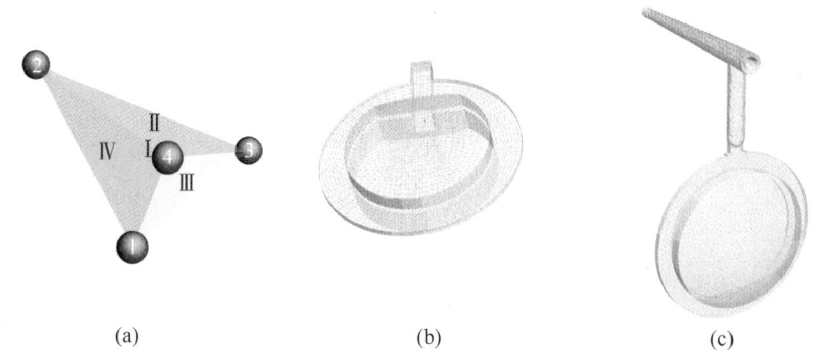

图 25.7 (a)四面体单元有四个顶点(1、2、3 和 4)和四个表面(Ⅰ、Ⅱ、Ⅲ和Ⅳ)。(b)和(c)是两种不同注塑透镜结构的表面图。表面由面三角形表示

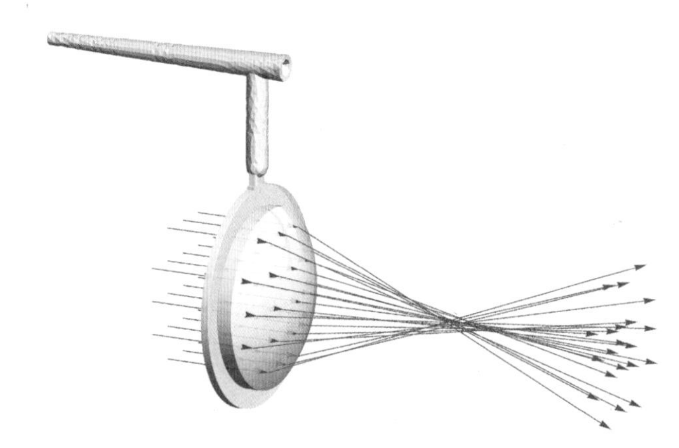

图 25.8 注塑透镜的折射,使用面三角形和斯涅耳定律来计算光线交点。该图模拟准直光线通过透镜会聚

25.5.3 应力数据格式

应力信息以应力张量阵列的形式包含在 CAD 文件中,每个应力张量有六个应力系数,即式(25.8)中的σ_{xx}、σ_{yy}、σ_{zz}、τ_{xy}、τ_{xz} 和τ_{yz}。应力张量分配给每个单元构造块。当光线通过三维对象传播时,光线通过多个单元,并沿光线段经历不同的应力张量。通常,每个应力张量与一个单元块的中心关联,如图 25.9 所示。因此,对于由 N 个单元块组成的对象,应力文件提供了分布在对象体内的 N 个应力数据点。光线传播通过这些点云,用插值法可以估计沿光线任意位置的应力。

示例注塑透镜的应力分量 σ_{xx} 如图 25.10 所示。通常,大部分应力集中在表面的薄层中。图 25.11 显示了另一个示例透镜应力张量图的所有九个分量,其应力大小由色标表示。在塑料透镜的注口(塑料熔体流入模具的地方)和法兰(用于安装的透镜外部环形结构)周围观察到较大的应力。

25.5.4 空间变化双轴应力的偏振光线追迹矩阵

当光线在具有空间变化应力的材料中传播时,会在整个光线路径中经历延迟变化。这

	与应力张量关联的单元块	将单元块缩减为块中心的一个点	将应力张量关联到单元块中心的点
1个单元块	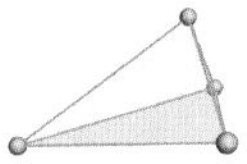	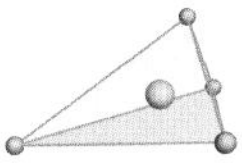	
10个单元块	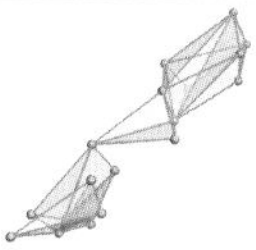	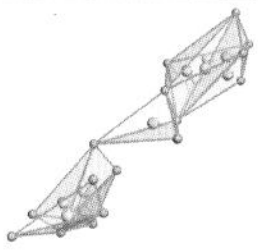	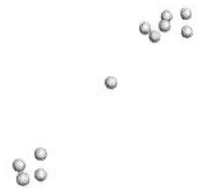
95656个单元块	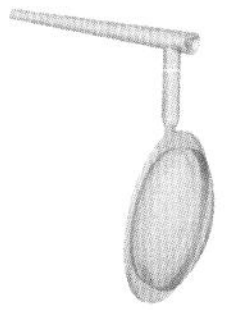		

图 25.9　由四个角点(顶行,左列)定义的四面体单元缩减为一个数据点,显示为单元中心的红点。在中间行中显示的 10 个四面体被缩减为 11 个数据点。最后一行,物体的所有 95656 个四面体都缩减到 95656 个数据点位置,每个数据点都与一个应力张量关联

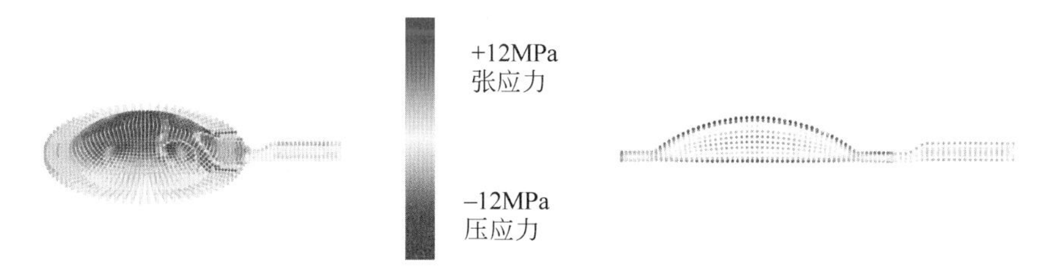

图 25.10　注塑透镜 CAD 文件中应力张量系数 σ_{xx} 的两个视图

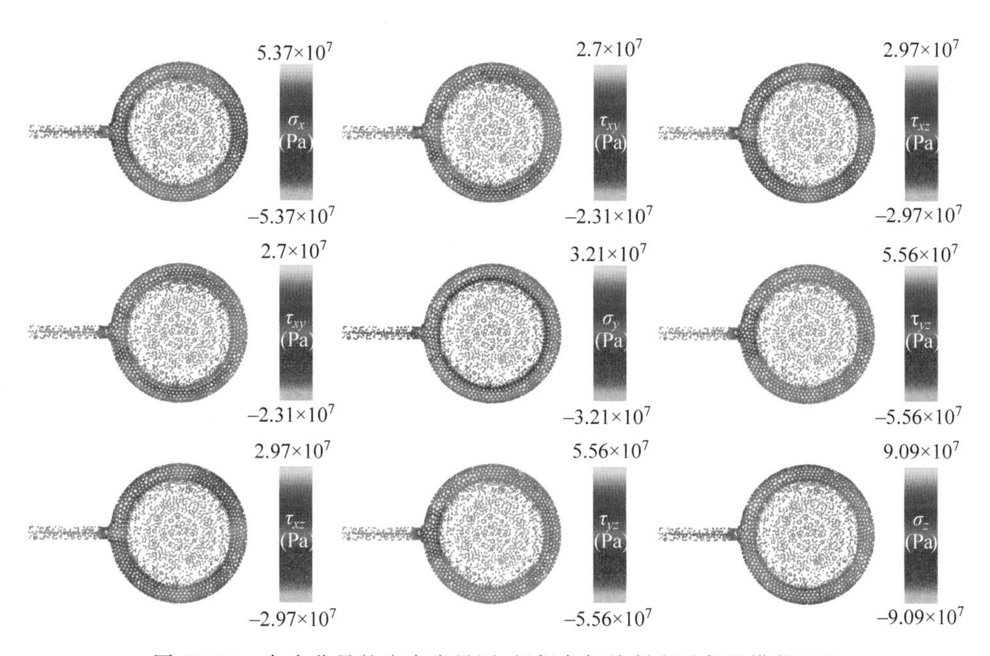

图 25.11　九个分量的应力张量图,根据色标绘制在对象的横截面上

类似于光线传播通过空间变化的双折射材料；因此，如图 25.12 所示，将光线路径建模为恒定双轴材料的堆栈。图 25.12(a)显示了具有转动的光轴和变化的延迟的空间变化双折射材料。如图 25.12(b)所示，通过沿光线路径将材料分成薄片来模拟这种空间变化行为。每个薄片都代表一种具有特定光轴方向和延迟量的恒定双轴材料。

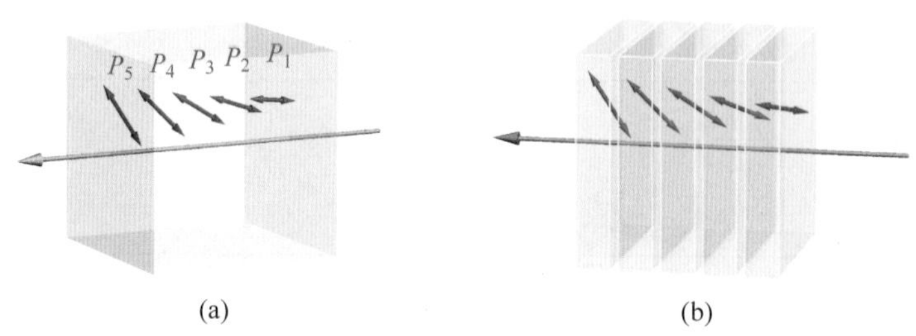

图 25.12　对于单条光线，可将空间变化的双轴材料(a)模拟为恒定双轴薄片的堆栈(b)。为每条光线计算不同的堆栈

图 25.13 显示了将穿过材料的光线路径切成片段并应用到应力数据上的概念。图(a)沿光线路径，一条光线穿过许多应力数据点。图(b)随后将光线路径划分为多个片段。图(c)每个片段的中点不太可能正好落在数据点上。图(d)每个片段中心的应力张量从数据中插值得到，例如可以使用三个最近数据点的加权平均值。图(e)由应力张量计算片段的 $\boldsymbol{P}$ 矩阵。距离片段最近的数据点的贡献大于距离片段更远的数据点。应选取足够多的片段数量，以模拟应力双折射的空间变化，并确保结果准确。

应力网格旨在对空间应力变化进行足够密集的采样，以使邻近模式之间的改变很小。在此限制下，应力可以插值。然而，对于更快速变化的应力，可能需要高阶拟合方程，并且应分别对延迟大小和延迟方向进行插值。

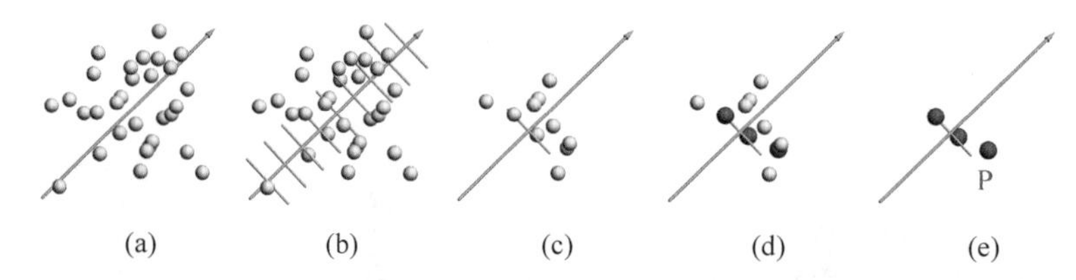

图 25.13　在空间变化的双轴材料内的光线路径被分为多个片段。插值法用于获得每一片段的应力信息。(a)光线沿其光线路径在许多显示为蓝色的应力数据点附近穿过。(b)然后将光线路径划分为许多片段，显示为沿光线路径的橙色平行线。(c)片段不太可能与任何数据点恰好相交。(d)N 个最近的数据点(三个以紫色突出显示)用于插值该片段的应力。(e)根据应力张量、光线方向和步长计算片段的 $\boldsymbol{P}$ 矩阵

计算加权平均应力的一种简捷方法类似于第 20 章的插值算法。考虑在 N 个数据位置$(\boldsymbol{r}_{s1},\boldsymbol{r}_{s2},\cdots,\boldsymbol{r}_{sn},\cdots,\boldsymbol{r}_{sN})$的一组 3×3 应力张量$(\boldsymbol{S}_1,\boldsymbol{S}_2,\cdots,\boldsymbol{S}_N)$，描述物体的应力分布。光线传播通过物体，其在受力物体内的光线路径被均匀地划分为 M 个片段$(\boldsymbol{r}_1,\boldsymbol{r}_2,\cdots,\boldsymbol{r}_m,\cdots,\boldsymbol{r}_M)$。每个片段之间的距离为 d。对于第 m 个片段，Q 个最近的数据点是$(\boldsymbol{r}_{m1},\boldsymbol{r}_{m2},\cdots,\boldsymbol{r}_{mq},\cdots,\boldsymbol{r}_{mQ})$，其应力张量是$(\boldsymbol{S}_{m1},\boldsymbol{S}_{m2},\cdots,\boldsymbol{S}_{mq},\cdots,\boldsymbol{S}_{mQ})$。选取 Q 个数据点是为了在 N 个数据点以外的位置产生合理的应力估计。对于本章所示的例子，$Q=3$ 就足够了。这些数据点距离片段 m 为$(|\bar{r}_{m1}|,|\bar{r}_{m2}|,\cdots,|\bar{r}_{mQ}|)=(|\boldsymbol{r}_{m1}-\boldsymbol{r}_m|,|\boldsymbol{r}_{m2}-\boldsymbol{r}_m|,\cdots,|\boldsymbol{r}_{mQ}-\boldsymbol{r}_m|)$。

根据该数据进行插值得到片段 m 处的应力。使用

$$\boldsymbol{S}_m=\sum_{q=1}^{Q}A_q\boldsymbol{S}_q \tag{25.19}$$

其中，

$$A_q=\frac{(|\bar{r}_{mq}|+\varepsilon^{-17})^{-2}}{\sum_{q=1}^{Q}[(|\bar{r}_{mq}|+\varepsilon^{-17})^{-2}]} \tag{25.20}$$

是基于距离 $|\bar{r}_{mq}|$ 的比例因子，其最大值为 1，$\varepsilon\approx10^{-17}$。当某个数据点邻近 $\boldsymbol{r}_m$ 点时，A_q 强调 $\boldsymbol{S}_q$，而不强调更远的点。如果 $\boldsymbol{r}_m$ 正好位于 $\boldsymbol{r}_{mq}$ 之上，则 $|\bar{r}_{mq}|=0$ 和 $A_q\approx1$。如果 $\boldsymbol{r}_m$ 处在数据点之间，A_q 对最近的 Q 个数据点的影响取加权平均。

每一个片段都表现为一个线性延迟器，其效果由一个 $\boldsymbol{P}$ 矩阵表征。使用 25.3 节描述的方法和式(25.17)及式(25.19)中的平均值 $\boldsymbol{S}_m$ 计算第 m 个片段对应的应力 $\boldsymbol{P}_m$ 矩阵。通过将 $\boldsymbol{P}$ 矩阵相乘，获得通过应力元件的沿光线路径延迟序列的净效应，

$$\boldsymbol{P}_{应力}=\prod_{m=1}^{M}\boldsymbol{P}_{M-m+1} \tag{25.21}$$

为了表示折射进应力材料中并传播通过应力材料并折射出材料的光线，总 $\boldsymbol{P}$ 矩阵为

$$\boldsymbol{P}_{出}\cdot\boldsymbol{P}_{应力}\cdot\boldsymbol{P}_{入} \tag{25.22}$$

式中 $\boldsymbol{P}_{入}$ 和 $\boldsymbol{P}_{出}$ 是各向同性 $\boldsymbol{P}$ 矩阵，如第 9 章所述，用入射和出射表面的无应力折射率计算得到。

25.5.5 空间变化应力函数的例子

考虑光传播通过钢化玻璃的例子，例如通过汽车挡风玻璃。如例 25.3 所示，钢化玻璃中的抛物线应力分布通过均衡张力和压力提供强度和稳定性。应力的不平衡会导致不可预见的脆弱，并导致自发破裂。

例 25.3 钢化玻璃中的抛物线状应力

钢化玻璃采用受控冷却在玻璃板中产生抛物线状应力分布。本例应力分布如图 25.14 所示，其中正应力为张力，负应力为沿 x 方向施加的压力。表面压缩会产生更强的分子键和更强的材料。中心(密度较低的区域)的张力平衡了玻璃厚度上的力。

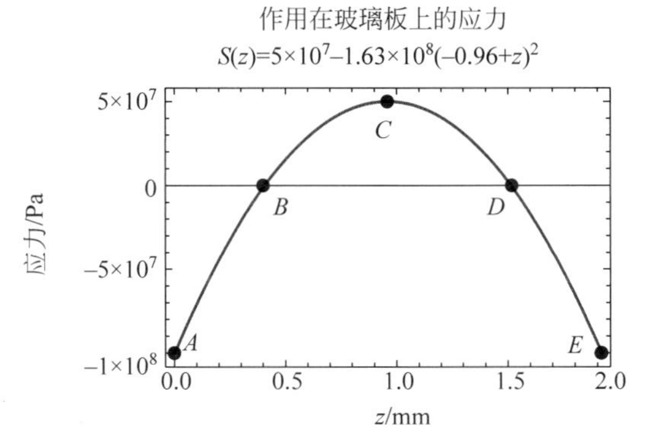

图 25.14 沿着玻璃板厚度的抛物线状应力分布

考虑波长为500nm的光正入射到折射率为1.52的平板上。光线经历了如图25.14所示从A到B的压应力引起的延迟。使用25.5.4节所述的方法，将光线路径分为30片线性延迟器，所得的$\boldsymbol{P}_{AB}$为

$$\begin{pmatrix} 0.707+0.707\mathrm{i} & 0 & 0 \\ 0 & 0.707-0.707\mathrm{i} & 0 \\ 0 & 0 & 1 \end{pmatrix}$$

它的延迟量大小为90°，快轴方向为y方向。然后，随着拉应力的增加，光线从B到C。该段所得的$\boldsymbol{P}_{BC}$为

$$\begin{pmatrix} 0.707-0.707\mathrm{i} & 0 & 0 \\ 0 & 0.707+0.707\mathrm{i} & 0 \\ 0 & 0 & 1 \end{pmatrix}$$

它的延迟量大小为90°，快轴方向为x方向。从A到E的总$\boldsymbol{P}$为

$$\begin{pmatrix} 1 & 0 & 0 \\ 0 & 1 & 0 \\ 0 & 0 & 1 \end{pmatrix}$$

其中，通过张应力和压应力之间的平衡，延迟被抵消为零。特意设置了过元件的张应力和压应力分布。每段不需要有$\lambda/4$的延迟量，但重要的一点是把总合的延迟量平衡到零。

应力张量作为元件横截面上位置函数的另一个示例如例25.4所示。一块2mm×2mm的玻璃板在式(25.23)应力张量函数的应力作用下成为旋转对称延迟器。图25.16显示了该应力板在线性偏光镜下的仿真结果。在2mm宽范围内观察到约10个波长的延迟量。由于板的应力轴呈径向，零强度十字的方向随偏光镜旋转。模拟的2×2琼斯光瞳(图25.17)显示了通过应力板的垂直(y)偏振和水平(x)偏振之间的耦合。xx和yy的耦合具有相同模式，这是xy和yx交叉耦合漏光的相反模式。在相位分量中，xx和yy的耦合显示了从$-\pi$到π的径向圆，而交叉耦合有从$-\pi/2$到$\pi/2$的跳变。当振幅图像和相位图像一起考虑时，交叉耦合琼斯光瞳是实值的，并且是从+1到−1变化的马鞍形。

例25.4 旋转对称应力板的数值模拟

采用$\boldsymbol{P}$矩阵乘法对偏光镜下的受力平行平板进行了数值模拟。考虑一块0.1844mm厚的由N-BK7制成的平板，其应力张量为

$$\boldsymbol{S}(x,y)=\begin{pmatrix} x^2 & xy & 0 \\ xy & y^2 & 0 \\ 0 & 0 & 0 \end{pmatrix}\cdot 2000\mathrm{MPa} \tag{25.23}$$

应力的大小和方向如图25.15所示，应力大小沿$(x,y)=(0,0)$轴为零，并从中心以二次方的方式增大。

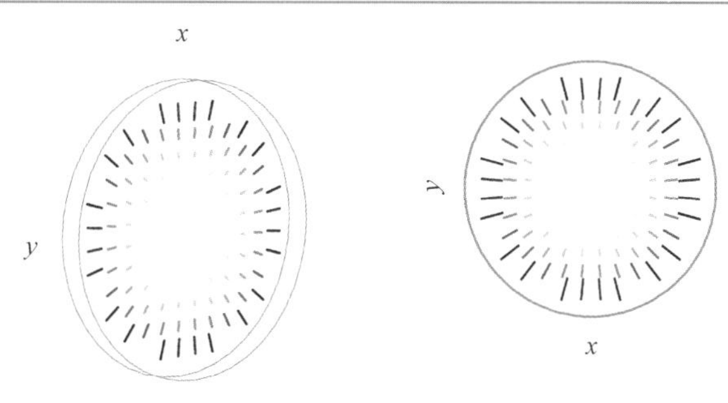

图 25.15　式(25.23)的应力分布。应力方向沿线段,应力大小与线段长度成正比。应力越大,线段颜色越深,因此位于平板末端的应力最大

考虑将应力板放置在两个正交偏振器的偏光镜中。应力板为空间变化的 A 板。偏光镜的 $\boldsymbol{P}$ 矩阵由 0°和 90°线性偏振器 $\boldsymbol{P}$ 矩阵得到,为 $\boldsymbol{P}_{0°}\cdot\boldsymbol{P}_{应力}\cdot\boldsymbol{P}_{90°}$,所得的强度图像如图 25.16 所示。

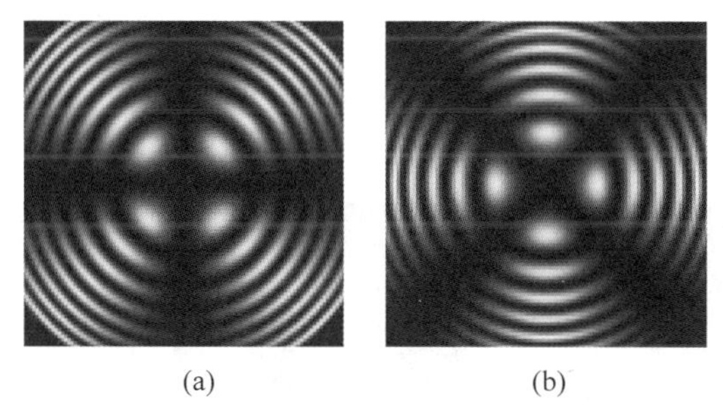

图 25.16　应力板的线性偏光镜图像。应力板位于水平和垂直偏振器之间(a),以及 45°和 135°偏振器之间(b)。黑色表示零强度,白色表示大强度

图 25.17 绘制了与 $\boldsymbol{P}_{应力}$ 对应的琼斯光瞳。

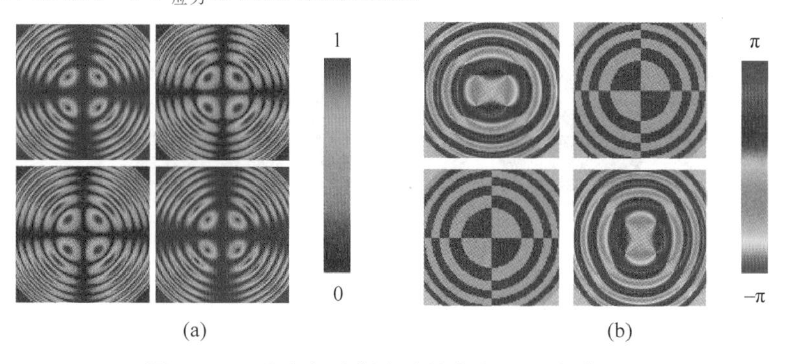

图 25.17　应力板琼斯光瞳的大小(a)和相位(b)

25.6　应力双折射对光学系统性能的影响

对于含有应力双折射的系统,有许多方法可以分析光线追迹结果,例如偏振态变化或双

折射变化。最常用的衡量尺度是延迟。光瞳上的延迟大小和快轴方向可以洞察应力的位置、方向和大小。在大多数光学系统中,$\lambda/4$ 的延迟会产生大量像差,导致点扩展函数中可察觉的图像退化。本节介绍了各种注塑透镜的仿真,以及采自偏光镜的塑料和玻璃元件的应力图像。

25.6.1 用偏光镜观察应力双折射

观察双折射的一种快速方法是使用偏光镜。由于偏光镜测量沿光线路径的累积延迟,因此通常用于分析透明样品的应力双折射。偏振镜的不同配置揭示了诱导双折射的大小和方向。在玻璃和透明塑料透镜制造过程中,偏光镜用于质量检查,以识别缺陷和应力。7.7.1 节已讨论过偏光镜。

一些塑料样品(图 25.18~图 25.21)的偏光图像取自不同的偏光镜配置。在具有正交偏振器的偏光镜中,样品的漏光是应力双折射的表现。图 25.18 中的塑料胶带分配器和图 25.19 中的 CD 基板在形状突然变化的边缘附近显示出较大的双折射变化。由于胶带分配器和 CD 基板通常不用作偏振敏感光学系统中的光学元件,因此大应力双折射不是问题。然而,一副由验光单配制的眼镜却显示出出人意料的高双折射。由于人眼对偏振不敏感,双折射对眼镜的性能几乎没有影响。

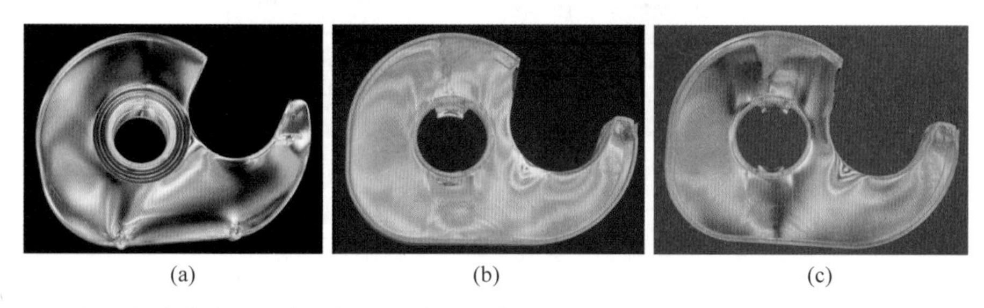

(a) (b) (c)

图 25.18 把塑料胶带分配器放置在(a)正交线性偏振器,(b)正交圆偏振器和(c)敏感色板偏光镜中

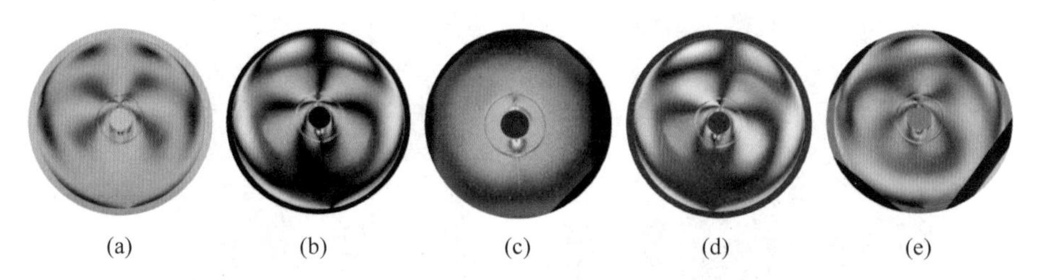

(a) (b) (c) (d) (e)

图 25.19 将 CD 基板放置在(a)平行线偏振器,(b)正交线偏振器,(c)正交圆偏振器,(d)敏感色板偏光镜和(e)具有四分之一波片的正交偏振器中

图 25.21 中的注塑凸透镜显示了透镜在正交偏振器之间典型的马耳他十字图案。马耳他十字图案主要来自透镜表面的薄压缩层,如图 25.10 所示。塑料流入模具的注模口位于透镜侧面,通常相对于透镜的其余部分具有高应力双折射[36]。图 25.21 中的两组图像显示了五种偏光镜配置中透镜的偏光镜图像,第二行中的透镜旋转了 45°。通过在不同偏光镜配置中改变透镜的方向,可以定性地计算应力诱导延迟的方向。图 25.21 的第一行给出了关于线性的垂直、水平和圆延迟的信息,第二行提供关于线性的 45°、135°和圆延迟的信息。

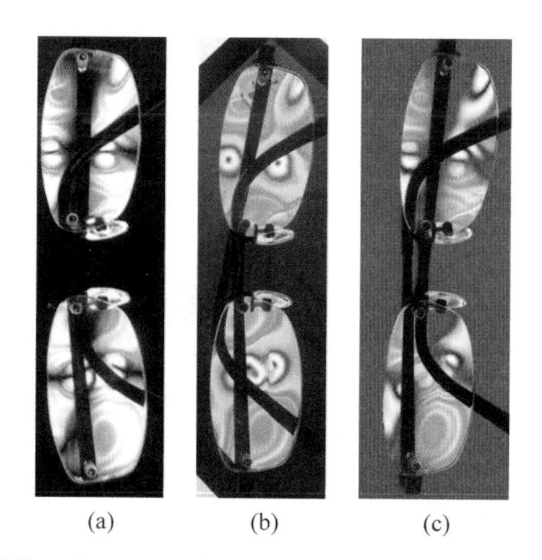

图 25.20 一副塑料眼镜放置在(a)正交线性偏振器,(b)正交圆偏振器和(c)灵敏色板偏光镜中

在线性正交偏振器之间,主图案不随透镜方向变化,因为应力主要是径向方向,类似于图 25.15。从圆偏光镜配置来看,旋转透镜并未观测到图案变化,一个图案快照揭示了延迟大小,它与透镜方向无关。在灵敏色板偏光镜中,将透镜旋转 45°时,蓝色和黄色之间的颜色平移表明,双折射轴相对于马耳他十字图案的两个正交方向为 45°。

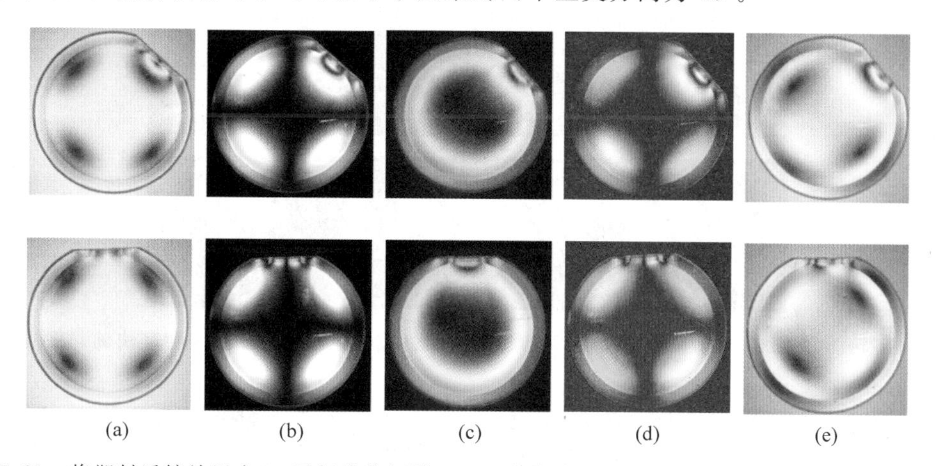

图 25.21 将塑料透镜放置在(a)平行线偏振器,(b)正交线偏振器,(c)正交圆偏振器,(d)敏感色板偏光镜和(e)带四分之一波片的正交偏振器中。调整塑料透镜的方向以显示应力。塑料注口在两个方向上看起来不同(除了圆偏光镜,它产生的强度与快轴方向无关)

光学元件的安装可能施加导致双折射的外力。图 25.22 到图 25.24 显示了矩形平行平面玻璃板的偏光图像,在其中一个边缘的中间用螺钉施加外力,并增加外力。平板由对边上的两个销支撑。结果表明,施加在光学元件上的非必要外力会导致应力,从而增加波前像差。如后文所述,这种不希望有的应力会导致偏振像差。

图 25.25 中偏光镜下观察到的是特意制成的高应力玻璃样品。不同偏光镜配置下应力图案有变化。测试通常在 0°和 45°下进行,以观测与斯托克斯参数 S_1 和 S_2 相关的两个应力分量,不同的玻璃方向给出了万花筒般的图像。

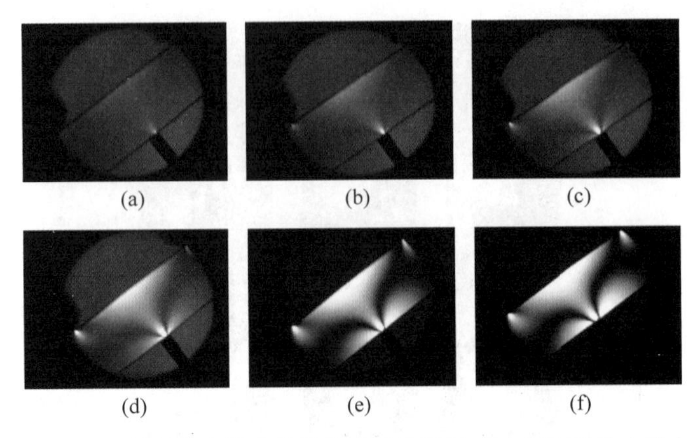

图 25.22 线性偏光镜中的平行平面玻璃板,从(a)到(f)外力增大

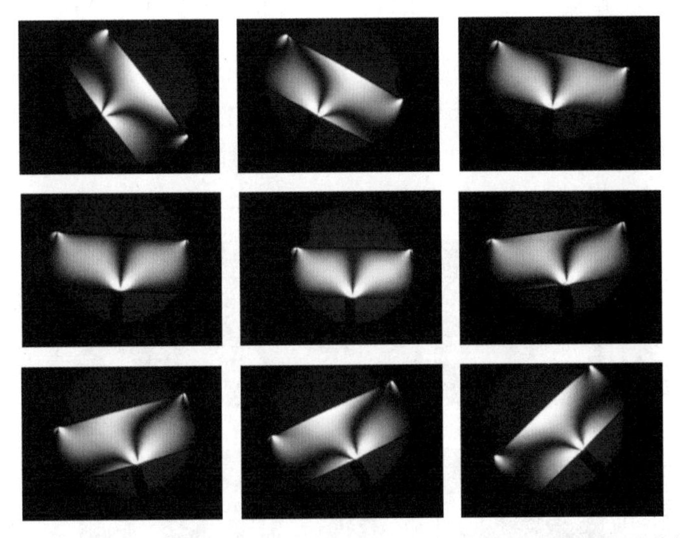

图 25.23 旋转图 25.22(f)中的平行平面玻璃板所得的线性偏光镜图像。暗带表明其快轴与偏光镜轴对齐

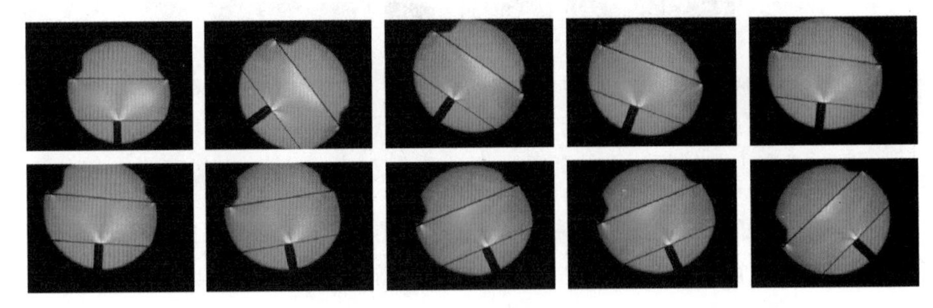

图 25.24 添加色板延迟器后,生成的颜色图案会发生变化。
粉红色背景表示接近零延迟或近似各向同性条件

25.6.2 注塑成型透镜的仿真

25.5 节解释的模拟方法将用于计算具有如图 25.27 所示应力的注塑透镜(图 25.26 所

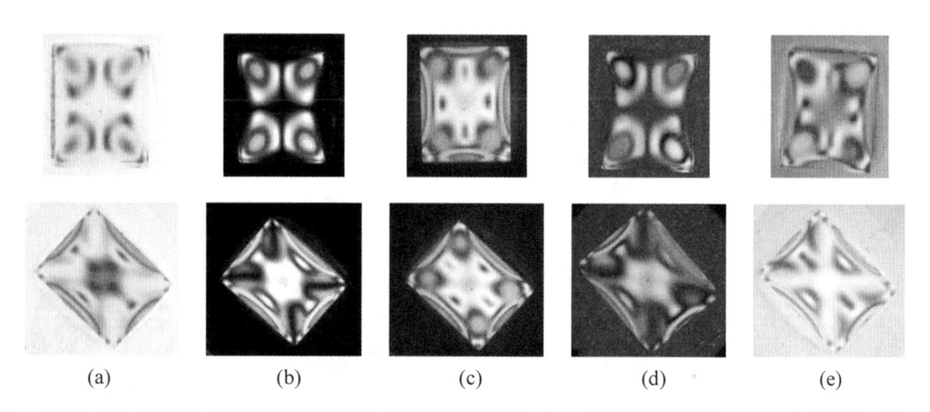

图 25.25　将具有内应力的玻璃样品置于(a)平行线偏振器,(b)正交线偏振器,(c)正交圆偏振器,(d)灵敏色板偏光镜和(e)具有四分之一波片的正交偏振器中。以 0°和 45°方向(对应于两行图像)观察应力玻璃,揭示出了所有应力。除圆偏光镜产生的强度图案与快轴方向无关,这两个方向的双折射图案不同

示)所引起的延迟。该透镜完整的 3×3 应力张量如图 25.11 所示。

过这个应力透镜追迹一个准直光线的阵列。用光线追迹 **P** 矩阵计算透镜产生的延迟变化,并绘制在图 25.28 中。延迟的快速变化出现在透镜的法兰和注口处。中心处的延迟较小,边缘处的延迟稍大。该透镜也在配有正交偏振器的偏光镜中进行了模拟。透过偏光镜的漏光是由透镜的形状以及应力引起的延迟造成的。不同的应力光学系数会导致物体产生不同的诱导延迟。更高应力系数的仿真图案表现出更大的延迟,并导致更多透过偏光镜的漏光。

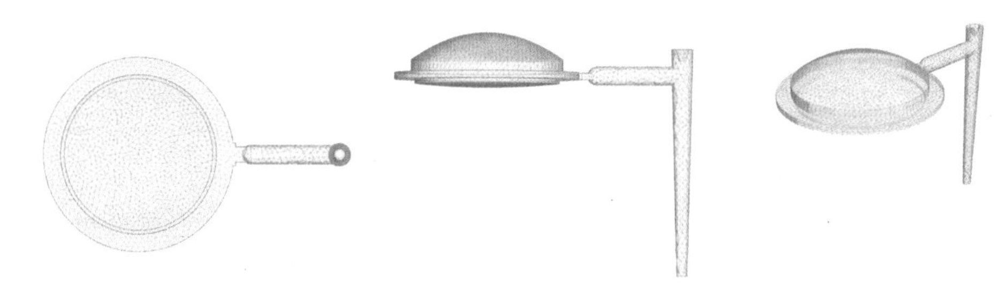

图 25.26　三种不同视图中注塑透镜的 CAD 图像

图 25.27　注塑透镜(图 25.26 中的同一透镜)的应力图像,通过 CAD 文件进行了剖切

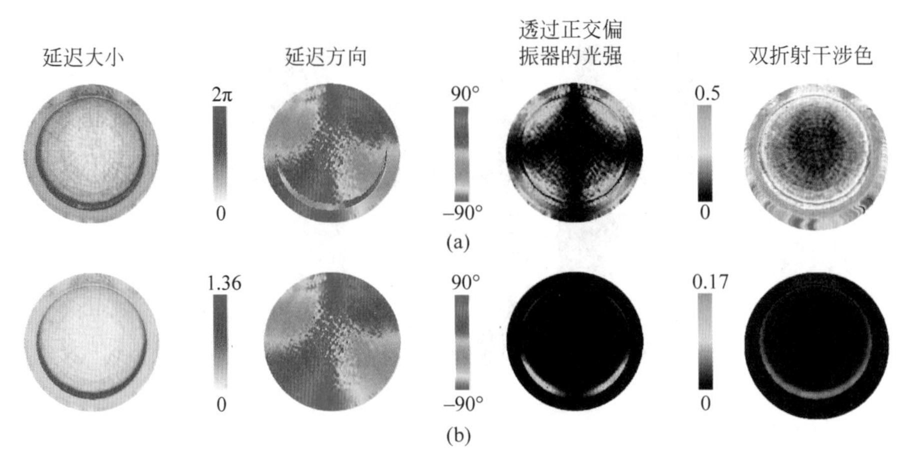

图 25.28 根据两组应力光学系数由偏振光线追迹计算出来的注塑透镜的延迟大小、延迟方向、偏光镜图像和双折射色。(a)$\{C_1, C_2\}$是$\{5\times10^{-14}\,\mathrm{Pa}^{-1}, 5\times10^{-13}\,\mathrm{Pa}^{-1}\}$,(b)$\{C_1, C_2\}$为$\{6.5\times10^{-13}\,\mathrm{Pa}^{-1}, 4.5\times10^{-12}\,\mathrm{Pa}^{-1}\}$。透镜的注口位于所示透镜的顶部

25.6.3 塑料 DVD 透镜的仿真

DVD 和 CD 系统对注塑透镜的应力诱导偏振非常敏感,因为 DVD 信号通过偏振分束器传输两次。DVD 信号会因应力引起的像差太大而变差。信号质量下降太多会导致误码率增加到不可接受的水平。在没有应力的情况下,未镀膜透镜具有零延迟,其性能与各向同性透镜那样可用常规光线追迹预测;有应力时,透镜具有应力导致的延迟。示例 DVD 拾取透镜(图 25.29)在光瞳上的应力导致的延迟,如图 25.30 所示。

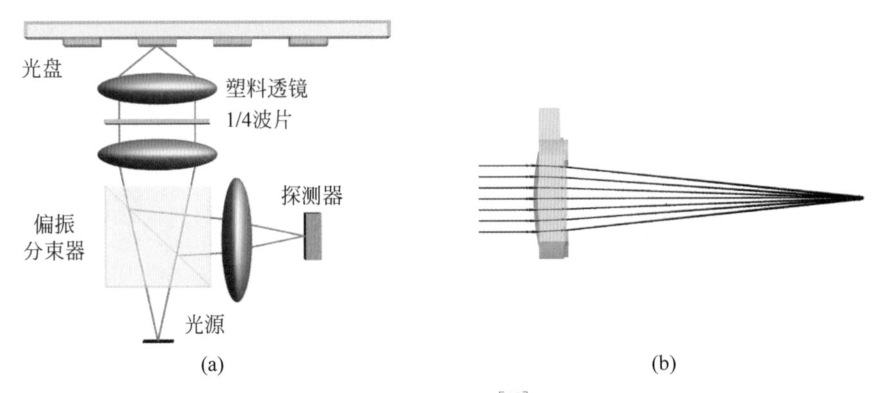

图 25.29 (a)CD 播放机中光学拾音系统的光学布局[37]。(b)注塑透镜模型聚焦准直入射光束

图 25.29(a)中的 DVD 拾取透镜方案,通过偏振分束器照明,然后通过偏振分束器成像。成像质量由其振幅响应矩阵 **ARM** 进行评估,如图 25.31 所示。主 **ARM** 分量 xx 和 yy 近乎是无应力透镜(图 25.31(a))的艾里斑,有少量光耦合到非对角元素 xy 和 yx 中。当使用应力数据再次进行偏振光线追迹分析时,主要的 xx 和 yy 分量仅受到轻微影响,但现在更多的光耦合到正交偏振态,如非对角元素 xy 和 yx 所示。相应的偏振调制传递函数(MTF)如图 25.32 所示,整体调制度较低。

如图 25.33 所示,随着应力的增加,最终 **ARM** 中的交叉耦合分量越来越偏离艾里斑。在极端应力水平下(图 25.33(e)),透镜失去成像的能力。

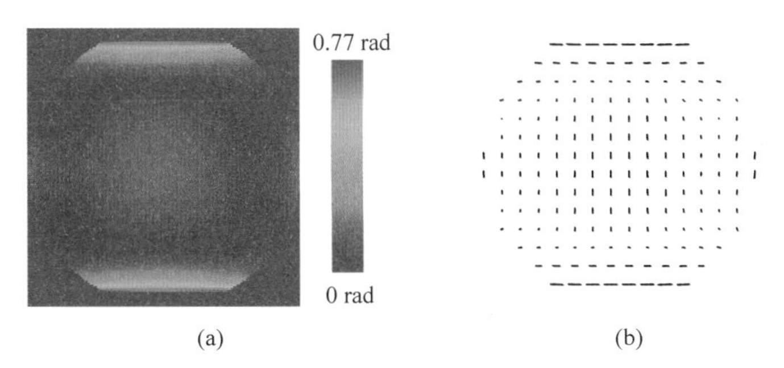

图25.30 应力透镜光瞳上的诱导延迟大小(a)和延迟方向(b)

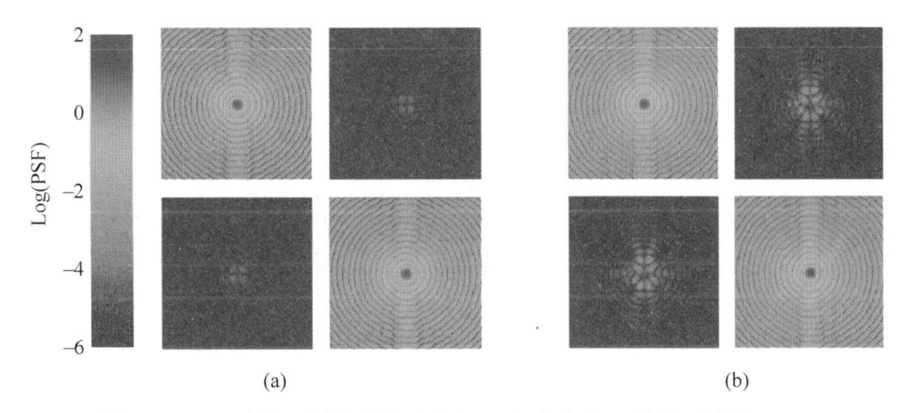

图25.31 以对数比例表示的无应力(a)和有应力(b)注塑透镜的**ARM**

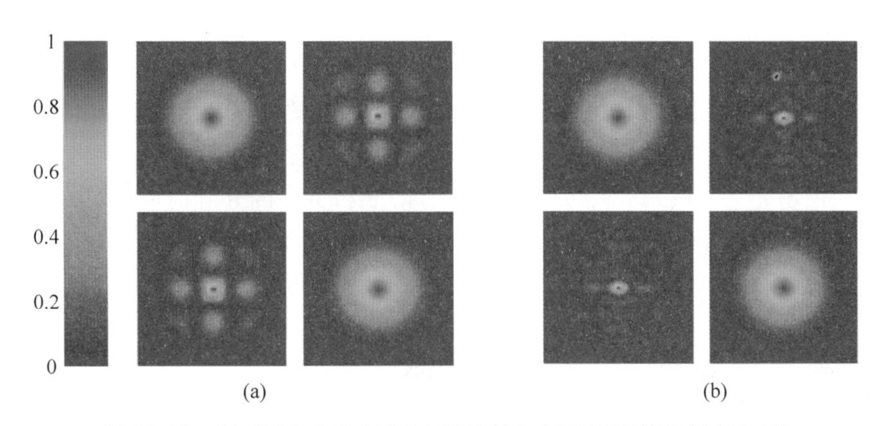

图25.32 图25.31中无应力(a)和有应力(b)注塑透镜的相应MTF

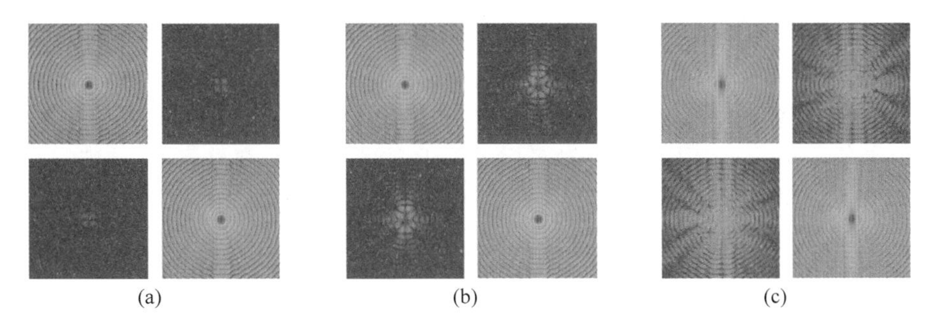

图25.33 透镜折射的偏振光的点扩展函数(a)无应力,(b)一些模制应力,(c),(b)的10倍应力,(d)100倍应力,以及(e)1000倍应力

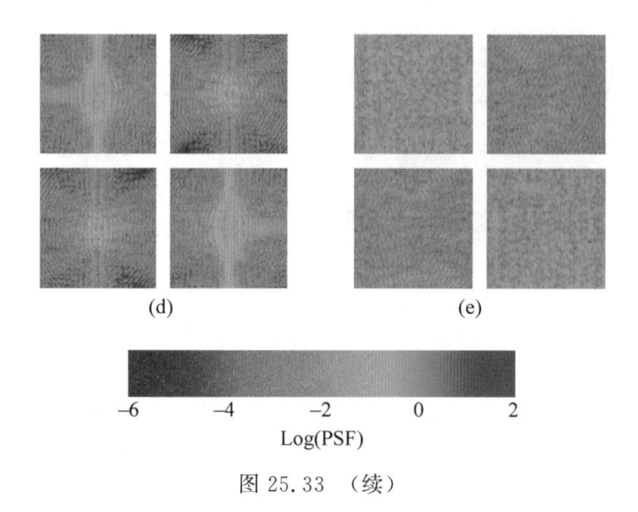

图 25.33 (续)

25.7 总结

光学元件中的应力影响性能。在本章中,将复杂的应力分布建模为具有空间变化介电张量的各向异性材料。这里讨论了各向同性材料中的应力。各向异性材料需要更复杂的应力光学张量和应变光学张量来描述由外力引起的与方向相关的变化。比式(25.6)有更多元素的类似算法仍然可以对光学性能建模。这种光线追迹方法,对具有空间变化光学特性的光学元件进行了建模,可用于模拟梯度折射率光学、液晶和其他类似光学元件。

能够分析和模拟光学元件中应力的影响对于工业检测、产品控制和精密光学系统的公差分析非常重要。应力双折射可通过米勒矩阵偏振仪、偏光镜、灵敏色板法和塞纳蒙特法测量。目前还开发了其他双折射测量方法,例如光弹性调制器法、光学外差干涉测量法[38]、相移技术[39]和近场光学显微术[40],以实现更高的精度和更短的处理时间。通过对测量和仿真的比较,可以改进模制透镜和其他元件的制造程序。应力仿真已被用于预测产品性能以及注塑成型过程中加工时间和产品质量之间的权衡,并降低昂贵的试验和错误成本。

25.8 习题集

25.1 过应力双折射样品和单轴样品的光线追迹有什么区别?

25.2 图 25.1 和图 25.2 中的图像都是使用正交偏振器拍摄的。为什么图 25.2 只包含黑色和白色?为什么图 25.1 包含颜色?

25.3 a. 偏光太阳镜中的偏振器是在外表面、内表面还是在整个上?

b. 如果一副偏光太阳镜的应力双折射位于中间,而不是在外表面,a. 中三种情况会有什么样的效果?

c. 使用偏光镜或线性偏振器进行测量。你的测量显示了什么?

25.4 如折射率变化 Δn 为 0.0001,表 25.2 中材料相应的应力是多少?

25.5 在各向同性材料的弱应力范围内,折射率变化 Δn 与主应力差 $\sigma_{xx}-\sigma_{yy}$ 通过应力光

学系数 C_1 和 C_2 相关联：

$$\Delta n = C(\sigma_{xx} - \sigma_{yy}) - \frac{1}{2} n_0^3 (C_1 - C_2)\sigma^{①}$$

其中 n_0 是无应力材料的折射率。在波长 633nm 下

有机玻璃：$n_0 = 1.491, C_1 = 35.4 \times 10^{-12}\text{Pa}^{-1}, C_2 = 24.9 \times 10^{-12}\text{Pa}^{-1}$；

熔融石英：$n_0 = 1.46, C_1 = 0.65 \times 10^{-12}\text{Pa}^{-1}, C_2 = 4.5 \times 10^{-12}\text{Pa}^{-1}$。

a. 对于主应力差 $\sigma_{xx} - \sigma_{yy} = 100\text{MPa}$，有机玻璃的折射率变化是多少？熔融石英玻璃呢？

b. 鉴于上述应力，1mm 厚的有机玻璃片的延迟大小（以波数表示）是多少？对于 1mm 厚的熔融石英呢？

c. 假设熔融石英和有机玻璃的厚度均为 1mm。玻璃中需要多少主应力差才能获得与塑料中 100MPa 应力差相同的延迟量？

25.6　使用图 25.23 和图 25.24，确定应力玻璃双折射轴的位置。

25.7　解释关于图 25.25 中的样品可以得出哪些信息。

25.9　致谢

本章结合了 Greg Smith 的工作，他开发了用于许多示例中的空间变化应力算法。这项工作的一部分是与 Nalux Co. Ltd. 和 Emhart Glass 合作完成的。

25.10　参考文献

[1] D. Brewster, On the effects of simple pressure in producing that species of crystallization which forms two oppositely polarized images, and exhibits the complementary colors by polarized light, Philos. Trans. R. Soc. Lond. 105 (1815): 60-64.

[2] E. G. Coker and L. N. G. Filon, Treatise on Photoelasticity, London: Cambridge University Press (1931).

[3] G. Birnbaum, E. Cory, and K. Gow, Interferometric null method for measuring stress-induced birefringence, Appl. Opt. 13 (1974): 1660-1669.

[4] E. R. Cochran and C. Ai, Interferometric stress birefringence measurement, Appl. Opt. 31 (1992): 6702-6706.

[5] A. V. Appel, H. T. Betz, and D. A. Pontarelli, Infrared polariscope for photoelastic measurement of semiconductors, Appl. Opt. 4 (1965): 1475-1478.

[6] W. Su and J. A. Gilbert, Birefringent properties of diametrically loaded gradient-index lenses, Appl. Opt. 35 (1996): 4772-4781.

[7] R. K. Kimmel and R. E. Park, ISO 10110 Optics and Optical Instruments—Preparation of Drawings for Optical Elements and Systems: A User's Guide, Washington, DC: Optical Society of America (1995).

[8] ISO/DIS 10110—Preparation of drawings for optical elements and systems. Part 2: Material

① 负号可能适用于另一种压缩和拉伸约定。

imperfections—Stress birefringence (1996).
[9] A. Y. Yi and A. Jain. Compression molding of aspherical glass lenses—A combined experimental and numerical analysis, J. Am. Cer. Soc. 88. 3 (2005): 579-586.
[10] A. Yariv and P. Yeh, Optical Waves in Crystals: Propagation and Control of Laser Radiation, John Wiley & Sons (1984), pp. 319-329.
[11] D. A. Pinnow, Elastooptical materials, in CRC Handbook of Lasers with Selected Data on Optical Technology, ed. R. J. Pressley, Cleveland, OH: The Chemical Rubber Company (1971).
[12] M. Huang, Stress effects on the performance of optical waveguides, Int. J. Solids Struct. 40 (2003): 1615-1632.
[13] K. Doyle, V. Genberg, and G. Michaels, Numerical methods to compute optical errors due to stress birefringence, Proc. of SPIE 4769 (2002): 34-42.
[14] S. He, T. Zheng, and S. Danyluk, Analysis and determination of the stress-optic coefficients of thin single crystal silicon samples, J. Appl. Phys. 96(6) (2004): 3103-3109.
[15] N. F. Borrelli and R. A. Miller, Determination of the individual strain-optic coefficients of glass by an ultrasonic technique, Appl. Opt. 7 (1968): 745-750.
[16] R. E. Newnham, Properties of Materials: Anisotropy, Symmetry, Structure, Oxford University Press (2004).
[17] R. M. Waxler, D. Horowitz, and A. Feldman, Optical and physical parameters of Plexiglas 55 and Lexan, Appl. Opt. 18 (1979): 101-104.
[18] M. G. Wertheim, Mémoire sur la double refraction temporairement produite dans les corps isotropes, et sur la relation entre l'élasticité mécanique et entre l'élasticité optique, Ann. Chim. Phys. 40 (1854): 156-221.
[19] A. Kuske and G. Robertson, Photoelastic Stress Analysis, Wiley (1974).
[20] M. Born and E. Wolf, Principles of Optics: Electromagnetic Theory of Propagation, Interference and Diffraction of Light, 6th edition, Pergamon Press (1980), pp. 703-705.
[21] Schott Optical Glass Catalogue (http://www. us. schott. com).
[22] V. N. Tsvetkov and N. N. Boitsova, Vysokomol. Soedin. 2 (1960): 1176.
[23] B. E. Read, Dynamic birefringence of poly(methyl methacrylate), J. Polym. Sci. C 16(4) (1967): 1887-1902.
[24] D. W. van Krevelen, Properties of Polymers, 2nd edition, Amsterdam: Elsevier (1976).
[25] D. L. Keyes, R. R. Lamonte, D. McNally, and M. Bitritto, Polymers for photonics, Opt. Polym. (2001): 131-134.
[26] S. Shirouzu et al., Stress-optical coefficients in polycarbonates, Jpn. J. Appl. Phys. 29 (1990): 898.
[27] HOYA Cooperation, Optical Glass Master Datasheet (http://www. hoyaoptics. com).
[28] M. Zgonik, P. Bernasconi, M. Duelli, R. Schlesser, P. Günter, M. H. Garrett, D. Rytz, Y. Zhu, and X. Wu, Dielectric, elastic, piezoelectric, electro-optic, and elasto-optic tensors of BaTiO3 crystals, Phys. Rev. B 50(9) (1994): 5941.
[29] R. B. Pipes and J. L. Rose, Strain-optic law for a certain class of birefringent composites, Exp. Mech., 14(9) (1974): 355-360.
[30] SigFit is a product of Sigmadyne, Inc., Rochester, NY.
[31] R. Y. Chang and W. H. Yang, Numerical simulation of mold filling in injection molding using a threedimensional finite volume approach, Int. J. Numer. Methods Fluids 37 (2001): 125-148.
[32] H. E. Lai and P. J. Wang, Study of process parameters on optical qualities for injection-molded plastic lenses, Appl. Opt. 47 (2008): 2017-2027.
[33] Y. Maekawa, M. Onishi, A. Ando, S. Matsushima, and F. Lai, Prediction of birefringence in plastics

optical elements using 3D CAE for injection molding, Proc. SPIE 3944 (2000): 935-943.

[34] L. Manzione, Applications of Computer Aided Engineering in Injection Molding, Oxford University Press (1988).

[35] T. Möller and B. Trumbore, Fast, minimum storage ray-triangle intersection, J. Graph. Tools, 2(1) (1997): 21-28.

[36] Y.-J. Chang et al., Stimulations and verifications of true 3D optical parts by injection molding process, Proc. ANTEC 22(24) (2009).

[37] What is Light? Chapter 3: Applications of Light: CDs and DVDs, Canon Science Lab (http://www.canon.com/technology/s_labo/light/003/06.html, accessed January 2015).

[38] R. Paschotta, Optical Heterodyne Detection, Encyclopedia of Laser Physics and Technology (http://www.rp-photonics.com/optical_heterodyne_detection.html, accessed January 2015).

[39] E. Hecht, Optics, Addison-Wesley (2002).

[40] Y. Oshikane et al., Observation of nanostructure by scanning near-field optical microscope with small sphere probe, Sci. Technol. Adv. Mater. 8(3) (2007): 181.

第 26 章

多阶延迟器和不连续性之谜

26.1 引言

纵观本书，延迟被证明是一个很难理解的概念。本章研究多级延迟器的光谱，以及延迟如何随波长变化。这些复合多级延迟器的延迟谱明显应该连续增大，但却出现"转向"而避开了整数个波数的延迟量。本章讨论了延迟器测量和建模中出现的此类问题。提出了主延迟的延迟展开操作方法，以解释复合延迟器的延迟行为。这使我们能够概括延迟器级数的概念，用于解释延迟器中出现的神秘跳变。

目前发展了两种处理延迟不连续性的方法：一种方法使用色散模型来描述延迟行为；另一种方法考虑多个波前从复合延迟器系统出射，即多值光程长度(OPL)方法。

延迟器的常见定义是将光束分成两个正交模式并引入相对相位差 δ 的一种器件[1]。米勒计算法和庞加莱球提供了延迟器的另一种视角。延迟器使庞加莱球面上的偏振态绕轴旋转延迟量 δ；当光通过延迟器传播时，庞加莱球上的入射态围绕延迟轴旋转到另一个偏振态。在这个米勒/庞加莱视角中，级联延迟器等效于庞加莱球上的级联旋转。延迟器和相关米勒矩阵的这种视角在延迟器级数上存在歧义，所有延迟量为 $2n\pi\pm\delta$(n 为整数)的延迟器具有相同的米勒矩阵。在米勒延迟图中，最终的偏振态总是在正确的位置结束，但延迟只知是以 2π 为模，并且延迟快态和慢态可能是两个正交态之一，沿着穿过庞加莱球的轴。

多级延迟器是一种延迟超过半个波长的延迟器。复合延迟器是两个或多个延迟器按序排列的组合。如图 26.1 所示，未对准延迟器在这里被定义为复合延迟器，其中元件的快轴彼此之间不是 0°或 90°。对于未对准的复合多级延迟器，涉及两个以上的光束，此时延迟器原有的常见定义不再恰当。利用第 14 章（基于泡利矩阵的琼斯矩阵数据约简）介绍的延迟器空间和算法，可以导出延迟展开算法。本章研究了一个复合延迟器系统的例子，以展示延迟器空间中的不连续性。当延迟量从小于整数个延迟波数转变为大于整数个延迟波数时，这些不连续性对应于缺失单位矩阵的延迟谱。对这种失效的传统延迟定义的解释来自如图 26.1 所示的四个或更多光束的干涉，因此延迟器的简单定义不再适用。

在本章中，对石英和蓝宝石的光轴未对准延迟器的延迟谱进行了建模，并与米勒矩阵成像偏振仪测量结果进行了比较。

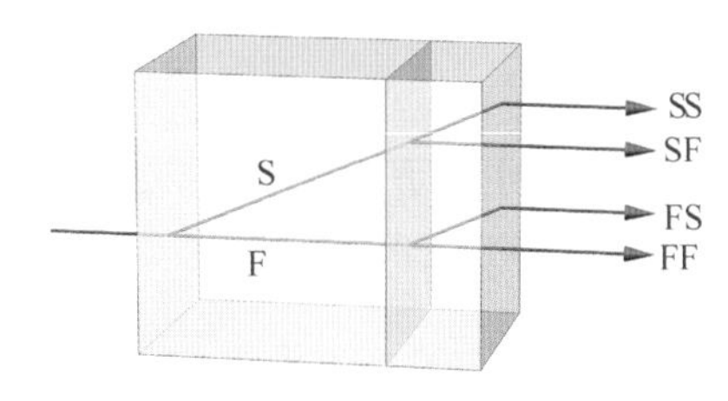

图 26.1　未对准的二元复合线性延迟器，两个元件快轴之间是不同于 0°或 90°的任意角度。四个输出光束经历四种不同的快速和慢速 OPL 组合离开未对准的延迟器。对于对齐的延迟器，则只有 FF 和 SS 光束出射

26.2　延迟不连续之谜

偏振测量仪仅能测量变化范围在 0 到 π 之间的主延迟。如图 26.2 所示，当延迟为 0°和 180°时，延迟器的快轴方向发生 90°翻转，然而延迟却突然增大或减小。在干涉仪中也可以观察到类似现象。大多数干涉仪测量 0 到 2π 之间的相位，然后使用相位展开法将相位范围扩展到一个波数以外[2-4]。对于非复合延迟器（图 26.2(a)），主延迟可以展开成平滑曲线且没有间断，如图 26.3 的红色曲线所示。另一方面，如图 26.2(b)所示，复合延迟器的主延迟未达到零，因此展开的延迟具有不连续性，如图 26.3 所示的蓝色曲线。在本章中，我们将解释延迟不连续性的奥秘。

17.2.1 节分析了琼斯矩阵偏振测量仪中旋转偏振态分析器（PSA）的影响。所得的琼斯矩阵族在延迟器空间形成一条轨迹。在后面的章节中，将使用延迟器空间的概念来理解展开的延迟。图 26.4 显示了 PSA 从 0 旋转到 π 时一个快轴沿水平方向的 $\lambda/2$ 线性延迟器（HLR）的轨迹；快轴方向 θ 从 0 旋转到 π。图 26.5 显示了当 PSA 旋转时，延迟为 δ_0（用蓝色书写）的 HLR 轨迹的两个不同视角。

由于延迟器的米勒矩阵每 $n\pi$ 重复一次，因此延迟器空间迹线随 θ 每旋转 π 重复一次。对于半波延迟器（$\delta_0=\pi$），迹线保持在 $\delta_R-\delta_{45}$ 平面内，并绕 π 延迟球作半圆运动。当 $\delta_0=0$ 时，延迟迹线保持沿 δ_R 轴；当 PSA 旋转时，空样品室的琼斯矩阵显现为圆延迟器。当 δ_0 从 0 增加时，轨迹开始弯曲并形成螺旋。每个 δ_0 的所有初始点都从 δ_H 轴开始。当迹线距离原点 π 时，延迟分量跳到相对于原点的相反点，并继续移动，直到当 θ 达到 π 时返回起点。展开的延迟相当于延迟器在延迟器空间的轨迹。

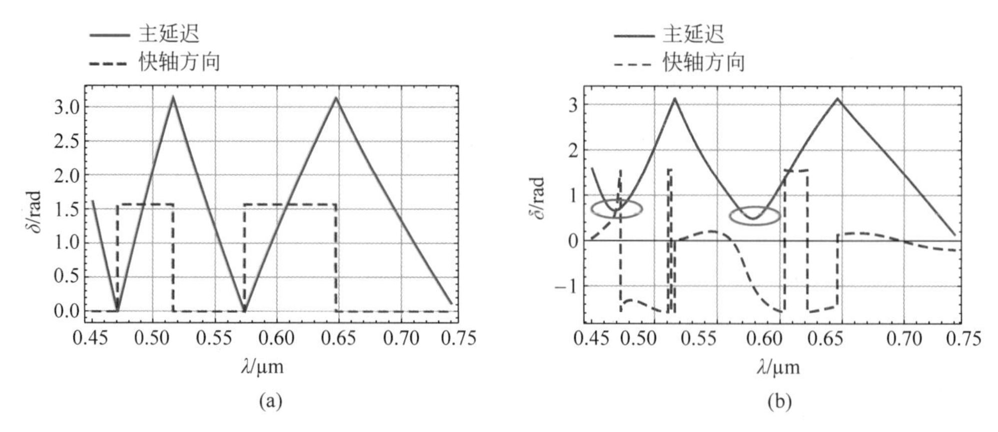

图 26.2 (a) 非复合延迟器的主延迟(实线)和快轴方向(虚线)随波长的变化。(b)未对准延迟器(快轴不平行或不垂直)主延迟(实线)和快轴方向(虚线)与波长的关系。主延迟有非零趋势(绿色椭圆)

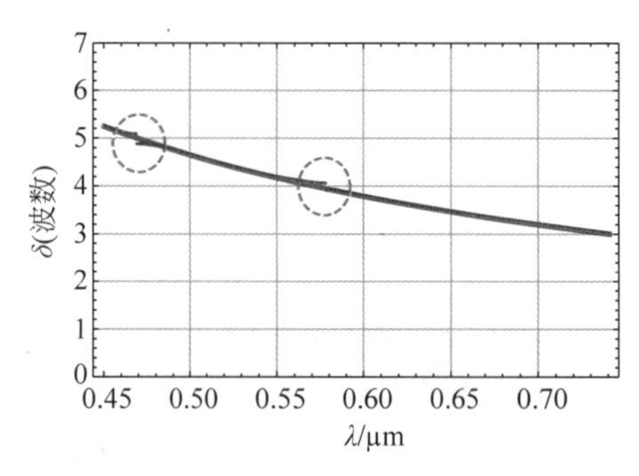

图 26.3 红色为图 26.2(a)单个延迟器的展开延迟,蓝色为图 26.2(b)复合延迟器的展开延迟,展示了延迟的不连续性

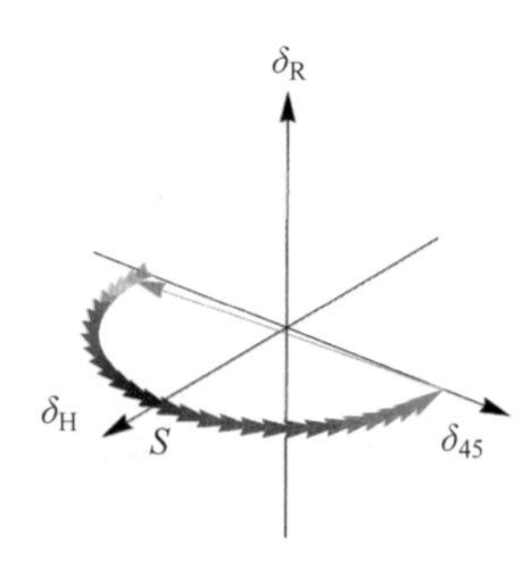

图 26.4 当 PSA 从 0 旋转到 π 时,延迟器空间中 HLR 的轨迹。轨迹从字母“S”所在的(π,0,0)处开始,移动到(0,π,0),然后到(0,−π,0),最后返回起点

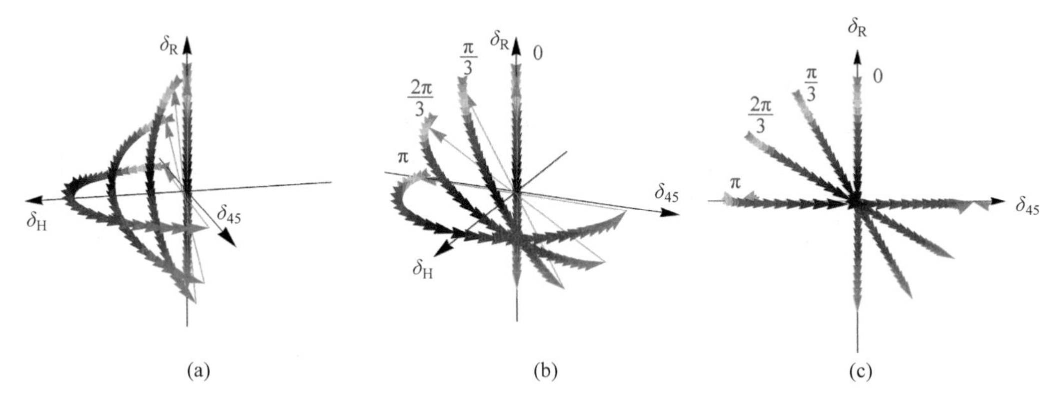

图 26.5 当 PSA 从 0 旋转到 π 时,延迟器空间中 HLR($\delta=0,\pi/3,2\pi/3$ 和 π)的轨迹,显示为侧视图((a),(b))和 $\delta_R-\delta_{45}$ 视图(c)。每条轨迹从沿 δ_H 的一个点开始,然后遵循与图 26.4 相同的颜色轨迹

26.3 基于简单色散模型的齐次延迟器系统的延迟展开

本节介绍了延迟的色散模型，并使用该模型展开齐次延迟器系统的连续延迟。

26.3.1 色散模型

无法分辨具有不同绝对相位项的单色光束的琼斯矩阵，例如

$$\boldsymbol{J}_1=\begin{bmatrix}1 & 0\\0 & 1\end{bmatrix}=\boldsymbol{J}_2=\begin{bmatrix}1 & 0\\0 & \mathrm{e}^{-2\pi\mathrm{i}}\end{bmatrix}=\boldsymbol{J}_3=\begin{bmatrix}1 & 0\\0 & \mathrm{e}^{-4\pi\mathrm{i}}\end{bmatrix} \tag{26.1}$$

其中，$\boldsymbol{J}_1$、$\boldsymbol{J}_2$ 和 $\boldsymbol{J}_3$ 是延迟分别为 0、1λ 和 2λ 的琼斯矩阵。因此对于单色光源，绝对相位项通常被忽略，并且所有三个矩阵都被视为一个单位矩阵。在多色光迈克耳孙干涉仪中，可以找到零光程差(OPD)的位置，即所谓的白光或零级条纹。因此对于多色光，在如式(26.1)的情况下，可以区分绝对相位。

波片的延迟-波长的一个简单模型为，假设延迟随 $1/\lambda$ 变化，

$$\delta(\lambda)=\frac{\delta_0\lambda_0}{\lambda} \tag{26.2}$$

其中 δ_0 是参考波长 λ_0 下的延迟。该模型假设寻常光折射率和非常光折射率不随波长变化。式(26.2)是延迟的色散模型，该模型用于齐次和非齐次延迟器系统主延迟的延迟展开。

26.3.2 齐次延迟器系统的延迟

26.3.3 节将介绍使用色散模型方程的延迟展开算法。图 26.6 给出了石英和蓝宝石延迟器模型及其在 $0.45\mu\mathrm{m}<\lambda<0.74\mu\mathrm{m}$ 的主延迟和快轴方向。创建这些模型是为了与实验结果进行比较。主延迟和快轴方向由第 14 章(基于泡利矩阵的琼斯矩阵数据约简)中的算法计算。在本例中，两个延迟器的寻常光轴均沿水平轴。对于正单轴材料石英，水平方向为快轴，其厚度为 0.5831mm。对于负单轴蓝宝石材料，水平方向为慢轴，其厚度为 0.37427mm。尽管从较长波长到较短波长延迟稳步增大，但因为主延迟值限制在 0 和 π 之间，导致米勒矩阵偏振测量仪测量的快轴方向是波长的函数，在 0°和 90°之间切换。因此每次主延迟达到 0 或 π 时，测得的快轴方向从 0°变为 90°。延迟器米勒矩阵随波长从 0.74μm 到 0.45μm 的变化而连续变化。

根据琼斯或米勒矩阵谱，通过重新排列主延迟谱的片段，使用色散模型可以确定每个波长的延迟级数。延迟展开是一种算法，通过排列主延迟片段，以生成合理的总延迟谱。我们以蓝宝石延迟器和石英延迟器组合而成的复合延迟器为例，来理解延迟展开算法。当两个由蓝宝石和石英制成的水平线性延迟器对齐，使每个晶体的寻常轴彼此对齐或垂直时，由于本征偏振彼此平行或正交，组合形成另一个线性延迟器系统。这里两个寻常轴对齐，延迟器的快轴相互垂直。于是总延迟是单个延迟的差值，即从蓝宝石延迟中减去石英延迟，

$$\delta_{总}(\lambda)=\delta_{石英}(\lambda)-\delta_{蓝宝石}(\lambda) \tag{26.3}$$

其中 $\delta_{石英}(\lambda)>0$ 和 $\delta_{蓝宝石}(\lambda)>0$。

图 26.7 显示了石英延迟器和蓝宝石延迟器的连续主延迟以及齐次延迟器系统的总延

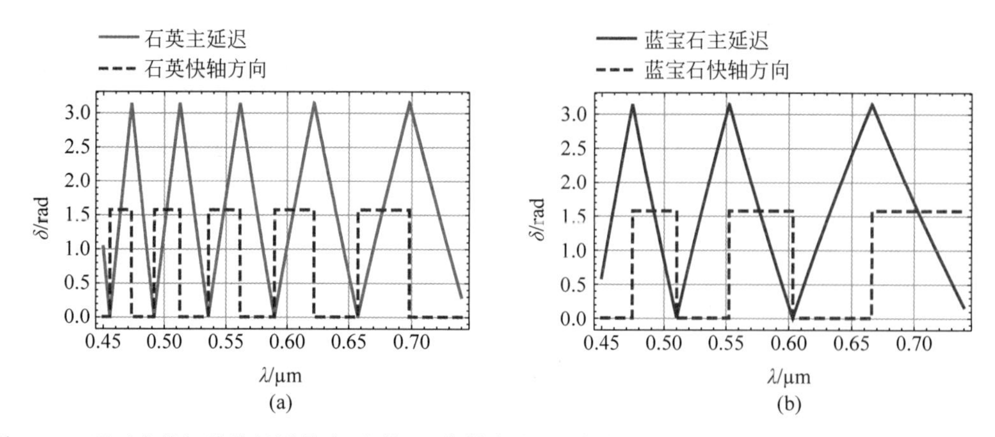

图 26.6　通过米勒矩阵偏振测量法(实线)和快轴定向法(虚线)测量的主延迟谱。(a)石英延迟器和(b)蓝宝石延迟器的延迟在 0 和 π 之间振荡。每次延迟改变方向时,快轴改变 90°

迟 $\delta_{总}(\lambda)$。

图 26.8 比较了复合延迟器主延迟量和方向的仿真和米勒矩阵偏振测量仪实测结果。在 0.45μm 和 0.74μm 之间,每 0.01μm 进行一次测量。延迟数据的模拟结果与测量结果非常吻合。

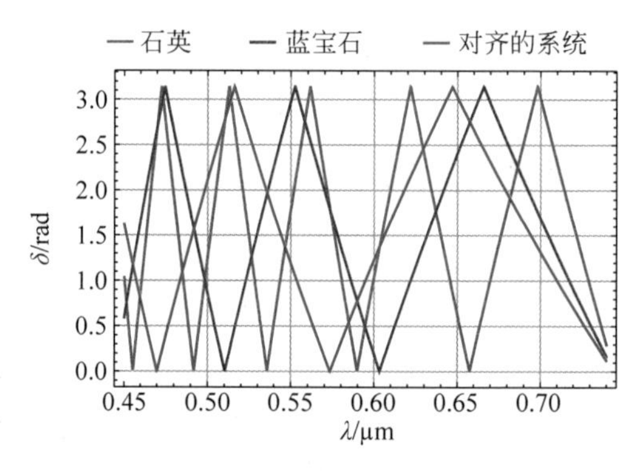

图 26.7　石英(绿)和蓝宝石(蓝)延迟器以及快轴正交的组合延迟器(红)的主延迟与波长的函数关系

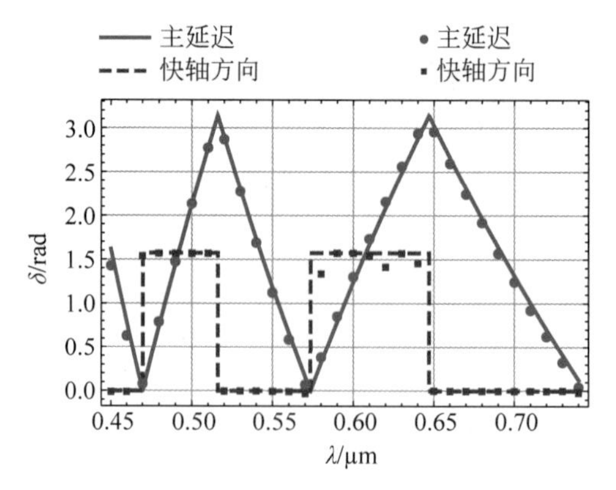

图 26.8　蓝宝石和石英复合延迟器的主延迟(红)和快轴方向(暗红)的仿真(线)和测量(点)结果

从长波到短波的曲线来看，随着波长变短，主延迟在 0 和 π 之间振荡得更快。从图 26.8 的右边可以看出，伴随水平快轴延迟增加到 π，然后是垂直快轴延迟减小。当延迟达到零时，它会再次增加（具有水平快轴），以此类推。为了展开主延迟，将模数 $q=\gamma$ 分配给具有不同快轴方向的各段主延迟；奇数 q 对应于水平快轴，偶数 q 对应于垂直快轴。图 26.9 显示了奇数值 γ 的模数，蓝色为奇模数，红色为偶模数。

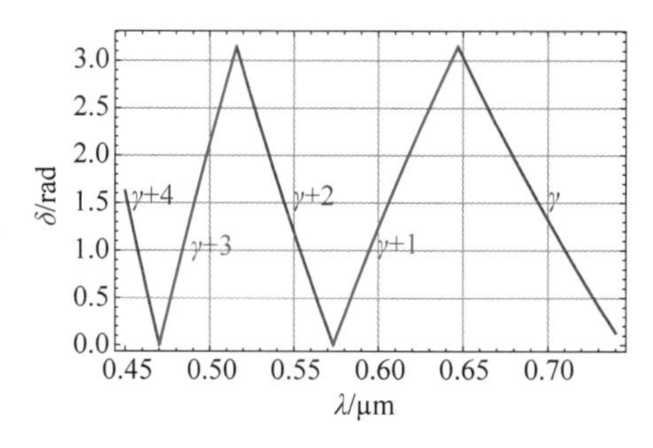

图 26.9　主延迟的每一段被分配一个模数 q，单位为半波长。从图的右侧开始，蓝色段具有奇模数，红色段具有偶模数

26.3.3　齐次延迟器的迹线以及在延迟器空间的延迟展开

图 26.10 显示了主延迟的延迟器空间迹线（14.5 节），其保持在半径为 π 的球上，从半径 $\delta_H=\pi$ 球的一侧跳到另一侧。图(a)对应于 $q=\gamma$，红色表示最长波长的主延迟矢量(δ_H，δ_{45}，δ_R)。在每个图中，随着波长变短，箭头颜色从红色→橙色→绿色→蓝色→紫色。δ_R 轴指向页面外，每段显示了沿同一快轴的点。图(a)具有水平快轴（沿 $+\delta_H$ 轴），且延迟量增加。一旦延迟到达 π 球面(π,0,0)，其快轴将变为垂直方向（沿 $-\delta_H$ 轴）并跳到对称点($-\pi$,0,0)。图(b)中，下一个轨迹如此继续。原点(0,0,0)等效于单位矩阵，表示无延迟、1λ 延迟(2π)或 $2n\pi$ 延迟。随着波长减小，快轴方向沿水平和垂直方向交替改变四次。

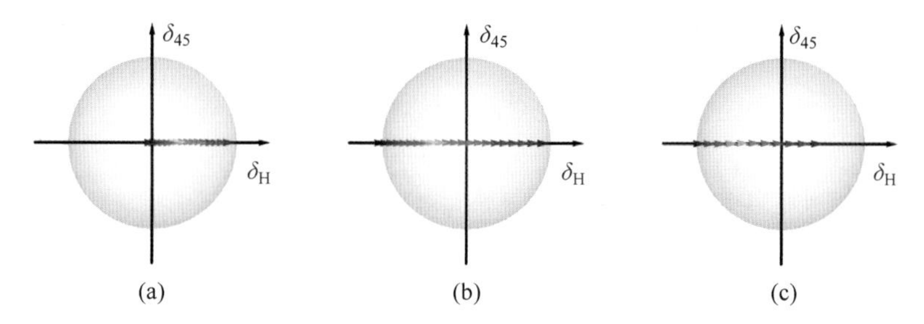

图 26.10　随着波长的变化，延迟器空间中显示了主延迟矢量迹线。每个图形对应于从最长波长到最短波长的不同模数：(a)$q=\gamma$，(b)$q=\gamma+1$，$\gamma+2$，(c)$q=\gamma+3$，$\gamma+4$

延迟展开算法在波长减小时保持快轴方向不变，以估计每个波长的真实延迟。因此，从球的一侧到另一侧不应再有跳变。一个假设是，如果在足够长的波长下开始测量多级延迟器，延迟将小于 $\lambda/2$。这为延迟展开提供了一个已知的起点，它是该延迟器的真实延迟。在这种情况下，当 $q=1$ 时，主延迟就是真实延迟。对于偶数 q，真延迟是 $q\pi-\delta_{主}$，快轴方向保持沿水平轴。对于奇数 q，真实延迟为 $(q-1)\pi+\delta_{主}$，快轴沿水平轴，即

$$\delta_{展开}=\begin{cases}\delta_{主}, & 当\ q=1\\ q\pi-\delta_{主}, & 当\ q\in 偶数\\ (q-1)\pi+\delta_{主}, & 当\ q\in 奇数\end{cases} \tag{26.4}$$

因此,展开延迟的范围没有上限。

图 26.11(a)显示了随着波长的减小,对齐的延迟器系统在延迟器空间中的主延迟迹线;当主延迟达到边界值 π 时,迹线移动到球上的原点对称点,并将其快轴改变为正交方向。图 26.11(b)显示了延迟展开后相同系统的延迟迹线;水平延迟持续增加,快轴方向保持在 $+\delta_H$ 水平方向。如 14.5 节所示,延迟器空间中从原点到某一点的距离为总延迟。

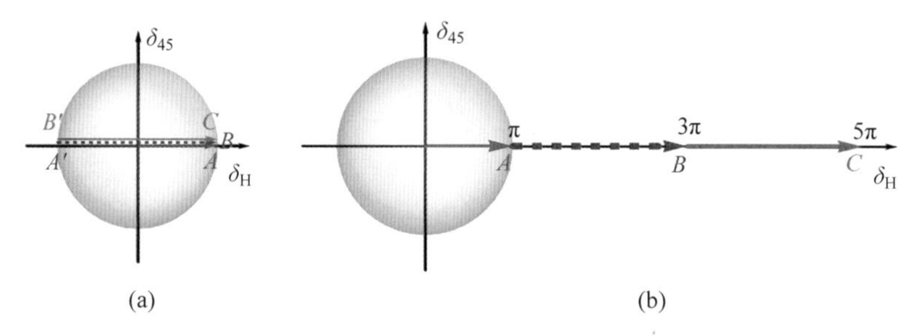

图 26.11 (a)随着波长减小,延迟器空间中对齐延迟器的主延迟迹线。(b)延迟展开后的延迟迹线

图 26.12 为图 26.7 中的延迟展开图。在该图中,总延迟值(红色)始终为 $\delta_{石英}(\lambda)-\delta_{蓝宝石}(\lambda)$(式(26.3))。对于由两个或多个具有平行或垂直快轴的线性延迟器组成的齐次延迟器系统,展开的延迟中不存在不连续性。

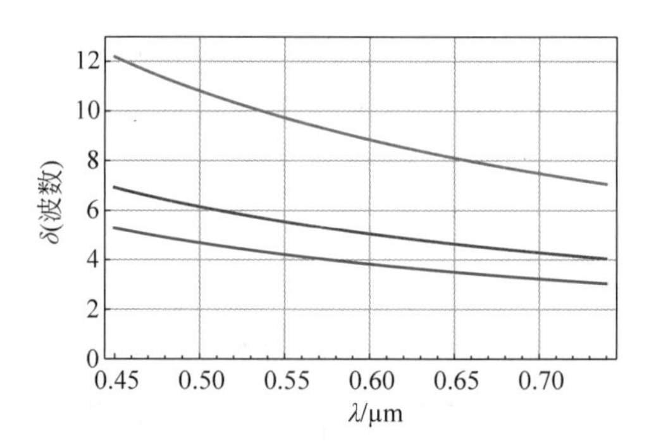

图 26.12 两个线性延迟器(绿色和蓝色)以及快轴对齐的组合延迟器系统(红色)各自的延迟展开

26.4 任意取向复合延迟器系统延迟展开的不连续性

对于未对准的延迟器,即快轴既不平行也不垂直的复合线性延迟器,现象将变得更加有趣。此类延迟器可能由于快轴失调而产生,或专门调为任意角度,如 Pancharatnam 型延迟器[5-7]。本节将展示,快轴既不平行也不垂直的线性延迟器组合通常为椭圆延迟器,该延迟器的延迟谱不连续。在实践中,复合延迟器的快轴在一定的公差范围内通常会有一个小的对准误差。

26.4.1　复合延迟器的琼斯矩阵分解

如果第二个延迟器的快轴与第一个稍有对齐偏差(实际中总是如此)，则净延迟显示出与对齐系统不同的特性。例如，如果延迟分别为 $\delta_1(\lambda)$ 和 $\delta_2(\lambda)$ 的两个线性延迟器的水平快轴方向相错 θ，则系统的琼斯矩阵为

$$\boldsymbol{J}_{总}=\boldsymbol{J}_1\boldsymbol{J}_2=\mathrm{e}^{\frac{-\mathrm{i}(\delta_1+\delta_2)}{2}}\begin{bmatrix}\cos^2\theta+\mathrm{e}^{\mathrm{i}\delta_2}\sin^2\theta & (1-\mathrm{e}^{\mathrm{i}\delta_2})\cos\theta\sin\theta\\ \mathrm{e}^{\mathrm{i}\delta_1}(1-\mathrm{e}^{\mathrm{i}\delta_2})\cos\theta\sin\theta & \mathrm{e}^{\mathrm{i}\delta_1}(\mathrm{e}^{\mathrm{i}\delta_2}\cos^2\theta+\sin^2\theta)\end{bmatrix}\tag{26.5}$$

由方程(14.77)，主延迟为

$$\delta=2\arccos\left[\cos\left(\frac{\delta_1+\delta_2}{2}\right)\cos^2\theta+\cos\left(\frac{\delta_1-\delta_2}{2}\right)\sin^2\theta\right]\tag{26.6}$$

其中，如果 $\theta\to0$，则主延迟变为 $\delta=\delta_1+\delta_2$；如果 $\theta\to\pi/2$，则 $\delta=\delta_1-\delta_2$。式(26.6)表明系统的延迟取决于 θ。如果两个延迟器均为快轴沿水平方向的半波延迟器，则当两个快轴对齐时，总延迟将为 $2\pi(1\lambda)$；当两快轴正交时，总延迟为 0。图 26.13 显示了系统的总延迟如何随第二个延迟器的快轴方向(θ)而变化。

注意，在图 26.13 中，零主延迟出现三次，但它们意味着不同的总延迟；在 $\theta=\pi/2$ 时，零主延迟意味着真正的零总延迟；但在 $\theta=0$ 和 π 时，总延迟为 2π。

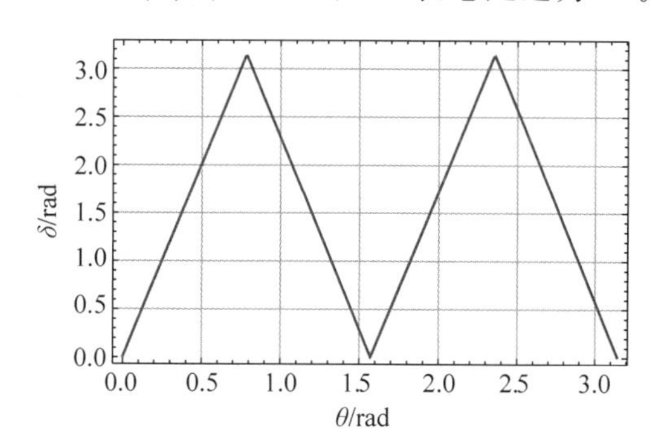

图 26.13　两个半波线性延迟器组合系统的主延迟随第二个延迟器相对第一个延迟器快轴方向 θ 的函数关系

式(26.5)中的 $\boldsymbol{J}_1$ 和 $\boldsymbol{J}_2$ 可以写成泡利矩阵之和，

$$\boldsymbol{J}_1=\mathbf{LR}_1(\delta_1,0)=\cos\left(\frac{\delta_1}{2}\right)\boldsymbol{\sigma}_0-\mathrm{i}\sin\left(\frac{\delta_1}{2}\right)\boldsymbol{\sigma}_1$$

$$\boldsymbol{J}_2=\mathbf{LR}_2(\delta_1,\theta)=\cos\left(\frac{\delta_2}{2}\right)\boldsymbol{\sigma}_0-\mathrm{i}\cos(2\theta)\sin\left(\frac{\delta_2}{2}\right)\boldsymbol{\sigma}_1-\mathrm{i}\sin(2\theta)\sin\left(\frac{\delta_2}{2}\right)\boldsymbol{\sigma}_2\tag{26.7}$$

式中，$\mathbf{LR}(\delta,\theta)$是一个线性延迟器，其主延迟为 δ、快轴沿 θ。图 26.3 的延迟不连续性可通过将式(26.5)中的 $\boldsymbol{J}_{总}$ 分为两部分来解释，一部分是与 θ 无关的琼斯矩阵 $\boldsymbol{J}_{主要}$，另一部分是与 θ 相关的琼斯矩阵 $\boldsymbol{J}_{次要}$

$$\boldsymbol{J}_{总}=\mathbf{LR}_1(\delta_1,0)\mathbf{LR}_2(\delta_2,\theta)=\boldsymbol{J}_{主要}\boldsymbol{J}_{次要}\tag{26.8}$$

$\boldsymbol{J}_{主要}$矩阵与 θ 无关，相当于一个快轴在水平方向的线性延迟器，延迟为 $\delta_{主要}=\delta_1+\delta_2$，

$$\boldsymbol{J}_{主要}=\mathbf{LR}(\delta_1+\delta_2,0)\tag{26.9}$$

$\boldsymbol{J}_{次要}$是θ相关部分，

$$\boldsymbol{J}_{次要}=c_0(\boldsymbol{\sigma}_0+d_1\boldsymbol{\sigma}_1+d_2\boldsymbol{\sigma}_2+d_3\boldsymbol{\sigma}_3)=(\cos^2\theta+\cos\delta_2\sin^2\theta)\cdot$$
$$\left[\boldsymbol{\sigma}_0+\frac{\mathrm{i}}{\cot\delta_2+\cot^2\theta\csc\delta_2}\boldsymbol{\sigma}_1-\frac{\mathrm{i}\cot\theta}{\cot\delta_2+\cot^2\theta\csc\delta_2}\boldsymbol{\sigma}_2+\frac{\mathrm{i}\sin^2(\delta_2/2)\sin(2\theta)}{\cos^2\theta+\sin^2\theta\cos\delta_2}\boldsymbol{\sigma}_3\right] \tag{26.10}$$

因为系数d_1、d_2和d_3是纯虚数，所以$\boldsymbol{J}_{次要}$是一个延迟器(第14章，基于泡利矩阵的琼斯矩阵数据约简)。使用式(14.77)，$\boldsymbol{J}_{次要}$的延迟为

$$\delta_{次要}=2\arctan\left[\sqrt{\csc^2\left(\frac{\delta_1}{2}\right)\csc^2\theta-1}\right] \tag{26.11}$$

注意，在图26.14中，$\boldsymbol{J}_{主要}$包含FF模式和SS模式之间的相位差，而$\boldsymbol{J}_{次要}$包含FS模式和SF模式之间的相位差。如26.3节所示，$\boldsymbol{J}_{主要}$始终具有连续的展开延迟。因此，$\boldsymbol{J}_{总}$展开延迟中的不连续性来自$\boldsymbol{J}_{次要}$。而且$\boldsymbol{J}_{次要}$的大小与θ有关，不连续性在$\theta=\pi/4$时达到最大值。图26.14显示了当$\theta=10°$时$\boldsymbol{J}_{主要}$(红色)和$\boldsymbol{J}_{次要}$(蓝色)的主延迟。

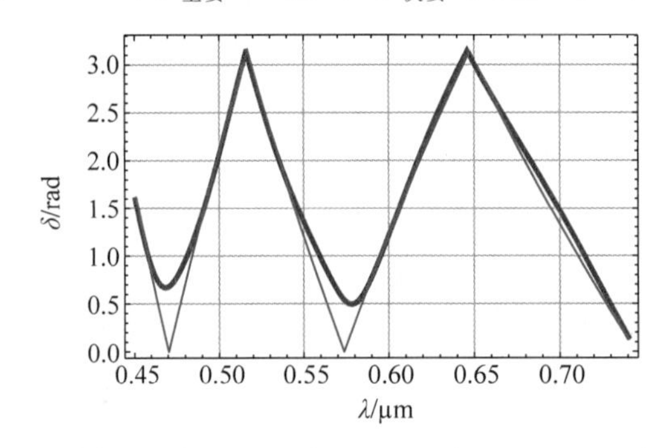

图26.14 当快轴未对齐$\theta=10°$时，$\boldsymbol{J}_{主要}$(红色)和$\boldsymbol{J}_{次要}$(蓝色)的主延迟

作为一个例子，考虑两个线性延迟器依次放置：首先是蓝宝石延迟器，延迟为δ_2，快轴方位为10°；然后是一个石英HLR，延迟为δ_1，快轴方位为0°。复合延迟器系统的琼斯矩阵为

$$\boldsymbol{J}_{总}=\mathbf{LR}_1(\delta_1,0)\mathbf{LR}_2(\delta_2,10°)$$
$$=\mathrm{e}^{\frac{-\mathrm{i}(\delta_1+\delta_2)}{2}}\begin{bmatrix}\cos^2(10°)+\mathrm{e}^{\mathrm{i}\delta_2}\sin^2(10°) & (1-\mathrm{e}^{\mathrm{i}\delta_2})\cos(10°)\sin(10°)\\ \mathrm{e}^{\mathrm{i}\delta_1}(1-\mathrm{e}^{\mathrm{i}\delta_2})\cos(10°)\sin(10°) & \mathrm{e}^{\mathrm{i}\delta_1}(\mathrm{e}^{\mathrm{i}\delta_2}\cos^2(10°)+\sin^2(10°))\end{bmatrix} \tag{26.12}$$

使用简单的延迟色散模型，模拟得到的组合($\boldsymbol{J}_{总}$)的主延迟和快轴方向如图26.15所示。图26.15还显示了测量的主延迟和快轴方向，模拟值和测量值很吻合。从右侧开始，主延迟增加到π(半波)，然后快轴变为垂直，主延迟减小。掉头前，主延迟仅降低至0.7，然后第二次增加至π，即从右侧开始的第二个最大值。此时延迟(δ)预计为3π，对应于图26.8中上方曲线的第二个最大值；然而，延迟永远不会达到0，此时对应于$\delta=2\pi$。因此，延迟似乎从π变化到了3π，而没有经过2π！

26.4.2 组合延迟器在延迟器空间的迹线

全波延迟器(2$n\pi$延迟)的琼斯矩阵为单位矩阵，对应于延迟器空间的原点(0,0,0)。如

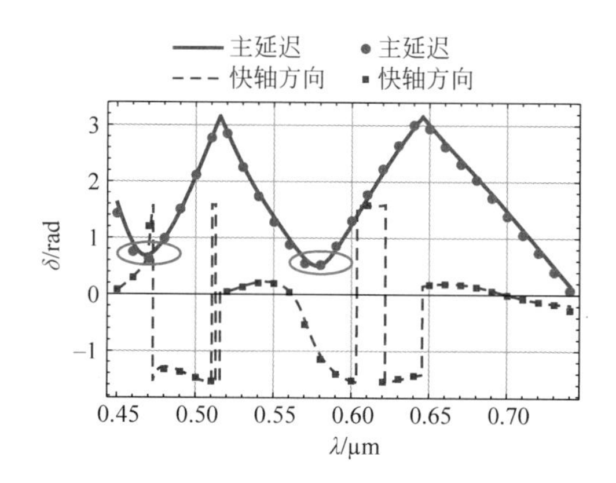

图 26.15　(线)组合系统 $J_{总}$ 的模拟主延迟(蓝色)和快轴方向(深蓝色)随波长的变化。该组合系统由快轴方向 10°的蓝宝石延迟器后接快轴方向水平的石英延迟器构成。绿色圈表示主延迟斜率改变而值不为零的区域，从而避开了 1λ、2λ 等延迟值。图中的点表示测量的主延迟(蓝色)和快轴方向(深蓝色)

图 26.16 所示，当波长改变时，示例复合系统的主延迟的轨迹反复错过延迟器空间的原点。随着波长的减小，从 π 到 π 的迹线段为从 π 球的一侧跳到另一侧。每段显示接近 π 球边界时的轨迹。图(a)的轨迹从 $\lambda=0.74\mu m$ 开始并随着波长变短而移动，图(c)的轨迹在 $\lambda=0.45\mu m$ 处结束。与图 26.10 中对齐系统的延迟器空间轨迹不同，该复合系统的延迟器空间轨迹反复错过原点，这表明展开延迟的不连续性；图 26.16(b)和(c)，最接近原点的点是不连续性发生的位置，尽管延迟器空间迹线是连续的。当在延迟器空间展开时，整数波数处的不连续性变得尤为明显。

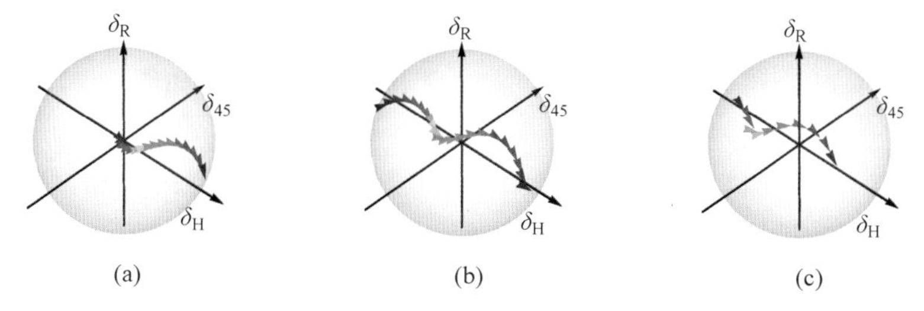

图 26.16　绘制了 π 球(紫色球)延迟器空间的主延迟轨迹随波长减小的变化。(a)$\lambda=0.74\sim0.64\mu m$，(b)$\lambda=0.64\sim0.515\mu m$，(c)$\lambda=0.515\sim0.45\mu m$。所有图形的配色与图 26.10 相同：红色→黄色→绿色→蓝色→紫色。图(a)的终点是延迟为 π 的位置。图(b)从图(a)终点的对称点开始，依此类推。注意第二个和第三个图形的轨迹避开了原点

利用 $J_{总}$ 的主延迟和快轴方向，可通过式(26.4)中的延迟展开算法计算延迟。当未对准的(蓝色)和对准的(红色)系统的展开延迟一起绘制在图 26.17 中时，不连续性清晰可见。由于未对准偏差较小，蓝色图的值与红色图的值相似。然而，当延迟值跨过 $2n\pi$ 边界时，蓝色图具有不连续性；也就是说，组合系统的展开延迟从 π 增加到 3π，而没有经过原点 2π。这些不连续性来自于 $J_{次要}$ 中的非零幅值，即复合系统存在多个出射模式，这将在 26.4.3 节讨论。

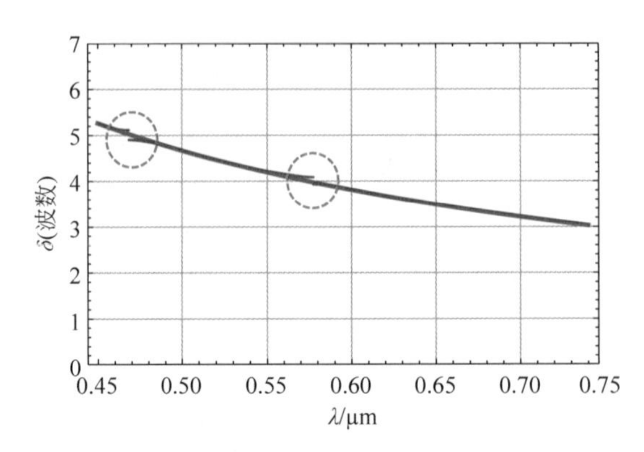

图 26.17 对齐的(红色)和未对齐的(蓝色)双延迟器系统,其展开延迟与波长的函数关系

26.4.3 组合延迟器系统的多模出射

另一种观点认为,多级延迟器中四个光线路径(四种模式)有不同的偏振,输出光束在出射时发生干涉。因此,一条光线通过一个延迟器时,可以建模为从两个偏振器出射的两条光线的相干叠加;由于双折射效应,两条光线具有各自的 OPL。一个延迟器有两种模式,快模和慢模。对于由两个延迟器组成的未对准系统,有四个出射模式:F_1F_2、F_1S_2、S_1F_2 和 S_1S_2,其中 F 和 S 分别代表快模和慢模,1 和 2 代表第一个和第二个延迟器。正入射时,F_1F_2、F_1S_2、S_1F_2 和 S_1S_2 相互重叠。当 θ 接近零时,其中两个模式(F_1F_2 和 S_1S_2)具有大部分强度,而另外两个模式(F_1S_2 和 S_1F_2)较弱。在方程(26.12)中,$\theta=10°$;$\boldsymbol{J}_{总}$ 中的 F_1F_2 和 S_1S_2 模式共占有 $\cos^2(10°)\approx97\%$ 的强度,而其他两个模式占有 $\sin^2(10°)\approx3\%$ 的强度。因此,展开延迟与对准系统相似。然而,当 F_1F_2 和 S_1S_2 模式之间的相位差为 2π(全波延迟)的倍数时,来自其他两个模式的影响变得非常显著,从而产生如图 26.17 所示的不连续现象。

一个 HLR 的琼斯矩阵可以表示为水平偏振器和垂直偏振器的总和,两偏振器分别具有沿快轴和慢轴的光程长度 OPL_{f1} 和 OPL_{s1},

$$\boldsymbol{J}_{\mathrm{HLR}}=\mathrm{e}^{+\mathrm{i}\frac{2\pi}{\lambda}\mathrm{OPL}_{f1}}\begin{pmatrix}1&0\\0&0\end{pmatrix}+\mathrm{e}^{+\mathrm{i}\frac{2\pi}{\lambda}\mathrm{OPL}_{s1}}\begin{pmatrix}0&0\\0&1\end{pmatrix}\tag{26.13}$$

因此,方位角为 θ 的线性延迟器等于方位角为 θ 和 $\theta+\pi/2$ 的线性偏振器之和,它们的绝对相位分别等于快轴和慢轴上的 OPL,

$$\begin{aligned}&\mathbf{LR}(\theta,\mathrm{OPL}_{f2},\mathrm{OPL}_{s2})\\&=\frac{\mathrm{e}^{+\mathrm{i}\frac{2\pi}{\lambda}\mathrm{OPL}_{f2}}}{2}\begin{pmatrix}1+\cos(2\theta)&\sin(2\theta)\\\sin(2\theta)&1-\cos(2\theta)\end{pmatrix}+\frac{\mathrm{e}^{+\mathrm{i}\frac{2\pi}{\lambda}\mathrm{OPL}_{s2}}}{2}\begin{pmatrix}1-\cos(2\theta)&-\sin(2\theta)\\-\sin(2\theta)&1+\cos(2\theta)\end{pmatrix}\end{aligned}\tag{26.14}$$

因此,每个模式的琼斯矢量可以通过两个线性偏振器的矩阵相乘计算得出,两个偏振器的绝对相位为相应的 OPL。例如,第一个模式(F_1F_2)是一个水平线性偏振器,后跟一个方位角 θ 的线性偏振器,偏振器各自具有相应的绝对相位,从而得到琼斯矢量

$$\boldsymbol{X}_1=\mathrm{F}_1\mathrm{F}_2=\mathrm{e}^{+\mathrm{i}(\mathrm{OPL}_{f1}+\mathrm{OPL}_{f2})}\begin{pmatrix}\cos\theta\\\sin\theta\end{pmatrix}\tag{26.15}$$

类似地,其他三个模式的琼斯矢量为

$$\begin{cases}\boldsymbol{X}_2=\mathrm{S}_1\mathrm{F}_2=\mathrm{e}^{+\mathrm{i}(\mathrm{OPL}_{s1}+\mathrm{OPL}_{f2})}\begin{pmatrix}\cos\theta\\ \sin\theta\end{pmatrix}\\ \boldsymbol{X}_3=\mathrm{F}_1\mathrm{S}_2=\mathrm{e}^{+\mathrm{i}(\mathrm{OPL}_{f1}+\mathrm{OPL}_{s2})}\begin{pmatrix}-\sin\theta\\ \cos\theta\end{pmatrix}\\ \boldsymbol{X}_4=\mathrm{S}_1\mathrm{S}_2=\mathrm{e}^{+\mathrm{i}(\mathrm{OPL}_{s1}+\mathrm{OPL}_{s2})}\begin{pmatrix}-\sin\theta\\ \cos\theta\end{pmatrix}\end{cases} \tag{26.16}$$

为简单起见,其中一个 OPL 或绝对相位可以设置为零,这里选择 OPL_s 为 0,这不会影响延迟计算。使用式(26.2),每个模式的相位为

$$\begin{cases}\arg(\boldsymbol{X}_1)=\mathrm{OPL}_{f1}+\mathrm{OPL}_{f2}=\dfrac{\delta_1\lambda_0}{\lambda}+\dfrac{\delta_2\lambda_0}{\lambda}\\ \arg(\boldsymbol{X}_2)=\mathrm{OPL}_{s1}+\mathrm{OPL}_{f2}=0+\dfrac{\delta_2\lambda_0}{\lambda}\\ \arg(\boldsymbol{X}_3)=\mathrm{OPL}_{f1}+\mathrm{OPL}_{s2}=\dfrac{\delta_1\lambda_0}{\lambda}+0\\ \arg(\boldsymbol{X}_4)=\mathrm{OPL}_{s1}+\mathrm{OPL}_{s2}=0+0=0\end{cases} \tag{26.17}$$

其中 δ_i 是第 i 个延迟器在 λ_0 处的延迟。

延迟是四个模式之间幅值和 OPD 的函数。当未对准误差很小时,出射光的大多数光强具有 $\boldsymbol{X}_1$ 和 $\boldsymbol{X}_4$ 的相位。因此,复合系统的作为波长函数的延迟遵循 $\boldsymbol{X}_1$ 和 $\boldsymbol{X}_4$ 之间的 OPD 曲线,

$$\delta_{主要}=\arg(\boldsymbol{X}_1)-\arg(\boldsymbol{X}_4)=\mathrm{OPL}_{f1}+\mathrm{OPL}_{f2}-\mathrm{OPL}_{s1}-\mathrm{OPL}_{s2}=\frac{\lambda_0(\delta_1+\delta_2)}{\lambda} \tag{26.18}$$

然而,当 $\delta_{主要}$ 变为 $2n\pi$ 时,来自其他两个模式($\boldsymbol{X}_2$ 和 $\boldsymbol{X}_3$)OPL 的影响增加,复合系统的延迟偏离 $\delta_{主要}$。

26.4.4　快轴方向相差 45°的复合延迟器例子

在本节中,对快轴为 45°的蓝宝石延迟器后接快轴为 0°的石英延迟组合后的性能进行了模拟和测量。26.6 节(附录)显示了慢轴为 θ 的蓝宝石延迟器后接快轴为 0°的石英延迟器组合后的主延迟,其中 θ 在 0°到 90°之间变化。图 26.18 比较了复合延迟器模拟和测量的主延迟和快轴方向与波长的关系。模拟和测量的主延迟的极小值都远离零,这表明该系统的展开延迟值在 $2n\pi$ 附近将有很大的不连续性。

为了更好地理解复合系统快轴方向的行为,图 26.19 显示了蓝宝石(蓝色)和石英(绿色)延迟器的延迟与波长的关系,以及复合系统的快轴方向 θ_{fast}。当蓝宝石延迟器的延迟变为 $2n\pi$ 时,系统的快轴与石英延迟器对齐,即 $\theta_{\mathrm{fast}}=0$。当石英延迟器的延迟变为 $2n\pi$ 时,系统的快轴与蓝宝石延迟器对齐,即 $\theta_{\mathrm{fast}}=\pi/4$。

使用式(26.4),在延迟的总行为是 $1/\lambda$ 的假设下展开主延迟。图 26.20 显示了石英 HLR(绿色)、45°快轴蓝宝石延迟器(蓝色)和组合系统(橙色)的展开延迟。该系统中的每个模式均占有总强度的 25%,因此展开延迟中的不连续性远大于图 26.15。

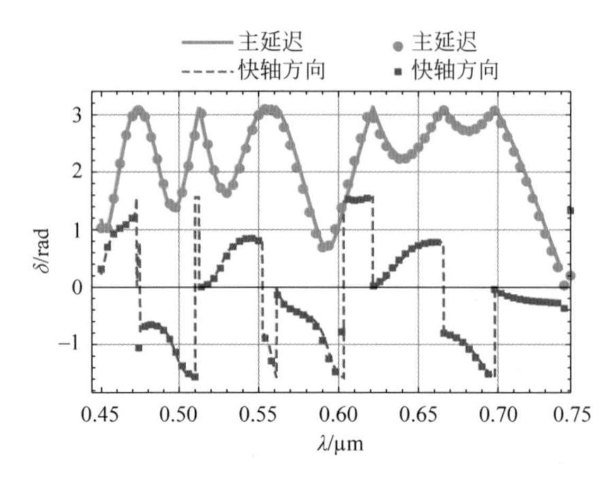

图 26.18　蓝宝石延迟器(快轴为 45°)后接石英延迟器(水平快轴)组合系统的模拟(线)和测量(点)的主延迟和快轴方向随波长的变化曲线

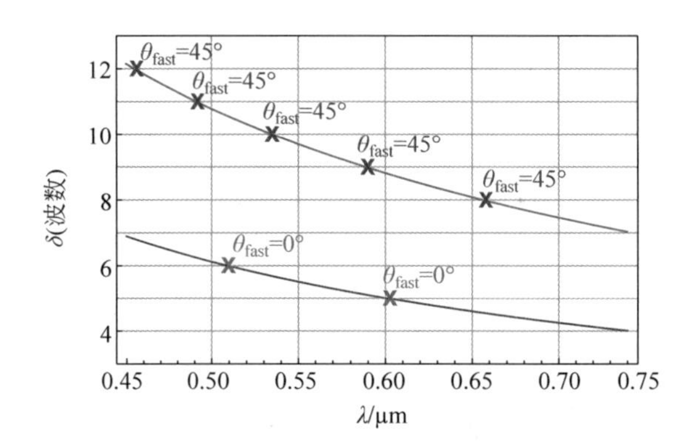

图 26.19　石英(绿色)和蓝宝石(蓝色)延迟器的展开延迟,以及复合系统的快轴取向(θ_{fast})。×符号标记了一些波长位置,在该位置单个波片具有整数个波长的延迟,且对延迟器轴无贡献

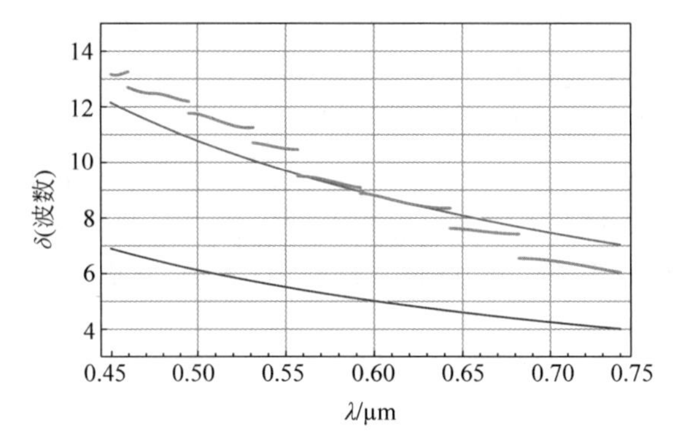

图 26.20　绿色线代表石英延迟器的延迟 $\delta_1(\lambda)$,蓝色线是 45°快轴蓝宝石延迟器的延迟 $\delta_2(\lambda)$,橙色线代表了组合系统的总延迟 $\delta_{总}(\lambda)$

值得注意的是，当其中一个延迟器的延迟为 $2n\pi$ 时，橙色线出现不连续性；当其中一个延迟器具有多个波长的延迟时，在相同偏振的两个模式之间发生干涉，即 S_1F_2 和 F_1F_2 之间以及 F_1S_2 和 S_1S_2 之间发生干涉。

组合系统主延迟的延迟空间轨迹如图 26.21 所示。为清晰起见，俯视图和侧视图显示了空间曲线的三维特征。轨迹从点 $A(0.675,1.463,0.675)$ 开始，穿过 π 球内部；一旦轨迹到达球的对面边界(点 B)，它就会跳到 π 球上的相对点(点 B')，快轴变为正交方向。因此，点 B 和点 B' 对应相同的琼斯矩阵和延迟器组件。轨迹为 $A\to B\to B'\to C\to C'\to D\to D'\to E\to E'\to F\to F'\to G\to G'\to H\to H'\to I\to I'\to J$。点 A 对应于最长波长的延迟，点 J 对应于最短波长的延迟。

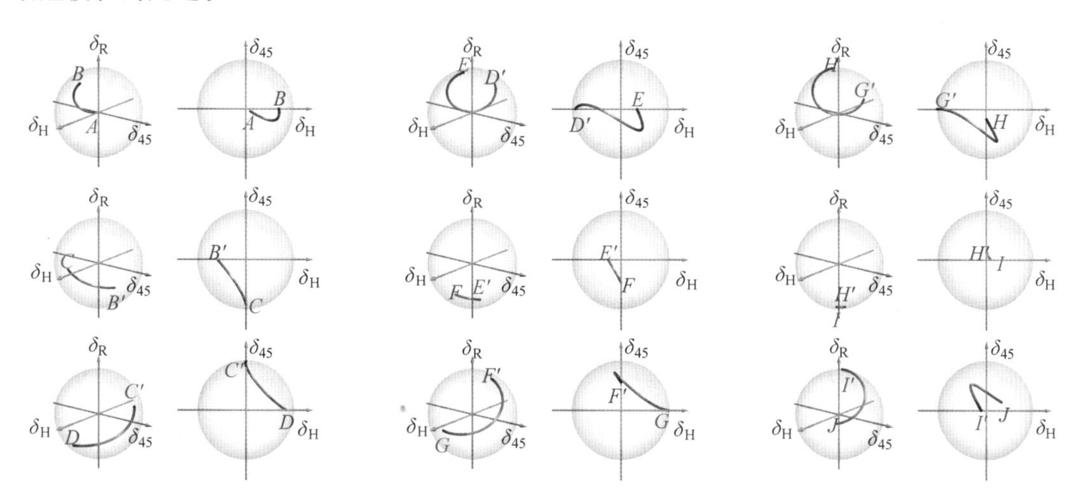

图 26.21　复合延迟器的主延迟轨迹。左二列显示一个视点的轨迹，右二列显示从 δ_R 观察的轨迹。当该轨迹到达 π 边界时，轨迹跳到 π 球上的相对点，快轴变为正交方向

26.5　总结

复合延迟器的神秘行为及其不连续性可以由系统出射的多个模式相互干涉来解释。利用延迟器的波长相关性和快轴方向，导出了一种主延迟展开算法。当复合延迟器的展开延迟避开 $2n\pi$ 左右的值时，就出现了不连续性。这是因为主延迟在延迟空间中的轨迹可以很容易地避开原点(原点只是表示单位矩阵的一个点)。但对于展开的延迟，原点的这一点变成了整个 2π 球、4π 球，依此类推。随着延迟的增加，轨迹似乎在延迟器空间非连续跳过 $2n\pi$ 球。

对于复合延迟器中快轴方向的微小偏差，轨迹接近原点通过，因此不连续性很小。这些复合多级延迟器只有一个琼斯矩阵和米勒矩阵，并在庞加莱球上进行单个旋转。然而，因为有多个出射光束，它们不存在单个“延迟”状态。

虽然本章只展示了两个波片组合系统的例子，但具有多个波片的系统可用类似的逻辑来理解；对于 N 个波片，将有 2^N 个不同的 OPL，数学分析方法是类似的。此外，理解延迟的多级性质为理解液晶、双轴薄膜和光纤提供了更深入的洞察。

26.6 附录

本节给出了图26.22中的复合延迟器系统的主延迟。当未对准的HLR系统的主延迟具有不同于零的最小值时,展开延迟具有不连续性。在$\theta=90°$时,两个HLR的快轴彼此对齐,因为石英是正单轴材料,蓝宝石是负单轴材料。因此,$\theta=90°$时的总延迟为

$$\delta_{总}(\lambda)=\delta_{石英}(\lambda)+\delta_{蓝宝石}(\lambda) \tag{26.19}$$

其中$\delta_{石英}(\lambda)>0$,$\delta_{蓝宝石}(\lambda)>0$。

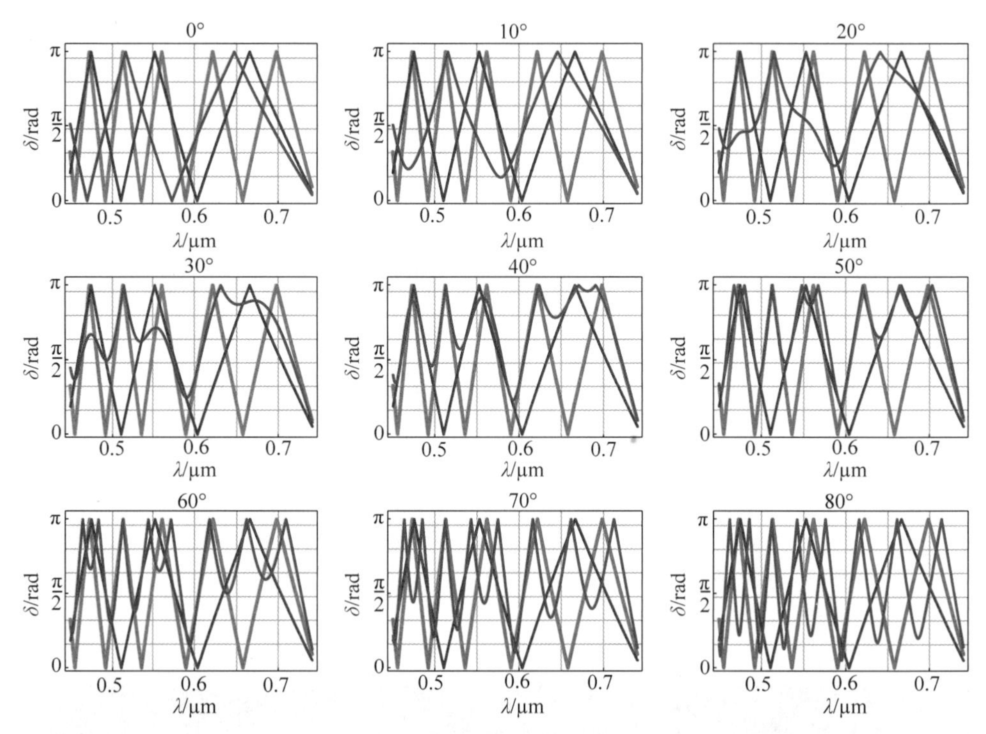

图26.22 当两个快轴之间的角度θ变化时,石英和蓝宝石延迟器(绿色和蓝色)以及复合延迟器(红色)的主延迟与波长的关系,其中复合延迟器由慢轴为θ的蓝宝石延迟器后跟快轴为0°的石英延迟器组成

26.7 习题集

26.1 考虑由两个延迟器组成的复合延迟器系统,两延迟器快轴方向有很小的夹角。当其中一个延迟器的延迟为整数倍波长时,展开的延迟会发生什么?

26.2 如果用两个双折射楔板代替两个延迟器会怎样?现在使用厚度而不是波长来展开延迟。延迟如何展开?

26.3 在图26.23中给出了米勒矩阵光谱。求延迟大小和方向与波长的关系,然后展开其延迟。

26.4 根据图26.24中给出的米勒矩阵光谱,绘制延迟器空间中的延迟轨迹。

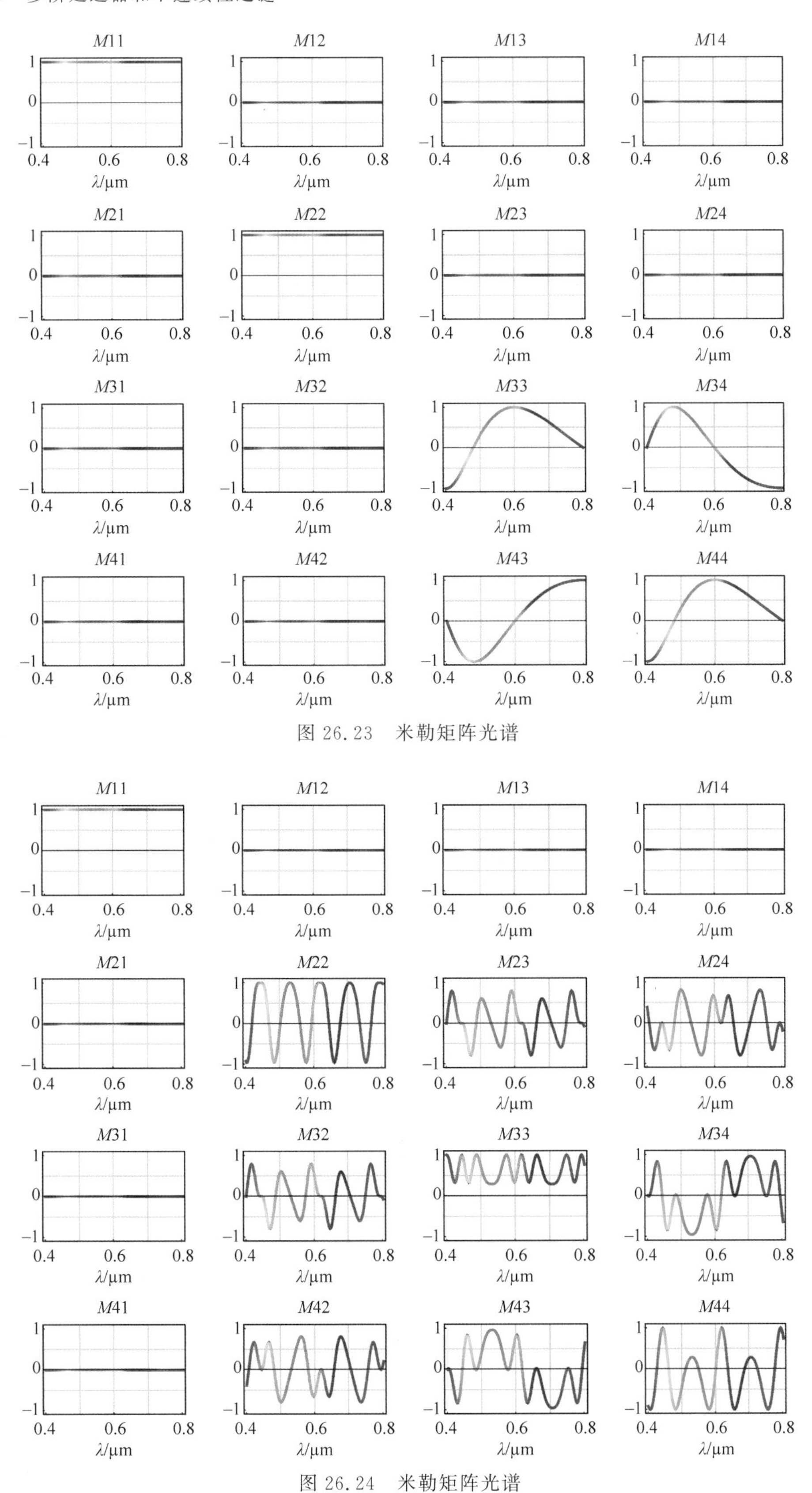

图 26.23　米勒矩阵光谱

图 26.24　米勒矩阵光谱

26.5 当两个 1λ 延迟器以 $\theta=0°$、45°、90°对齐时,延迟和快轴方向分别是什么?

26.6 当延迟器的快轴旋转时,绘制一个水平快轴 1λ 延迟器在延迟器空间的轨迹。

26.7 旋转第二个延迟器时,如图 26.17 所示的间隙如何变化?

26.8 为什么多级延迟器会避开 $2n\pi$?

26.8 参考文献

[1] R. C. Jones, A new calculus for the treatment of optical systems, J. Opt. Soc. Am. 31 (1941): 488-493, 493-499, 500-503; 32 (1942): 486-493; 37 (1947): 107-110, 110-112; 38 (1948): 671-685; 46 (1956): 126-131.

[2] T. R. Judge and P. J. Bryanston. A review of phase unwrapping techniques in fringe analysis, Opt. Lasers Eng. 21(40) (1994): 199-239.

[3] J. M. Huntley and H. Saldner, Temporal phase-unwrapping algorithm for automated interferogram analysis, Appl. Opt. 32(17) (1993): 3047-3052.

[4] E. P. Goodwin and J. C. Wyant, Field guide to interferometric optical testing, SPIE 37 (2006).

[5] P. Hariharan and D. Malacara, A simple achromatic half-wave retarder, J. Mod. Opt. 41. 1 (1994): 15-18.

[6] R. Bhandari and G. D. Love, Polarization eigenmodes of a QHQ retarder-Some new features, Opt. Commun. 110. 5 (1994): 479-484.

[7] S. Pancharatnam, Achromatic combinations of birefringent plates, Proc. Indian Acad. Sci. A 41 (1955): 130-136.

第 27 章

总结和结论

27.1 难题

最后一章探讨了偏振光和光学系统的大局，强调了几个棘手而困难的主题，如相干、散射和退偏。为了将关键概念联系在一起，本章给出了一个望远镜分析的例子，说明了偏振光线追迹和偏振像差方法是如何互补的。

偏振工程是一个快速发展的光学领域。在这样一个不断变化的环境中，偏振工程师如何更好地沟通、减少出错、更快地完成项目？以下各节总结了特别难以定义或描述的概念。

为了让偏振工程师更好地交流，语言必须在整个开发和生产周期内清晰易懂，包括具体说明光学系统的人员、执行分析的光学设计师、对所有零件和子系统进行详细设计的工程师，制造部件、计量和质量控制测试这些部件的分包商和供应商，以及系统集成和测试团队。

当技术术语在跨界过程中无法被理解时，新技术的引入就会出现问题。随着一个领域逐渐成熟，交流的术语和方法会变得标准化。术语和方法标准化的一个很好的例子是光学行业中的干涉图的实施。20 世纪 50 年代，干涉图并不常见，干涉仪也不是光学实验室的标准设备，因为没有相干光源（激光器），部分相干光源、带针孔的灯泡不够亮，成像传感器也很原始。傅科测试、朗奇测试和类似的几何光学测试是标准测试。在 20 世纪 60 年代和 70 年代初引入激光和定制的研究型干涉仪推广之后，供应商仍然无法轻松生产符合干涉仪规格的光学元件。这项技术新颖且昂贵。干涉仪是一种定制仪器，其干涉图仍记录在胶片上，经过化学冲洗，最后印制出来。客户和供应商并不总是就他们的干涉测试取得一致意见。由于干涉测量是一项新技术,语言尚未标准化,技术交流仍然是一个问题。到了20世纪80年代,使用电荷耦合器件的商业干涉仪技术变得便宜且广泛。干涉图可以很容易地在部门、客户和供应商之间来回传递。测量和术语已经标准化,干涉图可以作为一种有效的沟通手段。镜头设计者可以为他们的光学设计预测干涉图,随后计量部门可以使用标准化的干涉仪确认光学系统的性能。

米勒矩阵图像和米勒矩阵光谱最近也发生了类似的转变。20世纪70年代,椭偏仪成为测量表面和薄膜的标准化仪器。但在20世纪80年代和90年代,用于遥感和光学系统测量的偏振测量仪都是定制仪器。21世纪初,米勒矩阵偏振测量仪的测量技术被商业化,并在2010年代变得广泛且价格合理。现在,系统集成商,如航空航天公司或显示公司,可以用米勒矩阵表征零件,供应商理解这种技术规范,可以在内部进行测试或将计量外包。偏振工程的通用语言已经发展起来,但尚未完全标准化。

接下来将讨论偏振分析中一些更复杂和困难的主题。

27.2 偏振光线追迹的复杂性

27.2.1 光学系统描述的复杂性

对光学系统进行精确的偏振光线追迹,需要包括对偏振特性有显著贡献的任何因素。在传统的光线追迹中,光学系统仅由光学元件的材料和形状来定义。偏振分析需要更多的信息,其中许多信息在常规分析中并不常用。

考虑与薄膜、光栅、应力双折射、液晶盒中的偏振光线追迹相关的复杂性。首先,必须明确薄膜的成分、厚度和折射率,并将其指定给表面。由于许多薄膜设计是膜系供应商专有的,因此光学设计师不容易获得配方;因此,测量出的薄膜数据或加密的膜系配方需要纳入光线追迹代码中。衍射光栅具有很强的偏振效应。为了在偏振光线追迹中包含衍射光栅,需要衍射光栅刻划的轮廓,然后在每个光线截点处进行严格的耦合波分析;遗憾的是,复杂的RCWA算法通常会在每个光线截点处将计算速度降低千分之一。光栅偏振数据也可以导入和插值,但光栅供应商仅为商用光栅提供了有限数量的测量数据、角度和波长(平面内的和平面外的);因此,供应商信息不足以准确分析大多数光谱仪和类似系统的偏振特性。应力双折射限制了许多塑料透镜的成像性能。为了进行精确的分析,必须使用成型模拟或测量数据计算应力双折射的三维分布。液晶盒是复杂的元件,其中需要使用指向矢的三维分布来计算复振幅透射比。

通常获取不到此类元件信息,但这种信息短缺不应使偏振分析和设计过程停止。对于未知设计的薄膜,可使用类似薄膜的设计,或在偏振测量仪或椭偏仪中测量薄膜的正样。在光线追迹期间,可以逐条光线对特性进行插值。类似地,光栅和液晶的测量值可用于偏振光线追迹的查找表中。通常,应力双折射的合理分布可用于设定容许应力的上限,可在没有实际应力分布的情况下进行公差分析来计算。对于液晶盒,由于它们是在耗资数十亿美元的半导体晶圆厂中大量生产的关键光学元件,成像米勒矩阵偏振计量学被广泛应用于测量液晶盒的指向矢分布,并为偏振光线追迹模型获得准确的实验数据。

因此,一个成功的偏振分析需要集成薄膜、反射、折射、光栅、晶体、应力、散射、衍射等许多物理科学模型。

27.2.2　光线路径的椭圆偏振特性

光线在光学系统中传播时会遇到一系列偏振效应。累积效应在出瞳中描述，在出瞳中，需要用等效二向衰减和延迟来描述光线路径的偏振特性。在各向同性透镜和反射镜系统中，每个光线截点相当于齐次线性偏振元件；二向衰减和延迟是线性的，并与 s 面和 p 面对齐。对于倾斜光线路径，光线的 s 平面和 p 平面逐面旋转。“未对齐的”线性二向衰减器和线性延迟器的序列变为椭圆二向衰减器和椭圆延迟器，从而使光线路径和波前的偏振描述复杂化(14.3 节)。因此，对于一般目的的偏振光线追迹，必须计算椭圆偏振，但在透镜和其他系统中，光线路径的椭圆率可能不是那么重要。

27.2.3　光程长度和相位

成像系统的光学设计包括计算相位、振幅和偏振。相位的微小变化(大约半个波长量级)对成像质量有很大影响。振幅或偏振态的微小变化(约为 10%)对成像质量的影响要小得多。因此，光学设计主要关注相位，因为相位是最重要的。

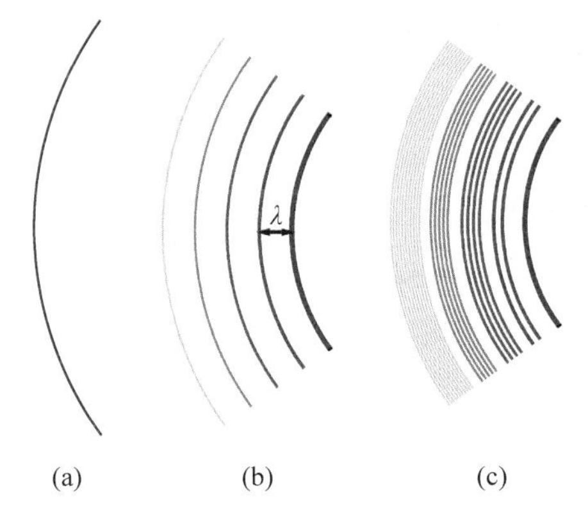

图 27.1　(a)通过系统的直射光的球面波前。(b)理想的 $\lambda/4$ 减反膜产生一系列附加的子波，子波间隔一个波长，振幅逐渐减小。(c)如果波长改变，将产生多个非整数波长间隔的子波

为了确保离开成像光学系统的波前保持近似球形，光学设计方法通过计算穿过光学系统的光线路径上的光程长度(OPL)来计算出瞳中参考球面上的相位。为了提高透射率，在透镜上添加了增透膜。在这些薄膜结构中发生多次反射，并在正向和反向中产生子波。对于提高透射率的薄膜，这些子波必须在正向上相长干涉，在反向上相消干涉。因此，对于镀有减反射膜的光学系统，大量子波正向传播。这些子波中的每一个都有不同的 OPL、振幅和偏振。因此，在有膜层的系统中，OPL 变为多值。由光线追迹程序计算的 OPL 仅为“直接”光线，没有任何多次反射，通常是第一个且通常是最亮的子波。图 27.1(a)显示了从未镀膜透镜中出射的单个波前的例子。图 27.1(b)显示了一组从具有理想 $\lambda/4$ 膜的透镜中射出的子波，其中每个子波正好间隔一个波长；因此，所有的子波都会产生相长干涉，从而抑制透镜的反射并提高透射。这些子波中的每一个都有不同的 OPL。当波长改变时(图 27.1(c))，子波不再间隔整数个波长；因此，在图中可以看到更多的波。透镜的透射率会受到影响，因为

出射的波前不会完全相长干涉。当超短激光脉冲进入带有膜层的光学系统时,一系列超短脉冲出射时在时间上分散开,对应于膜层产生的子波。

由于这些多次反射,关于光程长度的基本概念变得更加复杂,它被大量较小的子波所模糊,OPL 变为一个多值函数。这些子波不能在物理上彼此分离。一个进入的光子在任何一个子波中有一个概率大小。所得的电磁波是所有子波的电场矢量和,具有确定的相位、振幅和偏振态。因此,尽管光程长度不再有良好的定义,但是相位仍有很好的定义并且可以由干涉仪唯一地测量出。

27.2.4 延迟的定义

出于类似的原因,延迟的定义不能很好地推广到具有复杂晶体组件的系统以及通过此类光学系统的光线路径。当光通过一系列各向异性材料时,由于光线倍增,一组两个、四个、八个或更多的子波可能会出射,每个子波具有不同的 OPL。同样,OPL 变为多值,但振幅、相位和偏振态仍然是唯一定义的。对于单个晶体波片而言,延迟很容易定义,但在诸如多个双折射板等一般情况下,延迟更难定义。对于单个双折射板,由于只出射两个波,因此延迟只是这两个模式的光程长度之差。在 n 个各向异性材料的序列中,2^n 个光束以不同的光程长度、振幅和偏振态射出。没有单个的"延迟"数可以描述一组复杂的光程差。另一种定义延迟的方法是将延迟器作为一个元件,它在庞加莱球上围绕一个轴将偏振态旋转一个与延迟相等的角度。根据该定义,出射光束的数量无关紧要,延迟和快轴就能够获得确定。

27.2.5 延迟和倾斜像差

将延迟的概念扩展到通过光学系统的光线路径也很复杂。这些光线路径可以用偏振光线追迹矩阵 $\boldsymbol{P}$ 来表征。由于入射光线和出射光线不需要共线,因此 $\boldsymbol{P}$ 的特征向量通常不代表实际的偏振态。偏振相关相位变化可分为两类:几何变换和固有延迟。坐标系旋转(如序列折射后发生的旋转)可以伪装成圆形延迟,这是几何变换的一个例子。另一个例子是反射时的偏振变化,它伪装成半波线性延迟。横向矢量沿光线路径通过光学系统的平移计算了几何变换,而波前上的几何变换的集合就是倾斜像差。

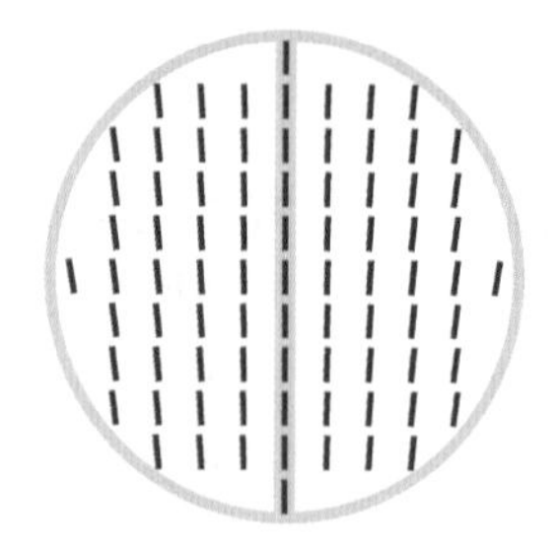

图 27.2 线性倾斜像差将均匀入射的线偏振态转换为倾斜像差态。
这种线性形式的倾斜像差发生在大多数透镜和其他旋转对称系统中

倾斜像差是非偏振光学系统的偏振像差;倾斜像差是指当光学系统中的所有二向衰减和延迟被去除时仍然存在的系统的偏振变化。倾斜像差仅取决于传播矢量的序列。倾斜像差倾斜量是倾斜像差在光瞳内垂直于子午面的线性变化,如图 27.2 所示。恒定的倾斜将均匀地改变偏振,并且不会影响点扩展函数。倾斜的变化(即倾斜像差)会影响米勒点扩展矩阵,从而降低成像质量。倾斜像差在透镜组中通常影响很小,但在角锥镜中影响较大。

固有延迟是指光程长度累积值取决于入射偏振态的这样一种物理特性。$\boldsymbol{P}$ 描述了由于二向衰减、延迟和几何变换引起的偏振态变化。平移矩阵 $\boldsymbol{Q}$ 描述了相关的非偏振光学系统,因此它仅追踪几何变换。为了计算固有延迟,需要去除几何变换，$M=Q^{-1}P$。$M_{\rm R}$ 的特征值参数的差异(M 极分解的酉部)给出了固有延迟；若光学系统为一个内部光线路径未知的黑匣子，无法确定穿过该光学系统的光线的固有延迟。

27.2.6　多级延迟

多级延迟器是一种具有半波以上延迟量的延迟器，复合延迟器是由两个或多个延迟器依次组合而成的。当复合延迟器的快轴彼此未对准时，我们称之为未对准延迟器。对于未对准的复合多级延迟器，涉及两个以上的光束，并且延迟器的通用定义不适用。对于这些延迟器，光程长度可能是多值的，如图 27.3 所示。

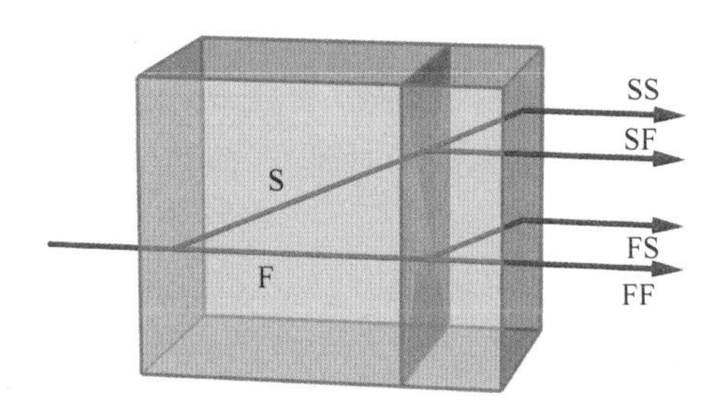

图 27.3　未对准的二元复合线性延迟器有四个输出光束，四种不同的快和慢 OPL 组合。对于对准的延迟器，只有 FF 和 SS 出射光束

复合延迟器有一种起初看起来很神秘的行为；复合延迟器的展开延迟避开了 $2n\pi$ 左右的值，并且延迟量出现跳跃，这意味着延迟不连续。这些不连续性在延迟空间中得到更好的理解，在延迟空间中，主延迟的迹线可以很容易地避开原点，原点只是表示单位矩阵的一个点(并且是唯一一个延迟量为零的点)，如图 27.4 所示。对于展开的延迟，原点处的这一点成为整个 2π 球、4π 球，依此类推。随着延迟的增加，迹线似乎在延迟空间中不连续地跳过 $2n\pi$ 球。

对于复合延迟器中快轴方向的小偏差，迹线从原点附近通过，因此不连续性很小。这些复合多级延迟器具有单一琼斯和米勒矩阵，并在庞加莱球上进行单个旋转。然而，由于存在多个出射光束，它们不存在单一的“延迟”态。

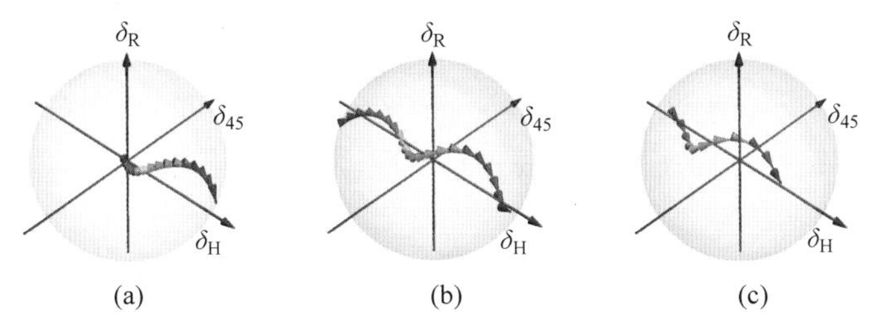

图 27.4　随着波长的减小(从(a)到(c))，绘制了 π 球(紫色球)内的延迟器空间以及主延迟分量的迹线。(b)图始于(a)图终点的对称点，以此类推。请注意(b)和(c)的迹线错开原点

27.2.7　双折射光线追迹的复杂性

各向异性材料产生了延迟、光线倍增、偏振分离以及各向同性材料无法产生的其他现象。相关的光-物质相互作用不同于玻璃和其他各向同性材料。各向异性材料的方向特性

由介电张量和旋光张量描述,而不是各向同性材料中的单一折射率。s 偏振和 p 偏振两种模式的反射和折射光线以不同的方向传播,而不是以相同的方向传播。各向异性材料中的波前具有更复杂的形状,与 $\boldsymbol{k}$ 正交但与 $\boldsymbol{S}$ 不正交,并且与各向同性材料中的波前相比,其残余像差不同。各向异性材料中的传播会导致偏振态之间的相位差,即延迟。

在双折射界面上,光分为两个本征偏振,即以不同折射率沿不同方向传播的相互正交的偏振。双折射材料的这种光线倍增特性在透射和反射中都产生了两个新的光线段,使偏振光线追迹中折射和反射振幅系数的计算复杂化。与每条光线相关的 OPL 变成偏振态的函数。

第 25 章将光学元件中的应力诱导双折射建模为空间变化的双折射介质。这种模型预测了整个应力光学元件中的空间延迟变化及其按照不同入射偏振对 PSF 和 MTF 的影响。应力双折射建模是一个强大的工具,可以预测具有残余应力的元件的性能,可以进行容许应力公差分析,并优化成型工艺参数,例如加工时间(在模具中的时间和成型温度)和产品质量之间的权衡。

27.2.8 相干模拟

标准光线追迹算法一次追迹一个波长的光线,以逐个波长方式确定波前;因此,这些算法模拟通过光学系统的相干单色光。通常,需要知道部分相干或非相干光的光学系统特性。相干、部分相干和非相干的模拟情况可与一个简单例子进行比较,即光从玻璃板或延迟器的前后表面反射。在单色光中,主光束和反射光束产生条纹。波长扫描时,条纹移动。因此对于光谱带宽较小的光,条纹运动较小,条纹略微模糊;条纹可见性降低,但条纹可见。这就是部分相干的情况。对于较大的带宽,许多不同的条纹图案叠加在一起,以至于在较大的光谱带宽情况下,条纹完全消失。这就是非相干情形。

单色光线追迹(常规光线追迹或偏振光线追迹)计算相干的情形,将预测玻璃板上的条纹。对于光谱带宽较小的 LED,条纹可能可见,也可能不可见,但单色光线追迹总是预测条纹。因此,为了正确模拟部分相干(有限光谱带宽),通常对许多波长重复计算,并将条纹图案叠加起来评估光谱带宽对条纹可见度降低的影响。这是部分相干计算的本质,即对大量波长、视场或配置重复光线追迹。有时快捷方式可以减少计算量,但通常最简单的过程就是对系统进行 100 次或更多的光线追迹。因此光线追迹各个波长以计算光程长度、琼斯矩阵和偏振光线追迹矩阵,但不同波长的光或来自不同空间非相干源的光以非相干方式相加为米勒矩阵或等效形式。

27.2.9 散射

评估光学系统中的散射效应是一项重要的光学分析任务。例如,望远镜有挡板,防止视场外的光线到达焦平面。在建造昂贵的望远镜(例如要进入轨道的望远镜)之前,通常要计算挡板设计方案的视场外抑制能力。例如,如果太阳或月亮与望远镜轴线成 3°、10°或 30°,有多少光从挡板和望远镜结构散射并到达焦平面?这包括追迹光线到挡板和其他散射表面,然后追迹从每个光线截点到其他散射面或光学表面的许多光线,并求沿光线路径到达焦平面的光通量。在每个表面的每个光线截点处,通常进行双向反射分布函数的计算。由于存在大量潜在的光线路径，可能需要使用蒙特卡洛程序计算数百万或数十亿条光线，以获得准确的杂散光估计。

散射效应可能是非常偏振依赖的，例如当在布儒斯特角附近散射或来自衍射光栅时。在这种情况下，散射计算需要相关表面的偏振双向反射分布函数（PBRDF），它是一个关于入射角和散射角的米勒矩阵函数①。这可用米勒矩阵偏振测量仪从大量角度照射并采集散射光来测量。或者，可能存在合适的解析 PBRDF 模型，如美国国家标准与技术研究所的 ScatMech 库[1-2]。散射光线追迹模拟是非相干光线追迹的一个例子，因为光程长度变化数千个波长。

27.2.10　退偏

有些光学系统具有可观的退偏，即入射偏振光在出射时偏振度降低。一些光学元件，如衍射光栅、全息光学元件、多模波导和液晶盒，更有可能导致退偏。退偏是一个统计过程，是由于粗糙度、散射和微观尺度上的材料变化引起的偏振态的随机化。过光学系统的激光照射，在没有退偏的情况下，波前是平滑的，振幅、相位和偏振度缓慢变化。退偏会使波前变得有一些高频成分的噪音。粗糙的表面或开裂、剥落的膜层会对波前施加许多微小的相位变化，从而导致此类噪声。对于大量的退偏，例如粗糙表面的散射或穿过积分球的光，出射的波前会变成具有快速变化偏振态的散斑图案。

用光线追迹程序无法精确模拟随机散射面、积分球等的相位变化。粗糙度为 0.1μm 尺度的表面需要每平方厘米超过$(10^5)^2$个点或超过10^{10}个点来表征光线追迹，这是一项不可能完成的任务。

退偏不是用琼斯矩阵和偏振光线追迹矩阵来描述的，它是一个统计过程。退偏光学元件可以用米勒矩阵进行光线追迹。一般来说，当光入射到退偏表面时，光会向多个方向散射。散射光线追迹程序用于为每条入射光线计算离开一个界面的许多散射光线，并设计为可使用米勒矩阵进行计算。偏振 BRDF 模型可用于许多退偏表面，并可用于每次散射计算。这种计算通常使用蒙特卡洛方法选择离开一个光线截点的光线，而不是用光学系统遵循的规则光线网格来进行。

使用米勒矩阵的光线追迹计算是“非相干”光线追迹的一个例子，其中非相干是指光线追迹，而不是光的相干性。米勒矩阵不追迹光的绝对相位。米勒矩阵可以相加来模拟相互之间没有相位关系的偏振或部分偏振光束的组合，它们相互不相干。

这种计算适用于激光照射的积分球。输出是无法精确模拟的散斑图案，因为表面描述（例如，每平方厘米10^{10}个点）是不切实际的。到达积分球后接的一个表面的光是从积分球许多不同区域离开积分球的。入射到特定点的光线的光程长度随机分布在数百个波长的光程长度上，因此光线是非相干组合的。虽然无法计算散斑的准确分布，但米勒矩阵光线追迹可以计算米勒矩阵，该矩阵把许多散斑进行平均来度量。对于这种相干光，由于系统的散射性质，非相干光线追迹是合适的。

为了分析具有一些退偏的光学系统，例如衍射光栅的光学系统，可以对大部分光（成像

---

① 也称为米勒矩阵双向反射分布函数，MMBRDF。

部分)进行相干光线追迹。光的散射光部分可用米勒矩阵表示,并且可以对该退偏部分进行单独的非相干光线追迹。

27.3 偏振光线追迹的概念和方法

27.3.1 琼斯矩阵和琼斯光瞳

琼斯矩阵作用于琼斯矢量,琼斯矢量描述了横向平面上相对于 x-y 局部坐标系的偏振椭圆。为了在光学设计中使用琼斯矢量和矩阵,对高度弯曲的光束进行光线追迹,每个光线段需要不同的局部坐标系来定义琼斯矢量的 x 和 y 分量在空间中的方向。由于局部坐标的固有奇异性,这些局部坐标系会导致光线追迹变得复杂。

出瞳处波前和偏振的完整描述分为四个函数的组合:出瞳处的波前像差函数、振幅函数、孔径函数和偏振像差函数。这种组合称为琼斯光瞳,

$$\mathbf{JP}(x,y)=\mathrm{apt}(x,y)\cdot a(x,y)\cdot \boldsymbol{J}(x,y)\cdot \mathrm{e}^{-2\pi\mathrm{i}\boldsymbol{W}(x,y)} \tag{27.1}$$

$\mathrm{apt}(x,y)$是一个孔径函数,孔径内为1,孔径外为零。$a(x,y)$是描述沿光线路径传输的振幅函数,也称为切趾。$\boldsymbol{W}(x,y)$是波像差函数,表征每条光线与主光线之间的光程差。$\boldsymbol{J}(x,y)$是从入瞳到出瞳沿光线路径的琼斯矩阵。(x,y)是光瞳坐标。$\mathbf{JP}(x,y)$在空间上是变化的,并且是偏振成像计算的起始点。

27.3.2 *P* 矩阵和局部坐标

3×3 偏振光线追迹矩阵 $\boldsymbol{P}$ 矩阵可以在全局坐标中进行光线追迹,这为解释偏振特性提供了一个简单的基础。由于 $\boldsymbol{P}$ 的奇异值是最大和最小振幅透射率,因此可以通过 $\boldsymbol{P}$ 的奇异值分解(SVD)计算二向衰减。

给定球面波前上偏振态的分布,在计算机屏幕或纸面上表示这些信息需要选择如何展平这些信息。此转换最常用的两个基向量是偶极坐标系(纬度和经度系统)和双极坐标系(与透镜聚焦准直波前时的偏振和方向变化相匹配的坐标系)。

第 11 章介绍了使用偶极和双极坐标系将偏振表示从 3D 转换为 2D(或相反)的方法。图 27.5 显示了当转换 $\boldsymbol{P}$ 矩阵时琼斯光瞳对局部坐标选择的依赖性。

27.3.3 PSF 和 OTF 的推广

点扩展函数(PSF)是光学成像系统的一个基本度量,描述了点物的像。对于具有偏振像差的系统,PSF 取决于入射偏振态。因此 PSF 的概念要推广,使得它通过引入振幅响应矩阵(**ARM**)来描述任意偏振态的成像。在给定波像差函数和琼斯光瞳函数的情况下,计算了米勒点扩展矩阵(**MPSM**),该矩阵显示了 PSF 随入射偏振态的变化。类似地,传统光学的光学传递函数(OTF)可以扩展为光学传递矩阵(**OTM**),以描述成像时物的空间滤波如何依赖于入射偏振态。图 27.6 显示了琼斯光瞳、**ARM**、**MPSM** 和 **OTM** 之间的关系。**ARM**、**MPSM** 或 **OTM** 中的非对角元素描述了图像中偏振分量之间的耦合。非对角元素相对于对角元素的相对大小表示像面上发生的偏振混合量。因此,对于具有偏振像差的光学系统的

分析，PSF 和 OTF 的矩阵表示是必要的。

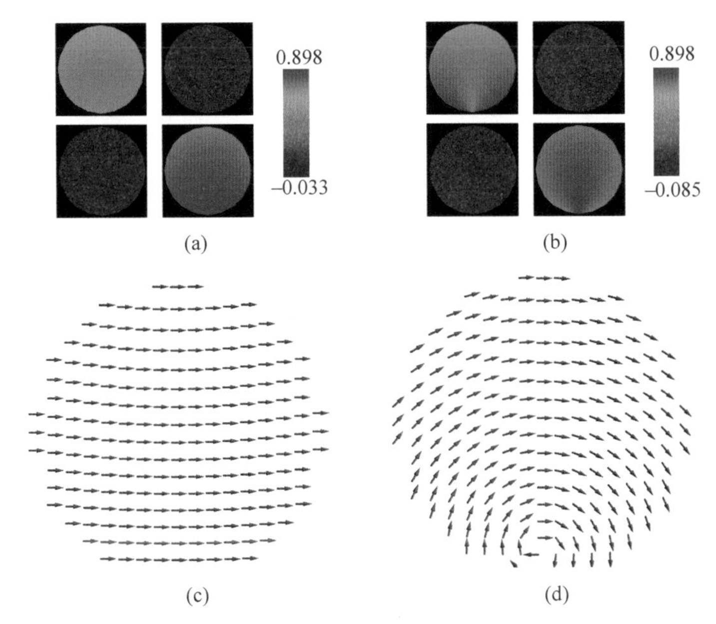

图 27.5　((a)和(b))手机镜头系统的琼斯光瞳，使用(a)双极坐标和(b)s-p 坐标从 $\boldsymbol{P}$ 矩阵光瞳转换而来。((c)和(d))出瞳上的局部 x 坐标，(c)双极坐标和(d)s-p 坐标

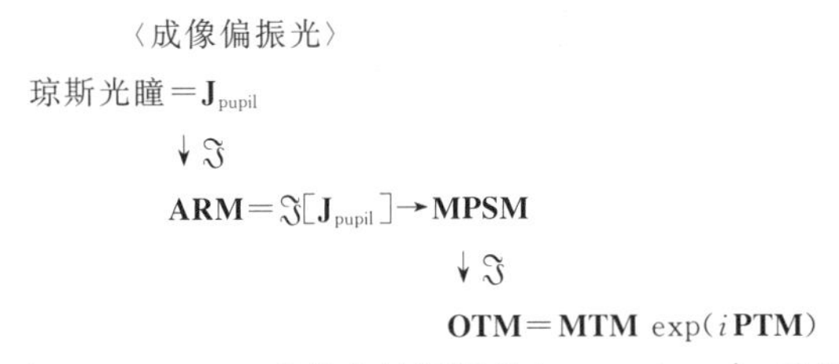

图 27.6　2×2 振幅响应矩阵(**ARM**)、4×4 米勒点扩展矩阵(**MPSM**)、4×4 光学传递矩阵(**OTM**)、4×4 调制传递矩阵(**MTM**)、4×4 相位传递矩阵(**PTM**)之间的关系

27.3.4　光线倍增、光线树和数据结构

在各向异性元件上，一个入射波前产生两个透射波前，一个具有 N 个各向异性元件的系统可以有 2^N 个透射波前。2^N 个波前分别聚焦在不同的位置，具有不同的偏振态变化，并且具有不同的波像差量。一条入射光线出射时有 2^N 个光程长度。对于三个或更多重叠波前的情况，延迟(定义为两条重叠光线之间的光程差)需要重新定义。

为了模拟波前在光学系统中的传播，需要追迹大量光线，以便准确地对波前的形状、振幅和偏振进行采样。我们将偏振光线追迹计算扩展到具有各向异性材料的光学系统。这些波前的光线追迹结果存储在 $\boldsymbol{P}$ 矩阵中。然后，从 $\boldsymbol{P}$ 矩阵计算这些波前的特性，如波像差、偏振像差(包括二向衰减和延迟)以及像质。由于各向异性材料的光线倍增特性，进一步推广了偏振光线追迹算法，以处理随着各向异性元件数量增加而呈指数增长的光线段数。

为了描述通过各向异性材料传输的波前，需要追迹光线族。在追迹大型光线网格以精确采样多个出射波前时，获取沿这些光线路径通过特定表面或一系列表面的光线特性是光学设计中的一个重要步骤。通过 N 个各向异性截点折射的 K 条入射光线产生 $K\times 2^N$ 条出射光线和 $K\left(\sum_{n=1}^{N}2^n\right)$ 条光线段。这些光线段的分支可以通过累积模式标记(表 19.1)汇总到光线树中，如图 27.7 所示。

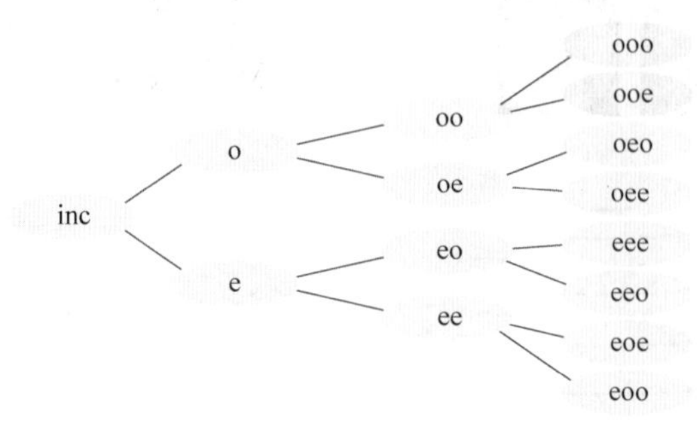

图 27.7 一条入射光线通过三个单轴界面折射的光线树，其中寻常模式为 o，异常模式为 e

这种光线树追迹了由各向异性元件序列产生的光线多重性。当波前通过一系列光学表面传播时，累积模式标签识别某一特定光线裂解序列的各个偏振波前。这些模式标签便于计算机光线追迹中光线倍增的自动化，而无需施加任何假设，并有助于为每个偏振波前的出射光线进行排序。从模式标签导出的数据结构系统地管理由各向异性元件产生的光线多重性。这些结构可用于处理各向异性相互作用特有的许多特殊情况：抑制折射、全内反射和锥形折射。

27.3.5 模式合并

追迹通过光学系统分解的所有光线后，这些出射波前的一部分通常是重叠的。分析由这些光线树表示的所得波前的方法如下：

首先通过插值重建每个独立模式序列产生的本征波前。如第 20 章所示，每个重建波前都有不同的像差，但在出瞳处分布平滑。因此，可以用采样光线的电场对其进行插值。

当本征波前在像面上重叠时，它们干涉。这些波面中的每一个都产生了一个图像，可以使用第 16 章中介绍的方法进行计算。然后，总的图像是这些特征图像的总和。

27.3.6 替代模拟方法

本书的重点一直放在偏振上，但对于非线性光学、波导、光子器件、超材料和纳米结构材料的光学系统中的相关偏振问题，还需要其他方法。另一类模拟方法——波传播算法，通过器件和光学系统传播光场，使光从第一面衍射到第二面，等等。波传播算法在较长波长下是必要的，也就是说，在无线电波中，光线近似是失效的，在波导中，结构尺寸在波长数量级。对于亚波长结构，可以通过严格的耦合波分析来模拟周期结构(第 23 章)。非周期结构通常采用时域有限差分算法(FDTD)进行模拟，该算法在时空网格上以较小的步长求解时间相关的麦克斯韦方程组。首先，电场按步传播，然后磁场传播，然后重复该过程。FDTD 是一种非常通用的光场传播方法，但由于涉及的计算量大，求解区域通常限于小于 0.1mm×0.1mm×0.1mm 的体积。

27.4　偏振像差抑制

光学设计人员有多种方法来改变任何特定光学系统的偏振像差[4]。菲涅耳像差和膜层诱导偏振像差往往较小，且具有低阶函数变化（常数、线性、二次等）[5]。以下总结了几种减小偏振像差的方法：

（1）减小入射角：由于小入射角的二向衰减和延迟呈二次增加，因此减小最大入射角可以显著减小偏振像差。减小反射镜和透镜的角度范围可以减小延迟和二向衰减的变化。

（2）减少膜层偏振：透镜的减反膜和反射镜的增反膜的光学膜层配方提供了调整二向衰减和延迟的设计自由度（厚度和材料）。根据我们的经验，这些膜层配方可以适当调整，以适当降低偏振特性，但不能在很大角度和波长范围内消除二向衰减或延迟。减反射镀膜透镜的表面通常具有非镀膜透镜表面的三分之一或更少的二向衰减，这提供了极大的好处。反射镜的增反膜通常会增加金属反射镜在某些波段的延迟和二向衰减。

（3）补偿偏振元件：偏振像差补偿可以通过几种方式实现。简单地在系统中放置一个（空间均匀的）弱偏振器（二向衰减器）和一个弱延迟器可以使光瞳中某一点的偏振像差为零，从而使整体偏振像差更小。一个空间变化的二向衰减器和延迟器，其偏振大小近似等于累积二向衰减和延迟，但方向正交，几乎可以消除偏振像差。这种偏振板可以看作琼斯光瞳的矩阵逆。这种校正板可以由液晶聚合物制成，其二向衰减或延迟的大小和方向在空间上变化，类似于日冕照相术中使用的涡旋延迟器[6-8]。楔形的、球形的和非球面晶体元件或元件组可提供多种补偿的偏振像差[9]。由于望远镜和折反镜的偏振像差往往很小，空间变化的各向异性薄膜（它只能提供很小的延迟）可以提供另一种补偿途径[10]。

（4）正交折反镜：折轴反射镜绕着相对的轴倾斜，使得从一个反射镜出射的 p 偏振光在第二个反射镜上是 s 偏振光，这对二向衰减和延迟都有补偿作用[11-12]。在零附近偏振的线性变化仍将留存于光瞳中。

（5）补偿光学元件：透镜二向衰减的符号（更大的 p 透射率）与反射镜相反。因此，在 27.5 节中的示例系统中，包含透镜将减少主镜和次镜的二向衰减。类似地，可以选择具有相反延迟贡献的膜组。尽管进行了多次协作尝试，作者（奇普曼）仍未能改变减反膜或增反膜在有用光谱段上的二向衰减或延迟的符号。在实践中，目前为止这种方法从未非常成功。

考虑这些偏振像差的减小方法，新颖性、制造问题、散射、公差和风险必须与偏振像差的大小相平衡。对于偏振像差水平较低的关键系统，这些偏振像差抑制方法存在的相关缺陷，特别是不规则性、吸收和散射，很容易使问题变得更糟。

在设计光学系统时，通常会定义一个价值函数来表征波前和成像质量，并通过优化程序调整系统的结构参数以找到可接受的方案。

（1）如果偏振光线追迹参数（如二向衰减和延迟）包含在价值函数中，优化器可以平衡偏振像差与波前像差和其他约束，将解决方案推向减少偏振像差的方向。

（2）同样，如果优化中包含膜层和偏振元件结构参数，优化器可以探索膜层设计空间和偏振元件配置，以找到补偿方案。例如，铝上的膜层将改变偏振。

这两个步骤很复杂，但是高级用户可以应用这些方法，通常通过使用光学设计程序的宏语言来评估上面列出的偏振抑制策略。

27.4.1 偏振光线追迹输出分析

偏振光线追迹很复杂！传统的光学设计产生一个波像差函数，它是标量函数。结合镀膜和各向同性元件的效应，偏振光线追迹生成偏振光线追迹矩阵阵列。然后，可以将这些偏振光线追迹矩阵转换为入瞳和出瞳球面之间定义的琼斯矩阵。光线追迹问题已经从单自由度的标量波前函数转变为使用琼斯矩阵的八维表示形式。三维很难可视化，四维空间很难想象，八维真的令人望而生畏。为了理解和操作这个八维数据，设计者需要提取最关键的信息。为了有效地传达信息，需要减少信息的数量，确定优先级，并在不过分简化的情况下简化总信息。只有某些偏振特性可能是重要的，但哪些是最重要的特性因系统而异。在所有数据中，只有少数像差可能是重要的。找到这些特征，通常可以从大量计算的数据中总结出重要信息。

偏振光线追迹算法必须是通用的。该算法需要对各种光学系统进行精确计算。要做到这一点，它需要计算琼斯算子中的所有八个自由度来处理一组一般的问题。但许多系统没有明显的圆延迟或圆二向衰减(27.2.2 节)。因此，这两个圆自由度通常可以被搁置一边(通常在计算之后)，因为它们具有较低的优先级。类似地，一些系统没有明显的延迟，如未镀膜镜头。其他系统没有明显的偏振像差，因此只需要光程长度和波像差，但可能需要进行偏振光线追迹计算来验证，例如，一组薄膜对特定镜头的成像具有最小影响。

偏振分析的挑战仍然存在。光学设计师面对着八维琼斯光瞳函数，需要偏振光线追迹程序中的有效工具来快速理解数据并确定光学效果的优先顺序。在 27.5 节中，将展示偏振像差展开在偏振光线追迹数据中的应用，以提供一种将偏振光线追迹输出减少到少量参数和简单函数的方法。此外，如果膜层设计发生变化或折反镜角度发生变化，则系统不一定需要重新追迹；在这个例子中，设计规则是从像差中推导出来的，以显示性能如何随着这些变化而变化。

27.5 偏振光线追迹与偏振像差的比较

下面以一个实例系统为例，对偏振光线追迹方法和偏振像差方法进行比较。光线追迹方法以 OPL、琼斯矩阵和其他值的网格形式对系统性能和像差进行数值处理。像差理论用简单的解析函数描述系统像差。这两种方法各有优缺点，相辅相成。像差理论的优势在于像差表示的简单性，用少量参数表示像差，能够描述性能如何随数值孔径和物体大小发生变化，以及能够精确定位哪个面的像差在增大并提出像差平衡的方法。当系统失去对称性、倾斜或偏心，或包含光学自由曲面时，像差理论变得复杂。光线追迹的优势在于它能够分析任意系统并提供(几乎)精确的答案。像差方法可以产生强大的设计规则，以帮助进行光学设计权衡[13]。

下面分析了由主镜、次镜和折反镜组成的卡塞格林望远镜的例子(图 27.8)，比较了光线追迹和像差方法，目的是将望远镜的结构参数与镀膜效应联系起来作用于 PSF 上。琼斯光瞳的解析表达式表示为二阶偏振像差：常数(平移)、线性(倾斜)和二次(离焦)项，用于二向衰减、延迟、振幅和相位。通过这些像差，整个琼斯光瞳可以减少到 12 个参数，即其二阶偏振像差系数。这些系数可以直接与反射镜膜和穿过系统的入射角关联起来。以下是将要考虑的两个像差：①XX 和 YY PSF 分量，即两个明亮的共偏振分量，向相反方向移动。这种剪切 PSF 与折反镜膜和像空间数值孔径有关。②XX 和 YY PSF 具有膜层引起的不同的轴上像散大小和方向，这与主镜和次镜的入射角和膜层有关。本例结合了 12.3 节折反镜的偏振像差分析和 12.5 节的卡塞格林望远镜分析。这个例子最初是针对日冕仪进行分析的，用于对系外行星和恒星周围的碎片盘进行成像，其中 PSF 的控制需要近乎完美，以便对预期亮度小于 10^{-8} 恒星亮度，在几个艾里斑半径内的行星进行成像。

如图 27.8 所示为同轴准直光束照射的卡塞格林望远镜和折光镜。折光镜围绕 x 轴倾斜，将 $+z$ 方向传播的光反射到 $-y$ 方向。主镜是抛物面镜。次镜选用双曲圆锥常数来消除球差，没有轴上波像差。因此，从传统光线追迹来看，轴上系统是完美的，衍射受限的。在偏振光线追迹过程中，与理想成像的任何偏差都是由反射镜膜的偏振造成的，没有混合进波像差的影响。

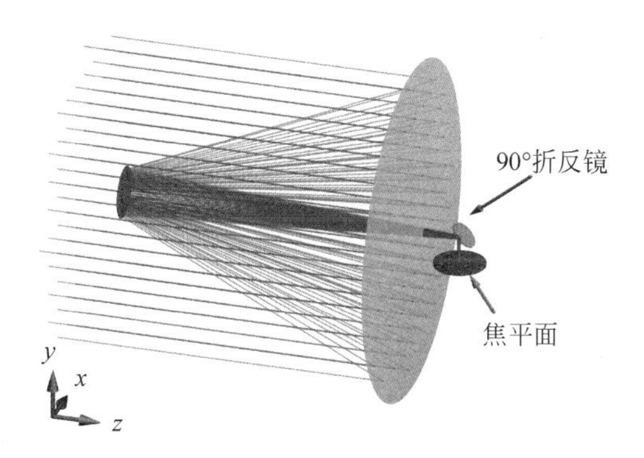

图 27.8　卡塞格林望远镜系统的例子，主镜 F/1.2，卡塞格林焦点为 F/8，在 F/8 会聚光束中有一个 90°折反镜。90°折反镜绕 x 轴折反。主镜的净孔径为 2.4m。所有三个反射镜均镀铝，铝在 800nm 处的折射率为 $n=2.80+8.45\mathrm{i}$。Y 偏振光是指入瞳内在折反镜上的轴向光线入射面内的偏振，或是图片中的垂直方向。X 偏振光在折反镜处为 s 偏振光

27.5.1　铝膜与偏振像差表达式

这里的分析选择了铝膜。800nm 时铝的振幅和相位系数如图 27.9 所示。二向衰减如图 27.10(a)所示，其中二向衰减在正入射时为零，然后近似二次增加至折光反射镜 45°中心角处的约 0.05。类似地，如图 27.10(b)所示的延迟从 0 二次增加到 45°入射角处的约 0.15。因此，预计延迟将产生约 0.15/0.05≈3 倍的更多的偏振像差。

对于偏振像差分析，可用在使用角度范围内有效的简单线性和二次多项式拟合代替菲涅耳方程。对于轴上反射镜，将膜层二向衰减 $D(\theta)$ 和延迟 $\delta(\theta)$ 函数展开为关于正入射的二次函数，如下所示：

$$D(\theta) \approx a_2\theta^2 + O(\theta^4),\quad \delta(\theta) \approx b_2\theta^2 + O(\theta^4) \tag{27.2}$$

二向衰减的二阶系数为 a_2，延迟的二阶系数为 b_2。这些二次拟合如图 27.11(a)和图 27.12(b)所示。对于折光反射镜，使用轴向光线入射角 $\theta_0=45°$ 处的一阶展开就足够了，

$$D(\theta) \approx a_0 + a_1(\theta-\theta_0) + O(\theta^2),\quad \delta(\theta) \approx b_0 + b_1(\theta-\theta_0) + O(\theta^2) \tag{27.3}$$

拟合如图 27.11(b)和图 27.12(b)所示。表 27.1 列出了拟合系数。这些泰勒级数系数可以

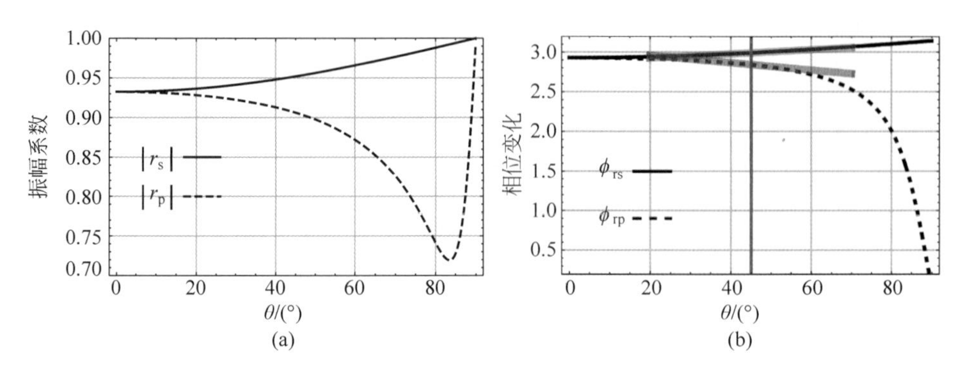

图 27.9　对于裸铝镜,入射角 θ 在 0°和 90°之间时振幅反射系数(a)和相位反射系数(b)。ϕ_{rs} 和 ϕ_{rp} 是 s 偏振光和 p 偏振光的反射相位。绿色垂直线突出显示了 45°处的相位变化。45°入射角下的不同斜率或线性相移(红色的 ϕ_{rs} 和蓝色的 ϕ_{rp} 线)会导致不同的 XX 和 YY 像偏移

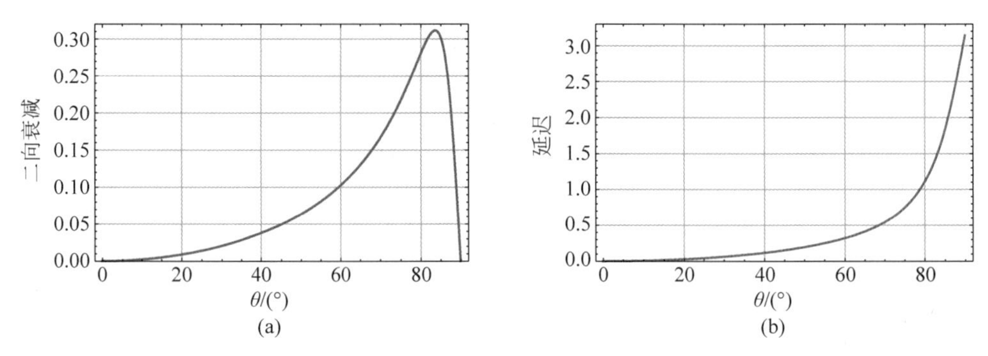

图 27.10　裸铝镜在 800nm 时的(a)二向衰减和(b)延迟

在其他波长下计算,用以描述偏振像差随波长的变化。通过数学小贴士 13.1 的曲线拟合方法,膜系设计程序的拟合输出可给出其他金属和任意多层膜的系数。

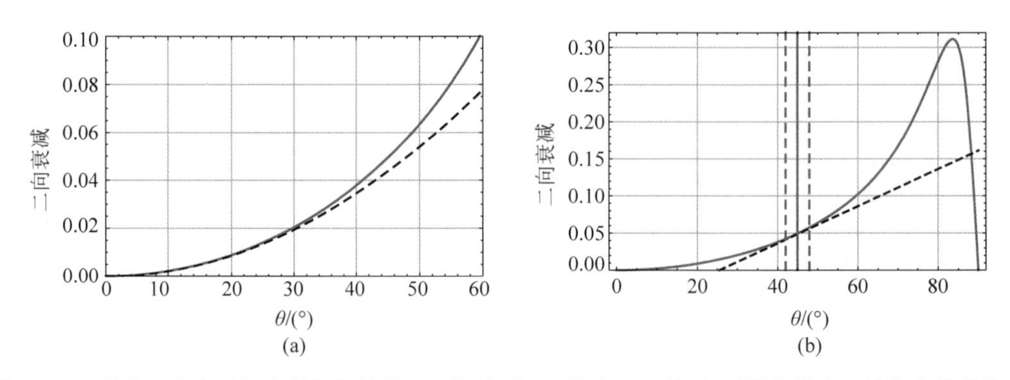

图 27.11　铝的二向衰减与入射角的关系,(a)关于 0°二次拟合,(b)关于 45°线性拟合。棕色实线是准确的二向衰减,黑色虚线是二向衰减的二次拟合和线性拟合(表 27.1)。右图中的绿色实线表示轴向光线的入射角,绿色虚线表示 NA=0.06 光束的范围

由于折光反射镜处于会聚光束中,s 相位和 p 相位的非零斜率非常重要,并在图 27.9(b)中突出显示。这些斜率表示线性相移,该相移将 X 和 Y 偏振的 PSF 分量的位置从几何像点位置移开。由于斜率不同且符号相反,因此相应的像分量向不同方向移动艾里斑半径的

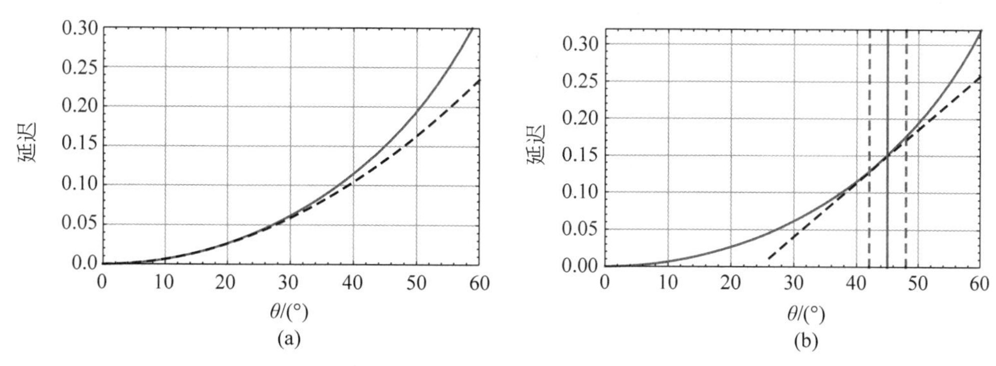

图 27.12　铝的延迟(弧度)与入射角的关系，(a)关于 0°二次拟合，(b)关于 45°线性拟合。品红色实线是准确的延迟，黑色虚线是延迟的二次和线性拟合。图(b)中的绿色实线表示轴向光线的入射角，绿色虚线表示 NA=0.06 光束的范围

一小部分。

表 27.1　铝反射镜的膜层拟合系数

系数
$a_0=0.049$
$a_1=0.0026$
$a_2=0.000024$
$b_0=0.150$
$b_1=0.0079$
$b_2=0.000070$

27.5.2　偏振光线追迹和琼斯光瞳

使用 Polaris-M 软件(艾里光学公司)对望远镜和折光反射镜进行了偏振光线追迹。琼斯光瞳计算如图 27.13 所示。从幅值图(图 27.13(a))可看出，琼斯光瞳非常接近单位矩阵乘以一个常数(~0.806)；0.806 表示三次铝反射的平均振幅反射损失。由于琼斯光瞳接近单位矩阵，因此膜层引发的偏振像差很小。与单位矩阵的偏差是由于反射镜的二向衰减和延迟。

对角线元素 J_{XX} 和 J_{YY} 包含不同的幅值变化。由于 45°处的 s 反射和 p 反射差异，总的 J_{XX} 幅值比总的 J_{YY} 幅值大约 5%，如图 27.11(a)所示。这将导致 x 偏振的像比 y 偏振的像亮约 9%。图 27.13(a)中琼斯光瞳的幅值图像接近单位矩阵，只有一小部分光的偏振发生了变化。非对角 J_{XY} 和 J_{YX} 元素显示正交偏振之间的偏振耦合。与对角元素相比，该偏振串扰具有相对较低的幅值。幅值 A_{XX} 和 A_{YY} 几乎恒定(<2%变化)，但 A_{XY} 和 A_{YX} 高度切趾，显示出向下移动的马耳他十字图案(沿 x 轴和 y 轴是暗的)。

如图 27.13(b)所示，琼斯光瞳中四个元素的相位表示铝反射镜对波像差函数的贡献。s 分量和 p 分量的菲涅耳相位变化不同，导致这两个分量的波前不同。沿 y 轴和 x 轴下方的水平线，A_{XY} 和 A_{YX} 项的振幅改变符号，因此相位 ϕ_{XY} 和 ϕ_{YX} 沿这些线改变 π。由于望远镜的轴上几何波像差为零，因此光瞳上的相位变化完全来自镜面膜层。用 x 偏振光照射并用 x 分析器分析的望远镜的波像差函数 ϕ_{XX} 具有约 0.008λ 的总线性变化，并有一个小的

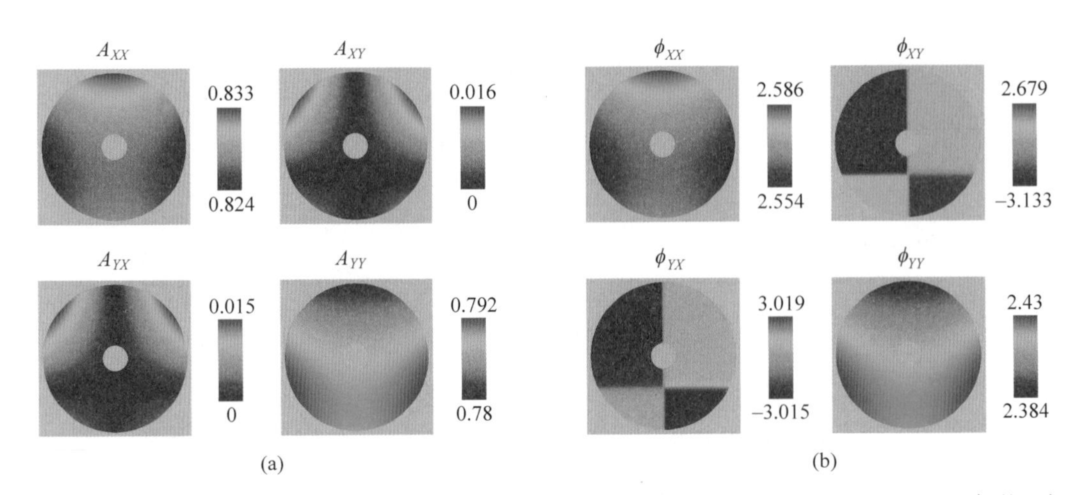

图 27.13 用彩色编码图像显示了式(27.4)给出的琼斯光瞳元素值,以展示出瞳上的变化。左侧的四幅图像显示振幅在光瞳中随位置的变化,右侧的四幅图像显示相位变化。振幅 A_{XX} 和 A_{YY} 是恒定的(在 2%以内)。由于 A_{XY} 和 A_{YX} 是高度切趾的,所以它们的衍射图案明显大于与对角线项相关的像。每个图的右侧显示一个标尺:单位为振幅(a)和相位(以弧度为单位)(b)。当振幅过零时,复数的相位变化 π。这会导致 ϕ_{XY} 和 ϕ_{YX} 相位不连续

附加偏差,主要以像散的形式存在。对角线元素 ϕ_{XX} 和 ϕ_{YY} 具有不同的线性变化,表示 XX 和 YY 波前之间的波前倾斜。该倾斜差异的来源在图 27.12(b)中可见,其中 45°入射角下折光镜对 s 偏振光和 p 偏振光具有不同的相变斜率。如果菲涅耳相位在 45°附近呈线性,则只会引入倾斜。偏离线性会导致高阶像差,包括少量像散(二次偏差)、彗差(三次偏差)和其他像差。

因此,偏振光线追迹可以给出偏振像差的详细图像。如果物体离轴移动,膜层改变,或者系统配置发生改变,偏振光线追迹可以很容易地重新计算偏振像差。本书计算了大量光线来产生这个琼斯光瞳。

27.5.3 琼斯光瞳的像差表达式

为了为光学系统建立一个更简单的偏振像差模型,琼斯光瞳(图 27.13)可以拟合为琼斯矩阵像差函数,其中包含适合特定光学系统的像差项。对于波像差,离焦、球差、彗差、像散等是大部分光学系统的适合函数。类似地,对于偏振像差,二向衰减、延迟、幅值和相位的常数、线性和二次函数非常适合许多系统,包括带有折光镜的卡塞格林望远镜。

图 27.13 中的琼斯光瞳是一个光滑函数。每个元素的幅值(左)和相位(右)具有低阶变化,这些变化由简单的常数、线性和二次(平移、倾斜和离焦)项很好地描述,表示为光瞳极坐标(归一化径向距离 ρ 和从 x 轴开始度量的方位角 ϕ)的函数。琼斯光瞳描述法有四个组成部分:来自膜层的波像差 $W(\rho,\phi)$、振幅透过率 $A(\rho,\phi)$,以及二向衰减和延迟,此处将它们组合为琼斯光瞳函数 $\mathbf{JP}(\rho,\phi)$

$$\mathbf{JP}(\rho,\phi)=A(\rho,\phi)\mathrm{e}^{\mathrm{i}2\pi W(\rho,\phi)/\lambda}\boldsymbol{J}(\rho,\phi) \tag{27.4}$$

波像差和振幅透射率是标量项。检查铝反射镜的相位变化(图 27.9(b)),差值($\phi_{\mathrm{s}}-\phi_{\mathrm{p}}$)是延迟量,变化的平均值$(\phi_{\mathrm{s}}+\phi_{\mathrm{p}})/2$ 是波像差。该膜层引入少量波像差,平移 w_0、倾斜 w_1 和离焦 w_2,用以下函数形式

$$W(\rho,\phi)=w_0+w_1\rho\sin\phi+w_2\rho^2 \tag{27.5}$$

本例中铝膜不会大量产生高阶波像差、球差、彗差等。类似地，菲涅耳像差产生小的偏振无关的振幅变化（s 和 p 平均反射率的变化），相关的平移、倾斜和离焦用系数 a_0、a_1 和 a_2 表示为

$$A(\rho,\phi)=a_0+a_1\rho\sin\phi+a_2\rho^2 \tag{27.6}$$

二向衰减像差和延迟像差分别由三项描述，产生六个偏振像差项（式(27.7)）$\boldsymbol{J}_1$，$\boldsymbol{J}_2,\cdots,\boldsymbol{J}_6$，列在式(27.8)中，用泡利矩阵 $\boldsymbol{\sigma}_1$、$\boldsymbol{\sigma}_2$ 和 $\boldsymbol{\sigma}_3$ 以及单位矩阵 $\boldsymbol{\sigma}_0$ 进行定义（第 14 章）。

琼斯矩阵函数的每个像差项都是用极坐标 ρ 和 ϕ 在光瞳上定义的。每一项的大小由像差系数 d_0、d_1 和 d_2 指定（对于二向衰减），以及由 Δ_0、Δ_1 和 Δ_2 指定（对于延迟）。所有六个像差系数都远小于 1，因此当这六个项级联时，只有 $\boldsymbol{\sigma}_1$ 和 $\boldsymbol{\sigma}_2$ 中的一阶项是显著的，如 15.3 节所述。该结果将琼斯光瞳描述为六个像差项之和，

$$\begin{aligned}\boldsymbol{J}&=\boldsymbol{J}_6\boldsymbol{J}_5\boldsymbol{J}_4\boldsymbol{J}_3\boldsymbol{J}_2\boldsymbol{J}_1\\&=\boldsymbol{\sigma}_0+\boldsymbol{\sigma}_1\left[\frac{(d_0+\mathrm{i}\Delta_0)-(d_1+\mathrm{i}\Delta_1)\rho\sin\phi+(d_2+\mathrm{i}\Delta_2)\rho^2\cos2\phi}{2}\right]+\\&\quad\boldsymbol{\sigma}_2\,\frac{(d_1+\mathrm{i}\Delta_1)\rho\cos\phi+(d_2+\mathrm{i}\Delta_2)\rho^2\sin2\phi}{2}\end{aligned} \tag{27.7}$$

式中，$\boldsymbol{J}_1$ 是二向衰减平移项，$\boldsymbol{J}_2$ 是延迟平移项，$\boldsymbol{J}_3$ 和 $\boldsymbol{J}_4$ 是倾斜项，$\boldsymbol{J}_5$ 和 $\boldsymbol{J}_6$ 是离焦项

$$\begin{cases}\boldsymbol{J}_1=\boldsymbol{\sigma}_0+\dfrac{d_0}{2}\boldsymbol{\sigma}_1, & \boldsymbol{J}_2=\boldsymbol{\sigma}_0+\dfrac{\mathrm{i}\Delta_0}{2}\boldsymbol{\sigma}_1\\ \boldsymbol{J}_3=\boldsymbol{\sigma}_0+\dfrac{d_1\rho}{2}(-\boldsymbol{\sigma}_1\sin\phi+\boldsymbol{\sigma}_2\cos\phi), & \boldsymbol{J}_4=\boldsymbol{\sigma}_0+\dfrac{\mathrm{i}\Delta_1\rho}{2}(-\boldsymbol{\sigma}_1\sin\phi+\boldsymbol{\sigma}_2\cos\phi)\\ \boldsymbol{J}_5=\boldsymbol{\sigma}_0+\dfrac{d_2\rho^2}{2}(\boldsymbol{\sigma}_1\cos2\phi+\boldsymbol{\sigma}_2\sin2\phi), & \boldsymbol{J}_6=\boldsymbol{\sigma}_0+\dfrac{\mathrm{i}\Delta_2\rho^2}{2}(\boldsymbol{\sigma}_1\cos2\phi+\boldsymbol{\sigma}_2\sin2\phi)\end{cases} \tag{27.8}$$

式(27.4)结合了式(27.5)、式(27.6)和式(27.7)提供了示例望远镜琼斯光瞳的精确表达式。

表 27.2　望远镜琼斯光瞳的偏振像差系数，如图 27.13 所示

	偏振像差系数		
二向衰减	$d_0=0.050$	$d_1=-0.008$	$d_2=-0.007$
延迟	$\Delta_0=-0.151$	$\Delta_1=-0.023$	$\Delta_2=-0.022$
振幅	$a_0=0.806$	$a_1=-0.002$	$a_2=0.0000$
波前	$w_0=2.492$	$w_1=-0.004$	$w_2=0.000$

表 27.2 列出了望远镜琼斯光瞳的延迟、二向衰减、振幅和波前的像差系数，这些像差系数是通过将式(27.4)（包括式(27.5)、式(27.6)和式(27.7)）的系数与琼斯光瞳偏振光线追迹数据（图 27.13）进行曲线拟合确定的。像差系数 d_0、d_1、d_2、Δ_0、Δ_1 和 Δ_2 中的每一个都是该特定项在光瞳边缘处的二向衰减或延迟值。

所有偏振像差系数都远小于 1，因此式(27.7)中的项组合是三个元件级联偏振的精确表示，并且总矩阵几乎不依赖于所选六项的顺序。如图 27.14 所示为根据图 27.13 琼斯光瞳由偏振像差函数近似得出的结果。图 27.15 显示了如图 27.13 所示的偏振光线追迹结果与如图 27.14 所示的偏振像差拟合之间的微小残余差异；拟合结果与精确的偏振光线追迹

相匹配(偏差在 0.002 幅值范围内),优于平均幅值的 0.2%,约 0.8。

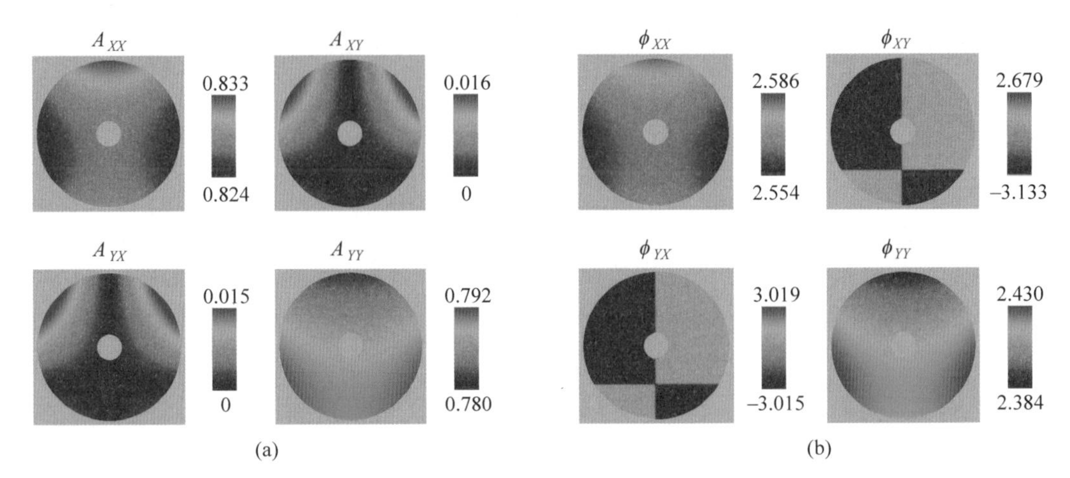

图 27.14 使用式 27.7 和表 27.2 的像差系数计算的琼斯光瞳,给出了琼斯光瞳的精确表示,(a) 琼斯光瞳幅值,(b)琼斯光瞳相位(弧度单位)

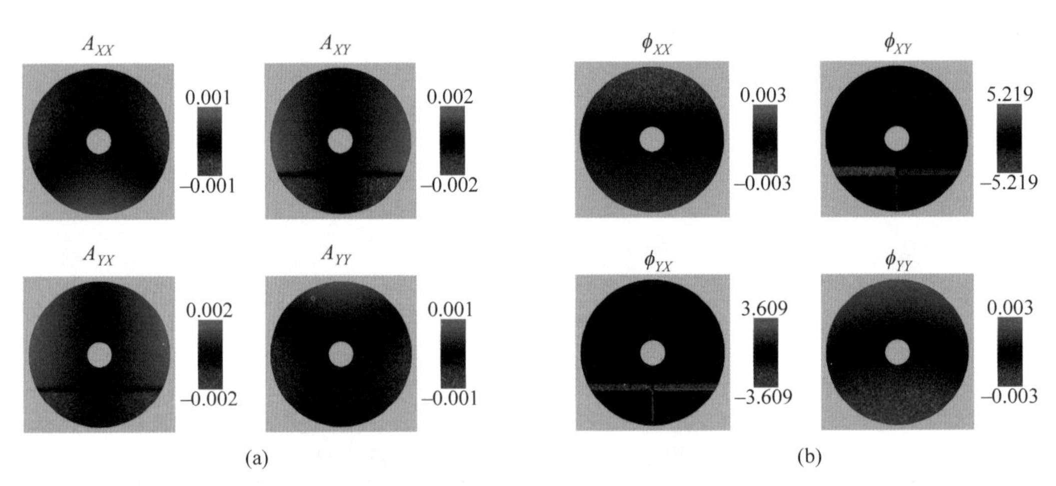

图 27.15 由偏振光线追迹获得的琼斯光瞳(图 27.13)与像差展开拟合(图 27.14)之间的差异很小。在所有图中,黑色表示差值为零;由像差展开生成的拟合与光线追迹数据具有相同的值。该残差包含比式(27.7)更高阶的偏振像差项的微小贡献

表 27.2 中的相位和延迟值以弧度表示。它们可以除以 2π 来表示像差(波数)。例如,铝膜产生了 $\Delta_1/2\pi$,约 0.004 波,或 4 毫波的偏振相关倾斜。从表 27.2 的最后一行可以看出,在本例中,波像差贡献量 w_1 和 w_2 贡献了小于 5 毫波的像差。

式(27.7)是一个通用的二向衰减和延迟像差方程,它用不同的系数值可近似许多照相机镜头、显微镜物镜、望远镜和许多其他光学系统的琼斯光瞳。系数拟合有助于确定是否需要高阶项来描述系统的偏振像差。

27.5.4 二向衰减和延迟的贡献

在对一组光线进行偏振光线追迹的过程中,计算了三个反射镜元件的单独二向衰减贡献。图 27.16 的前三个图显示了逐面的贡献。图 27.16 中的第四个图显示了从像平面观察

出瞳时整个望远镜的累积二向衰减。主镜和次镜产生的二向衰减离焦，$\boldsymbol{J}_5=\boldsymbol{\sigma}_0+d_2\rho^2(\boldsymbol{\sigma}_1\cos 2\phi+\boldsymbol{\sigma}_2\sin 2\phi)/2$，是一种旋转对称、切向的二向衰减，其大小从光瞳中心以平方增加①。折光镜引入了二向衰减倾斜，$\boldsymbol{J}_3=\boldsymbol{\sigma}_0+d_1\rho(-\boldsymbol{\sigma}_1\sin\phi+\boldsymbol{\sigma}_2\cos\phi)/2$，它是一种沿垂直轴线性变化的水平方向的二向衰减，并且在中心具有恒定偏移，该偏移由二向衰减平移项描述，$\boldsymbol{J}_1=\boldsymbol{\sigma}_0+d_0\boldsymbol{\sigma}_1/2$。由于折光镜的贡献最大，整个望远镜的二向衰减与折光镜的相似。

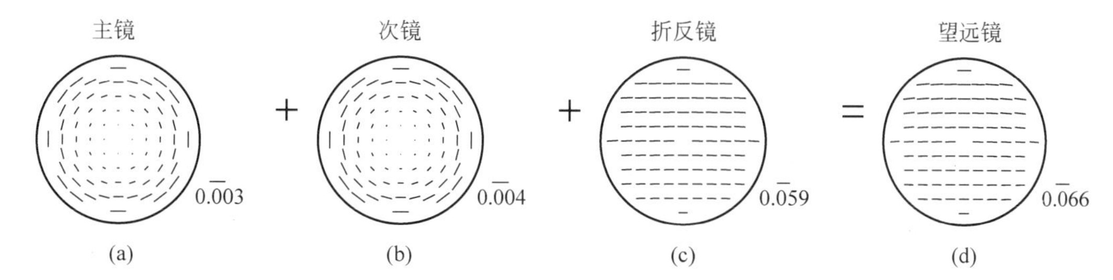

图 27.16　每个反射镜元件的二向衰减图((a)～(c))和整个望远镜的累积二向衰减图(d)。每个图右下角的标注表示最大二向衰减的尺度。对于这个望远镜例子，主要的二向衰减源是 45°折光镜

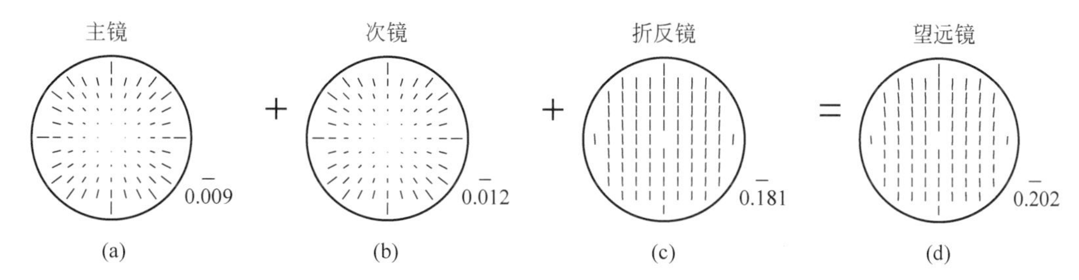

图 27.17　每个反射镜元件的延迟图((a)～(c))和累积延迟(d)。四个图右下角的标注表示以弧度为单位的最大延迟的尺度。本图显示了延迟的主要来源是 90°折光镜(c)

图 27.17(a)～(c)显示了各个表面对延迟像差的贡献，图(d)显示了累积延迟像差。主镜和次镜产生延迟离焦 $\boldsymbol{J}_6=\boldsymbol{\sigma}_0+\mathrm{i}\Delta_2\rho_2(\boldsymbol{\sigma}_1\cos 2\phi+\boldsymbol{\sigma}_2\sin 2\phi)/2$，具有旋转对称的切向快轴，它从中心开始以二次方增加，而折光镜引入延迟倾斜，$\boldsymbol{J}_4=\boldsymbol{\sigma}_0+\mathrm{i}\Delta_1\rho(-\boldsymbol{\sigma}_1\sin\phi+\boldsymbol{\sigma}_2\cos\phi)/2$ 和延迟平移 $\boldsymbol{J}_2=\boldsymbol{\sigma}_0+\mathrm{i}\Delta_0\boldsymbol{\sigma}_1/2$，具有垂直方向的快轴。由于折光镜具有最大的延迟，因此整个望远镜的总合延迟与折光镜延迟相似。累积线性延迟图(图 27.17(d))主要是一个恒定延迟，从底部到顶部有一个线性变化，从左到右有一个较小的延迟方向变化。恒定延迟是 XX 和 YY 之间波像差的恒定差，偏振态之间的“平移”；它会改变偏振态，但这个平移不会降低成像质量。延迟的线性变化表明波像差倾斜存在差异；X 和 Y 偏振得到不同的线性相位，因此它们的像从标称像位置偏移了不同的量。这种效果非常有趣，稍后将进行分析。

主镜和次镜的延迟离焦会导致像散。对于 X 偏振光，相对相位从视场中心到边缘沿 X 轴移动时呈二次方超前，沿 y 轴移动到视场边缘过程中呈二次方延迟。这会导致图 27.9(b)中原点处的 ϕ_{rs} 和 ϕ_{rp} 不同二次变化从而引起像散。因此，像散为 0.022rad(0.012+0.010 或 3.4 毫波)的 X 偏振像在最佳焦点两侧以相反方向略微拉长。类似地，对于 Y 偏振光，相

① 全文中，线性意味着近似的线性；二次意味着近似的二次。

对相位沿 Y 轴从视场中心移动到视场边缘是超前的,沿 x 轴移动到视场边缘是延迟的。因此,Y 偏振像是具有相反符号的像散。对于非偏振光,膜层引起的像散图像是所有偏振分量 PSF 的平均值,也是任意两个正交分量 PSF 之和。因此,当将 X 偏振光的像散加到 Y 偏振光的像散(其中像散旋转 90°)时,组合形成径向对称的 PSF,其略大于无像差的像。插入偏振器将揭示任何特定偏振方向的像散。关于卡塞格林望远镜的延迟离焦和相关像散的更多信息,请参见 Reiley[14]。

这些偏振像差影响 PSF。成像缺陷的详细讨论将推迟到引入设计规则之后。

27.5.5 基于偏振像差的设计规则

上述分析是针对单个波长下的铝膜进行的。使用像差工具,通过结合我们的两个表达式,可以准确估计望远镜对许多膜层的偏振像差:

(1) 琼斯光瞳用六个简单的偏振像差项描述:式(27.7)中的常数项($\boldsymbol{J}_1$ 和 $\boldsymbol{J}_2$)、线性项($\boldsymbol{J}_3$ 和 $\boldsymbol{J}_4$)和二次项($\boldsymbol{J}_5$ 和 $\boldsymbol{J}_6$)。

(2) 在式(27.2)和式(27.3)中,膜的偏振用简单常数项(a_0 和 b_0)、线性项(a_1 和 b_1)和二次项(a_2 和 b_2)进行了描述。如果膜的波长改变,或膜的设计改变,则式(27.2)和式(27.3)中的 a_0、a_1、a_2、b_0、b_1 和 b_2 也会改变。

因此,(1)或(2)中的变化可以简单地与琼斯光瞳偏振像差系数关联:d_0、d_1、d_2、Δ_0、Δ_1 和 Δ_2。

根据图 27.14 中的像差情况,针对示例望远镜的以下成像缺陷,考虑一系列设计规则:

(1) 光瞳中心的二向衰减。

(2) 光瞳中心的延迟。

(3) PSF 在 XX 和 YY 分量(两个明亮的共偏振分量)之间剪切。由于折光镜,这些 PSF 向相反方向平移,从而拉伸点像!

(4) 偏振相关的像散,其方向随入射偏振态旋转。

(5) PSF 鬼像中 XY 和 YX 分量所占的光量比例。这些暗淡的正交偏振分量的 PSF 尺寸大约是 XX 和 YY 分量的两倍。

用像差理论分析了一个简单的三元件系统,每个成像缺陷都与折光镜角度、数值孔径和膜的选择有关。

1. 光瞳中心的二向衰减

光瞳中心的二向衰减对应于大小为 d_0 的二向衰减平移项 $\boldsymbol{J}_1$。这只产生于折光镜;主镜和次镜在光瞳中心的二向衰减为零。系数 d_1 接近二向衰减的平均值,即光瞳上的平均值。$\boldsymbol{J}_1$ 主要对应于传输到焦平面的入射 X 偏振和 Y 偏振分量之间光通量的 9%差异。当入射到焦平面时,非偏振光的 DoP 约为 4%。在使用焦平面斯托克斯偏振测量仪时这个量通常被校准掉。d_0 的大小仅取决于折光镜处的二向衰减,它在轴向光线的入射角 θ_3(对于表面 3,在这种情况下为 45°)下评估。式(27.3)的泰勒级数展开式中的角度 θ_0 是望远镜折光镜的 θ_3。这就引出了平均二向衰减的两个设计规则。

设计规则 1:以 d_0 为特征的平均二向衰减(二向衰减平移值)在折光镜角 θ_3 中是二

次的。

设计规则 2：二向衰减平移值 d_0 在式(27.3)中定义的膜层参数 a_0 中是线性的。如果将膜的 $a_0(\lambda)$ 作为波长的函数进行计算，则平均二向衰减的光谱变化将与 $a_0(\lambda)$ 成正比。如果铝上镀有一氧化硅或其他材料，可以重新计算 $a_0(\lambda)$，以比较膜之间的平均二向衰减。

2. 光瞳中心的延迟

光瞳中心的延迟对应于值为 Δ_0 的延迟平移项 $\boldsymbol{J}_2$。$\boldsymbol{J}_2$ 也仅由折光反射镜产生。系数 Δ_0 接近光瞳上的平均延迟值。$\boldsymbol{J}_2$ 不会改变穿过系统的非偏振光的偏振(斯托克斯参数)；延迟仅改变偏振光和部分偏振光。$\boldsymbol{J}_2$ 在 X 和 Y 入射分量之间引入恒定相位差，因此，$\boldsymbol{J}_2$ 不会使 PSF 变差。Δ_0 的值仅取决于折光镜处的延迟(在轴向光线入射角 θ_3 下计算的)。这又引出了两条设计规则。

设计规则 3：用 Δ_0 表征的延迟平移在折光镜的倾斜角 θ_3 中是二次的。

设计规则 4：Δ_0 在膜层参数 b_0(折光镜标称入射角下的延迟)中是线性的(式(27.3))。

3. 二向衰减的线性变化

大小为 d_1 的二向衰减倾斜 $\boldsymbol{J}_3$ 描述了光瞳上二向衰减的线性变化，对应于在光瞳底部以较小 DoP 和在光瞳顶部以较大 DoP 出射的非偏振光。$\boldsymbol{J}_3$ 仅产生于折光镜，主镜和次镜无贡献。$\boldsymbol{J}_3$ 使 X 偏振输入在光瞳顶部更亮，并朝着光瞳底部线性变暗。Y 偏振输入具有相反的变化。这种切趾对 XX 和 YY PSF 的形状和结构影响很小，比其他偏振成像缺陷小得多。$\boldsymbol{J}_3$ 对非对角琼斯光瞳元素 J_{XY} 和 J_{YX} 贡献很大，从而提高了鬼影 PSF、I_{XY} 和 I_{YX} 的亮度。d_1 的值取决于在 θ_3 处评估的折光镜的二向衰减 a_1 的斜率，以及折光镜的角度范围，它由像空间中的 F 数($F/8$)表征，或者由数值孔径 NA=0.06 表征。这引出了二向衰减倾斜 $\boldsymbol{J}_3$ 的设计规则。

设计规则 5：由 d_1 表征的二向衰减倾斜在角度 θ_3 内呈线性，这是因为二次函数(式(27.2))的斜率是线性的。

设计规则 6：d_1 在膜层二向衰减斜率参数 a_1 中是线性的。

设计规则 7：d_1 在膜层二向衰减二次参数角 a_2 中也是线性的，这是由于二次函数的斜率是线性的。

4. 延迟的线性变化，*XX* 和 *YY* 分量之间的 PSF 错位

值为 Δ_1 的延迟倾斜 $\boldsymbol{J}_4$ 描述了 XX 偏振分量的线性相位变化和 YY 偏振分量的相反线性相位变化。此项仅来自折光镜，主镜和次镜无贡献。$\boldsymbol{J}_4$ 是一个非常重要的项，因为它将 XX 和 YY 分量的像向相反方向移动，导致整个 PSF 变成椭圆形。$\boldsymbol{J}_4$ 也贡献于非对角琼斯光瞳元素 $\boldsymbol{J}_{XY}$ 和 $\boldsymbol{J}_{YX}$，从而提高 PSF 鬼影、I_{XY} 和 I_{YX} 的亮度。Δ_1 的值取决于在 θ_3 处评价的折光镜的延迟斜率和折光镜的角度范围(以数值孔径表征)。这引出了延迟倾斜 $\boldsymbol{J}_4$ 的设计规则。

设计规则 8：由 Δ_1 表征的延迟倾斜在折光镜角度 θ_3 中是线性的，这是由于二次函数的斜率是线性的。

设计规则 9：在膜层延迟斜率参数 b_1 中，延迟倾斜大小 Δ_1 是线性的。

设计规则 10：延迟倾斜大小 Δ_1 在膜层延迟二次参数 b_2 中也是线性的，这是因为二次函数的斜率 b_1 在二次参数中是线性的。

5. 偏振相关的像散

大小为 d_2 的延迟离焦项 $\boldsymbol{J}_6$ 描述了从光瞳中心的延迟的二次变化，这是切向的。这主要来自主镜和次镜，而折光镜的贡献较小。$\boldsymbol{J}_6$ 使 X 偏振输入出射为 X 偏振输出，并变为像散的。从中心开始，相位沿 x 轴以二次形式超前，沿 y 轴以二次形式延迟。对于 YY，该像散旋转 90°。对非偏振光的影响类似于旋转像散的 PSF；PSF 是旋转对称的，但因像散而变大。$\boldsymbol{J}_6$ 也贡献于非对角琼斯光瞳元素 J_{XY} 和 J_{YX}，从而贡献于 PSF 鬼影、I_{XY} 和 I_{YX} 的亮度。d_2 的大小取决于正入射处延迟的二次变化 b_2，以及主镜和次镜边缘的边缘光线的入射角 θ_1、θ_2。这引出了延迟离焦 $\boldsymbol{J}_6$ 的设计规则。

设计规则 11：偏振相关的像散项、延迟离焦，用 Δ_2 表征，因此在假设相同膜层的情况下在角度之和 $\theta_1+\theta_2$ 范围内是二次的。因此，如果设计的 F 数仅通过改变入瞳直径进行缩放，则 Δ_2 在 NA 内是二次的。

设计规则 12：延迟离焦量 Δ_2 在膜层延迟二次参数 b_2 中是二次的。

设计规则 13：对于弱线性偏振元件，耦合到正交态的最大部分光通量在二向衰减和延迟方面是二次的，并且出现在入射光相对二向衰减轴或延迟快轴以 45°角偏振时。

6. 鬼影 PSF 中 *XY* 和 *YX* 分量所占的光量比例

耦合到 PSF 鬼影图像 I_{YX} 中的 X 偏振光入射光的比例 F_{YX} 取决于倾斜系数 d_1 和 Δ_1 以及离焦系数 d_2 和 Δ_2，而不是平移系数。这也等于耦合到 PSF 鬼影图像 I_{XY} 中的 Y 偏振光入射光的比例 F_{XY}。通过对非对角元素($\boldsymbol{\sigma}_2$ 项)大小的平方 $|\boldsymbol{J}_{YX}|^2$ 或 $|\boldsymbol{J}_{XY}|^2$ 在光瞳上进行积分，并用 π(光瞳面积)进行归一化，可以求出耦合到正交偏振态的 X 或 Y 偏振入射光通量的占比，

$$F_{XY}=\frac{\int_0^{2\pi}\int_0^1 |\boldsymbol{J}_{XY}|^2\rho\mathrm{d}\rho\mathrm{d}\phi}{\int_0^{2\pi}\int_0^1\rho\mathrm{d}\rho\mathrm{d}\phi}=\frac{d_1^2+\Delta_1^2}{16}+\frac{d_2^2+\Delta_2^2}{24} \tag{27.9}$$

F_{XY} 的倾斜系数和离焦系数是二次的；因此，这些偏振像差减少一个数量级将使鬼影亮度减少两个数量级。

设计规则 14：X 偏振或 Y 偏振中耦合到正交的鬼影图像 I_{YX}(占比 F_{YX})或 I_{XY}(占比 F_{XY})的入射光通量的占比以二次方形式取决于 d_1 和 Δ_1。由于 d_1 和 Δ_1 在角度 θ_3 中是线性的，因此 F_{YX} 和 F_{XY} 在折光镜角度 θ_3 中是二次的(参见设计规则 5 和 8)。F_{YX} 和 F_{XY} 在膜层延迟斜率参数 a_1 和 b_1 中也是二次的(设计规则 6 和规则 9)。F_{XY} 和 F_{YX} 在膜层二向衰减二次参数 a_2 中也是二次的(设计规则 7 和规则 10)。

对离焦像差的分析引出 F_{YX} 和 F_{XY} 比例的附加设计规则。假设膜层相同，二向衰减离焦 d_2 和延迟离焦 Δ_2 在边缘光线角之和 $\theta_1+\theta_2$ 上是二次的。

设计规则 15：假设相同的膜层，比例 F_{YX} 和 F_{XY} 在边缘光线角度之和 $\theta_1+\theta_2$ 中是四

阶的，因此在 NA 中为四阶，假设设计的 F 数仅通过改变入瞳直径来缩放。因此，F 数的小幅度降低会导致 PSF 鬼影亮度的大幅度增加（设计规则 11）。

设计规则 16：比例 F_{YX} 和 F_{XY} 在膜层二向衰减二次参数 a_2 中为四阶的（设计规则 12）。

因此，这些设计规则描述了图 27.8 中望远镜在光瞳大小变化、F 数变化、膜层设计变化和折光镜角度变化时偏振像差的缩放。如上所述，这些关系仅适用于轴上像。离轴方程更为复杂，但日冕仪和其他天文系统通常具有足够小的视场，使得视场上的偏振像差变化不显著，因此这些设计规则在该系统的实际视场上不变。随着更多的折光镜或其他元件被添加到该系统中，这些偏振像差方程需要进行推广，以将偏振像差与膜层方案和光学方案联系起来。Lam 和 Chipman 讨论了使用两反射镜和四反射镜组合减小偏振像差[15]。关于高阶偏振像差项的讨论见 McGuire 和 Chipman[16-17]，Ruoff 和 Totzeck[18]和 Sasián[19-20]。

27.5.6　振幅响应矩阵

在传统的标量成像计算中，振幅响应函数被计算为出瞳函数的傅里叶变换。然后对该电场分布进行平方运算以获得 PSF[21]。为了评估具有偏振像差的系统形成的像，McGuire 和 Chipman 引入了一种琼斯演算版本的振幅响应函数，称为振幅响应矩阵 ARM[22-23]，

$$\mathbf{ARM}=\begin{pmatrix}\Im[\mathrm{J}_{XX}(x,y)] & \Im[\mathrm{J}_{XY}(x,y)]\\ \Im[\mathrm{J}_{YX}(x,y)] & \Im[\mathrm{J}_{YY}(x,y)]\end{pmatrix}\tag{27.10}$$

其中 $\Im$ 是每个琼斯光瞳元素的空间傅里叶变换（16.4 节）。对于以琼斯矢量 $\boldsymbol{E}$ 入射到望远镜上的平面波，像的幅值和相位由矩阵乘法 $\mathbf{ARM}\cdot\boldsymbol{E}$ 给出。图 27.8 中三反射镜望远镜的 **ARM** 如图 27.18 所示。表 27.3 总结了与该成像计算最相关的系统和参数。

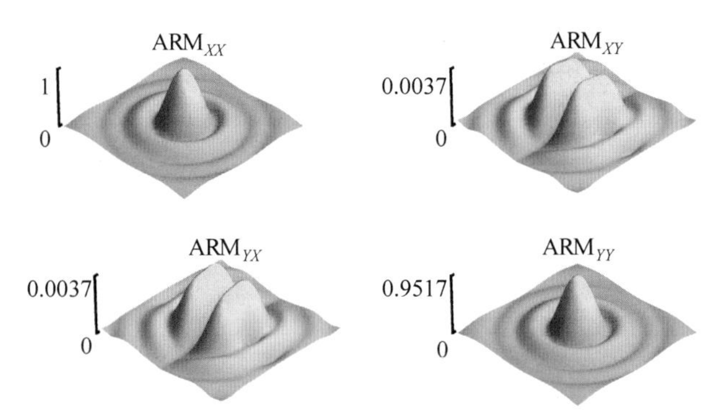

图 27.18　图 27.8 中示例望远镜轴上视场点的 2×2 ARM 振幅的绝对值，用 XX 分量的峰值进行了归一化

表 27.3　与成像计算相关的参数

参数	值
波　长	800nm
像空间 $F/\#$	8
入瞳直径	2.4m
有效焦距	19.236m
入瞳上的光线数量	65
琼斯光瞳阵列上的光线数量	513
从物空间观察的 **ARM** 和 **PSM** 中的间隔	9.0ms

ARM 的对角线元素接近于众所周知的艾里斑图案，但由于 ϕ_{XX} 和 ϕ_{YY} 中的像差而稍

大。每个都有轻微的像散。由于倾斜的不同,它们的质心略有移动。非对角元素的幅值要小得多,并且包含有趣的结构,主要来源于折光镜的影响。我们将这些非对角 PSF 图像称为 PSF 鬼影。

对于非偏振照射,入射的 X 偏振和 Y 偏振彼此不相干。因此,输出分量 ARM_{XX}(X 入射 X 出射)和 ARM_{YX}(X 入射 Y 出射)彼此相干,但与 ARM_{XY} 和 ARM_{YY} 不相干。因此,对于非偏振照射,**ARM** 中的两个输出 X 分量彼此不相干,两个输出 Y 分量也一样彼此不相干。因此,非偏振光源的 PSF 有四个附加分量 $I=I_X+I_Y=(|ARM_{XX}|^2+|ARM_{XY}|^2)+(|ARM_{YX}|^2+|ARM_{YY}|^2)$。

27.5.7 米勒矩阵点扩展矩阵

非相干点源(如恒星)像中的光通量和偏振分布可用 4×4 米勒矩阵点扩展矩阵(**PSM**)描述,该矩阵是 PSF 的米勒矩阵推广(16.5 节)。通过使用式(6.102)或式(6.107)将 **ARM** 的琼斯矩阵转换为米勒矩阵函数来计算该 **PSM**。偏振特性的米勒矩阵表示法为大多数天文学家所熟悉,他们对天体物理的四个斯托克斯参数进行测量[24-27]。从 **ARM**(图 27.18)计算的示例望远镜的 **PSM** 如图 27.19 所示。16 个元素中的每个元素的贡献在 **PSM** 中都有所不同,其变化取决于入射斯托克斯参数。因此,矩阵的每个元素都显示了其贡献,并显示为具有不同形状的微型 PSF。一个 **PSM** 测量的例子可在 McEldowney 中找到[7]。

非偏振照射的 PSF 由红色矩形内第一列($m00$、$m10$、$m20$、$m30$)中的斯托克斯参数图像描述。因为 $m10$、$m20$ 和 $m30$ 不是零,所以非偏振恒星的 PSF 不是非偏振的。在本例中,Q 分量的 4.7×10^{-2} 贡献主要来自折光镜的二向衰减,折光镜反射的 0°(s 偏振光)比 90°(p 偏振光)偏振光多。U 分量(4.36×10^{-3})主要是由于来自主镜和次镜 45°和 135°处的二向衰减贡献,这在图 27.16 中前两个图中可见。当从主镜和次镜反射的弱偏振光与来自折光镜的延迟相互作用时,就产生了椭圆率(来自 V 分量)。Q、U 和 V 的空间变化在衍射环区域引入偏振涨落。图 27.20 绘制了这些区域的 DoP。在测量系外行星和残骸盘的偏振时,恒星 PSF 中的这种偏振波动显然令人担忧。

图 27.19 包含一个图形方程,描述 4×4 的 **PSM** 作用在 X 偏振入射光束(由 4×1 矩阵表示)上,产生一个 4×1 斯托克斯像(I_X, Q_X, U_X, V_X),如方程中最右边的项所示。对于非偏振准直入射光束,生成的斯托克斯图像包含在 **PSM** 的第一列中,如红色框内所示。$m10$ 元素描述了非偏振光源像~9%的 DoP。$m20$ 元素描述了 PSF 中线偏振方向的微小变化,而 $m30$ 则描述了更小的椭圆率变化。

耦合到正交分量的光对 PSF 的外围部分有重大影响,因为它们来自高度切趾的琼斯光瞳分量 A_{XY} 和 A_{YX},如图 27.14(a)所示。要了解这一点,需要比较 J_{XX} 和 J_{YX} 产生的 PSF。使用图 27.19(b)的斯托克斯图像分量计算这些 PSF 项,如下所示:

$$I_{XX}\propto\frac{I_X+Q_X}{2}\quad 和 \quad I_{YX}\propto\frac{I_X-Q_X}{2} \tag{27.11}$$

式(27.11)中的两项 I_{XX} 和 I_{YX} 在图 27.21 中进行了比较,可以看出 I_{YX} 的峰值约为 I_{XX} 的 10^{-5}。这种"PSF 鬼影"在要求对比度为 10^{-8} 或以上的成像应用中应该非常重要。

图 27.21 比较了 I_{XX} 的 PSF 成分和鬼影成分 I_{YX}。图 27.22 以 lg 比例显示了 x 轴横

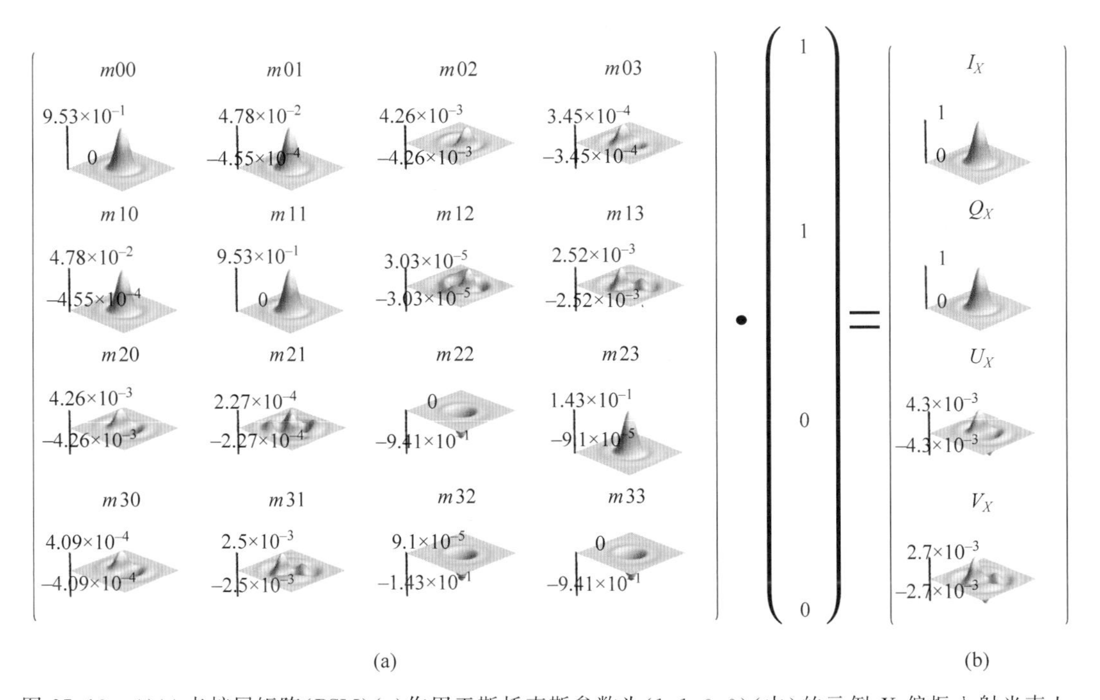

图 27.19　4×4 点扩展矩阵(**PSM**)(a)作用于斯托克斯参数为(1,1,0,0)(中)的示例 X 偏振入射光束上，以计算点扩展函数。所得的偏振分布是一个 4×1 斯托克斯图像(b)，包含元素(I_X,Q_X,U_X,V_X)。下标 X 表示由 X 偏振入射光产生的斯托克斯参数。每个矩阵元素的标准化大小显示在每个垂直刻度上。U_X 图像表示偏振方向的微小变化，而 V_X 表示椭圆率的微小变化。左侧的红色框($m00$,$m10$,$m20$,$m30$)是非偏振入射光(例如非偏振恒星)准直光束可得到的斯托克斯参数图像(I,Q,U,V)

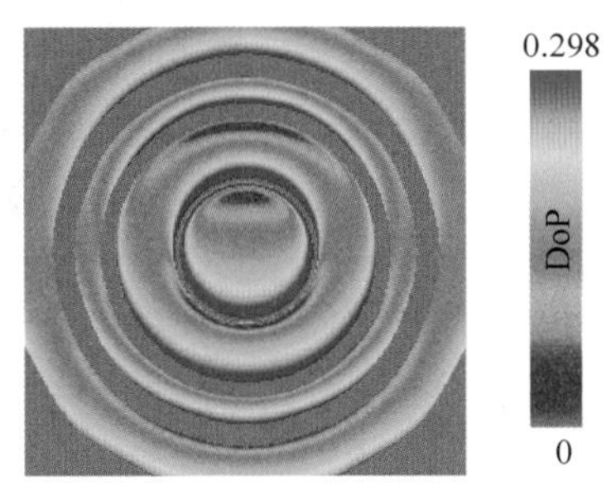

图 27.20　非偏振物体的 PSF 中的 DoP 变化。
由于噪声，强度低于峰值 0.0008 的区域已被去除，并以灰色显示

截面(由垂直面指示)上的辐照度，即在过如图 27.21 所示两个 PSF 图像的平面上。这个 PSF 鬼影的光从中心向外扩散。在图 27.22 中，I_{XX} 的艾里斑的零点与交叉耦合项 I_{YX} 的零点不在同一位置。因此，I_{XX} 的零点被非零 I_{YX} 的漏光掩盖。PSF 中的 I_{YX} 不能仅通过 XX 或 YY 分量的波前补偿进行校正，因为大部分像扩展是由于 I_{YX} 的切趾作用(图 27.13)。放置在像面上的线性偏光片可以通过 I_{XX} 并去除 I_{YX}，但仍然会通过另一个鬼影 I_{XY}，因此无法校正这种偏振像差。

I_{YX} 的形状表明 I_X 和 Q_X 艾里斑并不完全彼此重叠。I_{YX} 项的像面辐照分布位于 I_{XX} 项的艾里衍射图特征之下。图 27.22(a)显示了在 RMS 最佳焦点处垂直于轴过图 27.21 中 PSF 的 I_{XX} 和 I_{YX} 切片。图 27.22(b)显示了在焦平面上 PSF 核心附近的 I_{YX} 辐照度高动态范围图像。图 27.22(b)上叠加的同心粉色圆显示了 I_{XX} 艾里衍射图的第一个和第二个零点。这些暗环与非零 I_{YX} 区域重叠。

图 27.19 中的右列(I_X,Q_X,U_X,V_X)是入射光束 X 偏振分量的斯托克斯参数 PSF。该分量的光通量为 $I_X = I_{XX} + I_{YX}$。类似地,通过把斯托克斯参数(1,−1,0,0)乘到 **PSM**,可计算出 Y 偏振入射光束的 PSF I_Y,并且 $I_Y = I_{YY} + I_{XY}$。最后,非偏振入射光的 PSF 为 $(I_X + I_Y)/2$,也可以通过将非偏振斯托克斯参数(1,0,0,0)乘以 **PSM** 来计算。

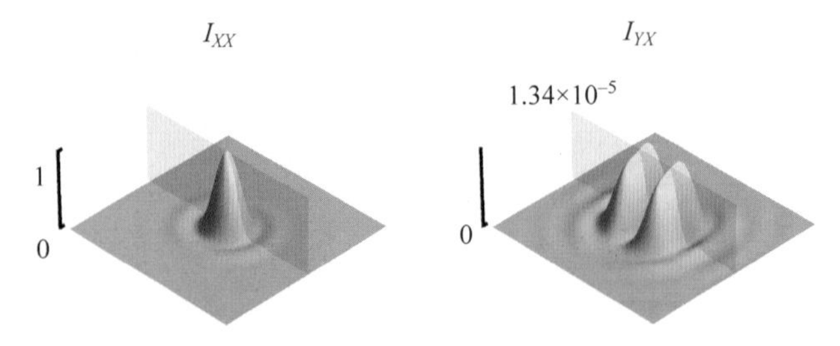

图 27.21 根据式(27.11)计算的 I_{XX} 和 I_{YX} 的 PSF,用 I_{XX} 的峰值进行了归化显示

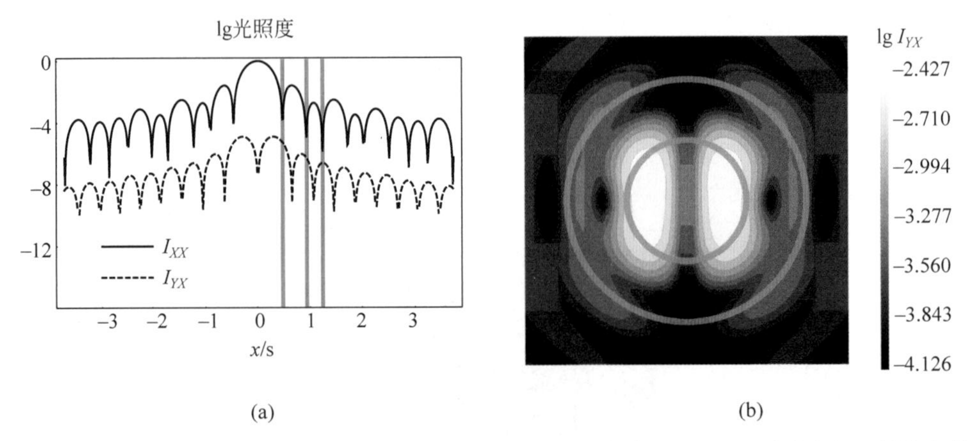

图 27.22 (a)过 Log_{10} PSF 图像的 I_{XX} 和 I_{YX} 的横截面,沿 x 方向在−1和+1弧秒之间。黑色实线和虚线分别显示 I_{XX} 和 I_{YX}。请注意,I_{XX} 的前三个最小值(艾里斑中的暗环)接近 I_{YX} 曲线局部最大值的角度。平均而言,偏振耦合 I_{YX} 光通量低于 I_{XX},约为 $10^{-4} I_{XX}$。(b)用 Log_{10} 等高线显示的 I_{YX} 的 PSF,其右侧的标尺范围为−2.4 至−4.1,用 I_{XX} 的峰值强度进行了归化。叠加的粉红色圆圈显示了 I_{XX} 的第一和第二个艾里暗环位置

这表明,对于通过"典型"光学系统(图 27.8)的非偏振星光,PSF 是两个近似艾里衍射图案(I_{XX} 和 I_{YY})加上两个次级或"鬼影"PSF(I_{XY} 和 I_{YX})的总和,这源自系统的偏振串扰,即琼斯光瞳中的非对角元素。

琼斯光瞳、**ARM** 和 **PSM** 可以在 x 和 y 以外的基底中计算。此处,x 和 y 与折光镜的 s 态平行和垂直。通过对图 27.13 和图 27.18 中的矩阵进行笛卡儿旋转,可以求得其他基的

琼斯光瞳和 **ARM**。对于非偏振源或任意偏振的点源，总光通量分布 $I=I_X+I_Y$ 在基底变化时保持不变。类似地，**PSM** 像米勒矩阵旋转操作一样进行旋转，同样，任何源偏振的净光通量保持不变；相应的斯托克斯图像只是上述图像的旋转版本。这里选择 x 和 y 基底的优点是，非对角元素 I_{XY} 和 I_{YX} 在此基底中的值最小。当基集旋转或变为椭圆形时，由于旋转操作中亮的对角元素和弱的非对角元素之间的耦合，这些非对角图像分量的比例迅速增加并迅速接近艾里斑。因此，折光镜的 s 基和 p 基(这里的 x 和 y)是查看图 27.8 示例系统的鬼影 PSF 分量的值和函数形式的最佳基底。

27.5.8　PSF 分量的位置

对于图 27.8 的望远镜，考虑斯托克斯成像偏振仪测量非偏振恒星的 PSF 作为斯托克斯图像。焦平面上 X 偏振光 $I_X=I_{XX}+I_{YX}$ 和 Y 偏振光 $I_Y=I_{YY}+I_{XY}$ 的 PSF 在形式上非常接近于经典的艾里衍射图案，因为图 27.13 中偏振引起的波像差 ϕ_{XX} 和 ϕ_{YY} 小于 8 毫波，振幅切趾小于 0.015。但这两个 PSF 像并不完全重叠；I_X 和 I_Y 的峰值相互错位 0.625 毫弧秒。过 I_X、I_Y 和 I_X-I_Y(恒星的斯托克斯 Q 图像)最大值的 PSF 横截面如图 27.23 所示。I_X 和 I_Y 的 PSF 之间的偏移源于菲涅耳系数中 s 相位和 p 相位斜率的差异(图 27.9(右)中的红色和蓝色切线)，这是造成 ϕ_{XX} 和 ϕ_{YY} 中总线性变化的原因。如图 27.23 所示，它们的差值 $Q=I_X-I_Y$ 相对 I_X 和 I_Y 错位了 5.8 毫弧秒，这是由于 I_X 和 I_Y 之间的偏移造成的。表 27.4 列出了针对焦平面前单个 45°折光镜的 PSF 位移和 PSF 椭圆率。PSF 像的椭圆率通过在半功率点处将 PSF 拟合为椭圆来计算。

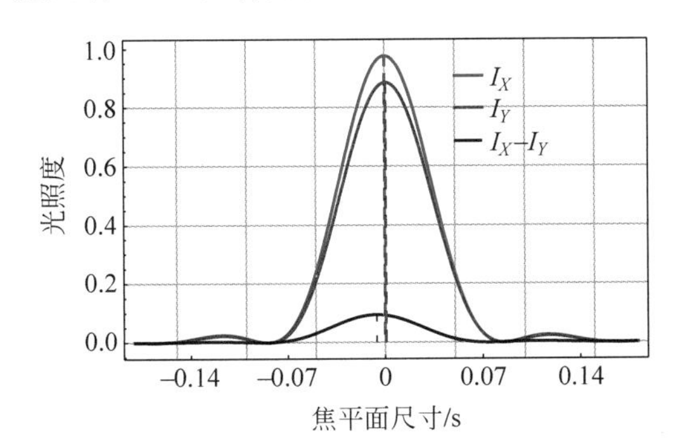

图 27.23　I_X(红色)和 I_Y(蓝色)PSF 像的横截面轮廓(从 PSF 中心以弧秒为单位)。黑线显示斯托克斯 Q 图像，即两个 PSF 之差

表 27.4　图 27.19 中根据 PSM 计算的 PSF 形状，由以下参数描述：PSF 的光通量、包围能量半径、PSF 剪切量以及 X 和 Y 偏振入射光的 PSF 椭圆率

PSF 的形状表征	
物空间中的 PSF 剪切量：	
I_X 和 I_Y 之间	0.625 毫弧秒
I_X 和 $Q=I_X-I_Y$ 之间	5.820 毫弧秒
PSF 中的光通量：	
I_{YX} 的光通量/I_{XX} 的光通量	0.0048%

续表

PSF 中的光通量：	
I_{YY} 的光通量/I_{XX} 的光通量	90.6%
I_{YX} 的光通量/I_{XX} 的光通量	0.0046%
I_Y 的峰值/I_X 的峰值	90.6%
$(I_X - I_Y)$的峰值/I_X 的峰值	Q 的峰值/I_X 的峰值=9.6%
物空间中 90%包围能量圆半径：	
$r_{XX}=r_{YY}$	0.15 弧秒
$r_{YX}=r_{XY}$	0.36 弧秒
PSF 的椭圆率：	
非偏振入射光	7.502×10^{-6}
X 偏振的入射光	0.00199
Y 偏振的入射光	0.00208

在涉及精确测量 PSF 质心位置的天文学应用中，PSF 形状的畸变非常重要。大多数系统包含多个折光镜。这些有多个折光镜的中继光学系统可能会增加 PSF 偏振分量之间的剪切。如图 27.8 所示，光瞳上的线性相位变化近似为线性，因此偏振分量之间的剪切在 $F/\#$ 中是线性的。

27.6 参考文献

[1] https://www.nist.gov/services-resources/software/scatmech-polarized-light-scattering-c-class-library (accessed June 30,2017).

[2] T. A. Germer, Polarized light diffusely scattered under smooth and rough interfaces, Proc. SPIE (2003): 5158.

[3] R. M. Hao, FDTD Modeling of Metamaterials: Theory and Applications, Artech House Publishers (2009).

[4] P. W. Maymon and R. A. Chipman, Linear polarization sensitivity specifications for space-borne instruments, Proc. SPIE 1746, Polarization Analysis and Measurement, 148 (1992).

[5] R. A. Chipman, Polarization analysis of optical systems, Opt. Eng. 28(2) (1989): 280290.

[6] N. Clark and J. B. Breckinridge, Polarization compensation of Fresnel aberrations in telescopes, in SPIE Optical Engineering and Applications, International Society for Optics and Photonics (2011).

[7] S. McEldowney, D. Shemo, and R. Chipman, Vortex retarders produced from photo-aligned liquid crystal polymers, Opt. Express 16 (2008): 7295-7308.

[8] D. Mawet, E. Serabyn, K. Liewer, Ch. Hanot, S. McEldowney, D. Shemo, and N. O'Brien, Optical vectorial vortex coronagraphs using liquid crystal polymers: Theory, manufacturing and laboratory demonstration, Opt. Express 17 (2009): 1902-1918.

[9] D. R. Chowdhury, K. Bhattacharya, A. K. Chakraborty, and R. Ghosh, Polarization-based compensation of astigmatism, Appl. Opt. 43 (2004): 750-755.

[10] I. J. Hodgkinson and Q. Wu, Birefringent Thin Films and Polarizing Elements, World Scientific Publishing Company (1998).

[11] P. W. Maymon and R. A. Chipman, Linear polarization sensitivity specifications for space borne instruments, Proc. SPIE 1746 (1992): 148-156.

[12] S. C. McClain, P. W. Maymon, and R. A. Chipman, Design and analysis of a depolarizer for the

Moderate resolution Imaging Spectrometer Tilt (MODIS T), Proc. SPIE 1746 (1992): 375-385.

[13] J. B. Breckinridge, W. S. T. Lam, and R. A. Chipman, Polarization aberrations in astronomical telescopes: The point spread function, Publ. Astron. Soc. Pacific 127(951) (2015): 445-468.

[14] D. J. Reiley and R. A. Chipman, Coating-induced wave-front aberrations: On-axis astigmatism and chromatic aberration in all-reflecting systems, Appl. Opt. 33(10) (1994): 2002-2012.

[15] W. S. T. Lam and R. Chipman, Balancing polarization aberrations in crossed fold mirrors, Appl. Opt. 54. 11 (2015): 3236-3245.

[16] J. P. McGuire and R. A. Chipman, Polarization aberrations. 1. Rotationally symmetric optical systems, Appl. Opt. 33. 22 (1994): 5080-5100.

[17] J. P. McGuire and R. A. Chipman, Polarization aberrations. 2. Tilted and decentered optical systems, Appl. Opt. 33. 22 (1994): 5101-5107.

[18] J. Ruoff and M. Totzeck, Orientation Zernike polynomials: A useful way to describe the polarization effects of optical imaging systems, J. Micro/Nanolithogr. MEMS MOEMS 8. 3 (2009): 031404.

[19] J. Sasián, Introduction to Aberrations in Optical Imaging Systems, Cambridge University Press (2013).

[20] J. Sasián, Polarization fields and wavefronts of two sheets for understanding polarization aberrations in optical imaging systems, Opt. Eng. 53. 3 (2014): 035102.

[21] J. W. Goodman, Introduction to Fourier Optics, Roberts and Company Publishers (2005).

[22] J. P. McGuire and R. A. Chipman, Diffraction image formation in optical systems with polarization aberrations. I: Formulation and example, JOSA A 7. 9 (1990): 1614-1626.

[23] J. P. McGuire and R. A. Chipman, Diffraction image formation in optical systems with polarization aberrations. II: Amplitude response matrices for rotationally symmetric systems, JOSA A 8. 6 (1991): 833-840.

[24] T. Gehrels (ed.), Planets, Stars and Nebulae: Studied with Photopolarimetry, Vol. 23, University of Arizona Press (1974).

[25] C. U. Keller, Instrumentation for astrophysical spectropolarimetry, Astrophysical Spectropolarimetry, Proceedings of the XII Canary Islands Winter School of Astrophysics, Puerto de la Cruz, Tenerife, Spain, November 13-24, 2000, eds. J. Trujillo-Bueno, F. Moreno-Insertis, and F. Sánchez, Cambridge, UK: Cambridge University Press (2002), pp. 30-354.

[26] J. Tinbergen, Astronomical Polarimetry, Cambridge University Press (2005).

[27] F. Snik and C. U. Keller, Astronomical polarimetry: Polarized views of stars and planets, Planets, Stars and Stellar Systems, Netherlands: Springer (2013), pp. 175-221.